U0192957

石油管工程学

李鹤林 ◎ 等著

石油工业出版社

内 容 提 要

本书概述了石油管在石油工业中的作用和地位；分析了石油管的服役条件和主要失效模式、失效规律和机理；提出了“石油管工程学”的内涵和技术领域，包括石油管的力学行为、石油管的环境行为以及石油管材料的服役性能与成分／结构、合成／加工和性质的关系，石油管的失效分析、失效控制与完整性管理。本书阐述了“石油管工程”的内涵，以及“石油管工程”对保障石油管安全可靠性、杜绝恶性事故、延长服役寿命、提高石油工业整体效益的作用和意义。

本书可供石油勘探、开发、储运工程技术人员以及材料科学与工程研究人员参考，也可供高校相关专业的师生阅读。

图书在版编目（CIP）数据

石油管工程学／李鹤林等著 .—北京 ：石油工业出版社，2020.11

ISBN 978-7-5183-4138-2

Ⅰ．① 石… Ⅱ．① 李… Ⅲ．① 石油管道－管道工程 Ⅳ．① TE973

中国版本图书馆 CIP 数据核字（2020）第 125580 号

出版发行：石油工业出版社

（北京安定门外安华里 2 区 1 号　100011）

网　址：www.petropub.com

编辑部：(010) 64523583

图书营销中心：(010) 64523633

经　销：全国新华书店

印　刷：北京中石油彩色印刷有限责任公司

2020 年 11 月第 1 版　2020 年 11 月第 1 次印刷

889×1194 毫米　开本：1/16　印张：39.25

字数：1050 千字

定价：320.00 元

作者简介

李鹤林，男，材料科学与工程专家，中国工程院院士。1937 年 7 月出生于陕西省汉中市。1956 年至 1961 年在西安交通大学金属材料及热处理专业学习。1961 年至 1964 年在石油工业部钻采机械研究所工作。1964 年至 1988 年在宝鸡石油机械厂工作。1988 年至今在石油工业部石油管材研究中心（后更名为中国石油天然气总公司石油管材研究中心、中国石油天然气集团公司管材研究所、石油管工程技术研究院）工作。曾任宝鸡石油机械厂副总工程师、中心实验室主任，石油工业部石油管材研究中心主任，中国石油天然气集团公司管材研究所所长、所党委书记。现为石油管工程技术研究院名誉院长、高级顾问。

在石油工业部钻采机械研究所和宝鸡石油机械厂工作期间，主要从事石油机械用钢研究，主持研制了高强度高韧性结构钢、高强度铸钢、无镍低铬无磁钢、高强度公锥用钢、高铬耐磨铸铁等 10 余种新材料和几种表面强化工艺，使一批石油机械产品减轻了自重、延长了寿命、提高了服役性能。“高强度高韧性结构钢”“无镍低铬无磁钢”“轻型吊环、吊卡、吊钳”和“液压防喷器”等 4 项成果于 1978 年获全国科学大会科技成果奖。“宝石牌单臂吊环（推广应用）”“钻井泥浆泵双金属缸套”于 1985 年获国家科技进步奖三等奖。

1981 年，石油工业部石油专用管材料试验中心成立后，工作重点转向油井管和油气输送管的失效分析、技术监督和科学研究。在石油管应用基础研究的长期实践中，逐步梳理形成了“石油管工程学”。在油井管领域主持完成的科研项目中，“钻杆失效分析及内加厚过渡区结构对钻杆使用寿命的影响”“提高石油钻柱安全可靠性和使用寿命的综合研究”“油层套管射孔开裂及其预防措施的试验研究”3 项成果获国家科技进步奖二等奖。部分成果被国际著名石油管制造公司采用，5 项被美国石油学会（API）采纳修改标准。在油气管道工程领域，实现了钢管钢级从 X52 到 X80、管径从 ϕ508mm 到 ϕ1422mm、输送压力从 6.4MPa 到 12MPa 的巨大跨越，带动我国天然气管道关键技术由追赶迈入领跑者行列。

先后有 26 项科研成果获国家或省部级科技奖励，其中 10 项成果获国家级奖励。出版专著和论文集共 15 本，其中《石油管工程学》《海洋石油装备与材料》为国家出版基金项目和“十三五”国家重点图书。在国内外发表论文 350 余篇。

2002 年起受聘兼任西安交通大学材料科学与工程学院名誉院长，中国石油大学（北京）材料科学与工程学术委员会主任。同时还担任中国材料研究学会名誉理事、中国腐蚀与防护学会高级顾问、中国石油学会名誉理事兼石油管材专业委员会名誉主任、中国机械工程学会特邀理事兼失效分析分会理事长、陕西省材料研究学会理事长，以及国家安全生产专家组成员、国家质量监督检验检疫总局院士专家咨询委员会委员、国家标准化专家委员会成员、中国设备监理技术委员会副主任、中国特种设备安全技术委员会副主任、陕西省决策咨询委员会特邀委员等。

1978 年出席全国科学大会，被评为“全国先进科技工作者”。1988 年被选拔为“国家级有突出贡献的中青年专家”。1992 年起享受国务院政府特殊津贴。1993 年获中国石油天然气总公司科技重奖。1994 年获中国科学技术发展基金会孙越崎能源大奖。2014 年获光华工程科技奖工程奖。

中国工程院院士　李鹤林

序 一

李鹤林早年在西安交通大学求学，其毕业论文与石油工业有关，题目是“石油钻井钻头用钢及热处理工艺研究——兼论渗碳钢的强度问题”，指导教师是中国科学院院士、我国著名金属材料强度大师周惠久教授。毕业后分配到石油行业，迄今59年。在石油装备用钢和“石油管工程”方面取得了卓越成就。1997年当选为中国工程院院士。

20世纪50年代，周惠久教授基于对金属材料及强度大量实验室研究和大量工程应用实践的积累，形成了“从服役条件出发”的学术思想。他在《金属材料强度学》等著作中指出：“从一种机件或构件的服役条件出发，通过典型的失效分析，找出造成材料失效的主导因素，确立衡量材料对此种失效抗力的判据（即服役性能），据此选择最合适的材料成分、组织、状态及相应的加工、处理工艺，从材料的角度保证机件或构件的短时承载能力和长期使用寿命……”。李鹤林创造性地将恩师周惠久的学术思想用于石油用钢研究，使一大批石油装备减轻了自重、延长了寿命、提高了服役性能。“高强度高韧性结构钢”“无镍低铬无磁钢”“轻型吊环、吊卡、吊钳”“液压防喷器”等4项成果于1978年获全国科学大会奖。

20世纪70年代，美国麻省理工学院的M.Cohen教授在提倡建立“材料科学与工程”学科时，为形象地说明这个学科的内涵，把材料的成分／结构——合成／加工——性质——服役性能画成一个四面体。前三者构成底面的三角形，后者是“四面体”的顶点。周惠久教授“从服役条件出发”的思路与Cohen教授四面体异曲同工。

李鹤林在周惠久教授指导下完成的毕业论文，以及入职石油工业部钻采机械研究所和宝鸡石油机械厂后从事的石油装备材料研究，充分体现了周惠久教授“从服役条件出发”的学术思想，也符合Cohen教授材料科学与工程“四面体”的内涵。

李鹤林在石油装备用钢研究方面取得重大成就的时候，我国石油管材发生几起重大事故，即四川威远气田管线成都段试压爆裂和华北油田任84井连续发生钻杆断裂事故等。李鹤林主持失效分析，判定前者是 H_2S 应力腐蚀所致，后者是典型的氢脆型应力腐蚀开裂。通过采取措施，各油田已杜绝类似失效事故。

原石油工业部副部长李天相把这两个案例和我国第一口 7000 米超深井套管柱断裂事故分析，并列为新中国石油工业早期进行的用失效分析解决重大工程问题的3个案例，给予了高度评价。

1981 年 9 月，石油工业部决定建立石油专用管材料试验中心，李鹤林的科研工作重点从石油装备用钢转向石油管方面，先是油井管的失效分析和工程应用研究，然后逐步扩展到油气输送管领域。油井管和油气输送管科研工作总体技术路线仍坚持“从服役条件出发”。

在油井管方面，首先取得的重大突破是钻杆刺穿、断裂事故的解决。李鹤林团队历时三年进行了 200 多起进口钻杆失效事故的调查和深入研究，终于找到了问题的症结——钻杆内加厚过渡区结构尺寸不合理，导致严重的应力集中和腐蚀集中，首创了钻杆内加厚过渡区双圆弧曲线结构。这项研究成果，得到美国石油学会（API）的认可，并用于修订 API 标准；1988 年，“钻杆失效分析及内加厚过渡区结构对钻杆使用寿命的影响”获国家科技进步二等奖。随后几年又对影响钻柱质量和寿命的综合因素以及套管射孔开裂问题进行了系统研究。1997 年，“提高石油钻柱安全可靠性和使用寿命的综合研究”获国家科技进步二等奖；1998 年，“油层套管射孔开裂及其预防措施的试验研究”获国家科技进步二等奖。

另一项重大成果是对进口阿根廷 Siderca 公司的 N80、P110 套管连续出现十分严重质量问题的分析和诊断，根除了该公司产品发生大规模断裂事故的隐患。Siderca 公司除向我方经济赔偿外，还特别对李院士个人表示真诚感谢。

我国油气管道建设起步较晚，从 20 世纪 50 年代到 70 年代，主要采用 A3 和 16Mn 焊管，70 年代后期和 80 年代则采用从日本进口 TS52K（相当于 X52）板卷制成焊管。90 年代初，李鹤林和他的研究团队正式介入油气输送管领域。在他和业内同仁共同推动下，陕—京输气管线采用 X60 钢级，管径 660mm，工作压力 6.4MPa，缩小了与发达国家的差距。

2000 年，国家正式提出了西气东输管道工程。李院士在“九五”科研成果的基础上，结合国内外的调研和考察，在专题研讨会上作了《天然气输送管研究与应用中的几个热点问题》报告，对促进西气东输工程采用 X70 钢级管线钢和 10MPa 输送压力以及随后的西气东输二线建设采用 X80 钢级和 12MPa 设计压力发挥了关键的作用。

李鹤林团队主要贡献为：

（1）推动我国天然气长输管道输送压力、管径和管线钢强度级别持续提高，进入国际领跑者行列。2000 年西一线采用 X70 钢级焊管，管径 1016mm，设计压力 10MPa；2006 年西二线主干线采用 X80 钢级和 1219mm 管径，设计压力 10MPa/12MPa。西一线和西二线的上述方案达到或领先于同时期的国际先进水平。西二线的投资较原方案（X70 钢级双线）节省 130 亿元，降低能耗 15%，节省工程用地 21.6 万亩。

（2）形成 X70、X80 钢级焊管与钢板标准，并全面实现了国产化。X70、X80 管材国产化打破国外高钢级大口径焊管的垄断，带动了国内管线钢、焊管制造技术和装备的整体技术进步。国产 X80 焊管比国外产品价格降低 1938 元／吨，仅西二线干线就节约 91.9 亿元。

（3）提出油气管道失效控制的思路、程序和方法，并开展了包括埋地管道动态延性断裂止裂控制、高寒地区站场钢管及管件的低温脆性断裂控制、强震区和活动断层区管道的应变控制、土壤腐蚀控制及相关应变时效控制，保障了西一线、西二线等国家重点工程的运行安全。

以西一线技术成果为主的“西气东输工程技术及应用”项目，获 2010 年国家科技进步一等奖。以西二线技术成果为主的“高钢级、大口径、高压力超长输气管道工程关键技术与应用”项目，获 2012 年中国石油集团科技进步特等奖，包含该项目内容的“我国油气战略通道建设与运行关键技术”项目获 2014 年国家科技进步一等奖。

李鹤林院士是“石油管工程”学科的开拓者，是中国石油集团石油管工程技术研究院（石油管材研究所、石油管材试验研究中心）的设计师和主要创建者之一。

经过艰苦努力、勤奋工作，李院士所在单位从原宝鸡石油机械厂的一个试验小组不断发展壮大，并搬迁到西安，成为原石油工业部直属科研院所——管材研究中心、管材研究所，再到现如今的中国石油天然气集团有限公司的直属科研机构——石油管工程技术研究院。在几十年的创立和发展过程中，李院士一直在探索研究所的发展模式和方向，提出了以科研为中心，纵向任务和横向任务相结合的发展战略，科研攻关、技术监督和失效分析“三位一体”的工作模式，探索出了科研成果向生产力转化的新途径，即失效分析发现问题——科研攻关找出答案——技术监督（标准化）解决问题，保证了科研成果与生产需要的紧密结合，加速了科研成果向生产力的转化，具有明显的创新性。对此，国家最高科技奖获得者师昌绪院士曾给予高度评价。

李院士在长期的石油管技术工作实践中，从自己承担的一系列恶性事故的失效分析中，深刻认识到石油管应用方面的科技问题在石油工业中占有十分重要的地位。作为研究所的学术带头人，李院士将石油管应用中的一些深层次问题列为主要研究对象，把深入研究石油管的服役行为和失效机理作为首要任务，使石油管的应用基础研究逐步发展为石油管的力学行为、石油管的环境行为、石油管失效控制及完整性管理几个领域，并成为有机整体，形成了“石油管工程学”的新概念。其科学内涵和学科划分思路与周惠久院士“从服役条件出发”的学术思想是一脉相承的，与 Cohen 教授的材料科学与工程“四面体”的内涵也完全一致。

在丰厚、坚实的科研生产实践基础上，“石油管工程学”作为一个新兴学科屹然确立。这一方面是由于我国石油天然气工业蓬勃发展的大好机遇，另一方面是学术带头人李鹤林主持方向正确，有科学应对复杂问题的学术思路。这实际上是在周惠久教授提法基础上的超越，学术上大大前进了一步。随着钻采条件和油气输送条件愈益苛刻，对石油管材的技术要求愈益严格，从事该领域工程项目的技术人员通过本书基本上可以找到合理的动手解决问题的方法和有参考价值的资料，这实际上是科学研究成果转化为先进生产力的最好范例。李院士完成的项目和课题中，获国家和省部级奖励的共26项，大都得到发达国家同行的认可。

“石油管工程学”是对周惠久“从服役条件出发”学术思想的传承和发扬。李院士在油气钻采机械用钢和“石油管工程”学术上和事业上取得的成就，为我国油气钻采和储运事业作出了重要贡献。他成功的重要因素在于执着的性格，自己认准了，就努力奋进，百折不回；遇到挫折、失败，不气馁，妥善地想办法解决问题。我们深切希望后继有人，来继承周惠久、李鹤林两代学者丰硕的学术成就，进而发扬光大，为我国石油工业作出新的、更大贡献！

中国工程院院士 涂铭旌　　　西安交通大学教授 邓增杰

2018 年 12 月

序 二

由我院名誉院长李鹤林院士构思、策划和领衔，历经五载、呕心沥血、精心编撰的《石油管工程学》即将面世。李院士嘱我作序。作为后辈和学生，我深感资历和份量不够，所以一直未敢应诺。但李院士认为，石油管工程技术研究院对石油管工程学的形成和发展发挥了至关重要的作用，今后也还有大量的工作，作为石油管工程技术研究院的党委书记、院长，为本书作序是必要的、合适的。在李院士的再三坚持和鼓励下，我却之不恭，只好勉为其难了。

1999 年，中国石油组织编写《当代石油工业科学技术丛书》，当时我作为李院士的学术助手参加了该丛书分册之一《石油管工程》的编校工作。该书是石油管工程领域的第一部论著，系统阐述了石油管工程的定位、内涵、技术领域与发展展望，其出版指导了石油管工程技术研究院以及行业领域相关单位的科技工作，实现了“石油管工程”的跨越式发展，对于保障石油管的服役安全、延长使用寿命、提高石油工业的整体效益发挥了重要作用。

21 世纪以来，我国石油工业快速发展，石油管工程应用中的新形势新问题新挑战不断涌现，石油管新技术新材料新产品层出不穷。继《石油管工程》出版 21 年后，李院士带领我院技术精英和骨干，凝练形成的这本规模更加宏大、内容更加丰富、数据更加翔实的《石油管工程学》，全面梳理了学科发展成果，系统总结了工程实践经验，明确提出了技术发展方向，其出版发行必将进一步推动我国石油管工程学的发展和行业的技术进步，意义更为重大。

《石油管工程学》充分体现了李鹤林院士的学术思想。一是传承我国著名金属材料强度大师、中国科学院院士、西安交通大学教授周惠久“从服役条件出发”的学术思想，进而发扬光大，在我国石油管工程领域取得令世人瞩目的成绩和贡献。二是提出并建立了包括“失效分析反馈”和失效分析、科学研究、技术监督“三位一体”的工作模式，即失效分析发现问题、科学研究找出答案、技术监督（标准化）解决问题，实现科研成果与生产的紧密结合与快速转化。可以说，我国石油管工程领域的每一次重大技术进步，都凝结了李院士的心血和智慧，镌刻着李院士特别而重大的贡献。

20 世纪 80 年代初，我国使用的石油管几乎全部是从国外进口的，并且恶性事故频发。为解决不断发生的钻杆刺穿、断裂等事故，李院士团队从钻杆的服役条件出发，组织对 200 多起钻杆失效事故进行了分析研究，找到了问题症结和解决良方：认清了刺穿孔洞的疲劳本质；揭示了内加厚过渡带的应力集中和腐蚀集中是造成疲劳失效的根本原因；提出满足“先漏后破”准则的韧性设计。1987 年在美国新奥尔良召开的 API 第 64 届年会上，李院士报告了他的研究成果——《钻杆失效分析及内加厚过渡区结构对钻杆使用寿命的影响》，引起会场轰动，即席好评如潮。这是中国代表第一次参加 API 学术活动，却用 5000 字论文“一举敲开了 API 的大门”。API 采纳了该成果用于修改标准。日本几家钻杆厂更是不惜巨资，按照该成果对生产线进行技术改造，钻杆的使用寿命得以延长 8 ～ 26 倍。

伴随我国高压、高钢级天然气长输管道建设，长输管道的服役安全问题日益突出。李院士带领团队针对管道的不同服役条件，研究形成了埋地管道的止裂控制、强震区和活动断层区管道的应变控制、高寒地区站场管道的低温脆断控制等失效控制技术，并在西气东输一线、西气东输二线、中俄东线等重大工程正式应用，实现了管道钢级从 X52 到 X80、管径从 508mm 到 1422mm、输送压力从 6.4MPa 到 12MPa 的巨大跨越，带动我国天然气管道关键技术由追赶迈入领跑者行列，保障了国家重点管道工程建设和运行安全。

为推动我国石油管的国产化及大规模应用，李院士提出并实践“三位一体”工作模式，带领团队联合冶金、制管以及油田和管道企业，开展了一系列重大科技攻关，解决了管材设计及评价应用难题，制定了油井管和输送管系列标准，实现了我国石油管从基本依靠进口到大批量出口、从每年多花上百亿元外购资金到节约上百亿元采购费，保障了油气田和长输管道的安全、低成本和高效运维，同时带动冶金与制管企业的蓬勃发展。

李院士取得的突出成绩、作出的重大贡献，源于成长中培养形成的高尚情操和优秀品质。依靠国家奖助学金完成高中、大学学业的特殊经历，孕育了李院士“科技报国、无私奉献”的理想信念；自幼艰苦环境的磨炼，则铸就了他“坚持不懈、永不言败”的奋斗精神和“爱岗敬业、认真严谨”的工作作风。

李院士紧紧围绕国家和石油工业发展需求，在我国石油科技战线上，深耕细作、埋头苦干，从接受“铁人”王进喜嘱托研制轻型吊环到实现我国石油管工程技术的引领发展已近60年，他几乎把全部精力都献给了国家的科技事业，献给了我国石油工业的发展与壮大。回顾李院士的成长经历，他所做工作中，一帆风顺的极少，大多是艰难曲折的，甚至有些事情遇到了多次的失败与挫折。在一些节骨眼上，稍有退缩和动摇就会前功尽弃。他始终认为，再聪明的人，如果没有坚强的意志，没有坚持不懈的精神，也会一事无成。李院士对待每项工作、每件事情又是极其认真严谨的。正是凭借这种坚定信念、执着精神和严谨态度，驱使着李院士在科技道路上披荆斩棘，战胜一个个困难，攻克一个个难关，取得了令人瞩目的成绩和贡献。这正是李鹤林院士难能可贵的科学精神。

《石油管工程学》是集体智慧的结晶，它凝练了以李鹤林院士为代表的石油管工程领域技术专家、学者取得的创新成果和科技进步，为我国石油管工程学科的发展指明了方向，是我们下步科技工作的指导思想和行动指南，是推动石油管科技事业发展的重要保障。借此机会，向李院士和全体编撰人员表达崇高的敬意和由衷的感谢！也祝李院士健康长寿！

当前，我国正以习近平新时代中国特色社会主义思想为指导，全面实施创新驱动发展战略，引领和推动中华民族的伟大复兴。在《石油管工程学》即将出版之际，我们号召广大石油管工程科技工作者，学习和发扬李院士的学术思想和科学精神，全身心投入科技创新，不畏艰难险阻，砥砺奋进，开拓创新，勇攀高峰，为实现我国石油工业更快、更好的发展，为实现中华民族伟大复兴的中国梦而努力奋斗！

中国石油集团石油管工程技术研究院党委书记、院长

2020 年 6 月

前言

石油管包括油井管和油气输送管。石油工业大量使用石油管，石油管在石油工业中占有很重要的地位：（1）石油管用量大，花钱多，节约开支、降低成本的潜力巨大；（2）石油管的力学和环境行为对石油工业采用先进工艺方案和增产措施有着重要的影响；（3）石油管一旦失效，造成的损失很大，其安全可靠性和使用寿命对石油工业关系重大。

1981 年，石油工业部在宝鸡石油机械厂中心试验室的基础上成立了石油工业部石油专用管材料试验中心，1988 年初划为石油工业部直属科研机构（先后更名为中国石油天然气总公司石油管材研究所、中国石油集团石油管工程技术研究院），迅速建立了包括科学研究、失效分析、质量监督检验（含标准化工作）在内的油井管产品开发与工程应用技术支撑体系，油井管快速实现了大规模国产化（国产化率由 1981 年的 5% 上升到 2000 年的 90% 以上；2012 年为 99.7%）。同时，一批科研成果在国内外受到高度评价。例如，“钻杆失效分析及内加厚过渡区结构对钻杆使用寿命的影响”，被美国石油学会（API）采纳修改标准，日本、德国的几家钻杆生产厂不惜巨资，按照这一成果对他们的生产线进行改造。这项成果获得 1988 年国家科技进步二等奖。此后经过 8 年攻关，“提高石油钻柱安全可靠性和使用寿命的综合研究”和“油层套管射孔开裂及其预防措施的试验研究”也分别获得国家科技进步二等奖。

1997 年 3 月，中国石油天然气集团公司党组在向中国工程院提名李鹤林为院士候选人时，将他提出“石油管工程”的概念及其研究领域作为一项重要成果列入提名书。

1999 年 9 月，石油工业出版社出版了“当代石油工业科学技术丛书”，《石油管工程》被列为第一辑出版的 10 本书之一。

1999 年 12 月，“石油管工程”领域的科技创新基地——中国石油天然气集团公司石油管力学和环境行为重点实验室正式成立。

2000年，国家正式提出建设西气东输管道工程。李鹤林团队在“九五”科研的基础上，结合对国内国外的调研和考察，在专门的研讨会上作了报告，题目是《天然气输送管研究与应用的几个热点问题》。这份报告对统一业内认识，促进西气东输工程采用X70钢级管线钢和10MPa输送压力，以及随后的西气东输二线采用X80管线钢和10MPa/12MPa设计压力发挥了关键的作用。为了给该工程提供强有力的技术支撑，中国石油于2007年年初启动了“西气东输二线工程关键技术研究”重大科技专项，主要内容包括技术标准的研究与制定，高韧性X80管线钢及大管径、厚壁焊管与管件的研制，双相气质条件下高压输气管道延性断裂止裂技术研究，强震区和活动断层区埋地管道基于应变的设计方法研究和抗大变形管线钢的研制与应用，以及保障管道安全运行的失效控制和完整性管理技术等。石油管工程技术研究院承担了大量的科研任务，李鹤林为项目专家组组长。以西一线技术成果为主的“西气东输工程技术及应用”项目，获2010年国家科技进步一等奖。以西二线技术成果为主的“高钢级、大口径、高压力超长输气管道工程关键技术与应用”项目，获2012年中国石油集团科技进步特等奖，包含该项目内容的“我国油气战略通道建设与运行关键技术”项目获2014年国家科技进步一等奖。这两个项目，石油管工程技术研究院都是主要承担单位，均采用了“石油管工程学”的科研思路和技术路线。

2011年12月，中国石油天然气集团公司石油管力学和环境行为重点实验室更名为石油管工程重点实验室。

2015年9月30日，经国家科技部批准，在中国石油天然气集团公司石油管工程重点实验室的基础上组建了石油管材及装备材料服役行为与结构安全国家重点实验室。

经过近40年的科研和工程实践，石油管的应用基础研究梳理形成了油井管的力学行为，油气输送管的力学行为，石油管的环境行为，石油管材料的服役性能与成分/结构、合成/加工、性质的关系，以及石油管失效分析、失效控制与完整性管理5个方向，成为有机的整体。基于中国科学院院士周惠久“从服役条件出发” 的学术思想和美国麻省理工学院Cohen教授“材料工程”的内涵，笔者决定在1999年版《石油管工程》的基础上，编著内容更加丰富和完善的《石油管工程学》。

李鹤林提出本书的总体框架和思路，拟定了编写提纲，撰写了前言和第 1 章，以及第 2 章 2.1.3、2.1.4 和 2.2.4，第 3 章 3.1.2.3 和 3.2.1.2.1，第 4 章 4.2.1，第 5 章 5.3.3、5.4.1 和 5.4.1.1.5，第 6 章 6.1、6.2.2.1、6.2.3.2 和 6.2.3.3，第 7 章 7.1、7.2 和 7.4。

参加编写工作的人员还有：第 2 章 2.1.1、2.1.2 和 2.1.3 由韩礼红撰写，2.1.4 由卫尊义、艾裕丰、王建东和杨析撰写，2.2.1、2.2.2、2.2.3.1 和 2.2.4 由杜伟撰写，2.2.3.2 由李为卫撰写，2.2.5 由何小东和胡美娟撰写。第 3 章 3.1 由王新虎撰写，3.2.1.1 由林凯、申昭熙和潘志勇撰写，3.2.1.2.1 由张建兵撰写，3.2.1.2.2 由王建军撰写，3.2.2.1 由林凯和王建军撰写，3.2.2.2 由王航撰写，3.2.2.3 由王鹏和上官丰收撰写，3.2.2.4 由徐欣、王建军和林凯撰写，3.2.3 由刘文红、林凯和娄琦撰写，全章由林凯统稿。第 4 章 4.1 由陈宏远撰写，4.2.2 由杜伟和王鹏撰写，4.2.3 由李鹤、霍春勇撰写，4.3 由封辉撰写，全章由霍春勇和马秋荣统稿。第 5 章 5.1.1 由赵雪会撰写，5.1.2 由韩燕撰写，5.1.3、5.3.5 和 5.5.3 由付安庆撰写，5.1.4、5.3.2 和 5.4.3 由李发根撰写，5.2.1、5.2.2、5.2.3、5.2.4、5.2.5 和 5.3.4 由袁军涛撰写，5.2.6、5.2.7、5.2.8 和 5.2.9 由尹成先撰写，5.3.1、5.4.4 和 5.5.1 由蔡锐撰写，5.3.6 由白真权撰写，5.3.7 由徐秀清撰写，5.4.1.2.1 由冯春撰写，5.4.2 由张娟涛撰写，5.5.2 由白真权和吕乃欣撰写，全章由白真权和袁军涛统稿。第 6 章 6.1 由李德君撰写，6.2.1 由韩礼红撰写，6.2.2.2 由路彩虹撰写，6.2.3.1 和 6.2.3.2 由吉玲康撰写，全章由冯耀荣和李德君统稿。第 7 章 7.3.1 由赵新伟、罗金恒和武刚撰写，7.3.2 由王鹏撰写，全章由赵新伟和罗金恒统稿。

本书由李鹤林、周敬恩、高惠临、赵文轸、冯耀荣、霍春勇、赵新伟、秦长毅、马秋荣、罗金恒和林凯等审校。本书由李鹤林统稿，李鹤林、刘亚旭审定。

杜伟、申昭熙协助整理部分文稿及承担大量的编校任务。本书是集体智慧的结晶。

2020 年 8 月

目 录

第 1 章 “石油管工程”概论……1

1.1 石油管在石油工业中的地位……1

1.1.1 石油管概述……1

1.1.2 石油管的重要地位……5

1.2 石油管服役条件和失效模式……5

1.2.1 钻柱……6

1.2.2 套管柱……11

1.2.3 油管柱……13

1.2.4 油气输送管线……15

1.3 “石油管工程学”的内涵及主要技术领域……21

1.3.1 “材料科学与工程”四面体的启示……21

1.3.2 “石油管工程学”的内涵……23

1.3.3 “石油管工程学”的主要技术领域……24

1.4 “石油管工程学”的平台建设……27

1.5 “石油管工程学”的科研成果……30

1.5.1 油井管科研成果……30

1.5.2 油气输送管科研成果……31

参考文献……31

第 2 章 石油管及其连接……33

2.1 油井管及其管柱螺纹连接……33

2.1.1 油井管的技术规范……33

2.1.2 非 API 油井管……46

2.1.3 油井管技术发展趋势……49

2.1.4 油井管柱螺纹连接……51

2.2 油气输送管及管道现场焊接 76
2.2.1 油气输送管的类型、等级和钢级 77
2.2.2 管线钢及其制备 79
2.2.3 油气输送管的成型与焊接 89
2.2.4 油气输送管的技术需求和发展趋势 93
2.2.5 油气输送管道现场安装焊接 97
参考文献 116
第 3 章 油井管的力学行为 121
3.1 钻柱的力学行为 121
3.1.1 钻柱的载荷分析 121
3.1.2 钻柱的主要失效模式 132
3.2 油／套管柱力学行为 153
3.2.1 油／套管柱强度设计 153
3.2.2 油／套管几种主要失效模式 164
3.2.3 模拟服役条件的管柱完整性全尺寸评价 197
参考文献 205
第 4 章 油气输送管的力学行为 208
4.1 油气输送管的变形行为 208
4.1.1 油气输送管的变形失效 208
4.1.2 油气输送管的拉伸变形与拉伸应变容量 208
4.1.3 油气输送管的压缩变形与压缩应变容量 222
4.1.4 油气输送管的基于应变设计 226
4.1.5 油气输送管基于应变设计的材料要求 231
4.1.6 油气输送管基于应变设计的试验技术 236
4.2 油气输送管的断裂行为 238
4.2.1 天然气管线裂纹的长程扩展与止裂 238
4.2.2 高寒地区裸露钢管及管件的低温脆性断裂 276
4.2.3 天然气管线全尺寸爆破试验 296
4.3 油气输送管的疲劳 304
4.3.1 油气输送管疲劳失效特征 305

4.3.2 油气输送管的疲劳寿命预测 ······ 308

参考文献 ······ 316

第 5 章 石油管的环境行为 ······ 320

5.1 石油管的腐蚀环境 ······ 320

5.1.1 油套管柱的腐蚀环境 ······ 320

5.1.2 钻柱构件的腐蚀环境 ······ 323

5.1.3 地面管线的腐蚀环境 ······ 324

5.1.4 海洋油气管道的腐蚀环境 ······ 325

5.2 石油管的腐蚀类型与失效特点 ······ 327

5.2.1 均匀腐蚀 ······ 327

5.2.2 点腐蚀 ······ 328

5.2.3 晶间腐蚀 ······ 330

5.2.4 电偶腐蚀 ······ 332

5.2.5 缝隙腐蚀 ······ 333

5.2.6 应力腐蚀开裂 ······ 334

5.2.7 氢损伤 ······ 336

5.2.8 腐蚀疲劳 ······ 337

5.2.9 冲刷腐蚀 ······ 338

5.3 石油管的腐蚀机理及影响因素 ······ 340

5.3.1 CO_2 腐蚀机理及影响因素 ······ 340

5.3.2 H_2S 腐蚀机理及影响因素 ······ 349

5.3.3 H_2S/CO_2 共存环境的腐蚀机理及影响因素 ······ 355

5.3.4 元素硫的沉积及其腐蚀机理 ······ 366

5.3.5 多相流腐蚀机理及影响因素 ······ 371

5.3.6 土壤腐蚀行为及机理 ······ 375

5.3.7 微生物腐蚀行为及机理 ······ 380

5.4 石油管腐蚀防护技术 ······ 383

5.4.1 耐蚀材料 ······ 385

5.4.2 缓蚀剂 ······ 411

5.4.3 阴极保护 ······ 422

5.4.4 防腐材料内衬及包覆 ……424
5.5 石油管的防腐蚀检测与监测 ……429
5.5.1 石油管的防腐蚀检测 ……429
5.5.2 石油管的腐蚀监测 ……434
5.5.3 石油管的实物腐蚀评价 ……442
参考文献 ……447
第 6 章 石油管服役性能与成分 / 结构、合成 / 加工、性质的关系 ……453
6.1 金属材料石油管服役性能与成分、组织结构、基本力学性能（性质）的关系 ……453
6.1.1 一次加载断裂的服役性能与成分、组织、基本力学性能的关系 ……453
6.1.2 疲劳断裂的服役性能与材料成分、组织、基本力学性能之间的关系 ……461
6.1.3 应力腐蚀破裂服役性能与材料成分、组织、基本力学性能之间的关系 ……466
6.2 特殊服役条件下石油管构件材料的强、塑、韧匹配 ……469
6.2.1 满足“先漏后破”准则的钻杆管体对材料韧性的需求 ……469
6.2.2 高强度套管材料的强、塑、韧匹配及与钢的成分、组织结构与性质的关系 ……474
6.2.3 套管射孔开裂和射孔器失效与强韧性匹配 ……482
参考文献 ……489
第 7 章 石油管失效分析、失效控制与完整性管理 ……491
7.1 失效分析的任务、方法与展望 ……491
7.1.1 失效分析的意义与任务 ……492
7.1.2 失效分析的思路及程序 ……492
7.1.3 失效分析与预测预防工作概况 ……498
7.1.4 失效分析展望 ……500
7.2 石油管的失效控制 ……502
7.2.1 油气管道的失效控制 ……502

7.2.2 油／套管柱的失效控制 …… 515

7.3 油气管道／管柱完整性管理 …… 518

7.3.1 油气管道完整性管理 …… 518

7.3.2 油套管柱完整性管理 …… 579

7.4 失效分析、失效控制与完整性管理的关系 …… 598

7.4.1 失效分析与完整性管理的关系 …… 598

7.4.2 失效控制与完整性管理的关系 …… 599

参考文献 …… 599

第1章 “石油管工程”概论

1.1 石油管在石油工业中的地位

1.1.1 石油管概述

石油管包括油井管和油气输送管两大类。服役时，油井管由专用螺纹连接成数千米甚至上万米长的管柱，包括钻柱、套管柱、油管柱。钻柱由方钻杆、钻杆、钻铤、转换接头等组成，是钻井的重要工具和手段。典型的钻柱组合如图1.1.1所示。套管柱下入钻成井眼，用于防止地层流体流入井内及地层坍塌。油管柱下入生产套管柱内，构成井下油气层与地面的通道。套管和油管在油井中的位置如图1.1.2所示。油气输送钢管由焊接或螺纹连接成管道，用于石油天然气高效长距离输送。图1.1.3为油气输送管道的铺设现场[1]。

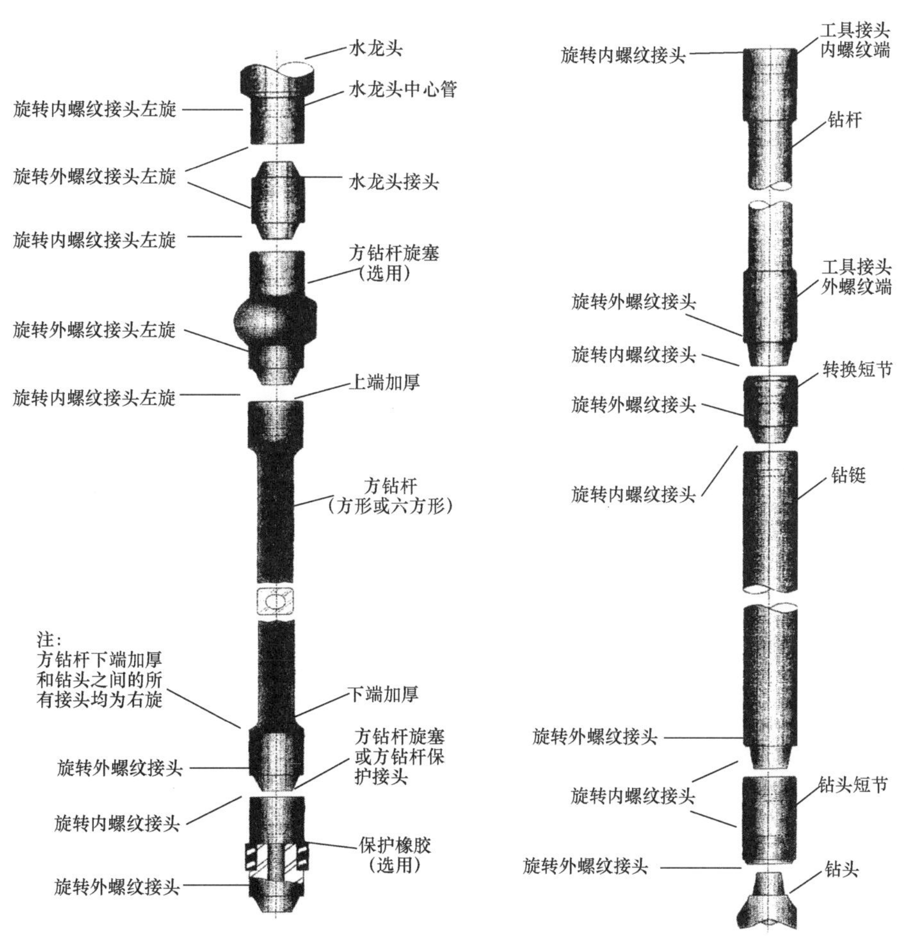

图1.1.1 典型的钻柱组合

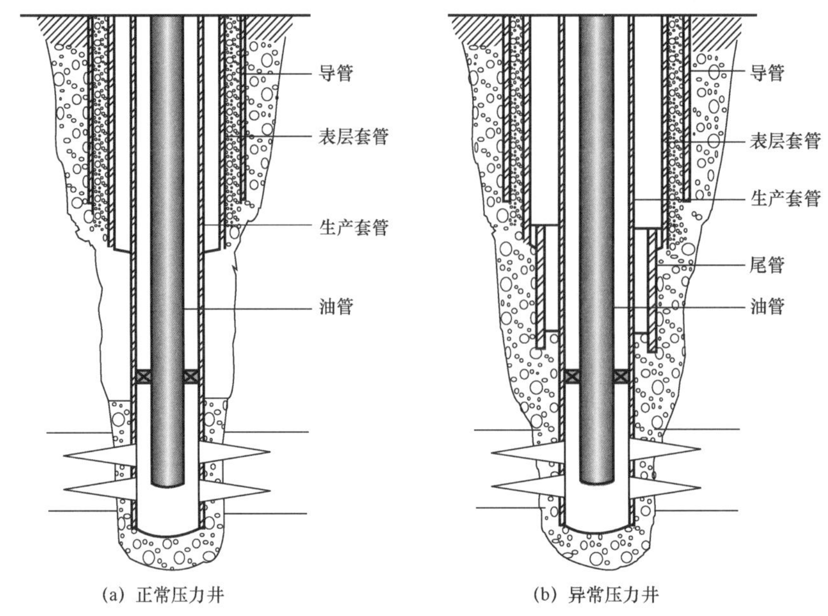

图 1.1.2　套管与油管在油井中的位置

图 1.1.3　油气输送管道铺设现场

石油管不属一般的冶金产品，而是在无缝管、棒材或板材的基础上经过深加工（压力加工、焊接、机加工、热处理、表面处理等）的特殊冶金产品，实际上已属于机械产品的范畴。为满足使用要求，除对化学成分、冶金质量、力学性能、残余应力等有严格要求外，对制成品的外径、内径、壁厚、圆度、直度及螺纹参数、密封性能和结构完整性都有很严格的要求。世界上大多数国家的石油管采用美国石油学会（API）标准。API 成立于 1919 年，是美国石油工业主要的贸易促进协会。20 世纪 20 年代起，API 就开始制定石油工业设备、材料及产品相关的规范和标准。目前 API 约有 600 余个会员单位，几乎国际上所有大的石油公司都是 API 会员，另外还有众多生产企业和技术服务公司等。当前 API 标准在全球拥有很高的知名度和国际影响力。在石油管中，套管和油管采用 API Spec 5CT，钻杆管体、钻杆接头采用 API Spec 5DP，钻柱转换接头、方钻杆、钻铤等采用 API Spec 7－1，油气输送管采用 API

Spec 5L。

列于 API Spec 5DP 的钻杆按管体强度级别依次有 E75、X95、G105、S135 等 4 个钢级(E、X、G、S后的数字为标准规定的管体材料的最低屈服强度,单位 ksi)。

列于 API Spec 5CT 的套管和油管分为 14 个钢级:H40、J55、K55、N80 1 类、N80Q、R95、L80 1 类、L80 9Cr 类、L80 13Cr 类、C90 1 类、T95 1 类、C110、P110、Q125 1 类。除 L80 9Cr 类、L80 13Cr 类、C90 1类、T95 1 类、C110 计 5 个钢级限定使用无缝钢管外,其余钢级除使用无缝管外还可使用电阻焊或电感应焊接方法生产的直缝焊管(EW)。

列于 API Spec 5L 的油气输送管有 A25、A、B、X42、X46、X52、X56、X60、X65、X70、X80、X90、X100 和 X120 共 14 个强度级别,按生产工艺不同分为无缝钢管(SMLS)、连续炉焊管(CW)、螺旋缝组合焊管(COWH)、直缝组合焊管(COWL)、高频焊管(HFW)、低频焊管(LFW)、激光焊管(LW)、螺旋缝埋弧焊管(SAWH)和直缝埋弧焊管(SAWL)等 9 种,但主要使用的是 SMLS、HFW、SAWH、SAWL 等 4 种。其中 SAWL 按成型方式又分为 UO(UOE)、RB(RBE)、JCO(JCOE)等。由于无缝钢管直径的限制,在长输管道主干线上一般采用 SAWL、SAWH 焊管。

自 20 世纪末,随着 API 标准影响力的日益增强,国际标准化机构(ISO)加强了与 API 的合作,更多地把 API 标准转化为 ISO 标准,进一步扩大了 API 标准的应用范围。例如:2008 年 ISO 把原有的 API Spec 5D 和 Spec 7 中的有关内容合并,成为一部完整的钻杆标准 ISO 11961,随后 API 也发布了等同标准 API Spec 5DP;2005 年 ISO 采纳 API 建议,将 ISO 3183 三个系列标准整合,形成一个与 API Spec 5L 类似的标准,2007 年 API 与 ISO 协调,就管线钢管标准达成一致,ISO 3183:2007 和 API Spec 5L(44 版)相继发布,在此基础上最新版 ISO 3183/API Spec 5L 标准又于 2012 年出版。双方合作至 2012 年前后,API 出于贸易制裁和知识产权保护的考虑,终止与 ISO 的合作,不再制定发行与 ISO 一致的标准。再版的 API 与 ISO 石油管标准也将各自分别制定。

尽管 API 的标准化工作不断发展和完善,但它毕竟是用户和制造厂商的妥协产物。迄今为止,大多数用户订购石油管时,在采用 API 标准的同时,还要附加一些补充技术条件。而且用户实际使用的油井管,有相当数量(约 30%)是非 API 油井管。非 API 油井管是指不按照或不完全按照 API 标准生产、检验的一类油井管,是生产厂根据用户需求,或为了满足某些特殊使用性能而开发的个性化产品,属于各生产厂家的专利产品。非 API 油井管有三类:第一类是非 API 钢级系列,第二类是非 API 螺纹系列,第三类是非 API 规格系列。第一类主要和材质有关。这类油井管的力学性能(强度、韧性等)或物理、化学性能(耐蚀性等)比 API 油井管有更高的档次和更严格的要求。第二类是不同于 API 螺纹的特殊螺纹系列。第三类是几何尺寸(如外径、壁厚和接箍尺寸)不同于 API 标准的油井管。通常所说的非 API 油井管主要指第一类和第二类,即非 API 钢级和特殊螺纹接头。而且,在多数情况下,非 API 钢级油井管同时也采用了特殊螺纹接头。非 API 油井管实际上是高性能或具有特殊性能的油井管。

国外主要石油管生产厂均有自己的非 API 钢级油井管。例如美国国民油井华高公司的 S135T™、Z140、V150™、UD-165™(-20℃,3/4 尺寸平均 CVN 为 66J)超高强度钻杆,XS²95、HS³125 酸性环境用钻杆,以及英国 Hunting 公司的 HIWS1-135 超高强度钻杆、HXT™高抗扭钻杆。在套管和油管方面,日本新日铁住金株式会社开发了 SM 系列(无缝管)、NT 系列(ERW 钢管)非 API 油套管产品,共 12 组,计 62 个钢级。按照用途分类,NT-80DE、SM-130G、SM-140G、SM-130CY 为一般或深井用,主要技术要求是屈服强度和夏比冲击吸收能;NT-55HE、SM-80T、NT-80HE、SM-95T、

SM－95TT、NT－95HE、SM－110T、SM－110TT、NT－110HE、SM－125TT 为高抗挤套管，需进行抗挤毁试验；SM－80L、SM－80LL、SM－95L、SM－95LL、SM－110L、SM－110LL 为低温环境用油套管，需进行－46℃下的低温夏比冲击试验；NT－80LHE 为低温环境用的高抗挤套管；耐酸油套管按酸性强弱分为中等强度酸环境、强酸性环境和超强酸环境用，对应的牌号分别为 SM－125S，SM－110ES、SM－125ES，SM－80XS、SM－90XS、SM－95XS、SM－110XS，需进行硫化物应力腐蚀开裂（SSCC）试验和氢致开裂（HIC）试验；兼具高抗挤性能的耐酸套管包括强酸环境用的 SM－110TES、SM－125TES 和超强酸环境的 SM－80TXS、SM－90TXS、SM－95TXS、SM－110TXS。上述耐酸油套管能有效防止硫化物应力腐蚀开裂，但不能防止含湿 H_2S 和 CO_2 共存环境的腐蚀。为此，新日铁住金株式会社还开发了新 SM 系列不锈钢和耐蚀合金系列油套管，包括 13Cr、超级 13Cr、超级 17Cr、双相不锈钢以及镍基和铁镍基合金。其中 SM13Cr－80、SM13CR－85、SM13CR－95、SM13CRI－80、SM13CRM－95、SM13CRM－110 应用于纯 CO_2 腐蚀环境；SM13CRS－95、SM13CRS－110、SM17CRS－110、SM22CR－110、SM25CR－110、SM17CRS－125、SM22CR－125、SM25CR－125、SM25CRW－125 应用于少量 H_2S 和 CO_2 共存环境；SM2535－110、SM2242－110、SM2035－110、SM2535－125、SM2035－125、SM2535－140、SM2550－110、SM2050－110、SMC276－110、SM2550－125、SM2050－125、SMC276－125、SMC276－140 应用于 H_2S 和 CO_2 共存环境。同样，日本 JFE 公司的非 API 油套管系列产品达约 11 组，32 种牌号。国内天津钢管制造有限公司（简称“天钢”）、宝山钢铁股份有限公司（简称“宝钢”）等也都开发了系列非 API 钢级油井管，平均年产量占油井管总产量的 30% 左右。国产非 API 钢级油井管总体上已达到或接近国外同类产品的先进水平。

油井管柱是由专用螺纹将单根油井管连接而成。管柱在不同井段要长时间承受拉伸、压缩、弯曲、内压、外压和热循环等复合应力的作用，螺纹连接部位是最薄弱的环节。油管和套管的失效事故，80% 左右发生在螺纹连接处，主要失效类型为结构失效和泄漏。因此，油井管的螺纹主要应具备两个特性：（1）结构完整性，就是螺纹啮合后应具备足够的连接强度，不至于在外力的作用下使结构受到破坏；（2）密封完整性，就是要能保证含有数以百计螺纹连接接头的管柱在各种不同受力状态下承受内外压差（一般为几百个大气压）的长期作用而不泄漏。螺纹连接强度和密封性能是油井管极为重要的两个技术指标。API Spec 5CT 规定套管和油管采用短圆螺纹、长圆螺纹、偏梯形螺纹等连接形式。上述连接形式采用的圆螺纹和偏梯形螺纹在保障管柱的结构完整性和密封完整性方面都存在一定的问题。例如圆螺纹管柱，其螺纹连接部位只能承受相当于管体强度 60% ～80% 的拉伸载荷；偏梯形螺纹的密封性较低，水密封使用压力一般不超过 28MPa，气密封压力有时接近于零。而且，API 圆螺纹和偏梯形螺纹都是借助于 API 螺纹脂来实现密封，一般只能在 95℃以下的温度有效使用。而近 30 年来，油、气钻探环境日益苛刻，油井深度、井底压力和温度日益增高，迫使人们开发了非 API 特殊螺纹（Premium Connection）。目前，国外已有 30 多家著名的油井管制造厂开发 100 多种享有专利权的特殊螺纹。例如法国 V&M 公司的 VAM 21、VAM TOP、DINO VAM、VAM SLIJ、VAM HTF、VAM FJL 等系列，英国 Hunting 公司的 TS、SEAL－LOCK、CWC、WEDGE－LOCK、TKC 系列，JFE 公司的 FOX、JFEBEAR、JFETIGER、JFELION 系列。在国外，特殊螺纹油井管的使用量已占全部油井管用量的 20% 左右。国内，1992 年由中国石油集团石油管工程技术研究院（原中国石油天然气集团公司管材研究所，以下简称管研院，英文缩写 TGRC）从美国 H. O. MOHR 公司引进了成套的油套管全尺寸螺纹连接性能评价试验系统，对油田选用特殊螺纹接头油套管及特殊螺纹接头油套管的国产化起到了指导和促进作用；1996 年，攀钢集团成都钢铁有限责任公司（简称攀成钢）率先自主开发了 CGT 螺纹接头；1998年，天钢引进英国Hunting公司系列螺纹接头的专利技术，并在此基础上开发了TPCQ特殊螺纹接头；2001年，宝钢开发了BGT螺纹接头；2002年，无锡西姆莱斯石油专用管制造有限公司（简称“无锡西姆莱斯”）开发了WSP－1T和2T螺纹接头；至2012年，国产特殊螺纹接头油套管产量56万吨，已达全年用量的19％。总体上看，国产特殊螺纹接头油套管的数量、品种和质量基本上可满足国内油气田的需求。

油气输送管的非API系列，主要是区别了输送天然气的管线与输油管线技术条件的差异，以及寒冷地区用和含酸性介质（H_2S、CO_2等）等苛刻使用环境输送管线的特殊要求。

1.1.2　石油管的重要地位[1]

石油工业大量使用石油管，石油管在石油工业中占有很重要的地位。

（1）石油管用量大、花钱多，节约开支、降低成本的潜力巨大。

油井管的消耗量可按每年钻井进尺量推算。根据我国具体情况，大体上每钻进1m需要油井管62kg，其中套管48kg、油管10kg、钻杆3kg、钻铤0.5kg。近年来，我国每年消耗油井管约300×10^4t。油气输送管年需求量波动较大，平均每年200×10^4t。大致上，我国石油工业每年消耗石油管约500×10^4t，耗资达400亿元人民币。

（2）石油管的力学和环境行为对石油工业采用先进工艺和增产增效有着重要的影响。

在石油工业的勘探、开发、储运过程中，采用先进的工艺方案、增产措施都受到石油管的力学和环境行为的严重制约。提高钻速是强化钻井、降低成本的关键措施。但长期以来，钻井设计和施工作业中为保证钻柱的强度和寿命，致使提高钻速的措施严重受限。国内油气管道建设初期，由于受所用钢管强度的限制，管道输送压力不高，输送效率低，并且中间泵站/增压站多，造成投资成本增加。近年来新建油气管道的输送压力由早期的3.9～4.6MPa提高到10～12MPa，泵站/增压站间距加大为100km以上，输送效率、泵站投资等综合经济效益指标大幅提升。

（3）石油管失效损失巨大，其安全可靠性和使用寿命对石油工业关系重大。

石油管服役条件恶劣。例如油管柱和套管柱通常要承受几百甚至上千大气压的内压或外压，几百吨的拉伸载荷，还有温度及严酷的腐蚀介质的作用。1985年以前，我国每年仅钻柱断裂掉井事故即达1000起左右。据国际钻井承包商协会（IADC）统计，每起钻柱断裂事故平均直接损失为10.6万美元。钻柱和套管柱损坏有时会导致油井报废。我国西部油田一口油井的成本达几千万元人民币。套管的寿命直接决定油井寿命，油井的寿命又决定了油田寿命。油气输送管的事故多是灾难性的。例如1989年发生在苏联乌拉尔山地区的一次天然气输送干线泄漏引爆，导致1024多人伤亡。石油管的安全可靠性、使用寿命和经济性对石油工业关系重大[2]。

1.2　石油管服役条件和失效模式

油井管的服役条件是指油井管在使用过程中所承受的工作载荷、环境介质等。由于油井管的服役环境主要在井下，无论是钻井过程、完井固井过程，还是采油采气过程，必然受到地质条件和井下复杂工况的影响。油井管的服役条件包括服役工作条件、井下地质工况以及工程实施中的操作因素等。各种服役条件的表现形式包括：载荷的性质（静载荷、冲击载荷、交变载荷、局部压入载荷等），加载次序(载荷谱、瞬时超载),应力状态(拉伸、压缩、内压、外压、弯曲、扭转、剪切及其复合)。地质工况包括:井径、井斜和方位、井眼规则、垮塌、缩颈、油气水层、地层温度、构造应力变化、岩性变化等。施工操作因素包括:油井管下井操作、施工操作、处理事故操作以及运输和存放操作等。

构件在特定的服役条件下发生变形、断裂、表面损伤等而失去原有功能的现象称为失效。失效模式是指失效的表现形式,一般可理解为失效的类型。

钻柱、套管柱、油管柱和油气输送管线的服役条件和失效模式有较大的差别,现分述如下。

1.2.1 钻柱[3,4]

钻柱在井下受到多种载荷(轴向拉力及压力、扭矩、弯曲力矩、离心力、外挤压力等)的作用。钻柱工作状态可大致归纳为起下钻和正常钻进两种。在不同的工作状态下,钻柱不同部位的受力情况不同。

1.2.1.1 钻柱受力情况

(1)轴向拉力与压力。起下钻时,由于自重,钻柱承受轴向拉力,其值越接近井口越大,最下端的拉力为零,井口处的拉力最大。因井眼内钻井液浮力的作用,下部一段钻柱受到轴向压应力,同时使上部钻柱的拉伸应力减小。钻井液密度越大,其浮力对上部钻柱拉应力影响越大。起钻过程中,钻柱与井壁之间的摩擦力以及遇阻、遇卡,均会增大钻柱上的拉伸载荷。下钻时钻柱的承载情况与起钻时相反。循环系统在钻柱内及钻头水眼上所耗损的压力,也将使钻柱承受的拉力增大。图 1.2.1 为钻柱轴向受力示意图。

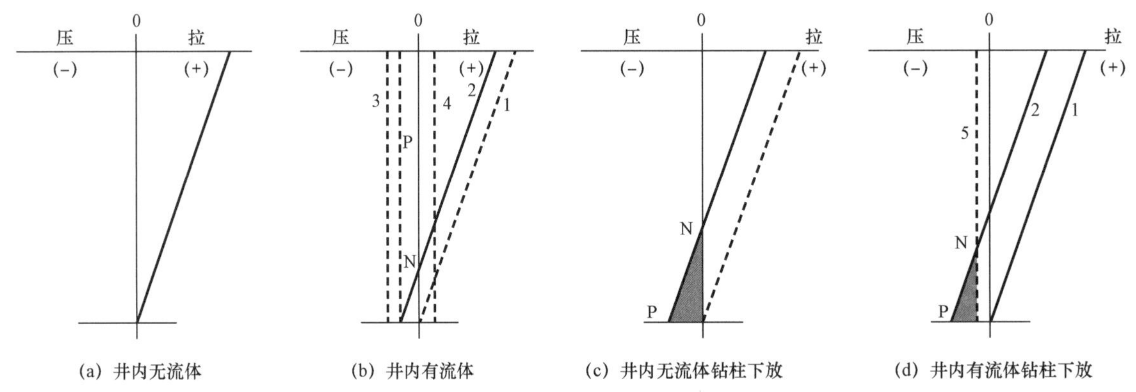

图 1.2.1 钻柱轴向受力示意图

1—轴向拉应力线;2—轴向应力线;3—静液柱压力线;4—水力载荷作用线;5—静液柱压力与水力载荷作用线

(2)扭矩。转盘钻井时,必须通过转盘把一定的能量传递给钻柱,用于旋转钻柱和带动钻头破碎岩石。这样,钻柱受到扭矩的作用,扭矩在井口处最大,向下随着能量消耗逐渐减小,在井底处钻柱所受的扭矩最小。在井下动力钻井时,钻柱承受的扭矩为井下动力钻具的反扭矩,在井底处最大,往上逐渐减小。图 1.2.2 为钻柱扭转受力示意图。

(3)弯曲力矩。正常钻井时,当施加的加压钻压超过钻柱的临界值时,下部钻柱就会产生弯曲变形。在转盘钻井中,钻柱在离心力的作用下也会产生弯曲。钻柱在弯曲的井眼内工作时,也将发生弯曲。产生弯曲变形的钻柱在轴向压力的作用下,将受到附加弯曲力矩的作用,在钻柱内产生更大弯曲应力。在弯曲状态下，钻柱如绕自身轴线旋转，则会产生交变的弯曲应力。图1.2.3为钻柱弯曲受力示意图。

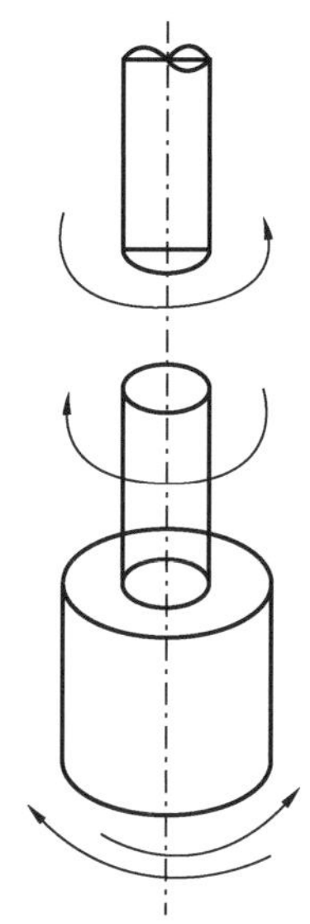
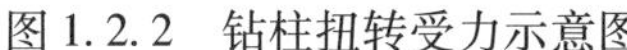

图1.2.2 钻柱扭转受力示意图

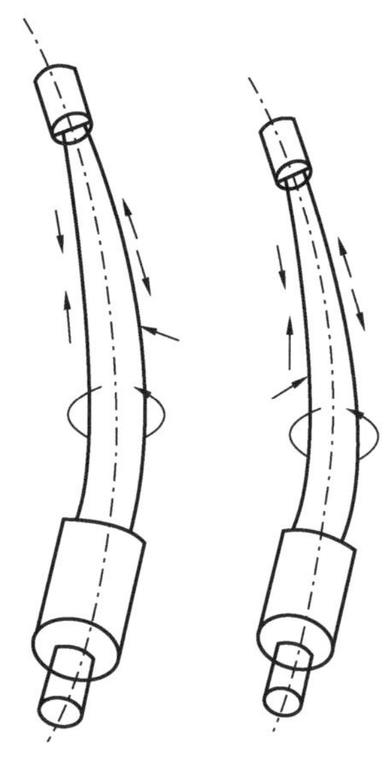

图1.2.3 钻柱弯曲受力示意图

(4)离心力。当钻柱绕井眼轴线公转时，将产生离心力(图1.2.4)。离心力将引起或加剧钻柱弯曲。

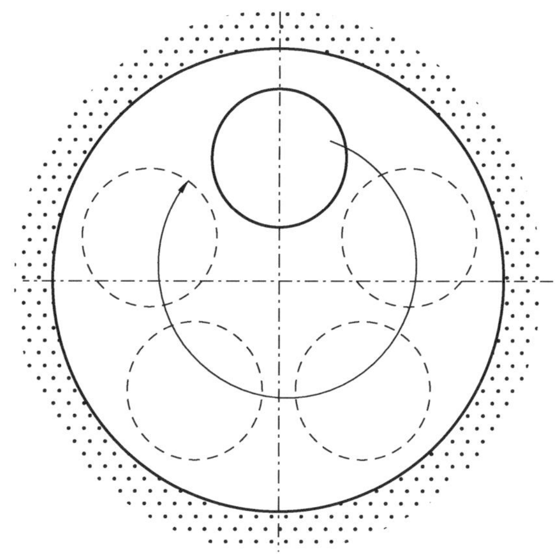

图1.2.4 离心力作用示意图

(5)外挤压力。钻杆测试时，钻杆将承受很大的外挤压力。进行钻杆测试时，一般都在钻柱底部安装一套封隔器，用于封隔下部地层和管外环空。钻杆下入井时控制阀是关闭的，因此钻井液不能进入钻杆内，封隔器压紧后打开控制阀，地层流体才流入钻柱内，如图1.2.5所示。

(6)横向摆振。在某一临界转速下，钻柱将出现摆振[图1.2.6(a)]，其结果是使钻柱产生公转，引起钻柱严重偏磨。

(7)扭转振动。当井底对钻头旋转的阻力不断变化时,会引起钻柱的扭转振动[图1.2.6(b)],因而产生交变剪切应力,降低钻柱的寿命。扭转振动与钻头结构、岩石性质均匀程度、钻压及转速等许多因素有关。特别是当用刮刀钻头钻软硬交错地层时,钻柱可能产生剧烈的扭振,出现所谓的"蹩跳"现象。

(8)纵向振动。钻井时,钻头的转动(特别是牙轮钻头)会引起钻柱的轴向振动,在钻柱中和点附近产生交变应力。轴向振动和钻头结构、所钻地层性质、泵量不均匀程度、钻压及转速等许多因素有关。当这种轴向振动的周期和钻柱本身固有的振动周期相同或成倍数时,就会产生共振现象,振幅急剧增大,通常称为"跳钻"[图1.2.6(c)]。严重的跳钻常常造成钻杆弯曲、磨损以及迅速疲劳破坏。

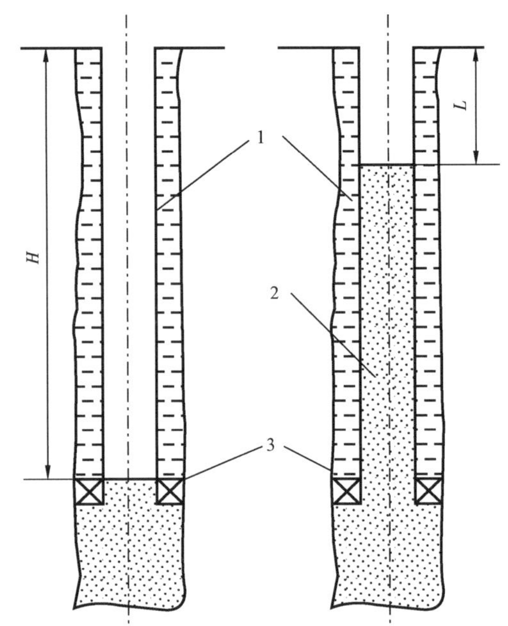

(a) 控制阀关闭钻柱内无钻井液　(b) 控制阀打开地层流体流入钻柱内

图1.2.5　钻杆测试时的挤压作用

1—钻井液;2—地层流体;3—最大挤压处

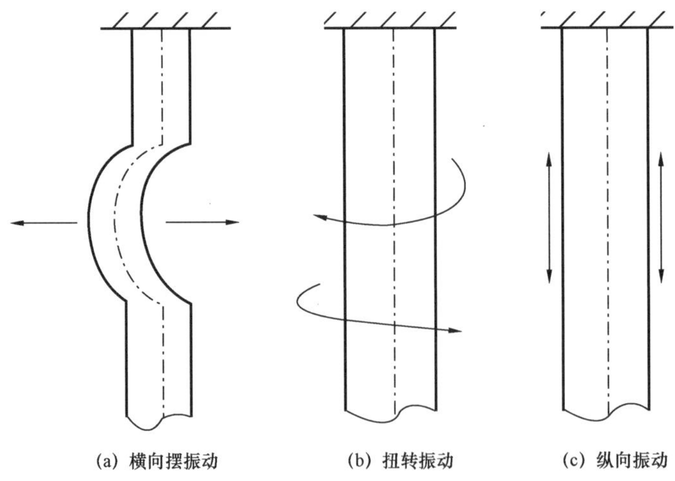

(a) 横向摆振动　(b) 扭转振动　(c) 纵向振动

图1.2.6　钻柱振动的3种形式

对于不同的钻井方式,钻柱的受力情况是存在差别的。

在井下动力钻井时,钻头破碎岩石的旋转扭矩来自井下动力钻具,其上部钻柱一般是不旋转的,故不存在离心力的作用;另外可用水力载荷给钻头加压,这就使得钻柱受力情况比较简单。

空气钻井主要依靠高压缩气体作用到动力钻头上实施钻进,钻柱在此除起到传输高压气体作用外,自身承受的振动应力也很大。由于空气钻井施工过程,钻具在井下环空没有钻井液的保护,振动的频率和振幅比钻井液钻井要大,振动疲劳载荷形成的应力叠加在所难免。

针对定向井、大斜度井钻进实施的顶驱钻井工艺,钻柱受力状态与转盘钻井方式相似,只是钻柱斜躺在井壁上,摩阻加大、弯曲应力加大。

此外,腐蚀介质(H_2S、CO_2、Cl^-、O_2等)、温度、井下压力等也都是不可忽视的服役条件。

1.2.1.2 钻柱的主要失效模式

在上述外在服役条件下,钻柱的主要失效模式为:

(1)过量变形。是由于工作应力超过材料的屈服强度所致。如钻杆接头螺纹部分的变形伸长(图1.2.7),钻杆管体的弯曲及扭曲(图1.2.8)。

图1.2.7 钻杆接头螺纹部分过量变形,伸长20.7mm

图1.2.8 钻杆管体弯曲和扭曲

(2)断裂。包括过载断裂、低应力脆断、应力腐蚀破裂、疲劳和腐蚀疲劳断裂等。在钻柱失效事故中,断裂失效比例最大,危害也较严重。

① 过载断裂。工作应力超过材料的抗拉强度所致。如遇卡提升时钻杆薄弱环节(如焊缝热影响区)的断裂(图1.2.9)及蹩钻时钻杆管体折断(图1.2.10)。

图1.2.9 钻杆过载断裂(断于焊缝热影响区)

图1.2.10 钻杆过载断裂(管体折断)

② 低应力脆断。石油管表面或内部存在缺陷或组织不良，在较低应力下脆性断裂。图 1.2.11 为钻铤材料韧—脆转化温度高于工作温度而导致的低应力脆断宏观断口形貌。

图 1.2.11　钻铤低应力脆断

③ 应力腐蚀破裂。在含硫油气井作业时，硬度高于 HRC22 的钻柱构件，易发生硫化物应力腐蚀开裂（图 1.2.12）。高强度钻杆长时间与某些介质（如盐酸）接触也可能发生应力腐蚀破裂（图 1.2.13）。

图 1.2.12　钻杆硫化物应力腐蚀断裂

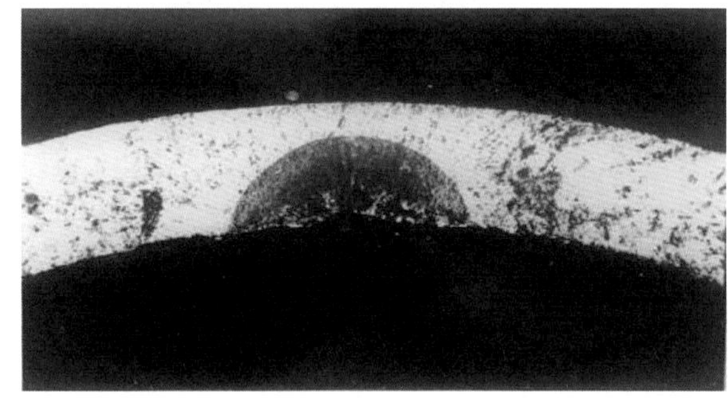

图 1.2.13　钻杆在盐酸中的应力腐蚀断口

④ 疲劳和腐蚀疲劳断裂。一般发生在钻杆接头、钻铤和转换接头螺纹部位，及钻杆管体内加厚过渡区等截面变化区域或因表面损伤形成的应力集中区。图 1.2.14 是发生在钻铤螺纹根部的疲劳断裂。腐蚀疲劳是交变载荷和钻井液等腐蚀介质联合作用的结果。图 1.2.15 是钻杆内加厚过渡区的腐蚀疲劳失效。疲劳和腐蚀疲劳约占钻柱失效事故的 80% 左右。

(3) 表面损伤。主要有腐蚀、磨损和机械损伤三类。

① 腐蚀。包括均匀腐蚀（如钻具表面锈蚀）、点蚀（多发生在钻杆内表面，如图 1.2.16 所示）、缝隙腐蚀（如钻杆表面皱褶处的钻井液腐蚀）。

② 磨损。包括粘着磨损（如旧螺纹粘扣，图 1.2.17）、磨料磨损（如井壁对钻柱的磨损）、冲刷磨

损(如钻井液对钻柱内外表面及螺纹连接部分的冲蚀损伤)。

③ 机械损伤。如表面碰伤,大钳咬痕等。

图 1.2.14 钻铤疲劳断裂

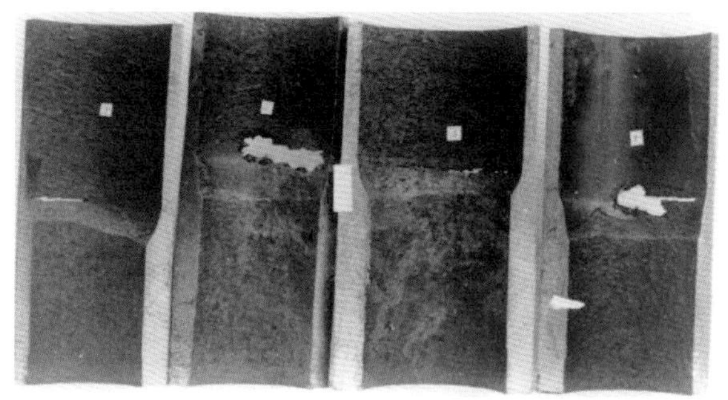

图 1.2.15 钻杆内加厚过渡区腐蚀疲劳失效

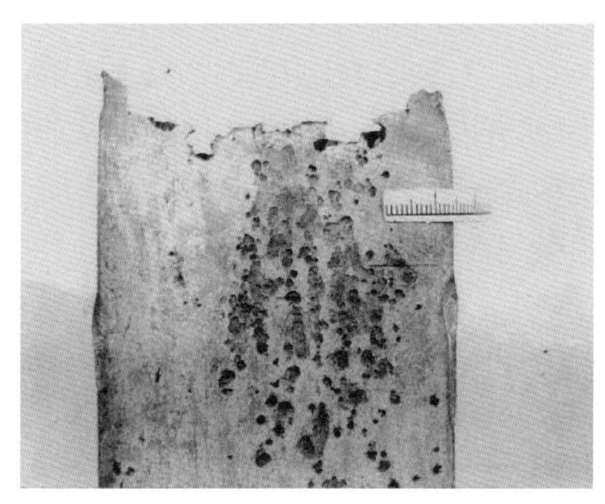

图 1.2.16 钻杆内表面点蚀

图 1.2.17 钻具螺纹粘扣

1.2.2 套管柱[5-7]

1.2.2.1 套管柱承受载荷和环境作用情况

套管柱在油气田开发过程中长期承受载荷和环境的作用,具体如下:

(1)下套管上卸扣,接头螺纹之间承受的摩擦力、接触应力与环向应力大小直接影响螺纹的粘扣行为,进而影响密封和连接强度。这种受力状态与大钳夹持接箍的位置以及夹持力大小有直接关系。

(2)下套管过程遇阻,或螺纹粘扣、损伤更换需要反向提拉套管柱时,上部套管不仅承受整个套管柱的自重,还要承受井壁摩阻以及液体摩阻叠加后形成的拉伸载荷。

(3)固井碰压,水泥浆与替浆液密度形成的压差会给套管柱形成一定的外压力。

(4)采用旋转固井、旋转下套管施工,整根套管柱及接头还要承受扭转 + 压缩载荷作用。其中最大扭矩可达到 API 规定同等产品上扣扭矩的 2 ~3 倍。

(5)对于定向井、斜井或大位移井,上一层套管固完井,钻水泥塞实施二开(或三开)时,钻具对套管内壁反复敲击会形成摩擦磨损力或局部刮伤力等,如图 1.2.18 所示。

(6)采用射孔法完井的油层套管,射孔作业时管柱还要承受大能量高温瞬时冲击载荷的作用。

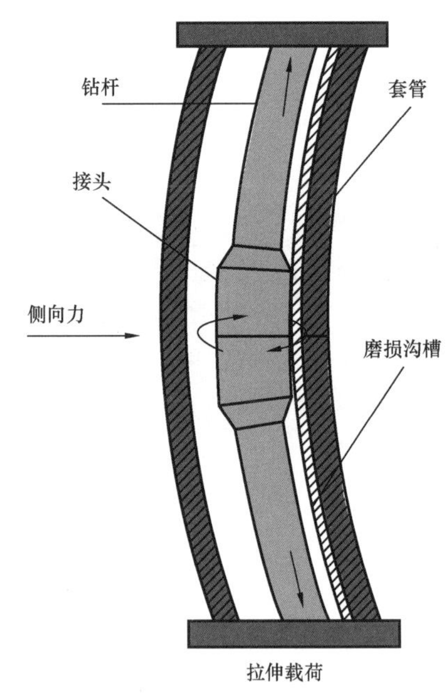

图 1.2.18 套管磨损模型

这种载荷会引起套管纵向开裂，使封固的油层、气层、水层有可能"窜槽"，从而无法实施薄油层开采和分层开采。

(7) 稠油热采井在蒸汽热吞吐过程中，生产套管要在常温至 300℃过热蒸汽的反复作用下线膨胀变形和出现高温强度下降，使套管及接头承受拉伸 + 压缩的交变载荷作用。

(8) 页岩气井（大位移水平井）实施长时间压裂作业，在非固井段的油层套管要承受高内压 + 拉伸 + 弯曲载荷的综合作用。套管内壁还要经历大流量高压或超高压水力压裂液的冲刷。

(9) 钻井遇到泥岩层、岩盐层、膏岩层以及复合岩层时，没有尽快有效地封固复杂地层、岩层遇水（或钻）膨胀或蠕动会对套管柱形成径向不均匀压缩载荷作用。

(10) 由于长期的油气开采以及为提高产量而采取的一些增产措施（如注水开发等）会引起地应力改变，从而使地层间发生相对位移或膨胀，对套管产生径向载荷。

(11) 地震、山前地区或近海大陆架的地下活动、地应力变化等都会对套管柱产生不均匀的径向载荷和弯曲载荷作用。

除上述载荷因素外，套管柱在井下还会遇到酸性介质腐蚀（如 H_2S 腐蚀、CO_2腐蚀）、地层水腐蚀、Cl^-腐蚀、氧腐蚀、细菌腐蚀等。另外，地层高温的作用也不容忽视。

1.2.2.2 套管柱主要失效模式

在上述外在服役条件下，套管柱的主要失效模式为：

(1) 挤毁。地层中的油、气、水压力及地层岩石侧压力所形成的外挤力使套管柱管体部分失稳，包括弹性失稳和塑性失稳（图 1.2.19）。

(2) 滑脱。螺纹连接部分在外力作用下，外螺纹接头从接箍内脱开，如图 1.2.20 所示。

(3) 破裂。

① 管体爆裂。套管柱承受地层流体（油、气、水）的压力及特殊作业（压裂酸化、挤水泥等）时所施加的压力超过管体承压极限所致。

② 管体错断。在不均匀外挤力作用下，套管柱管体局部承受较大的剪切力，使管体横向断开。

③ 接箍纵裂。套管柱内压力较大而接箍比较薄弱或上扣扭矩过大所致。

④ 管体断裂。在较大的轴向拉力下，外螺纹接头在螺纹最后啮合处断裂。特殊螺纹接头套管也可能在螺纹区以外断裂。

⑤ 射孔开裂。管体韧性较差，承受不了射孔弹的大能量冲击载荷。

⑥ 应力腐蚀开裂。天然气或伴生气中的 H_2S 易引起高强度套管发生应力腐蚀开裂。

(4) 泄漏。在复合载荷作用下，内压尚未达到规定值，套管柱螺纹连接部位即失去密封。

(5) 表面损伤。

① 磨损。例如螺纹粘结及管体被钻柱磨损。

② 腐蚀。油气田底水、边水或油层水的矿化度有时超过 30×10^4 mg/L，天然气或伴生气含有 H_2S、CO_2 等酸性气体，均使套管腐蚀加剧。

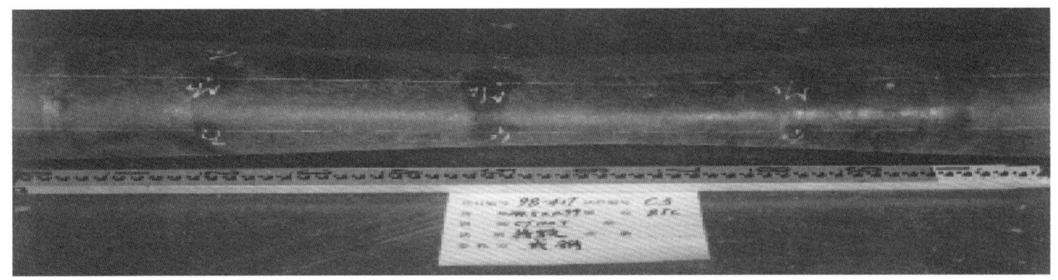

(a) 拉伸+挤毁

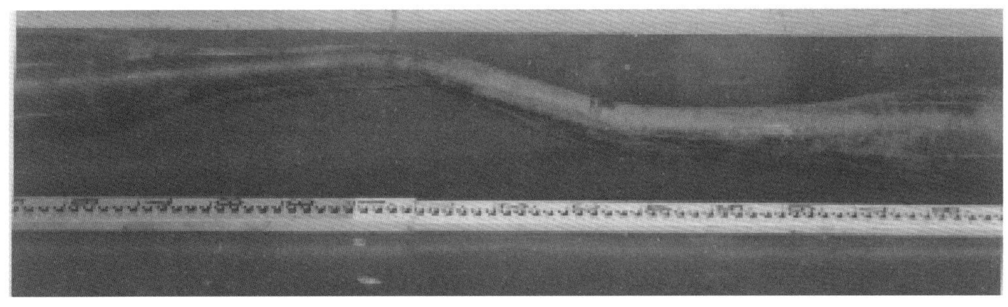

(b) 压缩+挤毁

图 1.2.19 套管塑性失稳挤毁

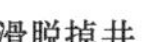

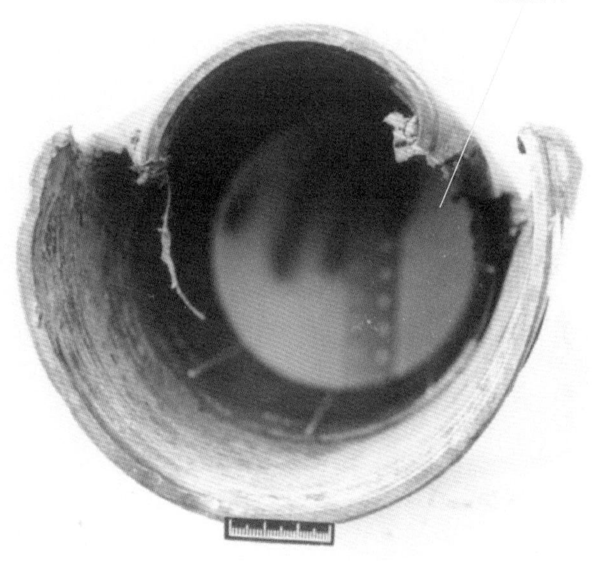

图 1.2.20 套管在螺纹连接部位滑脱掉井

1.2.3 油管柱[5-7]

1.2.3.1 油管柱受力情况

除四川和塔里木盆地之外，我国大部分油气田都属于低压低渗透油气田。各油气田绝大多数是抽油机井。抽油机井油管柱承受的载荷包括:下井时的上、卸扣操作载荷;压裂作业油管承受的内压力;管柱自重带来的拉伸力;弯曲载荷。这几种受力情况与套管柱相似,除此之外,油管柱服役还有如下特点。

(1)疲劳载荷。油管在服役过程中所受载荷随着上、下冲程发生变化,下冲程高于上冲程。两者之差大体上相当于液柱作用力以及液柱与油管间摩擦力之和。这样,油管柱实际上主要承受轴向拉一拉交变疲劳载荷。

(2)振动作用。根据油井井况不同,油管柱上部受井口约束,下部受封隔器约束,中间井段的油管柱在井内承受不同程度的弯曲应力,特别是在井眼不直的情况下,两端受约束附近的油管壁局部应力最大。在油气产量高时,还会引起油管柱的横向振动,包括自由振动和有阻尼的强迫振荡。

(3)内压力作用。井下油管柱在压裂、酸化、注水、测试等作业过程中所受的外载荷包括:井口或大钩作用于管柱上端的悬挂力;井下封隔器或井底作用于管柱下端的坐封力或支撑力;不同截面管柱台阶处,管柱底部端面及井下测试,开关工具阀球或柱塞面上所受液体、气体压力作用而产生的轴向活塞力(浮力);管内或环空流体流动产生的轴向黏滞阻力;管柱失稳弯曲并与套管(或井壁)发生接触,作用于管柱上的法向支反力及轴向库伦摩擦力;温度载荷和管柱内外液气柱压力等。对应的截面应力有轴向加载引起的轴向应力、螺旋弯曲形成的附加弯曲应力和内压、外压产生的环向和径向应力。

除此之外,对于抽油机井油管内壁还会受到抽油杆相对作用引起的局部偏磨损。酸化作业时通过油管柱向井内注入酸化液,特别是使用盐酸作为酸化液会引起 CO_2腐蚀。

对稠油热采井使用的油管,热蒸汽高温作用以及由此引起的热应力叠加、油管线膨胀变形、气蚀等的综合作用,都是引发油管柱早期失效不可忽视的因素。

对于四川川东北气田和塔里木地区的高温、高压、高腐蚀性的超深气井,油管柱服役除了要承受更高的拉伸力和更高的内压力外,还要承受试气放喷施工中气、液、固多相流上冲对油管柱产生的抽吸力和冲蚀。

另外介质中的 H_2S、CO_2、Cl^- 的影响,使得油管柱腐蚀穿孔的概率增加,因此,油管柱的服役条件也是非常苛刻的。

1.2.3.2 油管柱失效模式

油管柱的主要失效模式为:

(1)滑脱。类似于套管柱的滑脱。

(2)破裂。包括管体爆裂、接箍纵裂、管体断裂、应力腐蚀开裂和疲劳(腐蚀疲劳)断裂。前 4 种失效与套管柱类似。油管柱独具特色的失效形式是疲劳或腐蚀疲劳断裂,它是由油管柱承受的轴向拉一拉交变载荷引起的。

(3)泄漏。类似于套管柱的泄漏。

(4)表面损伤。油管柱的腐蚀和螺纹粘结等表面损伤失效与套管柱相似。图 1.2.21 为油田油管 CO_2腐蚀情况。

图1.2.21 油管 CO_2 腐蚀情况

1.2.4 油气输送管线[8,9]

管道运输是石油和天然气一种经济、安全的输送方式。目前,全世界管道的总长度已超过 280×10^4km,并以每年 5×10^4km 左右的速度增长。根据有关方面预测,未来20年世界范围内石油和天然气的需求将分别增长40%和60%以上。石油工业的这种巨大市场有力地促进了油气输送管线的发展。

油气输送管线发展的动力还来源于石油工业的发展对油气输送管线提出的日益严格的要求。随着边际油气田、极地油气田、海上油气田和酸性油气田等恶劣环境油气田的开发,油、气管道工程面临着高压输送和低温、大位移、深海、酸性介质等恶劣环境的挑战。为保证管道建设和运行的经济性和安全性,油气输送管线的基本要求和发展趋势是高强度、高韧性、大变形性、高耐蚀性、厚壁化以及在恶劣环境下良好的焊接性和加工性。特别是自20世纪90年代至今,由于一些超大型油气田和世界级油气田的相继发现,使世界管道工业进入了一个新的发展时期。在这一时期,以高新科学技术为引领,新理念(如管道的极限状态设计和基于应变的设计方法等),新工艺(如管道的高压输送和富气输送等)和新材料(如超高强度管线钢和玻璃纤维复合管等)不断涌现,以高压、大管径和面对恶劣环境为特征的油气输送管线进入一个新的发展时期。

由于石油、天然气的易燃、易爆性和具有毒性等特点,管道的安全运行非常重要。油气输送管道长时间服役后,会因外部干扰、腐蚀、管材和施工质量等原因发生失效事故,导致火灾、爆炸、中毒,造成重大经济损失、人员伤亡和环境污染。

根据已进行的失效分析,油气管道的失效模式主要包括过量变形、断裂、腐蚀和机械损伤四类,如图1.2.22所示,油气管道失效原因如图1.2.23所示。

1.2.4.1 过量变形

随着油、气输送管道向极地、海洋和地质非稳定区域的延伸,油、气管道面临着冻土、洋流、滑坡、泥石流、大落差地段、移动地层和地震等大位移环境的威胁。如在东亚和北美地区的地震和冻土带,

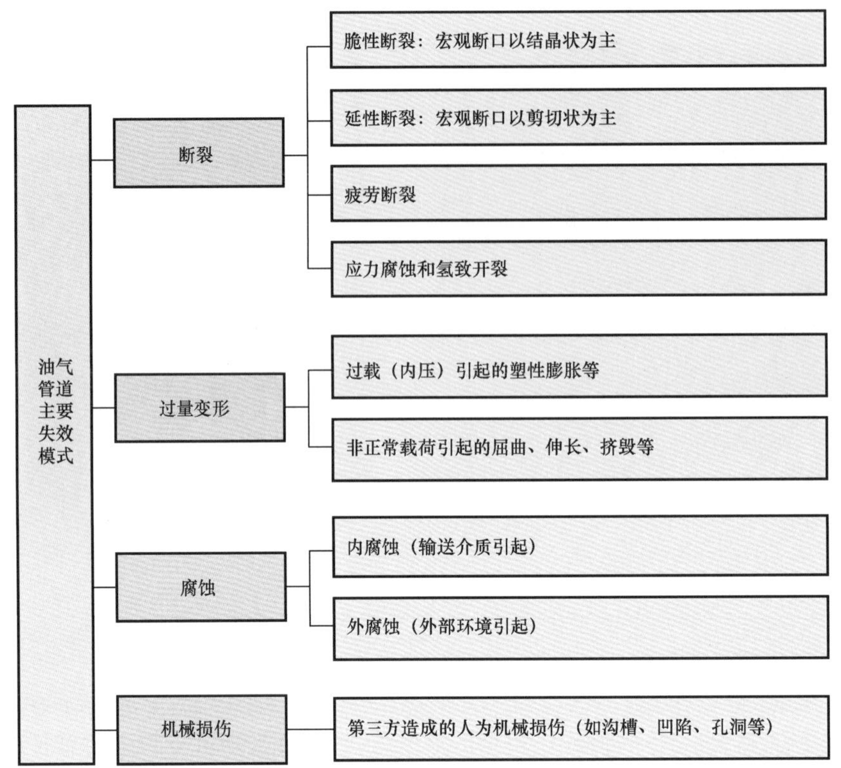

图 1.2.22　油气管道的失效模式

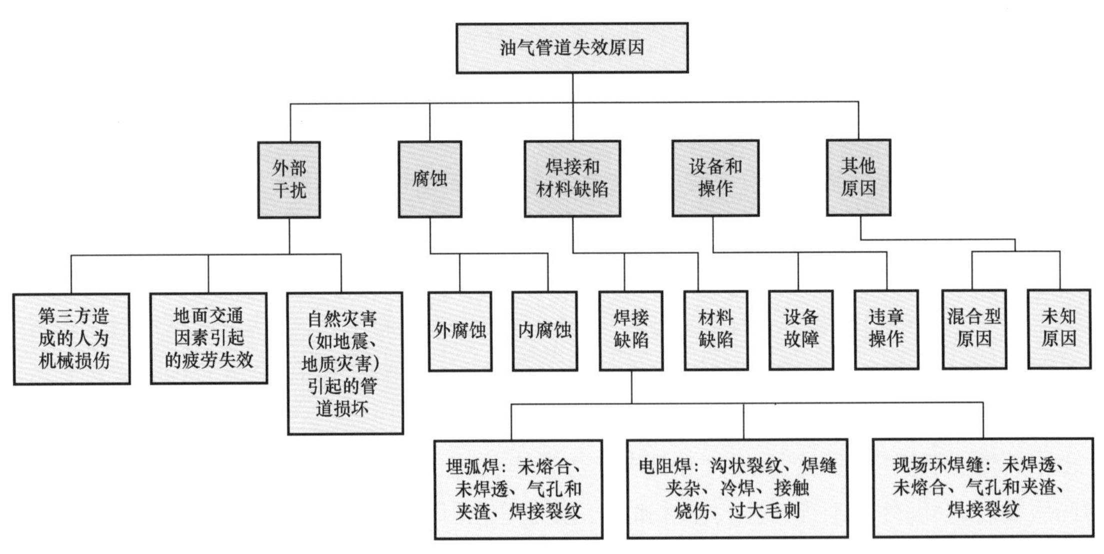

图 1.2.23　油气管道失效原因

由于地层移动引起管道局部屈曲和延性断裂的问题，已引起管道工作者的关注和重视。管道在地震、滑坡、不连续冻土区等地质灾害作用下，将承受大的应变，在此过程中管道出现局部屈曲和梁式屈曲等现象，均属于外部干扰造成的非正常载荷引起的失效。图 1.2.24 所示为某管道局部屈曲的情况。

为适应管道的大位移环境，一种应变极限状态法开始引入管道结构的设计领域，以代替基于应力的传统许用应力设计方法。这种基于应变的设计方法对通过冻土带、沉陷带、滑坡带和地震带的管

图1.2.24 管线发生管道局部屈曲现象

道，以及海洋管道和具有大跨距的悬空管道等在拉伸、压缩和弯曲载荷下抵抗屈曲、失稳和延性断裂的极限应变能力进行设计和提出要求，以适应位移控制载荷的作用。例如加拿大的 Machennie Valley 输气管道的设计拉伸极限应变为1% ~2%，弯曲极限应变为1% ~1.5%；俄罗斯萨哈林岛至日本的海底输气管道的极限拉伸应变为4%；海洋管道在敷设过程中极限轴向应变为2% ~3%；我国管道设计规范 SY/T 0450—2004 中规定相当于 X80 钢材的拉伸极限应变为1%。

1.2.4.2 断裂

由于输送环境的恶劣和输送介质的特殊性，管道的失效事故时有发生。表1.2.1为国内外天然气管道失效事故率的统计结果，引起管道失效事故的原因分别见表1.2.2至表1.2.4。

表1.2.1 国内外天然气管道失效事故率的统计

国家和地区	美国	欧洲	加拿大	苏联	中国四川
失效事故率 $(1000km\cdot a)^{-1}$	0.42	0.38	0.7	0.46	2.6

表1.2.2 美国天然气管道失效原因的统计

失效原因	外部干扰	材料缺陷	腐蚀	结构	其他
比例(%)	53.5	16.9	16.6	5.6	7.4

表1.2.3 欧洲燃气管道失效原因的统计

失效原因	外部干扰	材料缺陷	腐蚀	地表移动	抢修错误	其他
比例(%)	50	18	15	6	5	6

表1.2.4 中国四川天然气管道失效原因的统计

失效原因	外部干扰	材料缺陷	腐蚀	施工	地表移动	其他
比例(%)	14.2	12.3	27.7	26.5	5.4	13.9

上述统计结果表明，引起管道失效事故的原因有多种。然而，大量统计结果表明，管道失效的表现形式主要为断裂。

（1）脆性断裂。当管材的断口形貌转化温度（FATT）高于管线的工作温度时，一旦发生断裂即是脆性断裂，其断口以解理或准解理为主（图1.2.25）。

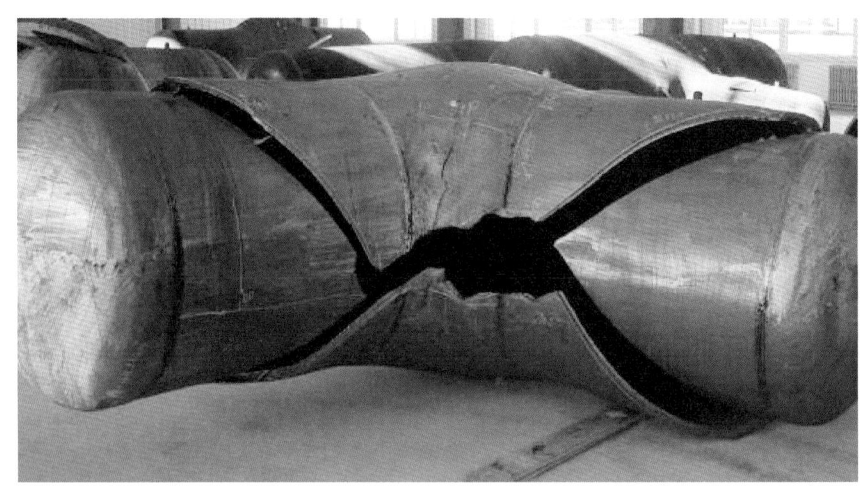

(a) 整体形貌

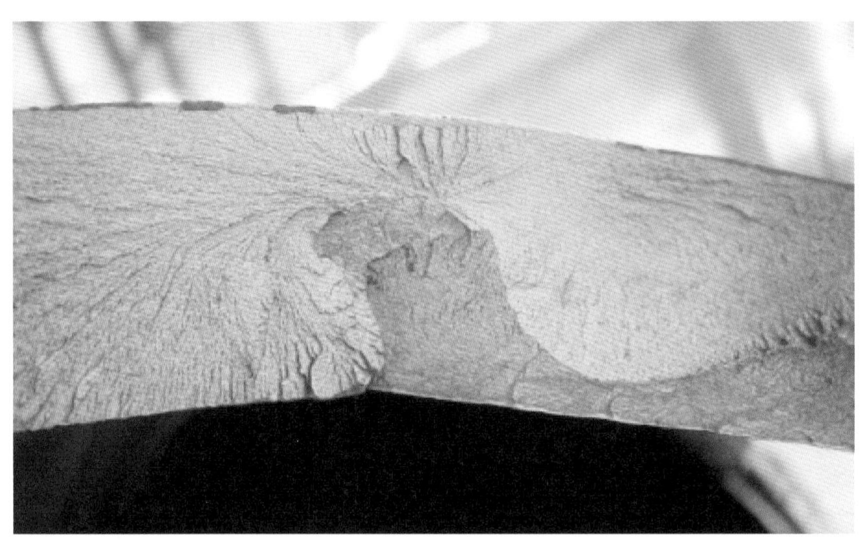

(b) 局部放大

图1.2.25　管件脆性断裂形貌

脆性断裂的基本特征为：

① 断裂前几乎不产生显著的塑性变形。

② 断裂时所承受的工作应力较低，通常不超过管线钢的屈服强度，甚至不超过按常规设计程序确定的许用应力。

③ 断裂通常沿金属一定的晶面发生解理断裂。宏观断口为平断口，断面呈结晶状，具有金属光泽；微观断口大多数为解理台阶或河流状花样。

④ 由于脆性解理裂纹的高速扩展和介质释放所产生的挠曲振动，裂纹扩展路径通常呈现多分枝和正弦波形。

⑤ 断裂的速度较高。一般认为脆性断裂的速度为460～900m/s。

⑥ 断裂通常在低于材料韧脆转变温度的低温下发生。

(2)延性断裂。这是当前管线最主要的断裂形式,其断口以剪切断面为主。图1.2.26为输送管线发生的延性断裂宏观断口形貌。

(a) 整体形貌

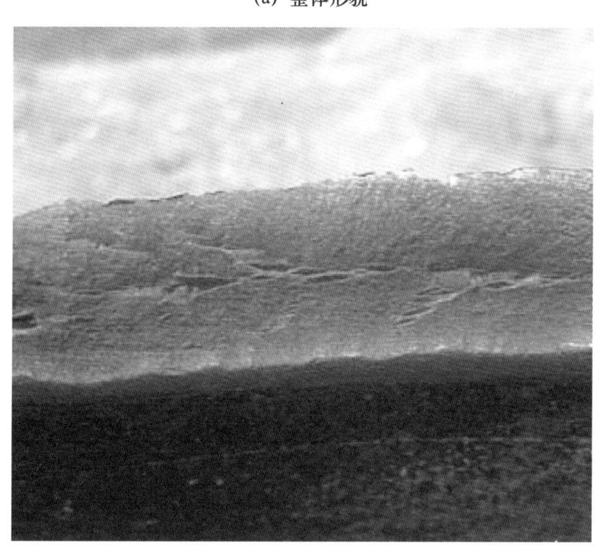

(b) 局部放大

图1.2.26 输送管延性断裂宏观断口形貌

延性断裂的基本特征为:

① 断裂前发生显著的塑性变形。

② 宏观断口为斜断口,断面呈纤维状,色泽灰暗,断口边缘具有剪切唇;断面的微观形态特征为韧窝。

③ 断裂通常沿直线路径传播,只有在速度变化时或止裂前才发生方向的改变。

④ 断裂速度较低,一般小于275m/s。

⑤ 断裂通常在高于材料韧脆转变温度的温度下发生。

管线钢是典型的中、低强度的体心立方金属,因而其断裂具有明显的韧脆转变温度特征。管线钢管的脆性断裂和韧性断裂以由DWTT所确定的韧脆转变温度为分界,低于韧脆转变温度产生脆性断裂;高于韧脆转变温度产生韧性断裂。由于管线钢的韧脆转变温度通常表现为一温度区间,因而在这一温度区间之内经常发生混合型断裂，即断口存在解理和剪切的混合型断口。管壁中部由于三向应力引起解理断裂；沿管壁中部至表面方向三向应力减小，从而导致周边剪切唇的产生。实际上，100%的解理断口很少发生，即使在远离韧脆转变温度的很低温度下，在断裂的起裂部位仍经常发现塑性变形的痕迹。

(3)疲劳断裂。由于管道内压或外力的变化，交变应力在服役的管线上是普遍存在的，疲劳断裂是管线的一种主要失效模式。

疲劳断裂的基本特征为：

① 疲劳是在变动应力作用下发生的。变动应力是指载荷大小或载荷大小和方向随时间按一定规律呈周期性变化或呈无规则随机变化的载荷。变动应力在服役的管道中是普遍存在的。这种变动应力一方面来自管道内输送压力的波动和油、气流的分层结构，另一方面来自管道外部的变动载荷，如埋地管道上方车辆等运行物体的移动；海洋管道海浪的冲击；沼泽地管道浮力的波动；沙漠管道流沙的迁移以及管道温差引起的应力变化等。在油、气管道服役条件下，最小循环应力与最大循环应力之比 R 通常在 0 ~ 0.8 之间。R 接近 0 时相当于多次停输和反复进行压力试验等情况，R 接近 0.8 时相当于在正常输送过程中的压力波动情况。

② 疲劳断裂是在较低的应力下产生的。当变动应力远小于静抗拉强度，甚至在小于屈服强度或弹性极限的情况下，疲劳破坏都可能发生。

③ 不论管线钢的韧、脆水平如何，疲劳破坏在宏观上均表现为无显著塑性变形的脆性断裂。疲劳断裂是突然发生的，没有预先征兆，因而是一种危险的低应力脆断。

④ 疲劳破坏是一个累积损伤过程。虽然疲劳断裂是在无征兆的情况下突然发生，然而疲劳过程要经历一定的时间，甚至很长时间才发生最终破坏。疲劳断裂过程包括裂纹萌生、裂纹的亚临界扩展和最终快速断裂等三个过程，因而引入断裂力学进行疲劳寿命预测是十分重要的。

⑤ 疲劳断口的宏观断口是脆性的，无明显塑性变形。典型的疲劳宏观断口分为三个区域，即疲劳裂纹源、疲劳裂纹扩展区和瞬时断裂区。疲劳裂纹扩展区的断口特征为贝壳状或沙滩状，瞬时断裂区与静断口特征类似。由此看出，疲劳断裂和一般脆性断裂不同，在宏观上可看出疲劳裂纹缓慢发展的过程，在微观断口上不呈现一般脆性断口的河流花样或舌状花样，而表现为疲劳条纹，并在疲劳裂纹尖端还可见明显的塑性变形。

(4)应力腐蚀和氢致开裂。输送天然气时，H_2S 含量超过规定值并且含有水分，易引起应力腐蚀破裂(SCC)和氢致开裂(HIC)。

应力腐蚀开裂的基本特征为：

① 一般 SCC 都在拉应力下发生，这种拉应力包括工作应力和残余应力等，甚至还包括裂纹中腐蚀产物的楔入应力。一般认为，产生 SCC 的应力并不一定很大，如果没有环境介质的配合，金属在该应力作用下可长期服役而不致断裂。

② 对确定的金属材料，只有在特定的腐蚀介质中才产生 SCC。对输油、气管线而言，主要腐蚀介质为 H_2S，土壤和地下水中的 NO_3^-、OH^-、CO_3^{2-} 和 HCO_3^- 等也可以引起 SCC。

③ 材料在特定介质的 SCC 还受制于材料的冶金学特性，即管线钢的强度水平、化学成分和组织状态等对 SCC 有较大影响。

管线钢管在含硫化氢的油、气环境中，因腐蚀电化学产生的氢侵入钢内而产生的裂纹称为氢致开裂。HIC 裂纹一般在钢中的非金属夹杂物和偏析带处萌生，沿着珠光体带或低温转变产物马氏体、贝氏体带扩展。因此输送酸性油、气管线钢应该具有低的硫含量(<0.005%S;在严重酸性条件下<0.002%S),以及进行有效的非金属夹杂物形态控制和减少显微成分偏析。

1.2.4.3 腐蚀

人类对能源的渴求还使得油气管道面临着更严酷的腐蚀环境。在输送酸性油、气时,管道内壁与酸性油、气中的H_2S、CO_2和Cl^-接触。由于管道外保护层老化等原因出现局部损伤,钢管外壁与土壤和地下水中的硝酸根离子(NO_3^-)、氢氧根离子(OH^-)、碳酸根离子(CO_3^{2-})和酸式碳酸根离子(HCO_3^-)等介质接触。由此可见,管道内、外壁的腐蚀问题是难以避免的。表1.2.5的统计结果表明,腐蚀是输送管道最主要的失效形式。

表1.2.5 我国某天然气管线失效原因分析(1969—2003年)

失效原因	失效比例(%)
腐蚀	39.5
制造缺陷	22.7
材料缺陷	10.9
第三方破坏	15.8
地层移动	15.8
其他	5.5

由于含H_2S油气井,含CO_2油气井和H_2S、CO_2共存油气井的开发,在管道的各种腐蚀形态中,尤以酸性介质的腐蚀最为严重。表1.2.6为我国某气田腐蚀介质含量的分析结果。在这种酸性环境介质中,硫化氢应力开裂、氢致开裂和CO_2局部腐蚀是管道腐蚀的主要形式。

表1.2.6 我国某气田中腐蚀介质的含量

H_2S含量(%)	CO_2含量(%)	p_{CO_2}/p_{H_2O}	Cl^-含量(10^4mg/L)	p_{H_2O}(MPa)	p_{CO_2}(MPa)
0~6.7	0.1~10	0.15~4.17	1.1~12	0.12~0.24	0.04~0.5

为提高长输管道的耐酸能力,对高抗酸蚀管线钢的基本要求是:

(1)含碳量小于0.06%;

(2)硬度小于HRC22或HV250;

(3)含硫量小于0.002%;

(4)通过钢水钙处理,以改善夹杂物形态;

(5)通过减少C、P、Mn,以防止偏析和减少偏析区硬度;

(6)通过对Mn、P偏析的控制,以避免带状组织。

1.3 “石油管工程学”的内涵及主要技术领域

1.3.1 “材料科学与工程”四面体的启示

石油管材主要是金属材料制成的。金属学是关于金属和合金的科学,它研究金属和合金的成分、组织结构和性质的关系及变化规律。在20世纪70年代之前的《金属学》教科书上，通常用三角形表示成分—组织结构—性质之间的关系，如图1.3.1所示。

图1.3.1中，组织结构包含原子结构、结合键、原子排列方式（晶体与非晶体）和组织。性质是指金属材料固有的基本性能，包括结构材料的强度、塑性、韧性等力学性能，功能材料的电、磁、光、热等物理性能和抗氧化、抗腐蚀等化学性能。

20世纪70年代，美国科学院组织开展了"材料综合研究"（COSMAT）。麻省理工学院的莫里斯·柯亨（Morris Cohen）教授任研究委员会主席。柯亨教授是国际著名的物理冶金学家，美国科学院院士、美国工程院院士。1975年出版了《材料与人类》等巨著，提倡建立"材料科学与工程"学科，曾在材料科学与工程界产生重大影响，被誉为具有里程碑的意义。为形象地说明这个学科的内涵，柯亨教授把材料的成分/结构—合成/加工—性质—服役性能画成一个四面体，如图1.3.2所示。

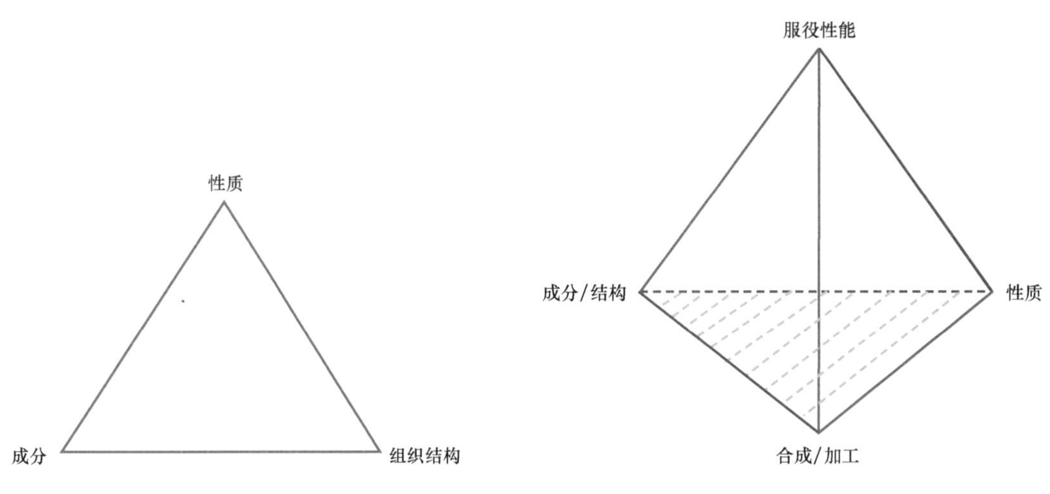

图1.3.1　金属学"三角形"　　图1.3.2　"材料科学与工程"四面体

图1.3.2中的服役性能把材料固有的性质和产品设计、工程应用能力联系起来。度量材料服役性能的指标是寿命、速度、能量利用率、安全可靠度和成本等综合因素。金属材料的疲劳、腐蚀疲劳、应力腐蚀等属服役性能。

柯亨教授"材料科学与工程"四面体的内涵有两个方面：(1)某一机件的材料，要从服役条件出发，确定材料需要具备的服役性能；(2)研究服役性能与材料的成分/结构、合成/加工、性质的关系。

其实，西安交通大学周惠久院士早在20世纪50年代就提出了"从服役条件出发"的学术思想，早于柯亨教授10余年。周院士在他的《金属机械性能》（中国工业出版社，1961年）中对机件失效的概念、失效模式及原因有精辟的论述，提出了失效抗力指标（服役性能）及与材料内在因素和外在服役条件的关系。

周院士在他的《金属材料强度学》（科学出版社，1989年）中强调指出："从一种机件或构件的具体服役条件出发，通过典型的失效分析，找出造成材料失效的主导因素，确立衡量材料对此种失效抗力的判据（即相应的强度性能指标），据此选择最合适的材料成分、组织、状态及相应的加工、处理工艺，从材料的角度保证机件的短时承载能力和长期使用寿命……"[10]。周惠久院士这里所说的失效抗力判据，在他的其他著作中又称"服役性能"。清华大学陈南平教授认为，周惠久院士"从服役条件出发"的思路与柯亨教授的"材料科学与工程"四面体是异曲同工的[11]。

1989年10月美国国家研究委员会正式发布了一份材料科学与工程的长篇研究报告《90年代的材料科学与材料工程——如何在材料世纪中拥有竞争力》[12]。这项研究是美国科学院固态科学委员会和美国工程科学院国家材料顾问委员会发起的。目的在于评价美国材料科学与工程的发展现状,指出今后努力方向,以统一材料界的认识,并为决策者提出建议。近15年后发表的这项研究报告,有人誉之为材料科学与工程发展史上的又一里程碑[13]。

该报告第一部分标题是“什么是材料科学和材料工程?”其中对“什么是材料工程”是这样表述的:Thus modern materials engineering involves exploitation of relationships among the four basic elements of the field - structure and composition, properties, synthesis and processing, and performance, basic science, and industrial and broader societal needs.[现代材料工程旨在研究材料四要素(成分/结构、合成/加工、性质、服役性能)之间的关系,同时也涉及基础科学、工业以及更广泛社会需求]。

在20世纪五六十年代,宝鸡石油机械厂的材料研究机构承袭周惠久院士“从服役条件出发”的学术思想研制了几十种新型钢铁材料并充分发挥现有材料的性能潜力,使一大批石油机械产品跃居国际先进水平。

(1)减轻了石油机械重量。轻型吊环的自重只有仿苏产品的1/3;吊卡自重也只有仿苏吊卡的1/2;我国第一台5000m电驱动钻机自重只相当于3500m钻机的自重。

(2)延长了石油机械零部件的使用寿命。例如,射孔器的使用寿命提高了1倍;公锥和母锥的使用寿命提高了2倍;钻井泵缸套的使用寿命提高了5倍;等等。

(3)提高了特殊服役条件下石油机械的使用效能。如研制的5种无镍低铬无磁钢,从根本上解决了电测绞车磁化干扰问题;研制的抗硫钢用于井口装置和液压防喷器,解决了硫化氢应力腐蚀问题。

现在看来,上述科研攻关,均属“材料工程”的范畴。

基于周惠久“从服役条件出发”学术思想、基于柯亨“四面体”和美国国家研究委员会对“材料工程”定义的启示,以及宝鸡石油机械厂在石油机械“材料工程”方面的实践,1999年石油管的工程应用与应用基础研究被梳理形成“石油管工程学”。

1.3.2 “石油管工程学”的内涵

“石油管工程学”的内涵如图1.3.3所示。

“石油管工程学”的定位是石油管的工程应用与应用基础研究。石油管的工程应用,首先是分析研究石油管的服役条件和服役行为。石油管的服役条件主要是载荷与环境两个方面。载荷方面,包括载荷的性质(静载荷、交变载荷、急加载荷、局部压入载荷、接触滑动载荷等),以及应力状态、加载速度等;环境方面,包括服役温度和接触介质等。对应的,石油管的服役行为包括力学行为、环境行为及两者的复合。

石油管的力学行为主要包括疲劳与断裂、变形与屈曲、摩擦与磨损,以及高速加载下的力学行为(冲击);石油管的环境行为主要包括腐蚀与防护、低温脆化、高温蠕变等;力学行为与环境行为的复合,如应力腐蚀、腐蚀疲劳等。

基于石油管的服役条件和服役行为的深入研究,通过典型失效分析,确定其失效抗力指标(服役性能)。在此基础上,研究服役性能与材料的成分/结构、合成/加工、性质的关系,提出特定服役条件下工作的石油管的技术条件(标准化),从材料角度保障石油管的承载能力和使用寿命。

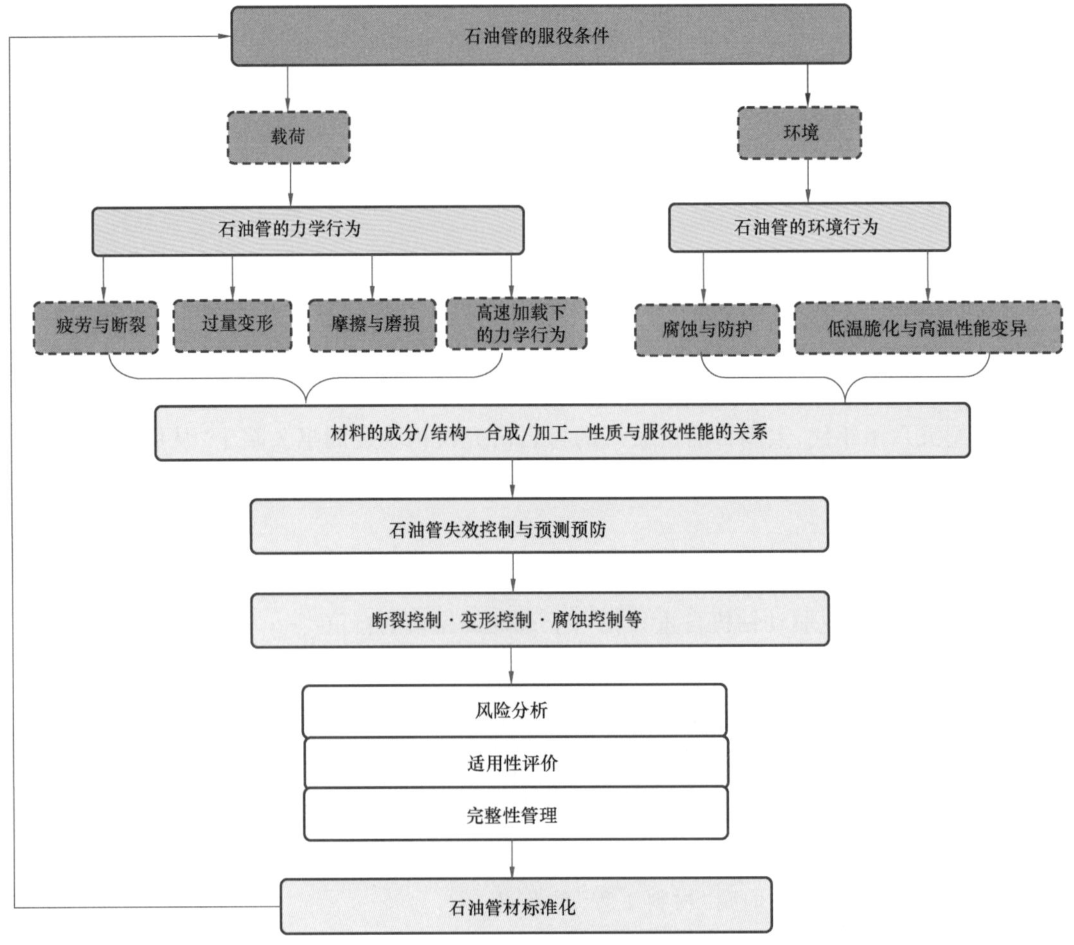

图 1.3.3 “石油管工程学”的内涵[14]

为确保管柱与管线的运行安全,应加强失效分析,建立和完善钻具、油套管和油气输送管失效信息数据库。在此基础上,积极开展钻柱、油管柱、套管柱和油气管道的失效控制,包括断裂控制、应变控制和腐蚀控制等。

一般情况下,失效分析的反馈是防止产品再次发生同类失效的基本方法,而风险分析、适用性评价和完整性管理是大系统失效的预测预防的科学方法和有效手段。

失效控制与完整性管理结合起来,可以最大限度杜绝恶性事故的发生,保障管柱和管线的安全运行。

1.3.3 “石油管工程学”的主要技术领域

“石油管工程学”是材料科学与工程、机械工程、石油工程、工程力学、可靠性工程、信息科学与工程(含计算机技术)等多学科交叉的边缘学科。它把相关学科的理论成果和最新技术尽可能地运用于石油管的服役过程(即石油工业的钻井工程、采油工程和储运工程),最大限度保障石油管服役中的安全可靠性和寿命,并有效地提高工程效率和降低工程成本。

图 1.3.4 为“石油管工程学”的主要技术领域及与相关学科的关系。可知,“石油管工程学”的主

要技术领域包括:石油管的力学行为,石油管的环境行为,石油管材料的服役性能与成分/结构、合成/加工、性质的关系,石油管失效诊断、失效控制与完整性管理。鉴于管柱与管线的力学行为差异较大,石油管的力学行为也可拆开表述为管柱力学行为和管线力学行为。

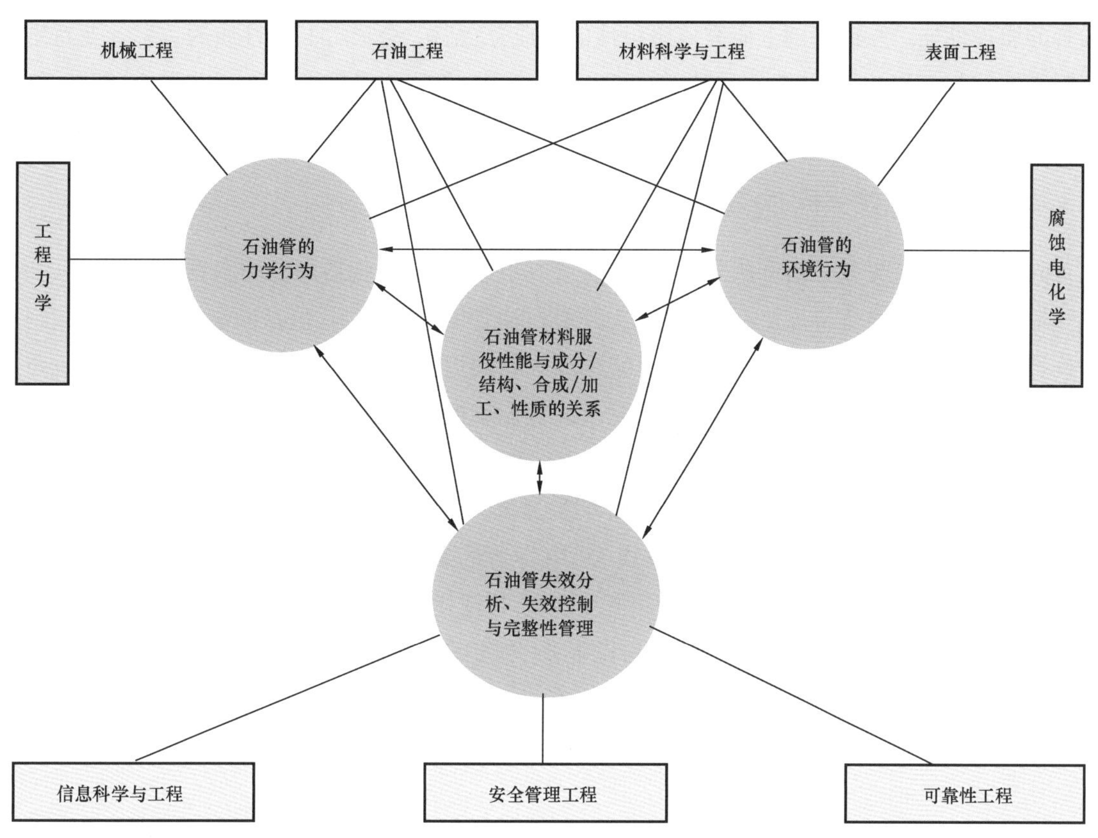

图1.3.4 “石油管工程学”的主要技术领域及与相关学科的关系[15]

1.3.3.1 石油管的力学行为

石油管的力学行为包括钻柱、油管柱、套管柱和油气输送管的力学行为。

钻柱力学行为包括静载下的拉、压、弯、扭变形与断裂,以及疲劳、冲击、振动等。

油、套管柱力学行为包括在轴向载荷、弯曲载荷与内压、外压等复合载荷作用下,油、套管柱的管柱连接强度和密封完整性。研究手段为计算机仿真与全尺寸实物服役性能评价试验相结合。除连接强度和密封完整性,套管柱和油管柱的挤毁、油管柱和连续油管的疲劳问题也颇受关注。

油气输送管的力学行为包括强震区、地质灾害区管段管道的拉伸、压缩、弯曲变形(位移)及屈曲;钢管动态裂纹长程扩展与止裂行为;高寒地区站场裸露钢管与管件的低温低应力脆断与控制;近中性pH值土壤的应力腐蚀开裂问题;外载荷周期变化或内压波动引起的疲劳等。

1.3.3.2 石油管的环境行为

主要研究石油管的腐蚀与防护。包括硫化物应力腐蚀与氢致开裂;油井高温高压环境中的CO_2腐蚀,包括H_2S、CO_2共存,元素硫和氯离子含量较高的极苛刻条件;多相流冲刷腐蚀;土壤腐蚀,包括近中性 pH 值土壤的应力腐蚀;海水和海洋大气腐蚀等。

1.3.3.3 石油管材料的服役性能与成分/结构、合成/加工、性质的关系[16]

首先要在对特定服役条件下工作的石油管服役行为研究的基础上,通过典型的失效分析,确定该石油管的服役性能。在此基础上研究该服役性能与成分/结构、合成/加工、性质的关系。要特别注意研究服役性能与材料的强度、塑性、韧性的合理匹配。不同的服役性能要求对应着强度、塑性、韧性的不同匹配。

1.3.3.4 石油管失效分析、失效控制与完整性管理[17]

首先要大力开展失效分析和失效诊断,并大量收集失效案例,包括国外的案例,建立钻具、油套管和油气输送管失效信息案例库。在此基础上,开展石油管的失效控制,包括断裂控制、应变控制和表面损伤控制。例如,基于油气管道失效信息案例库和我国近年建设的油气管道的服役条件,重点对动态延性断裂止裂控制、高寒地区站场钢管与管件的低温脆断控制、地层位移区管道的应变控制、土壤腐蚀控制及相关的应变时效控制技术进行了系列研究。

石油管失效规律的研究是运用失效分析学的基本理论和方法,研究管材质量、设计与制造工艺、操作运行状态和环境对石油管失效模式、使用寿命的影响规律。在此基础上,应用无损检测、断裂力学(概率断裂力学)、有限元方法、可靠性理论等现代技术,预测石油管的安全使用寿命或确定检测周期,同时提出改进方案,反馈到设计、制造、使用和管理等部门,达到预防石油管失效事故发生的目的。

完整性管理是指对所有影响管道(或管柱)完整性的因素进行综合的、一体化管理。图 1.3.5 是油气管道完整性管理流程示意图。

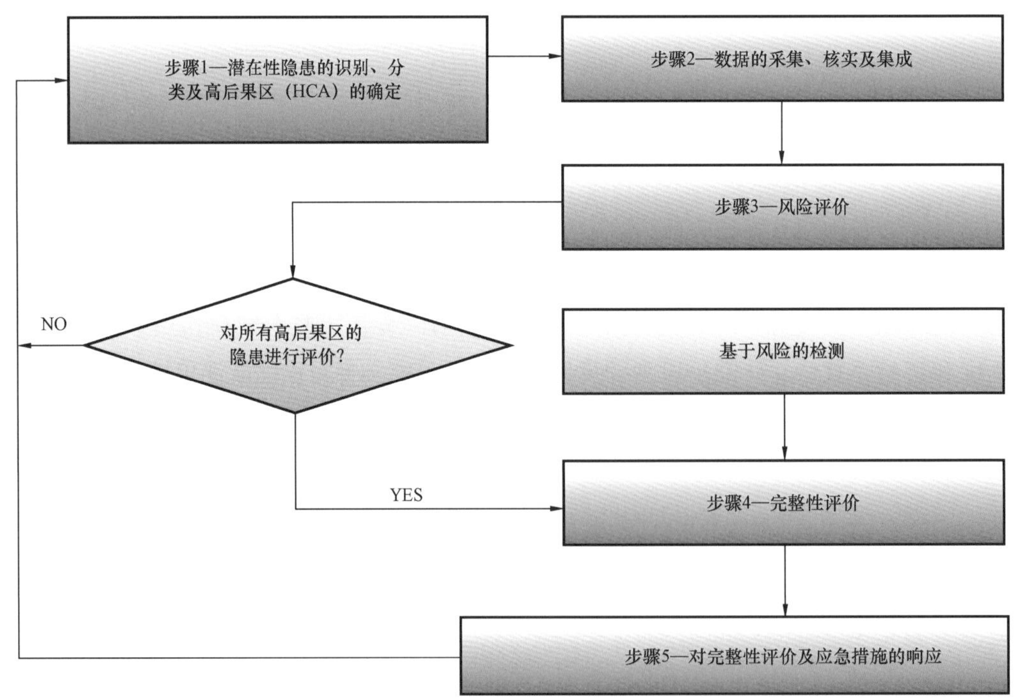

图 1.3.5 油气管道完整性管理流程

石油管的适用性评价及风险管理是完整性管理的重要组成部分。适用性评价是对含有缺陷石油管能否适合于继续使用的定量工程评价。包括定量检测石油管中的缺陷,依照严格的理论分析作出评定,确定缺陷是否危害安全可靠性,并对缺陷的形成、发展及构件的失效过程以及后果等作出判断。风险管理是通过对石油管系统的风险评价、风险控制和风险管理的功能监测三个环节,达到使该工程系统的风险最小、效益最大的目标。对石油管进行适用性评价及风险管理,可在确保其安全可靠性的同时,获得巨大的经济效益。

1.4 “石油管工程学”的平台建设

20世纪90年代末,中国石油天然气集团公司(简称集团公司)决定建立首批重点实验室。管研院组织调研和顶层设计,向集团公司提出了依托管研院建立一个以“石油管工程”为主要研究领域进行应用基础研究的重点实验室。集团公司科技发展部组织专家论证后,同意了上述建议。1999年12月,“石油管工程”领域的科技创新基地——集团公司石油管力学与环境行为重点实验室在管研院正式建立。

2010年,“石油管力学与环境行为重点实验室”被批准更名为“石油管工程重点实验室”。

2012年,集团公司石油管工程重点实验室与陕西省批准建立的“石油管材及装备材料服役行为与结构安全”省级重点实验室整合在一起申报国家重点实验室。

2015年9月30日,国家科技部批准,以管研院为依托,组建“石油管材及装备材料服役行为与结构安全国家重点实验室”,“石油管工程”是该重点实验室的主要研究领域。

“石油管工程学”人才队伍建设和模拟石油管材服役条件的全尺寸管材试验装置的建立十分重要。在人才队伍建设上,经与西安交通大学(简称西安交大)材料学院协商签订合作协议,在西安交大材料科学与工程一级学科下,联合开办“材料服役安全工程学”二级学科博士点和硕士点,研究方向均为“石油管工程”领域,从院青年科研人员中招收博士生和硕士生。鉴于“石油管工程”是石油工程与材料科学之间的边缘学科,或称交叉学科,直接列为材料科学与工程的二级学科有一定难度,我们把自主设置的二级学科定名为“材料服役安全工程学”,其内涵大体相当于“石油管工程学”。

在模拟服役条件的全尺寸实物试验装置方面,管研院建立初期已购置了第一批,在随后的重点实验室平台建设阶段又购置了第二批,再加上自制的设备,现在已经相当完善。主要设备包括:

(1)油套管方面的2500t全尺寸油套管复合载荷(轴向载荷、弯曲载荷、内压、外压等)试验系统(图1.4.1)、1500t全尺寸油套管复合载荷试验系统、全尺寸套管轴向拉压+弯曲载荷条件下的挤毁试验系统、实体膨胀管膨胀性能试验系统、非常规油气井全尺寸管柱模拟试验装置(图1.4.2)。

(2)钻柱方面的全尺寸钻柱构件旋转弯、扭疲劳试验系统(图1.4.3)。

(3)油气输送管方面的全尺寸高压天然气管道气体爆破试验场(延性断裂止裂控制试验)(图1.4.4)、全尺寸管材内压疲劳试验系统、全尺寸油气输送管内压+弯曲试验系统(图1.4.5)、50000J大摆锤冲击试验系统。

(4)腐蚀试验方面的全尺寸石油管材复合加载及腐蚀试验系统(图1.4.6)。

上述设备都是“石油管工程学”建立和发展必不可少的。

(a) 卧式

(b) 立式

图 1.4.1　全尺寸油套管复合加载(轴向载荷、弯曲载荷、内压、外压等)结构完整性和密封完整性试验系统

图 1.4.2　非常规油气井全尺寸管柱模拟试验装置

图1.4.3 全尺寸钻柱构件旋转弯、扭疲劳试验系统

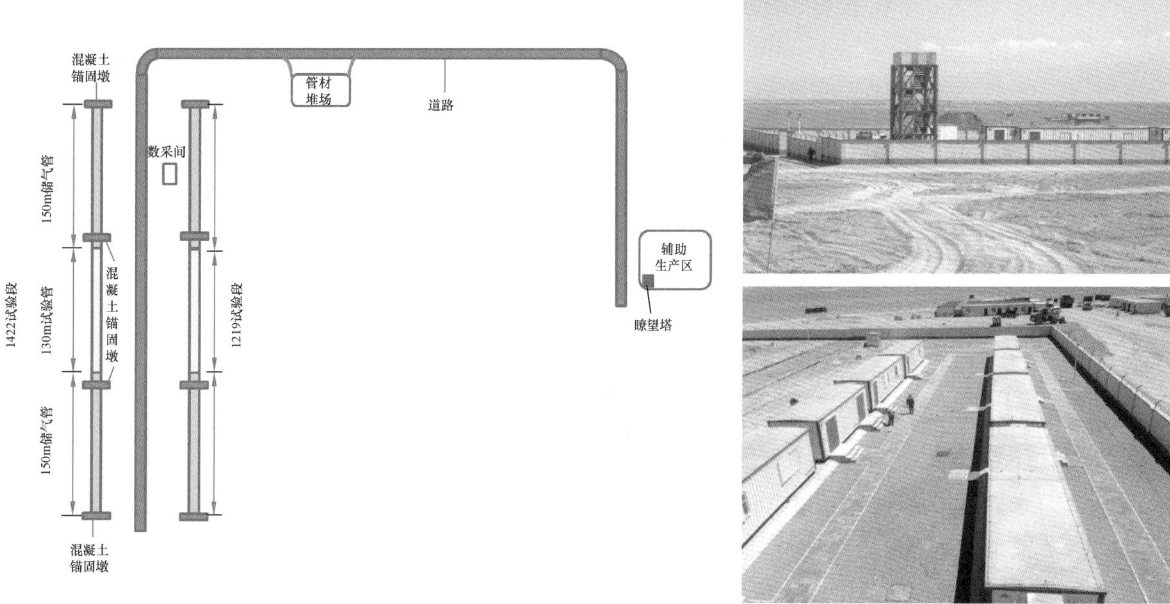

图1.4.4 全尺寸高压天然气管道气体爆破试验场

图1.4.5 全尺寸油气输送管内压+弯曲试验系统

图 1.4.6　全尺寸石油管材复合加载及腐蚀试验系统

1.5　“石油管工程学”的科研成果

坚持“石油管工程”，即石油管的“材料工程”工作，支撑了石油管高端产品开发、品质提升和工程应用。

1.5.1　油井管科研成果

油井管的国产化率，1986 年为 5%，2012 年达到了 99.6%，从基本全面进口到大批量出口，从每年多花几十亿元，到每年节约几十亿元。

近年来，天钢和宝钢非 API 高端油套管分别达到 10 个系列上百个品种。2012 年，天钢 TP 系列油套管产量 47.22×10^4t，占集团公司当年油套管总需求量的 31.4%；宝钢 BG 系列油套管也达到当年油套管总需求量的 27%。

特殊螺纹接头油套管，天钢形成了 12 种型式，2012 年的产量达 32.65×10^4t；宝钢是 11 种型式，2012 年产量 5×10^4t。2012 年，我国特殊螺纹接头油套管总产量 56×10^4t，占当年油套管总量 19%。

管研院主持完成的“钻杆失效分析及内加厚过渡区结构对钻杆使用寿命的影响”“提高石油钻柱安全可靠性和使用寿命的综合研究”“油层套管射孔开裂及其预防措施的试验研究”3 项成果分获国家科技进步奖二等奖；“西部油田非金属管关键技术研究与应用”获中国石油天然气集团公司科学技术进步奖一等奖，“复杂工况油井管柱的腐蚀评价及延寿技术”获中国腐蚀与防护学会科学技术奖一等奖，“复杂工况油气井管柱失效控制及新型管材研发”获中国材料研究学会技术发明奖一等奖。

天钢主持的“T95 高强度抗硫化氢腐蚀套管研制”“新型高抗挤套管与复合管柱技术（TP130TT）”“超深复杂井用高强度石油套管及其特殊贯串结构技术（TP140V）”3 项成果分获国家科技进步奖二等奖。

宝钢主持的“抗 CO_2、H_2S 腐蚀用 3Cr 系列油套管研制”获国家技术发明奖二等奖。

1.5.2 油气输送管科研成果

近 20 年来,我国天然气长输管道输送压力、管径和管线钢强度级别持续提高,进入国际领跑者行列。2000 年西一线采用 X70 钢级焊管与 10MPa 输送压力;2006 年西二线主干线采用 X80 钢级和 1219mm 管径,设计压力 12MPa/10MPa。西一线和西二线的上述方案达到或领先于同时期的国际先进水平。西二线的投资较原方案(X70 钢级双线)节省 130 亿元,降低能耗 15%,节省工程用地 21.6 万亩。

形成 X70、X80 钢级钢板与焊管标准,并全面实现了国产化。X70、X80 管材国产化打破国外高钢级大口径焊管的垄断,带动了国内管线钢、焊管制造技术和装备的整体技术进步。国产 X80 焊管比国外产品价格每吨降低了 1938 元,仅西二线干线就节约 91.9 亿元。

提出油气管道失效控制的思路、程序和方法,并开展了包括埋地管道动态延性断裂止裂控制、高寒地区站场钢管及管件的低温脆性断裂控制、强震区和活动断层区管道的应变控制、土壤腐蚀控制及相关应变时效控制的研究,保障了西一线、西二线等国家重点工程的运行安全。

以西一线技术成果为主的“西气东输工程技术及应用”项目,获 2010 年国家科技进步奖一等奖。

以西二线技术成果为主的“高钢级、大口径、高压力超长输气管道工程关键技术与应用”项目,获 2012 年集团公司科技进步奖特等奖,包含该项目内容的“我国油气战略通道建设与运行关键技术”获 2014 年国家科技进步奖一等奖。

“管道安全评价方法、软件及应用研究”获陕西省科学技术奖一等奖,“油气管道失效控制技术及工程应用”获中国石油天然气集团公司科技进步奖一等奖。

参考文献

[1] 李鹤林. 石油管工程[M]. 北京:石油工业出版社,1999.

[2] 张平生. 油气输送管线的风险管理与基于风险的检测[J]. 石油专用管,1997,5(4):1-14.

[3] 李鹤林,李平全,冯耀荣. 石油钻柱失效分析及预防[M]. 北京:石油工业出版社,1999.

[4] 李鹤林,冯耀荣,等. 石油钻柱失效分析及预防措施[J]. 石油机械,1990,18(8):38-44.

[5] 李鹤林,冯耀荣,李平全,等. 从国内外油井管现状与发展谈加速油井管国产化问题[J]. 石油专用管,1994,2(1):9-15.

[6] 李鹤林. 油井管发展动向及国产化探讨[J]. 石油专用管,1997,5(1):1-8.

[7] 李鹤林,张平生,等. 加强应用基础研究,提高石油管材失效分析预测预防水平[J]. 石油专用管,1995,3(2):1-8.

[8] 李鹤林. 油气输送钢管的发展动向及国产化探讨[J]. 石油专用管,1997,5(2):1-13.

[9] 高惠临. 管线钢与管线钢管[M]. 北京:中国石化出版社,2012.

[10] 周惠久,黄明志. 金属材料强度学[M]. 北京:科学出版社,1989.

[11] 陈南平. 学习周老的创新精神[N]. 西安交大,1998-12-31(4).

[12] Committee on Materials Science and Engineering, Solid State Sciences Committee, Commission on Physical Sciences, Mathematics, and Resources, Commission on Engineering and Technical Systems, National Research Council. Materials Science and Engineering for the 1990s: Maintaining Competitive-

ness in the Age of Materials [M]. Washington, D. C. :NATIONAL ACADEMY PRESS,1989.

[13] 褚幼义. 美国材料科学与工程九十年代发展战略[J]. 材料导报,1990(8):2 -4.

[14] 李鹤林. 我院科技工作的方向和领域[R]. 西安:石油管工程技术研究院,2012.

[15] 李鹤林."石油管工程"概论//石油管工程文集[M]. 北京:石油工业出版社,2011:41 -50.

[16] 涂铭旌,等. 机械设计与材料设计[M]. 北京:化学工业出版社,2014.

[17] 李鹤林."石油管工程"的研究领域、初步成果与展望//石油管工程文集[M]. 北京:石油工业出版社,2011:33 -40.

第2章 石油管及其连接

2.1 油井管及其管柱螺纹连接

油井管柱是由专用螺纹将单根油井管连接而成数千到上万米长的管柱，包括钻柱、套管柱、油管柱。油井管服役条件恶劣，例如油管柱和套管柱通常要承受几百甚至上千个大气压的内压或外压，几百吨的拉伸载荷，还有高温及严酷腐蚀介质的作用。1985 年以前，我国每年仅钻柱断裂掉井事故即达 1000 起左右。

油气田开发大量使用油井管，全国每年消耗量达约 300×10^4t。油井管的失效将导致巨大经济损失，造成重大社会影响，其安全可靠性和使用寿命对石油工业关系重大。

我国生产油井管有 60 多年的历史。20 世纪 50—70 年代，我国油井管的生产技术比较落后，其数量、品种和质量都远远满足不了石油工业发展的需要。1978—1990 年，我国在油井管国产化方面做了很大努力，产量有所增加，但油井管的需求量则从 1981 年的每年 29×10^4t 增加到 1990 年的每年 90×10^4t 左右。例如，1989 年的消耗量为 89×10^4t，而截至 1989 年底，全国共生产油井管 81.2×10^4t，即 30 年的总产量满足不了一年的需求。1949—1994 年，我国共进口油井管 1150×10^4t，国内总产量约 120×10^4t，总自给率仅 10%。1990 年以来，在冶金部和中国石油天然气总公司的统一领导下，油井管的生产部门和使用部门协同攻关，特别是宝钢、天钢投产后，国产量逐年大幅度提高，国产化率由原来不足 10%，上升到 1996 年的 50%，1997 年的 60%，2003 年国产化率已达 80%，2010 年基本实现 API 产品的全面国产化，并针对复杂服役条件形成十几个系列的非 API 油井管产品，使我国由油井管的进口大国变成出口大国。已形成的非 API 油井管包括超高强度油套管、低温环境用油套管、高抗挤套管、抗 H_2S 应力腐蚀油套管、兼顾抗硫和高抗挤性能的套管、耐 CO_2 腐蚀油套管、耐 CO_2 + 低 H_2S 腐蚀油套管、耐 $CO_2 + H_2S + Cl^-$ 腐蚀油套管、热采用油套管、高压储气井套管等。非 API 油井管的钢级约有 110 多种，大大超过 API 钢级的数量，非 API 钢级的实际使用量占全部油井管总量的 40% 左右。

随着油气井井深持续增加，井下压力和温度日益增高，加之复杂山前构造、盐岩层、地质裂缝与断层，以及更趋复杂的腐蚀环境，高性能油井管产品与技术尚需持续发展完善。

2.1.1 油井管的技术规范

2.1.1.1 钻柱构件

钻柱是指钻头以上，水龙头以下的各部分管柱的总称，主要由方钻杆、钻杆、加重钻杆、钻铤等组成[1]。

2.1.1.1.1 钻杆

(1)结构与规格。

钻杆采用无缝钢管制造,管体与接头两部分通过摩擦焊连接在一起。钻杆基本结构如图2.1.1所示,详细规格可参考钻杆技术规范[2,3]。根据钻杆管体端的加厚形式,钻杆分为外加厚(EU)、内加厚(IU)和内外加厚(IEU)3种,如图2.1.2所示。旋转台肩式接头应符合ISO 10424或API Spec 7-1中的尺寸和容许偏差要求[4-7]。

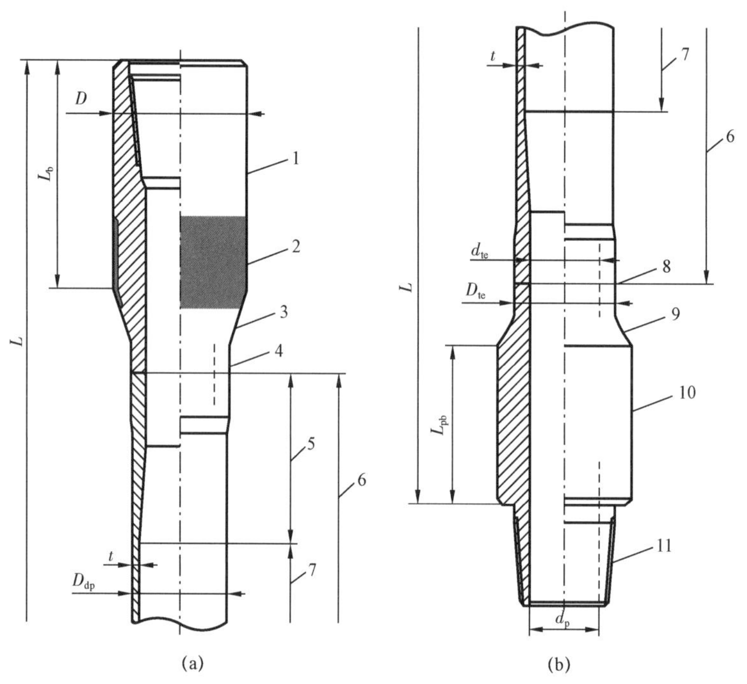

图2.1.1 钻杆结构

1—钻杆内螺纹接头;2—耐磨带(可选的);3—锥形吊卡台肩;4—钻杆焊颈;5—钻杆管体加厚;6—钻杆管体;7—管体;8—摩擦焊缝;9—外螺纹接头锥部;10—钻杆外螺纹接头;11—旋转台肩式连接

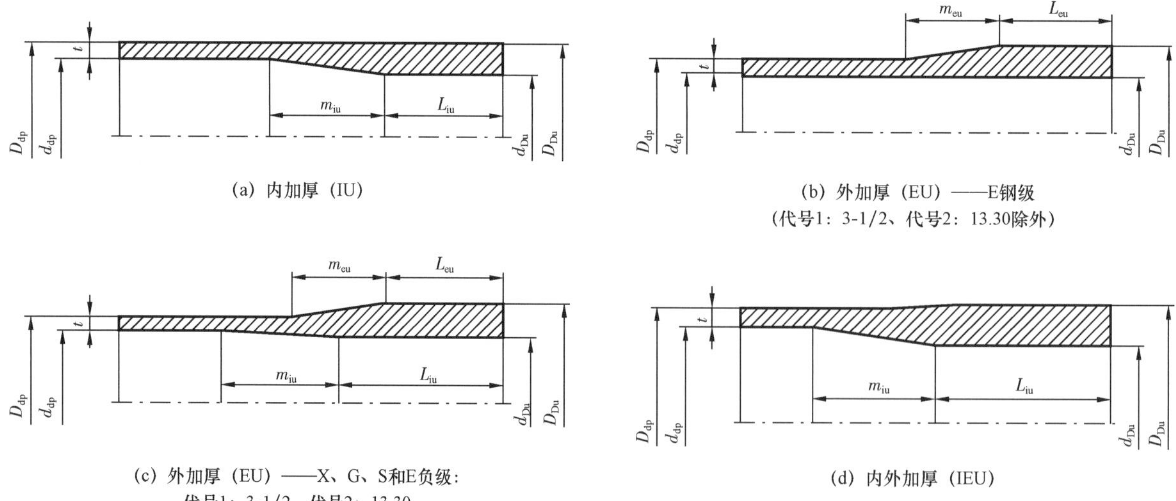

图2.1.2 钻杆管端加厚结构

(2)钢级与材料。

API Spec 5DP 标准将钻杆划分为三个产品规范等级,PSL－1 等级是该标准的基本要求,PSL－2、PSL－3 在 PSL－1 基础上提出了更高的要求[3]。API Spec 5DP 钻杆按照不同强度,分为 E75、X95、G105 和 S135 四个钢级[3],在 2018 年之前与 ISO 11961 标准等同。2018 年发布的最新 ISO 11961 钻杆标准增加了 D95 和 F105 两个钢级,供含硫化氢环境下选用[2]。钻杆材料主要要求见表 2.1.1 ~ 表 2.1.3。

表 2.1.1　钻杆材料的化学成分要求

钻杆部件		磷(≤)(%)	硫(≤)(%)
管体	E 钢级	0.030	0.020
	X,G 和 S 钢级	0.020	0.015
	D 和 F 钢级	0.013	0.006
钻杆接头	E,G 和 S 钢级	0.020	0.015
	D 和 F 钢级	0.015	0.010

表 2.1.2　钻杆材料的强度要求

钻杆钢级	屈服强度(MPa)		抗拉强度(MPa)		伸长率(%)
	最小	最大	最小	最大	最小
E	517	724	689	—	根据壁厚计算
X	655	862	724	-	根据壁厚计算
D	655	758	724	896	根据壁厚计算
G	724	931	793	—	根据壁厚计算
F	724	827	793	965	根据壁厚计算
S	931	1138	1000	—	根据壁厚计算
E、G、X 和 S 钢级钻杆接头	827	1138	965	—	13
D 和 F 钢级钻杆接头	758	862	862	1000	13

表 2.1.3　钻杆材料的 V 形夏比冲击吸收能要求

产品	试样平均最低吸收能(J)			单个最低吸收能(J)		
	10×10	10×7.5	10×5	10×10	10×7.5	10×5
PSL－1——试验温度 21℃ ±3℃						
管体(钢级 X、G、S、D、F)	54	43	30	47	38	26
钻杆接头(内、外螺纹)	54	43	30	47	38	26
焊缝区	16	14	—	14	11	—

续表

产品	试样平均最低吸收能(J)			单个最低吸收能(J)		
	10×10	10×7.5	10×5	10×10	10×7.5	10×5
SR19——试验温度 -10℃ ±3℃						
管体(钢级 E)	54	43	30	47	38	26
SR20——试验温度 -10℃ ±3℃						
管体(所有钢级)	41	33		27	30	24
钻杆接头(内、外螺纹)	41	33		27	30	24
焊缝区	16	14	—	14	11	—
SR24——试验温度 -10℃ ±3℃						
焊缝区	27	22	—	23	19	—
PSL-3——试验温度 -10℃ ±3℃						
管体(所有钢级)	100	80	56	80	64	43
钻杆接头(内、外螺纹)	54	43	30	47	38	26
焊缝区	42	34	—	32	26	—

2.1.1.1.2 钻铤

(1)结构与规格。

钻铤分为普通钻铤和无磁钻铤两种。普通钻铤分为 A 型和 B 型,无磁钻铤为 C 型。A 型(圆柱式)为用普通合金钢制成的、管体横截面内外皆为圆形的钻铤,代号为 ZT。B 型(螺旋式)为用普通合金钢制成的、管体外表面具有螺旋槽的钻铤。根据螺旋槽不同又分为两种形式,即Ⅰ型和Ⅱ型,代号分别为 LTⅠ和 LTⅡ。C 型(无磁钻铤)为用磁导率很低的不锈合金钢制成的、管体横截面内外皆为圆形的钻铤,代号为 WT。钻铤的结构应符合图 2.1.3 ~ 图 2.1.5 规定。

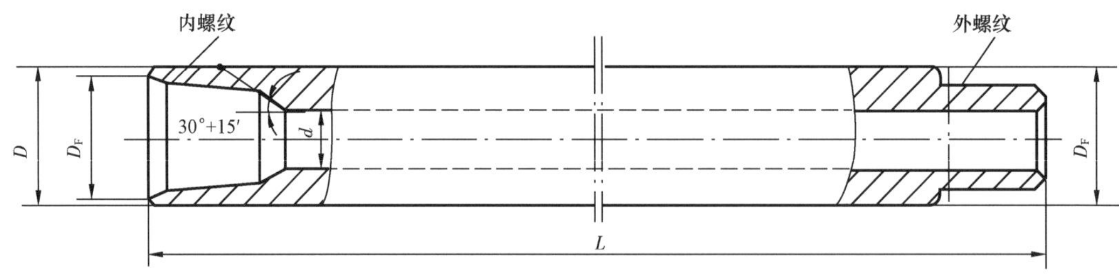

图 2.1.3　A、C 型钻铤结构

(2)钢级与材料[6-8]。

钻铤执行 API Spec 7-1 及 SY/T 5144 标准。普通钻铤由合金调质钢制造,用棒料或空心棒料镗孔制造,也可以用厚壁轧制钢管制造。A 型、B 型两者均为普通合金钢制成。C 型钻铤用磁导率很低的无磁钢制成。API Spec 7-1 及 SY/T 5144 规定钻铤的力学性能见表 2.1.4 及表 2.1.5。SY/T 5144 对钻铤的化学成分规定,磷含量小于 0.025%、硫含量小于 0.015%。A、B 型钻铤材料晶粒度 6 级或更细,纵向夏比冲击吸收能平均值不低于 70J。C 型钻铤材料不允许存在晶间腐蚀

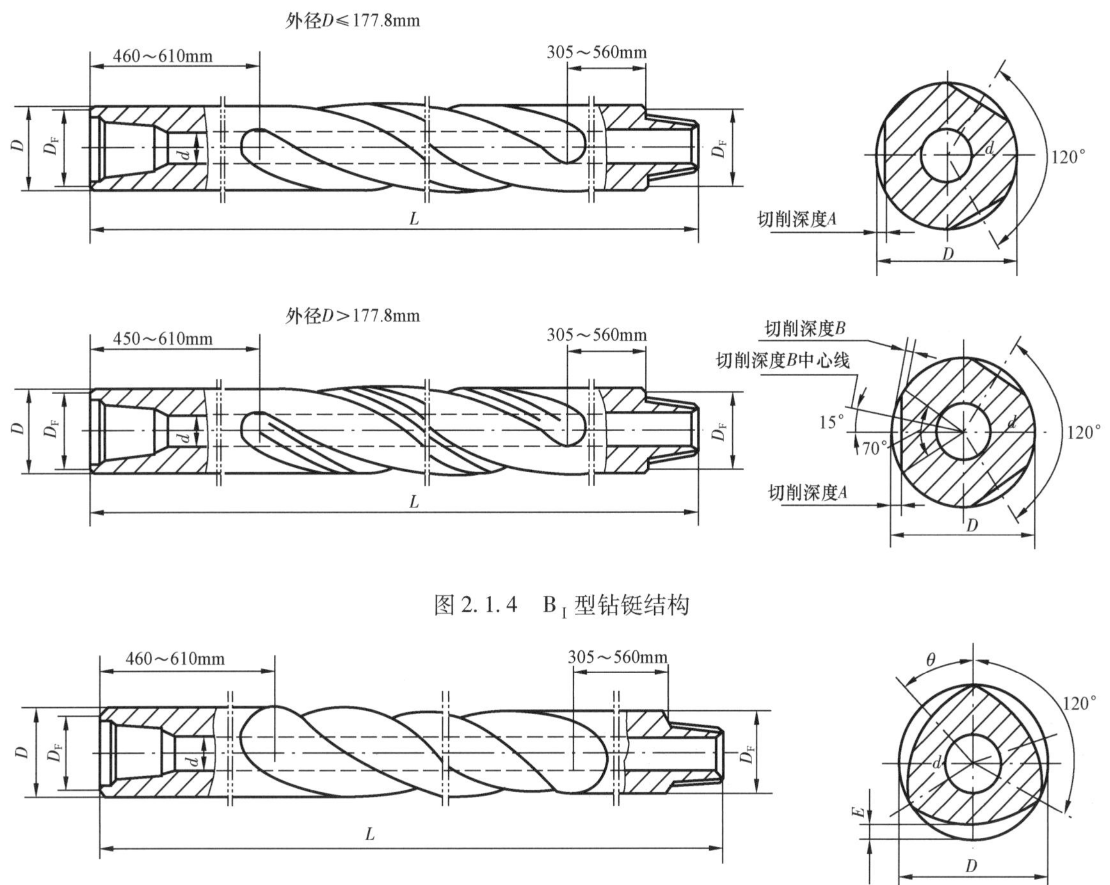

图 2. 1. 4　B_{I} 型钻铤结构

图 2. 1. 5　B_{II} 型钻铤结构

裂纹，纵向夏比冲击吸收能不低于 75J。

表 2. 1. 4　A、B 型钻铤的力学性能

外径（mm）	屈服强度（MPa）	抗拉强度（MPa）	伸长率（%）	布氏硬度 HB	纵向夏比冲击吸收能（J）
79. 4 ~ 171. 4	≥758	≥965	≥13	285 ~ 341	平均值≥70 单个值≥60
177. 8 ~ 279. 4	≥689	≥930	≥13	285 ~ 341	平均值≥70 单个值≥60

表 2. 1. 5　C 型钻铤的力学性能

外径（mm）	屈服强度（MPa）	抗拉强度（MPa）	伸长率（%）
79. 4 ~ 171. 4	≥758	≥827	≥18
177. 8 ~ 279. 4	≥689	≥758	≥20

2. 1. 1. 1. 3　加重钻杆

（1）结构与规格。

加重钻杆位于钻柱下部，其主要作用是实现厚壁钻铤柱与薄壁钻杆柱间的刚度过渡，缓和两者弯曲刚度的突然变化,减少钻杆的损坏。加重钻杆两端有超长的外加厚接头,中间有一个或两个加厚部分,如图 2. 1. 6 所示。内螺纹接头与钻杆吊卡扣合处可按需方要求制成 18°锥形或直角台肩,如图 2. 1. 7 所示。

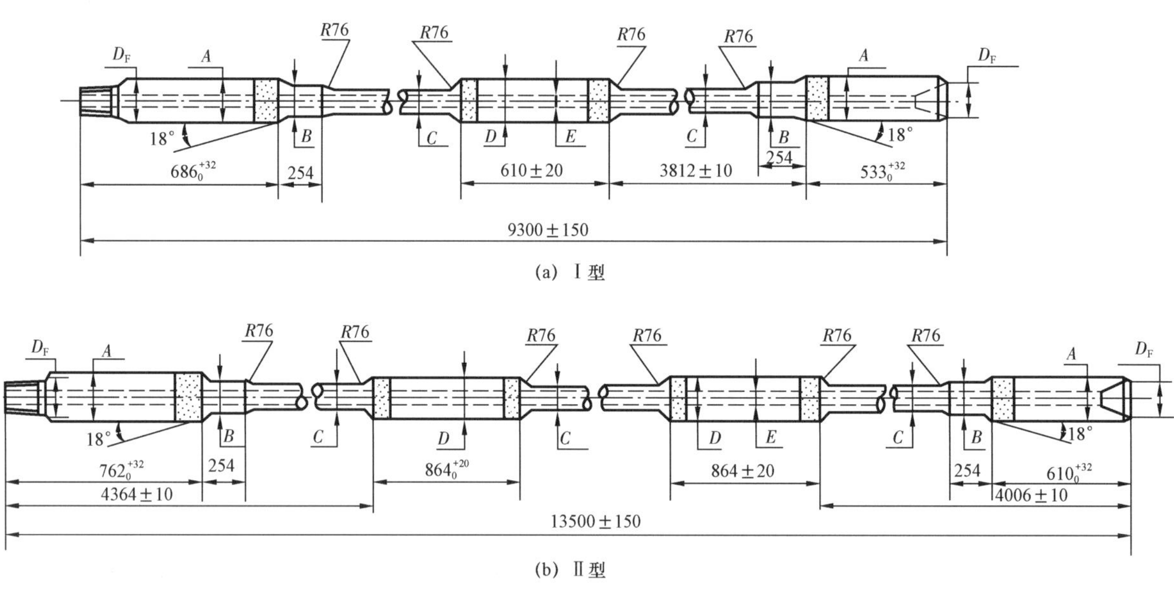

图 2. 1. 6　整体加重钻杆结构

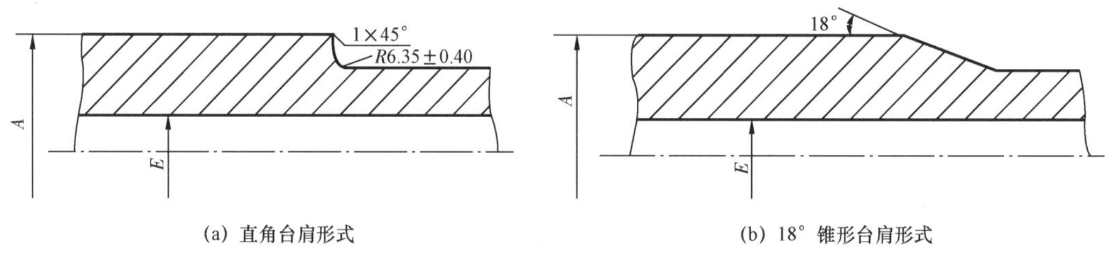

图 2. 1. 7　接头台肩形式

(2)钢级与材料[9]。

加重钻杆执行 SY/T 5146 标准,规定加重钻杆的化学成分中,磷含量小于等于 0. 020% ,硫含量小于等于 0. 015% 。

2. 1. 1. 1. 4　方钻杆[10]

方钻杆位于钻柱的最上端,其上部接头螺纹为左旋螺纹,下部接头螺纹为右旋螺纹,水眼为圆形。方钻杆按驱动部分的断面形状可分四方方钻杆(代号为 FZ)和六方方钻杆(代号为 LFZ),其结构如图 2. 1. 8和图 2. 1. 9 所示。一般大型钻机都使用四方方钻杆,小型钻机多用六方方钻杆。方钻杆执行 SY/T 6509 标准,标准规定方钻杆材料化学成分中硫和磷的含量均不得超过 0. 025% ,采用供需双方认可的钢种制造。

2. 1. 1. 2　油套管

油套管柱包括套管柱、油管柱,均由专用螺纹连接而成。套管柱下入井眼,用以防止地层流体流

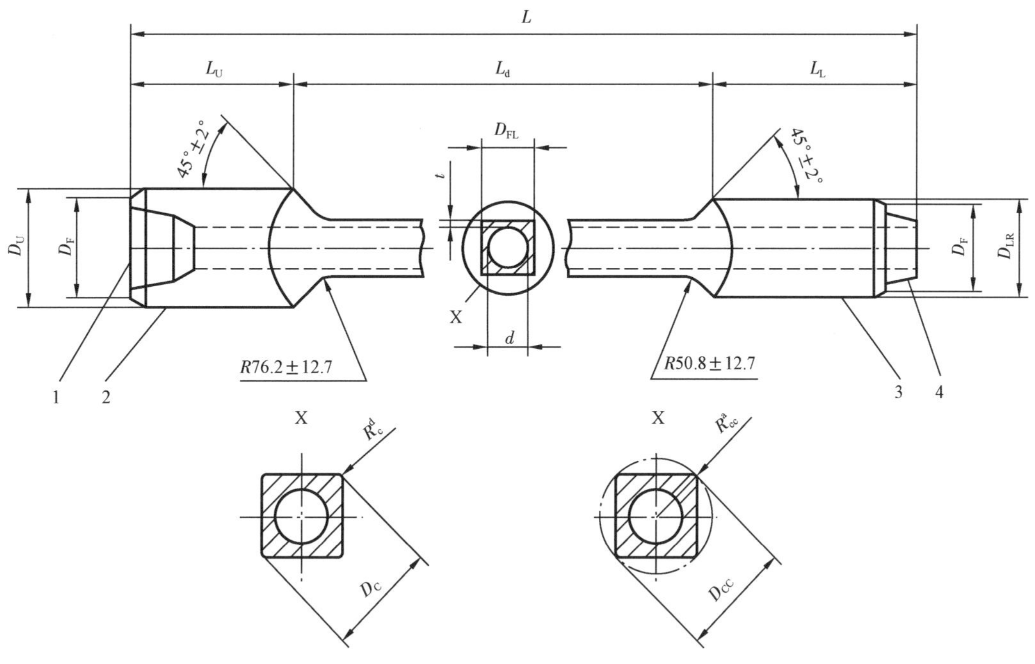

图 2.1.8　四方钻杆结构示意图

1—左旋内螺纹连接;2—上部加厚端;3—下部加厚端;4—右旋外螺纹连接

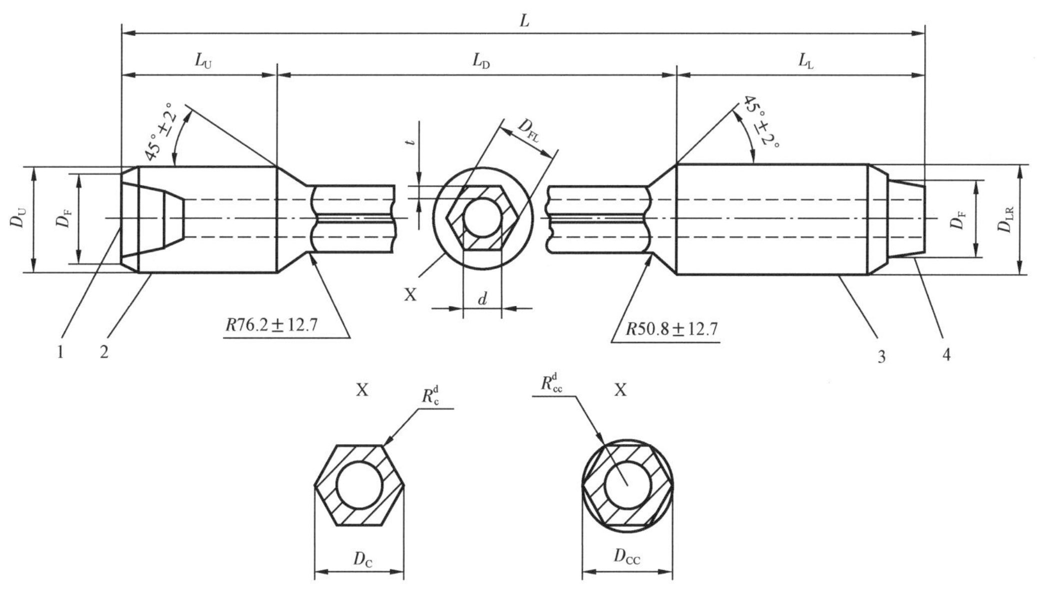

图 2.1.9　六方钻杆结构示意图

1—左旋内螺纹连接;2—上部加厚端;3—下部加厚端;4—右旋外螺纹连接

入井筒及地层坍塌[1]。油管柱下入套管柱内,构成井下油气层与地面的通道。油管柱是连接储层和地面的油气输出通路,构成井筒完整性的第一道屏障[11]。

(1)结构与规格。

油套管的结构相同,尺寸不同。油套管管端包括常规和加厚型,通过接箍,或者直接螺纹连接,如图 2.1.10 所示,各项参数参考 API Spec 5CT 详细说明[12]。油套管的规格是指外径和壁厚,油套管的详细规格参见 API Spec 5CT[12]。

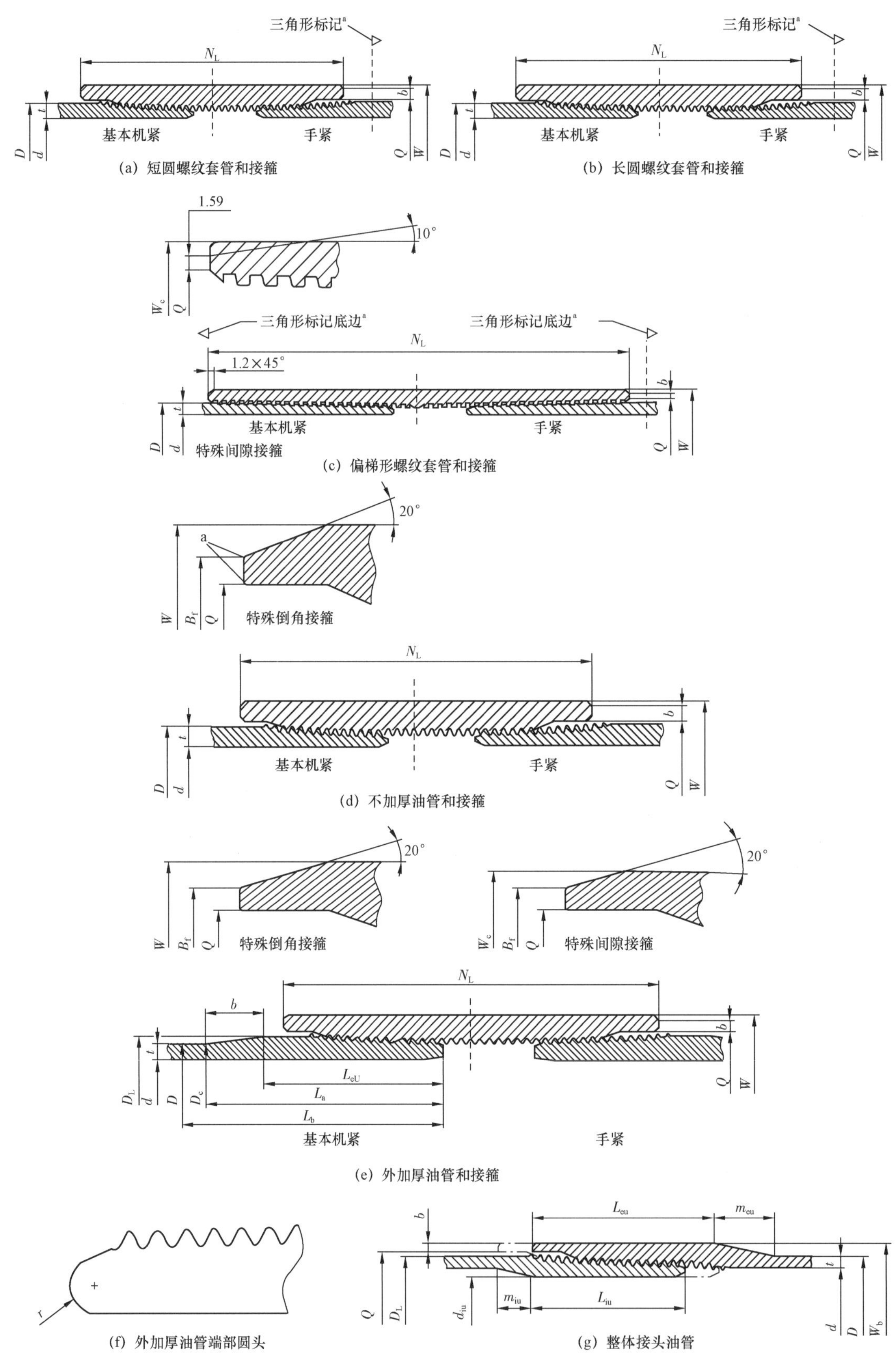

图 2.1.10　油套管结构及螺纹连接示意图

(2)钢级与材料。

API 油套管的钢级以代号表示,包括:

① H、J、K、N 和 R 钢级的所有套管和油管;

② C、L 和 T 钢级的所有套管和油管;

③ P 钢级的所有套管和油管;

④ Q 钢级的所有套管。

API Spec 5CT 标准对除 H40、L80 - 9Cr 和 C110 以外的所有钢级增加了 PSL - 2 和 PSL - 3 两种产品规范等级,具体要求参考该标准附录 H 说明。

API 油套管产品化学成分要求见表 2.1.6,拉伸性能和硬度要求见表 2.1.7。对于 C110 钢级,在购方询问其具体元素上下限时,制造方均应告知。油套管用钢的材料设计,不仅是围绕 C、Si、Mn、P、S 五种常规元素,还要根据不同合金元素在钢中的作用,针对油井管分类所要求的产品性能,选择其他元素以及各元素的含量范围。油井管用钢主要涉及 C - Mn 系、Mn - V 系、Cr - Mo 系等低合金钢。API Spec 5CT 标准对油井管的热处理工艺要求方面,J55 和 K55 可由制造厂选择或根据订单要求,进行全管体、全长正火、正火 + 回火或淬火 + 回火处理;N80 1 类全管体、全长热处理是强制性的,由制造厂选择正火或正火 + 回火处理;N80 Q 采用淬火 + 回火处理,包括分级淬火后控制冷却;L80 9Cr 和 L80 13Cr 采用淬火 + 回火处理,可选用空气淬火;R95、L80 1 类、C90、T95、C110、P110 和 Q125 采用淬火 + 回火热处理工艺,EW 制造的 P110 和 Q125 应全管体全长热处理。N80Q,R95 和 P110 钢级的油套管及接箍,采用淬火 + 回火热处理,淬火时必须保证全截面 50% 以上淬成马氏体。L80 和 Q125 钢级油套管及接箍,采用淬火 + 回火热处理,淬火时必须保证全截面 90% 以上淬成马氏体组织。C90,T95 和 C110 钢级则要求 95% 以上淬成马氏体。

表 2.1.6　API 油套管的化学成分要求　　单位:%(质量分数)

钢级	类型	C		Mn		Mo		Cr		Ni	Cu	P	S	Si
		min	max	min	max	min	max	min	max	max	max	max	max	max
H40	—	—	—	—	—	—	—	—	—	—	—	—	0.030	—
J55	—	—	—	—	—	—	—	—	—	—	—	—	0.030	—
K55	—	—	—	—	—	—	—	—	—	—	—	—	0.030	—
N80	1	—	—	—	—	—	—	—	—	—	—	0.030	0.030	—
N80	Q	—	—	—	—	—	—	—	—	—	—	0.030	0.030	—
R95	—	—	0.45③	—	1.90	—	—	—	—	—	—	0.030	0.030	0.45
L80	1	—	0.43①	—	1.90	—	—	—	—	0.25	0.35	0.030	0.030	0.45
L80	9Cr	—	0.15	0.30	0.60	0.90	1.10	8.00	10.0	0.50	0.25	0.020	0.010	1.00
L80	13Cr	0.15	0.22	0.25	1.00	—	—	12.0	14.0	0.50	0.25	0.020	0.010	1.00
C90	1	—	0.35	—	1.20	0.25②	0.85	—	1.50	0.99	—	0.020	0.010	—

续表

钢级	类型	C		Mn		Mo		Cr		Ni	Cu	P	S	Si
		min	max	min	max	min	max	min	max	max	max	max	max	max
T95	1	—	0.35	—	1.20	0.25④	0.85	0.40	1.50	0.99	—	0.020	0.010	—
C110	—	—	0.35	—	1.20	0.25	1.00	0.40	1.50	0.99	—	0.020	0.005	—
P110	⑤	—	—	—	—	—	—	—	—	—	—	0.030⑤	0.030⑤	—
Q125	1	—	0.35	—	1.35	—	0.85	—	1.50	0.99	—	0.020	0.010	—

注:所示元素含量在产品分析时应报告。

① 若产品采用油淬或聚合物淬火,则 L80 钢级的碳含量上限可增加到 0.50%。

② 若壁厚小于 17.78mm,则 C90 钢级 1 类的钼含量无下限规定。

③ 若产品采用油淬,则 R95 钢级的碳含量上限可增加到 0.55%。

④ 若壁厚小于 17.78mm,则 T95 钢级 1 类的钼含量下限可降低至 0.15%。

⑤ 对于 P110 钢级电焊管,磷的含量最大值应是 0.020%,硫的含量最大值应是 0.010%。

表 2.1.7　API 油套管的拉伸性能和硬度要求

钢级	类型	载荷下的总伸长率(%)	屈服强度(MPa)		抗拉强度 min (MPa)	硬度①③ max		规定壁厚(mm)	允许硬度变化② HRC
			min	max		HRC	HBW		
H40	—	0.5	276	552	414	—	—	—	—
J55	—	0.5	379	552	517	—	—	—	—
K55	—	0.5	379	552	655	—	—	—	—
N80	1	0.5	552	758	689	—	—	—	—
	Q	0.5	552	758	689	—	—	—	—
R95	—	0.5	655	758	724	—	—	—	—
L80	1	0.5	552	655	655	23.0	241	—	—
	9Cr	0.5	552	655	655	23.0	241	—	—
	13Cr	0.5	552	655	655	23.0	241	—	—
C90	1	0.5	621	724	689	25.4	255	≤12.70	3.0
								12.71 ~ 19.04	4.0
								19.05 ~ 25.39	5.0
								≥25.40	6.0
T95	1	0.5	655	758	724	25.4	255	≤12.70	3.0
								12.71 ~ 19.04	4.0
								19.05 ~ 25.39	5.0
								≥25.40	6.0

续表

钢级	类型	载荷下的总伸长率（%）	屈服强度（MPa）		抗拉强度 min（MPa）	硬度①③ max		规定壁厚（mm）	允许硬度变化② HRC
			min	max		HRC	HBW		
C110	—	0.7	758	828	793	30.0	286	≤12.70	3.0
								12.71～19.04	4.0
								19.05～25.39	5.0
								≥25.40	6.0
P110	—	0.6	758	965	862	—	—	—	—
Q125	1	0.65	862	1034	931	②	—	≤12.70	3.0
								12.71～19.04	4.0
								≥19.05	5.0

① 若有争议时，应采用试验室的洛氏硬度作为仲裁方法。

② 未规定硬度极限，但按 API Spec 5CT 正文 7.8 和 7.9 规定限制最大变化量可作为生产控制。

③ 对于 L80（所有类型）、C90、T95 和 C110 钢级全壁厚硬度检测，表中所列 HRC 硬度为平均硬度最大值。

在夏比 V 型缺口冲击吸收能要求方面，H40、J55 和 K55 钢级，没有强制性的 CVN 吸收能要求。对接箍毛坯、接箍材料、接箍半成品和接箍的夏比 V 型缺口冲击吸收能，H40 钢级没有强制性要求。具有 API 螺纹的 J55 和 K55 钢级，全尺寸横向最低吸收能要求为 20J（15ft·lbf），全尺寸纵向最低吸收能要求为 27J（20ft·lbf）。油套管夏比 V 型缺口吸收能要求见表 2.1.8 和表 2.1.9。

淬透性方面，对 C90 和 T95 钢级，每种规格、质量、化学成分以及奥氏体化及淬火组合，全壁厚硬度试验应在每一生产流程的淬火后、回火前的产品上进行，以测定淬透性响应。这些试验应在产品的本体上进行。若是加厚产品或附件材料，试验应在加厚部位或设计的最大壁厚部位进行。C110 钢级，每种规格、质量、化学成分以及奥氏体化及淬火组合，全壁厚硬度试验应在每一生产流程的淬火后、回火前进行。这些试验应在产品的本体上进行，若是附件材料，试验应在设计的最大壁厚部位进行。除 C90、T95 和 C110 钢级外的所有钢级，每种规格、质量、化学成分以及奥氏体化及淬火组合，全壁厚硬度试验应在淬火后、回火前进行，其作为文件化程序的一部分以证实充分淬透。这些试验应在产品的本体上进行，若是加厚产品或附件材料，试验应在加厚部位或设计的最大壁厚部位进行。

表 2.1.8　油套管横向夏比 V 型缺口吸收能要求

最大规定壁厚（mm）						最低横向吸收能（J）
N80Q、L80	C90	R95、T95	C110	P110	Q125	
11.59	9.11	8.09	—	—	—	14
13.12	10.48	9.38	—	—	—	15
14.66	11.84	10.67	—	—	—	16
16.19	13.21	11.97	—	—	—	17

续表

最大规定壁厚(mm)						最低横向吸收能(J)
N80Q、L80	C90	R95、T95	C110	P110	Q125	
17.73	14.57	13.26	—	—	—	18
19.26	15.94	14.56	—	—	—	19
20.80	17.30	15.85	10.31	12.24	6.13	20
22.33	18.67	17.14	11.33	13.36	6.95	21
23.87	20.03	18.44	12.35	14.48	7.77	22
25.40	21.40	19.73	13.38	15.60	8.59	23
—	22.76	21.02	14.40	16.72	9.41	24
—	24.12	22.32	15.42	17.83	10.23	25
—	25.49	23.61	16.45	18.95	11.04	26
—	—	24.91	17.47	20.07	11.86	27
—	—	—	18.50	21.19	12.68	28
—	—	—	19.52	22.31	13.50	29
—	—	—	20.54	23.43	14.32	30
—	—	—	21.57	24.54	15.14	31
—	—	—	22.59	25.66	15.96	32
—	—	—	23.61	—	16.78	33
—	—	—	24.64	—	17.60	34
—	—	—	25.66	—	18.42	35
—	—	—	—	—	19.24	36
—	—	—	—	—	20.06	37
—	—	—	—	—	20.88	38
—	—	—	—	—	21.70	39
—	—	—	—	—	22.52	40
—	—	—	—	—	23.34	41
—	—	—	—	—	24.16	42
—	—	—	—	—	24.98	43
—	—	—	—	—	25.80	44

注:(1)大于表中所示壁厚的夏比冲击吸收能要求应根据壁厚和钢级的公式确定。

(2)本表所示大于标准 ISO/API 管子的壁厚,仅供特殊用途参考。

表 2.1.9 油套管纵向夏比 V 型缺口冲击吸收能要求

最大规定壁厚(mm)						最低纵向吸收能(J)
N80Q、L80	C90	R95、T95	C110	P110	Q125	
10.44	8.09	7.12	—	—	—	27
11.20	8.77	7.76	—	—	—	28
11.97	9.45	8.41	—	—	—	29
12.74	10.14	9.06	—	—	—	30
13.51	10.82	9.70	—	—	—	31
14.27	11.50	10.35	—	—	—	32
15.04	12.18	11.00	—	—	—	33
15.81	12.87	11.64	—	—	—	34
16.58	13.55	12.29	—	—	—	35
17.34	14.23	12.94	—	—	—	36
18.11	14.91	13.58	—	—	—	37
18.88	15.60	14.23	—	—	—	38
19.65	16.28	14.88	—	—	—	39
20.41	16.96	15.53	—	—	—	40
21.18	17.64	16.17	10.56	12.52	6.33	41
21.95	18.32	16.82	11.07	13.08	6.74	42
22.72	19.01	17.47	11.59	13.64	7.15	43
23.48	19.69	18.11	12.10	14.20	7.56	44
24.25	20.37	18.76	12.61	14.76	7.97	45
25.02	21.05	19.41	13.12	15.32	8.38	46
25.79	21.74	20.05	13.63	15.88	8.79	47
—	22.42	20.70	14.15	16.44	9.20	48
—	23.10	21.35	14.66	17.00	9.61	49
—	23.78	21.99	15.17	17.56	10.02	50
—	24.47	22.64	15.68	18.11	10.43	51
—	25.15	23.29	16.19	18.67	10.84	52
—	25.83	23.94	16.70	19.23	11.25	53
—	—	24.58	17.22	19.79	11.66	54
—	—	25.23	17.73	20.35	12.07	55
—	—	25.88	18.24	20.91	12.48	56

续表

最大规定壁厚(mm)						最低纵向吸收能(J)
N80Q、L80	C90	R95、T95	C110	P110	Q125	
—	—	—	18.75	21.47	12.89	57
—	—	—	19.26	22.03	13.30	58
—	—	—	19.77	22.59	13.71	59
—	—	—	20.29	23.15	14.12	60
—	—	—	20.80	23.70	14.53	61
—	—	—	21.31	24.26	14.94	62
—	—	—	21.82	24.82	15.35	63
—	—	—	22.33	25.38	15.76	64
—	—	—	22.85	25.94	16.17	65
—	—	—	23.36	—	16.58	66
—	—	—	23.87	—	16.99	67
—	—	—	24.38	—	17.40	68
—	—	—	24.89	—	17.81	69
			25.40	—	—	70
			—	—	—	71
			—	—	—	72

对于 C90 和 T95 钢级，原始奥氏体晶粒度应为 ASTM 5 级或更细。对于 C110 钢级，应为 ASTM 6 级或更细。对于 L80 钢级 9Cr 类和 13Cr 类，管子内表面最终热处理后应无氧化皮。

硫化物应力开裂试验针对 C90、T95 和 C110 钢级。购方宜以 ISO 15156－1 或 ISO 15156－2/ANSI－NACE MR0175[13,14]为指南来使用 C90、T95 和 C110 钢级。特别注意 C110 钢级在 ISO 15156－1 或 ANSI－NACE MR0175/ISO 15156－2 SSC 2 类或 3 类地区的应用，因为这种材料不是对所有酸性(含 H_2S)环境都适用。

油套管的实物性能包括上卸扣扭矩、抗内压强度、抗外压挤毁强度、拉伸/压缩强度、弯曲，复合加载条件下各种强度及螺纹连接密封性能等指标，主要依据 API Spec 5C3 标准计算(等同于 ISO TR 10400)[15,16]，具体技术指标可以参照上述标准查阅。

2.1.2 非 API 油井管

2.1.2.1 非 API 钻柱构件

2.1.2.1.1 高强度、高抗扭及低温钻杆等钢质钻杆

非 API 钻柱构件以钻杆为主，包括：超高强度钻杆、高强韧钻杆、限制屈服强度钻杆、抗扭钻杆、低

温钻杆、抗硫钻杆等[17]。国内外非 API 钻柱构件对比见表 2.1.10。

表 2.1.10　国内外非 API 钻柱构件对比

类型	国外	国内	主要特点
超高强度钻杆	V&M 和 Grant 公司的 150 钢级、165 钢级钻杆	宝钢、渤海能克钻杆有限公司(简称渤海能克)、衡阳华菱钢管有限公司(简称衡钢)、海隆石油工业集团有限公司(简称海隆)的 150 钢级、165 钢级钻杆	适合深井超深井钻探
酸性环境用钻杆	Grant 公司的 SS105、SU95 钢级钻杆，V&M 公司的 SS105 钢级钻杆	宝钢、渤海能克、衡钢、海隆公司的 SS105 钢级钻杆	适合酸性油气田钻井
高抗扭接头钻杆	V&M 和 Grant 公司已经完成第三代双台肩接头开发	宝钢、渤海能克、衡钢、海隆公司已完成第二代双台肩接头开发； 海隆公司完成了第三代高抗扭接头钻杆开发	适合大位移井、水平井钻探
低温钻杆		海隆公司的 HL75AS、HL95AS、HL105AS、HL135AS 四个钢级低温钻杆	适合低温环境用
智能钻杆	Grant 公司国际领先	渤海能克、海隆公司正在研发	在钻井同时实现测井、录井等功能

(1)超高强度钻杆。V&M 公司的 MW－V－150、渤海能克的 BHNK150、宝钢公司的 BG150、BG165 钻杆、海隆公司的 V150 及 V165 钻杆等。高钢级钻杆主要采用 Cr－Mo 系 Mo 含量较高合金结构钢。

(2)低温钻杆。低温钻杆针对高寒地区钻井作业，适用于低温环境(如南、北极)。和普通钻杆相比，该产品具有更好的低温韧性，包括更高的冲击吸收能和更低的韧脆转变温度，具有更优的抗脆断能力。如在常温使用，具有比普通钻杆更高的抗断裂和疲劳能力，使用寿命可显著提高。海隆公司开发了 HL75AS、HL95AS、HL105AS、HL135AS 四个钢级低温钻杆，可满足－50℃环境服役。

(3)抗硫钻杆。主要用于含 H_2S 气田钻井。管研院在加拿大 IRP 工业推荐做法基础上，研究并形成了 SY/T 6857.2 标准，并被 ISO 委员会接受，修订并发布了新版 ISO 11961 标准，涵盖两个新钢级[2,17]。

抗硫钻杆对钢的化学成分及微观组织特征有严格的要求。对于调质处理的 SS95、SS105 及 SS120 钢级，要求淬火后截面马氏体含量不低于 90%，回火后晶粒度为 7.5 级或更细。对于 SU 系列钻杆，均要求采用调质处理，淬火后截面马氏体含量不低于 95%，晶粒度为 8.0 级或更细。SS 钻杆管体材料伸长率应不低于 17%，SU 钻杆管体材料伸长率不低于 20%。SS 系列抗硫钻杆的环境性能要求通过 GB/T 4157 A 法试验，SU 系列除 GB/T 4157 A 法要求外，还须参照 GB/T 15970.6 标准通过 DCB 试验[18]，测定 K_{ISCC}值。

2.1.2.1.2　铝合金钻杆

铝合金钻杆执行 GB/T 20659—2017(等同采纳 ISO 15546—2002)标准[19]。GB/T 20659—2017

标准规定了石油天然气工业钻井和生产操作中使用的带或不带钢制接头的铝合金钻杆的交货技术条件、制造工艺、材料要求、形状和尺寸、检验和试验程序。标准中提供了一种典型钻杆结构,并提供了钻杆的主要尺寸和重量。铝合金钻杆的形状和尺寸,对于带内加厚端的管体应符合图 2. 1. 11,对于带外加厚端的管体应符合图 2. 1. 12,对于带加厚保护器的管体应符合图 2. 1. 13。

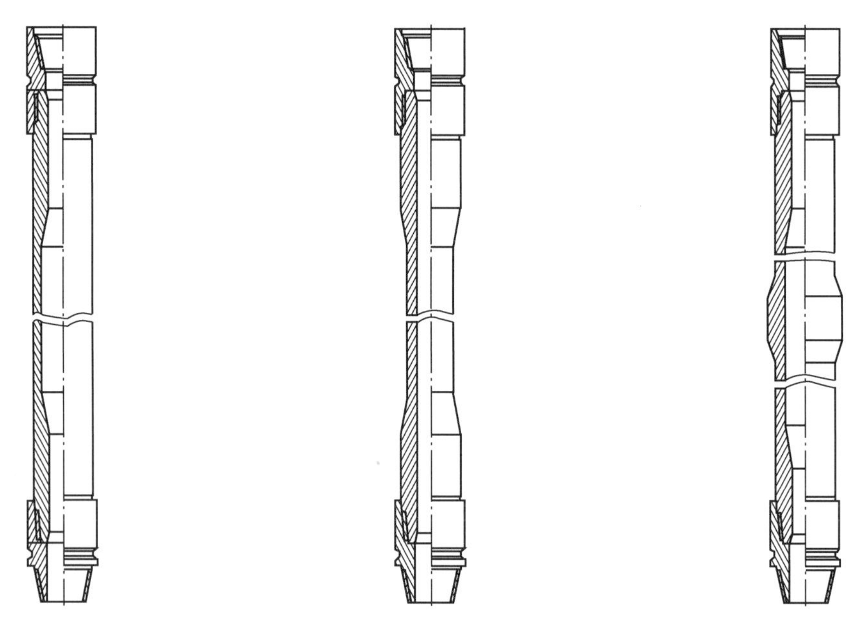

图 2. 1. 11　带内加厚的钻杆　　图 2. 1. 12　外加厚钻杆　　图 2. 1. 13　带加厚保护器钻杆

铝合金钻杆应进行固溶热处理,并随后进行人工或自然时效。在进行最终热处理之后不应进行冷加工,除非该钻杆要进行正常矫直或螺纹加工。对于铝合金钻杆材料化学成分,要求残余铅含量应控制在 0. 005% 以内。

2. 1. 2. 1. 3　钛合金钻杆

钛合金钻杆具有优良的耐腐蚀性能、高强重比、低弹性模量等特点,在高腐蚀性环境、大位移井、超短半径水平井等方面具有良好的应用前景,但由于价格高昂,其产品开发及市场推广应用受到显著制约。钛合金钻杆主要采用 Ti - Al 系合金,包括 Ti - 6Al - 2Sn - 4Zr - 6Mo、Ti - 6Al - 4V 和 Ti - 6Al - 4V - Ru 等材料,采用固溶时效类热处理方式。该类合金在热处理过程中,$\alpha + \beta$ 相区所处温度越高,在随后的冷却过程中,β 相转变组织越多。除固溶强化作用,其强度可以在时效处理过程中,通过 β 相析出 α 相的沉淀强化作用进一步提高。钛合金钻杆及其技术体系等尚在研究中。

2. 1. 2. 2　非 API 油套管

为减少油套管失效事故,满足不同服役条件需求,用户实际使用的油套管约 40% 是非 API 钢级。非 API 油套管钢级系列包括:用于深井、超深井的超高强度油套管;用于寒冷地区油气田的低温高韧性油套管;高抗挤和超高抗挤油套管;抗 H_2S 应力腐蚀油套管;兼顾抗硫与高抗挤性能的套管;耐 CO_2 腐蚀的油套管;耐 CO_2 + 低 H_2S 腐蚀油套管;耐 $CO_2 + Cl^-$ 腐蚀油套管;耐 $H_2S + CO_2 + Cl^-$ 腐蚀油套管;稠油热采用油套管等。其中,用于深井、超深井的超高强度油套管,天钢的最高钢级为 TP165N,宝钢的最高钢级为 BG165,衡钢的最高钢级为 HS150;抗 H_2S 应力腐蚀油套管,天钢、宝钢、衡钢均能稳定生产 110SS 钢级；耐 CO_2腐蚀油套管，除 13Cr、超级 13Cr 系列外，天钢、宝钢、衡钢都开发了适用于 CO_2腐蚀较轻微环境的经济型低 Cr 钢油套管，如天钢的 3Cr、5Cr，宝钢的 1Cr、3Cr 等，衡钢的 1Cr、3Cr；对 H_2S、CO_2、Cl^-共存的恶劣环境，天钢和宝钢都开发了镍基与铁镍基耐蚀合金油套管，取代了进口产品。

2.1.3　油井管技术发展趋势

2.1.3.1　钻柱构件

近年来，我国油气田勘探开发条件日益恶劣，对钻柱构件的要求越来越高，体现在以下几个方面：

(1)井深增加，钻柱构件受力复杂，载荷大；

(2)高含 H_2S 气田开发对钻柱构件的抗氢损伤性能是重大的挑战；

(3)强化钻井(大钻压、高转速、高泵压)对钻柱构件的强度(特别是抗扭强度)、疲劳和腐蚀疲劳抗力提出了新的、更高的要求；

(4)近年来发展的钻井新技术，如水平井、分支井、大位移井、小井眼钻井，钻柱构件服役条件十分苛刻，对钻柱构件结构和材料有特殊的、严格的要求；

(5)在低温地区使用的钻杆需防止低温脆断。

高性能钻柱构件产品研发方向包括：(1)满足“先漏后破”准则的 150 和 165 钢级钻杆；(2)SS120 抗硫钻杆；(3)超高抗扭接头钻杆；(4)轻质合金及非金属复合材料钻杆。

2.1.3.2　油套管

美国能源部对国际上的井深趋势进行了统计，发现近 30 年来，全球石油天然气井深平均增加了一倍以上，并且继续呈快速增长的趋势。随着井深增加，井内温度、压力相应提高。同时，一些地质和环境条件十分苛刻的油气田，包括严酷腐蚀环境油气田相继投入开发。此外，钻井和完井新技术、新工艺陆续投入了使用。这些都导致油井管服役条件日益复杂和严酷。

套管和油管服役条件的变化表现为：高温高压井使套管和油管柱承受的压力增加，而承压能力降低(高温降低油套管屈服强度和弹性模量，高压提高了油套管柱承受的压力)；在 H_2S、CO_2和 Cl^-等介质单独或复合作用下，油套管的腐蚀是相当严重的；特殊地质条件(如盐岩层塑性流动、疏松砂岩油层出砂、山前构造等)对管柱抗挤性能提出了特殊要求；近 10 年来发展的钻井和完井新技术对套管性能的特殊要求。例如套管钻井技术用套管代替钻杆直接钻进，达到目的层直接固井。这种套管除具有套管的特性外，还应具备钻杆的特性，包括有足够的轴向承载能力、弯曲/扭转屈服强度、弯—扭复合疲劳抗力和韧性。

对高性能油井管研究开发工作的建议：

(1)加强油套管强韧性匹配方法研究。

套管和油管可视为特殊的压力容器，其破裂失效与韧性有关。10 多年前，柯深 1 井完井测试时，V150 套管产生螺旋状裂纹而导致这口井报废，直接损失上亿元[20]。失效分析认为，这种螺旋状裂纹是钢管潜在的螺旋状损伤(缺欠)在承受很高的载荷(内压)后形成宏观裂纹的，而这种螺旋状损伤是轧制过程中形成的。套管及油管内在的微小损伤或缺欠是难以避免的，其发展成为宏观裂纹的临界

尺寸与 K_{IC}/σ_y 有关，即油套管强度越高需要匹配的韧性越高。钻井现场发生的许多 V150 套管破裂事故都是由于横向最低冲击吸收能 C_V 太低造成的。10 年前，英国能源部指导性技术文件规定，压力容器和压力钢管的 C_V 按下式计算：

$$C_V(\mathrm{J}) \geqslant \sigma_y/10$$

式中 σ_y——材料的屈服强度，MPa。

因此，140 钢级（$\sigma_y = 980\mathrm{MPa}$），$C_V > 98\mathrm{J}$；150 钢级（$\sigma_y = 1050\mathrm{MPa}$），$C_V > 105\mathrm{J}$；170 钢级（$\sigma_y = 1200\mathrm{MPa}$），$C_V > 120\mathrm{J}$。按失效评估图核算，上述计算结果有些保守。高强度油套管需要匹配多高的韧性，需要进一步深入研究。

（2）加强 H_2S、CO_2、Cl^- 共存时油套管腐蚀机理及选材指南研究。

我国油气资源中，大部分含有 H_2S 和/或 CO_2。其中，部分油气井仅含 H_2S 或仅含 CO_2，而更多的井却同时含有 H_2S 和 CO_2。西部油气田地下水中 Cl^- 含量也很高。对于仅含有 H_2S 的腐蚀与防护问题，50 多年来，国内外持续做了大量的研究，腐蚀机理和规律相对比较清楚，腐蚀控制方法和防护措施也比较成功。近 20 年来，高温高压条件下 CO_2 腐蚀机理和防护措施的研究也取得了许多成果。由于 H_2S 和 CO_2 之间复杂的交互作用，对于 H_2S 和 CO_2 共存时的腐蚀机理和规律的研究，至今尚未形成较为完善的理论体系。Cl^- 对腐蚀影响的研究也存在不少问题，许多理论和技术问题尚待深入研究[20-28]。

目前，有关油井管标准与“选材指南”（图 2.1.14）存在的问题主要包括：① 当 $p_{CO_2} \geqslant 0.02\mathrm{MPa}$，$p_{H_2S} = 0.003 \sim 0.01\mathrm{MPa}$ 时，选择双相不锈钢，而当 $p_{CO_2} \geqslant 0.02\mathrm{MPa}$ 且 $p_{H_2S} \geqslant 0.01\mathrm{MPa}$ 时，则选择 Ni 基或 FeNi 基合金，中间没有过渡；② 在 $p_{CO_2} \geqslant 0.02\mathrm{MPa}$ 时，$p_{H_2S} = 0.001 \sim 0.003\mathrm{MPa}$ 选择超级 13Cr，$p_{H_2S} = 0.003 \sim 0.01\mathrm{MPa}$ 选择双相不锈钢，但对 Cl^- 含量的影响未作规定，包括 CO_2 + 较少量 Cl^-、CO_2 + 多量 Cl^-、CO_2 + 少量 H_2S + Cl^- 的选材方案是空白；③ 不同 Mo 含量的 Ni 基、FeNi 基合金的临界环境条件仅规定了温度的变化；④ 元素 S 在选材指南中的体现等。

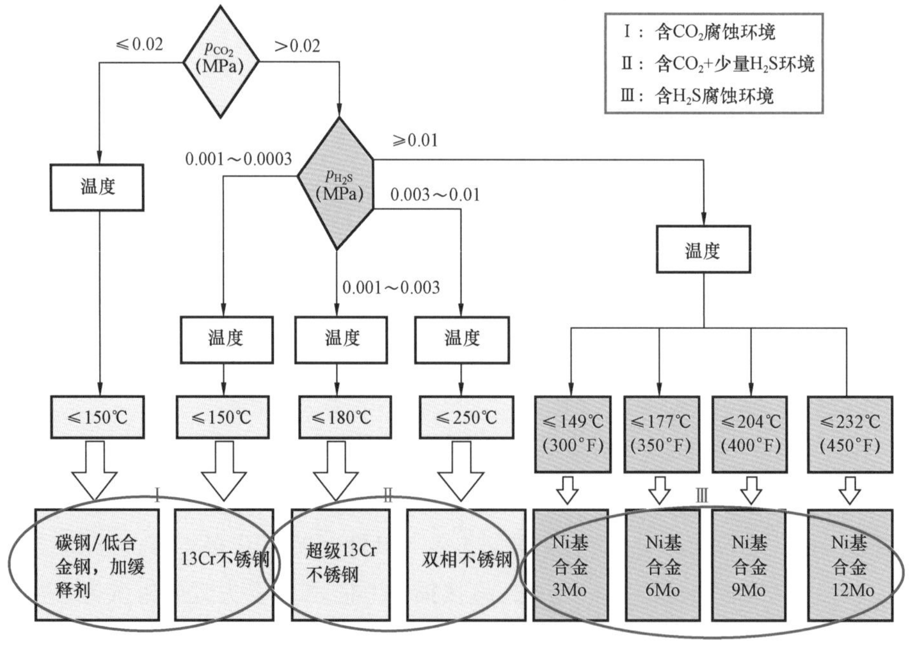

图 2.1.14　耐蚀合金油套管选材指南

需要深入研究的课题包括：① H_2S 和 CO_2 共存时，H_2S 还是 CO_2 成为腐蚀控制的主导因素的边界环境条件的研究；② 高 H_2S 分压或/和高 CO_2 分压条件下，材料（包括碳钢、低合金钢、耐蚀合金）的电化学腐蚀和氢损伤机理和规律研究；③ 耐蚀合金在 H_2S/CO_2 环境的钝化膜保护机制和破损规律；④ Cl^- 对 H_2S 或/和 CO_2 腐蚀的影响机理和规律；⑤ 元素 S 对 H_2S 或/和 CO_2 腐蚀的影响机理和规律；⑥ 应用上述研究成果修订和细化有关标准和选材指南。

(3)加强非 API 螺纹的基础研究。

除进行螺纹啮合、螺纹连接和密封的基础研究外，还应重点开展：① 改良型特殊螺纹——改进型偏梯形螺纹、金属/金属密封结构和扭矩台肩优化组合，主密封结构的形式是研究的重点；② 旋转固井、旋转下套管系列特殊螺纹——如何进一步提高抗扭性能和抗压缩性能；③ 无接箍特殊螺纹和快速上扣接头——进一步提高结构完整性和密封完整性，等等。

(4)加快我国高性能油套管产品研发。

从油井管自身分析，油井管各种失效模式归根结底是两方面因素起作用，即材料因素和结构因素。材料因素包括材料的成分、组织、性能及冶金质量，集中体现在钢级上。结构因素是指油井管的几何形状和尺寸精度，主要体现在螺纹连接上。油井管的根本问题是钢级问题和螺纹连接问题。

为满足日益严酷的服役条件，杜绝或减少失效事故，套管、油管都形成了品种繁多的非 API 钢级，包括超高强度油套管、低温环境用油套管、高抗挤套管、抗 H_2S 应力腐蚀油套管、兼顾抗硫和高抗挤性能的套管、耐 CO_2 腐蚀油套管、耐 CO_2 + 低 H_2S 腐蚀油套管、耐 $CO_2 + H_2S + Cl^-$ 腐蚀油套管、热采用油套管、高压储气井套管等。非 API 油井管的钢级约有 110 多种，大大超过 API 钢级的数量。

随着油井深度、井底压力和温度日益增高，API 的短圆螺纹、长圆螺纹及偏梯形螺纹在结构完整性和密封完整性两方面都不能适应要求，国外已有 30 多家油井管厂商开发了 100 多种有专利权的特殊螺纹接头。目前，特殊螺纹接头油套管已占全部油套管的 21%，并且还在继续增长。特殊螺纹接头的品种也开始收缩和集中。VAM 系列特殊螺纹接头油套管已占全球特殊螺纹油套管总量的 50%。

高性能油套管产品主要发展方向包括：

① 对照国外现有非 API 油井管系列，填平补齐，包括：CO_2 + 少量 H_2S 和/或 Cl^- 环境用超级 13Cr、22Cr 双相不锈钢、25Cr 超级双相不锈钢油套管，夏比冲击吸收能（J）达到屈服强度（MPa）十分之一的 V140、V150 钢级高韧性套管，耐蚀合金 G3、825、028 套管，825 油管，以及更多优良品种特殊螺纹接头油套管。

② 开发更高层次的高性能油井管，包括：夏比冲击吸收能（J）达到屈服强度（MPa）十分之一的 V170 钢级高韧性套管，125SS、140S 钢级抗硫油套管，抗挤性能达到 API 标准规定值 160% 以上的超高抗挤套管，$H_2S + CO_2 + Cl^-$ 和元素 S 共存时的较经济的耐蚀合金油井管。

2.1.4　油井管柱螺纹连接

钻柱、套管柱和油管柱在服役过程中将承受载荷、环境等服役条件的作用，只有保证管柱系统的结构和密封完整性才能满足钻采作业的要求，管柱的螺纹连接通常成为管柱的薄弱环节。

根据近年来螺纹管柱力学的研究成果，影响油井管螺纹连接性能的因素较多，与产品的质量、现场操作及服役条件均有关系，主要包括螺纹的结构形式、螺纹参数及公差、表面处理方式、螺纹脂、上扣扭矩(或位置)、服役载荷(拉伸/压缩、内压/外压、弯曲)、服役环境(温度、腐蚀介质)及服役时间等。在实际服役过程中,螺纹连接易发生粘扣、滑脱、断裂或开裂、泄漏等失效事故,而且一个螺纹连接的失效往往意味着整个管柱功能的丧失或一口井的报废,给油井造成巨大的损失。据 API 调查统计,油井管失效事故 50% 以上发生在螺纹连接部位,所以螺纹连接的技术性能和质量对油井管的安全使用具有十分重要的意义。

根据油田不同的服役条件需求以及生产成本的考虑,制造厂开发出不同种类的油井管螺纹,包括 API 标准螺纹和非 API 螺纹。API 标准螺纹指 API Spec 5B 标准中规定的螺纹连接形式,非 API 螺纹主要是各个制造厂为了满足油田特殊需求设计开发的特殊螺纹连接形式。在使用过程中需要弄清不同螺纹的性能特点和技术指标,避免由于选择和使用不当导致失效事故的发生。

2.1.4.1 API 螺纹

2.1.4.1.1 API 油管、套管螺纹

API 油管、套管螺纹具有产品成熟、技术公开、配套完善、易于生产等优点,是油管、套管最主要的螺纹连接形式,在石油行业获得广泛应用。根据结构和用途,API 油管、套管螺纹分为圆螺纹、偏梯形螺纹(BC)、整体连接螺纹(IJ)等。套管圆螺纹又分为套管短圆螺纹(SC)和套管长圆螺纹(LC),油管圆螺纹又分为不加厚油管螺纹(NU)和外加厚油管螺纹(EU)[29]。其中,圆螺纹和偏梯形螺纹较为常用,整体连接螺纹(IJ)应用较少。

(1)API 圆螺纹。

API 圆螺纹牙型如图 2.1.15 所示,牙型高度尺寸见表 2.1.11。圆螺纹是螺纹轴向截面牙型角等分中线垂直于螺纹轴线的 60°对称圆锥螺纹,锥度为 1∶16,螺纹牙顶和牙底加工成圆角,采用接箍进行连接。圆螺纹的主要缺点是在高的拉伸载荷条件下,螺纹连接易从内、外螺纹滑脱失效,螺纹连接效率小于 1。同时,由于螺纹结构设计的原因,啮合螺纹的牙顶和牙底之间存在一定的间隙,形成潜在的螺旋形泄漏通道。螺纹加工偏差、上扣控制、螺纹脂及复合载荷等因素都会不同程度影响圆螺纹的密封性能,导致 API 圆螺纹的密封性能较差,密封压力不稳定。

表 2.1.11　API 圆螺纹牙型高度尺寸

螺纹参数	10 牙/25.4mm $p=2.540$mm	8 牙/25.4mm $p=3.175$mm
$H=0.866p$	2.200	2.750
$h_s=h_n=0.626p-0.1178$	1.412	1.810
$S_{rs}=S_{rn}=0.120p+0.0508$	0.356	0.432
$S_{cs}=S_{cn}=0.120p+0.1270$	0.432	0.508

(2)偏梯形螺纹。

API 偏梯形螺纹牙型如图 2.1.16(规格 4½ ~ 13⅜)和图 2.1.17(规格 16 ~ 20)所示。偏梯形螺纹的导向牙侧面与螺纹轴线的垂线间的夹角为 10°,承载牙侧面与螺纹轴线的垂线间的夹角为 3°。规格为 4½ ~ 13⅝的偏梯形螺纹,牙顶和牙底成锥形并与螺纹圆锥母线平行,直径上锥度为 1∶16(62.5mm/m),螺距为 5.08mm,采用接箍进行连接。规格不小于 16 的偏梯形螺纹,牙顶和牙底设计

成平行于螺纹轴线，直径上锥度为 1 ：12（83.33mm/m），螺距为 5.08mm，采用接箍进行连接。偏梯形螺纹的设计主要为了改善圆螺纹的抗滑脱性能，提高螺纹的连接效率。

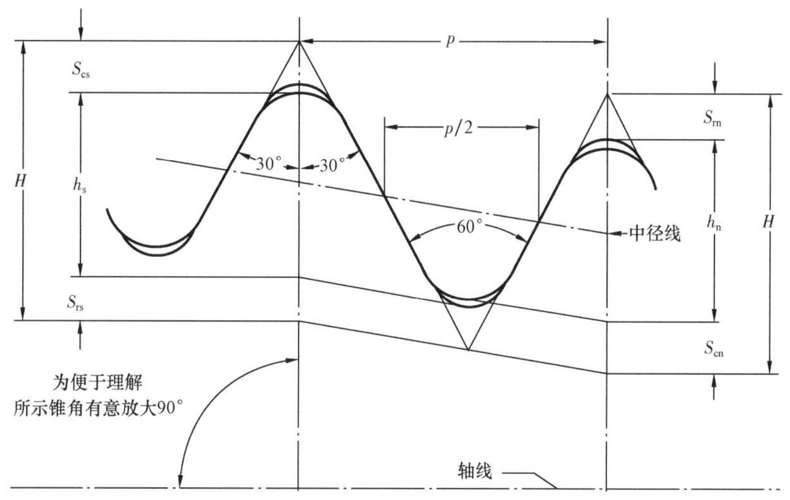

图 2.1.15　套管和油管 API 圆螺纹牙型

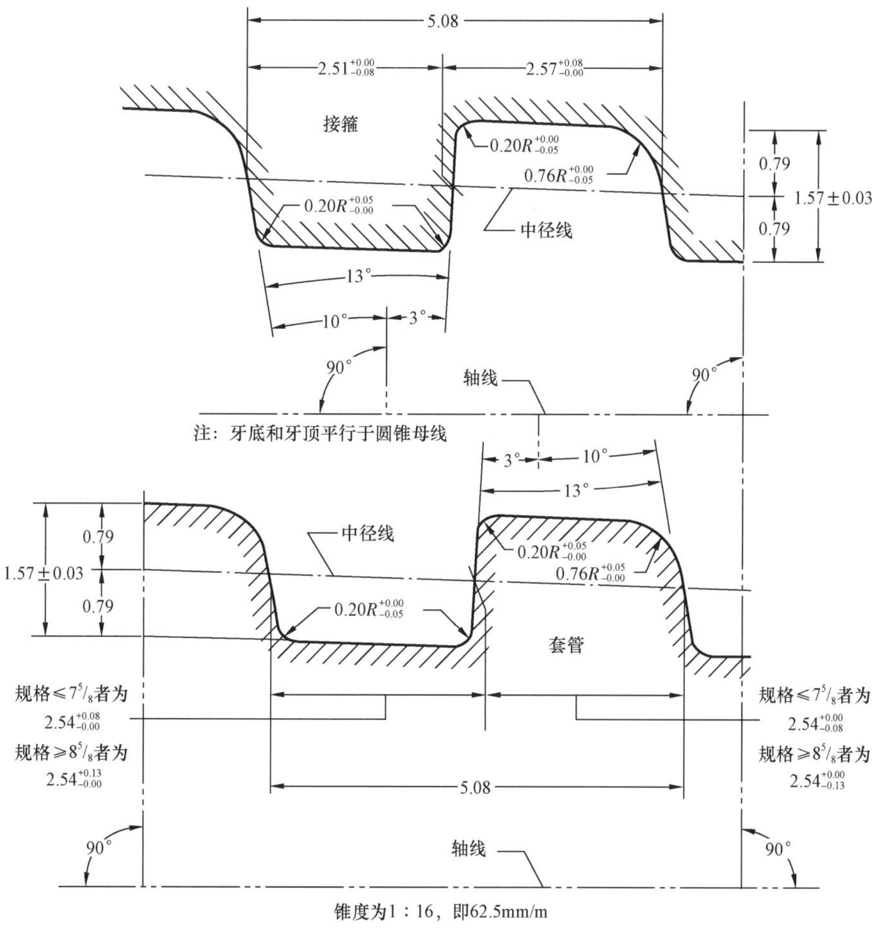

图 2.1.16　API 偏梯形套管螺纹牙型和尺寸（规格 4½ ~ 13⅜）

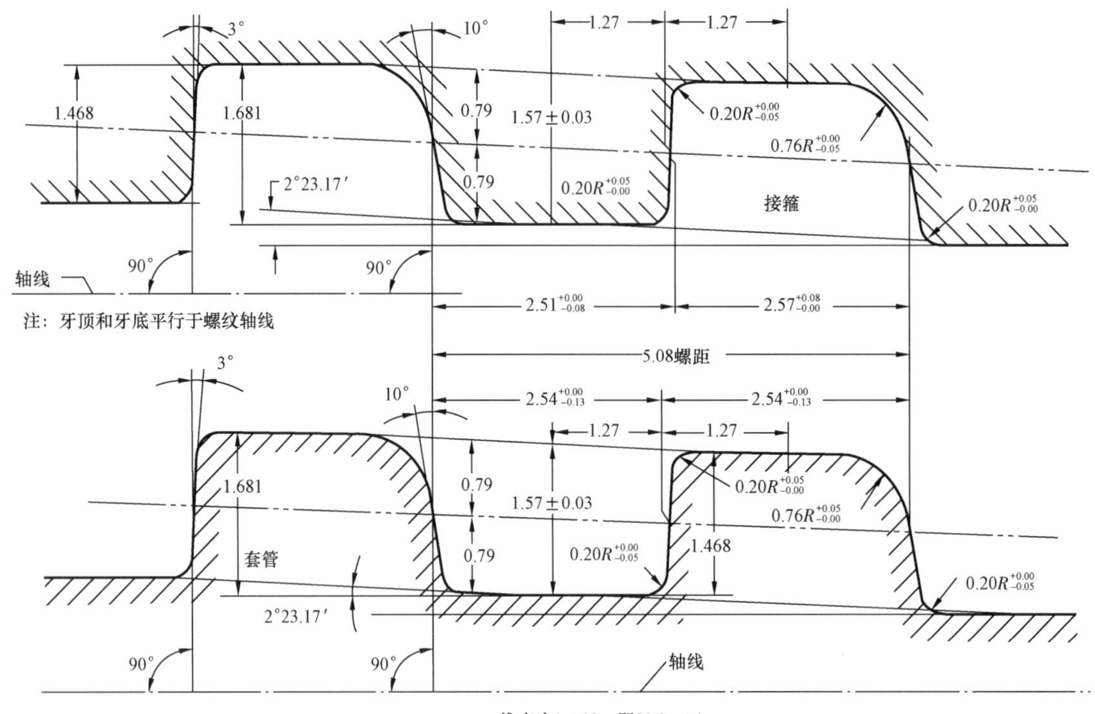

图 2.1.17　API 套管偏梯形螺纹牙型和尺寸(规格 16～20)

2.1.4.1.2　API 钻柱构件螺纹

API 钻柱构件螺纹是一种带密封台肩的粗牙圆锥螺纹。其连接形式见表 2.1.12,螺纹牙型尺寸见表 2.1.13。常用的 V－038R、V－040、V－050 螺纹牙型如图 2.1.18 所示,牙顶削平,牙底为圆弧。V－055、V－065、V－076 螺纹牙型如图 2.1.19 所示,牙顶和牙底都削平。所有钻柱构件螺纹均可加工成右旋(RH)或左旋(LH)形式,未标注为左旋(LH)的螺纹连接均认为是右旋(RH)螺纹连接[30]。优先选用的连接形式包括 NC23～NC70、1REG～8⅝REG、5½FH 和 6⅝FH。

表 2.1.12　钻柱构件螺纹连接形式

序号	接头类型	特点
1	数字型(NC)	采用 V－038R 螺纹牙型。其代号用外螺纹测量基准点处的中径以 2.54mm(0.1in)为单位折算的前两位数表示
2	正规型(REG)	采用 V－040、V－050 或 V－055 螺纹牙型
3	贯眼型(FH)	采用 V－040 或 V－050 螺纹牙型
4	内平型(IF)	采用 V－038R 螺纹牙型
5	H90 型	采用 90°螺纹牙型
6	裸眼型(OH)	采用 V－076 螺纹牙型
7	GOST Z 型	采用 V－038R、V－040 或 V－050 螺纹牙型的俄罗斯标准旋转台肩式接头的型号和规格。其代号按米制进行圆整后的外螺纹接头根部圆柱直径命名

续表

序号	接头类型	特点
8	PAC 型	采用 V－076 螺纹牙型
9	SL H90 型	采用90°削平螺纹
10	小井眼(SH)	
11	附加孔(XH)	
12	双流线(DSL)	
13	宽开式(WO)	
14	外平型(EF)	

表2.1.13　钻柱构件螺纹牙型尺寸

螺纹牙型		V－038R	V－038R	V－040	V－050	V－050	V－055
每25.4mm 上的螺纹牙数		4	4	5	4	4	6
螺距(mm)		6.35	6.35	5.08	6.35	6.35	4.23
牙侧角(°)	$\theta \pm 0.75°$	30	30	30	30	30	30
锥度(mm/mm)	T	1/6	1/4	1/4	1/6	1/4	1/8
牙顶宽度(mm)	F_c，基准值	1.65	1.65	1.02	1.27	1.27	1.40
牙底圆弧半径(mm)	R	0.97	0.97	0.51	0.64	0.64	—
牙底宽度(mm)	F_r	—	—	—	—	—	1.19
牙底圆弧半径(mm)	$r_r \pm 0.2$	—	—	—	—	—	0.38
截顶前的螺纹参考高度(mm)	H，基准值	5.486	5.471	4.376	5.486	5.471	3.661
牙顶削平高度(mm)	f_c	1.426	1.422	0.875	1.0971	1.094	1.208
牙底削平高度(mm)	f_r	0.965	0.965	0.508	0.630	0.635	1.032
截顶后的螺纹高度(mm)	$h^{+0.025}_{-0.076}$	3.095	3.083	2.993	3.754	3.742	1.421
牙顶圆弧半径(mm)	$r_c \pm 0.2$	0.38	0.38	0.38	0.38	0.38	0.38
半圆锥角 φ(°)		4.764	7.125	7.125	4.764	7.125	3.576

为了减小应力集中，从而降低内、外螺纹高应力区发生疲劳断裂的可能性，可采用应力分散结构。应力分散结构去除了内、外螺纹接头上不参与啮合的一段螺纹，共有两种基本设计形式：一种是外螺纹接头采用应力分散槽和内螺纹接头采用后扩孔结构；另一种则是内、外螺纹接头上都采用应力分散槽结构。

个别用于具有较大外径产品的螺纹接头应强制采用低扭矩结构，即改进的倒角直径和加大的扩锥孔。这将容许上扣扭矩在保证螺纹接头弯曲强度的同时，在密封面上也产生合适的接触压应力。

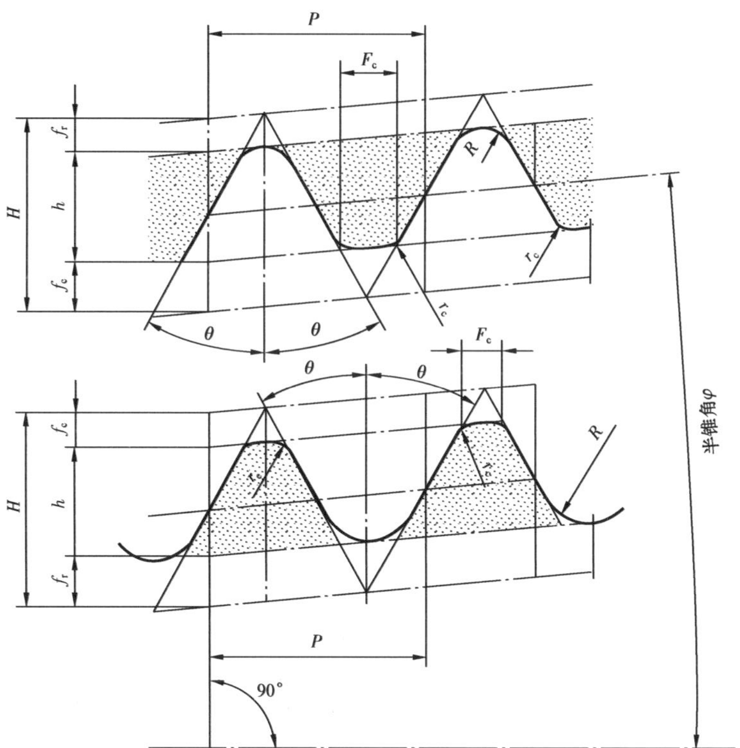

图 2.1.18　V－038R、V－040、V－050 螺纹牙型

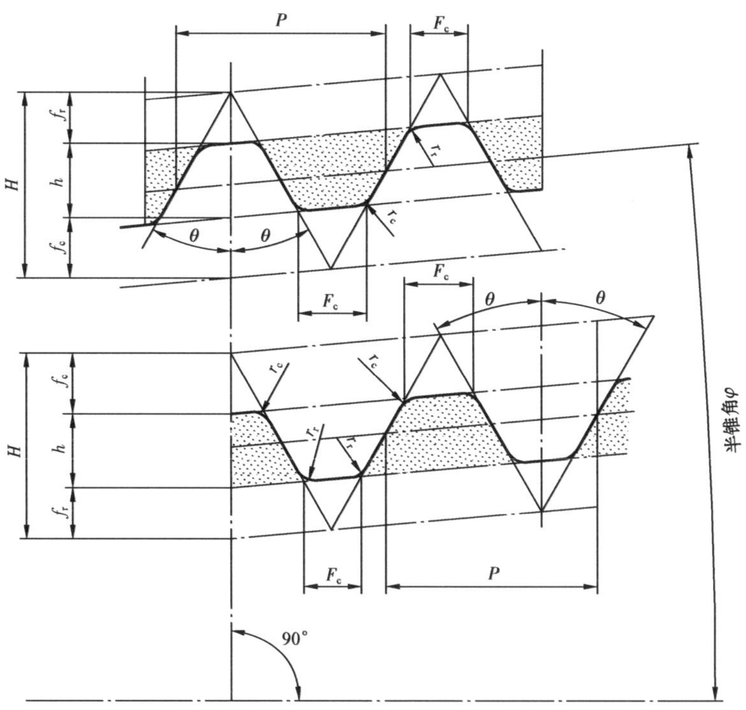

图 2.1.19　V－055、V－065、V－076 螺纹牙型

2.1.4.1.3　API 螺纹的检测

API 建立了独特、完整的油井管螺纹专用检测和计量溯源体系。按检测方法分为螺纹单项参数检测和综合检验，其中螺纹单项参数采用 API 标准推荐的专用单项参数检测仪器（以下简称单项仪）进行检测，综合检验则采用 API 螺纹量规测量螺纹紧密距。油管、套管和管线管接头螺纹参数、钻柱接头螺纹参数的技术要求、检测方法和量值溯源详见 API Spec 5B 和 API Spec 7－2 标准。

2017 年 12 月发布的最新版 API Spec 5B 标准首次对螺纹中径/顶径平均值和椭圆度给出了明确要求，将螺纹中径/顶径作为螺纹检测的主要项目，直接控制螺纹中径公差。这对提高油井管的连接性能具有重要意义，同时也是 API 螺纹检测体系的一次重要技术进步。但标准的技术体系尚不完善，需要对螺纹中径与紧密距的相关性、螺纹中径/顶径平均值和椭圆度的相关性等内容进行进一步深入研究，完善标准的技术要求，提高标准的可操作性。

API 螺纹在进行单项参数和紧密距检测之前，应当对螺纹进行外观检测。螺纹外观使用目视的方法进行检测。当检测螺纹外观时，应按照 API Standard 5T1 对整个圆周的螺纹表面缺欠进行判定[31]。

API 螺纹参数检测信息汇总见表 2.1.14。

表 2.1.14　API 螺纹参数检测一览表

类型	参数名称	检测方法	检测仪器/量规
螺纹单项参数	螺纹中径/顶径	比对测量	螺纹中径/顶径测量仪
	螺纹中径/顶径椭圆度	间接测量	螺纹中径/顶径测量仪
	锥度	间接测量	螺纹锥度测量仪
	螺距	比对测量	螺距测量仪
	螺纹牙型高度	比对测量	螺纹牙型高度测量仪
	螺纹牙顶高度测量仪①	比对测量	螺纹牙顶高度测量仪
	螺纹形状	直接测量 比对测量	光学轮廓显微精 轮廓形状测量仪 光学投影仪
	偏梯形螺纹牙厚度	比对测量	偏梯形螺纹牙厚度测量仪
	偏梯形螺纹牙槽宽度	比对测量	偏梯形螺纹牙槽宽度通止量规 光学投影仪
	接箍螺纹同轴度	间接测量	接箍螺纹同轴度测量仪
综合检验	螺纹紧密距	直接测量	螺纹工作量规/校对量规②
几何参数	螺纹长度	直接测量	游标卡尺、深度游标卡尺
	接箍外径	直接测量	游标卡尺
	接箍长度	直接测量	游标卡尺
	镗孔直径	直接测量	游标卡尺
	镗孔深度	直接测量	游标卡尺、深度游标卡尺
	钻具螺纹根部圆柱直径	直接测量	游标卡尺

① 仅限于 API 圆螺纹；
② 校对量规仅限于产品仲裁检验。

2.1.4.1.4 API 螺纹标准化体系

API 螺纹标准由产品标准[12,29,30]、性能标准[32-35]、技术标准[15]及评价标准[36]构成,API 螺纹标准化体系见表 2.1.15。

表 2.1.15 API 螺纹标准化体系

项目	功能目的	相关标准	内容	标准类型
经济高效	互换性	API Spec 5B 螺纹加工、测量和检验规范	螺纹结构形式、参数和检测方法	产品标准
	适用性	API Spec 5CT 套管和油管	石油管尺寸、检验和材料性能指标	产品标准
		API RP 5A3 螺纹脂推荐作法	螺纹脂性能指标及检测方法	性能标准
		API RP 5C1 套管和油管的维护及使用推荐作法 API TR 5TP 套管和油管螺纹连接扭矩—位置上扣导则	螺纹现场操作规范及上扣扭矩	性能标准
安全可靠	完整性	API TR 5C3 套管性能计算公式及使用性能技术报告	螺纹使用性能指标的计算方法及来源依据	技术标准
	可靠性	API RP 5C5 石油工业—油管和套管接头试验程序	螺纹性能指标验证及评价试验程序和方法	评价标准

这些标准对 API 螺纹相关技术参数和性能进行了规定,对 API 螺纹的加工、检验和使用维护具有指导意义。

2.1.4.1.5 API 螺纹上扣与连接性能

API 螺纹接头的性能(强度和密封性)主要通过紧密连接实现的,通过上扣扭矩或位置进行控制。由于 API 螺纹未设计台肩扭矩,加之螺纹公差、表面处理、螺纹脂、上扣控制、上扣设备及操作等的影响,使得 API 螺纹实际上扣质量很难控制,给 API 螺纹接头的性能留下一定隐患。

API 圆螺纹推荐采用扭矩控制上扣,以螺纹连接滑脱强度的 1% 作为最佳扭矩,最佳扭矩 ±25% 规定为最小扭矩和最大扭矩。

API 偏梯形螺纹推荐采用位置(三角形标记)控制上扣。三角形标记大小及位置在 API Spec 5B 中有详细规定(图 2.1.20),主要依据螺纹名义过盈圈数(大多数取 2.5 圈,不考虑螺纹实际公差的影响)确定。要求最终上扣后,接箍端面落在三角形标记底边倒 1 扣和三角形标记顶点之间。

对于每个具体螺纹而言,究竟采用哪个扭矩值或位置上扣实际并不确定,这也给油田实际上扣控制带来困难,进而影响螺纹连接的性能。

(1)螺纹连接强度的影响。

API 圆螺纹连接强度 P_j 由 API TR 5C3 计算公式确定:

$$P_j = 0.95A_{jp}L_{et}\left[(0.74D^{-0.59}f_{umnp})/(0.5L_{et}+0.14D)\right]+f_{ymnp}/(L_{et}+0.14D) \quad (2.1.1)$$

$$A_{jp} = \pi\left[(D-0.1425)^2-d^2\right]\Big/4$$

式中 D——规定外径;

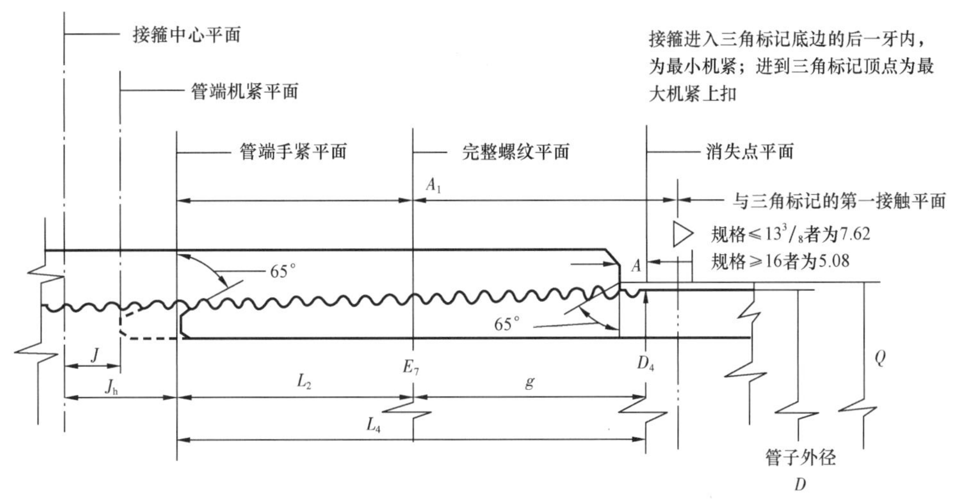

图 2.1.20　偏梯螺纹上扣位置规定

d——管体内径($d = D - 2t$)；

t——规定壁厚；

L_{et}——有效螺纹长度；

f_{umnp}——管体规定最小抗拉强度；

f_{ymnp}——管体规定最小屈服强度。

可以看出圆螺纹滑脱强度与上扣的有效啮合螺纹长度 L 有关，而 L 值又与上扣扭矩和控制位置密切相关，螺纹连接强度与上扣位置密切相关。

(2)螺纹密封性能的影响。

API 螺纹内压泄漏抗力，随上扣位置不同有不同密封能力，密封压力 P 由 API TR 5C3 计算公式确定：

$$P = ET_d Np(W^2 - E_s^2) \Big/ (2E_s W^2) \tag{2.1.2}$$

式中　E——弹性模量；

E_s——密封面中径；

N——螺纹上扣旋转圈数；

T_d——基于直径的锥度；

W——接箍外径；

p——螺距。

根据圆筒接触力学，把内、外螺纹圆锥中径线作为圆筒，选取螺纹中径测量位置(即完整螺纹和非完整螺纹分界位置)，以上扣中径过盈产生的接触压力和内压作用产生接触压力的合力作为密封内压泄漏抗力，即为公式(2.1.2)。没有考虑螺纹牙型及偏差、上扣形成的螺旋间隙泄漏通道、螺纹脂对泄漏通道的封堵作用以及拉伸载荷下牙形间隙的增大变化。但该公式有效反映了内外螺纹在不同过盈量(即上扣有效机紧圈数)下，密封能力趋势的变化。

针对 API 螺纹上扣与使用性能标准之间的矛盾，API 在 2016 年推出 API TR 5TP《套管和油管螺纹连接扭矩—位置上扣导则》(TR Technical Report)技术研究报告，提出采用扭矩—位置双控上扣。

首先保证螺纹上扣位置(有效啮合长度即上扣至螺纹消失点公称尺寸 L_4范围以内),最小和最大扭矩对不同涂层采用试验方法确定,扭矩值高于同规格钢级 API RP 5C1 值 15%。为了减小螺纹粘扣风险,增加了螺纹直径(该直径即完整螺纹顶径,与 5B 规定的设计中径不同)控制和椭圆度的检测。此外,该技术研究报告针对特定材料钢级,上扣扭矩不做规定(如 L80 和 N80Q),也增加了上扣的粘扣风险。

由上述分析可知,API 螺纹密封完整性难于保证使用性能要求值,因此,只适用于密封要求不高的油气井。

2.1.4.2 特殊螺纹

2.1.4.2.1 油套管特殊螺纹

(1)油套管特殊螺纹分类。

特殊螺纹接头是指各个制造厂为解决 API 螺纹无法满足特定服役条件要求和钻井新工艺[37],针对 API 螺纹性能存在的不足而开发的专利螺纹接头。特殊螺纹结构形式与 API Spec 5B 螺纹有明显的不同,依据企业标准或规范制造(加工、螺纹参数尺寸、上扣扭矩及使用范围)与检测。

特殊螺纹可以按用途、连接、密封形式分类[38-41]。

① 按使用用途分类:

(a)满足高温、高压含腐蚀介质油气井的低应力特殊螺纹接头;

(b)满足定向井和大弯曲狗腿度需要的特殊螺纹接头;

(c)满足低压密封经济性需要的特殊螺纹接头;

(d)满足热注采井低周拉压疲劳和热应力松弛要求的特殊螺纹接头;

(e)满足套管钻井高抗扭矩和弯曲疲劳要求的特殊螺纹接头;

(f)满足盐岩蠕变抗挤压厚壁套管特殊螺纹接头;

(g)满足膨胀套管大变形要求的特殊螺纹接头;

(h)满足大口径套管快速上扣的特殊螺纹接头;

(i)满足海洋立管抗振动疲劳性能的特殊螺纹接头。

表 2.1.16 给出了不同使用性能国内外的特殊螺纹。

表 2.1.16 不同使用性能国内外特殊螺纹

适用范围	国外特殊螺纹	国内特殊螺纹
高性能螺纹 (高温、高压、腐蚀气井; 定向井大弯曲狗腿度)	VAM HP、VAM TOP、VAM 21、VAM 21HT、 VAM TOPHT、VAM TOPHC、TN - BULE、 TN - BULEMAX、TN - wedge563、TN - 3SB、 JFE BEAR、VAGT、Ultra QX、USS Patriot	TPG2、TPG2HC、BGT2、 BJCQ
低压密封经济性螺纹	TN - XP、Ultra DQX、USS CDC、VAM DWC	TPBM、BGPT、BGPCT
热注采井	VAM SW	TPG2 - GW
套管钻井	VAM HTT、VAM HTTC、TN - wedge533	
抗盐岩蠕变挤毁	VAM HW ST、VAM MUST	

续表

适用范围	国外特殊螺纹	国内特殊螺纹
膨胀套管	VAM ET WISE	
快速上扣	DINO VAM、BIG OMEGA、	
海洋立管	VAM TOP FE、VAM TTR、	
特殊间隙固井螺纹	VAM BOLT、VAM FJL、VAM HTF、 VAM SG、VAM EDGE、VAM SLIJ – II、 TN – Wedge 513(503)、Ultra FJ	TP – FJ、BG – FJ、TP – ISF、BG – SG

注:产品符号(所属)——VAM(V&M 公司);TN(Tenaris 公司);Ultra(TMK 俄罗斯冶金公司);USS(美钢联公司);JFE(JFE 公司);VAGT(奥钢联公司);TP(天钢);BG(宝钢);BJ(宝鸡宝管石油专用管有限公司)。

② 按连接型式分类:主要分为接箍连接和无接箍连接(直连型),其中无接箍连接又分完全平齐式、外加厚式、内外加厚式等,接箍连接的接头应用较广。图 2.1.21 所示为不同连接方式的典型结构。国内外特殊螺纹连接型式及特殊螺纹见表 2.1.17。

(a) 接箍式连接

(b) 平齐直连型

(c) 近直连型

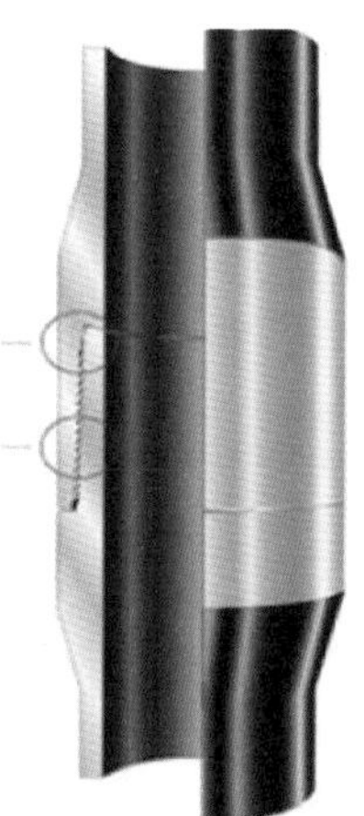

(d) 外加厚直连型

图 2.1.21　特殊螺纹连接型式

表 2.1.17　国内外特殊螺纹连接型式及特殊螺纹

连接型式	代号	特殊螺纹
接箍式连接	T&C	VAM TOP、VAM 21、DINO VAM、BIG OMEGA VAMHP、VAM HW ST、VAM SW、VAM HTTC、VAMTTR TN－BULE、TN－3SB、TN－Wedge563、JFE BEAR、TN－XP、 Ultra DQX、USS CDC、VAM SW、DINO VAM、BIG OMEGA 、 TPG2－GW、TPG2、TPG2HC、BGT2、BJCQ、TPBM、BGPT、BGPCT
标准直连型	Flush	VAM BOLT、VAM FJL、VAM HTF、VAM MUST TN－Wedge 513(503)、Ultra FJ、P－FJ、BG－FJ
半直连型	Semi－Flush	VAM SLIJ－Ⅱ、VAM SG、VAM EDGE、VAM ET WISE、 TN－Wedge 625、TP－ISF、BG－SG
外加厚直连型	Upset	VAM HTT、TN－Wedge 533

连接方式对特殊螺纹接头的上卸扣性能、抗拉强度、抗内压强度、抗挤强度等性能影响较大。为了方便用户选用，特殊螺纹接头增加了拉伸效率、压缩效率、内压效率、外压效率以及复合载荷包络线等技术指标表述。这些技术指标除与连接方式有关外，与接箍外径、临界截面积等密切相关，设计及选用时应注意区别。表 2.1.18 为不同螺纹连接型式性能指标，表 2.1.19 为 V&M 公司特殊螺纹接头 VAM HTTC 规定的性能指标[42]。

表 2.1.18　不同螺纹连接型式性能指标

螺纹连接型式	性能要求
标准接箍	接头连接强度等同于管体（CYS＝100% PBYS）
特殊间隙接箍	接头连接强度小于管体（CYS＜100% PBYS）
外加厚直连型	接头连接强度不小于管体（CYS≥100% PBYS）
半直连型	接头连接强度小于管体（70% ≤CYS≤82% PBYS）
标准直连型	接头连接强度小于管体（45% ＜CYS＜70% PBYS）

注：CYS—接头屈服强度；PBYS—管体屈服强度。

表 2.1.19　VAM HTTC 螺纹性能指标规定

螺纹性能	指标规定
拉伸效率	100% 管体
保证气密封压缩效率	80% 管体
内压效率	100% 管体
外压效率	100% 管体
保证密封的最大弯曲度	42°/30m

③ 按密封结构分类：密封结构分为弹性密封、金属密封及复合密封结构（弹性＋金属、多级密封等）。弹性密封主要在螺纹中部增加一个弹性密封环（通常采用特氟龙密封材料）结构。金属密封结构为在螺纹单端（小端）或两端设计有金属对金属密封面的结构，根据密封接触面的形状分为锥面对锥面、球面对锥面、曲面对弧面等（图 2.1.22）。

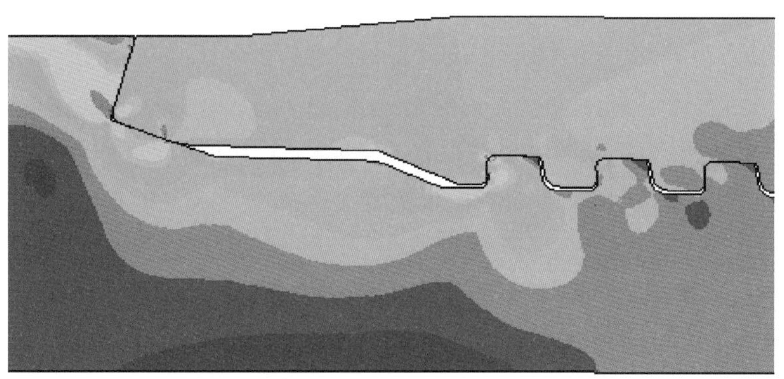

(a) 锥面/锥面密封

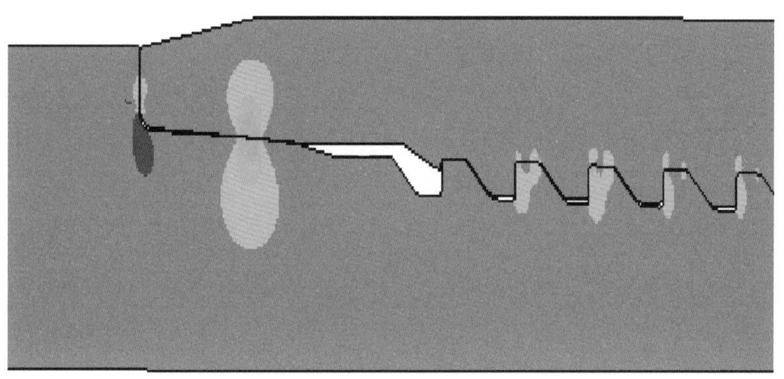

(b) 球面/锥面密封

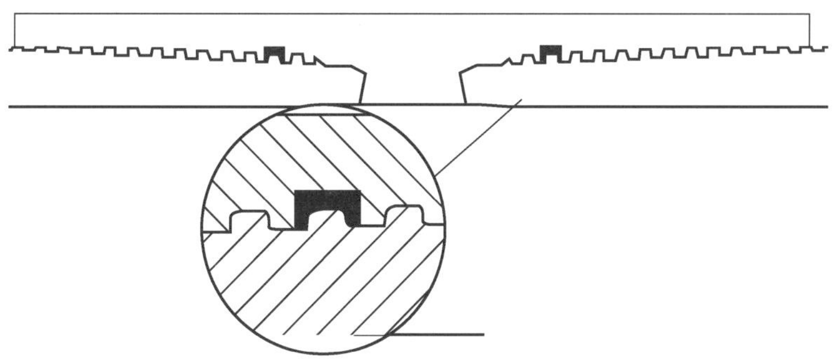

(c) 弹性+金属密封

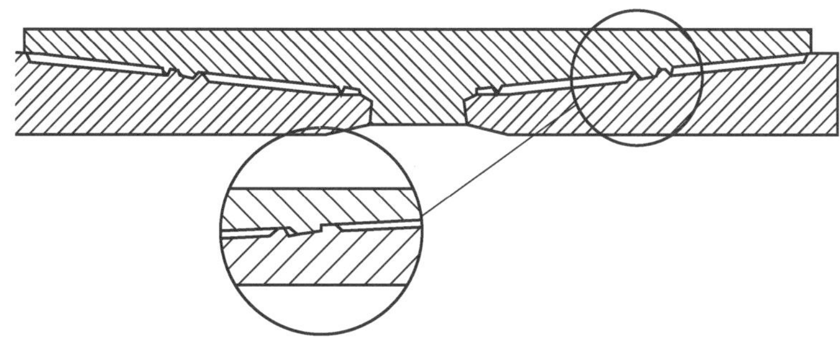

(d) 双级金属密封

图2.1.22　特殊螺纹密封型式

(2)油套管特殊螺纹接头结构特点及性能分析。

特殊螺纹性能特点各异，就其结构形式而言，一般由 3 个部分组成：连接螺纹、密封面以及扭矩台肩。

① 连接螺纹形式分析：特殊螺纹主要采用改进型偏梯形、钩形(负角)、楔形螺纹等，目的是提高螺纹的抗拉伸、抗压缩、抗弯曲、抗扭矩性能等，同时兼顾螺纹的抗粘扣性能、螺纹脂的流动性、可加工和测量性等。

不同的螺纹形式对接头性能的影响不同，如内外螺纹齿顶与齿底接触，如图 2. 1. 23 所示，便于螺纹脂流动易粘扣且环向拉应力大。改为外螺纹齿顶与内螺纹齿底不接触，如图 2. 1. 24 所示，便于螺纹脂流动且降低接箍的环向拉应力，目前国内外油套管特殊螺纹牙型设计基本都采用此形式。

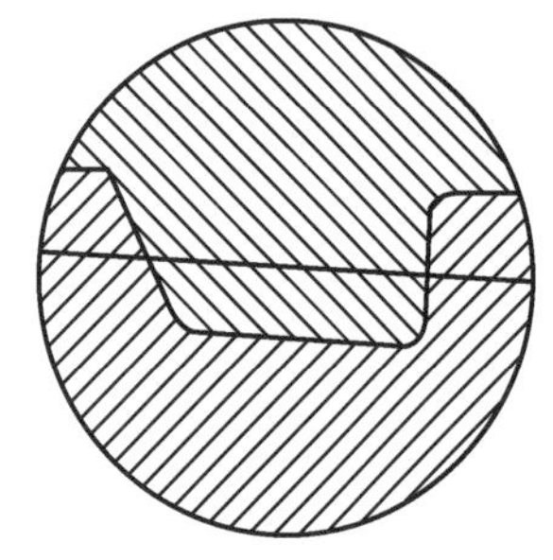

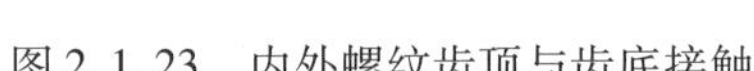

图 2. 1. 23　内外螺纹齿顶与齿底接触

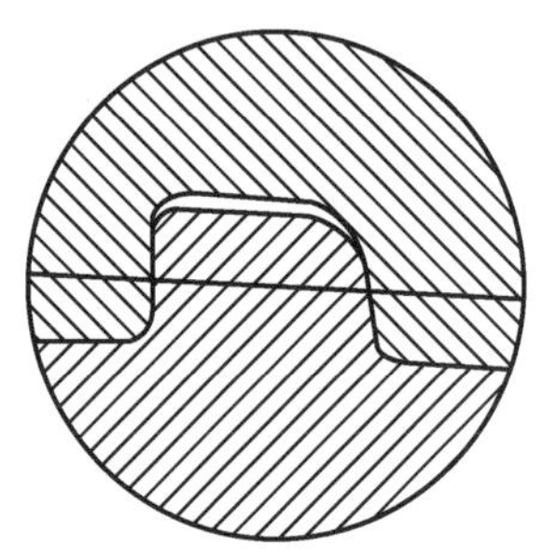

图 2. 1. 24　外螺纹齿顶与内螺纹齿底不接触

改变螺纹牙型的承载面角和导向面角，可以改善螺纹接头的拉伸/压缩效率，牙型角主要有四种类型，见表 2. 1. 20。

表 2. 1. 20　螺纹牙型角及性能特点

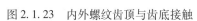

牙型形式	承载面角度	导向面角度	实例	特点
90°	正角度 3°	正角度 10° ~25°	BC、TPCQ BLUE、FOX	便于加工、良好抗拉伸性能
90°	正角度 0°	正角度 45°	3SB、 VAM MUST、 BJCQ	便于加工、良好抗拉伸性能

续表

牙型形式	承载面角度	导向面角度	实例	特点
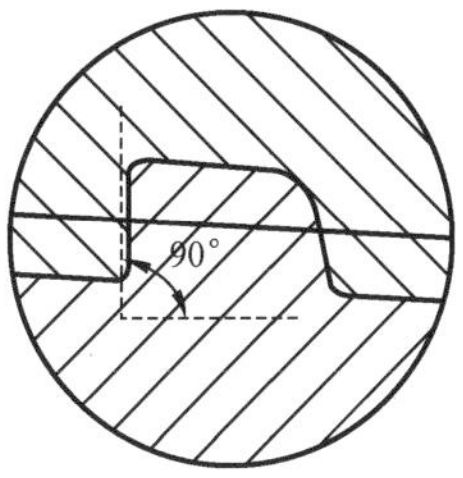 90°	负角度 -3° ~ -15°	正角度 10° ~25°	VAM TOP、BGT2 TPG2、BEAR	提高螺纹抗拉强度、实现弯曲下密封完整性
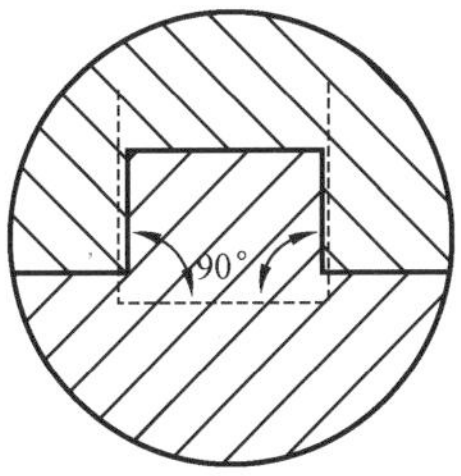 90°	负角度 -3° ~ -5°	负角度 -3° ~ -5°	Wedge、 VAM HTTC	具有优越的过扭矩和抗压缩性能

螺纹齿顶或齿顶母线与螺纹接头轴线夹角,也影响螺纹的上扣特性,见表 2.1.21。根据性能的要求,也可以选择不同的螺纹螺距及锥度,见表 2.1.22。

表 2.1.21 螺纹结构形式及性能特点

牙型形式	螺纹牙顶和牙底形式	实例	特点
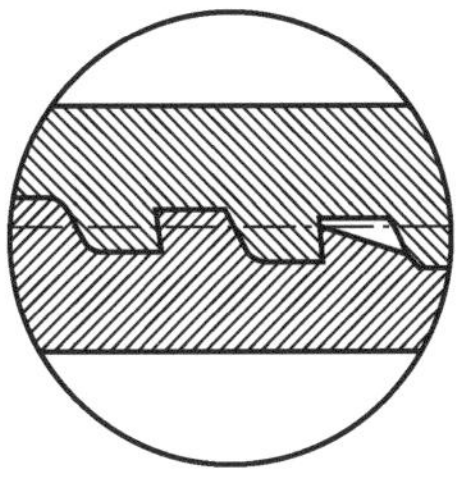	平行轴线	VAM 21、3SB BGT1、Hydril	易对扣、上扣具有自动调偏作用
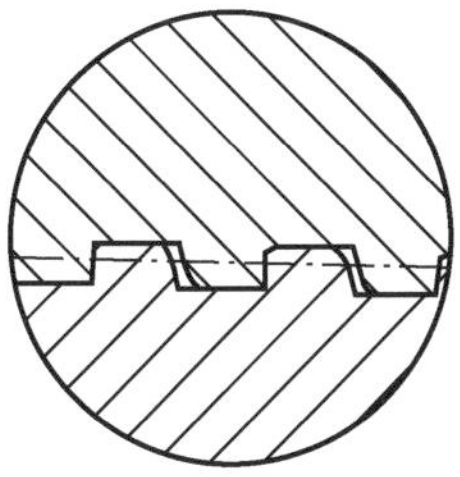	平行母线	VAM TOP、BGT2 TPG2、BEAR	易于检测、难对扣 上扣易错扣

表 2.1.22　螺纹螺距、牙型高度及锥度

规格(外径)(in)	每英寸螺纹牙数(TPI)	锥度	螺纹牙型高度(mm)
$2\frac{3}{8}$ ~ $2\frac{7}{8}$	8	1 : 16	0.8
$3\frac{1}{2}$ ~ $4\frac{1}{2}$	6		1.0
5 ~ $8\frac{5}{8}$	5		1.575
$9\frac{5}{8}$ ~ $13\frac{3}{8}$	4		2.0
$13\frac{5}{8}$ ~ 26	3	1 : 12 或 1 : 7.5	2.2

② 密封结构分析。金属/金属密封结构基本形式主要有锥面/锥面、锥面/弧面[43]，见表 2.1.23。不同接触形式、接触长度、接触压力及分布的密封面，其密封的可靠性也不同。

表 2.1.23　密封及台肩结构分析

结构形式图	形式	特点
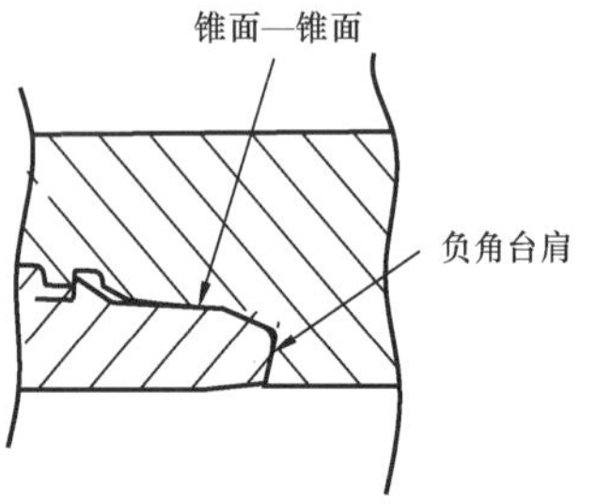 锥面—锥面 负角台肩	锥面—锥面(大锥度) 负角台肩	上扣过程中密封面滑移距离短，接触压力高，不易粘扣；需大逆向角度台肩确保高接触压力及负角度螺纹配合才能实现密封；上扣台肩过盈量大，确保拉伸载荷下不分离，实现密封
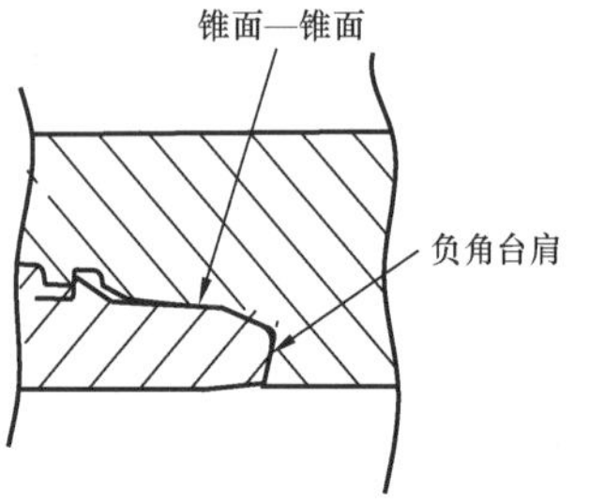 锥面—锥面 负角台肩	锥面—锥面 (小锥度) 负角台肩	上扣过程中密封面滑移距离短，通过降低密封接触压力，增加接触长度实现密封；螺纹采用正角度，负角度台肩确保密封接触长度；上扣台肩过盈量大，确保拉伸载荷下不分离，实现密封
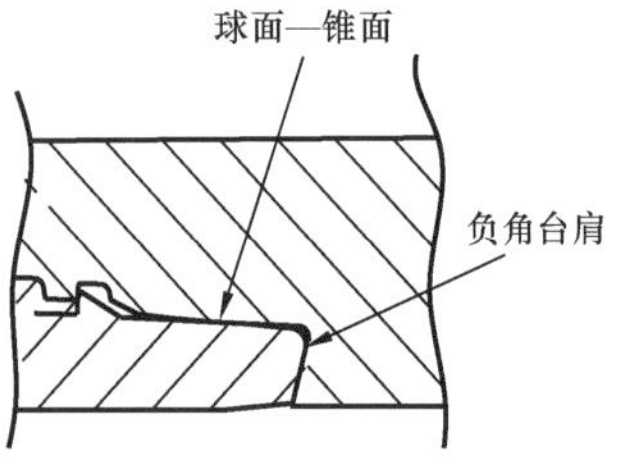 球面—锥面 负角台肩	球面—锥面 (小锥度) 负角台肩	密封上扣滑移距离长，接触压力分布呈光滑抛物线，平均接触压力高，最大接触压力低，接触长度长；台肩直角或小角度负角；靠密封自身过盈接触实现密封

续表

结构形式图	形式	特点
球面—锥面 负角台肩	球面—柱面 负角台肩	上扣密封滑移距离长，易粘扣，气密封性差，已被市场逐步淘汰
球面—锥面 直角台肩	球面—锥面 直角台肩	密封上扣滑移距离长，接触压力分布呈光滑抛物线，平均接触压力高，最大接触压力低，接触长度长；台肩无接触，过扭矩条件下才发生接触。密封靠自身过盈接触实现
负角台肩 锥面—锥面 (双级密封)	锥面—锥面 负角台肩 双级密封	采用主副台肩和双级锥面密封，主密封密封内压，副密封密封外压，特别适用于深井，但加工困难且需厚壁管

图 2.1.25 所示为某接头密封结构形式及上扣和拉压载荷下密封接触压力与长度变化趋势的有限元分析。结果表明，锥面/锥面密封具有更长接触长度，最大接触压力超过材料屈服强度，且随台肩过盈量增加而增加，在压缩载荷下接触压力更大；在拉伸载荷下台肩可能发生分离（即过盈量为 0），导致接触压力和长度严重下降。因此，设计采用锥面对锥面密封结构的接头时，要考虑采取措施保证台肩有足够过盈量，确保接头在弯曲或轴向拉伸载荷作用下的密封完整性。

③ 扭矩台肩结构分析。扭矩台肩根据位置分为内扭矩台肩（位于螺纹小端）、外扭矩台肩（位于螺纹大端）和中扭矩台肩（位于螺纹中部）。根据扭矩台肩的几何形状又可分为直角扭矩台肩、负角扭矩台肩和弧面扭矩台肩等。

扭矩台肩主要用途是为了定位上扣位置，保证设计的密封过盈、螺纹中径过盈量能够准确实现，同时扭矩台肩可以增加接头的抗压缩、抗弯曲、抗过扭矩能力，减少密封结构的变形等。扭矩台肩位置、形状及过盈量对接头的上卸扣性能、密封性能及抗压缩、抗弯曲等均有较大的影响。

（3）油套管特殊螺纹性能综合分析。

特殊螺纹接头性能是螺纹、密封及台肩 3 个结构综合作用的结果。3 个结构相互之间互相影响，改变其中任何一个参数均有可能影响其性能指标（表 2.1.24），其性能分析可通过有限元分析、小尺寸模拟试验（锥帽试验）及全尺寸评价试验等方法进行验证。无论设计还是选用，均应对其结构特点深入了解。表 2.1.25 为不同特殊螺纹接头优缺点分析。表 2.1.26 给出了半直连螺纹结构形式及特点比较。

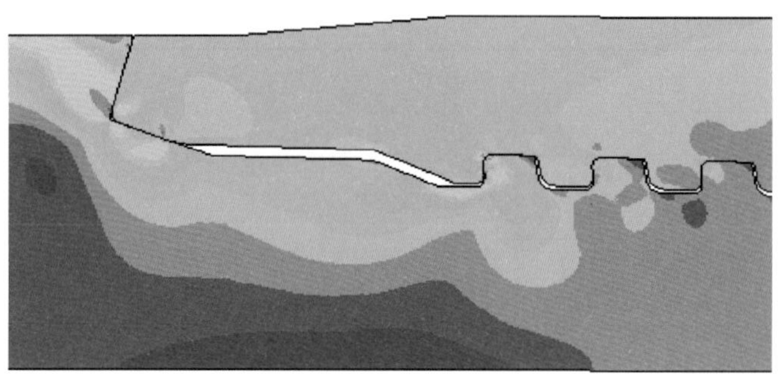

(a) 负角度台肩和锥面/锥面密封

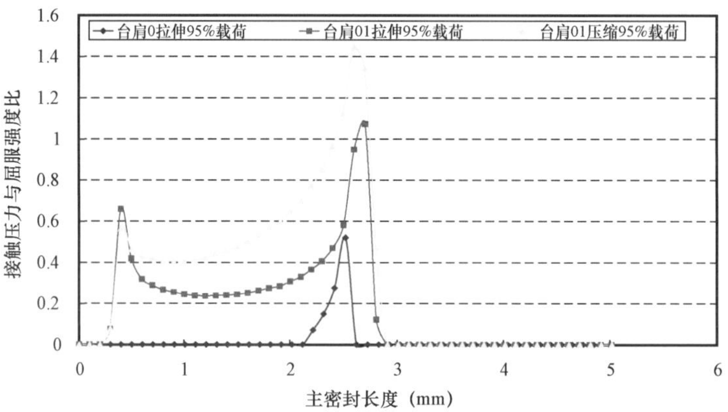

(b) 负角度台肩和锥面/锥面密封拉压载荷下密封接触压力变化

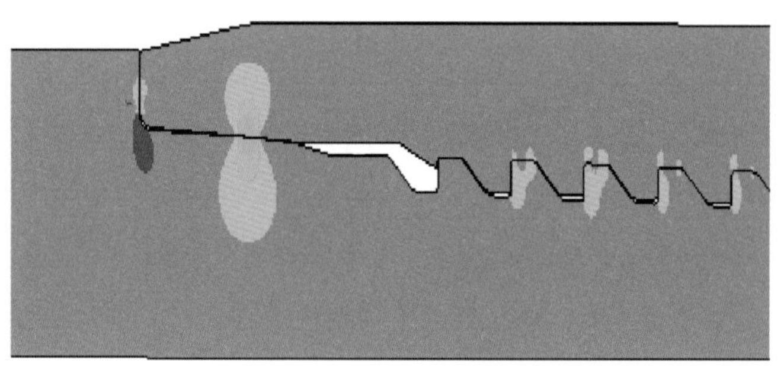

(c) 直角台肩和球面对锥面密封

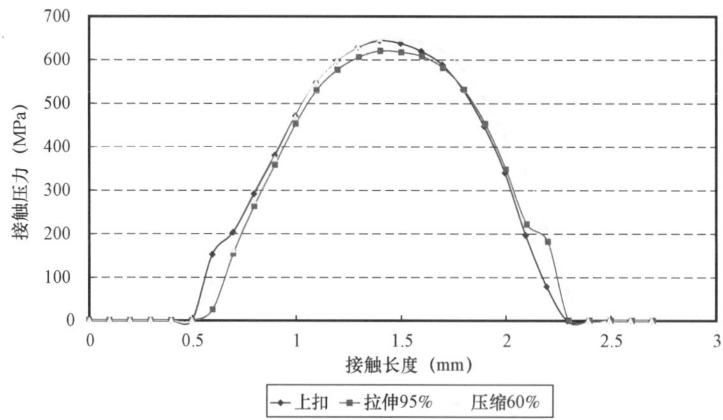

(d) 直角台肩和球面对锥面密封在拉压载荷下密封接触压力变化

图 2. 1. 25　螺纹密封结构接触压力比对分析

表 2.1.24　特殊螺纹完整性机理及影响因素分析

核心问题	关键技术	主要影响因素
结构完整性	螺纹抗粘扣	过盈量、螺纹形式、螺纹牙形、表面涂层
	螺纹抗拉伸	过盈量、螺纹齿高
	螺纹抗压缩	台肩和螺纹结构形式
	螺纹抗开裂	螺纹结构、材料冲击吸收能、缺陷水平
密封完整性	密封性能	螺纹公差、上扣扭矩、密封结构及位置
	密封抗粘扣	接触压力、滑移接触长度、上扣速度
	密封抗疲劳	材料循环载荷力学性能、密封结构
	密封抗高温	材料屈服强度及弹性模量、高温蠕变
	密封抗载荷	载荷谱顺序及形式

表 2.1.25　螺纹连接性能及优缺点分析

螺纹	性能		优点	缺点
T&C 气密封螺纹 （接箍式连接）	连接效率	100%	密封能力强，大弯曲下有好的密封性；抗拉伸达到等管体；现场操作要求低，台肩损坏后仍有完好密封能力； 抗弯曲疲劳性能好	密封靠近台肩，过扭矩上扣负角度台肩发生变形，密封位置在拉伸下密封接触压力下降；价格高；加工检测程序多
	压缩效率	60% ~100%		
	内压效率	100%		
	外压效率	100%		
	弯曲狗腿	≤40°/30m		
	密封效率	95% VME（气）		
	上扣控制	扭矩对圈数		
	过扭矩能力	最佳扭矩 2 倍		
	弯曲疲劳	≥100 万次（10°/30m）		
T&C 台肩直接对顶 特殊螺纹 （接箍式连接）	连接效率	100%	价格便宜，易于加工检测；液体密封能力强；抗弯曲疲劳性能好	气密封能力有限；弯曲狗腿范围小；压缩效率低；上扣操作要求高，对扣时台肩不能损坏
	压缩效率	70%		
	内压效率	100%（液体）		
	外压效率	100%		
	弯曲狗腿	≤20°/30m		
	密封效率	85% VME（气压内屈服 50%）		
	上扣控制	扭矩对位置		
	过扭矩能力	最佳扭矩 2 倍		
	弯曲疲劳	≥100 万次（10°/30m）		

续表

螺纹连接	性能		优点	缺点
Semi－flush 半直连特殊螺纹 （内螺纹外径是管体的1.06倍）	连接效率	90%	接箍外径小，易于固井； 适用小井眼尺寸；液体和气体密封能力比台肩对顶扣好；双级螺纹深对扣，易于上扣；直角台肩或变齿宽抗过扭矩能力强	价格高，内螺纹加厚敦粗或扩径处理后，需要进行管体全长热处理，加工双级密封（检测困难），内螺纹磷化困难；交货周期长；拉伸、压缩效率低；现场上扣要求高，采用位置控制；内螺纹壁厚薄，抗弯曲疲劳性能差
	压缩效率	63%～94%		
	内压效率	100%（水）		
	外压效率	100%		
	弯曲狗腿	≤40°/30m		
	密封效率	90% VME（气）		
	上扣控制	扭矩对圈数 （Wedge625 位置控制）		
	过扭矩能力	最佳扭矩2倍		
	弯曲疲劳	≤70万次（10°/30m）		
Integral－flush 标准直连型螺纹 （内螺纹外径等同管体外径）	连接效率	70%	价格低，无需加厚； 接箍外径小，等管体，易于固井； 可适用小井眼尺寸	实物性能差，各方面指标都弱于管体
	压缩效率	45%		
	内压效率	100%（液体）		
	外压效率	100%		
	弯曲狗腿	≤20°/30m		
	密封效率	70% VME（气压内屈服50%）		
	上扣控制	扭矩对圈数		
	过扭矩能力	最佳扭矩1.2倍		
	弯曲疲劳	≤50万次（10°/30m）		

表2.1.26　半直连螺纹结构形式及特点比较

结构图	优点	缺点
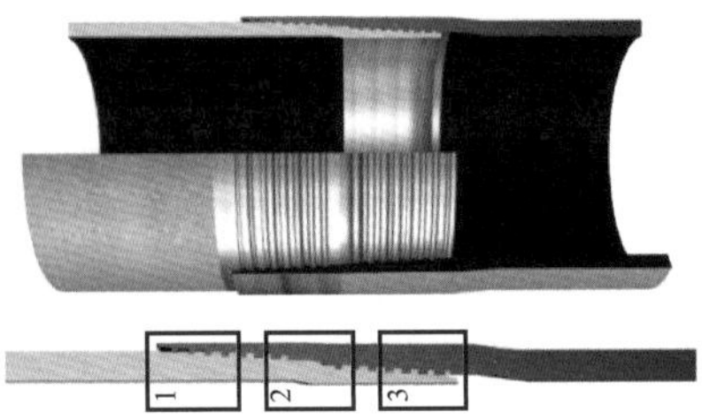 1　2　3	（1）双楔形扣齿形，抗高扭矩、抗轴向压缩能力强。 （2）双级螺纹对扣容易、且变齿宽、上扣速度快	（1）楔形扣齿形无法设计扭矩台肩，上扣没有明显的拐点，只能依靠位置判断是否到位；上扣后是否在密封面产生足够的过盈密封扭矩难以准确判断。 （2）螺纹始末位置没有密封面，内、外部压力介质可直接通过螺纹对螺纹中部的密封面及两边各半的螺纹产生内压作用力，削弱了螺纹本身的连接强度。 （3）端部敦粗后，需全长热处理，成本高。 （4）螺纹难于加工检测，成本高

续表

结构图	优点	缺点
	(1)采用螺纹始末端双密封的设计,防止管体内、外部压力介质的进入,使公母端螺纹形成紧密的整体。 (2)双级螺纹对扣容易,扭矩台肩与密封面分离,扭矩台肩在螺纹中部,有效避免了高扭矩对密封面产生的不良影响。 (3)螺纹易于加工检测,成本低。 (4)已在中石化西北、中石化勘探南方深井尾管得到应用	(1)台肩面积小于变齿宽双楔形螺纹接触面积,抗过扭矩能力稍弱,如对10.54mm壁厚的P110,过扭矩能力是22000N·m;Wedge625是27000N·m,是其1.22倍。 (2)端部敦粗后,需全长热处理,成本高
	(1)中间密封结构,双级扭矩台肩,弯曲下不易泄漏,有一定提高抗扭矩能力。 (2)双级螺纹对扣容易。 (3)螺纹易于加工检测,成本低。 (4)已在中石化西北局深井尾管得到应用	(1)螺纹始末位置没有密封面,内、外部压力介质可直接通过螺纹对螺纹中部的密封面及两边各半的螺纹产生内压作用力,削弱了螺纹本身的连接强度。 (2)端部敦粗后,需全长热处理,成本高

2.1.4.2.2　钻柱特殊螺纹

随着钻井工艺的不断发展,深井、超深井及大位移水平井及含腐蚀硫化氢气井的开发,需要高性能的钻杆螺纹接头,要求反复多次上卸扣抗粘扣、高抗扭矩、高抗疲劳、高连接强度以及复合载荷下密封性能。针对API钻具螺纹不足,生产厂开发了高性能钻具专利螺纹,适应不同钻井工艺需要。

针对不同需要,可选螺纹结构形式及性能见表2.1.27。

表2.1.27　钻具特殊螺纹及性能

性能特征	螺纹形式	台肩形式	实例
螺纹抗扭矩和粘扣	API 7G螺纹	内外双台肩形式	VAM EIS/CDS
螺纹抗扭矩和粘扣 螺纹抗疲劳	新型专利螺纹	内外双台肩形式	VAM EXPRESS
螺纹抗扭矩和粘扣 螺纹抗疲劳 复合载荷气密封	新型专利螺纹 (金属对金属密封)	内外双台肩形式	VAMExpress - M2M
螺纹抗扭矩和粘扣 螺纹抗疲劳 密封抗疲劳 复合载荷气密封	新型专利螺纹 (应力分散槽, 金属对金属密封)	内外双台肩形式	VAM DPR HP

现有钻具特殊螺纹分析可知,通过增加双台肩形式达到抗扭矩的VAM EIS/CDS(图2.1.26)比

API 7G 螺纹提高扭矩 46% ~51%；增加密封面和应力分散槽，可提高抗疲劳性能，如 VAM DPR HP（图 2.1.27）。

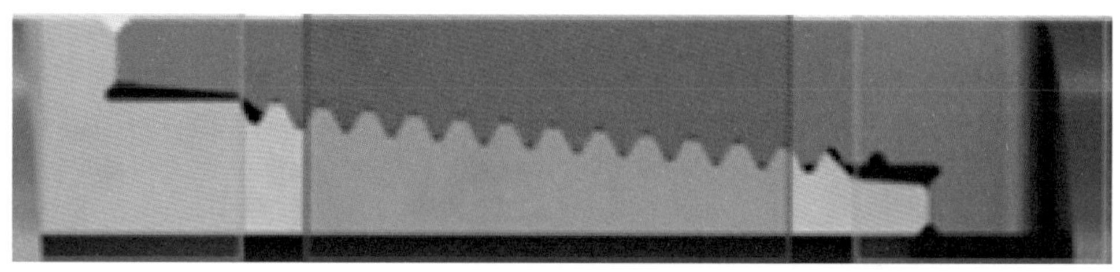

图 2.1.26　VAM EIS/CDS 特殊螺纹

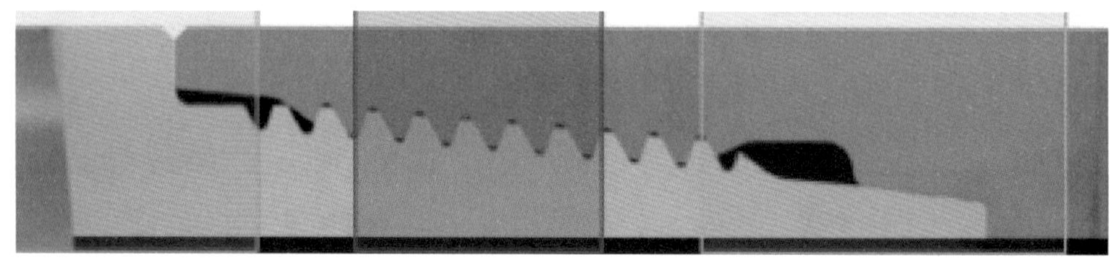

图 2.1.27　VAM DPR HP 特殊螺纹

对钻柱服役条件及大量失效案例的分析表明，钻具螺纹的抗疲劳性能是影响钻柱使用寿命的关键因素之一。螺纹锥度和齿底圆弧半径对疲劳性能影响对比如图 2.1.28 ~ 图 2.1.30 所示。

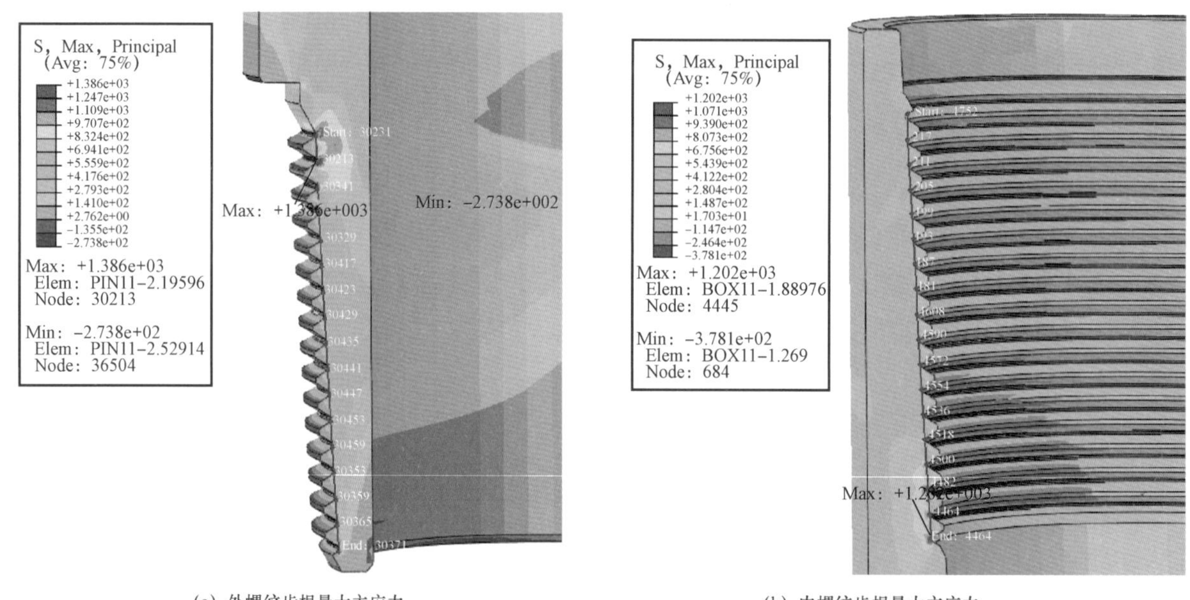

(a) 外螺纹齿根最大主应力　　(b) 内螺纹齿根最大主应力

图 2.1.28　内外螺纹最大主应力位置

图 2.1.29 和图 2.1.30 对比分析表明，增大螺纹齿底圆弧半径和锥度，可以降低应力集中系数，提高螺纹的抗疲劳性能。

2.1.4.2.3　特殊螺纹检测

特殊螺纹的检测可分为密封结构参数、扭矩台肩结构参数和螺纹参数 3 种类型分别进行。其中

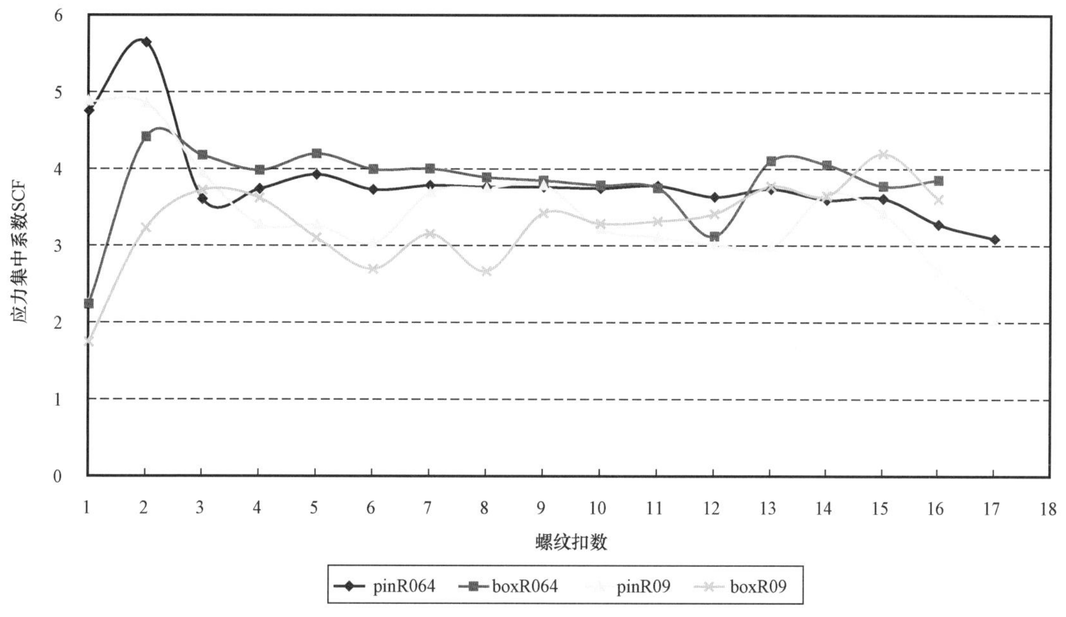

图 2.1.29　不同齿底圆弧半径弯曲下应力集中系数

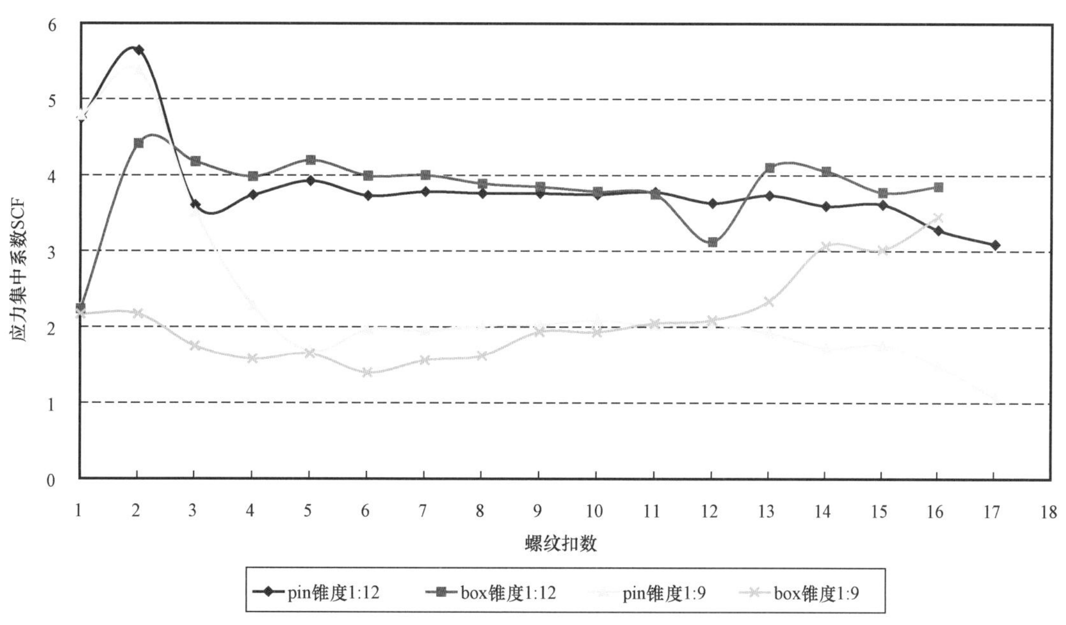

图 2.1.30　不同螺纹锥度弯曲下应力集中系数

密封结构和扭矩台肩结构的检测方法及测量原理与特殊螺纹的结构密切相关，一定要正确理解和掌握其测量原理和方法，保证密封参数检测结果的有效性和准确性。

特殊螺纹检测参数信息汇总见表 2.1.28、表 2.1.29。

特殊螺纹无损探伤和外观检验参照 API 螺纹检验方法和要求。

特殊螺纹接头的表面处理对特殊螺纹接头的上扣控制和密封性能具有显著影响，应严格控制其工艺和质量。API Spec 5CT 规定碳钢宜采用磷化处理，建议用磷酸锰盐（高温磷化），厚度在 15 ~ 25μm 之间。耐蚀合金材料外螺纹表面采用喷丸处理，内螺纹采用镀铜处理，建议镀层厚度在 7 ~

25μm 之间。特殊螺纹接头生产企业应建立螺纹和密封面表面处理层的检验规程，包括磷化层（镀铜）厚度、致密性和附着力等指标。表面处理层厚度与致密性一般可采用金相检验方法，金相测厚如图 2.1.31 所示。

表 2.1.28　特殊螺纹外螺纹参数检测项目

<table>
<tr><th>类型</th><th>参数名称</th><th>检测方法</th><th>检测仪器/量规</th></tr>
<tr><td rowspan="5">密封结构参数</td><td>密封直径</td><td>比对测量</td><td>密封直径测量仪</td></tr>
<tr><td>密封直径椭圆度</td><td>间接测量</td><td>密封直径测量仪</td></tr>
<tr><td>密封面锥度</td><td>间接测量</td><td>密封直径测量仪</td></tr>
<tr><td rowspan="2">密封面形状</td><td>直接测量</td><td>轮廓形状测量仪</td></tr>
<tr><td>比对测量</td><td>光学投影仪</td></tr>
<tr><td rowspan="2">扭矩台肩</td><td rowspan="2">台肩角度与形状</td><td>直接测量</td><td>轮廓形状测量仪</td></tr>
<tr><td>比对测量</td><td>光学投影仪</td></tr>
<tr><td rowspan="8">螺纹单项参数</td><td>螺纹中径/顶径①</td><td>比对测量</td><td>螺纹中径/顶径测量仪</td></tr>
<tr><td>螺纹中径/顶径椭圆度</td><td>间接测量</td><td>螺纹中径/顶径测量仪</td></tr>
<tr><td>锥度</td><td>间接测量</td><td>螺纹锥度测量仪</td></tr>
<tr><td>螺距</td><td>比对测量</td><td>螺距测量仪</td></tr>
<tr><td>螺纹牙型高度</td><td>比对测量</td><td>螺纹牙型高度测量仪</td></tr>
<tr><td>螺纹牙顶高度测量仪②</td><td>比对测量</td><td>螺纹牙顶高度测量仪</td></tr>
<tr><td rowspan="2">螺纹形状</td><td>直接测量</td><td>光学轮廓显微镜
轮廓形状测量仪</td></tr>
<tr><td>比对测量</td><td>光学投影仪</td></tr>
<tr><td>综合检验</td><td>螺纹紧密距③</td><td>直接测量</td><td>螺纹量规</td></tr>
<tr><td rowspan="2">几何参数</td><td>螺纹长度</td><td>直接测量</td><td>游标卡尺、深度游标卡尺</td></tr>
<tr><td>直径参数</td><td>直接测量</td><td>游标卡尺</td></tr>
</table>

① 必要时修正螺纹牙型高度偏差对螺纹中径测量结果的影响；
② 仅限于圆螺纹；
③ 根据需要选择检测。

表 2.1.29　特殊螺纹内螺纹参数检测项目

<table>
<tr><th>类型</th><th>参数名称</th><th>检测方法</th><th>检测仪器/量规</th></tr>
<tr><td rowspan="6">密封结构参数</td><td>密封直径</td><td>比对测量</td><td>密封直径测量仪</td></tr>
<tr><td>密封直径椭圆度</td><td>间接测量</td><td>密封直径测量仪</td></tr>
<tr><td>密封面锥度</td><td>间接测量</td><td>密封直径测量仪</td></tr>
<tr><td>接箍端面到台肩距离</td><td>直接测量</td><td>台肩深度测量仪</td></tr>
<tr><td rowspan="2">密封面形状</td><td>直接测量</td><td>轮廓形状测量仪</td></tr>
<tr><td>比对测量</td><td>光学投影仪</td></tr>
</table>

续表

类型	参数名称	检测方法	检测仪器/量规
扭矩台肩	台肩角度与形状	直接测量	轮廓形状测量仪
		比对测量	光学投影仪
螺纹单项参数	螺纹中径/顶径①	比对测量	螺纹中径/顶径测量仪
	螺纹中径/顶径椭圆度	间接测量	螺纹中径/顶径测量仪
	锥度	间接测量	螺纹锥度测量仪
	螺距	比对测量	螺距测量仪
	螺纹牙型高度	比对测量	螺纹牙型高度测量仪
	螺纹牙顶高度测量仪②	比对测量	螺纹牙顶高度测量仪
	螺纹形状	直接测量	光学轮廓显微镜 轮廓形状测量仪
		比对测量	光学投影仪
综合检验	螺纹紧密距③	直接测量	螺纹量规
几何参数	螺纹长度	直接测量	游标卡尺、深度游标卡尺
	直径参数	直接测量	游标卡尺
	接箍外径	直接测量	游标卡尺
	接箍长度	直接测量	游标卡尺
	镗孔直径	直接测量	游标卡尺
	镗孔深度	直接测量	游标卡尺

① 必要时修正螺纹牙型高度偏差对螺纹中径测量结果的影响；
② 仅限于圆螺纹；
③ 根据需要选择检测。

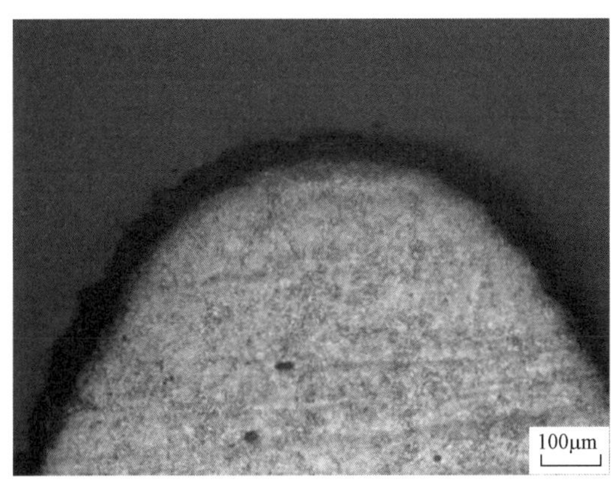

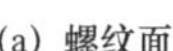
(a) 螺纹面

(b) 密封面

图 2.1.31　涂层厚度金相检验

2.2 油气输送管及管道现场焊接

管道运输具有悠久的历史。世界上管道运输最早的文字记录可追溯到公元前我国的秦汉时期,当时我国四川地区就开始用竹管输送卤水,随后又用于输送天然气。归纳起来,世界油气输送管道发展经历的几个里程碑为:1806 年英国伦敦安装了第一条铅制管道;1843 年铸铁管开始用于天然气管道;1925 年美国建成第一条焊接钢管天然气管道;1967 年第一条高压、高钢级(X65)跨国天然气管道(伊朗至阿塞拜疆)建成;1970 年北美开始将 X70 管线钢用于天然气管道;1994 年德国开始在天然气管道上使用 X80 钢级;1995 年加拿大开始使用 X80 钢级;2000 年加拿大开发玻璃纤维—钢复合管用于高压天然气管道;2002 年管径 1219mm、长度 1km 的 X100 管道试验段在 Westpath 敷设;2004 年 TransCanada 与 ExxonMobil 合作在加拿大 Wabasca 完成第一条 X120 管道试验段的敷设。迄今为止,全世界石油、天然气管线的总长度已超过 280×10^4km,并且以每年 5×10^4km 左右的速度增长。

我国近代管道建设开始于 1949 年。1958 年开始建设第一条长距离原油输送管线——新疆克拉玛依至独山子管道,管径 168mm,压力 8.5MPa,全长 147km。1966 年建成第一条长输天然气管道——四川威远至内江管道,管径 529mm,压力 4.0MPa,全长 96.5km。

20 世纪 60 年代至 80 年代,由于以大庆油田和四川气田为代表的油气田开发,我国管道工业得以发展。围绕大庆、辽河、胜利等大型油田和西南气田开发,建成了连接东北、华北和华东地区的东部输油管网和川渝输气管网。这一时期,以原油长输管道建设为主,天然气管道距离短、管径小、压力低、输量少,成品油管道建设几乎为空白。

自 20 世纪 90 年代初,我国西部的油气藏获得重大发现,由此推动了我国管道工业的快速发展。建设了涩宁兰(青海格尔木涩北—西宁—兰州)、陕京一线(陕西靖边—北京机衙门口)、陕京二线(陕西靖边—北京采育)、西气东输一线、川气东送等天然气管道,以及甬沪宁(宁波—上海—南京)原油管道、西部原油管道、茂昆(茂名—昆明)成品油管道、兰成渝(兰州—成都—重庆)成品油管道等大型管道工程,逐渐形成了跨区域的油气管网供应格局。1995 年,塔里木沙漠管线采用 X52、X56 钢级 ERW 和 SAWH 焊管;1996 年陕京管线采用管径 660mm、钢级 X60 的 SAWH 焊管,工作压力为 6.4MPa;2002—2004 年,西气东输管道工程管径为 1016mm,钢级 X70,输气压力 10MPa,全长 4000km,标志着我国天然气管道工业发展到一个新水平,具有里程碑的意义;2004 年西气东输工程冀宁支线建设长 7.8km 的 X80 试验段,管径 1016mm,输气压力 10MPa。

此后,中哈原油管道、西部原油管道、中亚天然气管道、西气东输二线、漠大(漠河—林源)管道建成以及中缅管道开工建设,中国陆上油气战略通道的建设拉开了序幕。2012 年建成的西气东输二线,主干线管径 1219mm、钢级 X80、输气压力 12/10MPa、全长 4895km,标志着我国管道已跻身世界先进水平的行列。2016 年敷设的中俄东线天然气管道工程试验段,首次采用了 1422mm 超大口径设计,使我国管线建设迈上新的发展台阶。

2.2.1　油气输送管的类型、等级和钢级

2.2.1.1　油气输送管的主要类型

API Spec 5L 规定油气输送管按生产工艺不同分为无缝管(SMLS)、低频焊管(LFW)、高频焊管(HFW)、连续炉焊管(CW)、螺旋缝组合焊管(COWH)、直缝组合焊管(COWL)、激光焊管(LW)、螺旋缝埋弧焊管(SAWH)和直缝埋弧焊管(SAWL)等,目前大量应用的有无缝钢管、高频焊管、直缝埋弧焊管和螺旋缝埋弧焊管等 4 种。

(1)无缝钢管。无缝钢管是由整块金属制成、没有接缝的钢管。根据生产方法,无缝钢管分热轧管、冷轧(拔)管等。无缝钢管材质均匀,但相比焊管成本更高。

(2)高频焊管。高频焊管是热轧卷板经过成型机成型后,利用高频电流的集肤效应和邻近效应,使管坯边缘加热熔化,在挤压辊的作用下进行压力焊接生产的产品,具有生产效率高、焊接热影响区小等优点。

(3)直缝埋弧焊管。直缝埋弧焊管是指采用埋弧焊接工艺制造的带有一条或两条直焊缝的钢管。SAWL 按成型方式的不同分为 UOE、JCOE、RBE、CFE、PFE 等 10 余种。UOE 制管工艺 1951 年由美国国家钢铁公司(U. S. Steel)率先使用,工艺过程是将钢板边缘预弯后在成型机内弯 U 形,然后压成 O 形,内外焊接后再进行冷扩径(Expanding)。1968—1976 年该工艺得到较大发展。现代 UOE 机组“O”形压力机的能力达到$(5\sim6)\times10^4$t,可生产外径 1420mm、壁厚达 40mm 的钢管。这种工艺投资高、产量大,适合单一规格大批量生产,在小批量、多规格的场合灵活性较差。为此,1976 年以后发展了许多不采用 UO 成型的直缝埋弧焊管制造工艺,如德国开发的 PFP 成型法,又称“渐进式 JCO 成型技术”。这种工艺比较灵活,能够兼顾大批量与小批量、大管径与小管径,适合中等规模企业。

(4)螺旋缝埋弧焊管。螺旋缝埋弧焊钢管是指采用埋弧焊工艺焊制而成的带有螺旋缝的金属管。螺旋缝埋弧焊钢管根据成型与焊接是否同步进行可分为一步法和预精焊两步法制造工艺。

一步法:在钢管成型的同时对钢管进行内、外焊接,目前国内绝大多数管厂均采用一步法生产工艺进行螺旋缝埋弧焊管的制造。在早期一步法螺旋管生产过程中,成型与焊接同步进行,相互间制约较大,导致焊接缺陷较多。随着国内管厂生产经验的不断积累和技术、工艺及设备的不断完善,一步法生产工艺已较为成熟,焊管合格率达到较高水平,生产的 X70、X80 高强度螺旋缝埋弧焊管已大批量用于西气东输一线、川气东送管线和西气东输二线等大口径高压输气管线。

预精焊两步法:将钢管成型和内、外埋弧焊分开,在钢管成型的同时采用气体保护焊对成型的螺旋管进行定位预焊,螺旋成型和气体保护焊是连续进行的,在钢管达到一定长度后切断,然后在多个精焊机组上进行内外埋弧精焊。

2.2.1.2　油气输送管的等级和钢级

API Spec 5L 包括 PSL1 和 PSL2 两个产品规范水平。PSL1 和 PSL2 钢管的等级与钢级见表 2.2.1。钢管等级的牌号由字母或字母与数字的混排构成,以识别钢管的强度水平,其后缀的单个字母(R、N、O 或 M)表示钢管的交货状态。

表 2.2.1 钢管等级、钢级和可接受的交货状态

<table>
<tr><th>PSL</th><th>交货状态</th><th>钢管等级/钢级</th></tr>
<tr><td rowspan="11">PSL1</td><td rowspan="3">轧制、正火轧制、正火或正火成型</td><td>L175 或 A25</td></tr>
<tr><td>L175P 或 A25P</td></tr>
<tr><td>L120 或 A</td></tr>
<tr><td>轧制、正火轧制、热机械轧制、热机械成型、正火成型、正火、正火加回火；或如协议，仅适用于 SMLS 管的淬火加回火</td><td>L245 或 B</td></tr>
<tr><td rowspan="7">轧制、正火轧制、热机械轧制、热机械成型、正火成型、正火、正火加回火或淬火加回火</td><td>L290 或 X42</td></tr>
<tr><td>L320 或 X46</td></tr>
<tr><td>L360 或 X52</td></tr>
<tr><td>L390 或 X56</td></tr>
<tr><td>L415 或 X60</td></tr>
<tr><td>L450 或 X65</td></tr>
<tr><td>L485 或 X70</td></tr>
<tr><td rowspan="31">PSL2</td><td rowspan="2">轧制</td><td>L245R 或 BR</td></tr>
<tr><td>L290R 或 X42R</td></tr>
<tr><td rowspan="5">正火轧制、正火成型、正火或正火加回火</td><td>L245N 或 BN</td></tr>
<tr><td>L290N 或 X42N</td></tr>
<tr><td>L320N 或 X46N</td></tr>
<tr><td>L360N 或 X52N</td></tr>
<tr><td>L390N 或 X56N</td></tr>
<tr><td rowspan="12">淬火加回火</td><td>L415N 或 X60N</td></tr>
<tr><td>L245Q 或 BQ</td></tr>
<tr><td>L290Q 或 X42Q</td></tr>
<tr><td>L320Q 或 X46Q</td></tr>
<tr><td>L360Q 或 X52Q</td></tr>
<tr><td>L390Q 或 X56Q</td></tr>
<tr><td>L415Q 或 X60Q</td></tr>
<tr><td>L450Q 或 X65Q</td></tr>
<tr><td>L485Q 或 X70Q</td></tr>
<tr><td>L555Q 或 X80Q</td></tr>
<tr><td>L625Q 或 X90Q</td></tr>
<tr><td>L690Q 或 X100Q</td></tr>
<tr><td rowspan="9">热机械轧制或热机械成型</td><td>L245M 或 BM</td></tr>
<tr><td>L290M 或 X42M</td></tr>
<tr><td>L320M 或 X46M</td></tr>
<tr><td>L360M 或 X52M</td></tr>
<tr><td>L390M 或 X56M</td></tr>
<tr><td>L415M 或 X60M</td></tr>
<tr><td>L450M 或 X65M</td></tr>
<tr><td>L485M 或 X70M</td></tr>
<tr><td>L555M 或 X80M</td></tr>
<tr><td rowspan="3">热机械轧制</td><td>L625M 或 X90M</td></tr>
<tr><td>L690M 或 X100M</td></tr>
<tr><td>L830M 或 X120M</td></tr>
</table>

考虑到油气行业实际需要，API Spec 5L 还规定了特殊用途钢管的附加技术要求，主要包括抗延性断裂长程扩展用钢管、酸性服役条件用钢管、海洋服役条件用钢管和具备纵向塑性应变能力的钢管。其中，酸性服役条件用钢管、海洋服役条件用钢管、具备纵向塑性应变能力钢管的钢级牌号是在 PSL2 钢管牌号基础上，分别增加了代表服役条件的字母 S、O 或 P。

2.2.2　管线钢及其制备

2.2.2.1　管线钢的合金化

（1）低碳或超低碳[44]。早期的管线钢是以抗拉强度为依据设计，强度通常通过足够的碳含量来保证。碳是增加强度的有效元素，但是它对钢的韧性、塑性和焊接性有负面影响。随着管线钢韧性、延性、耐腐蚀性和焊接性能要求的不断提高，管线钢的碳含量逐渐降低。现代管线钢的含碳量远低于 API 标准所要求的最大含碳量，通常为 0.1% 或更低，甚至保持在 0.01% ~0.04% 的超低水平。微合金化和控轧控冷等技术的发展，使得管线钢在碳含量降低的同时依然保持高的强韧性。

（2）以锰代碳。为保持钢的高强度，在降碳的同时以锰代碳，是管线钢合金化的有力手段。Mn 的作用主要体现在 Mn 引起的固溶强化和 Mn 降低钢 $\gamma \to \alpha$ 的相变温度而产生的晶界强化及相变强化。Mn 在提高强度的同时，还提高钢的韧性，降低钢的韧脆转变温度。管线钢有关标准规定，若碳含量比规定最大含量每降低 0.01%，允许锰含量比规定最大含量可增加 0.05%，但也对锰含量的最大增加给出了规定。根据管线钢强度和板厚的不同要求，管线钢中 Mn 的含量一般为 1.1% ~2.0%，并保持高的 Mn/C。

（3）微合金化元素。管线钢是微合金化理论最成功的应用领域。20 世纪 50 年代末，微合金化技术首次在含 Nb 高强度钢板的生产中得以应用，70 年代进入深入研究和应用阶段。一般而言，在钢中重量百分比为 0.1% 左右而对钢的微观组织和性能有显著或特殊影响的合金元素，称为微合金元素。在管线钢中，主要是指 Nb、V、Ti 等强烈碳化物形成元素[44]。

微合金元素 Nb、V、Ti 的作用之一是阻止奥氏体晶粒的长大。在控轧再热过程中，未溶微合金碳、氮化物将通过质点钉扎晶界的机制而明显阻止奥氏体晶粒的粗化。Nb、V、Ti 的另一作用是延迟 γ 的再结晶。控轧过程中应变诱导沉淀析出的微合金碳、氮化物可通过质点钉扎晶界和亚晶界的作用而显著地阻止形变 γ 的再结晶，从而通过由未再结晶 γ 发生的相变而获得细小的相变组织。Nb、V、Ti 除了上述细化晶粒的作用外，在轧制及轧后连续冷却过程中，还可通过控制微合金碳氮化物在 α 中的沉淀析出过程来达到沉淀强化的目的。

图 2.2.1 示意了热轧低碳钢中 Nb、V、Ti 含量对上述的晶粒细化、沉淀析出的作用以及由此引起的强韧性变化情况[45]。由图可见，Nb 有显著的晶粒细化作用和中等的沉淀强化作用，万分之几的含量即十分有效。含量增加，效果的改善并不明显。Ti 有显著的沉淀强化作用和中等的晶粒细化作用。在与含 Nb 钢相同的强度水平下，含 Ti 钢的韧脆转变温度略高。V 有较高的沉淀强化和较弱的细化晶粒作用，因而其转变温度比含 Nb 和含 Ti 钢都高。在管线钢的合金设计中，一般不单独使用 V。

（4）多元合金化[44]。早期微合金化管线钢常常只含单一的微合金元素，如 Mn－Nb 钢、Mn－V 钢、Mn－Ti 钢等。而后发现，不同微合金元素之间以及与其他合金元素间的交互作用，能赋予管线钢更优异的性能，现代管线钢已发展至多元合金化，如 Mn－Nb－V 系、Mn－Nb－Ti 系、Mn－Nb－Ti－

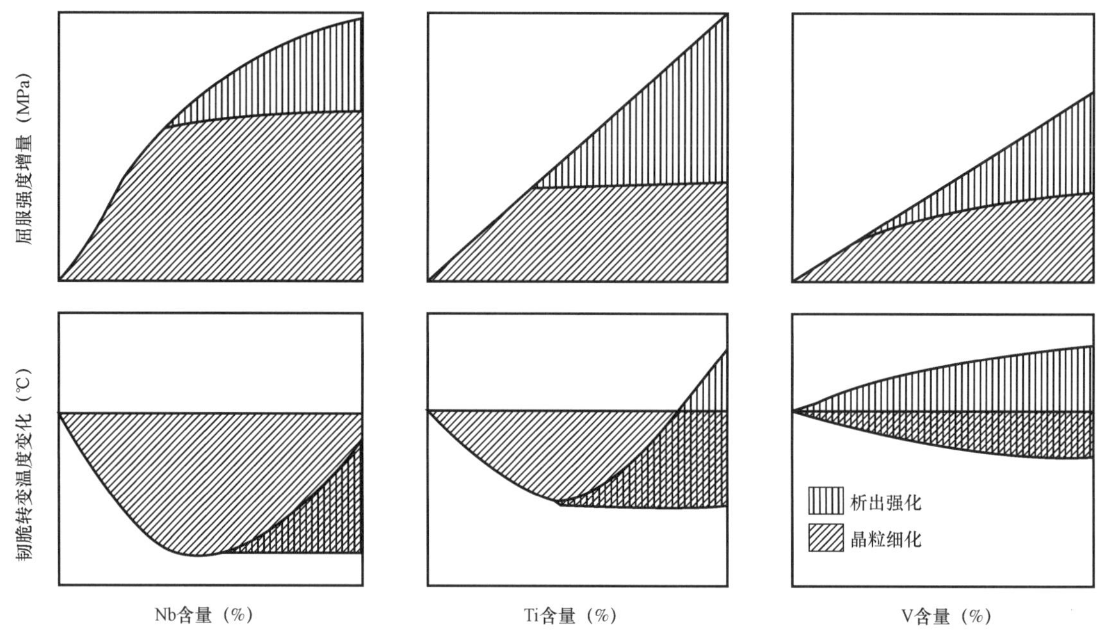

图 2.2.1　Nb、V、Ti 对晶粒细化、沉淀强化以及由此所引起的强韧性影响

V 系。同时 Mo 合金化也是管线钢多元合金化的一个典型范例，Mn－Mo－Nb 即是在 Mn－Nb 基础上发展而来。

Mn－Mo－Nb 管线钢的显微组织是由细小、具有高密度位错亚结构的针状铁素体、多边形铁素体以及 M—A 组元组成。Mo 能降低相变温度，抑制块状铁素体的形成，促进钢中针状铁素体转变，并能提高 Nb(C,N)的沉淀强化效果。因而在 0.04%～0.07% 的含碳量下，含 Mo 管线钢仍可保持高的强度和低的韧脆转变温度。我国西气东输二线用 X80 管线钢主要以 Mn－Mo－Nb 多元微合金化为主。

鉴于冶金技术、经济性和钢材性能的要求，在管线钢中还经常以 Ni、Cu、Cr 作为 Mo 的补加元素。这些元素对管线钢相变行为的影响类似于 Mn、Mo。Cu 还降低钢的腐蚀速率，因而对在腐蚀环境中服役的管线钢尤其受到青睐。

(5)合金设计的典型进展。

① 以超高强度为目标的硼合金设计。20 世纪 80 年代初研究开发出 Nb－Ti－B 系管线钢，使管线钢达到 X70 和 X80 强度级别。直至 20 世纪末，随着以低碳贝氏体和马氏体为组织特征的 X120 超高强度管线钢的研发，B 的合金化作用才引起进一步重视。由图 2.2.2 可知，加入微量的 B(如 0.0005%～0.003%)可明显抑制铁素体在奥氏体晶界上形核，使铁素体转变曲线明显右移。同时使贝氏体转变曲线变得扁平，即使在超低碳(＜0.03%)情况下，在一个较大的冷却范围内，都能获得贝氏体组织，使管线钢获得超高强度级别[46]。新日铁开发的 X120 管线钢正是利用了 B 的合金化作用，B 合金化特别适合高强、厚壁以及寒冷地带的现场环焊和酸性环境用管。

B 的作用是基于其在奥氏体晶界上偏聚，从而阻止等轴铁素体在晶界上优先形核。如果 B 以氧化物或氮化物存在于钢中，B 就丧失了它抑制铁素体在晶界上形核的作用。为防止 B 与氧和氮形成化合物，钢必须用 Al 脱氧，并添加与氮有更强亲和力的元素来固定钢中的氮，常用的这种元素便是 Ti。

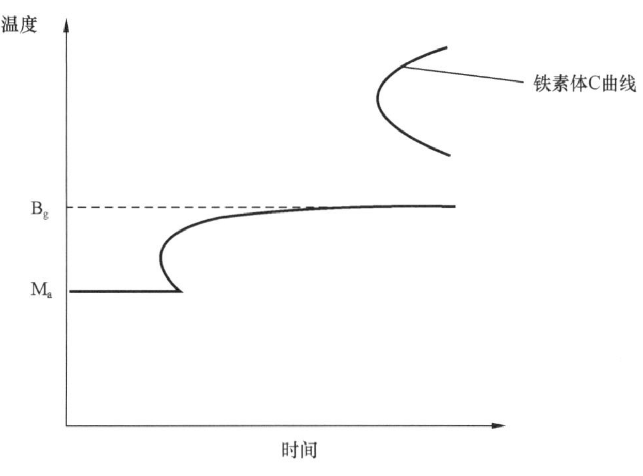

图 2.2.2　硼对管线钢等温转变曲线的影响

② 为实现高温轧制工艺的高 Nb 合金设计。管线钢中含碳量的降低，使提高钢中 Nb 含量成为可能。Nb 作为微合金化元素在一般管线钢中的含量通常为 0.03% ~0.05%，而在高温轧制工艺技术（HTP）管线钢中 Nb 含量达 0.07% ~0.11%。如图 2.2.3 所示，当 γ 相中固溶 Nb 含量增加后，γ 相再结晶温度显著提高[47]。较高的溶质铌可使奥氏体再结晶停止温度提高到 980 ~1050℃，适合于在较高的温度区间实施 γ 相的非再结晶轧制。即使钢中不含钼，也足以降低 Ar3 点，抑制 γ - α 转变，细化铁素体，促进中温组织形成，提高相变后 Nb(C，N) 在 α - Fe 中析出的强化效果。随着 Nb 含量增加和终轧温度降低，其综合影响为屈服强度逐渐升高，韧脆转变温度逐渐降低[48]。同时，通过以 Nb 代 Mo，可在无 Mo 条件下获得针状铁素体组织，降低合金化成本。

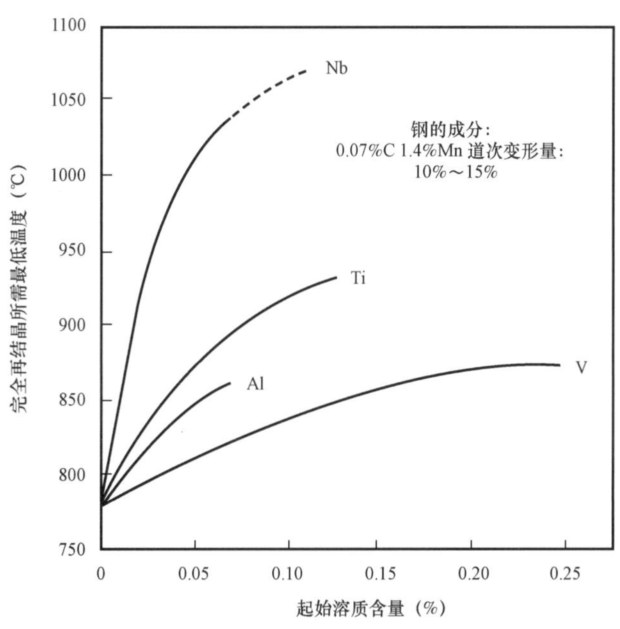

图 2.2.3　钢中固溶铌与再结晶温度的关系

③ 基于防止焊接热影响区脆化的微 Ti 设计。为预防管线钢的焊接脆化，提高焊接热影响区韧性，微 Ti(0.01% ~0.02%)合金化是一个重要途径。Ti 在焊接峰值温度下能通过生产稳定的氮化物抑制晶粒长大，从而提高热影响区的韧性。当焊接峰值温度超过 1400℃时，TiN 质点发生粗化或溶解，难以起到阻止晶粒长大的作用。为此，发展了一种"氧化物冶金"技术，旨在引入细小弥散分布的 TiO 质点。这种 TiO 质点在超过 1400℃时仍稳定存在，阻止晶粒长大，又可在焊接冷却中作为相变核心促进形成晶内形核针状铁素体(IAF)，从而提高热影响区韧性。

图 2.2.4 为 Ti－N 钢和 Ti－O 钢在不同峰值温度下的韧脆转变温度。峰值温度在 1350℃以下时，Ti－N 钢和 Ti－O 钢均保持了较低的韧脆转变温度，说明微 Ti 合金化在防止热影响区脆化方面起到有效作用。当温度超过 1350℃后，Ti－N 钢韧脆转变温度迅速升高，这说明 Ti－N 钢在超过 1350℃后，TiN 阻碍晶粒长大的作用降低[49]，而通过"氧化物冶金"技术获得的 Ti－O 钢高温下也具有更细的晶粒尺寸[50]。

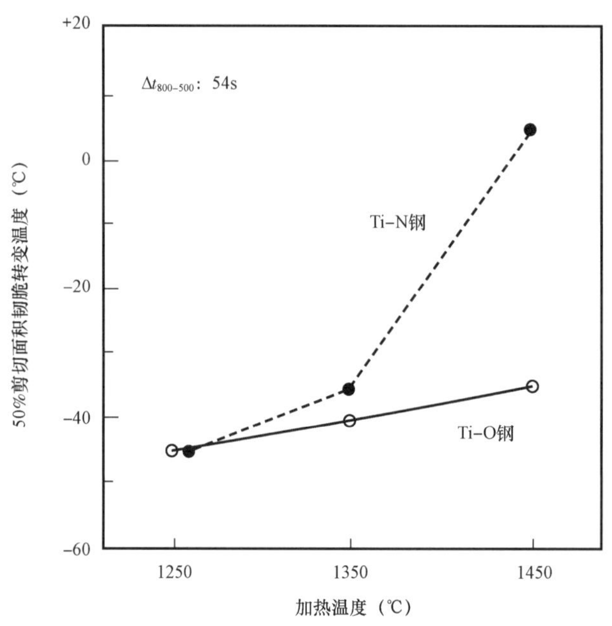

图 2.2.4　Ti－N 钢和 Ti－O 钢加热温度与韧脆转变温度的关系

2.2.2.2　管线钢的冶炼与连铸

冶金技术的进步是合金设计方案能够实施的重要保障。现代冶金技术可以使钢获得高的纯净度、均匀性和超细化的晶粒。通过先进的冶金技术，目前国外最有竞争力的管线钢纯净度可达到 S≤0.0005%、P≤0.002%、N≤0.002%、O≤0.001%、H≤0.0001%。要达到较高的纯净度和均匀性，一般采取多步复合操作，包括铁水预处理脱硫、脱磷，转炉冶炼降碳、脱磷，炉外精炼(如 RH 和 KIP 等)脱气、脱硫等。同时先进的连铸技术，包括连铸过程的电磁搅拌、连铸板坯轻压下技术等，也是获得高纯净度和高均匀性钢的关键[44]。

现代管线钢冶金工艺流程如图 2.2.5 所示。

2.2.2.2.1　铁水预处理

铁水预处理是获得低硫和低磷管线钢的较经济的冶金方法。铁水预处理包括铁水脱硫、铁水脱

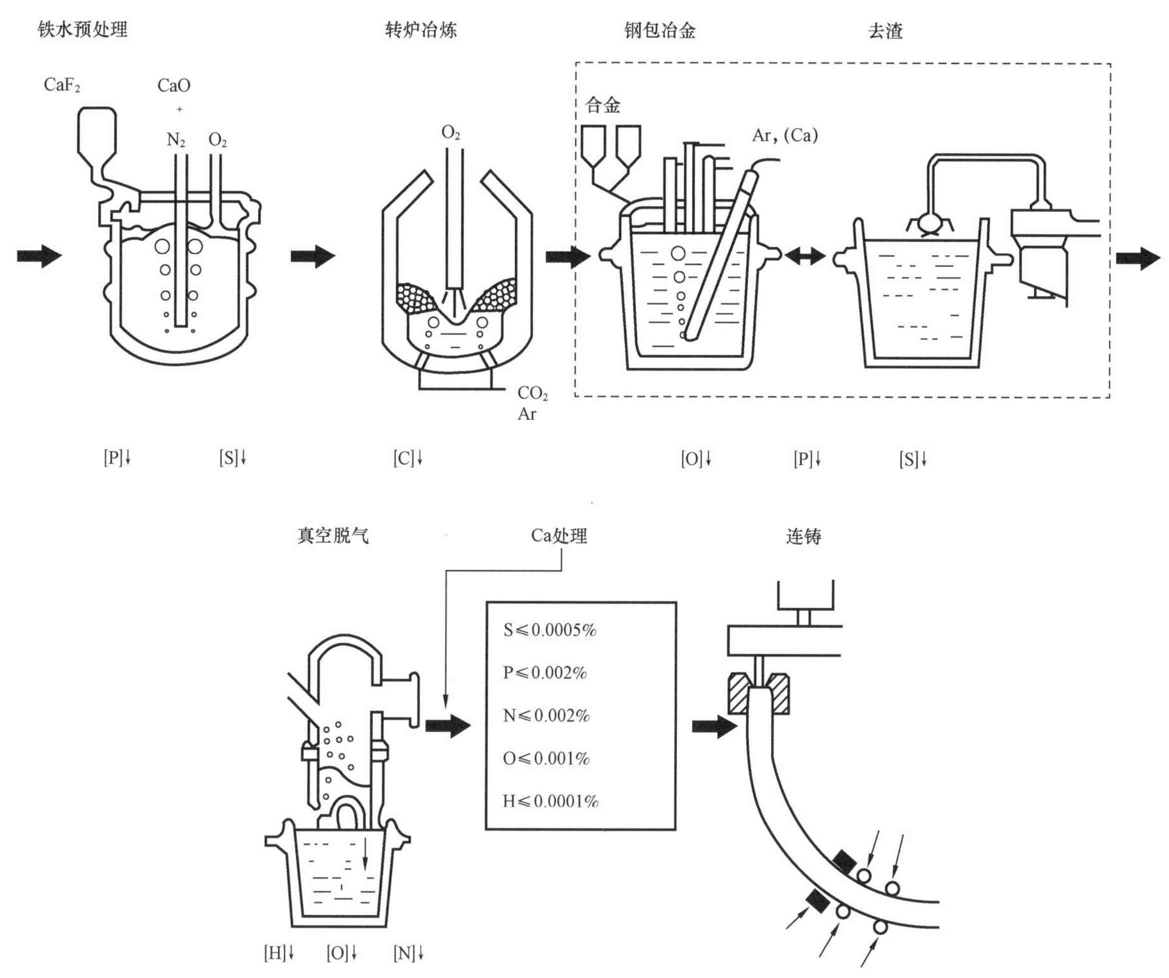

图 2. 2. 5　现代管线钢冶金流程

磷等技术。

(1)铁水脱硫。一次脱硫是用喷枪通过空气或氮气将脱硫剂喷入铁水灌或鱼雷车中,可把硫含量从 0. 05% 降至 0. 02% 以下。如需要,可进行二次处理,脱硫至 0. 003% 或更低。早期的脱硫剂多为 CaC_2,出于对环境保护的考虑,目前脱硫剂多采用 CaO + CaF_2 粉剂或 Mg + CaO 粉剂等。

(2)铁水脱磷。铁水脱磷是在氧化条件下进行的,因此需要对铁水预先脱硅至 0. 15% ~0. 20% 。铁水脱磷的方法是向铁水灌或鱼雷车喷吹 Fe_2O_3 – CaO – CaF_2 系脱磷剂。铁水脱磷可使磷含量降至 0. 01% 或更低。

2. 2. 2. 2. 2　转炉冶炼

氧气转炉于 1952 年和 1953 年在奥地利的林茨(Linz)和多纳维茨(Donawitz)先后建成并投入生产,故称为 LD 法。氧气转炉顶底复合吹炼是 20 世纪 70 年代国外开始研究的炼钢新工艺。它是在顶吹的同时从底部吹入少量气体,以增强金属熔池和炉渣的搅拌并控制池内气相中的 CO 分压,使炉内成分和温度的均匀性以及渣—金属间的平衡条件得以改善,具有比顶吹法和底吹法更好的炼钢效果。

目前在 LD 转炉中将顶吹和底部搅拌结合起来,可以获得低碳和低磷含量的管线钢。采用这种方法可使管线钢的碳含量达到0.02%~0.03%,磷含量降至0.005%或更低。在LD转炉中进行铁水脱磷,不需要先行脱硅。

2.2.2.2.3 炉外精炼[44]

炉外精炼主要涉及钢包精炼和真空处理。其目的除了进行合金成分微调外,主要进行杂质元素、气体含量以及氧化物、硫化物形态的精确控制。

(1)RH真空脱碳。RH和其他的精炼设备相比,真空度较高,适合于精炼超低碳钢时钢水的剧烈沸腾,并且采用大氩气量大循环,精炼强度大。然而RH槽壁冷钢会对净化的钢液产生污染,因此在处理管线钢之前,要使用低硫低磷钢水进行洗槽。

(2)脱硫技术。二次精炼主要有喷粉、真空、加热造还原渣、喂丝和吹气搅拌等,实践中常常是几种手段综合使用,精炼脱硫包括VOD、LF、TN和KIP等工艺方法。

(3)真空喷粉脱氮、脱氢。钢液去氮主要靠搅拌处理、真空脱气或两种工艺的组合来促进气体与金属的反应来实现。日本住友金属公司开发的VOD-PB法在真空下向钢水深处吹入粉状材料(铁矿粉和锰矿粉),在精炼的高碳期间生成CO小气泡,可得到[N]小于0.002%的钢水。该公司随后开发的RH-PB法可得[S]小于0.0005%、[N]小于0.0015%的钢水。

钢中氢主要在炼钢初期通过CO剧烈沸腾去除,自从真空技术出现后钢中氢已可稳定控制在0.0002%水平。

(4)钢包喂钙技术。钢包喂钙技术是脱硫、脱氧、合金化、改变夹杂物形态、防止水口堵塞等的可靠措施,其中需要强调的是金属钙化处理可改变钢中夹杂物形态和数量,使得氧化物和硫化物夹杂转变为外包硫化钙的低熔点钙铝酸盐球状复合夹杂物,夹杂细化且分布均匀。

2.2.2.2.4 连铸

连铸是目前管线钢生产广泛采用的一项新技术。与模铸不同,连铸通过连铸机将钢液连续地铸成钢坯,无须初轧工序。连铸可提高热轧成材率10%,降低成本8%,而且生产率高,易于进行生产连续化和自动化的控制。

近年来,连铸的一个重要进展是轻压下技术的采用。该项技术通过在凝固的最后阶段对连铸坯施加0.8~1.5mm/m的压力变形,从而达到减少铸坯中心偏析的目的。

2.2.2.3 管线钢控轧控冷技术

在控制轧制出现之前,管线钢生产采用普通轧制的方法。20世纪50年代控制轧制技术被首次用于352MPa碳锰钢的生产,随后于60年代控制冷却技术出现。自此控制轧制和控制冷却技术(TMCP)引起广泛关注,并被用于管线钢的生产。TMCP的基本冶金学原理是在再结晶温度以下进行大压下量变形,促进微合金元素的应变诱导析出并实现奥氏体晶粒的细化和加工硬化。轧后采用加速冷却,实现对处于加工硬化状态的奥氏体相变进程的控制,获得晶粒细小的最终组织。当前TMCP已成为管线钢生产的主流工艺,其工艺示意图如图2.2.6所示。

2.2.2.3.1 控制轧制

控制轧制就是在调整钢的化学成分的基础上,通过控制加热温度、轧制温度、变形制度等工艺参数,控制奥氏体组织的变化规律和相变产物的组织形态,达到细化组织、提高强度和韧性的目的。

控制轧制按照变形温度和再结晶程度通常划分为三个阶段:

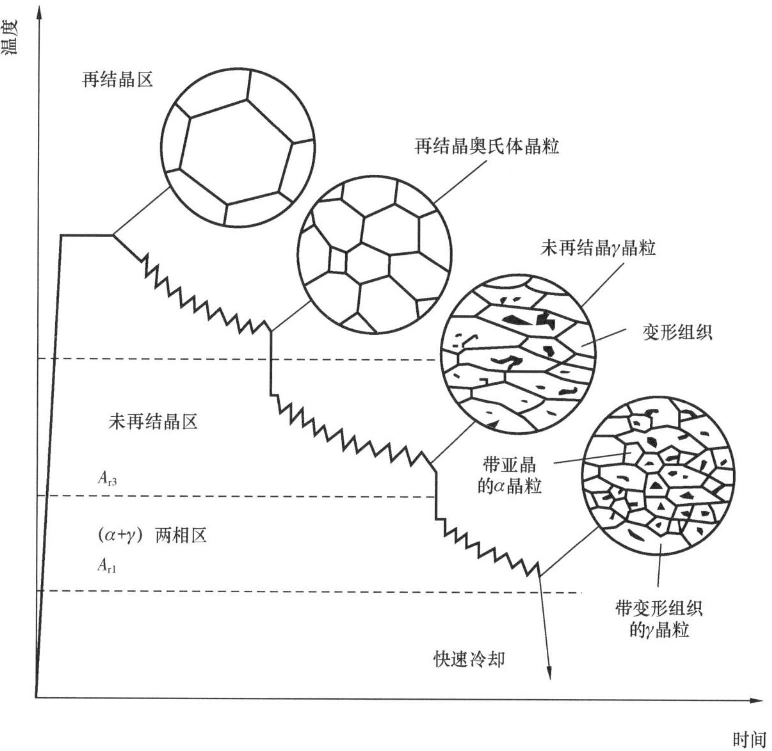

图2.2.6 TMCP工艺示意图

(1)在奥氏体再结晶区($T > T_{nr}$未再结晶温度)结束终轧的第一阶段轧制;

(2)在奥氏体未再结晶区($A_{r3} < T < T_{nr}$)结束终轧的第二阶段控制轧制;

(3)在奥氏体+铁素体两相区[A_{r3}~(A_{r3}-40℃)]结束终轧的第三阶段控制轧制。

控制轧制通过控制热轧条件而在奥氏体基体中引入高密度的铁素体形核点,包括奥氏体晶粒边界、由热变形而激发的孪晶界面和变形带,从而细化相变后钢的组织。通过控轧,铁素体可细化到ASTM11~13级,即小于10μm,甚至达到4μm。通过形变诱导铁素体相变等工艺的实施,可进一步使铁素体细化至1~2μm。

2.2.2.3.2 控制冷却

控制冷却工艺是在轧制完成后,控制轧后钢的开冷温度、冷却速度和终轧温度,达到控制相变类型,细化晶粒和控制析出等目的,提高强度和韧性。管线钢引入加速冷却使γ→α相变温度下降,过冷度增大,从而增加了铁素体的形核率。同时由于冷却速度加快,阻止或延迟了碳、氮化物在冷却过程中过早析出,因而易于生成更加弥散细小的析出物。进一步提高冷速,则可形成贝氏体或针状铁素体,进一步改善钢的强韧性。

控冷的工艺条件(开冷温度、冷却速度和终冷温度等)对相变条件、相变产物及析出物的形态有重要作用,进而对最终的组织结构和性能都有直接的影响。研究表明,对X60级、X65级管线用钢,开轧温度在1100℃左右,终轧温度在820~910℃间,终冷温度400~500℃,10~20℃/s的冷却速度能够获得以针状铁素体为主的组织,20~30℃/s的冷却速度可获得更细的组织。同时变形温度越低,变形量越大,得到的针状铁素体组织越细小[50,51]。

2.2.2.3.3 TMCP技术的发展及应用

传统的控制轧制和控制冷却工艺一般需要提高钢中微合金元素含量或进一步提高轧机能力以实

现细晶强化。但实践证明,对于普碳钢材而言,晶粒尺寸小到 2μm 以下时,尽管钢材的强度可有效提升,但其屈强比接近 1,已经失去工程材料的应用价值。追求超细晶的生产工艺不仅会降低热轧生产效率、增加事故发生率,而且会把过多的负担转移到轧制过程,忽视了轧后冷却对钢材性能的调控作用。因此对传统 TMCP 技术进行创新,通过冷却路径和冷却速率的优化控制,实现钢材组织和性能的调控,使成分简单的钢材能够具备满足多样化要求的性能指标[52]。

(1)高的冷却速率和低的终冷温度。随着超快速冷却技术的进步,使高的冷却速率和低的终冷温度得以实现。随着 X80、X100 和 X120 等高强度钢的开发,高的冷却速率和低的终冷温度已成为 TMCP 关键技术。一般认为,大于 10℃/s 的冷却速度是大多数管线钢加速冷却技术中的典型工艺。对于 X80 以上管线钢,典型冷却速率为 20~35℃/s,终冷温度可达 300℃以下。

通过高的冷却速率和低的终冷温度的实施,可使管线钢获得细小的针状铁素体或贝氏体组织,从而达到高强韧的目的。实验室研究[53]表明,当终轧温度 936℃,超快速冷却(80°C/s)至终冷温度,X70 级管线钢钢板综合力学性能达到了 X90 级管线钢的标准要求。由于冷却速率的增加可降低管线钢的合金加入量,因而不仅降低了钢材成本,还有利于钢材冶金性能和焊接性能。

(2)HTP 工艺。微合金元素(如 Ti、Nb、Al、Zr、V)可以提高奥氏体的再结晶温度,使奥氏体在比较高的温度仍处于未再结晶区,因而可以实现在奥氏体未再结晶区的多道次的累积大变形量。添加更多 Nb 实现控制轧制的"高温轧制技术"(HTP),就是利用高 Nb 对未再结晶区温度的进一步提高,达到提高终轧温度,降低轧制负荷的控轧工艺。

HTP 与传统轧制技术的区别见图 2.2.7[47]。两者主要不同点在于:传统轧制技术终轧温度接近于钢的 A_{r3}温度,HTP 技术的终轧温度一般在 A_{r3} + (20~70℃)以上。随着管线钢碳含量的降低,通过增加 Nb 含量,可使 γ 再结晶温度提高到 980~1050℃,适合于在较高温度实现非再结晶的轧制。HTP 技术发展较快,已在 X65、X70 和 X80 管线钢中得以成功应用[54]。

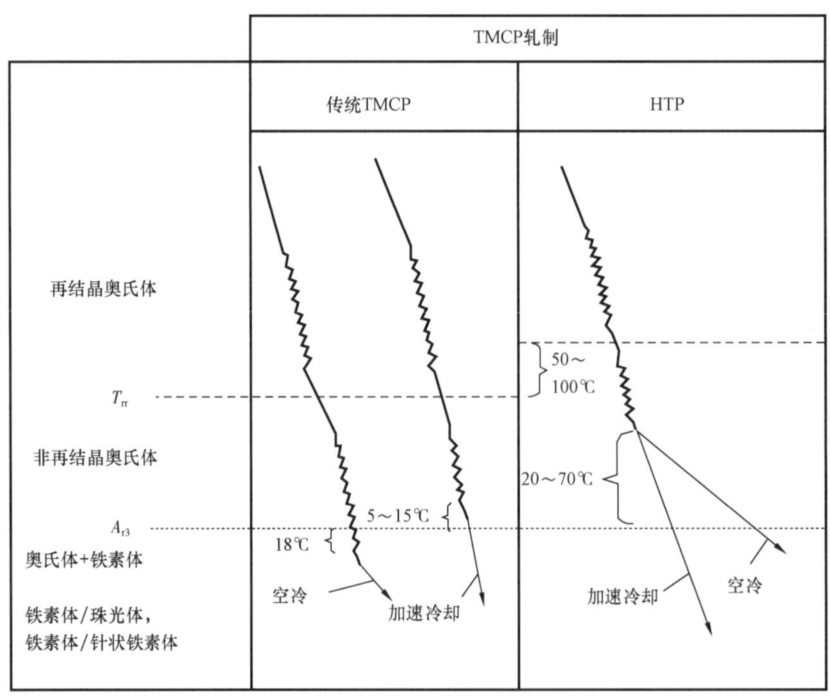

图 2.2.7　HTP 与传统轧制技术对比

(3)HOP 工艺。近年来,JFE 开发了 HOP 技术(Heat Treatment On-line Process)。该技术包括如图 2.2.8 的三步工艺过程:① 控轧控冷过程中,在贝氏体转变开始温度与终止温度之间停止加速冷却,使部分未发生相变的过冷奥氏体保留;② 加速冷却后,应用在线装置进行在线配分处理。在配分处理过程中,贝氏体中的碳扩散配分至未转变的奥氏体,使碳在未转变的奥氏体中富聚,促使未转变的奥氏体的稳定性提高;③ 在线加热后空冷。在空冷过程中,富碳过冷奥氏体大多不发生转变,少量转变为马氏体,形成细小均匀的 M－A 组元。在线配分的最终组织为(B－M/A)。M－A 的体积分数由材料的成分、加速冷却过程和在线加热条件决定。当 M/A 体积分数大于 5% 时,管线钢屈强比可低于 0.8[55]。这种(B－M/A)复相结构赋予管线钢低的屈强比、高的均匀变形伸长率和高的形变强化指数,因而在大位移环境中具有高的屈曲应变和大的变形能力。

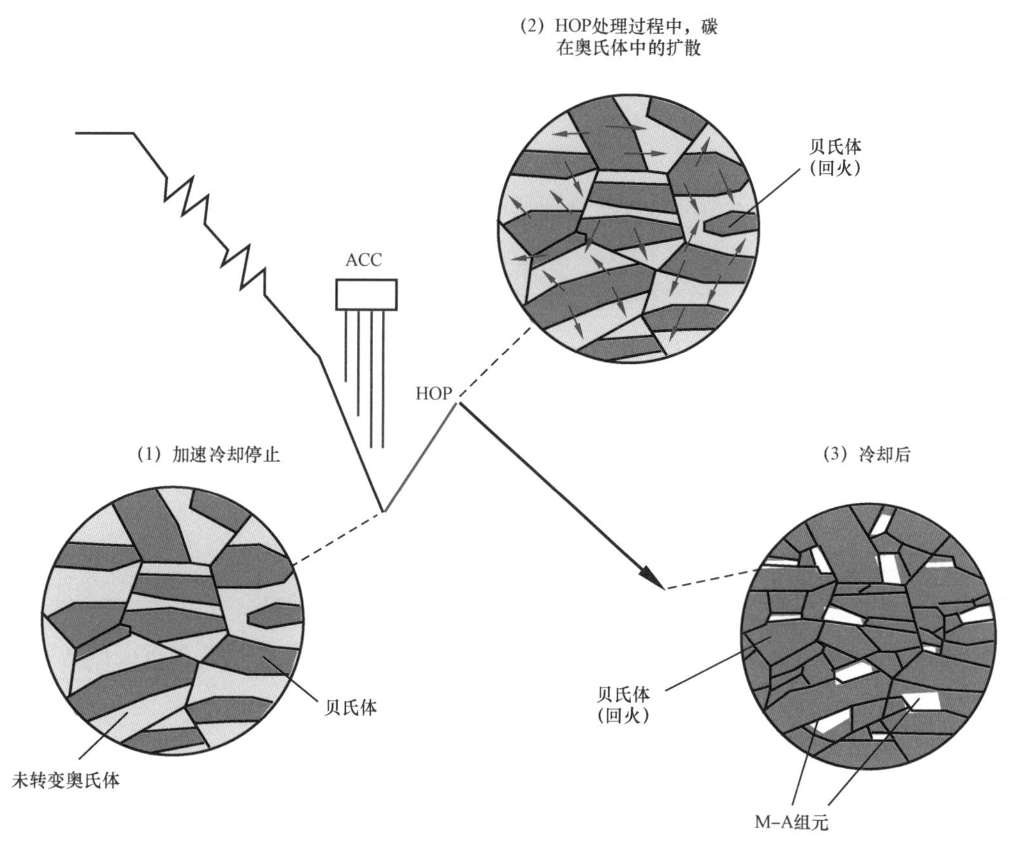

图 2.2.8　HOP 工艺组织演变过程

(4)DQT 工艺[56]。直接淬火(DQ)工艺是对 TMCP 的发展,DQ 后再进行回火(T)处理,这种工艺被称为 DQT,如图 2.2.9 所示。与传统再加热淬火(Q 或 RQ)相比,DQ 工艺的优势不仅体现在节能,而且还能提高钢在淬火最大冷却速率下的淬透性。后者能降低钢的碳含量或碳当量,改善焊接性能。

(5)控制析出技术(TPCP)。采用传统的控轧控冷工艺时,单靠控轧控冷生产的低碳贝氏体钢屈强比较低。另外,采用加速冷却方法生产大壁厚钢板时,由于内外冷速相差较大,得到的相变组织也不均匀,导致性能上出现波动。

日本的川崎制铁公司(现并入 JFE)在 TMCP 基础上发展了控制析出技术 TPCP(Termal－mechanical Precipitation Control Process),并成功地生产了各种超低碳贝氏体钢[57]。TPCP 特点是:在控轧得

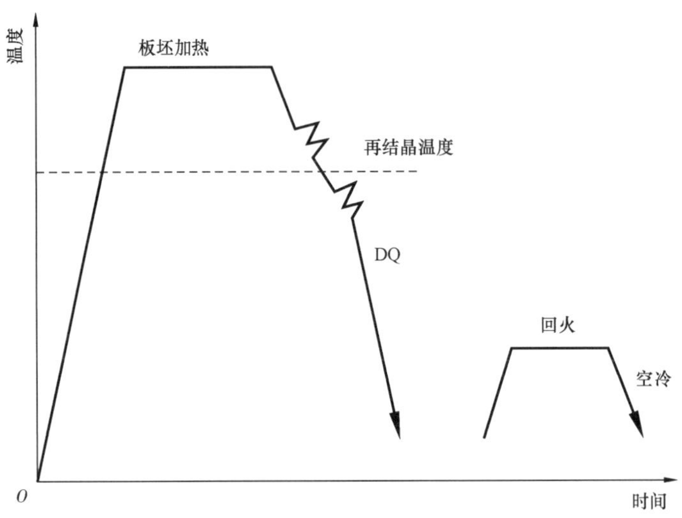

图 2.2.9　DQT 工艺

到极细的贝氏体基体组织后，不是采用进一步加速冷却提高强度，而是控制析出，使析出强化成为强化的主要来源。采用这种工艺生产的钢板具有很好的强韧性配合，并且适合于生产大截面尺寸的板材。目前采用的析出强化元素主要是铜，其添加量一般在 1% ~2% 之间。将控轧后的冷却速度控制在较慢的范围，可使铜在冷却过程中析出，并通过控制其析出尺寸以达到最大的强化效果[58]。

2.2.2.4　管线钢的组织

2.2.2.4.1　铁素体—珠光体钢和少珠光体钢

铁素体—珠光体（Ferrite-Pearlite，简写为 F—P）钢的基本成分是 C—Mn，这是 20 世纪 60 年代以前管线钢所具有的基本组织形态。X52 和更低强度级别的管线钢均属于铁素体—珠光体钢。铁素体—珠光体钢含碳量 0.10% ~0.25%，含锰量 1.30% ~1.70%，一般采用热轧和正火热处理。当要求较高强度时，可取高限含碳量，或在 Mn 系的基础上加入微量 Nb、V。

铁素体—珠光体管线钢的珠光体是改变强度的主要因素，但每增加 10% 的珠光体，韧脆转变温度 FATT 升高 22℃。同时，增加珠光体含量，必然要提高钢的含碳量，这样势必影响管线钢的焊接性。因此，不能期望通过增加珠光体的方法来提高管线钢的强度，而应在降低含碳量的同时，通过一定的手段，充分发挥钢中微合金元素晶粒细化和沉淀强化的潜力，这就是少珠光体钢产生的背景。

少珠光体管线钢的典型化学成分有 Mn - Nb，Mn - V，Mn - Nb - V 等。一般含碳量小于 0.1%，Nb、V、Ti 的总含量小于 0.10%，代表钢种是 20 世纪 60 年代末的 X56、X60 和 X65。这种钢突破了传统铁素体—珠光体钢热轧正火的生产工艺，进入了微合金化钢控轧的生产阶段。实践表明，现代控轧工艺可生产出高度细晶粒钢。对于 C - Mn 钢，晶粒尺寸最小为 6 ~7μm；对于少珠光体钢，晶粒尺寸可细化至 4 ~5μm。因此少珠光体钢可以获得较好的强韧配合。

2.2.2.4.2　针状铁素体钢

针状铁素体（Acicular Ferrite，简写为 AF）管线钢于 20 世纪 70 年代初投入工业生产，典型成分为 C - Mn - Nb - Mo，一般碳含量小于 0.06%。针状铁素体钢通过微合金化和控制轧制，综合利用晶粒细化、微合金化元素的析出相与位错亚结构的强化效应，可使钢的屈服强度达到650MPa，-60℃的冲击吸收能达80J。

所谓的针状铁素体管线钢的组织并不是100%的针状铁素体，而是以针状铁素体为主的混合组织。G. Krauss 和 Thompson 等[59]发现低碳微合金钢中的铁素体形态有五类：(1)等轴多边形铁素体PF，是在缓慢冷却条件形成的，转变温度较高，其特征为：具有等轴形貌，晶内位错密度低，无亚结构；(2)魏氏组织铁素体WF，具有较粗的板条或片状外形，形成温度低于多边形铁素体，晶内无亚结构；(3)块状铁素体MF或准多边形铁素体QF，通过块状转变(massive transformation)形成，晶粒边界极不规则，内部位错密度较高，晶内有亚结构；(4)粒状贝氏体GB/GF，其特征为：等轴或条状铁素体基体上分布有等轴状M/A小岛；(5)针状铁素体AF，又称为板条贝氏体铁素体，在组织中成簇出现，构成板条束，每个板条束由若干个铁素体板条组成，板条间为小角度晶界，板条束间为大角度晶界。与粒状贝氏体不同的是，M/A组元呈针状分布于铁素体板条间，铁素体板条内有高密度位错。控制针状铁素体强韧性的"有效晶粒"是贝氏体铁素体板条束。目前可获得的"有效晶粒"尺寸达1~3μm，赋予了针状铁素体钢优良的强韧特性。

2.2.2.4.3　贝氏体—马氏体管线钢

随着管线钢的发展，管线钢的强度级别逐渐升高。现代管线钢的最高级别为X120，组织状态与X80针状铁素体组织有很大差别，其典型显微组织为贝氏体—马氏体。贝氏体—马氏体管线钢在成分设计上充分利用了B在相变动力学上的重要特征，通过加入微量的B可明显抑制铁素体在奥氏体晶界上形核，使铁素体转变曲线明显右移。同时使贝氏体转变曲线变得偏平，即使在超低碳的情况下，通过在TMCP过程中降低终冷温度和提高冷却速率，也能够获得贝氏体—马氏体组织。

2.2.2.4.4　低碳索氏体钢[60]

从长远看，未来的管线钢将向着更高强韧化方向发展。如果控制轧制技术满足不了这种要求，可以采用淬火+回火的热处理工艺，通过形成低碳索氏体组织来获得。低碳索氏体钢可满足大壁厚、高强度、足够韧性的综合要求。

目前，有两种生产淬火回火超高强度大口径钢管的方法：

(1)采用经热处理的钢板制管。管线钢在板轧厂热轧后直接淬火，然后高温回火，可获得良好的强韧配合。此种方法曾在英国、加拿大进行过广泛研究。

(2)对热轧板制造的钢管进行热处理。这种方法是由高强度无缝钢管生产工艺中引申出来的，一般使用感应加热和喷水淬火，适用于需厚壁、高强韧性的情况。

2.2.3　油气输送管的成型与焊接

2.2.3.1　油气输送管的成型

2.2.3.1.1　螺旋埋弧焊管的成型

螺旋埋弧焊管的成型根据辅助辊的不同分为三种，即外控成型法、内胀成型法和自由成型法，其中外控成型法应用最广。

图2.2.10为外控成型器示意图。外控成型器的辅助辊在成型管坯的外部，沿成型管坯的圆周方

向平行排列，组成定径套。带钢由递送机经导板送入成型器，先经由成型辊组成的弯板机构弯曲后，在定径套的控制下成型为规定直径的管坯。

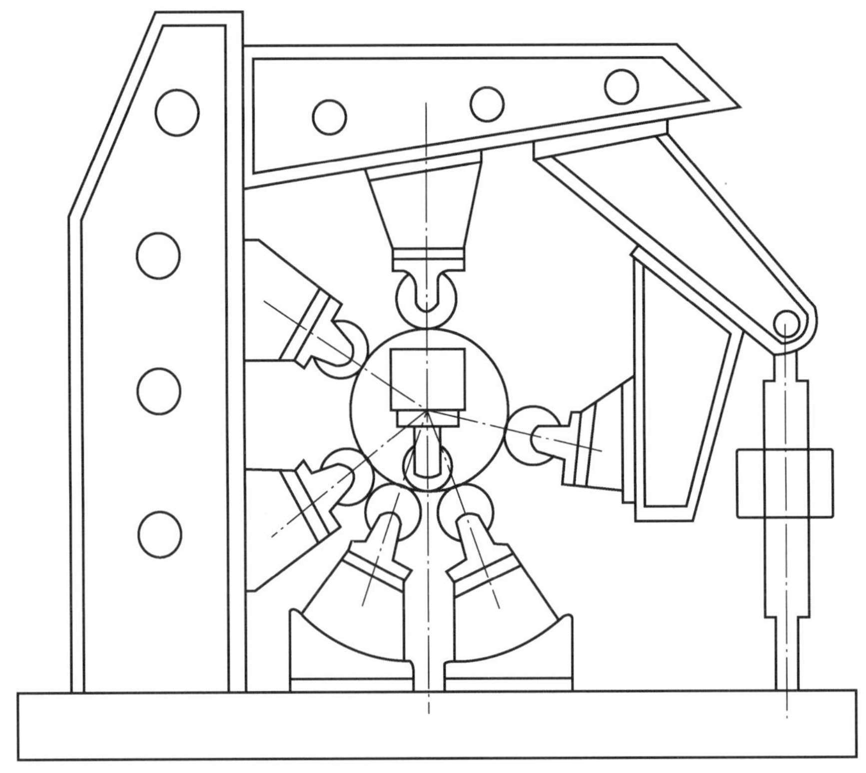

图 2.2.10　螺旋埋弧焊管外控成型器示意图

内胀成型器的辅助辊（图 2.2.11）是一个装在成型管坯内部的内胀盘，在内胀盘的外圈装有一组沿圆周方向分布的内胀辊。这种成型器的特点是钢管的残余周向应力与管道工作压力所形成的周向应力方向相反，有利于管道安全运行。但由于内胀成型器的结构不稳定，影响成型质量，所以一直未成为主流成型器。

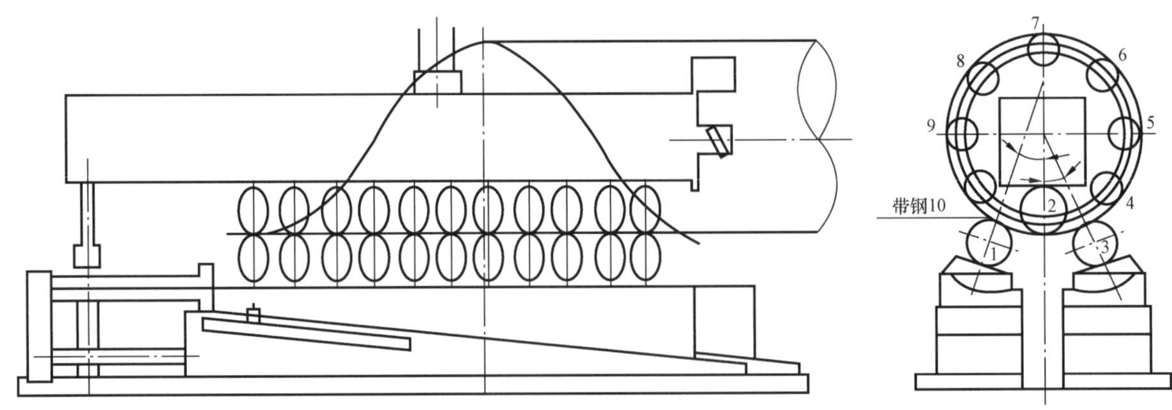

图 2.2.11　螺旋埋弧焊管内胀辊式成型器示意图

2.2.3.1.2　直缝埋弧焊管的成型[60]

（1）UOE 成型技术。

UOE 法生产钢管最早于 1951 年在美国应用，后来在德国、法国、英国、意大利、加拿大、日本、中国等国家应用。UOE 机组主要用于生产($\phi 406 \sim \phi 1625$)mm×(6~44.5)mm、长达 18mm 的直缝埋弧焊接钢管。与其他大直径钢管的制造方法比较,UOE 方法生产过程稳定、效率高、操作简单,且钢管质量高。

① 预弯。钢板边部预弯的主要目的是完成两板边的预变形,使板边的弯曲半径达到或接近所生产钢管规格的半径,从而保证钢管焊缝区域的几何形状和尺寸精度,避免在 O 成型后钢管噘嘴。

② U 成型。边部预弯后钢板进行 U 成型。预弯后的钢板在 U 成型压力机上完成定位后,U 成型压力机垂直压模向下运动,在下支撑辊或模具的作用下,将钢板弯曲变形成"U"形管筒。

MEER 型 U 成型机变形过程分两个阶段:垂直冲模压下,钢板在垂直冲模以及下支撑辊的作用下变形为两腿微张的"U"形;两侧水平压辊向内压下,钢板继续变形并形成一定的过弯,使弹性恢复后成型为规则的"U"形管筒。

③ O 成型。钢板变形为"U"形管筒后,进入第三主变形工序——O 成型。O 成型机上装有两个对开的半圆柱面的压模,将"U"形管坯进一步变形为"O"形,施加一定程度的压缩变形,控制成型后几何形状的同时,控制弹性恢复。

④ E 扩径。焊接后的钢管利用锥体扩胀头,由内向外扩胀,使钢管产生一定的永久塑性变形,起到消除钢管的成型压力和焊接应力,保证直缝焊钢管全长段直径和椭圆度一致的作用。

(2)JCOE 成型技术。

现代 UOE 机组能力大,产量高,适合单一规格大批量生产。但投资过高,一般企业难以承受;同时这种工艺在生产小批量、多规格的钢管时灵活性差,调整时间长,成本高。因此,为减少对成型机压力的要求,将 UO 成型步骤分解进行,将一次模压成型变为多步弯曲成型,产生了数控折弯技术。在此基础上诞生了 JCOE 制管技术。JCOE 生产方式灵活,既可生产大批量的产品,也可制造小批量的产品;既可生产大口径、高强度、厚壁钢管,也可生产中口径、厚壁钢管。

JCOE 成型过程为:首先使钢板的一半按设定的步长横向进入成型机,从钢板的一侧开始在压力机上下模之间压弯成预定的曲率,使钢板的一半先成为"J"形;随后上模抬起,钢板由行进机构推进,使未成型的一边到达模具下方进行另一半的多步逐段弯曲,形成"C"形管坯;最后在"C"形管坯中间进行最后一次弯曲,使"C"形管坯开口缩小,成为开口的"O"形管坯。

2.2.3.2　管线钢管的焊接

2.2.3.2.1　螺旋缝埋弧焊管的焊接

(1)螺旋缝埋弧焊管的焊接方式及其特点。

螺旋缝埋弧焊管有两种生产方式:一种是连续成型焊接生产方式,通常称为"在线焊接"或"一步法"生产方式,其成型和焊接在一条生产线上同步完成,我国目前大多数的螺旋焊管机组均为这种方式。另外一种为"预精焊工艺",通常称为的"离线焊接"或"两步法"生产方式,其成型机组与焊接装置不在同一条生产线上。因成型与焊接是在分开的两个工段进行,互不干扰,焊接质量和效率较"在线焊接"方式明显提高。这是一种新的、先进的螺旋管制管技术,我国已有多家钢管企业开发这种制管技术。

螺旋缝埋弧焊管离线焊接生产方法是 20 世纪 70 年代由德国 Krupp Hoesch Grounp 开发出来的,国外已将这种生产方法成功用于螺旋缝埋弧焊管的生产。用这种方法制造管子分为两个阶段:第一阶段钢带在成型机和定位焊机上被高速成型和定位焊(即预焊),预焊采用二氧化碳气体保护焊进行定位焊,它仅作为一个工艺措施,在第二阶段的埋弧焊时被完全熔化;第二阶段,管子在多达5个独立的焊接机组上进行最终埋弧焊接(即所谓的精焊),在每个焊接机组上,多丝(一般2~3丝,最多5丝)埋弧焊同时对管子内、外侧进行焊接。

(2)焊接材料。埋弧焊钢管的焊接材料包括埋弧焊丝和焊剂。目前普遍使用的焊丝主要是H08C,这是国家“八五”计划期间有关单位研制的高强度高韧性管线钢专用焊丝,属于Mo-B-Ti型合金系,是一种低碳、低硫磷、低气体含量和杂质含量的优质焊丝。采用微合金化和细晶粒强韧化机理设计焊丝,焊缝得到了以针状铁素体为主的组织,同时满足高强度和高韧性的要求。另外还有H08D、JW-9牌号的焊丝,它与H08C焊丝具有相近的化学成分和力学性能。

常用的焊剂有2种,牌号分别为SJ101和SJ101G,均为国内生产。SJ101焊剂属于氟碱型烧结焊剂,碱度值为1.8左右,粒度10~60目,焊剂成分为Ti-Al_2O_3-MgO系统。该焊剂具有良好的抗吸潮性,焊接过程电弧燃烧稳定、脱渣容易,所焊焊缝金属的低温韧性较高。SJ101G焊剂也属于氟碱型烧结焊剂,碱度值为1.6~2.0,为氟碱型渣系特征,焊渣成分:CaO + MgO + MnO + $CaF_2 \geq 50\%$、$SiO_2 \leq 20\%$、$CaF_2 \geq 15\%$,配合H08C焊丝得到高韧性焊缝。配合高效螺旋缝埋弧焊管的焊接需要,还开发了高速埋弧焊剂,焊接速度可达2m/min。

(3)焊接设备及工艺。我国螺旋缝埋弧焊接设备大多为美国Lincoln或德国Messer公司生产焊机。按ISO、API及GB标准的要求,不管管径和壁厚多大,螺旋缝埋弧焊管必须采用双面焊接。根据钢管壁厚的不同,钢管内外焊一般采用1~4丝焊接。ϕ1016mm×14.6mm X70螺旋缝埋弧焊管典型的焊接工艺参数见表2.2.2。

表2.2.2 X70螺旋缝埋弧焊管典型的焊接工艺参数

壁厚(mm)	钢管种类	焊接方法	坡口形式	焊丝数量		焊接速度(mm/min)	焊接线能量(kJ/cm)
				内焊道	外焊道		
14.6	螺旋管	埋弧焊	Y型	1或2	2	约1200	约20

2.2.3.2.2 直缝埋弧焊管的焊接

与螺旋缝埋弧焊缝的焊接相比,直缝埋弧焊缝在基本原理、焊材等方面基本相同,但在装备、工艺参数等方面差异较大。直缝埋弧焊的主要焊接工艺包括:

(1)板边缘加工焊接坡口。加工方法有铣削和刨削两种方式。在板的两侧,可以有一个或多个铣、刨削头。根据板厚不同,坡口可以加工成I型、带一定钝边的单V或双V坡口。特别厚的管子,可把外缝铣削成U形坡口,其目的是减少焊接材料的消耗量,提高生产率,较宽的根部可避免产生焊接缺陷。

(2)定位焊。即通常所说的预焊,一般用二氧化碳气体保护焊进行,目的是使管子稳定,并且起到焊缝封底作用,这点对后面的埋弧焊特别有用。它还可以防止烧穿。管子定位焊后应进行目视检验,以证实焊缝是连续的且无任何缺陷。

(3)管子内、外焊接。即精焊。管子定位焊后,随后进行的主要是管子的内、外焊接,这是管子制造过程的一个重要环节,是由与成型机组分开的埋弧焊方法完成。为提高生产率,内、外缝焊接采用多丝埋弧焊,一次焊接完成,焊丝数量最多可达5丝。为避免焊缝偏离,焊接机头上装有特殊的焊缝自动对中装置。对厚壁管采用多层焊,以减少热输入量,改善焊缝性能。直缝埋弧焊管典型的焊接工艺参数见表 2.2.3。由于直缝埋弧焊管的焊接条件优于螺旋缝埋弧焊管,总体来讲直缝埋弧焊焊缝的质量高于螺旋缝埋弧焊缝。

表 2.2.3　X70 直缝埋弧焊管典型的焊接工艺参数

壁厚(mm)	焊接方法	坡口形式	焊丝数量		焊接速度(mm/min)	焊接线能量(kJ/cm)
			内焊道	外焊道		
17.5	埋弧焊	X 型	4	4	约 1800	约 22
21.0	埋弧焊	X 型	4	4	约 1600	约 22

2.2.4　油气输送管的技术需求和发展趋势

从最初的工业管道至今,油气管线建设已经历了两个多世纪的发展。伴随全球持续增加的能源需求,油气管道建设进入一个新的历史发展阶段。当前,油气管道工业面临的挑战是在高寒、深海、沙漠、地震和地质灾害等恶劣环境下建设长距离、高压、大流量输气管道。提高管道输送的经济性和保障恶劣环境下管道建设及运行的安全性,已成为管道工程面临的两大主题。

2.2.4.1　X90 及以上超高强度管线钢及钢管

提高强度不仅可以减小钢管壁厚和质量,节约钢材成本,而且由于钢管壁厚的减小,还可降低钢管运输成本和焊接工作量,从而大幅度降低管道建设的投资成本和运行成本,高钢级钢管的应用已经成为管道工程发展的一个必然趋势[60]。

目前,国外的新日铁和欧洲钢管公司均开发了 X100、X120 钢管,国内也正在开展 X90/X100 钢管开发及应用关键技术研究,提出了典型高强度油气输送管的化学成分和力学性能,见表 2.2.4 和表 2.2.5。

表 2.2.4　典型高强度管线钢的化学成分

钢级	厂家	化学成分质量分数(%)					其他成分	CE_{pcm}(%)	CE_{IIW}(%)
		C	Mn	Mo	Ti	B			
X90	国内 A 厂	0.059	1.96	0.21	0.013	0.0002	Ni、Cr、Nb、Cu	0.21	0.54
X90	国内 B 厂	0.061	1.79	0.0032	0.022	0.00043	Ni、Cr、Nb、Cu	0.19	0.43
X90	JFE	0.064	1.81	0.12	0.018	0.0002	Ni、Cr、Nb、Cu	0.20	0.41
X100	国内 C 厂	0.054	2.03	0.30	0.014	0.0002	Ni、Cr、Nb、Cu	0.21	—
X100	NSC	0.059	1.96	0.0036	0.014	0.0003	Ni、Cr、Nb、Cu	0.22	0.55
X100	Europipe	0.07	1.90	0.17	0.018	—	Cu、Ni、Nb、V	0.20	0.46
X120	NSC	0.041	1.93	0.32	0.02	0.0012	Cu、Ni、Nb、V	0.21	—
X120	Europipe	0.06	1.91	0.042(Nb)	0.017	0.004(N)	Cu、Ni、Mo、V	0.21	—

表 2.2.5　典型高强度油气输送管的力学性能

钢级	厂家	壁厚（mm）	屈服强度（MPa）	抗拉强度（MPa）	屈强比	伸长率（%）	CVN		DWTT	
							温度（℃）	冲击吸收能（J）	温度（℃）	剪切面积（%）
X90	国内 A 厂	19.6	643	781	0.82	24	-10	329	0	85
X90	国内 B 厂	16.3	650	735	0.88	26	-10	309	0	100
X90	JFE	19.6	690	742	0.93	24	-10	310	—	—
X100	国内 C 厂	17.8	681	781	0.87	22	-10	267	0	80
X100	NSC	16.0	828	834	0.95	20	-20	262	0	100
X100	Europipe	19.1	737	800	0.92	18	20	200	20	85
X120	NSC	19.0	853	945	0.90	31	-30	318	-5	75
X120	Europipe	16.0	843	1128	0.75	14.3	-30	250	—	—

2.2.4.2　低温环境使用的高强度管线钢及钢管、弯管和管件

伴随能源需求增长，管道敷设不断伸向高寒、极地等地区。管材服役温度较低，对材料低温环境下的性能提出了更高要求。例如，美国横穿阿拉斯加的管道，途经冰冻地区，气温低达 -70℃。位于俄罗斯西西伯利亚的管道，沿线积雪厚度 70 ~90cm，气温低达 -63℃。我国的新疆油田和大庆油田外输管线冬季最低温度为 -34℃或更低。随着服役温度的降低，管线钢的断裂机理由微孔积聚型变为穿晶解理型，断口特征由纤维状变为结晶状，韧性明显下降，材料由韧性状态变为脆性状态。几年前西气东输一线轮南首站的低温液气分离器脆性断裂，造成了严重的后果，近年来高钢级三通在试压过程中也频繁出现脆性爆裂，因此高钢级管线钢的低温脆断问题需引起高度重视。为保证管道低温条件下的安全服役，管线钢必须有足够的低温韧性。20 世纪 70 年代之前，管线钢的韧性不足 50J。目前，由于冶金技术的进步，通过低碳或超低碳、纯净或超纯净、均匀或超均匀、细晶粒或超细晶粒以及获取以针状铁素体为代表组织形态等技术等应用，现代管线钢的韧性大都在 200 ~300J，50% FATT（断口结晶区面积占整个断口面积 50% 时的温度）可达 -45℃以下。经过精心控制的管线钢，其韧性可高达 400 ~500J，DWTT 的 85% FATT（断口结晶区面积占整个断口面积 85% 时的温度）可降至 -60℃以下。

2.2.4.3　腐蚀环境用管线钢及钢管

在油气田开发中，未经净化处理的石油天然气常含有 H_2S、CO_2、Cl^-、H_2O 等腐蚀性介质。为避免管道腐蚀失效，此类油气输送管需要采用具有耐腐蚀性能的材料，包括碳钢和低合金钢、不锈钢、镍基/铁镍基合金以及钛合金等。管道的具体选材应根据输送介质的压力、温度及介质中的 H_2S、CO_2 和 Cl^- 含量等确定。根据日本住友金属的选材指南，当 $p_{H_2S} < 0.0003$MPa，$p_{CO_2} \leqslant 0.02$MPa 时，选用碳钢和低合金钢；当 $p_{CO_2} > 0.02$MPa，$p_{H_2S} < 0.003$MPa 时，选用 13Cr 或超级 13Cr 不锈钢；当 $p_{CO_2} > 0.02$MPa，0.003MPa $< p_{H_2S} < 0.01$MPa 时，选用双相不锈钢；当 $p_{CO_2} > 0.02$MPa、$p_{H_2S} \geqslant 0.01$MPa 时，选用镍基或铁镍基合金。NACE MR0175 标准提供了在含湿硫化氢的油气介质环境下材料的评价

和选材推荐作法。

国外抗酸管的研制较早,欧洲钢管公司抗酸管的销售量已占 30% 以上。国外批量供应的抗酸管主要是 X65 钢级,X70 钢级的抗酸管已研制成功,并在墨西哥一条管道上使用。我国抗酸管的研发刚刚起步,部分钢厂开发出了 X65MS、X70MS 耐酸管。抗酸管的化学成分比低温用钢管要求更加严格,需进一步降低 P、S 含量,并添加 Cu 和 Ni,同时进行 Ca 处理。从成分和整体性能上看,国内研发的抗酸管与国外水平相当,但批量生产时的性能稳定性有待实践检验。

当油气介质中的腐蚀性成分含量较高,普通碳钢和低合金钢难以满足耐蚀要求时,需选用不锈钢、镍基/铁镍基合金或钛合金等具有更高耐蚀性能的材料。其中,常用的不锈钢包括奥氏体不锈钢如 316L,超级奥氏体不锈钢如 904L、254SMO,双相不锈钢如 2205、2507,超超级双相不锈钢如 2707HD,镍基/铁镍基合金包括 028、G3、625、825 等,常用的钛合金如 TC4(Ti - 6Al - 4V)等。在实际应用中,因不锈钢和耐蚀合金的价格较高,油气输送管道一般选用以不锈钢或耐蚀合金为衬里的双金属复合管。

双金属复合管以不锈钢或耐蚀合金为内衬层提供抗腐蚀能力,以碳钢或低合金钢为外层基管承受压力。国外在双金属复合管的应用方面早于我国,日、美等国较早开展了双金属复合管的研究,于 1991 年开始使用,随后用量逐年扩大。现行产品标准为美国石油学会制订的 API 5LD - 2009《Specification for CRA Clad or Lined Steel Pipe》。目前国内双金属复合管的主要厂家包括西安向阳、浙江久立、上海海隆、新兴铸管等公司,其中以西安向阳公司的机械复合双金属复合管开发年限最长,供货业绩最大。我国双金属复合管产品基本以机械复合管为主,内衬材料主要是 316L,而以镍基/铁镍基合金、钛合金为内衬的双金属复合管尚处于起步阶段。为此,需要重点关注以耐蚀合金为衬层的双金属复合管的开发及应用。

2.2.4.4　大变形管线钢及钢管

我国处于地震多发区域,如西气东输二线和西气东输三线管道沿线经过相当长的强震区(地震峰值加速度 0.2g 以上,其中峰值加速度 0.3g 的地段约 96km)和 22 条活动断层。当地震发生时,这些地区的管道将发生较大的位移和变形,必须进行应变控制,要求管道的极限应变(临界屈曲应变)大于设计应变(地震和地质灾害可能给管道造成的最大应变)。为适应大应变环境,管道应采用大变形钢管。所谓大变形管线钢管,是一种适应大位移服役环境的,在拉伸、压缩和弯曲载荷下具有较高极限应变能力和延性断裂抗力的钢管。这种钢管既可满足管道高压、大流量输送的强度要求和防止裂纹启裂与止裂的韧性要求,同时又具有防止管道因大变形而引起的屈曲、失稳和延性断裂的极限变形能力。大变形钢管具有较低的屈强比、高的形变硬化能力和均匀变形伸长率。

大应变钢管目前普遍采用双相钢的技术路线,典型组织类型有 F + B、B + M/A 等。采用双相钢的大应变钢管,最早由日本 NKK 钢铁株式会社提出,并在 NKK 福山工厂试制成功 X65 大应变钢管。目前国外已公开的大应变钢管有日本 JFE 钢铁株式会社(前 NKK 钢铁株式会社与川崎制铁合并)开发的 HIPER 和新日本制铁株式会社开发的 TOUGH - ACE。欧洲钢管公司也宣称开发了 X100 级别的大应变钢管,并用于 North Central Corridor 管道。我国在 2011 年中缅油气管道工程项目中首次采用了国产 X70 大应变钢管。

2.2.4.5　深水环境用管线钢及钢管

我国海洋油气资源勘探开采潜力巨大。大陆架浅水区域的油气资源勘探开发起步较早,目前需要将开采延伸至海上深水区。海底管道向深海发展，管道外压的问题逐渐突出。为防止管道发生挤毁事故，深海管道需要应用大厚径比(t/D)钢管，而大 t/D 钢管使 DWTT 性能面临更大考验。海底管道在敷设过程中，尤其在使用铺管船敷设时，将承受很大的压缩、拉伸或者弯曲变形，同时浪、流、平台移动及地质活动亦将造成海底管道在服役过程中发生塑性变形。此外，海洋环境中的浪、流等可能引起涡激振动(VIV)，造成钢管的疲劳损伤。

为适应海底管道的安装要求和服役环境，与陆地管线钢管相比，海上服役钢管的要求更高。在化学成分方面，要求更严格的硫、磷等有害元素含量及更低的碳当量要求。在力学性能方面，增加了失效前后的纵向拉伸及 CTOD 试验，屈服强度、屈强比及伸长率要求更高。几何尺寸精度要求也更为严苛，尤其对直径、椭圆度和壁厚偏差的要求更为严格。

欧洲钢管公司、日本新日铁住金公司、JFE 公司等老牌的冶金制管企业始终在国际上处于管线钢管制造领域的领先地位。我国在海底管道工程建设方面起步较晚，但近年来海底管道工程建设加速。南海荔湾海底管道工程是目前国内钢管应用水深最深、压力最高、壁厚最大的项目，代表了国内海底管道发展的最高水平。

2.2.4.6 非金属及复合材料管

非金属及复合材料管由于具有耐腐蚀、质量轻、综合成本低等特点，在油气输送中得到了越来越广泛的应用。与金属管相比，非金属管具有耐腐蚀，使用寿命长、安装和运输方便、维修费用低、水力摩阻因数低、耐磨和延缓结蜡结垢等优点。因此，在采油、采气、集输和注水等工程应用中选用合适的非金属管材已成为目前管道防腐的一个重要发展方向。

在天然气长输领域，管研院开发了天然气长输用复合材料增强管线钢管(Composite Reinforced Line Pipe，CRLP)。该复合管为 4 层结构(图 2.2.12)，其中最外层为防止复合材料外损伤的外保护层，其次为提供部分环向强度的复合材料增强层，接下来是保证钢管与复合材料粘接的界面层，最内

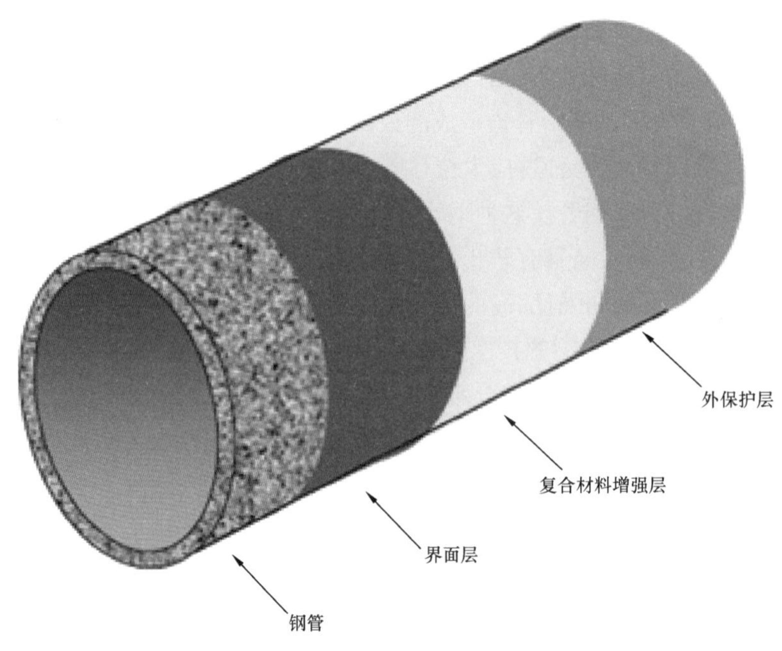

图 2.2.12　复合材料增强管线钢管结构

层为提供全部纵向强度和部分环向强度的钢管。该产品不仅提高了管道的承压能力，同时具有止裂和防腐等优点。通过玻璃纤维复合材料增强的管径为 1219mm 的 X80 管线钢管，爆破强度由 21.0MPa 提高至 37.1MPa，承压能力达到了 X100 水平，成本比 X100 管线钢管降低约 20%。

2.2.5　油气输送管道现场安装焊接

2.2.5.1　概述

长输管道工程建设实际上是一个大规模的焊接工程，采用焊接方式将一根根钢管通过环焊缝连接。管道焊接技术是施工中必需的关键技术，对管线运行期间的安全可靠性和经济效益有重要的影响。

图 2.2.13 是天然气管道现场焊接照片。油气管道现场焊接具有其特殊性：

（1）野外施工，环境恶劣，社会依托条件差；

（2）工件不能旋转，全位置焊接难度大；

（3）管子内部一般不能进入，根部焊接难度大；

（4）管子组对存在附加应力，尤其是碰死口焊接，应力更大；

（5）严寒地区、含硫介质等苛刻服役条件下，管道对环焊要求特别严格。

图 2.2.13　天然气管道现场焊接

由于油气输送管道现场焊接的特殊性，焊接过程中不可避免会产生焊接缺陷，如未焊透、未熔合、夹渣、气孔及裂纹等。不同的焊接方法，产生的焊接缺陷类型不同。自保护药芯焊丝半自动焊的焊接缺陷主要是夹渣、未熔合和气孔等[59-63]，而管道自动焊常见缺陷主要是气孔、未熔合、咬边、焊缝余高超标等[64]。

焊接缺陷对管道运行安全可靠性有重要影响，特别是错边、未焊透、未熔合等裂纹类缺陷的复合型缺陷对管道抗断裂能力影响非常大。为了保证管道运行安全可靠，需要从材料焊接性试验、焊接方法和设备选择、焊接工艺规程编制、焊工管理、材料和设备管理、焊接过程控制、焊接检验等方面进行全方位的焊接质量控制。

2.2.5.2 管线钢的焊接性

2.2.5.2.1 焊接性的基本概念

焊接性(又称为可焊性)是金属能否适应焊接加工而形成完整的、具备一定使用性能的焊接接头的特性。焊接性主要包括两方面:一是工艺焊接性,即在焊接过程中是否容易产生裂纹等缺陷;二是使用焊接性,即焊接接头能否达到所要求的性能,如强度、韧性、疲劳性能和耐腐蚀性能等。

2.2.5.2.2 焊接性试验方法

焊接性试验方法包括理论计算类方法、模拟试验类方法和实焊类方法[65]。

(1)理论计算类方法。焊接性理论计算类方法中应用较多的是碳当量和冷裂纹敏感系数。碳钢的焊接性主要取决于含碳量,随着碳含量的增加,材料的焊接性逐渐变差。把钢中合金元素(包括碳)的含量按其作用换算成碳的含量,称为碳当量(Ceq)。必要时可用冷裂纹敏感系数(P_{cm})代替碳当量。

碳当量和冷裂纹敏感系数有很多种经验公式,公认的适用于管线钢碳当量和冷裂纹敏感系数公式如下:

当碳含量等于或小于0.12%时,碳当量($CE_{P_{cm}}$)使用公式(2.2.1)确定:

$$CE_{P_{cm}} = C + \frac{Si}{30} + \frac{Mn}{20} + \frac{Cu}{20} + \frac{Ni}{60} + \frac{Cr}{20} + \frac{Mo}{15} + \frac{V}{10} + 5B \tag{2.2.1}$$

当碳含量大于0.12%时,碳当量(CE_{IIw})应使用公式(2.2.2)确定:

$$CE_{IIw} = C + \frac{Mn}{6} + \frac{Cr + Mo + V}{5} + \frac{Ni + Cu}{15} \tag{2.2.2}$$

上述公式中各元素表示该元素的质量分数,计算结果可作为评定管线钢焊接性的一个参考指标。

(2)模拟试验类方法。最为常用的焊接性模拟试验类方法是插销试验和热模拟试验。

插销试验主要用于评价材料的氢致延迟裂纹敏感性。插销试验用被测材料制作,插销端部加工环状缺口,基体板可用相似的材料制作。试验时,在基体板上通过插销中心按规范参数熔敷焊道,插销端部与基体板同时熔化形成焊缝,保证缺口尖端位于熔合线附近的粗晶区。当缺口附近金属冷却到150℃时,对插销施加一定的轴向拉伸载荷,并保持这一载荷直到试样断裂。载荷应力越大,断裂延续时间越短;应力越小,延续时间越长。当插销所承受的应力小到一定程度时,无论载荷持久多长时间,试样不再断裂,此时的应力称为临界应力。临界应力的大小可作为材料冷裂纹倾向的比较参量,临界应力越小,材料的冷裂倾向越大。

热模拟试验通过物理模拟技术得到不同钢材焊接热影响区不同区域的组织、硬度和韧性,进而预测钢材在一定焊接条件下的淬硬倾向和产生冷裂纹的可能性。新的钢铁材料开发需要建立焊接热影响区连续冷却转变曲线,它是通过热模拟试验,将试件加热到接近熔点的温度,然后再以不同的冷速进行冷却，同时进行膨胀量的测定。根据冷却速度、相变温度以及随后测量的组织、硬度和韧性结果绘制 SH—CCT 曲线（Simulated Heat - affected zone Continuous Cooling Transformation）。该曲线一方面用于评定材料的可焊性或预测焊接热影响区的组织和性能，另一方面可为确定合理的焊接工艺参数特别是热输入提供技术依据。

（3）实焊类方法。这类方法是在一定条件下进行焊接来评价材料的焊接性，常用的有斜 Y 坡口对接裂纹试验和刚性固定对接裂纹试验。

斜 Y 坡口对接裂纹试验用于评价打底焊缝及其热影响区冷裂纹倾向。刚性固定对接裂纹试验时，焊缝金属完全处于刚性约束状态，如果焊缝金属有热裂纹倾向，很容易产生裂纹。刚性固定对接裂纹试验主要用于测定焊缝的热裂纹敏感性。

2.2.5.2.3　典型管线钢焊接性热模拟试验

管线钢 SH - CCT 曲线反映了在焊接条件下高温冷却时，其显微组织和性能与钢的成分及冷却速度的关系。它可用来预测一定焊接工艺条件下焊接热影响区的组织和性能，间接评定钢材的冷裂倾向，也可用来指导核定焊接热输入、预热温度和制定焊接工艺。下面以 X65 ~ X100 为例，利用 Gleeble 3500 热模拟试验机对典型高钢级管线进行焊接热模拟 SH—CCT 曲线测定[65-71]。

（1）X65 酸性服役用管线钢 SH—CCT 曲线。由于用于提高管线钢强度的合金元素大都具有产生偏析的倾向，而偏析是引起管线钢氢致开裂的主要因素。因此，酸性服役条件下管线钢的强度级别大都在 X65 及以下，表 2.2.6 是 X65MS 管线钢的化学成分。酸性服役环境用管线钢合金元素含量较小，可导致焊接后热影响区组织粗大、局部软化和韧性损伤等问题。图 2.2.14 是利用 Gleeble 3500 热模拟试验机建立的 X65MS 耐酸管的 SH—CCT 曲线[66]。

表 2.2.6　X65MS 管线钢的化学成分　　单位：%（质量分数）

C	Si	Mn	P	S	Cr	Mo	Ni	Nb	V	Ti	Cu	Al	B	N	CE_{IIw}	CE_{Pcm}
0.043	0.17	0.27	0.0081	0.0010	0.43	0.0050	0.14	0.087	0.0016	0.010	0.28	0.028	0.0003	0.0025	0.20	0.10

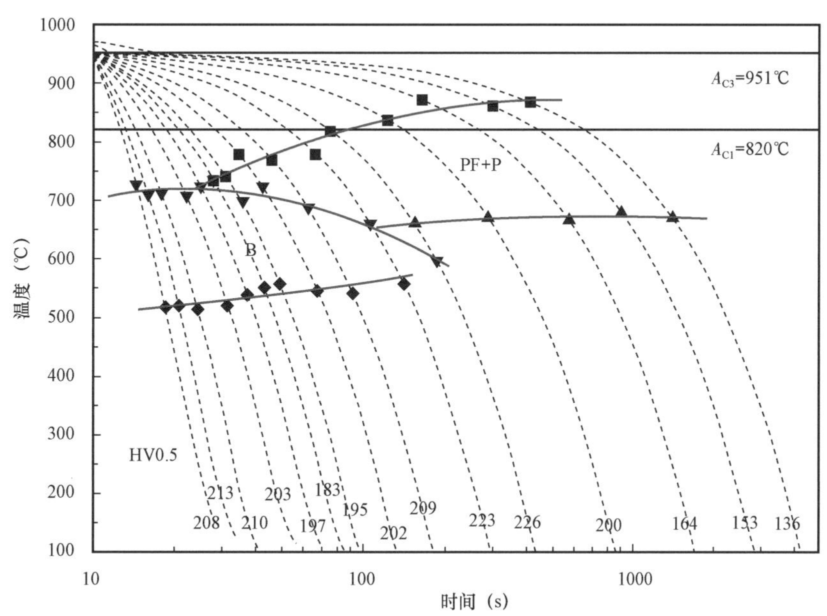

图 2.2.14　X65 管线钢的 SH—CCT 曲线

X65MS 管线钢焊接粗晶区组织分为三种情况：当焊接冷却速度低于 2℃/s 时，焊接热影响区组织为多边形铁素体和少量珠光体混合物；当冷却速度大于等于 12℃/s 时，焊接热影响区组织全部为粒状贝氏体；当焊接冷却速度在 2 ~ 12℃/s 之间时，焊接热影响区组织为粒状贝氏体、铁素体和珠光体的混合物。

(2)大变形 X80 管线钢 SH—CCT 曲线。在地震、滑坡、不连续冻土区等地质灾害多发区域，油气输送管道由于承受较大的位移及应变，服役过程中可能出现断裂、局部屈曲或梁式屈曲等非正常载荷导致的失效，需要选用抗大变形钢管。表 2.2.7 是 X80 抗大变形管线钢的化学成分。利用 Gleeble 3500 热模拟试验机，通过测试不同冷却速度下的相变温度得到的 SH—CCT 曲线如图 2.2.15 所示[67,68]。

表 2.2.7　X80 级抗大变形管线钢的化学成分　　单位：%（质量分数）

C	Si	Mn	P	S	Cr	Mo	Ni	Nb	V	Ti	Cu	Al	B	N	$CE_{P_{cm}}$	CE_{IIw}
0.053	0.13	1.88	0.0052	0.0021	0.028	0.23	0.27	0.019	0.0049	0.011	0.27	0.021	0.0002	0.0039	0.19	0.45

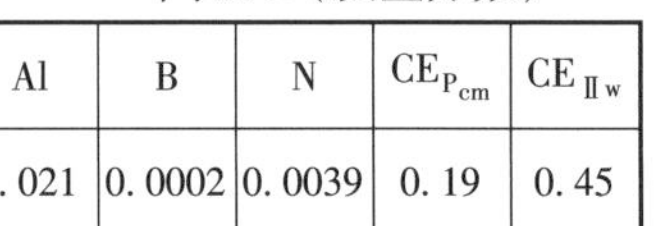

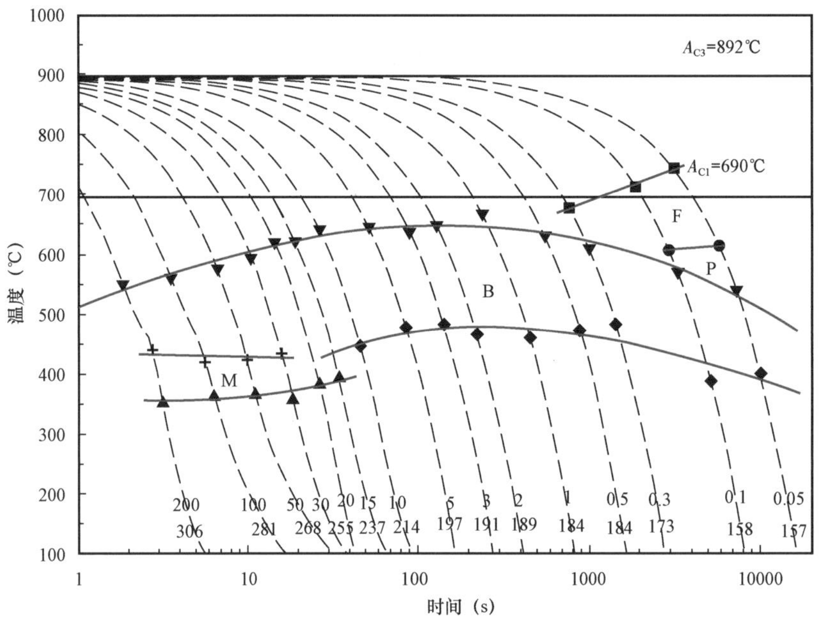

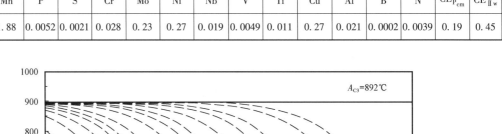

图 2.2.15　X80 抗大变形管线钢的 SH—CCT 曲线

X80 钢级抗大变形管线钢焊接粗晶区组织类型主要为铁素体与少量珠光体、粒状贝氏体、板条贝氏体和板条马氏体四种类型。X80 级抗大变形管线钢焊接面临的主要问题是粗晶区软化。当冷却速度大于等于 15℃/s 时，焊接粗晶区显微硬度值大于母材。当焊后冷却速度在 15 ~ 30℃/s 之间时，X80 级抗大变形管线钢焊接粗晶区的强度、韧性以及低温韧性匹配良好，组织以板条贝氏体为主。

(3)X90 管线钢 SH—CCT 曲线。选用表 2.2.8 中化学成分的 X90 管线钢，利用 Gleeble 3500 热模拟试验机，测定 X90 管线钢的 SH—CCT 曲线，如图 2.2.16 所示。对于高强度级别管线钢，化学成分设计对焊接热影响区的组织变化影响较大，钼、镍和铌微合金含量较高的管线钢焊接热影响区组织转变以贝氏体转变为主，同时相变温度较低，保持在 600℃ 以下。随着冷却速度的增加，X90 管线钢显微硬度增速较大，焊接热影响区软化现象较少。

表 2.2.8　X90 管线钢的化学成分　　单位:%(质量分数)

C	Si	Mn	P	S	Cr	Mo	Ni	Nb	V	Ti	Cu	Al	B	N
0.052	0.21	2.02	0.0086	0.0016	0.33	0.33	0.42	0.099	0.016	0.012	0.27	0.036	0.0003	0.0035

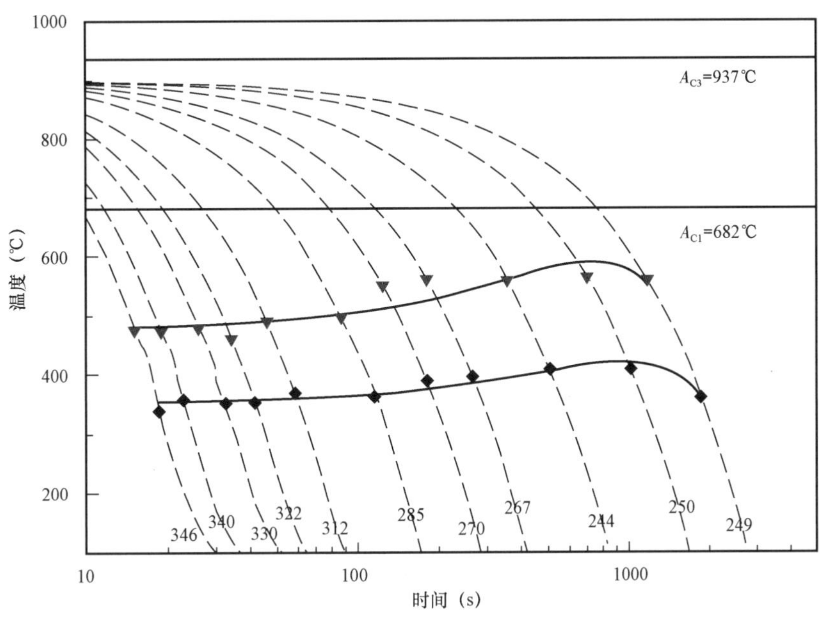

图 2.2.16　X90 管线钢的 SH—CCT 曲线

(4)X100 管线钢 SH—CCT 曲线。表 2.2.9 是 X100 管线钢典型化学成分设计。利用 Gleeble 3500 热模拟试验机,对 X100 管线钢测试 SH—CCT 曲线,如图 2.2.17 所示[69-71]。焊后冷却速度低于 0.2℃/s 时,X100 管线钢焊接热影响区组织为多边形铁素体和粒状贝氏体。当焊后冷却速度在 0.3～15℃/s 时,为粒状贝氏体。当焊后冷却速度高于 50℃/s 时,热影响区组织中出现马氏体组织。M－A 岛的形态和晶体结构是 X100 管线钢焊接热影响区低温韧性变化的主要影响因素。

表 2.2.9　X100 管线钢的化学成分　　单位:%(质量分数)

C	Si	Mn	P	S	Cr	Mo	Ni	Nb	V	Ti	Cu	Al	B	N	$CE_{P_{cm}}$
0.059	0.023	1.96	0.0078	0.00041	0.53	0.0036	0.39	0.023	0.0058	0.014	0.40	0.0076	0.0003	0.0022	0.22

2.2.5.3　油气管道环焊缝焊接接头性能要求

环焊缝焊接接头的常规力学性能和抗脆断性能是保证油气管道安全的最基本的要求。油气输送管道对接环焊缝接头的常规力学性能一般包括抗拉强度、夏比冲击、导向弯曲和刻槽锤断。对于在腐蚀环境下工作的接头,以及承受交变载荷的接头,还应提出抗腐蚀性能和疲劳性能要求。

2.2.5.3.1　强度及强度匹配

抗拉强度是评价焊接接头抵抗外力作用下断裂的能力。钢制管道焊接及验收相关标准,如 GB/T 31032、SY/T 4103、API Standard 1104 等,都要求环焊缝接头的每个拉伸试样的抗拉强度应大于或等于管材的规定最小抗拉强度,但不需要大于或等于管材的实际抗拉强度。如果试样断在母材上,且

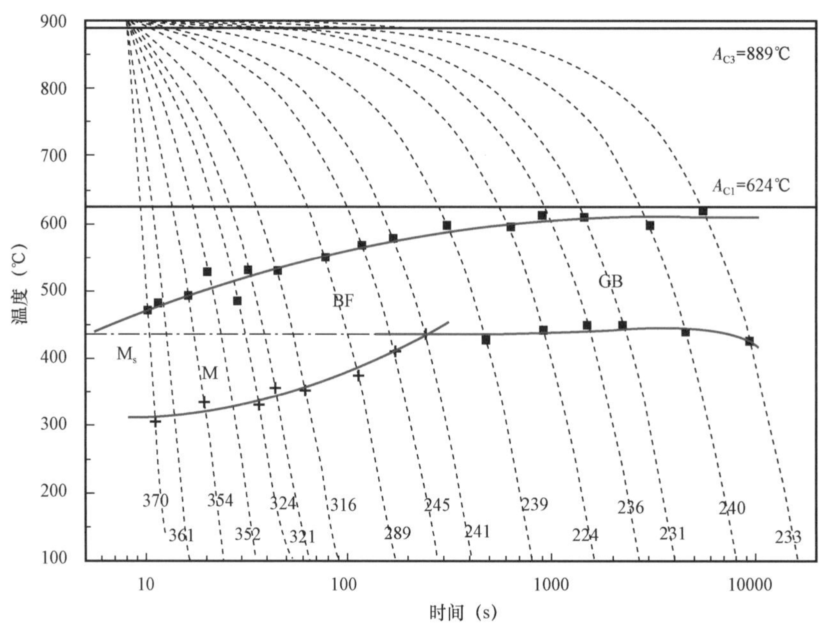

图 2.2.17 X100 管线钢的 SH—CCT 曲线

其抗拉强度大于或等于管材规定的最小抗拉强度时，则判定试样合格。如果试样断裂在焊缝或熔合区，其抗拉强度大于或等于管材规定的最小抗拉强度，且断面完全焊透和熔合，任何气孔的最大尺寸不大于 1.6mm，所有气孔的累计面积不大于断裂面积的 2%，夹渣深度（厚度方向尺寸）小于 0.8mm，长度不大于钢管公称壁厚的 1/2，且小于 3mm，相邻夹渣之间至少应有 13mm 无缺陷的焊缝金属，则该拉伸试样合格。如果试样在低于管材规定的最小抗拉强度下断裂，则该环焊缝接头不合格。

环焊缝接头的抗拉强度主要取决于焊缝金属与母材强度的匹配和焊接缺陷。而且焊接接头的强度匹配系数与环焊缝缺陷的最大容许尺寸和抗断裂韧性也直接相关。焊接结构的传统设计基本是强度设计。在实际的焊接结构中，焊缝与母材在强度上的配合关系有三种：焊缝强度等于母材（等强匹配）、焊缝强度大于母材（超强匹配，也叫高强匹配）及焊缝强度低于母材（低强匹配）。从结构的安全可靠性考虑，一般都要求焊缝强度至少与母材强度相等，即所谓“等强”设计原则。但实际焊接施工和工程中，多数是按照熔敷金属强度来选择焊接材料，而熔敷金属强度并非是实际的焊缝强度。熔敷金属不等同于焊缝金属，特别是低合金高强度钢用焊接材料，其焊缝金属的强度往往比熔敷金属的强度高出许多。对于强度较低的钢种，可以采用等强或超强匹配；但对于高强度钢，超强匹配是不利的，可采取等强匹配。若焊缝韧性明显降低，则采用低强匹配更为有利，它可以获得更大的韧性储备，从而改善抗断裂性能。同时，母材的塑性储备（通常用“屈强比”表示）对焊接接头的断裂行为有重要的影响，母材屈强比低的接头抗脆断能力较母材屈强比高的接头抗脆断能力更好。焊缝金属的变形行为也受到焊缝与母材力学性能匹配情况的影响。在相同拉伸应力下，低屈强比钢的超强匹配接头的焊缝应变较大，高屈强比钢的低强匹配接头的焊缝应变较小。焊接接头的裂纹张开位移（COD 值）也呈现相同的趋势，即低屈强比钢的超强匹配接头具有裂纹顶端处易于屈服且裂纹顶端变形量更大的优势。

焊接接头的抗脆断性能与接头力学性能的不均质性有很大关系，它不仅取决于焊缝的强度，而且受焊缝的韧性和塑性制约。焊接材料的选择不仅要保证焊缝具有适宜的强度，更要保证焊缝具有足够高的韧性和塑性，即要控制好焊缝的强韧性匹配。对于强度级别更高的钢种，要使焊缝金属与母材达到等强匹配，存在很大的技术难度，即使焊缝强度达到了等强，却使焊缝的塑性、韧性降低到了不可接受的程度，抗断裂性能显著下降。现场焊接时为了防止出现焊接裂纹，对施工条件要求极为严格，施工成本也大大提高。为了避免只追求强度而损害结构整体性能，提高施工可靠性，应把强度降下来，采用低强匹配方案。

抗大变形管道的环焊缝接头强度匹配有着特殊的要求。受高强度级别管线钢冶金特点的影响，管道焊接时必定会在热影响区（HAZ）产生软化。由于焊接材料的选择及焊接工艺特点的影响，整个环焊缝的强度也是不均匀的。对于承受大位移的油气输送管线，在HAZ软化区及低匹配的焊缝区产生强烈的应变集中[72-74]，如图2.2.18所示。如果热影响区的强度比母材低10%，则热影响区应变集中系数可以高达9。在没有缺陷的情况下，如果软化区尺寸足够小（1/4～1/2管壁厚度），应变集中将不影响整个接头的静载变形能力[75,76]。但是在焊缝及热影响区经常会出现缺陷，此时材料的后屈曲行为及缺陷的尺寸对输送管的变形能力有着直接的影响[74]。所以，在基于应变的设计中低匹配及软化应尽量避免，即使是基于应力设计也应慎重采用。

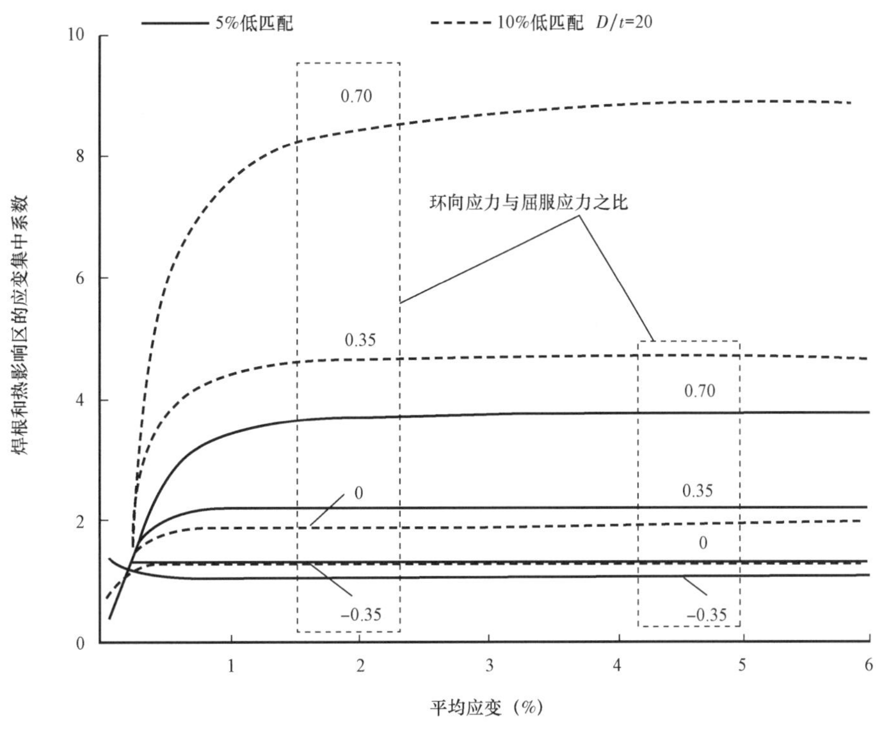

图2.2.18　焊接接头低匹配造成的应变集中

2.2.5.3.2　韧性

夏比冲击可用于评价焊接接头抗脆断的能力。由于V形试样缺口尖锐，对材料脆性转变反应灵敏，断口组成比较清晰，在工程中被广泛应用。冲击试样缺口按标准要求可开在焊缝、熔合线或热影响区。评定焊接接头抗脆性断裂性能除不同温度下的系列夏比冲击试验外，还有落锤试验法、宽板拉伸试验法、断裂韧度试验法。

2.2.5.3.3 工艺性能

导向弯曲和刻槽锤断的目的是评价焊接接头的工艺性能。导向弯曲根据不同壁厚，有面弯/背弯试验和侧弯试验。当管道壁厚不大于12.7mm时，导向弯曲采用面弯、背弯试样；当管道壁厚大于12.7mm时，导向弯曲采用侧弯试样。无论是面弯/背弯试验，还是侧弯试验，SY/T 4103、API Standard 1104等钢制管道焊接及验收标准都要求：弯曲试验后，每个试样弯曲拉伸表面上的焊缝和熔合区域所发现的任何方向上的任一裂纹或其他缺陷尺寸应不大于公称壁厚的1/2，且不大于3mm。除非发现其他缺陷，由试样边缘上产生的裂纹长度在任何方向上应不大于6mm。

刻槽锤断是油气输送管道对接环焊缝接头宏观缺陷的一种检验方法。SY/T 4103和API Standard 1104标准要求每个刻槽锤断试样的断裂面应完全焊透和熔合，任何气孔的最大尺寸应不大于1.6mm，且所有气孔的累计面积应不大于断裂面积的2%，夹渣深度(厚度方向尺寸)应小于0.8mm，长度应不大于钢管公称壁厚的1/2，且小于3mm，相邻夹渣之间至少应有13mm无缺陷的焊缝金属。

2.2.5.4 油气管道常用焊接方法

油气管道焊接施工常用焊接方法主要有焊条电弧焊、气体保护电弧焊(含自保护药芯焊丝电弧焊)和埋弧焊(仅用于“二接一”焊接)等。在制定焊接工艺时，经常将两种或两种以上方法进行组合。

焊接施工也可从自动化程度上划分为手工焊、半自动焊和自动焊。

在实际应用中，一般结合不同的工程特点和施工环境因素，合理分配不同焊接方法的任务量，以使焊接效率、焊接质量、劳动强度和施工成本之间的关系达到最合理的效果。

按照焊接时的行进方向，管道焊接施工还可以分为下向焊和上向焊两种。下向焊方法是20世纪80年代从国外引进的焊接技术，其特点为管口组对间隙小，采用大电流、多层、快速焊的操作方法来完成，适合于大机组流水作业，焊接效率较高。同时，通过后面焊层对前面焊层的热处理作用可提高环焊接头的韧性。上向焊方法是传统的焊接方法，也是我国以往管道施工中的主要焊接方法，其特点为管口组对间隙较大，焊接过程中采用息弧操作法完成，每层焊层厚度较大，焊接效率低，适合于单机组作业。

2.2.5.4.1 手工焊

手工焊主要指焊条电弧焊和手工钨极氩弧焊。

焊条电弧焊具有灵活简便、适应性强等特点。由于焊条工艺性能的不断改进，其熔敷效率、力学性能仍能满足当今管道建设的需要。焊条电弧焊使用的纤维素型焊条和低氢型焊条，其下向焊和上向焊两种方法的有机结合及纤维素焊条良好的根焊适应性，在很多场合下仍是其他焊接方法所不能代替的。

西气东输管道工程大量采用了纤维素型焊条下向根焊方法，部分连头焊与返修焊的填充和盖面焊缝采用了低氢型焊条下向焊方法。大多数返修焊、连头焊、站场安装焊接和一些特殊地段、特殊焊缝的焊接采用纤维素型焊条根焊和低氢型焊条填充、盖面上向焊组合的方法。

手工钨极氩弧焊焊接质量好，背部无焊渣，一般用于站场压缩机进出口、球阀等设备，以及管径较小、壁厚较薄的工艺管道和安放式角焊缝的安装焊接。钨极氩弧焊方法要求焊前严格进行坡口清理，焊接过程中须有防风措施。

2.2.5.4.2　半自动焊

目前使用的半自动焊有两种方法，即自保护药芯焊丝半自动焊和CO_2气保护半自动焊，它们都是下向焊的方法。

自保护药芯焊丝半自动焊技术是20世纪90年代初从美国引进的，在1996年的库鄯线管道工程中首次应用于我国的管道焊接施工，随后在苏丹管道工程、兰成渝管道工程、涩宁兰管道工程中得到推广。这种焊接方法操作灵活，环境适应能力强，焊接熔敷效率高，焊接质量好，焊工易于掌握，焊接合格率高，是目前国内管道工程中重要的填充、盖面焊方法。

随着焊接电源特性的改进，如STT型CO_2逆变焊机等，通过控制熔滴和电弧形态，CO_2气体保护焊的飞溅问题已基本解决，并开始在管道焊接中扮演重要角色。这种焊接方法操作灵活，焊接质量好，焊接效率高，焊工易于掌握，但焊接过程受环境风速的影响较大，在采取防风措施的条件下主要用于根焊的焊接。

在西气东输管道工程中，采用自保护药芯焊丝半自动焊方法完成了中、东部地段约3200多千米的焊接施工任务。尽管中、东部地段管壁厚，但由于环境、地理、人文等条件的限制，用半自动焊方法施工更为适宜。因为已经有相当多的施工经验，所以工程使用中没有更多的困难。

2.2.5.4.3　自动焊

20世纪60年代，国际上就开始在管道工程中应用管道全位置自动焊技术，我国管道自动焊技术直到90年代才开始在管道建设中应用。自动焊技术适用于地形平坦地段的管道线路焊接施工，具有不可替代的应用空间优势。但自动焊技术对施工过程中的各种变化适应性较差，保持管口椭圆度和坡口参数的一致性，对自动焊技术的质量稳定起着关键的作用。

在西气东输管道工程中，自动焊技术首次在国内得到了大规模的应用。共有11家施工单位组建了15个自动焊施工机组，在西部地形平坦地段焊接完成了大约670km长的管线，约占全线总体焊接任务的17%。随着焊接施工量的增加，自动焊机组的焊接质量渐趋稳定。

根据根焊方法不同，自动焊方法又可分为三类：

(1)自动内焊机根焊+自动外焊机热焊、填充、盖面。西气东输管道工程中使用的内焊机是针对ϕ1016mm管径的管道根焊焊接专机，分别为英国NOREAST公司生产的内焊机和中国石油天然气管道局的PIW3640型内焊机。其特点为适用的管径范围窄，设备一次投资较大，但焊接效率非常高，ϕ1016mm的钢管根焊需时约70s。由于是在钢管内进行焊接，焊接过程中受环境风速的影响比较小。

(2)自动外焊机单面焊双面成型根焊+自动外焊机热焊、填充、盖面。单面焊双面成型根焊设备主要为意大利PWT公司的CWS.02NRT型自动外焊机，以及美国Lincoln公司的STT电源匹配自动外焊机。自动外焊机单面焊双面成型的根焊设备解决了不用背面衬垫的单面焊双面成形根焊问题，根焊厚度达4.5mm，远高于内焊机的焊接厚度(1~1.2mm)，焊接效率较快。由于采用气体保护，焊接过程对环境风速敏感，施工时应有防风棚等防风措施。

(3)CO_2气体保护半自动焊根焊+自动外焊机热焊、填充、盖面。根焊设备主要为STT电源，以及脉冲电源。STT半自动根焊操作灵活，对不同的坡口适应性强，焊接速度较快、焊道光滑，但要求管口组对过程中保持对口间隙均匀一致，否则将会在后序的填充、盖面焊道中产生坡口边缘未熔合、夹渣等缺陷。

2.2.5.4.4 常用焊接方法及其组合

目前管道常用的焊接组合施工工艺主要有下述几种：

(1)纤维素下向焊条手工焊。对硫化氢腐蚀较严重的管线或在寒冷环境中运行的管线，采用低氢型下向焊条焊接。由于手工焊的灵活性以及焊接设备的要求不高等原因，目前室外管线的焊接，手工电弧焊的工作量仍占40% ~50%。

(2)立下向纤维素焊条打底焊 + CO_2气保焊填充盖面。由于CO_2焊生产率高、成本低，该方法近年来不断得到推广和应用。但对油气管道焊，要实现全位置焊接，必须在较小的电流范围内，用短路过渡形式完成，而短路过渡方式用于打底焊易出现未焊透等缺陷。因此采用立下向纤维素焊条打底实现单面焊，背面成型，然后再用效率高的CO_2气保焊填充面，这种工艺应用较普遍。

(3)自保护药芯焊丝半自动焊。自保护药芯焊丝半自动焊特别适用于户外有风的场合，它不使用CO_2气体而依靠药芯产生的气体保护，抗风性好，可用于管道的高熔敷率的全位置焊。目前林肯公司生产的自保护药芯焊丝为各国所认同，其品牌有：NR－207、NR－204－H、NR－208－H等多种，可适用于X70、X80等管道的立下向焊。但该方法也存在打底焊时焊根易出现未熔合缺陷。

(4)高性能焊机的CO_2气体保护半自动或全自动焊。基于CO_2气保焊短路过渡过程控制技术深入研究的结果，国外相继开发了对焊接电流和电压波形进行实时控制或对输出特性进行电能控制的高性能电源，前述的美国林肯公司的STT表面张力过渡焊接技术就属于波形控制的范畴。基于焊接设备性能的提高，使得管道半自动及全自动CO_2气保焊得以实现，大大提高了焊接效率和焊接质量。

从管道焊接施工的焊接技术发展来看，全自动气体保护焊最具发展潜力。药芯焊丝半自动焊兼有手工电弧焊和全自动气体保护焊的优点，具有强大的生命力。手工电弧焊操作灵活、方便，设备要求低，适用不同的地域条件和施工现场，在较长时期内仍将与其他自动、半自动焊接方式并存。

2.2.5.5 管道现场焊接工艺

随着管线钢性能的提高，焊接材料、焊接技术也在不断的进步，管线现场焊接工艺也随之变化。针对不同的钢级、不同的直径和壁厚、不同的项目、不同的输送压力及介质，甚至施工单位的队伍及设备状况，都会采用不同的焊接工艺。目前长输管道常用的焊接工艺如下。

2.2.5.5.1 主干线焊接工艺

(1)全纤维素型焊条电弧焊工艺。根据管线开裂方式不同，考虑其止裂性能，输油管道和低压力、低级别输气管道可以选用纤维素型焊条电弧焊工艺，它是世界范围内管道施工中使用广泛的工艺。

纤维素型焊条易于操作，具有高的焊接速度，约为碱性焊条的两倍；有较大的熔透能力和优异的填充间隙性能，对管子的对口间隙要求不很严格；焊缝背面成形好，气孔敏感性小，容易获得高质量的焊缝，适用于不同的地域条件和施工现场。但在采用此种工艺时，由于扩散氢含量较高，为防止冷裂纹的产生，应注意焊接工艺过程的控制。

采用的主要焊条有E6010、E7010、E8010、E9010等，采用直流电源，电源特性为下降外特性，一般采用管道专用的逆变焊机或晶闸管焊机。电流极性为根焊直流正接，保证有足够大的电弧吹力，其他热焊、填充盖面采用直流反接。

(2)纤维素型焊条根焊+低氢型焊条电弧焊工艺。对于高压力、中高级别输气管道,选用纤维素型焊条+低氢型焊条电弧焊工艺,可保证其良好的韧性。

纤维素型焊条下向焊接的显著特点是根焊适应性强,根焊速度快,工人容易掌握,射线探伤合格率高,普遍用于混合焊接工艺的根焊。低氢下向焊接的显著特点是焊缝质量好,适合于焊接较为重要的部件,如连头等,但工人掌握的难度较大。

采用的主要纤维素型焊条有E6010、E7010、E8010、E9010等,低氢型焊条有E7018、E8018。采用直流电源,电源特性为下降外特性,一般为管道专用的逆变焊机或晶闸管焊机。电流极性为根焊直流正接,保证有足够大的电弧吹力。热焊也采用纤维素型焊条,采用直流正接,增大焊缝厚度,防止被低氢焊条烧穿。填充盖面采用低氢型焊条,采用直流反接,有利于提高热效率和降低有害气体的侵入。

(3)自保护药芯焊丝半自动焊工艺。

① 纤维素型焊条根焊+自保护药芯焊丝半自动焊填盖工艺。对于强度级别高、输送介质压力高的管道,由于低氢焊条的效率较低,焊接合格率难以保证,对焊工技术水平要求高等缺点,跟不上管线建设的速度,因此采用低氢型的自保护药芯焊丝,可提高韧性,采用半自动工艺更有利于提高生产效率,两者结合的工艺得到了广泛的应用。这种工艺在发展中国家得到快速发展,是我国大口径、大壁厚长输管线采用的主要焊接工艺。

根焊采用纤维素型焊条,利用其根焊适应性强、根焊速度快、工人容易掌握、射线探伤合格率高等特点,提高了焊接速度;填充盖面采用自保护药芯焊丝,药芯焊丝与焊条相比具有十分明显的优势,但药芯焊丝价格较高,主要是把断续的焊接过程变为连续的生产方式,从而减少了接头的数目,提高了生产效率,节约了能源。再者,电弧热效率高,加上焊接电流密度比焊条电弧大,焊丝熔化快,生产效率可为焊条电弧焊的3~5倍。又由于熔深大,焊接坡口可以比焊条电弧焊小,钝边高度可以增大,具有生产效率高、周期短、节能、综合成本低、调整熔敷金属成分方便的特点。

根焊采用的主要纤维素型焊条有E6010、E7010等,自保护药芯焊丝主要有E71T8-K6、E71T8-Ni1等型号,采用直流电源,根据电源特性为下降外特性,一般采用为管道专用的逆变焊机或晶闸管焊机。电流极性为根焊直流正接,保证有足够大的电弧吹力,填充盖面的自保护药芯焊丝采用平外特性直流电源加相匹配的送丝机。

② STT根焊+自保护药芯焊丝半自动焊填盖工艺。STT焊机是通过表面张力控制熔滴短路过渡的,焊接过程稳定,电弧柔和,显著地降低了飞溅,减轻了焊工的工作强度,焊缝背面成形良好,焊后不用清渣,其根焊质量和根焊速度都优于纤维素型焊条,是优良的根焊焊接方法。但设备投资大,焊接要求严格,焊工不易掌握。

STT根焊时使用的纯CO_2气作保护,使用专门的STT焊机,采用JM-58(复合AWS A5.18 ER70S-G)焊丝。填充焊和盖面焊采用自保护药芯焊丝,采用平外特性直流电源加相匹配的送丝机。

(4)自动焊工艺。随着管道建设用钢管强度等级的提高,管径和壁厚的增大,管道运行压力的增高,这些都对管道环焊接头的性能提出更高的要求。利用高质量的焊接材料,借助于机械和电气的方法使整个焊接过程实现自动化,管道自动焊工艺具有焊接效率高、劳动强度小、焊接过程受人为因素影响小、对于焊工的技术水平要求低、焊接质量高而稳定等优势,在大口径、厚壁管道建设中具有很大潜力。

① 纤维素型焊条根焊＋自动焊外焊机填盖工艺。根焊采用纤维素型焊条，如 E6010、E7010 等，采用直流电源，下降外特性，电流极性为根焊直流正接，利用其适应性强、速度快、工人容易掌握、射线探伤合格率高等特点，提高焊接速度。

填充盖面采用自动焊，利用管道自动焊工艺焊接速度快、焊接质量高、受人为因素影响小等优势，在大口径、厚壁管道建设中具有极大的经济效益。自动焊采用复合 AWS A5.28 ER80S－G 焊丝，焊接设备采用国产 APW－Ⅱ外焊机、PAW2000 外焊机、加拿大 RMS 公司生产的 MOW－1 外焊机或 NORESAST 外焊机等。

② STT 根焊＋自动焊外焊机填盖工艺。STT 焊机焊接过程稳定，利用其电弧柔和、焊缝背面成形好、焊后不用清渣、根焊质量好和速度快等特点，结合自动焊来提高整体焊接质量和焊接效率。

STT 根焊时使用纯 CO_2 气体保护，使用专门的 STT 焊机，采用 AWS A5.18 ER70S－G 焊丝；自动焊采用 AWS A5.28 ER80S－G 焊丝，焊接设备采用国产 APW－Ⅱ外焊机、PAW2000 外焊机、加拿大 RMS 公司生产的 MOW－1 外焊机或 NORESAST 外焊机等。

③ 自动焊外焊机根焊＋自动焊外焊机填盖工艺。在根焊采用半自动焊接方法的基础上，为进一步提高焊接质量和焊接速度，根焊也可采用自动焊机。根焊设备是意大利 PWT 全自动控制焊接系统 CWS.02NRT 型自动外焊机根焊设备，填盖有 APW－Ⅱ外焊机、PAW2000 外焊机、MOW－1 外焊机、NORESAST 外焊机等。根焊采用 AWS A5.18 ER70S－G 焊丝，填盖采用 AWS A5.28 ER80S－G 焊丝。

④ 自动焊内焊机根焊＋自动焊外焊机填盖工艺。为进一步提高焊接速度和焊接质量，根焊可采用内焊机在内部焊接，外部清根后用外焊机进行填盖的工艺。利用双面坡口，解决单面焊双面成形的根焊缺陷问题，进一步提高了焊接质量。根焊采用 AWS A5.18 ER70S－G 焊丝，填盖采用 AWS A5.28 ER80S－G 焊丝。

2.2.5.5.2 连头工艺

管线建设中，经常出现两长段无法移动管口连接问题，即为连头碰死口。这些部位通常由于管线不能移动造成应力的存在，约束较大，容易产生裂纹。因此，对于连头碰死口问题，必须重视，加强焊接工艺的控制。目前主要采用的方法有两种：

(1)纤维素型焊条根焊＋低氢型焊条电弧焊工艺。在连头工艺中，纤维素型焊条电弧焊采用上向焊，低氢型(E8010)焊条电弧焊采用下向焊，具体要求及设备选择与主干线相同。

(2)纤维素型焊条根焊＋自保护药芯焊丝半自动焊填盖工艺。在此工艺中，纤维素型焊条电弧焊采用上向焊，自保护药芯焊丝半自动焊采用下向焊，具体要求及设备选择与主干线相同。

2.2.5.5.3 返修工艺

(1)纤维素型焊条根焊＋低氢型焊条电弧焊工艺。对于穿透型返修，纤维素型焊条电弧焊采用上向焊，低氢型焊条电弧焊也采用上向焊。纤维素型焊条型号与主线路相同，具体要求及设备选择与主干线相同。填盖的低氢型焊条常用 E5015 和 E7018 或 E8018(AWS A5.5)。

(2)纤维素型焊条根焊＋自保护药芯焊丝半自动焊填盖工艺。在此工艺中，纤维素型焊条电弧焊采用上向焊，自保护药芯焊丝半自动焊采用下向焊，具体要求及设备选择与主干线相同。

2.2.5.6 管道现场焊接缺陷及检测

焊接是一个特殊的物理冶金过程，影响焊接构件质量的因素很多，如焊接工艺与设备的偏差、残余应力和冶金因素的影响以及接头组织与性能的不均匀等都可能在焊接构件中产生不同程度、不同类型的缺陷,如气孔、未熔合、夹渣、未焊透和裂纹等缺陷,对其使用性能及寿命产生不利的影响,因而必须对管道现场焊接进行严格的质量控制。

2.2.5.6.1 典型焊接缺陷

(1)焊接裂纹。裂纹按其产生的温度和时间的不同可分为冷裂纹、热裂纹和再热裂纹;按其产生的部位不同可分为纵裂纹、横裂纹、焊根裂纹、弧坑裂纹、熔合线裂纹及热影响区裂纹等。裂纹是焊接结构中最危险的一种缺陷,不但会使产品报废,甚至可能引起严重的事故。

(2)未熔合。未熔合是由于电弧未能直接在母材上燃烧,焊丝熔化的铁水只是堆积在上一层焊道或坡口表面上而形成的,是一种几乎没有厚度的面状缺陷,其直接危害是减少截面,增大应力,对承受疲劳、冲击、应力腐蚀或低温工作都非常不利。未熔合有多种形式,主要形式有层间未熔合和单侧点状未熔合,并出现在平、立焊位置,长度不一。未熔合和未焊透等缺陷的端部和缺口是应力集中的地方,在交变载荷作用下很可能产生裂纹。

(3)气孔。焊接时,熔池中的气体在凝固时未能逸出而残留下来所形成的空穴称为气孔。气孔是一种常见的焊接缺陷,分为焊缝内部气孔和外部气孔。气孔有圆形、椭圆形、虫形、针状形和密集型等多种。气孔的存在不但会影响焊缝的致密性,而且将减小焊缝的有效面积,降低焊缝的力学性能。

(4)咬边。咬边属焊缝成形缺陷之一,是由母材金属损耗引起的、沿焊缝焊趾产生的沟槽或凹缝,是电弧冲刷或熔化了近缝区母材金属后,又未能填充的结果。咬边严重影响焊接接头质量及外观成型,使得该焊缝处的截面减小,容易形成尖角,造成应力集中,该处断裂的可能性最大。咬边是一种危险性较大的外观缺陷。它不但减少焊缝的承压面积,而且在咬边根部往往形成较尖锐的缺口,造成应力集中,很容易形成应力腐蚀裂纹和应力集中裂纹。

(5)未焊透。未焊透是指焊接时接头根部未完全焊透的现象。未焊透可能产生在单面或双面焊的根部、坡口表面、多层焊焊道之间或重新引弧处。它相当于一条裂纹,当构件受到外力作用时能扩展成更大的裂纹,使构件破坏。

(6)焊缝尺寸不符合要求。焊缝尺寸不符合要求主要指焊缝余高及余高差、焊缝宽度及宽度差、错边量、焊后变形量等不符合标准规定的尺寸,焊缝高低不平,宽窄不齐,变形较大等。焊缝宽度不一致,除了造成焊缝成形不美观外,还影响焊缝与母材的结合强度。焊缝余高过大,造成应力集中;焊缝低于母材,则得不到足够的接头强度;错边和变形过大,则会产生扭曲及应力集中,造成强度下降。

(7)弧坑未填满。焊缝收尾处产生的下陷部分叫作弧坑未填满。弧坑不仅使该处焊缝的强度严重削弱,而且由于杂质的集中,会产生弧坑裂纹。弧坑未填满产生的原因有熄弧停留时间过短,薄板焊接时电流过大。

(8)夹渣。夹渣是残留在焊缝中的熔渣,可分为点状夹渣和条状夹渣两种。夹渣削弱了焊缝的有效断面,从而降低了焊缝的力学性能。夹渣还会引起应力集中,容易使焊接结构在承载时遭受破坏。

(9)错边。也叫搭焊,指的是管坯两边缘在焊接时错位。错边的主要危害是使焊接接头的有效壁厚减小。另外,错边也会影响超声波和X光检验。在管道服役过程中,错边还会成为化学腐蚀的起点部位。

典型缺陷简图和射线照片如图2.2.19所示。通过资料调研,对各种焊接工艺容易产生的缺陷的危害性进行了详细的分类评价,评价结果见表2.2.10。

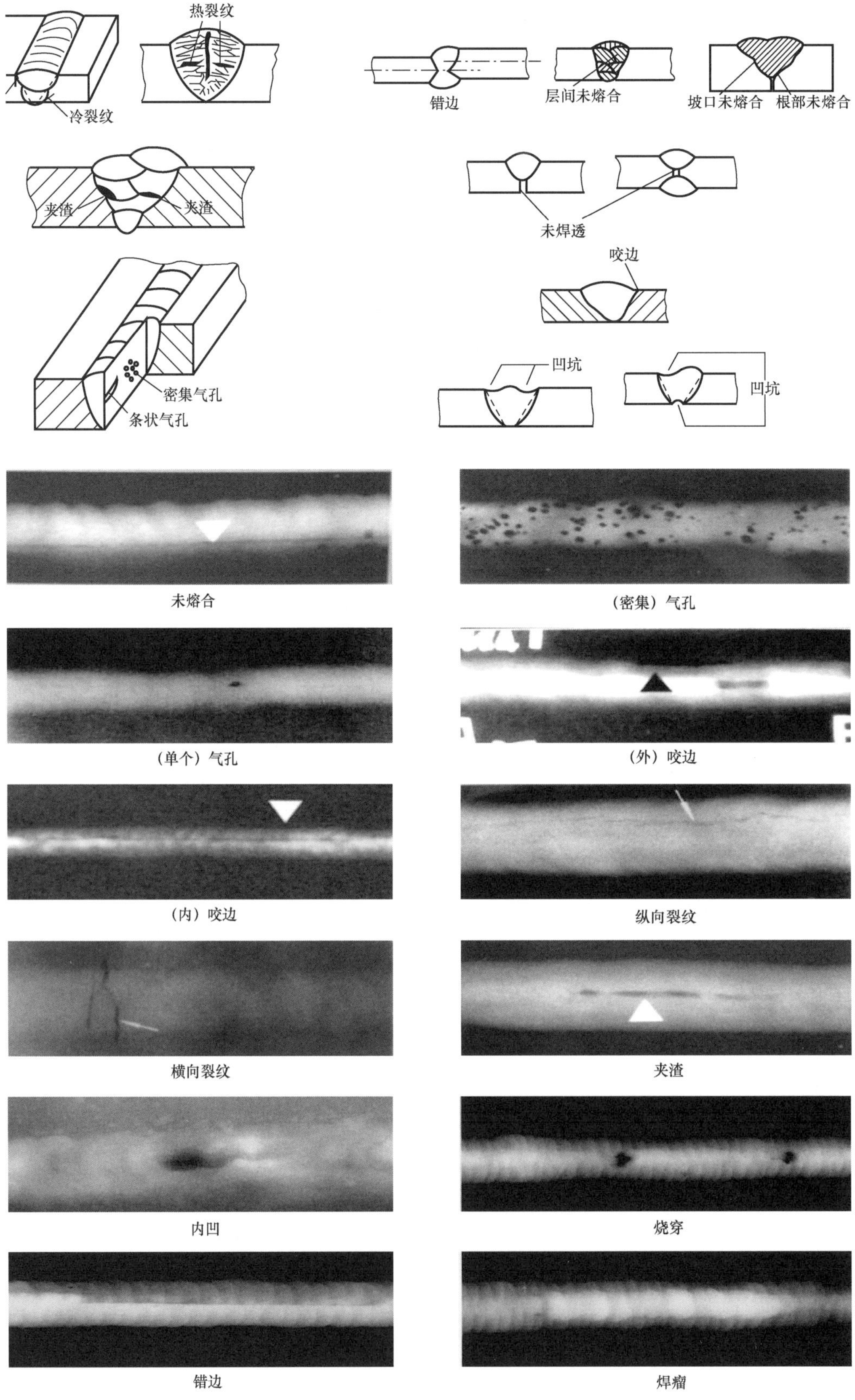

图 2.2.19　焊接典型缺陷

表 2.2.10　常见缺陷的危害性评价

序号	缺陷分类	缺陷类型	危害性评价
1	裂纹	焊缝中心纵向裂纹	对焊缝及结构件有极强的破坏性
2		横向裂纹	对焊缝有极强的破坏性
3		弧坑裂纹	易扩展导致结构破坏
4	未熔合与未焊透	层间未熔合	焊缝有效截面积减少,强度降低
5		坡口边缘局部未焊透	降低接头强度
6		根部单边未焊透	未焊透处应力集中易成为裂纹源
7		根部未焊透	接头强度减弱,根部易成为裂纹
8	咬边错边	外表面咬边	表面易应力集中造成裂纹
9		根部咬边	根部易应力集中成为裂纹
10		错边	减小有效壁厚
11		内凹	焊缝有效截面积减少
12		烧穿	减少焊缝有效截面
13		根部透度过大	在管道中减少通流截面,影响流速,根部应力也过大
14		余高过高	表面应力较大,浪费材料
15	夹渣	夹渣	降低焊缝有效截面
16	气孔	条形气孔	减少焊缝有效截面,易成为泄漏点
17		密集气孔	一般在引熄弧处,降低焊缝强度
18		单独气孔	焊缝强度有所降低

在大多数缺陷上,手动和自动焊没有太大的差异。自动焊中最主要的缺陷是侧壁未熔合。在手工焊中也可能出现未熔合,但体积型缺陷更常见,如夹渣、空心焊道和气孔等。

2.2.5.6.2　环焊缝质量检测

各种因素对管道环焊缝质量的影响最终以各种焊接缺陷,以及接头的服役性能来评估。这就需要焊接检验来评价焊接质量的好坏。焊接检验是以近代物理学、化学、力学、电子学和材料科学为基础的检测学科在焊接学科的应用,是全面质量管理科学与无损评定技术紧密结合的一个崭新领域,其先进的检测方法及仪器设备,严密的组织管理制度和较高素质的焊接检验人员,是实现现代化焊接工业产品质量控制、安全运行的重要保证。

焊接检验是焊后对管道焊缝进行的检验。通过检验,及时发现焊缝存在的缺陷,消除隐患,避免失效事故的发生。

焊接检验包括破坏性检验和非破坏性检验(无损检验)。破坏性检验主要包括力学性能检验、化学成分分析、金相检验等;非破坏性检验主要包括外观检验、尺寸检验、无损探伤等。

环焊缝质量检查的程序一般是施工单位质量检查人员先对焊接质量检查合格后,再由现场施工监理人员对焊缝质量进行检查,对于外观质量检查不合格的焊口,不再进行无损检验,而是直接返工修复。对于外观检查合格焊口,由监理工程师抽查焊口,按设计要求的检查比例抽查外观,签发进行无损检验的焊口指令给无损检测方(一般为独立的第三方)。由无损检测方对焊口实施检测,并把结果反馈给监理,由监理下达指令给施工单位对焊口进行返修,然后再进行无损检测直至合格。

(1)焊缝的目视检验。

① 目视检验方法:

(a)也称为近距离目视检验,用于眼睛能充分接近被见物体、直接观察和分辨缺陷形貌的场合。一般情况下,目视距离约为60mm,眼睛与被检工件表面所成的视角不小于30°。在检验过程中,采用适当照明,利用反光镜调节照射角度和观察角度,或借助于低倍放大镜观察,以提高眼睛发现缺陷和分辨缺陷的能力。

(b)用于眼睛不能接近被检物体而必须借助于望远镜、内孔管道镜、照相机等进行观察的场合。这些设备系统至少应具备相当于直接目视观察所获得的检验效果的能力。

② 目视检验程序。目视检验工作较简单、直观、方便、效率高。因此,应对焊接结构的所有可见焊缝进行目视检验。对于结构庞大、焊缝种类或形式较多的焊接结构,为避免目视检验时的遗漏,可按焊缝的种类或形式分为区、块、段逐次检验。

③ 目视检验的项目。焊接工作结束后,要及时清理熔渣和飞溅,然后按表2.2.11的项目进行检验。目视检验若发现裂纹、夹渣、焊瘤等不允许存在的缺陷,应清除、补焊、修磨,使焊缝表面质量符合要求。

表2.2.11　焊缝目视检验的项目

序号	检验项目	检验部位	质量要求	备注
1	清理质量	所有焊缝及其边缘	无熔渣、飞溅及阻碍外观检查的附着物	
2	几何形状	焊缝与母材连接处	焊缝完整不得有漏焊,连接处应圆滑过渡	可用尺测量
		焊缝形状和尺寸急剧变化的部位	焊缝高低、宽窄及结晶鱼鳞波应均匀变化	
3	焊接缺陷	整条焊缝和热影响区附近	无裂纹、夹渣、焊瘤、烧穿等缺陷	接头部位易产生焊瘤、咬边等缺陷 收弧部位易产生弧坑、裂纹、夹渣、气孔等缺陷
		重点检查焊缝的接头部位、收弧部位及形状和尺寸突变部位	气孔、咬边应符合有关标准规定	
4	伤痕补焊	装配拉肋板拆除部位	无缺肉及遗留焊疤	
		母材引弧部位	无表面气孔、裂纹、夹渣、疏松等缺陷	
		母材机械划伤部位	划伤部位不应有明显棱角和沟槽,伤痕深度不超过有关标准规定	

(2)焊缝尺寸的检验。对接焊缝尺寸的检验是按图样标注尺寸或技术标准规定的尺寸对实物进行测量检查。通常,在目视检验的基础上,选择焊缝尺寸正常部位、尺寸异常变化的部位进行测量检

查,然后相互比较,找出焊缝尺寸变化的规律,与标准规定的尺寸对比,从而判断焊缝的几何尺寸是否符合要求。检查对接焊缝的尺寸主要就是检查焊缝的余高和焊缝宽度,其中又以测量焊缝余高为主,因为现行的一般标准只对焊缝余高以及焊缝宽度有明确定量的规定和限制,不同的验收标准规定的具体数据不同。

(3)无损探伤。无损探伤主要有射线探伤法和超声波探伤法。利用X射线或γ射线照射焊接接头检查内部缺陷的无损检测方法叫作射线探伤。X射线和γ射线是一种波长较短的电磁波,当穿越物体时被部分吸收,使能量发生衰减。如果透过金属材料的厚度不同或密度不同,产生的衰减也不同。透过较厚或密度较大的物体时,衰减大,因此射到胶片上的射线强度就较弱,胶片的感光度较小,经过显影后得到的黑度就较弱,胶片的感光度就较浅;反之,黑度就深。根据胶片上的黑度深浅不同的影像,就能将缺陷清楚地显示出来。射线探伤(俗称"拍片")是环焊缝检测常用的一种手段,技术成熟,但因需要使用放射源,如果使用不当,容易造成伤害。

超声波探伤也是目前应用广泛的无损探伤方法之一。超声波探伤的物理基础是机械波和波动,实质上超声波就是一种机械波。超声波探伤中,主要涉及几何声学和物理声学中的一些基本定律和概念。超声波的检测特点主要有:面积型缺陷检出率较高;适宜检测厚度较大的工件;检测成本低、速度快,检测仪器体积小、重量轻,适合现场作业;无法得到缺陷的直观图像,定性困难;检测结果无直接见证记录。

随着管道焊接检测技术的发展,超声波相控阵技术已经开始应用于海底管道和陆地管道施工焊接检测。

相控阵是由许多辐射单元排成阵列形式构成的阵列天线,各单元之间的辐射能量和相位是可以控制的。典型的相控阵是利用电子计算机控制移相器改变天线孔径上的相位分布来实现波束在空间扫描,即电子扫描,简称电扫。相位控制可采用相位法、实时法、频率法和电子馈电开关法。在一维上排列若干辐射单元即为线阵,在两维上排列若干辐射单元称为平面阵。辐射单元也可以排列在曲线上或曲面上,这种天线称为共形阵天线。共形阵天线可以克服线阵和平面阵扫描角小的缺点,能以一部天线实现全空域电扫。通常的共形阵天线有环形阵、圆面阵、圆锥面阵、圆柱面阵、半球面阵等。综上所述,相控阵雷达因其天线为相控阵型而得名。

(4)破坏性检验。破坏性检验一般在进行焊接工艺评定时进行,对于重要的管道也在现场抽取焊口进行,检验项目包括焊接施工及验收标准规定的理化性能项目。

2.2.5.7　国内长输管道焊接现状及发展趋势

2.2.5.7.1　国内长输管道焊接发展历程及现状

随着社会技术进步和需求量的急剧增加,长输管道在向着大口径、长距离、高压力、高钢级方向发展,焊接技术及相关的设备、材料性能也在同步提高。国外的管道焊接技术与国内相比大致相同,但国内生产的管道自动焊焊接设备与国外相比仍有一定差距[77]。

(1)国内长输管道焊接发展历程。我国钢制管道环缝焊接技术经历了几次大的变革,如下:

① 20世纪70年代采用传统的低氢型焊条电弧焊上向焊接工艺。特点:管口组对间隙较大,根焊过程采用熄弧操作方法,焊层厚度大,焊接效率和焊接质量低。目前这种工艺方法在管线焊接中已基本不用,但是在小口径管线建设和站场焊接中的填充、盖面以及管线的返修和维修时会用到。

② 20 世纪 70 年代开始采用氩弧焊工艺。特点:焊接质量优异,焊后管道内较为清洁,但由于其焊接速度较慢,抗风能力差,不适宜在大口径的长输管道建设中应用,而适宜在固定场所的站场建设中使用;另外在一些小口径管线中用于打底焊。

③ 20 世纪 80 年代引进的手工下向焊工艺。管道局引进的欧美的手工下向焊工艺,并逐步推广到大部分施工企业,主要为纤维素型焊条和低氢型焊条下向焊。

(a)纤维素焊条下向焊。纤维素下向焊接的显著特点是,根焊适应性强,根焊速度快,工人容易掌握,焊接质量好,射线探伤合格率高,普遍用于混合焊接工艺的根焊。该工艺的另一特点是,有较大的熔透能力和优异的填充间隙性能,对管子的对口间隙要求不很严格,焊缝背面成形好,气孔敏感性小,容易获得高质量的焊缝。但由于焊条熔敷金属扩散氢含量高,焊接时应注意预热温度和层间温度的控制,以防止冷裂纹的产生。纤维素下向焊是目前主线路工程中主要的根焊方法。

(b)低氢焊条下向焊。低氢下向焊接的显著特点是,焊缝质量好,适合于焊接较为重要的部件;焊接过程采用大电流、多层、快速焊的操作方法来完成,焊层的厚度薄,焊接效率高;但工人掌握的难度较大,根焊适应性较纤维素焊条差,焊接合格率难以保证,多用来进行填充盖面焊接。它主要应用于半自动焊和自动焊难以展开的地形中施工以及管线接头的施焊。

④ 20 世纪 90 年代从美国引进了保护半自动焊设备和工艺。该工艺于 1995 年首次在突尼斯工程中应用,在以后的库鄯线、鄯乌线、苏丹工程以及涩宁兰、兰成渝、西气东输等管道工程中成为主要的焊接方法。其焊接合格率按焊口统计,可以达到 95% 以上。其优点是连续送丝、生产效率高、焊接质量好,特别是自保护药芯焊丝的焊接工艺性能优良,电弧稳定,成形美观,能实现全位置(下向)焊接,抗风能力强,尤其适用于野外施工。它是目前管道焊接施工的主要方法。

自保护药芯焊丝以其特有的优越性在长输管道中广泛应用,全位置操作性能好,熔敷速度快,同时焊缝金属韧性好,但焊缝金属在焊态下粗大的柱状晶组织的出现,使得其焊缝金属韧性在焊态与热处理之间,多层焊和单道焊之间有很大的差别。因此采用自保护焊丝焊接时,应严格控制焊接工艺参数、热输入量、焊接道次以及每道焊层的厚度等。

⑤ 20 世纪 90 年代从美国引进 STT 根焊技术。STT 焊机是通过表面张力控制熔滴短路过渡的。STT 焊接工艺焊接过程稳定(焊丝伸出长度变化影响小),以柔和的电弧显著地降低了飞溅,减轻了焊工的工作强度,良好的焊缝背面成形、焊后不用清渣以及使用纯 CO_2 气体和实芯焊丝为主要特点,其根焊质量和根焊速度都优于纤维素型焊条,是根焊的优良焊接方法。但这种焊接方法设备投资大,焊接要求严格。由于 STT 焊是气体保护焊,一般焊接环境的风力不得超过 2m/s,在野外施工应有防风设施。

⑥ 21 世纪初引进自动焊工艺。随着管道建设用钢管强度等级的提高,管径和壁厚的增大,管道运行压力的增大,这些都对管道环焊接头的性能提出更高的要求,这就需要研发高质量的焊接材料和高效率的焊接方法与之匹配。借助于机械和电气的方法使整个焊接工程实现自动化,即为自动焊。管道自动焊工艺具有焊接效率高、劳动强度小、焊接过程受人为因素影响小等优势,在大口径、厚壁管道建设中具有很大潜力,在西气东输一线、二线等管道工程中逐步得到推广应用。

自动焊的主要优点:焊接质量高而稳定;焊接速度快;经济性好;对于焊工的操作水平要求低。自动焊的种类很多,目前用于现场比较成熟的有实芯焊丝气体保护自动焊技术,药芯焊丝自动焊接技术和电阻闪光对接焊接技术。

(2)国内长输管道建设中应用的主要焊接技术。我国目前应用的长输管道焊接技术基本上是从国外直接引进或在国外焊接设备、材料的基础上进一步开发、优化、推广应用而来，主要焊接技术有：

① 焊条（纤维素、低氢型）电弧焊管道下向焊接技术。

② 焊条（纤维素、低氢型）电弧焊根焊、自保护药芯焊丝半自动焊填充、盖面管道下向焊接技术。

③ STT（表面张力过渡）气体保护半自动根焊、自保护药芯焊丝半自动焊填充盖面管道下向焊接技术。

④ RMD（短弧控制熔敷金属过渡）气体保护半自动根焊、自保护药芯焊丝半自动焊填充盖面管道下向焊接技术。

⑤ 单焊炬焊机气体保护全自动管道下向焊技术（如PWT焊机管道外根焊、RMS焊机填充盖面焊）。

⑥ 带铜衬垫内对口器气体保护根焊、单（双、多）焊炬外焊机气体保护填充、盖面管道全自动下向焊技术。

⑦ 多焊炬内焊机气体保护根焊、单（双）焊炬外焊机气体保护管道全自动下向焊技术。

（3）国内长输管道焊接存在的问题与不足。在长输管道建设中，我国的半自动焊和自动焊设备，特别是在焊接电源方面，与一流的焊接设备制造商，如美国米勒、法国萨福、奥地利福尼斯公司等的产品相比，无论是焊机稳定性还是灵敏度上都不及国外产品。在焊接材料方面，国内一些著名的材料制造商如天津大桥、金桥焊材集团等企业近年来进步很快，相继开发出了用于高强度X80管线钢的实芯焊丝和自保护药芯焊丝等高性能焊材，打破了国外公司在国内市场的垄断。但总体实力与国外的先进水平相比还有一定差距，特别是在高端焊接材料上，基本上还被国外垄断。

2.2.5.7.2　我国长输管道焊接技术的发展趋势

随着管道建设水平提高，我国的长输管道焊接技术也不断提高，尤其是近20年，新的焊接技术和焊接方法在管道建设中得到应用。管道焊接技术未来发展趋势将继续向高效焊接、数字化焊接和绿色焊接方向推进[77,78]。

（1）高效焊接。目前，自保护药芯焊丝半自动焊工艺在管道焊接方面得到了广泛应用，占据国内长输管道主体焊接方法及工艺的主流地位；实芯焊丝或金属粉芯焊丝气体保护全自动焊焊接工艺在提高工效和焊接质量方面有着独特的优越性，在西气东输等大型管道工程的平原段发挥了示范作用；多焊矩内焊+双丝外焊管道全自动焊工艺更是锦上添花。应该根据管道的具体情况（钢级、规格、地形、输送介质等），择优推广管道自动焊技术。

管道单熔池双丝焊接设备及技术、大口径管道激光—电弧复合焊焊接设备及技术，国外已经在实验室实验成功。国内的管道科学技术研究院近年来也一直进行相应设备及技术的研究并完成了焊接工艺评定，处在和国外同步研发的水平。在长输管道焊接全自动焊应用程度上，国外已经达到85%以上，而国内目前还不足5%，有很大的发展空间。

图2.2.20是加拿大2004年采用单焊炬双丝焊接的管径为610mm的X80管道，图2.2.21是采用双焊炬双丝焊接技术焊接的管径为914mm的X100管道，合格率高达93%以上。

（2）数字化焊接。数字化焊接技术涉及焊接设备、焊接工艺知识、传感与检测、信息处理、过程建模、过程控制器、机器人机构，以及采用智能化途径进行复杂系统集成的实施等诸多方面。由于焊接过程的多变性和复杂性，利用数字化技术，使焊接设备从简单的机电产品变成一种精密加工仪器，研

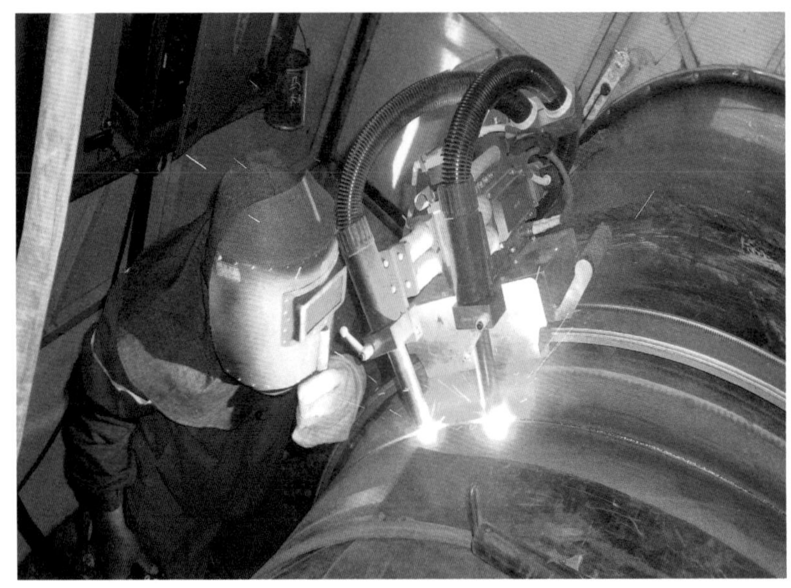

图 2.2.20　单焊炬双丝焊接

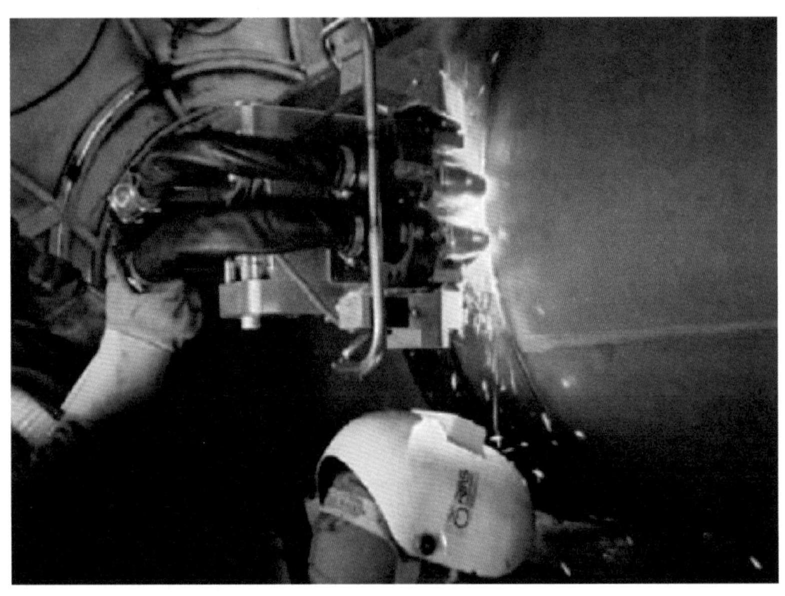

图 2.2.21　双焊炬双丝焊接

制数字化焊机将是焊接设备发展方向。

(3)绿色焊接。就绿色焊接而言,在我国长输管道建设市场,主要是选用低烟尘的焊条;选用无弧光和粉尘污染的埋弧焊方法;选用耗能小、噪声低、排量适中的环保型焊机,研制激光—电弧复合焊设备及工艺,淘汰高能耗的焊接设备等。

参考文献

[1] 李鹤林,李平全,冯耀荣. 石油钻柱的失效分析与预防[M]. 北京:石油工业出版社,1999.

[2] ISO 11961:2018 Steel drill pipe[S].

[3] API Spec 5DP:2008 Specification for Drill Pipe[S].
[4] ISO 10424 - 1:2007 Petroleum and natural gas industries—Rotary drilling equipment - Part 1:Rotary drill stem elements[S].
[5] ISO 10424 - 2:2007 Petroleum and natural gas industries—Rotary drilling equipment - Part 2:Threading and gauging of rotary shouldered thread connections[S].
[6] API Spec 7 - 1:2007 Petroleum and natural gas industries—Rotary drilling equipment - Part 1: Rotary drill stem elements[S]. 2007.
[7] API RP 7 - 2:2008 Petroleum and natural gas industries—Rotary drilling equipment - Part 2:Inspection and classification of drill stem elements[S].
[8] SY/T 5144—2013 钻铤[S].
[9] SY/T 5146—2014 加重钻杆[S].
[10] SY/T 6509—2012 方钻杆[S].
[11] 李鹤林. 石油管工程[M]. 北京:石油工业出版社,1999.
[12] API Spec 5CT:2018. Specification for casing and tubing [S].
[13] ISO 15156 - 1/2:2015 石油和天然气工业 油气开采中用于含硫化氢环境的材料[S].
[14] ANSI - NACE MR0175 - 2015 石油天然气工业—油气开采中用于含 H2S 环境的材料[S].
[15] API Spec 5C3:2018 Petroleum and natural gas industries - Formulae and calculations for casing, tubing, drill pipe and line pipe properties[S].
[16] ISO/TR10400:2018 Petroleum and natural gas industries - Formulae and calculations for casing, tubing, drill pipe and line pipe properties[S].
[17] SY/T 6857. 2—2012 石油天然气工业特殊环境用油井管 第 2 部分:酸性油气田用钻杆[S].
[18] GB/T 15970. 6—2007 金属和合金的腐蚀 应力腐蚀试验 第 6 部分:预裂纹试样[S].
[19] GB/T 20659—2017 石油天然气工业铝合金钻杆[S].
[20] 李鹤林. 油井管发展动向及国产化探讨[J]. 石油专用管,1997,5(1):1 - 8.
[21] 李鹤林,韩礼红,张文利. 高性能油井管的需求与发展[J]. 钢管 2009,38(1):1 - 9.
[22] 李鹤林,张亚平,韩礼红. 油井管发展动向及高性能油井管国产化(上)[J]. 钢管,2007,36(6):4 - 9.
[23] 李鹤林. 油井管发展动向及高性能油井管国产化(下)[J]. 钢管,2008(1):6 - 11.
[24] 李鹤林,韩礼红. 刍议我国油井管产业的发展方向[J]. 焊管,2009,32(4):5 - 10.
[25] 李鹤林. 油井管发展动向及若干热点问题(上)[J]. 钢管,2005(6):4 - 9.
[26] 李鹤林. 油井管发展动向及若干热点问题(下)[J]. 钢管,2006(1):4 - 9.
[27] 李鹤林. 石油管工程文集[M]. 北京:石油工业出版社,2011.
[28] 李鹤林. 失效分析的任务、方法和展望[J]. 理化检验—物理分册,2005,42(1):1 - 7.
[29] API Spec 5B:2017 Threading, Gauging and Thread Inspection of Casing, Tubing, and Line Pipe Threads [S].
[30] API Spec 7 - 2:2017 Specification for Threading and Gauging of Rotary Shouldered Thread Connections [S].
[31]《石油管材质量检验》编写组. 石油管材质量检验[M]. 北京:石油工业出版社,2016.

[32] API RP 5A3:2007 Bulletin on Thread Compounds for Casing,Tubing,and Line Pipe[S].

[33] API RP 5C1:1999 Recommended Practice for Care and Use of Casing and Tubing[S].

[34] API TR 5TP:2013 Torque – Position Assembly Guidelines for API Casing and Tubing Connections[S]

[35] API BULL 5C2:1999 Bulletin on Performance Properties of Casing,Tubing,and Drill Pipe[S].

[36] API RP 5C5:2017 Procedures for Testing Casing and Tubing Connections[S].

[37] SY/T 6949—2013 特殊螺纹连接套管和油管[S].

[38] VAM. VAM BOOK[M]. 2016. 4

[39] Carcagno,Gabriel,Tenaris. The Design of Tubing and Casing Premium Connections for HTHP Wells [C]. SPE97584,2005

[40] Sugino,Masaaki,Sumitomo Metal industries,Ltd. Development of an innovative high – performance premium threaded connection for OCTG[C]. OTC20734,2010.

[41] Bradley,A. B,VAM PTS Company. Premium Connection Design,Testing,and installation for HPHT Sour Wells[C]. SPE97585,2005.

[42] Buster,Jerry,VAM@ USA. Development of Next Generation High Torque OCTG Premium Connection for Extended Reach wells[C]. SPE183415,2016.

[43] Tsuru,Eiji,Ueno,Masakatsu. Performance of Tubular Connections Under the Loading Conditions of Horizontal Wells[J]. SPE Journal,1996.

[44] 高惠临. 管线钢与管线钢管[M]. 北京:中国石化出版社,2012.

[45] Lutz Mayer. Proceeding of microalloying 1975[M]. New York:Union Carbide Corp. ,1977:153 – 164.

[46] 高惠临. 管线钢——组织 性能 焊接行为[M]. 西安:陕西科学技术出版社,1995.

[47] Siciliano I F,Stalhein D,Cray J. Proceedings of 7th International Pipeline Conference[C]. Calgary, Canada:ASME,IPC64292,2008.

[48] Klaus Hulka,Pascoal Bordignon,Malcolm Gray. Experience of low carbon steel with 0. 06 to 0. 10 percent niobium[J]. Microalloying Technology,2004.

[49] Chijiiwa R,Tamehiro H,Hirai M,et al. Extra HighToughness Titanium – Oxide Steel Plates for Offshore Structures and Line Pipe[A]. Proc. 7th Int. Conf. OMAE[C]. Houston USA:ASME,1988:165 – 172.

[50] 赵明纯,单以银,曲锦波,等. 控轧控冷工艺对 X60 管线钢组织及力学性能的影响[J]. 金属学报,2001,37(2):179 – 183.

[51] 曲锦波,单以银,赵明纯,等. 热变形和加速冷却对低碳微合金钢组织的影响[J]. 钢铁研究学报,2001(5):43 – 47.

[52] 王国栋. 新一代 TMCP 技术的发展[J]. 轧钢,2012,29(1):1 – 8.

[53] 肖宝亮,许云波,张福生,等. 高温大变形 + 超快冷工艺在管线钢生产中的应用[J]. 钢铁, 2010,45(6):49 – 53.

[54] 聂文金,王志福,李冉,等. 采用 OHTP 工艺生产西气东输二线用 22mm 厚 X80 钢板[J]. 钢铁, 2009,44(8):76 – 80.

[55] OKATSU M,ISH IKAWA N,ENDA S. Development of High Deformability Linepipe with Resistance to Strain – Aged Hordening by Heat Treatment on Line Process[C]. The International Seminar on X80 and Higher Grade Line Pipe Steel. Xi'an:China National Petroleum Corporation,2008:179 – 199.

[56] 余伟，唐荻，蔡庆伍，等．控轧控冷技术发展及在中厚板生产中的应用[J]．钢铁研究学报，2011，23：82－90.

[57] Kazukuni H，Toshiyuki H，Keniti A. New extremely low carbon bainitic high strength steel bar having excellent machinability and toughness produced by TPCP technology[J]. Kawasaki Steel Tech Rep，2002(47)：35.

[58] 贺信莱，尚成嘉，杨善武，等．高性能低碳贝氏体钢——成分、工艺、组织、性能与应用[M]．北京：冶金工业出版社，2008.

[59] G. Krauss，S. W. Thompson. Ferrite Microstructure in Contiuously Cooled Low and Ultralow Carbon Steels[J]. ISIJ International，1995，35(8)：937－945.

[60] 李鹤林．中国焊管 50 年[M]．西安：陕西科学技术出版社，2008.

[61] Weisweiler F J，Sergeer G N. Non－destructive testing of large diameter pipe for oil and gas transmission lines[R]，KAWASAKI STEEL TECHNICAL，REPORT No. 47，2002：35－41.

[62] 曹晓军．自保护药芯焊丝半自动焊产生气孔原因分析及控制[J]．焊接，2004(4)：2－43.

[63] 何小东，仝珂，梁明华，等．长输管道自保护药芯焊丝半自动焊典型缺陷分析[J]. 2014，37(5)：53－57.

[64] 张建护，唐德渝，张田利，等．管道自动焊应用常见缺陷产生原因及防止措施[J]．焊接技术，2006，35(S1)：29－30.

[65] 周振丰，张文钺．焊接冶金及金属焊接性[M]．北京：机械工业出版社，1988.

[66] 胡美娟，李炎华，吉玲康，等．X65MS 酸性服役管线钢焊接性研究[J]．焊管，2014，37(11)：15－18.

[67] 胡美娟，王鹏，韩新利，等．X80 级抗大变形管线钢焊接粗晶区的组织和性能[J]．焊接学报，2012(9)：93－96.

[68] 胡美娟，韩新利，何小东，等．焊后冷却时间对 X80 级抗大变形管线钢焊接粗晶热影响区组织的影响[J]．机械工程材料，2012，36(6)：42－45.

[69] 胡美娟，冯娜，吴健，等．X100 管线钢 SH－CCT 曲线测定及分析[J]．热加工工艺，2012，41(15)：192－193，196.

[70] 胡美娟，吴健，杨放，等．X100 级管线钢焊接粗晶区微观组织预测[J]．材料导报，2012，26(11)：392－394.

[71] 胡美娟，王鹏，池强，等．Microstructure and properties of HAZ for X100 pipeline steel[J]. China Welding，2016，25(1)：77－80.

[72] 张迎辉，赵鸿金，康永林．相变诱导塑性 TRIP 钢的研究进展[J]．热加工工艺，2005，35(6)：60－64.

[73] DENYS，LEFEVRE RM，GLOVER T，et. al. Weld Metal Yield Strength Variability in Pipeline Girth Welds[C]// Proceeding of the 2nd International Pipeline Technology Conference. Ostend：ASME，1995.

[74] GORDON R，HAMMOND J，SWAMK G. Welding Challenges for Strain－based Design[C]//The International Conference on Advances in Welding Technology：Pipeline Welding and Technology. Galveston：1999.

[75] MOHR W. Strain - based Design of Pipelines[R]. Project No. 45892GTH. Washington. DC:EWI,2003.

[76] MOHRW,GORDON R,SMITH R. Strain - based Design Guidelines for Pipeline Girth Welds [C]// Proceeding of the 14th International Offshore and Polar Engineering Conference. Toulon:ASME,2004.

[77] 尹长华,高泽涛,薛振奎. 长输管道安装焊接方法现状及展望[J]. 电焊机,2013,43(5):134 - 141.

[78] 薛振奎,隋永莉. 国内外油气管道焊接施工现状与展望[J]. 焊接技术,2001,30(增刊):16 - 18.

第 3 章　油井管的力学行为

3.1　钻柱的力学行为

3.1.1　钻柱的载荷分析

3.1.1.1　钻柱中和点和轴向应力零点及其位置变化

钻柱的主要作用是:(1)提供从钻机到钻头的钻井液通道,输送钻井液;(2)把地面动力(扭矩)传递给钻头并给钻头加压;(3)起下钻头等。钻柱作业时,其工作状态大致分为起下钻和正常钻进两种,不同工作状态下所受载荷有所不同。

在分析和研究井下钻柱受力状态时,美国的鲁宾斯基(Lu - binski)和乌兹(Woods)以及苏联的萨尔奇索夫(Сарчисов)等人提出了钻柱在钻井液浮力作用下,出现所谓"中和点"(Neutral Point)和"轴向应力零点"(Zero Axias Stress Point)的概念。鲁宾斯基认为[1]:中和点将钻柱分为两段,上面一段在钻井液中的重量等于吊卡或大钩所悬吊的重量,下面一段在钻井液中的重量等于钻压。中和点的位置由下式计算:

$$L_{\mathrm{n}} = \frac{W}{q_{\mathrm{a}} k_{\mathrm{b}}} \tag{3.1.1}$$

式中　L_{n}——中和点距井底的高度,m;

W——钻压,kgf;

q_{a}——每米钻铤在空气中的重量,kg/m;

k_{b}——浮力系数。

实际上,中和点上的受力并不为零,而承受着压力,其大小可按下式计算:

$$F_{\mathrm{n}} = \left[(h - L_{\mathrm{n}}) A_{\mathrm{c}} + \sum_{i=1}^{n} A_i h_i \right] \times 0.981 \gamma_{\mathrm{m}} \tag{3.1.2}$$

式中　F_{n}——中和点上所承受的压力,N;

A_{c}——钻铤横截面积,cm^2;

h——钻铤长度,m;

γ_{m}——钻井液的密度,$\mathrm{g/cm}^3$;

A_i——各段钻柱的横截面积,cm^2;

h_i——各段钻柱的长度,m。

液体中多段管柱的组成如图 3.1.1 所示。

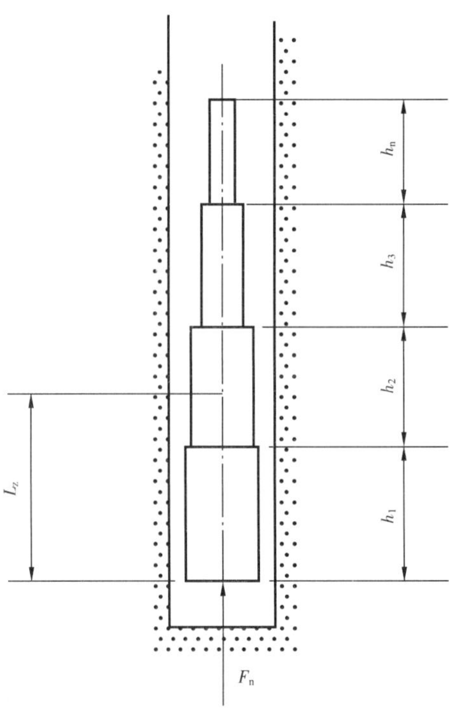

图 3.1.1　液体中的多截面管柱

轴向应力零点是指在工作状态(加钻压)下,钻柱上不承受拉压的那一点。假定轴向应力零点在紧靠钻铤的钻杆上,根据力的平衡原理,可得到轴向应力零点距井底的距离为:

$$L_z = \frac{W + 0.981\gamma_m(hA_c + \sum_{i=1}^{n} h_i A_i) - (q_a - q_1)h}{q_1} \tag{3.1.3}$$

式中　q_1——单位长度钻杆在空气中的重量,kg/m。

如钻柱仅由钻铤与钻杆组成,式(3.1.3)变成:

$$L_z = \frac{W + 0.981\gamma_m(H - h)A_1 - (q_a - q_1)h + 0.981\gamma_m hA_c}{q_1} \tag{3.1.4}$$

式中　H——井深,m。

如希望轴向应力零点落在钻铤上,此时钻铤的临界长度 $h_{min} = L_z$ 代入式(3.1.4)便可得到:

$$h_{min} = \frac{W + 0.981HA_1\gamma_m}{q_a - 0.981\gamma_m(A_c - A_1)} \tag{3.1.5}$$

当钻铤的长度大于 h_{min} 时,轴向应力零点的位置由下式计算:

$$L_z = \frac{W + [(H - h)A_1 + hA_c] \times 0.981\gamma_m}{q_a} \tag{3.1.6}$$

从式(3.1.1)可见,当钻压较小时,中和点靠近井底,因此自重下钻柱受压的长度不大,所以钻柱保持直线状态。当钻压逐渐增大时，中和点距井底的距离也逐渐增加，自重下受压钻柱的长度也逐渐增长。当钻压增至某一临界值时，受压钻柱将丧失稳定而产生弯曲变形。钻柱弯曲后的形状如图3.1.2所示。图中曲线1是第一次屈曲，相应的钻压称为第一临界钻压，此时钻柱的中和点在N_1。T_1是钻柱弯曲后与井壁的切点。当钻压进一步增大时，切点T_1下移到T_2点，中和点上升到N_2点。当钻压增加到相当于二次屈曲的临界值时，钻柱将作一次新的弯曲，其形状如图3.1.2中的曲线4。此时，中和点在N_4，切点在T_4。中和点位置依钻压变化而移动。

由于地层硬度的变化，纵向振动和冲击负荷使钻压极不稳定，钻柱下部受压部分长度忽大忽小，轴向应力零点N的位置不断上下移动。例如当钻压为W_1时，轴向应力零点在N_1位置[图3.1.3(a)]，N_1点以上钻柱受拉力，N_1点以下钻柱受压力。当钻压由W_1增大到W_2时，下部受压钻柱增长，轴向应力零点上移到N_2位置[图3.1.3(b)]，这时原轴向应力零点N_1以上部分的钻柱由原来受拉力变为受压力。若钻压减小到W_3，那么下部受压钻柱长度减少，轴向应力零点将下移至N_3位置[图3.1.3(c)]，原来受压的钻柱又转变为受拉。由于轴向应力零点N的位置上下移动，使其附近钻柱承受交变拉压应力。轴向应力零点一般位于钻铤上，由于钻压变化，钻铤上方的若干根钻杆或加重钻杆最易遭受这种交变载荷的作用，这种交变载荷是随机的疲劳应力循环。

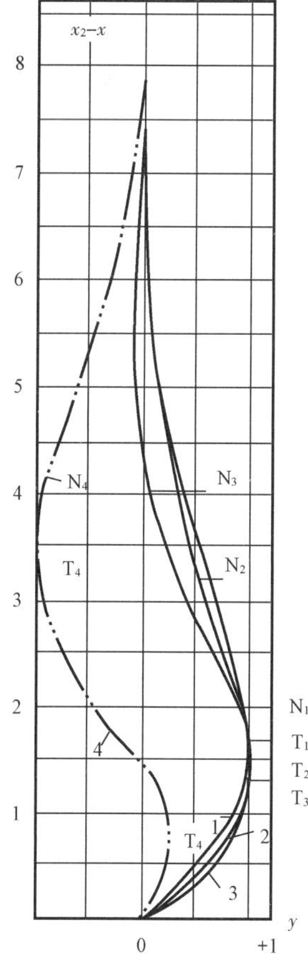

图3.1.2　钻柱的弯曲形状

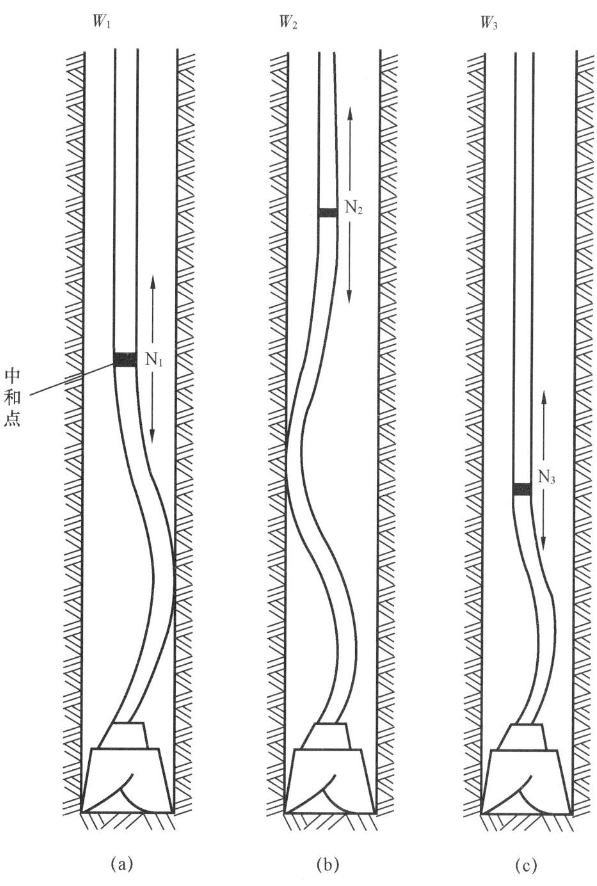

图3.1.3　轴向应力零点位置变化示意图($W_3 < W_1 < W_2$)

3.1.1.2　钻柱受压弯曲

前已述及，当钻压达到某一临界值时，钻柱将发生弯曲。如果继续增大钻压，钻柱将发生更高次的屈曲。在分析钻柱弯曲问题时，鲁宾斯基假定：(1)钻柱的正常运动是围绕其自身轴线旋转的，因此分析中可以略去离心力的影响；(2)近似认为钻柱弯曲后在同一平面内，即可以当作二维问题来处理。

选定 $X—Y$ 坐标系统。X 轴与井眼中心相重合，坐标原点在钻柱的中和点上(图 3.1.4)。

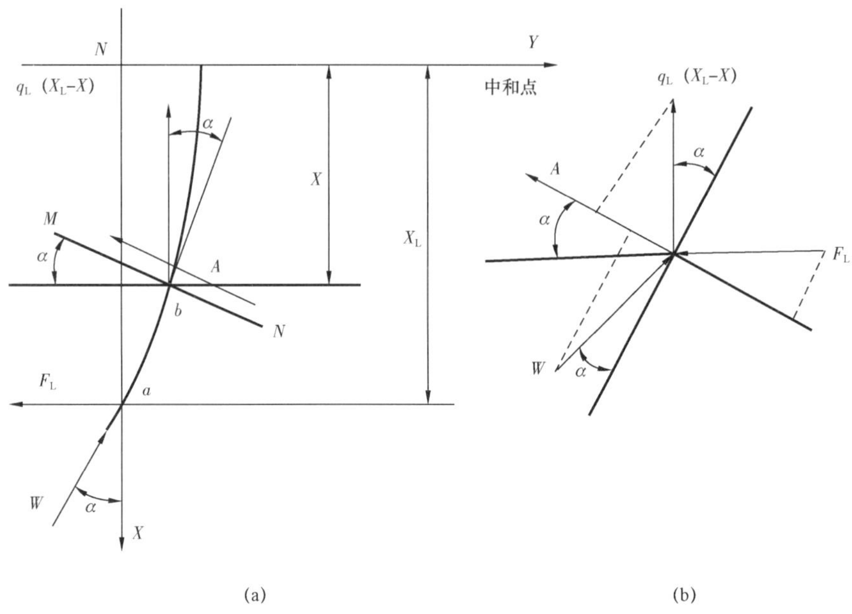

图 3.1.4　直井内钻柱弯曲变形及其坐标系统

在上述条件下，鲁宾斯基建立了钻柱的弯曲微分方程[1]：

$$EI\frac{d^3Y}{dX^3}+q_L\frac{dY}{dX}+F_L=0 \tag{3.1.7}$$

式中　q_L——每米钻铤在钻井液中的有效重量，kg/m；

F_L——在钻头上的水平反力；

E——弹性模数；

I——截面惯性矩。

经对钻柱弯曲微分方程的解析，钻柱发生一、二次屈曲的临界钻压分别是：

$$W_1=L_1q_L;W_2=L_2q_L \tag{3.1.8}$$

式中　L_1、L_2——分别为钻柱一、二次屈曲时中和点距钻头的长度，m；

q_L——单位长度钻柱在钻井液中的重量，kg/m。

$$L_1=2.04m;L_2=4.05m \tag{3.1.9}$$

m 按下式计算：

$$m=\sqrt[3]{\frac{10EI}{q_L}}$$

将(3.1.9)式代入(3.1.8)式后得到

$$\left.\begin{aligned} W_1 &= 2.04mq_L = 2.04\sqrt[3]{10EIq_L^2} \\ W_2 &= 4.05mq_L = 4.05\sqrt[3]{10EIq_L^2} \end{aligned}\right\} \tag{3.1.10}$$

常用钻铤和钻杆的 m 值及临界钻压已列入表 3.1.1 内。表内的临界钻压系在钻井液相对密度为 1.2 时所得。

表 3.1.1 钻铤、钻杆临界钻压

钻柱	钻柱尺寸(mm)			空气中的重量(kg/m)	横截面惯性矩(cm^4)	m(无量纲)	第一次屈曲临界钻压 W_1(kN)	第二次屈曲临界钻压 W_2(kN)	第三次屈曲临界钻压 W_3(kN)
	通称直径	外径	内径						
钻铤	203.2	203.2	100	192	7854	21.6	70.63	140.28	174.62
	178	178	80	156	4508	19.3	51.01	101.04	126.55
	159	159	57	135	3065	17.9	40.22	80.05	102.02
	146	146	75	97	2078	17.5	28.45	56.90	71.61
钻杆	168	168	150	43	1421	20.7	13.73	26.49	37.28
	127	127	112	24	1009	21.8	8.83	17.66	22.56
	114	114	94	30	445	15.3	7.85	15.70	19.62
	89	89	71	21	182	12.7	4.91	9.81	10.79

从表 3.1.1 可见,钻柱产生一次屈曲的临界钻压并不大,在目前旋转钻井所用的钻压条件下,如果不采取其他措施,钻柱将不可避免地发生轴向弯曲。在正常旋转钻进过程中,由于有离心力,这更加剧了钻柱的弯曲。弯曲钻柱在钻进过程中的旋转便产生了交变弯曲应力,在井眼偏斜、方位变化大的情况下和定向井的钻进过程中在弯曲井段钻柱承受的交变弯曲应力更大。

图 3.1.5 为在定向井钻进中钻柱承受弯矩示意图。在均匀弯矩下,钻柱上 A、B 两点的应力大小相同但符号相反。转动时,其应力大小和符号发生变化。对于钻柱上的某一点而言,每旋转一周,应力的变化完成一个循环。因此,钻柱上的每一点均承受着对称旋转弯曲交变载荷。

在实际钻井条件下,钻柱的弯曲及其交变载荷并非如此简单。研究表明,钻柱的压缩段弯曲成螺旋形式,压缩段全长与井壁接触;上部受拉的钻柱部分,在绝大多数工作状态下为一种波动的平面曲线。在交变弯曲应力与扭转、冲击及振动等载荷的交互作用下,钻柱的受力状态将更为复杂。

3.1.1.3 钻柱运动弯曲[1,2]

3.1.1.3.1 自转和公转

世界上有意义的井下振动实测主要有两次。第一次是在 1964—1966 年期间由 Esso Production Research 公司用井下磁带机获得的,两年实测证明了:(1)跳钻、蹩钻存在;(2)钻柱的弯曲应力频率

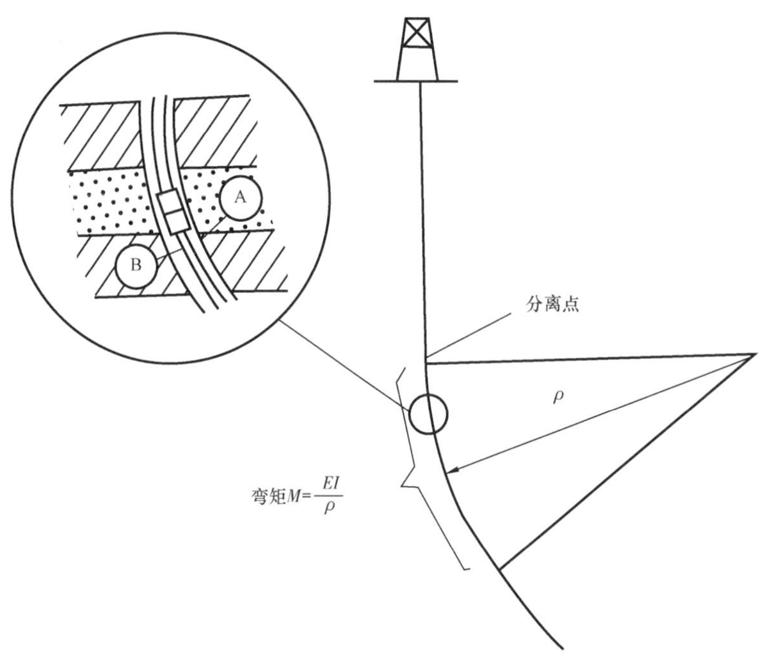

图 3.1.5　在定向钻进中钻柱承受弯矩示意图

与转盘转速不一定相等。第二次是 1984 年由 NL Industries Inc 公司用有线钻杆进行的，其结果为：(1)证明了钻柱反转运动的存在；(2)从实测中找到反转转速与弯曲应力频率间的关系；(3)提供了纵振与横振并无直接联系的波形图。实际上，我国学者章扬烈早在 20 世纪 60 年代初通过模拟实验就发现了钻柱在自转的同时，会出现沿井壁反方向的公转，即钻柱的反转运动。根据国内外的矿场实验数据和弯矩测量，充分证明：具有反转运动的钻柱运动在实际钻井中普遍存在，在转盘钻进时，钻柱的工作状态和受力非常复杂。钻柱好似一根细长的旋转轴，在部分自重产生的轴向压力作用下，下部钻柱不稳定而呈弯曲状态。由于受到井眼的限制，可能产生多次屈曲。上部钻柱由于旋转产生的偏心力作用也不能保持直线状态，再加上扭矩的作用，整个钻柱呈一个近似螺旋形曲线的形式进行着复杂的旋转运动。

由于钢材的滞后阻力、钻井液阻力及井壁摩擦力对弯曲钻柱旋转方式的影响，实际钻柱同时存在着自转和公转两种情况。钻柱的刚度越小，挠度越大，公转的可能性越大。钻铤部分只可能有少量的公转，而自转是主要的。与钻铤相连接的钻杆部分，由于拉力较小，容易在离心力下造成弯曲并与井壁接触，因公转而偏磨接头。上部钻柱在拉力下工作，不易弯曲，主要在自转下工作，但是，当转速接近钻柱横摆固有频率时，将导致弓状旋转（公转）。因此，同一钻柱上，在同一时间内，不同的部位可能存在自转、公转和以公转为主有少量自转以及以自转为主有少量公转的四种运动形式。公转和自转在同一截面内同时存在，是一种不稳定的形式。

钻柱好像一根柔性轴，下部钻柱在自重作用下产生弯曲，上部钻柱保持直线状态，整个钻柱在井中绕自身轴线旋转。这样的转动使钻具均匀磨损，并经受弯曲应力而使钻具产生疲劳。自转的钻柱相当于一根软轴，钻柱接头均匀磨损。

钻柱在压力、拉力、离心力和扭矩的联合作用下，其轴线弯曲成半波平面正弦曲线形状，整个轴线按转盘的旋向绕井眼轴线旋转即公转。公转时钻柱像一个刚体，如挠度足够大到与井壁接触，将使钻柱接头产生严重偏磨。从目前管子站修复的钻杆接头的实际情况来看，大多数是由于偏磨引起的。

长期下井使用的钻柱接头，没有偏磨是极个别的。钻铤部位的偏磨也相当严重。

如果钻柱或接头已经偏磨，再次下井后会在原偏磨处进一步偏磨，这是与大量偏磨钻具的现场观察相一致的。在待修复的钻具中，尚未发现在同一个偏磨接头上同时存在两个大的偏磨带。

再次下井的偏磨钻铤，即使旋转时并不与井壁接触，但由于钻柱将在最小挠曲刚度的平面内弯曲（已经偏磨的一侧）。钻柱在弯曲情况下绕自身轴线自转，则包含了一个挠曲面的旋转，需要更大的能量，因而只能公转。

3.1.1.3.2 反转运动[3]

钻柱在与井壁之间的摩擦力作用下，各钻杆接头和大部分钻铤以一定的速度按反时针方向，绕井眼轴线旋转，就好像转动的车轮或管子在平地上以一定的速度向前滚动一样，只不过后者的地面由圆形的井壁所代替。钻柱在反转时，钻杆接头和钻铤并不总是与井壁保持接触，常常跳离井壁并敲击井壁。转盘转速越高，环空间隙越小，敲击就越严重。这种反转运动的实质是多支点的自激晃振，此时，钻柱弯曲应力频率为转盘转速与反转转速之和，因此，反转运动可加速钻柱的弯曲疲劳破坏，增大损耗于旋转钻柱的转盘功率，加速钻杆接头和套管的磨损。

国内外研究表明，当钻柱在井内以转盘的转速按顺时针方向绕自身轴线旋转时，由于离心力的作用，除钻柱上部拉伸段和下部很短的一段由于钻柱本身刚性没有贴至井壁外，钻杆柱各个接头均贴向井壁（尤其在深井，超深井或斜井中）。在钻柱与井壁间摩擦力 F 的作用下，整个弯曲钻柱各个接头将会以各自所处的条件，以一定的速度按反时针方向绕井的轴线旋转，作反转运动，其运动原理如图 3.1.6 所示。

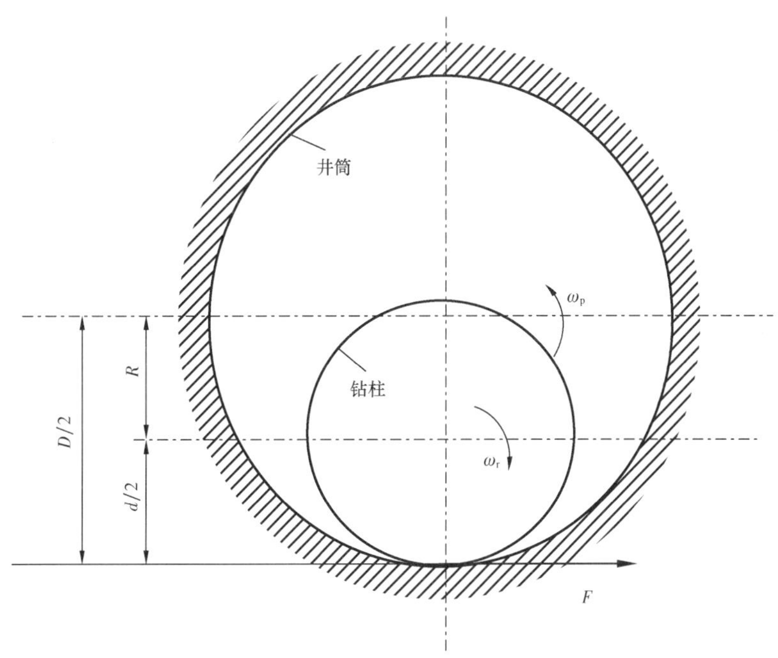

图 3.1.6 钻柱反转运动原理图

当钻杆接头沿井壁作纯滚动时，钻柱的反转转速和自转转速 ω_r 之间的关系如下：

$$\omega_p = \beta\omega_r \tag{3.1.11}$$

$$\beta = \frac{d}{D - d}$$

式中 β——回转体的直径与双面环隙的比值（简称环隙比）；

d——回转体的外径，m；

D——井筒直径，m；

ω_p——钻柱的反转转速，r/min；

ω_r——钻柱的自转转速，r/min。

试验研究表明，当采用润滑性能好的钻井液时，由于钻柱与井壁间的摩擦力很小，不产生钻柱的反转运动，钻柱将只绕自身轴线旋转。

3.1.1.3.3 单根钻杆的横向振动与应力分析[3]

在直井中的旋转钻柱是一个复杂多变的多支点自激横振系统，对这样一个系统很难进行理论上的分析与计算。由于钻柱系统由许多两端接头作自激横振的单根组成，每个单根的运动方式大体相同，因此，先来研究单根钻杆在自激横振条件下的变形与应力问题。

假设单根钻杆的杆体为一根等径的均匀杆件；两端接头在井中的相位相同，并以同一反转转速绕井筒轴线均匀旋转，以同一速度绕自身轴线转动；除两端接头受井筒限制外，杆体部分不存在井筒的约束。

（1）单一反转时的挠度。取一根两端只有反转运动的单根，如图 3.1.7 所示，把它看成是某一瞬间处于力平衡状态的简支梁，并已知其中点最大挠度 δ_{maxp}。在该梁上作用了两种载荷：一种是由于偏心半径 R 的存在而引起的离心载荷；另一种是由单根钻杆产生正弦状弯曲变形而引起的正弦分布载荷。则该单根钻杆的最大挠度为：

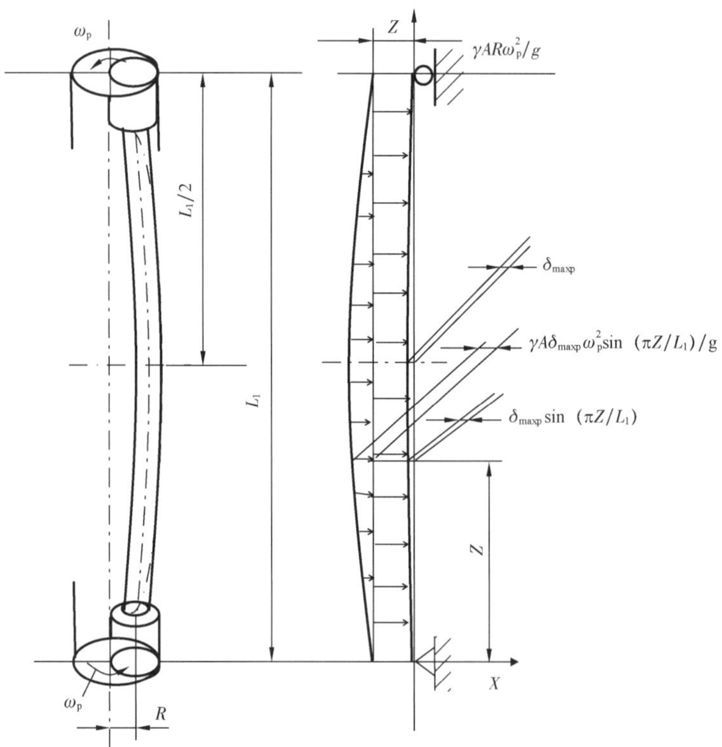

图 3.1.7 单根钻杆受力与变形

$$\delta_{\max p} = 1.268 \frac{\gamma A R \omega_p^{\ 2} L_1^{\ 4}}{\pi^4 E I g - \gamma A \omega_p^{\ 2} L_1^{\ 4}} \tag{3.1.12}$$

$$R = \frac{D - d}{2}$$

式中　γ——钻杆单位体积的重力，N/m^3；

A——钻杆的横截面积，m^2；

ω_p——钻杆反转运动角频率，rad/s；

R——井壁与钻杆接头间的单面环隙（图 3.1.6），m；

L_1——单根钻杆长度，m；

E——弹性模量，Pa；

I——钻杆横截面积的惯性矩，m^4；

g——重力加速度，m/s^2。

对于两端铰支的简支梁，其固有横振角频率为：

$$\omega_i^{\ 2} = \frac{i^4 \pi^4 E I g}{\gamma A L_1^{\ 4}} \qquad (i = 1,2,3,\cdots,\infty) \tag{3.1.13}$$

其基本角频率 $\omega_{1p}(i=1)$ 为：

$$\omega_{1p} = \sqrt{\frac{\pi^4 E I g}{\gamma A L_1^{\ 4}}} \tag{3.1.14}$$

$$I = \frac{\pi d_0^{\ 4}(1 - \theta^4)}{64}$$

由（3.1.13）和式（3.1.14）式得：

$$\delta_{\max p} = 1.268 \frac{R(\omega_p^{\ 2}/\omega_{1p}^{\ 2})}{1 - (\omega_p^{\ 2}/\omega_{1p}^{\ 2})} \tag{3.1.15}$$

上式表明，当反转运动角频率与该杆固有横振角频率相等（$\omega_p = \omega_{1p}$）时，则发生共振，钻杆中部的挠度和弯曲应力会急剧增高。

（2）既有反转又有自转时的挠度。仍设单根钻杆为瞬间平衡的简支梁，在其上同样作用着两种离心载荷，所不同的只是此时正弦分布载荷是由角速度（$\omega_p = \omega_r$）引起的，按照同样的方法可求出此时的最大弯曲挠度 $\delta_{\max pr}$ 为：

$$\delta_{\max pr} = 1.268 \frac{\gamma A R \omega_p^{\ 2} L_1^{\ 4}}{\pi^4 E I g - \gamma A(\omega_p + \omega_r)^2 L_1^{\ 4}} \tag{3.1.16}$$

式中　ω_r——钻杆的自转角频率，rad/s。

令此时的一次固有横振角频率为 ω_{1pr}，代入式（3.1.13）则：

$$\omega_{1pr}^{2} = \frac{\pi^4 EIg}{\gamma A L_1^{2}} \tag{3.1.17}$$

由(3.1.16)和式(3.1.17)式得：

$$\delta_{\max pr} = 1.268\frac{R(\omega_p^{2}/\omega_{1pr}^{2})}{1-[(\omega_p+\omega_r)^2/\omega_{1pr}^{2}]} \tag{3.1.18}$$

上式表明，当 $\omega_p+\omega_r=\omega_{1pr}$时，则钻杆发生横向共振。

利用能量法求挠度。以既有反转又有自转的单根钻杆为例，当它发生最大挠度 $\delta_{\max pr}$并处于力的平衡状态时，可推导出：

$$\delta_{\max pr} = \frac{4}{\pi}\cdot\frac{\gamma AR\omega_p^{2}L_1^{4}}{\pi^4 EIg-\gamma A(\omega_p+\omega_r)^2 L_1^{4}} \tag{3.1.19}$$

将式(3.1.19)与式(3.1.12)相比较，(3.1.19)式中的系数 $4/\pi=1.274$ 与(3.1.12)式中 1.268 相近，因此这两个式子均可近似求出单根钻杆的最大挠度值。

(3)单一反转时弯曲应力的计算。由材料力学可知，作为简支梁的单根钻杆，最大弯曲应力为：

$$\sigma_{\max p} = \frac{\gamma AR\omega_p^{2}L_1^{2}}{8g(I/C)}\cdot\left[1+1.032\frac{\omega_p^{2}/\omega_{1p}^{2}}{|1-(\omega_p^{2}/\omega_{1p}^{2})|}\right] \tag{3.1.20}$$

$$I/C = \frac{\pi d_0^{3}(1-\theta^4)}{32} \tag{3.1.21}$$

$$\theta = \frac{d_i}{d} \tag{3.1.22}$$

$$C = \frac{d_0}{2}$$

式中 I/C——钻杆的断面模数，m^3；

d_i——钻杆的内径，m；

d_0——钻杆的外径，m。

(4)既有反转又有自转的弯曲应力的计算。用类似的方法可得此条件下的最大弯曲应力[3]：

$$\sigma_{\max pr} = \frac{\gamma AR\omega_p^{2}L_1^{2}}{8g(I/C)}\cdot\left[1+1.032\frac{(\omega_p+\omega_r)^2/\omega_{1pr}^{2}}{|1-(\omega_p+\omega_r)^2/\omega_{1pr}^{2}|}\right] \tag{3.1.23}$$

从式(3.1.20)和式(3.1.23)可清楚看出，弯曲应力由两部分组成，式中右侧第一项表示单纯以半径 R 偏心反转产生的应力，第二项则反映杆件在自激横振下产生受迫振动而引起的弯曲应力。

(5)纵向拉压载荷对单根钻杆固有横振角频率与弯曲应力的影响。对于一根两端作用了纵向力为 P 的单根钻杆，在既有反转又有自转的条件下，采用能量法进行推导、分析，可以求出它在瞬间处于力的平衡状态时，其最大挠度为：

$$\delta_{\max\ al} = \frac{4R}{\pi} \cdot \frac{\omega_p^{\ 2}/\omega_{1al}^{\ 2}}{|1-(\omega_p+\omega_r)^2/\omega_{1al}^{\ 2}| \pm (PL_1^{\ 2}/\pi^2 EI)} \tag{3.1.24}$$

式中 ω_{1al}——固有横振角频率。

$$\omega_{1al}^2 = \frac{\pi^4 EIg}{\gamma A L_1^{\ 4}} \tag{3.1.25}$$

此时最大弯矩和最大弯曲应力峰值分别为[3]：

$$M_{\max\ al} = \frac{\gamma A R \omega_p^{\ 2} L_1^{\ 2}}{8g} \cdot \left[1 + 1.032\frac{(\omega_p+\omega_r)^2/\omega_{1al}^{\ 2}}{|1-(\omega_p+\omega_r)^2/\omega_{1al}^{\ 2}| \pm (PL_1^{\ 2}/\pi^2 EI)}\right] \tag{3.1.26}$$

$$\sigma_{\max\ al} = \frac{\gamma A R \omega_p^{\ 2} L_1^{\ 2}}{8g(I/C)} \cdot \left[1 + 1.032\frac{(\omega_p+\omega_r)^2/\omega_{1al}^{\ 2}}{|1-(\omega_p+\omega_r)^2/\omega_{1al}^{\ 2}| \pm (PL_1^{\ 2}/\pi^2 EI)}\right] \tag{3.1.27}$$

式(3.1.24)，式(3.1.26)和式(3.1.27)中，当 P 为拉力时，取(+)号，为压力时取(−)号。当式(3.1.24)右侧分母为零时，出现共振，则可得共振频率为：

$$\omega_{1al} = \frac{\omega_p + \omega_r}{\sqrt{1 \pm PL_1^{\ 2}/(\pi^2 EI)}} \tag{3.1.28}$$

3.1.1.3.4 旋转钻柱的交变弯曲应力

(1)弯曲应力频率的确定。理论分析表明，沿井壁作无滑动滚动的弯曲钻柱，其每分钟的弯曲循环次数 n_s 应为反转转速 n_p 和正转转速 n_r 之和，即

$$n_s = n_p + n_r \tag{3.1.29}$$

由(3.1.29)式得

$$n_s = \frac{d}{D-d}n_r + n_r = \frac{D}{D-d}n_r \tag{3.1.30}$$

或

$$n_s = (\beta + 1) n_r \tag{3.1.31}$$

(2)弯曲应力波的传递。实验测试结果表明，在同径井中反转运动的整个杆柱，无论是受拉段还是受压段，其弯曲应力频率都接近或等于正转转速与反转转速之和。这说明，钻柱的弯曲应力实际上是多支点自激横振沿杆柱传播而引起的。模拟实验结果也表明，反转运动引起的弯曲应力波确实沿杆柱传递，且逐渐衰减，如图3.1.8所示。因此，钻柱反转运动引起的弯曲应力波的传递才是整个钻柱处处出现交变弯曲应力的根本原因。

(3)弯曲应力波的特征。反转的产生会立即引起相应的弯曲应力，当反转稳定后，其应力幅值也趋稳定。反转转速引起的弯曲应力波通常是以拍的形式出现的，拍的周期并不稳定，拍是各相邻接头不相同但又相近的反转转速引起的弯曲应力波彼此叠加的结果。

环隙越小,反转转速越高,弯曲频率越高,应力幅值越大。增大环隙会使高弯曲应力明显减小。在实验中,将 β 值由 4.5 减小到 1.5,其实验钻杆中的最大弯曲应力点的峰值由 561MPa 降到 82MPa,而频率则由 380r/min 降到 137r/min。

处在阶梯井中的钻杆,由于上下接头反转转速不同,在该杆中会引起两种不同频率的弯曲应力。钻杆除因自身接头的反转引起的横振外,还受到来自钻铤的更高频率的反转所引起的强烈横振,该段钻杆看起来就像是一根剧烈抖动的鞭子(图 3.1.9),钻铤的高频抖动往往使粗大钻铤发生疲劳破坏,而与之相接的细小的钻杆疲劳破坏的风险更大。

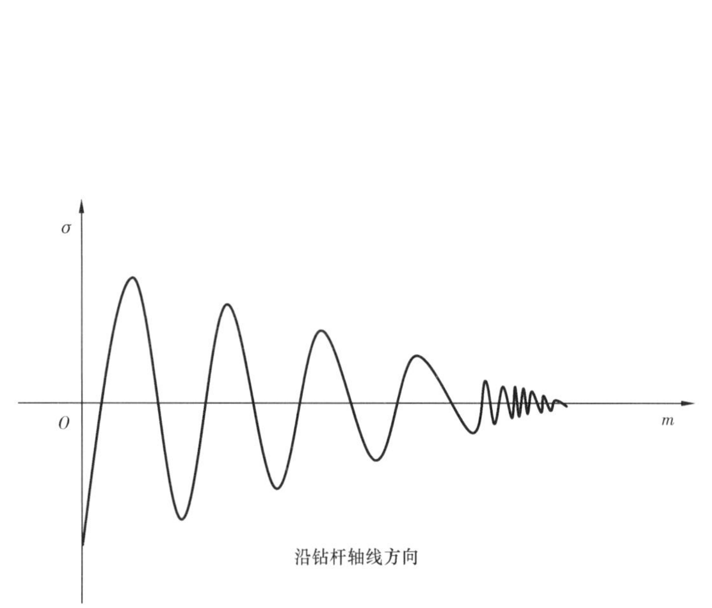

图 3.1.8 沿钻杆轴线方向弯曲应力波传递

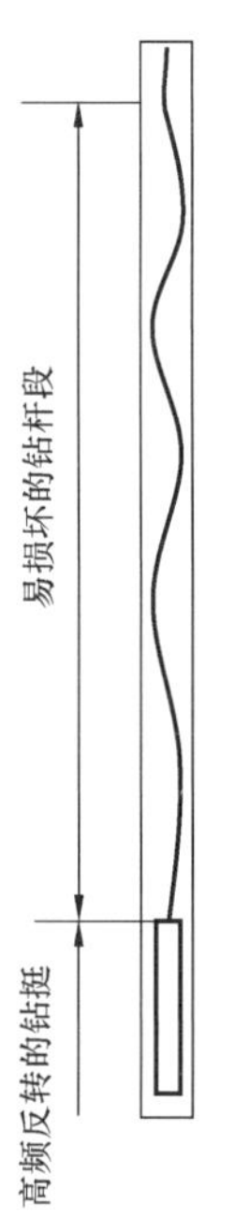

图 3.1.9 阶梯形钻柱中的高频抖鞭现象

根据上面对钻柱载荷的分析,钻柱的受力状态十分复杂。既有静载,又有冲击载荷,并且承受拉、压、弯、扭复合交变载荷。工作时又要受腐蚀、磨损、温度及压力的影响。由于其服役条件非常苛刻,所以其失效形式也多种多样。归纳起来,其失效形式可分为过量变形、断裂(包括一次断裂和疲劳)、表面损伤三类。其中,最为常见的钻柱失效模式为过量变形、一次脆性断裂、疲劳与腐蚀疲劳。

3.1.2 钻柱的主要失效模式

3.1.2.1 钻柱过量变形

钻柱构件的过量变形失效是由于工作载荷超过构件的屈服强度引起的,其主要特征是产生了影响使用的过量塑性变形。

常见的钻柱过量变形失效有:外螺纹拉长、内螺纹接头端部的“钟口”变形或钻杆的扭曲变形、顿弯变形和接头台肩的凹陷。

3.1.2.2 钻柱一次脆性断裂

一次脆性断裂失效在钻柱构件的失效总量中占有一定比例。随着井深的不断增加,钻柱构件的壁厚和钢级进一步提高,其发生脆性断裂的倾向明显增大。由于脆性断裂没有任何预兆,断裂事故往往是突发性的,危害很大。由钻柱构件脆性断裂造成的落井事故除了带来停钻损失外,还带来昂贵的打捞作业,严重时甚至导致井毁人亡。

3.1.2.2.1　脆性断裂的特点

钻柱构件脆性断裂的主要特点是:

(1)脆断时的使用应力很低,一般低于其屈服强度,故亦称之为低应力脆断;

(2)易从应力集中严重处断裂,受冲击载荷时,尤为明显;

(3)宏观断口齐平,有放射状花样或人字纹,无明显塑性变形;

(4)失效事故常常与材料韧性低或使用温度低于其韧脆转变温度有关;

(5)焊缝脆断常与焊缝存在焊接缺陷有关;

(6)钻柱构件的脆断还与构件存在裂纹源(如疲劳裂纹、淬火裂纹等)有关。

3.1.2.2.2　脆性断裂分类

依据裂纹扩展路径,可将脆性断裂分为穿晶断裂和沿晶断裂。

(1)穿晶脆性断裂。穿晶断口有解理、准解理和微坑等几种形态。

① 解理断裂。钻柱构件的穿晶解理断裂是最常见的脆性断裂。解理断裂是一种低能量断裂,断裂沿着确定的、低晶面指数的晶面扩展,这种晶面称解理面,有时解理面也可以是滑移面或孪晶面。解理断裂的主要特征是由解理台阶组成的河流花样。理想晶体的解理面是一个平坦的完整晶面,但实际材料晶体总是存在缺陷,断裂并不沿单一晶面解理,而是沿一组平行的晶面解理。断裂向前发展时,由于解理面的相互连接,在不同高度上平行的解理面之间就形成所谓的解理台阶,许多小解理台阶的组合就形成河流花样。河流的顺流方向就是解理台阶的汇合方向,也就是裂纹的传播方向。

解理河流花样有时呈扇形或羽毛花样,有时解理穿过小角度倾斜晶界时只改变走向,其河流花样变化不大;有时解理裂纹穿过大角度晶界或扭转晶界时河流花样骤增。

"舌状"花样也是解理断口的一种常见特征,低碳钢在低温下拉伸或冲击时断口上常可见到此种舌状花样。这些"舌头"是孪晶在断口上的露头,是解理裂纹遇到孪晶和基体的交界面时裂纹改变走向后形成的,而孪晶则是裂纹在高速扩展过程中,在裂纹前沿的高速变形诱发的。

② 准解理断裂。准解理断裂在宏观上看通常表现为脆性断裂。有人认为准解理断裂属于解理断裂范畴,但也有人认为它是一种独立的断裂形式。实际上就断裂机制来说,准解理并不是独立的,它是解理断裂机制和微孔聚合这两种机制的混合。这种断裂形貌是由解理台阶逐步过渡到撕裂棱,断裂面由平直的解理面逐步过渡到凹凸的韧窝,这种过渡是渐变的,没有明显的分界。

准解理断裂这种断裂形式常见于淬火回火钢中。从断口的电镜组织中可看到许多呈辐射状的河流花样位于断裂小平面内;还可看到许多撕裂棱分布在小平面内和小平面之间。

准解理断裂和解理断裂主要有两点不同:准解理断裂是起始于断裂小平面内部,这些小裂纹逐步长大,被撕裂棱连接起来,而解理裂纹则起始于断裂的一侧,向另一侧延伸扩展直至断裂;准解理断裂是通过解理台阶和撕裂棱把解理和微孔聚合两种机制联系在一起的。

③ 微坑型低能量撕裂。微坑型断口是穿晶断口又一种基本的微观形态。韧性断裂的断口通常总可以看到微坑(韧窝),但是断口上有韧窝不一定代表韧性断裂。这是因为韧窝的存在只说明材料

在局部微小区域内发生过强烈的剪切变形，此变形只限于断裂路径穿过的一个很小的体积内，即断口两侧的微观区域内，至于宏观范围内材料是否表现出很大塑性，并不能由此而定。例如某些高强度材料在满足平面应变条件下，裂纹作快速的不稳定的低能量扩展，此时，就整个构件而言未曾发生过普通屈服，所以破坏是脆性的，但断口两侧的微观区域内却发生很大剪切变形，其断裂是微坑型低能量撕裂。

(2)沿晶脆性断裂。沿晶脆性断裂是晶界分离产生的断裂，其断裂机制包括沿晶解理和沿晶纤维状断裂。沿晶脆性断裂也是钻杆构件常见的失效形式。

沿晶解理断裂的微观特征是断口比较平滑，无明显的变形痕迹，呈典型的岩石或冰糖块状，如淬火裂纹、晶界存在脆性第二相、晶界弱化等情况出现的断口形貌。晶界弱化主要是微量元素在晶界偏析或晶界和环境介质作用的结果，前者如钢中的 P、As、Sn 等微量元素在晶界偏析造成的回火脆性沿晶断口，后者如应力腐蚀开裂氢脆断口。

沿晶纤维状断裂断口微观特征是沿晶界界面上有大量蝶波，说明晶界局部有塑性变形。

3.1.2.2.3 决定钻柱构件脆性断裂的因素

脆性断裂对于钻柱构件的安全是极为有害的，因此人们非常关心钻柱构件是否处于脆性状态？决定断裂类型的因素到底是什么？

常见脆性断裂的原因是：由于结构设计或焊接工艺不良造成的很大的截面突变，出现应力集中或裂纹；环境温度的降低；材料的成分、冶炼、加工工艺不当；残余应力未消除等。但同一材料制成的不同构件在不同环境下服役时，其失效方式可能是脆性的，也可能是韧性的，它既取决于材料的成分、冶炼、热处理等热加工的内在因素，也取决于应力状态(多轴应力、应力集中大小等)、加载速度、环境温度和介质等外在服役条件。

(1)应力状态的影响。任何应力状态都可用切应力和正应力两种成分来表示，这两种应力成分对变形和断裂起着不同的作用。只有切应力才引起塑性变形，因此构件上各点是否发生塑性变形主要依该处的切应力成分如何而定，即最大切应力(τ_{max})和最大正应力(σ_{max})的比值 α(α 为应力状态软性系数，$\alpha=\tau_{max}/\sigma_{max}$)的大小而定。切应力既是位错运动的推动力，也决定在位错运动的阻碍物前最终可能导致裂纹萌生的塞积位错的数目，因此切应力对变形和断裂的发生和发展都起作用。而正应力则只影响断裂的发展过程，因为只有拉应力才使裂纹扩展。因此，当材料一定时，任何增加最大正应力对最大切应力的比率的应力状态，即使 $\alpha=\tau_{max}/\sigma_{max}$ 比值减少的应力状态都将增加金属材料的脆性。这就是说，就材料而言，并不存在本质绝对脆性或绝对塑性的材料。实际上，任何金属材料都可以产生韧性断裂，也可以产生脆性断裂。

从位错的观点来看，引起塑性变形的切变发展过程是位错不断增殖并沿整个滑移面运动的过程，而断裂的发展过程则是位错不断聚积和消失的过程。当金属开始屈服时，大量的位错在运动过程中，由于受到阻碍物的阻挡或产生某种位错反应模型而被塞积起来，造成巨大的应力集中，如果这个应力集中被变形过程所松弛，则断裂过程被抑制，变形继续进行，材料显示出良好的塑韧性；反之，若这个应力集中是以裂纹的发生和扩展来松弛，则变形过程被抑制，脆性断裂便发生了。

应力状态对断裂类型的影响，可以用金属材料力学状态示意图(图 3.1.10)来说明。图 3.1.10 中τ_y和τ_f分别代表材料的切变屈服强度和切断强度，σ_f代表材料的脆断强度。如图 3.1.10 所示，在一定加载方式下，一定类型的应力状态(即 σ_1、σ_2、σ_3三个主应力保持一定比值)可以用通过原点、斜率为

α 的直线($\alpha = \tau_{max}/\sigma_{max}$)来表示,图中,$\alpha < 0.5$,$\alpha = 0.5$,$\alpha = 0.8$,$\alpha = 2$ 四条射线分别代表三向不等拉伸、单向拉伸、扭转、单向压缩的应力状态。图 3.1.10 中画出的屈服线τ_y和切断线τ_f平行于横坐标,即假定一定加载速度和温度时,材料的切变抗力τ_y、切断抗力τ_f是一常数(实际上,多大多数金属材料而言,τ_y、τ_f并非常数,而是或多或少地随应力状态而变化)。而正断线 σ_f在τ_y线以下与纵坐标平行,超过τ_y线后是斜线,表示 σ_f在τ_y线以下是一个常数,在τ_y线以上则随塑性变形量的增大而增大。τ_y、τ_f、σ_f线分别代表材料发生屈服、切断和正断所需的极限应力。τ_y、τ_f、σ_f三条线在图 3.1.10 中划出了表示材料力学性能的两个区域,即在屈服线以下,正断线以左的是弹性变形区;屈服线以上,切断线以下的是弹塑性变形区。如图 3.1.10 所示,材料在三向不等拉伸(如缺口拉伸)的情况下,代表该应力状态的射线($\alpha < 0.5$)直接与 σ_f相交,材料断裂前只发生弹性变形,表现为宏观正断式的脆性断裂。当此材料在单向拉伸($\alpha = 0.5$)时,代表该应力状态的射线在与 σ_f相交前与τ_y线相交,则可知材料在断裂前将发生塑性变形,但断裂仍表现为宏观正断方式,为正断式韧性断裂。当材料受扭转或单向压缩时,代表这两种应力状态的射线先与τ_y相交再与τ_f相交,则可知断裂前有宏观塑性变形,表现为切断式韧性断裂。图 3.1.10 联合了两个强度理论,把材料的性能指标、应力状态、破坏方式等辩证地联系起来,可以定性地表示应力状态和材料脆性、塑性状态的关系。

对同一材料,改变其应力状态就可以改变其断裂类型,反之如果应力状态一定而改变材料性能(τ_y、τ_f、σ_f),也必将引起断裂类型的改变。可见,断裂类型是由材料本质和应力状态共同决定的。

① 缺口作用和对脆化趋势的影响。钻柱构件上不可避免地存在各种类型的缺口和应力集中(如台阶、螺纹、加工刀痕、补焊和焊接带来的未焊透和裂纹、淬火裂纹、疲劳裂纹等),这些缺口有的是结构设计上不可避免的,有的是原材料或制造和使用过程中造成的。由于缺口的存在,会引起受载后在缺口处的应力集中、应变集中,并且形成二轴或三轴拉伸应力状态,增加材料脆化的趋势。缺口的存在导致材料脆化的原因是:产生高的应力集中、产生多轴应力状态、产生高的局部应变硬化和裂纹及引起高的应变率。

② 材料的缺口敏感性。实际上为防止脆断,从设计上应尽可能减少截面突变和应力集中,从制造工艺上应尽量减少缺陷,但这些方法并不能完全消除材料的脆性倾向。因此,问题最后仍然要归结到从材料本质出发,通过提高材料的抗力指标来防止脆断。为评价材料本质,人们采用多种方法来测定材料对缺口的敏感性,并将这些试验结果作为设计选材的依据。测定材料缺口敏感性的方法有静载荷下的缺口拉伸(包括缺口偏斜拉伸)试验、缺口弯曲试验和冲击载荷下缺口冲击韧性试验、落锤试验等。

(a)拉伸缺口敏感度通常用缺口强度比 NSR,即缺口试样抗拉强度与光滑试样(试样直径与缺口根部截面直径相同)的抗拉强度之比来表示。一般认为当 NSR > 1 时,材料对缺口不敏感;NSR < 1 时,材料对缺口敏感。在缺口偏斜拉伸试验时,缺口截面上的应力极不均匀,能更敏感地反映出材料的缺口敏感度。缺口敏感度与材料的热加工处理状态关系密切。

(b)静力韧度定性指标即缺口静弯曲试验的载荷(P)—挠度(f)曲线下所包围的面积也可以用来表示材料的缺口敏感性。典型的载荷—挠度曲线如图 3.1.11 所示。

这一曲线可分为三个组成部分:弹性变形部分(Ⅰ),这部分曲线所包括的面积代表弹性功;塑性变形部分(Ⅱ),这部分曲线下的面积代表塑性功;断裂部分(Ⅲ),这部分曲线下的面积代表撕裂功。

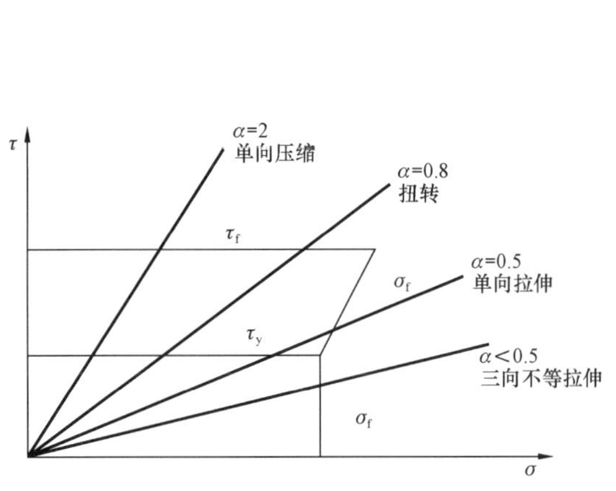

图 3.1.10　金属材料力学状态图

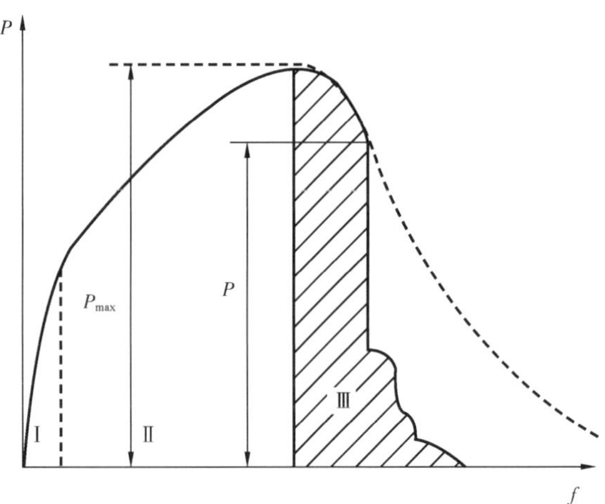

图 3.1.11　典型缺口静弯曲负荷载荷—挠度曲线

如果曲线只由第Ⅰ部分组成,则说明材料完全脆性;如果曲线有第Ⅰ、Ⅱ部分,而无第Ⅲ部分,则说明材料对缺口敏感,并且第Ⅱ部分面积越小,缺口敏感度越高。不存在第Ⅲ部分也可以说金属材料对裂纹敏感,裂纹一旦萌生,便很快失稳扩展,亦即其断裂韧性极低。曲线第Ⅲ部分代表当裂纹产生后,金属阻碍裂纹继续扩展的能力。裂纹可在 P_{max}点或 P_{max}以后某点(如 P 值点)产生,也可能一直不产生(如图 3.1.11 虚线所示)。有些正火或调质的碳素钢或低合金钢钻柱构件材料在缺口静弯曲时,裂纹通常在 P 值点产生,但裂纹沿截面扩展一段后就暂时停止。这是因为裂纹尖端发生了塑性钝化,在外载作用下直至整个破断前,还可能发生多次的裂纹扩展、停止、再扩展的现象,曲线上出现如图 3.1.11所示的阶梯状。在相同试验条件下,可以将这一部分面积的大小以及阶梯状变化的情况作为比较不同材料裂纹敏感性的定性指标。也可以将 P_{max}/P 作为材料对缺口敏感性的定量指标,当 $P = P_{max}$时,说明材料的缺口敏感性大。

(2)温度、加载速度和材料本质的影响。

① 温度降低和加载速度增大的影响。温度和加载速度对材料的屈服强度有很大的影响,总的规律是屈服强度随温度降低或加载速度的增大而升高。温度降低和加载速度增大对材料断裂抗力的影响不如对屈服强度的影响大,可以认为断裂抗力对温度和加载速度不敏感。温度降低和加载速度增加对断裂类型的影响,可以通过图 3.1.12 的材料力学状态图定性反映出来。图 3.1.12 表示了某材料由于温度降低或加载速度增大力学状态的变化。在室温下进行单向拉伸时,此材料表现为正断式韧性断裂。若温度降低或加载速度增大,由于τ_f、σ_f对温度和加载速度不敏感,可近似认为不变,但τ_y将急剧上升,如图 3.1.12 虚线所示。因此材料在低温(或高的加载速度)下进行单向拉伸试验时将发生正断式脆断,即正断前不发生塑性变形,材料已处于冷脆转化温度下的脆性状态。

② 材质因素对脆性倾向的影响。钻柱构件材料一般采用夏比 V 形缺口冲击试验评价其韧脆程度。夏比冲击吸收能可以评定材料在冲击载荷下的缺口敏感性,低温系列冲击试验还可估算材料低温脆化的倾向。冲击吸收能是材料的重要性能,它对材料成分、宏观缺陷、显微组织及冶炼、加工工艺特别敏感。

钻柱构件大多采用中碳或中低碳锰钢、低合金钢材料,改变冲击吸收能—温度关系曲线的方法如图 3.1.13 所示。其中,提高上平台能的措施包括:降低 C、P 等含量;细化晶粒;全回火马氏体(索氏体）组织。降低上平台能的措施包括：增加 C、P、H 等含量；超过一定含量的 Ni、Si、Al 等；横向试样（带状组织和非金属夹杂物分布）；增加强度和硬度；冷变形加工、应变时效。提高冷脆转变温度的措施包括：增加 C、P、N、O、Mo、H 等含量；超过一定含量的 Si、Al 等；粗晶粒、珠光体组织、贝氏体组织；P、As、Sb、Sn、S 等在晶界偏聚引起的回火脆性；P、Mn 的带状偏析；冷变形加工、应变时效；增加缺口底部曲率及深度；增加冲击速度。降低冷脆转变温度的措施：增加 Ni、Mn 含量；Mn/C > 3；细晶粒、回火马氏体（索氏体）组织、奥氏体组织；小于 0.3% Si、0.1% Al 含量；超过一定含量的 V、Ti；消除回火脆性（加 Mo 或回火后快速冷却、减少有害元素）；减少 Mn、P 的带状偏析。提高下平台能的措施：增加 Ni、Cu 的含量；增加残余奥氏体的含量。

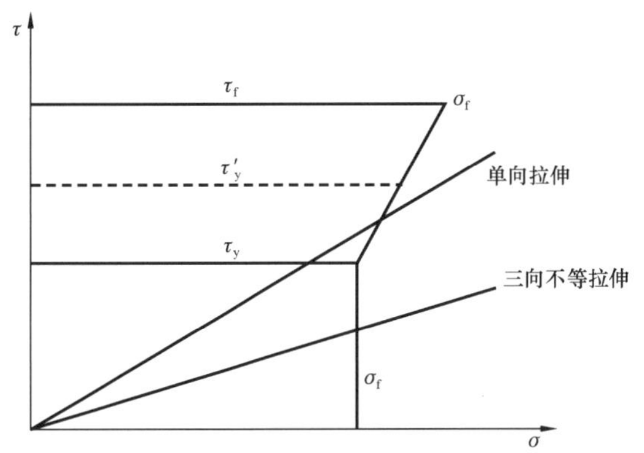

图 3.1.12　温度降低或加载速度升高对材料力学性能的影响示意图

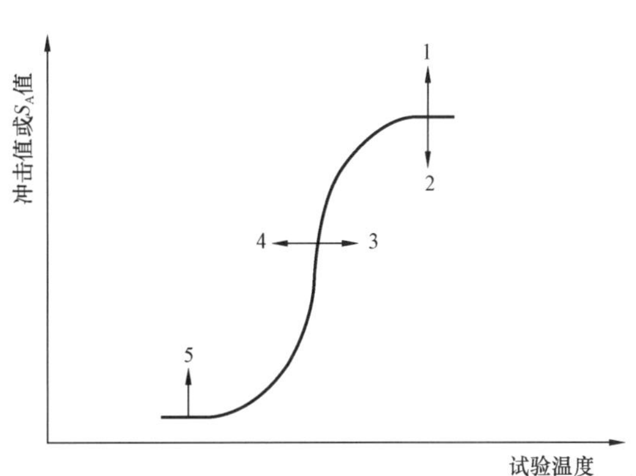

图 3.1.13　改变冲击吸收能—温度关系曲线的方法

1—提高上平台能；2—降低上平台能；3—提高冷脆转变温度；4—降低冷脆转变温度；5—提高下平台能

3.1.2.2.4　钻柱构件的安全韧性判据

钻柱构件脆断失效主要由材料表面的尖锐缺陷、螺纹根部尖角等应力集中源和材料韧性不足等引起。钻柱构件在井下主要是疲劳和一次脆断失效，与材料的冲击吸收能均有一定的关系，一般疲劳裂纹扩展和一次脆断都有失稳临界尺寸，临界裂纹尺寸大小取决于钢的断裂韧性。低断裂韧性的钢具有小的临界裂纹尺寸，其临界裂纹尺寸可能小于钻柱构件的管壁厚；相反，断裂韧性高的钢其临界裂纹尺寸可能大于钻柱构件的管壁厚。在临界裂纹尺寸大于构件管壁厚时，即使裂纹扩展深度达到全壁厚，构件也不会发生失稳脆断和疲劳断裂，只是内部高压钻井液从穿透裂纹刺出，形成刺穿孔洞，刺穿的信号可以使钻井人员及时采取措施，防止钻柱构件发生分离断裂，从而避免代价高昂的打捞作业。

断裂力学中常用的断裂韧性参量有 K、J 积分和裂纹尖端张开位移（CTOD）等，理论上既可以用于产品设计，又可以用于材料质量评定。夏比冲击试验的特点是试样尺寸小，装置简单，具有包括缺口、高速加载、容易实现低温等三大促进材料脆化的试验条件，对材料的内在质量如缺陷、夹杂、分层、晶粒粗大、晶间析出物等极为敏感，常用来评价材料的冶金质量和脆化倾向。但由于其物理概念不明确，因此不能直接用于结构设计，设计者只能凭经验来确定夏比冲击吸收能的技术条件要求。许多研究者试图建立夏比冲击吸收能与断裂韧性之间的经验关系，用简单的冲击试验来规定确保钻柱构件安全所需要的断裂韧性。

Shell 加拿大有限公司通过研究，建立了高强度钻杆的断裂韧性 K_{IC} 与 3/4 尺寸的夏比冲击吸收

能 C_V 的相关性：

$$C_V = \frac{K_{IC}^2 + 0.0022\sigma_y^2}{0.5172\sigma_y} \tag{3.1.32}$$

式中 σ_y——材料的屈服强度。

根据上式，可计算钻柱构件在各种使用条件下允许一定尺寸的缺陷存在时的断裂韧性要求，并估算上述条件下为确保钻柱构件的安全使用所要求的夏比冲击吸收能。

钻柱构件的韧性要求是随其使用条件而变化的。使用应力水平不同，允许的缺陷深度不同，其韧性要求就不同。假定钻柱构件表面存在一横向表面裂纹，其长度为 $2c$，深度为 a，在承受拉伸应力 σ 的情况下，裂纹尖端的应力强度因子表达式为：

$$K_I = \frac{1.1\sigma\sqrt{\pi a}}{\left[\Phi^2 - 0.212\left(\frac{\sigma}{\sigma_y}\right)^2\right]^{1/2}} \tag{3.1.33}$$

$$\Phi = \int_0^{\pi/2}\left[\sin^2\theta + \left(\frac{a}{c}\right)^2\cos^2\theta\right]^{1/2}d\theta$$

式中 Φ——第二类椭圆积分，由 a/c 比值可查积分表求得。

钻柱构件的应力 σ 可按下式计算：

$$\sigma = \sigma_m + \sigma_w + \sigma_r + \sigma_q$$

$$\sigma_q = (K_t - 1)\sigma_m$$

式中 σ_m——平均膜应力（一般取 σ_m = 规定的最小屈服强度 $\sigma_{ymin}/1.6$）；

σ_w——主弯曲应力（利用井眼曲率来计算）；

σ_r——残余应力；

K_t——应力集中系数。

当钻柱构件表面裂纹扩展穿透壁厚时，裂纹尖端的应力强度因子可按有限宽度板、中心裂纹承受均匀拉伸的情况来处理：

$$K_I = \sigma\sqrt{\pi a}\left(\frac{W}{\pi a}\tan\frac{\pi a}{W}\right)^{1/2} \tag{3.1.34}$$

式中 W——钻柱构件内外圆周长的平均值；

a——裂纹长度之半。

现以 ϕ127mm×9.19mm 钻杆为例计算疲劳裂纹扩展穿透管壁后不发生断裂的韧性要求。根据大量失效分析的经验，取裂纹长度 $2a \approx 40$mm，即 $a \approx 20$mm。

根据实际测试，钻杆表面残余应力很小，忽略不计，钻杆表面应力集中不予考虑，对 E75、G105 及 S135 各钢级钻杆断裂韧性 K_{IC} 和换算的夏比冲击吸收能要求见表 3.1.2。钻杆在使用过程中，受力状态十分复杂，尤其是在深井及斜井和方位变化大的定向井中更是如此，这时其使用应力可达屈服强度的 90%，甚至发生短时超载的情况。因此，表 3.1.2 中列出的保证钻杆刺穿后不立即发生断裂的断裂韧性和夏比冲击吸收能的要求对应的计算应力水平为 90% σ_{ymin} 和按 90% σ_y。

表 3.1.2 钻杆刺穿后不发生断裂的韧性要求

钢级		屈服强度（MPa）	抗拉强度（MPa）	伸长率（%）	按 $\sigma_{ymin}/1.6+\sigma_w$ 计算 σ		按 90% σ_{ymin} 计算 σ		按 90% σ_y 计算 σ	
					K_{IC}（MPa $\sqrt{m}$）	C_V（J）	K_{IC}（MPa $\sqrt{m}$）	C_V（J）	K_{IC}（MPa $\sqrt{m}$）	C_V（J）
E75	要求	581	802	24.2	94.5	32.2	117.2	48.2	131.8	60.3
	API 5D 规定	517 ~ 724	≥689	≥17.5	—	—	—	—	—	—
G105	要求	781	880	25.0	127.3	43.4	141.6	53.0	177.2	81.1
	API 5D 规定	724 ~ 931	≥793	≥15.5	—	—	—	—	—	—
S135	要求	1007	1088	22.0	159.8	53.6	211.2	89.9	228.3	104.4
	API 5D 规定	931 ~ 1138	≥1000	≥12.5	—	—	—	—	—	—

对钻铤和转换接头来说，其壁厚较厚，主要失效形式为发生于螺纹根部的脆性断裂和疲劳断裂。以 ϕ177.8mm 钻铤为例，当 $C_V=20$J 时，K_{IC} 为 86.2MPa $\sqrt{m}$。

由于螺纹根部的应力集中，a/c 值要比管体小。根据对钻铤失效的统计分析结果，取 $a/c=1/5$，由第二类椭圆积分表查得 $\Phi^2=1.104$。若取 $\sigma/\sigma_y=0.9$，则 $\sigma=797.4$MPa。故允许的临界裂纹尺寸 a_c 为：

$$a_c=\frac{(1.104-0.212\times0.9^2)\times86.2^2}{1.21\times\pi\times797.4^2}=2.89\text{mm}$$

同理，当 $C_V=54$J 时，$K_{IC}=151.7$MPa $\sqrt{m}$，$a_c=8.95$mm；当 $C_V=80$J 时，$K_{IC}=186.9$MPa $\sqrt{m}$，$a_c=13.59$mm。

结果表明，材料的韧性越高，可允许的临界裂纹尺寸越大。当韧性提高到一定程度时，即使钻柱构件上的裂纹穿透管壁，也不会立即发生断裂。这对钻柱构件的安全及钻井作业是很有意义的，即若有一适当的韧性指标，便可避免因钻柱构件断裂落井而造成巨大损失。

3.1.2.3 疲劳与腐蚀疲劳

3.1.2.3.1 钻柱疲劳和腐蚀疲劳机制

构件在交变载荷作用下发生损伤乃至断裂的过程称疲劳（Fatigue）。金属的疲劳破坏可以分为疲劳裂纹萌生、疲劳裂纹扩展和失稳断裂三个阶段。疲劳裂纹萌生有三种方式：滑移带开裂、晶界或孪晶开裂、夹杂物或第二相与基体的界面开裂。其中，滑移带开裂是最常见、最基本的疲劳裂纹萌生方式。滑移带开裂过程为：出现滑移线→形成滑移带→形成驻留滑移带。驻留滑移带形成和发展的过程就是疲劳裂纹萌生的过程。疲劳裂纹在滑移带上萌生后，分两个阶段扩展：第一阶段沿着与拉应力成45°角的滑移面扩展，达到几个或几十个晶粒深度后，逐渐转向与拉应力垂直的方向扩展（第二阶段）。第一阶段的裂纹扩展，在断口上一般不留下任何痕迹，而第二阶段则留下“条带”显微特征。经疲劳裂纹的扩展后，达到疲劳破坏的最终阶段——失稳断裂。这种断裂是瞬间突然发生的。疲劳是一种潜在的失效方式，在最大应力低于屈服强度条件下，疲劳裂纹也能成核和扩展，从而导致灾难性事故。

腐蚀疲劳（Corrosion Fatigue）是交变载荷和腐蚀联合作用产生的破坏过程。一般是指空气以外的腐蚀环境中的疲劳行为。其主要特征：(1)在空气中的疲劳存在着疲劳极限，而在腐蚀疲劳情况下不存在，一般以预先指定的循环周次（$N=10^7$或10^8）下不发生疲劳破坏的相应应力作为腐蚀疲劳强度；(2)与应力腐蚀不同，不需要材料—环境的特殊组合，只要存在腐蚀介质即可发生腐蚀疲劳；(3)金属的腐蚀疲劳强度与抗拉强度间无明显的比例关系；(4)腐蚀疲劳裂纹多起源于表面腐蚀坑或表面缺陷，往往成群出现，主要呈穿晶型，无分枝现象，也有沿晶型或混合型；(5)断口既有腐蚀特征又有疲劳辉纹特征。

疲劳和腐蚀疲劳的性能参量为：疲劳极限 σ_{-1}（在空气中的疲劳）或疲劳强度（腐蚀疲劳）；疲劳寿命 N_f（疲劳断裂周次）；疲劳裂纹扩展速率 da/dN；疲劳门槛应力强度因子 ΔK_{th}（疲劳裂纹不扩展或 $da/dN<10^{-7}$mm/周所对应的 ΔK_I）。

除上述疲劳和腐蚀疲劳的一般特征外，钻柱的疲劳和腐蚀疲劳失效还有如下特点：(1)大多数疲劳断裂发生于旋转过程中，或在钻进后立即提离井底的时候；(2)旧钻具发生疲劳的概率较大，而新钻具的疲劳大多因制造质量不高、设计不合理或使用不当引发；(3)疲劳断裂较多地发生在钻柱接头螺纹牙根、钻杆接头直角台肩、钻杆内加厚过渡区等[4]。

钻柱构件疲劳和腐蚀疲劳裂纹一般在钻柱构件表面萌生，其原因为：(1)钻柱构件表面的应力比内部高；(2)钻柱表面往往与钻井液等腐蚀性介质接触；(3)钻柱构件表面结构形状突变易形成应力集中（如钻杆管体内加厚过渡处、螺纹牙根等）；(4)钻柱构件表面往往有碰伤、划伤等；(5)钻杆管体是轧制而成，表面的氧化、脱碳层降低表层强度。疲劳裂纹可以从一处萌生，也可从多处萌生。多处萌生称多源疲劳[5]。

钻柱腐蚀疲劳失效过程主要包括（图3.1.14）：新管材→蚀坑出现→蚀坑扩大→裂纹萌生→裂纹扩展→刺穿→断裂。

(1)蚀坑形成与扩大。

纯铁在中性溶液中一般很难钝化，在弱碱性溶液中（pH=9～10），自钝化能力也不甚强。加之钻杆用钢均含有Mn，Mn的自钝能力还不如Fe，因而Mn的加入反而会使钢的自钝化能力更弱。Cr、Ni、Mo、V虽然钝化能力较Fe强，但因含量很少，作用甚微。因此，钻杆一开始使用，金属就会因电化学腐蚀而开始溶解。倘若钻杆材料的成分、组织很均匀，那么就会产生均匀的全面腐蚀。但是，实际钻杆的材料成分组织并不均匀，尤其是材料中的碳化物及夹杂物分布不均匀，对于腐蚀坑的形成和发展影响很大。如果这些大小不等的粒子处于钻杆内壁表面上，它们和周围的Fe就会形成以Fe为阳极的腐蚀电池，周围的Fe会很快地发生电化学溶解，结果产生了大大小小的坑蚀核，而没有这些粒子的地方Fe的溶解速度要慢得多。在那些富集Cr、Ni、Mo元素的微区还有可能形成局部的钝化膜。开始，这些微区的溶解也轻微。不过，这种局部膜没有保护作用，它会作为阴极与相邻的Fe组成微电池，导致膜周围的铁快速溶解。

当碳化物夹杂以及局部钝化膜周围的Fe溶解完之后，本身也会脱落。如果有新的粒子暴露在这

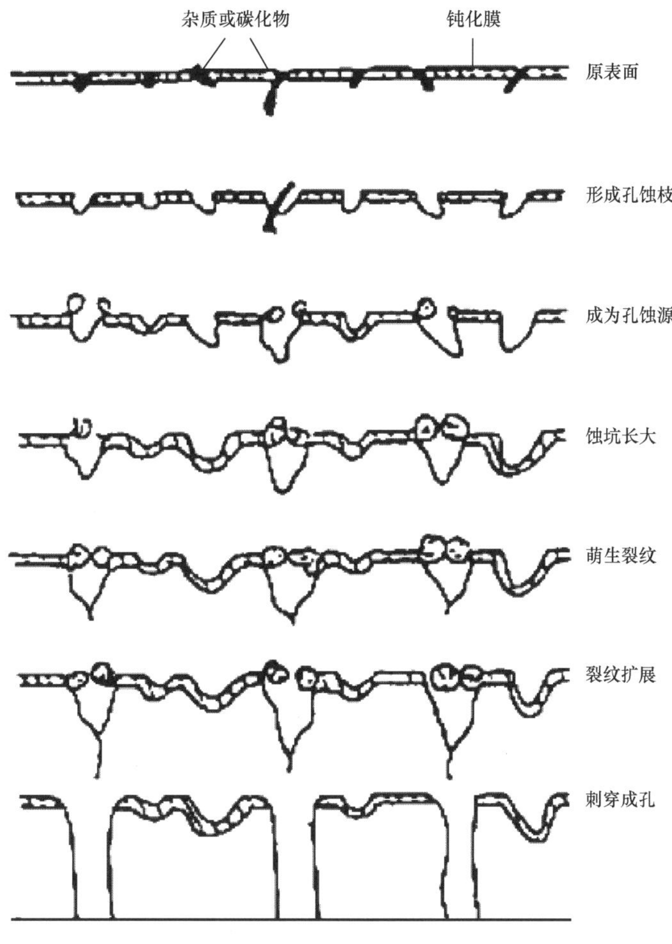

图 3.1.14　钻柱腐蚀疲劳失效模型

个小蚀坑的表面上，则腐蚀微电池的作用会使这个蚀坑进一步扩大。由于这些粒子在各方向的分布大致相等，因而蚀坑将不断地向管壁的深度及周围以大致相同的速度扩展，形成大致的半球形，坑口的直径基本等于深度的两倍。

当然有的小蚀坑形成之后，不再有碳化物或夹杂粒子暴露，腐蚀速度会减慢。不过这些没有腐蚀或蚀坑分散的局部地区，往往是暂时存在的，上述蚀坑的扩大可能把它们吞食掉。

上述过程的发展结果，造成了管壁上大量蚀坑的出现。

蚀坑均匀发展过程中会出现下面两种情况：

① 蚀坑愈向深处发展，液流对其表面的冲刷作用愈小，生成的不溶性腐蚀产物，例如 $Fe(OH)_3$ 及 $CaCO_3$ 污垢容易在管内蚀坑内壁沉积，形成较厚的锈蚀物壳层。这个壳层在应力作用下很容易发生龟裂，结果产生许多缝隙。这些缝隙中新裸露出的钢表面就会在缝隙中的电解质溶液作用下发生腐蚀。腐蚀介质是中性或弱碱性的，因此，腐蚀过程中阴极上发生的是氧的还原反应，使溶解氧被消耗。由于缝隙的液体呈滞流状态，因此，其中的溶解氧得不到补充，导致缝隙的内部和外部因氧的浓度差形成氧的浓差电池，缝内金属是阳极（锈蚀物壳层是阴极），发生溶解，生成的 $Fe(OH)_3$ 和天然水中的 $CaCO_3$ 沉淀，会把缝隙口封住（图 3.1.15），从而形成闭塞电池，使其中封闭的介质的 pH 值减小。加上钻井液由天然水调成，一般都含有一定量的 Cl^- 等活性离子。这些阴离子由于缝隙中正电性的增高很易进入内部，使内部酸性增多，因而这些地方的金属加速溶解，出现了大蚀坑内的小蚀孔。

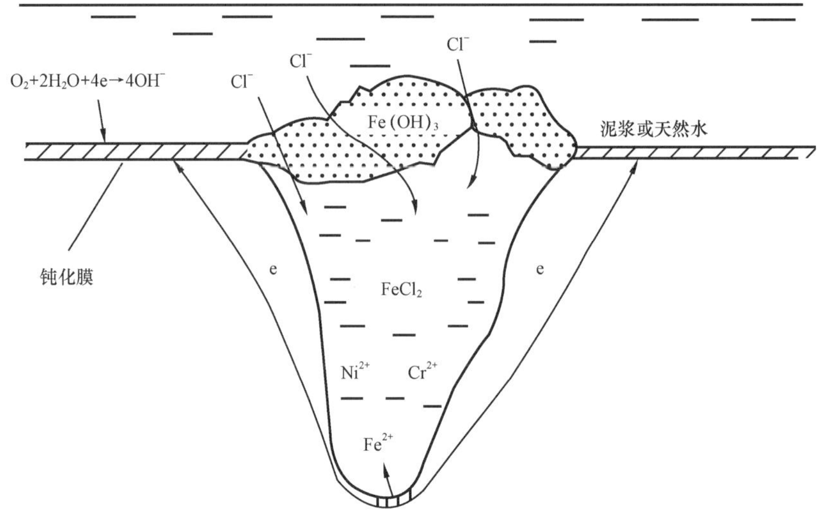

图 3.1.15　大蚀坑中产生小蚀孔机理示意图

② 在大蚀坑发展过程中,可能会在某个局部遇上大的夹杂,使局部的腐蚀电流急剧增大,结果也会形成较深的蚀孔。由于锈蚀物的堵塞,最后同样会形成闭塞电池使孔内腐蚀加速。

(2)裂纹萌生与扩展。

钻杆内壁的蚀坑不断发展的结果,使钻杆的有效断面减小,同时还导致了局部(坑底)的应力集中,使钻杆的承载能力大大下降,或者说在工作载荷下,断面上尤其在较深、较尖锐的蚀坑底部材料所受应力逐渐提高。

当某些蚀孔底部的应力大到一定程度,在循环应力的拉伸期将会出现塑性滑移从而产生滑移台阶。滑移台阶露出的"新鲜"金属表面很易发生腐蚀,"新鲜"面被腐蚀之后又妨碍滑移,致使在压缩期逆向滑移时,已腐蚀的滑移台阶形成裂隙,如此反复,则形成初始的裂纹源。

蚀坑底部裂纹的形成还可能有下面两个原因。其一,局部的较大应力会产生较大应变。而蚀坑表面的氧化膜变形能力差,当应变大到一定程度,膜则发生开裂,这些开裂的缝隙本身就是一个裂纹。其二,如果晶界上分布有较多杂质或析出有较多的碳化物,从而使晶界的腐蚀较其他地方迅速,结果会形成晶界裂纹。

钻杆在钻进过程中,既受旋转弯曲应力,又受到自重引起的拉伸静载荷。前者会产生腐蚀疲劳,后者会产生应力腐蚀,关于这两方面的具体作用有待于今后探讨。但是,即便是具有应力腐蚀破裂敏感性的材料,若受到交变应力时,即使频率很低,如果应力半幅在能产生应力腐蚀破裂的临界值(σ_{scc})以下,亦能产生腐蚀疲劳。因此,在裂纹形成初期,局部应力较小的情况下,腐蚀疲劳的作用是主要的。当应力半幅高于σ_{scc}时,也许两者同时起作用使裂纹迅速扩展,但这段时间在钻杆的整个寿命中所占的比例是很小的。

当然,如果钻杆本身存在着与轴向垂直的皱褶或其他尖锐的缺陷,即一开始便存在疲劳裂纹源。在工作过程中,外加应力若大于腐蚀疲劳门槛值,裂纹就会不断扩展,这会引起钻杆早期断裂。

在疲劳裂纹扩展阶段,因为加厚过渡区的应力集中,应力半幅也较大,裂纹扩展的速度较其他部位快。这个阶段的腐蚀坑仍然在长大。但是,与裂纹扩展相比,腐蚀坑的长大作用已不重要。

钻杆腐蚀疲劳裂纹扩展中还常伴有层状腐蚀(图 3.1.16),这是应力腐蚀的一种形式,即在腐蚀疲劳主裂纹两侧产生次生裂纹。次生裂纹与主裂纹垂直,沿着带状组织条界面扩展,发展程度因材质及腐蚀介质而异。这种腐蚀开裂与主裂纹尖端的“闭塞效应”有关。一般钻井液的 pH 值在 8 以上，可有效地抑制应力腐蚀。但裂纹闭塞区介质酸化，极端情况下 pH 值可降为 0。钻杆带状组织的条带界面常分布有夹杂物，尤其是硫化物，促成了条带间的应力腐蚀即层状腐蚀的发展。

图 3.1.16　腐蚀疲劳裂纹两侧的层状应力腐蚀次生裂纹

(3)刺穿与断裂。

由于裂纹从钻杆内壁向外壁不断扩展，剩余厚度越来越薄，到一定程度时，管内高压钻井液会把局部剩余材料冲开，即刺穿。刚出现一个或几个小刺穿孔时，因泄漏不大，泵压下降不明显，操作者如能及时发现，一般可以避免断裂。但如果发现不及时，在提升过程中，因轴向应力加大，钻杆会从那些较弱的面断开。

如果继续钻进，一方面，这些刺孔在高压钻井液冲刷下不断向周围扩大，另一方面，由于裂纹中部刺穿孔的出现使孔两侧的应力急剧增大，孔两侧的裂纹将以很快的速度疲劳扩展，不久会把相邻的刺孔连接在一起。同时，在其他部位新的刺孔仍在继续产生。刺穿发展的结果，使钻杆有效断面不断缩小。当发现泵压明显下降时，刺孔加裂纹的总长度已超过其临界裂纹尺寸，即发生失稳断裂。

3.1.2.3.2　提高钻柱疲劳和腐蚀疲劳寿命的措施[6]

(1)从钻柱构件自身提高其安全可靠性和使用寿命。

① 提高钻柱构件韧性。钻杆疲劳损伤难以完全避免，重要的是疲劳裂纹出现后能够被及时发现而不发生裂纹失稳扩展断裂。钻井人员希望疲劳裂纹能够稳定扩展到穿透钻杆壁厚并有稳定的刺孔尺寸，这时，刺穿的信号可以使钻井人员及时采取措施，防止钻杆失稳断裂，这就是“先漏后破”(Leak Before Break)设计准则。按照断裂力学理论，提高材料的韧性，裂纹失稳扩展的临界尺寸增大，“先漏后破”条件更易满足。

钻杆需要的韧性(K_{IC}或 C_V)与载荷或井深有关。国外的研究表明，在“先漏后破”条件下，G105 钻杆“先漏后破”的最低 C_V为 80J(图 3.1.17)。

管研院以 ϕ127mm S135 钻杆为例，计算了不同井深时管体材料的韧性要求，表 3.1.3 为计算

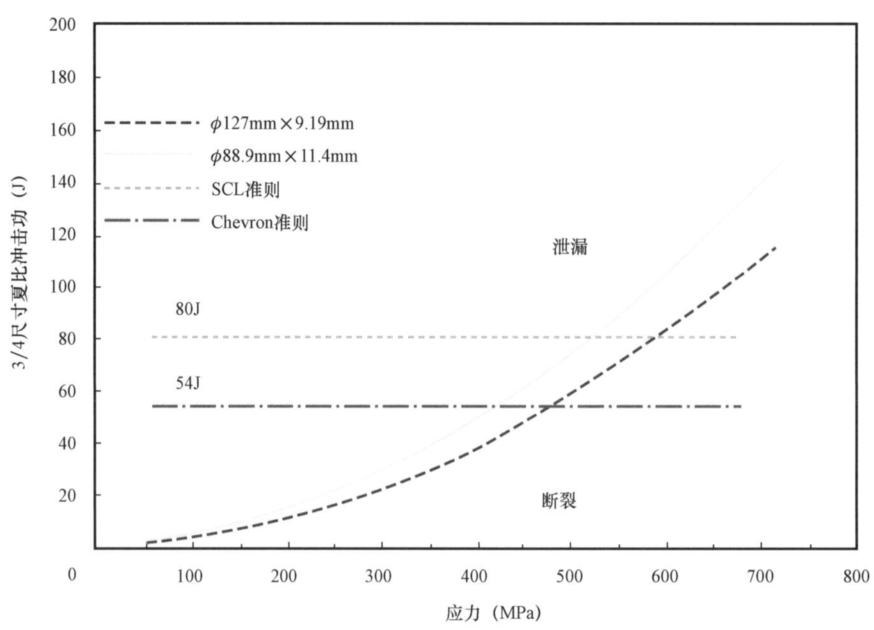

图 3.1.17　先漏后破条件下 G105 钻杆需要的韧性与载荷的关系

输入的不同井深时的钻杆管体应力,表 3.1.4 为利用失效评估图计算得到的最低冲击吸收能要求值。

表 3.1.3　计算最低 K_{IC} 值时输入应力值

井深(m)	井口钻杆轴向拉力(kN)	井口钻杆拉伸应力(MPa)	井口钻杆弯曲应力(MPa)
3000	849	250	100
3500	972	286	100
4000	1095	322	100
4500	1218	358	100
5000	1341	394	100
5500	1464	430	100
6000	1587	467	100
6500	1800	550	100
7500	2200	700	100

表 3.1.4　钻杆管体材料室温最低冲击吸收能要求

井深(m)	4500	5500	6500	7500
S135 钻杆最低冲击吸收能(J)	60	80	100	120

② 提高钻杆摩擦对焊质量。早期 API 标准未规定钻杆对焊区技术条件,管研院率先研究提出焊区韧性要求,即 $C_V \geqslant 20$J,被 API 标准采纳。ISO 11961 对焊区韧性也有了明确的规定,见表 3.1.5。

表 3.1.5　ISO 11961 对焊区韧性的要求

管子钢级	产品规范级别 (PSL)	试验温度 (℃)	三个试样平均最小冲击吸收能 (J)	单个试样最小冲击吸收能 (J)
E75 X95 G105 S135	1	21 ±2.8	16	14
E75 X95 G105 S135	SR24	21 ±2.8	54	47
S135	3	−20 ±2.8	42	34

③ 改进钻柱构件结构设计。

(a)改进内加厚过渡区结构和尺寸[7]。实际钻井过程中，钻杆的疲劳基本上属于旋转弯曲疲劳，钻杆的应力分布和载荷密度如图 3.1.18 所示。钻杆的疲劳和腐蚀疲劳可能发生在两个区域：一是管体外表面(A 点)，该处弯曲应力最大；二是内加厚过渡区与管体交界处(C 点)，这里因几何形状不连续造成应力集中，属高应力区。钻杆失效分析及现场资料统计表明，钻杆刺漏基本发生于 C 点，说明几何不连续性引起的应力集中对疲劳过程的影响很大。

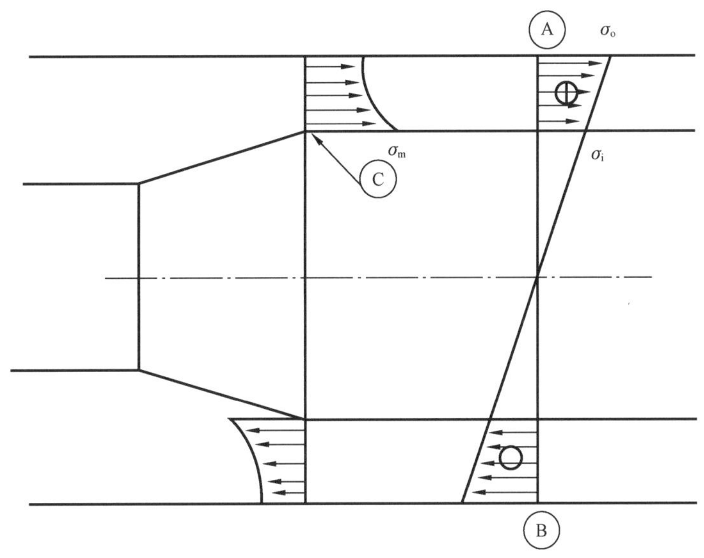

图 3.1.18　钻杆的应力分布和载荷密度

钻杆内加厚过渡区的应力集中主要受 M_{iu} 长度及过渡圆角半径 R 的影响(M_{iu} 和 R 的位置见图 3.1.19)，而早期 API 标准并没有规定钻杆内加厚部分的形状和尺寸。

利用有限元方法，研究了 G105 钻杆 M_{iu} 和 R 尺寸对应力集中系数 K_t 的影响。有限元模型、网格划分和加载条件如图 3.1.20 所示。

拉伸载荷作用下，应力集中系数 K_t 随 M_{iu} 和 R 的变化规律如图 3.1.21 所示。可见，M_{iu}、R 越大，应力集中系数 K_t 越小；当 $R \leqslant 80$mm 时，应力集中系数随 M_{iu} 增大下降趋势更为显著；当 $R \geqslant 200$mm

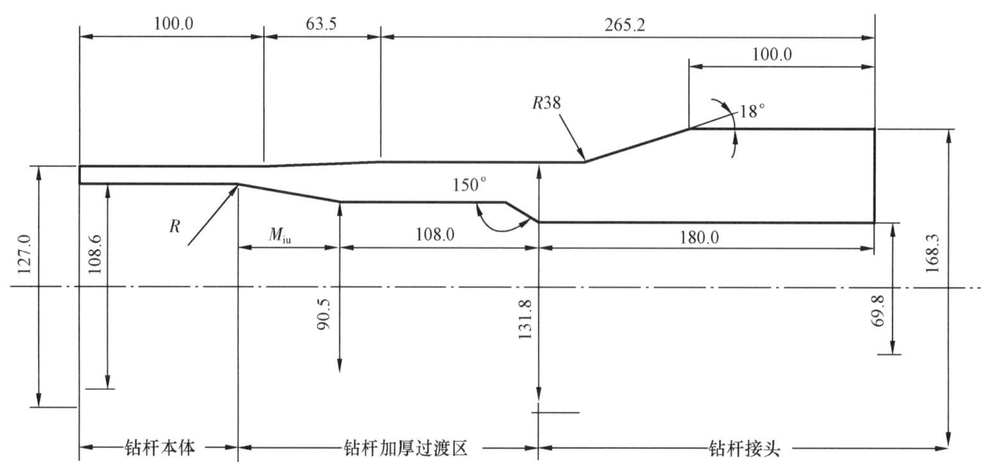

图 3.1.19　5in 钻杆内螺纹接头与加厚过渡带结构尺寸

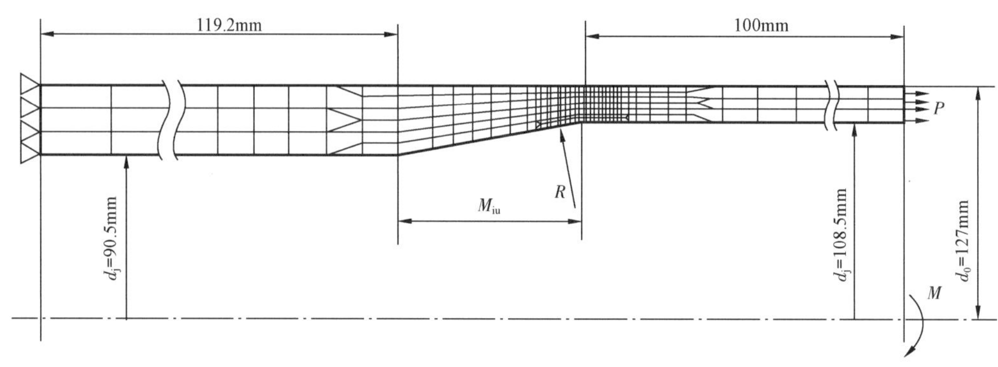

图 3.1.20　有限元模型、网格及加载条件

时，M_{iu}对应力集中系数的影响变小，K_t 趋于一条水平直线；当 $R = 300$mm，应力集中系数最小，仅为 1.075。

弯曲载荷作用下，应力集中系数随 M_{iu}和 R 的变化规律如图 3.1.22 所示。可见，R 为 300mm 时，应力集中系数 $K_t = 0.9925 < 1$。因此，$R \geqslant 300$mm 可用作钻杆内加厚过渡区尺寸的设计准则。

通过三点弯曲疲劳试验研究了应力集中对钻杆疲劳寿命的影响。试样材料采用 S135 钢级钻杆，试样尺寸和加载条件如图 3.1.23 所示，施加载荷 6000N，应力比 2.39 ~ 2.40，在 20t 高频试验机上分两组进行试验：第一组试样，内加厚过渡圆角半径 $R = 0$，测定不同内加厚长度 M_{iu}的钻杆疲劳寿命 N；第二组试样，内加厚长度 $M_{iu} = 50$mm，测定不同加厚过渡圆角半径 R 的钻杆疲劳寿命 N。试验结果如图 3.1.24 所示。结果表明，内加厚长度 M_{iu}以及加厚过渡圆角半径 R 越大，疲劳寿命越长。例如在 $M_{iu} = 50$mm 时，$R = 50$mm 与 $R = 150$mm 的疲劳寿命相差 10 倍。

全尺寸钻杆疲劳试验是验证内加厚形状是否合理的最佳方法。使用悬臂梁式旋转弯曲疲劳试验机，旋转速度为 300r/min，加载位置距 $M_{iu} = 2$m，对三种不同的 M_{iu}与 R 组合的 S135 和 G105 钻杆进行试验：

A 组：$M_{iu} \geqslant 70$mm，$R \geqslant 200$mm

B 组：$M_{iu} = 33 \sim 37$mm，$R = 25 \sim 37$mm

C 组：$M_{iu} = 20$mm，$R = 0$

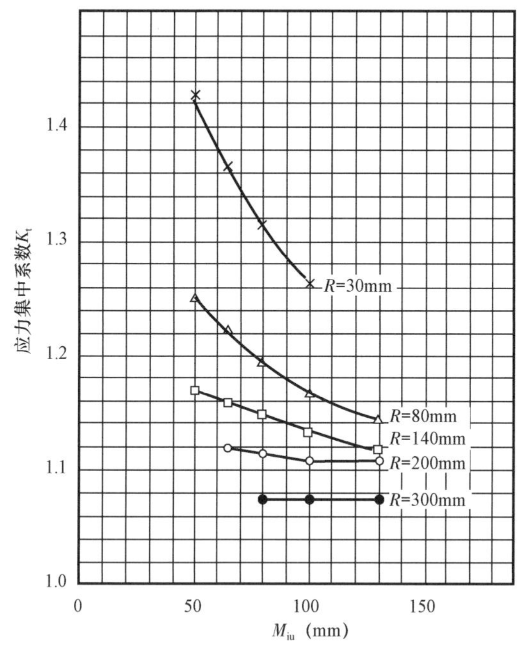

图3.1.21　应力集中系数K_t随M_{iu}和R的变化规律(拉伸载荷)

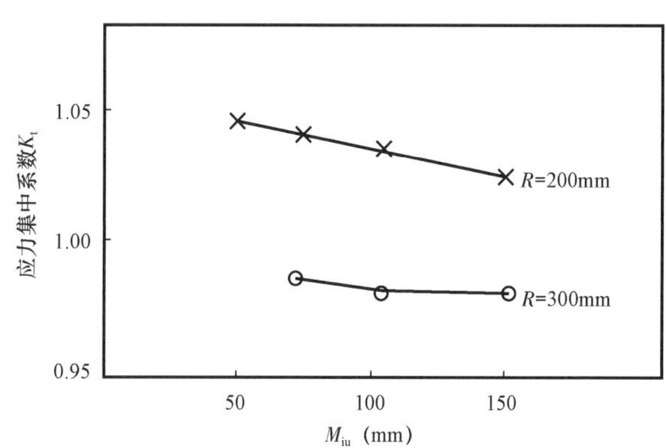

图3.1.22　应力集中系数K_t随M_{iu}和R的变化规律(弯曲载荷)

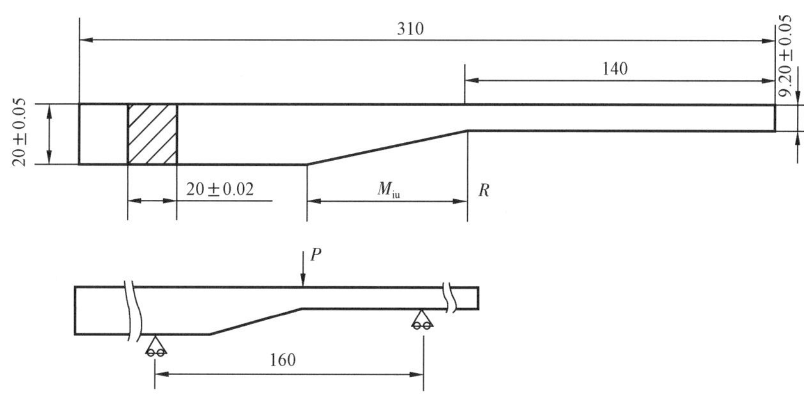

图3.1.23　三点弯曲疲劳试验的试样尺寸和加载条件

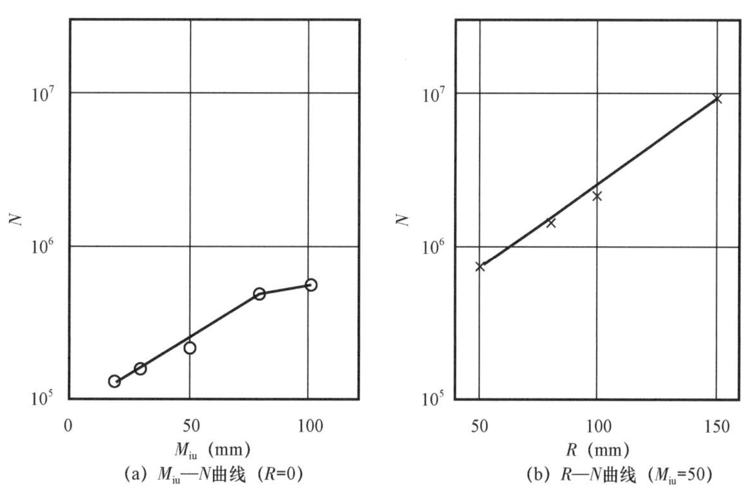

图3.1.24　疲劳寿命N与M_{iu},R之间的关系

试验结果如图 3.1.25 及图 3.1.26 所示，M_{iu}与 R 越大，钻杆寿命越长。例如当试验应力为 300MPa，A 组的 G105 钻杆的寿命比 B 组长 8 倍，比 C 组长 26 倍。

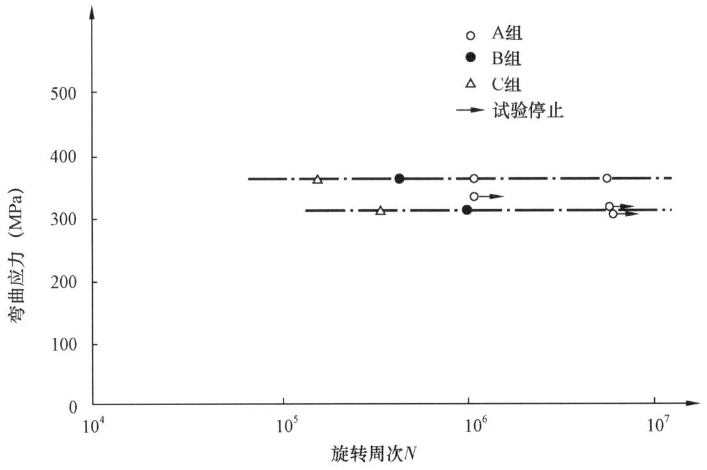

图 3.1.25　S135 钻杆寿命曲线

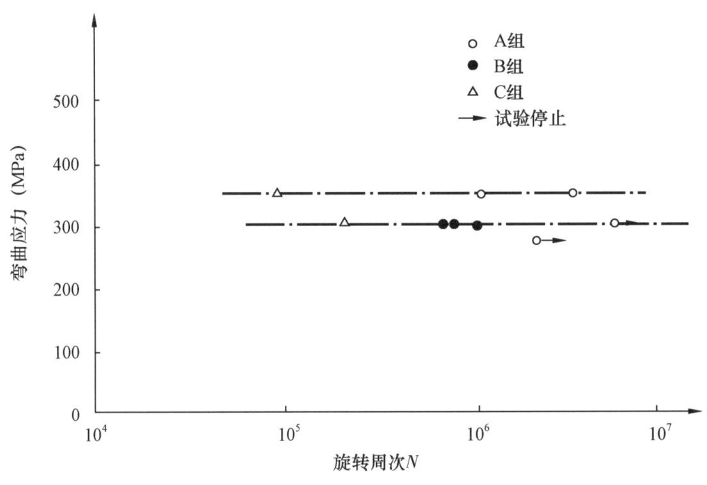

图 3.1.26　G105 钻杆寿命曲线

上述研究成果（$M_{iu} \geqslant 80$，$R \geqslant 300$mm）已被 API 标准采纳，正式列入 API 5D（第 12 版）。多年现场使用数据证明，寿命提高 2 倍以上。美国 Grant T. F. W 开发了 H 系列钻杆，其寿命提高 91%（图 3.1.27）。

（b）内螺纹接头座吊卡台肩由 90°变为 18°。90°台肩处应力集中较严重，断裂事故频发。图 3.1.28为两种台肩的 σ_R—N 曲线对比。

（c）改进钻具螺纹。应尽量采用 NC 型螺纹。Grant T. F. W 开发了一种 SST 螺纹，可显著降低外螺纹根部应力水平，从而提高钻杆疲劳寿命（图 3.1.29）。

（d）开发高抗扭接头。Mannesmann 和 NKK 较早开发高抗扭接头（图 3.1.30）。Mannesmann 高抗扭接头抗扭能力提高 30%，抗弯性能也有所提高。Grant 开发了可承受更高扭矩的超抗扭钻杆产品，其锥度的优化可使抗扭矩能力比高抗扭矩钻杆提高 25%～30%。金属和弹性密封选择可保证气密封，用于中途测试（测井）。第二级台阶可使高抗扭（钻杆）的扭转强度增加 40%，超抗扭（钻杆）增加 70%。如图 3.1.31、图 3.1.32、图 3.1.33 所示。较小的外径和较大的内径可用于小井眼钻井并提高液压。

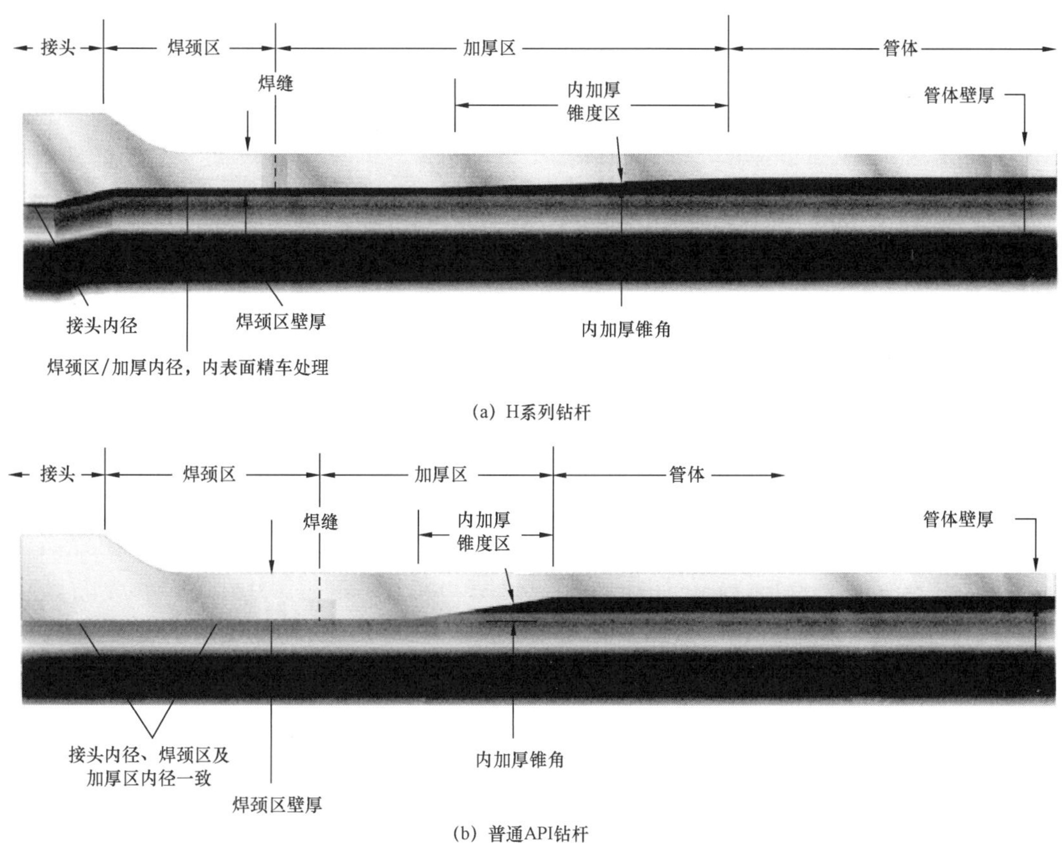

图 3.1.27　Grant T. F. W 开发的 H 系列钻杆与 API 钻杆内加厚形状对比

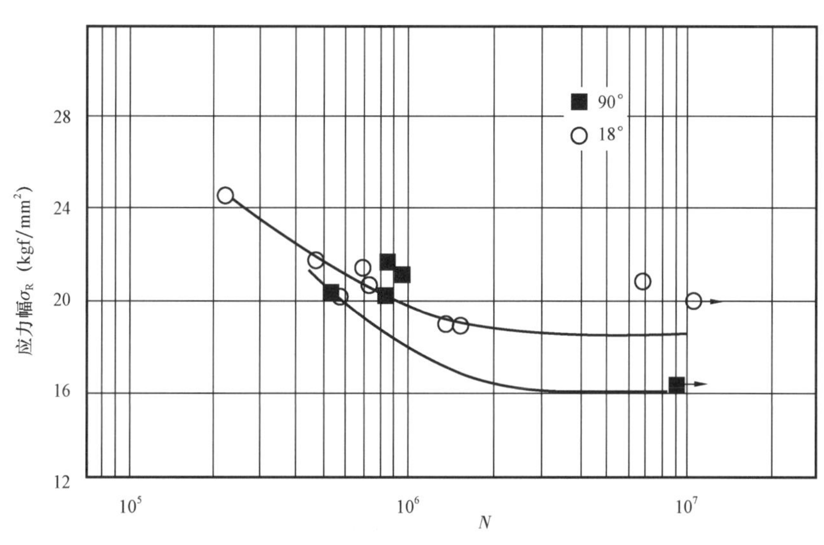

图 3.1.28　两种接头台肩的 σ_R—N 疲劳曲线

(e)加工应力分散槽。为降低外螺纹根部应力集中，开发了带有应力分散槽的钻杆外螺纹接头(图 3.1.34)。钻铤可采用 API Spec 7 第 38 版(1994 年)推荐的应力分散槽。

(f)按标准加工倒角。倒角外径过大,会导致台肩压陷(失去密封性),甚至内螺纹接头涨裂。

④ 开发酸性环境用钻柱构件。国外许多钻杆生产厂相继开发了酸性环境用钻杆。例如新日铁的 ND－95S、ND－110S。

Grant 开发了 XD－105,具有独特的化学成分,可控制淬火和回火热处理,可控制屈服强度(105000 ~120000psi),限制硬度(不大于 HRC30),良好的断裂韧性。其试验结果见表 3.1.6。

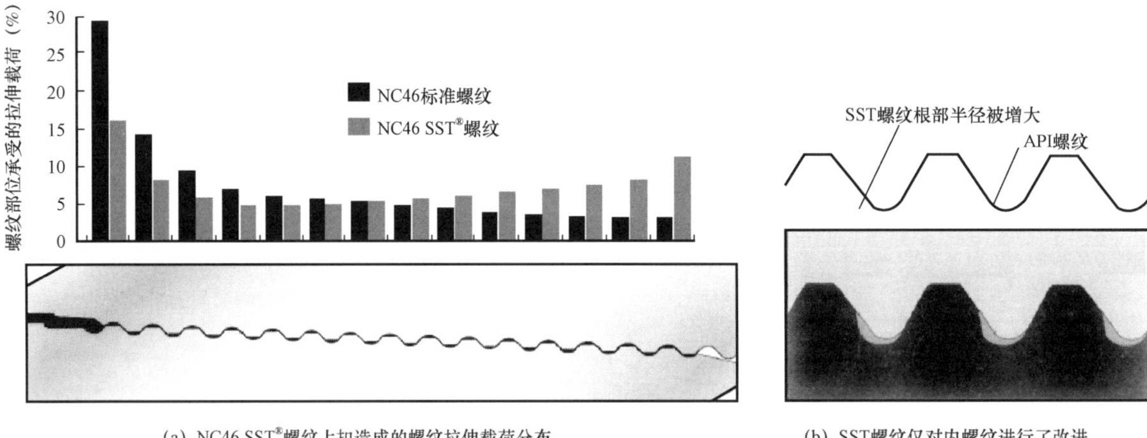

(a) NC46 SST®螺纹上扣造成的螺纹拉伸载荷分布　　(b) SST螺纹仅对内螺纹进行了改进

图 3.1.29　Grant T. F. W 开发的 SST 螺纹

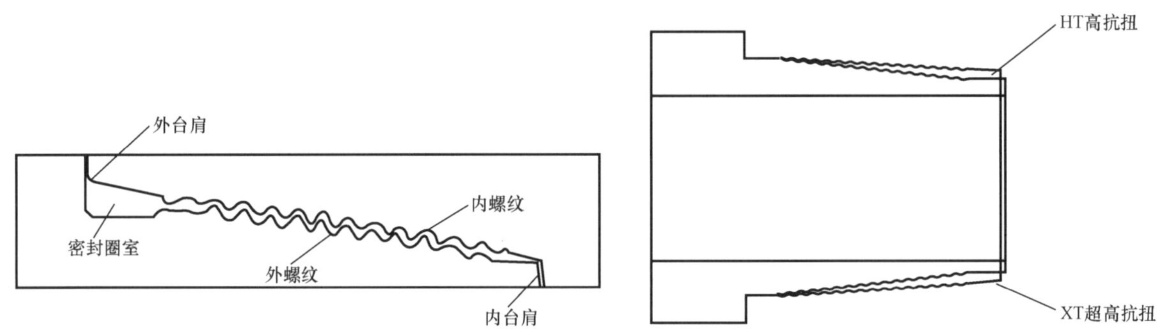

图 3.1.30　Mannesmann 高抗扭接头

图 3.1.31　超抗扭和高抗扭钻杆的对照

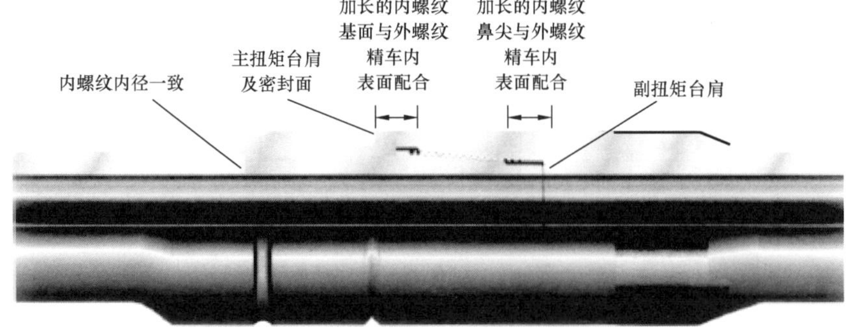

图 3.1.32　Grant 高抗扭接头

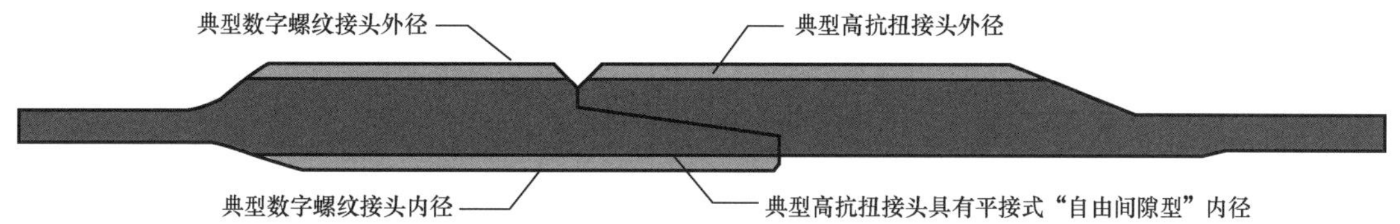

图3.1.33 高抗扭接头可减少外径,增大内径

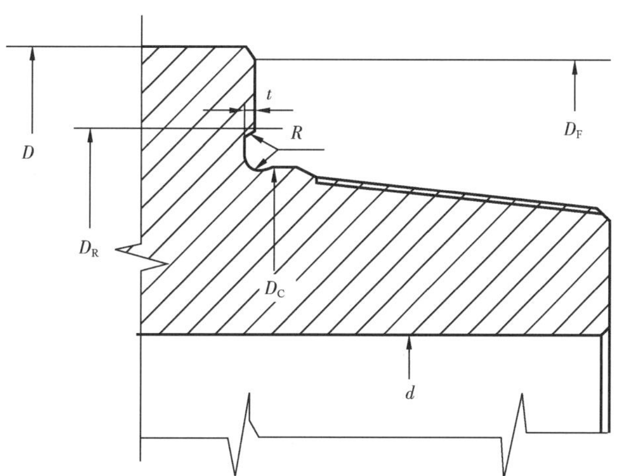

图3.1.34 钻杆接头外螺纹根部应力分散槽

表3.1.6 XD-105和G105钻杆的SSCC试验

钻杆和试验条件	加热号码	试样	通过/未通过
控制屈服强度的XD-105钻杆 NACE试验@70%SMYS(规定的最小屈服强度)	XD-105-1	3	通过
	XD-105-2	3	通过
标准的G-105钻杆NACE试验@70%SMYS	G-105-1	2	86h后开裂
	G-105-2	2	86h后开裂
	G-105-3	2	24h后开裂

Grant还开发了酸性环境用的XD-90厚壁钻杆,提高了SSCC抗力,硬度控制在最大HRC22,专门设计用于H_2S环境,具有高强度和回火马氏体的微观结构,比常规加重钻杆有更好的抗开裂性能。管体经过淬火和回火,可达到90000psi(620MPa)的强度级别,而标准的加重钻杆屈服强度为55000psi(379MPa)。

⑤ 开发有色金属及复合材料钻柱构件。包括铝合金钻杆、钛合金钻杆、复合材料钻杆。

上述材料钻杆的潜在优势超过了常规钢钻杆:重量轻、高的强度重量比、优良的耐腐蚀性能、高的抗疲劳能力、无磁性。

⑥ 应用表面技术。

(a)在钻柱接头外表面敷焊或喷涂耐磨带。研究的热点是:既保护钻杆接头又保护套管的耐磨材料。

(b)在钻杆内表面涂敷耐蚀层。内涂层钻杆较普通钻杆寿命高 1 ~2 倍,至少可减少一半的钻杆消耗。

(c)螺纹表面处理。对钻杆构件螺纹根部进行冷滚压强化。除镀铜外,可选择表面磷化及其他表面处理工艺。

(2)提高钻柱安全可靠性和使用寿命的外部措施。

① 在保证提升能力条件下,优先选用较低钢级钻杆。钻杆 70% 以上的失效属腐蚀疲劳失效。腐蚀疲劳与大气条件下的疲劳有不同的规律,低钢级钻杆有较高的疲劳寿命。在有硫化氢的井中,低强度钻杆是更好的选择。

② 使用最佳预紧扭矩。预紧扭矩与疲劳强度的关系见表 3. 1. 7 和如图 3. 1. 35 所示。

表 3. 1. 7　预紧扭矩与疲劳强度

T/J 型式	T/J 螺纹外径 (in)	T/J 螺纹内径 (mm)	紧扣扭矩 (N · m)	紧固应力 (kgf/cm^2)	疲劳强度 (kgf/cm^2)
SP27/8	3¾	50. 8	4640	19. 3	18. 0
NC31	4⅛	54. 0	2200	6. 6	10. 0
NC38	4¾	68. 3	18000	35. 0	10. 0
NC38	4¾	68. 3	5930	11. 6	12. 0
NC38	5	61. 9	—	—	—
NC50	6¼	95. 3	18000	17. 0	>14. 0
NC50	6¼	95. 3	19500	18. 4	>16. 1
NC50	6⅜	95. 3	12000	11. 4	17. 0
NC50	6⅜	95. 3	10400	9. 9	20. 0
NC50	6⅜	69. 9	7300	4. 2	10. 0

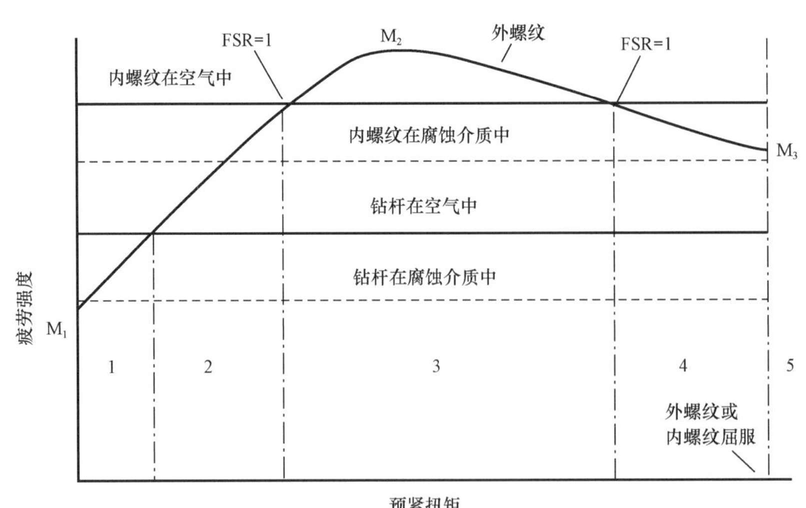

图 3. 1. 35　钻具螺纹接头的疲劳强度与预紧扭矩的关系

③ 选择合适的弯曲强度比。应选择适合本地区的弯曲强度比(2.0～3.2)，以保证内、外螺纹接头弯曲疲劳强度的平衡。在钻具外径容易磨损、井下有腐蚀介质情况下，内螺纹接头疲劳失效较突出，应选择较大弯曲强度比。反之，在外螺纹接头疲劳失效频繁发生地区，应选择较小的弯曲强度比。

相邻钻具的刚度即抗弯截面模量，差别不能太大，以免刚度小的钻具发生早期疲劳失效。相邻钻具抗弯截面模量比应在 3.5～5.5 范围内。

④ 在钻铤与钻杆之间使用加重钻杆。增加钻铤用量可以提高钻井效益。但统计资料表明，当钻铤用量超过 15 根后，钻铤断裂事故急剧增加。而且当钻柱重量接近钻机大钩安全负荷时，不可能再增加钻铤数量。若在钻柱中加入加重钻杆，上述问题得以圆满解决。

在钻铤与钻杆间加入加重钻杆可缓和钻柱截面的变化，降低应力集中，从而减少钻具事故。

在大钩负荷和钻压相同情况下，使用加重钻杆，可提高钻深能力。一般使用约 10 根加重钻杆作为钻杆与钻铤间的过渡。

⑤ 控制腐蚀。

(a)应将钻井液的 pH 值控制在 10 以上；

(b)控制钻井液的溶解氧。3μg/g 的溶解氧即可降低钻杆 50% 的腐蚀疲劳寿命；

(c)控制氯离子含量，可采用 API RP 7G 第 15 版(1995 年)推荐的办法。

⑥ 科学管理钻柱构件。

(a)推广钻具分级及成套管理经验；

(b)把好钻柱构件检验关，包括购进检验和现场检验；

(c)对在役钻柱构件进行适用性评价，确立探伤周期，预测剩余寿命。

3.1.2.3.3　钻柱的疲劳损伤积累问题

当钻柱长时间承受循环载荷的作用后，该钻柱并没有产生可以检测到的疲劳裂纹，但实际上钻柱已经有了一定的疲劳损伤。当这些疲劳损伤可累积到一定程度时，可以用探伤检测到疲劳裂纹。不同油田、不同探区，因其地质构造等差异性，有不同的钻具探伤周期。一般而言，底部钻具的探伤周期为几百小时，钻杆探伤周期为几千小时。

3.2　油/套管柱力学行为

3.2.1　油/套管柱强度设计

3.2.1.1　井身结构设计准则及油/套管柱选用原则

3.2.1.1.1　设计依据资料

油套管柱设计常规方法可以参考《钻井手册》(第二版)和 SY/T 5724《套管柱结构与强度设计》[8,9]，设计依据资料包括：

(1)钻井地质设计；

(2)地层孔隙压力、地层破裂压力及坍塌压力剖面；

(3)地层岩性剖面;

(4)完井方式和油层套管尺寸要求;

(5)相邻区块参考井、同区块邻井实钻资料;

(6)钻井装备及工艺技术水平;

(7)井位附近河流河床底部深度、饮用水水源的地下水底部深度、附近水源分布情况、地下矿产采掘区开采层深度、开发调整井的注水(汽)层位深度;

(8)钻井技术规范。

3.2.1.1.2 套管柱设计内容

(1)套管层次及下入深度设计。

套管层次和下入深度设计的实质是确定两相邻套管下入深度之差,也就是确定安全裸眼井段的井深区间。所谓安全裸眼井段是指在该裸眼井段中,应防止钻进过程中发生井涌、井壁坍塌、压差卡钻、钻进时压裂地层发生井漏、井涌关井或压井时压裂地层而发生井漏以及下套管时压差卡套管等井下复杂情况。套管层次及下深的设计方法有自下而上设计和自上而下设计两种方法。对同一口井,在套管层次和下入深度设计时,所选择的裸眼井段的起始点以及设计顺序不同,所得到的套管层次和下入深度的设计结果也不同。一般,对于已探明区块的开发井或地质环境清楚的井,采用自下而上设计方法,对于新探区的探井或下部地层地质信息存在不确定性的井,采用自上而下和自下而上相结合的方法。

套管层次和下深的自下而上确定方法:因油层套管的下入深度主要取决于完井方法和油气层的位置,因此该方法设计步骤是由中间套管开始,由下而上逐层确定每层套管的下入深度。

套管层次和下深的自上而下确定方法:该设计方法是在根据设计区域的浅部地质条件和设计原则确定了表层套管的下入深度以后,从表层套管下入深度开始,由上而下逐层确定每层套管的下入深度,直至目的层套管。

(2)套管与井眼尺寸选择及配合。

管尺寸及井眼(钻头)尺寸的选择和配合涉及勘探、钻井及采油的顺利进行和成本。确定套管与井眼配合尺寸一般由内向外逐层依次进行。首先确定生产套管尺寸,再确定下入生产套管的井眼尺寸,然后确定各层技术套管尺寸及相对应的井眼尺寸。依此类推,直到表层套管的井眼尺寸,最后确定导管尺寸。

生产套管尺寸应满足勘探和采油工程的要求。对于生产井,根据储层的产能、油管大小、增产措施及井下作业等要求确定。对于探井,应满足顺利钻达设计目的层以及勘探对目的层井眼尺寸的要求,要考虑原设计井深是否需要加深。对于复杂地质条件和地质信息存在不确定性的区域,应考虑井眼尺寸留有余量以便施工中能够增加技术套管的层数。

套管与井眼(钻头尺寸)间隙配合应满足套管安全下入并满足固井质量的要求,考虑井眼情况、曲率大小、井斜角、下套管时的井底波动压力以及地质复杂情况带来的问题等。

套管与井眼之间应有合适的间隙。间隙过大或过小,都会给下套管和固井工作带来一系列不利的影响。从安全顺利下套管的角度考虑,套管与井眼的间隙越大越好。间隙过大,将明显增加钻井成本和固井成本,影响水基钻井液的顶替效率。间隙过小,则不利于下套管作业、下套管的压力激动易压裂地层、固井质量难以保证。

因此，为确保固井质量，套管与井眼的间隙选择应考虑到避免水基钻井液在较小的环隙内局部先期脱水造成桥堵，有利于提高水基钻井液的顶替效率，水泥环有足够的强度能承受套管重力及射孔等井下作业产生的冲击载荷。

综上所述，套管与井眼的间隙设计就是找出安全顺利下套管要求的最小间隙值。为保证套管安全顺利下入井内，与之配合的井眼尺寸首先必须能使套管柱上的各种工具如扶正器和刮泥器通过。再就是在一定的下套管速度下，钻井液沿环空上返时产生的压力激动不会压漏薄弱地层。

图3.2.1给出了套管与井眼尺寸配合选择路线图（SY/T 5431—2008《井身结构设计方法》）。使用该路线图时，先确定最后一层套管（或尾管）尺寸。实线箭头代表常用配合，它有足够的间隙以下入该套管及注水泥。虚线箭头表示非常规配合，如选用虚线所示的组合时，则须充分注意到套管接箍、钻井液密度、注水泥措施、井眼曲率大小等对下套管和固井质量的影响[10-13]。

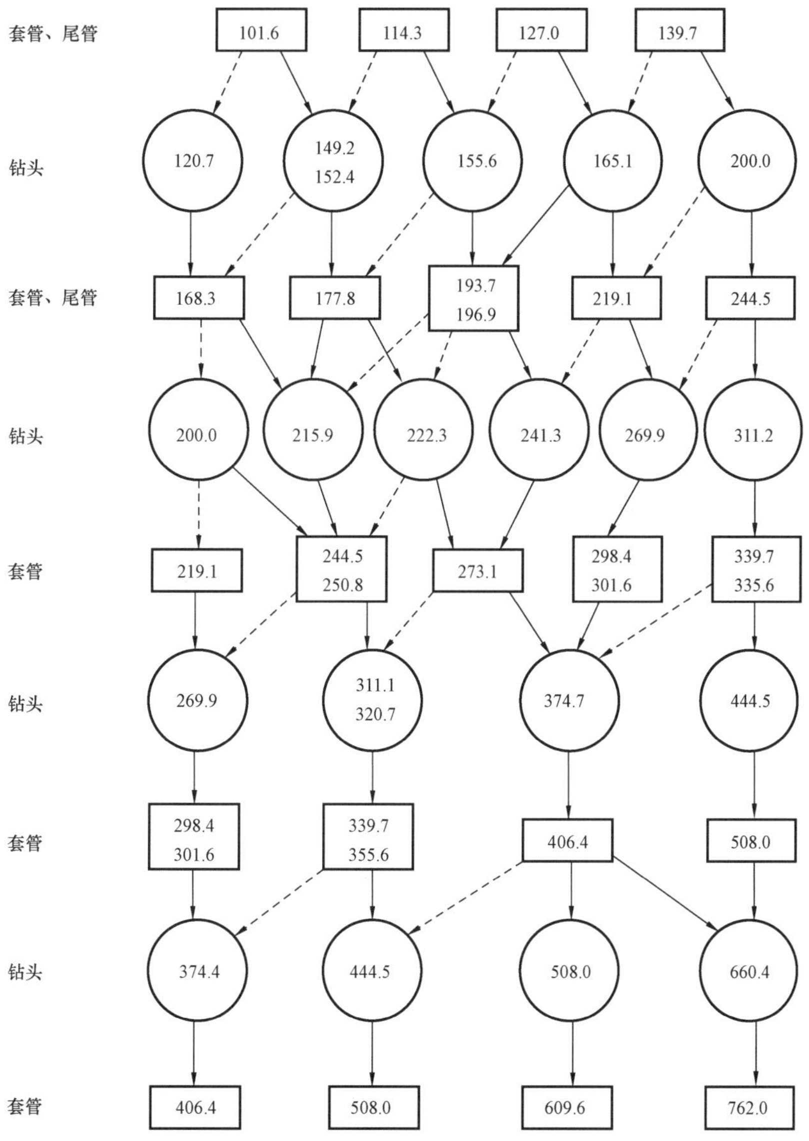

图3.2.1 套管与井眼尺寸配合选择路线图

注：(1)数据的单位均为mm；

(2)实线箭头代表常用配合，虚线箭头表示非常规配合。

对于天然气井，管柱设计需要考虑更多风险因素[14,15]。天然气藏一般含有 H_2S 与 CO_2 等有害气体，不仅在地层高温下对井下金属工具有强腐蚀性破坏[16]，而且一旦发生井喷或泄漏将对生命造成巨大伤害，因而在开发设计中应进行严格把关。

(3)套管柱强度校核设计。

套管柱强度校核是管柱设计中重要的一环[17]。国外过去采用的主要方法有边界载荷法、最大载荷法、AMOCO 方法、西德及苏联的设计方法，并逐渐发展成套管柱的优化设计软件(MAURER、LANDMARK 等)。管柱内部的应力计算对强度校核非常关键[17,18]，计算方法已从最初的单轴应力校核，发展到了双轴或三轴应力(Von Mises)复合应力计算校核，强度校核结果更加的精确可靠。

目前国内外套管设计中，都主要用套管管体进行强度校核，而没有考虑套管接头。事实上，套管从接头部位失效的案例也为数不少。因此在将来的研究中，有必要考虑套管接头的套管柱设计方法[17]。同时，国内外特殊螺纹的种类较多，接头螺纹结构及选用材料的差异也引发上扣和密封性能的不同，如耐蚀材料(13Cr 等)上卸扣次数不易频繁或过多，否则易发生粘扣，密封性能下降。

3.2.1.2 油/套管柱强度设计进展

3.2.1.2.1 ISO 10400 标准演变[19]

准确计算并标定套管强度，并据此进行油气井套管柱设计，对于确保油气井井眼的安全性及建井的经济性具有重要意义。

目前，石油行业普遍采用的计算油、套管强度的 ISO 10400:1993 版(主要内容等同于 API Bul 5C3:1994)的公式形成于 20 世纪 60 年代。随着钢的冶金轧制技术及油、套管生产制造技术的进步，油、套管的质量和性能也相应有了显著的改善和提高，ISO 10400:1993 版的公式已经不能反映当前油、套管的质量技术现状。为此，国际标准化组织在 2007 年 12 月发布了计算油、套管强度的 ISO 10400 标准的新版本，新版标准的名称为:《石油天然气工业　油管、套管、钻杆以及用作油管和套管的管线管的性能计算公式和方法》。

ISO 10400:2007 版相对于 ISO 10400:1993 版标准变化较大，对油、套管强度计算融入了全新的认识，提高了计算精度和可靠性。2018 年 8 月 ISO 10400 标准[20]的第二版发布，第二版相对于 ISO 10400:2007 在内容上基本没有变化，只是对 ISO 10400:2007 进行了细微修订，在标准的名称中用单词“formulae(公式)”取代了第一版的“equation(方程)”。

(1)ISO 10400:2018 版是按照复合载荷的形式考虑管子的屈服强度，给出了管子的三轴屈服强度设计方程，该设计方程可以作为管子承受各种静载荷时管子发生屈服失效的判据，以管子危险点所受载荷的米塞斯等效应力等于管子材料的屈服强度作为判定管子开始发生屈服的条件。ISO 10400:1993 版管体屈服强度指的是管体仅受轴向力的情况下的管体屈服强度，是单轴强度公式。实际上 ISO 10400:1993 版的屈服强度公式是 ISO 10400:2018 版三轴屈服强度方程中管子仅受轴向载荷的特例。ISO 10400:2018 版对管子屈服强度的界定更符合实际情况，更科学合理。

ISO 10400:2018 版考虑了套管的制造公差，在公式中引入了管壁制造公差因子。而 ISO 10400:

1993 版公式未考虑套管的制造公差对其屈服强度的影响。但 ISO 10400:2018 版中管子屈服强度的计算公式并未考虑管子中的残余应力和管子偏心对管子强度的影响。

ISO 10400:2018 版的套管管体屈服强度设计方程基于以下假设:

① 套管内不存在由于制造原因而产生的残余应力。

② 套管的力学性能是各向同性的,且拉伸、压缩强度相等。

③ 在计算各方向的应力时假设套管是同心的。

④ 如果套管承受的外压大于内压,那么套管会先发生挤毁失效;如果套管承受的是压缩轴向应力,那么套管可能会先发生屈曲。

(2)ISO 10400:2018 版标准中套管内压强度计算方法与 ISO 10400:1993 版标准完全不同。新的公式相对于旧公式有了显著的改进,主要表现在:

① 根据套管承受以内压为主导的情况而发生失效的实际过程,ISO 10400:2018 版将套管的内压失效按照时间先后分为两个阶段,这里称其为两个强度阶段。

第一强度阶段为套管应力危险点发生屈服时的载荷。此时套管虽然处于屈服的临界点,但仍然具有承载能力,并没有完全失效,ISO 10400:2018 版标准将这一强度称为管体三轴屈服强度。ISO 10400:1993 版公式中套管内压强度计算方程来自巴洛方程,巴洛方程对套管实际所受载荷进行了一维简化处理,这就降低了公式的计算精度,这一公式对套管承受单轴和多轴载荷时的计算结果是没有区别的,计算结果不精确。关于管体三轴屈服强度的概念,这里不再赘述。

第二强度阶段套管发生内压破裂失效。此时套管完全丧失内压承载能力,ISO 10400:2018 版将此强度称为韧性破裂强度。韧性破裂强度表示套管的抗内压极限性能,当套管所受的有效内压力达到此值时,套管发生开裂并丧失密封完整性。

在 ISO 10400:2018 版标准的制定过程中,工作组重点对世界各国学者提出的 6 个不同的韧性破裂强度计算候选公式进行了比较分析,以大量的实物试验结果和公式计算结果进行了对比,最终采纳了壳牌公司 Klever 和 Stewart 提出的计算公式。该公式基于套管材料的塑性假设,以特雷斯卡准则和冯米塞斯准则作为模型的屈服条件。

新公式的假设条件与局限性为:

(a)套管在所处的环境中具有足够的塑性,套管在破裂前是塑性的而不是脆性的,甚至在套管存在小的缺陷的情况下亦是如此。

(b)新公式不考虑弯曲应力,所以对处于弯曲状态的套管不能用新方程来计算其韧性破裂强度。

下面是端部带接箍的管子的韧性破裂强度计算公式:

$$p_{iR} = 2k_{dr}f_{umn}(k_{wall}t - k_a a_N) \Big/ \left[D - (k_{wall}t - k_a a_N)\right] \tag{3.2.1}$$

$$k_{dr} = (1/2)^{n+1} + (1/\sqrt{3})^{n+1}$$

式中　a_N——基于给定探伤门限值的缺陷深度,也就是有可能被套管检验系统漏掉的最大裂纹深度(例如,对于 12.7mm 壁厚的套管,如果探伤门限值是 5%,则取值为 0.635mm);

D——套管规定外径;

f_{umn}——套管材料的最小抗拉强度;

k_a——内压强度系数[在套管有裂纹缺陷存在的情况下,该参数量化了材料的韧性对套管内压强度的影响,但计算套管内压强度时并不需要去确定单个管子的 k_a 值。在给定的生产线和生产过程控制方案下,该值是确定的。对于高韧性材料(调质钢和 13 Cr)k_a取值为 1 或略小。对轧制状态和正火钢,根据实验数据取值为 2。标准中给出了确定 k_a值的具体方法];

k_{dr}——管子变形和材料应变硬化校正系数;

k_{wall}——壁厚公差校正系数(如偏差是 -12.5%,则校正系数为 0.875。该参数表示忽略套管裂纹缺陷情况下的管子最小壁厚,该参数可以依订货条件和生产质量控制指标进行调整);

n——套管材料应变硬化指数(不同钢级 API 套管的 n 值可以从 ISO 10400:2018 给出的表格中查出;对于非 API 套管,n 值可以根据标准中给出的计算公式计算得到);

t——套管壁厚。

如果是计算套管内压强度的确定值,为使计算结果可靠,假设套管 100% 存在裂纹缺陷,裂纹深度等于探伤门限值。

如果是计算套管内压强度的概率可靠性值,同样假设裂纹缺陷深度等于探伤门限值,但要考虑薄壁以及等于探伤门限值的裂纹缺陷实际出现的概率。

ISO 10400:2018 版中将套管的内压失效过程分为两个阶段来处理,更加符合套管受内压主导的载荷而发生失效的过程的实际情况。

ISO 10400:2018 版标准中的管体三轴屈服强度公式计算的内压屈服强度低于 ISO 10400:1993 版的内压屈服强度。按小于壁厚 5% 的裂纹计算的韧性破裂内压强度高于 ISO 10400:1993 版内压屈服强度,但是按小于壁厚 12.5% 的裂纹计算的内压破裂强度有可能会低于 ISO 10400:1993 版内压屈服强度。这说明了套管的制造质量对其内压强度的影响很大。

② 在套管韧性破裂强度计算公式中,ISO 10400:2018 版公式(简称新公式)以材料的抗拉强度代替了传统的构件强度计算公式中的屈服强度,新公式认为决定套管韧性破裂强度的是套管材料的抗拉强度,而不是屈服强度。新公式中包含有套管材料应变硬化指数,材料的屈服强度和应变硬化指数有关。ISO 10400:1993 版公式以材料屈服强度计算套管的内压强度,计算结果偏保守。

③ ISO 10400:2018 版中的套管韧性破裂强度公式引入了套管探伤门限值参数,探伤门限值以下的裂纹无法被工厂检出,但这些裂纹的存在会影响套管的内压强度,也就是说 ISO 10400:2018 版考虑了管子内存在的裂纹对套管内压强度的影响,可见,新公式对套管失效力学模型的建立更加符合实际情况。

④ ISO 10400:2018 版考虑了套管承受多轴复合载荷时的内压强度,而 ISO 10400:1993 版公式并未考虑此情况。如果套管在承受内压载荷的同时还承受轴向载荷和外压载荷,那么套管可能出现的失效形式就比较复杂,如果是内压载荷占主导,那么套管会表现为内压破裂失效,如果是轴向载荷占主导地位,那么套管可能会先出现颈缩失效。

ISO 10400:2018 版给出了确定复合载荷下韧性破裂和塑性缩颈失效强度分界线的判别方法,并分别给出了复合载荷下韧性破裂强度计算公式和塑性缩颈强度计算公式。

ISO 10400:2018 版考虑多轴载荷计算套管内压强度更加符合套管在井眼中的实际承载情况。

⑤ ISO 10400:2018 版给出了套管韧性破裂强度计算的概率方法，而 ISO 10400:1993 版并未在套管强度计算方法中引入可靠性方法。在新标准的附录中给出了套管内压强度计算的概率方法，并且给出了计算模板。

⑥ ISO 10400:2018 版套管内压强度计算公式的数学物理模型更加科学。ISO 10400:1993 版公式源自巴洛方程，而巴洛方程是由厚壁筒的拉梅方程做出薄壁假设而来，必然存在较大的计算误差。ISO 10400:1993 版公式和拉梅方程都是基于套管弹性破坏假设，而实际上在超过材料弹性极限强度的情况下，套管仍具有承载能力。

(3) ISO 10400:2018 版标准与 ISO 10400:1993 版标准抗挤强度。

在 ISO 10400:2018 版发布的时候，工作组已经选定了新的套管挤毁强度计算公式。但为了让业界更全面的检验和适应该公式，ISO 10400:2018 版标准正文条款中的套管抗挤强度公式依然按原样延续了 ISO 10400:1993 版中的公式。ISO 10400:2018 版标准在附录中作为信息性的资料给出了新的套管挤毁强度计算公式，指出待时机成熟后，将以新公式正式取代目前的公式。下文中所指的新套管挤毁强度公式均指该附录中的新公式。

新公式对旧公式的改进主要在以下方面：

① 新套管挤毁强度计算公式包括极限状态强度公式和设计强度计算公式。极限状态强度公式计算得到的是具体套管的最终的失效挤毁强度值，其计算结果可以直接和实物试验数据做比较。设计强度计算公式是根据套管的名义参数计算套管额定挤毁强度性能的公式。ISO 10400:1993 版标准仅有设计状态公式。

② ISO 10400:2018 版标准中无论是挤毁强度的极限状态方程还是设计状态方程，均只有一个计算公式，即对所有的套管都可以采用同样的公式来进行计算。而 ISO 10400:1993 版标准中有 4 个套管挤毁强度计算公式，在计算套管的挤毁强度时，需要查阅有关表格，然后再选定具体的 1 个公式进行计算。对于不同 D/t 值的套管，计算误差不同，且有较大的差别。ISO 10400:1993 版标准中的塑性挤毁公式假设套管的抗挤强度与套管材料的最低规定屈服强度成比例，而不是实际的屈服强度。如果套管的实际屈服强度和规定最低屈服强度的比值对各个钢级的套管来说是个常数的话这个假设是成立的。但生产厂的统计数据表明，对于不同钢级的套管，这个比值是不同的，这就导致对不同钢级的套管 ISO 10400:1993 版公式计算结果的误差不同。

③ ISO 10400:2018 版标准中的公式考虑了套管的制造因素和材料特性对套管挤毁强度的影响。新的极限状态设计方程考虑的套管制造因素和材料特性有：管子类型（无缝管还是直缝焊管）、套管矫直方式（冷矫直还是热矫直）、套管的外径（平均外径、最大外径、最小外径）、套管的壁厚（平均壁厚、最大壁厚、最小壁厚）、偏心率、椭圆度、残余应力、套管材料的应力应变曲线形状等。上述各因素，除了管子名义尺寸数据外，其他因素都是 ISO 10400:1993 版标准中的公式所没有考虑的。ISO 10400:1993 版标准制定时，做试验的套管是不相同的，有无缝管也有焊管，有热轧管也有冷拔管，有热矫直的也有冷矫直的，然而这些不同对于套管抗挤强度的影响并没有被考虑。研究表明，矫直和热处理方式对套管的抗挤毁强度有显著影响。ISO 10400:1993 版标准对于调质处理的套管和非调质处理的套管使用相同的计算公式，然而研究表明，这两种不同热处理的套管应使用不同的参数分别计算。

④ ISO 10400:2018 版标准中的公式可以计算高抗挤套管和非 API 钢级套管的挤毁强度。由于 ISO 10400:1993 版标准中的公式对套管生产制造差异没有考虑，而高抗挤套管由于其生产环节控制严格，技术指标优于普通套管，所以 ISO 10400:1993 版公式无法计算高抗挤套管的挤毁强度。长期

以来,高抗挤套管的挤毁强度计算一直是困扰行业的一个难题,厂家往往只能通过实物试验的方法来确定其挤毁强度值,ISO 10400:2018 版标准中的公式为高抗挤套管挤毁强度的计算提供了一个有效途径。

⑤ ISO 10400:2018 版标准选择极限挤毁强度计算公式时,工作组重点对世界各国学者提出的 11 个候选公式进行了对比验证评价,将这些公式的计算结果与 1977 年至 2000 年期间生产的来自世界各地不同厂家的套管的 2986 次实物挤毁试验结果进行了对比分析,最终选定了壳牌的 Klever 与日本工学院大学的 Tamano 联合提出的计算公式,该公式对 API 套管和高抗挤套管的计算精度在 11 个候选公式中都是最好的。ISO 10400:1993 版形成时的实物对比试验用的套管都是 20 世纪 60 年代左右生产的。而从那时起,套管的制造水平已经有了很大的提高。

⑥ ISO 10400:2018 版标准的极限状态方程可以计算具体给定的套管的挤毁强度值。如前文所言,套管极限挤毁强度方程是针对具体套管的,它可以根据实际测量的具体参数计算得到该套管的抗挤毁强度,其计算结果和给定套管的实物挤毁试验数据非常接近。ISO 10400:1993 版标准中并无这样的公式,也无法做这样的计算。

ISO 10400:2018 版标准中的套管挤毁强度计算的极限状态方程为:

$$p_{\text{ult}} = \left\{ (p_{\text{e ult}} + p_{\text{y ult}}) - \left[(p_{\text{e ult}} - p_{\text{y ult}})^2 + 4p_{\text{e ult}} p_{\text{y ult}} H_{\text{t ult}} \right]^{1/2} \right\} \Big/ \left[2(1 - H_{\text{t ult}}) \right] \tag{3.2.2}$$

$$p_{\text{e ult}} = k_{\text{e uls}} 2E \Big/ \left[(1 - \nu^2)(D_{\text{ave}}/t_{\text{c ave}})(D_{\text{ave}}/t_{\text{c ave}} - 1)^2 \right] \tag{3.2.3}$$

$$p_{\text{y ult}} = k_{\text{y uls}} 2f_{\text{y}}/(t_{\text{c ave}}/D_{\text{ave}}) \left[1 + t_{\text{c ave}}/(2D_{\text{ave}}) \right] \tag{3.2.4}$$

$$H_{\text{t ult}} = 0.127e_{\text{ov}} + 0.0039e_{\text{c}} - 0.440(\sigma_{\text{rs}}/f_{\text{y}}) + h_{\text{n}} \tag{3.2.5}$$

式中 D_{ave}——套管的实际平均外径;

E——杨氏模量;

e_{c}——偏心率;

f_{y}——实际屈服强度;

h_{n}——应力应变曲线形状系数;

$H_{\text{t ult}}$——递减系数;

$k_{\text{e uls}}$——最终弹性挤毁校准系数;

$k_{\text{y uls}}$——最终屈服挤毁校准系数;

e_{ov}——椭圆度;

$p_{\text{e ult}}$——最终弹性挤毁项;

$p_{\text{y ult}}$——最终屈服挤毁项;

σ_{rs}——残余应力;

$t_{\text{c ave}}$——实际平均壁厚;

ν——泊松比。

但应注意,套管实物挤毁试验数据表明,ISO 10400:2018 版标准中的套管极限挤毁强度公式对存在有高的残余压应力（残余应力与套管屈服强度比值的绝对值大于 0.5）的薄壁管不适用。

⑦ ISO 10400:2018 版标准中的设计挤毁强度公式计算得到的是套管挤毁强度的规定值，分别给出了纯外压情况和复合载荷下套管设计挤毁强度的计算公式，并考虑了管子矫直方式对挤毁强度的影响，而 ISO 10400:1993 版公式未考虑这一因素。

ISO 10400:2018 版中纯外压下的套管设计挤毁强度的计算公式见式（3.2.6），此设计挤毁强度公式来源于极限挤毁强度公式：

$$p_{des} = \left\{ (k_{e\,des}p_e + k_{ydes}p_y) - \left[(k_{e\,des}p_e - k_{ydes}p_y)^2 + 4k_{e\,des}p_e k_{ydes}p_y H_{t\,des} \right]^{1/2} \right\} \Big/ \left[2(1 - H_{t\,des}) \right] \tag{3.2.6}$$

$$p_e = 2E \Big/ \left\{ (1 - \nu^2)(D/t) \left[(D/t) - 1 \right]^2 \right\} \tag{3.2.7}$$

$$p_y = 2f_{ymn}(t/D) \left[1 + t/(2D) \right] \tag{3.2.8}$$

式中 D——管子外径；

E——杨氏模量，$206.9 \times 10^9 N/m^2$；

f_{ymn}——管子的规定最小屈服强度；

$H_{t\,des}$——衰减因数（对冷旋转矫直管子取 0.22，对热旋转矫直管子取 0.20）；

k_{edes}——设计弹性挤毁额定值系数，可查表；

k_{ydes}——设计屈服挤毁额定值系数，可查表；

t——管子壁厚；

ν——泊松比，0.28。

设计挤毁强度公式与极限挤毁强度公式在输入参数方面的不同之处在于设计强度公式采用的是套管的名义参数，而极限挤毁强度公式输入的是给定套管的实测参数。

新公式不适用于硫化氢环境，原因是该方程所采用的力学模型失效准则与硫化氢环境下套管失效的机理不符。

ISO 10400:1993 版与 ISO 10400:2018 版计算结果的区别见表 3.2.1。

表 3.2.1 新旧挤毁强度公式计算结果的对比

影响因素	特征	热处理	计算结果对比	差别最大的情况
材料应力应变曲线形状	具有尖拐点		新公式结果小	
	具有圆拐点		新公式结果大	
径厚比	小于 20（H40 钢级除外）	淬火 + 回火热处理	新公式结果小	D/t 为 12 到 13 的管子，小 13% 到 17%
		非淬火 + 回火热处理		D/t 为 13 到 16 的管子，小 9% 到 17%
	大于 20	淬火 + 回火热处理	新公式结果大	D/t 为 20 到 23 的管子，大 2% 到 7%
		非淬火 + 回火热处理		D/t 为 23 到 28 的管子，大 5% 到 11%

(4)套管断裂失效。

ISO 10400:2018 版认为有两种类型的套管断裂失效现象。第一种,由套管预先存在的裂纹的不稳定扩展导致的失效;第二种,套管预先并没有可检测出的裂纹,在服役环境中裂纹萌生并且不稳定扩展直至套管失效。

第一种情况是由于在裂纹的尖部应力强度过大,失效是由外加应力、裂纹尺寸、特定环境下材料的断裂韧性决定的。

第二种情况属于环境断裂,它是由应力、材料以及环境共同导致的,并不需要预先有裂纹存在。一旦裂纹产生,它就会稳定扩展,直至裂纹大到满足有关断裂条件而失稳扩展直至套管失效。

所以,要防止套管断裂失效,必须同时防止这两种类型的断裂行为,因此需要满足两个极限状态来防止断裂发生,两种都取决于应力以及材料在环境中的断裂韧性。

3.2.1.2.2 高温套管柱应变设计

ISO 10400 未考虑稠油热采等高温管柱的校核。通过对稠油热采管柱的失效机理研究发现,需综合应力—应变设计,才能较好预防管柱在高温作用下的失效。

(1)套管柱应变设计原则。

稠油热采井的套管柱设计包括套管柱强度设计和应变设计,即在进行热采井套管柱应变设计时,首先应进行套管柱强度设计,然后再进行套管柱应变设计。强度设计是为了使套管柱满足稠油热采井钻完井过程要求,应变设计是为了使套管柱满足稠油热采生产过程要求。

因此,稠油热采井套管柱设计遵循 2 个设计准则,一是强度设计准则,二是应变设计准则。

套管柱强度设计准则见式(3.2.9):

$$\sigma = \begin{Bmatrix} p_{be} \\ p_{ce} \\ T_e \end{Bmatrix} \leqslant [\sigma] = \begin{Bmatrix} \dfrac{p_{bo}}{S_i} \\ \dfrac{p_{co}}{S_c} \\ \dfrac{T_o}{S_t} \end{Bmatrix} \tag{3.2.9}$$

式中 σ——套管柱工作应力,依据 SY/T 5724 标准[9]计算套管柱所承受的有效内压力 p_{be}、有效外压力 p_{ce}、有效轴向力 T_e(包括弯曲应力)获得;

$[\sigma]$——套管柱许用应力,依据 ISO 10400 标准计算套管柱抗内压强度 p_{bo}、抗挤毁强度 p_{co}、抗拉强度 T_o,并分别除以 SY/T 5724 标准规定的抗内压安全系数 S_i、抗挤安全系数 S_c、抗拉安全系数 S_t后获得。

套管柱应变设计准则见式(3.2.10):

$$\varepsilon_{\Sigma} \leqslant [\varepsilon] = \frac{\delta}{S_s} \quad 或 \quad S_{sc} = \frac{\delta}{\varepsilon_{\Sigma}} \geqslant S_s \tag{3.2.10}$$

式中 ε_{Σ}——套管柱工作应变,%;

$[\varepsilon]$——套管柱许用应变,%;

δ——套管材料均匀变形伸长率,%；

S_s——应变安全系数。

(2)套管柱应变设计模型。

① 套管柱轴向应变。

轴向应变主要是指由轴向应力产生的应变。应变设计允许轴向应力超出弹性阶段,在塑性阶段内变化。稠油热采井中后期作业中总轴向应力往往大于套管屈服强度,套管进入塑性变形阶段。因此,对于轴向应变的计算要综合考虑弹性应变和塑性应变,依据线性强化弹塑性力学模型[21]：

当 $\sigma_z \leq f_{ymnt}$时,套管柱变形在弹性范围内,其轴向应变:

$$\varepsilon_z = \frac{\sigma_z}{E_t} \tag{3.2.11}$$

当 $\sigma_z > f_{ymnt}$时,套管柱变形在塑性范围内,其轴向应变:

$$\varepsilon_z = \frac{f_{ymnt}}{E_t} + \frac{\sigma_z - f_{ymnt}}{E_{pt}} \tag{3.2.12}$$

式中　ε_z——套管柱轴向应变,%；

f_{ymnt}——注汽温度下套管最小屈服强度,MPa;

E_{pt}——注汽温度下套管塑性模量或切线模量,MPa。

② 套管柱蠕变应变。

蠕变应变与时间密切相关,套管柱的蠕变应变计算公式如下:

$$\varepsilon_c = \sum_{n=1}^{n} \dot{\varepsilon}_c \cdot t_n \tag{3.2.13}$$

式中 $\dot{\varepsilon}_c$ 可采用 GB/T 2039 标准规定试验获得,也可采用推荐公式(3.2.14)计算获得:

$$\dot{\varepsilon}_c = 4.78 \times 10^{-8} \exp(\sigma_a/241) \tag{3.2.14}$$

式中　ε_c——蠕变应变量,%；

$\dot{\varepsilon}_c$——套管蠕变速率,%/s;

t_n——每轮次注汽时间,s;

n——注汽轮次。

③ 套管柱累计应变。

依据稠油热采井地质环境和作业工况,按式(3.2.15)计算服役周期内的套管柱累计应变,即套管柱工作应变。

$$\varepsilon_\Sigma = \varepsilon_z + \varepsilon_c \tag{3.2.15}$$

④ 应变安全系数。

在应变设计中,均以套管材料均匀变形伸长率 δ 为最终判据。但 δ 由几何尺寸均匀且标准的套管材料棒状试样试验获得,而套管本身实际尺寸是不均匀的,其变形曲线与材料变形存有差异[22]。因此,若以 δ 作为套管柱应变设计的判据,则必须清楚套管材料变形与套管柱结构变形之间的关系,

即应变安全系数 S_s 取值至关重要。综合比对套管材料单轴拉伸试验和全尺寸套管实物单轴拉伸试验结果，最终套管柱应变设计最小安全系数取值为 $S_s=1.80$。

按照上述应变设计原则、外载计算以及设计模型，结合热采套管的性能要求，可进行稠油热采井套管柱应变设计。

3.2.2 油/套管几种主要失效模式

油/套管柱在井下承受的静载荷主要有拉伸、压缩、外压、内压、弯曲和温度等，对应的失效模式有断裂变形、挤毁泄漏、破裂、表面损伤等。油/套管柱承受动载荷将引起疲劳和摩擦磨损。拉伸/压缩和内压载荷作用下的强度计算可参照经典强度理论，压缩载荷作用下需进行屈曲分析，可参考鲁宾斯基(Lubinsky)、米歇尔(Michelle)等经典理论。本节主要讨论特殊服役条件下套管柱挤毁、热采井选材与评价、油管疲劳、磨损与粘扣等问题。

3.2.2.1 套管柱的挤毁

3.2.2.1.1 套管柱挤毁类型

套管的挤毁是套管在临界外压作用下横截面发生的结构失稳现象，挤毁后的套管截面通常变为椭圆形或者完全被挤扁。这一临界外压被称为套管的临界挤毁压力或抗挤强度。挤毁分为三种类型：弹性挤毁、塑性挤毁和屈服挤毁。发生何种形式的挤毁，取决于材料性能、几何形状、外载荷(拉伸、弯曲等)、残余应力等因素。其中 D/t(D 为套管外径，t 为套管壁厚)是决定挤毁类型的重要参数。D/t 较大时，即薄壁管，一般发生弹性挤毁。反之，趋向于塑性或屈服挤毁。图 3.2.2 是 D/t 与挤毁类型的关系示意图。一般情况，残余应力对套管抗挤毁强度的影响要大于圆度和壁厚不均度的影响。

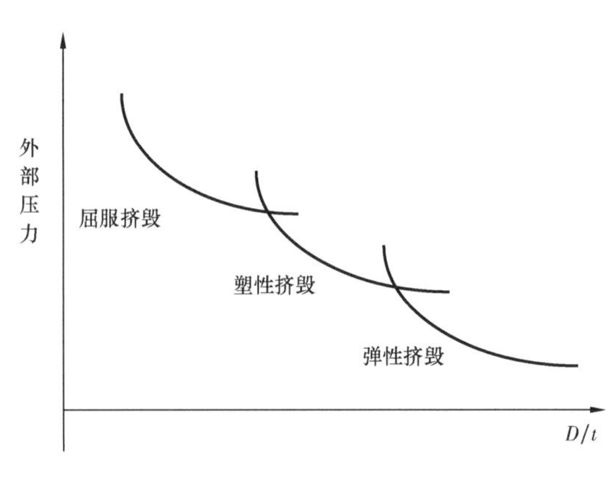

图 3.2.2 D/t 值与挤毁形式的关系

套管抗挤毁强度计算的经典理论，已经在上节进行了介绍，这里不再赘述。以下讨论一些特殊工况下的套管挤毁问题。

3.2.2.1.2 特殊服役条件下的套管抗挤毁强度

(1)弯曲/剪切条件下套管抗挤毁强度。

套管剪切是由岩石剪切引起的，岩石剪切起因于石油开采活动诱发的应力和压力的变化。油水井套管剪切损坏主要有三种形式：在上覆岩层弱胶结岩层界面上压实或隆起时的剪切；由于压力和温度变化引起生产或注入层段体积变化，在其顶部产生的剪切；产层段套管屈曲和剪切，首先是沿射孔段，主要是因侧向约束消失时产生的轴向屈曲，但有时是因岩层界面的剪切引起的。

① 地层剪切基本理论。地层剪切需综合考虑应力/应变状态和岩石强度。关键因素是地层的形变参数、不同元件和界面的剪切强度以及因注入和开采活动引起的地层压力、温度、体积的变化。

对于地层滑移或者胶结强度较弱的层面滑移有一通用的滑移准则，称为莫尔—库仑准则，用有效正应力σ'_n来表示，如图3.2.3所示。其中，有效正应力（或基岩应力）σ'_n依据泰尔扎吉（Terzaghi）定律定义为：

$$\sigma'_n = \sigma - p \tag{3.2.16}$$

常表示为张量形式：

$$\sigma'_{ij} = \sigma_{ij} - p\delta_{ij} \tag{3.2.17}$$

这表明了影响地层剪切的重要因素是有效应力，它由粒间接触应力σ_{ij}转换而来。有效正应力不仅受边界载荷和埋藏深度的影响，而且还受流体压力p的影响，流体压力越高，有效应力越低。线性莫尔—库仑（MC）准则可写为：

$$\tau_{max} = c' + \sigma'_n \tan\phi' \tag{3.2.18}$$

式中 τ_{max}——层面在滑移前能承受的最大剪切应力；

c'——岩石内聚力；

σ'_n——穿过滑移面的法向有效正应力；

ϕ'——内摩擦角。

材料参数c'和ϕ'通过试验确定，如图3.2.3定义。

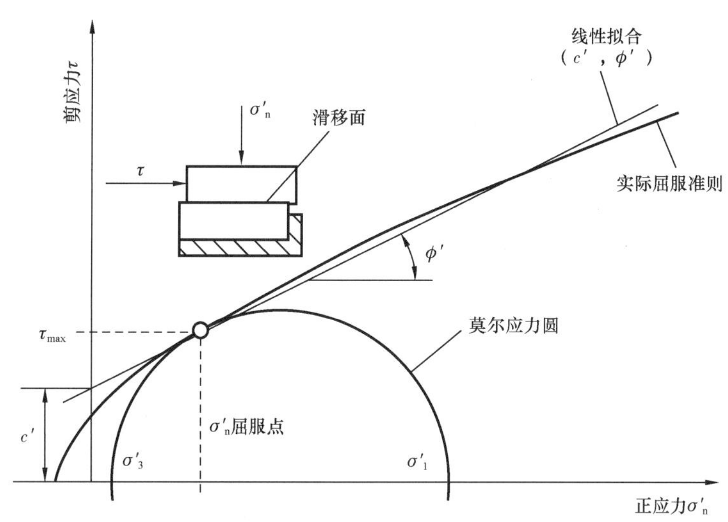

图3.2.3 莫尔—库仑准则与应力

② 套管剪切挤毁的计算。

在试验室检测套管试样抗剪切性能时，可以采用简化的模型，其剪切模式为双剪切，如图3.2.4(a)所示。在有限元计算分析模型中考虑了两种加载方式，如图3.2.4(b)、(c)所示。对两种模式分别进行计算。结果表明，采用第二种加载方式进行计算较合理。

选取第二种加载方式，以剪切力$F=20\text{kN}$为例分析套管受剪切载荷时的响应，如图3.2.5所示。改变剪切力的值再进行计算，这里只给出其90°位置剪应变等值线图，如图3.2.6所示。

借助有限元模拟技术对套管的强度（弯曲、挤毁、剪切）性能进行计算分析时，采用线弹性理论所得结果有可能过于保守。此外，对问题多变性考虑不足造成计算结果适用范围较小。比如，若

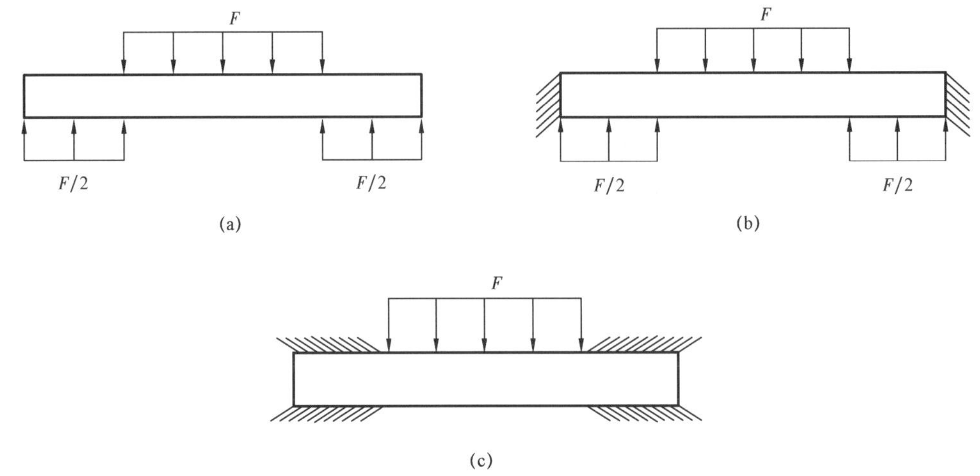

图 3.2.4　双剪切加载方式

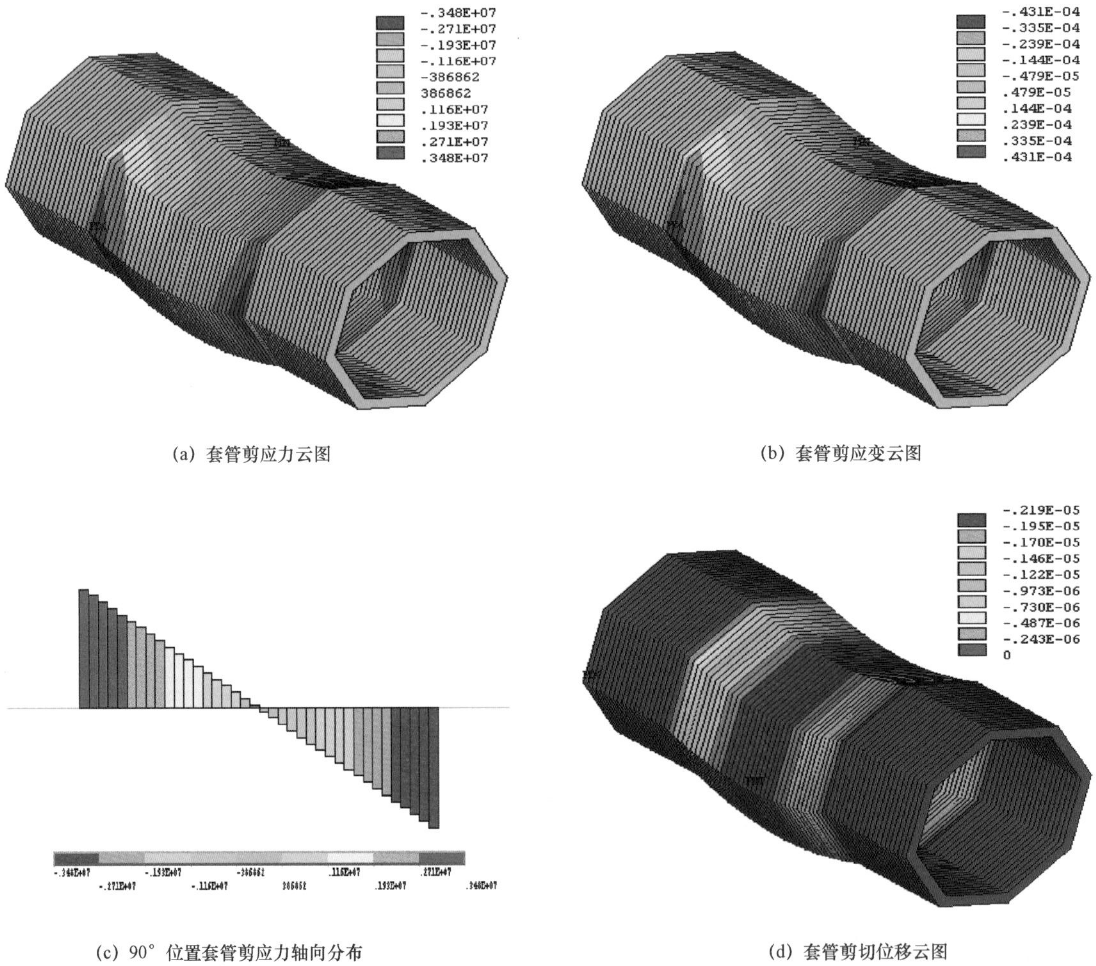

(a) 套管剪应力云图

(b) 套管剪应变云图

(c) 90° 位置套管剪应力轴向分布

(d) 套管剪切位移云图

图 3.2.5　套管剪切加载响应($F=20\text{kN}$)(注:对图进行了适当放大)

考虑套管的屈曲,有可能套管的抗挤毁强度会有所降低;倾斜地层的井眼剪切失效问题需考虑角度因素等。

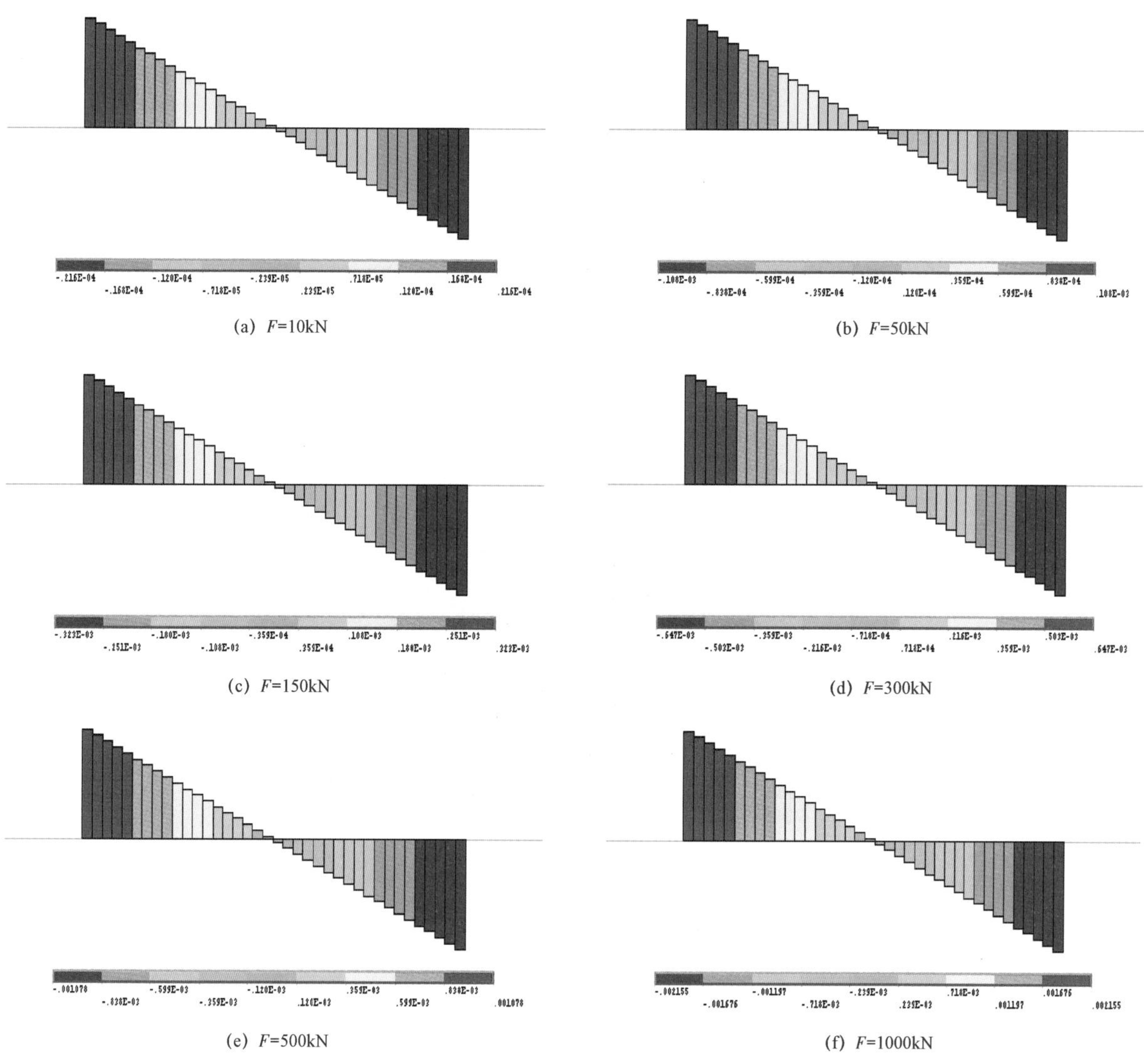

(a) F=10kN　(b) F=50kN

(c) F=150kN　(d) F=300kN

(e) F=500kN　(f) F=1000kN

图 3. 2. 6　90°位置套管剪应力轴向分布

也可以采用实物试验的方法,对弯曲状态下的套管挤毁性能进行研究。限于目前的装备能力,以三点弯曲状态下的挤毁试验验证套管在弯曲状态的挤毁性能。表 3. 2. 2 给出了一组 ϕ177. 8mm × 10. 36mm 套管试验结果。结果表明,随着弯曲度的增加,套管的抗挤强度下降。

表 3. 2. 2　套管模拟剪切状态下抗挤毁强度试验结果

试样编号	钢级	狗腿度（°/30m）	轴向压力（kN）	抗挤毁强度		抗挤强度/API 规定值
				（MPa）	（psi）	
1T	3Cr 110	0	0	81. 36	11801	1. 38
2T	P110	10	0	76. 35	11074	1. 30
3T	P110	20	0	60. 60	8790	1. 03
4T	P110	30	200	54. 52	7908	0. 93

(2)磨损套管的抗挤毁强度。

在深井、超深井、大位移井和水平井的钻井过程中,由于起下钻杆的往复运动以及钻井时钻杆转动,往往会在表层套管及技术套管内表面引起较为严重的不均匀磨损(偏磨)。磨损将降低套管的使用性能,特别是降低套管的抗内压强度及抗挤强度。深井、超深井、大位移井和水平井的管柱设计必须考虑由于壁厚磨损而造成的套管抗挤毁强度下降。

套管磨损的形式多种多样。调研表明,月牙形磨损是最常见的较为严重的磨损,回收套管中有50%是月牙形磨损。西部某油田现场调研中从井中取出的已经磨损套管的形貌如图3.2.7所示。

图3.2.7 偏磨套管形貌

下面以常用的ϕ244.5mm技术套管为例,利用全尺寸实物试验的方法,研究磨损对套管抗挤毁性能的影响。

① 试验方法。选取某厂生产的ϕ244.5mm×11.99mm P110钢级套管试样三根,编号为C1、C2和C3。磨损前套管几何尺寸测量结果见表3.2.3。从C1试样取样进行力学性能检测,结果见表3.2.4。

表3.2.3 磨损前套管几何尺寸

试样	最大外径(mm)	最小外径(mm)	平均外径(mm)	椭圆度(%)	最大壁厚(mm)	最小壁厚(mm)	平均壁厚(mm)
C1	246.13	245.09	245.35	0.42	13.03	12.10	12.18
C2	246.26	245.18	245.80	0.44	12.84	12.01	12.12
C3	246.25	245.12	245.58	0.46	12.25	12.00	12.06

表3.2.4 力学性能

屈服强度$\sigma_{t0.6}$(MPa)	抗拉强度σ_b(MPa)	伸长率(%)
890	970	22.0

套管磨损是由钻杆的旋转造成的。在制备套管的磨损试样时,选用ϕ127mm S135钻杆,其接头外径为168mm。

根据现场实际情况，套管的磨损模型选用月牙形。月牙形圆弧的曲率半径取钻杆接头半径，轴向磨损长度为 1100mm，试样用镗床分别加工壁厚磨损量为 25% 及 50%。套管磨损后的主要参数见表 3.2.5。

表 3.2.5　套管磨损后参数

试样	磨损半径 (mm)	磨损程度 (%)	磨损深度 (mm)
C1	0	0	0
C2	84	25	3
C3	84	50	6

② 试验结果。对 C1、C2、C3 三根试样进行无轴向力的纯挤毁试验。挤毁试验结果见表 3.2.6。

表 3.2.6　挤毁试验结果

试样	磨损程度 (%)	挤毁压力 (MPa)	挤毁压力下降率 (%)
C1	0	57.57	—
C2	25	34.93	39
C3	50	32.09	44

图 3.2.8 为套管试样挤毁后截面形状，从左到右分别为 50% 磨损、25% 磨损和未磨损套管。从图中可看出，套管在外压作用下磨损位置为发生挤毁的薄弱部位。

图 3.2.8　挤毁后的套管形貌

套管的挤毁涉及结构的强度及稳定性。由于套管局部磨损位置壁厚减薄，承受外压时在磨损部位形成应力集中，易于发生屈服，逐步发展成“塑性铰”。磨损部位趋向外“凸”，进一步增加了该处附加弯矩，使套管的结构稳定性降低，直至结构失稳，造成套管最终挤毁。

试验结果表明,磨损对套管抗挤毁强度有较大影响。磨损深度越大,套管抗挤毁强度下降越多。当磨损深度达到壁厚一半时,套管抗挤毁强度下降幅度超过 40%(本例中为 44%)。因此,在深井、超深井、大位移井和水平井的钻井过程中,必须考虑套管的磨损。

建议从两个方面考虑:一是采取有效措施加强套管保护,减少磨损。如在钻井过程中尽量把井打直,控制最大狗腿度;采用橡胶护箍等防磨工具;在钻杆接头上喷焊防磨材料时,用既保护钻杆又保护套管的防磨减摩硬化合金代替只保护钻杆而加快套管磨损的碳化钨等。二是在套管柱设计时,考虑磨损使套管强度下降的因素。

(3)射孔套管的抗挤毁强度。

① 外压作用下射孔套管有限元分析。为了提高射孔套管强度,一般射孔选择螺旋布孔。螺旋布孔几何上不对称,建立三维有限元模型进行分析所得结果更接近实际。套管壁厚与其外径相比相对较小,可以将套管按板壳理论模型进行分析研究其力学问题。另外,为保证分析结果的准确性,研究时特别注意了端部约束效应的影响。根据圣维南原理,选取足够长度($l/d \geqslant 4$)的套管作为分析对象。

分析过程中进行如下简化:忽略套管的椭圆度及壁厚不均匀度;假设所射孔眼均未堵塞,射孔孔眼不存在偏心,孔眼中心轴线与套管轴线垂直相交;每个孔眼都是圆柱形,孔眼的直径、长度均分别相等,不考虑孔边毛刺及裂纹。最终建立射孔套管有限元模型网格如图 3.2.9(螺旋布孔)所示。射孔孔眼附近局部网格进行了细化,如图 3.2.10 所示。

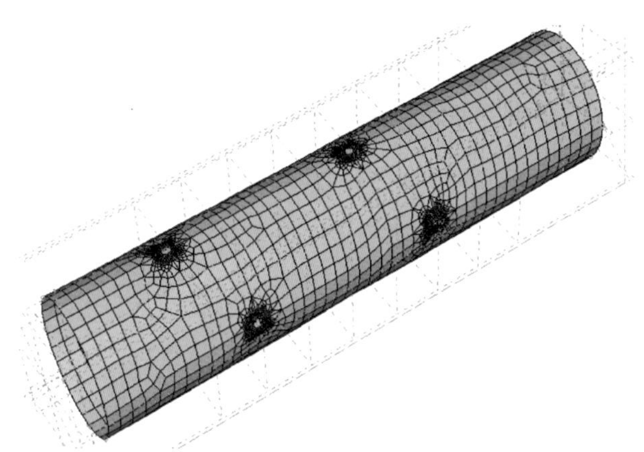

图 3.2.9 螺旋布孔射孔套管的有限元模型网格

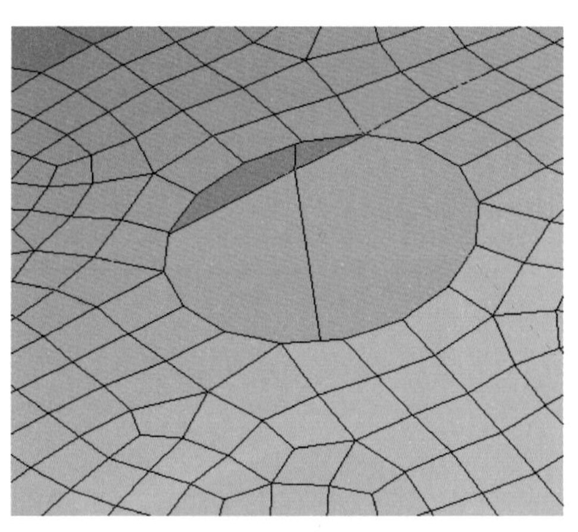

图 3.2.10 孔口周围局部网格细化

射孔套管主要承受三类载荷:内压力、外压力和轴向力。考虑到射孔段套管位于固井段,此井段管体上的轴向载荷较小,所受内压力对套管抗挤毁强度有所提高,这两个因素相互抵消,计算中忽略其对抗挤毁强度的影响。在研究射孔套管的承载能力及变形破坏时主要考虑套管外压力(最恶劣的受载情况),同时考虑材料非线性和几何非线性。

将理想圆射孔套管模型分析结果与无射孔理想圆套管的抗挤毁强度进行比较分析。射孔套管外压作用下 VME 复合应力云图如图 3.2.11 所示。

挤毁的判据:未射孔套管内表面达到屈服时的外压视为抗挤毁强度;环向间隔 90°射孔套管,外压作用下孔口区域首先发生屈服,沿轴线方向扩展,当两孔间区域全部发生屈服时的外压视为套管抗挤毁强度。

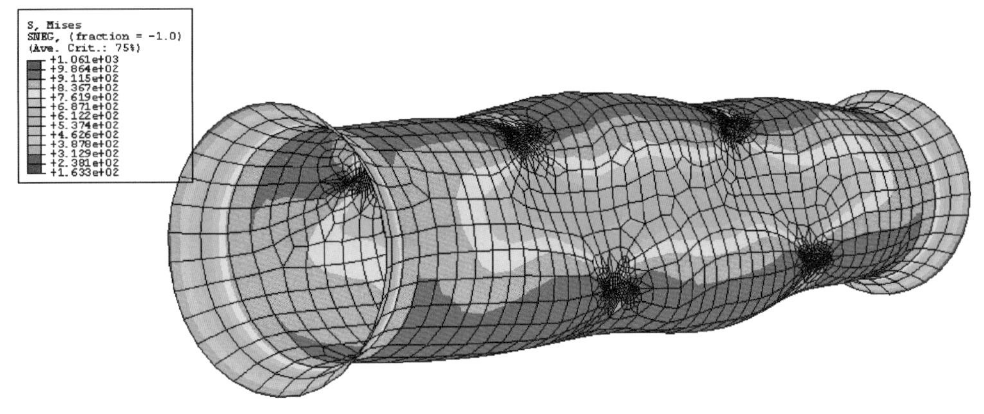

图 3. 2. 11　射孔套管复合应力云图

有限元模拟结果显示：射孔套管与完整套管抗挤毁强度的比值为 94. 7%，下降了 5. 3%。

② ϕ139. 7mm × 10. 54mm 套管射孔后抗挤毁强度系数分析。参照上述分析方法，可计算出 ϕ139. 7mm × 10. 54mm 套管抗挤毁强度与射孔密度、孔眼直径、相位角之间的关系。射孔密度 19 孔/m 时，不同射孔直径和不同相位角情况下抗挤毁强度的变化曲线如图 3. 2. 12 所示。

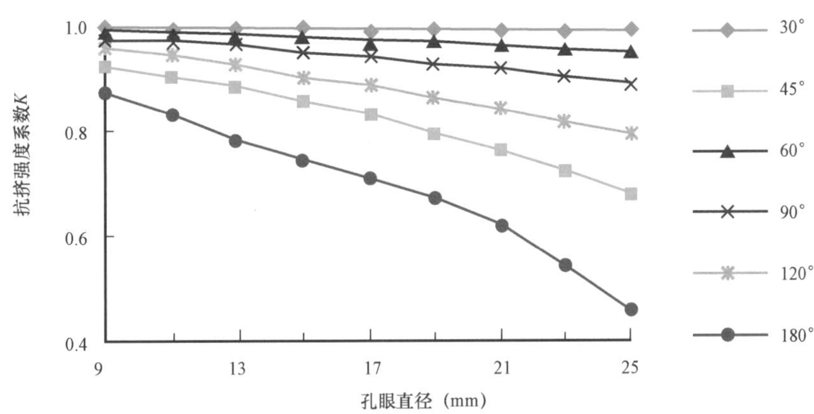

图 3. 2. 12　射孔密度 19 孔/m 时孔径和相位角对抗挤毁强度的影响

根据分析结果，当射孔密度一定时，随相位角增大，射孔套管抗挤毁强度降低。当 $n = 19$ 孔/m，$2a = 10$mm 时，采用 30°相位角时抗挤毁强度最大。

由于目前外压挤毁试验采用的是液体对套管外壁加压，对射孔套管的抗挤毁强度还无法进行实物试验验证。

(4) 水泥环对套管抗挤毁性能的影响。

水泥封固是否会提高套管抗挤毁强度、能提高多少，目前仍存在争论。

深井、超深井时常发生盐岩层塑性流动挤毁套管的情况。研究表明，封固良好的水泥环能使套管受到均匀的外压载荷[23]。水泥环能提高多少套管抗挤毁强度（简称卸载作用）是现场很关心的问题。

早期研究认为水泥环可以提高套管的计算抗挤毁强度，要求套管强度设计要采用考虑水泥环增强的计算方法，以减少钢材消耗。其主要观点是：水泥环封固质量必须良好，否则对套管整体强度和密封性不起任何作用；水泥环对套管的拉伸、压缩、抗内外压的影响程度和实现途径不同，其对套管抗挤毁强度的影响是主要的;考虑水泥封固质量,在不降低安全性的前提下,可以减少套管用量。

后来研究认为目前的固井工艺很难保证在套管与地层之间形成一个均匀、连续的水泥环,因此钻井工程行业提出了双层组合套管。所谓双层组合套管,就是在大套管内下入小套管,并在两者之间的环空注入水泥,形成一个完整的组合结构。研究认为:只要保证套管之间的水泥环有足够强度,水泥不会在外层套管承受挤压过程中被挤碎而在环空中流动,双层组合套管的挤毁强度至少等于两层套管挤毁强度之和;内层套管的偏心大小对整体的抗挤毁强度没有影响;已经变形的外层套管对双层套管整体抗挤毁强度影响不大。通过对双层套管进行挤毁试验,证实了上述结论。

由于水泥环本身的物理性能,在实现自身功能的同时,不可避免地对套管强度产生一定影响。水泥封固质量直接决定这种影响是正面或负面的。例如,顶替不干净或由于井身不直等原因,造成水泥厚度不均匀,甚至局部未封固,在环空内形成空腔段。这种水泥环不但对提高套管强度没有帮助,由于生产过程中较大温度变化产生热应力,造成套管所受载荷分布不均匀,对套管强度产生不良影响。而且,水泥环也容易出现应力开裂。

深井超深井钻井技术的发展对套管的强度提出了更高的要求。为了保证高钢级套管的强韧性指标,导致套管成本大幅度提高。较低钢级套管加水泥环的卸载作用能否满足深井、超深井的应用要求,再一次成为完井工程日益关心的问题。为此进行水泥环对套管抗挤毁强度影响的理论和试验研究十分必要。

① 理论分析。水泥环与套管固结特点:

(a)套管内压变化会造成水泥固结强度的变化。如果水泥凝固过程套管保持密封,水泥凝固过程的热量将造成套管内压上升,有可能降低固结强度。

(b)表面粗糙的套管,水泥固结强度好。

(c)套管表面含油,将降低水泥环固结强度。

(d)水泥环的破坏主要与套管的膨胀与收缩有关。

水泥环与地层的固结有以下特点:

(a)水泥环和地层接触面间有一层厚滤饼时,会严重降低固结力。

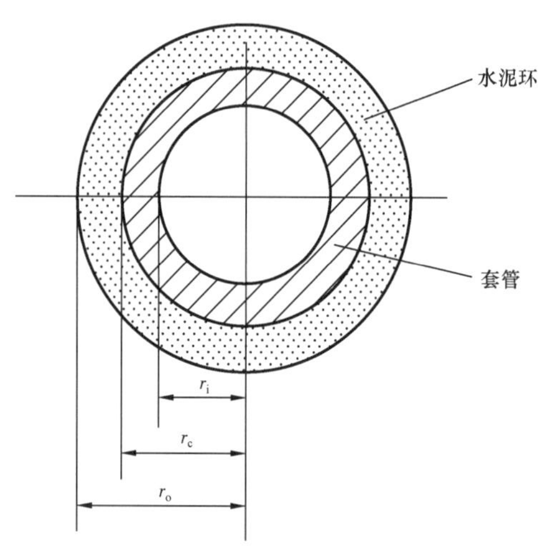

图 3.2.13 带水泥环的套管模型

(b)如果滤饼厚度均匀,则在高渗透地层有较高固结强度。

(c)水泥对干地层或无滤饼地层的固结强度可以接近或超过地层硬度。

(d)水泥顶替不干净对地层固结强度的不良影响比对套管的还大。

根据水泥环上述特点,在进行理论分析时假设:

(a)水泥封固连续。

(b)水泥环厚度沿长度和环向均匀并稳定。

(c)水泥固结强度沿井身均匀。

由以上假设建立力学模型,如图 3.2.13 所示。套管外面没有水泥环的情况,根据弹性力学的基本方法,可以给出边界条件:

$$\text{平面应力状态：}\quad \sigma_z = 0;\quad \varepsilon_z = -\mu(\sigma_r + \sigma_t)/E \tag{3.2.19}$$

$$\text{平面应变状态：}\quad \varepsilon_z = 0;\quad \sigma_z = \mu(\sigma_r + \sigma_t) \tag{3.2.20}$$

根据以上假设和边界条件，利用拉梅(Lame)方程，在外载均布且不计自重情况下，有以下公式：

$$\begin{cases} \sigma_z = 0 \\ \sigma_t = p_i \dfrac{r_i^2(r_o^2 + r^2)}{r^2(r_o^2 - r_i^2)} \\ \sigma_r = -p_i \dfrac{r_i^2(r_o^2 - r^2)}{r^2(r_o^2 - r_i^2)} \end{cases} \tag{3.2.21}$$

式中　r_i，r_o——分别为套管内外半径，mm；

p_i——内压，MPa；

r——计算点的半径，mm；

σ_z、σ_t、σ_r——分别为计算点的轴向、切向、径向应力；

ε_z、ε_t、ε_r——分别为轴向、切向、径向对应的应变；

E——弹性模量，MPa；

μ——泊松比。

由此，进一步可以得到内外压同时作用时的应力公式：

$$\begin{cases} \sigma_t = \dfrac{1}{r_o^2 - r_i^2}\left[p_i r_i^2\left(\dfrac{r_o^2}{r^2} + 1\right) - p_o r_o^2\left(\dfrac{r_i^2}{r^2} + 1\right)\right] \\ \sigma_r = \dfrac{1}{r_o^2 - r_i^2}\left[p_i r_i^2\left(\dfrac{r_o^2}{r^2} - 1\right) - p_o r_o^2\left(\dfrac{r_i^2}{r^2} - 1\right)\right] \end{cases} \tag{3.2.22}$$

在有水泥环的情况下，水泥环与套管之间的接触压力 p_c 应与套管外表面及水泥环内表面处的径向应力相等，即：$\sigma_{rc} = p_c$。

由变形协调原理，推导平面应力和平面应变条件下的接触应力。这时套管外径符号由 r_o 变为 r_c，而水泥环的外径符号为 r_o。

平面应力状态：

$$p_c = \frac{\dfrac{2r_o^2(1-\mu_o^2)}{E_o(r_o^2 - r_c^2)}p_o + \dfrac{2r_i^2(1-\mu_i^2)}{E_i(r_c^2 - r_i^2)}p_i}{r_c^2\left[\dfrac{1-\mu_i-\mu_i^2}{E_i(r_c^2 - r_i^2)} + \dfrac{1-\mu_o-\mu_o^2}{E_o(r_o^2 - r_c^2)} + \dfrac{r_i^2(1+\mu_i)}{E_i(r_c^2 - r_i^2)} + \dfrac{r_o^2(1+\mu_o)}{E_o(r_o^2 - r_c^2)}\right]} \tag{3.2.23}$$

平面应变状态：

$$p_c = \frac{\frac{2r_o^2}{E_o(r_o^2 - r_c^2)}p_o + \frac{2r_i^2}{E_i(r_c^2 - r_i^2)}p_i}{r_c^2\left[\frac{1-\mu_i}{E_i(r_c^2 - r_i^2)} + \frac{1-\mu_o}{E_o(r_o^2 - r_c^2)} + \frac{r_i^2(1+\mu_i)}{E_i(r_c^2 - r_i^2)} + \frac{r_o^2(1+\mu_o)}{E_o(r_o^2 - r_c^2)}\right]} \quad (3.2.24)$$

式中　E_o,μ_o——分别为水泥环的弹性模量和泊松比；

E_i,μ_i——分别为套管的弹性模量和泊松比。

举例：ϕ177.8mm×11.51mm 套管，钢级 Q125。外裹水泥环厚度最小 1.11mm，最大 61.1mm。水泥抗压缩强度 69MPa，抗拉强度 10MPa，弹性模量 $E_o = 2.0\times10^{10}$MPa，泊松比 $\mu_o = 0.25$。套管弹性模量 $E_i = 2.1\times10^{10}$MPa，泊松比 $\mu_o = 0.30$。将上列数值代入式中进行计算，不考虑轴向载荷，计算结果如图 3.2.14 所示。

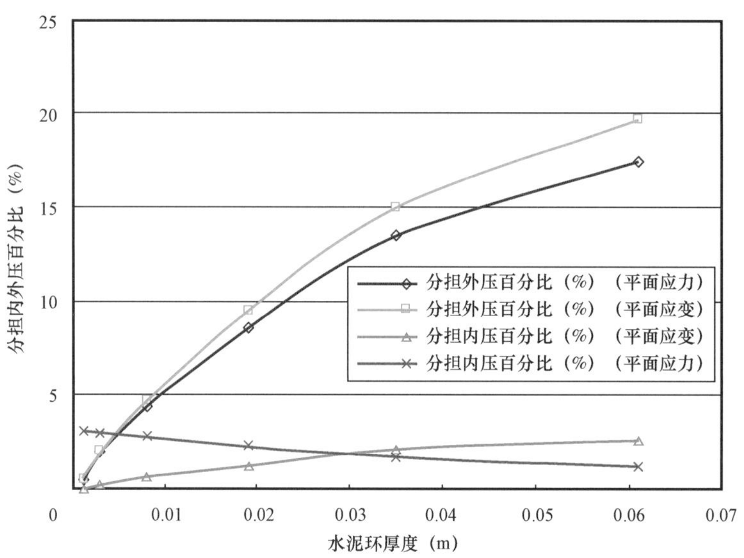

图 3.2.14　不同厚度水泥环分担内外压百分比曲线图

从图 3.2.14 中可看出，在水泥封固质量良好的前提下，水泥环对提高套管柱整体抗外压挤毁和抗内压破裂能力有所改善。相对而言，水泥环对于提高套管柱整体抗外压挤毁能力较之提高抗内压破裂能力的效果更大一些。对大多数水泥环来说，其厚度一般小于 20mm，水泥环分担内外压百分比不超过 10%，改善有限。

实际工程中水泥环厚度一般小于 60mm。当水泥环厚度达到一定程度后，水泥环对管柱承载能力的提高趋于稳定。

② 试验验证。验证试验采用全尺寸挤毁试验进行，对 ϕ177.8mm×10.36mm P110 套管外裹水泥环实物试样进行模拟服役条件的挤毁试验，将试验结果与光管试样的挤毁压力进行比较。

将编号为 C1、C2、C3 的试样加工成 2.74m 长的光管，端部切 45°坡口；焊接堵头；浇注水泥并养护。为保护设备安全，防止水泥碎片堵塞卸压孔和加压管线，试样外裹五层安全防护网。另取 C5 试样，进行没有外裹水泥环的光管挤毁试验。

同时取管体材料和水泥材料进行机械性能试验。水泥环小试样与正式试验样品必须在同样条件（包括温度、压力、时间等）下养护。水泥环材料小试样抗拉强度由抗折试验推算。管体材料力学性能试验结果见表3.2.7。

表3.2.7 管体材料力学性能试验结果(室温)

试样编号	抗拉强度 (MPa)	屈服强度 (MPa)	伸长率 (%)
C1	999	901	26.4
C2	999	902	26.4
C3	997	900	26.6
C5	1022	938	22.0

试样C1、C2、C3、C5属于同一炉号,同一批管子。虽然屈服强度和抗拉强度略有差异,但基本相同。

水泥环材料强度随养护时间的变化趋势如图3.2.15所示。从图中可以看出,水泥环材料小试样的抗压、抗折强度有如下特点:

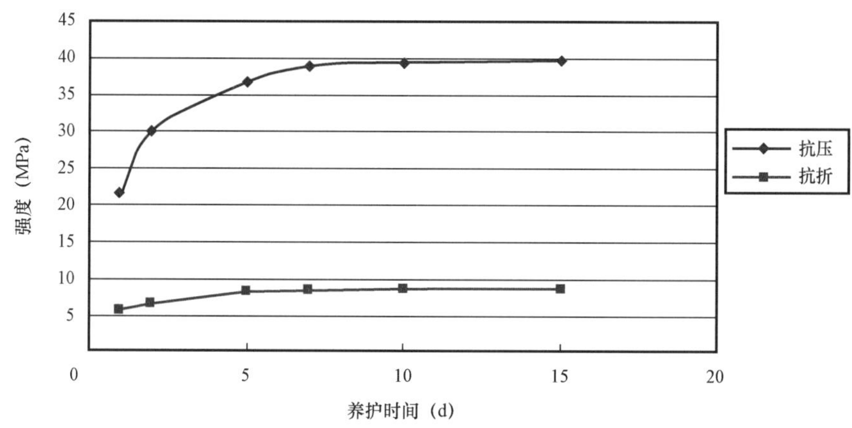

图3.2.15 水泥环材料强度随养护时间变化曲线

(a)抗压、抗折强度7天后趋于平稳,抗压强度超过39MPa,抗折强度超过8.4MPa;

(b)水泥环材料抗压强度远大于抗折强度。

对养护15天的外裹水泥环的套管试样进行全尺寸挤毁试验。试验参数如下:

每个台阶保持压力时间为5min。压力超过58.8MPa(8530psi)后,要求压力每增高3.45MPa(500psi)保压10min,直到试样被压溃。最大加载速率R=3.45MPa/min(500psi/min)。

试验结果见表3.2.8。试样C1、C2的试验结果显示,包裹水泥环后套管抗外压强度与光管(未包裹水泥)的抗外压强度没有明显区别。原因为水泥环端部单纯采用环氧树脂没有起到密封作用,环氧树脂没有依托,在高压下端面产生缝隙而破坏,高压介质经过短时间渗透直接作用在套管外表面,水泥环的卸载作用被短路。

试样C3采用改进后的机械和环氧树脂双密封结构,其挤毁压力为83.37MPa(12092psi)。试验结果显示包裹水泥环后套管抗挤强度较光管(未包裹水泥环)的抗挤强度有所提高。

试验数据显示,试样C3的挤毁压力比试样C5挤毁压力高约1.95%。由于试样C5的材料抗拉强度比试样C3略高2.7%。考虑这一因素的影响,试样C3的实际挤毁压力比试样C5的值要更高一些。结果表明,水泥环可以提高套管抗外压挤毁强度,但提高非常有限,约为5%。当然这一试验结果可能还受到其他因素(如壁厚不均度、椭圆度等)的影响,但不会对试验结果产生本质影响。

表 3.2.8 光管与包裹水泥环套管抗外压强度

试样编号	光管抗外压强度(MPa/psi)	外裹水泥环试样抗外压强度(MPa/psi)
C1	—	81.26/11786
C2	—	76.23/11056
C3	—	83.37/12092
C5	82.1/11914	—

3.2.2.1.3 高抗挤套管

为了进一步优化套管管柱设计,近年来各套管主要生产商都开发了高抗挤套管,其抗挤毁强度最大可以比 API BULL 5C2 规定值高出 25%,甚至更多。高抗挤套管主要通过三种方式提高抗挤毁强度[24,25]:提高尺寸精度、改善残余应力、提高屈服强度。高抗挤套管在国内外的深井超深井中获得了大量使用[25]。

由于没有统一的规范标准,多数生产厂在内部生产控制参数的基础上,参照 API 5C3 标准来确定其生产的高抗挤套管的抗挤毁强度。结果就是不同生产厂提供的同种规格高抗挤套管的抗挤毁强度不同,油田用户选用后强度校核时安全可靠性不同。为了保证深井超深井套管柱的安全,需要通过试验验证,才能发挥高抗挤套管优势,保证套管管柱的安全可靠性。

管研院联合油田及制造厂在大量试验数据基础上共同制定了中国石油天然气集团有限公司企业标准 Q/SY 1394[26]。该标准核心内容已被国际标准组织 ISO 采纳,作为独立附录纳入了 ISO 11960 标准。以 ISO 11960 为基础,Q/SY 1394 标准明确要求高抗挤套管圆度≤0.6%,壁厚不均度≤10%。Q/SY 1394 标准的核心内容是根据统计结果,按照径厚比将高抗挤套管分为两级,便于油田用户根据成本和性能进行选用。表 3.2.9 给出了高抗挤套管选用的推荐数据。

表 3.2.9 高抗挤套管纯外压下最小抗挤毁强度

等级①	D/t 范围②	在 ISO/TR 10400:2007 正文公式计算抗挤毁强度基础上提高的百分比(%)				
		80ksi	95ksi	110ksi	125ksi③	140ksi
HC1	<12.53	14	12	10	8	5
	12.53~20.56	$3.24D/t-26.57$	$2.87D/t-23.89$	$3.11D/t-29.01$	$2.74D/t-26.33$	$3.74D/t-41.81$
	>20.56	40	35	35	30	35
HC2	<12.53	16	14	12	10	8
	12.53~20.56	$3.61D/t-29.25$	$3.24D/t-26.57$	$3.49D/t-31.69$	$3.11D/t-29.01$	$3.98D/t-41.93$
	>20.56	45	40	40	35	40

注:对高抗挤且抗硫套管的抗挤毁强度要求可参考本表,具体要求可由用户和制造厂双方协商确定。

① 本标准依据高抗挤套管实际性能,把高抗挤套管分为了 HC1 和 HC2 两级。

② 由于工程中经常有非标准规格、壁厚套管,因此此处按 D/t 值划分范围,未给出具体规格、壁厚。D 为规定外径,t 为规定壁厚。

③ 125 钢级高抗挤套管的抗挤毁强度同时要求不得低于 110 钢级高抗挤套管。

3.2.2.2　高温下套管柱变形与断裂

为预防高温下套管柱的失效，需考虑温度影响。本节以稠油热采套管柱为例讨论高温下套管柱的失效和适用性评价。

蒸汽吞吐热采井套管损坏一般发生在注汽—采油生产阶段，现行采用的套管强度设计方法不能满足热采服役条件的需求。预防治理热采井套损应考虑循环热弹—塑性服役寿命内的材料行为特征，需以应变为主控参数，从热采井套管选材、连接螺纹选型入手，解决第一类、第二类套损。蒸汽吞吐热采井套损研究表明，变形、缩颈、断裂及脱扣等第一类失效模式的机理在于套管材料发生过量塑性变形造成的永久损伤。

(1)材料性能一般要求。

① 材质设计。套管材料由 Cr－Mo 系低碳合金钢制造，采用纯净化冶金技术。套管材质应含有至少一种晶粒细化元素，使钢的奥氏体晶粒细化，化学成分见表3.2.10。

表3.2.10　套管材质化学成分　　单位：%（质量分数）

元素	C	Mn	Cr	Mo	S	P	Nb－V－Ti 总量	O－N－H 总量
含量	≤0.30	≥0.40	≥0.60	≥0.10	≤0.010	≤0.020	≥0.03	≤120ppm

② 拉伸性能。室温下的拉伸应力—应变曲线光滑，无明显屈服平台。其中屈服强度定义为拉伸试样标距段产生残余塑性应变为0.2%时对应的拉应力。不同钢级的热采套管的拉伸强度、塑性均匀变形伸长率要求见表3.2.11。

350℃环境下的套管管体材料的拉伸屈服强度及抗拉强度相比室温结果，降低幅度应不大于15%。

表3.2.11　室温热采套管材料的拉伸性能

钢级	位置	屈服强度 $R_{P0.2}$ (MPa)	抗拉强度 (MPa)	均匀变形伸长率 (%)
65SH	管体	448～586	586～689	≥10
80SH	管体	552～655	655～758	≥8
90SH	管体	621～758	724～862	≥7
110SH	管体	758～896	862～965	≥5

③ 夏比V形缺口吸收能。室温下套管管体试样夏比V形缺口冲击吸收能应符合表3.2.12规定。

表3.2.12　套管材料冲击吸收能　　单位：J

钢级	65SH	80SH	90SH	110SH
管体	≥80	≥90	≥100	≥110

注：夏比V形缺口冲击试样尺寸为10mm×10mm×5.5mm。

④ 金相显微组织及晶粒度。套管材料须经过调质热处理，基体组织为回火索氏体。套管管体材料的晶粒度应为7.0级以上。组织形貌特征及晶粒形貌如图3.2.16、图3.2.17所示。

⑤ 高温蠕变性能。高温350℃下，套管管体、接箍材料的蠕变曲线如图3.2.18所示。可见，套管管体、接箍材料的蠕变行为包括初始加速阶段、稳态阶段及减速阶段。

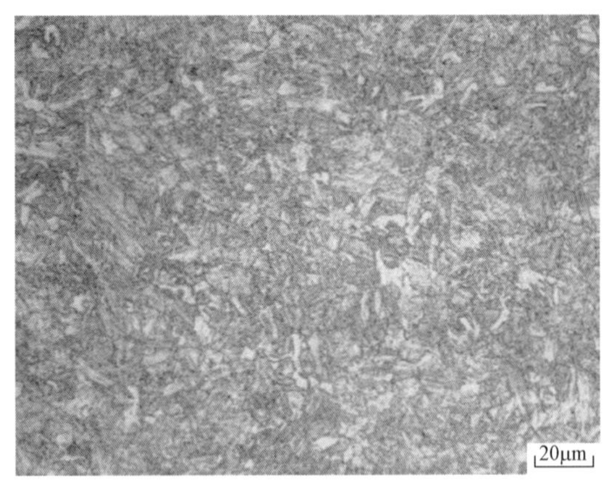

图 3.2.16　套管管体基体组织　500 ×

图 3.2.17　套管管体晶粒度　500 ×

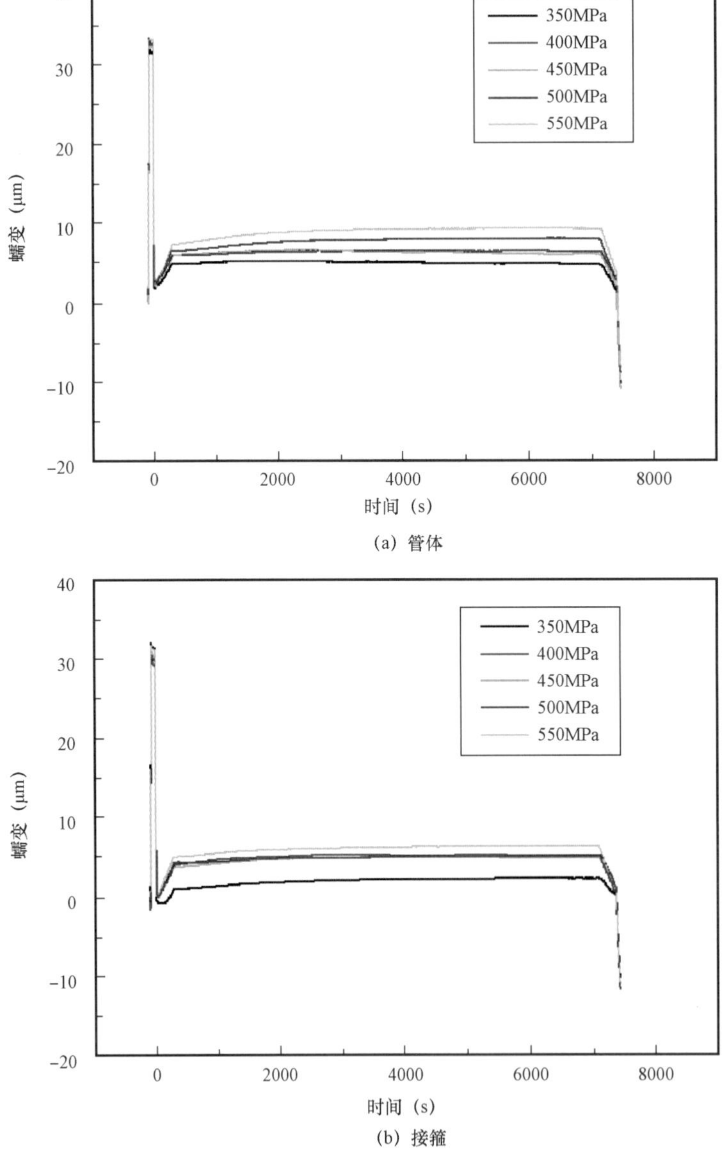

图 3.2.18　套管蠕变试验结果(350℃)

高温 350℃下,热采套管蠕变稳态阶段的应变速率应不高于通过式(3.2.25)所得的计算值:

$$\dot{\varepsilon} = 7.40 \times 10^{-9} \times e^{\frac{\sigma}{91.80}} + 1.95 \times 10^{-6} \tag{3.2.25}$$

式中　$\dot{\varepsilon}$——蠕变速率,%/s;

σ——轴向应力,MPa。

(2)套管柱适用性评价。

这里提出的适用性评价,主要针对常规注蒸汽及过热蒸汽服役条件(井口注蒸汽温度 270 ~ 350℃,井口注蒸汽压力不高于 20MP),包括直井、定向井、水平井等主要井型,同时涵盖陆地及海上稠油热采井作业环境。适用性评价试验流程如图 3.2.19 所示。

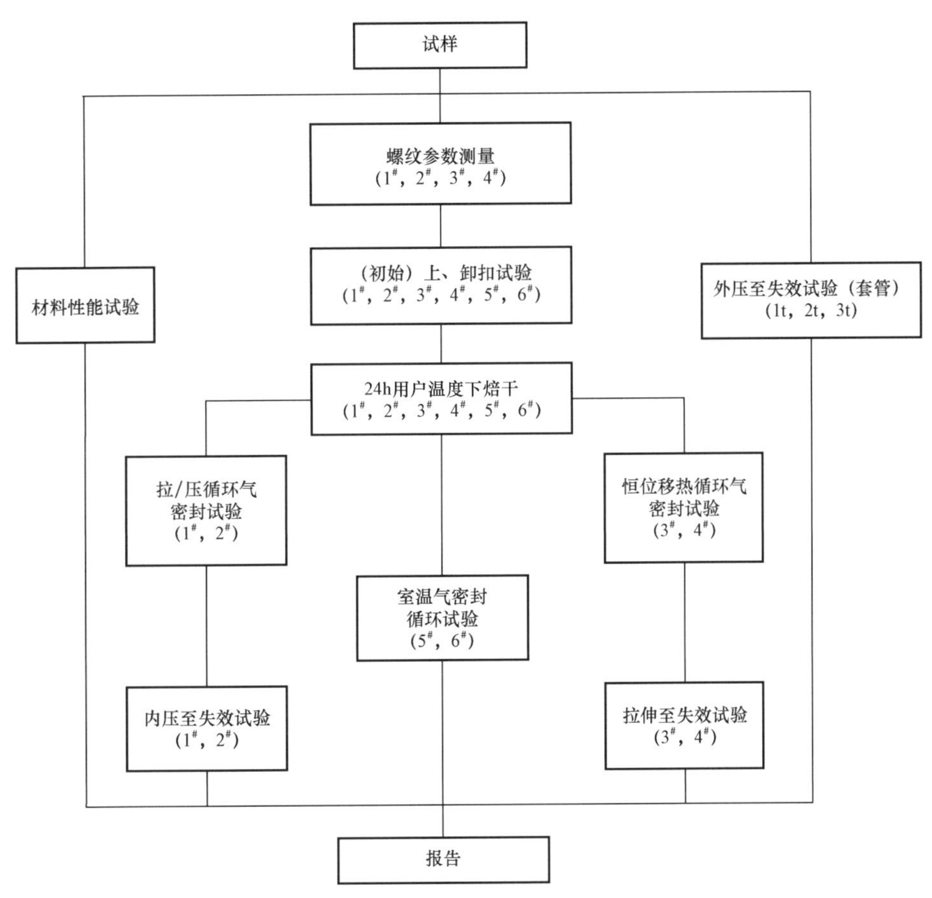

图 3.2.19　热采套管柱适用性评价试验流程

① 室温气密封循环试验要求。

(a)拉—压载荷循环模拟。室温、内压下拉—压载荷循环 10 周次,拉—压峰值载荷下保持 5min,套管柱不发生泄漏,管柱结构完整,无明显变形。

(b)弯曲 + 拉—压载荷循环模拟。室温、内压 + 弯曲(12°/30m)下拉—压载荷循环 10 周次,拉—压峰值载荷下保载 5min,套管柱试样不发生泄漏,管柱结构完整,无明显变形。

② 恒位移热循环气密封试验要求。

(a)恒位移下热循环模拟。固定约束试样轴向位移进行内压 + 弯曲(12°/30m)下温度循环,循环温度为 100 ~ 280℃(210 ~ 536℉),循环 10 周次,最高温度 280℃保温 5min。

(b)气密封检测。恒位移热循环试验完成后,在室温下,内压 16MPa(2320psi)下保压 5min,试样不发生泄漏,说明该试样在热循环过程中密封性能完好。

(3)热采井套管选材技术。

热采井套损的预防治理需依靠套管材料及结构性能对热采条件的适用性,即热采井套管选材。

API 系列标准(包括 API Spec 5CT)没有稠油热采井专用套管,过去在国内外石油管厂家未开发出稠油热采井专用套管时,油田只能选用普通 API 套管。热采井在注汽—采油作业过程中,由于约束作用,热应力使套管承受反复的压缩—拉伸循环载荷。API 规范中套管材质是 C - Mn 基普通钢,不具有高温热稳定性,容易产生局部集中塑性变形,造成缩颈、错断、挤毁、断裂等形式套损。

目前,油田使用的 Cr - Mo 系热采套管,在高温 350℃下,相比于 API 规范中的 N80 套管,管材高温强度、套管可承受的最大热应力、螺纹的接触压力均有一定提高。但是,目前采用的热采套管,未考虑全寿命设计周期内热采条件造成套管可能发生的累积塑性变形问题,没有充分考虑热采条件下套管柱安全服役的材料性能指标要求,因而在注汽—采油作业过程中仍存在安全隐患。

针对稠油热采开采工艺中 270℃蒸汽吞吐、350℃过热蒸汽条件,设计全寿命服役周期为注汽—采油 30 轮次(10 年寿命),根据 SY/T 6952.2—2013《基于应变设计的热采井套管柱第 2 部分:套管》[27],在满足钻完井基础上,提出针对热采注汽—采油服役条件的套管选材技术条件。

① 蠕变速率($\dot{\varepsilon}$)。

表征热采套管材料的高温热稳定性。套管及接箍材料的蠕变速率应不高于通过式(3.2.23)所得的计算值,即套管及接箍材料的蠕变本构位于临界蠕变本构曲线之下,如图 3.2.20 所示。

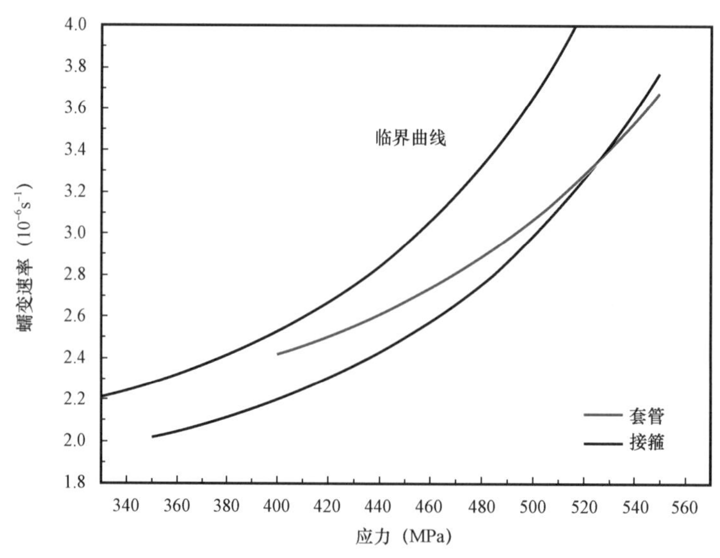

图 3.2.20 热采套管材料蠕变速率本构方程曲线

高温 350℃下,某型热采套管 100H、110H 蠕变本构位于临界蠕变本构之上,如图 3.2.21 所示,即其蠕变速率不满足热采套管选材技术要求。

② 均匀变形伸长率(δ)。表征高温下热采套管材料均匀塑性变形能力。注汽焖井、采油阶段,80SH、90SH 热采套管设计应变与许用应变关系如图 3.2.22 所示。对于全寿命设计热采井套管,要求套管材料的设计应变小于许用应变。考虑设计安全系数,对热采套管材料许用应变,即均匀变形伸长率指标要求见表 3.2.13 和表 3.2.14。

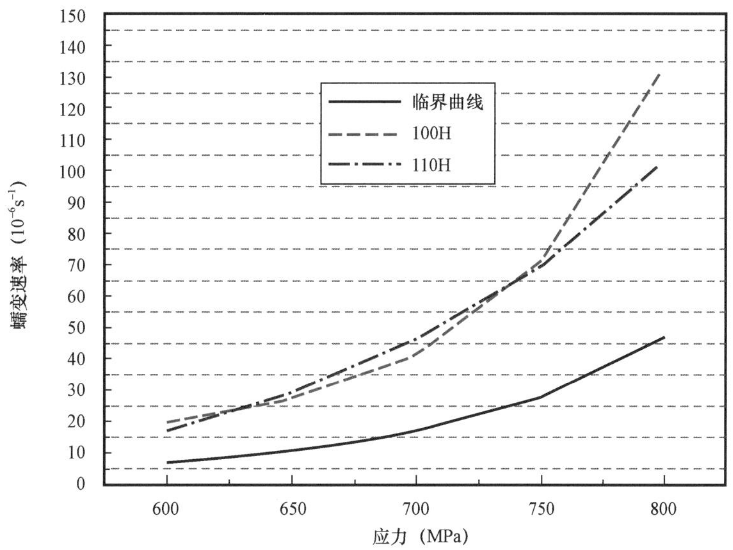

图3.2.21　某型热采套管100H/110H与临界蠕变本构曲线比较

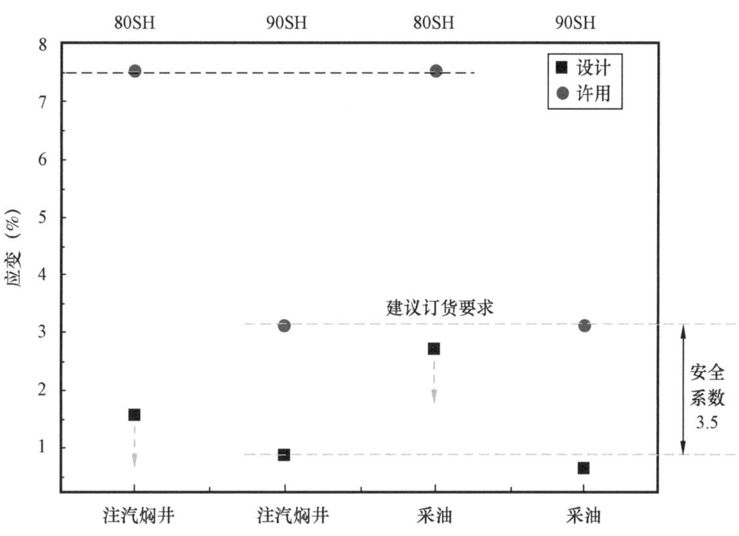

图3.2.22　80SH/90SH热采套管设计应变与许用应变关系(参考270℃服役条件)

表3.2.13　80SH热采套管性能指标

温度	均匀变形伸长率(%)
注蒸汽270℃	≥3.5

表3.2.14　90SH热采套管性能指标

温度	均匀变形伸长率(%)
注蒸汽270℃	≥3.0
过热蒸汽350℃	

3.2.2.3 油管柱的疲劳

3.2.2.3.1 油管接头和管体的疲劳

油管在井下服役过程中承受循环交变载荷作用。如果井下服役条件和油管的材质及热处理方式不变,油管的表面质量是影响油管工作极限应力幅的主要因素。疲劳裂纹通常出现在应力相对较高的部位。对于受拉伸和弯曲的管件而言,外表面的轴向应力最高,所以裂纹源多形成于油管表面的峰值应力处,如管体表面加工刀痕、冶金缺陷或表面腐蚀及机械损伤处等。裂纹源可以是一个或者多个,这主要由材料和承载情况而定。

由于油管接头部位的结构和受力特点,决定了油管接头是整个管柱的最薄弱环节。油管接头的结构、几何尺寸、上扣扭矩和表面状态则是影响其疲劳寿命的关键。对于一般的螺纹接头结构,螺纹起始扣及螺纹消失部位是连接结构的危险截面。接头危险截面即是应力集中或应力较大部位,其工作循环载荷特点表现为高应力水平、低应力幅值。该处的承载情况最为恶劣,在拉伸作用下接头危险截面处的拉伸应力水平较高。在附加弯矩作用下,接头危险截面处沿圆周方向受拉一侧应力水平最高,疲劳裂纹优先在此处产生。疲劳裂纹源点沿圆周集中于受拉一侧,沿圆周扩展并相互连接,形成弧线型源区。

一旦裂纹源形成,油管的裂纹扩展速率主要由应力幅值决定。油管壁厚较薄,应力水平较高,使得油管裂纹的扩展寿命较短。因此,如何延长裂纹的形成时间是提高油管疲劳寿命的关键。而提高油管接头危险截面处的疲劳强度是提高油管服役疲劳寿命的重点。

通过对油管材料小试样和接头实物试样的疲劳试验分析,可获得油管的实际疲劳性能。按照 ϕ88.9mm×6.45mm P110 钢级油管接头外螺纹齿底几何尺寸加工小试样,于试样中部加工模拟外螺纹齿底的缺口(图 3.2.23),可试验模拟油管接头部位的疲劳性能。试验选用正弦波循环加载,在拉扭电液伺服试验机上室温空气环境下完成,加载频率为 1.5Hz。试验测试得到不同应力水平下的疲劳寿命,见表 3.2.15。油管材料的 S—N 曲线如图 3.2.24 所示,疲劳断裂试样断口形貌如图 3.2.25 所示。从断面清晰可见疲劳源区(相对光滑)、扩展区和瞬断区(发白的粗糙区域)。试件在交变应力作用下多源启裂,裂纹同时沿与最大拉伸正应力垂直的方向扩展,相邻裂纹相交形成了锯齿形断口。一般来讲,名义应力越大,应力集中程度越高,疲劳断口上疲劳源的数目越多,最终断裂区所占比例越大,并且位置离中心越近。

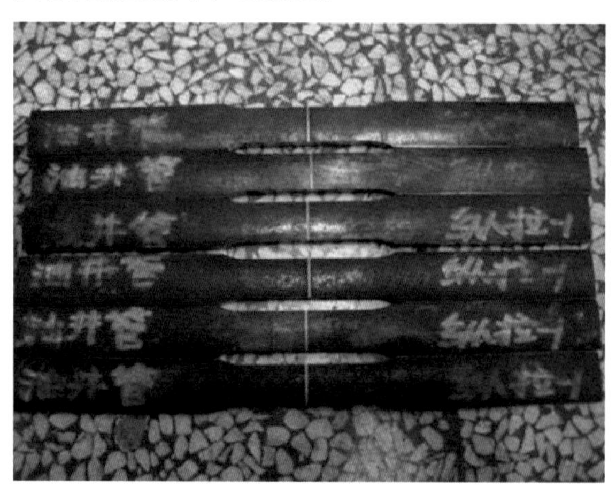

图 3.2.23 油管材料疲劳小试样尺寸

表 3.2.15　油管材料疲劳试验数据

编号	尺寸 (mm)	名义应力 (MPa)	寿命 (周)
1	19.3×6.45	465	55476
2	19.3×6.45	461	55513
3	19.3×6.45	443	57091
4	19.3×6.45	446	55314
5	19.3×6.45	656	31158
6	19.3×6.45	574	53167
7	19.3×6.45	492	54526

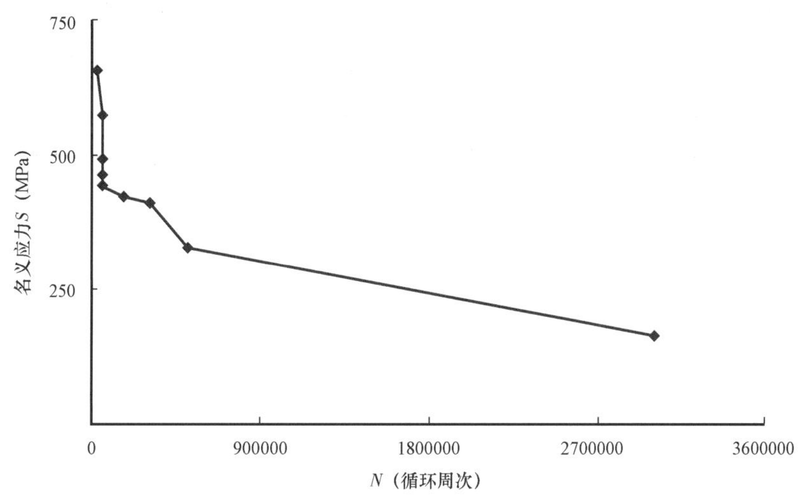

图 3.2.24　油管材料的 S—N 曲线

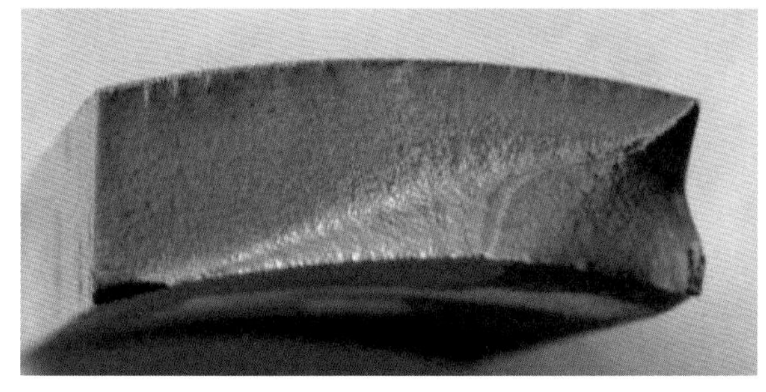

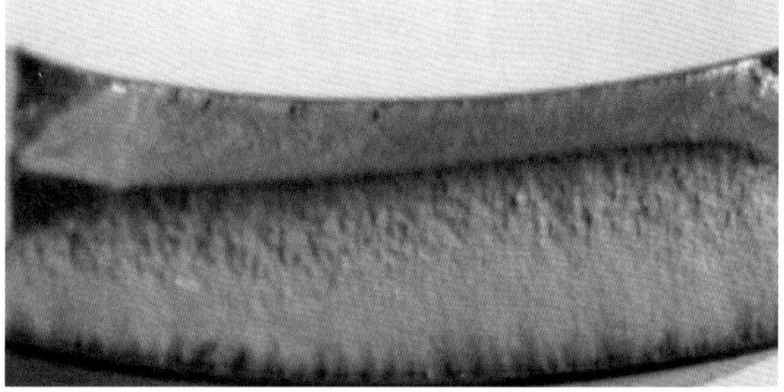

图 3.2.25　油管材料小试样疲劳断裂后断口宏观照片

对 ϕ88.9mm×6.45mm P110 钢级特殊螺纹接头油管进行实物疲劳试验，试验结果见表 3.2.16，试样断裂后的照片如图 3.2.26 所示，两个连接件疲劳断裂都发生在外螺纹上距消失点 3~4 扣处。试样断裂后微观照片如图 3.2.27 所示，显示为疲劳裂纹启裂及扩展形貌。

小尺寸试样试验结果与全尺寸试验结果呈现出一致性。在实际应用时可以使用小试样试验对带螺纹的油管疲劳性能进行研究。

表 3.2.16 特殊接头螺纹油管试验结果

编号	轴向载荷 (kN)	名义应力 (MPa)	寿命 (周)
1	900	500	11050
2	700	390	15513

图 3.2.26 特殊接头螺纹油管试样断裂照片

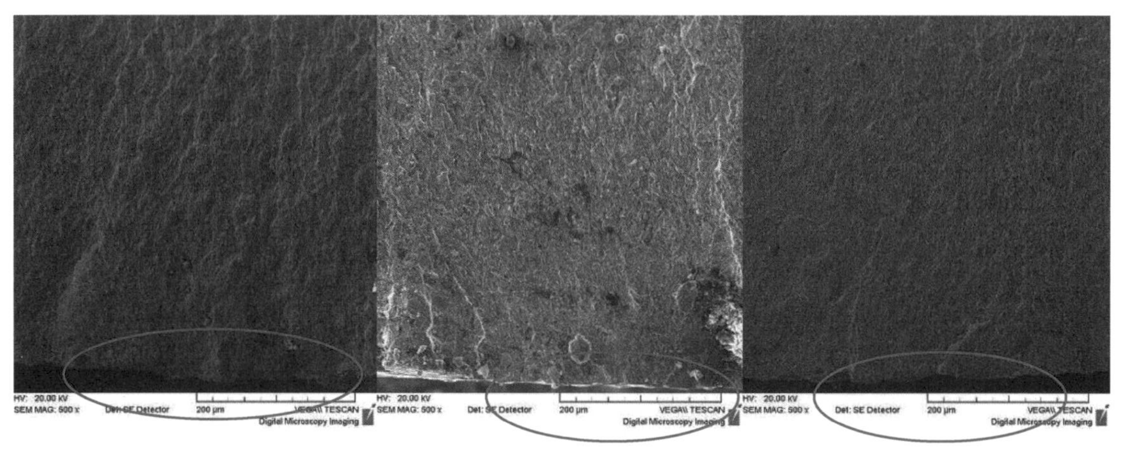

裂纹源区500倍放大

图 3.2.27 特殊接头螺纹油管裂纹源区微观形貌

3.2.2.3.2 连续油管的疲劳

(1)连续油管载荷环境。

现代连续管技术始于20世纪60年代初。近年来,连续管作业技术与装备得到迅猛发展,其应用已涉及钻井、完井、试油、采油、修井和集输等各个领域,特别是连续管作业已成功应用到老井加深、钻新井、定向井、老井侧钻水平井及欠平衡钻井等钻井作业中。随着连续管作业技术的发展,世界范围连续管和连续管作业机的需求逐年增加。据统计[28,29],近几年世界连续管市场年增长4%,连续管技术的服务收入年增长9%,在用连续管作业机年增长9%。几乎是常规钻机的4倍,显示出迅猛发展的势头[30]。

连续管作业机是移动式的连续管起下、运输用液压驱动设备。其基本功能是在连续管作业时，向生产油管或套管内下入和起出连续管柱，并把起出的连续管卷绕在卷筒上以便运移。连续管作业机的主要设备元件构成有连续管注入头、卷筒、井口防喷器组、液压动力机组和控制柜[31]，如图3.2.28所示。

图3.2.28　连续管作业机的组成实物图

连续管作业时在井中起下一轮承受两次弯曲循环，如图3.2.29所示[32]。每次循环包括三个弯曲和拉直动作或称为三个弯曲动作，起下一轮有六个弯曲动作。在下井操作中，当牵引链条把连续管拉离卷筒时，卷筒液马达的反向扭矩阻止油管离开，此时油管受拉，连续管首次弯曲拉直，图中示为弯曲动作1。当连续管进入导向架时，油管由直变弯、油管发生塑性弯曲变形，图中示为弯曲动作2。连续管越过导引架进入链条牵引总成时又被拉直，图中示为弯曲动作3。这三个动作组成一次连续管的弯曲循环。当把连续管从井中起出并卷绕在卷筒上的时候按相反的顺序发生同样的弯曲动作，连续管经受另一次弯曲循环。在连续管不承受内压的情况下发生上述弯曲循环时，这些塑性变形循环一般是在应力—应变图中规定的应力应变包络线的界限之内。但是，在连续管承受内压下发生弯曲循环时油管内要产生显著的物理和几何的变化。

连续管卷绕在卷筒上的时候，油管要产生屈服变形。因为无论是作业机的卷筒或制造厂的装运卷筒，其半径都比屈服曲率半径要小得多。

当连续管弯曲时，其半径产生变化。屈服曲率半径 R_r 为：

$$R_r = \frac{ED}{2Y} \tag{3.2.26}$$

式中　R_r——连续管的屈服曲率半径，mm；

D——名义外径，mm；

E——弹性模量，MPa；

Y——名义的最小屈服强度，MPa。

连续管屈服曲率半径大于其运输、工作过程中所承受的各个弯曲的半径，连续管的每次弯曲变形均发生塑性变形[33,34]。另外，由于油管内部一般均有高、中压液体或气体，内压和弯曲变形的复合载

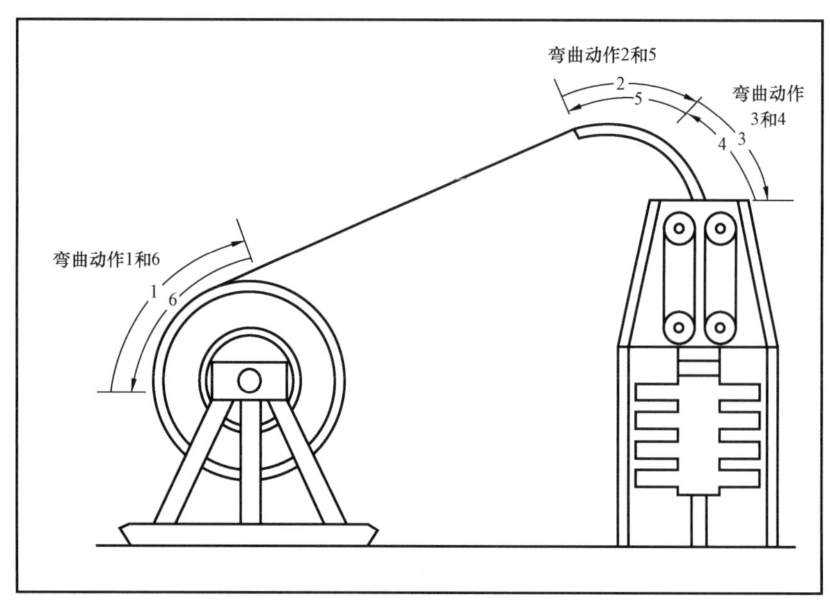

图 3.2.29　连续管起下作业时弯曲循环示意图

荷是连续管主要的工作载荷。因而，在实际作业中有的连续管可下井 30 ~ 40 次，而有的只有 10 次左右就失效了。

连续管失效形式可分为变形失效、断裂失效和表面损伤失效三大类[35]。在连续管的失效中断裂占的比例较大，特别是疲劳断裂，危害也较严重。大量失效分析表明，连续管的疲劳失效属于典型的低周疲劳问题，内压作用下的弯曲疲劳是连续管失效的主要因素。连续管的疲劳导致微裂纹的形成，在连续的循环下，裂纹扩展穿越油管壁，直到裂纹从一边穿透到另一边为止，从而造成压力的完全丧失。由于裂纹的尺寸仅有针孔那样大小，要确定它非常困难，目前没有有效的无损检测方法可以测定连续管累积损伤量。因此，如何认识和预测连续管的疲劳寿命，是连续管安全、高效地完成钻井、修井和采油等作业的前提。开展连续管疲劳性能试验研究，对指导连续管的工程应用具有重要意义。

(2)连续油管的疲劳性能试验研究。

由于连续管受力特点，连续管通常在使用过程中发生疲劳失效。内压作用下的弯曲疲劳是连续管失效的主要因素。现场试验表明，较高的连续管内压使连续管膨胀加剧，致使在连续管损坏前只有极少量的压力循环。增加连续管的内压会加速连续管的损坏。在内压较高的情况下，失效瞬间由于裂纹扩展就会在连续管的圆周形成较大的横向裂纹，并有可能造成管体的横向断裂。

采用专用的连续管弯曲疲劳试验机开展连续管弯曲疲劳试验，试验过程通常施加不同的内压条件。在不同失效循环周次间隔内，分别在不同角度的挠曲模板(如:15°、22.5°、30°)测量管的直径、壁厚和周长，如图 3.2.30 所示。试验前须依据连续管的内外径尺寸，准备好相应规格的试验管堵头以及确认试验管的最大承受内压。试验前加工连续管，保证试验管两端切平，使管内孔无毛边。将上下两堵头分别套入试验管两端，露出焊接坡口，并与试验管两端面作可靠焊接。焊接前上下堵头上不许装有螺塞和管接头，因为焊接热会破坏其密封。将连续管安装至试验机，对连续管夹紧部位进行校直与夹紧。从连续管上端堵头螺孔注满水，拖动增压器位移控标，使其活塞上下运动多次，直至完全排气。设置连续管位移保护，设定位移上、下峰值，设定弯曲频率、失效循环周次和控制方式，开始试验。

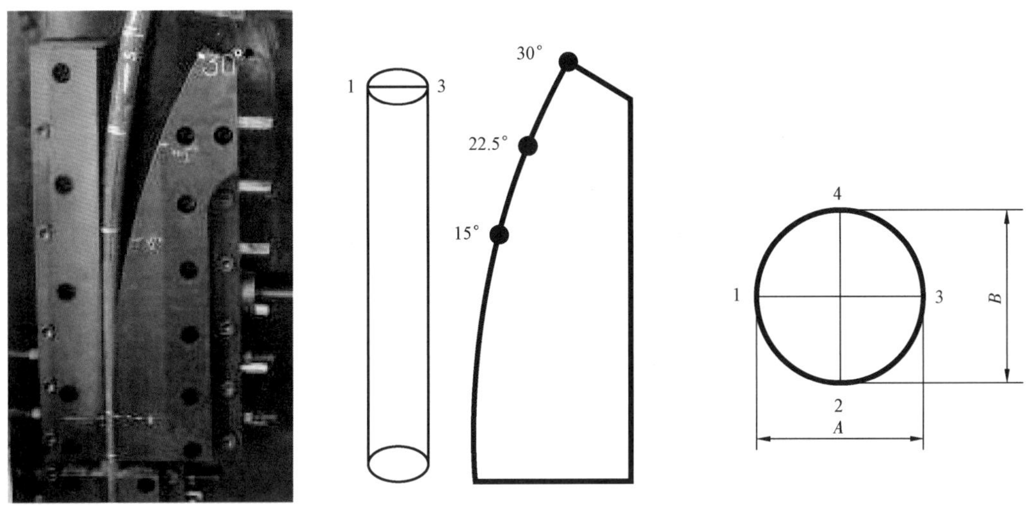

图3.2.30　连续管测量位置图

内压是影响连续管疲劳寿命的主要因素之一，连续管失效循环周次随着内压的增大而急剧降低，内压越大，周向应力和单轴交变应力越大，导致连续管失效时的失效循环周次降低，如图3.2.31所示。因此实际使用过程中应尽量控制连续管的内压。

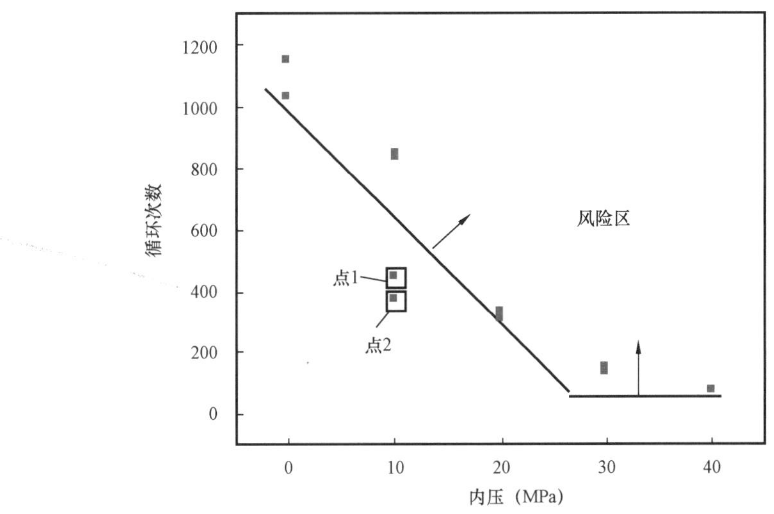

图3.2.31　连续管失效循环周次与内压关系图

如图3.2.31所示，点1是由于操作失误引起连续管机械损伤的试验结果，在连续管试验模板的最上端断裂。机械损伤会导致疲劳寿命的显著降低。研究表明：缺口深为管壁厚度的5%时，疲劳寿命降低57%；缺口深为管壁厚度的10%时，疲劳寿命降低69%。点2是连续管在制造缺陷处启裂的试验结果，缺陷及其位置如图3.2.32所示，在裂纹位置可以观察到突出的小钢丝。可见，连续管疲劳寿命对机械损伤和制造缺陷十分敏感，会造成管子寿命明显下降。

连续管循环次数与胀径关系如图3.2.33所示。随着循环周次的增加，15°处胀径逐渐明显。内压越大，失效循环周次越多，胀径幅度越大。有内压时连续管循环次数与胀径关系密切，胀径可作为连续管可靠性评估的指标之一。

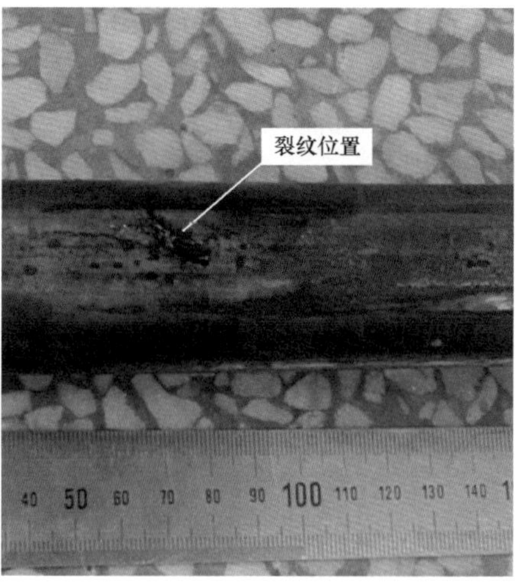

图 3.2.32　机械损伤断裂位置图

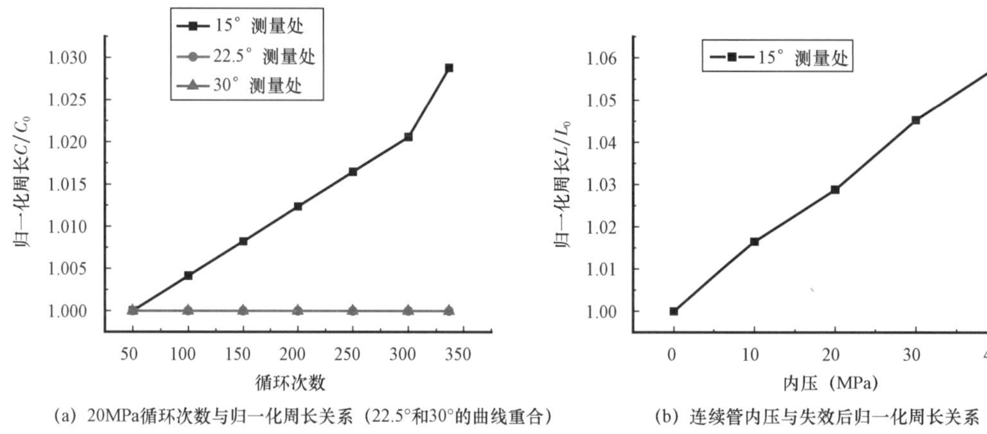

图 3.2.33　连续管失效循环周次、内压与归一化周长关系

归一化：试验过程实测值与原始值的比值。下同。

连续管循环次数与椭圆度关系如图 3.2.34 所示。15°测量处连续管的椭圆度随着失效循环周次的增加而变大。断裂时椭圆度随着内压的增加而变大。有内压时连续管失效循环周次与椭圆度关系密切，椭圆度可作为连续管可靠性评估的指标之一。

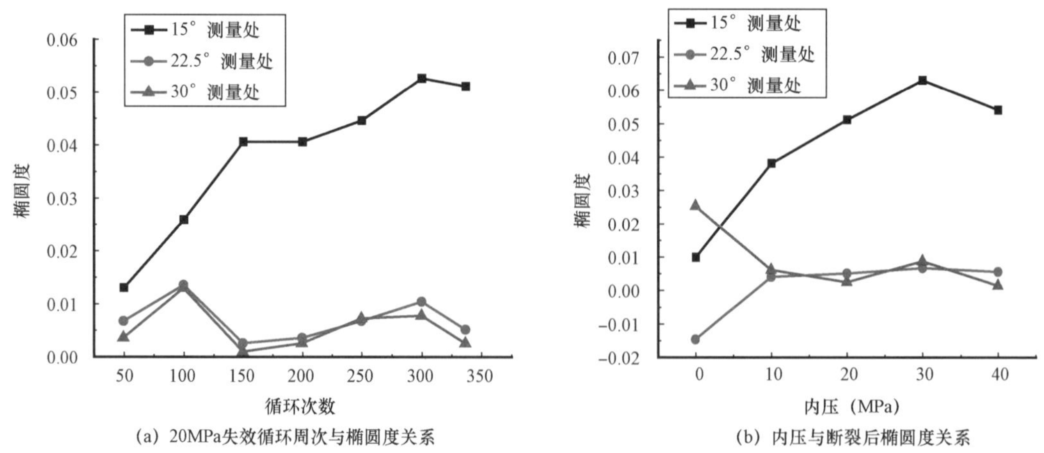

图 3.2.34　连续管失效循环周次、内压与椭圆度关系

在 15°位置点 1、点 3 测量的壁厚与内压的关系如图 3.2.35 所示。有内压时，壁厚随着循环次数和内压增加而减薄，如图 3.2.36 所示。有内压时，连续管循环次数与壁厚关系密切，壁厚可作为连续管可靠性评估的指标之一。

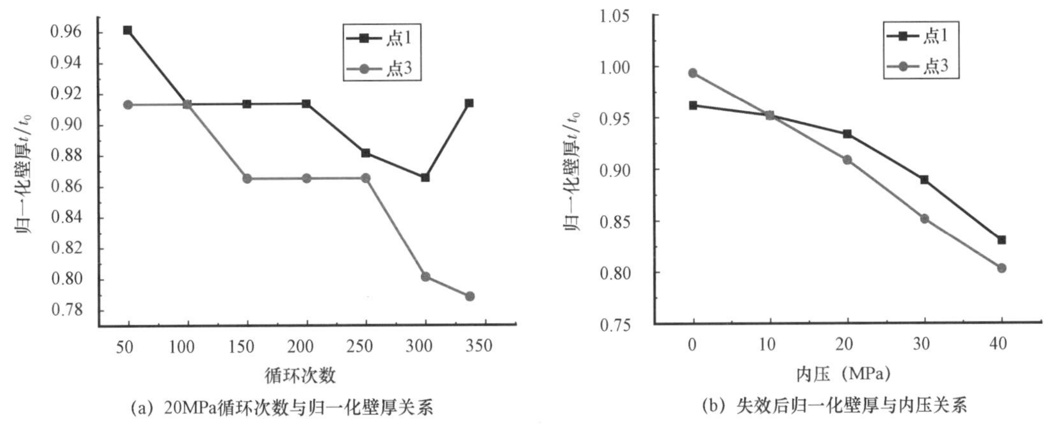

图 3.2.35　连续管失效循环周次、内压与归一化壁厚关系

图 3.2.36　连续管壁厚减薄图

连续管试验过程中，断裂主要发生在挠曲模板的中部。当连续管内没有内压时，裂纹附近通常没有鼓泡。当连续管内有内压时，在靠近疲劳试验装置的校直模板和挠曲模板侧产生明显鼓泡，如图 3.2.37所示。裂纹往往从鼓泡处开始萌生，且裂纹均是横向裂纹，如图 3.2.38 所示。

图 3.2.37　试验观察到的连续管鼓泡

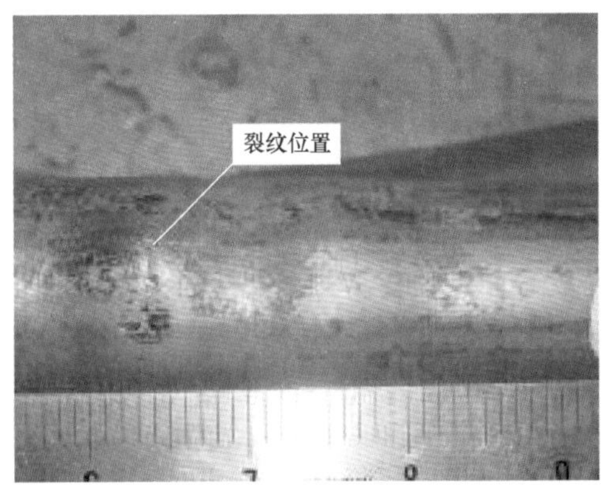

图 3.2.38　连续管鼓泡处裂纹

连续管断口的宏观形貌如图 3. 2. 39 所示,整个断口可分为启裂区、扩展区、断裂区 3 个区域。断口表面微观分析表明裂纹都是在连续管的外表面开始产生的。在断口启裂区可观察到典型的裂纹源,如图 3. 2. 40 所示,有明显的挤压特征。疲劳断口中裂纹一般起源于外表面,在应力和应变最大处产生。对于弯曲状态的管材来说,这个位置在其受拉伸一侧的外表面。往往可见缺陷处萌生微裂纹,也构成低循环疲劳失效的根源。在裂纹的扩展方向观察到疲劳辉纹,如图 3. 2. 41 所示,是从外表面的起源区开始扩展的。这些辉纹明显地穿透连续管 3/4 以上的壁厚,而在另外 1/4 壁厚的裂纹上变得模糊不清。这表明在断口破坏的最后阶段由于裂纹周围的应力集中,致使裂纹扩展速度加快,最终使连续管内壁发生塑性变形。

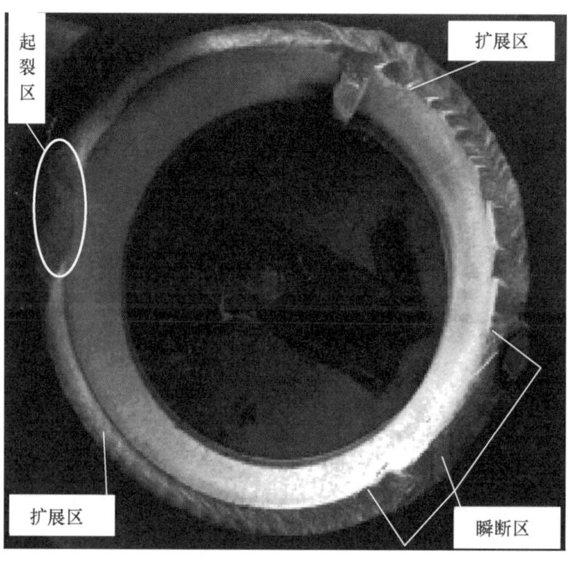

图 3. 2. 39　断口宏观形貌

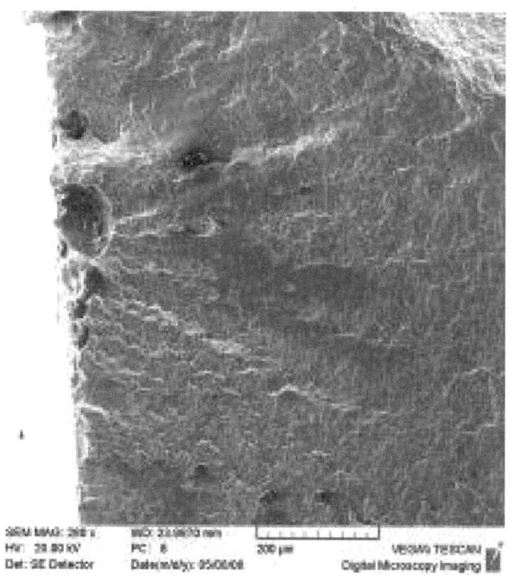

图 3. 2. 40　启裂区的疲劳源

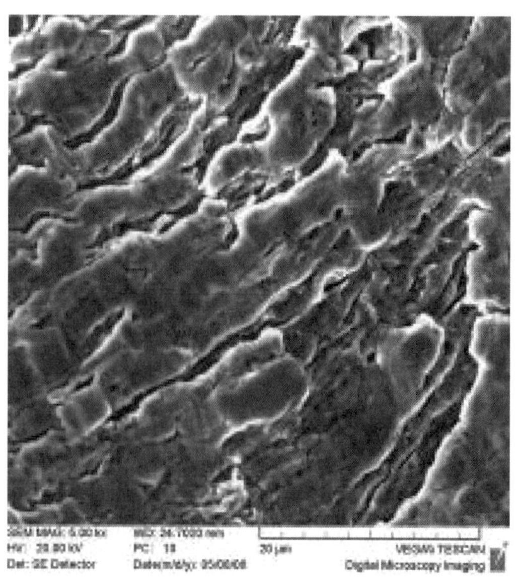

图 3. 2. 41　扩展区的疲劳辉纹

由于试验风险,难以施加较高的内压,特别是含有腐蚀介质的液体,这方面需要进一步研究。

3.2.2.4　油井管的磨损与粘扣

在钻井及井下作业过程中,钻具、油管柱或井下作业管柱进入井眼时会与套管或井壁接触,产生摩擦,使得扭矩和摩阻增加并导致磨损。钻具、油套管上卸扣过程中,由于金属与金属的摩擦,也会产生磨损,甚至粘扣。

摩擦及磨损并非材料本身内在的特性,而是在某种特定情况下,受许多因素影响的一种系统特征,其定量的表征主要有两个参数,即摩擦系数(μ)和磨损速率。它们受下列3个因素的制约:摩擦副体系的"结构",即组成摩擦副体系材料的成分及其相关性质;服役条件,即摩擦发生时的条件状态,包括载荷(或应力)情况,运动(学)情况,温度,时间等等;摩擦副体系中各组分间发生的相互作用情况。

目前被普遍认可的摩擦磨损理论体系主要包含以下3个方面:

分层磨损理论:它以表面层的位错、次表面层的孔穴和裂纹形成,以及由于表面层剪切变形导致裂纹连接过程为基础,认为表面层的材料是沿着与表面平行的方向一层一层的被磨掉,因此,磨屑应是薄片状。

滑动疲劳磨损理论:该理论的基本要点是"使摩擦表面破坏,必须施加多次的摩擦作用"。这些作用的次数决定了摩擦接触点上应力的状态和破坏的形式。疲劳是一种局部过程,由于摩擦表面具有粗糙度和接触的不连续性(离散性),在法向载荷作用下相互压入或压平,在实际接触斑点区产生了相应的应力、应变和温度的升高,使材料微体积内的不可逆变化不断积累,造成结构、应力状态的不均匀,形成应力集中源,继而产生裂纹。微裂纹的扩展和汇合将形成磨屑。造成摩擦表面材料脱落的作用次数与摩擦接触点的破坏形式有关。当材料发生弹性挤压时,要作用很多次($10^6 \sim 10^{10}$次循环);当材料遭受微切削时,只要作用一次即可。

能量磨损理论:该理论认为在摩擦副系统中,能量的传递是产生磨损的主要原因。能量的传递来自磨损阻力。磨损阻力不只是材料单一的某种特性,而且还与载荷、速度、温度等对摩擦副元件以及摩擦副之间物质的影响有关。在摩擦过程中,离开系统(输出)的能量总是小于原来(输入)的能量,输入能量与输出能量之差等于摩擦能量,即系统在工作期间损失的能量。

3.2.2.4.1　油管螺纹粘扣机理及影响因素

粘扣是API螺纹油、套管的主要失效形式之一。螺纹粘扣引起油、套管螺纹连接强度下降,从而导致油、套管脱扣[36-40]。

粘扣的定义为:粘扣是接触金属表面的一种冷焊,这种冷焊在进一步滑动/旋转过程中发生撕裂。按照该定义,粘扣应该是内、外螺纹之间的粘接。粘扣是一种磨损现象,可定义为内、外螺纹之间在上、卸扣过程中基体发生转移的现象。

(1)螺纹粘扣形貌特征分析。

图3.2.42为套管外螺纹粘扣形貌,图3.2.43为与该外螺纹对应的接箍端宏观形貌。与外螺纹一样,接箍各螺纹面亦均发生粘扣,只是程度不及外螺纹严重。将接箍纵向剖开可发现,螺纹粘扣从起始扣开始,20扣以后的接箍中间部位,螺纹基本完好,如图3.2.44所示。

经扫描电镜观察分析,完好内螺纹表面微观形貌如图3.2.45所示,可看到良好的磷化膜镀覆形貌。粘扣内螺纹受损表面形貌如图3.2.46所示,螺纹齿顶因挤压、磨削已无齿形,成犁沟状,局部区域还能观察到螺纹粘扣呈犁沟嵌入形貌。

完好外螺纹表面形貌见图 3.2.47 所示，可看出随着螺纹间隔，金属表面平整光滑，机加工切削纹路清晰。受损外螺纹表面微观形貌如图 3.2.48 所示，其形貌呈典型的粘着磨损及犁沟特征。

图 3.2.42　套管外螺纹粘扣形貌

图 3.2.43　接箍内螺纹粘扣形貌

图 3.2.44　接箍剖开螺纹损伤形貌

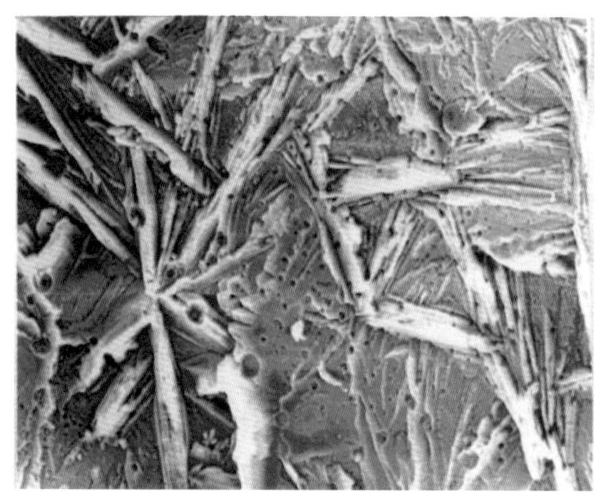

图 3.2.45　完好内螺纹表面微观形貌

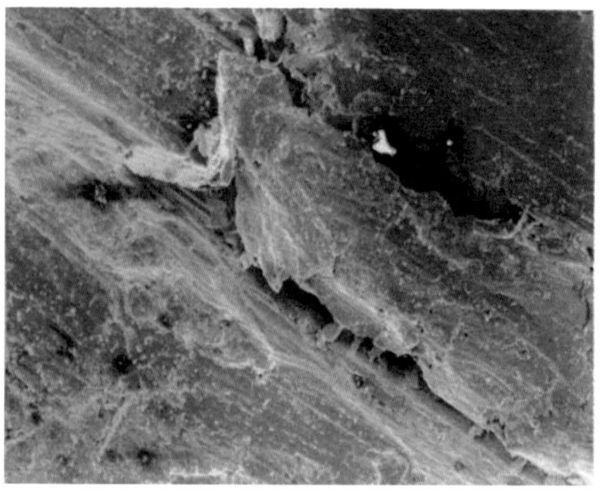

图 3.2.46　内螺纹受损表面金属嵌入形貌

图3.2.47 完好外螺纹表面形貌

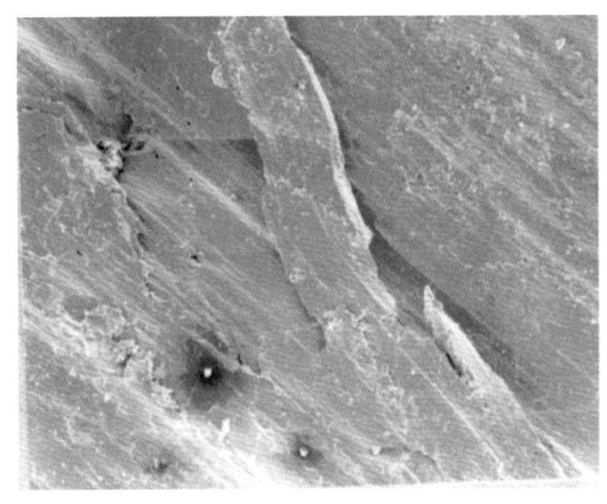

图3.2.48 受损外螺纹表面微观形貌

失效套管粘扣螺纹面因受挤压和摩擦引起的塑性变形,具有一定的方向性。结合螺纹旋合走向分析,此变形方向与螺纹上扣方向相对应。这说明,变形是在上扣时,螺纹受到严重挤压摩擦造成的,换句话说,粘扣是在上扣过程中产生的。

油套管螺纹粘扣是一种粘着磨损,即螺纹基体材料在上、卸扣过程中发生了转移,是由于螺纹面承受了高接触压力、高温或高速加载作用,使金属表面发生了弹性变形、塑料变形、挤压剥落、犁沟和嵌入金属的损伤过程。粘扣特别严重的外螺纹(如上述外螺纹),局部还将发生组织转变,形成马氏体的表面淬火过程。

(2)螺纹粘扣原因探讨。

根据多年的螺纹粘扣的失效分析统计,引起油、套管螺纹粘扣的原因有两个方面:一是油、套管螺纹本身的质量;二是现场的操作方法。

本身质量的问题包括:螺纹加工质量(如果油、套管材料韧性太好,切削性能不好,而且不采取其他措施,其螺纹加工质量就差);不匹配螺纹几何形状(在螺纹的某些部位因出现较大的干涉,从而产生极高的接触应力);螺纹表面处理质量(表面磷化/镀铜层质量差、耐磨能力较低)。

现场操作方法的问题包括:上扣扭矩控制不当(没有采用带有扭矩控制的专用液压钳,简单按照外露扣控制上扣);螺纹脂的使用不正确(涂抹不均匀、选用不当、组分不合适,如采用聚四氟乙烯塑料套代替螺纹脂,使螺纹之间失去润滑作用,而且热量得不到释放,从而引起大面积粘扣);其他因素(上扣速度过快、对中不良导致的错扣)。

3.2.2.4.2 套管磨损特征及减磨技术

在钻井过程中,钻具进入井眼时与套管或井壁接触,产生摩擦,使得扭矩和摩阻增加,从而导致套管发生磨损[41-43]。随着深井超深井、大斜度井、大位移井及水平井钻井技术的发展,因钻井时间延长、钻杆作用在套管上侧向力增加等因素,使套管的磨损问题越来越突出,尤其是技术套管的磨损。由于套管磨损可能会诱发一系列的问题,如套管抗挤毁强度和抗内压强度降低,钻柱扭矩过大会导致钻具损坏,引起卡钻、井漏、井口窜油气等事故[44-47],制约了油井的后续完井测试作业的顺利进行,并可能给采油工作带来很多困难[48-51],影响油井寿命,严重时还会造成套管柱挤毁、变形及泄漏,甚至某段油井报废和整口油井失效报废[52,53]。

国外从20世纪70年代开始就较系统地研究套管的磨损问题,从小型模拟试验到全尺寸的试验来研究各种因素对套管磨损的影响，国内研究人员也对套管的磨损开展了广泛的研究。研究表明，造成技术套管的磨损原因很多，主要有井身结构、井身质量、套管材料、钻具运动状态、钻井液性能等[54,55]。

钻井工具接头与套管之间磨损的主要形式为粘着磨损、切削磨损和磨蚀磨损。此外，接触疲劳磨损和磨粒磨损也是套管磨损的主要形式[56]。

针对套管的磨损问题，对各种减磨技术进行了广泛的研究，主要集中在防磨工具接头技术、钻杆接头耐磨带技术、钻井液技术和钻进工艺技术，具体套管减磨技术和措施如图 3. 2. 49 所示。

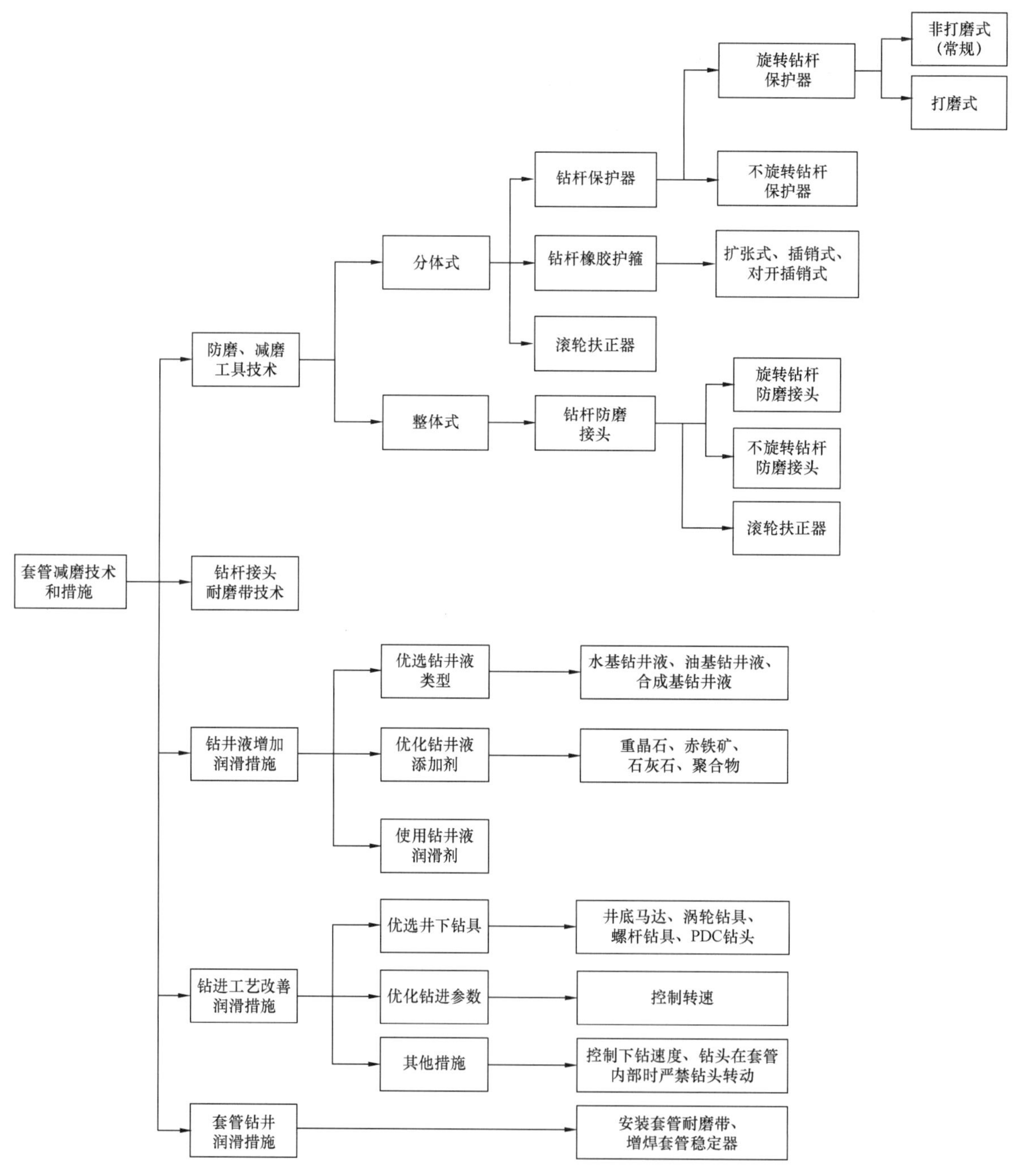

图 3. 2. 49　套管减磨技术和措施

表3.2.17、表3.2.18、表3.2.19分别给出了套管减磨技术的整体对比、钻杆保护器减磨技术对比、钻井液工艺技术对比，供实际选用时参考。

表3.2.17 套管减磨技术整体对比

减磨技术		减磨原理	优点	缺点	综合应用评价
防磨减磨工具	钻杆保护器	利用特殊的材料（橡胶护箍、钻杆保护器）固定在钻杆上，减少或避免套管与工具接头直接接触的机会，减小套管与接触材料的摩擦系数，从而达到减少套管磨损	使用简单，没有环境限制、不需很长的先期准备时间、成本较低、效果显著	在高温下橡胶护箍容易老化脱落，造成井下事故，橡胶护箍使用效果不理想	旋转钻杆保护器用于小斜度井较多，非旋转钻杆保护器可以用于深井超深井钻进中套管磨损的控制和预防
	减磨接头	利用特殊的接头连接在钻杆上，钻杆旋转时减少或避免套管与钻杆接头的接触的机会，将钻杆接头与套管的相对运动变为钻杆与减磨接头套筒的相对运动，从而达到减少套管磨损	减磨效果显著；使用可靠，井下事故率低，使用寿命比较长。防磨接头具有不受环境限制、不需很长的先期准备时间、效果显著等优点	人为改变了钻柱连接，增加了钻杆螺纹连接，影响了钻柱的强度	在大位移井、复杂工艺井中使用，当狗腿度较大时使用
钻杆接头耐磨带		用特殊的工艺措施，通过对钻杆接头表面进行化学处理，使其表面的材料具有很好的耐磨性，并使钻杆接头与套管接触时，其摩擦副的摩擦系数减小。这样减小套管磨损的同时也可以有效地保护钻杆	减磨效果显著；可以重复敷焊；使用寿命比较长	国外井口的耐磨材料比较昂贵，碳化钨耐磨带对套管磨损较大	在大位移井、复杂工艺井中使用，当狗腿度较大时使用
钻井液增加润滑措施		通过使用不同类型的钻井液来改善润滑性能，降低钻杆与套管的摩擦系数从而减少套管的磨损	使用技术成熟，成本相对较低	对地层、井眼类型有一定的对应性	根据不同的地层特性和井眼类型选择合适的钻井液
		通过在钻井液中加入一定数量的添加剂，改善钻井液的润滑性能，从而减小钻杆工具接头及其他井下工具与套管的摩擦系数从而减小套管的磨损	使用方法简单，成本较低	对环境有污染； 对储层有伤害	可作为特殊工艺井的辅助减磨措施，用于直井效果比较显著
钻进工艺改善润滑措施		通过一定的钻进措施，达到改善井斜，减小狗腿度的目的，减小套管与钻杆接头或井下工具的接触力，从而减少套管的磨损	钻进参数的控制比较容易实现；对井斜的控制在一定程度上可以从根本上解决套管磨损问题	井下情况复杂，比较难于控制；当使用特殊的井下工具时，其成本也较高	对于预防套管磨损非常重要，是套管防磨的基础

表 3.2.18　钻杆保护器减磨技术对比

<table>
<tr><th colspan="2" rowspan="2">名称</th><th rowspan="2">减磨原理</th><th colspan="3">技术特点</th><th rowspan="2">综合应用评价</th></tr>
<tr><th colspan="2">优点</th><th>缺点</th></tr>
<tr><td rowspan="2">旋转钻杆保护器</td><td>非打磨式(常规)</td><td>通过橡胶套筒与套管内壁的接触运动除去套管内壁的锈点和糙面,并在套管内壁和钻杆保护器之间形成一薄层液体润滑膜,达到降低摩擦与磨损的目的,在对套管粗糙表面磨光的同时,不会对套管产生严重磨损</td><td>(1)安装简单;
(2)成本较低</td><td rowspan="6">(1)橡胶材料相对套管材料软,保护器材料和套管内壁之间的摩擦系数小,大约为0.10,对套管的磨损很小,可以很好地保护套管;
(2)钻杆保护器没有环境限制、不需很长的先期准备时间、成本较低、效果显著等优点</td><td>打磨套管速度较慢,一般要24h</td><td rowspan="2">可用于直井、小斜度井或大斜度浅井</td></tr>
<tr><td>打磨式</td><td>打磨式钻杆保护器在橡胶中加入细玻璃球(约100目),这些细玻璃球可很快打磨套管,而不会形成自身和套管的明显磨损</td><td>(1)快速降低扭矩,比常规旋转钻杆保护器快5倍;
(2)摩擦系数低,仅为常规旋转钻杆保护器的一半左右</td><td>(1)加工工艺较复杂;
(2)相对成本较高</td></tr>
<tr><td colspan="2">非旋转钻杆保护器</td><td>装在工具接头附近,钻柱旋转时,非旋转钻杆保护器相对于钻柱可自由转动,相对于套管壁几乎无转动,以钻柱与非旋转钻杆保护器滑套间的摩擦代替了钻柱接头与套管壁间的摩擦,通过防止钻杆接头与套管接触来防止套管磨损</td><td>(1)使用寿命较长;
(2)比旋转钻杆保护器具有更好的防磨减扭效果;
(3)使用效果较好,利于减轻钻柱振动</td><td>(1)安装相对复杂,需要对各种资料综合分析,在相关技术人员指导下使用;
(2)成本较高;
(3)抗高温能力低;
(4)过载能力较低</td><td>浅部地层造斜,较重的钻柱位于造斜段之下,井斜(狗腿)使钻杆在套管上产生大的侧向力,套管磨损严重或机械钻速过低时使用。可以用于深井、大位移井钻进中套管磨损的控制和预防</td></tr>
<tr><td rowspan="3">橡胶护箍</td><td>扩张式</td><td rowspan="3"></td><td>—</td><td rowspan="3">(1)容易老化掉块造成井下复杂(如卡钻、井眼不清洁、憋泵等);
(2)设计结构不尽合理;
(3)寿命短,较大外径的护箍造成井眼环空变小、影响井眼清洁;
(4)裸眼中胶皮护箍增加井下不安全因素,不适合于裸眼中使用</td><td rowspan="3">在实际的钻井工程中钻杆胶皮护箍没有得到很好的推广</td></tr>
<tr><td>插销式</td><td>使用广泛</td></tr>
<tr><td>对开插销式</td><td>安装方便;
寿命相对较长</td></tr>
</table>

表 3.2.19　钻井液工艺技术对比

<table>
<tr><th colspan="2">工艺技术</th><th>优点</th><th>缺点</th><th colspan="2">综合应用评价</th></tr>
<tr><td rowspan="3">钻井液类型</td><td>水基钻井液</td><td>(1)钻井液、钻屑可就地排放；
(2)且具有良好的经济性，成本低</td><td>润滑性、抑制性和热稳定性较差</td><td>适合直井、小斜度井</td><td rowspan="3">不同成分的钻井液之所以对套管磨损影响有较大的差别，是由于它们具有不同的摩擦系数。油基、含 EP—Lube 和含重晶石的钻井液的摩擦比非加重水基钻井液要小得多，在狗腿度严重处，以及大位移井和水平井，摩擦系数小将使钻柱的旋转扭矩和拉力明显降低，从而减少了磨损</td></tr>
<tr><td>油基钻井液</td><td>(1)润滑性好；
(2)抑制性强；
(3)热稳定性好，耐高温；
(4)综合用油基钻井液可以保证狗腿度较小</td><td>(1)对环境有污染，不能就地排放，其后处理需增加费用；
(2)使其应用范围较小，用量受到一定限制</td><td>(1)特别适合钻大斜度井、水平井或高温以及水化页岩地层；
(2)当使用水基钻井液有危险、技术上不可行时通常使用油基钻井液</td></tr>
<tr><td>合成基钻井液</td><td>(1)对大多数生物相对无毒，可被生物降解，因而可望通过环保检测，成为油基钻井液的替代品，具有很好的应用前景；
(2)它既拥有油基钻井液性能优越的特点，又拥有水基钻井液污染低的优点；
(3)与油基钻井液相比，其所产生的钻屑可就地排放，环境污染程度低，而且气体在其中溶解度小，不会影响井控决策的准确性和适时性；
(4)与水基钻井液相比，其钻井井眼稳定、钻速高、润滑性强、清洗效果好以及钻屑完整、有利于排屑等</td><td>成本高，其价格远高于水基钻井液和油基钻井液</td><td>(1)合成基钻井液主要适合油基钻井液所适合的场合，比如前述的大斜度井、大位移井和水平井等复杂井型的钻井；
(2)目前仅限于海上钻探中小范围使用</td></tr>
<tr><td rowspan="5">添加剂</td><td>重晶石</td><td>减磨效果显著</td><td>(1)对储层有一定伤害；
(2)对环境有一定影响；
(3)优质原料较少</td><td>应用最普遍</td><td rowspan="5">在实际工程中，通常加入几种添加剂，以期达到综合效果，使得在不同的温度段均能达到很好的润滑作用，降低摩擦系数值。润滑剂量应适当，太少减摩效果不理想，加入量超过饱和吸附量时，摩擦系数也不会减小，造成润滑剂的浪费</td></tr>
<tr><td>赤铁矿</td><td>与非加重钻井液比有一定的减磨效果，可以改善地层渗透率，电稳定性较好，固相含量较少，成本相对较低</td><td>减磨效果不显著，甚至起负面影响，现场使用有待进一步论证，对钻头和循环系统有一定磨损</td><td>使用比较普遍，在油基钻井液中使用效果较好</td></tr>
<tr><td>聚合物</td><td>有一定的减磨效果</td><td>减磨效果不显著</td><td>应用较少</td></tr>
<tr><td>石灰石</td><td>减磨效果较显著，对地层渗透影响小，保护油气层</td><td>比重较轻，加重效果不明显</td><td>应用比较普遍</td></tr>
<tr><td>润滑剂</td><td>在非加重钻井液中减磨效果显著</td><td>对加重钻井液减磨效果影响小</td><td>在非加重钻井液中应用比较普遍</td></tr>
</table>

3.2.3　模拟服役条件的管柱完整性全尺寸评价

油/套管柱是单根油/套管通过专用螺纹连接而成，可以看作一种受力复杂的柱状压力容器。螺纹连接处是油/套管柱的薄弱环节。油/套管柱一般在井下要承受拉伸/压缩、内压、外压、弯曲等复合载荷的作用及温度的影响。如何保证油/套管柱的密封完整性和结构完整性，是石油管工程的一个主要研究内容。全尺寸模拟试验是对螺纹结构设计和管柱设计方案验证的重要手段。

油/套管柱设计时一般要考虑承受载荷和保证结构完整性,还必须考虑密封问题。这主要是因为油/套管柱是螺纹连接,承受较高的载荷时,管体通常不会发生问题,而螺纹连接处却可能泄漏。油气一旦发生泄漏,不仅影响产量,而且泄漏到套管环空,严重影响套管的安全。特别是气井一旦泄漏到井口,存在较大的隐患。因此,合格的油/套管螺纹应满足油气井密封要求。但要做到这一点有点困难,主要原因:一是因为螺纹要密封的流体介质不光是油,而且还有气体,甚至是油气混合物;二是密封流体介质的压力相当高,一般在 20 ~ 70MPa,少数超过 100MPa,属于超高压;三是由于油/套管柱要受到拉伸、弯曲等复合载荷作用,这些载荷会对螺纹连接密封性产生不良影响。

流体(包括液体和气体)的泄漏,需要一个泄漏通道及存在压力差。对于油/套管螺纹而言,在一定的扭矩作用下,内外螺纹的啮合的紧密程度决定了螺纹的密封性能。而事实上螺纹完全紧密啮合是不可能的,总存在一定的缝隙,即不可能绝对密封,密封仅仅是相对某种泄漏速率而言。目前所谓密封,在试验室条件下的判据有以下几种:15min 内没有可见的水滴;3min 内没有可见的氮气泡;氦气在一个大气压下泄漏速率低于 $10^{-5}cm^3/s$。

这里还涉及泄漏的检测问题,密封性需要某种检测系统来证实。

特殊螺纹接头与 API 螺纹接头相比,在结构形式、密封机理、检测方法、维护及操作方面都有许多不同。因此,如何认识、评价并选择合适的特殊螺纹接头油套管就成为一个热点和难点。对油田用户来讲,如何评价这些接头的好坏成为油田用户十分关心的问题。

目前,套管和油管的全尺寸实物评价程序主要依据标准 ISO 13679:2019、API RP 5C5 - 2017、ISO 13679:2002、API RP 5C5 - 2003 和 SY/T 6128—2012 来确定。ISO 13679:2019 和 API RP 5C5 - 2017(第 4 版)是现行的套管及油管螺纹连接试验程序国际标准,其试验目的是评价套管、油管及其螺纹连接的粘扣趋势、密封性能和结构完整性。上述标准中适用于最苛刻用途的 CAL Ⅳ等级评价是目前国际上评价油/套管涵盖载荷最全、试验时间最长,试验条件最为严格的试验程序。自 ISO 13679 和 API RP 5C5 标准实施以来,为制造企业验证其设计产品的性能,以及为油田用户确定产品的适用性发挥了无可替代的作用。SY/T 6128—2012 是根据对各个国际标准试验程序的研究并结合我国各油田的实际需求,形成的套管和油管接头评价试验方法的行业标准,其建立了新产品鉴定、质量监督和特殊用途适用性评价等系列试验,是国内检验评价涵盖范围最为全面的标准。根据该标准提出的适用性评价的概念和思路,可完善严苛服役条件气井用管材评价程序。实物试验可以利用全尺寸油套管复合加载(轴向载荷、弯曲载荷、内压、外压等)结构完整性和密封完整性试验系统完成。

3.2.3.1 评价标准演变

为避免油/套管在使用中发生失效,国内外各大石油公司普遍将油/套管整体性能作为产品质量评价的关键内容纳入订货技术条件中,并制定了详细的评价规范。

API 也制定了相应的评价标准,这些评价标准经历了一个不断发展,不断完善的过程。1958 年,针对美国南部高压油气井的井况,为了保证油/套管的安全使用,API 协会制订了 API RP 37 标准,规定了油/套管的评价方法。1980 年,API 推出了 API RP 37 标准的第 2 版,在第 1 版的基础上增加了试验项目,并增加了模拟井况的试验环节。特别是 1990 年 1 月 1 日,替代 API RP 37 的 API RP 5C5 正式颁布以后,评价程序日渐完善。1996 年,API RP 5C5 推出第 2 版。2002 年,国际标准化组织 ISO 在参照 API RP 5C5 第 2 版的基础上,制订了 ISO 13679 第 1 版,与 API 推出的 API RP 5C5 第 3 版完全相同。2017 年,API 在 5C5 标准运行十几年的基础上,进一步优化评价流程,发布了 API RP 5C5

(第 4 版),2019 年,国际标准化组织引用第 4 版 API 5C5 标准,发布了 ISO 13679:2019。

API RP 37 的名称为《接头设计验证的评价程序》,API RP 5C5 的名称为《接头评价程序》,自 ISO 13679 起名称为《接头试验程序》。由名称的变化可以看出,全尺寸试验的发展经历了设计验证、接头评价及性能检测三个阶段。自 ISO 13679:2002 起,标准附录给出了不同井况条件下接头性能评价程序,评价更加全面。与此同时,评价侧重点出现变化,API RP 37 的试验没有分级,API RP 5C5 和 ISO 13679 对试验进行了分级,这也是油/套管评价的重大进步。

除了上述名称方面的变化之外,在试样数量方面,也有重大的改变。API RP 37 第 1 版要求 12 根试样,并考虑高钢级、大壁厚及极限公差情况。API RP 37 第 2 版要求 18 根试样,考虑标准复合型及极限公差情况。API RP 5C5 第 2 版按照评价级别的高低,依次要求 3、12、24、27 根试样,并给出了各种组合试样加工公差。API RP 5C5 第 3 版和 ISO 13679 第 1 版按照评价级别的高低,依次要求 8,6,4,3 根试样,并给出了各种组合试样加工公差。API RP 5C5 第 4 版[57]和 ISO 13679 第 2 版按照评价级别的高低,依次要求 5,5,3,2 根试样,各种组合试样加工公差有了更细致的要求。试样的数量不断减少,而加工公差不断明晰化,试样组合覆盖了产品在整个使用过程中可能发生的情况。

API RP 5C5 和 ISO 13679 ,特别增加了高温试验和弯曲试验,更加注重集成,将多种载荷设计到同一试验项目中,试验条件更为苛刻,试验难度加大,也更加贴近实际服役条件。评价程序反映了石油天然气钻井技术和油套管生产技术的最新成果,并根据油套管的用途,将检验等级、工作压力和服役条件联系起来,针对油管、油层套管和技术套管给出了不同的评价级别。可以准确评价出套管的性能,获得了广泛应用。

3.2.3.2　密封完整性及结构完整性评价程序方案

API RP 5C5(第 4 版)[57]标准中的试验程序,根据不同的试验目的,主要分为上/卸扣试验、试验载荷包络线(Test load envelope,TLE)试验和极限载荷(Limit load,LL)试验。对于每一根试样,依次按照上/卸扣试验、试验载荷包络线试验、极限载荷试验的顺序进行试验。上/卸扣试验用来评价产品的抗粘扣性能;试验载荷包络线试验用于评价接头在设计的包络线范围内,受循环载荷作用时是否可保持其结构和密封完整性;极限载荷试验用来验证接头结构和密封的极限性能,判断产品是否符合生产、设计及使用要求,对于管材产品的开发设计和管柱设计尤为重要。

标准试验方法是在最差性能(包括螺纹参数极限偏差,最松或最紧配对等)的接头结构上进行的,规定了试样的螺纹参数极限公差加工及材料性能要求。最差性能接头通过试验评价程序,可以保证符合产品标准要求的内、外螺纹随机组合的接头,上扣连接后到接头性能满足使用要求。

在密封完整性方面的试验项目中,各种评价程序版本也有明显的改进。API RP 37 第 1 版主要试验项目有:静水压、静气压、水压 + 拉伸、规定压力下的热循环和外压试验。第 2 版增加了内压 + 压缩、内压 + 压缩 + 弯曲、内压 + 拉伸 + 弯曲、外压 + 拉伸、外压 + 拉伸 + 弯曲,其热循环试验最高温度由 180℉增加到 325℉,载荷条件由单纯的内压改为内压 + 拉伸。API RP 5C5(第 2 版)主要试验项目有:气压循环、压力热循环、压缩 + 内/外压循环、内压 + 拉伸条件下的热循环、拉伸 + 内压循环、拉伸 + 内/外压循环及米赛思(Mises)应力圆的一、二象限加载试验。API RP 5C5 第 3 版和 ISO 13679 第 1 版标准中引入试验载荷包络线作为检验和评价的准则。TLE 是用数学方法表示的多种载荷复合作用的 Mises 等效应力(VME)强度,根据 Von Mises 最小形变能准则计算得出,用来描述管体/接头复合承载能力的临界点,在保证安全的前提下使试样承受尽可能高的载荷或复合载荷,以评价套管和油管的密封性能和结构完整性是否满足设计或使用要求。根据涉及载荷种类的不同,分为 A 系试验(Test Series A,TS－A)、B 系试验(Test Series B,TS－B)和 C 系试验(Test Series C,TS－C)三个部分。其中,TS－A 为轴向载荷(拉伸/压缩)＋压力(内压/外压)复合载荷循环试验;TS－B 为轴向载荷(拉伸/压缩)＋压力(内压)＋弯曲复合载荷循环试验;TS－C 为轴向载荷(拉伸)＋压力(内压)＋高温复合载荷循环试验,也称为拉伸和内压条件下的热循环试验,其试验目的为评估在拉伸和内压作用下的接头经历热循环时泄漏的可能性。API RP 5C5(第 4 版)和 ISO 13679(第 2 版)增加了载荷循环的次数、加载步骤和试验总时间,在 TS－A 和 TS－B 试验中增加了高温试验和分层试验设置。

在结构完整性试验中,API RP 37 只有拉伸至失效和压缩至失效试验,API RP 5C5 第 1 版增加了内压至失效和高/低内压＋拉伸至失效,而 API RP 5C5 第 3 版和 ISO 13679 第 1 版删掉压缩至失效,增加了压缩＋外压至失效、外压至失效、外压＋压缩至失效、拉伸＋内压至失效、内压＋压缩至失效,每根试样都在不同的复合载荷作用下失效,更全面地检测了接头的强度。现行标准因试样数量减少,进一步优化了复合极限载荷试验加载路径,以更少的试验实现全面的检测。

近几年,国内某些油田公司将通过标准试验作为套管和油管用于严苛条件油气田的准入条件,明显提升了其使用管材的安全可靠性。目前国内多家套管和油管制造企业的产品通过现行标准最苛刻用途试验等级的评价试验,验证了产品满足设计要求。制造企业积极参与评价试验,对其改进和提升产品性能也起到了促进作用。

油/套管完整性评价方案如下:

(1)试样准备。

试样准备过程,应考虑材料性能偏差、极限加工公差的配合,并做好相应标识。

(2)标准规定试验过程。

① 试验概述。根据试验所模拟的井况恶劣程度,试验分为 4 个等级,分别为 CAL Ⅰ、CAL Ⅱ、CAL Ⅲ和 CAL Ⅳ。CAL Ⅳ用于模拟最恶劣井况,CAL Ⅰ模拟最普通井况。如果试验结果满足了该等级的所有上/卸扣试验,载荷包络线和极限载荷试验的要求,接头尺寸、重量和材料钢级(具有同样的屈服强度和化学成分)也经过了检测,那么这种接头就达到了预定的应用级别。接头的极限载荷按试验得到各试样的极限载荷最小值确定。

试验所需的参数,如上扣最大和最小扭矩,最多和最少螺纹脂用量,试验载荷包络线,根据实际井况对标准要求所进行的试验调整,都应由试样生产厂和用户一起协商确定。

② 试验流程。以 CAL Ⅳ为例,试验要求及流程如图 3. 2. 50 所示。

③ 材料性能试验。根据标准要求,试验前要进行室温和高温下的材料性能检验,确定材料屈服强度。

④ 试样缺陷检查、螺纹参数和几何尺寸测量。对进入试验室的试样,试验室人员应进行详细的外观检查和无损检测,剔除有缺陷的试样,避免因其他原因导致试验失败。因此,选取样品时要准备备用试样。非 API 螺纹型式,可由生产厂提供量规,在试验室检测,也可由用户和/或第三方监督下,直接在生产厂检测。检测结果记入报告。每个试样要仔细测量其壁厚,找到最小壁厚并计算平均壁厚,测量结果记入报告。

⑤ 上/卸扣试验。上、卸扣试验分为:上/卸扣抗粘扣试验(MBG),最终上扣试验(FMU)。螺纹脂和扭矩的具体数值由生产厂和用户确定,每个试验要进行的上卸扣试验类型见表 3. 2. 20。

⑥ 烘干。除 CAL Ⅰ评价试验外,其他等级评价试验的试样要进行烘干。烘干温度和时间由委托方根据产品情况和使用条件确定。

⑦ 载荷包络线试验。烘干后，根据试样材料和委托方要求，确定封堵方式：采用焊接堵头（由试验室加工），或者由生产方提供同等或更好性能的螺纹堵头，在试验室进行堵头和加持棒的连接。

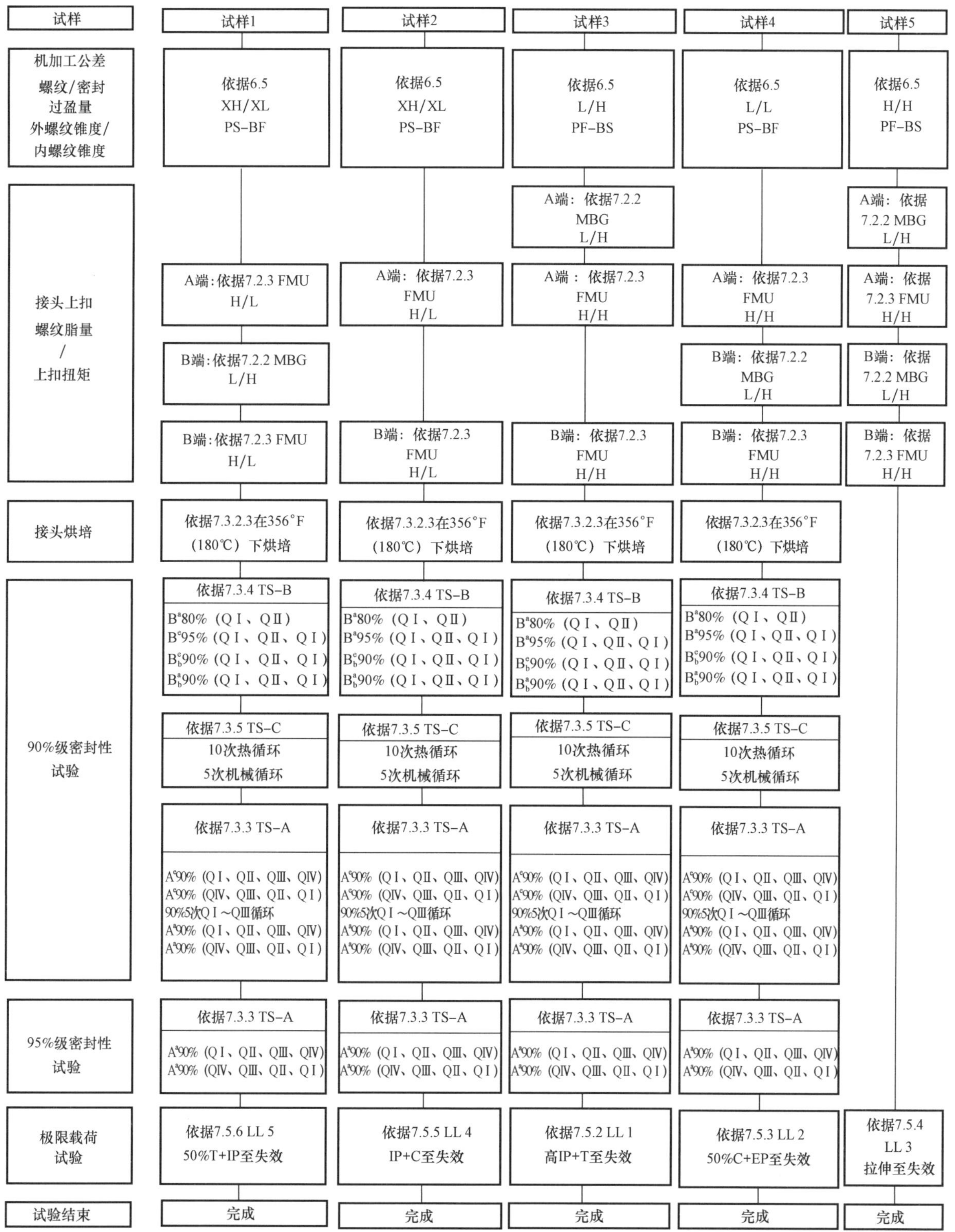

图 3.2.50　CALⅣ级试验要求和流程[57]

表 3.2.20　试样上/卸扣试验程序[57]

<table>
<tr><td colspan="3">试样</td><td colspan="2" rowspan="2">螺纹脂</td><td colspan="2" rowspan="2">扭矩</td><td rowspan="2">MBG 上/卸扣</td><td colspan="4" rowspan="2">复合加载
试验系列</td></tr>
<tr><td rowspan="3">试样号</td><td colspan="2">公差</td></tr>
<tr><td rowspan="2">螺纹</td><td rowspan="2">密封面</td><td>MBG</td><td>FMU</td><td>MBG</td><td>FMU</td><td rowspan="2">A 端/B 端</td><td rowspan="2">A</td><td rowspan="2">B</td><td rowspan="2">C</td><td rowspan="2">LL</td></tr>
<tr><td colspan="2">A 端或 B 端</td><td colspan="2">A 端或 B 端</td></tr>
<tr><td>1</td><td>XH</td><td>XL</td><td>L</td><td>H</td><td>H</td><td>L</td><td>N/Y</td><td>A</td><td>B</td><td>C</td><td>LL5</td></tr>
<tr><td>2</td><td>XH</td><td>XL</td><td>—</td><td>H</td><td>—</td><td>L</td><td>N/N</td><td>A</td><td>B</td><td>C</td><td>LL4</td></tr>
<tr><td>3</td><td>L</td><td>H</td><td>L</td><td>H</td><td>H</td><td>H</td><td>Y/N</td><td>A</td><td>B</td><td>C</td><td>LL1</td></tr>
<tr><td>4</td><td>L</td><td>L</td><td>L</td><td>H</td><td>H</td><td>H</td><td>N/Y</td><td>A</td><td>B</td><td>C</td><td>LL2</td></tr>
<tr><td>5</td><td>H</td><td>H</td><td>L</td><td>H</td><td>H</td><td>H</td><td>Y/Y</td><td>—</td><td>—</td><td>—</td><td>LL3</td></tr>
</table>

<table>
<tr><td colspan="5">试样 MU 和 BO 次数汇总</td><td rowspan="8">A、B 端进行上/卸扣试验的试样总计</td><td rowspan="4">A 端抗粘扣
上/卸扣</td><td rowspan="4">MBG</td><td rowspan="4">接箍连接 -2
直连型 - N/A</td></tr>
<tr><td rowspan="2">试样号</td><td colspan="2">套管</td><td colspan="2">油管</td></tr>
<tr><td>A 端</td><td>B 端</td><td>A 端</td><td>B 端</td></tr>
<tr><td>1</td><td>—</td><td>2</td><td>—</td><td>9</td></tr>
<tr><td>2</td><td>—</td><td>—</td><td>—</td><td>—</td><td rowspan="2">B 端抗粘扣
上/卸扣</td><td rowspan="2">MBG</td><td rowspan="2">接箍连接 -3
直连型 -3</td></tr>
<tr><td>3</td><td>2</td><td>—</td><td>9</td><td>—</td></tr>
<tr><td>4</td><td>—</td><td>2</td><td>—</td><td>9</td><td rowspan="2">A、B 端
最终上扣</td><td rowspan="2">FMU</td><td rowspan="2">接箍连接 -10
直连型 -5</td></tr>
<tr><td>5</td><td>2</td><td>2</td><td>9</td><td>9</td></tr>
<tr><td colspan="8">最多试样数量(Ⅳ级试验)</td><td>5</td></tr>
<tr><td colspan="9">Y——Yes　　　　L——厂家推荐的低值
N——No　　　　XL——厂家推荐的最低值
MBG——抗粘扣上/卸扣　　　　LL——极限载荷(失效)试验
FMU——最终上扣　　　　XH——厂家推荐的最高值
H——厂家推荐的高值　　　　MV——上扣
BO——卸扣</td></tr>
<tr><td colspan="9">对螺纹和接箍接头,所有 A 端必须和上述的 B 端几何外形相同</td></tr>
</table>

由委托方根据试样材料屈服强度、外径及实测最小壁厚和 95% 名义壁厚中的较小值,确定试验载荷包络线,按表 3.2.21 对各试样进行包络线试验,各试验的示意图如图 3.2.51 ~ 图 3.2.54 所示。

表 3.2.21　载荷包络线试验

试验名称	试验项目	试样号
A 系试验	(1)高温试验(90% 载荷水平); (2)第一象限—第三象限循环试验(90% 载荷水平); (3)室温试验(90% 和/或 95% 载荷水平)	1,2,3,4
B 系试验	(1)无弯曲载荷的室温试验(80% 和/或 95% 载荷水平); (2)带弯曲载荷的高温试验(90% 载荷水平); (3)带弯曲载荷的室温试验(90% 和/或 95% 载荷水平)	1,2,3,4
C 系试验	循环(内压 + 拉伸 + 温度)	1,2,3,4

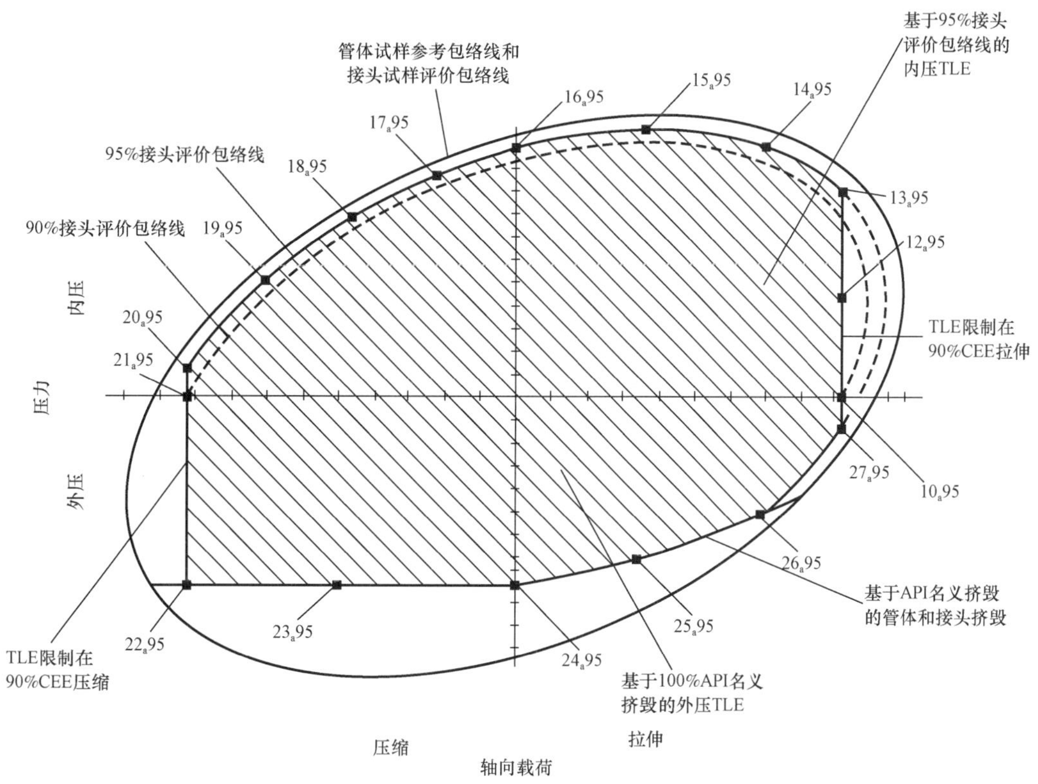

图 3.2.51　95% CEE 的室温 TS－A 载荷点示例——管体参考包络线和接头评价包络线相同

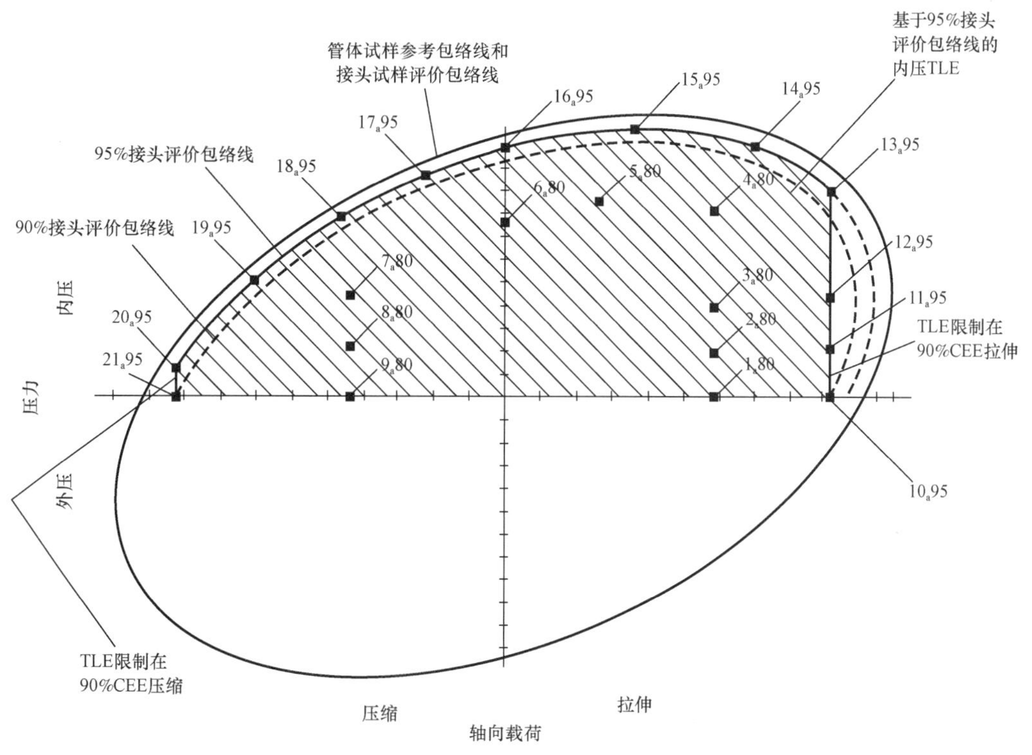

图 3.2.52　95% CEE 的室温 TS－B 载荷点示例——管体参考包络线和接头评价包络线相同

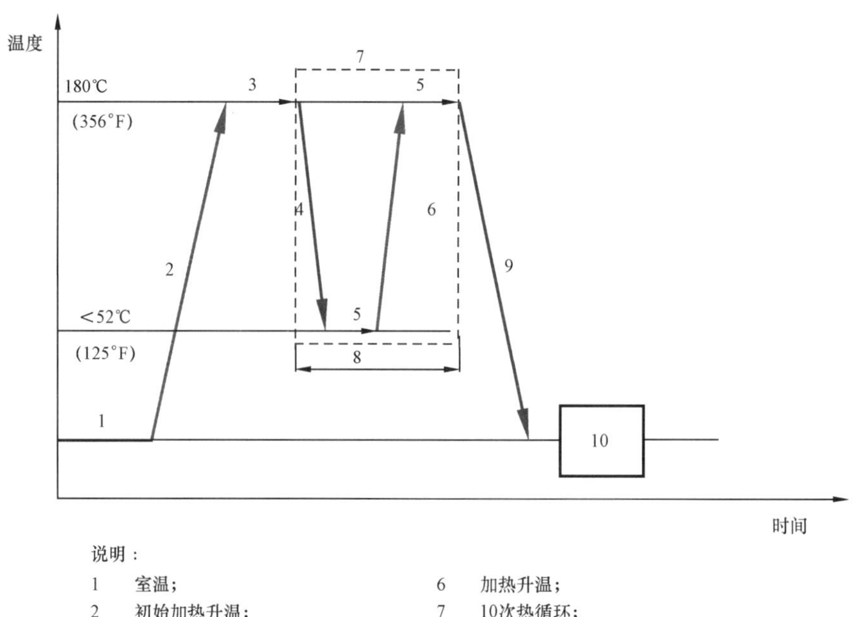

图 3. 2. 53 C 系试验载荷和温度循环示意图

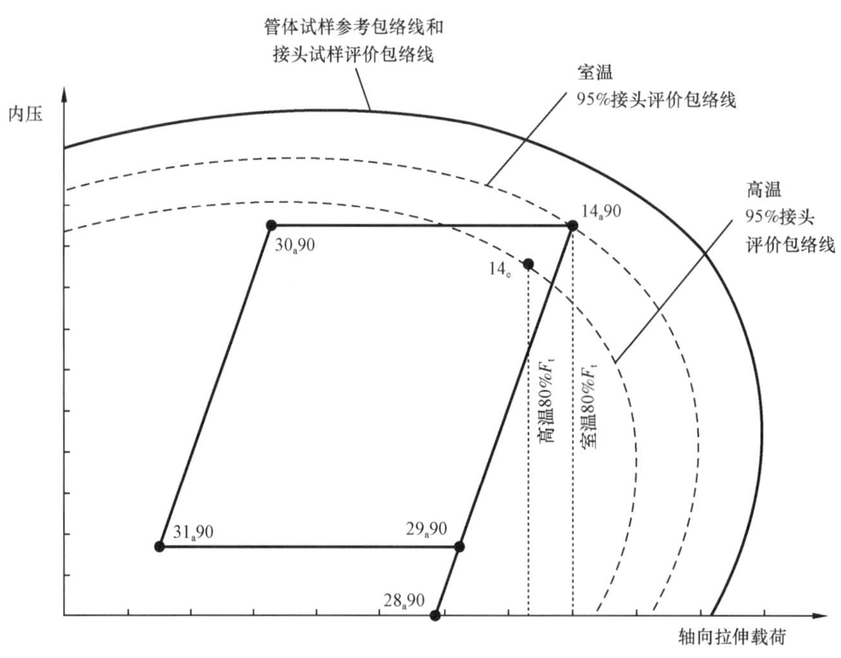

图 3. 2. 54 C 系试验载荷加载路径

⑧ 极限载荷试验。试样完成载荷包络线试验后，进行极限载荷试验。试验项目见表 3. 2. 22，试验载荷路径如图 3. 2. 55 所示。

表 3.2.22　极限载荷试验表

试样	试验路径	试验内容
1	LL5	拉伸条件下内压至失效
2	LL4	内压条件下压缩至失效试验
3	LL1	高内压条件下拉伸至失效试验
4	LL2	压缩条件下外压至失效试验
5	LL3	拉伸至失效试验

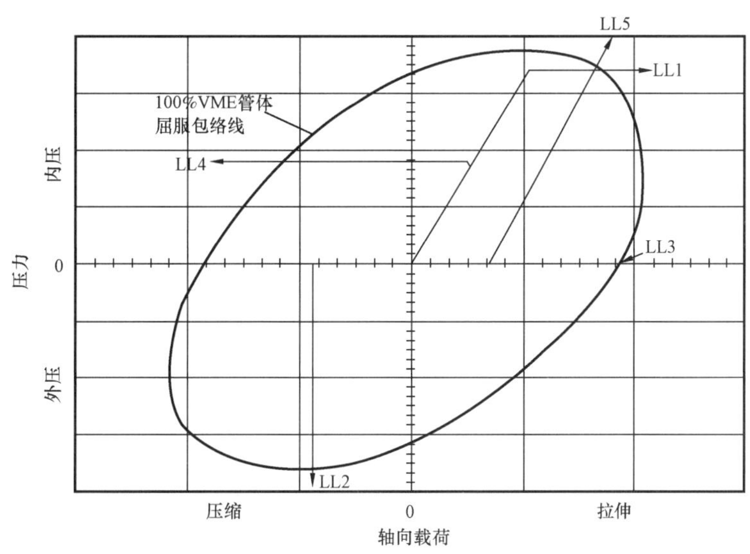

图 3.2.55　极限载荷试验路径

(3)对标准试验过程的更改。

制定试验方案过程中,在保证评价试验能满足使用安全的基础上,可根据产品的使用条件、环境及已有试验数据,按用户要求和产品使用环境做出适当更改,设计评价试验程序。

参 考 文 献

[1] A. Lubinski. 钻柱的防斜理论和方法[M]. 北京:中国工业出版社,1965.

[2] 李鹤林,李平全,冯耀荣. 石油钻柱失效分析与预防[M]. 北京:石油工业出版社,1999.

[3] 章扬烈. 钻柱运动学与动力学[M]. 北京:石油工业出版社,2001.

[4] 李鹤林. 石油工业与“石油管工程”//李鹤林文集(下)石油管工程专辑[M]. 北京:石油工业出版社,2017.

[5] 李鹤林. 石油管工程[M]. 北京:石油工业出版社,1999.

[6] 李鹤林. 提高钻柱安全可靠性和使用寿命的途径//李鹤林文集(下)石油管工程专辑[M]. 北京:石油工业出版社,2017.

[7] 李鹤林,宋治,赵克枫,等. Failure analysis of drill pipe and influence of internal coutour on service life of drill pipe[C]. 美国石油学会(API)第 64 届标准化年会,美国新奥尔良市:1987.

[8]《钻井手册》编写组. 钻井手册. 2 版[M]. 北京:石油工业出版社,2013.

[9] SY/T 5724—2008 套管柱结构与强度设计[S].

[10] 沈忠厚. 油井设计基础和计算[M]. 北京:石油工业出版社,1990.

[11] 管志川,等. 波动压力约束条件下套管与井眼之间环空间隙的研究[J]. 石油大学学报(自然科学版),1999,23(6):33-35.

[12] 管志川,等. 深井和超深井井身结构设计方法[J]. 石油大学学报(自然科学版),2001,25(6):42-44.

[13] Bernt S. Aadnoy. Modern Well Design. 2nd Edition[M]. Rotterdam,The Netherlands:Balkema Publications,2010.

[14] 杨顺辉,娄新春. 复杂深井超深井非常规井身结构设计[J]. 西部探矿工程,2006(S1):171-172+176.

[15] 赵垒,闫怡飞,韩伟民,等. 基于区间模型的套管强度可靠性评估[J]. 中国安全生产科学技术,2017(6):63-67.

[16] 郝晓良,陶爱华,王明辉,等. 腐蚀套管剩余强度计算[J]. 重庆科技学院学报(自然科学版),2017(1):62-66.

[17] 高连新,张毅. 管柱设计与油井管选用[M]. 北京:石油工业出版社,2013.

[18] SY/T 5322—2000,套管柱强度设计方法[S].

[19] 李鹤林,张建兵,等. 套管强度设计计算几个问题的讨论//李鹤林文集(下)石油管工程专辑[M]. 北京:石油工业出版社,2017.

[20] ISO/TR10400:2018,Petroleum and natural gas industries — Equations and calculations for the properties of casing,tubing,drill pipe and line pipe used as casing or tubing[S].

[21] 陈慧发,等. 弹性与塑性力学[M]. 北京:中国建筑工业出版社,2003.

[22] J. Nowinka,T. Kaiser and B. Lepper. Strain-Based Design of Tubulars for Extreme Service Wells[C]. SPE/IADC 105717,2007:1-7.

[23] 林凯,杨龙,史交齐,等. 水泥环对套管强度影响的理论和试验研究[J]. 石油机械,2004,32(5):13-16.

[24] 韩建增,施太和. 套管缺陷对抗挤强度的影响及高抗挤套管强度的计算方法//石油管工程应用基础研究论文集[M]. 北京:石油工业出版社,2001:200-208.

[25] 孙书贞. 高抗挤厚壁套管的开发与应用[J]. 石油钻采工艺,2002,24(2):28-30.

[26] Q/ SY 1394—2018 高抗挤套管[S].

[27] SY/T 6952. 2—2013 基于应变设计的热采井套管柱第 2 部分:套管[S].

[28] Joe Winkler. The CT industries a manufacturer's point of view[J]. National Oil well Varco,2005(6):4.

[29] Newman,K. R. Increased coiled tubing activity leads to development of new equipment[J]. American Oil Gas Report,1994,37(2): 42-45.

[30] 牛云峰,孙建荣,王兴扑. 连续管作业车主要功能装置的结构特点[J]. 专用汽车,2001(4):26-28.

[31] Portman L,Crabtree A. Don't Break the Wellhead [C]. SPE 94333,2005.

[32] Tipton S M, Behenna F R, Narco L P. An Investigation of the Physical Properties of Coiled Tubing on Fatigue Modeling [C]. SPE 89571, 2004.

[33] 王新新. 连续管的表面性能及对疲劳特性的影响[J]. 国外石油机械,1997,12:55 – 56.

[34] 王优强. 影响连续管疲劳寿命的因素分析[J]. 石油机械,2001(4):19 – 21.

[35] T Urayama. Research and Development of Advanced Coiled – Tubing Construction and Performance [R]. Society of Petroleum Engineers, 2001.

[36] API Spec 5B:2017 套管、油管和管线管螺纹的加工、校准和检验规范[S].

[37] API Spec 5CT:2005 Specification for casing and tubing [S].

[38] API RP 5C1:1999 Recommended Practice for Care and Use of Casing and Tubing [S].

[39] 王越之,等. 隔6井套管损坏原因分析[J]. 钻采工艺,2001,24(2):69 – 71.

[40] 李永东. 油水井套管损坏的断裂力学机理的研究[D]. 哈尔滨:哈尔滨工程大学,2001.

[41] 覃成锦. 油气井套管柱载荷分析与优化设计研究[D]. 北京:清华大学,2001.

[42] 覃成锦. 含盐膏层井及大位移井套管柱优化设计研究[D]. 北京:石油大学,2003.

[43] 陈红伟,范春,王海祥,等. 套管损坏地质因素分析及控制技术[J]. 石油钻采工艺,2002,24(2):25 – 27.

[44] 张效羽,赵国珍. 模糊识别及预测在役套管的变形损坏[J]. 天然气工业,1999,19(2):72 – 74.

[45] 舒干,李现东. 套管损坏机理研究[J]. 江汉石油学院学报,1999,21(1):60 – 63.

[46] 孟祥玉,易文所. 胜利油田套管损坏综合治理评述[J]. 石油钻采工艺,1999,21(1):39 – 42.

[47] 李昱. 油水井套管损坏因素及机理分析[J]. 断块油气田,1996,3(6):55 – 60.

[48] 高福平,章根德. 油层出砂引起的采油套管破坏分析[J]. 工程力学,1999,(1):448 – 453.

[49] 刘玉民,赵立新. 大庆油田应用套管外封隔器进行套管先期防护[J]. 石油钻探技术,1999,27(5):47 – 48.

[50] 孙铭新,孟祥玉. 套管损坏及保护研究进展[J]. 石油钻探技术,1992,20(2):58 – 60.

[51] 巨全义. 套管损坏井的综合治理[J]. 试采技术,1990,11(3):64 – 67.

[52] Maurice B. Dusseault, Michael S. Bruno, John Barrera. Casing Shear: Causes, Cases, Cures [J]. SPE Drilling & Completion, 2001, 16(2):98 – 107.

[53] M. C. Bickley, W. E. Curry. Designing Wells for Subsidence in the Greater Ekofisk Area[C]. SPE 24966.

[54] J. D. Clegg. Casing Failure Study – Cedar Creek Anticline[C]. SPE 3036.

[55] C. W. Morris. Monitoring casing Offset Damage Using Ultrasonic Measurements[C]. SPE 49254.

[56] L. B. Hilbert Jr. , R. L Gwinn, T. A Moroney. G. L. Deitrick. Field – Scale and Wellbore Modeling of Compaction – Induced Casing Failures [J]. SPE Drilling & Completion, 1999, 14(2):92 – 101.

[57] API RP 5C5. Procedure for Testing Casing and Tubing Connections (fourth edition)[S]. 2017.

第4章 油气输送管的力学行为

4.1 油气输送管的变形行为

4.1.1 油气输送管的变形失效

随着油、气输送管道向极地、海洋和地质不稳定区域的延伸，管道面临着冻土、洋流、滑坡、泥石流、大落差地段、移动地层和地震等大位移环境的威胁。在管道服役过程中，有可能发生各种失效问题。由于地层移动等原因引起的管道变形失效，已引起管道工作者的关注和重视。例如，2015 年 12 月 20 日，受山体滑坡影响，广深支干线管道受损发生泄漏（图 4.1.1）。

图 4.1.1 广深支干线管道受滑坡影响发生变形泄漏

管道至少有两种极限状态与塑性变形有关：拉伸断裂和压缩屈曲。拉伸断裂是一种导致断裂的极限状态，超过该极限状态的后果非常严重，会造成人员伤亡和环境污染，并使油气输送中断。压缩屈曲是管线服役的另一个极限状态。由压缩屈曲造成管线断裂的后果和拉伸断裂是一样的。但在许多情况下，压缩屈曲并不会造成直接的断裂。与屈曲相关的起皱程度不同，在役管线所受的影响也各不相同。微量起皱对在役管线没有严重影响，但在起皱部位的防腐涂层可能会遭到破坏，这些部位可能会成为引起腐蚀疲劳的危险点。拉伸断裂和压缩屈曲的后果差异很大，需要考虑不同程度的安全系数。

对于陆上管线，纵向大变形通常是由于地震、滑坡、冻胀、地表沉陷等造成的。对于海底管线，纵向大变形发生在盘卷铺设、管道海底水平移动等过程。

4.1.2 油气输送管的拉伸变形与拉伸应变容量

4.1.2.1 拉伸失效行为

油气输送管环焊缝中可能存在平面型缺陷，它比体积型缺陷的危害更大。平面型缺陷往往会导致拉伸失效。纵向应变下环焊缝拉伸失效的过程可以通过设计试验来进行。图 4.1.2 显示了全尺寸钢管试验中缺陷的残余张开量。缺陷由人工制备,以模仿平面裂纹。图 4. 1. 3 可见垂直断裂面切开的同样的缺陷情况,显示了焊缝截面和缺陷的张开及生长。

图 4. 1. 2　试验后管体外表面的裂纹残余张开量

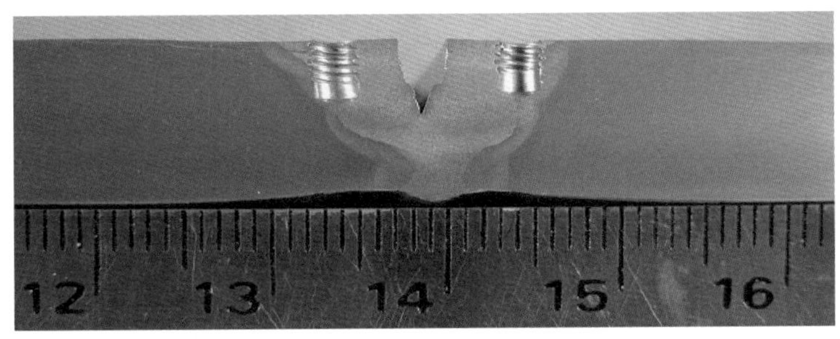

图 4. 1. 3　沿轴向显示的裂纹残余张开量

对于承受纵向应变的延性环焊缝,缺陷开始张开时,裂纹尖端钝化,形成有限半径的缺口。在一些情况下,会在缺口尖端出现单一或者多个尖锐缺陷,形成尖锐的缺陷增长。对于承受内压的全尺寸试验,缺陷可能贯穿全壁厚,从而导致失效。

4. 1. 2. 1. 1　拉伸载荷下的失效模式

全尺寸试验和 CWP 试验(弯曲宽板试验)所揭示的拉伸失效模式如图 4. 1. 4 和图 4. 1. 5 所示。根据缺陷尺寸大小,可将失效模式分为 4 类,各种模式的界限可以重叠,并不是绝对的。除缺陷尺寸外,还有其他一些因素可以影响拉伸应变容量(TSC),图 4. 1. 4 中假设除了缺陷尺寸以外的其他参数都保持不变。失效模式的分类是为了合理区分材料的拉伸应变响应。

(1)第一类失效。

如果是具有小缺陷的高匹配焊缝,裂纹驱动力可以达到最大,缺陷被高匹配的焊缝金属有效地保护起来。几乎所有随后的纵向位移都会施加于管体,最终导致管体失效。驱动力永远不会导致裂纹的失效。

(2)第二类失效。

当缺陷是浅长型或者中等深度的裂纹时,裂纹增长的驱动力和管体的应变具有一个动态的平衡关系。当施加载荷达到最大时,裂纹会产生有限的增长。在最大载荷点之前,大量应变发生在管体上。裂纹面发生的应变和管体发生的应变之间的动态平衡意味着最终破坏的位置高度依赖于裂纹面附近材料和管体材料的形变强化能力。尽管最终失效发生在裂纹面上,但是试验管的应变容量还是比较高,可以接近管体均匀应变极限。

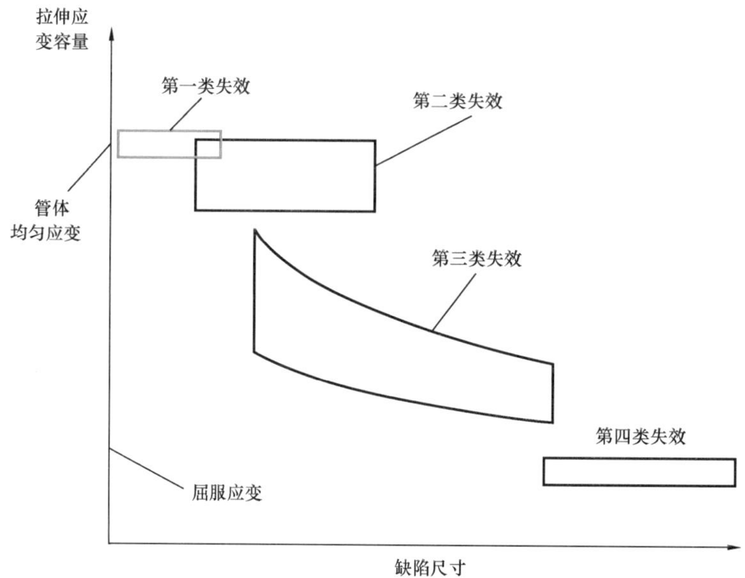

图 4.1.4　断裂失效模式分类

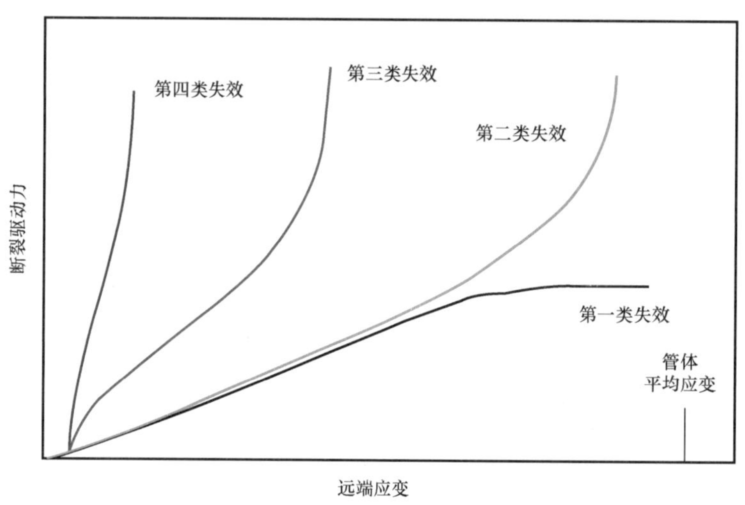

图 4.1.5　通过断裂驱动力和远端应变关系表达的失效模式分类

(3)第三类失效。

如果裂纹驱动力(CDF)在管体全截面屈服后逐步升高,裂纹随着远端应变逐步增长。裂纹可能通过局部失稳和整体失稳导致失效:① 局部失稳。例如裂纹突然穿过壁厚,但是整体载荷的容量还在继续增长;② 整体失稳。如果试样是力控制加载,则材料发生整体失稳(如裂纹在环向的迅速增长)而失效。许多大型试验都是位移控制的加载模式,并且试验都在达到最大载荷点后停止。在位移控制模式下,达到最大载荷点未必会引起瞬间的整体失稳。

(4)第四类失效。

如果缺陷很大,或全截面焊缝强度未达到高匹配,严重错边,以及上述条件的结合,CDF 的增长可能失稳。远端施加的位移几乎完全由裂纹面承担。该条件下的失效应变接近或者小于屈服应变。

4.1.2.1.2　拉伸应变行为示例

图 4.1.6 是第二类失效中应变行为的一个试验结果。该全尺寸试样有 4 个规格相同的 3mm × 35mm 热影响区(HAZ)的初始缺陷。图 4.1.6 中的两条曲线分别是根据管体测量的平均远端应变对应的 CMOD(裂缝嘴张开位移)的上、下两个边界。最终的失效应变在上边界中可清楚地看到,大概是 9%,非常接近管体均匀变形伸长率。这意味着即使最终失效发生在裂纹面上,也有可能达到很高的失效应变。

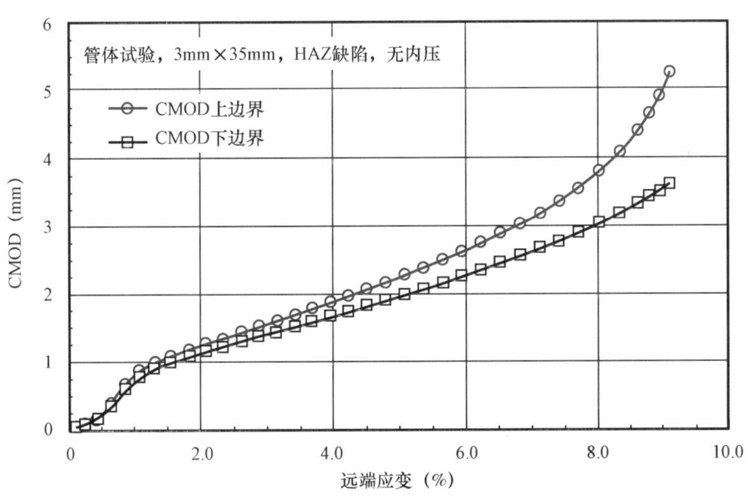

图 4.1.6　全尺寸钢管第二类失效应变行为试验结果

图 4.1.7 是第三类失效中应变行为的一个试验结果。试样和图 4.1.6 中的完全一样,也有 4 个规格相同的 3mm × 35mm 热影响区的初始缺陷。在应变大于 1% 之后,上下边界就具有非常明显的差别。例如,在 CMOD = 2mm 时,和上边界缺陷对应的远端应变是 1.2%,但和下边界缺陷对应的远端应变是 2.0%。当远端应变是 2.6% 时(CMOD = 4mm),上边界 CMOD 的增长开始加速,显示出裂纹增长加速。在同样的应变水平下,下边界的 CMOD 要小很多,大概是 2.3mm。对于整个试样,失效应变接近 2.7%,表现出第三类失效的行为。

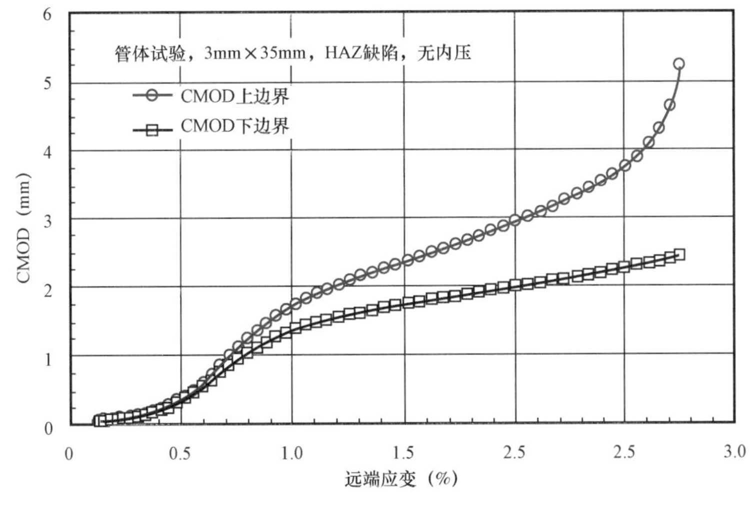

图 4.1.7　全尺寸钢管第三类失效应变行为试验结果

4.1.2.2 拉伸应变容量研究的理论基础

4.1.2.2.1 拉伸失效和缺陷增长

上节描述了裂纹增长和拉伸应变失效的物理过程。对于延性断裂,裂纹增长常常包含钝化和延性撕裂两个部分。当应力或应变增长时,裂纹首先从初始尖端进行钝化,随后钝化的裂纹发生稳态撕裂。进一步增加载荷,延性撕裂继续增长,形成具有尖端的增长裂纹。初始钝化截面保持在新生的尖端裂纹之后。进一步的稳态撕裂最后引起失稳的裂纹增长,例如失效或失稳。裂纹截面的演化如图4.1.8所示。

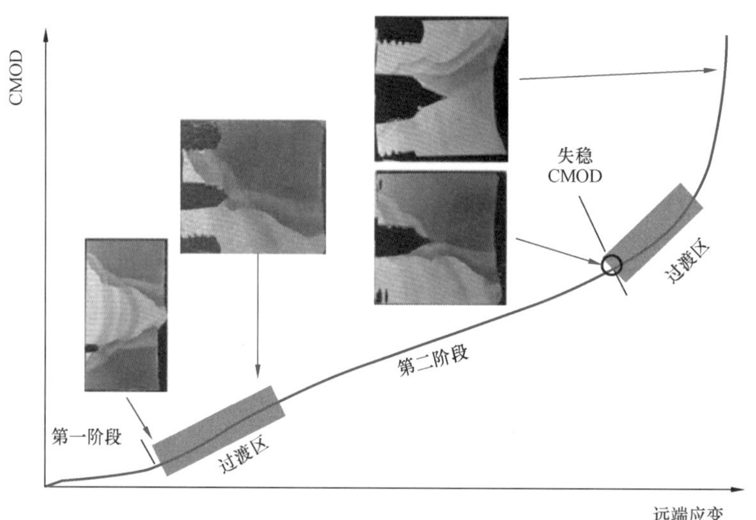

图4.1.8 裂纹截面演化示意图

与稳态裂纹扩展对应的极限状态称为基于启裂控制的极限状态。与裂纹失稳扩展对应的极限状态称为基于延性失稳的极限状态。一般来说,基于启裂控制的极限状态比基于延性失稳的极限状态更为保守,因为启裂控制是建立在钝化到延性撕裂的过渡阶段。

基于启裂控制的极限状态允许使用传统的基于启裂的断裂韧性测量(如夏比冲击的上平台能),或标准的深缺陷单边缺口弯曲(SENB)试样来获得单参数韧性。

4.1.2.2.2 拉伸应变失效中稳态裂纹增长

如前文所述,稳态裂纹增长包括裂纹钝化和延性撕裂。图4.1.9中描述了裂纹增长量(Δa)与总应变的关系。很明显,在裂纹增长0.5mm时,应变很接近失效应变。失效应变点的裂纹增长远大于0.5mm。然而大多数增长发生在最终泄漏点附近,并伴随着远端应变的微小增长。

图4.1.10描述了CTOD与应变关系的研究结果。当CTOD和应变关系接近垂直时,裂纹生长量大概在0.65mm,显示CTOD上升时,应变增量很小。此外,断裂截面显示出大多数裂纹增长实际上在稳态撕裂时已发生钝化。

图4.1.11是裂纹生长量与应变水平的关系,其结果类似于前述的结论,裂纹生长量在0.5~0.6mm时,应变非常接近失效应变。

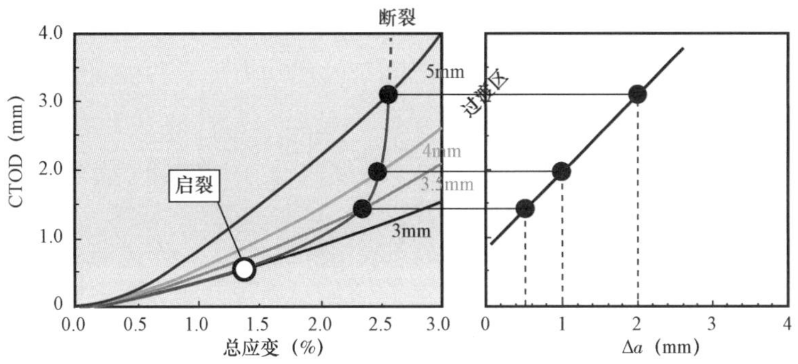

图 4.1.9　全尺寸试验获得的裂纹增长量 Δ*a* 和总应变的关系

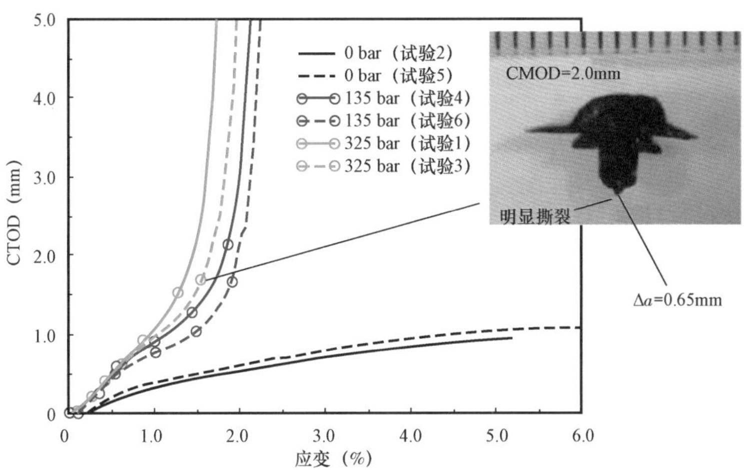

图 4.1.10　整管试验中 CTOD 与应变的关系

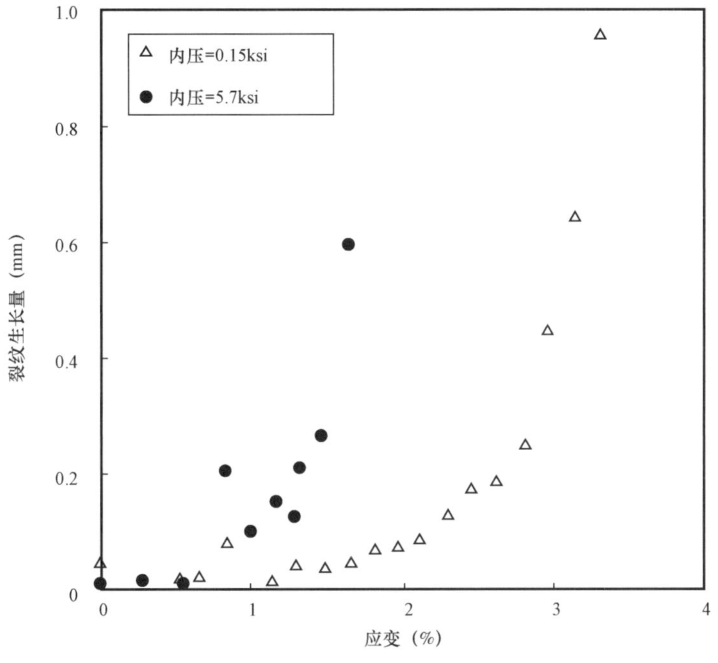

图 4.1.11　整管试验中的裂纹生长量与应变的关系

4.1.2.2.3 拉伸应变容量预测模型

拉伸应变容量(TSC)的分析主要分两部分内容:裂纹驱动力关系和极限状态。

(1)裂纹驱动力关系。

裂纹驱动力关系是独立于极限状态而发展的。裂纹驱动力(CTODF)表达为对于一个几何(包括缺陷尺寸)和材料参数加载的远端应变的函数。

(2)基于启裂控制的极限状态。

基于启裂的拉伸极限状态定义为 CTODF = $CTOD_A$,其中 CTODF 是裂纹驱动力,而 $CTOD_A$(或 δ_A)是表观韧性。这个表观韧性是代表进入稳态撕裂的韧性。CTODF 和 $CTOD_A$ 都是由裂纹尖端张开位移来表达。基于启裂的极限状态解释如图 4.1.12 所示。

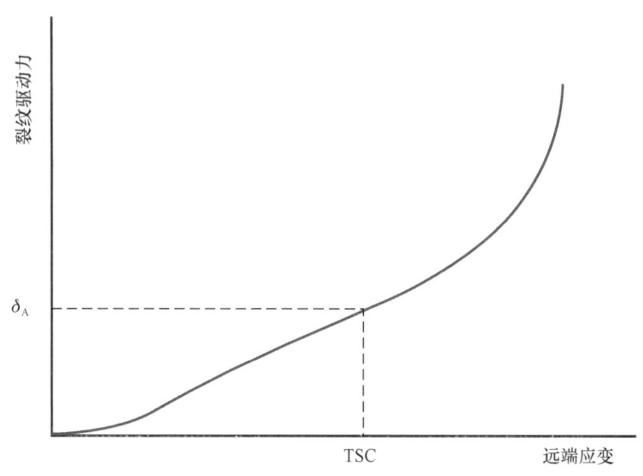

图 4.1.12 基于启裂的极限状态解释

(3)基于延性失稳的极限状态。

基于延性失稳的极限状态图如图 4.1.13 所示。断裂韧性表达为裂纹增长的函数,并且常以阻力曲线形式表达(例如 $CTOD_R$)。极限状态定义为 CDF 曲线和断裂韧性曲线的相切点。

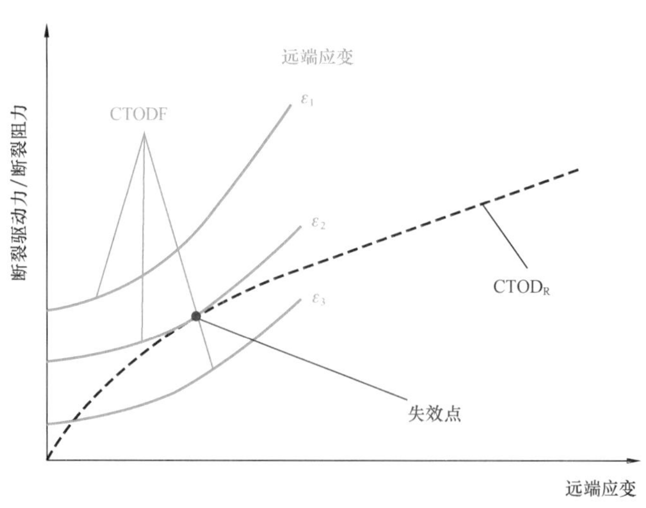

图 4.1.13 基于延性失稳的极限状态图

对于某一缺陷尺寸，裂纹驱动力（CTODF）表达为不同应变水平下的一组曲线（例如等应变CTODF曲线）。每个等应变CTODF曲线表达为裂纹生长的函数（图4.1.13）。等应变CTODF曲线和CTODF曲线之间的区别是表达形式的不同。两种裂纹驱动力曲线具有相同的输入参数并且用同样的方法得到，具有严格对应关系（图4.1.14）。

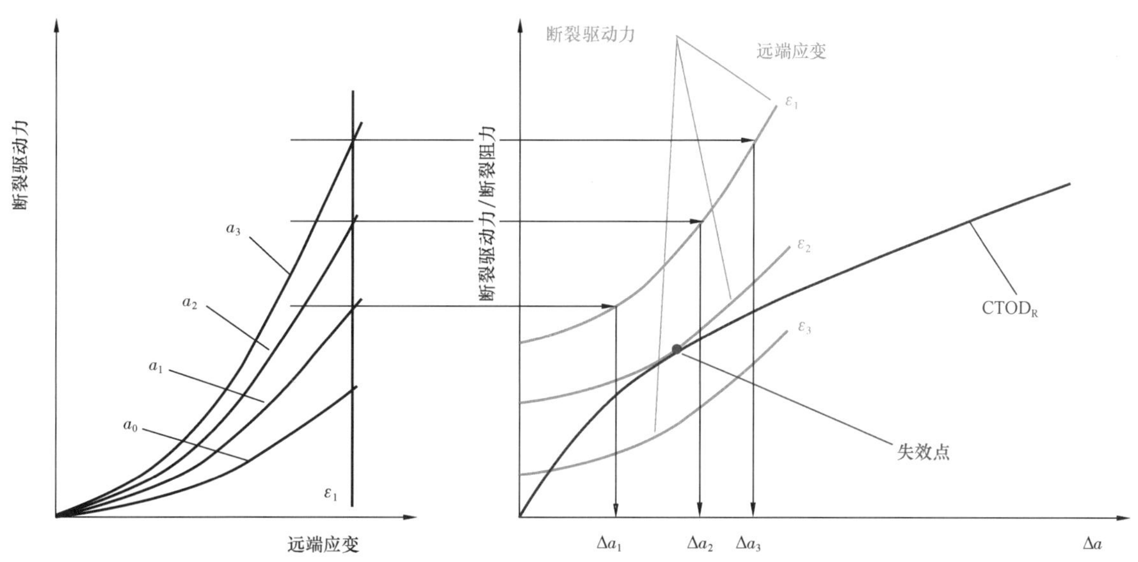

图4.1.14　建立等应变CTODF曲线的图解

4.1.2.3　拉伸应变容量的影响因素

（1）管体材料。管体材料的屈服强度、抗拉强度、形变强化能力、均匀变形伸长率、应力—应变曲线形状及各向异性特征，都会影响到拉伸应变容量。除此之外，管体的化学成分会影响环焊缝及热影响区性能，从而影响到拉伸应变容量。

（2）环焊缝。环焊缝金属的屈服强度、抗拉强度、断裂韧性、形变强化能力、应力—应变曲线形状，以及焊缝坡口形状、错边量等，会影响拉伸应变容量。同时，热影响区的韧性和软化特性也会对拉伸应变容量产生影响。

（3）环焊缝缺陷。环焊缝缺陷的位置（焊缝、热影响区）、缺陷方向（方位）、缺陷尺寸（长度、高度）、缺陷在壁厚方向的位置（埋藏性缺陷、表面型缺陷）、多缺陷交互作用，会影响管道的拉伸应变容量。

（4）其他。管道的规格（壁厚、管径等）、载荷（内压、疲劳、载荷速率等）等因素，也会对拉伸应变容量产生影响。

4.1.2.4　表观韧性

4.1.2.4.1　表观韧性基本概念

（1）裂纹尖端应变场的相似性。

断裂力学的基本内容是裂尖场和断裂参数的基本关系，例如应力强度因子K、J积分以及CTOD。当这些基本关系存在时，这些参数唯一地表达了裂尖场。而试样的裂尖场可以转换为结构的裂尖场，使其可以通过断裂参数进行评估。

(2)断裂韧性的有效范围。

对于断裂韧性试验,通过式(4.1.1)可以对有效范围进行界定:

$$J/\sigma_0 \leqslant L/\mu_{cr} \tag{4.1.1}$$

式中 L——试样的韧带尺寸;

μ_{cr}——对于全壁厚断裂的弯曲试样和拉伸试样来说,μ 分别是 25 和 200。

J——断裂韧性参数 J 积分,可以通过式(4.1.2)转换为 CTOD。

$$\delta = (0.5 \sim 0.7)J/\sigma_0 \tag{4.1.2}$$

如果 CTOD 试样的韧带尺寸 L 是 25mm(等效于 25mm 厚管体的试验),弯曲试样的最大有效 CTOD 是 0.5 ~0.7mm,拉伸试样的最大有效值则小于 0.1mm。

(3)拉伸失效点的韧性。

对于发生最终失效的大型试样,观察到的对应于最终失效的 CTOD 值一般在 0.5mm 以上,有时在 1.0 ~1.5mm 之间或更大。这些值远大于标准 CTOD 值(0.1mm 或以下)。这说明对于基于应变设计使用的焊缝单参数方法,从断裂力学来看,严格讲是无效的。因此需要使用表观韧性的概念来应用断裂力学。术语“表观”意味着传统的单参数断裂力学准则对于出现裂尖大范围塑性的情况不再有效。表观韧性是材料性能和结构行为的综合表现。因此表观韧性和缺陷尺寸、结构尺寸相关,有时也和材料的拉伸性能相关。还需要认识到由特定试验获得的表观韧性的应用范围。

4.1.2.4.2 高约束试样的表观韧性

图 4.1.15 是高约束试样和低约束结构的转变曲线。参数 T_{27J} 是韧脆转变曲线上夏比冲击吸收能 27J 时对应的温度,来源于 ASTM 的主曲线标准,测试温度 T 减去 T_{27J},可以表达温度的相对变化。低约束结构(例如纵向载荷下的环焊缝)和高约束试样(标准 CTOD 试样)相比,具有较低的转变温度和上平台韧性。与低约束结构相关的韧性就是“表观韧性”。在大于下平台温度时,其表观韧性大于高约束条件下的测量值。

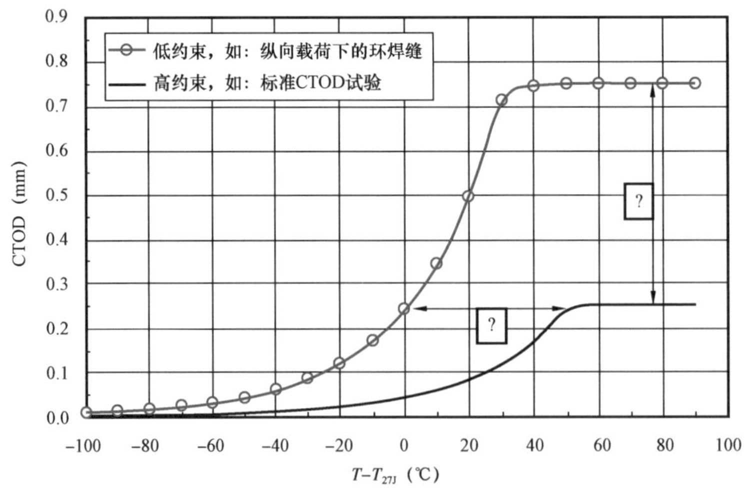

图 4.1.15 约束对表观韧性的影响示意图

试验温度减去夏比冲击吸收能等于27J时的温度以表达相对温度变化。图示的值为示意性的，不针对特定材料。

为了获得高约束试验条件下的表观韧性，需要确定转换温度变化和上平台韧性的上升。对于基于应变设计，材料行为必须是在上平台。因此，上平台上升量或高约束试样与低约束试样/结构之间的“保守系数”的检验就更为重要。

使用对约束敏感的断裂力学方法和试验数据，研究标准韧性试验到低约束试样试验之间的韧性保守度[1]，可提出韧性保守度系数。

4.1.2.4.3 阻力曲线获得的表观韧性

(1)韧性阻力测量的物理过程。

图4.1.16表达了拉伸应变的裂纹响应。在初始应变下，裂尖发生钝化。在进一步变形后，会出现小的尖锐裂纹。持续变形，裂尖则会进一步扩展。

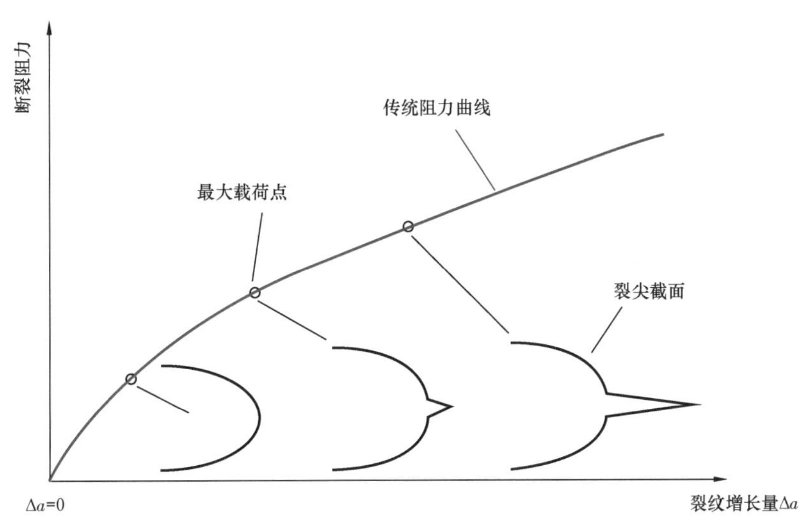

图4.1.16 裂纹增长量与断裂阻力的关系

(2)$CTOD_R$和$CTOD_A$的影响因素。

图4.1.17表达了全尺寸试验试样的实际裂尖截面。截面显示，裂纹增长时，传统的$CTOD_R$上升量主要来自两个部分：初始裂尖的钝化和尖锐裂纹的增长。第一部分是裂纹的钝化，来源于裂纹尖端的塑性变形。第二部分是裂纹嘴张开位移的持续增长，这和裂尖的持续生长有关。裂纹尖端扩展时，第二部分的分量也持续增长(图4.1.18)。

可以通过使用CTOA或裂尖张开角度，估算传统的$CTOD_R$的第二部分(图4.1.18)。在类似于图4.1.17和图4.1.19的裂尖截面上，可以用CTOA和裂尖生长量Δa_s(图4.1.18)计算裂尖扩展的贡献。

图4.1.20显示多个X65试样的裂尖钝化残余CTOD和整体残余CTOD。可以明显看出整体残余CTOD跟随传统$CTOD_R$变化的趋势。$CTOD_R$的钝化部分保持基本恒定，甚至在裂纹大量生长之后也是如此。小范围初始裂纹增长后，传统的$CTOD_R$的增长主要归因于裂纹前沿生长的进一步张开。焊缝中心线裂纹$CTOD_R$的钝化部分小于HAZ裂纹。这个趋势与其他韧性参数，如夏比冲击吸收能、传统高约束CTOD、低约束SENT阻力曲线一致。

图 4.1.17　全尺寸试样的裂尖截面

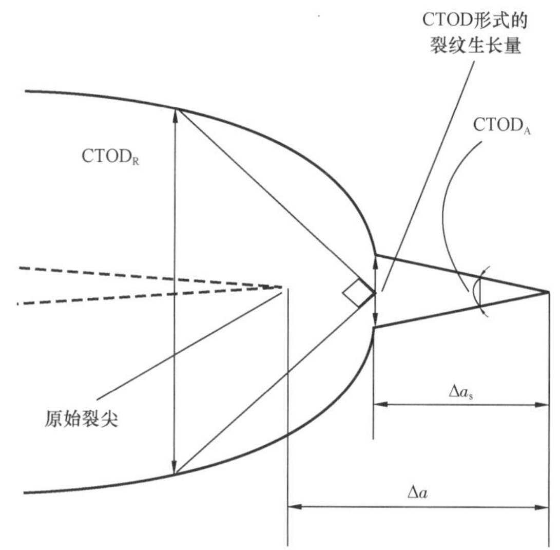

图 4.1.18　稳定增长裂纹的张开量

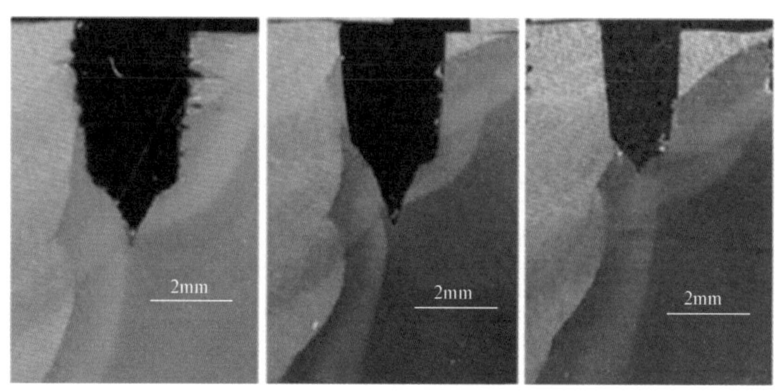

图 4.1.19　裂纹长度方向的多个断裂截面

(3)特征裂纹增长的概念。

Liu Ming 等分析了阻力曲线的重要性[2]，发展了表观 $CTOD_R$的概念。表观 $CTOD_R$是相对原始裂纹尺寸的校准阻力，与裂纹增长无关。如图 4.1.21 所示，表观 $CTOD_R$ 在少量的撕裂（如 $\Delta a \leqslant 0.5mm$）后趋于稳定，尽管传统 $CTOD_R$会随着裂纹生长而增长。在裂纹生长量在 0.5mm 和 2.0mm 范围内，表观 $CTOD_R$的值相对恒定，说明获得的表观 $CTOD_R$是在裂纹生长量较小的阶段，与临界状态的 $CTOD_A$非常接近。进一步说，相对恒定的表观 $CTOD_R$ 值，说明材料阻力主要来自于阻力曲线的初始阶段。在裂纹少量初始增长后的传统 $CTOD_R$的增长主要由裂纹前端生长引起。

4.1.2.4.4　表观韧性的确定

(1)裂尖截面确定表观韧性。

图 4.1.22 所示为三点弯曲试样的裂尖截面，图中 CTOD 进行了定义，并已被广泛接受。和 CTOD 韧性相关的截面（裂尖钝化）可以直接进行测量。

表观韧性（$CTOD_A$）是裂纹从钝化到延性撕裂过渡区的初始韧性，此时裂纹宏观还是尖锐的。与传统的 CTOD 韧性相似（图 4.1.22），表观韧性（$CTOD_A$）可以通过包含有限的延性撕裂的裂尖截面直接测量，如图 4.1.23 所示。

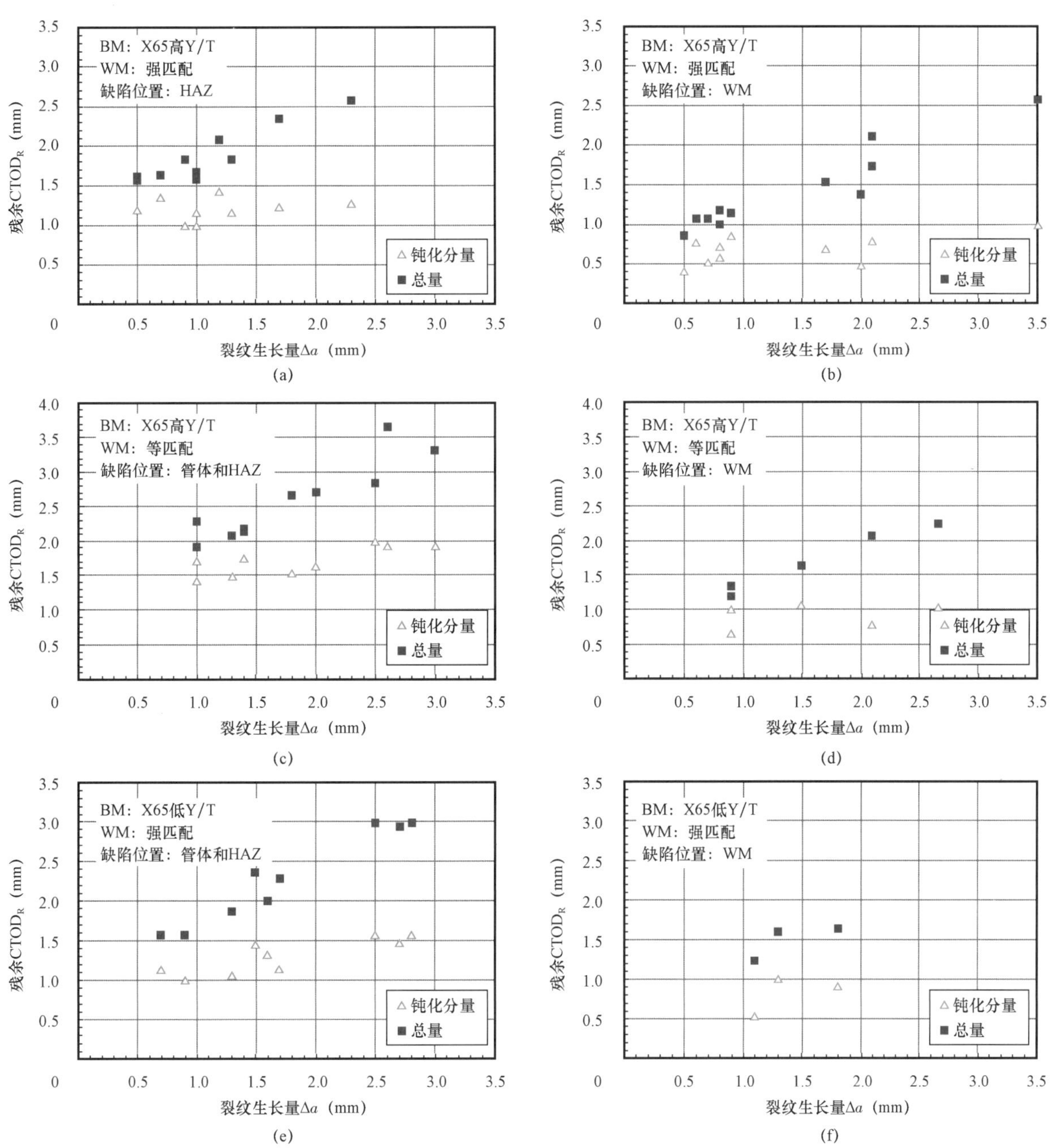

图 4.1.20　根据全尺寸试验裂纹增长获得的残余 CTOD

使用这种方法时有三点需要考虑。第一，裂尖需要有少量生长以确保完全的钝化结束。第二，应通过结构相关试验获得裂尖截面，例如 CWP 和全尺寸试样。如考虑到与全尺寸试样的转换时，也可使用小尺寸试样，如单边缺口拉伸（SENT）。第三，如果使用试验后的裂尖截面，需要从弹性卸载量中减去裂尖张开量。

（2）小试样直接测量。

尽管传统的 CTOD 韧性可以在经过校准后中断试验的试样截面上直接测量，但这个方法还是很难实际操作。因此，要进行传统的测量载荷和 CMOD 位移的 CTOD 试验，需通过一系列载荷与 CMOD 的关系，并结合 CTOD 的修正公式，最终获得 CTOD 韧性。

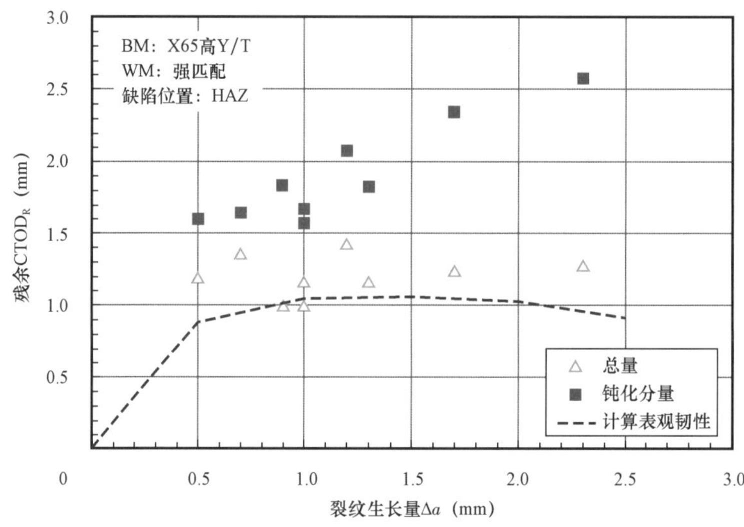

图 4.1.21　阻力曲线及其与残余 CTOD 的关系

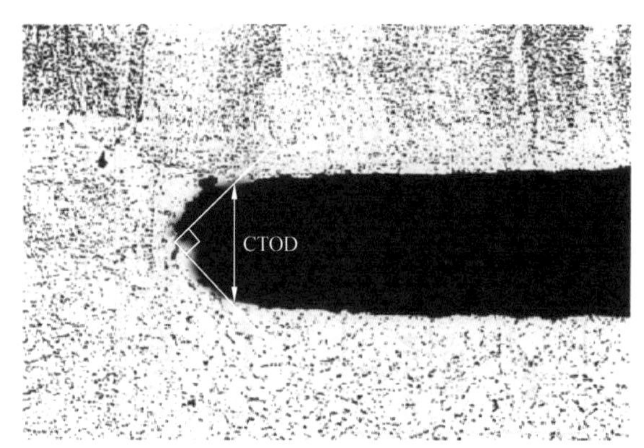

图 4.1.22　通过裂尖截面确定传统 CTOD 韧性

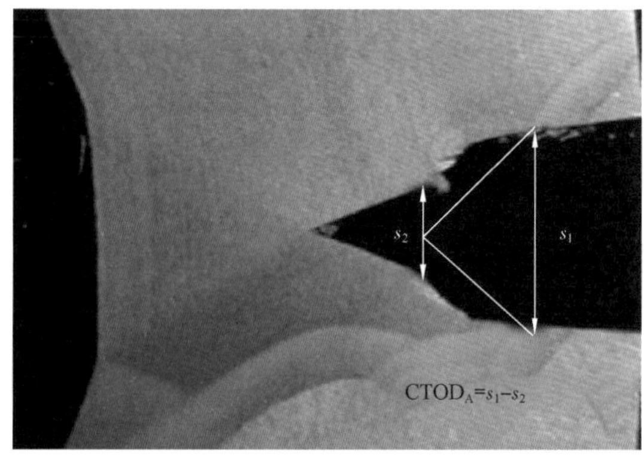

图 4.1.23　通过有限撕裂的裂尖截面确定 $CTOD_A$

通过裂纹截面确定 $CTOD_A$ 比传统 CTOD 试验要简单，这种实验不需要精确中断，并且可以接受一些尖锐的裂纹增长。最后可以通过减去这些尖裂纹增长量产生的分量以获得 $CTOD_A$。

(3)由标准试样转化表观韧性。

高约束标准 CTOD 试样和低约束试样的转换因子为 1.7 ~ 2.5[3]。更新一些的数据分析给出的转换因子是 1.5 ~ 2.5。

(4)由阻力曲线获得表观韧性。

对于 SENT 试样，试验中的最大载荷常常在相对小的裂纹增长量时获得[4]，如图 4.1.24 所示。后续的位移控制载荷引起尖锐裂纹进一步增长，同时载荷略有下降。

Liu Ming 等的研究[2]和图 4.1.20 显示，在传统的阻力曲线上有典型的裂纹增长，这可以用于确定如图 4.1.25 中的表观韧性。当一种传统 CTOD 曲线有效时，可以利用特征裂纹生长的方法，确定出 $CTOD_A$。相对于实验结束后观察到的裂纹生长总量来说，特征裂纹生长量很小。

特征裂纹生长量的精确值取决于裂纹尺寸和试样尺寸。然而这个特征裂纹生长量的范围很窄。目前，特征裂纹生长量预计值为 0.5 ~ 1.0mm。特征裂纹生长量也可以通过对比裂纹阻力曲线和

图 4.1.23所示的裂尖截面来确定。

(5)浅裂纹 SENB 试样获得的表观韧性。

SENT 和浅裂纹 SENB 这两种试样的差异首先是 SENT 加载拉伸载荷[5]，而 SENB 加载传统的三点弯曲载荷。对他们在 $\Delta a=0.5\text{mm}$ 时的 J 值进行了对比(图 4.1.26)，得到如下结果：

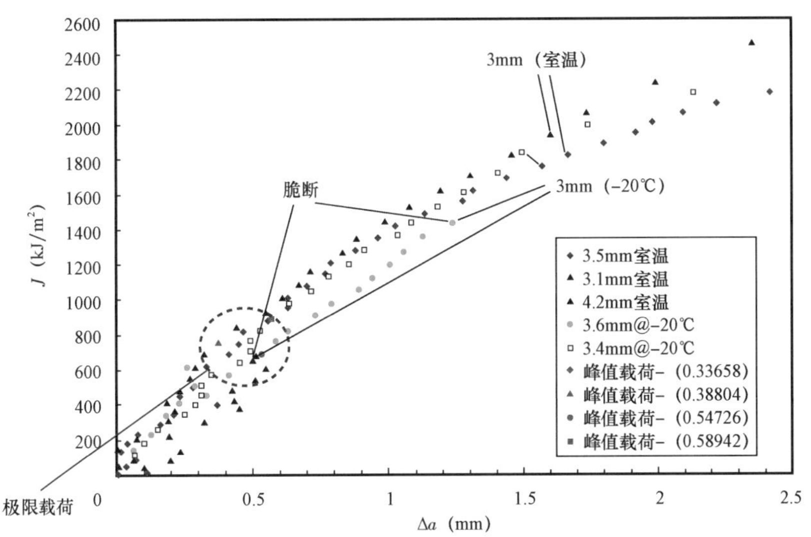

图 4.1.24　通过壁厚 0.75inX100 环焊缝 SENT 试样获得的阻力曲线

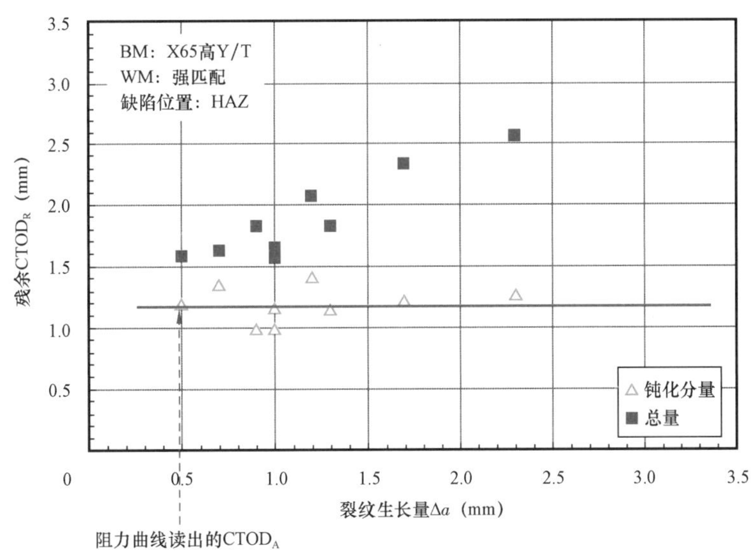

图 4.1.25　通过传统的 $CTOD_R$ 确定 $CTOD_A$

① 浅裂纹 SENB 和 SENT 得到的结果非常近似。

② 深裂纹 SENB 和浅裂纹 SENT 或 SENB 的差异在 1.7～1.8 倍。这个差异系数和韧性转换因子类似。

浅裂纹 SENB 和 SENT 试样论证了以浅裂纹 SENB 试样进行标准试样试验以获得表观韧性的可能性。SNEB 试样更容易进行安装和试验，并且已经有 SENB 试样的标准。

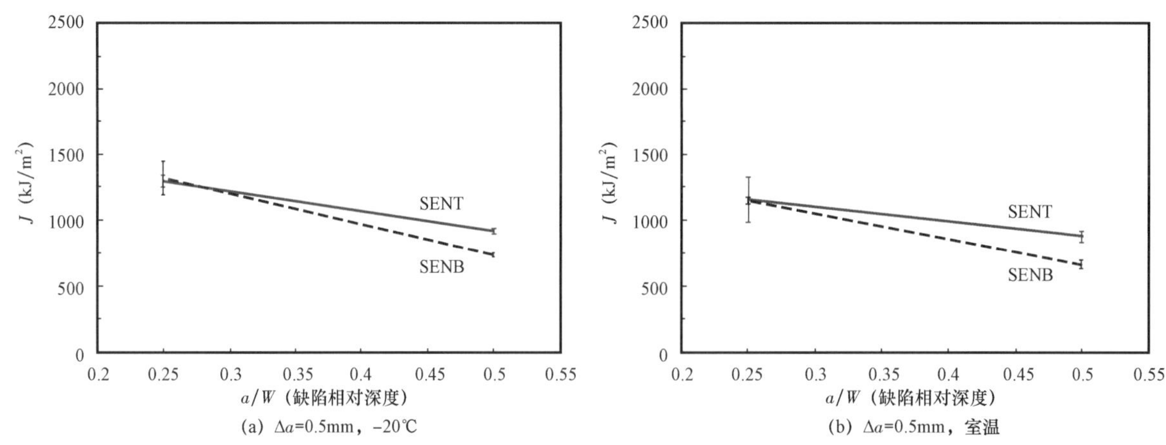

图 4.1.26 SENT 和浅裂纹 SENB 试样的韧性对比[5]

4.1.3 油气输送管的压缩变形与压缩应变容量

油气输送管受到压缩变形时，管道的失效模式与屈曲的方式有关。管道可以像欧拉梁一样产生竖直或者水平的屈曲，也有可能发生壳体局部屈曲。

局部屈曲并不是对管道标准壁厚进行设计的极限状态。轻微的起皱不会阻碍管道的输送，也不会产生泄漏。当屈曲扩展生长时，可能达到极限状态。另外，一般认为，局部屈曲是抵抗载荷能力降低的标志，因此它会使管道加速接近其他的极限状态。

可根据载荷及其在屈曲过程对刚度变化的响应进行局部屈曲极限状态的判断。在完全载荷控制条件下，屈曲是当达到最大力矩时引起管道的失效。在完全位移控制条件下，屈曲是管道达到比持续稳定最大力矩时更高的应变。同时还有很多中间状态，比如受约束的结构梁，其初始屈曲区域的容量依赖于相邻区域的抗力。

4.1.3.1 压缩应变研究的理论基础

临界屈曲应变（在屈曲过程中达到最大载荷时的压缩应变）把强度和初始几何缺陷作为定义管道局部屈曲极限状态时的影响参数。对于载荷控制的情况，极限状态可以更直接地用临界应力或临界力矩来理解。而在位移控制的情况下，对大于临界值的应变水平，可以直接参照最大载荷计算获得失效前达到的临界应变水平。

4.1.3.2 材料性能因素影响

在 DNV - OS - F101 海底管线标准中，屈强比是位移控制条件下管道局部屈曲应变预测方程的主要参数之一。这个方程较早提出了塑性范围内的材料形变强化能力可以影响局部屈曲行为。DNV - OS - F101 中对比了两个典型的屈强比值：0.90 和 0.92，二者对临界屈曲应变影响的差别小于5%。

在管线钢材料性能影响的研究中，Korol 使用了切线模量法[6]，并预测如果 D/t 为 33，并且切向模量除以弹性模量的商从 2.5 增长到 100 后，临界应变将缩小到原来的 1/4。

管道现场冷弯的经验[7]显示，相同钢级，甚至同一批次的不同钢管都可能表现出非常不同的屈曲特性。

在屈服后一定阶段的应力—应变曲线的形状与延性撕裂抗力相关性较大。在累积塑性应变为0.3%或更大时,DNV - OS - F101 标准规定的工程临界评估需要提供应力—应变曲线信息。此类试验的信息也能用于有效改进对局部屈曲变形的评估。然而应力—应变曲线是由拉伸试验获得,因此它与屈曲变形能力的相关性也有待考证。

根据 Anelli 等的定义[8],形变强化率是比屈强比更有效地评价变形性能的参数。其文献中的比值是应变0.5%时的拉应力和应变3.0%时的拉应力的比值。这个参数在同批次的钢管中相当的恒定。Anelli 指出,对于 X65 酸性服役环境管线管,该值的差别在0.92 ~0.94 之间。

Sherman 所作的评价老旧管道形变强化率的 API 报告里[9],所使用的钢管都具有带屈服平台的应力—应变曲线。其研究表明形变强化率和钢级对临界压缩应变具有显著影响。更高的形变强化率能够减小平均压缩应变。但是他发布的数据非常离散。

Suzuki 等[10]报告了改善屈曲应变能力钢管的研究进展,主要是基于形变强化的增长,以及避免应力—应变曲线中屈服平台的出现。研究的形变强化率超过了应变1% ~4% 的范围。主要的试验方法为轴向压缩,后来证明结果也可用于弯曲载荷。

应力—应变曲线平台的描述包括屈服强度后的 Lüders 屈服和一些加工硬化之后的应力—应变曲线中的平坦区域。正切模量(给定点的应力—应变曲线的斜率)在这个平台上趋向于零,并且这意味着屈曲抗力较低。

Korol[6]使用一个临界应变方程给出了与屈服强度0 ~ -1 次方成正比的临界应变。他接着进行了基于包括 D/t 的影响和弹性模量与切线模量比值(λ)的影响在内的计算结果的解释。所得到的结论指出,在标准中使用 -1 作为指数较为合理,因为它适用于具有应力—应变平台和大 D/t 的材料。对处于塑性设计和紧凑部件情况边界的设计,应考虑使用接近 -0.5 作为指数。

HOTPIPE 项目[11]开发的模型没有将屈服强度作为一个变量来计算 DNV - OS - F101 中的允许弯曲应变,而是对 X65 钢管使用了 Ramberg - Osgood 公式中的两个硬化指数。

Suzuki 等[10]得到关于钢管轴向压缩的结果。在强度为442 ~579MPa 的范围内,屈服强度没有表现出很强的影响。对屈服强度附近的性能(平滑或具有平台)和应变1% ~4% 的应变硬化来说,其影响远远大于屈服强度带来的影响。

环焊缝管和内压作用的环焊缝钢管临界应变数据显示出屈服强度的影响。图4.1.27 是对环焊缝管道使用内压修正的结果,显示了屈服强度的影响。在整个250 ~550MPa 的数据范围内,临界应变的变化仅有50%。与受压管道相比,不受压管道受屈服强度的影响更大。

4.1.3.3 环焊缝的影响

一些研究者对环焊缝钢管的容量进行了试验,其加载模式是焊缝附近的管壁产生屈曲。在持续力矩载荷作用下,环焊缝表现出能引起附近区域管壁的屈曲。焊接残余应力、焊缝附近材料的强度差异和错边都是环焊缝附近屈曲的原因。

DNV - OS - F101 提出了在位移控制条件下降低压缩应变容量的环焊缝系数。在 D/t 为20 时,这个系数设为1,在 D/t 为60 时线性下降到0.6。这个规律是来自于 Yoosef - Ghodsi[12]在 D/t 为60 时的数据,考虑了环焊缝缺陷对厚壁管压缩应变容量影响较低的判断。

图4.1.28 显示了没有内压的钢管数据。环焊缝在整个范围内引起了有效的临界应变下降,下降

的形式和 DNV - OS - F101 的类似。应该注意,对于 D/t 小于 30 的情况,减小的形式与小临界应变值相关。在这个机制下,在应变小于一半临界应变时,带环焊缝钢管出现肉眼可见的起皱。如果肉眼可见的起皱作为一个极限状态,环焊缝因子在 0.50 ~ 0.67 之间。

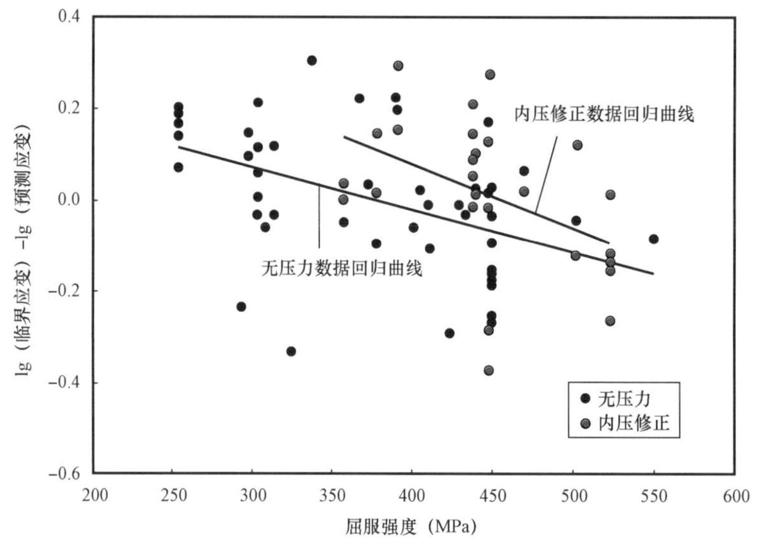

图 4.1.27　屈服强度对临界屈曲应变的影响

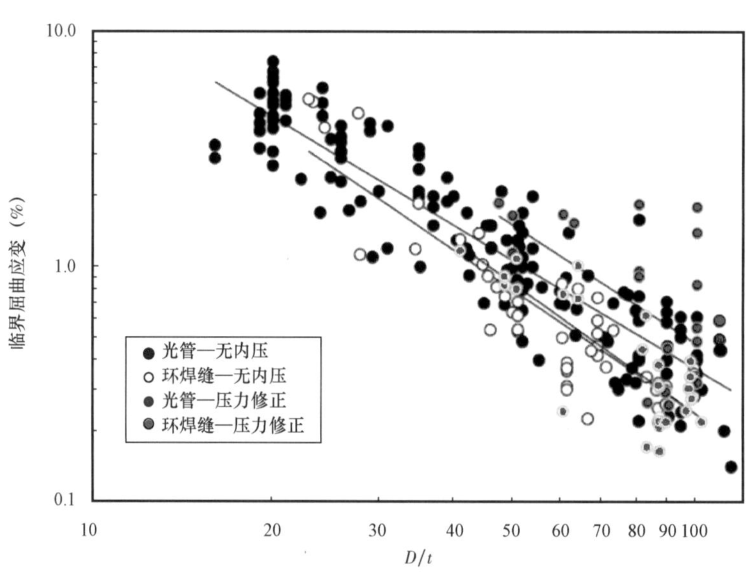

图 4.1.28　钢管和环焊缝管的临界屈曲应变

通常不止环焊缝附近出现屈曲,在严重地层运动地区,在远离焊缝的母材处也可以发生屈曲失效。

4.1.3.4　内压的影响

因为环向应力对发生屈曲位置直径变化的抑制作用,内压可以增大局部屈曲抗力。

内压往往也抑制某些形状的屈曲和向外凸的菱形屈曲。

在 DNV - OS - F101 中,用$(1+5\sigma_h/f_y)$来乘许用应力,这里 σ_h是内压引起的环向应力,f_y是屈服

强度与一个安全系数的乘积。Gresnigt 提出增加一个附加项 $3000(pD/2tE)^2$，这里 p 是内压，E 为弹性模量，CSA Z662[13]就采用了这个公式。Zimmerman 等[14]通过不同应力—应变曲线形状计算压力影响，并提出了 $340(120-D/t)(\sigma_h/E)^2$ 作为附加的项。

如果试验得出有内压和无内压时的临界应变有效，取消对内压的修正会使他们大体上一致。

对试验获得的有效的钢管带内压和无内压的临界屈曲应变结果进行内压相关的修正，可以使其符合同样的变化规律。如图4.1.29所示，使用DNV标准中的压力修正方法进行压力修正，无内压和有内压的试验结果就会具有较高的一致性。

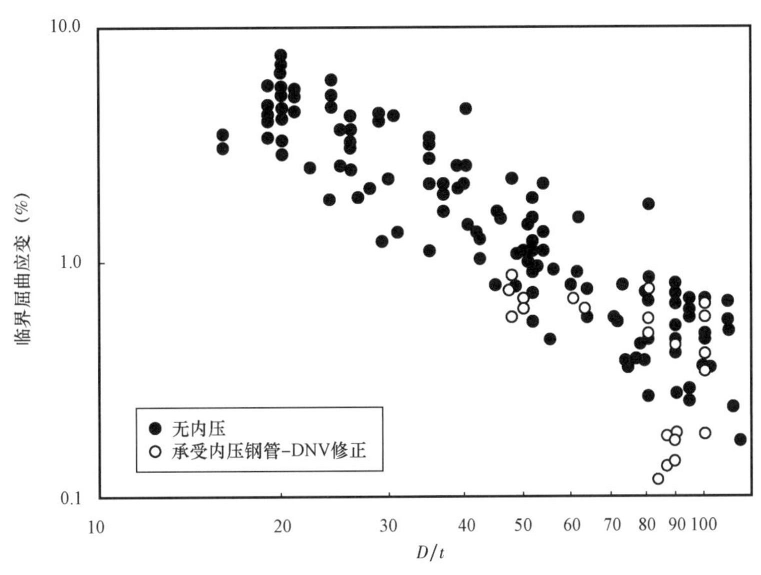

图4.1.29　承受内压钢管的临界屈曲应变

带环焊缝钢管的带内压和无内压的临界屈曲应变结果如图4.1.30所示[10,14,18]。没有一种预测方法对所有的的数据都能获得理想的预测结果。压力修正对 D/t 小于65的情况要比更高 D/t 的情况更好。其中DNV2000[15]，Gresnigt[16]，Zimmerman[14]都过高估计了内压的影响，而DNV1996的方法[17]较为保守。可以使用一个使压力影响更小的乘子，例如与DNV2000类似的 $(1+\sigma_h/\sigma_y)$。图4.1.31显示，使用这个模型可以较好的修正带内压数据，使之与无内压数据非常接近。

这个新的压力修正项的影响如图4.1.31所示，其对钢管和环焊缝管进行了压力修正。

就内压作用下的临界应力来讲，钢管和环焊缝管具有很大的不同。这个区别与在环焊缝和内压影响下的屈曲形状有关。它们都趋向于使管体外凸，同时阻碍其他屈曲形状的发生。

外压减弱抗局部屈曲的能力，它也能引起屈曲变形的扩展传播，使屈曲从失效的管段沿着管体传播。

DNV－OS－F101标准的相关要求可以按外压影响的形式排列。外压的乘子为 $(1-ap_e/p_c)^{1.25}$，a 是介于1.25～1.5之间的安全系数，p_e 是外压，p_c 是外压特征抗力。

API RP 1111使用了 $(g-p_e/p_c)$ 作为外压乘子，g 是初始椭圆度修正因子。p_e/p_c 的最大值有一个限制，对于无缝管为0.7，双面埋弧焊为0.6。对于很高的外压或很低的内压，API RP 1111对两者的要求均非常保守[18]，但对略低于最大 p_e/p_c 的情况，保守度较低。

在外压和弯曲力矩加载顺序不同时，弯曲力矩影响有较大差异。试验证明弯曲先加载时，能达到更大的合力，先加外压或者外压和弯矩同时加载时，合力达不到前者的水平[19]。

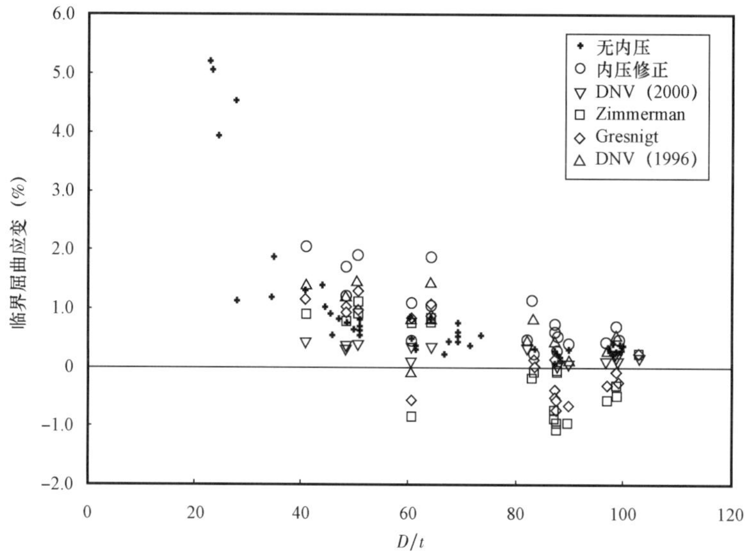

图 4.1.30 承受内压环焊缝管的临界屈曲应变

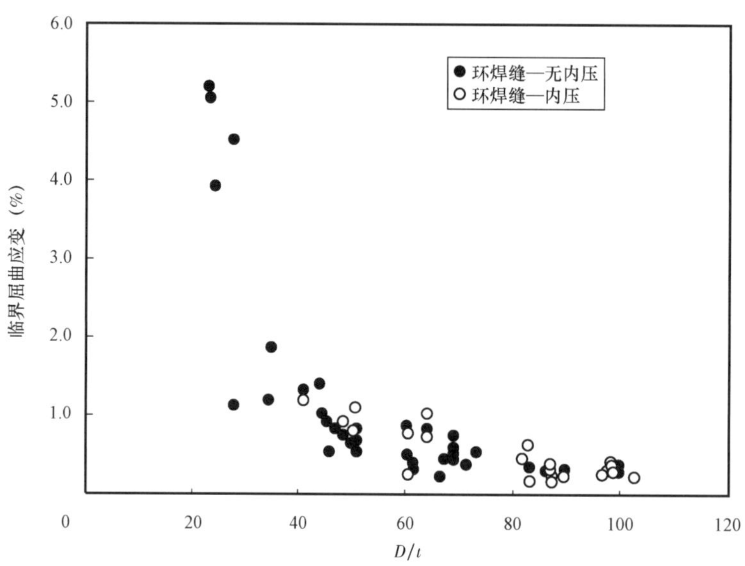

图 4.1.31 新压力修正后的环焊缝管的临界屈曲应变

4.1.4 油气输送管的基于应变设计

4.1.4.1 基于应变设计简介

基于应变设计指的是在承受较大的纵向塑性应变(0.5%)时,仍需保证管线的正常服役和完整性的管线设计方法。而塑性变形可能是冻土抬升下降、地震活动、采矿沉降或其他原因引起。

传统的管线设计对内压引起的环向应力进行限制,使其不大于规定最小屈服强度(SMYS)的一定百分比。地区分级概念规定为最大使用环向应力为 SMYS 的百分比数。

引起较大纵向应变的载荷通常是位移控制的,也有可能是位移控制结合载荷控制。地层大幅运动条件下的管线设计是非常复杂的事情。尽管要求管线在可能的服役环境下,均要确保建造和运行的安全,但对于较大地层运动条件下的管线设计,目前还是缺乏足够成熟的标准方法。

一般通过评价拉伸断裂和压缩屈曲这两种极限状态来完成基于应变设计。在基于应变设计中,为了评价较大塑性变形条件下的管线结构完整性和安全性,需要知道应变需求的大小(应变需求量)和应变容量。

海底管线卷取时的应变需求量可以很容易地通过铺设过程的管道几何计算获得,但是对于其他条件,应变需求量的确定就较为复杂。对陆地管线,应变需求量计算涉及多种学科,如地质学、地震学、土壤力学等。

管道产生纵向塑性变形的可能原因很多,与陆上管线最相关的是地震活动和极地等环境。

地震活动可带来永久性的地面变形(PGD,Permanent Ground Deformation)和暂时性的地面变形(TGD,Temporary Ground Deformation)。PGD是由液化、地表断层和塌方等造成的无法挽回的地面运动。TGD是由地震波传播诱发的地面震动。地表断层可能发生在一个平面或整个三维空间。当发生地表断层时可能会引起巨大的拉伸或压缩应变。施加于管线的应变量随着地表断层活动量的增加而增大。假设管线仍然保持完好并且能够支持饱和状态的应变量,当经过一定量的地表断层运动后管线的应变量达到饱和,此时管线在土壤中发生剪切。在特定的断层交叉处估算断层活动量需要进行地质评估、实地开挖测量和构造地震模型[20]。而以往的地震活动经验关系式也可用于估算断层活动量[21]。管土相互作用模型对确定管线应变水平发挥着关键作用。在管土相互作用模型中,土壤弹性代表土壤在轴向、侧向和竖直方向的抗力。土壤条件实地调查,可以对一个特定的断层交叉处提供适当的土壤数据。在地震中下方土壤表层可能已经液化,由于失去了土壤的支撑,受重力和惯性的影响,埋地管线可能会向下变形,称为侧向屈曲,理论上它可以沿任何方向发生。过去地震产生的侧向屈曲高达数米,因此可以引起纵向大变形。由地震波传播引起的地面位移量通常比断层交叉处和侧向屈曲引起的地面位移小得多,然而地震波影响埋地管线的面积很大。管线产生的变形量取决于地面变形及其传输给管线的规模。浅埋管线在失去土壤支撑后能够与地面产生相对滑移,因此与深埋管线相比,传给浅埋管线的应变水平相对较低。地震引起地层应变见表4.1.1,在地震波中地层应变随时间的变化如图4.1.32所示。

表4.1.1　不同地震水平下地层应变

地震水平	中规模地震	大规模地震	地层侧向运动	地层断层运动
地层应变	约0.1%	约0.4%	2%	不连续位移

在极地环境中,由于冻胀和融沉,埋地管线会经受一定的纵向应变。在冻胀情况下,管线会被下面膨胀的土壤向上拱起。由于两边变形的跨度受冻土的限制,所以既可以产生拉伸变形也可以产生压缩变形。如果不进行治理,这些应变就可能慢慢增长。同样,当管线埋于冻土而其运行温度比周围土壤温度高时,管线也可以向下沉陷。此外,漂浮的冰山拖曳着海底部分缓缓移动,甚至一部分可能已陷入了海底。埋在海底的管线可能会被冰山的水下部分推出,因而产生较高的应变,称为冰体刨削。

如前所述,油气输送管的应变容量包括压缩应变容量和拉伸应变容量。管线的压缩应变容量取决于管线的屈曲行为,通常受到管线规格、材料性能、压力水平和管体初始几何缺陷等因素的影响。管线的拉伸应变容量取决于环焊缝的拉伸应变容量。环焊缝指的是整个焊接区域,包括焊缝金属和

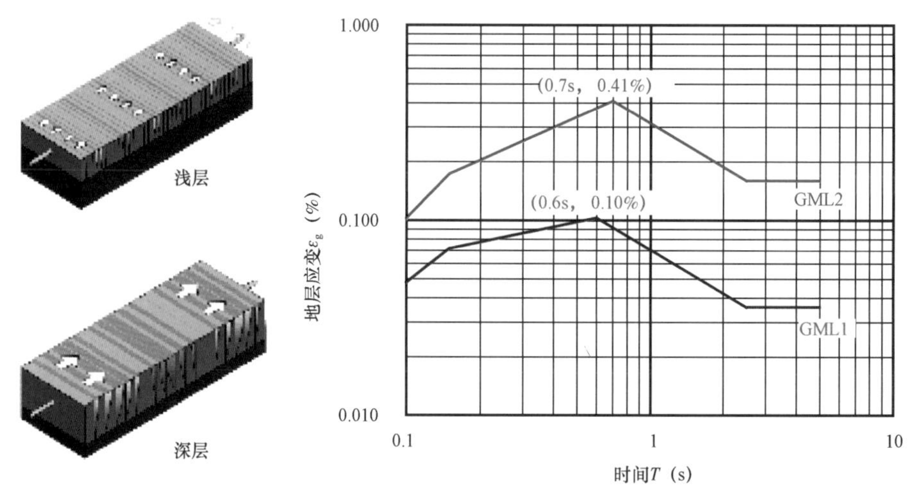

图 4.1.32　地震波中地层应变随时间的变化

热影响区。由于可能存在的焊接缺陷，以及由于焊接热循环造成显微组织和力学性能的恶化，环焊缝通常是性能最薄弱的一环。因此，拉伸应变容量往往取决于环焊焊接工艺和缺陷容限。焊接工艺包括控制焊接参数以确保焊接工艺评定和现场焊接的等效性，而执行缺陷容限规定的目的是确保环焊缝达到一定水平的服役性能。

4.1.4.2　基于应变设计方法的应用

4.1.4.2.1　基于应力的设计与基于应变的设计方法比较

一般情况下，油气管道均采用基于应力的设计方法，但对于可能经受较大位移的管道，如地处地震及地质灾害多发区的管道，还需要考虑基于应变的设计方法。

基于应力的设计方法应满足：

$$\sigma \leqslant \phi \frac{2t}{pD}\sigma_y \quad 或者 \quad \sigma \leqslant \phi[\sigma] \tag{4.1.3}$$

式中　σ——设计应力；

ϕ——设计系数；

p——工作压力；

D——管径；

t——壁厚；

σ_y——材料屈服强度。

而基于应变的设计方法则要求：

$$\varepsilon_d \leqslant \phi \varepsilon_c \tag{4.1.4}$$

式中　ε_d——设计应变（许用应变）；

ε_c——许用应变，取决于管道的几何尺寸；

ϕ——设计系数。

4.1.4.2.2　基于应变的设计思路

基于应变设计方法的基本思路如图 4.1.33 所示。

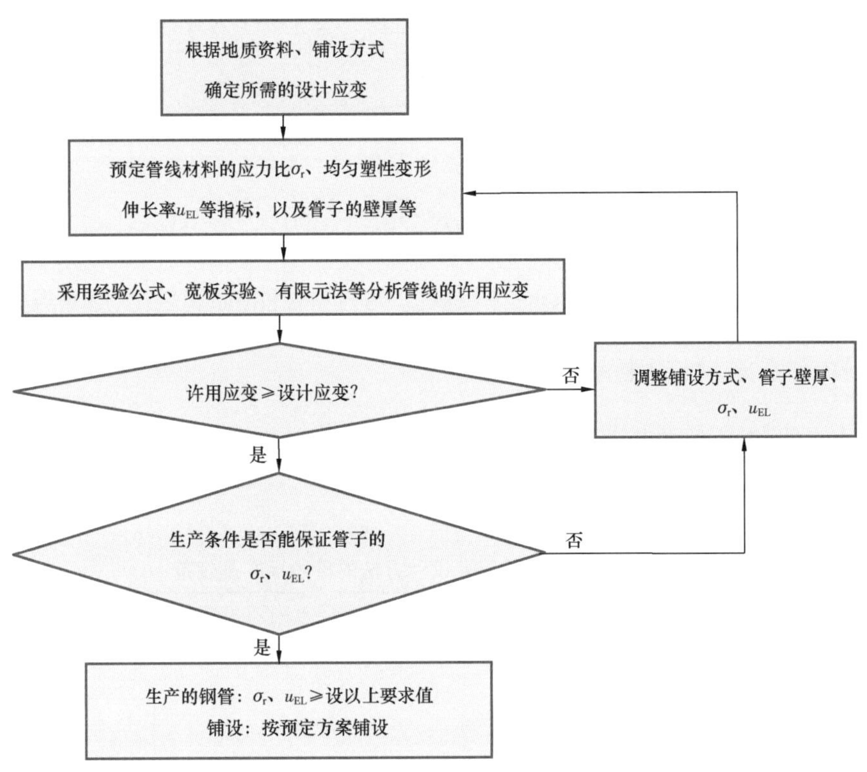

图 4.1.33　基于应变设计方法的基本思路

其中：

$$\sigma_r = \frac{\text{许用应变对应的应力}}{\text{管材的屈服强度}} \tag{4.1.5}$$

如：$\sigma_r = \dfrac{\sigma_{1.5}}{\sigma_{0.5}}$。

基于应变设计方法的关键，是确定管道在地震和地质灾害中将要承受的应变（设计应变或许用应变）及管道本身所能够承受的应变极限（应变容量）。

设计应变（许用应变）根据地质资料确定。例如通过地震区的管道可根据震级确定位移量，再算出需用应变值。表 4.1.2 是不同地震水平下管道应变的粗略估算值。

表 4.1.2　不同地震水平下管道应变

地震水平	中规模地震	大规模地震	地层侧向运动	地层断层运动
管道应变	约 0.05%	约 0.2%	0.9% ~1.2%	1.4% ~1.6%

应变容量可以根据全尺寸钢管拉伸、压缩、弯曲等实验，或者采用有限元分析确定。尽管屈曲后管线并不会马上破坏，但一般要求管线不能发生屈曲变形，所以屈曲应变可以作为管线的许用应变的临界值。

根据经验公式也可以确定管线的应变容量。经验公式将材料的力学性能与屈曲应变联系起来，对于工程应用是很有意义的,但是特定公式不一定适用于所有材料。

X65 及以下钢级的许用应变:

$$\varepsilon_c = \frac{4}{3}\sqrt{0.11}\frac{t}{D} = 0.44\frac{t}{D} = 44\frac{t}{D}(\%) \tag{4.1.6}$$

X65 及以下钢级 JGA 设计公式:

$$\varepsilon_c = \frac{1}{1.25}\times 44\frac{t}{D}(\%) = 35\frac{t}{D}(\%) \tag{4.1.7}$$

上述公式仅反映了 ε_c 与 t/D 的关系,尚未反映 ε_c 与材料性能(如屈强比、形变强化指数、均匀塑性变形伸长率)的关系,相对较为粗略。

目前还没有专门的、完整的基于应变的设计规范,但有些规范中已经涉及这些内容,分别对陆上管线、海底管线、管线钢提出了要求,见表 4.1.3[4]。

表 4.1.3 涉及基于应变设计方法的管线标准及规范

国家	管线	海底管线	管线钢
加拿大	CSA Z662、CSA Z662 App. C	CSA Z662 section 11	CSA Z245.1、CSA Z662
挪威		DNV	DNV
英国		BS 8010:Part 3	BS 8010:Part 2
德国		GL - Code III/4	
澳大利亚	AS 2885	AS 1958	AS 2018
美国	ASME PD Vol. 55、ASME PD Vol. 69、API 5L	API RP 1111	

表 4.1.4 列出了部分采用基于应变设计的管线。对在不稳定斜面上的土壤位移、采矿沉降,以及地震载荷引起的管道服役期塑性变形的情况的研究也有相当长的历史。由于钢管对这些载荷的抗力和对比铺设、试验时已知应变的管道行为,工程上已经能够可靠地进行服役期的管道应变设计。

表 4.1.4 一些使用基于应变设计的管线

管线		铺设位置
已建管线	Northstar 管线,BP	阿拉斯加极地浅海
	Haltenpipe 管线,Statoil	针对悬空及不稳定海床,设计应变极限 0.5%
	Norman Wells 管线,Ennbridge	陆上管线穿越冻土区
	Badami 管线,BP	阿拉斯加极地地区,穿越河流
	TAPS 燃气管线	基于应变设计,不连续冻土
	Malampaya 管线,Shell	地震及不稳定海床管线极限状态设计
	西气东输二线,中国石油	强震带和 22 条活动断层

续表

管线		铺设位置
已建管线	中缅管线(国内段),中国石油	活动断层和沉降区
	西气东输三线,中国石油	强震带和 22 条活动断层
筹建、在建管线	萨哈林岛管线,埃克森美孚	陆上地震区
	阿拉斯加近海 Liberty 管线,BP	极地浅水
	阿拉斯加管线	阿拉斯加极地

4.1.4.3　工程实践和相关标准

管线应变设计的标准分为三大类:(1)包括基于应力设计和基于应变设计的整体管道设计标准(DNV – OS – F101,CSAZ662);(2)只明确允许进行基于应变设计而不提供与基于应变设计相关外延内容的标准(B31.8,API 1104);(3)提供与特定子类管线相关的基于应变设计信息的标准(ABS 2001,API RP1111)。

B31.8 中 A842.23 对这些基于应变设计规定的类型进行了如下定义:

"在管道的支撑经过了可预测的非循环位移(例如,缺陷沿管道的运动或者沿管道的不同沉降)或者管道在获得支撑接触前下垂的情况下,只要屈服的结果对管道完整性无害,就无须使用纵向应力和组合应力限制作为过量屈服的安全准则。最大许可纵向应变依赖于材料的延展性、塑性应变史和管道的屈曲行为。在预测发生塑性应变处,须考虑管道的偏心、椭圆度以及这样的变形对焊缝的无害性。同理,类似的准则在管道的铺设过程中也应该得到考虑。"

对基于应变设计中所关注规定的历史及其发展进行进一步的研究,通常着眼于一些规定和标准,包括英国标准 BS8010 Part3、荷兰标准 NEN 3650 和 DNV – OS – F101 的早期版本。这些标准支持基于应变设计的铺设和运行,并且能根据塑性和棘轮效应选择级别,还有 DNV – OS – F101 的早期版本。这些版本包括 1996 年版和 1981 年版。1996 年版对基于应变设计进行了广泛讨论,之后这些内容在 2000 年的版本中得到了更新。1981 年版本主要是基于应力的规定,它规定工作负载小于 72% 的规定屈服强度(SMYS)、工作负荷加环境负荷小于 96% 的标准屈服强度。对于铺设,强制进行 4 个和应变相关的限制。对于没有盘卷,没有通过 J 型管拉制,或者没有类似的强制位移控制的条件下,限制残余纵向应变低于 0.2%。这个规定针对的是在不同硬度区域,将限制在 0.2% 的全局应变和局部应变。永久曲率法,例如盘卷或者 J 型管铺设中可能会有 0.2% 的弯曲应变,或者 1% 的弯曲和矫正应变。

4.1.5　油气输送管基于应变设计的材料要求

4.1.5.1　拉伸性能

4.1.5.1.1　屈服强度

在所有的性能参数中,屈服强度最为重要。屈服是材料产生塑性流动的开始。目前的 0.5% 总应变时屈服强度的定义对较低钢级管线钢是合适的。这个定义对 X80 及以上级别高强度管线钢就变得有疑问了。这个问题在应力—应变曲线弹性部分为非线性时变得尤其突出。在这种情况下，0.5%总应变时的屈服强度定义明显过低表征了材料的真实屈服强度。这种低表征可能对材料强度评定、焊缝强度规范，甚至适当地理解防腐蚀层对材料性能的影响带来明显的困难。

在没有修改屈服强度定义的情况下，对管线设计者和管线生产商来说最好的方法就是对所有的材料测试都要求全应力—应变曲线。在实践中，由于多数实验室没有精良的设备和训练有素的实验员，要想得到全应力—应变曲线可能有相当大的困难。甚至当有了全应力—应变曲线时，材料评定也只能使用特定的值，而不是整个应力—应变曲线。

现在至少有两种可能定义屈服强度的新方法。最好的方法是通过塑性流动与外加应变的关系来定义屈服强度，这意味着确定全应力—应变曲线的斜率。当材料发生一定比例的塑性流动时，认为材料开始发生屈服。另一种方法是利用抵消残余应变法来定义屈服强度，像典型的 ASTM 方法。抵消残余应变的方法比总应变法定义在较宽的管材等级内更灵活。为了适应非线性弹性响应，抵消残余应变值比通常的0.2%大得多。另外抵消残余应变值随钢管的级别而变化。

其他可能的方法是增加屈服强度的总应变值或随着钢级改变总应变值。

4.1.5.1.2　屈服强度上限和抗拉强度

管线管制造商通常喜欢较宽的抗拉强度性能范围。对高强度管线钢，一般认为需要允许强度在15ksi(约100MPa)范围内变化。API 5L 中允许强度范围通常更大。管线制造商所面临的一些困难是钢板和板卷的强度变化、由钢管的成型引起的性能变化，以及防腐涂层引起的性能变化。这些必要的工序，再加上由屈服强度的定义引起的强度变化，就需要有一个大的强度变化范围。

由于对于特定的钢级，其最小强度是固定的，而较大的强度变化范围导致了较高的上限值。较高的上限值带来的困难是往往规定焊缝强度相对于上限值要达到一定程度的高匹配，尤其是基于应变设计中更是如此。一些导则规定，高匹配要超过真实材料性能的15%。例如，目前 API 5L 规定最高的极限应力为120ksi。超过该值15%的高匹配意味着焊缝的抗拉强度要达到138ksi(约950MPa)。很明显，要达到这种焊缝金属高强度的同时保持必要的延展性和断裂韧性非常困难，尤其对于 X100 管线钢更是如此。

基于以上考虑，一般建议屈服强度和抗拉强度上限值应保持在最小规定值以上100~150MPa(15~22ksi)范围内。

EPRG 的研究指出，屈强比的增高对载荷控制的失效方式是有利的，对变形控制的失效没有好处。尽管该结果是针对环向变形得出的，但对于轴向应变控制的失效，仍然有参考价值。所以一些相关规范规定了屈强比的最高值为0.85，相对于高钢级管线钢这是一个较低的值。

4.1.5.1.3　均匀变形伸长率

均匀变形伸长率(也称最大力总延伸率)，一般定义为拉伸试验中，最大力对应的伸长率，它代表试样在均匀塑性变形条件下的最大伸长率。均匀变形伸长率是保证塑性失效模式下拉伸应变容量的一个重要指标，根据之前研究的成果，均匀延伸率一般要达到至少3倍的目标应变容量。在加拿大 Stittsville X100 试验段用大变形钢管技术条件中，采用了4%作为均匀伸长率下限。在我国中缅天然气管道基于应变设计地区用钢管的标准中，要求钢管纵向的拉伸均匀变形伸长率，在时效前后的最小值分别为7%和6%。

4.1.5.1.4　纵向与横向性能

现有的管线规范没有规定大口径钢管的纵向性能。因为从管线性能要求的观点看,没有必要像规定横向性能一样去规定管线的纵向性能。多数 UOE 管通常具有较低的纵向屈服强度,而两个方向的抗拉强度非常接近。为了保持较低的总体强度上界值,应允许纵向屈服强度比规定钢管级别最小值稍低。目前还没有研究表明对管线性能产生不利影响的屈服强度下边界值应为多少。对 X80 及以上钢级,一般纵向屈服强度允许比横向屈服强度低 70 ~ 100MPa(10 ~ 15ksi)。

4.1.5.1.5　环焊缝强度规范

为了提高焊接效率,环缝焊接往往会使用窄间隙。当焊缝金属强度低匹配钢管母材时,这种窄间隙会使焊缝表现出较高的强度。此外,环焊缝几乎总是会形成凸出的焊帽。从强度的观点看,在没有应变集中时,一定程度的焊缝强度比真实钢管性能低匹配是可以接受的。

当环焊缝具有适当的断裂韧性和延展性时,焊缝强度和真实钢管性能匹配度可设定为 5%(低匹配)~15%(高匹配)之间。

4.1.5.1.6　应力—应变曲线形状

典型的管线钢应力—应变关系曲线有两种:Lüders Elongation 型及 Round House 型,如图 4.1.34(a)所示。研究表明 Round House 型管线钢的变形能力优于 Lüders Elongation 型,其屈曲应变远高于 Lüders Elongation 型管线钢。屈服平台的出现使得管线钢变形能力对内压及几何缺陷非常敏感,如图 4.1.34(b)所示。在较高内压条件下,随着屈服平台的增长,压缩应变容限提高,然而内压较低时,压缩应变容限将减小。

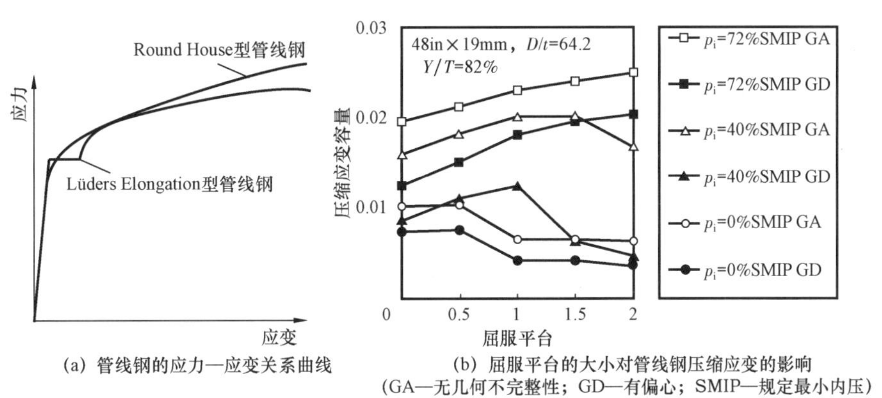

(a) 管线钢的应力—应变关系曲线

(b) 屈服平台的大小对管线钢压缩应变的影响
(GA—无几何不完整性；GD—有偏心；SMIP—规定最小内压)

图 4.1.34　应力—应变关系对管线钢应变容限的影响

最近一些对具有大变形能力管线规范的研究主要集中在具有“圆屋顶”形状应力—应变曲线管线上,如图 4.1.35 所示。屈服后伸长或吕德斯延伸往往成为屈曲开始点,因而降低了管线的压缩变形能力。一般当其他性能(如总应变硬化率和均匀变形伸长率)相同时,具有“圆屋顶”形状应力—应变曲线的管线应具有大变形能力。

管线制造商已成功地生产出在进行防腐涂装前纵向具有“圆屋顶”形状应力—应变曲线的管线。然而当涂装防腐涂层后可能会出现屈服平台,如图 4.1.36 所示。有时屈服点附近载荷会有轻微的降低,如图 4.1.37 所示。如果要求具有“圆屋顶”形状的应力—应变曲线的管线才能通过验收,那么具有像图 4.1.36 和图 4.1.37 那样的应力—应变曲线的钢管是不合格的。

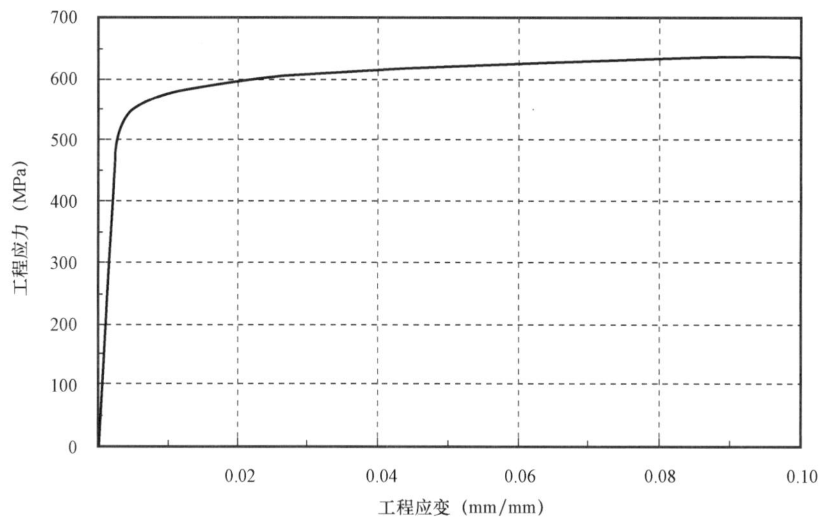

图 4.1.35 “圆屋顶”形状的应力—应变曲线

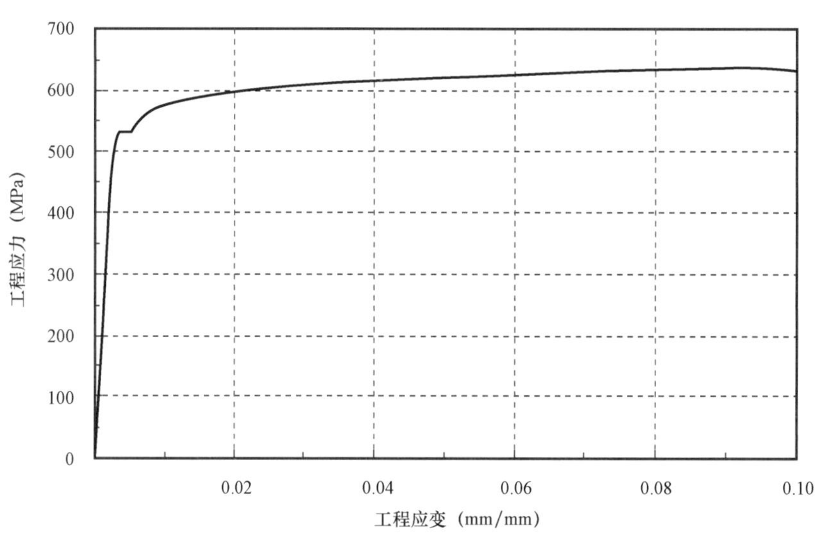

图 4.1.36 涂装防腐涂层后具有小平台的应力—应变曲线

更进一步的研究发现，对“圆屋顶”形状的应力—应变曲线的定义有一定难度。如果观察应力—应变曲线上的应变轴，将会发现对一个十分小的应变增量，应力值可能不会增加，当检查微小应变增量的数据记录时尤为如此。换句话说，多数情况下应力—应变曲线具有平台，有的应变增量很大而有的应变增量非常小。当一条应力—应变曲线不具有“圆屋顶”形状时，这就提出屈服平台的定义问题。真正的问题是对变形能力产生不利影响的屈服平台。较高的应变硬化率下，不影响变形能力的较长的平台在变形能力受到不利影响前是可以接受的。

在对上述问题没有解决办法的情况下，建议根据“圆屋顶”形状应力—应变曲线下可行的和更精确的定义，例如：

“假如当变形量小于50%的均匀变形伸长率时，应力值大于0.5%的抗拉强度，超过任何连续应变范围的0.2%，该应力—应变曲线定义为‘圆屋顶’形应力—应变曲线。”

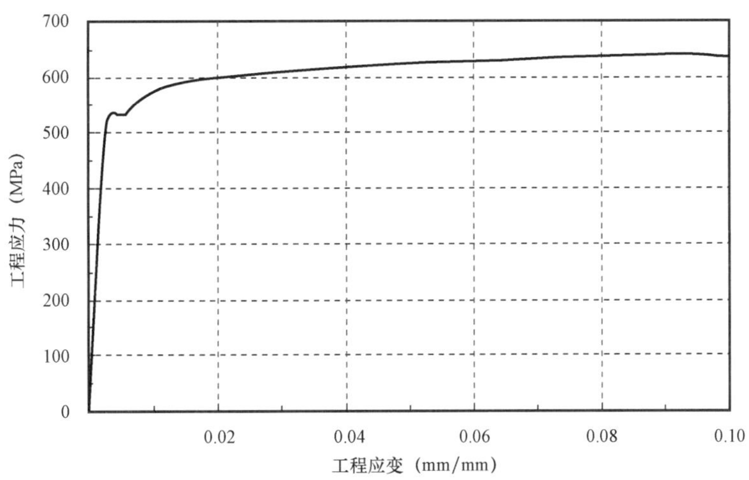

图 4.1.37　涂装防腐涂层后屈服强度微小降低的应力—应变曲线

只要发生在 0.2% 的小应变增量范围内，这个定义将允许存在一个平台甚至是应力值降低。这一定义是指应力—应变曲线塑性变形部分的开始阶段。应力—应变曲线在接近均匀变形时将变得平直，这种平直不影响其被定义为“圆屋顶”形应力—应变曲线，因此这个定义在应变接近均匀变形前是有效的。

需要重视一点，拉伸试验数据受到试样尺寸、试验设备和试验数据后处理的影响。例如，圆棒试样的总伸长率就要低于矩形截面试样。材料规范应该包括所需性能值和试验方法。

循环塑性应变可能影响材料的拉伸性能和韧性。如果预期的失效发生在循环塑性应变之后，例如假定地震过程中的失效，材料性能和认证试验阶段获得的性能就可能不同。需要考虑材料性能受到循环塑性应变的影响。例如，针对抗震设计，一些建筑设计规范就要考虑循环塑性应变的影响。

同样钢级和强度水平的材料，拉伸性能和韧性会有波动。管体和焊缝拉伸性能的波动会引起焊缝强度匹配水平在一定范围内变化。缺陷位置和缺陷深度会影响韧性变化。在设计和材料选择时，也应充分考虑这些波动的影响。

4.1.5.2　韧性要求

现代管线设计要求管线能够阻止裂纹扩展。这个要求包括两方面。一方面是要求断裂行为是延性断裂，从而使天然气的减压速度比动态裂纹断裂扩展的速度快得多，这个要求与 DWTT 试样的规定剪切面积百分比相符。另一方面要求管线的韧性要足够高以阻止动态断裂，这个要求与规定夏比冲击吸收能相符。

在需要大变形的地区，有时必须增加钢管壁厚以适应大变形的需要。但壁厚的增加使满足 DWTT 剪切面积要求的难度增加。

工程上使用厚壁管线钢往往意味着设计因子较低，因此降低了启裂的可能性。此外，动态裂纹驱动力也降低了。因此，当使用超壁厚钢管用于基于应变设计时，应执行特殊的启裂和止裂评估。

近年来，裂尖低约束的韧性试验（如 SENT 试验）的应用逐渐流行。在纵向应变条件下，这个试验可以提供比传统深缺口 SENB 试样更能代表环焊缝的测试结果。目前工程上有多种试验方法，但还没有任何一种经过传统试验标准化机构，例如 ASTM、BSI，ISO 等的普遍验证。对于同样的材料，这些试验方法可能得到不同的试验结果。例如，DNV - RP - F108 规定使用 2B × B 试样，并且用多试样法进行试验。韧性由载荷—CMOD 曲线计算获得的 J 积分表达。CANMET 的 SENT 试验流程要求B × B 试样尺寸，试验在一个试样上进行。通过该方法，使用类似 DNV 流程的载荷—CMOD 曲线获得 J 积分和 CTOD。ExxonMobil 方法只计算 CTOD，并且 CTOD 是通过双 COD 规，使用相似三角形方法在原始裂尖位置（例如在原始缺陷深度）附近得到。

在材料规范中必须考虑到试验方法的影响。规范应包括所需要的性能值和产生相关数据的试验方法。

4.1.6 油气输送管基于应变设计的试验技术

4.1.6.1 环焊缝焊接工艺评定相关试验

4.1.6.1.1 焊接接头拉伸试验

焊接接头拉伸试验已经比较完善。在目前的 API 1104 附录 A 要求中，试样允许断在焊缝，但规定拉伸强度要满足管体最小抗拉强度要求。在基于应变设计中，不允许焊缝产生应变集中。一般来说，这意味着焊缝强度必须大于母材强度。

对于窄间隙自动焊缝，一般焊缝宽度小于管体壁厚。当全焊缝金属强度略低于管体强度时，由于焊缝变形受到周围高强度材料的约束，仍然有可能在焊缝外发生失效。在跨焊缝拉伸试验中，如果焊缝余高没有去除，就更易产生远端屈服。

目前版本的 API 1104 只是区分了两种可能的失效位置，焊缝或者母材。但没有明确规定如果失效发生在熔合线附近的热影响区，是否应算作焊缝或者母材失效。一般可将 HAZ 失效归类于焊缝失效。

在基于应变设计中，不接受焊缝金属的低匹配。

跨焊缝拉伸试样可以参考 API 1104 附录 A。使用 $2t$ 应变（图 4.1.38）测量和界定焊缝区域的应变，这里 t 是管体壁厚[22]。$2t$ 应变测量的标距中心是焊缝，并且跨过堆焊金属和 HAZ。

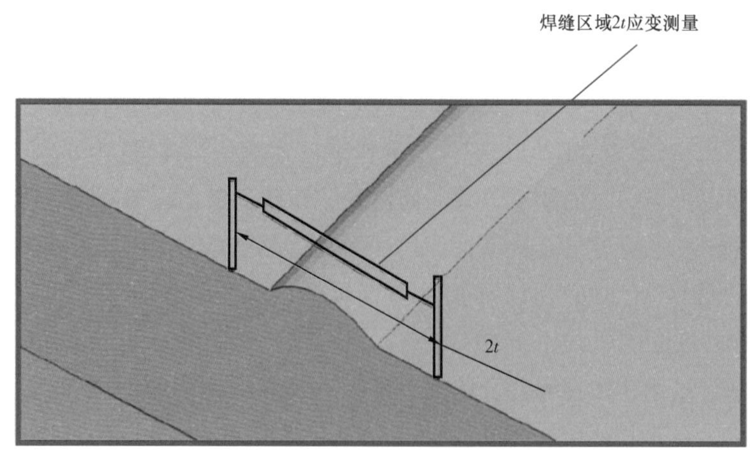

图 4.1.38　$2t$ 应变测量图解

在管体应变达到1.0%后,2t标距内的应变应仅仅是母材任一点的远端应变。低应力水平下测量的应变可能含有波动,这使得对比2t应变和管体应变较为困难。因此应变的对比应在母材超过屈服强度之后进行。

类似于管体的拉伸试验,数据及检查应确保一致性和精度。

4.1.6.1.2　全焊缝金属拉伸试验

全焊缝金属拉伸试验结果与试样形式(圆棒或矩形)和试样截取位置(偏内表面或者偏外表面)相关性较高。如在CANMET的试验流程中[23],都要进行近似全截面的矩形试样试验。类似于管体拉伸试验,数据检查应保证一致性和精度。

4.1.6.1.3　夏比冲击吸收能转变曲线

夏比冲击吸收能转变曲线试验的目的是获得韧脆转变温度和确定冲击吸收能的上平台,以评估表观CTOD韧性。

试样形式和位置遵循API 1104附录A。

应进行两组试验。第一组试样在3点钟位置截取,按API 1104附录A在最小设计温度或更低温度下进行试验。第二组在其他位置截取试样,并进行系列温度试验,获得转变曲线。

转变曲线可以包含至少五六个温度。每个缺口位置(焊缝中心线和HAZ)和每个温度都进行一组3个试样的试验。

对曲线进行适当的拟合,以分别获得焊缝中心线缺口和HAZ缺口的平均转变曲线。

4.1.6.1.4　SENB试样的CTOD试验

深缺口SENB试验的标准已经比较完善。对于基于应变设计来说,最相关的CTOD韧性是最大载荷点对应的韧性,或者说δ_m。和深缺陷SENB相比,浅缺陷SENB试样可以具有和管体受拉伸和整体弯曲时环焊缝缺陷类似的低约束裂尖条件。

深缺陷SENB试样形式和尺寸应遵循API 1104附录A。试样的载荷—CMOD曲线在最大载荷点附近可能非常平坦。最大载荷点附近的曲线应进行拟合,消除曲线局部波动的影响且确定拟合曲线的最大载荷点。

浅缺陷SENB可以按照ASTM E1820和与其等效的ISO标准进行。应使用表面开缺口的B×B试样,缺陷深度比例为0.25~0.35,最小缺陷深度应为3mm。可使用疲劳加载或EDM预制裂纹。

4.1.6.1.5　阻力曲线测试

阻力曲线可以通过以下途径获得:(1)深裂纹SENB;(2)浅裂纹SENB;(3)SENT;(4)CWP。深裂纹SENB具有最高的裂尖约束条件,其试样的阻力用于预测环焊缝行为,可能会过于保守。

根据ASTM E1820和/或BS 7448的规定,深缺陷SENB试样应使用具有全壁厚缺口的B×2B形式的试样。浅缺陷SENB试样应使用表面开缺口的B×B试样,缺陷深度比例为0.25~0.35,最小缺陷深度应为3mm。

SENT试样应使用表面缺口的B×B试样,目标缺陷深度比例为0.25~0.35,最小裂纹深度应为3mm。

所有的小规格试样,包括深缺陷SENB、浅缺陷SENB以及SENT,应使用疲劳预制裂纹。

试验温度应由设定服役的环境来确定。当预期发生在上平台韧性行为时,低温度试验可能带来比室温试验更高的阻力曲线。

在达到最大载荷点之前,不应发生脆性断裂。

当使用阻力曲线确定表观 CTOD 韧性时,裂纹应充分撕裂。

4.1.6.2 验证试验

4.1.6.2.1 宽板拉伸试验

宽板拉伸试验最早始于 1944—1962 年。最初开发这种试验的原因是提供焊接结构的全面数据。早期人们主要是担心船舶和石油储罐等焊接结构在低应力(低于 SMYS)下的脆性断裂。美国、日本、比利时等一批国家,都相继开展了宽板拉伸试验。

早期的宽板拉伸试验主要是进行钢板试验,而在管道行业,弯曲宽板(CWP)的试验是主流做法。保留钢管的原始曲率,可以避免压平变形可能带来的影响。20 世纪 70 年代后期,比利时根特大学的研究人员开始使用弯曲宽板试验测试环焊缝的行为。1990 年前后,CWP 试验开始被用于研究管道环焊缝的塑性机制。2002 年第一次发表了和管道应变能力相关的结果。

近些年来,CWP 试验被广泛用于测试管道环焊缝的应变能力。虽然当前管道规范允许进行基于应变的设计,但是目前还没有一种通用的环焊缝缺陷准则的验证评价方法。目前,大量的工作都是后屈服阶段的环焊缝缺陷尺寸极限的评价。这些研究主要有两种:其一是研究裂纹驱动力与应变容量的关系,从而确定缺陷容限;另一种是在 CWP 试验基础上,提出母材、环缝、热影响区材料的韧性、拉伸性能的临界值。无论使用哪一种方法,CWP 试验都是评价流程中非常重要的环节。

4.1.6.2.2 全尺寸试验

(1)全尺寸拉伸试验。

在全尺寸拉伸试验中,试样尺寸、缺陷间隔以及试验设备方案都应遵循一般性的流程。当试样含有多道环焊缝时,各部分母材应单独检测应变的变化,试验温度应尽可能地模拟环境。

目前还没有标准的数据精度和后处理分析流程。试验数据可能受到数据采集精度和后处理分析流程的影响,如果要作为有效的认证试验,必须给出试验细节的介绍。

(2)全尺寸弯曲试验。

全尺寸弯曲试验用于测试管道的弯曲应变极限,并研究其屈曲行为。三点弯曲的形式通常用于小口径管道的测试,而大口径管道的试验通常使用四点弯曲(也称为纯弯曲试验),避免了中心点位置直接承受横向力的影响。因为焊缝、热影响区和母材在试样中心位置,四点弯曲试验在测试环焊缝样品时非常有优势,而力臂式加载试验具有同样的优势。

4.2 油气输送管的断裂行为

4.2.1 天然气管线裂纹的长程扩展与止裂

在天然气管道发展早期,由于当时冶金水平限制,管材的韧性水平较低,韧脆转化温度较高,防止脆性断裂的发生是主要研究课题。通过对脆性断裂的大量研究,提出了以 CVN 为参数的判据,保证了管线在材料韧脆转变温度以上安全运行，防止了管线脆性断裂的发生。但在20世纪70年代发现，随着管线压力的提高，虽然管线材料处于塑性状态，但仍发生了裂纹的长程扩展，即在管材的韧脆转变温度以上仍能发生动态断裂，因此人们的注意力开始转向防止管线延性裂纹长程扩展的研究[23]。

输气管道延性断裂的止裂判据有两种，分别是：

速度判据：$V_m \geqslant V_d$，裂纹扩展；$V_m < V_d$，止裂。其中：V_d为气体减压波速度；V_m为裂纹扩展速度。

能量判据：$G \geqslant G_d$，裂纹扩展；$G < G_d$，止裂。其中：G_d为材料的断裂阻力；G为裂纹扩展驱动力。

由以上速度判据可以知道，当裂纹扩展速度高于管内介质的减压波速度时，裂纹继续扩展；而当裂纹扩展速度低于管内介质的减压波速度时，扩展的裂纹发生止裂。介质的减压波速度越快，管线越容易止裂。原油的减压波速度在1500m/s左右，天然气的减压波速度在380～440m/s。而脆断裂纹扩展速度在450～900m/s，延性裂纹扩展速度在90～360m/s。可见脆性断裂无法实现止裂，而延性裂纹扩展可以止裂。天然气管线与油管线断裂行为不同的主要原因就是介质减压波速度的差异。

夏比冲击吸收能CVN是一种传统的评价材料韧性的试验方法，虽然不能严格地对应于断裂力学参数，但由于它简便易行，且有大量的数据积累，因此在防止结构脆性破坏或延性裂纹扩展的评价上得到了广泛的应用。在天然气管线延性断裂的止裂研究中，人们一直在试图找到一个合适的CVN值，以使天然气管线具有足够的止裂能力。美国BMI（Battelle Memorial Institute）是进行天然气管线止裂问题研究最早的机构。进行管线止裂研究的主要机构还有EPRG（European Pipeline Research Group）、JISI（Japanese Iron & Steel Institute）、AISI（American Iron & Steel Institute）等。

在20世纪70年代，当人们认识到管线上存在延性裂纹的动态扩展时，材料的断裂理论还不是很完善，因此，只有通过实物试验来控制裂纹扩展。当时人们用不同的压力、管径、壁厚、强度和韧性的钢管进行了大量的试验。实物试验用管段的长度一般在100m左右。在试验管段的中部有一根低韧性钢管作为启裂管。如果裂纹在一根定尺管长度内停止扩展，该部位钢管的韧性就是管线止裂所需要的韧性。如果实物试验管段的钢管是按照韧性逐渐增加的顺序连接，假设快速扩展裂纹的扩展速度在扩展过程中没有明显变化，则由该方法确定的止裂韧性值是合理的。这种全尺寸的实物试验方法成为了一种标准的确定止裂韧性的方法。BMI、BGC和AISI分别进行了大量的全尺寸爆破试验，并获得了一些止裂韧性的经验公式。1973年EPRG为验证这些公式的有效性，专门进行了一次较大规模的试验。由于实物试验非常昂贵，且只能针对特定的气体介质和钢管。为获得延性裂纹止裂的定量描述，1975年BMI的Maxey提出了一种预测天然气管线延性断裂止裂韧性的方法，称为Battelle双曲线（Two－Curve）分析法。该方法假定气体的减压波速度与钢管裂纹的扩展速度是非偶合的[24]。Maxey的模型找到了断裂速度与减压压力或环向应力的关系。预测的延性断裂的止裂韧性在当时的管线状况下（管材强韧性水平和气体组分）基本能够保证管线的止裂性能，并基于此模型开发出了双曲线止裂预测软件Gasdecom[25]。

当时用于实物试验的管材的夏比冲击吸收能水平基本在100J以下。随着管道输送压力的提高，人们发现当采用Battelle双曲线法预测的止裂韧性较高时（>94J），预测的止裂冲击吸收能往往低于实物爆破试验值，也就是说现有的止裂判据已经偏于危险。为此，20世纪80年代美国天然气协会（AGA）委托包括美国西南研究院和意大利CSM在内的多家机构进行了合作研究，试图寻找一种理论上可靠、试验证明可行的防止管线延性断裂长程扩展的方法[26]。欧洲管线研究组织EPRG也在20世纪70年代大量实物试验的基础上，从1983年开始对高钢级高韧性的管线钢管进行了大量的实物试验，并于1995年公布了高强度管线钢止裂韧性推荐值，1996年制定的ISO 3183－3管线钢管交货技术条件采用了 EPRG 的推荐值。1985 年日本几大钢铁公司联合进行了一次较大规模的实物试验，试验气体包括贫气和富气，同时基于 Battelle 双曲线法对试验结果进行了分析，开发出了 HLP 止裂预测软件。该软件和 Gasdecom 软件基于同样的气体减压波模型，但是 HLP 模型为了避免高钢级管线钢管断口分离对止裂预测结果的影响，在实物爆破试验结果的基础上，提出了 DWTT 能量判据作为材料裂纹扩展阻力的模型[27]。

4.2.1.1　延性断裂特征

4.2.1.1.1　裂纹的长程扩展

天然气管线延性断裂具有长程扩展的特征。PRCI[28] 通过系列全尺寸钢管爆破试验确定了天然气管线裂纹长程扩展形式及特征，这些全尺寸爆破试验的结果也同时被实际服役管道的失效特征所验证。图 4.2.1 概括了这些裂纹扩展的特征，关键特征包括断裂速度、断口形貌、裂纹数量、断裂的模式和程度等。当裂纹扩展速度在 122 ~ 244m/s 时，呈现 45°剪切断裂特征，裂纹沿直线扩展，裂纹可以止裂；当裂纹扩展速度在 244 ~ 457m/s 时，呈现韧脆混合断裂特征，裂纹呈现正弦曲线扩展，会有二次裂纹出现，无法止裂；当裂纹扩展速度大于 457m/s 时，为脆性断裂，主裂纹会扩展为多条裂纹，无法止裂。

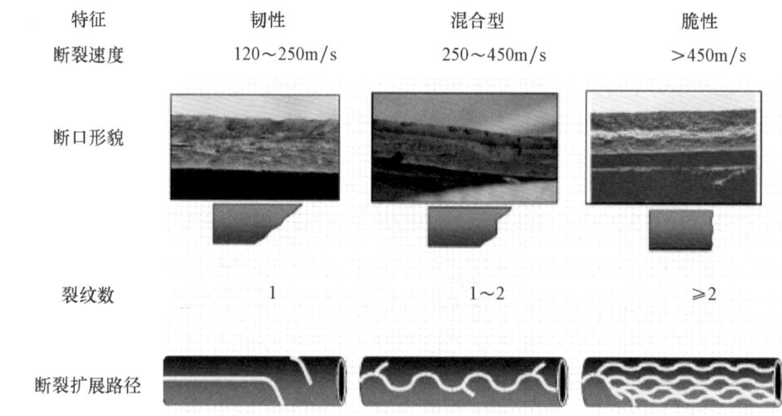

图 4.2.1　管线钢的裂纹扩展特征

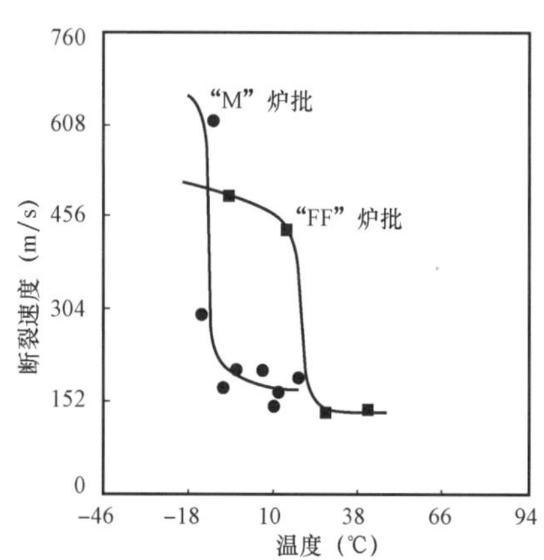

图 4.2.2　裂纹扩展速度随温度的变化

钢管的韧脆状态决定了裂纹的断裂速度和断口特征。图 4.2.2 为断裂速度随温度的变化。随着温度的升高，裂纹由高速扩展转变为低速扩展，断口由脆性转变为韧性。图 4.2.2 来自两个不同炉批的产品。断裂模式的转变与钢级、化学成分和轧制工艺密切相关。与非控轧钢相比，控轧钢产品特性更加一致。

研究表明，断裂模式为温度的函数，图 4.2.3 显示了 4 种温度（ -3 ~ 42℃ ）下的断口形貌（断裂特征），韧脆转变温度大约是 21℃。随着温度的降低，裂纹边缘的减薄也下降，变形仅仅存在于断裂表面的剪切唇部分，在断裂面的中心部分没有变形，同时裂纹扩展速度增加。而随着温度的升高,逐渐展现出45°延性剪切断裂特征,裂纹扩展速度变慢。断裂模式的转变同时可以通过裂纹扩展速度与断口剪切面积的关系来反映,如图4.2.4所示,当剪切面积低于25%时,断裂速度在425m/s以上,为脆性断裂。

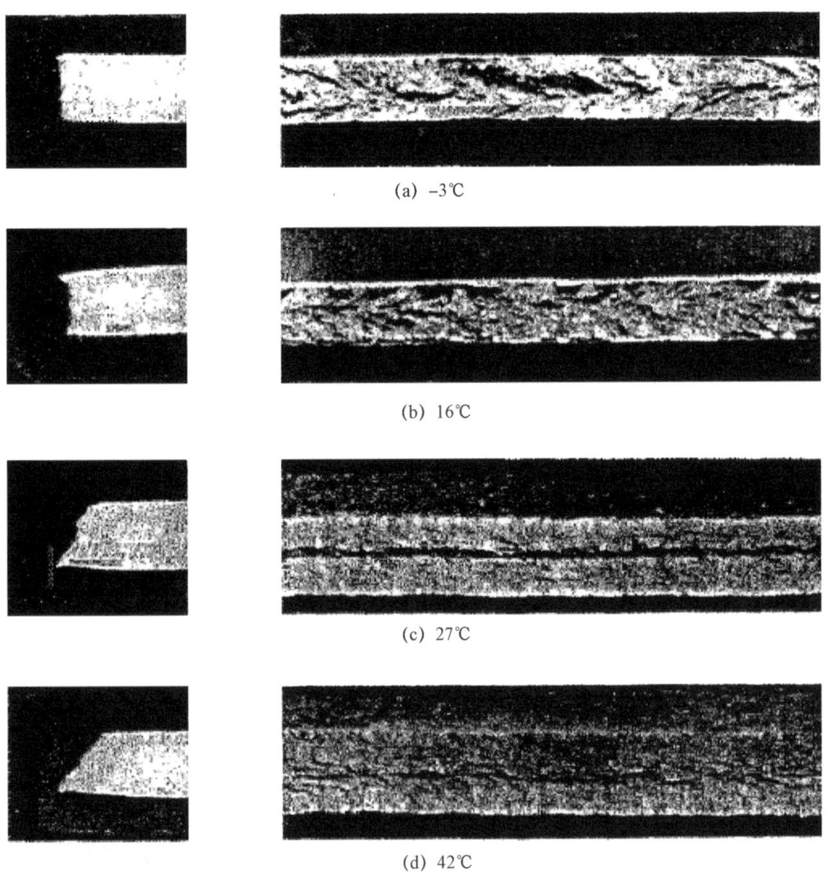

(a) −3℃

(b) 16℃

(c) 27℃

(d) 42℃

图4.2.3 与温度相关的断口形貌

脆性裂纹的数量取决于钢管的韧性和环向应力。钢管的韧性越低,环向应力越高,裂纹的数量越多。在管道的事故中,曾同时出现了9条裂纹。

扩展中的脆性/延性裂纹能否止裂取决于裂纹扩展速度、钢的韧性、环向应力以及断口剪切面积。如果裂纹扩展速度大于声速396m/s,裂纹尖端气压不可能衰减,裂纹尖端始终为管道初始压力,裂纹不可能止裂。在一次事故中,裂纹扩展达8.3英里。

4.2.1.1.2 断口分离

在控轧管线钢,尤其在屈服强度大于400MPa的管线钢的拉伸试样、韧性试样(CVN、DWTT、COD)和水压爆破试样的断口上,经常发现二次裂纹或分离。它们垂直于断口平面,平行于钢板平面,此种现象称为断口分离(图4.2.5)。分离一般出现于与主应力平行的方向上,是由于与主应力垂直的应力作用下产生的垂直于主断裂面的二次裂纹。这种分离裂纹在原钢板(板卷)中并不存在,只在断裂过程中才出现。

关于断口分离形成的原因目前有多种不同的观点:(1)管线钢在($\alpha+\gamma$)两相区控轧时形成{100}⟨110⟩织构,这种沿轧制平面发育的织构不仅引起钢板平面的各向异性,而且引起厚度方向的

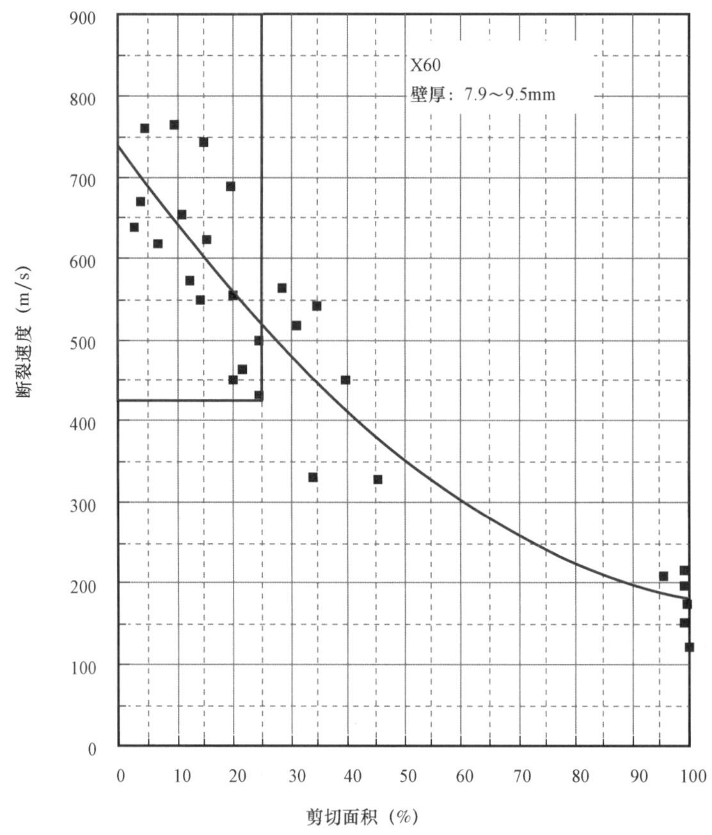

图 4.2.4　裂纹扩展速度与断口剪切面积的关系(全尺寸爆破试验)

(a) 夏比冲击试样

(b) DWTT试样

图 4.2.5　夏比冲击试样和 DWTT 试样断口分离形貌

脆化,因而在外力作用下,平行于钢板(板卷)表面沿织构出现分离;(2)另一种观点认为,产生断口分离的主要原因是回火脆性。在低温控制轧制后的冷却过程中,偏析层中的磷扩散到铁素体晶界上,削弱了铁素体晶界的韧性,从而出现断口分离现象;(3)还有一种观点认为断口分离是由于成分偏析。在偏析区域产生珠光体、贝氏体或马氏体条带,这些组织的韧脆转变温度比铁素体的高,在某种程度上讲,可以认为这种材料是一种层状复合材料。在试验温度降到偏析区脆性组织的韧脆转变温度以下时,即会出现断口分离现象。对材料带状组织的控制要求,其中一个考虑就是减小断口分离现象和上升平台行为[29]。

断口分离对冲击吸收能的影响也有不同的观点:(1)断口分离的存在,使得断口分离裂纹扩展消耗额外的能量,导致夏比冲击吸收能试验值升高;(2)断口分离会导致夏比冲击吸收能下降。国内外相关技术条件规定出现断口分离时,对 CVN 的要求值应提高 50% 。

对出现断口分离的典型冲击试样的光学金相分析表明,低倍金相显微镜下观察发现分离裂纹尖端和两侧有明显的带状组织[图 4.2.6(a)],裂纹的扩展方向与带状组织的发展方向一致。图 4.2.6(b)是这种带状组织材料在高倍显微镜下的金相组织,在裂纹尖端和两侧未观察到夹杂物。这可能有两种情况:一是没有夹杂物存在;二是在大轧制比情况下,夹杂物在厚度方向较薄而不易观察到。

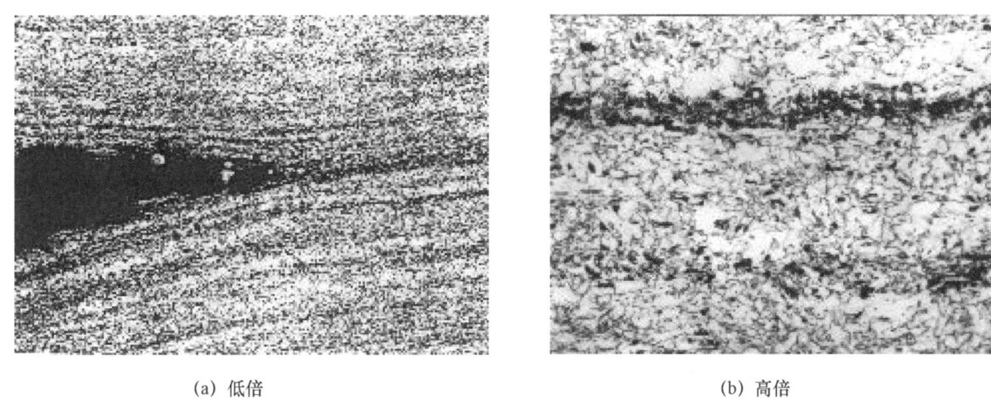

(a) 低倍　　(b) 高倍

图 4.2.6　断口分离试样裂纹尖端的光学金相组织

在扫描电镜下对断口进行观察,宏观断口呈灰色纤维状,中部有分离裂纹,剪切唇较大。纤维区微观形貌为韧窝,韧窝中有质点状夹杂物,其成分为 Fe 和 O。断口分离的低倍形貌如图 4.2.7 所示。

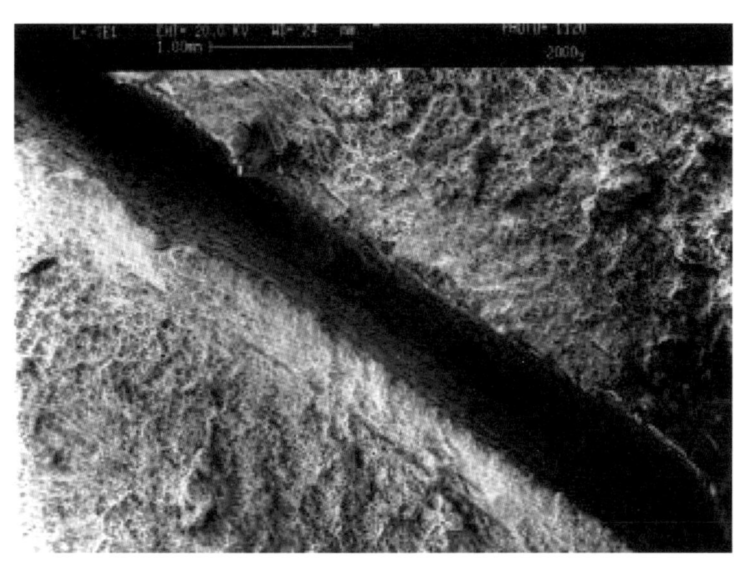

图 4.2.7　分离断口的低倍形貌

在扫描电镜下对断口分离面进行观察。在较高的温度(20℃)下,断口分离面宏观形貌呈层状,微观形貌为准解理断裂。在较低温度(-40℃)下,断口分离面宏观形貌呈结晶状,微观形貌为解理和准解理断裂。在扫描电镜下对断口分离面进行观察,分离面上分布着程度不同的夹杂物,有密集分布的片层状,也有较少分布的条带状和断续状,其中两种典型夹杂物形态如图 4.2.8 所示。经 X 射线能谱分析(图4.2.9),夹杂物以MnS为主,在夹杂物附近或之间,伴生有Nb、Ti的析出相,既有单独的Nb、Ti析出相,也有与MnS的共生相。

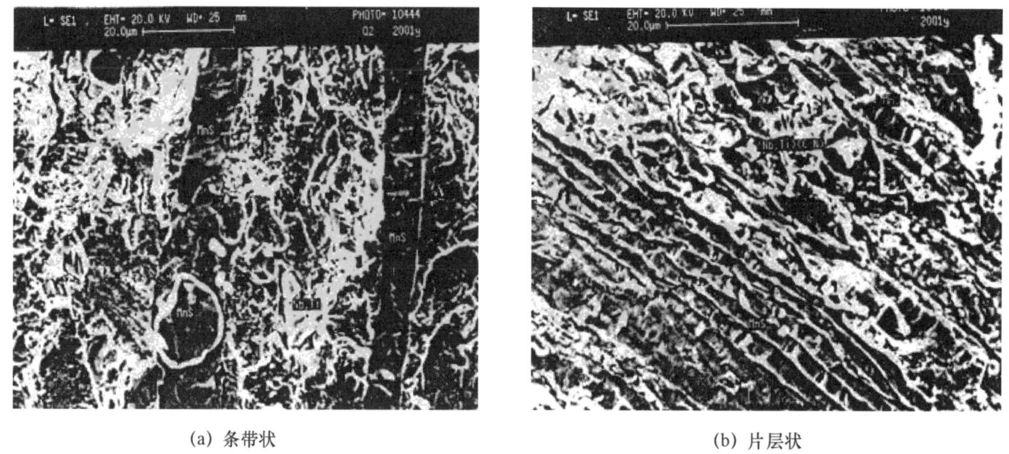

(a) 条带状　　(b) 片层状

图4.2.8　断口分离面两种典型的夹杂物形态

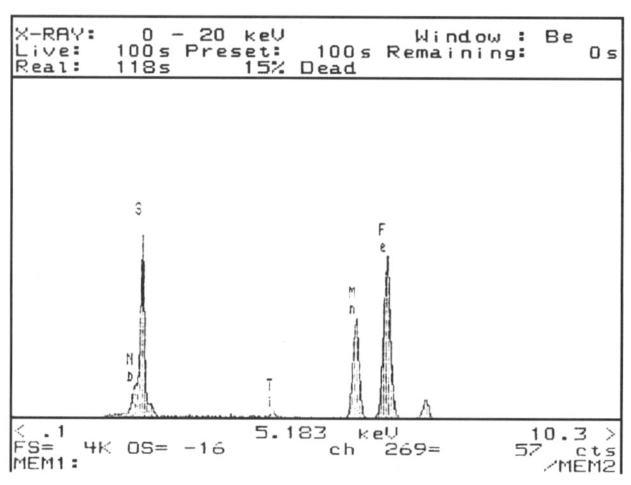

图4.2.9　断口分离面夹杂物X射线能谱分析

分离裂纹大多出现在试样壁厚中部组织偏析较严重的部位,分离裂纹沿带状偏析组织分布方向扩展。在断口分离面的扫描电镜下发现有大量以MnS为主的夹杂物,说明分离的出现与带状偏析组织及夹杂物有关,带状偏析组织及夹杂物是导致冲击试样断口分离裂纹出现的主要内因之一。冲击试样缺口造成应力集中和三轴应力状态,使冲击吸收能和塑性变形集中在缺口附近不大的体积内。冲击试验时,试样受到外力的作用,沿厚度方向的收缩和变形受到约束,在缺口处容易引起较高的三轴应力分布。因为厚度中部的拘束最大,产生的拉应力也最大,所以一般在试样中部出现分离裂纹的长度较长、概率较大,两侧出现分离裂纹的长度较短、概率也较小[30]。

断口分析发现,分离面主要呈解理和准解理的脆性断裂特征。而存在分离裂纹的主断口区域主要呈韧性断裂特征,在分离面与主断口的交界面有较大的塑性变形,微观形貌均为韧窝。这说明出现于韧断区的断口分离裂纹在试样的断裂过程中先于主断口形成。由于带状偏析组织和夹杂物在温度和应力的作用下脆化而首先形成分离裂纹,然后与缺口根部形成的主断口汇合,最后导致整个试样断裂。分离裂纹形成于主断口之前,分离裂纹形成后使试样受载时内部应力重新分布,试样应力状态优化，使致脆的应力因素减弱、韧性提高，导致冲击吸收能和剪切面积增加。

断口分离对韧性的影响随温度而不同。温度高，偏析组织和夹杂物的韧性高、塑性好，不易出现分离裂纹。反之，当温度降低时，偏析组织和夹杂物的韧性降低速度高于正常金属组织，在冲击力的作用下首先发生开裂，形成分离。温度继续降低，正常金属组织也脆化，主断口断裂速度很快，分离来不及形成。在某一温度范围，分离裂纹出现的时机适当，分离裂纹在试样的断裂过程中先于主断口形成，相当于两个较薄试件重叠在一起承受随后的冲击力。由于厚度减薄，厚度方面的约束减少，三轴应力减少，从而使金属的脆性降低。这可解释为什么低温下断口分离的出现显著提高试样的冲击吸收能。在较高温度下，由于分离裂纹出现的时机不当，且材料本身的韧性较高，分离对韧性的影响不明显。

4.2.1.2　止裂韧性计算与分析

多年来，国际上对天然气管道裂纹的长程扩展与止裂问题进行了大量的试验研究与理论分析。对止裂临界值的判定模型，较为可靠的是美国 Maxey 提出的 Battelle 双曲线法模型。随着管道输送压力的提高，采用 Battelle 双曲线模型预测的止裂韧性较高时（>94J），预测的止裂韧性往往低于实物爆破试验值，也就是说现有的止裂判据已经偏于危险，需要对止裂韧性计算方法进行深入研究。目前提出的方法有：Wilkowski 的 DWTT 能量关系、美国西南研究院的 CTOA 有限元分析法和 BMI 的修正法等[31]。

日本钢铁协会（JISI）高性能管线钢委员会（HLP，High - Strength Line Pipe Committee）联合日本几家大型钢铁企业于 20 世纪 80 年代初开展了输气管线止裂预测联合研究，并开发出 HLP 止裂预测软件。该软件采用和 Battelle 的 Gasdecom 软件相同的状态方程，不同气体组分的减压波曲线预测基本相同。HLP 软件最大的特点是引进了 DWTT 能量判据，避免了高钢级管线钢断口分离对采用小尺寸冲击试样冲击吸收能作为止裂韧性指标预测结果的影响。目前住友、新日铁以及 JFE 都在原有 HLP 软件基础上，各自进行改进和完善。

近年来，管研院开展了一些研究工作，基于 Battelle 双曲线模型提出了止裂临界参数 Mc，建立了 TGRC1 和 TGRC2 止裂韧性计算方法。同时，基于美国西南研究院的开放性 CTOA 有限元分析模型 PFRAC，开展了有关管道三维动态扩展模拟和富气输送止裂预测的探索性研究[32,33]。

4.2.1.2.1　Battelle 双曲线理论

20 世纪 70 年代，Battelle 双曲线的延性断裂模型建立了裂纹扩展速度（v_f）和压力（或环向应力）的关系[34]：

$$v_f = (C\sigma_f / \sqrt{CVN})\left(\frac{p_H}{p_a} - 1\right)^{1/6} \tag{4.2.1}$$

式中　v_f——断裂速度，m/s；

C——回填系数；

σ_f——流变应力，MPa；

CVN——2/3 尺寸的夏比冲击吸收能，J；

p_H——管内压力，MPa；

p_a——止裂压力，MPa。

通过对空气、氮气和甲烷气体减压行为的研究，Maxey 得到气体局部压力与裂纹扩展速度有如下关系：

$$p_{\mathrm{d}} = p_{\mathrm{i}}\left[\frac{2}{\gamma+1}+\frac{\gamma-1}{(\gamma+1)v/v_0}\right]^{\frac{2\gamma}{\gamma-1}} \tag{4.2.2}$$

式中 p_{d}——减压后的压力水平，MPa；

p_{i}——开裂前管内压力，MPa；

v——减压波速度，m/s；

v_0——起始状态下的声速，m/s；

γ——起始状态下气体比热容。

如图4.2.10所示，若按照式(4.2.1)计算的裂纹扩展速度曲线高于按照式(4.2.2)计算的气体减压波速度曲线，则裂纹不会发生失稳扩展，两条曲线的切点对应的韧性就是止裂所需的最小韧性值。

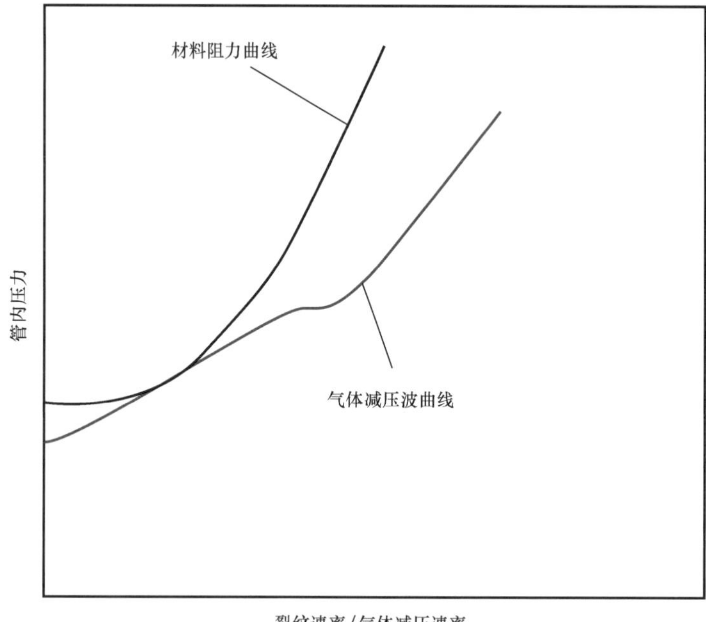

图4.2.10 由减压波和断裂扩展阻力曲线确定止裂所需的韧性值

为方便在工程上的应用，以Battelle双曲线方法为基础，提出了各种易于演算的止裂韧性的简化公式，其计算结果与Battelle双曲线方法的计算结果有很好的一致性。

最早发表，也是最著名的简化公式是1974年由Battelle研究院的W. A. Maxty提出，也称Battelle简化公式。对于在一定输送压力下，具有一定强度水平和几何尺寸的钢管，延性断裂止裂所需的韧性值由式(4.2.3)给出：

$$\mathrm{CVN} = 2.382\times10^{-5}\sigma_{\mathrm{H}}^{2}R^{1/3}t^{1/3} \tag{4.2.3}$$

随后，国际上其他研究机构所得的止裂韧性公式都与Battelle简化公式有类似的形式。

典型的止裂韧性预测公式形式为：

$$\mathrm{CVN} = a\sigma_{\mathrm{H}}^{b}R^{c}t^{d} \tag{4.2.4}$$

式中　CVN——2/3 尺寸试样夏比冲击吸收能，J；

σ_H——起始环向应力，N/mm^2；

R——钢管半径，mm；

t——钢管壁厚，mm；

a, b, c, d——常数。

几种常见的止裂公式为：

Battelle：$$CVN = 2.382 \times 10^{-5}\sigma_H^2(Rt)^{1/3} \tag{4.2.5}$$

AISI：$$CVN = 2.377 \times 10^{-4}\sigma_H^{1.5}D^{0.5} \tag{4.2.6}$$

BG：$$CVN = 10^{-3} \times \sigma_H(2.08R/t^{0.5} - 10^{-6} \times v_0 R^{1.25}/t^{0.75}) \tag{4.2.7}$$

Mannesmann：$$CVN = 19.99(2.87 \times 10^{-7}\sigma_H^{1.75}D^{1.09}t^{0.585}) \tag{4.2.8}$$

JISI：$$CVN = 2.498 \times 10^{-6}\sigma_H^{2.33}D^{0.3}t^{0.47} \tag{4.2.9}$$

CSM：$$CVN = 2.52 \times 10^{-4} \times R\sigma_H + 1.245 \times 10^{-5}Rt\sigma_H^2/D - 0.627t - 6.8 \times 10^{-8}R^2D/t \tag{4.2.10}$$

2007 年颁布的 ISO 3183:2007 中给出了几种常用止裂预测方法的适用范围，具体见表 4.2.1。

表 4.2.1　ISO 3183:2007 中给出的几种常用止裂预测方法的适用范围[34]

序号	止裂预测方法	适用范围			
		钢级	输送压力(MPa)	管径 D、壁厚 t	介质
1	Battelle 简化公式	≤X80	≤7.0	$40 < D/t < 115$	单相气体
2	Battelle 双曲线模型	≤X80	≤12.0	$40 < D/t < 115$	—
3	AISI 公式	≤X70	—	D≤1219mm；t≤18.3mm	单相气体
4	EPRG 指南	—	≤8.0	D<1430mm；t<25.4mm	单相气体

由表 4.2.1 可见，对于西气东输二线，只有 Battelle 双曲线模型(BTC)完全适用，其他方法的钢级(如 AISI 公式)和输送压力(如 Battelle 简化公式和 EPRG 指南)都超出范围。但是，ISO 3183—2007 中特别指出，当采用 BTC 预测结果大于 100J 时，应当对预测结果进行修正。根据已有的 X80 实物爆破试验结果和 BTC 计算结果的比较分析，发现预测值大于 100J 时预测的止裂韧性往往低于实物爆破试验止裂钢管的韧性，即预测结果是偏于危险的。这种情况下应根据实物爆破试验结果对 Battelle 双曲线模型预测结果进行适当修正。

4.2.1.2.2　裂纹尖端张开角(CTOA，Crack Tip Opening Angle)

为解决天然气管线延性断裂研究中出现的问题，20 世纪 80 年代，AGA 委托美国西南研究院和意大利 CSM 联合进行了深入的研究。美国西南研究院开发了用于进行天然气管线延性裂纹扩展分析的 PFRAC 有限元软件，意大利 CSM 也开发出了具有相同功能的 PICPRO®。其中 PFRAC 软件采用开放源程序模式，基于该程序可以进行：(1)流体动力学的计算；(2)非线性壳体结构的动力学计算；(3)流体/结构/断裂动力学耦合计算[35]。

PFRAC 程序利用动裂纹约束的概念来考虑裂纹扩展过程中的止裂条件：

$$G(a,p,D,SDR,E) = G_d(T,v,t) \tag{4.2.11}$$

式中 G——裂纹驱动力；

G_d——裂纹扩展阻力，即管材的断裂韧性；

a——裂纹长度；

p——流体压力；

D——管道直径；

SDR——管道外径壁厚比；

E——弹性模量；

T——温度；

v——裂纹扩展速度；

t——壁厚。

当 $G \geqslant G_d$时，裂纹扩展；当 $G < G_d$时，裂纹止裂。

PFRAC 程序在应用中不断得到改进。Kanninen 和 O'Donoghue 提出可以用裂纹尖端张开角 CTOA(Crack Tip Opening Angle)作为管道动态裂纹扩展和止裂的定量评价准则[36]。CTOA 的定义如图 4.2.11 所示。CTOA 最早被用来分析核电站管路的稳态裂纹扩展行为，后来的研究表明 CTOA 对描述管线裂纹的快速扩展仍然有效。

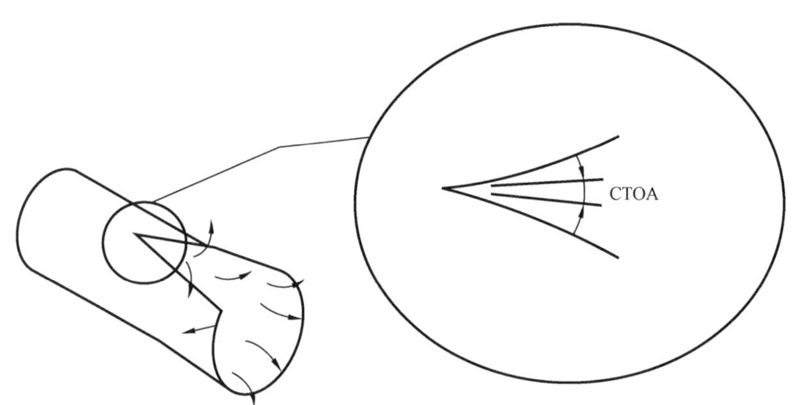

图 4.2.11 CTOA 在管道开裂过程中的定义

CTOA 模型如式(4.2.12)所示。

$$\text{CTOA} = 2\arctan\left(\frac{1}{2}\lim_{\Delta a \to 0}\frac{\Delta\delta_t}{\Delta a}\right) \tag{4.2.12}$$

式中 $\Delta\delta_t$——裂纹尖端张开位移；

Δa——裂纹扩展长度。

在临界状态下，最大的延性裂纹扩展驱动力等于材料的延性裂纹扩展阻力，即 $\text{CTOA}_{max} = \text{CTOA}_c$

$$\mathrm{CTOA}_{\max} = C\left(\frac{\sigma_{\mathrm{h}}}{E}\right)^{m}\left(\frac{\sigma_{\mathrm{h}}}{\sigma_{\mathrm{f}}}\right)^{n}\left(\frac{D}{t}\right)^{q} \tag{4.2.13}$$

式中 C,m,n,q——与气体性质有关的常数；

σ_{h}——环向应力；

σ_{f}——材料流变应力；

D——钢管直径；

E——钢材弹性模量；

t——钢管壁厚。

当 $\mathrm{CTOA}_{\max} < \mathrm{CTOA}_{\mathrm{c}}$ 时，即使发生裂纹启裂，也不可能发生长距离延性断裂。当 $\mathrm{CTOA}_{\max} > \mathrm{CTOA}_{\mathrm{c}}$ 时，可能发生延性裂纹长程扩展。

在裂纹动态扩展有限元模拟中，传统有限元要在每一时间增量步对裂纹进行描述和对网格进行重构。需要给定裂纹扩展判据，判断裂纹扩展路径、方向，计算裂纹扩展速度。必须考虑物体的缺陷，如裂纹、孔洞和夹杂物等，使剖分与几何实体一致，网格需要细化。随着裂纹的萌生、扩展，必须对网格进行重新剖分。扩展有限单元法（XFEM）对裂纹表面和裂纹尖端分别采用增强函数进行增强，在网格的剖分上不必对夹杂、孔洞或者物理界面进行细化处理。其基本思想就是对裂纹和裂纹尖端采用增强函数进行增强，对裂纹面和裂纹尖端附近场的增加节点添加附加自由度。

该扩展模式通过实验测量裂纹速度和压力分布，分析 G_{d} 或 $\mathrm{CTOA}_{\mathrm{c}}$，找到它与裂纹速度之间的关系，分析裂纹扩展需要的驱动力，从而得到一定条件下是否止裂的结论。在裂纹曲线扩展过程中，考虑了在非对称载荷或者边界条件下，初始裂纹在高压流体的作用下可能会发生曲线扩展或者分岔。

CTOA 方法很有希望用于分析富气输送时的裂纹扩展问题。富气输送在管道裂纹开裂后，高压气体从裂纹尖端附近逸出。由于重烃组分的存在，其逸出气体会发生相变，从而引起体积的质量变化。假设管道在开裂瞬间体积不发生变化，同时与外界没有热量交换，则可以将管道裂纹开裂后的高压气体逸出的过程看成一个定容绝热的放气过程，分别如图 4.2.12、图 4.2.13 所示。

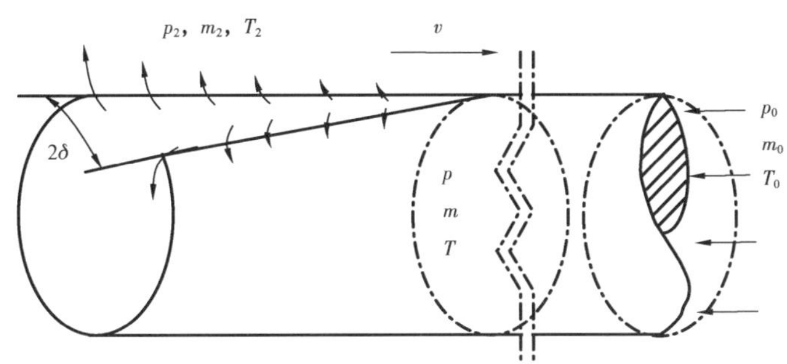

图 4.2.12 管道裂纹开裂示意图

富气输送通常采用密相输送，在轻烃中富含液态成分，当管道开裂扩展后，由于裂纹附近压力及其温度的突然变化，其压力或者温度低于“烃露点”要求，混合气体中的液态成分在裂纹尖端附近发生相变。相变阻止高压气体的快速逸出，从而在裂纹尖端形成一个压力平台。Kannine 等采用的理想气体状态方程考虑气体等熵膨胀得到的压力分布方程（4.2.14）不再适合裂纹尖端附近富气压力分布，而应考虑适合气液两相存在的状态方程。

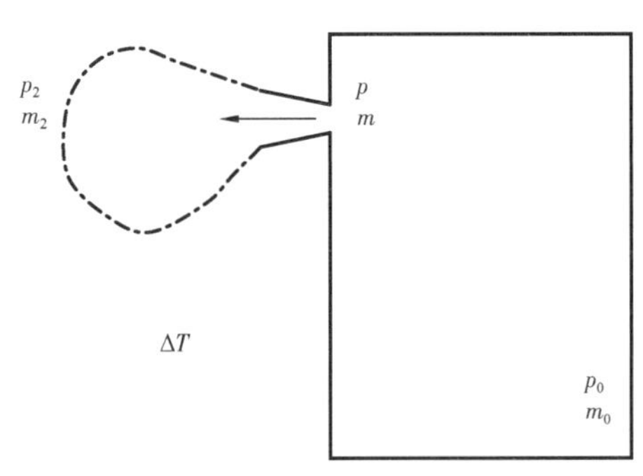

图 4.2.13 定容绝热放气过程示意图

$$p_1 = p_0 \left(\frac{2}{\gamma + 1} + \frac{\gamma - 1}{\gamma + 1} \frac{v}{C_0} \right)^{\frac{2\gamma}{\gamma - 1}} \tag{4.2.14}$$

式中 γ——气体的特殊导热系数；

C_0——声音在气体中直线传播的速度；

v——裂纹扩展速度；

p_1——裂纹尖端附近的压力；

p_0——管道初始工作压力。

富气输送比干气输送危险性更大。日本 HLP 实验及联盟管道全尺寸爆破实验发现，富气输送在管道开裂后，在裂纹尖端附近压力分布与干气或液体输送存在很大差别。管道开裂、高压气体逸出、裂纹尖端附近温度降低，同时高压密相混合气体发生相变，使得在裂纹尖端附近存在一个很高的压力平台。正是由于压力平台的存在，使得富气输送相对于干气输送而言，管道一旦开裂更难止裂，也就是说富气输送存在更大的风险。

为了反映高密度气体和液体行为，应使用合适气、液两相的状态方程，即 BWR 方程：

$$p = RT\rho + \left(B_0RT - A_0 - \frac{C_0}{T^2} \right) \rho^2 + (bRT - a)\rho^3 + a\alpha\rho^6 + c\frac{\rho^3}{T^2}(1 + \gamma\rho^2)\exp(-\gamma\rho^2) \tag{4.2.15}$$

式中 p——压力；

R——气体常数；

T——温度；

ρ——介质密度；

$A_0, B_0, C_0, a, b, c, \alpha, \gamma$——特征参数，需通过大量实验得到。

对于烃类热力学性质的计算，BWR 方程能给出较好的结果，在比临界密度大 1.8～2.0 倍的高压条件下，平均误差约为 0.3%。

4.2.1.2.3 基于 BTC 模型的止裂韧性修正方法

图 4.2.14 所示为几种常见的止裂韧性预测公式预测结果与实物试验结果的对比。可见，当预测值低于某一韧性值时，预测结果与实物试验结果基本吻合，而当预测韧性值大于该值时出现明显偏差，由模型预测应该止裂的管线没有止裂，说明按照现有模型预测管线止裂性能已经偏于危险。Leis 经过研究发现，该临界的韧性值为 94J[37]。由此可见，当通过上述止裂预测模型所计算的预测韧性值高于 94J 时，为保证管线安全，应对计算的预测韧性值予以修正。

(1) Leis 修正。

为了解决已有止裂公式用于高韧性管线钢管止裂韧性预测时存在的问题，Leis 在对大量数据统计分析的基础上提出了一个修正公式：

$$CVN_{Arrest} = CVN_{BMI} + 0.002CVN_{BMI}^{2.04} - 21.18 \tag{4.2.16}$$

式中　CVN_{Arrest}——修正后的止裂所需夏比冲击吸收能；

CVN_{BMI}——用 Battelle 双曲线分析法得到的止裂所需夏比冲击吸收能。

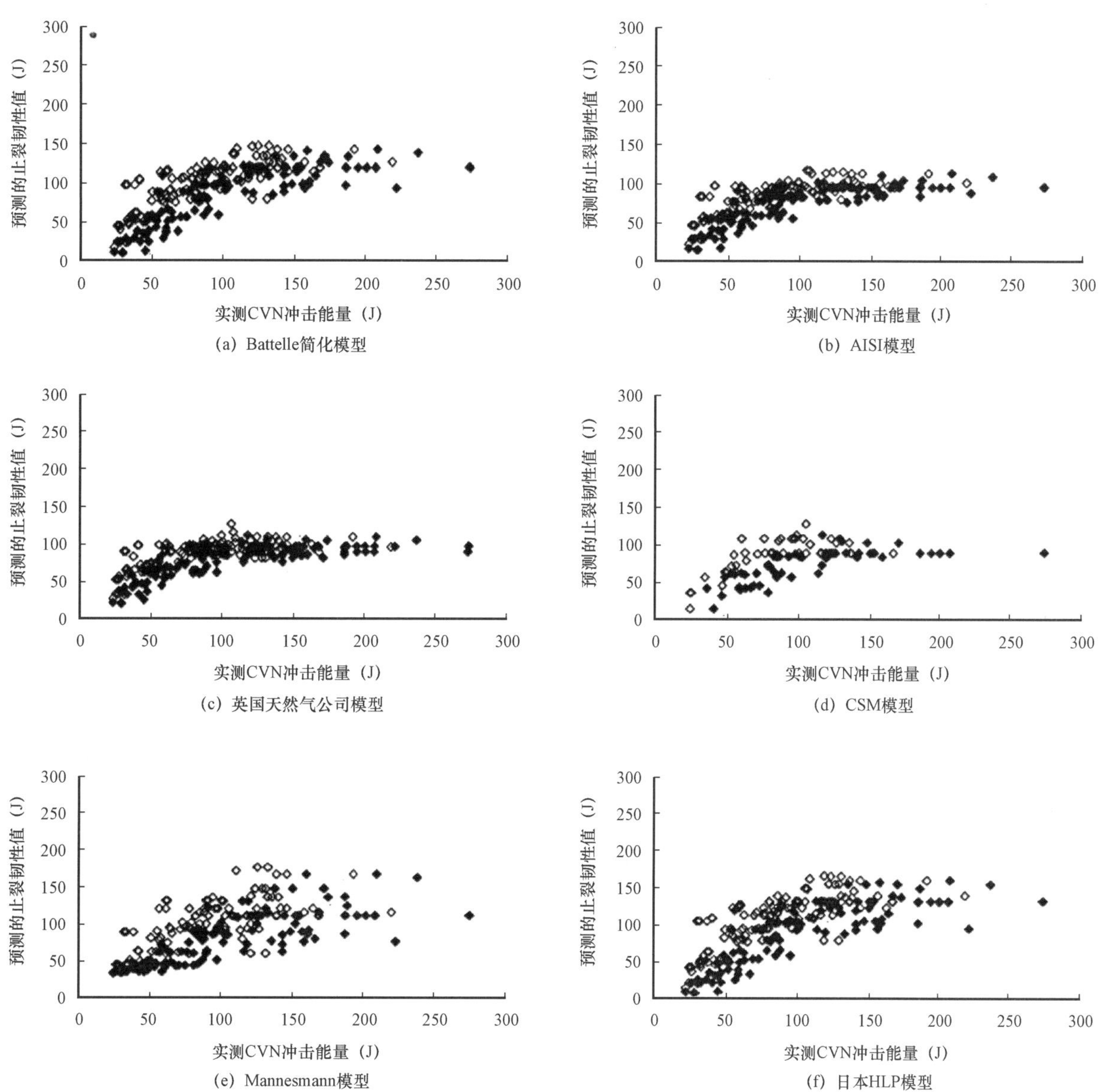

图 4.2.14　传统的止裂模型在预测高韧性钢管时的偏差

注：止裂预测与实测的对照空心点表示扩展，实心点表示止裂

对预测值低于 94J 的管材：

$$CVN_{Arrest} = CVN_{BMI} \tag{4.2.17}$$

Leis 提出，将指数值由 2.04 提高到 2.1，可得到止裂韧性上限值，并建议将此值作为管材规范的要求值，该方法已在 ALLIANCE 管线上得到了应用[26,38]。但是 Leis 修正方法在以下三种情况中不适用：① 管道设计参数超出现有的实物试验数据库；② 出现断口分离现象；③ 输送介质为富气。

(2)落锤撕裂试验 DWTT 能量方法。

由于落锤撕裂试样的尺寸较大，韧带长度和比例较夏比冲击试样更大，因而全壁厚的 DWTT 试样不仅可通过韧脆转化温度更准确地确定管线钢的断裂模式,而且被普遍认为更能反映现代高韧性管线钢的断裂扩展行为。研究工作基本围绕着 DWTT 和 CVN 的能量密度的相关性进行,期望将 DWTT 能量引入 BTCM 预测方法,提高预测的准确性。

1976 年,英国燃气公司的 Fearnehough GD 等率先提出 DWTT 和 CVN 的能量密度的相关性问题,认为当 CVN 值在 100J 以下时,两种能量密度线性相关。这就为 DWTT 能量应用于 BTCM 预测打下了基础。与此同时 Wilkowski、Maxay 以及 Eiber 等用标准压制缺口 DWTT 试样进行研究得到了最早的 DWTT 和 CVN 的能量密度线性关系(适用于 X65 以下钢级):

$$\left(\frac{E}{A}\right)_{\mathrm{DWTT}} = 3\left(\frac{E}{A}\right)_{\mathrm{CVN}} + 300 \quad (\mathrm{ft \cdot lbf/in^2}) \tag{4.2.18}$$

式中 $\left(\frac{E}{A}\right)_{\mathrm{DWTT}}$——DWTT 能量密度;

$\left(\frac{E}{A}\right)_{\mathrm{CVN}}$——CVN 能量密度。

2002 年,Leis 对联盟管道 X70 爆破试验数据的分析也证明了当 CVN 能量大于 100J 时,DWTT 和 CVN 的能量密度呈非线性关系[39]。

2006 年,Wilkowski 基于前期的数据分析,提出了两个 DWTT 和 CVN 的能量密度非线性关系式分别适用于 X65 以下和 X70 钢级[40]:

$$\left(\frac{E}{A}\right)_{\mathrm{CVN(W1977)}} = \frac{175}{3}\left[\left(\frac{E}{A}\right)_{\mathrm{DWTT}}\right]^{0.385} - 600.0 \quad (\mathrm{ft \cdot lbf/in^2}) \tag{4.2.19}$$

$$\left(\frac{E}{A}\right)_{\mathrm{CVN(W2000)}} = \frac{175}{3}\left[1.3\left(\frac{E}{A}\right)_{\mathrm{DWTT}}\right]^{0.385} - 600.0 \quad (\mathrm{ft \cdot lbf/in^2}) \tag{4.2.20}$$

2004 年,日本的 Kawaguchi 等在 Wilkowski 工作的基础上,研究提出了适用于 X80 钢级的 DWTT 和 CVN 的能量密度非线性修正关系式[41]:

$$\left(\frac{E}{A}\right)_{\mathrm{CVN}} = 0.3144\left[\left(\frac{E}{A}\right)_{\mathrm{DWTT}}\right]^{0.9563} - 100 \quad (\mathrm{ft \cdot lbf/in^2}) \tag{4.2.21}$$

有关 DWTT 能量法的研究目前仍在继续当中。

(3)日本 HLP 模型修正。

HLP 止裂预测模型在基于 Battelle 双曲线(BTC)模型的基础上引进了 DWTT 能量判据。

HLP 模型为[42]:

$$V_{\mathrm{m}} = \frac{L}{T} = \frac{1}{T}\int_{T_0}^{T} V_{\mathrm{c}}\mathrm{d}T \tag{4.2.22}$$

$$\frac{\mathrm{d}V_{\mathrm{c}}}{\mathrm{d}T} = \frac{\mathrm{d}V_{\mathrm{c}}}{\mathrm{d}p}\frac{\mathrm{d}p}{\mathrm{d}V_{\mathrm{m}}}\frac{\mathrm{d}V_{\mathrm{m}}}{\mathrm{d}T} = \frac{\mathrm{d}V_{\mathrm{c}}/\mathrm{d}p}{\mathrm{d}V_{\mathrm{m}}/\mathrm{d}p}\frac{1}{T}(V_{\mathrm{c}} - V_{\mathrm{m}}) \tag{4.2.23}$$

$$V_{\mathrm{c}} = \alpha\frac{\sigma_{\mathrm{flow}}}{\sqrt{D_{\mathrm{p}}/A_{\mathrm{p}}}}\left(\frac{p}{p_{\mathrm{a}}} - 1\right)^{\beta} \tag{4.2.24}$$

$$p_a = 0.382\frac{t}{D}\sigma_{flow}\arccos\left[\exp\left(\frac{-3.81\times10^7}{\sqrt{Dt}}\frac{D_p/A_p}{\sigma_{flow}^2}\right)\right] \tag{4.2.25}$$

式中　V_m——裂缝扩展平均速度；

V_c——裂缝扩展速度；

T——裂缝扩展时间；

L——裂缝扩展长度；

T_0——裂缝扩展起始时间；

p——压力；

σ_{flow}——流变应力；

D——外径；

t——壁厚；

D_p——DWTT 能；

A_p——DWTT 韧带压面积；

p_a——止裂压力。

此外，HLP 模型引入了一个长度积分公式，可以用来进行止裂长度的计算：

$$L = L_0 + \int_{T_0}^{T} V_c \mathrm{d}T \tag{4.2.26}$$

对于高钢级管线钢，夏比冲击试样吸收能不能表征试样断裂过程中的断裂扩展能大小，实物试验表明落锤撕裂试验结果与实物爆破试验结果更加吻合（图 4.2.15）。

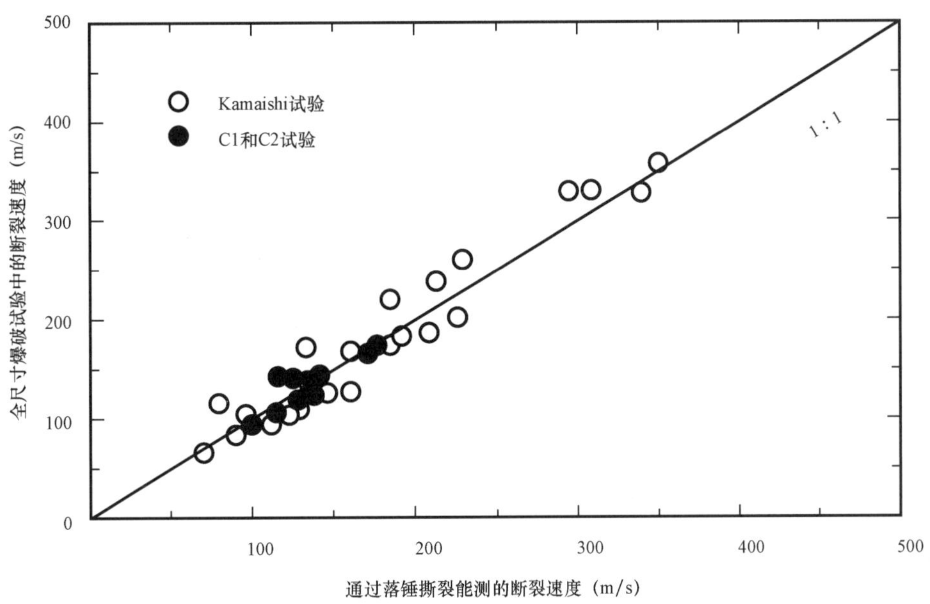

图 4.2.15　落锤撕裂能预测的断裂速度与实物爆破试验裂纹扩展速度结果对比

由于夏比冲击试验相比落锤撕裂 DWTT 试验易于实施，HLP 模型根据大量试验结果（图 4.2.16）得出夏比冲击吸收能 CVN 和 DWTT 断裂能之间的对应关系式为：

$$D_p = 5.93\, t^{1.5} \mathrm{CVN}^{0.544} \tag{4.2.27}$$

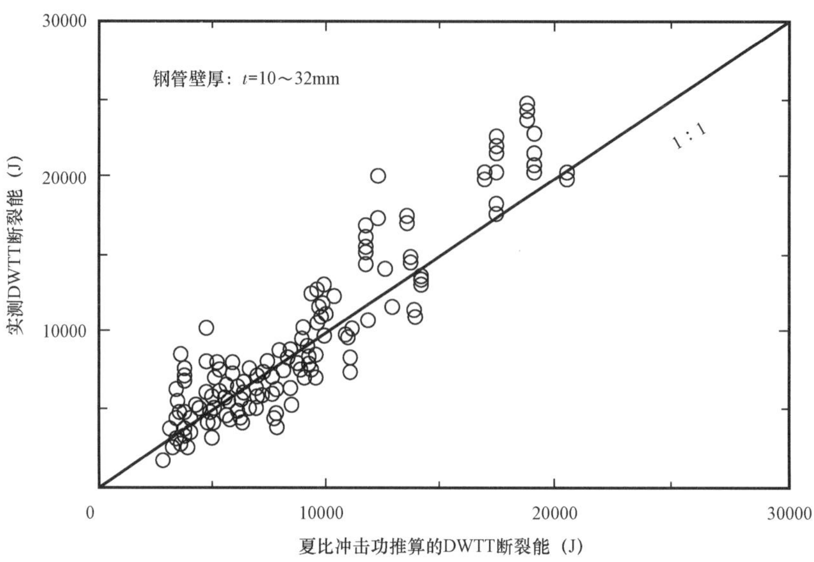

图 4.2.16　夏比冲击吸收功推算的 DWTT 断裂能和实测 DWTT 断裂能对应关系

(4) TGRC－1 修正。

管研院(TGRC)通过止裂韧性 K_{Ia}的测试分析及试验研究发现,尽管 CVN 与止裂韧性 K_{Ia}间无线性相关,但 $\mathrm{CVN}^{1/2}/\mathrm{YS}$ 与止裂韧性 K_{Ia}间有很好的线性相关性。表明用参量 $\mathrm{CVN}^{1/2}/\mathrm{YS}$ 能准确地预测止裂韧性,并将 $\mathrm{CVN}^{1/2}/\mathrm{YS}$ 定义为 M 参数,即 $M = \mathrm{CVN}^{1/2}/\mathrm{YS}$[39],YS 为屈服强度。

对 137 个钢管实物实验结果进行分析,得出参数 $\mathrm{CVN}^{1/2}/\mathrm{YS}$ 与 DWTT 当量 CVN 有良好的线性关系,如图 4.2.17 所示,并得出关系式如下:

$$M = 0.0001\mathrm{CVN}_{\mathrm{DWTT}} + 0.0084 \tag{4.2.28}$$

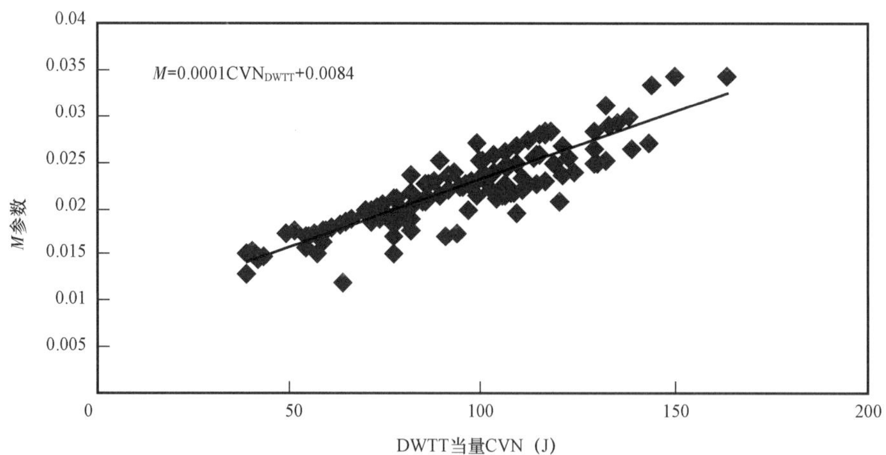

图 4.2.17　参数 $\mathrm{CVN}^{1/2}/\mathrm{YS}$ 与 DWTT 当量 CVN 的线性关系

M 参数当量 CVN_M与实物试验实测 CVN 关系如图 4.2.18 所示。可见实测值大于当量 CVN_M值的钢管基本上都能止裂,准确性达 96% 以上。

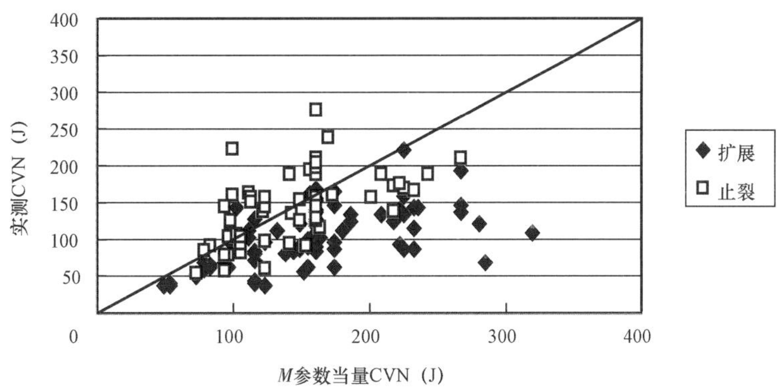

图 4.2.18　当量 CVN_M 与实物试验实测 CVN 关系

止裂所需韧性值预测公式如下：

$$CVN_M = \left[YS(0.00015\ CVN_{BMI} + 0.0084) \right]^2 \tag{4.2.29}$$

式中　YS——屈服强度；

CVN_{BMI}——用 Battele 双曲线分析法得到的止裂所需夏比冲击吸收能。

(5) TGRC－2 修正。

TGRC 与 Battelle 研究院 Leis 以及 Zhu 合作，对 BTC 模型中应变能释放率与夏比冲击吸收能 CVN 的关系及流变应力进行了修正，提出了 TGRC－2 修正方法，进一步提高了高钢级管线钢管止裂韧性预测的准确性。

① 应变能释放率 G_c 的修正。

BTC 方法中材料断裂阻力 R 是一个非常重要的参数，它反映了材料对于裂纹扩展的阻力。CVN 本来不是断裂力学中的断裂韧性参数，但是 Battelle 在早期的研究中，发现低钢级、低韧性管线钢(100J 以下)单位面积 CVN 与平面应力下的应变能释放率 G_c 呈 1∶1 的线性关系[40]。因此，用 CVN 替代 G_c 将断裂阻力 R 表征为 CVN/A_c。然而众多的研究结果表明，随着现代管线钢韧性的增加，当超过 100J 后，单位面积 CVN 与平面应力下的应变能释放率 G_c 不再表现为 1∶1 的线性关系[40]，如图 4.2.19所示。

通过曲线拟合及全尺寸爆破试验数据校准，TGRC 发现下面关系可以较好地描述高钢级高韧性管线钢 CVN 与 G_c 的关系：

$$G_c = J_c = 0.782\left(\frac{CVN}{A_c}\right) \tag{4.2.30}$$

式中　A_c——断裂区面积。

② 流变应力修正。

在原 NG－18 公式[式(4.2.1)]中，流变应力采用如下表达式：

$$\sigma_f = \sigma_y + 68.95 \tag{4.2.31}$$

式中　σ_f——流变应力，MPa；

σ_y——屈服强度，MPa。

对于 X90 及 X100 高钢级管线钢，按照此公式计算的流变应力往往会大于管线钢的抗拉强度，采用如下流变应力表达式更为合理。

$$\sigma_f = (\sigma_y + \sigma_T)/2 \tag{4.2.32}$$

式中　σ_T——抗拉强度，MPa。

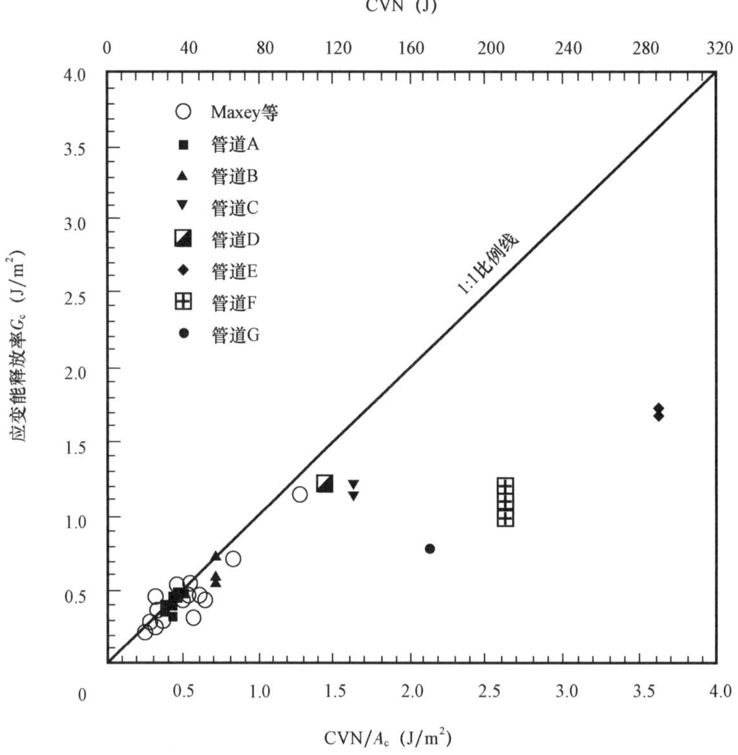

图 4.2.19　G_c 与 CVN/A_c 关系图

通过修正 CVN 与 G_c 的关系以及流变应力表达式，建立了 TGRC－2 止裂韧性预测模型。如图 4.2.20 所示，TGRC－2 模型计算得到的止裂韧性可以很好地将 X80 全尺寸爆破试验数据库中的止裂点与扩展点分开，具有较高的止裂韧性计算精度。

(6)存在断口分离时的修正。

该方法以钢材断口形貌特征作为修正的判据。当拉伸、CVN 和 DWTT 试样断口出现严重的断口分离时，应对 Battelle 双曲线方法及简化公式所确定的韧性进行修正。

如前所述，在高强度管线钢的拉伸试样、韧性试样(CVN、DWTT、COD)和全尺寸爆破试样的断口上，若出现垂直于断口平面，平行于钢板表面的二次裂纹或分层，则称为断口分离。

具有严重断口分离的控轧钢与传统的轧制钢有不同韧性变化曲线。如图 4.2.21 所示，当断口剪切面积达到 100% 后，传统轧钢出现上平台，随温度的升高，冲击韧性维持恒定值(CV_{100})。然而，当控轧钢出现断口分离时，在断口剪切面积达到 100% 时不出现上平台，而是随着温度的升高，夏比冲击吸收能继续增加至一定值后才出现上平台(CVP)，即出现所谓的“上升上平台”。

研究表明，当出现严重的断口分离或上升上平台现象时，按照 Battelle 双曲线法计算的止裂韧性

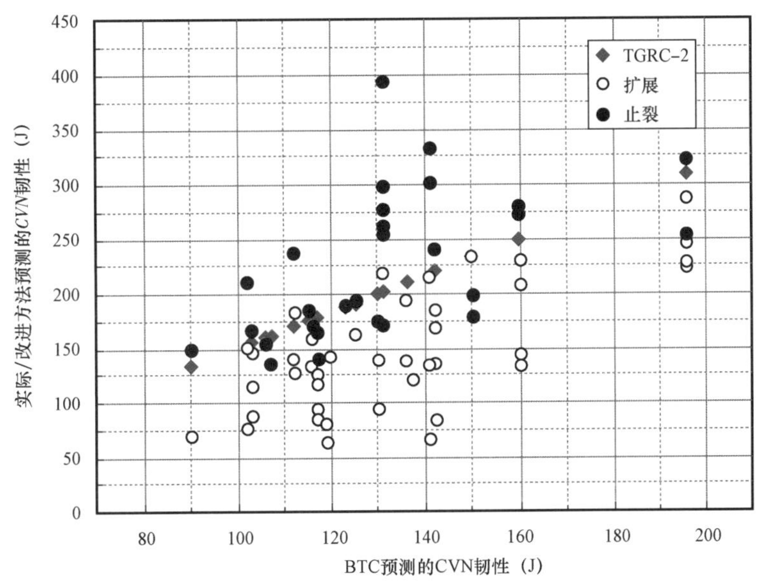

图 4.2.20 TGRC-2 止裂韧性预测结果

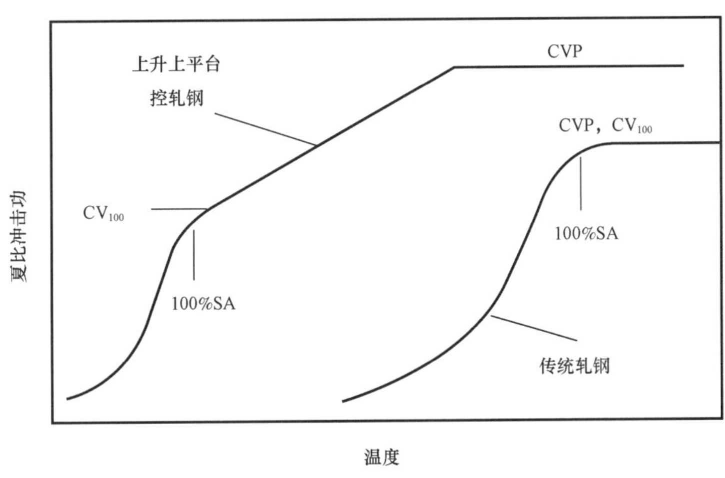

图 4.2.21 控轧钢上平台行为

预测值不能保证管线安全,应采用下列公式计算。

$$CVN = CVN_{BMI} \times CVP/CV_{100} \tag{4.2.33}$$

式中 CVN——修正后的韧性值;

CVN_{BMI}——采用 Battelle 双曲线方法及简化公式的韧性计算值;

CVP——上平台所对应的韧性值;

CV_{100}——100% SA 所对应的韧性值。

4.2.1.2.4 通过全尺寸爆破试验确定止裂韧性

全尺寸实物气体爆破试验是最可靠和最有效的确定实际管道止裂吸收能的方法。它从试验段两端把钢管按照韧性由高到低排列，由中间韧性低的钢管启裂扩展，最后在较高韧性的钢管上停止扩展。发生止裂的钢管的韧性就是管道所需的止裂韧性。一般情况下，如果新建管道的设计参数超出了已有实物爆破试验数据库的范围，则需要进行新的实物验证试验[41]。反之，则无需进行实物试验。对于 X100 及 X120 管道目前还必须通过全尺寸爆破试验来确定管道止裂韧性。表 4.2.2 为目前已开展的 X100 和 X120 爆破试验数据，表 4.2.3 为 X100 全尺寸爆破试验涵盖的参数范围。

表 4.2.2　X100 和 X120 全尺寸气体爆破试验数据

序号	项目标识	钢级	外径（mm）	壁厚（mm）	设计系数	介质	温度（℃）	压力（MPa）	管型	试验场	年代
1	ECSC1	X100	1422	19.1	0.68	空气	20	12.6	直缝	CSM	1998
2	ECSC2	X100	914	16	0.75	空气	15	18.1	直缝	CSM	2000
3	advantica JIP1	X100	914	13	0.69	贫气 C1 = 0.96	8.5	13.6	直缝	advantica	2001
4	advantica JIP2	X100	914	15	0.8	贫气 C1 = 0.96	15	18	直缝	advantica	2001
5	DemoPipe1	X100	914	16	0.80	贫气 C1 > 0.98	14	19.3	直缝	CSM	2002
6	DemoPipe2	X100	914	20	0.75	贫气 C1 > 0.98	14	22.6	直缝	CSM	2003
7	ENI	X100	1219	18.4	0.72	—	—	15	直缝	CSM	2007
8	Sumitomo	X100	914	19	0.77	—	—	22.1	直缝	CSM	2008
9	BP	X100	—	—	—	—	—	—	直缝	advantica	2003
10	Exxonmobil	X120	914	16	0.72	贫气 C1 = 0.98	12.7	20.85	直缝	advantica	2000

表 4.2.3　X100 全尺寸气体爆破试验数据参数范围

范围	直径（mm）	壁厚（mm）	夏比冲击吸收能（J）	压力（MPa）	设计系数	温度（℃）
最小值	914	13	126	12.6	0.68	8.5
最大值	1422	20	355	22.6	0.80	20

4.2.1.3　止裂韧性预测结果的影响因素

4.2.1.3.1　气体组分

在输气管道延性断裂过程中，钢管所需的止裂韧性值对输送气体的成分是非常敏感的，尤其是重烃成分及其体积分数对止裂韧性预测结果影响非常大。日本 HLP 进行的 C1 和 C2 富气爆破试验以及加拿大 Alliance 管道的两次富气实物爆破试验结果验证了这一结论。

图 4.2.22 为天然气减压波曲线随压力和温度变化的分析。钢管破裂时内部的气体状态变化如图 4.2.22(a)所示，从初期状态开始近似于“等熵”的变化。如果气体组分合适，这种“等熵曲线”一旦进入输气的二相领域，就会像图 4.2.22(b)所示，气体的一部分开始液化。如图 4.2.22(c)所示，

在相包络线上由于发生液化，声速也产生不连续的变化。图 4.2.22(d)所示的天然气减压曲线中，等熵曲线跨越相包络线的压力水平存在着一个台阶。

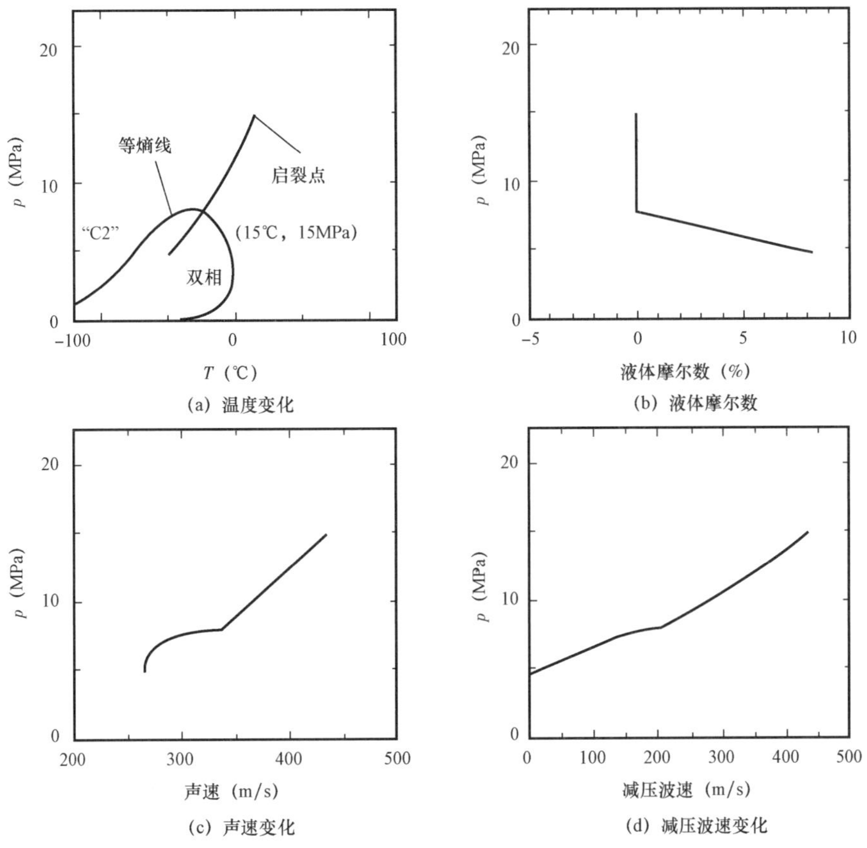

图 4.2.22　天然气减压波曲线变化过程分析

一般情况下，根据甲烷摩尔浓度大小来判断断裂破坏现象的危险程度。但是如图 4.2.23 所示，即使甲烷摩尔浓度一定，其气体成分含量不同，两相区的大小也不同，因此不能仅仅依靠甲烷摩尔浓度的大小来判断断裂破坏的危险程度。

图 4.2.24 是根据 Battelle 双曲线法，在天然气减压波曲线存在压力衰减平台情况下止裂韧性的确定过程。可见，压力平台的存在，导致所需的止裂韧性增大。而且，压力平台所处的纵坐标位置(压力水平)以及横坐标位置(减压波速)对计算结果影响很大。

为了分析不同气体组分对止裂韧性要求值的影响，设定 3 种不同的气体组分：TM(塔里木气)、N2 气体以及介于两者之间的 N1 气体。然后分别采用 BTC 和 HLP 方法进行止裂韧性对比计算。具体气体组分见表 4.2.4。3 种不同气体组分下的天然气减压波曲线对比如图 4.2.25 所示，在不同温度下的止裂韧性预测值如图 4.2.26 所示。

表 4.2.4　三种不同气体组分

气体组分	C_1	C_2	C_3	iC_4	nC_4	iC_5	nC_5	C_6	C_7	CO_2	N_2
TM 气	96.226	1.77	0.30	0.062	0.075	0.020	0.016	0.051	0.04	0.473	0.967
N1 气	94.27	3.15	0.65	0.18	0.18	0.06	0.06	0.09	0.08	0.18	1.1
N2 气	92.14	4.35	1.0	0.3	0.3	0.1	0.1	0.11	0.09	0.1	1.41

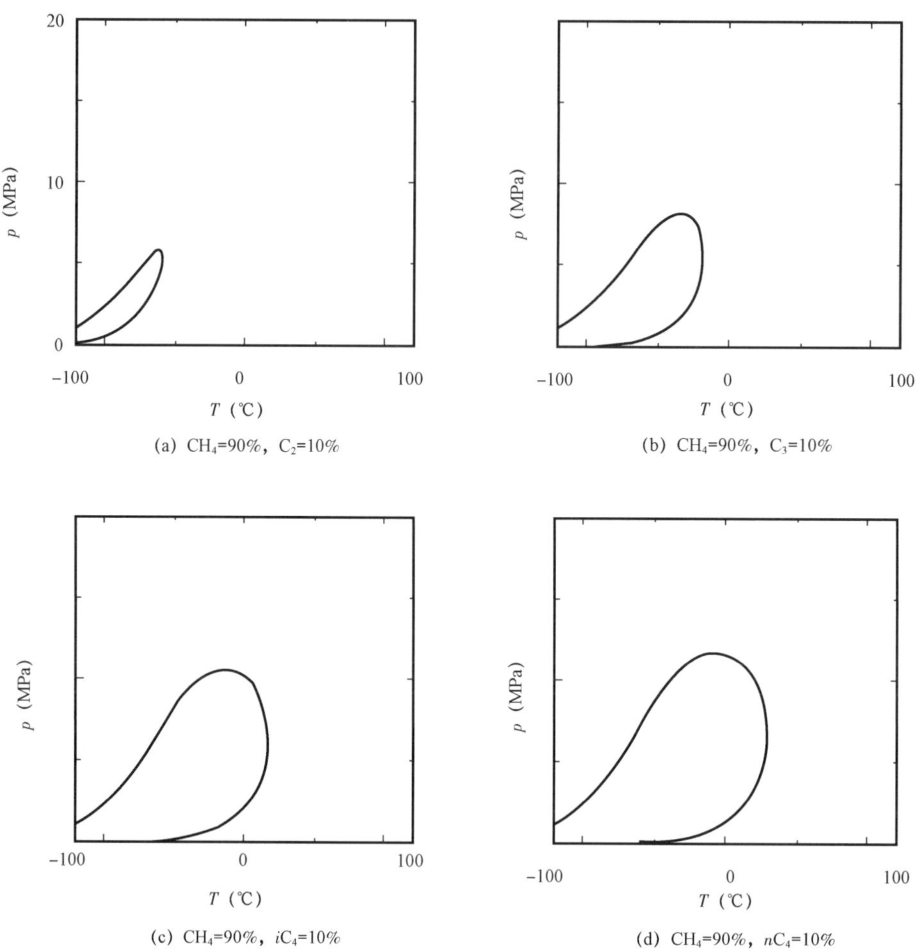

图 4.2.23 设定甲烷摩尔含量 90% 情况下两相区大小的差异

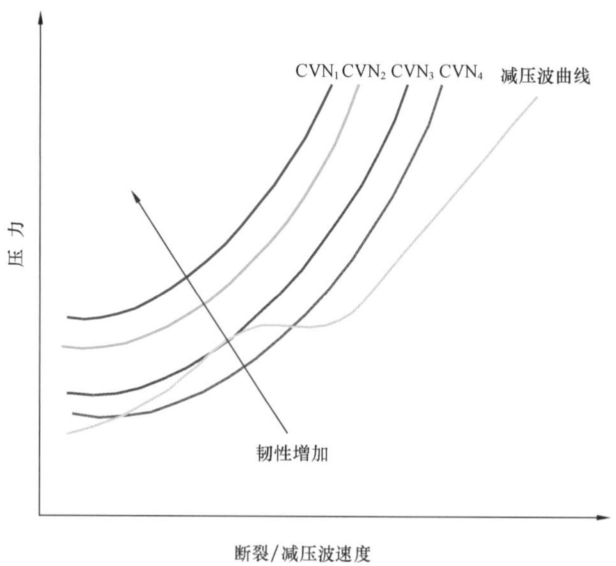

图 4.2.24 存在压力衰减平台时止裂韧性的确定

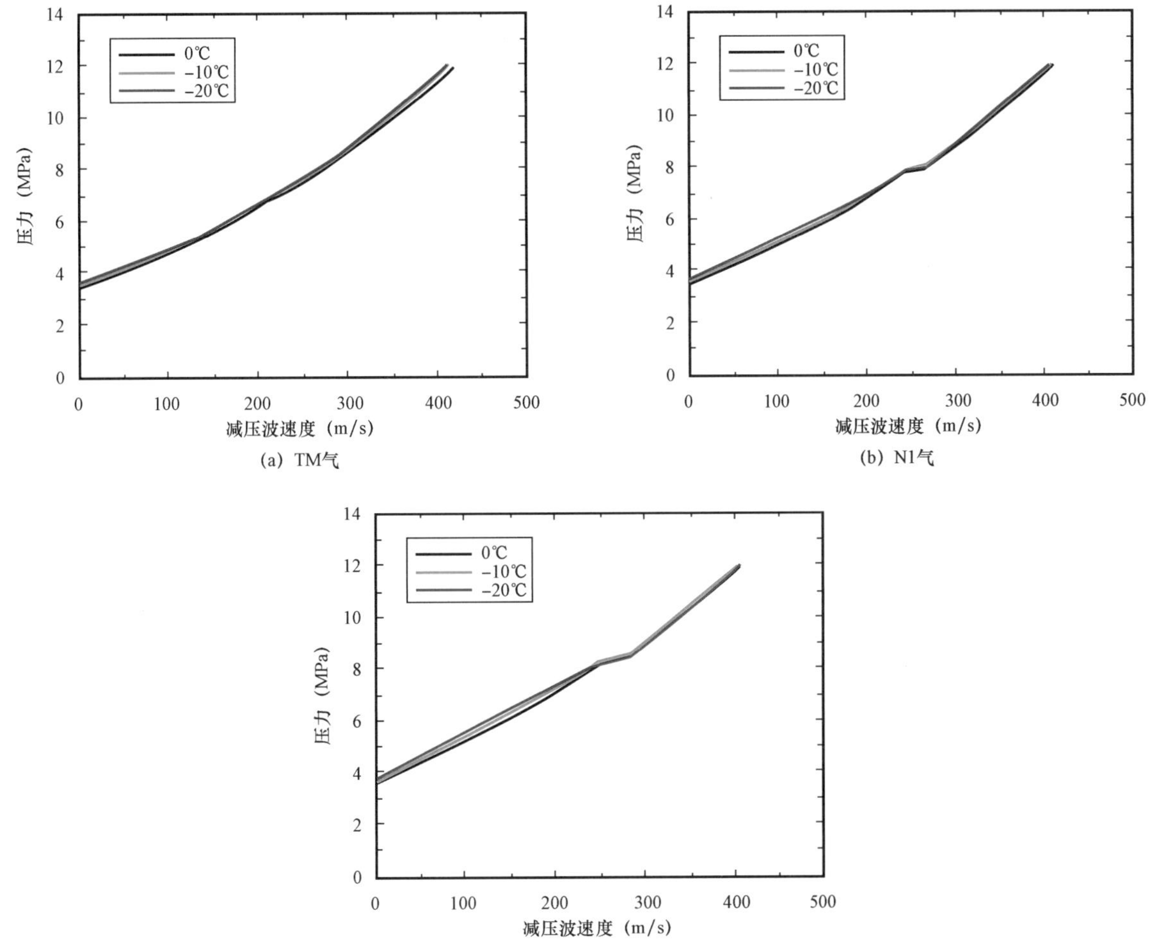

(a) TM气

(b) N1气

(c) N2气

图 4.2.25　不同气体组分天然气的减压波(压力衰减)曲线

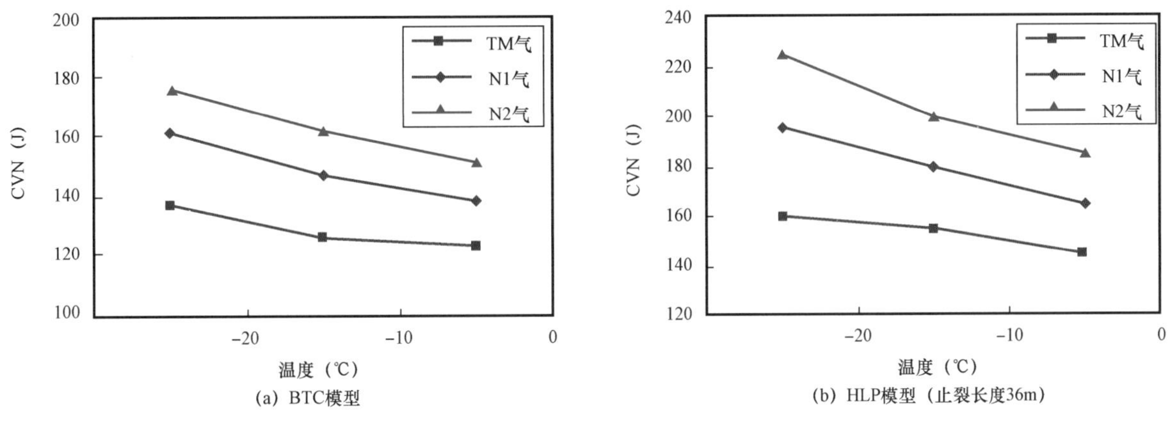

(a) BTC模型

(b) HLP模型 (止裂长度36m)

图 4.2.26　不同气体组分对输气管道止裂韧性的影响

在图 4.2.25 中,对塔里木气,在 0℃下,没有出现压力衰减平台区(即输送气体发生液化,出现两相区);在 -20℃下,出现少量的平台区。对于中性气 N2,在 0℃下就出现了压力衰减平台。可见,气体组分对天然气减压波曲线以及止裂韧性预测影响很大。在进行具体的管道断裂韧性预测时应当明确管输气体的组分。

由图4.2.26可见，预测的TM气和N2气止裂韧性差别较大。在0℃下，预测的韧性差值超过30J。在-20℃时，TM气和N2气止裂韧性差值有60J。因此，要确定止裂韧性要求值，必须对应确定的气体组分进行针对性的计算分析[43]。

4.2.1.3.2 地区级别

对于输气管道，按照管道通过地区沿线人口居住情况和建筑物的密集程度，沿线区域划分为4个等级，即1、2、3和4级地区。其中4级地区为人口密集、建筑集中和交通频繁的区域。根据GB 50251—2015《输气管道工程设计规范》规定，1级地区管道强度设计系数为0.72，第2、3、4级地区设计系数则分别为0.6、0.5和0.4。由于2、3、4级地区输送压力不变，亦即管道的设计系数和环向应力比1级地区低，因此2~4级地区要求的止裂韧性低于1级地区。分别采用BTC和HLP方法进行了不同地区级别需要的止裂韧性对比计算分析，如图4.2.27所示。

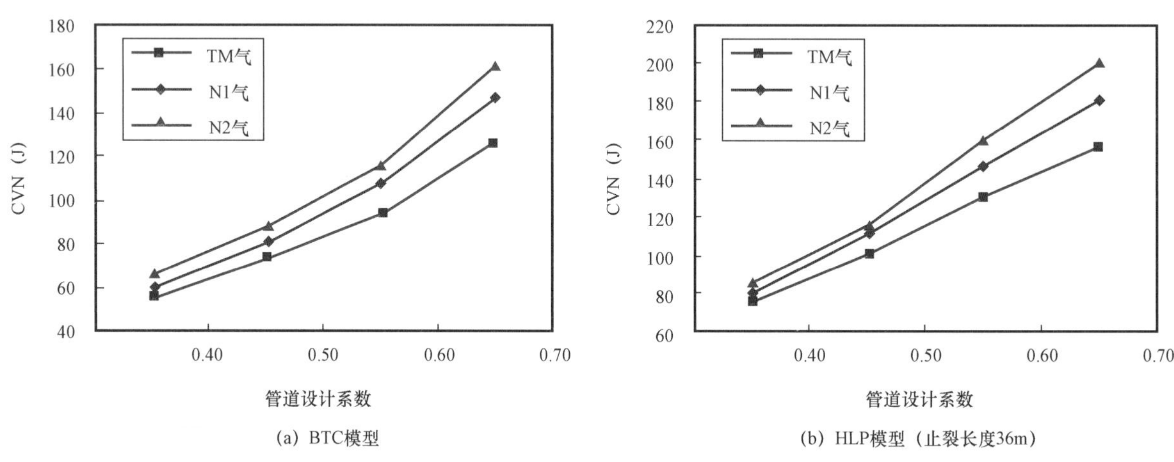

图4.2.27 不同地区级别对输气管道止裂韧性的影响

对于2级地区，-10℃采用BTC预测结果为TM气95J，N1气115J；3级地区则分别为70J和83J；4级地区分别为54J和63J。可见，由于2、3、4级地区壁厚较大，要求的止裂吸收能较低。

4.2.1.3.3 管道沿线压力和温度的变化

对于输气管道，重要的管道设计参数包括输送压力和运行温度，见表4.2.5。由于气体摩阻和截流效应，在两个加压站之间，气体的输送压力和运行温度要逐渐降低。因此管道设计参数一般规定最大操作压力（MOP）、最低设计温度（MDT），以及最大操作压力下的最低运行温度。

表4.2.5 西气东输二线压气站间输送压力和最低操作温度对应关系

压气站间不同位置	0	1	2	3	4
输送压力（MPa）	12	11	10	9	8.5
最低操作温度（℃）	25	10	3	2	1

图4.2.28所示为一条实际管道沿线输送压力的变化情况。可见在管道将近500km的长度范围内，管道的输送压力从最初的约10MPa降低到最后的4MPa。

对于埋地管道，管道埋深处的地温高低对输气管道内天然气介质运行温度的影响非常大。西气

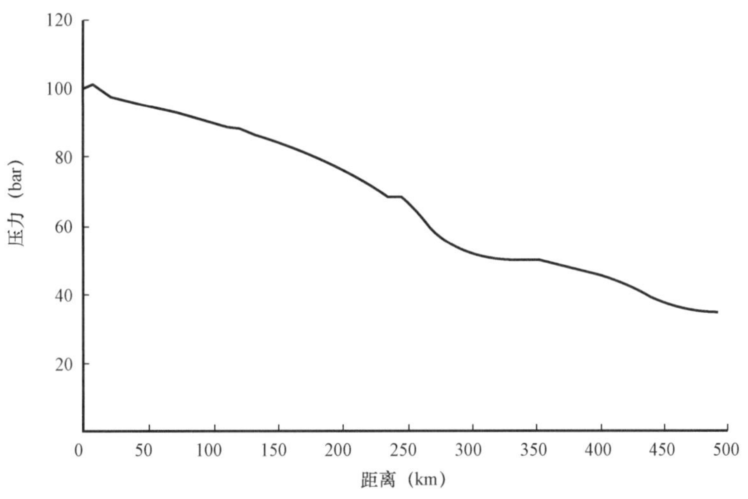

图4.2.28　实际输气管道输送压力随输送距离的变化情况

东输二线干线管道(不包括支干线)最高输送压力为12MPa,此压力下最低操作温度为25℃。管道最低操作温度为1℃,此时输送压力为8.5MPa(按照最低温度6℃考虑)。输送压力和操作温度对应关系计算预测结果见表4.2.5和如图4.2.29所示。可见,压气站出站压力为12MPa,温度为25℃。到了下一个压气站,压力和温度分别降低为8.5MPa和1℃。可见,在埋地地温(5℃)较低的情况下,在截流效应作用下,管输气体到达下一个压气站前温度为1℃,可能低于土壤温度。

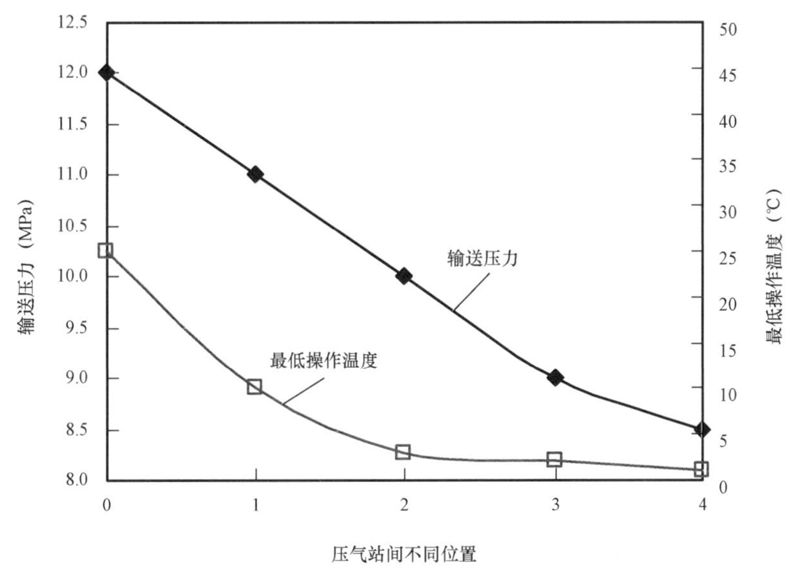

图4.2.29　西气东输二线压气站间输送压力和最低操作温度对应关系预测

可见,在压气站之间,压力逐渐降低,同时输送气体温度也逐渐降低。压力降低有利于管道止裂,但是温度降低则对管道止裂带来不利影响。考虑到输送压力和介质温度降低对止裂韧性的不同影响,需要研究确定在哪一种压力和温度组合下管道的止裂性能最差。采用HLP方法,计算得到西气东输二线压气站间管道沿线不同压力和温度组合下的止裂韧性预测值,如图4.2.30所示。可见,对于三种不同的气体组分,依然是出站口处由于压力最高,要求的止裂韧性也最高。

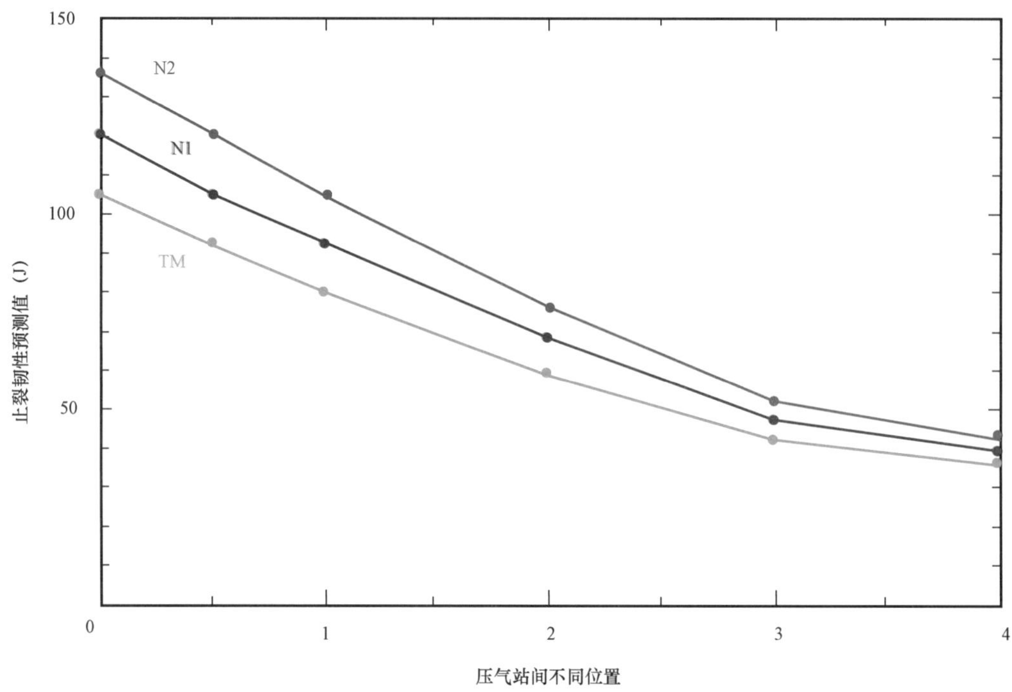

图 4.2.30　管道沿线不同压力—温度下的止裂韧性预测结果

4.2.1.3.4　裂纹扩展长度和止裂概率

容许的裂纹扩展距离不同,对止裂韧性的要求也不同。一般情况下,可以接受的裂纹扩展距离越短,要求的止裂韧性越高。止裂概率大小与能够达到止裂目的的韧性值大小(即止裂分界线)有关,同时和所供应钢管的韧性分布(均值和标准偏差)有关。要求的止裂韧性值越高,所供钢管韧性分布均值越大和标准偏差越小,止裂概率就越大。

管研院基于钢管性能数据库,提出西气东输二线 1 类地区止裂 CVN 平均最低为 220J,单个最小 170J。如果供应钢管均值 220J,标准偏差小于 55J,此时在 2 根管内止裂(即单边扩展 12m 以内)的概率为 95%;在 3 根管内止裂(即单边扩展 18m 以内)的概率为 99%。

以输送塔里木气为例,西气东输二线 1 级地区在两种不同韧性要求时的止裂长度和止裂概率对比情况见表 4.2.6。可见,在单边 18m 内止裂情况下,修正系数取 1.71 时的止裂概率是 99%,取 1.44 时则为 95%。

表 4.2.6　不同的实物爆破试验修正系数对管道止裂能力的影响

序号	BTC 预测值(J)	修正系数	止裂韧性(J)	假定钢管韧性分布	止裂长度	止裂概率(%)
1	126	1.71	220	均值 220,标准偏差小于 50	2 根内(单边扩展 12m 以内)	95
					3 根内(单边扩展 18m 以内)	99
2		1.44	190	均值 190,标准偏差小于 50	3 根内(单边扩展 18m 以内)	95
					4 根内(单边扩展 24m 以内)	99

4.2.1.4　断裂长度与止裂概率

输气管道破裂后，一旦裂纹启裂并开始扩展，其裂纹扩展长度取决于输气管道的止裂韧性和管道钢管分布特征。在进行止裂概率计算分析时需满足以下条件：(1)一条管道上所有炉批次钢管的断裂韧性服从正态分布；(2)不同韧性的钢管在管道上随机排布；(3)在钢管韧性大于止裂韧性的情况下，单根钢管 100% 止裂。而在钢管韧性低于止裂韧性的情况下，单根钢管 100% 扩展；(4)管道为无限长。条件(1)和(2)定义了管道的统计分布特征，每一根钢管都有可能是扩展管/止裂管，最大的裂纹扩展长度由管道中钢管的数量和止裂管与扩展管的比例决定。条件(3)将管道钢管的构成定义为止裂管和扩展管两种，当钢管的韧性高于管道止裂韧性时即为止裂管，反之则为扩展管。条件(4)决定了裂纹扩展的最远距离。

在进行输气管道止裂概率计算分析时，应首先计算管道的止裂韧性，其次需要统计管道的正态分布特征。通过止裂韧性和管道的正态分布特征可以计算得到止裂钢管百分率(P_a)和扩展钢管百分率($1-P_a$)，在此基础上可以进行裂纹扩展长度及对应的止裂概率的计算。

4.2.1.4.1　止裂/扩展钢管百分率计算

假设一条管道上所有炉批次钢管的断裂韧性服从正态分布，则通过统计分析的方法可以得到管道中所有炉批次钢管的夏比冲击吸收能平均值和夏比冲击吸收能标准差，从而建立钢管韧性正态分布概率密度函数为：

$$f(x)=\frac{1}{\sqrt{2\pi}\sigma}\exp\left[-\frac{(x-\mu)^2}{2\sigma^2}\right] \tag{4.2.34}$$

式中　μ——钢管夏比冲击吸收能平均值；

σ——钢管夏比冲击吸收能标准差；

x——钢管夏比冲击吸收能。

止裂/扩展钢管的百分率取决于管道中所有炉批次钢管的统计分布特征和计算的止裂韧性。由图 4.2.31 可见，在止裂韧性值右侧区域，钢管夏比冲击吸收能高于止裂韧性，对应的止裂钢管百分率为 P_a。而止裂韧性值左侧区域，钢管夏比冲击吸收能低于止裂韧性值，对应的扩展钢管百分率为 $1-P_a$。对概率密度函数进行积分，积分区间为管道止裂韧性到正无穷，可以得到止裂钢管百分率，即概率 P_a 为：

$$P_a=\int_{\text{止裂韧性}}^{+\infty}f(x)\,\mathrm{d}x \tag{4.2.35}$$

图 4.2.32 为不同标准差下，止裂钢管百分率与止裂韧性/夏比冲击吸收能炉平均值的关系，其中横坐标代表管道止裂韧性与夏比冲击吸收能炉平均值的比值，纵坐标代表止裂钢管百分率。可见在标准差一定时，炉平均值越高，管道止裂韧性与炉平均值的比值越小，止裂钢管百分率越大。当炉平均值等于止裂韧性时，止裂钢管百分率不受标准差影响，为 50%。当炉平均值大于止裂韧性时，止裂韧性与炉平均值之比小于 1，此时标准差越小，止裂钢管百分率越大。而当炉平均值小于止裂韧性时，止裂韧性与炉平均值之比大于 1，此时标准差越大，止裂钢管百分率越大。所以可以通过以下三种方法提高止裂钢管百分率：(1)提高夏比冲击吸收能炉平均值；(2)当夏比冲

击吸收能炉平均值小于止裂韧性时，提高标准差；(3)当夏比冲击吸收能炉平均值大于止裂韧性时，降低标准差。

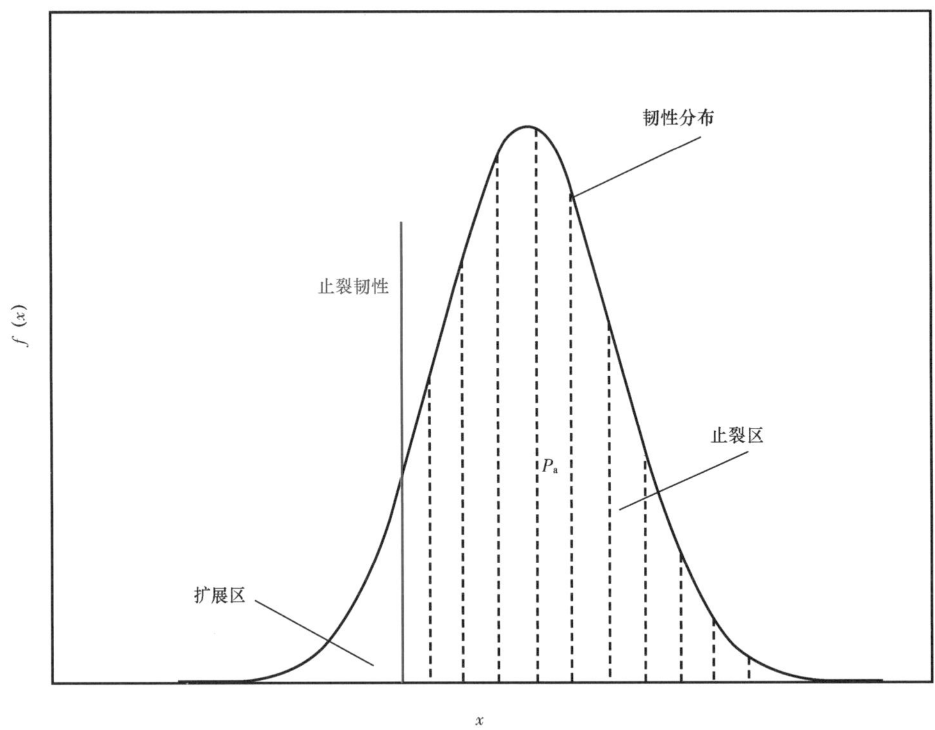

图4.2.31　钢管韧性分布及止裂要求

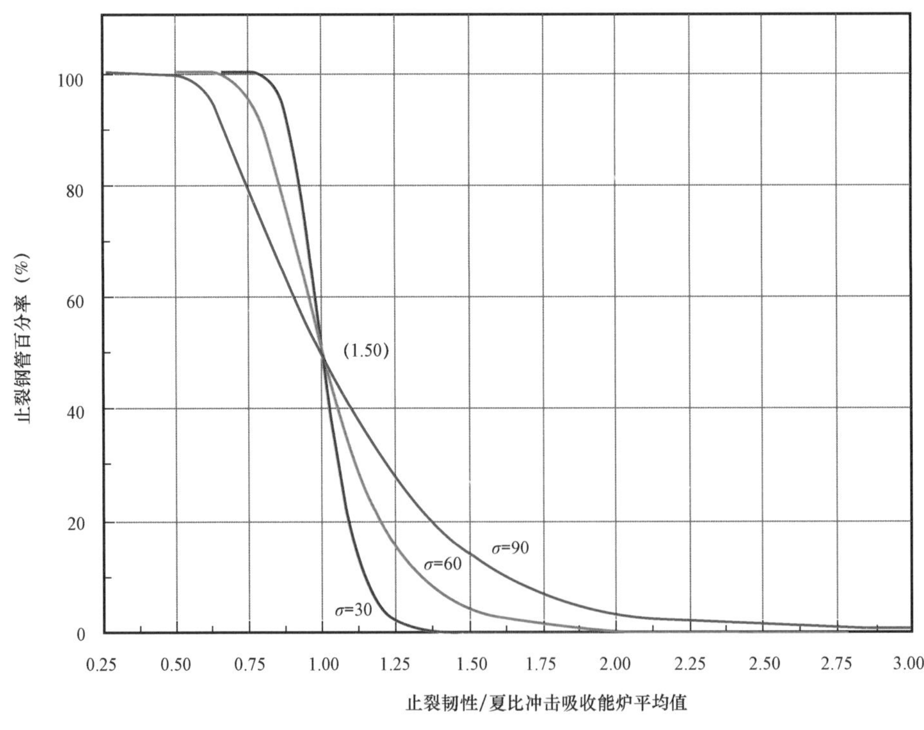

图4.2.32　不同钢管夏比冲击吸收能标准差下，止裂钢管百分率与止裂韧性/夏比冲击吸收能炉平均值的关系

4.2.1.4.2　裂纹扩展长度和止裂概率计算

裂纹的扩展长度由扩展管出现的概率$(1-P_a)$和扩展管两端出现止裂管(P_a)的概率决定，如图 4.2.33所示，P_a 为止裂钢管百分率。在计算得到止裂钢管百分率 P_a 后，裂纹扩展 i 根钢管（i 包括启裂管，但不包括两端的两根止裂管）的概率 P_i 可由式（4.2.36）计算。图 4.2.34 表示了裂纹扩展 4 根钢管下的 4 种组合，其中启裂管也属于扩展管。对于每一种组合，都包括 4 根扩展管（含启裂管）和 2 根止裂管。因此每一种组合下裂纹扩展的概率都为$(1-P_a)^4P_a^2$，乘以组合数 4 后，得到裂纹扩展 4 根钢管的概率 $4(1-P_a)^4P_a^2$。

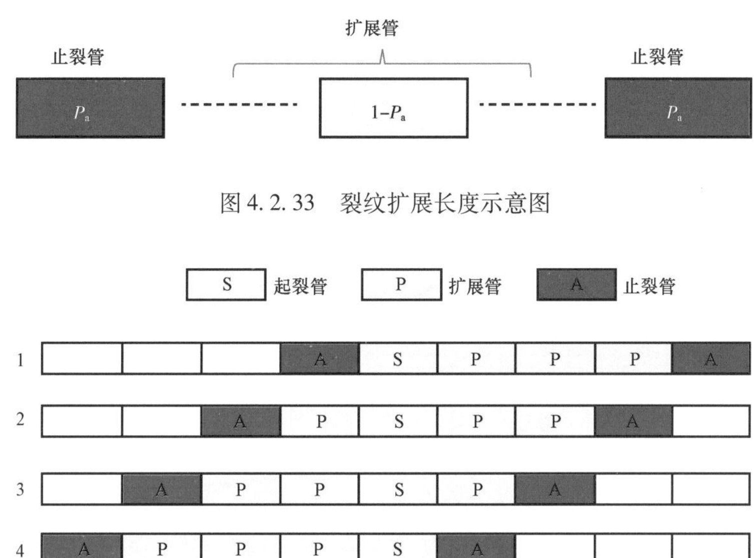

图 4.2.33　裂纹扩展长度示意图

图 4.2.34　裂纹扩展 4 根钢管的示意图

在管道无限长的前提下，裂纹扩展 i 根及以上钢管的概率 P_{ni} 可由式（4.2.37）计算，其中 i 趋于正无穷。为了便于计算，可以利用求和公式将式（4.2.37）转换为式（4.2.38）。由式（4.2.38）可见，裂纹扩展 i 根及以上钢管的概率 P_{ni} 仅与止裂钢管百分率 P_a 有关。裂纹扩展 i 根及以上钢管的概率为 P_{ni}，则裂纹在 i 根内止裂的概率为 $1-P_{ni}$。

$$P_i = i(1-P_a)^i P_a^2 \tag{4.2.36}$$

$$P_{ni} = \sum_i^{\infty} P_i \tag{4.2.37}$$

$$P_{ni} = \sum_i^{\infty} k(1-P_a)^k P_a^2 = (1-P_a)^i (iP_a + 1 - P_a) \tag{4.2.38}$$

图 4.2.35 建立了裂纹扩展 i 根及以上钢管概率 P_{ni}，止裂钢管百分率 P_a 以及最小裂纹扩展长度三者之间的对应关系。裂纹扩展长度包含扩展管和两端的止裂管，将两端的止裂管看作一根钢管，因此实际的裂纹扩展长度等于扩展管数加上 1。故在图 4.2.35 的横坐标中将计算的 i 值加上 1 作为最小裂纹扩展长度。从图 4.2.35 可以看出，当止裂钢管百分率为 100% 时，裂纹扩展距离为 1 根钢管。随着止裂钢管百分率的下降，裂纹扩展的距离逐渐增大。当止裂钢管百分率为 0 时，裂纹扩展无穷

远。当最小裂纹扩展长度 i 一定时，止裂钢管百分率越大，其对应的扩展概率 P_{ni} 就越小。例如，在止裂钢管百分率分别为70.57%、58.21%、39.5%和18.64%、0的情况下，裂纹扩展8根及以上钢管的概率分别为0.1%、1%、10%、50%、100%，相应的在8根内止裂的概率分别为99.9%、99%、90%、50%、0。在确定了最小裂纹扩展长度及相应概率的情况下，可提出止裂管百分率的指标要求，如图4.2.35所示。在确定了止裂管百分率要求后，可提出夏比冲击吸收能炉平均值及标准差的指标要求。

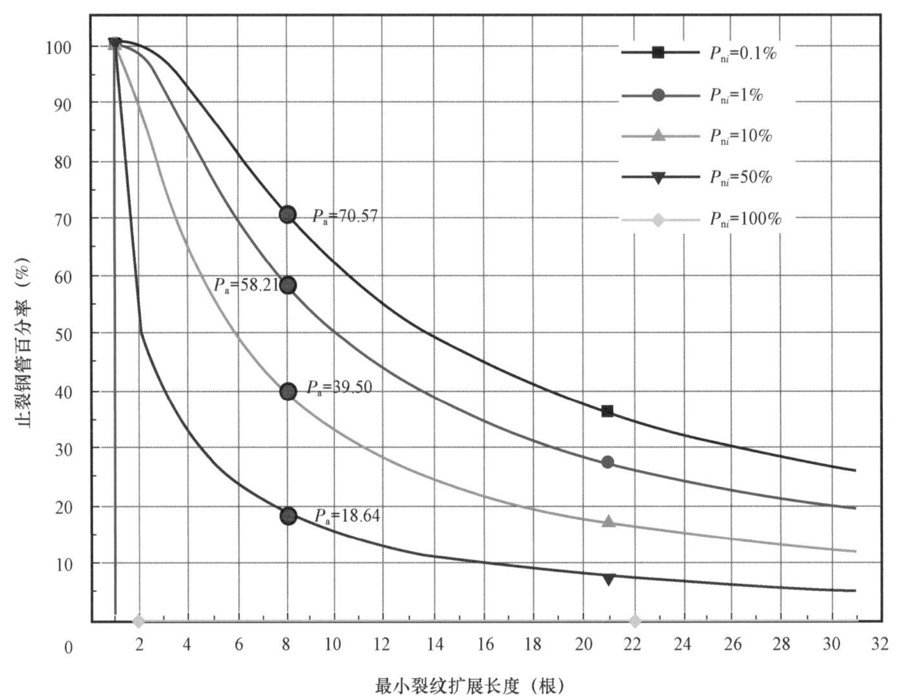

图4.2.35　止裂钢管百分率与最小裂纹扩展长度的对应关系

4.2.1.4.3　X90钢管止裂概率分析

X90管道设计参数见表4.2.7，基于BTC方法计算的止裂韧性值为184.5J。对于高钢级管道，需对BTC预测的止裂韧性进行修正。参考X80全尺寸爆破试验数据库(图4.2.36)，取1.65作为X90止裂韧性的修正系数。修正后X90管道的止裂韧性值为304J，圆整后取305J。305J为单管止裂所要求的韧性值。目前缺乏X90全尺寸爆破试验数据，因此305J的止裂韧性指标需要通过全尺寸爆破试验进行进一步验证。

表4.2.7　X90管道设计参数

管径(mm)	最小屈服强度SMYS(MPa)	壁厚(mm)	压力(MPa)	设计系数	基于BTC方法计算的止裂韧性值(J)	取1.65修正系数后的止裂韧性值(J)
1219	625	16.3	12	0.72	184.5	304

实际管道可允许的裂纹扩展距离取决于管道断裂对环境及人身安全的影响、维修成本以及风险和损失的可接受范围。根据美国DOT 49 CFR Part 192规定：允许裂纹在5~8根钢管范围内止裂，对应的止裂概率分别应在90%和99%以上。因此，可以综合考虑止裂距离和经济可行性，在止裂距离可控的条件下确定止裂韧性指标。

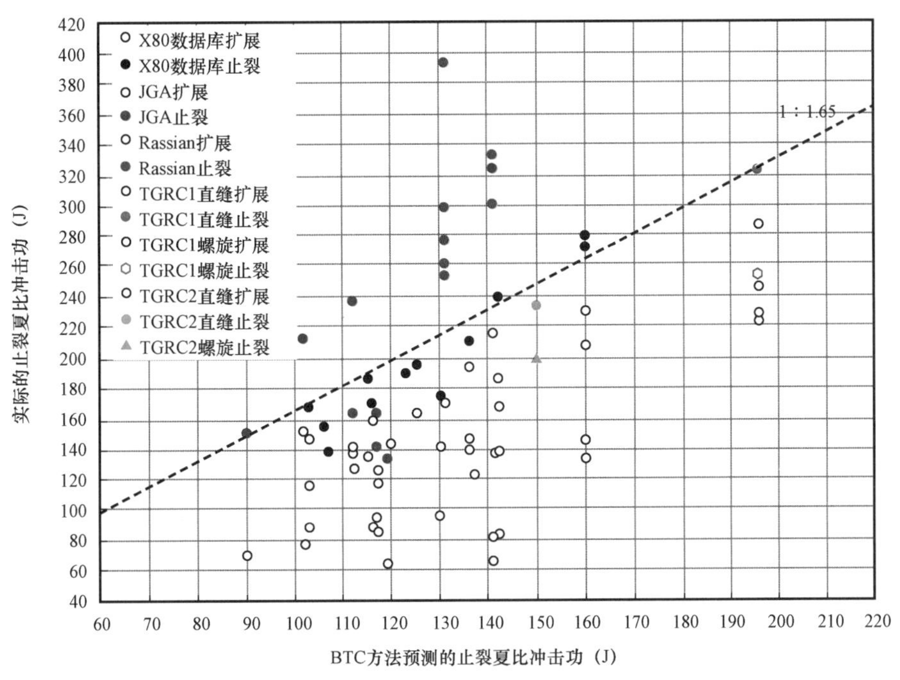

图4.2.36 X80全尺寸爆破试验数据库

在单管止裂的情况下，将夏比冲击吸收能最小值规定为305J，这会显著地增加生产制造成本。而在5~8根内止裂的情况下，可考虑将夏比冲击吸收能炉平均值规定为305J，如图4.2.37所示。止裂钢管百分率不受钢管夏比冲击吸收能标准差的影响，为50%。在P_a=50%时，计算得到8根钢管内止裂概率为99.02%，5根钢管内止裂概率94.53%，满足DOT 49 CFR Part 192规定的止裂概率要求。

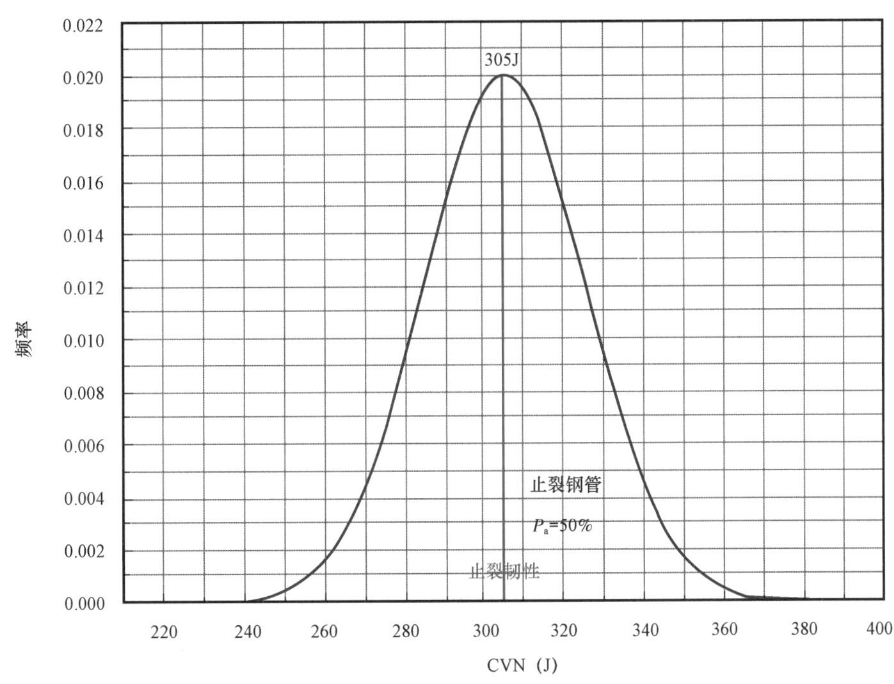

图4.2.37 夏比冲击吸收能炉平均值为305J情况下止裂钢管的百分率

为进一步保证批量产品质量的可靠性，假设管线钢的夏比冲击吸收能标准差为20J(一般情况下钢管批量生产的最小可控标准差)。当夏比冲击吸收能最小值为265J时，考虑3σ的置信区间，则夏比冲击吸收能炉平均值为$265+3\sigma=325J$，对应的止裂钢管百分率P_a为84.13%，如图4.2.38所示。此时计算得到的8根钢管内止裂概率为100%，5根钢管内止裂概率99.88%，可以确保实现概率止裂目标。

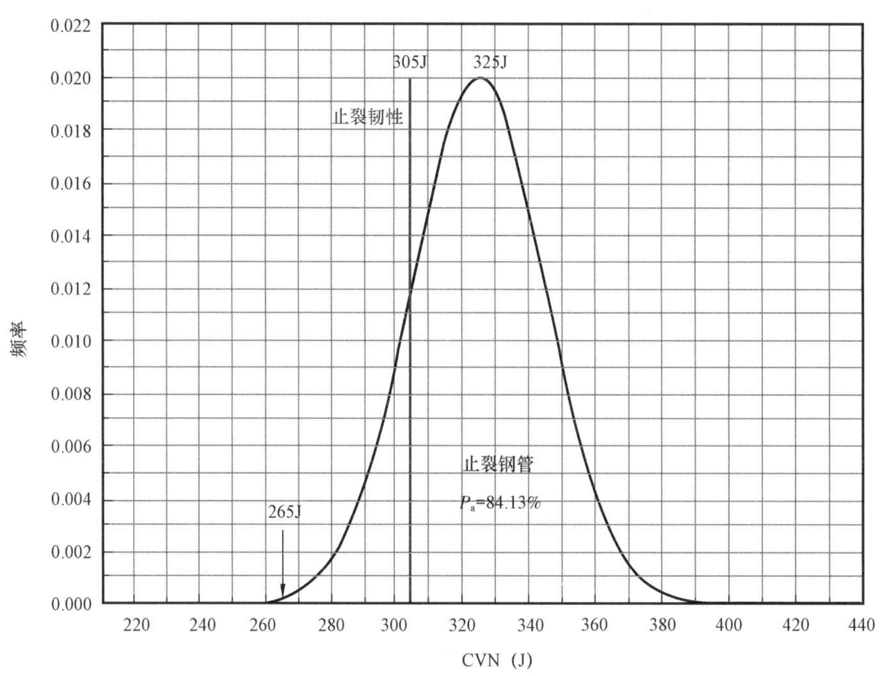

图4.2.38 夏比冲击吸收能炉平均值为325J情况下止裂钢管的百分率

通过止裂概率计算，炉平均值305J、最小值265J的技术指标可以实现X90管道5~8根内止裂的要求。

4.2.1.5 止裂器

现有的全尺寸气体爆破试验结果表明，尽管新一代高压、大口径、高强管线钢管具有高的夏比冲击吸收能。但在极端条件(例如高的设计系数、富气、低温下等)下，高强管线钢管难以依靠自身韧性使延性扩展裂纹止裂，这已经成为严重威胁管线安全并制约高级别管线钢管应用的瓶颈问题。在这种情况下，需要使用止裂器进行止裂。

4.2.1.5.1 止裂器的分类

止裂器一般可以分为两大类：整体止裂器和外部止裂器。对于新建管线，优先选用整体止裂器。对于已建管线，则建议选用外部止裂器。

(1)整体止裂器。

在无法实现自身止裂的管线中，每隔一段距离插入高韧性、厚壁、不同轧制方向钢管或者复合材料增强管作为整体止裂器。图4.2.39为高韧性等壁厚整体止裂器。在管线上间隔地采用更高韧性的钢管材料，增加断裂阻力来实现进入止裂管段的裂纹尖端的止裂。这与管线全部使用高韧性钢管相比，要经济很多。图4.2.40为厚壁管整体止裂器。在管线上间隔插入韧性相同、管壁加厚的管段，稳定扩展的裂纹进入这一管段，由增加的壁厚吸收驱动裂纹扩展的能量及局部低环形应力实现止裂。钢板顺轧制方向和垂直轧制方向冲击吸收能相差较大，顺轧制方向冲击吸收能要高很多。因此，每隔一定距离插入一个轧制方向不同的管段，也可以达到与插入高韧性等壁厚整体止裂器同样实现止裂的效果，如图4.2.41所示。另外较为复杂的一种整体止裂器设计是止裂管段由复合管构成，复合管的管壁为2～3层，中间层管壁上包含螺旋形的裂纹或者缺口，裂纹的方向偏离管道轴线35°～90°，当稳定扩展的裂纹进入该区域，就会改变裂纹扩展的路径，如图4.2.42所示。同样的原理，在直缝焊管组成的管线中插入螺旋焊缝的钢管，促使运行的裂纹沿着螺旋焊缝扩展并止裂，如图4.2.43所示。

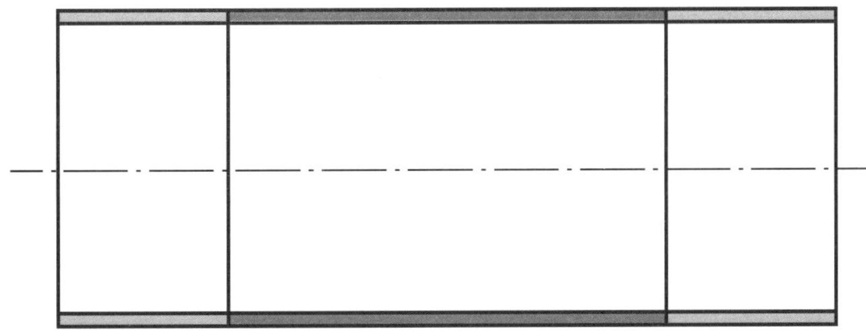

图4.2.39　高韧性等壁厚整体止裂器

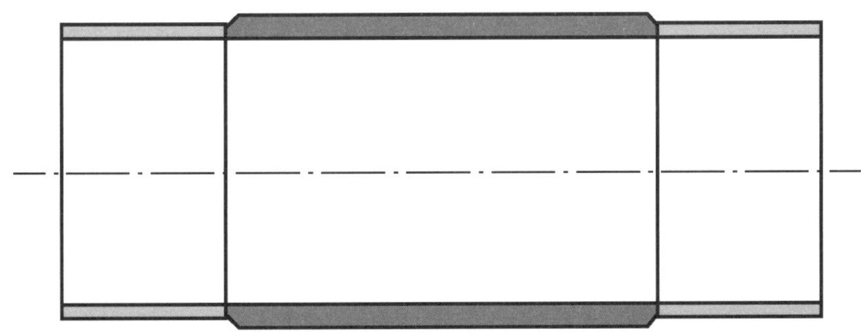

图4.2.40　厚壁管整体止裂器

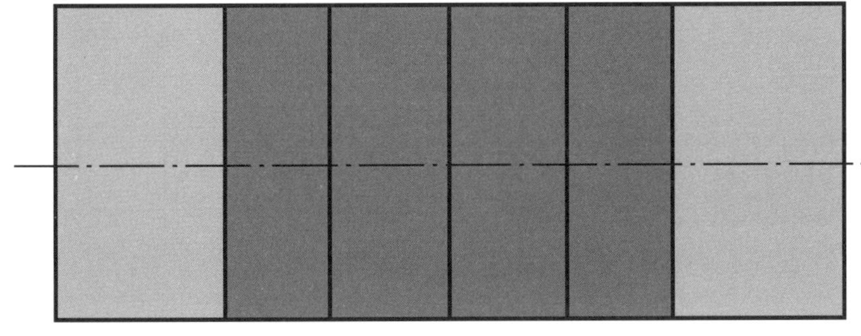

图4.2.41　周向轧制整体止裂器

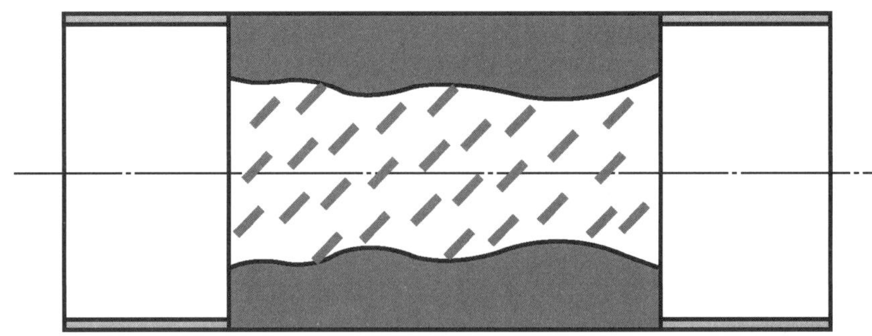

图 4. 2. 42　中间层管壁带裂纹/缺口的复合管整体止裂器

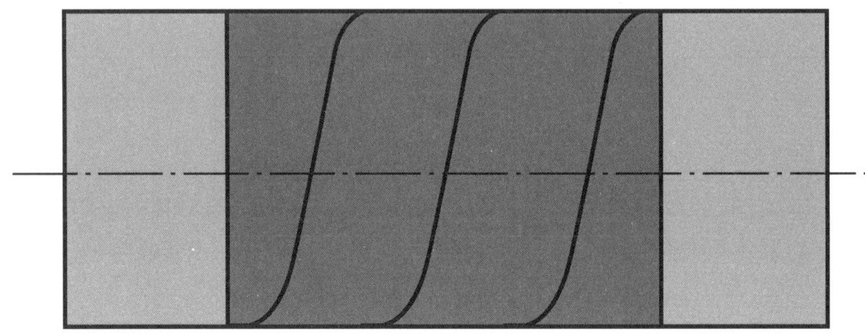

图 4. 2. 43　螺旋焊管整体止裂器

(2)外部止裂器。

外部止裂器装配于管线外部,通过对管线钢管施加外部约束进行止裂。外部止裂器的最大优点是便于安装在现有管线外部,安装时不要求管道停输。早期开发的外部止裂器主要用于限制管的变形和延性裂纹扩展产生的裂口,例如钢丝绳外部止裂器(图 4. 2. 44)和环形钢筋外部止裂器(图 4. 2. 45)。由于效果有限,这些止裂器并没有广泛地应用于实际生产中。

图 4. 2. 44　钢丝绳外部止裂器

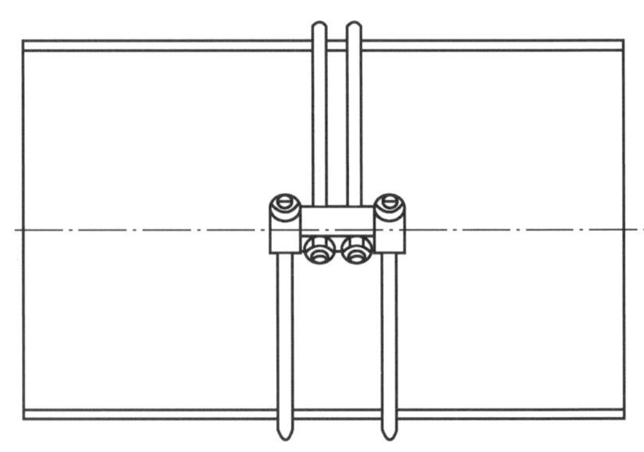

图 4. 2. 45　环形钢筋外部止裂器

钢套筒外部止裂器是一种生产制造简单,并能有效控制裂纹的止裂器设计,其主要包括① 紧凑型,钢套筒与钢管无间隙;② 间隙型,钢套筒与钢管存在间隙;③ 灌浆型,钢套筒与钢管之间的间隙通过灌浆(通常为水泥浆或环氧树脂)进行填充,如图 4. 2. 46 所示。

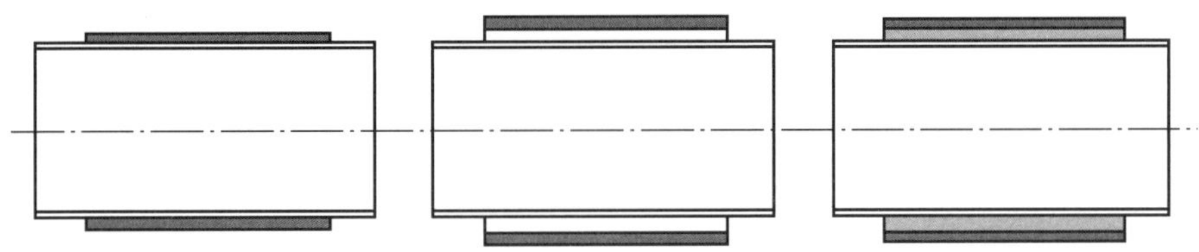

图 4.2.46　钢套筒外部止裂器

目前最具前景的外部止裂器是复合材料外部止裂器。它运输和安装简易，不需要中断输送服务，因此特别适用于不允许压力减小的情况。复合材料外部止裂器一般分为碳纤维止裂器、玻璃纤维止裂器、其他材料的纤维止裂器。

4.2.1.5.2　止裂器安装应用

针对实际的天然气管线，止裂器的应用和安装需要综合考虑技术和经济因素，如安装和维护成本、装置生产过程的潜在困难、焊接规程、在线监测和维护等。在正确评估潜在的问题、风险和费用的基础上，选择合适的止裂器类型并优化止裂器性能。

工程中止裂器应用的综合分析：

安装：在现有的管线上安装高韧性和厚壁管整体止裂器需要切割管线，耗费大量的时间和经济成本。如选用紧凑型钢套筒止裂器，建议采用两部分通过螺栓连成一体的套筒，这仅仅需要清除管线下部足够的土壤用以安装套筒下半部分。复合材料止裂器现场安装则相对比较简单，节省时间。

生产：除了合理的几何参数，止裂器的优化设计还需要考虑其他因素以确保止裂器的有效性，并优化止裂器—钢管之间的相互作用。首先，止裂器应尽量保证裂纹的柔性止裂。止裂器突然止裂会导致钢管环切，从而将钢管推出沟槽，对管线和周围环境造成严重后果。实现裂纹柔性止裂的一种有效方法是改变止裂器的壁厚形状，如图 4.2.47 所示。其次，止裂器应安装于零压力或拉应力下，这有利于止裂器分担一部分载荷，从而减小管线的环向应力。应注意局部环向应力不连续会导致止裂器两端边缘产生轴向弯曲应力，导致该部位发生弯曲，管线发生横向位移。因此，应进行边缘优化设计以减轻不利影响，如图 4.2.47 所示。最后，止裂器安装在管线上容易损坏，应对止裂器进行适当保护。厚壁钢管止裂器，可以在环焊缝区域进行适当涂覆，并采取措施避免涂层剥离，避免涂层剥离导致涂层下方发生腐蚀。复合材料止裂器具有耐腐蚀和化学侵蚀的优点，然而复合材料比较容易受到磨损和外部机械损坏，因此对复合材料止裂器外表面应进行恰当保护，以避免受到土壤中石头、碎片等的机械损伤。

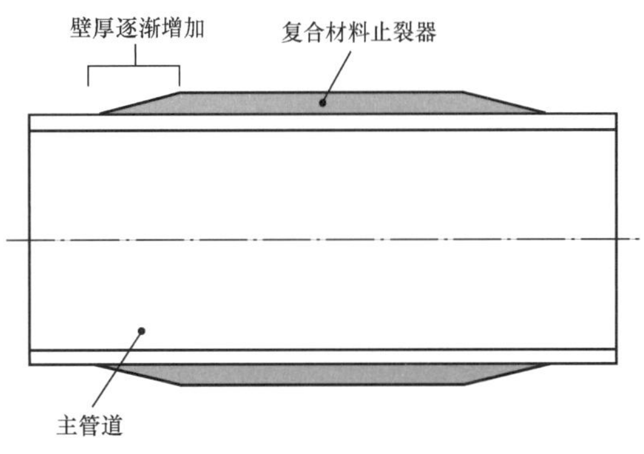

图 4.2.47　止裂器柔性设计

间距：管线上止裂器的间距对限制延性裂纹的扩展长度是非常重要的。管线通过不同特性的地区，如人口密集的城市、乡村、公路和河流区、边远的沙漠地区等，对裂纹扩展长度及带来的后果要求不同，需要对止裂器间距进行设计。

设计止裂器间距需综合考虑经济和后果两个方面的因素。

(1)止裂器成本:包含开发和制造成本、配件、安装劳动力和间接费用。所有这些费用正比于止裂器的数量。

(2)维护费用:包含开沟、目视检查、替换(如果需要)和土壤掩埋费用。所有这些费用正比于止裂器的数量。

(3)开裂管线修复费用:包含开沟、接头焊接和土壤掩埋。所有这些费用大致上正比于止裂器的间距,可保守估计开裂管线修复费用涉及两个止裂器之间的管线部分。

(4)后果方面:每个止裂器为一个止裂点。靠近止裂器的风险是由于不断的气体供给而发生火灾。止裂器布局设计应避免人口密集区域(如学校、医院等)发生火灾。C-FER 提出一种模型,并被纳入 ASME B31.8S 中,可以计算管线开裂后,气体从管道裂口逸出、飘出沟槽、发生火灾的危险距离。

(5)检查:在线检查工具目前已被广泛用于主管线完整性的评估。该工具也可用于厚壁钢管止裂器潜在缺陷的检查。目前不清楚这些工具是否能成功检测到复合材料层的损坏,如复合层分离、剥离等。

(6)维护:厚壁管整体止裂器的维护与主管线基本相同。对于复合材料,评估了 E 型玻璃纤维复合材料的力学性能随时间的损耗,样品取自服役 7 年的 Clock Spring ®设备。试验测试结果和现场数据显示性能没有退化,合理的服役寿命预估为 50 年。尽管复合材料层比较耐化学侵蚀,但在极限酸性或碱性服役环境中,需要考虑潜在的性能退化。尤其是复合材料和主管线一起进行水压测试时,产生的环向应力可能导致环氧壳层微小开裂,使得水分子与玻璃纤维接触,降低复合材料的拉伸性能。

4.2.1.5.3 止裂器研究与应用现状

为了评估不同止裂器阻止延性裂纹扩展的有效性,国外自 20 世纪 70 年代以来进行了大量的止裂器全尺寸试验研究。

美国 Battelle 研究了钢套筒止裂器的使用性能,评估了 Clock Spring ®对延性开裂止裂的有效性。Clock Spring ®是由 NCF Industries 开发并申请专利的 E 型玻璃纤维树脂基复合材料止裂器。标准 Clock Spring ®产品是用 1.6mm 厚、300mm 宽的缠绕带,在管线钢管外表面缠绕 8 层加工而成。缠绕带自身的回弹弹性和层间胶粘剂确保了夹紧功能,如图 4.2.48 所示。20 多次试验结果表明,在不同裂纹扩展条件和速度下,Clock Spring ®具备阻止裂纹继续扩展的能力。

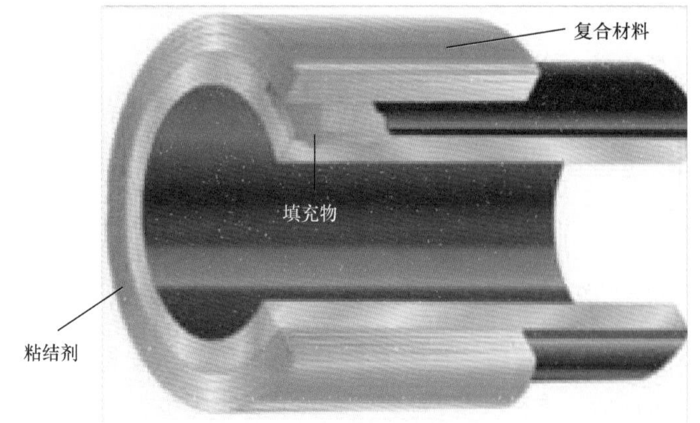

图 4.2.48 Clock Spring ®外部止裂器

阿拉斯加公路输气管线(Alaska Highway)开展了4次全尺寸实验,评估不同止裂器控制裂纹扩展的有效性。试验了两种止裂器:

(1)2根7.9m长厚壁管整体止裂器;

(2)螺栓连接的钢套筒外部止裂器,每套均长为4m。

止裂器安装在外径为1219mm的管线钢管上,采用天然气加压,压力为8.69MPa。实验结果表明,速度为200m/s的裂纹在厚壁管长度一半范围内成功止裂。但当裂纹速度为235m/s时,厚壁管整体止裂器失效。螺栓连接的钢套筒外部止裂器可使速度为90m/s的裂纹止裂。

北阿尔法特测试装置(Northern Alberta Test Facility)进行了两种止裂器的全尺寸试验:(1)2个0.3m长的混凝土灌浆钢套筒(外部止裂器);(2)2个串联的厚壁钢管(整体止裂器)。全尺寸试验管段采用ϕ1219mm×15.2mm(WT)的API 5L X70管线钢管,加压介质为天然气,压力为8.69MPa。裂纹进入钢套筒时速度为120~250m/s,裂纹进入串联的厚壁钢管止裂器时速度为275~290m/s。在所有情况下,止裂器都能成功使裂纹止裂。

加拿大北极地区天然气研究中心(Canadian Arctic Gas Study Limited.)进行了一组3套止裂器的止裂能力试验。试验用止裂器分别为1个长1.2m和2个长0.6m的紧套筒。止裂器安装于ϕ1219mm×18.3mm(WT)的API 5L X70管段。天然气加压,压力为8.7~11.6 MPa。在所有情况下,3种止裂器都能够使裂纹止裂。

俄罗斯在20世纪80年代就开展了止裂器的研究,测试了含有和不含中间层狭缝的2个多层止裂器。止裂器安装于外径1422mm的管段,试验压力为7.5MPa。在两种情况下,止裂器都能够快速使裂纹止裂。

美国针对Sheep Mountain管线(二氧化碳输气管线)的裂纹扩展,研发了专用的止裂器,是一种修复裂口用紧套筒止裂器。采用ϕ508mm×11.1mm的API 5L X70管段,二氧化碳加压,压力为12.1MPa。紧套筒止裂器可控制裂纹在较短距离内止裂。

Shell在1976—1977年设计并使用了一种灌浆套筒,用于North Sea的FLAGS海底管线。灌浆套筒外径914.4mm,壁厚22mm,钢级API X60。Battelle通过2次全尺寸爆破试验验证了这种止裂器的有效性。

Battelle在1980—1982年针对Line NBPL项目中的Northern Border管线(外径1067mm,壁厚15mm,钢级API X70)开展了2次钢套筒外部止裂器试验。试验用止裂器采用相同的管材制成,中间填充间隙均为12mm。其中,第1次试验钢套筒止裂器中间填充混凝土灌浆,长为1473mm;第2次试验钢套筒止裂器中间填充聚氨酯,长为610mm。全尺寸爆破试验压力9.9MPa,止裂器在350mm内使扩展速度为300m/s的裂纹止裂。NBPL项目最终决定采用长为610mm的止裂器。

ExxonMobil分别针对2个不同厚度、长0.9mm的复合材料止裂器,及1个紧套筒X120止裂器进行试验。试验管段为ϕ914.4mm×16mm的X120管线钢,压力21MPa。试验结果表明,复合材料止裂器能有效使裂纹止裂,而紧套筒止裂器被裂纹穿过,不能有效止裂。

Foster Wheeler公司在压力9.5MPa、ϕ508mm×7.1mm API 5L X52管线钢管上安装玻璃纤维复合材料止裂器,裂纹成功止裂。

CSM于20世纪70年代末期开发了钢丝绳止裂器,并申请了相关专利。全尺寸爆破试验验证了止裂器的有效性,止裂器分别安装于外径1219mm、1422mm的API 5L X70管线钢管段,试验压力10MPa。CSM联合ExxonMobil开展试验,探讨了间隙性套筒止裂器的有效性,止裂器为长2m、X65间隙性钢套筒止裂器，壁厚19mm，径向间隙2.1%。短管试验结果验证了该止裂器的有效性，但在全尺寸爆破试验中，该止裂器对于裂纹速度大于300m/s的裂纹无效。止裂器发生了较大的塑性变形，但没有断裂。高速运动的裂纹导致管线钢管出现减薄缺口，在止裂器对缺口施加约束之前，裂纹在止裂器内钢管上扩展。由于止裂器和钢管之间的间隙，间隙性钢套筒止裂器既不能降低管线钢管环向应力，也不能控制裂纹尖端的钢管变形。因此，ExxonMobil对X120管线采用紧凑性钢套筒止裂器。CSM针对长2m、壁厚40mm的E型玻璃纤维增强复合材料钢管进行全尺寸爆破试验，裂纹以135m/s的速度进入止裂器后，成功止裂。CSM联合BP采用两种止裂器进行X100管线的全尺寸试验：(1)2个CRLP®止裂器，一个壁厚与主管线壁厚相同，另一个壁厚为主管线壁厚的1.85倍。(2)2个X80钢套筒止裂器，壁厚与主管线相同，径向间隙为2%，长3m，间隙采用环氧树脂填充。结果表明，对于CRLP®止裂器，壁厚与主管线壁厚相同的止裂器即足以使裂纹止裂。裂纹在第一个钢套筒止裂器处成功止裂。

U. S. Steel和El Paso Natural Gas在外径1067mm、壁厚19mm、环向应力为SMYS的72%的X65的管线进行测试试验。结果表明其联合研究的钢胎面止裂器在裂纹扩展几厘米后有效止裂。但是在CRLP®复合材料止裂器处则出现环切，导致剩余管段被流动气体推离试验段200多米远。

据统计，目前应用最多的为钢套筒和Clock Spring®止裂器，应用于天然气或者CO_2管线，管线直径为324~1067mm，壁厚为7.9~19.1mm，运行压力为5.9~17.2MPa，设计使用系数为0.25~0.72。在高人口密度区域应用止裂器可确保管线具有高的安全性。止裂器有助于增加裂纹扩展阻力，但仅能作用于管线上有限长度范围内。要确保整条管线的安全性，需要合理考虑止裂器的间距。现场应用研究表明，安全等级要求高的区域（高人口密度或交通要道）采用的止裂器间距应小。主要的铁路/公路口的止裂器间距为90m，高安全级别区域的止裂器间距为120~150m。随着安全要求级别降低，止裂器的间距增加。止裂器的平均间距为300~700m，而在抗延性裂纹扩展性强的区域，间距可增大到5km。

4.2.2 高寒地区裸露钢管及管件的低温脆性断裂

在管道建设中，压气站和输配气站场需要大量站场钢管、弯管和管件。在西北或东北高纬度地区，站场环境极限温度达到-30~-40℃，有的站场最低气温低于-45℃。根据管道工艺设计要求，部分站场钢管、弯管和管件需裸露在寒冷的外部环境下服役。

4.2.2.1 金属材料低温脆化行为

随服役温度的降低，材料的韧性急剧降低，断口由延性状态向脆性状态转变，这个过程称为韧脆转变过程。存在特定的温度范围，在此温度范围以上的断裂都是韧性断裂，低于此温度范围，为无韧性特征的脆性断裂。在此特定温度范围内，则显示为韧脆过渡形态，同时具有不同程度的韧性和脆性断裂特征，这个温度范围被称为材料的韧脆转变温度区。在韧脆转变温度区，断裂韧性随着温度的降低而下降，不大的温度变化也可能导致材料断裂韧性发生很大变化。

铁素体钢在韧脆转变区的失效机理与所处的温度区域有关，如图4.2.49所示。在韧脆转变区的中上温度区域，一般为延性撕裂与解理断裂相互竞争，裂纹在启裂后延性扩展一定的长度，紧接着发生突然失稳的解理断裂。在韧脆转变区的中下区域至下平台温度区，一般发生纯解理断裂。在解理失稳断裂发生前没有明显的延性撕裂，宏观表现为纯脆断的失效形式。对于按材料裂纹延性扩展设计的结构,当材料受外界因素影响发生韧脆转变后,将对缺陷非常敏感,很可能在未出现明显变形的情况下发生断裂。这种脆性断裂失效模式往往在人们预料之外突然发生,一旦发生将造成灾难性的后果[44]。

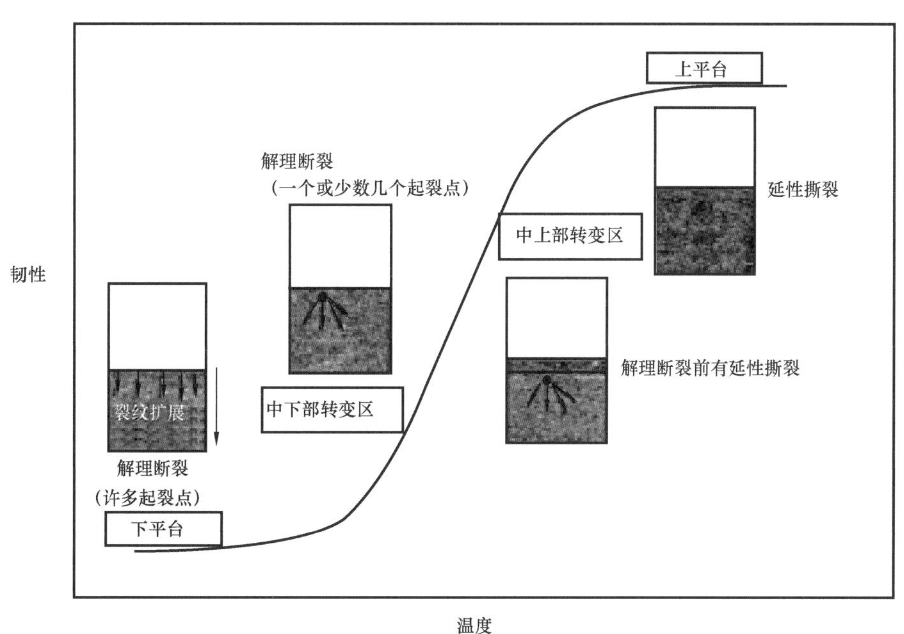

图 4.2.49　铁素体钢的韧脆转变及对应的失效机理[44]

4.2.2.2　低温脆断控制技术的提出与发展

最早记录在案的脆性断裂事故可追溯到 1886 年 10 月。当时美国纽约州长岛的一座钢制水塔在一次静水压实验中,底部 25.4mm 厚的钢板突现了 6.1m 长的裂纹。在第二次世界大战中,美国的焊接结构船舶多次发生脆性断裂事故。据美国 1947 年公布的数据,在这些事故中,238 艘船舶完全报废,其中,19 艘船舶沉没,24 艘船舶的甲板完全横断。这些事故通常发生在冬季,而且多在气温降低到 -3℃、水温降低到 4℃时发生。

研究发现,上述事故发生时气温都较低,而且工作应力低于材料的屈服极限,也低于设计许用应力。事故发生时无明显征兆,整个破坏过程较短暂,破坏一旦开始,便以极快的速度发展。宏观断口较平直,断口平面与拉应力方向垂直。这些工程中的重大事故使人们反思传统强度理论的完备性,并进一步考虑温度对于材料破坏的影响,促进了低温断裂理论的产生[45]。

为了弄清发生脆性破坏的原因和探求防止脆性破坏的方法,英国、美国等国家从 20 世纪 40 年代初期,日本从 20 世纪 50 年代后期开始,先后开展了防止脆性破坏的研究工作。在大量脆性破坏事故调查和研究的基础上,开发和应用了许多相应的试验方法和评价技术。

4.2.2.2.1　夏比冲击试验

夏比冲击试验是一种通过测量试样在断裂过程中吸收的能量或断口形貌特征,评价材料抵抗裂纹扩展能力(韧性)的标准试验。由于其试验及试样加工方法简单、费用低,是评价材料抵抗脆性断裂失效能力的重要手段。当前,夏比“V”形缺口冲击试验有冲击吸收能、侧向膨胀量和剪切断面率(或解理断面率)等 3 个技术指标广泛应用于压力容器及油气输送管道的材料设计标准。

1950 年,研究人员开始研究寻找脆性破坏各种因素间相互关系。根据相关研究结果,英国、美国等国家把代表最高启裂温度的标准夏比“V”形冲击吸收能 20J 作为钢材的脆性转变温度范围的评定指标,认为对于沸腾钢和半镇静钢,只要冲击韧性具有 20J 的吸收能,在相应的温度下就具有抗脆性破坏的能力[46]。

20J 能量准则在实行初期对于保障构件安全发挥了一定作用,但随后世界范围内持续出现的脆断事故,使工程人员逐步意识到其存在的风险。认为单独用吸收能表征不同强度材料的韧性是不全面的。因此,断面剪切率和横向膨胀量指标也开始用于评价材料的韧性水平。

由于缺乏严密的理论基础,冲击吸收能无法直接应用于工程设计。同时,冲击试验采用机械加工的标准小试样,很难准确地反映板厚效应的影响,在缺口类型及加载速率方面也与构件实际的服役条件差别很大。因此通过冲击试验评价工程构件的低温脆性存在很大的局限性。研究人员也一直试图在冲击吸收能和断裂韧性之间建立某种联系,以期通过简单的冲击试验得到材料的断裂韧性。

4.2.2.2.2　无塑性转变温度(NDT)落锤试验

落锤试验是由美国海军研究所的 Pellini 和 Puzak 等于 1952 年提出的用来测量厚度大于 16mm 钢板无塑性转变温度(NDT)的试验方法。通过该试验可以获得材料在含有微小尖锐裂纹和动态屈服加载下发生脆性断裂的最高温度。随后研究人员对“二战”期间发生脆断失效的船舶材料进行了 NDT 测试,发现当服役温度高于材料 NDT 温度时,船舶脆断失效的概率大大降低。于是服役温度不得低于材料的 NDT 便成为一种简便的防止工程结构脆断失效的工程准则[47]。

1963 年美国将落锤试验方法首次纳入 ASTM E208 标准,后经过多次修订。我国于 20 世纪 60 年代初建立了 NDT 落锤试验技术,并制定了 GB/T 6803—1986《铁素体钢的无塑性转变温度落锤试验方法》,目前现行标准为 GB/T 6803—2008。NDT 落锤试验示意图和试样分别如图 4.2.50、图 4.2.51 所示。

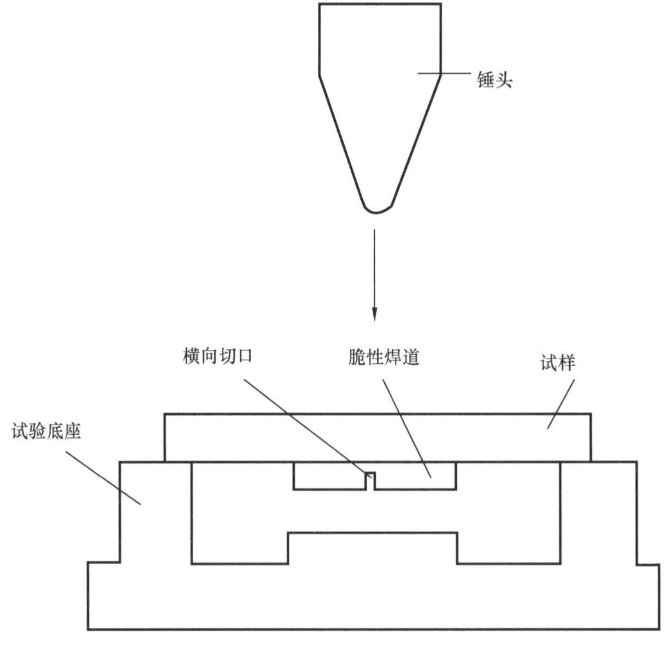

图 4.2.50　NDT 落锤试验示意图

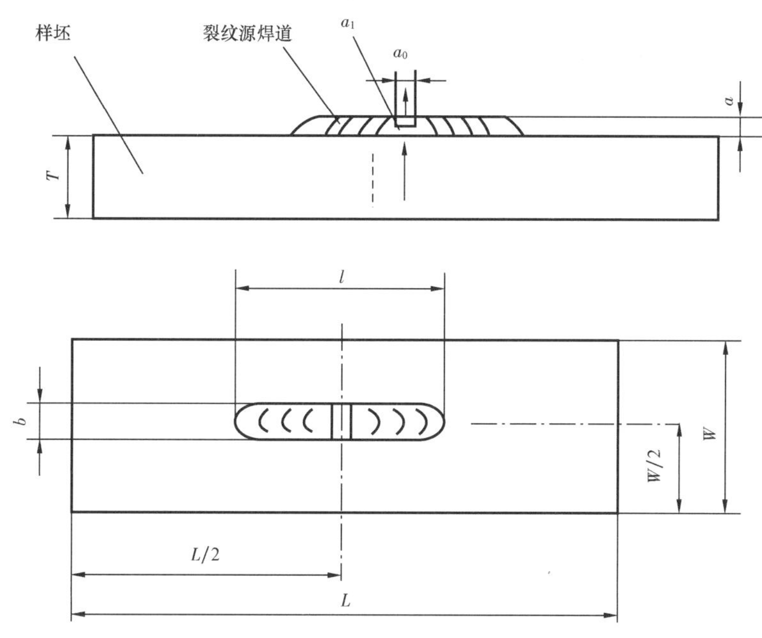

图4.2.51　NDT落锤试样

NDT试样是在试样的拉伸面上堆焊“焊波”并开缺口，该脆性“焊波”在母材内引起若干微裂纹作为引发裂纹源。在不同温度下进行NDT试验，试样脆性断裂的最高温度定为NDT温度。

NDT落锤试验方法在船舶、压力容器、桥梁、海洋工程等领域得到了普遍重视和广泛应用。NDT温度也是工程结构防脆断设计的一个重要的定量准则，结构材料的NDT温度应低于结构的最低使用温度。通过落锤试验方法测定NDT温度，就可以确定材料的使用温度，可以求得在设计应力下，防止脆性断裂所允许的最大裂纹尺寸，或者由裂纹尺寸得到发生脆断的最小应力。

4.2.2.2.3　大型试样的转变温度试验[48]

小型试验基本上是屈服型的，大型试验多为非屈服型的，而且可以直接得出应力—温度的相互关系。因此，大型试验被认为是能够重现实际结构脆性破坏的有效方法。英国、日本、荷兰等国家均以此作为制订标准冲击试验验收指标的依据。但是，这种方法需要大型拉伸试验设备（几百吨以上），所以不可能作为常用的验收试验方法广泛地加以采用。目前应用较多的有：罗伯逊试验、埃索（ESSO）试验、双重拉伸试验和全尺寸爆破试验等。

（1）罗伯逊试验。

罗伯逊试验是测定转变温度的典型试验方法。试验的目的是确定脆性裂纹在钢板中扩展时的临界应力和温度，试验所采用的试样如图4.2.52所示。脆性裂纹的产生是通过冲击带有缺口的凸缘来实现的。试样与夹头之间焊有两块比试样薄的连接板，其目的是当试样内部应力还处于弹性范围时，连接板已经屈服，以保证试样中的应力达到均匀分布。

罗伯逊试验分为等温型试验和温度梯度型试验。在等温型试验中，试样的温度一致，在外加应力的作用下，根据裂纹在试样内扩展或不扩展而确定止裂温度。温度梯度型试验是在沿裂纹扩展方向产生一个所需的温度梯度场，然后对试样施加低于屈服应力的均匀应力，在冲击低温部位使低温区产生脆性裂纹并沿试样扩展。当裂纹止裂时，其前端形状通常为指甲状（抛物线状），罗伯逊最初提出以指甲状曲线焦点处的温度作为止裂温度CAT。后来有的研究人员提出以试样表面剪切唇达到某一特定厚度(约1.5mm)时的温度作为止裂温度。

通过改变施加在试样上的拉伸应力,可以获得不同的止裂温度,从而建立脆性裂纹扩展时应力和温度的临界条件。图4.2.53为典型的罗伯逊试验结果,从图中可以看出止裂温度存在一个临界值。低于这一临界温度时,应力随止裂温度缓慢增加;高于这一临界温度时,应力随止裂温度急剧增加。

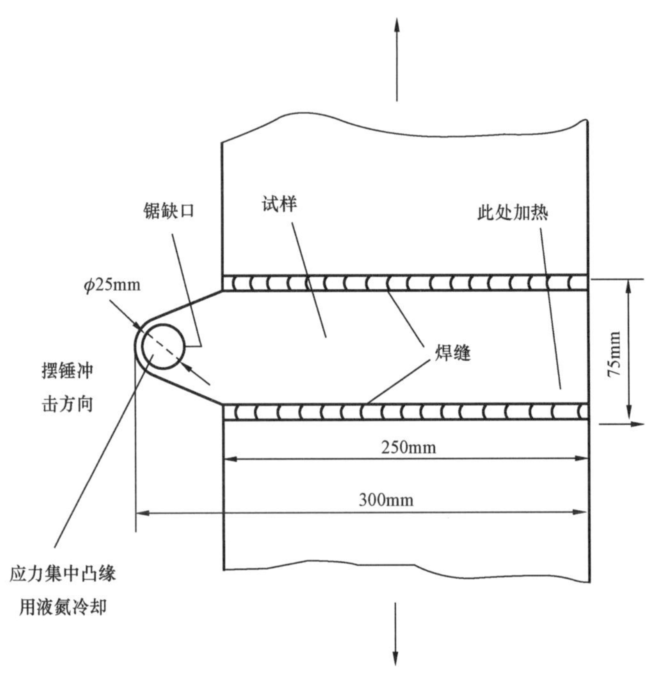

图4.2.52 罗伯逊试验

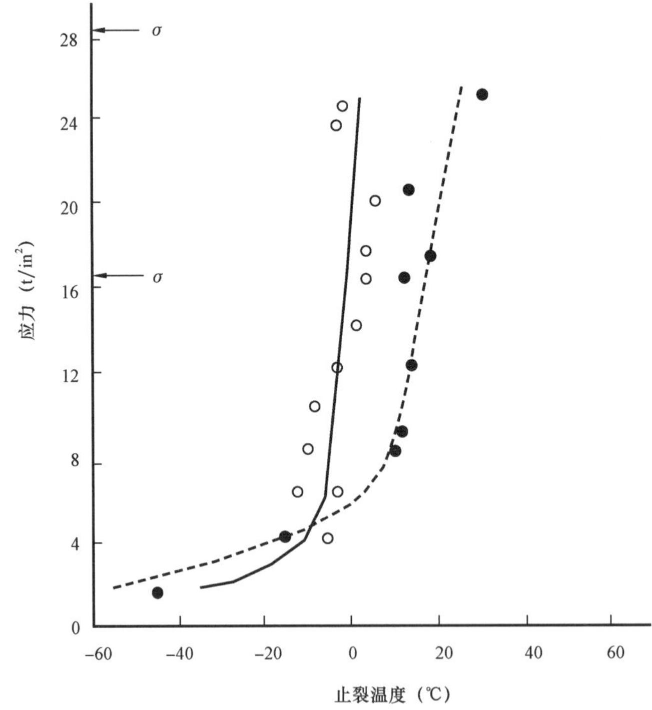

图4.2.53 罗伯逊试验结果(空心点和实心点分别代表不同组数据)

(2)埃索(ESSO)试验。

为查明1952年春天在英格兰发生的两个大型贮油罐破坏的原因,美国标准油料发展公司(SOD)Feely等提出了SOD止裂试验方法,后改称为ESSO试验。该试验是在罗伯逊试验的基础上改进而来的。为避免罗伯逊试验中凸缘缺口附近的应力变化,ESSO试验采用冲击试样边缘预制的"V"形缺口或冲击焊接到试验板上的脆性板的缺口来实现脆性裂纹的产生。为减小冲击过程对试样中应力分布的影响,ESSO试验采用了更大宽度的试样(500~2000mm),如图4.2.54所示。

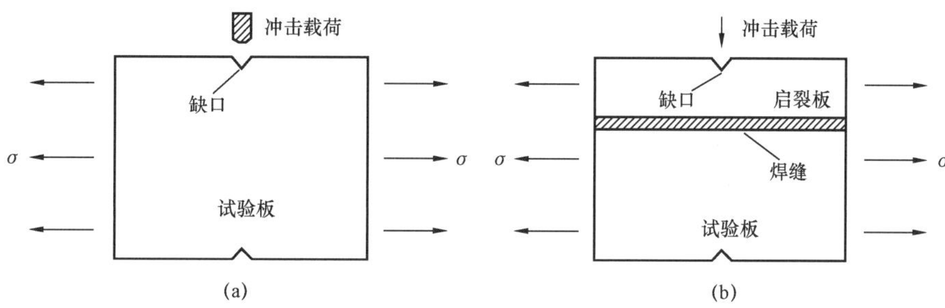

图4.2.54　ESSO试样

典型ESSO试验结果如图4.2.55所示。与罗伯逊试验类似,止裂温度也存在一个临界值。低于临界温度时,脆性断裂应力基本不变;高于临界温度时,断裂应力随止裂温度显著增大,这一临界温度称为ESSO转变温度。

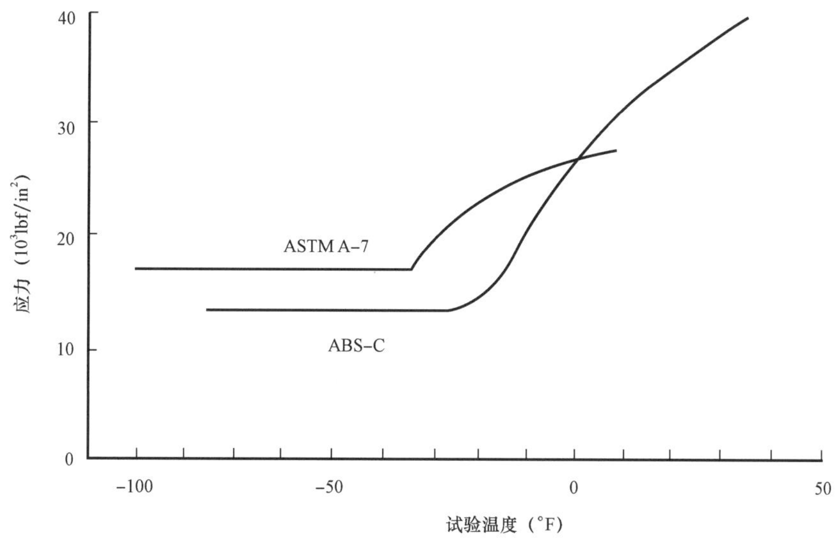

图4.2.55　ESSO试验结果

(3)双重拉伸试验。

双重拉伸试验由Yoshiki和Kanazawa于1958年提出。由于在罗伯逊试验和ESSO试验中脆性裂纹的产生均是通过冲击实现的,在冲击过程中,摆锤冲击力的大小、冲击楔块的大小和设备特性的变化不可避免地会对试样中的应力场产生影响,进而引起试验结果的偏差。为避免这种影响,Yoshiki和Kanazawa提出,利用副拉伸装置对与试验板连接在一起的带有预制裂纹的起裂板施加静载荷来实现脆性裂纹的产生,试样的形状如图4.2.56所示。

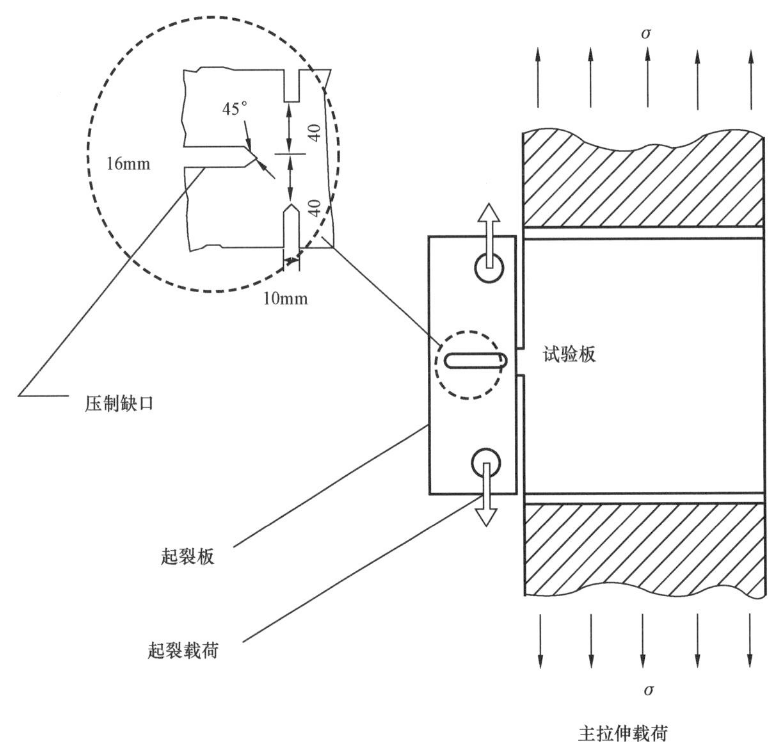

图 4.2.56　双重拉伸试样

双重拉伸试验也分为等温型和温度梯度型两种。在温度梯度型试验中，脆性裂纹止裂最前端处的温度被定义为止裂温度。研究表明，等温型试验与温度梯度型试验的止裂温度是不同的，相同主拉伸应力下等温型 CAT 要比温度梯度型 CAT 低 10～20℃。

由于上述 3 种大型试验方法同时考虑了应力和温度对脆性破坏的影响，能建立应力和温度的关系，因而对确定低温容器用钢的使用范围有较大的实际意义。最初，英国 TWI 和法国 BV 等就是通过大型试验，分析了试验结果与冲击吸收能之间的相关性，提出了冲击吸收能≥27J（屈服强度≤270MPa）或 41J（屈服强度≤455MPa）的断裂判据。

4.2.2.3　低温脆断控制技术标准分析

4.2.2.3.1　ASME 低温压力容器防脆断理论及标准要求

（1）ASME 防脆断理念[49]。

ASME 规范是在世界范围内具有较高权威性的锅炉及压力容器规范。许多工业国家都参照它制订本国标准，或直接用来作为锅炉和压力容器制造检验的依据。ASME 第Ⅷ卷为压力容器规范，共分二册。第一册 ASME Ⅷ－1 规定了压力容器的常规设计方法，我国的 GB 150《钢制压力容器》标准就是主要参照它制订的。第二册 ASME Ⅷ－2 与第一册的不同之处是对各部件应力进行了具体分析和尽可能详细地计算。同时对求得的应力值进行分类，对分类后的应力按照不同的强度准则进行了限制。

从 1989 年版起，ASME Ⅷ－1 开始引入以线弹性断裂力学为基础的防脆断措施，并利用 K_I 判据（$K_I = \sigma\sqrt{\pi a} \leqslant K_{IC}$）进行断裂分析。只有当裂纹尖端满足小范围屈服时，线弹性断裂力学方才适用。

ASTM E－399《金属材料平面应变断裂韧度的标准测试方法》对此给出了满足裂纹尖端小范围屈服的上限条件：

$$\beta_{IC} = \frac{1}{t}\left(\frac{K_{IC}}{\sigma_{ys}}\right) \leqslant 0.4 \tag{4.2.39}$$

式中　β_{IC}——量纲参数；

t——元件厚度；

σ_{ys}——材料屈服强度。

β_{IC}越大，意味着裂纹尖端屈服区加大，材料韧性也越大。当β_{IC}增大到1.5时，则达到所谓的未爆先漏(LBB)。为了防止过于保守，ASME Ⅷ－1采用Corten的建议，给出了元件不发生脆性断裂的判据：

$$\beta_{IC} = \frac{1}{t}\left(\frac{K_{IC}}{\sigma_{ys}}\right) \geqslant 1.0 \tag{4.2.40}$$

ASME Ⅷ－2应用API 579－1/ASME FFS－1中应力强度因子和裂纹驱动力的参考解，以及利用失效评估图对残余应力进行弹塑性修正等最新断裂力学原理，对冲击豁免曲线进行解释、修正和升级。

ASEM Ⅷ－2假设了一个椭圆形表面裂纹。该模型是基于WRC 175中关于早期射线检测对于缺陷的检测能力而建立的(图4.2.57)。

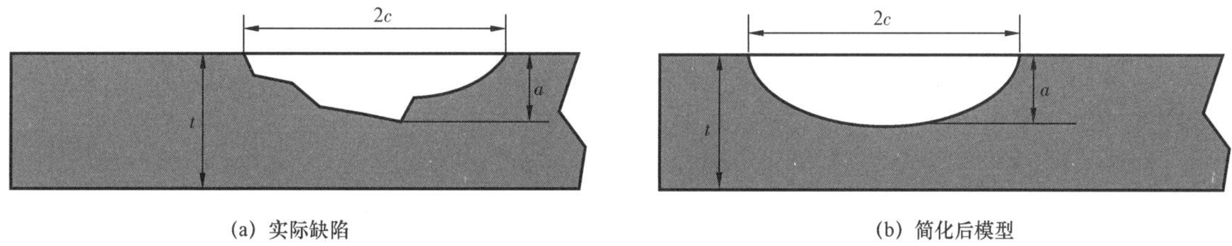

(a) 实际缺陷　　(b) 简化后模型

图4.2.57　含缺欠金属结构失效评价原理示意图

$$a = \min\left[\frac{t}{4}, 1.0\right] \tag{4.2.41}$$

$$2c = 6a \text{ 或 } c/a = 3 \tag{4.2.42}$$

式中　a——裂纹深度；

c——裂纹长度的一半。

为计算裂纹驱动力，薄膜应力被分解为最大一次主应力σ_m^P和残余应力σ_m^{SR}：

$$\sigma_m^P = \frac{2}{3}\sigma_{ys} \tag{4.2.43}$$

对于未经焊后热处理的部件：

$$\sigma_{m}^{SR} = \frac{2}{3}\sigma_{ys} \tag{4.2.44}$$

对于经过焊后热处理的部件：

$$\sigma_{m}^{SR} = 0.20\sigma_{ys} \tag{4.2.45}$$

基于 FAD 的断裂力学方法的断裂比计算如下：

$$K_{I} = \frac{K_{I}^{P} + \Phi K_{I}^{SR}}{K_{mat}} \tag{4.2.46}$$

式中　K_{I}^{P}——主应力强度因子；

K_{I}^{SR}——次应力和残余应力引起的强度因子；

Φ——塑性相关系数；

K_{mat}——材料的断裂韧性。

对于有屈服平台的钢材，可以使用下列简化的 FAD：

$$K_{I} = \left[1.0 - (L_{r}^{P})^{2.5}\right]^{0.2} \tag{4.2.47}$$

式中　L_{r}^{P}——主应力载荷比。

联立上面两式，得到如下表达式：

$$K_{mat}(t) = \frac{K_{I}^{P} + \Phi K_{I}^{SR}}{\left[1.0 - (L_{r}^{P})^{2.5}\right]^{0.2}} \tag{4.2.48}$$

API 579 中介绍了K_{I}^{P}、K_{I}^{SR}、L_{r}^{P}等参量的具体计算方法。

(2)断裂韧性温度关系模型。

材料断裂韧性 K_{IC}测试需要的试样尺寸较大，对材料制造、试样加工及试验操作等带来了非常大的困难，成本甚高。目前，用于确定钢韧脆转变区的断裂韧性 K_{IC}法主要有 ASME 参考温度曲线法与 Master Curve 主曲线法。

ASME 规范第Ⅲ卷第Ⅰ册附录 G 提供了 K_{IC}—RT_{NDT}曲线，如图 4.2.58 所示。该曲线是根据 20 世纪 70 年代美国橡树岭国家实验室实施的厚截面钢板试验项目(HSST)及大量的试验数据拟合得到的包络线，适用于室温屈服强度不超过 345MPa 并满足 ASME 规范 NB 2331 要求的铁素体钢，还可用作评定断裂韧性是否满足防脆断要求的基准曲线。

RT_{NDT}称为“参考温度”或“基准无延性转变温度”，用以替代无塑性转变温度(NDT)作为防脆断的判据。RT_{NDT}是 NDT 在 FTE 温度下经过韧性指标(吸收能量不小于 68J)和塑性指标(侧向膨胀量不小于 0.9mm)互相鉴定后确定的值，因此 RT_{NDT}比 NDT 更加严格与可靠，是一个确定的值，而不是一个波动的范围带(或者说数据点分布区)，这就克服了 NDT 受冶金因素影响所带来的偶然性[50]。

K_{IC}—RT_{NDT}曲线的拟合计算公式为：

$$K_{IC} = 36.48 + 22.78\exp\left[0.036(T - RT_{NDT})\right] \tag{4.2.49}$$

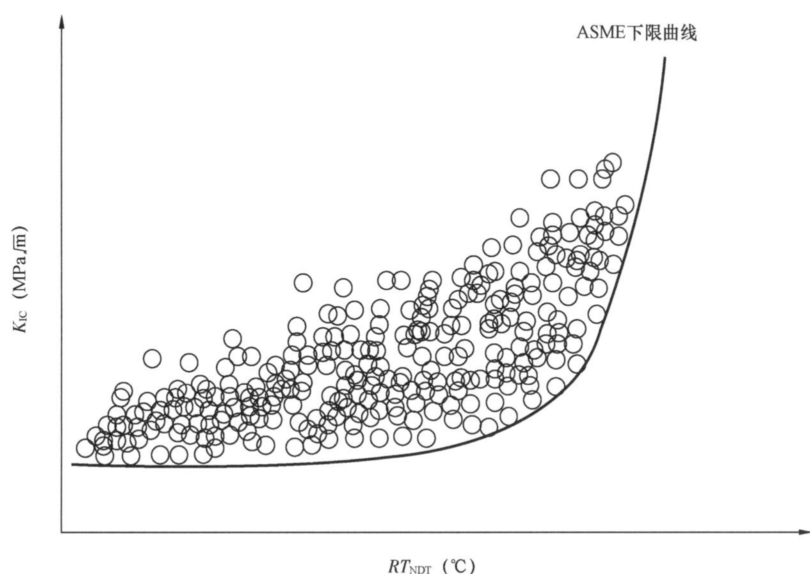

图4.2.58　ASME K_{IC}—RT_{NDT}曲线

ASME 在 B&PV 规范 Code Case N－629 及 N－631 中，提出可以用 RT_{T0}代替第Ⅲ卷和第Ⅺ卷中 K_{IC}下包络线中的参考温度 RT_{NDT}。$RT_{T0}=T_0+19.4$，T_0为主曲线参考温度。

Master Curve 主曲线方法是20世纪80年代由 Kim Wallin 发展起来的描述铁素体钢在韧脆转变区和断裂韧性下平台范围内解理断裂行为的新方法[51]。该方法基于最弱链统计方法和 Weibull 分布理论，将断裂韧性分布、尺寸效应和温度三者有效地联系起来，并用只含有 T_0的关系式来描述断裂韧性概率分布与温度的关系：

$$K_J = 20 + \left[\ln\left(\frac{1}{1-p_f}\right)\right]^{0.25} \times \left\{11 + 77\exp\left[0.019(T-T_0)\right]\right\} \tag{4.2.50}$$

式中　K_J——在失效概率 P_f下，25.4mm 厚断裂韧性试样的弹塑性等效应力强度因子；

T——试验温度。

失效概率为50%的断裂韧性等效应力强度因子表达式为：

$$K_{J,med} = 30 + 70\exp\left[0.019(T-T_0)\right] \tag{4.2.51}$$

此关系曲线被称作 Master 曲线，T_0为主曲线中断裂韧性 100MPa $\sqrt{m}$对应的温度。当 T_0确定后，可根据公式绘制出主曲线随实验温度 T 的变化曲线，即 T_0决定了主曲线在转变区内的位置，断裂韧性的温度模型随即确定。图4.2.59为通过试验获得的主曲线示意图。

(3) ASME 低温压力容器防脆断技术指标。

根据判据确定构件低温服役所需材料断裂韧性，再结合断裂韧性温度模型，ASME 提出压力容器防低温脆断的冲击豁免曲线。利用断裂力学分析，参考断裂韧性与冲击吸收能的经验公式，也可提出防低温脆断冲击指标要求。

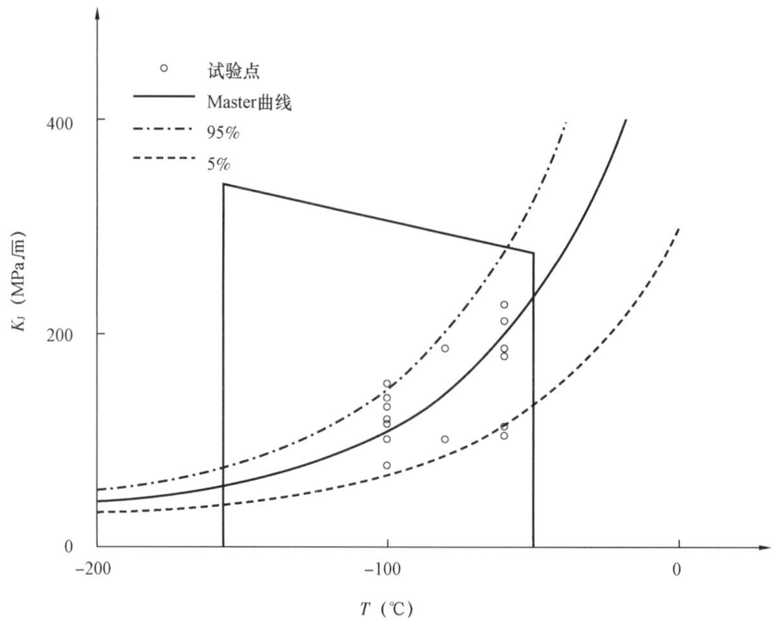

图 4.2.59　主曲线示意图

ASME 规范规定低温压力容器的冲击试验温度不得高于压力容器在运行过程中金属温度的最低值。

ASME Ⅷ-1(图 4.2.60)和 ASME Ⅷ-2(图 4.2.61、图 4.2.62)给出了材料的冲击吸收能要求值,其中 ASME Ⅷ-2 考虑了焊接应力的影响,分别给出了焊接热处理前和热处理后的冲击吸收能指标。可见,冲击吸收能与材料的强度和厚度有关。强度越高,构件厚度越大,冲击吸收能要求值越高。

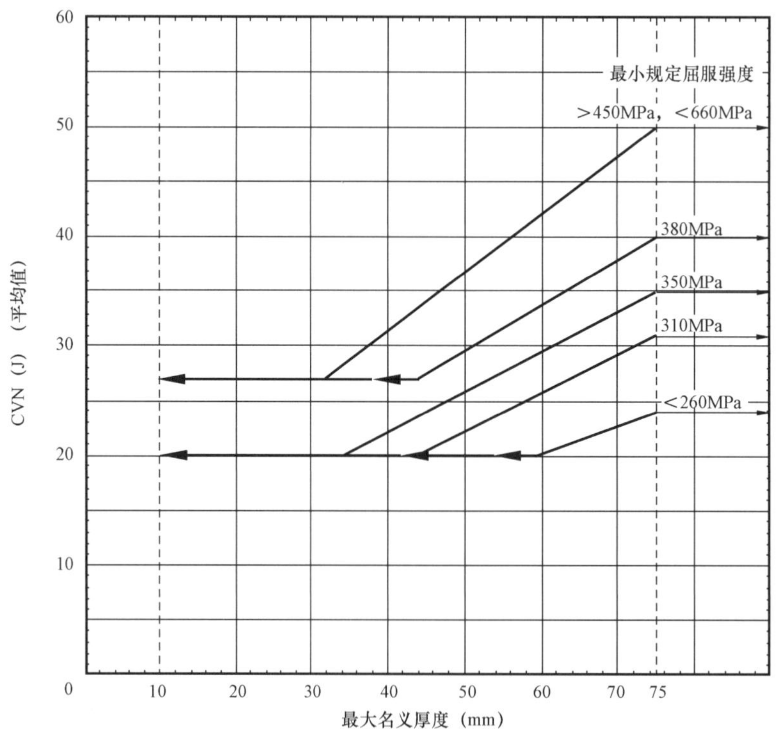

图 4.2.60　ASME Ⅷ-1 冲击吸收能要求

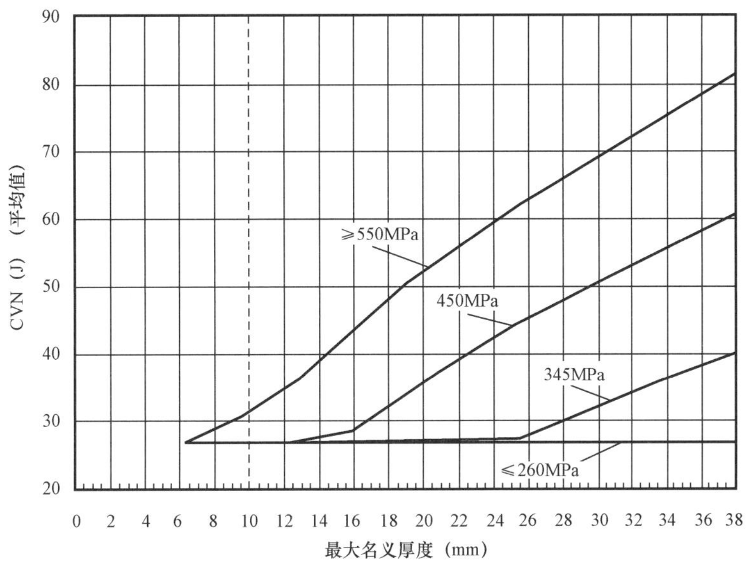

图4.2.61 ASME Ⅷ-2 冲击吸收能要求(未焊后热处理)

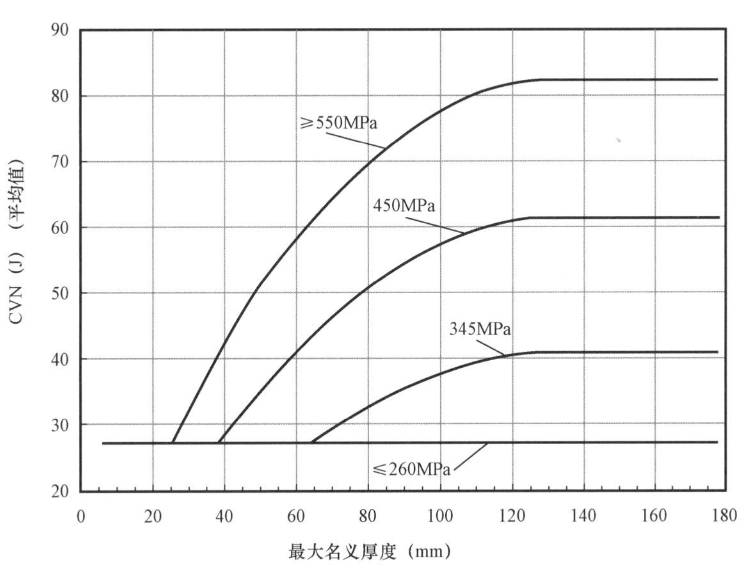

图4.2.62 ASME Ⅷ-2 冲击吸收能要求(经焊后热处理)

随着材料屈服强度的增加,建立冲击吸收能同断裂韧性值的直接联系更为困难,为此引入冲击试验横向膨胀量这一要求。ASME 规范规定,当材料的抗拉强度超过 655MPa 时,冲击试验应符合横向膨胀量的要求,如图4.2.63、图4.2.64 所示。

4.2.2.3.2 高寒地区裸露钢管及管件防脆断标准要求

(1)管道设计温度。

对于低温环境下的地面油气管道,国内外标准主要考虑管道可能达到的最低温度,即管道设计温度(*TD*),以此确定管材冲击试验温度。主要的参照标准有 GB 150《压力容器》、ASME B31.8《气体输送和分配管道系统》、GB 50251—2015《输气管道工程设计规范》和 GB 50253—2014《输油管道工程设计规范》。

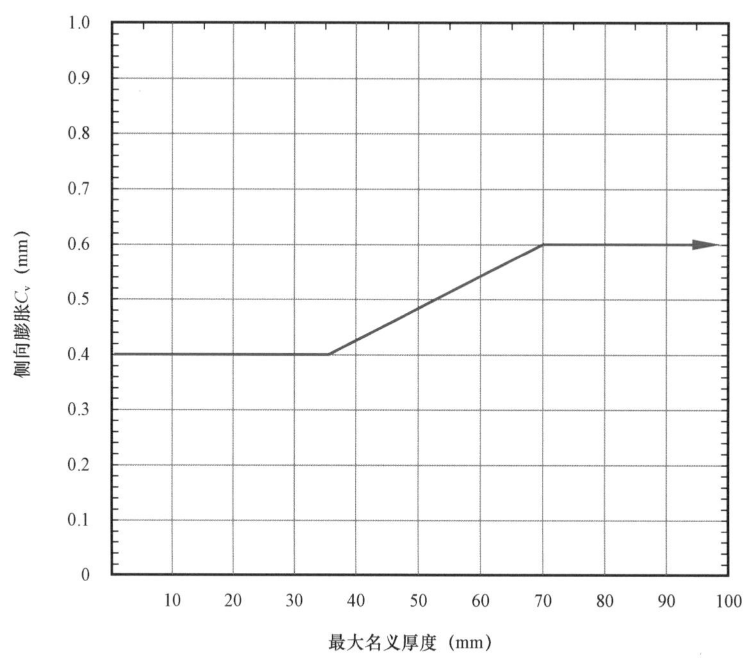

图 4.2.63 ASME Ⅷ－1 横向膨胀量要求

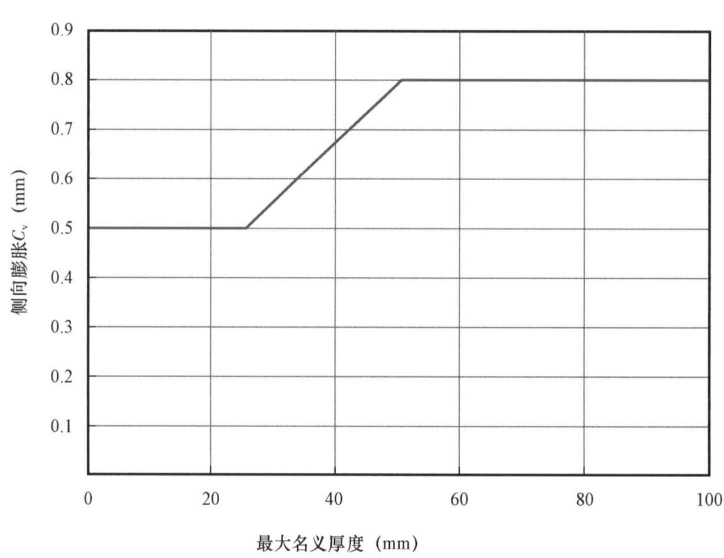

图 4.2.64 ASME Ⅷ－2 横向膨胀量要求

GB 150 规定的低温压力容器，主要指设计温度不大于－20℃时的钢制压力容器。设计温度的确定主要考虑以下几个方面：

① 设计温度不得低于元件金属工作状态所达到的最低温度。容器各部分金属温度不同时，可分别设定每部分的设计温度。

② 元件金属温度可用传热计算求得，或在已使用的同类容器上测得，或按内部介质温度确定。

③ 在任何情况下，金属元件的表面温度不得超过钢材的允许使用温度范围。

④ 对于服役条件变化的容器，应按最苛刻的服役条件设计，并注明各服役条件的温度值。

ASME B31.8 规定，在管道脆性断裂控制中，以系统带压运行中的金属最低温度作为设计温度，并用该地区的历史最低温度纪录作为温度参考。

GB 50251—2015 对管道设计温度做了比较明确的规定。设计温度指管道在正常工作过程中，在相应设计压力下，管壁或金属元件可能达到的最高或最低温度。

(2)冲击韧性试验温度。

国内外标准关于管材低温冲击韧性试验温度的要求不尽相同，具体见表4.2.8。

表4.2.8　国内外管材标准低温韧性试验温度的要求和变化

地区	类型	标准	夏比“V”形缺口冲击试验温度
国外	油气管道	ISO 3183 -3(1999)	考虑了壁厚的影响： 壁厚 $t \leqslant 20$mm 时，试验温度：T_D-10℃； 20mm $< t \leqslant 30$mm 时，试验温度：T_D-20℃； $t>30$mm 时，试验温度：T_D-30℃
		ISO 3183:2007、API 5L 44 版	最低设计温度
	弯管	ISO 15590 -1 (2001 版)	考虑了壁厚的影响： 壁厚 $t \leqslant 20$mm 时，试验温度：T_D-10℃； 20mm $< t \leqslant 25$mm 时，试验温度：T_D-20℃； $t>25$mm 时，试验温度协商
		ISO 15590 -1(2003 版)	最低设计温度
	管件	ISO 15590 -2(2003 版)	考虑了壁厚的影响： 壁厚 $t \leqslant 20$mm 时，试验温度：T_D-10℃； 20mm $< t \leqslant 25$mm 时，试验温度：T_D-20℃； $t>25$mm 时，试验温度协商
国内	管件	GB/T 34275—2017	试验温度考虑当地最低环境温度，一般取 -10℃、-20℃或 -30℃。 当最低环境温度低于 -30℃时，试验温度取 -45℃
		Q/SYGD 0503.7—2016	试验温度一般取 -5℃、-10℃、-20℃、-30℃、-45℃或规定温度， 但试验温度应不高于管道设计温度，且不超过0℃

注：T_D 为管道设计温度。

ISO 3183 -3(1999 版)规定了避免脆性断裂的夏比冲击试验温度，并充分考虑了壁厚的影响因素。而 ISO 3183(2007 版)(与 API 5L 44 版等同)较 1999 版降低了技术要求，夏比冲击试验温度为最低设计温度，并未考虑钢管厚度的影响。

对于油气输送管道系统用弯管，ISO 15590 -1(2001 版)规定了避免脆性断裂的夏比冲击试验温度，考虑了弯管钢级和壁厚等因素。但 ISO 15590 -1:2009 版同样降低了技术要求，未考虑尺寸效应的影响。

对油气输送管道系统用管件，ISO 15590 -2(2003 版)规定了避免脆性断裂的夏比冲击试验温度，也充分考虑了管件钢级和壁厚的影响因素。我国 GB/T 34275—2017《压力管道规范 长输管道》规定：站场裸露管件试验温度考虑当地最低环境温度，一般取 -10℃、-20℃或 -30℃。当最低环境温度低于 -30℃时，试验温度取 -45℃，或采取保温或伴热等工艺措施。Q/SYGD 0503.7—2016《中俄东线天然气管道工程技术规范　第7部分 DN1200以上管件技术规范》试验温度确定原则与GB/T 34275—2017相似。

此外，加拿大Alliance管线站场钢管与管件的CVN试验温度为－45℃，加拿大CSA Z662要求冲击试验温度为比最低设计温度再低5℃（对二级和三级管道）。在ASTM A860—2000《高强度低合金对焊管件规范》中，材料的低温韧性试验温度为－46℃。俄罗斯关于近海管线技术规范YS－61600.3001对低温韧性试验温度要求为：混输管道试验温度为（TD－20）℃，但不低于－35℃；单相输送管道，试验温度为（TD－20）℃，但不低于－35℃。在俄罗斯东西伯利亚管线规范（KTN－035－1－05）中，试验温度是按管道运行时的最低金属温度来区分的：当T（最低温度）≥－20℃时，试验温度为－20℃；当－40℃≤T<－20℃时，试验温度为－40℃；当T<－40℃时，试验温度为－60℃。

（3）低温韧性指标要求。

国内外标准关于低温环境下钢管的低温韧性指标要求（表4.2.9）也是不同的，而且随着标准的不断更新，低温韧性指标也发生明显变化。

表4.2.9　国内外管材标准低温韧性指标要求和变化

地区	类型	标准	夏比"V"形缺口冲击吸收能要求
国外	油气管道	ISO 3183－3（1999）	最小规定屈服强度（MSYS）的1/10
		ISO 3183：2007、API 5L 44版	X80钢级，管径≤1219mm，最小平均值为40J；1219mm<管径≤1422mm，最小平均值为54J；管径>1422mm，最小平均值为68J
	弯管	ISO 15590－1（2001版）	最小规定屈服强度（MSYS）的1/10
		ISO 15590－1（2009版）	X80钢级，管径≤1219mm，最小平均值为40J；1219mm<管径≤1422mm，最小平均值为54J；管径>1422mm，最小平均值为68J
	管件	ISO 15590－2（2003版）	最小规定屈服强度（MSYS）的1/10
国内	管件	GB/T 34275—2017	X80钢级，3个试样平均值≥60J，单个最小值≥45J
		Q/SYGD 0503.7—2016	X80钢级，3个试样平均值≥60J，单个最小值≥45J

ISO 3183－3（1999版）对于低温环境用油气输送管，规定了避免脆性断裂的横向冲击吸收能（J）为最小规定屈服强度（MPa）的1/10，如X80钢级3个试样平均冲击吸收能≥56J，单个最小值≥45J。ISO 3183：2007版给出了不同管径和钢级下的CVN韧性指标。

ISO 15590－1（2001版）对于低温环境油气输送管道系统用弯管，规定了避免脆性断裂的冲击吸收能（J）为最小规定屈服强度（MPa）的1/10。ISO 15590－1：2009版对冲击吸收能的要求引用了ISO 3183：2007版的规定。

ISO 15590－2（2003版）对于低温环境油气输送管道系统用管件，规定了避免脆性断裂的冲击吸收能（J）为最小规定屈服强度（MPa）的1/10，迄今仍未发布更新版本。

我国GB/T 34275—2017标准和中俄东线企业标准Q/SYGD 0503.7—2016，对于低温环境用站场裸露管件的冲击吸收能要求相同，规定X80管件的3个试样平均冲击吸收能不小于60J，单个最小值不小于45J。

4.2.2.4　高钢级管道防低温脆断

4.2.2.4.1　低温环境下管道设计温度确定方法

地面裸露管线用钢管、弯管、管件的冬季服役温度（管壁温度）一方面受当地环境温度的影响（从外面冷却管壁），另一方面又受输送介质的影响（从内部加热管壁），难以准确地确定。ISO 3183 - 3（低温用钢管）、ISO 15590 - 2（热煨弯管）、ISO 15590 - 1（管件）对“设计温度”的确定方法都未明确。加拿大标准对低温用管的“设计温度”也不明确。

高寒地区裸露钢管及管件的设计温度在国内外标准中没有明确地给出。其设计温度随着管道使用环境的不同而发生变化。目前国内外主要的参照标准有GB 150、ASME B31.8、GB 50251—2015和GB 50253—2014。GB 150主要讲述低温压力容器温度设计原则，主要适用于设计温度不大于 -20℃钢制低温压力容器的设计、制造和验收。在确定设计温度时，应考虑如下几个方面[52]：

（1）设计温度不得低于元件金属工作状态所达到的最低温度。容器各部分金属温度不同时，可分别设定每部分的设计温度。

（2）元件金属温度可用传热计算求得，或在已使用的同类容器上测得，或按内部介质温度确定。

（3）在任何情况下，金属元件的表面温度不得超过钢材的允许使用温度范围。

（4）对于服役条件变化的容器，应按最苛刻的服役条件设计，并注明各服役条件的温度值。

ASME B31.8标准关于管线系统设计要求规定，控制管道脆性断裂，以系统带压运行时金属的最低温度作为设计温度，并用该地区的历史最低温度纪录作为温度参考。GB 50251—2015《输气管道工程设计规范》中对管道设计温度做了明确规定，设计温度指管道在正常工作过程中，在相应设计压力下，管壁或金属元件可能达到的最高或最低温度。GB 50253—2014《输油管道工程设计规范》中对不加热输送的原油长输管道，计算管段的输油平均温度为管段中心埋深处最冷月份的平均地温度。

国内外关于低温环境下管道的设计温度要求各不相同，在不同国家和不同标准中也有差别。

管研院开展了低温环境下钢管设计温度确定方法的研究，基于Fluent软件建立了低温环境下钢管管壁温度的数值计算模型，利用该模型可以计算得到钢管管壁温度分布，进而确定不同设计条件下的钢管设计温度。

同时，采用数值计算方法得到了低温环境下环境风速与裸露钢管外表面对流传热系数的关系。然后利用Fluent薄壁传热数值模型，基于正交试验设计法计算了各因素组合作用下的管道最低壁温，得到了各因素对管道最低壁温的影响规律。

计算结果表明，环境温度、介质温度、环境风速和输送流量是管道最低壁温的主要影响因素。管道规格、管道长度这两个因素对管道最低壁温影响相对较小。但是从极差数值上来看，它们对应的极差约为环境温度对应最大极差值的1/3，表明这两个因素对管道最低壁温也有一定程度的影响。

该方法要求设计单位配备数值计算软件，设计人员熟练掌握相关软件操作，不便于工程应用。因此，有必要在数值计算方法的基础上，提出一个免于仿真分析的低温环境下地面钢管最低设计温度的工程估算方法。

GB 151—2014《热交换器》附录F中提供了用于换热器壁温计算的方法，但该方法计算所得结果可能会高于实际的管壁最低温度，从而使设计偏于危险。

根据GB 50251—2015《输气管道工程设计规范》的规定，管道最低设计温度应取管道在正常工作过程中,管壁或元件金属可能达到的最低温度。对于低温环境下的地面裸露钢管,管内介质温度不会低于环境温度,管壁的最低温度必定出现在管道外壁面,因此只需对管道外壁面温度计算公式修正。

GB 151—2014 附录 F 中的壁温计算公式采用的 Δt_m 是一个平均温度,使得计算的壁温也是一个介于最高壁温和最低壁温之间的平均值,因此按照该公式计算的壁温值通常都高于钢管最低壁温。为了得到管道外壁面最低温度的估算公式,对管子外表面温度 t_{tc} 计算公式进行修正,采用管道出口处的内外温差 Δt_2 代替 Δt_m,也即修正为:

$$t_{tc} = t_m + K\Delta t_2/\alpha_o \tag{4.2.52}$$

$$K = \frac{1}{\dfrac{1}{\alpha_o} + \dfrac{d_o}{2\lambda}\ln\dfrac{d_o}{d_i} + \dfrac{d_o}{d_i\alpha_i}} \tag{4.2.53}$$

$$\Delta t_2 = t_x - t_m \tag{4.2.54}$$

$$t_x = t_m + (t_1 - t_m)e^{-\alpha x} \tag{4.2.55}$$

$$\alpha = \frac{\pi d_i K}{MC_{pf}} \tag{4.2.56}$$

$$\alpha_i = 0.023\frac{\lambda_f}{d_i}\left(\frac{4M}{\pi d_i\mu_f}\right)^{0.8}\left(\frac{C_{pf}\mu_f}{\lambda_f}\right)^{0.3} \tag{4.2.57}$$

式中 t_m——环境温度,℃;

K——以管道外表面面积为基准计算的总传热系数,W/(m^2·℃);

Δt_2——管道出口处的气体温度减去环境温度得到的温度差,℃;

t_x——管道出口处的气体温度,℃;

t_1——管道入口处的气体温度,℃;

x——管道入口处至出口处的总管道长度,m;

α——无量纲系数;

α_o——管道外壁与大气环境之间的对流传热系数,W/(m^2·℃);

α_i——管内气体与管道内壁之间的对流传热系数,W/(m^2·℃);

d_i——管道内直径,m;

d_o——管道外直径,m;

λ——管子材料热传导系数,W/(m·℃);

λ_f——管内气体热传导系数,W/(m·℃);

M——管内气体质量流量,kg/s;

μ_f——管内气体黏度,kg/s;

C_{pf}——管内流体的定压比热容,J/(kg·℃)。

当采用该式进行管道最低壁温估算时,只需要给定管道规格、长度及管材属性(d_i,d_o,x,λ),管内气体流量和气体属性(M,μ_f,C_{pf},λ_f),管道入口处的气体温度和环境温度(t_1,t_m),管道外壁与大气环境之间的对流传热系数(α_o)。可以看出,上述修正公式涵盖了环境温度(t_m)、介质温度(t_m)、环境风速(α_o)、输送流量(M)、管道规格(d_i,d_o)、管道长度(x)等 6 个影响因素的综合作用。

以霍尔果斯某站场为参考,分析了裸露钢管的设计温度。

该管道设计压力为 12MPa、设计输气量为 $300 \times 10^8 m^3/a$,管道材料为 X80,钢管规格为 ϕ1219mm × 27.5mm,弯头规格都为 1.5D,三通为等径三通,进口天然气温度不低于 0℃,站场所在地区极端最低气温为 -42.6℃,最大风力为 9 级。

综合考量各影响因素,以最低壁温确定的管道设计温度为 -35℃。

4.2.2.4.2　低温环境下钢管的断裂韧性要求

如上文所述,油气输送管线材料标准中大都采用传统的夏比冲击试验来作为防止材料低温脆断的评价方法。油气输送钢管强度、厚度、管径等的不断增长,对目前现行的油气输送管线标准带来巨大的挑战。如 ISO 15590 - 2(2003 版)对于低温环境的油气输送管道系统所用管件,规定了避免脆性断裂的夏比冲击试验温度和韧性要求,但是标准中对壁厚 $t > 25$mm 的管件材料,并未明确给出夏比冲击试验温度。因此,采用传统的基于经验的评价方法已不能满足目前高强度、大口径、大壁厚管线材料的要求。

1976 年,英国 Central Electricity Generating Board(现在是 EDF 能源)提出了失效评估图(FAD)的概念。最初的 FAD,即是基于带状屈服模型(strip yield model)的 R6 设计方法,采用了线弹性断裂、弹塑性断裂、塑性垮塌等失效准则。其基本思想是:假设一个缺陷,在参考应力作用下,基于一定的韧性准则和失效判据对构件在低温下能否安全运行进行评定。显然,这种基于断裂力学的防脆断低温设计方法较我国相关标准更加完善和先进。采用失效评估图方法可以计算出假设缺陷下的材料的断裂韧度 $K_{mat}(t)$ 或 $\delta_{mat}(t)$,然后再根据断裂韧性与冲击韧性的经验关系公式进行计算,就可以获得材料的夏比冲击吸收能要求。但是,断裂韧性与 CVN 转化的主要问题(包括 K_{IC} 和 CVN 之间的转化公式)强烈依赖于材料状态和韧脆转化区域,是基于试验数据拟合的经验公式,不具有普遍的适用性。在 DNV - OS - F101 标准附录 A《环焊缝断裂极限状态》中,明确说明断裂韧性与 CVN 之间的转化关系可靠性较差,不能接受基于夏比冲击试验结果对管线环焊缝进行完整性评估,仅能作为参考。然而,CVN 作为工程参数,虽不具有真实的断裂力学物理意义,但因其操作简单,在很多工程中都用来表征断裂韧性。由于受到试样尺寸、厚度、裂纹深度、裂纹形状、加载方式等影响,对于高钢级 X80 管线钢管,采用断裂韧性和夏比冲击试验获得的材料韧脆转变温度有较大差异,如图 4.2.65 所示。因此,一些国际标准也开始倾向于直接采用断裂韧性指标作为防止启裂的控制指标。目前在工程中,考虑结构和实验室小试样的弹塑性行为,通常采用 CTOD 作为断裂韧性指标。

根据 API 579 和 BS 7910 方法,针对不同厚度的 X80 钢管进行了断裂韧性估算,具体的计算结果见表 4.2.10。从计算结果来看,BS 7910 计算得到的临界 CTOD 比 API 579 计算得到的值相对保守。为保证管线安全,推荐采用 BS 7910 计算得到的临界 CTOD 值作为 X80 钢管的断裂韧性指标。同时基于前期试验和有限元的结果来看,试样厚度和温度对材料的断裂韧性值影响较大。因此推荐断裂韧性试验采取三点弯曲试验,试样厚度为全壁厚试样,试验温度则采用管线的设计温度。

如前所述,国内外学者根据大量的含穿透型和表面型裂纹缺陷钢管爆破试验提出了多种启裂预测方法,如对数—割线模型、断裂力学模型等。这些方法涵盖了大量的材料,如 X70 管线钢、核电材料等,通过该模型可有效地预测含裂纹缺陷钢管的爆破压力。但该方法需基于大量的试验数据,对于新型材料,该方法的适用性需要进一步验证。管研院开展了 ϕ1422mm × 21.4mm X80 钢管低温爆破试验,对含缺陷钢管在低温环境下的预测方法进行了有效性验证。含缺陷钢管低温爆破实验如图4.2.66所示,试验温度为-20℃。采用BS 7910标准中的方法对该试验钢管的爆破压力进行了预测,预测结果见表4.2.11。结果表明,BS 7910的方法预测结果偏保守,采用BS 7910方法得到的断裂韧性指标较为安全。

表4.2.10　断裂韧性计算结果

钢级	压力（MPa）	管径（mm）	壁厚（mm）	裂纹尺寸		API 579		BS 7910		备注
				深度 a（mm）	长度 c（mm）	K_{mat}（$MPa\sqrt{m}$）	δ_{mat}（mm）	K_{mat}（$MPa\sqrt{m}$）	δ_{mat}（mm）	
X80	12	1422	21.4	5.35	32.1	130	0.13	156	0.20	
X80	12	1422	30.8	7.7	46.2	108	0.09	154	0.20	
X80	12	1422	33.8	8.45	50.7	79	0.05	90	0.07	PWHT
X80	12	1422	58	14.5	87	74	0.04	75	0.05	PWHT

注:PWHT为焊后热处理状态。

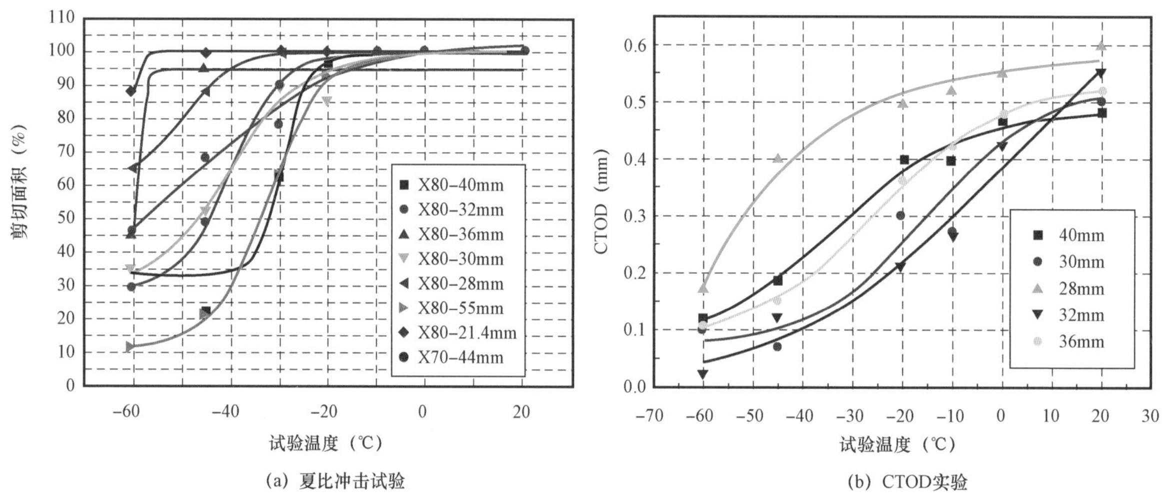

(a) 夏比冲击试验　(b) CTOD实验

图4.2.65　X80管件韧脆转变温度曲线

(a) 爆破实验全貌

(b) 断口形貌

图4.2.66　低温爆破试验

表 4.2.11　BS 7910 预测结果与试验结果

指标	BS 7910 预测结果(MPa)	试验结果(MPa)
失效压力	8.1	11.3
偏差	28.3%	—

为防止天然气管道的裂纹发生长程扩展，要求管线具有足够的止裂能力。如果管线钢发生脆性断裂，其断裂面的剪切面积为0%，断裂速度也达到钢中纵向波速的极限。因此，一旦发生脆性断裂将会发生长程扩展，直到裂纹扩展到高韧性钢管。实际的天然气钢管发生断裂时，剪切面积一般在0～85%之间，断裂面呈韧脆混合形貌。因此实际的天然气钢管有可能实现脆性止裂。在20世纪30年代末到60年代初，输气管道中出现了大量的脆性断裂，有时可延伸扩展15～60km。1953年，美国天然气协会(A. G. A.)启动NG－18项目，开发了一种管线脆性断裂止裂方法。最初采用了简单的夏比冲击试验，即在一定温度范围内进行系列夏比试验，从而得到管线钢的韧脆转变曲线。当规定试验温度下材料的剪切面积超过85%，该材料则可脆性止裂。但是，随着管道壁厚的增加，发现小试样夏比试验不能准确预测厚度大于9.5mm管道的转变温度。因此，开始采用全壁厚落锤撕裂试验(DWTT)来获得更加准确的材料韧脆转变温度。

早期研究表明，由全厚度DWTT试样确定的韧性转变曲线与全尺寸试验数据有较好的一致性。但是对于DWTT的脆性止裂准则，各个国家的标准要求却各不相同，如美国Battelle研究院推荐采用85%剪切面积准则，英国管线钢标准要求75%剪切面积，ASME B31.8要求每批钢管中的80%需达到40%的剪切面积，DNV OS－F101、CSA Z245.1等多个标准中均要求DWTT的剪切面积平均值超过85%。对于早期的低钢级、低韧性管线钢而言，采用85%的剪切面积准则，能更好地确定其韧脆转变温度。但是，随着管线钢技术的不断发展，现代管线钢普遍具有良好的强度和韧性，大壁厚管线钢管的应用也逐步增加。因此采用85% DWTT剪切面积准则已不适用于现代管线钢。美国石油学会(API)正在修改这一标准，但到目前还没有完全解决。

Maxey等参考夏比冲击和DWTT试验，制定了天然气管道的半经验脆性断裂止裂准则[53]。当材料的断裂阻力大于驱动力时($R>G$)，管线钢则能脆性止裂。

$$\text{驱动力：}\quad G = \sigma_h^2 \pi r / E \tag{4.2.58}$$

$$\text{阻力：}\quad R = (SA\%)_{DWTT}(CVN/A)_{charpy} \tag{4.2.59}$$

式中　σ_h——管道环向应力；

r——管道内径；

G——应变能释放率；

R——断裂阻力；

E——弹性模量；

$(SA\%)_{DWTT}$——DWTT试样剪切面积；

CVN——夏比“V”形缺口冲击吸收能；

A——夏比冲击试样“V”形缺口根部位置横截面积；

$(CVN/A)_{charpy}$——单位面积上的夏比“V”形缺口冲击吸收能。

Wilkowski等[54]以相对简单的方式将原始的脆性断裂止裂准则扩展到高韧性管线钢，并通过一些爆裂试验进行了验证。对于高韧性管线钢，标准 PN－DWTT 试样的脆性断裂与普通管线钢不同。韧性断裂发生在缺口处，可能突然转变为低剪切区的脆性断裂，这被称为异常断裂外观（或反向断裂）。要阻止脆性断裂，剪切面积指标可能比 85% 低得多。从图 4.2.67 中可以看出，管线钢的脆性止裂受应力水平和材料韧性的影响较大，对于高韧性管线钢管，脆性止裂的要求可能较低。

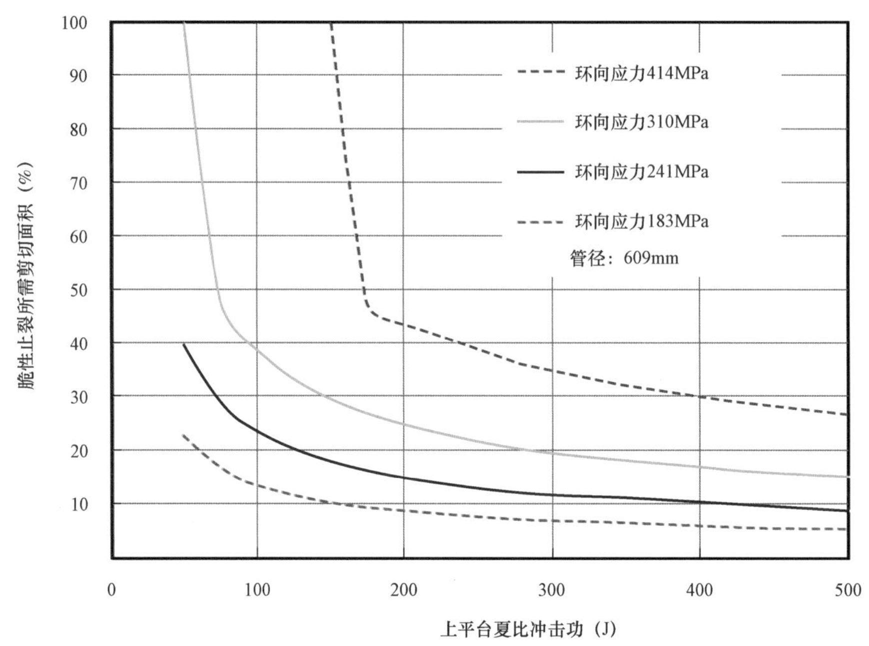

图 4.2.67　不同应力水平和韧性管线钢的脆性断裂止裂要求

4.2.3　天然气管线全尺寸爆破试验

4.2.3.1　West－Jefferson 半气体爆破试验

从 20 世纪 50 年代开始，Battelle 研究院在 West－Jefferson 进行了系列半气体爆破试验，试验主要针对 X65 及以下低钢级管线管，用于确定输气钢管的韧脆转变温度。这些半气体爆破试验后来被称之为 West－Jefferson 试验。Battelle 研究院随后将半气体爆破试验钢管的断口形貌与 DWTT 试样及夏比冲击试样的断口形貌进行了对比分析，发现由 DWTT 试验确定的钢管韧脆转变温度与由半气体爆破试验确定的钢管韧脆转变温度相一致，如图 4.2.68 所示。实际管线气体爆破的断裂速度与 DWTT 的剪切面积相关，如图 4.2.69 所示。

在 West－Jefferson 试验中，通过向钢管内注入低温液体来控制试验温度，向钢管内注入低温氮气来提供裂纹扩展驱动力。半气体爆破试验的裂纹起始速度与实际全尺寸气体爆破的起始速度接近，但是没有裂纹稳态扩展过程。

试验通常采用一根钢管进行。在试验钢管中间预置缺陷，用于在规定压力下引入初始裂纹。在钢管的表面每隔一定间距安装铜线（计时线），当裂纹到达该位置后，计时线断裂，从而提供裂纹扩展速度信息。在钢管的不同位置安装热电偶来采集钢管温度。试验钢管包裹铝箔和玻璃纤维进行绝热。当试验温度在 10℃ 以上时，使用水作为介质；当试验温度在 －17.8～10℃ 之间时，使用盐水作为介质;当试验温度在 -17.8℃以下时,使用酒精作为介质。在试验中,首先将介质注满钢管,并通过循环管路进行循环。循环管路上装有热交换器,通过热交换将介质及试验钢管降温至试验规定温度。当钢管降温至试验温度后,停止循环,并降低液位至钢管体积的 90% 左右。随后向钢管内注入低温氮气并增压,直至预置缺陷失稳扩展。试验后对断口形貌、剪切面积、断口减薄率、断裂速度和温度这些关键数据进行处理和分析。

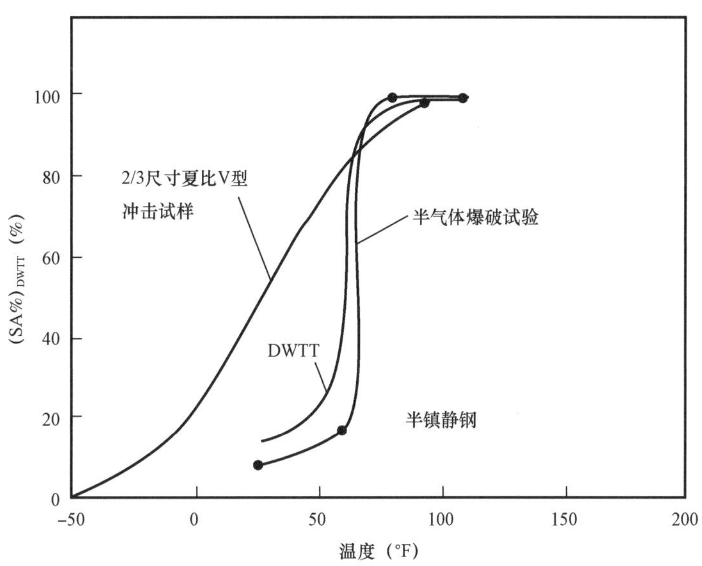

图 4.2.68　DWTT、Charpy 及半气体爆破试验确定的韧脆转变温度

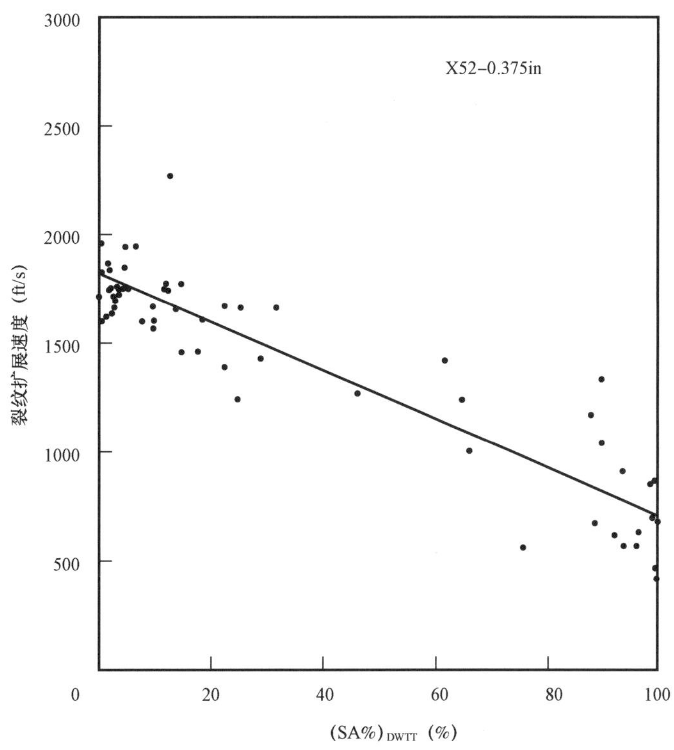

图 4.2.69　DWTT 剪切面积与裂纹扩展速度的相关性

由于预置缺口难以准确控制爆破压力，并且缺口处存在一定程度的鼓包。近年来开展的半气体爆破试验，均采用线性聚能切割技术，通过线性聚能切割器，在规定的试验压力下，瞬时引入失稳扩展的贯穿型裂纹。

4.2.3.2 全尺寸气体爆破试验

全尺寸气体爆破试验是最可靠和最有效的确定实际管道止裂韧性的方法。全尺寸气体爆破试验布置如图4.2.70所示，整个试验管路由试验管段和储气管段组成。储气管段长度通常与试验管段长度相同，用来提供充足的气源，防止回弹的减压波与扩展中的裂纹相遇。储气管前需安装止裂器，防止裂纹扩展进入储气管。同时，需采用混凝土锚固墩对储气管进行锚固。试验管段用来放置试验管，在试验管段中间放置低韧性钢管作为启裂管，启裂管两侧排列试验管（通常采取韧性由低到高的方式排列，也可采取等韧性方式排布）。通过线性聚能切割器在启裂管引入初始裂纹。在内压的驱动下，裂纹由启裂管向两侧试验管扩展。当裂纹扩展驱动力（裂纹尖端气体压力）大于裂纹扩展阻力（钢管自身韧性）时，裂纹将加速扩展。当裂纹扩展驱动力等于裂纹扩展阻力时，裂纹将稳态扩展。当裂纹扩展的驱动力小于裂纹扩展阻力时，裂纹将减速直至停止扩展。试验过程中通过计时线采集裂纹扩展速度，通过高频压力传感器采集气体减压波，通过应变片采集管体应变，通过温度传感器采集管体及管内温度。如进行天然气试验，采用点火弹将外泄的天然气点燃，采集冲击波、热辐射、抛洒物等爆炸危害。

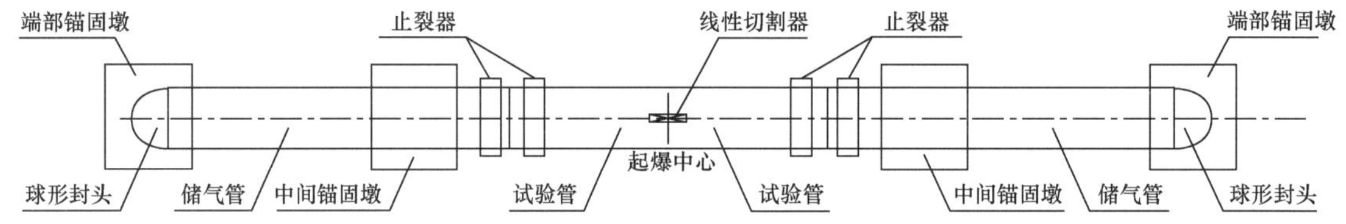

图4.2.70 全尺寸气体爆破试验布置示意图

世界上目前进行输送管全尺寸天然气爆破试验的场地主要有意大利 Sardinia Island 试验场、英国 Spadeadam 试验场和中国的哈密全尺寸气体爆破试验场。俄罗斯和日本也在本国开展了大口径管道全尺寸气体爆破实验，其介质均为空气。

我国哈密全尺寸气体爆破试验场于2015年建成，试验场位于新疆哈密南湖戈壁，占地约2.21km^2，现场布置参见第1.4节图1.4.3。试验场分为生活辅助区和试验区，其中试验区包含ϕ1422mm 和ϕ1219mm 两条试验管列，每条试验管列由130m长试验管和两端150m长的储气库组成。管道全尺寸气体爆破试验场通过模拟真实输气管道运行条件，采用天然气等介质，开展高压输气管道全尺寸断裂行为研究以及管道爆炸对环境造成的危害评估。试验最大管径1422mm，最高压力20MPa，可实时监测管道的裂纹扩展速度、压力变化、温度变化、管道变形及应力变化等，满足了高钢级管道（X80、X90、X100）断裂控制研究的需要。作为我国油气管道及储运设施模拟服役条件的试验基地，将为我国油气管道建设和安全运行提供第一手的试验数据和技术依据。

2015年12月30日，在哈密全尺寸气体爆破试验场进行了我国首次ϕ1422mm X80直缝焊管、12MPa天然气介质的全尺寸管道爆破试验。2016年11月16日进行了我国首次ϕ1422mm X80螺旋焊管、13.3MPa天然气介质的全尺寸管道爆破试验。2016年12月16日，开展了世界首次ϕ1219mm

X90、12MPa 全尺寸天然气爆破试验，如图4.2.71所示。试验中采用一端直缝、一端螺旋的排管方式，验证了国产X90钢管的止裂韧性。2017年开展了国内首次同沟敷设管道空气爆破试验（图4.2.72），验证了ϕ1219mm X80管道爆破（爆炸）对同沟敷设管道的影响。

图4.2.71　ϕ1219mm X90钢管全尺寸天然气爆破试验

图4.2.72　同沟敷设管道爆破试验

4.2.3.2.1　X80及以上高钢级管线钢管全尺寸实物气体爆破试验

图4.2.73是由ECSC和EPRG共同资助于2001—2003年间在CSM的Sardinia实物爆破试验场实施的X80、X100以及X120爆破试验数据[55-57]。图中有2组X100试验数据异常，这两组试验有一个共同的特点，就是裂纹在钢管中基本上匀速扩展，最后没有能够止裂。扩展钢管韧性最高的为355J，BTC预测值为154J。

其他X100和X120试验都最终止裂，最大修正系数约为1.7。但是这些试验是采用的贫气（CH_4>96%）或空气。图4.2.73中1.44的修正系数是根据X80实物试验数据得到的。与西气东输二线设计参数接近的X80全尺寸爆破试验共有9次。其中6次由CSM进行，有31根试验管，10根止裂，21根扩展；1次由AISI进行，有4根试验管，1根止裂，3根扩展；2次由日本企业实施，有9根试验管，4根止裂，5根扩展。

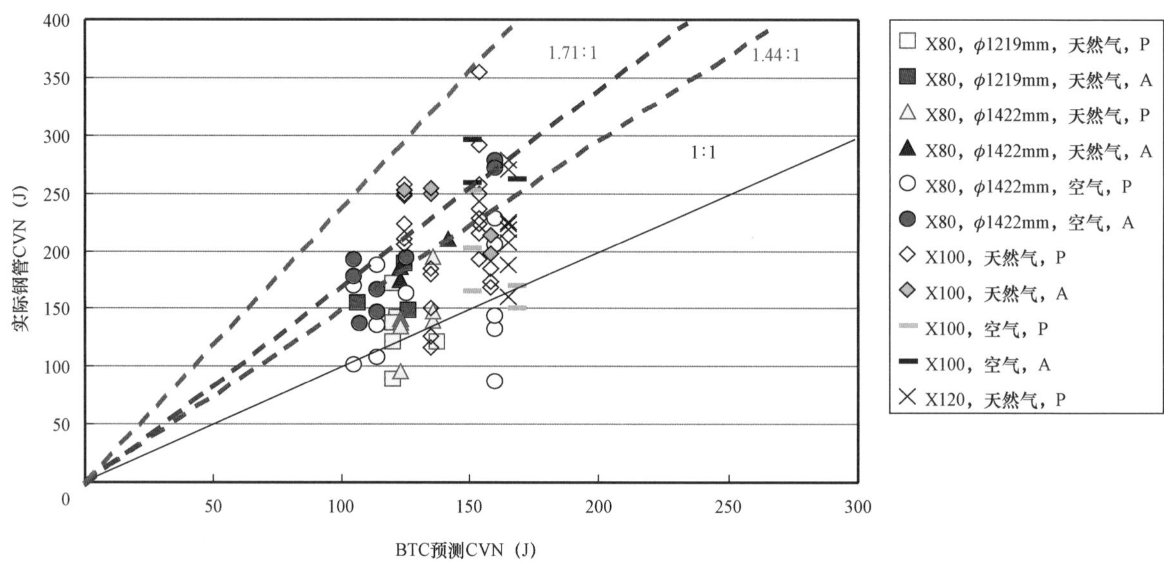

图 4.2.73　X80、X100 以及 X120 爆破试验数据

CSM 提供的 6 次实物试验数据，大部分试验是在 20 世纪 80 年代进行的，钢管存在断口分离现象，9 次 X80 全尺寸试验参数范围见表 4.2.12。

表 4.2.12　X80 全尺寸试验参数范围

项目	最小值	最大值
外径(mm)	1067	1422
壁厚(mm)	12.5	26
冲击吸收能(J)	88	278
压力(MPa)	9.4	16.1
环向应力(MPa)	350	440
设计系数	0.65	0.80
试验温度(℃)	-3	19.4

注：(1)试验介质为天然气 4 次，空气 5 次。

(2)试验钢管全部为直缝埋弧焊管。

此外，这些实物爆破试验中存在一些异常试验结果。一端(例如 171J)继续扩展，另一端(例如 149J)却止裂。由于当时 X80 钢管断口分离较严重，因此不能排除断口分离的影响。

图 4.2.74 是 CSM 实物爆破试验数据库中，8 次 X80 爆破试验中钢管的实测冲击吸收能和落锤试验能量的数据统计。可见，在已进行过的 X80 实物爆破试验中，没有冲击吸收能低于 140J 或者落锤断裂能量低于 $390J/cm^2$ 情况下发生止裂的情况。

4.2.3.2.2　螺旋缝埋弧焊管(SSAW)全尺寸实物爆破试验[58,59]

CSM 一共进行过 11 次 SSAW 焊管全尺寸爆破试验，共有 27 根试验管，试验主要在 20 世纪 70 年代进行。SSAW 焊管全尺寸试验参数情况见表 4.2.13。

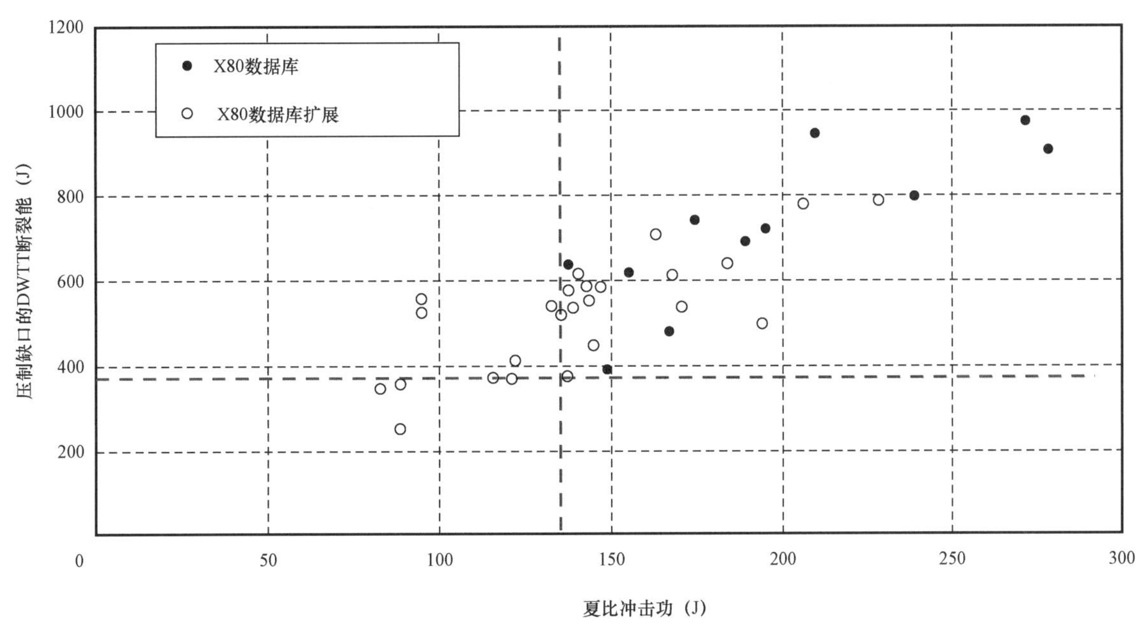

图4.2.74　CSM X80实物爆破试验钢管实测夏比冲击功和DWTT能量值

表4.2.13　SSAW焊管全尺寸试验参数范围

项目	最小值	最大值
钢级	X60	X70
外径(mm)	914	1422
壁厚(mm)	9	17
冲击吸收能(J)	70	220
DWTT能量(J/cm^2)	330	800

注:试验介质为天然气10次(包括贫气和富气),空气1次。

SSAW钢管实物爆破试验结果较为分散,而且大部分试验钢管发现有断口分离情况。SSAW钢管实物爆破试验裂纹扩展路径不尽相同。一种是裂纹开始扩展后迅速转向,顺着焊缝沿螺旋线扩展,裂纹扩展长度增加。如果螺旋焊缝韧性好,有利于止裂。另一种是进入SSAW焊管后沿直线扩展,如果焊管管体韧性不够高,将穿过整根钢管继续扩展。在裂纹扩展速度降低并且突然沿螺旋焊缝方向转向时,裂纹马上止裂,这种情况下的止裂主要是由于管体横向冲击韧性好的原因。

对比分析表明,SSAW焊管止裂能力不低于直缝埋弧焊管。实物爆破试验结果表明,SSAW钢管和直缝埋弧焊管一样,实测值和预测值之间存在良好的对应关系。

4.2.3.2.3　日本HLP组织的C系列实物爆破实验[59]

日本HLP组织在1978—1983年先后进行了7次全尺寸实验,5次在日本的Kamaishi(釜石,编号A1、A2、A3、B1、B2),2次在英国BGC(英国天然气公司,编号为C1、C2)。其中A、B系列实验采用压缩空气,C系列实验采用天然气(富气)。材料是API X70钢管,直径1219mm,壁厚18.3mm。C系列实验条件及其实验结果见表4.2.14、表4.2.15和如图4.2.75所示。

表 4.2.14　HLP 组织 C 系列实验条件

试样	钢级	管径（mm）	壁厚（mm）	压力（MPa）	温度（℃）	气体类型
C1	X70	1229	18.3	11.6	−5	富气
C2	X70	1229	18.3	10.4	−5	富气

表 4.2.15　C 系列实验富气组分

试验	CH_4	C_2	C_3	iC_4	nC_4	iC_5	nC_5	nC_6	nC_7	nC_8	nC_9	N_2	CO_2
C1	89.55	4.56	3.47	0.23	0.57	0.095	0.064	0.029	0.011	0.006	0.001	0.54	0.87
C2	89.57	4.70	3.47	0.24	0.56	0.106	0.075	0.033	0.017	0.008	0.001	0.50	0.72

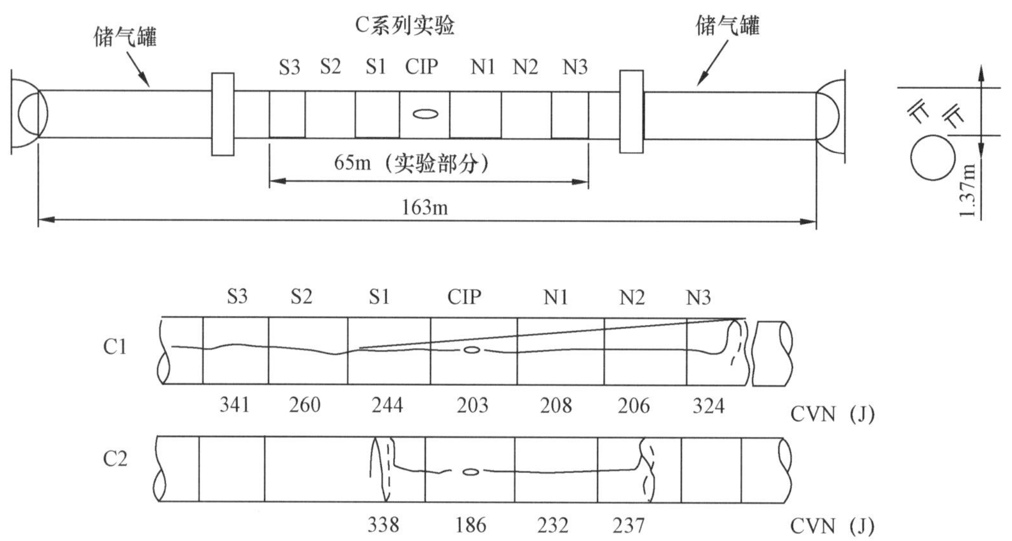

图 4.2.75　HLPC 系列实验裂纹扩展止裂示意图

可以看出，在 11.6MPa 的压力和其他条件相同的情况下，与贫气输送相比，富气输送裂纹扩展距离更长。可见在相同的材料、环境及压力的情况下，输送富气管道一旦裂纹开裂，止裂将更加困难。

4.2.3.2.4　北美联盟管道全尺寸爆破实验[60]

北美联盟管道总投资 30 亿美元，由 6 家公司合资兴建，全长 2627km，从加拿大的 British Columbia 到美国的 Illinois，2000 年投入运营。该管道设计输送能力为 $375 \times 10^5 m^3/d$，主干线设计最大输送压力为 12MPa、管径 914mm；支线管径 1067mm、最大设计压力为 8.274MPa。管道的主要设计参数见表 4.2.16。

表 4.2.16　联盟管道的设计参数

直径（mm）	914	1067
壁厚（mm）	14.2	11.4
钢级	X70	X70

续表

管型	UOE&SSAW	UOE&SSAW
输送介质组分	CH_4 =79.5%,热值 44.3MJ/m^3	
最大操作压力(MPa)	12	8.275
最大应力(%SMYS)	80	80
最低设计温度(MDT)(℃)	-5	-5
最大操作压力(MOP)下最低运行温度(℃)	24	4

联盟管道的设计在几个方面都创造了新的世界水平:

(1)高韧性管线钢管——CVN 冲击吸收能高于 217J;

(2)高的运行压力——最大运行压力为 12MPa;

(3)富气输送——含 15% 乙烷、3% 丙烷、天然气最大热值为 44.2MJ/m^3。

为了验证联盟管道 ϕ914mm 和 ϕ1067mm 钢管的止裂韧性,进行了两组全尺寸爆破实验。实验管段全长约 366m,中间为 9 根 11m 长的实验样管。实验样管沿东西方向分别标为 1E、2E 以及 1W、2W 等,预制裂纹穿过 1E 和 1W 之间的环焊缝。第一次实验的示意图如图 4.2.76 所示。

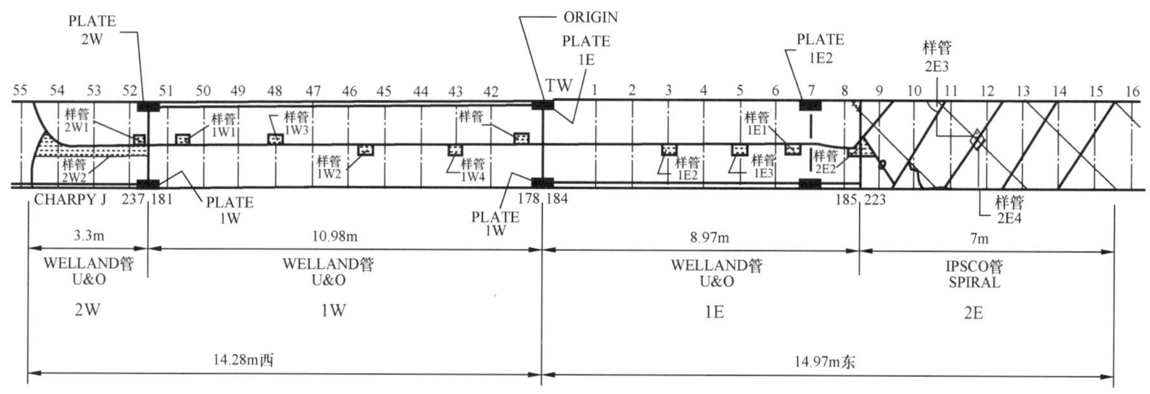

图 4.2.76　联盟管道实验第一次断裂扩展示意图

表 4.2.17 给出了各实验管段的标准夏比冲击吸收能以及按照实验条件用 Battelle 双曲线法预测的止裂韧性数值。

表 4.2.17　联盟管道爆破实验夏比冲击吸收能

钢管编号	第一次实验				第二次实验			
	2W	1W	1E	2E	2W	1W	1E	2E
钢管平均夏比冲击吸收能(J)	237	178	185	231	217	184	203	247
预测止裂夏比冲击吸收能(J)	253	181	184	223	223	204	185	226

第一次爆破实验采用 ϕ914mm 钢管,壁厚 14.2mm、钢级 X70、运行压力 12MPa,实验温度 23.8℃,天然气热值为 44.6MJ/m^3。

第二次爆破实验是为了模拟 ϕ1067mm 钢管的止裂过程，由于实验设备不到位，最终仍采用 ϕ914mm 钢管，壁厚 14.2mm、钢级 X70、运行压力 12MPa，实验温度 16.5℃。通过双曲线法判定止裂韧性与试验钢管相同。

第二次实验的断口均为剪切断裂，裂纹扩展长度为 33.6m。由于 1W 和 1E 冲击吸收能低于预测的止裂冲击韧性，因而裂纹均沿 1W 和 1E 轴向直线扩展并分别进入 2W 和 2E 样管，最后在 2W 和 2E 样管中止裂，如图 4.2.77 所示。

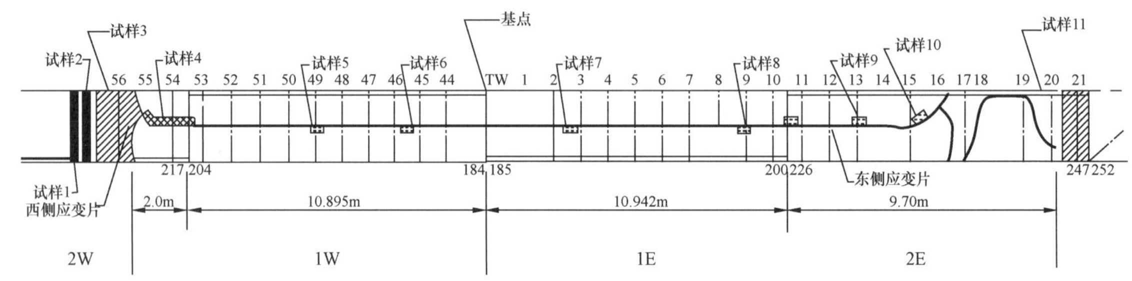

图 4.2.77 联盟管道第二次实验断裂扩展示意图

在 2E 样管中，裂纹直线扩展约 4.5m 后开始转弯沿螺旋线扩展。当遇到直焊缝后又产生一个二次裂纹，二次裂纹沿直焊缝扩展约 1m 后也开始转向沿螺旋线扩展。当主裂纹第二次遇到直焊缝时，先沿直焊缝扩展 1m 多，然后转向扩展并随即止裂。

联盟管道采用高压富气输送工艺，设计输气 CH_4 含量为 79.49%，管道实际运行气体组分 CH_4 含量为 90.56%。两者具体差别见表 4.2.18。

联盟管道采用双曲线模型和 Leis 修正进行止裂韧性预测。设计的天然气组分韧性要求值为 215J；实际运行气体组分，韧性要求值为 140J。联盟管道钢管实际韧性水平在 320J 以上。

表 4.2.18 联盟管道输送天然气设计组分与实际组分对比表

气体组分	CH_4	C_2	C_3	iC_4	nC_4	iC_5	nC_5	C_6	N_2	CO_2
设计组分(%)	79.49	15.55	3.23	0.27	0.47	0.03	0.03	0.05	0.44	0.44
实际组分(%)	90.56	5.12	1.87	0.246	0.353	0.056	0.047	0.032	0.495	0.73

4.3 油气输送管的疲劳

材料在变动应力反复作用下所发生的破坏称为疲劳，疲劳断裂是油气长输管线常见的一种失效形式。管线在服役过程中的交变应力一方面来自管内输送压力的波动和气体介质的分层结构，另一方面来自管线外部的变动载荷，如埋地管线上车辆引起的振动、沼泽地管线浮力的波动、沙漠管线流沙的迁移、穿越管段的卡曼振动、海洋管道承受海浪冲击载荷等。各种因素产生的交变应力使钢管内部和表面的缺陷发生扩展，最终造成管道疲劳断裂。若同时受到腐蚀，则会产生腐蚀疲劳断裂。疲劳断裂往往是突然发生的，没有明显的征兆，因而具有很大的危害性。尤其对于天然气高压输送管线，一旦发生破坏，将带来不可估量的损失。

4.3.1　油气输送管疲劳失效特征

4.3.1.1　疲劳断口

2000 年 10 月，国内某海底输油管道发生断裂。经断口宏观和微观分析、性能检测及管道受力分析，确认事故为疲劳断裂，疲劳裂纹在环焊热影响区萌生并扩展。事故管段因风浪导致管段下部海床掏空，形成悬空管段。悬空管段在海流作用下振动，并在其固有频率与海流频率接近时发生共振，这是该管段疲劳断裂的主要原因，其断口如图 4.3.1 所示[61]。

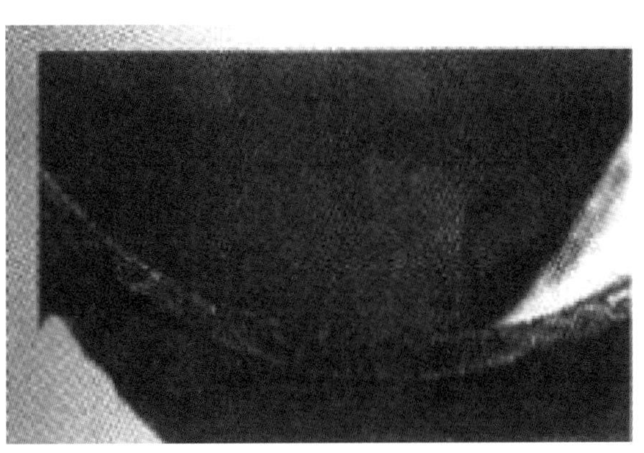

图 4.3.1　某海底输油管道疲劳失效断口

2010 年某管线用钢管在经过长途海运及汽车运输后发现多根钢管端部产生贯穿全壁厚的纵向裂纹。分析认为钢管在海运过程中，因船舱颠簸，堆垛在其上层的钢管给下层钢管附加的垂直向下应力就变成了一个周期性的弯曲应力。钢管断口金相、扫描电镜分析结果表明，该钢管管体穿透性裂纹是在运输疲劳应力作用下，管体折叠快速扩展形成的。另外，该管体上的塑性形变缺陷、点蚀坑底和浅表层夹杂等缺陷所形成的疲劳裂纹，加速了主断口疲劳裂纹扩展的进程，其断口如图 4.3.2 所示[62]。

大量研究结果表明，油气输送管疲劳破坏的宏观断口无明显塑性变形。典型的疲劳宏观断口分为三个区域，即疲劳裂纹源、疲劳裂纹扩展区和瞬时断裂区。疲劳裂纹扩展区的断口特征为贝壳状或沙滩状，瞬时断裂区与静断口特征类似。由此看出，疲劳断裂和一般脆性断裂不同，在宏观上可看出疲劳裂纹缓慢发展的过程，在微观断口上不呈现一般脆性断口的河流花样或舌状花样，而表现为疲劳条纹，在疲劳裂纹尖端还可见明显的塑性变形。

4.3.1.2　疲劳裂纹扩展

油气输送管疲劳断裂是在较低的应力下产生的。当变动应力远小于静抗拉强度，甚至在小于屈服强度或弹性极限的情况下，疲劳破坏都可能发生。疲劳破坏是一个累积损伤过程。虽然疲劳断裂是在无征兆的情况下突然发生，然而疲劳过程要经历一定的时间，甚至很长时间才发生最终破坏。疲劳断裂过程包括裂纹萌生、裂纹的亚临界扩展和最终快速断裂等 3 个过程。

Paris 在 1957 年提出了裂纹尖端的应力强度因子幅值 ΔK，并认为应力强度因子幅值既可描述裂纹尖部应力应变场强度，也可以作为描述疲劳裂纹扩展速率的参量。

(a) 宏观断口形貌

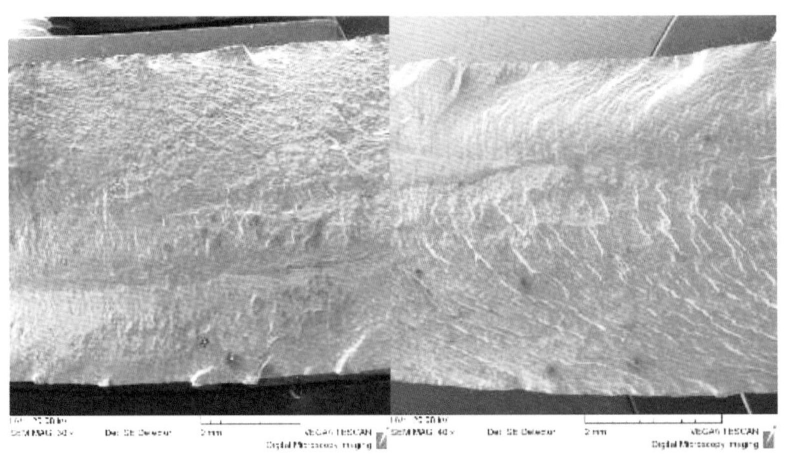

(b) 微观断口形貌

图 4.3.2　某管线钢管疲劳断裂宏观断口形貌及微观断口形貌

当裂纹尖端的应力强度因子幅值 ΔK 在一定范围内时，在双对数坐标下，$\mathrm{d}a/\mathrm{d}N$ 与 ΔK 的关系呈线性关系，即可以用经典的 Paris 公式表示：

$$\frac{\mathrm{d}a}{\mathrm{d}N} = C(\Delta K)^m \tag{4.3.1}$$

随着裂纹尖端的应力强度因子幅值 ΔK 进一步增加，疲劳裂纹扩展速率加速上升，这一过程为快速扩展区。这一阶段对于整体的疲劳寿命影响不大，所以在实际工程应用中，该区域不作为重点研究对象。

由于管线钢的疲劳破坏是一个累积损伤的过程，影响管线钢疲劳扩展的因素很多。目前实际研究中主要考虑的因素包括循环应力比 R、加载应力的平均值、残余应力、工作环境的温度以及循环载荷的加载频率。

应力比：应力比对疲劳裂纹扩展速率的影响与加载应力水平有关，即裂纹扩展不仅由 ΔK 决定，还应考虑最大应力强度因子 K_{max}。在通常恒幅加载情况下，应力比越高，加载应力水平越高，裂纹扩展速率也就越高[63-66]。

残余压应力：裂纹在加载的过程中张开，在裂纹尖端形成一个局部塑性区域。一般情况下，载荷越大，塑性区域的半径越长。当载荷卸载之后，由于塑性变形区域的弹性区要恢复原来的形状，这部分弹性区域就会对已经产生不可逆变形的塑性区域产生压应力。产生的压应力对裂纹尖端的应力分布造成很大影响。一般认为在残余压应力的作用下，疲劳裂纹的扩展减慢[67]。

环境温度：随着工作环境温度的升高，钢材的屈服强度及疲劳极限降低。根据 Jeglic 在 Paris 公式的基础上提出的经验性公式(4.3.2)，人们对各个钢种在温度变化下的裂纹扩展规律开展了广泛研究。大量实验研究表明[68-71]，对于大多数金属材料而言，随着环境温度的升高，裂纹扩展速率 da/dN 增加。

$$\frac{da}{dN} = A\exp\left[-\frac{u(\Delta K)}{RT}\right] \tag{4.3.2}$$

式中　A——常数；

$u(\Delta K)$——激活能；

R——玻尔兹曼常数；

T——绝对温度。

加载频率：加载频率的大小对裂纹扩展速率有很大影响。研究表明[71,72]，加载频率是否影响裂纹扩展与应力强度因子幅值 ΔK 的大小有关。当应力强度因子幅值 ΔK 较低时，疲劳裂纹扩展速率 da/dN 基本不受加载频率的影响。当应力强度因子幅值 ΔK 较大时，加载频率对 da/dN 有较大影响。如果循环载荷的加载频率降低，则裂纹扩展速率 da/dN 增高；加载频率增高，da/dN 则下降。

X60、X80 两种钢级输送焊管的疲劳裂纹扩展速率如图 4.3.3 所示。

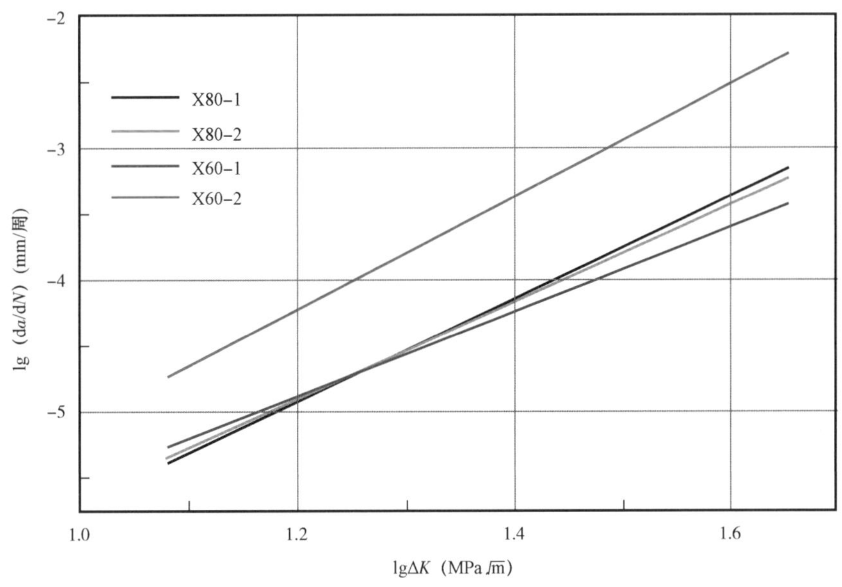

图 4.3.3　4 种管线钢管(da/dN)—ΔK 曲线对比[73]

从图 4.3.3 中可知，X60-2 的疲劳裂纹扩展速率最高。金相分析表明，X60-2 钢管母材存在明显的带状组织，而其余三种材料金相组织较为均匀。可见组织的均匀性对疲劳裂纹扩展的影响明显。

为了比较应力比对疲劳裂纹扩展的影响，测试了 X60 钢管在应力比 R 分别为 0.1、0.6 时的 da/dN—ΔK 曲线，如图 4.3.4 所示，其中应力比 $R=0.6$ 时的编号为 X60R。试验为恒幅加载，随应力比的增大，裂纹扩展速率增大。在应力比 $R=0.6$ 时的疲劳裂纹扩展速率表达式为：

$$da/dN = 8.17\times10^{-10}(\Delta K)^{3.79} \tag{4.3.3}$$

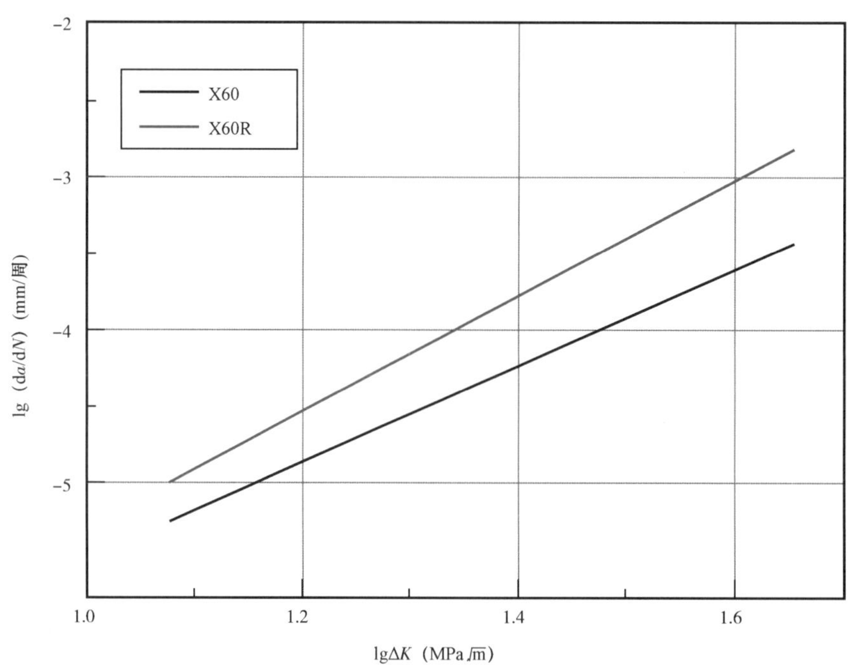

图 4. 3. 4　应力比对管线钢管 da/dN—ΔK 曲线的影响

4. 3. 2　油气输送管的疲劳寿命预测

4. 3. 2. 1　疲劳受力分析

管道所受的环向应力取决于管道运行的内压，环向应力可应用 Barlow 公式计算：

$$\sigma = \frac{p_r D}{2t} \tag{4.3.4}$$

式中　σ——内压在管道上产生的环向应力；

p_r——管道运行内压；

D——管道名义直径；

t——管道壁厚。

事实上，管道的运行内压并不是恒定的，它通常在所选定的基准水平附近波动。一般石油输送管道的最小内压与最大内压比为 0. 45，天然气输送管道的最小与最大内压比在 0. 8 以上。因此，高压输气管线是处在连续的循环加载条件下，其环向应力也是连续波动的。管道所承受的这种循环载荷分量可以近似用应力比来衡量：

$$R = \frac{\sigma_{min}}{\sigma_{max}} \tag{4.3.5}$$

式中　σ_{min}，σ_{max}——分别为最小运行应力和最大运行应力。

管道在每一天要经历一个低应力比的大循环载荷，然后在每一天内要经历几个高应力比的循环载荷。同时，由于夏季用气量较小，管道承受的应力较低，应力波动的幅度大，对应的应力比较小。而冬季的用气量较大,管道承受的应力较高,但应力波动的幅度小,对应的应力比较大。

4.3.2.2 疲劳寿命预测的方法和步骤

若某一构件在给定循环应力作用下的断裂总寿命为 N_f,则在此循环应力下循环一次,其寿命要缩短 $1/N_f$,一次应力循环所产生的损伤 D 定义为:

$$D = \frac{1}{N_f} \tag{4.3.6}$$

若该构件在此循环应力下循环 N_f次,总损伤为 $D=1$,则零件发生疲劳断裂。

估算变幅载荷下零件疲劳寿命时,常采用 Miner 线性累积损伤准则,其原理如图 4.3.5 所示。构件在循环应力 σ_1 下的疲劳寿命为 N_{f1},若循环 n_1 次,则造成的疲劳损伤为 $D_1 = n_1/N_{f1}$;若在循环应力 σ_2 下循环 n_2 次,则造成的疲劳损伤为 $D_2 = n_2/N_{f2}$。依此类推,若有 m 级载荷,在该应力下循环 n_m 次,则造成的疲劳损伤为 $D_m = n_m/N_{fm}$。在理论疲劳极限以下,由于 $N_f \to \infty$,所以损伤为 0,即不造成疲劳损伤。

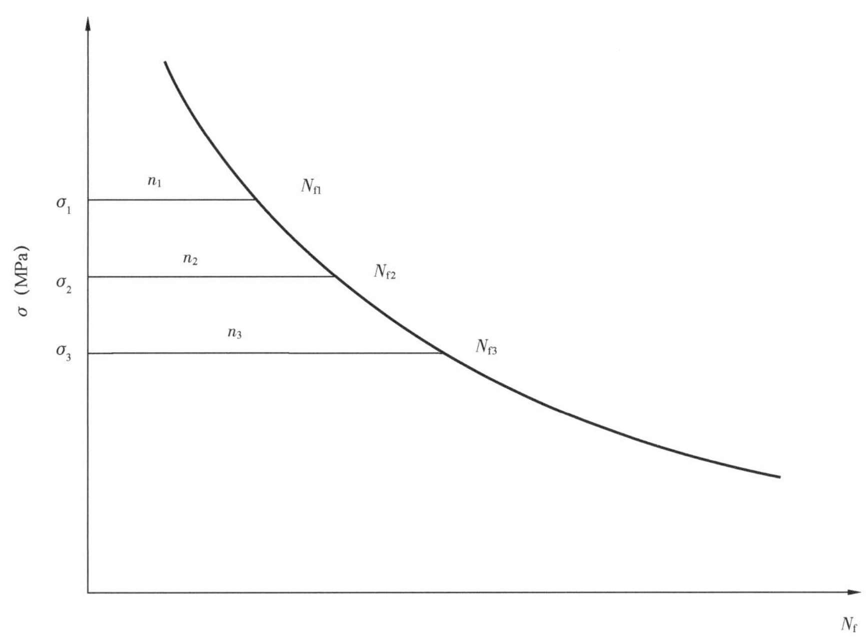

图 4.3.5 疲劳寿命曲线与累积损伤计算示意图

若构件所受的变幅载荷为 m 级,则在不同循环应力下所造成的总损伤为 $\sum_{i=1}^{m} n_i D_i$。当总损伤达到临界值时,发生疲劳断裂。在等幅载荷下,损伤的临界值为 1.0。将等幅加载看成变幅载荷的特例,则变幅载荷下损伤的临界值也应该为 1.0,故有:

$$\sum_{i=1}^{m} n_i D_i = \sum_{i=1}^{m} \frac{n_i}{N_{fi}} = 1.0 \tag{4.3.7}$$

即在变幅载荷下,疲劳总损伤达到临界值 1.0 时,构件发生疲劳失效,此即 Miner 线性累积损伤准则。

根据可靠性疲劳寿命曲线和 Miner 损伤准则,可给出油气输送管疲劳寿命的计算方法和步骤。焊缝处存在材料性能与几何尺寸的不连续,是疲劳敏感区,下面以焊缝区为例:

(1)获得管道运行的应力谱。

(2)测量焊趾的几何参数,得到焊趾的理论应力集中系数,估算焊趾的残余应力。

(3)根据名义载荷谱、焊趾的理论应力集中系数和焊趾部位的残余应力,将名义载荷谱转换为焊趾部位的当量应力谱。

(4)根据当量应力谱、焊接区的疲劳寿命曲线,按 Miner 准则计算疲劳累积损伤。同时略去不大于疲劳极限的当量应力,因为它们不造成疲劳损伤。

(5)当疲劳累积损伤值 D 达到 1.0,即 $D = \sum_{j=1}^{n} \frac{n_j}{N_{ij}} = 1.0$ 时,管道在焊趾部位开裂,发生疲劳失效,据此可求得管道焊接区的疲劳寿命。

(6)应用给定可靠性概率的焊接区材料疲劳寿命曲线,可得到指定可靠性概率的焊接管道疲劳寿命。

4.3.2.3 焊接接头的疲劳寿命预测

依据上述疲劳寿命计算方法和步骤,可基于管道应力谱估算油气输送钢管焊接接头的疲劳寿命。

首先,通过疲劳试验及应用统计分析方法得到焊缝试样的疲劳 S_{eqv}—N_f 曲线,如图 4.3.6 所示。图中 S_{eqv} 为试验过程中施加于试样上疲劳循环应力的归一化当量,可表示为:

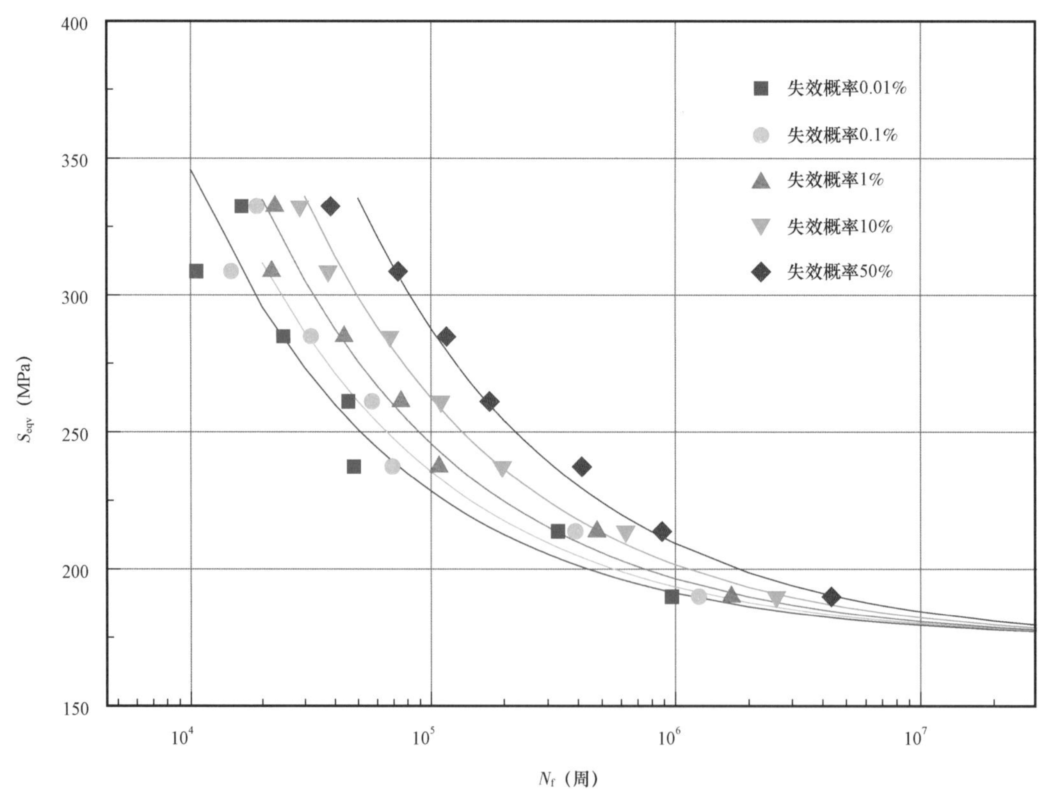

图 4.3.6 焊缝疲劳的 S_{eqv}—N_f 曲线

$$S_{eqv} = \sqrt{\frac{1}{2(1-R)}}\Delta\sigma = \sqrt{\frac{1}{2(1-R)}}\sigma_{max}(1-R) \tag{4.3.8}$$

式中　$\Delta\sigma$——疲劳加载的应力范围；

σ_{max}——疲劳加载的最大应力；

R——应力比。

图 4.3.6 中疲劳寿命随当量应力水平的降低而延长，在较低的当量应力水平，疲劳寿命随当量应力水平的降低快速增加，呈现疲劳极限的特征。

基于应变疲劳的理论和实验数据分析，在非对称循环加载条件下，管线钢的疲劳寿命公式可表示为：

$$N_f = S_f\left[S_{eqv} - (S_{eqv})_c\right]^{-2} \tag{4.3.9}$$

式中　S_f——与材料性能相关的疲劳抗力系数；

$(S_{eqv})_c$——用当量应力范围表示的疲劳极限。

本算例中，在失效概率分别为 0.01%、0.1%、1%、10% 和 50% 时，$(S_{eqv})_c$ 分别为 174.11MPa、173.95MPa、173.70MPa、173.39MPa 和 172.98MPa。

本算例中焊趾应力集中系数 K_t 取 1.80。同时，焊趾存在的诸如咬边这种细观不连续性，也会引起对焊接接头附加的应力集中。据实验估计，由焊趾处细观几何不连续性引起的附加应力集中，将使由宏观几何特征引起的应力集中系数增大 40%。因此，应将测定的宏观几何参数引起应力集中系数再加上 40%。焊趾部位的残余应力不改变应力幅，但提高平均应力，对管道焊接区的疲劳寿命影响较小，可忽略不计。

载荷谱中的应力由下式计算：

$$\sigma_h = K_t\sigma(1+0.4) \tag{4.3.10}$$

式中　σ_h——焊趾载荷谱中对应的应力；

σ——管道应力谱中对应的名义应力。

同时将焊趾的应力谱转换为当量应力谱。

根据上式和管道运行的应力谱，可得到 ϕ1219mm × 22mm 管道焊接接头焊趾的应力谱如图 4.3.7所示。将每一循环的应力转换为当量应力，表示为图 4.3.7 中括号内的数值。由图可见，夏季和冬季应力谱部分循环应力的当量应力小于当量疲劳极限，不产生疲劳损伤。

由图 4.3.7 可获得夏季和冬季谱中每一循环对应的当量应力在指定可靠性概率下的疲劳寿命，进而可计算出该当量应力循环载荷下的疲劳损伤，计算的结果见表 4.3.1。

表 4.3.1　指定失效概率下的疲劳损伤

S_{eqv}	季节	P_f = 0.01%	P_f = 0.1%	P_f = 1%	P_f = 10%	P_f = 50%
368.2	夏季	1.28×10^{-4}	9.93×10^{-5}	7.28×10^{-5}	4.78×10^{-5}	2.89×10^{-5}
313.5	夏季	6.59×10^{-5}	5.12×10^{-5}	3.76×10^{-5}	2.47×10^{-5}	1.50×10^{-5}
297.8	夏季	5.19×10^{-5}	4.04×10^{-5}	2.96×10^{-5}	1.95×10^{-5}	1.18×10^{-5}

续表

S_{eqv}	季节	$P_f=0.01\%$	$P_f=0.1\%$	$P_f=1\%$	$P_f=10\%$	$P_f=50\%$
197.5	夏季	1.85×10^{-6}	1.46×10^{-6}	1.09×10^{-6}	7.32×10^{-7}	4.55×10^{-7}
142.6	夏季	0	0	0	0	0
107.7	夏季	0	0	0	0	0
344.1	冬季	9.80×10^{-5}	7.62×10^{-5}	5.58×10^{-5}	3.67×10^{-5}	2.22×10^{-5}
284.0	冬季	4.09×10^{-5}	3.19×10^{-5}	2.34×10^{-5}	1.54×10^{-5}	9.34×10^{-6}
221.8	冬季	7.71×10^{-6}	6.03×10^{-6}	4.45×10^{-6}	2.95×10^{-6}	1.81×10^{-6}
121.3	冬季	0	0	0	0	0

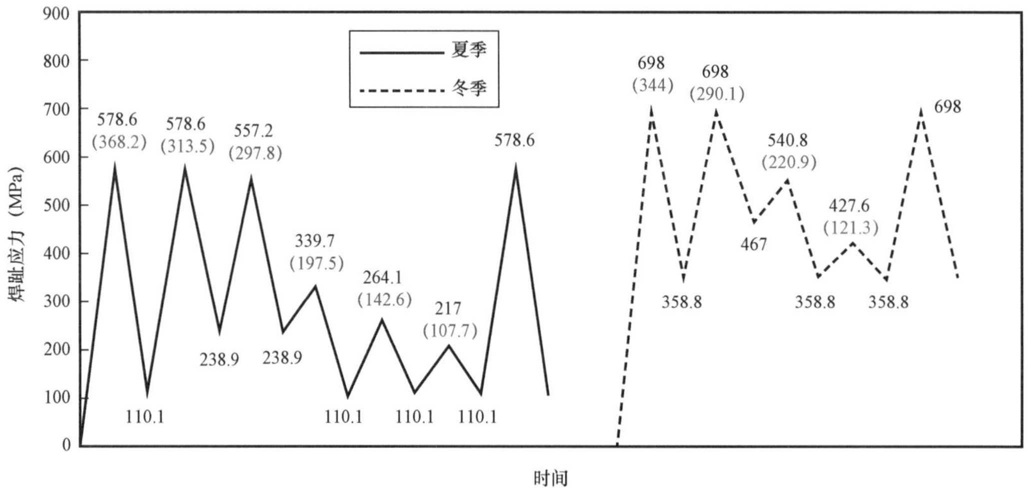

图 4.3.7　ϕ1219mm×22mm 管道焊趾部位的应力谱

一般冬季按 3 个月计算，其余时间取夏季的载荷谱，然后应用 Miner 准则可得到预测的管道焊接接头疲劳寿命，预测的结果列于表 4.3.2 中。可见，在指定失效概率分别为 0.01%、0.1%、1%、10% 和 50% 时，对应预测的管道焊接接头疲劳寿命分别为 12.5 年、16.1 年、21.9 年、33.3 年和 55.1 年。

表 4.3.2　ϕ1219mm×22mm 管道焊接接头疲劳寿命的可靠性预测结果

失效概率(%)	可靠性概率(%)	疲劳损伤(d)		预测疲劳寿命(a)
		夏季	冬季	
0.01	99.99	2.47×10^{-4}	1.47×10^{-4}	12.5
0.1	99.9	1.92×10^{-4}	1.14×10^{-4}	16.1
1	99	1.41×10^{-4}	8.37×10^{-5}	21.9
10	90	9.27×10^{-5}	5.51×10^{-5}	33.3
50	50	5.61×10^{-5}	3.33×10^{-5}	55.1

将设计寿命作为目标值，可以预测管道在上述载荷谱下出现不大于该目标值的概率或可靠性，这可通过预测疲劳寿命数据的外推而得到。预测的日历年寿命的分布如图 4.3.8 所示，回归分析可以得到 N_y 与正态偏量 U_p 的关系：

$$\lg N_y = 1.74 + 0.173U_p \tag{4.3.11}$$

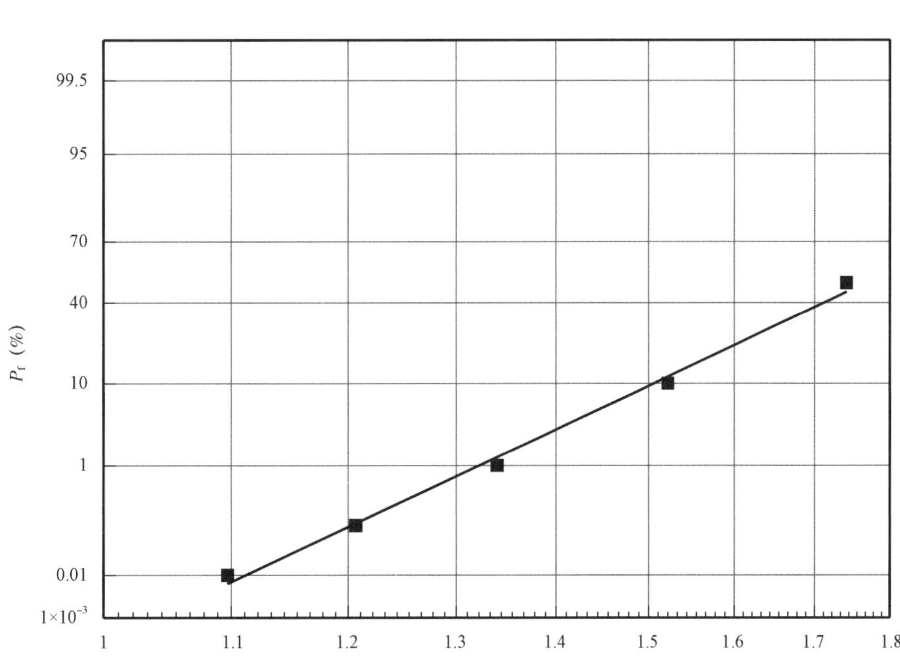

图 4.3.8　预测疲劳寿命的分布

从管道焊接接头疲劳寿命预测模型可见，通常管道所承受的名义应力较低，焊接接头的疲劳寿命主要与焊趾的应力集中系数有关，因而精确测量和估算焊趾应力集中是十分重要的。焊趾的应力集中来源于两个方面，一是焊缝加高引起的宏观几何不连续引起的，可通过改善焊趾的几何形状而降低应力集中系数。二是焊趾的细观几何不连续引起的附加应力集中，往往只能凭实验或经验进行估计。减少焊趾的细观几何不连续，可大大提高焊接件的疲劳寿命。

4.3.2.4　低周疲劳寿命预测

随着在高寒、滑坡、冻土、地震等恶劣地质条件下长距离、高压、大流量输气管道的建设，管线的服役环境更加恶劣。管道承受弯曲、轴向压缩及拉伸等复杂载荷的作用，往往会发生局部的塑性变形甚至产生屈曲，当存在波动载荷时，管道会产生低周疲劳破坏。对管线的疲劳行为，尤其是低周疲劳进行研究，可为恶劣服役条件下管线的寿命预测、设计和选材提供依据。

针对 X80 抗大变形管线钢管开展了低周疲劳试验。在钢管管体距焊缝 90°位置沿钢管纵向切取试样，并加工成均匀截面圆棒试样。按照 GB/T 15248—2008《金属材料轴向等幅低循环疲劳试验方法》，在 Instron1341 电液伺服疲劳实验机上进行低周疲劳试验，采用拉—压对称循环轴向总应变控制。为了保证应变速率在整个循环拉伸和压缩过程中保持不变，迟滞回线有明显的拐点，实验采用三角波加载。选用的应变幅分别为 0.4%、0.6%、0.8%、1.0%、1.2% 和 1.4%，疲劳实验的应变速率为

4×10^{-3}mm/s。

图4.3.9为X80抗大变形管线钢的应力幅—寿命曲线。由图可知，在较小的应变幅（$\Delta\varepsilon/2=0.4\%\sim0.6\%$）下，X80抗大变形管线钢在循环变形的初期，发生较为明显的循环软化。随着试验继续进行，大约在$N=4$周后，软化速率变慢并进入近循环应力幅饱和状态。至$N=8$周时，材料的循环软化速率又再次加快，直至断裂。当应变幅升至0.8%时，在循环变形前10周内材料表现出强烈的循环软化，软化速率急剧上升。在随后的循环过程中，管线钢材料的应力幅变化缓慢，曲线趋于平稳，直至断裂前应力幅才显著降低。在整个循环过程中，没有观察到明显的应力幅饱和现象。在高应变幅（$\Delta\varepsilon/2=1.0\%\sim1.4\%$）下，X80抗大变形管线钢材料在循环变形早期，随循环周次的增加，应力幅随之增加，材料呈现出明显的循环硬化趋势，并且应力幅越高，硬化程度越大。当$N=4$周时，X80抗大变形管线钢材料随循环周次增加应力幅均迅速下降，发生显著的循环软化，直至最终断裂。实验表明，X80抗大变形管线钢在不同应变幅下的疲劳循环特性为：(1)在不同应变幅值下，材料总体的变形特性是循环软化；(2)随着应变幅值的增加，材料的疲劳寿命逐渐缩短，整体软化速率呈现出增大的趋势，直至最后断裂。

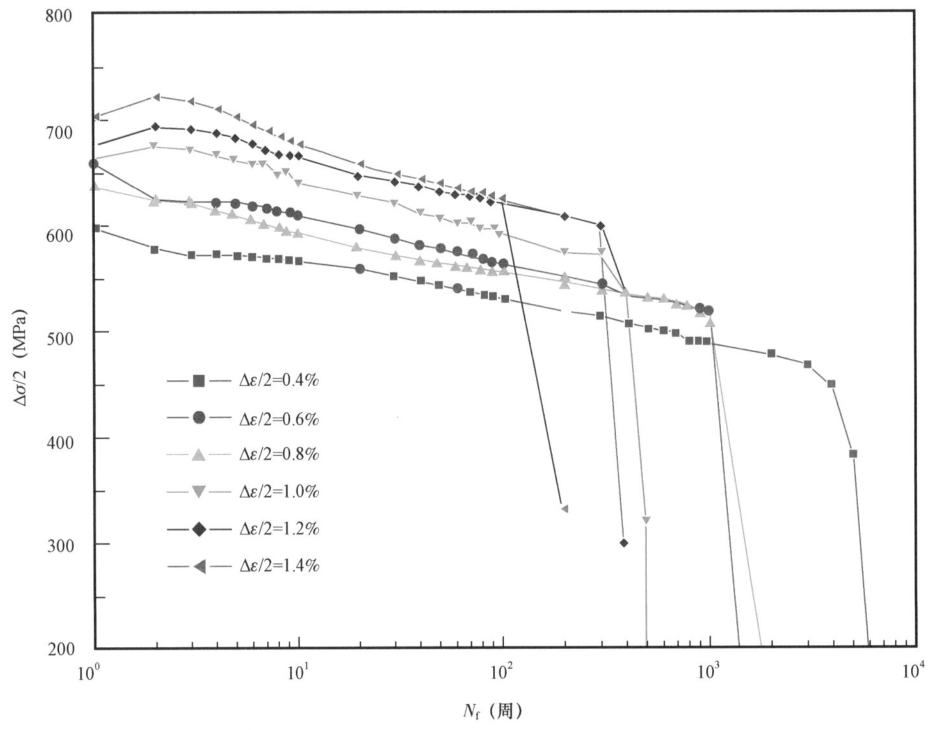

图4.3.9　X80抗大变形管线钢应力幅—寿命关系曲线

X80抗大变形管线钢材料的静态拉伸曲线与循环应力—应变曲线如图4.3.10所示。在实验应变范围内，材料表现为循环软化。在低应变幅范围内，管线钢的软化程度较大。随着应变幅的增加，软化程度逐渐降低。

金属材料的循环应力—应变曲线可表示为：

$$\frac{\Delta\varepsilon}{2}=\frac{\Delta\varepsilon_{e}}{2}+\frac{\Delta\varepsilon_{p}}{2}=\frac{\Delta\sigma}{2E}+\left(\frac{\Delta\sigma}{2K'}\right)^{1/n'}\tag{4.3.12}$$

式中　$\Delta\varepsilon_e$——弹性应变幅值；

$\Delta\varepsilon_p$——塑性应变幅值；

E——弹性模量；

n'——循环硬化指数；

K'——循环强度系数。

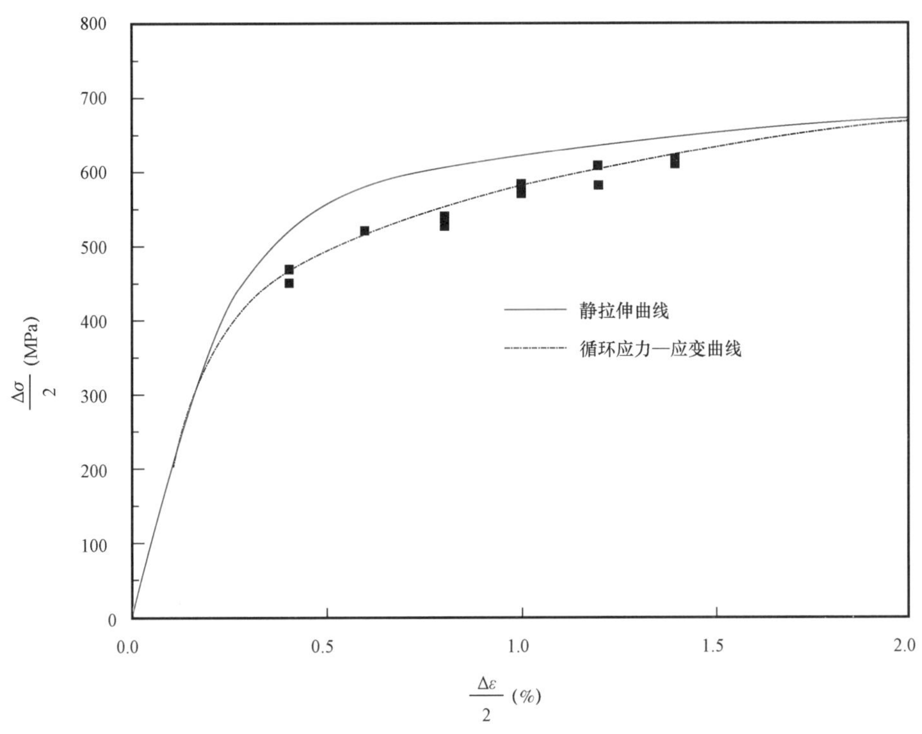

图4.3.10　X80管线钢循环应力—应变曲线

由 $\Delta\sigma/2$ 和 $\Delta\varepsilon/2$ 的关系，在双对数坐标下用最小二乘法对数据进行线性拟合，得到 K' 为1282.42，n' 为0.1598，X80抗大变形管线钢的循环应力—应变关系表达式为：

$$\frac{\Delta\varepsilon}{2}=\frac{\Delta\varepsilon_e}{2}+\frac{\Delta\varepsilon_p}{2}=\frac{\Delta\sigma}{390791}+\left(\frac{\Delta\sigma}{2\times1282.42}\right)^{1/0.1598} \tag{4.3.13}$$

X80抗大变形管线钢的循环硬化指数 n' 均高于静拉伸时的应变硬化指数 n，说明管线钢宏观上表现出循环软化。但随着应变幅的升高，因硬化而使变形均匀分配的能力增强，故随着应变幅的增加，循环软化减弱。

由 Manson - Coffin 方程，材料的应变 $\Delta\varepsilon$—疲劳寿命（N_f）关系可表示为：

$$\frac{\Delta\varepsilon}{2}=\frac{\Delta\varepsilon_e}{2}+\frac{\Delta\varepsilon_p}{2}=\frac{\sigma_f}{E}(2N_f)^b+\varepsilon_f(2N_f)^c \tag{4.3.14}$$

式中　σ_f——疲劳强度系数；

ε_f——疲劳延性系数；

b,c——分别为疲劳强度指数、疲劳延性指数。

X80 抗大变形管线钢低周疲劳寿命和应变幅之间的关系如图 4. 3. 11 所示,经拟合计算可得 $\varepsilon_f=0.2159$, $b=-0.1158$, $\sigma_f/E=0.0073$, $c=-0.5032$,故 X80 抗大变形管线钢的应变—疲劳寿命方程为:

$$\frac{\Delta\varepsilon}{2}=\frac{\Delta\varepsilon_e}{2}+\frac{\Delta\varepsilon_p}{2}=0.0073(2N_f)^{-0.1158}+0.2159(2N_f)^{-0.5032} \tag{4.3.15}$$

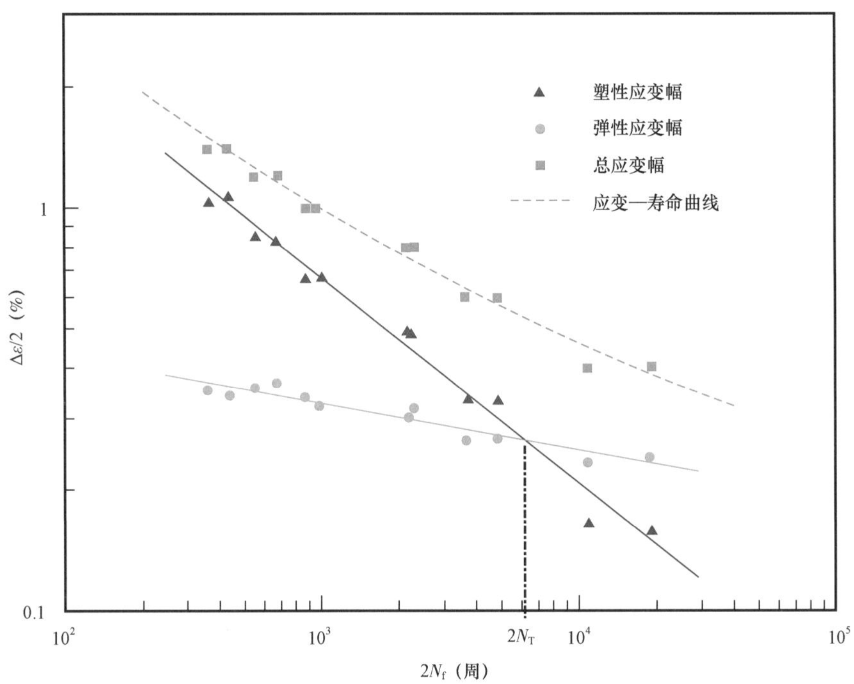

图 4. 3. 11　X80 管线钢应变—寿命曲线

从疲劳寿命和应变幅曲线可以得到 X80 抗大变形管线钢疲劳过渡寿命 $2N_T=8040$ 周,即 $N_T=4020$ 周。疲劳过渡寿命是材料低周疲劳性能的关键指标之一,它主要取决于材料的强度和延性,对疲劳设计有很大意义。X80 抗大变形管线钢疲劳过渡寿命比较靠近 $\Delta\varepsilon/2—2N_f$曲线的右侧。在 $2N_T$ 点的左侧塑性变形远大于弹性变形,此时疲劳强度主要由塑性变形控制,决定因素是材料的塑性。若需获得好的低周疲劳性能,应着眼于提高材料的塑性。

参 考 文 献

[1] Wang YY, Reemsnyder HS, Kirk MT. Inference Equations for Fracture Toughness Testing: Numerical Analysis and Experimental Verification[J]. Astm Special Technical Publication, 1997.

[2] Liu M, Wang YY, Long X. Enhanced Apparent Toughness Approach to Tensile Strain Design[C]. 8th International Pipeline Conference, 2010.

[3] Wang YY, Liu M, Horsley D. Apparent Fracture Toughness from Constraint Considerations and Direct Testing[J]. Journal of Clinical Pathology, 2007, 46 (3): 204 - 207.

[4] Gianetto J, Tyson W, Wang YY, et al. Mechanical Properties and Microstructure of Weld Metal and HAZ Regions in X100 Single and Dual Torch Girth Welds[C]. 8th International Pipeline Conference, 2010.

[5] Park DY, Tyson WR, Gianetto JA, et al. Evaluation of Fracture Toughness of X100 Pipe Steel Using SE(B) and Clamped SE(T) Single Specimens[C]. 8th International Pipeline Conference, 2010.

[6] Korol RM. Critical Buckling Strains of Round Tubes in Flexure[J]. International Journal of Mechanical Sciences, 1979, 21(12): 719 – 730.

[7] Olson R. Evaluation of the Structural Integrity of Cold Field – Bent Line Pipe[R]. Final Report, 1996.

[8] Anelli E, Colleluori D, Gonzalez JC, et al. Sour Service X65 Seamless Linepipe for Offshore Special Applications [J]. International Society of Offshore and Polar Engineers, 2001.

[9] Sherman DR. Bending Capacity of Fabricated Pipe with Fixed Ends[R]. American Petroleum Institute Report, 1985.

[10] Suzuki N, Endo, S., Yoshikawa, M., et al. Effects of a Strain Hardening Exponent on Inelastic Local Buckling Strength and Mechanical Properties of Line Pipes[C]. Offshore Mechanics and Arctic Engineering Conference, 2001.

[11] Vitali L, Bruschi R, Mork KJ, et al. HOTPIPE Project: Capacity of Pipes Subject to Internal Pressure, Axial Force and Bending Moment[C]. The Ninth International Offshore and Polar Engineering Conference, 1999.

[12] Yoosef – Ghodsi N, Kulak, G. L., Murray, D. W. Some Test Results for Wrinkling of Girth – welded Line Pipe [C]. International Conference on Offshore Mechanics and Arctic Engineering, 1995.

[13] Associations CS. Oil and Gas Pipeline Systems[S]. CSA Group, 1999.

[14] Zimmerman TJE. Compressive Strain Limits for Buried Pipelines[C]. International Conference on Offshore Mechanics and Arctic Engineering, 1996.

[15] DNV – OS – F101, Submarine Pipeline Systems[S]. 2012.

[16] Gresnigt, A. M., Plastic design of buried steel pipes in settlement areas[J]. Heron, 1986, 31(4): 37 – 44.

[17] DNV, Rules for Submarine Pipeline Systems[S]. 1996.

[18] API RP 1111: 2015. Design, Construction, Operation, and Maintenance of Offshore Hydrocarbon Pipelines (Limit State Design)[S]. 2015.

[19] Corona E, Kyriakides S. On the Collapse of Inelastic Tubes Under Combined Bending and Pressure[J]. International Journal of Solids & Structures, 2015, 24 (5): 505 – 535.

[20] Igi S, Takahiro Sakimoto. Tensile Strain Limits of X80 High – strain Pipeline[C]. 7th International Offshore and Polar Engineering Conference, 2007.

[21] Dorey B, Murray, D. W., Cheng, J. J. R. An Experimental Evaluation of Critical Buckling Strain Criteria [C]. International Pipeline Conference, 2000, 1: 71 – 80.

[22] Liu M, Wang YY, Horsley D. Significance of HAZ Softening on Strain Concentration and Crack Driving Force in Pipeline Girth Welds[C]. 24th International Conference on Offshore Mechanics and Arctic Engineering, 2005.

[23] 李鹤林，庄传晶，霍春勇．高压输气管线延性断裂与止裂研究进展[C]．第十四届全国疲劳与断裂学术会议，2008.

[24] Maxey, J. F. Kiefner, R. J. Eiber. Ductile Fracture Arrest in Gas Pipelines. NG – 18 Report 100[C]. American Gas Association, 1975.

[25] Eiber R. J., Bubenik T. A., Maney W. A. Fracture Control Technology For Natural Gas Pipelines[C]. American Gas Association, 1993.

[26] Bob Eiber, et al. Full Scale Tests Confirm Pipe Toughness for North America Pipeline[C]. OGJ, 1999.

[27] H. Makino, T. Inoue, S Endo, et al. Simulation Method for Crack Propagation and Arrest of Shear Fracture in Natural Gas Transmission Pipelines[C]. Application & Evaluation of High – Grade Iinepipes in Hostile Environments, 2002.

[28] Eiber, R. J. Fracture Propagation[C]. 4th Symposium on Line Pipe Research, American Gas Association, 1969.

[29] 冯耀荣，李鹤林，马宝钿，等．X52 输送管材料冲击转变特性与断口分离的研究[J]．钢铁，1998(6): 41 – 45.

[30] 李为卫,李爱萍,等. X70管线钢冲击试样断口分离现象的研究//中国石油天然气集团公司管材研究所. 西气东输管道与钢管应用基础及技术研究论文集[M]. 北京:石油工业出版社,2004:124-131.

[31] 李鹤林,吉玲康,田伟. 高钢级钢管和高压输送:我国油气输送管道的重大技术进步[J]. 中国工程科学,2010,12(5):84-90.

[32] 冯耀荣,由小川,庄传晶,等. 一种新的裂纹尖端临界张开角的计算方法[J]. 焊管,2004,27(6):18-21

[33] 庄传晶,霍春勇,冯耀荣,等. 高压输气管道止裂韧性与止裂判据研究//中国石油天然气集团公司管材研究所. 石油管工程应用基础研究论文集[M]. 北京:石油工业出版社,2001:129-135.

[34] ISO 3183:2007,Petroleum and Natural Gas Industries - Steel Pipe for Pipeline Transportation Systems[S]. 2007.

[35] F. Kanninen,P. E. O'Donoghue,S. T. Green,et al. The Development and Verification of Dynamic Fracture Mechanics Procedures for Flawed Fluid Containment Boundaries[R]. Final Report,Southwest Research Institute,1989.

[36] M. F. Kanninen, P. E. O'Donoghue. Research Challenges Arising from Current and Potential Applications of Dynamic Fracture Mechanics to the Integrity of Engineering Structures [J]. Int. J. Solids Structures, 1995, 32 (17/18): 2423-2445.

[37] Brain N. Leis,et al,Relationship between Apparent(total) Charpy Vee-Notch Toughness and the Corresponding Dynamic Crack-Propagation Resistance[R]. International Pipeline Conf. ,ASME,1998.

[38] Todd S Janzen. The Alliance Pipeline - A Design Shift in Long Distance Gas Transmission[R]. International Pipeline conf. ,ASME,1998.

[39] G M Wilkowski,W. A. Maxey,et al. Use of a Brittle Notch Specimen to Predict Fracture Characteristics of Line Pipe Steels[R]. Energy Technology Conference,ASME,1977.

[40] G M Wilkowski,D. Rudland,et al. Recent Development on Determining Steady-State Ductile Fracture Toughness from Impact Tests[R]. The Proceeding of 3rd International Pipeline Technology Conference,2000:359-386.

[41] Kawaguchi S,Ohata M,Toyoda M,ea al. Modified Equation to Predict Leak/Rupture Criteria for Axially Through-Wall Notched X80 and X100 Lipepipes Having a Higher Charpy Energy[J]. Journal of Pressure Vessel Technology,ASME,2006,128(4):572-580.

[42] T Inoue,H Makino,S Endo,et al. Simulation Method for Shear Fracture Propagation in Natural Gas Transmission Pipelines[R]. Proceedings of the Thirteenth (2003) International Offshore and Polar Engineering Conference,2003.

[43] 马秋荣,等. 输送管裂纹扩展的研究[J]. 压力容器,2000,3 :11-15.

[44] 李鹤林. 天然气输送钢管研究与应用中的几个热点问题[J]. 中国机械工程,2001,12(13):349-352.

[45] 李鹤林,吉玲康,田伟. 西气东输一、二线管道工程的几项重大科技进步[J]. 天然气工业,2010,30(4):1-9.

[46] Petti JP. Constraint and Dutile Tearing Effects on the Cleavage Fracture of Ferritic Steel[R]. University of Illinois at Urbana-Champaign,2004.

[47] 刘建林,宋作苓,朱生虎,等. 材料的低温断裂研究进展[J]. 吉首大学学报,2009,30(5):53-61.

[48] 兰州石油机械研究所低温钢组. 低温压力容器用钢及其脆性评定方法简况[J]. 石油化工设备,1972(1):1-25.

[49] 徐博文,徐科,宫旭辉,等. 船用钢止裂性能评价技术发展与现状[J]. 材料开发与应用,2012(6): 63-68.

[50] 桂乐乐. 基于断裂力学的低温容器防脆断设计[J]. 中国特种设备安全. 2017(3):12-15.

[51] 方颖,李辉,惠虎,等. 基于 Master Curve 方法的 A508-Ⅲ钢断裂韧性研究[J]. 核动力工程,2011,32(1):31-33.

[52] 崔庆丰. 基于主曲线法的压力容器用铁素体钢最低设计温度确定方法研究[D]. 上海:华东理工大学,2016.

[53] Maxey,WA,Kiefner JF, et al. Brittle Facture Arrest in Gas Pipelines[R]. NG-18 Line Pipe Research Supervisory Committee of the American Gas Association,1983.

[54] G. Wilkowski. Methodology for Brittle Fracture Control in Modern Line Pipe Steels[R]. 6th International Pipeline Technology Conference,2013.

[55] S. D. Papka, J. H. Stevens, M. L. Macia, et al. Full - Size Testing and Analysis of X120 Linepipe, Symposium on High Performance Materials in Offshore Industry[R]. ISOPE, Honolulu,2003.

[56] Mannucci Gand Demofonti G. Control of Ductile Facture Propagation in X80 Gas Linepipe[C]. Pipeline Technology Conference,2009.

[57] G. Demofonti, G. Mannucci, C. M. Spinelli, et al. Large Diameter X100 Gas Linepipes: Fracture Propagation Evaluation by Full - Scale Burst Test[C]. 3rd International Pipeline Technology Conference,2000.

[58] Pistone V, Mannucci G. Fracture arrest criteria for spiral welded pipes[C]. Pipeline Technology,2000.

[59] E. Sugie,等. 控轧钢 X70 输送管的抗剪切断裂能力的全尺寸爆破实验研究[J]. 石油专用管,1991(4):174 - 187.

[60] Bob Eiber 等,联盟管道的断裂控制[J]. 石油专用管,2000(4):11 - 20.

[61] 李平全. 油气输送管道失效事故及典型案例[J]. 焊管,2005,28(4):76 - 84.

[62] 刘迎来,王鹏,池强. 高频电阻焊管运输疲劳失效分析[J]. 金属热处理,2011(9):76 - 81.

[63] Paris P C, Erdogan F. A Critical Analysis of Crack Propagation Laws[J]. Transactions of the ASME, Journal of Basic Engineering, Series D,1963,85(3):528 - 534

[64] P. Gomez, W. E. Anderson. A Rational Analytic Theory of Fatigue[J]. Trend Eng. ,1961,13(1):9 - 14.

[65] 颜鸣皋. 金属疲劳裂纹初期扩展的特征及其影响因素[J]. 航空学报,1983,4(2):13 - 29.

[66] Li L , Yang Y H , Xu Z , et al. Fatigue Crack Growth Law of API X80 Pipeline Steel under Various Stress Ratios Based on J - Integral[J]. Fatigue & Fracture of Engineering Materials & Structures,2014,37(10):1124 - 1135.

[67] 王庆雷,李德才. 疲劳裂纹扩展影响因素研究综述[J]. 机械工程师,2011(8):5 - 8.

[68] 谢志远. 大应变管线钢焊接热影响区组织对疲劳裂纹扩展行为的影响[D]. 秦皇岛:燕山大学,2017.

[69] 张芳,孙伟明. 2(1/4)Cr1Mo 钢的高温疲劳裂纹扩展行为研究[J]. 化工装备技术,2004(5):30 - 33.

[70] 唐立强,黎锐文,李琪,等. 亚临界温度条件下转子钢疲劳裂纹扩展速率[J]. 哈尔滨工程大学学报,2000(4):75 - 80.

[71] 张有宏,吕国志,李仲,等. 铝合金结构腐蚀疲劳裂纹扩展与剩余强度研究[J]. 航空学报. 2007,28(2):332 - 335.

[72] 赵建平,周昌玉,於孝春,等. 加载频率 f 和应力比 R 对腐蚀疲劳裂纹扩展速率影响的研究[J]. 压力容器,1999(6):1 - 4.

[73] 马秋荣,金作良,郭志梅,等. 高压油气输送管道疲劳寿命预测研究[J]. 焊管,2014(8):12 - 15.

第5章　石油管的环境行为

5.1　石油管的腐蚀环境

油气生产按照油藏地理环境可分为陆上油气田和海洋油气田两大类。在我国,陆上油气田的开发历史相对更悠久,代表性的油气田有大庆油田、长庆油田、胜利油田、新疆油田、塔里木油田等。在我国的海域范围内,海洋油气资源非常丰富,近些年在渤海、南海和东海海域建成一批海上合作和自营油田,油气年产量已占到全国石油产量的1/6左右。陆上油气生产设施的服役环境与海洋油气生产设施的服役环境存在一定的相似性,但也各有其特点。本节主要介绍陆上油气生产设施服役过程中的腐蚀环境,同时简要介绍海洋油气生产设施的独特腐蚀环境以及石油炼化管道的腐蚀环境。

5.1.1　油套管柱的腐蚀环境

油套管属于石油钻采开发的主要设备,其中套管主要用于钻井过程和完井后对井壁的支撑,以保证钻井过程的进行和完井后整个油气井的正常运行,而油管则是油气井开发时下入井中,用作产液或者注液的管子,根据油气井的结构设计从井口一直连续贯穿到井底,是油气生产的主要通道。油气田开采过程中油套管的状态对油气井的全寿命周期安全运行至关重要。典型的油套管结构设计如图5.1.1所示(以5000m左右井深,4级套管为例)。

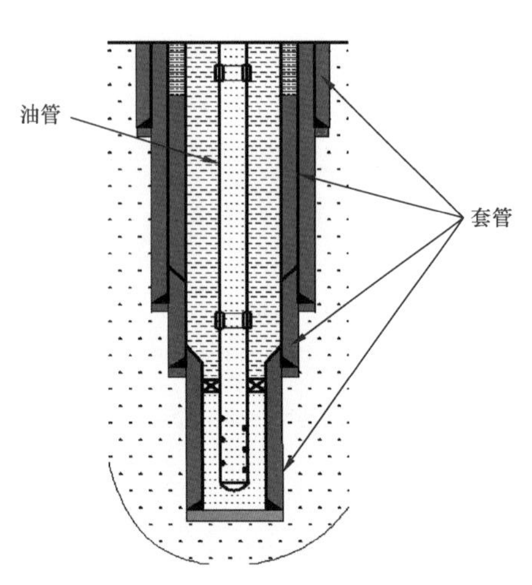

图5.1.1　油套管柱结构设计示意图

随着全球范围内能源需求的不断增加,油气田的勘探开发力度进一步加大,以往一些腐蚀环境严酷、开发效益不佳的油气田也相继投入开发中,使得油气田开发环境变得更加复杂,油套管的损伤及腐蚀损害也越来越严重,并逐步成为困扰石油行业的一大难题。油套管所处的腐蚀环境主要有:高温、高压、高矿化度、高含水率以及富含CO_2/H_2S等腐蚀介质环境。腐蚀不仅影响到生产开发和储运过程,给油田造成巨大的经济损失,同时还会带来环境污染等社会问题,并危及人身安全。

5.1.1.1　CO_2腐蚀环境

CO_2常作为石油和天然气的伴生气存在于地下油气中,其含量也不尽相同,最高分压可达10MPa以上。由于CO_2易溶于地层水而形成碳酸,往往会对油管柱的内壁造成不同程度的腐蚀。CO_2可导致油管严重的局部腐蚀、穿孔及应力腐蚀(SCC)等。调查发现[1],目前国内外各大油田的腐蚀失效案例中,因CO_2腐蚀对油管柱造成的失效占总失效率的60%以上。

在影响油管腐蚀速率的因素中，CO_2分压起着决定性作用。一般认为，当CO_2分压低于0.021MPa时，材料几乎不发生CO_2腐蚀；当CO_2分压为0.021~0.21MPa时，碳钢材料会发生不同程度的点蚀；当CO_2分压大于0.21MPa时，碳钢管材会发生严重的局部腐蚀。油管的CO_2腐蚀往往选择性地发生在某一特定的井段，呈现出一定的规律性，这主要受温度的影响。CO_2腐蚀受温度的影响比较显著，当温度低于60℃时，碳钢表面存在少量软而附着力小的$FeCO_3$腐蚀产物膜，腐蚀速率由CO_2水解生成碳酸的速度与CO_2扩散到金属表面的速度共同决定，主要发生均匀腐蚀。当温度在60~110℃时，生成的腐蚀产物膜较厚，但晶粒大、疏松且不均匀，易发生严重的局部腐蚀。而当温度高于150℃时则形成致密、附着力强的$FeCO_3$膜，对管材基体具有一定的保护性，腐蚀速率反而有所下降。

5.1.1.2　H_2S腐蚀环境

国内外不少油气田开发环境中都含有H_2S。油气中的H_2S除来自地层伴生气外，油气开发系统中的硫酸盐还原菌（SRB）也会通过转化地层中和化学添加剂中的硫酸盐而释放出H_2S气体。H_2S能溶于水，其水溶液呈酸性。碳钢在H_2S的水溶液中会产生氢去极化腐蚀，碳钢的阳极产物铁离子与水中硫离子结合生成硫化亚铁。因此H_2S的存在会导致碳钢油管材料的腐蚀速率增加。H_2S含量在油气田分布范围很广，美国南得克萨斯气田的H_2S含量高达98%，为世界之最；加拿大阿尔伯塔省的气田中H_2S含量也高达81%。国内部分气田H_2S含量也极高，如河北赵南庄气田H_2S含量高达92%，川东卧龙河气田三叠系气藏H_2S含量达32%（$493g/m^3$）。

在H_2S环境下，随着H_2S浓度或分压的不同，溶液的pH值也不同，从而对管材的硫化物应力腐蚀造成不同的影响。一般而言，随着pH值的增加，碳钢管材发生硫化物应力腐蚀的敏感性下降。当pH值≤6时，硫化物应力腐蚀很严重；6<pH值≤9时，硫化物应力腐蚀敏感性开始显著下降，但达到断裂所需的时间仍然很短；当pH值>9时，则很少发生硫化物应力腐蚀破坏。同时，硫化物应力腐蚀开裂倾向也与环境温度密切相关。在一定温度范围内，随着温度的降低，硫化物应力腐蚀开裂倾向会增加（温度降低时硫化氢溶解度会增加），22℃左右时，硫化物应力腐蚀敏感性最大。当温度高于22℃后，温度升高硫化物应力腐蚀敏感性明显降低。对油管而言，随着井筒深度的不同，油管柱所处温度分布也不同。井底温度较高，因而发生电化学失重腐蚀严重。而上部温度较低，加上管柱上部承受的拉应力最大，因而管柱上部容易发生硫化物应力腐蚀开裂。

5.1.1.3　CO_2/H_2S共存腐蚀环境

随着石油天然气工业的快速发展，油气田腐蚀环境越来越复杂，除了CO_2环境、H_2S环境，同时含CO_2和H_2S等多种腐蚀介质的油气田也十分常见，而且这两种腐蚀介质共存体系对管柱的腐蚀规律也表现出与只存在CO_2或H_2S介质的不同，变得更加复杂。依据腐蚀机理和作用规律的不同，可将CO_2/H_2S共存环境分为三种形式：（1）H_2S分压小于5.9×10^{-5}MPa，此时CO_2为主要的腐蚀介质，温度高于60℃时，腐蚀速率取决于$FeCO_3$膜的保护性能，基本与H_2S无关；（2）当H_2S含量增加，但$p_{CO_2}/p_{H_2S}>200$时，材料表面形成一层与系统温度和pH值有关的较致密的FeS膜，导致腐蚀速率降低；（3）$p_{CO_2}/p_{H_2S}<200$时，系统的腐蚀性以H_2S为主导，材料表面一般会优先生成一层FeS膜，此膜的形成阻碍了腐蚀的进一步发展。

5.1.1.4　溶解盐腐蚀环境

油田产出水中的溶解盐类环境是油套管发生腐蚀损伤的主要环境之一，对油套管材料的腐蚀速率有显著影响，且随着矿化度的升高，对管柱的损伤也变大。油套管材料在中性及碱性盐溶液中主要发生的是氧去极化反应，腐蚀过程中材料表面易生成保护性的钝化膜，因此比在酸性盐溶液中的腐蚀速率要小。油气中溶解的矿物盐类主要有：氯化物、硫酸盐、碳酸盐和硝酸盐等。Ca^{2+}、Mg^{2+}的存在会增大溶液的矿化度，从而使离子强度增大，加剧局部腐蚀。HCO_3^-的存在会抑制$FeCO_3$的溶解，有利于腐蚀产物膜的形成，易使金属表面钝化，从而降低腐蚀速率。Cl^-是引起油套管腐蚀的主要阴离子，尤其对不锈钢油管材料的点蚀作用十分明显。一方面Cl^-因半径较小，极易穿透腐蚀产物膜，与吸附在金属表面的Fe^{2+}结合形成$FeCl_2$，从而促进油套管材料的腐蚀；Cl^-的存在还会造成不锈钢油套管材料的应力腐蚀开裂，其对不锈钢的影响与Cl^-浓度密切相关。对油套管用超级13Cr钢而言，在NaCl水溶液中，当NaCl浓度低于15%时，超级13Cr抗SCC性能较好，应力腐蚀程度较轻；随着Cl^-浓度的增加，超级13Cr抗SCC性能会下降，应力腐蚀开裂的倾向增大；当溶液中NaCl浓度大于25%时，其抗应力腐蚀开裂的性能明显变差，应力腐蚀敏感性显著增加。另一方面，Cl^-会降低CO_2在水溶液中的溶解度，降低CO_2的影响，从而减缓材料的腐蚀速度。

5.1.1.5 冲刷腐蚀环境

油套管在油田工况环境下服役时，除了不同类型的腐蚀介质对管柱造成腐蚀损伤外，服役介质的流动也会对管柱造成冲蚀损伤。冲蚀损伤是指液体或固体以松散的小颗粒按一定的速度和角度对材料表面进行冲击，并在腐蚀介质协同作用下对材料所造成的一种管材损耗现象或过程。在石油开采过程中，油气混相中的含沙量以及油气的流速也是对油管柱腐蚀损伤的主要因素。冲刷腐蚀是一个很复杂的过程，影响因素众多。材料自身的化学成分、组织结构、机械性能、表面粗糙度、耐蚀性能等，都会影响油套管材料的冲刷腐蚀程度。另一方面，介质的温度、pH值、溶氧量、各种活性离子的浓度、黏度和气体在液相中的含量、流速的大小、油气的组成及存在的不同状态及流态、沙粒的比例和粒径大小等，这些因素也都会影响油套管的冲刷腐蚀行为。

5.1.1.6 酸化作业腐蚀环境

酸化压裂是油田广泛采用的主要油气增产工艺措施之一。酸化压裂作业是在足以压开地层形成裂缝或张开地层原有裂缝的压力下对地层挤入酸液的处理工艺。在实施过程中，酸化液通过油管柱被打入到地层裂缝，酸化完成后再通过油管柱进行残酸返排返回至地面。在酸化过程中，油管柱接触到的腐蚀介质主要为鲜酸（如10% HCl + 1.5% HF + 3% HAc + 缓蚀剂）、残酸和地层水，这些介质均会对油管柱产生腐蚀。因此酸化作业环境也是油管柱一种典型的腐蚀环境。

由图5.1.1所示的油套管柱结构设计示意图可见，油田进行酸化压裂作业提高产量时，不仅油管会接触酸化液，在井底封隔器以下部位的套管也会与酸化液直接接触，因此套管也受到酸化压裂时鲜酸、残酸及返排过程中酸化环境的腐蚀损伤。

5.1.1.7 溶解氧腐蚀环境

井下油套管服役环境中地层水里的溶解氧（主要来自地面注入的钻井液和回注水）也是引起腐蚀损伤的重要因素之一。溶液中含有低于1mg/L的氧就可能对普通碳钢油套管材料造成严重的腐蚀，如果同时存在CO_2或H_2S气体，腐蚀速率则会急剧升高。影响氧腐蚀的主要因素有环境中的氧含量、Cl^-浓度以及系统的压力、温度等。碳钢在油气田水溶液中的腐蚀速率取决于氧浓度及氧的扩散速率。碳钢在含氧水溶液中的腐蚀过程如下：

$$3Fe + 4H_2O + O_2 \longrightarrow 3Fe(OH)_2 + H_2 \tag{5.1.1}$$

$$4Fe(OH)_2 + 2H_2O + O_2 \longrightarrow 4Fe(OH)_3 \tag{5.1.2}$$

$$Fe(OH)_2 + 2Fe(OH)_3 \longrightarrow Fe_3O_4 + 4H_2O \tag{5.1.3}$$

5.1.1.8　细菌腐蚀环境

油套管环空是油管外壁和套管内壁接触到的腐蚀环境，环空内液体随深度的增加，温度升高，由于环空部位的液体相对静止，为细菌的滋生和繁殖创造了有利条件。常见的细菌有硫酸盐还原菌（SRB）、铁细菌和黏液菌等。其中，以SRB造成的腐蚀最为严重，约占全部细菌腐蚀的50%以上。SRB是一种以有机物为营养的细菌，随菌种不同，SRB分为中温和高温两种。中温SRB最适宜生长温度为30～35℃，高温SRB最适宜生长温度为55～60℃。在一定温度范围内，温度升高10℃，细菌的生长速度增加1.5～2.5倍。超出一定的温度范围，则SRB的生长将受到抑制甚至死亡。最适宜SRB存活的pH值为7.0～7.5，超过此范围SRB的代谢活性将会降低。SRB的腐蚀原理是把硫酸根还原成二价硫，二价硫与铁发生反应生成黑色的FeS，从而造成油管外壁和套管内壁的腐蚀。此外，SRB菌体聚集物和腐蚀产物随注入水进入地层还可能引起地层堵塞，造成注水压力上升，注水量减少，直接影响原油产量。

5.1.2　钻柱构件的腐蚀环境

钻柱构件在服役过程中存在腐蚀、应力开裂及疲劳等失效风险[2]。钻柱构件所处的腐蚀环境与其服役条件密切相关，引起钻柱构件腐蚀的主要介质环境包括钻井液、水泥浆以及地层流体等。此外，服役温度、压力等因素也会对钻柱构件的腐蚀行为造成影响[3]。

5.1.2.1　钻井液腐蚀环境

钻杆在正常工作过程中始终处于钻井液中。钻井液是钻井的血液，其主要作用包括：(1)从井底清除岩屑；(2)冷却和润滑钻头和钻柱；(3)造壁性能；(4)控制地层压力，防止井喷；(5)保护井壁，防止井壁垮塌；(6)为井下动力钻具传递动力；(7)从所钻地层获得资料等[4]。

不同钻井液种类、pH值、固相含量、流速、温度和扰动情况等都对钻柱的腐蚀失效有着不同程度的影响[4,5]。各类钻井液腐蚀性的大致顺序为：充气海水钻井液（KCl）>聚合物钻井液>低pH值聚合物钻井液>H_2S污染钻井液>低pH值天然钻井液（淡盐水钻井液、淡水钻井液）>高pH值天然钻井液（石灰液钻井液）>高分散性钻井液（水包油钻井液、饱和盐水钻井液）>缓蚀剂处理的钻井液（油基钻井液）。钻井液pH值降低、固相含量增多、流速加快、温度升高以及扰动增加，都会导致钻柱的腐蚀加剧[6]。

5.1.2.2　溶解氧腐蚀环境

在钻井过程中，钻井液循环系统是完全开放的。钻井液在地面搅拌，储罐、振动筛、离心泵、除砂器等与大气接触，这些环节中氧气都可以进入系统[6]。对于普通钻杆材料，即使溶解氧的浓度很低，也会造成严重的腐蚀损伤。氧在钻井液中的体积分数一般为(1～10)×10^{-3}mL/L，当使用充气钻井液时，溶解氧含量则更高。

5.1.2.3 CO_2腐蚀环境

油气中的CO_2溶于水而形成碳酸，会使得钻井液的pH值降低。在相同的pH值下，由于CO_2的总酸度比盐酸高，CO_2往往会导致比盐酸更加严重的全面腐蚀和局部腐蚀[7]。含CO_2环境中影响钻柱构件腐蚀的因素主要有CO_2分压、温度、流速、流型、pH值、腐蚀产物膜、Cl^-、H_2S和O_2含量、各种金属材料中合金元素的种类和含量、介质中砂粒的磨蚀等。

5.1.2.4 H_2S腐蚀环境

钻柱构件服役环境中H_2S的存在，特别是在交变应力作用下容易引起钻柱的应力腐蚀开裂和腐蚀疲劳断裂。环境中H_2S主要来源于含H_2S的油藏，一些钻井液中加入的磺化物处理剂在高温下也会分解产生H_2S；另外，井下厌氧硫酸盐还原菌的代谢产物中也有H_2S。随着钻井液中H_2S含量的升高，钻柱的应力腐蚀开裂敏感性增加，同时腐蚀疲劳寿命会显著降低。

5.1.2.5 溶解盐腐蚀环境

钻井液中一般都含有大量的离子，钻井液处理剂和地下油、气、水、盐、岩层中物质是这些离子的主要来源。其中，具有腐蚀性的溶解盐离子主要包括Cl^-、SO_4^{2-}、Ca^{2+}、CO_3^{2-}、HCO_3^-等。由于氯离子半径小、穿透能力强，容易透过金属表面膜内极小的孔隙，直接与金属接触，因此，对材料腐蚀的影响最为显著。饱和盐水钻井液中氯离子浓度不小于170000mg/L，而井底的盐度比井筒上部要高。在钻井过程中遇到盐层及与高矿化度地下水串流时，钻井液的氯离子浓度都会升高。

5.1.3 地面管线的腐蚀环境

地面管线是油气采出后的主要输送通道，包括集输管线和长输管线。这类管线在运行过程中存在着内、外环境的腐蚀问题。内腐蚀环境主要是采出液和伴生气，外腐蚀环境则主要为土壤。

5.1.3.1 地面管线的内腐蚀环境

油气田地面管线内部输送流体为原油、伴生气和水等介质，其中水是产生内部腐蚀的必不可少的因素。水中溶解的盐类(如卤盐、硫酸盐、碳酸盐等)、气体(氧气、二氧化碳、硫化氢等)以及细菌(如硫酸盐还原菌、铁细菌等)是诱发腐蚀的主要介质。这些介质可能导致管线发生氧腐蚀、二氧化碳腐蚀、硫化氢腐蚀、垢下腐蚀、细菌腐蚀等。

根据管线功能的不同，将地面管线分为集输管线、注水管线、长输管线等。集输管线是将各油气井产出的油气输送至处理站，其所输送流体的组成与井下管柱一致，因此集输管线内部的主要腐蚀环境为高矿化度采出水和酸性伴生气。注水管线是将分离后的采出水输送至注水井，其输送流体为油田水，主要腐蚀环境为油田水和溶解氧。长输管线是将处理后的净化油气输送至处理厂或终端，其内部腐蚀环境主要为处理过的油气介质，其所含部分处理不彻底的腐蚀性介质及水等含量很低，因此内腐蚀风险较小。

5.1.3.2　地面管线的土壤腐蚀环境

油气田地面管线多为埋地敷设，其运行过程中存在外部土壤腐蚀的风险。就腐蚀而言，土壤是一种特殊的电解质，具有多相性、多孔性、不均匀性以及相对固定等特点[8]。

土壤介质的这些特点使得其明显有别于其他介质，金属在其中发生的是化学腐蚀或电化学腐蚀。由于土壤的组成和性质复杂而多变，影响土壤腐蚀的因素众多，且各因素之间存在着交互作用。通常认为，影响土壤腐蚀性的主要因素有：孔隙率、盐、水分、温度、微生物及有机质、含氧量、杂散电流等。这些因素可用综合指标如电阻率、氧化还原电位、pH 值和腐蚀电位等进行宏观描述，划分土壤的腐蚀程度（表 5.1.1）[8,9]。

表 5.1.1　土壤的腐蚀性程度划分

腐蚀程度	土壤电阻率（Ω·m）	含水量（%）	含盐量（%）	交换性酸总量 mg（当量）/100g（土）	pH 值	氧化还原电位（mV）	钢铁对地电位（$Cu/CuSO_4$）（－V）
极低	—	<3	—	—	>8.5	>400	<0.15
低	>50	3~7 或 >40	0.05	<4.0	7.0~8.5	200~400	0.15~0.30
较低	—	—	—	—	—	—	—
中等	20~50	7~10 或 30~40	0.05~0.2	4.1~8.0	5.5~7.0	100~200	0.30~0.45
较高	—	—	0.2~0.5	8.1~12.0	—	—	0.45~0.55
高	<20	10~12 或 25~30	0.5~1.2	12.1~16.0	4.5~5.5	<100	>0.55
特高	—	12~25	>1.2	>16.0	<4.5	—	—

5.1.4　海洋油气管道的腐蚀环境

海洋油气生产是人类进行海洋资源开发的重要工业领域。与陆上油气生产设施类似，海洋油气生产设施仍以钢铁材料为主要结构材料，通过井下管柱、采油树、集输管线、分离设备、长输管线、终端设备等构成油气开采和输送的工艺链条。因为海洋油气生产的地理和环境特点，海洋油气生产设施具有其独特性。例如海洋平台的导管架结构、水下井口和水下生产设施、海底管道和立管结构、海上浮式储油船等[10]，均不同于陆上油气生产设施。

海洋油气生产设施所处的服役条件决定了其腐蚀环境特点。与陆上油气生产类似，腐蚀环境可以分为内腐蚀环境和外腐蚀环境。内腐蚀环境与陆上油气生产环境基本相似，主要是含 CO_2、H_2S 等腐蚀性介质的油气水多相流体，同时可能含有砂、垢等固相物质以及硫酸盐还原菌等细菌，某些条件下还存在海水、化学药剂或含氧介质的混入等。外腐蚀环境与陆上差异极大，其主要为海泥、不同水深的海水、潮差飞溅、海洋大气等环境，海洋生物附着和沾污等生物环境，以及洋流运动和风浪导致的力学环境等。本节主要介绍海底管道、立管类结构和平台导管架结构的外腐蚀环境和特征。

5.1.4.1　海底管道的外腐蚀环境和特征

海底管道主要包括埋设于海床上的水下生产系统出油管线、平台间及平台与 FPSO 之间的集输管线、平台与陆上终端之间的长输管线等管道类结构。

海底管道所处的环境为海水或海底沉积物。在海底管道铺设时，若管道铺设在海床上，周围为海水包围，或者海床为松散的砂子和石块。管道铺设较浅时，可按照海水浸没区要求，采用涂层和阴极保护。当管道铺设在拖网捕鱼区或大型轮船航线上时，要求管道埋入到海床下一定深度，防止拖网或轮船对管道造成损害，这就需要考虑管道沿线沉积物的腐蚀性[10]。

海底沉积物中影响海底管道外腐蚀的因素主要有温度、氧含量、电阻率、氧化还原电位、有机物含量、重金属和 N、P 的含量、沉积物的紧密程度、沉积物和海水在海床界面的干扰程度以及微生物等。

海底沉积物的影响可通过对各因素加以量化评估。具体方法是将各因素按其对腐蚀的影响大小给以一定的权重值，无腐蚀为 0，数值越高，则这一因素对腐蚀的影响越大，各因素数值之和即为该地段腐蚀性总的强弱程度，总值越大，腐蚀性越高。通过比较各地段数值大小，就可得到各地段的腐蚀性差异。表 5.1.2 为各因素的腐蚀程度参考值。

表 5.1.2　腐蚀因素预测值

因素			腐蚀权重值
沉积物		海泥	4
		海泥砂	2
		海砂或岩石	0
有机物含量	在海泥中	高	3
		中	2
		低	0
	在海砂中	高	1
		中/低	0
水深		浅(<62m)	2
		深(>62m)	0
N 和 P 含量		高含量有机物 + 高含量 N,P	2
		低含量有机物 + 高含量 N,P	1
		低含量 N,P	0
温度		10℃以上	2
		10℃以下	0

5.1.4.2　立管类结构的外腐蚀环境和特征

立管类结构主要包括从海底至海平面的井口平台的采油立管和隔水套管、海底管线上下平台的立管部分、污水处理的沉箱结构等。这类结构的外腐蚀环境更为复杂。立管类结构要穿越不同水深的海水，同时还受到海洋生物附着的影响。在水面附近，立管主要面临潮差飞溅的腐蚀以及受洋流及风浪的影响。

5.1.4.3　平台导管架结构的外腐蚀环境和特征

平台导管架结构主要包括跨越海床、海水全浸区和飞溅区的平台桩腿及导管架结构，是支撑海洋油气生产平台的最重要的结构。位于海水里的部分处于不同水深的海水腐蚀环境中，位于飞溅区的部分与立管类结构的环境类似，位于海面以上的部分处于海洋大气腐蚀环境中。

5.2　石油管的腐蚀类型与失效特点

石油管主要包括石油和天然气开采、集输、长输、储存和炼制过程中的管道或管类结构，其腐蚀环境复杂，腐蚀形态各异。按照石油管的腐蚀形貌，大体可分为均匀腐蚀和局部腐蚀两大类。均匀腐蚀又称“全面腐蚀”，是指腐蚀发生在金属与腐蚀介质接触的整个接触界面上，且在整个接触界面上各部位的腐蚀速率相差不大。局部腐蚀则不同于均匀腐蚀，其在金属表面的腐蚀部位是不连续的、孤立的。局部腐蚀通常又可分为点蚀、缝隙腐蚀、晶间腐蚀、应力腐蚀、电偶腐蚀等。由于局部腐蚀是石油管最常见的腐蚀破坏形态，所以一直是腐蚀与防护科技工作者的主要研究对象[11,12]。

5.2.1　均匀腐蚀

均匀腐蚀是所有腐蚀类型中最为常见的腐蚀形态(图5.2.1)，其特征是腐蚀分布于金属的整个表面，使金属整体减薄。均匀腐蚀发生的条件是：腐蚀介质能够均匀地抵达金属表面的各部位，而且金属的成分和组织比较均匀。

图5.2.1　油田集输管线内壁的均匀腐蚀

例如碳钢或锌板在稀硫酸中的溶解以及某些材料在大气中的腐蚀都是典型的均匀腐蚀。均匀腐蚀的电化学特征是腐蚀原电池的阴、阳极面积都非常小，甚至用微观方法也无法辨认，而且微阳极和微阴极的位置还会随机变化。整个金属表面在溶液中处于活化状态，只是各点随时间(或地点)有能量起伏，能量高时(处)呈阳极，能量低时(处)呈阴极，从而使整个金属表面遭受腐蚀。

在油气田生产开发过程中，钢质管道和储罐普遍都面临着均匀腐蚀的风险。NACE RP0775 中对油田生产系统中碳钢的腐蚀程度按腐蚀速率的大小进行了定性分类，即表5.2.1所示分为低、中等、重度和严重四个等级。参照该标准，可对碳钢的腐蚀程度进行简要分级，并有针对性地采取防腐蚀措施。

表5.2.1 油田生产系统碳钢腐蚀速率的分类

程度	数值	
	mm/a	mil/a
低	<0.025	<1.0
中等	0.025~0.12	1.0~4.9
重度	0.13~0.25	5.0~10
严重	>0.25	>10

油、套管均匀腐蚀一般受采出液及伴生气组成的影响较大，引起腐蚀的主要影响因素有CO_2、H_2S和采出水组成等。地层中的油气除了含有CO_2、H_2S外，一般均含有一定矿化度的盐水，有时还含有多硫和单质硫类络合物，高温高压下具有很强的腐蚀性。另外，在油气开采过程中，有时必须对低渗透地层进行酸化作业，酸化处理后残留于井下的无机酸也是引起油套管腐蚀的因素之一。有些井下由于硫酸盐还原菌的作用，生成强腐蚀性的H_2S。修井、添加药剂等作业还会把氧气带入井下。这些因素都会促进油气田的均匀腐蚀进程，使油、套管发生腐蚀减薄并导致失效。

5.2.2 点腐蚀

5.2.2.1 点腐蚀的概念

点腐蚀又称小孔腐蚀，是一种腐蚀集中在金属表面的很小范围内，深入到金属内部，并呈小孔状腐蚀形态的腐蚀类型（图5.2.2~图5.2.4）。

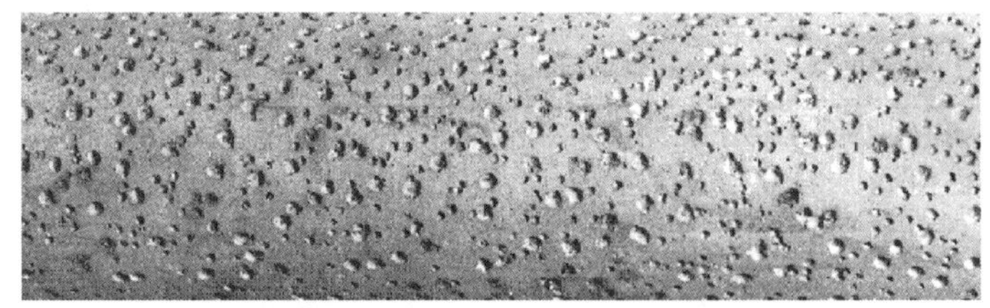

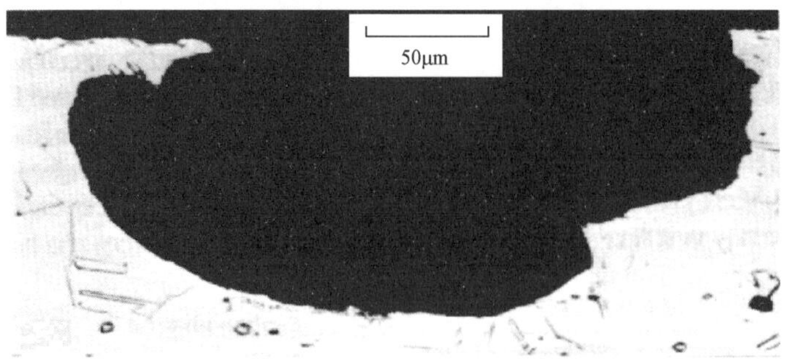

图5.2.2 Cr-Ni不锈钢在HCl溶液中的点蚀形貌

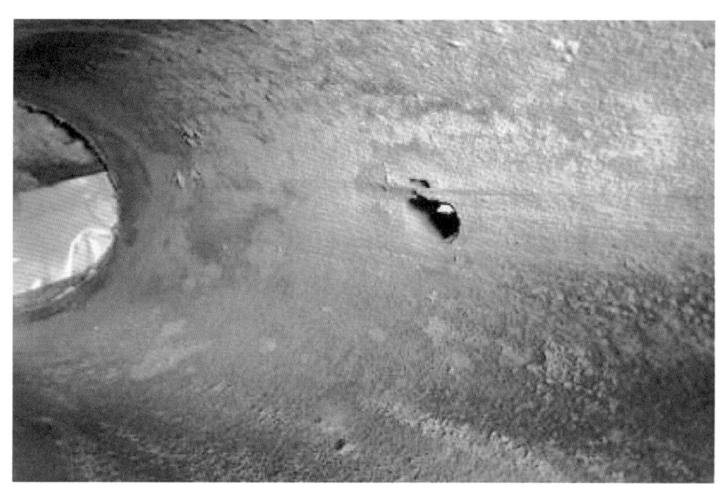

图 5.2.3　LN59 井集输管线内壁点蚀穿孔

图 5.2.4　管线钢腐蚀的点蚀形态

点腐蚀是破坏性和隐患极大的腐蚀形态之一,仅次于应力腐蚀开裂。点腐蚀导致的金属失重非常小,但由于阳极面积小,腐蚀很快,常使设备和管壁迅速穿孔,从而导致各类突发事故的发生。因为蚀孔尺寸很小,而且经常被腐蚀产物遮盖,因而对点腐蚀的检查以及定量测量和比较点腐蚀的程度都很困难。此外,点腐蚀还与其他类型的局部腐蚀如缝隙腐蚀和应力腐蚀等的发生有着密切的关系。

在油气田生产开发过程中,油井管、集输管线、压力容器和设备等往往容易因点蚀穿孔导致油气泄漏、环境污染、生产停运等不良后果,严重影响生产运行。若点蚀部位处于拉应力或交变应力作用部位时,小孔底部易成为应力集中源,会诱发应力腐蚀破裂或腐蚀疲劳,危害更甚。

点蚀穿孔失效在各大油气田均十分频繁。如我国西部某油田,其中五个作业区的地面系统管线 2010 年穿孔次数就达 684 次,2011 年为 664 次。因此,点蚀失效及由此衍生的断裂失效已经成为威胁油田安全生产的常见且十分棘手的腐蚀问题之一。

5.2.2.2　油套管的腐蚀穿孔失效[12-19]

在油气田开发过程中,除了游离 O、H_2S、Cl^- 这些易引起油、套管电化学腐蚀穿孔的介质外,CO_2 引起的局部腐蚀失效十分常见。

CO_2在水中的溶解度很高，一旦溶于水便形成碳酸，释放出氢离子。氢离子是强去极化剂，极易夺取电子还原，促进阳极铁溶解而导致腐蚀。对裸露的金属表面而言，在常温无氧的 CO_2溶液中，钢的腐蚀速率主要受析氢动力学控制。而实际上，在含 CO_2油气环境中，钢铁表面在腐蚀初期可视为裸露表面，随后将被碳酸盐腐蚀产物膜所覆盖。因此，CO_2水溶液对钢铁的腐蚀除了受氢去极化反应速率控制外，还与腐蚀产物是否在钢铁表面成膜以及膜的结构和稳定性等有密切关系。

油气田 CO_2的腐蚀破坏形态主要呈现为腐蚀产物膜局部破损处的点蚀以及环状或台面状的蚀坑或蚀孔。这种局部腐蚀由于阳极面积小，腐蚀穿孔速率很高，从下面给出的 CO_2腐蚀案例就可见一斑。

某油田采用气举采油工艺，油井增产效果十分明显。但随着含水量的逐年升高，腐蚀也逐渐加剧，从而导致多次套管腐蚀穿孔事故，影响到油田的正常生产，年直接经济损失在千万元以上。该油田油井腐蚀形貌如图 5.2.5 所示，套管内壁发生大面积腐蚀减薄和大量腐蚀穿孔（图 5.2.6）。对套管内壁附着的腐蚀产物进行 XRD 分析，结果表明腐蚀产物主要为 $FeCO_3$和 $CaCO_3$，还含有少量 NaCl 和 FeS 等，可以确定套管腐蚀与 CO_2有关。同时，在套管壁还检测到硫酸盐还原菌（SRB），SRB 的繁殖可使系统中 H_2S 含量增加，H_2S 与 Cl^- 加速 CO_2水溶液的局部腐蚀，使套管腐蚀穿孔速率进一步增加。腐蚀性介质从穿孔部位进入套管外侧，形成积液区，促进了 SRB 的繁殖，使套管外壁 H_2S 含量进一步增加。因此，在 $H_2S—CO_2—Cl^-—H_2O$ 体系腐蚀作用下，积液区发生大面积腐蚀减薄。可见，在油气田井下复杂环境下，$H_2S—CO_2—Cl^-—H_2O$ 腐蚀体系极易导致大面积腐蚀减薄以及套管腐蚀穿孔失效。

图 5.2.5　套管腐蚀宏观形貌（Ⅰ）

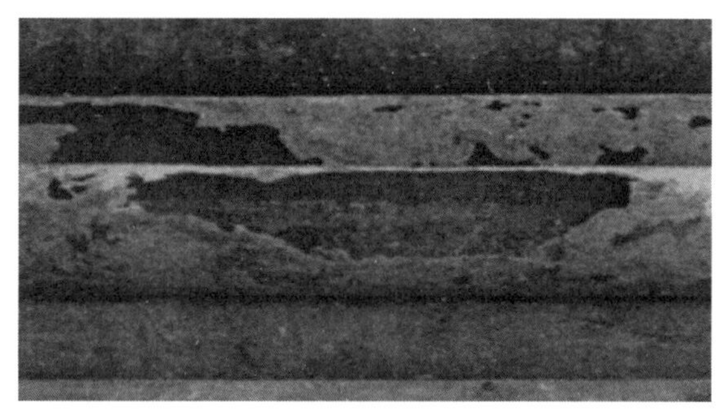

图 5.2.6　套管腐蚀宏观形貌（Ⅱ）

5.2.2.3　集输管线的腐蚀穿孔失效

集输管线的腐蚀可分为内腐蚀和外腐蚀两种。外腐蚀主要是管体外部遭受的土壤和地下水的腐蚀，以及杂散电流和宏电池腐蚀等；内腐蚀主要是指集输管线内部所输送介质引起的腐蚀。随着人们对集输管线腐蚀研究的深入，发现 CO_2、H_2S 对集输管线的腐蚀危害最大，造成的经济损失也较为严重。集输管线金属破坏的基本特征以局部腐蚀为主，图 5.2.7 和图 5.2.8 是某集输管线腐蚀后的形态。

5.2.3　晶间腐蚀

晶间腐蚀是金属材料在特定的腐蚀介质中沿晶界发生腐蚀，而使材料性能降低的腐蚀现象（图 5.2.9）。不锈钢、铝及其合金、铜合金和镍基合金都会发生晶间腐蚀。

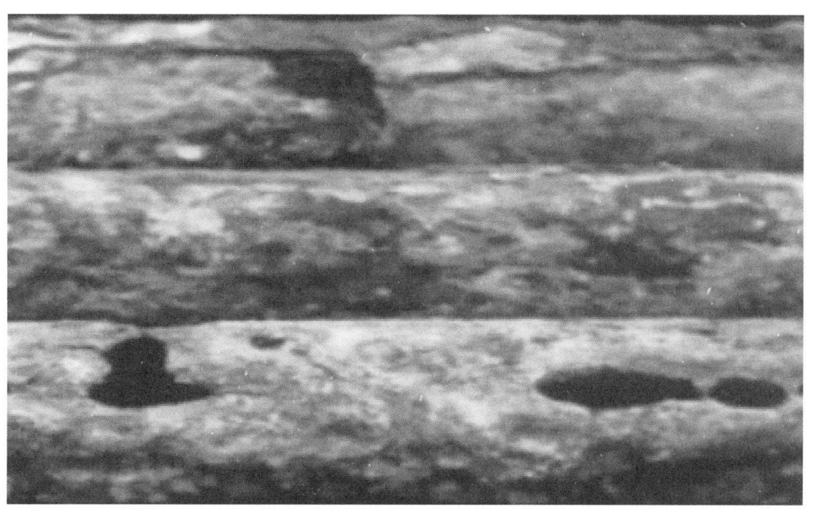

图5.2.7　集输管线的外壁腐蚀形貌

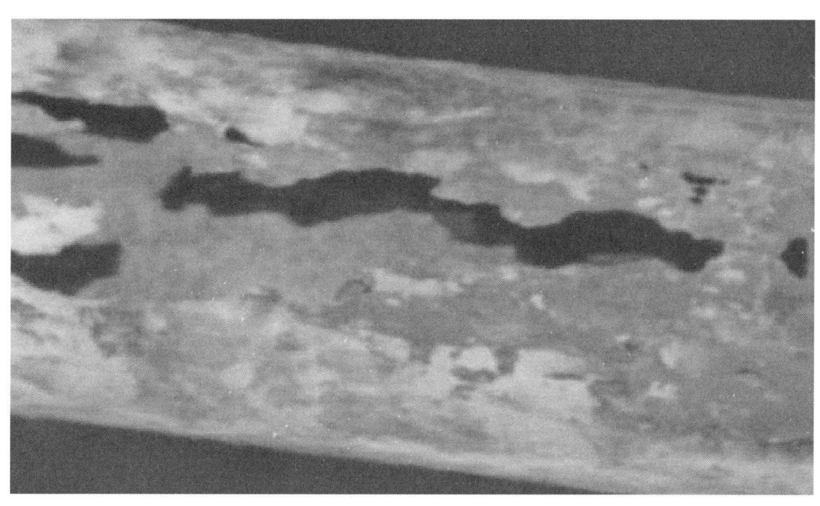

图5.2.8　CO_2—H_2S引起的集输管线腐蚀穿孔

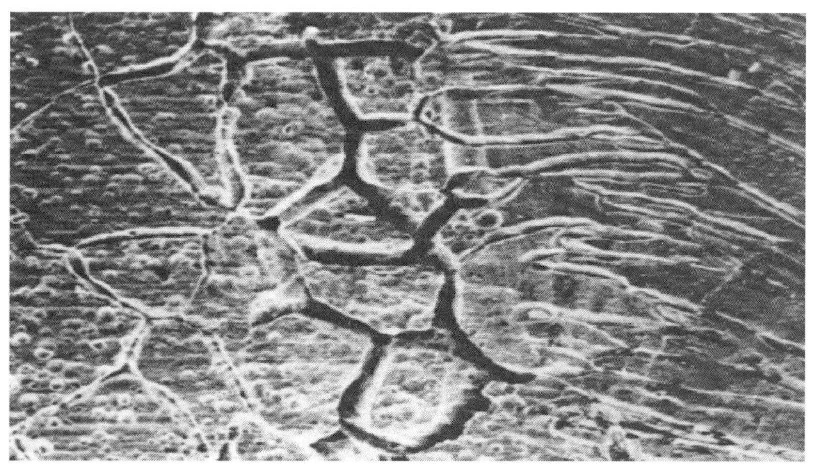

图5.2.9　晶间腐蚀的形貌特征

5.2.4 电偶腐蚀

由于腐蚀电位不同，造成同一介质中异种金属接触处的局部腐蚀，即为电偶腐蚀（图5.2.10），亦称接触腐蚀或双金属腐蚀。当两种或两种以上不同金属在导电介质中接触后，由于各自电极电位不同而构成腐蚀原电池，电位较正的金属为阴极，发生阴极反应，其腐蚀过程受到抑制；而电位较负的金属为阳极，发生阳极反应，导致其腐蚀过程加速。电偶腐蚀往往会造成热交换器、船体推进器、阀门、冷凝器等的腐蚀失效，是一种普遍存在的腐蚀类型。同时，电偶腐蚀还会诱发和加速应力腐蚀、点蚀、缝隙腐蚀、氢脆等其他各种类型的局部腐蚀，从而加速设备的破坏。

图5.2.10 某油田计转站异种金属电偶腐蚀

2016年，某油田一单井采气支线发生爆管。该支线使用材质为L245＋316L双金属复合管，爆管部位基管内壁腐蚀严重，呈现大量沟槽状腐蚀坑（图5.2.11）。试验分析发现，腐蚀介质由焊缝刺漏点进入基管与衬管之间，形成异种金属接触的电偶腐蚀，使得基管优先腐蚀（图5.2.12），导致壁厚减薄，内压承受能力降低而发生爆管。

图5.2.11 某油田一单井采气支线爆管段宏观形貌

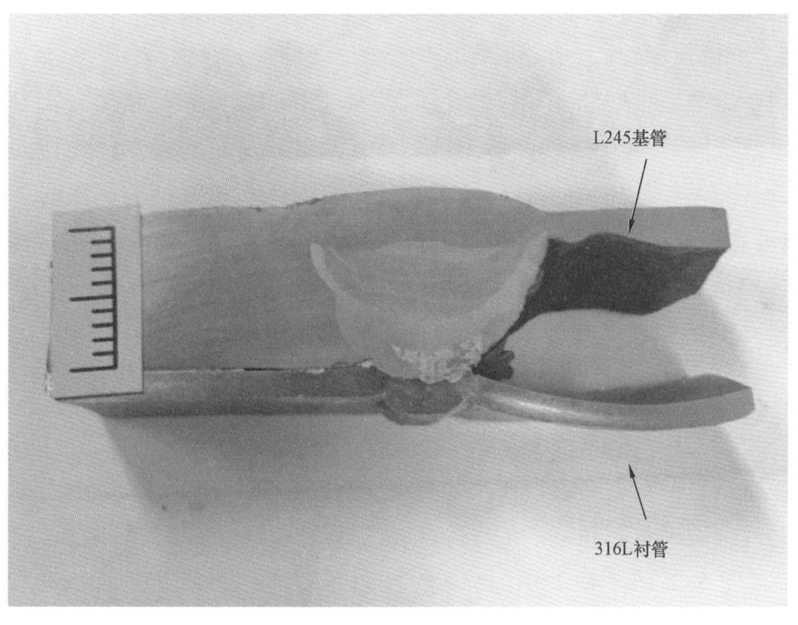

图 5.2.12　采气支线爆管段焊缝处宏观形貌

5.2.5　缝隙腐蚀

金属表面因异物的存在或结构因素而形成缝隙,从而导致狭缝内金属腐蚀加速的现象,称为缝隙腐蚀(图 5.2.13)。造成缝隙腐蚀的狭缝或间隙的宽度必须足以使腐蚀介质进入并滞留其中,当缝隙宽度处于 25 ~ 100μm 之间时,缝隙腐蚀最敏感,而在那些宽的沟槽或宽的缝隙中,因腐蚀介质易于流动,一般不会发生缝隙腐蚀。缝隙腐蚀是一种很普遍的局部腐蚀,在许多设备或构件缝隙中往往不可避免。缝隙腐蚀的结果会导致部件强度降低,配合的吻合程度变差;缝隙内腐蚀产物体积的增大,会引起局部附加应力,不仅使装配困难,而且可能使构件的承载能力降低。

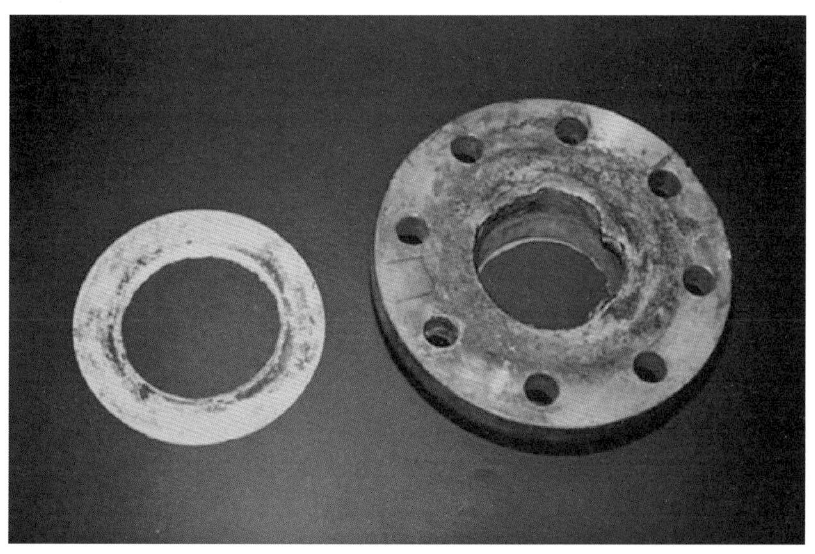

图 5.2.13　缝隙腐蚀形态

金属的缝隙腐蚀特征主要有:(1)不论是同种或异种金属的接触还是金属同非金属(如塑料、橡胶、玻璃、陶瓷等)之间的接触,甚至是金属表面的一些沉积物、附着物(如灰尘、砂粒、腐蚀产物的沉积等),只要存在满足缝隙腐蚀的狭缝和腐蚀介质,几乎所有的金属和合金都会发生缝隙腐蚀。自钝化能力较强的合金或金属,对缝隙腐蚀的敏感性更高;(2)几乎所有的腐蚀介质(包括淡水)都能引起金属的缝隙腐蚀,而含有氯离子的溶液最容易引起缝隙腐蚀;(3)遭受缝隙腐蚀的金属表面既可表现为全面性腐蚀,也可表现为点蚀形态。耐蚀性好的材料通常表现为点蚀型,而耐蚀性差的材料则为全面腐蚀型;(4)缝隙腐蚀存在孕育期,其长短因材料、缝隙结构和环境因素的不同而不同。缝隙腐蚀的缝口常常为腐蚀产物所覆盖,由此增强缝隙的闭塞电池效应。

5.2.6 应力腐蚀开裂

应力腐蚀开裂是指受一定拉伸应力作用的金属材料在某些特定介质中,由于腐蚀介质和应力协同作用而发生的脆性断裂现象。如黄铜的"氨脆"(图 5.2.14)、低碳钢的"硝脆"(图 5.2.15)、奥氏体不锈钢的"氯脆"(图 5.2.16)、锅炉钢的"碱脆"(图 5.2.17)、油气田管线钢硫化氢环境中的"硫脆"(图 5.2.18)等。

图 5.2.14 黄铜的"氨脆"

图 5.2.15 低碳钢的"硝脆"

通常在某种特定的腐蚀介质中,材料在不受应力时腐蚀甚微。若受到一定的拉伸应力时(可远低于材料的屈服强度),经过一段时间后,即使是延展性很好的金属也会发生脆性断裂。应力腐蚀破裂往往事先没有明显的预兆,容易造成突发性、灾难性的事故,被认为是破坏性和隐患最大的腐蚀形态。

产生应力腐蚀开裂必须同时具备 3 个条件,即:特定的合金成分结构、足够大的拉应力以及特定的腐蚀介质。腐蚀和应力是相互促进,不是简单叠加,两者缺一不可。表 5.2.2 列出了一些常见的产生应力腐蚀开裂的敏感材料—介质组合情况。

图 5.2.16　奥氏体不锈钢的“氯脆”

图 5.2.17　锅炉钢的“碱脆”

图 5.2.18　管线钢的“硫脆”

表 5.2.2　产生应力开裂的材料—介质组合

金属或合金	腐蚀介质
软钢	NaOH，硝酸盐溶液，（硅酸钠 + 硝酸钙）溶液
碳钢和低合金钢	42% $MgCl_2$ 溶液，HCN
奥氏体不锈钢	NaCl 溶液，海水，H_2S 水溶液
铜和铜合金	氯化物溶液，高温高压蒸馏水
镍和镍合金	氨蒸气，汞盐溶液，含 SO_2 大气

续表

金属或合金	腐蚀介质
蒙乃尔合金	NaOH 水溶液
铝合金	HF 酸,氟硅酸溶液
铅	熔融 NaCl,NaCl 水溶液,海水,水蒸气
镁	海洋大气,蒸馏水,KCl—K_2CrO_4溶液

应力腐蚀开裂的发生需同时满足敏感材料、特定介质和拉伸应力三方面的条件,往往呈现出以下特征:

(1)典型的滞后破坏,即材料在应力和腐蚀介质共同作用下,需要经过一定的时间使裂纹形核、裂纹亚临界扩展,最终失稳断裂;

(2)裂纹分为晶间型、穿晶型和混合型三种,然而裂纹始终起源于表面,扩展方向一般垂直于主拉伸应力方向,其形貌往往呈树枝状;

(3)裂纹扩展速率比均匀腐蚀快约 10^6 倍;

(4)应力腐蚀开裂为低应力脆性断裂,断裂前没有明显的宏观塑性变形,大多数为脆性断口(即解理、准解理或沿晶)。

应力腐蚀开裂是一种延迟破坏过程[20,21]。也就是说,裂纹以较慢的速率开始形成(例如,10^{-6}m/s),直到裂纹尖端的应力超过断裂强度,最终发生断裂。应力腐蚀开裂通常分为 3 个阶段:

(1)阶段 1:裂纹萌生和第 1 扩展阶段;

(2)阶段 2:稳态裂纹扩展;

(3)阶段 3:裂纹迅速扩展或最终失效。

由于不同阶段的转变以连续方式发生,因此,这些阶段之间的区分比较困难[21,22]。

5.2.7 氢损伤

氢损伤是指材料因氢的作用而发生的一种破坏形式。按形态,氢损伤可分为氢鼓泡(Hydrogen Blister,HB)、氢致开裂(Hydrogen Induced Cracking,HIC)、氢应力开裂(Hydrogen Stress Cracking,HSC)和应力定向氢致开裂(Stress Oriented Hydrogen Induced Cracking,SOHIC)[21-24]。

5.2.7.1 氢鼓泡(HB)

氢鼓泡是氢损伤的一种重要形式,易在常温下发生,且不需要任何外加应力。低强度碳钢在 pH 值为 1 ~5 的湿硫化氢腐蚀环境中最容易产生氢鼓泡现象。图 5.2.19 是某高含 H_2S 天然气集输管线内表面氢鼓泡的宏观形貌。

氢鼓泡的产生机理可以简单地描述为:硫化氢的腐蚀反应产生氢原子,尺寸较小的氢原子扩散进入钢中,在氢陷阱处聚集产生氢压导致金属变形形成鼓泡。当氢鼓泡周围同时受到外加应力和鼓泡内层气压作用,鼓泡周围的材料产生大量塑性变形,层状组织的铁素体和珠光体里产生裂纹,最终导致开裂。能够吸纳氢原子的陷阱有相界(如 MnS、Al_2O_3 等非金属夹杂物与钢基体的界面)、微孔、位错、三轴拉伸应力区等部位。

图5.2.19　某高含 H_2S 天然气集输管线内表面氢鼓泡的宏观形貌

5.2.7.2　氢致开裂(HIC)

ANSI/NACE MR0175、ISO 15156 和 GB/T 20972 中对氢致开裂给出如下定义:氢原子扩散进钢铁中并在陷阱处结合成氢分子(氢气)时所引起的在碳钢和低合金钢中的平面裂纹。这些裂纹是由于氢的聚集点压力增大而产生的。氢致开裂的产生不需要施加外部应力。能够引起氢致开裂的聚集点常在钢中杂质水平较高的地方,那是由于杂质偏析和在钢中合金元素形成的具有较高密度的平面型夹渣和(或)具有异常显微组织(如带状组织)的区域。这种类型的氢致开裂与焊接无关。

5.2.7.3　氢应力开裂(HSC)

这是金属在有氢和拉应力(残留的或施加的)存在的情况下出现的一种开裂现象。氢应力开裂描述了一种产生于对硫化物应力开裂不敏感的金属中的一种裂纹。这种金属作为阴极和另一种腐蚀活跃的金属作为阳极形成电偶,在有氢时,金属就可能变脆。电偶诱发的氢应力开裂就是这种机理的开裂。

5.2.7.4　应力定向氢致开裂(SOHIC)

这是大约与主应力(残余的或外加的)方向垂直的一些交错小裂纹,导致了像梯子一样的,将已有氢致开裂裂纹连接起来的(往往细小的)一组裂纹。这种开裂可被归类为由外应力和氢致开裂周围的局部应变引起的硫化物应力开裂(SSC)。SOHIC 与 SSC 和 HIC/SWC(阶梯裂纹)有关。在纵焊缝钢管的母材和压力容器焊缝的热影响区都观察到 SOHIC。但是,SOHIC 并不是一种常见的现象,其通常与低强度铁素体钢和压力容器用钢有关。

图5.2.20是典型的 SOHIC 的形貌。与 HIC 相比,SOHIC 裂纹由平面裂纹和纵向裂纹组成。平面裂纹是由于氢鼓泡扩展裂纹所致,产生机理与氢鼓泡和氢致开裂一致。纵向裂纹则由拉应力和氢压的共同作用所致,纵向裂纹往往并不是严格垂直于壁厚方向,主要是因为氢压和钢内部杂质等因素会影响裂纹的走向。

5.2.8　腐蚀疲劳

腐蚀疲劳是指材料或构件在交变应力与腐蚀环境的共同作用下产生的脆性断裂,如图5.2.21所示。这种破坏要比单纯交变应力造成的破坏(即疲劳)或单纯腐蚀造成的破坏严重得多,而且腐蚀环境不需要有明显的腐蚀性,泵轴和泵杆及海洋平台等常出现这种破坏。

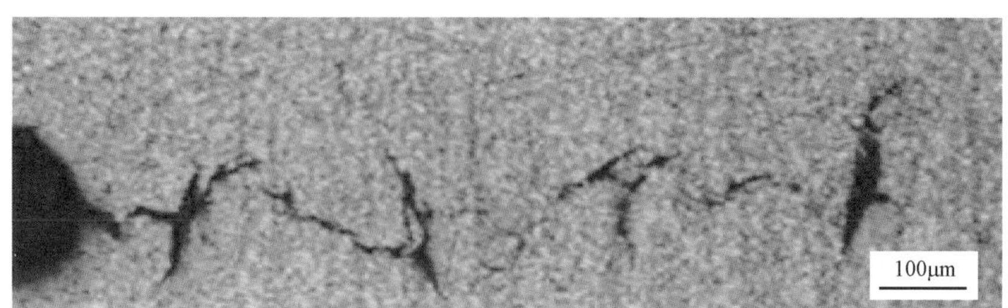

图 5.2.20　典型的应力导向氢致开裂

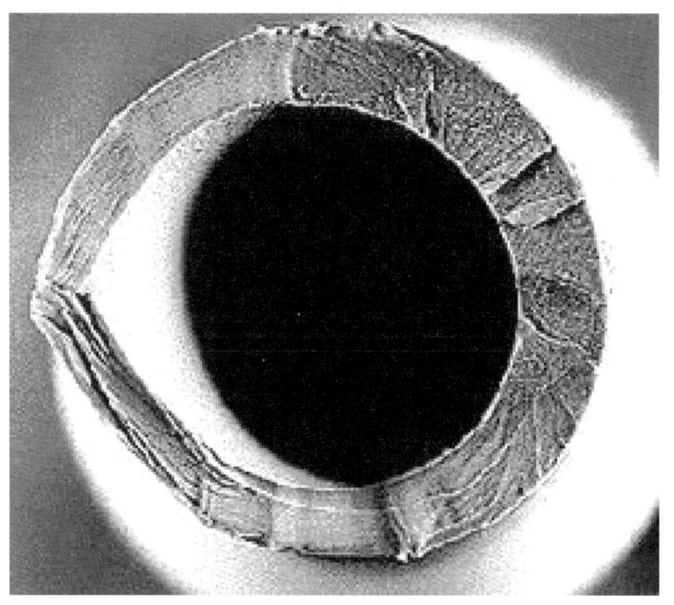

图 5.2.21　腐蚀疲劳断口

腐蚀疲劳具有以下特征：

(1)不存在疲劳极限。

(2)与应力腐蚀开裂不同,纯金属也会发生腐蚀疲劳,而且发生腐蚀疲劳不需要材料—环境的特殊组合。只要存在腐蚀介质,在交变应力作用下就会发生腐蚀疲劳。金属在腐蚀介质中可以处于钝态,也可以处于活化态。

(3)金属的腐蚀疲劳强度与其耐蚀性有关。耐蚀材料的腐蚀疲劳强度随抗拉强度的提高而提高,耐蚀性差的材料腐蚀疲劳强度与抗拉强度无关。

(4)腐蚀疲劳裂纹多起源于表面腐蚀坑或缺陷,裂纹源数量较多。腐蚀疲劳裂纹主要是穿晶的,有时也可能出现沿晶或混合的,并随腐蚀发展,裂纹变宽。

(5)腐蚀疲劳断裂是脆性断裂,没有明显的宏观塑性变形。断口有腐蚀的特征,如腐蚀坑、腐蚀产物、二次裂纹等,又有疲劳特征,如疲劳辉纹。

5.2.9　冲刷腐蚀[10,25-27]

冲刷腐蚀是指由于金属表面与腐蚀流体之间的高速相对运动而引起的一种金属破损现象,危害较大。冲刷腐蚀在石油、化工等领域广泛存在,暴露在运动流体中的所有类型的设备,如料浆泵的过流部件、弯头、三通和换热器管都会遭受冲刷腐蚀的破坏，尤其是在含固相颗粒的多相流中破坏更为严重，它将大大缩短设备的使用寿命。图 5.2.22 为管道弯头处的冲刷腐蚀形貌。

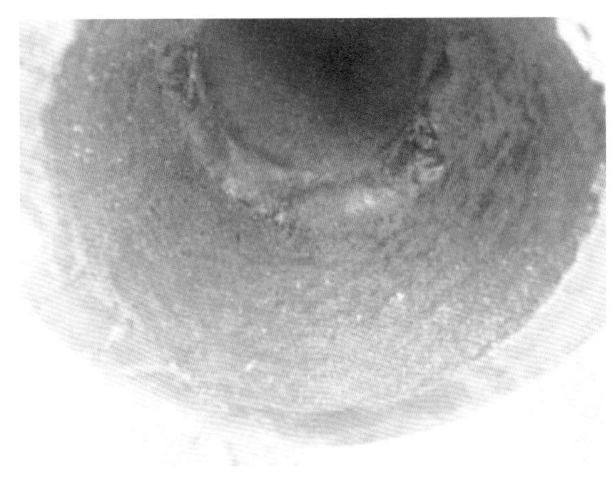

图 5.2.22　阿克 1－H3 井口弯管内壁冲刷腐蚀形貌

受到冲刷腐蚀的金属表面光亮且无腐蚀产物积存，其形貌一般呈现沟槽、凹谷或马蹄状，与流体流向有明显的依赖关系，通常是沿着流体的局部流动方向或因紊流而呈现出不规则形态（图 5.2.23）。

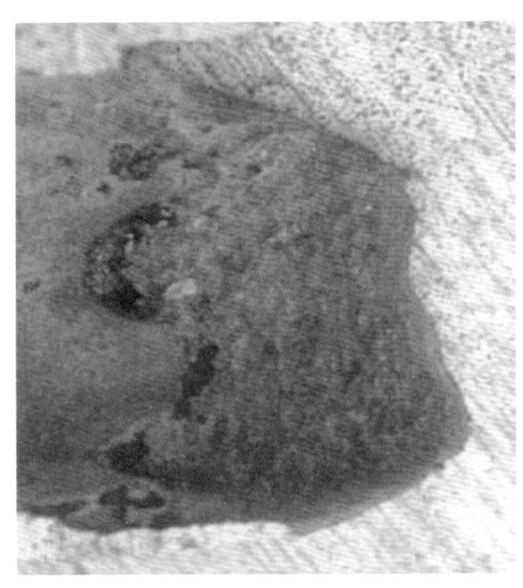

图 5.2.23　冲刷腐蚀的形态

冲刷腐蚀是以流体对电化学腐蚀行为的影响、流体产生的机械作用以及二者的交互作用为特征的。冲刷对腐蚀的影响主要表现为：

（1）冲刷能加速传质过程，促进去极化剂如 O_2 到达材料表面和腐蚀产物脱离材料表面，从而加速腐蚀；

（2）冲刷的力学作用使材料钝化膜减薄、破裂或使材料发生塑性变形，局部能量升高，形成“应变差电池”，从而加速腐蚀；

（3）冲刷造成材料表面出现凹凸不平的冲蚀坑，增加了材料的比表面积，加剧腐蚀。

腐蚀对冲刷的影响主要表现为：

（1）腐蚀粗化材料表面，尤其易在材料缺陷部位造成局部损伤，形成微湍流，从而促进冲刷过程；

(2)腐蚀弱化材料的晶界、相界，使材料中耐磨的硬化相暴露，突出基体表面，使之易折断甚至脱落，加剧冲刷作用；

(3)腐蚀有时使材料表面产生较松软的产物，它们容易在冲刷力作用下剥离；

(4)腐蚀可溶解掉材料表面的加工硬化层，降低其表面硬度及疲劳强度，促进冲刷速度。

5.3 石油管的腐蚀机理及影响因素

5.3.1 CO_2腐蚀机理及影响因素

5.3.1.1 CO_2腐蚀机理

CO_2腐蚀是石油工业中一种常见的腐蚀类型，CO_2溶于水后对金属材料有很强的腐蚀性。在相同pH值条件下，CO_2水溶液的腐蚀性比盐酸还强，能迅速引起钢铁的全面腐蚀和严重的局部腐蚀。CO_2腐蚀的典型形貌特征为局部腐蚀，其腐蚀形态往往表现为台地状腐蚀、坑点腐蚀及苔藓状腐蚀(图5.3.1)。

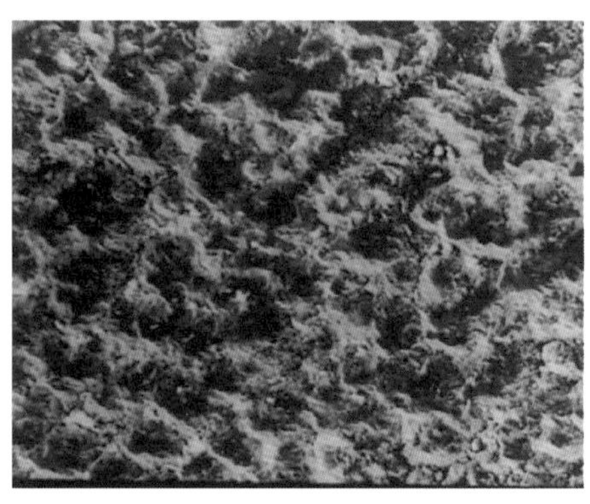

(a) 苔藓状腐蚀

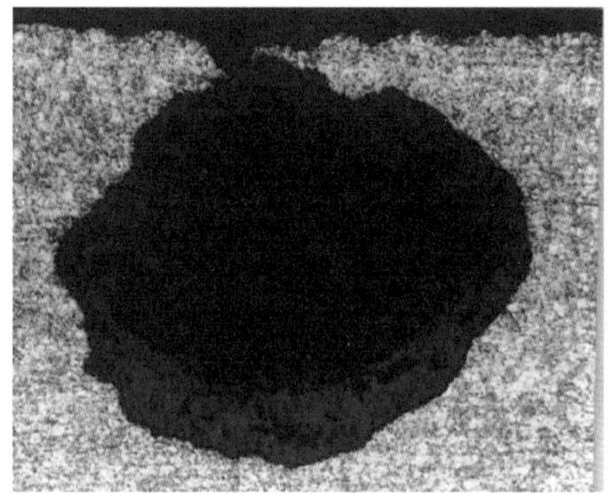

(b) 点腐蚀

图5.3.1 CO_2腐蚀典型形貌

在常温无氧的CO_2溶液中，钢的腐蚀速率受析氢动力学控制。CO_2溶于水生成碳酸，释放出氢离子。氢离子是强的去极化剂，极易获得电子被还原，促使阳极铁溶解而导致腐蚀。

对于CO_2腐蚀机理，主要有阳极反应机理和阴极反应机理两种。

5.3.1.1.1 阳极反应机理

到目前为止，关于CO_2腐蚀过程的阳极反应机理也存在很多分歧。较早的一种阳极反应机理为：

$$Fe + OH^- \longrightarrow FeOH + e \tag{5.3.1}$$

$$FeOH \longrightarrow FeOH^+ + e \tag{5.3.2}$$

$$FeOH^+ \longrightarrow Fe^{2+} + OH^- \tag{5.3.3}$$

总的阳极反应为：

$$Fe \longrightarrow Fe^{2+} + 2e \tag{5.3.4}$$

另一种较为接受的阳极反应如下：

$$Fe + H_2O \longrightarrow Fe(OH)_{2(S)} + 2H^+ + 2e \tag{5.3.5}$$

$$Fe + HCO_3^- \longrightarrow FeCO_{3(S)} + H^+ + 2e \tag{5.3.6}$$

$$Fe(OH)_2 + HCO_3^- \longrightarrow FeCO_3 + H_2O + OH^- \tag{5.3.7}$$

在阳极反应机理认识上产生分歧的主要原因是对 CO_2 腐蚀中间产物了解不够，中间许多过程均缺少实验证明。

5.3.1.1.2　阴极反应机理

在 CO_2 腐蚀过程中，阴极反应往往影响着碳钢的腐蚀速率，因此阴极反应成为研究 CO_2 腐蚀机理的一个热点。

一般认为阴极反应是由以下两个反应完成的：

$$H^+ + e \longrightarrow H \tag{5.3.8}$$

$$2H \longrightarrow H_2 \tag{5.3.9}$$

也有研究认为应是式(5.3.10)及反应式(5.3.9)完成的。Nesic 认为阴极反应也与介质的 pH 值有关，当 pH 值 <4 时，阴极反应以反应式(5.3.10)为主，反应受扩散控制。当 $4<$ pH 值 <5 时，以 H_2CO_3 和 HCO_3^- 的还原为主，即为式(5.3.11)及反应式(5.3.10)。此时反应受活化控制。而 pH 值 >5 时，以反应式(5.3.11)为主。Schmitt 则认为 H^+ 和 H_2CO_3 均可在阴极上被还原。

$$2H_2O + 2e \longrightarrow 2H + 2OH^- \tag{5.3.10}$$

$$H_2CO_3 + e \longrightarrow H + HCO_3^- \tag{5.3.11}$$

5.3.1.2　CO_2 腐蚀的影响因素

金属的 CO_2 腐蚀过程是一个错综复杂的电化学过程，影响因素很多，概括起来主要可划分为环境因素和材料组成两大类。环境因素主要包括温度、CO_2 分压、水介质矿化度、pH 值、水溶液中 Cl^-、HCO_3^-、Ca^{2+}、Mg^{2+}、微量 H_2S 和 O_2、细菌含量、油气混合介质中的蜡含量、介质载荷、流速及流动状态、材料表面垢的结构与性质等。材料组成因素主要包括材料中合金元素的含量、材料表面膜的状况等。

5.3.1.2.1　环境因素

(1)温度。

温度是影响 CO_2 腐蚀的一个重要参数。温度的影响主要表现在对 CO_2 腐蚀产物膜的性质、特征和形貌的影响以及对 CO_2 腐蚀进程的影响上。温度所处范围不同，CO_2 对钢铁材料的腐蚀影响程度也不同，且温度在 60℃ 上下时，CO_2 的腐蚀机理存在质的变化。(1) 当温度低于 60℃ 时，钢铁表面光滑，不能形成保护性的腐蚀产物膜，以均匀腐蚀为主，腐蚀速率由 CO_2 水解生成 H_2CO_3 的速度与 CO_2 扩散到钢铁表面的速度共同决定；(2) 当温度高于 60℃ 时，钢铁表面有 $FeCO_3$ 生成，腐蚀速率由穿过阻挡层传质过程决定。其中，当温度在 60 ~ 110℃ 时，腐蚀产物厚而疏松，晶粒粗大，不均匀，易破损，局部孔蚀严重；当温度高于 150℃ 时，腐蚀产物细致、紧密，附着力强，有一定的保护性，腐蚀速率下降。

赵国仙等[28] 研究 CO_2 分压为 2.5MPa 时 P110 钢在不同温度条件下的腐蚀行为，其测得的腐蚀速率如图 5.3.2 所示。可以看出，在静态环境中，随温度升高，材料的平均腐蚀速率在 90℃ 时出现峰值。研究发现：(1) 随着温度的升高，试样表面腐蚀产物趋向于更加致密。40℃ 时表层腐蚀产物较少且很松散地附着在材料表面。90℃ 时腐蚀产物增多，但是膜层中仍含大量孔洞。在 140℃ 时，试样表面腐蚀产物比较致密。(2) 随着温度的变化，试样表面腐蚀产物的形貌也发生了明显的变化。40℃ 时的腐蚀产物类似于疏松的土壤，90℃ 时的腐蚀产物主要是颗粒状，140℃ 的表层腐蚀产物呈致密的黏土结构，而下层腐蚀产物仍是颗粒状。(3) 温度变化造成腐蚀产物成分的变化。在 40℃ 时试样表层主要是氯化钾，此外还有少量 $FeCO_3$。90℃ 时试样表面腐蚀产物主要是钙铁镁的碳酸盐、少量 KCl 和 Fe_2O_3。140℃ 时试样表面是碳酸亚铁和氯化钾。(4) 腐蚀界面上钙离子和氯离子分布均匀，不存在富集现象。无论在任何温度，在材料表面都会发生局部腐蚀。

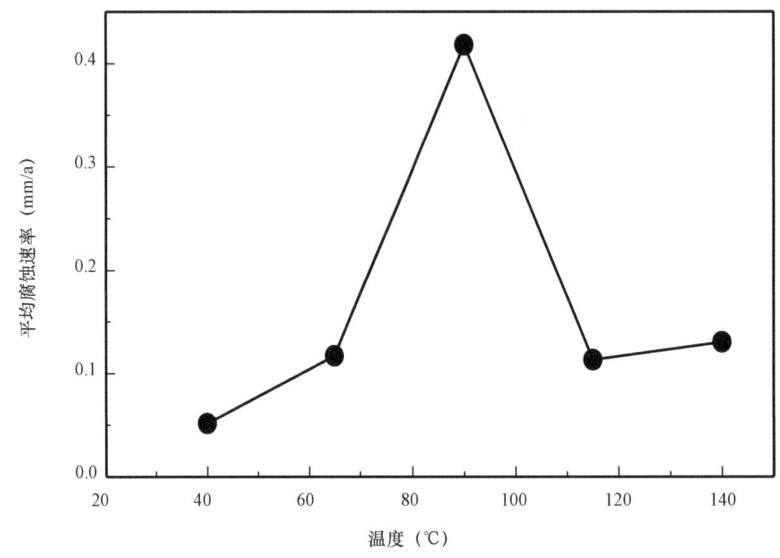

图 5.3.2　P110 钢在不同温度下的平均腐蚀速率

(2) CO_2 分压。

CO_2 对钢铁腐蚀的影响在很大程度上取决于 CO_2 在水中的溶解度，表 5.3.1 为 CO_2 在不同温度及压力下水中的溶解度，可以看出：随着压力增大，CO_2 在水中的溶解度增大。

目前，对于发生 CO_2 腐蚀的临界分压值尚未形成共识。在工程上，一般把 $p_{CO_2}=0.02MPa$ 确定为发生 CO_2 腐蚀的临界值，即当 $p_{CO_2}<0.02MPa$ 时，CO_2 腐蚀可忽略，而当 $p_{CO_2}>0.02MPa$ 时，则需要考虑 CO_2 腐蚀。

表5.3.1　CO_2在不同温度下水中的溶解度

压力 (1.013Pa)	溶解度(cm^3/g)				
	0℃	25℃	50℃	75℃	100℃
1	1.79	0.75	0.43	0.307	0.231
10	15.92	7.14	4.095	2.99	2.28
25	29.30	16.2	9.71	6.82	5.37
50	—	—	17.25	12.59	10.18
75	—	—	22.53	17.04	14.29
100	—	—	25.63	20.61	17.67
125	—	—	26.77	—	—
150	—	—	27.64	24.58	22.73
200	—	—	29.14	26.66	25.69
300	—	—	31.34	29.51	29.53
400	—	—	33.29	31.88	32.39
600	—	—	36.73	—	—
700	—	—	38.34	37.59	33.85

当温度低于60℃时,CO_2分压对碳钢和低合金钢腐蚀速率的影响可用Shell公司的De Waard经验公式进行计算,即:

$$\lg V_R = 7.96 - 2320/(T + 273) - 5.55 \times 10^{-3}T + 0.67\lg p_{CO_2} \tag{5.3.12}$$

式中　V_R——腐蚀速率,mm/a;

T——温度,℃。

该式表明腐蚀速率随CO_2分压增加而增大。由于CO_2的腐蚀过程是随着氢去极化过程而进行的,而且这一过程是由溶液本身的水合氢离子和碳酸中分解的氢离子来完成的,当CO_2分压较高时,由于溶解的碳酸浓度增高,从碳酸中分解的氢离子浓度也增加,从而腐蚀被加速。

而当温度大于60℃时,由于腐蚀产物的影响,计算结果往往高于实测值。因此该式只能用来估算没有膜的裸钢的最大腐蚀速率。此外,该式不能反映出流动状态、合金元素等对腐蚀速率的影响,从而限制了它的实际应用范围。

(3)流速。

流速对腐蚀速率的影响可分为两种情况,即钢铁表面有无腐蚀产物膜覆盖。当钢铁表面没有腐蚀产物膜覆盖时,流速增加会使腐蚀速率明显增加。这是因为流速增大,使介质中的去极化剂能更快地扩散到钢铁表面,阴极去极化增强。同时,反应产生的Fe^{2+}迅速地离开钢铁表面,阻碍表面保护膜的形成,这些作用使腐蚀速率增大。当钢铁表面有腐蚀产物膜覆盖时,流速会对钢铁产生一个切向作用力,切向作用力会对已形成的保护膜起破坏作用,从而使腐蚀加剧。

(4)pH值。

pH值是CO_2分压的函数,同时还受温度和溶液中离子浓度的影响。溶液pH值不仅影响铁溶解的电化学反应，而且与腐蚀产物膜的沉积密切相关。在特定条件下，水合物中含有的盐分能够缓冲pH值，从而减缓腐蚀速率，使保护膜或锈类物质沉淀更易形成。裸露的金属表面是最易遭受腐蚀的。试验表明，当pH值较低时（pH值<4.5），在裸露的金属表面，溶液中H^+的多少对阴极反应起决定的作用；pH值高的情况下溶解的CO_2含量对阴极反应起决定作用。Dugstad等认为pH值影响腐蚀速率有不同的机理：在给定电位下，阳极溶解速率与H^+浓度成正比，直到pH值$=5$时才不受pH增加的影响，pH值继续增加，H^+阴极还原速度下降。pH值除了影响阴阳极反应速率外，还对腐蚀产物膜的形成有重要影响，这是由于pH值会影响$FeCO_3$的溶解度的缘故。图5.3.3所示为pH值与$FeCO_3$溶解度关系曲线。由图5.3.3可见，pH值从4增加到5，$FeCO_3$溶解度下降5倍，而当pH值从5增加到6时，则要下降上百倍，这就解释了为什么pH值>5时腐蚀速率快速下降的现象。因为低pH值时$FeCO_3$膜倾向于溶解，而高pH值时更有利于$FeCO_3$膜的沉积。一般地认为，pH值在5.5～5.6之间时，腐蚀的危险性较低，这与早在1949年Carlson已认识到的pH值影响的临界值5.4很接近。

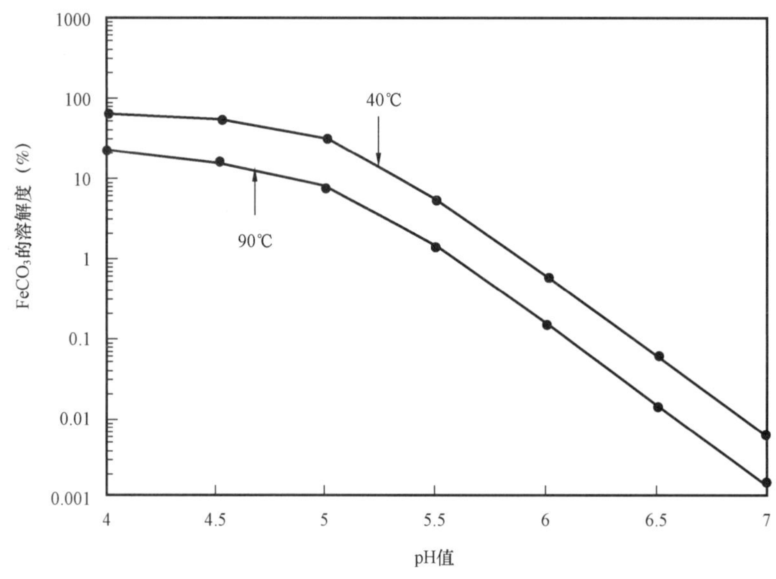

图5.3.3　pH值与$FeCO_3$溶解度关系曲线

（5）溶液中离子浓度。

溶液中的Cl^-、HCO_3^-、Ca^{2+}、Mg^{2+}等离子的浓度会影响材料表面腐蚀产物的形成和特征，从而影响腐蚀速率。在有腐蚀产物膜存在时，较高Cl^-含量易导致产生点蚀现象。因为Cl^-会明显破坏腐蚀产物膜，降低腐蚀产物膜对基体的保护能力。HCO_3^-的存在会抑制$FeCO_3$的溶解，有利于腐蚀产物膜的形成，容易使金属表面钝化，从而降低腐蚀速率。溶液中Ca^{2+}、Mg^{2+}的存在会增大溶液的硬度，从而使离子强度增大，导致CO_2溶解在水中的亨利常数增大。在其他条件保持不变的情况下，Ca^{2+}、Mg^{2+}含量增加使得溶液中的CO_2含量减少，但也会使溶液中结垢倾向增大，进而加速垢下腐蚀以及产物膜与缺陷处暴露基体金属间的电偶腐蚀。这两方面的影响因素作用使得平均腐蚀速率降低而局部腐蚀加剧。

（6）原油。

研究表明，在有原油存在时观察到的腐蚀速率比没有原油的腐蚀速率低得多，说明原油对腐蚀具有减缓作用。Castillo研究表明原油可以明显降低腐蚀速率，但却促进了局部腐蚀。在原油/水的生产过程中，原油对钢的腐蚀主要有两个影响：一是对钢表面润湿性的影响，这与原油将水带走的流体动力学条件相关。当含水量低时，可看到水在油中分散（油包水状态），水被流动的油带走；当水含量增加时，水可能“爆破”，导致水相和油相分离，产生层流。因此，在水相湿润管壁的地方发生腐蚀的可能性加大。Wicks 和 Fraser 建立了一个简单的模型，预测了流动的油相带走溶解的水所需要的临界速度。Adams 等在油—水—气多相流实验中观察到：当含水量小于 30% 时，管道为油润湿；当含水量大于 30% 且小于 50% 时，存在间断性的水润湿；当含水量大于 50% 时，管道为水润湿。

5.3.1.2.2　材料因素

材料的化学成分在碳钢的 CO_2 腐蚀中有重要作用。在普通碳钢管材中少量添加一些合金元素，特别是 Cr 元素，可以显著提高其抗 CO_2 腐蚀能力。大量研究表明，含 Cr 钢在 CO_2 腐蚀介质中，Cr 会在腐蚀产物膜 $FeCO_3$ 中富集，形成 Cr 的氧化物或氢氧化物，这些含 Cr 化合物可以阻止离子在溶液与金属表面之间的传输过程。例如，在 Cr 含量为 2%（质量分数）的钢中，腐蚀产物膜中的 Cr 浓度高达 15% ~17%。但是，对 Cr 产生这种作用的机理，目前认识得还不充分。

5.3.1.3　CO_2 环境中腐蚀预测及模型

5.3.1.3.1　经验型腐蚀速率预测模型

经验型腐蚀速率预测模型主要以挪威的 Norsok 模型为代表[29]。它由挪威石油公司开发且已经作为挪威石油工业的一个标准发布。该模型是基于低温时的实验室数据和高于 100℃ 时实验室和油田数据而建立的经验模型。通过实验，找出主要的因素对腐蚀速率的影响规律，进一步拟合得到腐蚀速率预测公式。预测模型的核心公式为：

$$V_{\text{corr}} = K_{\text{t}} f_{CO_2}^{0.62} \left(\frac{S}{19}\right)^{0.146+0.0324\lg f_{CO_2}} f_{\text{pH}} \tag{5.3.13}$$

式中　K_t——与温度以及腐蚀产物膜有关的常数；

S——与流速有关的管壁切应力；

f_{CO_2}——CO_2 的逸度；

f_{pH}——溶液的 pH 值对腐蚀速率的影响因子。

以上各个参数都有相应的模块加以计算。该模型仅考虑了流速对腐蚀速率的影响，没有考虑流型与流态的作用，原油对腐蚀速率的缓蚀作用也未予考虑。

挪威 CorrOcean 公司的 Corpos 模型[30] 在 Norsok 模型基础上又加入了流体模型的影响，同时还利用含水率、流态、局部流速以及乳化的稳定性来计算油的润湿性。因而在低的含水率条件下预测的腐蚀速率要低于 Norsok 模型。

另外，OHIO 大学的 Jepson 针对海底管线油气水三相混输的情况，开发了多相流条件下的 CO_2 腐蚀预测经验模型，其腐蚀预测模型为[31]：

$$V_{\text{R}} = 31.15 C_{\text{oil}} C_{\text{freq}} \left(\frac{\Delta p}{L}\right)^{0.3} v^{0.6} {p_{CO_2}}^{0.8} T\exp\left(\frac{-2671}{T}\right) \tag{5.3.14}$$

式中　V_R——腐蚀速率，mm/a；

C_{oil}——原油影响因子；

C_{freq}——段塞频率影响因子；

$\frac{\Delta p}{L}$——段塞混合区的压力梯度，Pa/m；

v——含水率，%；

T——温度，K。

该模型更多地考虑了段塞流对腐蚀速率的影响，同时模型中虽然考虑了油的润湿性，但腐蚀产物膜对腐蚀速率的影响则未加考虑，因此预测结果比较保守。

经验模型在建立时很少考虑腐蚀电化学和动力学过程以及离子在金属表面的传质过程，因此模型比较简洁，对已有数据范围内的情况吻合较好。但经验模型受实验室数据以及现场数据的影响较大。前已述及，CO_2腐蚀受多种因素的影响，要获得这些因素对腐蚀速率综合性的影响，则无论在实验数据方面还是现场数据获得都存在许多困难，使得最终建立的腐蚀速率预测模型具有一定的局限性。如 Norsok 模型缺少原油对腐蚀速率的影响，使得腐蚀速率的预测结果实用性大大降低。

5.3.1.3.2 半经验型腐蚀速率预测模型

半经验型腐蚀速率预测模型是目前建立比较多的一种预测模型，其中以 Shell 公司的 De Waard 模型最为著名。该模型目前已广泛被其他模型采用，作为建模的基础或重要的组成部分，例如 BP 公司开发的 Cassandra 模型、Intercorr 公司开发的 Predict 模型、Intetech 公司的 ECE 模型以及 IFE 模型等。

半经验模型在建立之初首先考虑的是腐蚀过程的电化学动力学过程以及离子传质过程，建立起相关的动力学模型以后，利用实验数据以及现场数据确定模型中各影响因素的系数。如在 De Waard 91 模型中，阴极反应：

$$H_2CO_3 + e \longrightarrow H + HCO_3^- \tag{5.3.15}$$

是腐蚀速率的控制步骤。腐蚀速率的动力学公式为：

$$V_{corr} = A \cdot [H_2CO_3]^n \cdot e^{-\frac{\Delta E}{RT}} \tag{5.3.16}$$

两边取对数，根据实验数据拟合：

$$\lg V_{corr} = 5.8 - \frac{1710}{273 + t} + 0.67\lg f_{CO_2} \tag{5.3.17}$$

式中 f_{CO_2}——CO_2 的逸度；

t——温度，℃。

考虑到溶液 pH 值以及高温下腐蚀产物膜的影响，腐蚀速率再乘以溶液 pH 值因子和腐蚀产物膜因子。

在 De Waard 95 模型中，进一步加入了传质过程对腐蚀速率的影响，即所谓的电阻模型：

$$V_{corr} = \frac{[H_2CO_3]}{\frac{1}{K_r} + \frac{1}{K_{mass}}} = \frac{1}{\frac{1}{V_r} + \frac{1}{V_{mass}}} \tag{5.3.18}$$

式中　K_r——活化反应因子；

K_{mass}——传质因子；

V_r——活化反应速率；

V_{mass}——传质速率。

其中，活化反应速率 V_r 与 De Waard 91 模型相似，而传质速率可以计算为：

$$V_{mass} = 2.45 \frac{U^{0.8}}{d^{0.2}} p_{CO_2} \tag{5.3.19}$$

式中　U——流速，m/s；

d——水力直径，m。

考虑到腐蚀产物膜对腐蚀速率的影响，最后还需乘以腐蚀产物膜因子。该模型还进一步引入了材料成分与微观组织对腐蚀速率的影响因子。图5.3.4为利用模型计算的腐蚀速率。从图5.3.4中可以看出，当流速较低时，腐蚀速率接近于零，这显然与实际情况不符。Nesic 认为 De Waard 95 模型中传质部分的处理缺少物理模型作支撑，导致在流速较低的情况下误差较大。另外，由于该模型对腐蚀产物膜保护性处理的不完善，特别是在60～90℃中等温度区，该模型仍然以活化反应速率为主来计算，结果预测的腐蚀速率比较高。Schmitt 认为 CO_2 分压与温度一样是腐蚀产物膜形成的函数，当温度<40℃，CO_2 分压<5bar 时，试样表面的腐蚀产物膜疏松，此时腐蚀速率较高；当温度>40℃，CO_2 分压>10bar 时，会形成比较致密的腐蚀产物膜，对基体金属的保护性提高，腐蚀速率反而较小。在这一点上，De Waard 95 模型还不够完善。

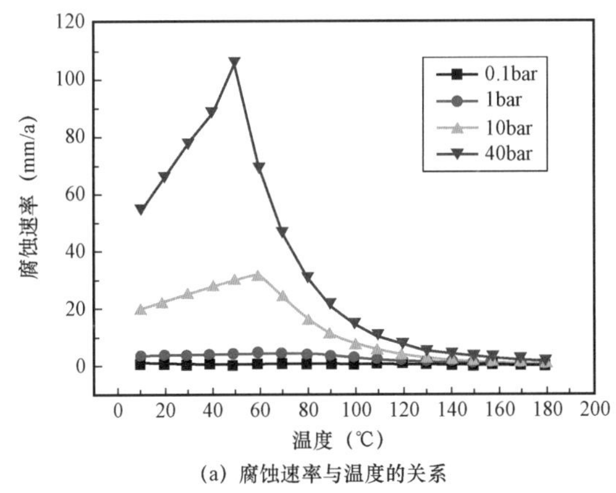

(a) 腐蚀速率与温度的关系

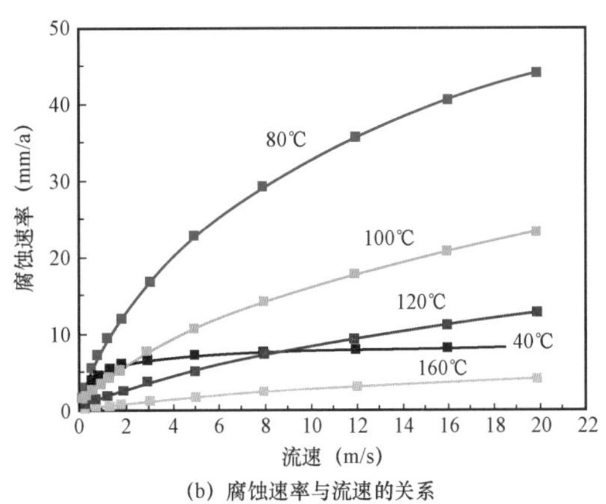

(b) 腐蚀速率与流速的关系

图5.3.4　De Waard 95 模型预测的 CO_2 腐蚀速率

在原油对腐蚀速率的影响方面，De Waard 95 模型处理得比较简单，即当含水率小于30%以及流速大于1m/s 时，腐蚀速率为零；否则，原油对腐蚀速率不会产生缓蚀作用。

半经验模型由于首先建立的是理论模型，然后通过实验来确定各影响因素的大小与权重，因此对腐蚀数据要求相对较少。在理论模型较完善的部分，少量的实验数据就可达到要求。在不能建立理论模型部分，则可依据实验数据来拟合。

5.3.1.3.3　机制型腐蚀速率预测模型

机制模型在建立的过程中要考虑 CO_2 腐蚀的主要方面，例如：电极表面的电化学反应、化学反应，离子在电极与溶液界面处的传质过程，以及离子在腐蚀产物膜中的扩散与迁移过程等，这需要建立在对 CO_2腐蚀认识比较全面的基础之上。

例如，Nesic 在 1996 年建立了电化学反应动力学的 CO_2腐蚀机制模型。以往的研究都表明，腐蚀动力学过程受阴极还原所控制，考虑到电化学腐蚀的控制因素，即活化反应控制（电荷转移控制）和离子传质控制这两个方面，阴极还原电流密度可以表示为[32]：

$$i = i_0 \left[\frac{c_s}{c_b} \exp\left(- \frac{a_c F}{RT} \eta \right) \right] \tag{5.3.20}$$

式中 i_o——自腐蚀电流密度；

c_s——反应界面离子浓度；

c_b——溶液本体离子浓度；

a_c——传递系数；

R——气体常数；

F——法拉第常数；

η——电位。

而式(5.3.20)也可以用离子传质电流密度表示：

$$i = K_m F(c_b - c_s) \tag{5.3.21}$$

式中 K_m——离子传质系数。

i 可由活化电流密度 i_a和极限扩散电流密度 i_m求得：

$$\frac{1}{i} = \frac{1}{i_a} + \frac{1}{i_m} \tag{5.3.22}$$

其中活化反应电流密度：

$$i_a = i_0 \times 10^{\frac{\eta}{b_c}} \tag{5.3.23}$$

式中 b_c——塔菲尔斜率。

而极限扩散电流密度：

$$i_m = K_m F \cdot c_b \tag{5.3.24}$$

腐蚀电流密度可以用两部分电流密度表示，一是活化反应电流密度i_a，另一个就是极限扩散电流密度。因此，单独求出其中各个值的大小，就可以得到腐蚀电流密度。然而该模型未考虑腐蚀产物膜对腐蚀速率的影响。

由于机制模型从最基本的物理模型出发，利用经典的动力学公式求解腐蚀速率，所以模型的物理意义较明确，容易修正现存的预测模型中的缺陷。如 Nesic 模型就修正了 De Waard 95[33]模型在低流速情况下腐蚀速率过低的不合理现象。机制模型的优点主要在于对起到验证对比作用的实际腐蚀数据要求不高，因而省去了大量的实验过程，而且模型稍加改变之后便可以应用到其他方面的腐蚀预测。但机制模型的建立需要对腐蚀机理、关键性的控制因素有一个清楚的认识，否则，模型将与实际情况偏差较大。如 Wang H. W. [34] 建立的模型腐蚀速率预测结果明显偏高，就是可能与没有考虑到腐蚀产物膜这个关键因素有关。

5.3.2　H_2S 腐蚀机理及影响因素

5.3.2.1　H_2S 腐蚀机理

H_2S 是天然气中的一种有害成分，常温时为一种无色、易燃的剧毒气体，具有特殊气味，化学性质不稳定，在空气中与氧气反应生成 SO_2，与空气混合燃烧时将发生爆炸。H_2S 分子是一种极性分子，多混合于油气的伴生气中。我国的四川盆地油气田、塔里木油气田中都含有 H_2S。

干燥的 H_2S 对钢铁没有腐蚀。但 H_2S 极易溶解在水中形成弱酸，在 0.1MPa、30℃时其溶解度约为 3000 mg/L，此时溶液的 pH 值约为 4。因此，H_2S 溶解在水中，具有强烈的腐蚀性，可产生均匀腐蚀、点蚀、氢鼓泡、氢致开裂、应力导向氢致开裂、氢脆、硫化物应力腐蚀开裂、氢诱发阶梯裂纹等，并且各种腐蚀形式相互促进，最终导致材料开裂并引发大量恶性事故。

5.3.2.1.1　H_2S 腐蚀的电化学机理

H_2S 是弱酸，在水溶液中会电离出 H^+、HS^- 和 S^{2-}，它们对金属的腐蚀是氢去极化过程，如式(5.3.25)和式(5.3.26)所示。

$$H_2S \longrightarrow H^+ + HS^- \tag{5.3.25}$$

$$HS^- \longrightarrow H^+ + S^{2-} \tag{5.3.26}$$

(1)阳极反应机理。

在溶液中 H_2S 首先吸附在铁表面，铁经过一系列阴离子的吸附和脱附、阳极氧化反应、水解等过程生成铁离子或者硫化铁：

$$H_2S + Fe + H_2O \longrightarrow FeHS^-_{吸附} + H_3O^+ \tag{5.3.27}$$

$$FeHS^-_{吸附} \longrightarrow FeHS_{吸附} + e^- \tag{5.3.28}$$

$$FeHS_{吸附} \longrightarrow FeHS^+_{吸附} + e^- \tag{5.3.29}$$

$$FeHS^+_{吸附} + H_2O \longrightarrow Fe^{2+} + H_2S + H_2O \tag{5.3.30}$$

$$Fe^{2+} + HS^- \longrightarrow FeS + H^+ \tag{5.3.31}$$

在弱酸溶液中，铁的阳极电化学反应产生的 $FeHS^+_{ad}$ 也可能脱去 H^+ 直接转变为 FeS。阳极反应生成的硫化铁腐蚀产物，通常是一种有缺陷的结构。它与钢铁表面的粘接力差，容易脱落和氧化。腐蚀产物 Fe_xS_y 主要有 Fe_9S_8、Fe_3S_4、FeS_2、FeS。它们的生成随 pH 值、H_2S 浓度等参数而变化。这些腐蚀产物中，Fe_9S_8 的保护性最差。与 Fe_9S_8 相比，FeS_2 和 FeS 具有较完整的晶格点阵，因此保护性较好。

(2)阴极反应机理。

由于溶液中同时存在 HS^-、H^+、S^{2-} 和 H_2S，因此对于哪种离子发生还原反应，尚无统一的观点。

有的学者认为,在 H_2S 环境中只有 H_2S 发生还原反应,该反应同时受到硫化氢扩散步骤控制和电化学极化控制。亦有观点认为,HS^-、H^+ 和 H_2S 都有可能参与阴极还原反应。还有一种观点认为只有氢离子参与阴极反应,且按照两种途径反应:一是在硫化物外表面上氢离子直接参与阴极反应,另一种是在 H_2S 的桥梁作用下氢离子间接参与阴极反应:

$$H_2S_{ad} + e^- \longrightarrow H_2S_{ad}^- \tag{5.3.32}$$

$$H_2S^- + H_{ad}^{\ +} \longrightarrow H_2S_{ad} \cdots H_{ad} \tag{5.3.33}$$

$$H_2S_{ad} \cdots H_{ad} \longrightarrow H_2S_{ad} + H_{ad} \tag{5.3.34}$$

因此,目前对于 H_2S 腐蚀反应中的电化学反应步骤、最终腐蚀产物、何种物质参与电化学反应仍存在争议。

5.3.2.1.2 H_2S 腐蚀的氢脆机理

H_2S 水溶液对钢材能够产生电化学腐蚀,其腐蚀产物是硫化铁和氢。因此,与 CO_2 腐蚀不同,H_2S 不仅是一种强的腐蚀性介质,而且还是一种强渗氢介质。H_2S 不仅提供氢,而且还起着阻碍氢原子结合成氢分子的作用,因而提高了钢铁表面氢浓度,加速了氢向钢中扩散溶解过程。关于氢在钢中存在的状态及其导致钢基体开裂的过程,至今尚无统一的认识。但普遍认为,钢中氢的含量一般是很小的,通常只有百万分之几,若氢原子均匀地分布于钢中,则不易萌生裂纹。而实际工程上使用的钢铁都存在着缺陷或缺欠,如点缺欠(空位)、线缺欠(位错)、面缺欠(晶界、相界)、体缺欠(析出物、夹杂物),以及带状组织、三向应力区等,这些缺欠或缺陷可将氢捕捉陷住,成为氢的富集区。通常把这些缺陷或缺欠称为陷阱。当氢原子在陷阱中富集到一定程度便会形成氢分子,产生很高的内压(可达300MPa),足以产生鼓泡或微裂纹。

前已述及,硫化氢导致的氢损伤包括:硫化物应力开裂(SSC)、应力腐蚀开裂(SCC)、氢应力开裂(HSC)、氢致开裂(HIC)、阶梯裂纹(SWC)、软区开裂(SZC)、应力定向氢致开裂(SOHIC)等。NACE MR0175/ISO 15156－1(2015)明确了硫化氢导致的几种氢损伤的定义[24,35]。

硫化物应力开裂(SSC,Sulfide Stress Cracking):在有水和 H_2S 存在的情况下,与腐蚀和拉应力(残留的和/或外加的)有关的一种金属开裂。SSC 是氢应力开裂(HSC)的一种形式,它与在金属表面的因酸性腐蚀所产生的原子氢引起的金属脆性有关。在硫化物存在时,会促进氢的吸收。原子氢能扩散进金属,降低金属的韧性,增加裂纹的敏感性。高强度金属材料和较硬的焊缝区域易于发生 SSC。

应力腐蚀开裂(SCC,Stress Corrosion Cracking):在有水和 H_2S 存在的情况下,与局部腐蚀的阳极过程和拉应力(残留的或施加的)相关的一种金属开裂。氯化物和/或氧化剂和高温能增加金属产生应力腐蚀开裂的敏感性。

氢应力开裂(HSC,Hydrogen Stress Cracking):金属在有氢和拉应力(残留的或施加的)存在的情况下出现的一种裂纹。HSC 描述了一种产生于对 SSC 不敏感的金属中的一种裂纹。这种金属作为阴极和另一种成为阳极的腐蚀活性较强的金属形成电偶,在有氢时,金属就可能变脆。

氢致开裂(HIC,Hydrogen－Induced Cracking):当氢原子扩散进钢铁中并在陷阱处结合成氢分子(氢气)时,所引起的在碳钢中和低合金钢中的平面裂纹。裂纹是由于氢的聚集点压力增大而产生的。氢致开裂的产生不需要施加外部应力。能够引起 HIC 的聚集点常位于钢中杂质水平较高的地方，主要是指杂质偏析和钢中合金元素形成的具有较高密度的平面型夹渣和/或具有异常显微组织（如带状组织）的区域。这种类型的氢致开裂与焊接无关。

阶梯裂纹（SWC，Stepwise Cracking）：在钢中连接相邻平面内的氢致开裂的一种裂纹。连接氢致开裂而产生的阶梯裂纹取决于裂纹间的局部应变和裂纹部位因溶解氢而引起的脆性。HIC/SWC 往往与制造钢管和容器的低强度钢板有关。

软区开裂（SZC，Soft Zone Cracking）：为 SSC 的一种形式，可能出现于屈服强度低的软区。在工作载荷作用下，软区可能会屈服，并局部累积塑性应变，使一种在别的情况下抗 SSC 材料发生 SSC 开裂。

应力定向氢致裂纹（SOHIC，Stress – Oriented Hydrogen – Induced Cracking）：大约与主应力（残余的或施加的）方向垂直的一些交错小裂纹，导致了像梯子一样的，将已有 HIC 裂纹连接起来的（通常细小的）一组裂纹。SOHIC 与 SSC 和 HIC/SWC 有关。在纵焊缝钢管的母材和压力容器焊缝的热影响区都观察到 SOHIC。

5.3.2.1.3　不锈钢及耐蚀合金在 H_2S 环境下会发生的氢损伤

不锈钢及耐蚀合金在 H_2S 环境下会发生的氢损伤（环境断裂），主要有以下三类：SSC（硫化物应力开裂）、SCC（应力腐蚀开裂）以及 GHSC（电偶氢应力开裂）。

（1）SSC（硫化物应力开裂）。马氏体不锈钢、铁素体不锈钢、沉淀硬化不锈钢在室温环境范围内容易出现这类失效形式。

（2）SCC（应力腐蚀开裂）。奥氏体不锈钢、高合金奥氏体不锈钢、固溶强化 Ni 基合金、双相不锈钢、沉淀硬化不锈钢以及沉淀硬化 Ni 基合金在高温下容易产生应力腐蚀开裂失效。产生裂纹的原因主要是耐蚀合金作为阳极，腐蚀过程中钝化膜遭到破坏，基体金属发生阳极溶解。这往往容易产生局部腐蚀，同时局部酸化使得钝化膜无法修复，进一步加速局部基体金属的溶解。当有应力存在时，腐蚀与应力共同作用产生裂纹并扩展。温度越高，SCC 越敏感。

（3）中间温度的 SSC/SCC。双相不锈钢、沉淀硬化不锈钢容易在中温区（60 ~ 80℃）发生环境断裂，其裂纹生成机理同时具有 SSC/SCC 特征。

（4）与碳钢耦合的 GHSC（电偶氢应力开裂）。碳钢与耐蚀合金接触以后，碳钢作为阳极会发生溶解，耐蚀合金作为阴极发生渗氢，此时耐蚀合金容易渗氢而产生裂纹。这种环境裂纹的产生机理与 SSC 相同，同样也是室温下最敏感的。

5.3.2.2　H_2S 腐蚀的影响因素

影响 H_2S 腐蚀的因素众多，主要包括：H_2S 浓度、溶液 pH 值、溶液温度、流速和流态等。

5.3.2.2.1　H_2S 浓度

从钢的阳极过程来看，硫化氢浓度越高，钢的失重速率也越快。就其对应力腐蚀开裂的影响而言，即使在溶液中硫化氢浓度很低（体积分数为 1×10^{-3}mL/L）的情况下，高强度钢仍能发生破坏。硫化氢体积分数为 $5 \times 10^{-2} \sim 6 \times 10^{-1}$mL/L 时，能在很短的时间内引起高强度钢的硫化物应力腐蚀破坏，但这时硫化氢的浓度对高强度钢的破坏时间已经没有明显的影响了。硫化物应力腐蚀的下限浓度值与使用材料的强度（硬度）有关。

碳钢在硫化氢体积分数小于 5×10^{-2}mL/L 时破坏时间都较长。NACE MR0175—2015 标准认为发生硫化氢应力腐蚀的极限分压为 0.34×10^{-3}MPa（水溶液中 H_2S 浓度约 20mg/L），低于此分压不发生硫化氢应力腐蚀开裂。当 H_2S 浓度增加到 1.6mL/L 时，腐蚀速率迅速下降，1.6～2.42mL/L 时腐蚀速率基本不变，这表明高浓度硫化氢腐蚀并不一定比低浓度硫化氢腐蚀严重。但对于低合金高强度钢，即使很低的硫化氢浓度，仍能引起迅速破坏。因此在湿硫化氢腐蚀环境中，选择设备的各受压元件材料时需十分慎重，尤其是当硫化氢中含有水分时，决定腐蚀程度的是硫化氢分压，而不是硫化氢的浓度。目前国内石化行业将 0.00035MPa 作为控制值，当气体介质中硫化氢分压不小于这一控制值时，就应从设计、制造或使用诸方面采取措施和选择新材料以尽量避免和减少碳钢设备的硫化氢腐蚀。

5.3.2.2.2 pH 值

随 pH 值的增加，钢材发生硫化物应力腐蚀的敏感性下降，当 pH 值≤6 时，硫化物应力腐蚀很严重；6 < pH 值≤9 时，硫化物应力腐蚀敏感性开始显著下降，但达到断裂所需的时间仍然很短；pH 值 >9 时，就很少发生硫化物应力腐蚀破坏。

5.3.2.2.3 温度

在一定温度范围内，温度升高，硫化氢溶解度下降，硫化物应力腐蚀破裂倾向减小。在 22℃左右，硫化物应力腐蚀敏感性最大。温度大于 22℃后，温度升高硫化物应力腐蚀敏感性明显降低。

对钻柱而言，由于井底钻井液的温度较高，因而失重腐蚀严重，而上部由于温度较低，加上钻柱上部承受的拉应力最大，故钻柱上部容易发生硫化物应力腐蚀开裂。

5.3.2.2.4 流速

在某一特定的流速下，碳钢和低合金钢在含 H_2S 流体中的腐蚀速率通常是随着时间的增长而逐渐下降的，腐蚀达到平衡后其腐蚀速率均很低。

如果流体流速较高或处于湍流状态，由于钢铁表面上的硫化铁腐蚀产物膜受到流体的冲刷作用而被破坏或粘附不牢固，钢铁表面将一直处于初始的高速腐蚀状态，从而使设备、管线、构件很快受到腐蚀破坏，因此可以通过控制流速的上限将冲刷腐蚀降到最小。通常规定阀门的气体流速低于 15m/s。但气体流速过低，易造成管线、设备底部集液而发生局部腐蚀破坏，因而通常规定气体的流速不应小于 3m/s。

5.3.2.2.5 氯离子

在酸性油气田水中，带负电荷的氯离子，基于电价平衡，它总是争先吸附到钢铁的表面。因此，氯离子的存在往往会阻碍保护性的硫化铁膜在钢铁表面的形成。氯离子可以通过钢铁表面硫化铁膜的细孔和缺陷渗入其膜内，使膜发生显微开裂，于是形成孔蚀核。由于氯离子的不断迁入，在闭塞电池的作用下，加速了孔蚀破坏。在酸性天然气气井中与矿化水接触的油套管腐蚀严重，穿孔速率快，与氯离子的作用有着十分密切的关系。

5.3.2.3 H_2S 的应力腐蚀开裂

5.3.2.3.1 H_2S 酸性环境的划分

美国和加拿大等国家根据油气组分中的 H_2S 含量多少，将油气藏划分为无硫油气藏（H_2S <

0.014%)、低含硫油气藏(H_2S:0.014% ~0.3%)、含硫油气藏(H_2S:0.3% ~1.0%)、中含硫油气藏(H_2S:1.0% ~5.0%)和高含硫油气藏(H_2S >5.0%)。挪威船级社于1981年颁布的TNB111认为:当油气的相对湿度大于50%,腐蚀性气体的分压 $p_{O_2}>100Pa$,$p_{CO_2}>10kPa$,$p_{H_2S}>10kPa$ 时,油气具有腐蚀性;当 H_2S 与 O_2 共存时,腐蚀性更强。

API Spec 6A认为在 H_2S 酸性环境中,当 H_2S 分压≥345Pa时,就存在 H_2S 腐蚀倾向,应采取相应的防 H_2S 腐蚀措施。NACE MR0175和SY/T 0599—2018也规定,在含湿 H_2S 的天然气系统中,当系统压力≥0.4MPa时,钢铁发生硫化物应力开裂(SSC)的临界 H_2S 分压为300Pa。H_2S 在很低浓度就会引起钢铁的腐蚀,实验证明,在压力7MPa以上的系统中,当 H_2S 含量达到 $5mg/m^3$ 时即会引起腐蚀。

在含水的液态系统中,H_2S 腐蚀形成的腐蚀产物与 H_2S 的浓度有关。当 H_2S 浓度达到5.0mg/L时,腐蚀产物为FeS和 FeS_2;H_2S 浓度为5.0 ~20mg/L时,腐蚀产物以 Fe_9S_8 为主。当 H_2S 大于200mg/L时可引起硫化物应力开裂(SSC)和氢诱发裂纹(HIC)。

NACE 0175、GB/T 20972.2—2008和SY/T 0599—2018中均描述了碳钢和低合金钢发生SSC的酸性环境的严重程度与 H_2S 分压和溶液的原位pH值的关系,如图5.3.5所示。当 $p_{H_2S}<0.0003MPa$ 时的区域为0区;当 $p_{H_2S}\geq 0.0003MPa$ 时的区域为SSC 1区、SSC 2区和SSC 3区。酸性环境的严重程度由高到低依次为:SSC 3区、SSC 2区、SSC 1区和0区。

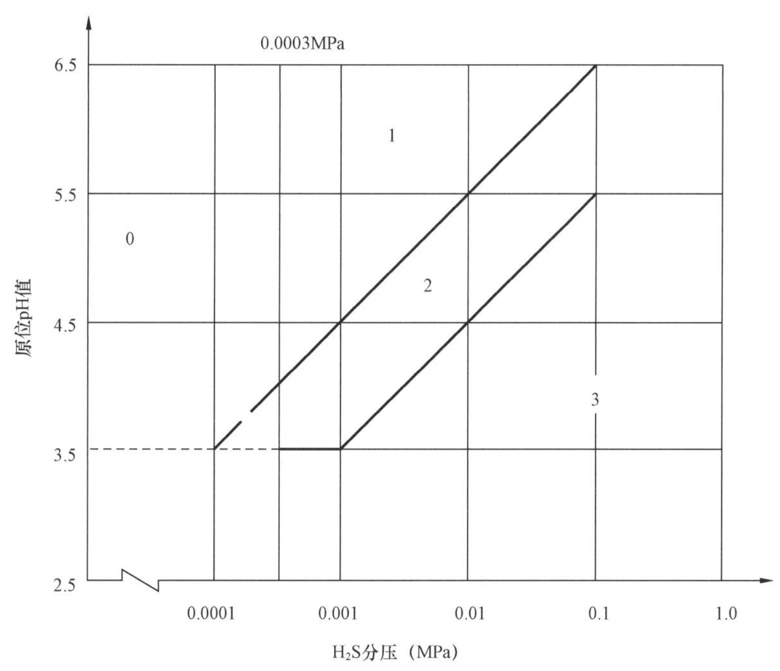

图5.3.5　碳钢和低合金钢SSC的环境严重程度的区域

0—0区;1—SSC 1区;2—SSC 2区;3—SSC 3区

(1)0区。

通常情况下,该环境的腐蚀程度较轻,选用的钢材不需要防腐措施。但是,并不代表此区域不会发生SSC等开裂。在此区域中很多因素能够影响钢材的性能,应当考虑以下因素:

① 对SSC和HSC高度敏感的钢材可能开裂。

② 钢材的物理性能和冶金性能影响它固有的抗 SSC 和 HSC 性能。

③ 在没有硫化氢的液相环境中，超高强度钢可能发生 HSC。屈服强度在 965MPa 以上时，可能需要注意钢材的化学成分和热处理以保证在 0 区环境不出现 SSC 或 HSC。

④ 应力集中增加开裂的风险。

(2)SSC 1 区、SSC 2 区和 SSC 3 区。

即 $p_{H_2S} \geqslant 0.0003$MPa 时，酸性环境使得金属材料面临着较大的 SSC、HIC 等开裂风险。因此，NACE MR0175、GB/T 20972.2—2008 等标准都对该区域的碳钢和低合金钢选材做出了推荐。若标准所推荐的材料中没有合适的选择，碳钢和低合金钢可以在特定的酸性环境或在已给出的某个 SSC 区域进行试验和评定，有文件记载的现场经验也可以用来作为在特定酸性使用环境应用的材料的选择依据。

5.3.2.3.2 硫化物应力腐蚀开裂机理

根据电化学观点，应力腐蚀开裂机理可以分为阳极溶解型和氢致开裂型。阳极溶解型是指裂纹尖端位于阳极区，以阳极的快速溶解反应为主。氢致开裂型是指裂纹尖端位于阴极区，阴极反应占主导地位，阴极析出的氢进入金属晶格后，对材料断裂起决定作用。这两种腐蚀机理是根据不同金属材料在不同腐蚀介质中的实验现象得到的。

从宏微观断裂力学的角度来看，在无裂纹或无缺陷、无蚀坑等情况下，应力腐蚀开裂大致可以分为以下 3 个过程：首先是裂纹孕育期，即局部腐蚀和拉应力使裂纹形核，并逐渐形成裂纹或蚀坑。其次是裂纹扩展期，当微裂纹或蚀坑所承受应力达到极限应力值时，则开始扩展。最后则是裂纹急剧生长期，即失稳断裂阶段，在这一阶段，由于应力的局部集中，使得裂纹迅速扩展，并最终导致材料断裂。这三个阶段中，第一阶段最长，占材料断裂总时间的 90%，而第二、第三两个阶段的时间则比较短，仅占总时间的 10%。当材料本身存在微裂纹时，应力腐蚀断裂过程则只存在裂纹扩展和失稳断裂阶段。

(1)裂纹孕育期。

① H_2S 和 HS 在金属表面的吸附和解离。

D. E. Jiang 等采用自旋极化的周期性密度泛函理论(DFT)研究了 H_2S 在 Fe(100)面、Fe(110)面的吸附和解离情况。他们的计算结果表明 H_2S 在表面不同位置的吸附能都较低，这说明 H_2S 与这 2 个晶面的作用力较弱。而与 H_2S 相比，HS 在这 2 个晶面上的作用力更强一些，这表明 H_2S 容易解离，一旦吸附在金属表面，则解离为 HS 和 S。而对于 H_2S 在这 2 个面上的一次解离和二次解离过程，后者比前者更容易，即 H_2S 在金属表面吸附后开始解离，析出的 H 原子被金属晶格吸收并开始进入金属内部，而 S 原子则停留在金属表面。这进一步说明了 H_2S 吸附实验中常常只在金属表面观察到 S 的沉积的原因。

② S 在金属表面的吸附。

Spencer 等采用密度泛函理论研究了 S - Fe(110) - $p(2\times2)$ 和 S - Fe(100) - $p(2\times2)$ 超胞结构的详细构型，计算了 S 在这 2 个晶面上的吸附和扩散情况，但并未对 S 是否会进入金属原子晶格内部作深入探讨。研究表明，S 原子在铁表面的吸附作用较强，并且容易在表面扩散，扩散能垒较低。这也证实了铁容易产生硫化作用的实验现象。

③ H 在金属表面的吸附、扩散和集聚。

钢材氢脆的产生与 H_2S 在钢材表面的吸附和解离、解离氢被钢材晶格所吸收以及氢原子在钢材晶体缺陷部分的扩散集聚密切相关。

(2)裂纹扩展和急剧生长期。

I. Scheider 等采用基于内聚力模型的有限元方法模拟了 H 的扩散对裂纹扩展的影响。研究表明,尽管扩散方程极为简化,塑性变形对扩散系数的影响也不明显,预测结果较为准确,但这种参数识别方法使得内聚强度有所下降。他们还发现更恰当地描述 H 扩散过程将有利于提高裂纹扩展模拟的准确性。另外,有效扩散系数和内聚强度降低因子的敏感性表明,这些参数也会对裂纹扩展过程产生一定的影响。

5.3.2.3.3 硫化物应力腐蚀开裂的影响因素

影响硫化物应力开裂(SSC)敏感性因素主要有材料、环境和力学因素。管材的化学成分对抗 SSC 的影响迄今尚无统一看法,但在碳钢和低合金钢中镍、锰、硫和磷为有害元素这一点上达成了共识。管材所受拉应力越大,断裂时间越短,随着应力的增加,氢的渗透率增加,同时钢材获得阳极活化能越大,因此,裂纹的萌生和扩展速度增大。管材的强度(或硬度)也是现场控制 SSC 的主要指标。相同化学成分的管材,其强度(或硬度)越高,SSC 敏感性越大,通常认为碳钢和低合金钢不发生 SSC 的最大硬度是 HRC22。管材的显微组织也直接影响着钢材的抗 SSC 性能,对碳钢和低合金钢,当其强度相似时,不同显微组织对 SSC 敏感性由小到大的排列顺序为:铁素体均匀分布的球状碳化物 < 完全淬火 + 回火组织 < 正火 + 回火组织 < 正火组织 < 贝氏体及马氏体组织。ISO 15156/NACE MR 0175 标准指出,酸性天然气引起敏感材料发生 SSC 最低硫化氢分压为 0.0003 MPa。pH 值为 3 ~ 4 时,SSC 敏感性最高,随着 pH 值增加,SSC 敏感性下降。对碳钢和低合金钢而言,室温下 SSC 最敏感,温度升高,材料的氢脆敏感性下降,存在一个不发生 SSC 的最高临界温度。影响 SSC 的力学因素包括管材承受的外应力和焊接残余应力,管材所受拉应力越大,断裂时间越短。随着应力的增加,氢的渗透率增加,同时钢材获得阳极活化能越大,因此,裂纹的萌生和扩展速度增大。钢材对硫化氢敏感也会在低应力下发生破坏。焊接会产生组织、成分、应力等一系列不均匀性,从而增加钢材的 SSC 敏感性。焊缝和热影响区应力分布不均,产生残余应力,而成分不均亦会形成对氢敏感的显微组织,成为脆性破坏的断裂源。

5.3.3 H_2S/CO_2共存环境的腐蚀机理及影响因素

在高温高压、气、水、烃、固共存的油气田多相流腐蚀环境中,CO_2和 H_2S 是最常见且危害极大的两种腐蚀介质。CO_2主要造成电化学腐蚀,而 H_2S 除了造成电化学腐蚀外,还可能导致氢致开裂和硫化物应力腐蚀开裂等危害极大的破坏类型。

5.3.3.1 H_2S/CO_2共存条件下的腐蚀机理

碳钢的 CO_2/H_2S 腐蚀过程是一个多反应的复杂体系,不同情况下其主导反应也各不相同。就阳极反应而言,其反应过程与介质环境、材料性能和腐蚀产物膜的形成及其特征密切相关。目前为止,已经提出了几种可能的阳极反应[35-38],主要分为两种观点:一种观点认为阳极过程受 pH 值的影响[35],另一种观点则认为阳极过程与 pH 值无关[36]。而对于 CO_2腐蚀而言,阴极反应控制着腐蚀速率[39-41],因此围绕阴极还原机理展开了不少研究,所论述的阴极还原过程主要涉及 H^+、H_2O、H_2CO_3或 HCO_3^- 的还原。最初 Waard 和 Milliams[42] 认为 CO_2 腐蚀阴极反应只有 H_2CO_3 还原生成 H_2 和 HCO_3^-,Schmitt[43] 则认为 H^+、H_2CO_3都可在电极表面被还原,进而 Ogundele[37] 提出了阴极过程包括

H_2O 和 HCO_3^- 的还原,其中 HCO_3^- 对阴极反应的影响很大,阴极还原受 HCO_3^- 的扩散控制。Nesic[32] 进一步提出当溶液 pH 值 <4 时,阴极过程以 H^+ 还原为主,反应速度受扩散控制;溶液 4 < pH 值 < 6 时,以 H_2CO_3 和 HCO_3^- 的还原为主,反应受活化控制;H_2O 的还原只在阴极过电位较高的情况下才会占主导地位。H_2S 腐蚀的阴极反应也有类似之处,其腐蚀程度远比相同 pH 下的强酸大,其原因可能是阴极反应不只是 H^+ 的还原,还有 HS^-、H_2S 和 H_2O 中的一种或几种物质参与了阴极过程。因此阴极过程是一个多反应的复杂体系,在不同的情况下其主导反应可能有所不同。

目前有关 CO_2/H_2S 体系中金属的腐蚀机理方面的研究很多[37,39,43],但由于不同研究者的研究方法和条件不同,以及对中间产物缺乏了解,所得结论也不尽相同。上述讨论几乎都是建立在材料的腐蚀反应初期,主要反映裸金属(bare metal)的反应机理[44]。然而,针对 N80 钢的研究结果表明,其腐蚀速率是时间的函数[45],这主要与 N80 钢的腐蚀产物膜的形成和特征有关,金属电极表面一旦形成一层三维成相膜,电极行为就比较特殊[46],很少有人从电化学基本过程的角度进行过分析。

CO_2 和 H_2S 的腐蚀本质上都是电化学反应过程,因此可以应用电化学方法进行直接或间接地研究,分析电化学腐蚀过程的热力学特征和动力学过程[47-49]。极化曲线可以分析电极反应过程中电子在腐蚀界面的得失与转移情况。交流阻抗技术作为一种暂态方法,对电极表面干扰小,易于实现原位测量,可以获得电极界面过程信息,判断腐蚀过程中界面状态变化和电极反应规律。

CO_2 的存在对 H_2S 腐蚀过程起促进作用,CO_2 相对含量的增加将导致腐蚀机制转化为以 CO_2 为腐蚀主导因素。无论 CO_2 含量高或低,硫化氢导致钢铁材料氢损伤是始终存在的,而且 CO_2 分压越高,介质的 pH 值则越低,氢损伤的敏感性随之增加。

5.3.3.2 H_2S/CO_2 共存条件下腐蚀的影响因素[50]

CO_2、H_2S 腐蚀是一个受众多因素影响的复杂过程,这些因素主要可概括为材料因素、环境因素和力学因素等。材料因素包括材料的冶金因素、金相组织和表面预处理状态等。环境因素主要包括温度、气体分压、溶液介质的化学性质、流速、单相或多相流体、几何形状、溶液的 pH 值、钢铁表面膜与结垢状况及外加载荷等。

5.3.3.2.1 材料类型的影响

周计明等[51]研究了普通钢 N80 和抗硫钢 N80S 在含 CO_2/H_2S 高温高压水介质中的腐蚀行为,认为两种钢在相同条件下表现出不同的腐蚀规律,这与它们之间的成分差异有关。Cr 既可提高钢的抗 CO_2 腐蚀性能,也可改善钢的抗 H_2S 腐蚀性能。N80S 钢的 Cr 含量约为 N80 钢的 20 倍,因此表现出优异的抗 CO_2/H_2S 腐蚀性能。但在一定的腐蚀介质条件下,含 Cr 钢可能存在点蚀的危险,故在相同条件下,N80 钢的耐蚀性有时也可能优于 N80S 钢。

5.3.3.2.2 温度的影响

温度对 CO_2、H_2S 腐蚀的影响主要体现在以下三个方面:(1)影响气体(CO_2 或 H_2S)在介质中的溶解度。温度升高,溶解度降低,抑制腐蚀的进行;(2)温度升高,各反应进行的速度加快,促进腐蚀的进行;(3)温度升高影响腐蚀产物的成膜机制,该膜有可能抑制腐蚀,也有可能促进腐蚀。图 5.3.6 所示为 CO_2 和 H_2S 分压及流速一定时不同温度下 N80 和 P110 的腐蚀速率变化情况。图 5.3.7 为仅有 CO_2 时 P110 的腐蚀速率变化。13Cr 和超级 13Cr 钢的试验结果如图 5.3.8 所示[51]。

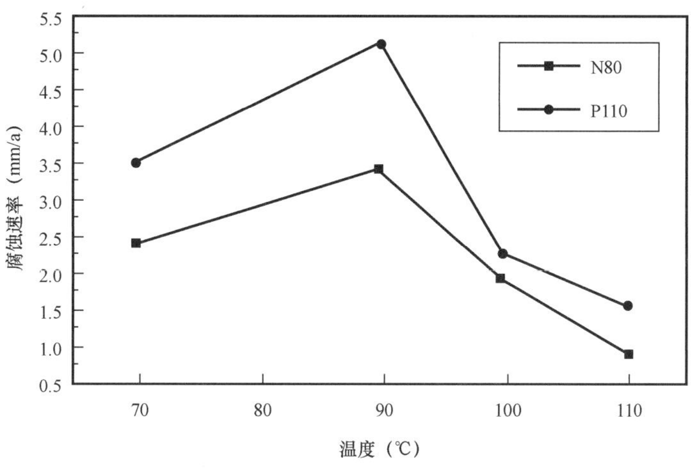

图 5.3.6 不同温度下 N80 和 P110 的腐蚀速率变化

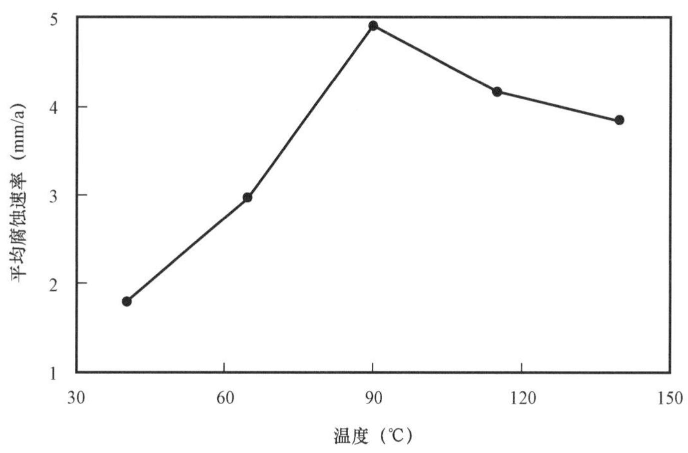

图 5.3.7 仅有 CO_2时,P110 的腐蚀速率变化

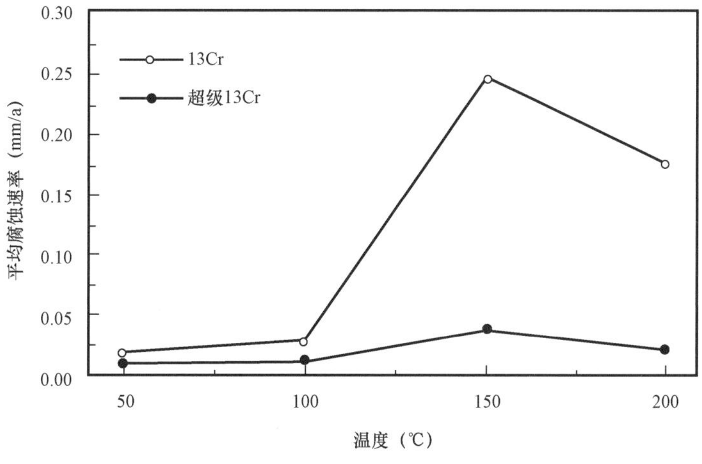

图 5.3.8 13Cr 和超级 13Cr 钢腐蚀速率随温度变化

从图 5.3.6～图 5.3.8 可以看出:(1)就电化学腐蚀速率而言,CO_2 腐蚀所起作用是主要的;(2)对P110 和 N80 等碳钢而言,腐蚀速率的最大值出现在 60～90℃附近,而 13Cr 钢则在 150℃以上;(3)P110 和 N80 的腐蚀速率都大于 0.254mm/a,按 NACE RP0775 标准的规定,属极严重腐蚀,而 13Cr 钢(特别是超级 13Cr 钢)属较轻微的腐蚀。

P110 在不同温度时试样表面腐蚀产物形貌如图 5.3.9 所示,横截面形貌如图 5.3.10 所示,横截面腐蚀坑形貌如图 5.3.11 所示。图 5.3.9 和图 5.3.10 表明,40℃时试样表面腐蚀产物较薄;90℃时腐蚀产物增多、增厚,并可见到众多孔洞分布其中;140℃时腐蚀产物相对较致密。图 5.3.12 说明,在各种温度都可能出现局部腐蚀,但 90℃时局部腐蚀状况恶化。

(a) 40℃　(b) 90℃　(c) 140℃

图 5.3.9　试样表面腐蚀产物形貌(2.5MPa,1.5m/s,168h)

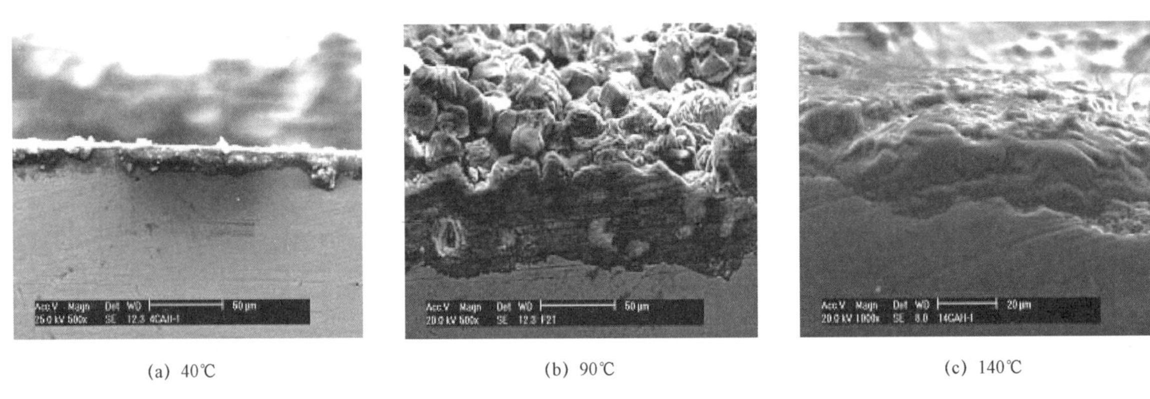

(a) 40℃　(b) 90℃　(c) 140℃

图 5.3.10　试样表面腐蚀产物横截面形貌(2.5MPa,1.5m/s,168h)

(a) 40℃　(b) 90℃　(c) 140℃

图 5.3.11　试样横截面腐蚀坑形貌(2.5MPa,1.5m/s,168h)

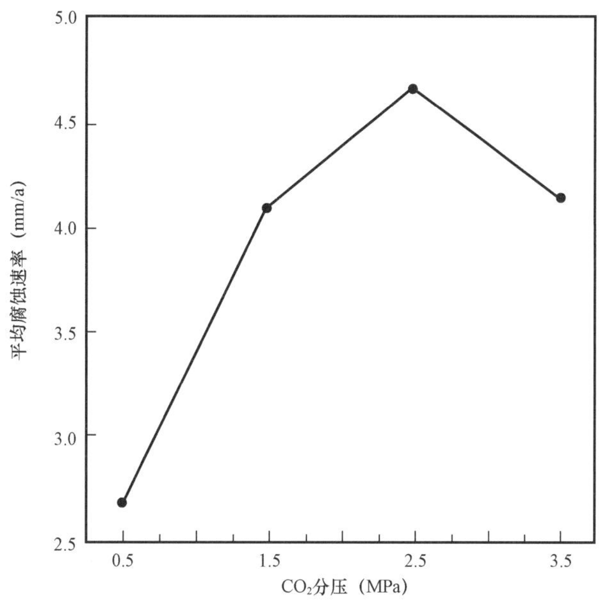

图5.3.12 CO_2分压与平均腐蚀速率的关系曲线(温度90℃,流速1.5m/s,168h)

同样地,在H_2S腐蚀介质中,温度不仅对腐蚀反应速度有影响,而且对腐蚀产物膜的保护性也有很大的影响。当温度在110~200℃时腐蚀速率较小,之后随着温度升高,腐蚀速率增大。在湿的H_2S介质中,温度在100~160℃时能生成保护性好的FeS和FeS_2膜。

5.3.3.2.3 气体分压的影响

许多研究指出[25-27],可用p_{CO_2}/p_{H_2S}判定腐蚀是由H_2S主导还是由CO_2主导。当$p_{CO_2}/p_{H_2S}>500$时,主要为CO_2腐蚀;当$p_{CO_2}/p_{H_2S}<500$时,主要为H_2S腐蚀[9]。曾有研究报道,在温度低于60℃,CO_2分压小于0.2MPa时,材料的平均腐蚀速率和CO_2分压之间存在下述关系:

$$\lg V_{corr} = 0.67\lg p_{CO_2} + C \tag{5.3.35}$$

即随CO_2分压升高,材料的腐蚀加快。由试验条件可知,该研究结果是以材料表面没有保护性腐蚀产物膜生成为前提的。而实际上,材料的腐蚀行为与腐蚀产物膜密切相关,图5.3.12就体现了腐蚀产物膜对材料腐蚀行为的影响,即材料的腐蚀速率并非随着CO_2分压的升高而单调增加。图5.3.13表明,随CO_2分压增加,腐蚀产物膜增厚。图5.3.14为腐蚀产物膜厚、腐蚀速率以及CO_2分压之间的关系,该图体现了腐蚀产物膜厚、平均腐蚀速率与CO_2分压之间关系的复杂性。在CO_2分压较小时,随分压增大,腐蚀过程加快,沉积的$FeCO_3$的溶解过程加剧,因而腐蚀速率增加;之后,随CO_2分压增大,腐蚀产物膜的厚度增加,阻碍腐蚀进程,使得材料的平均腐蚀速率反而有所降低[50,52]。

5.3.3.2.4 pH值的影响

pH值是CO_2分压的函数,同时还受温度和溶液中其余离子浓度的影响。图5.3.15所示为pH值与$FeCO_3$溶解度关系曲线。由图5.3.15可见,低pH值时$FeCO_3$膜倾向于溶解,而高pH值更有利于$FeCO_3$的沉积。NACE T-1 C-2小组认为,pH值为6 ± 0.2是一个临界值。当pH值<6时,H_2S的腐蚀速率增高,而pH值>6时腐蚀速率减小。

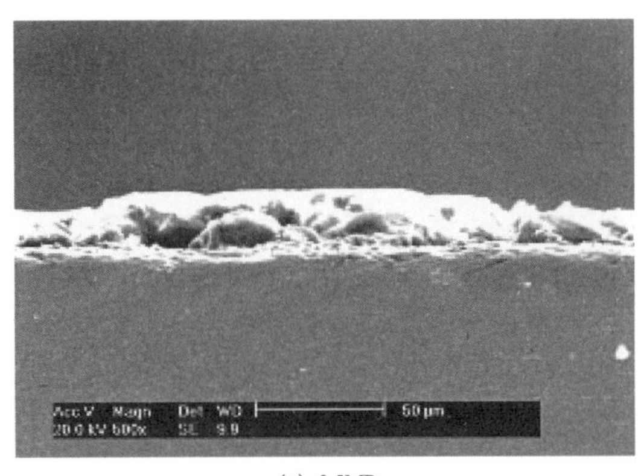

(a) 0.5MPa

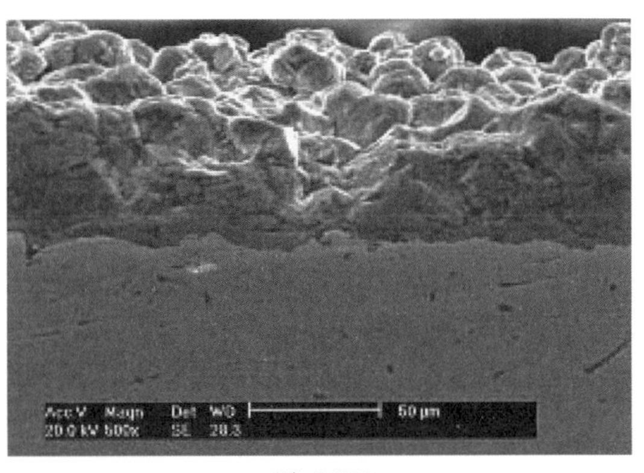

(b) 2.5MPa

图 5.3.13　不同 CO_2 分压时试样表面腐蚀产物横截面形貌(温度 90℃,流速 1.5m/s,168h)

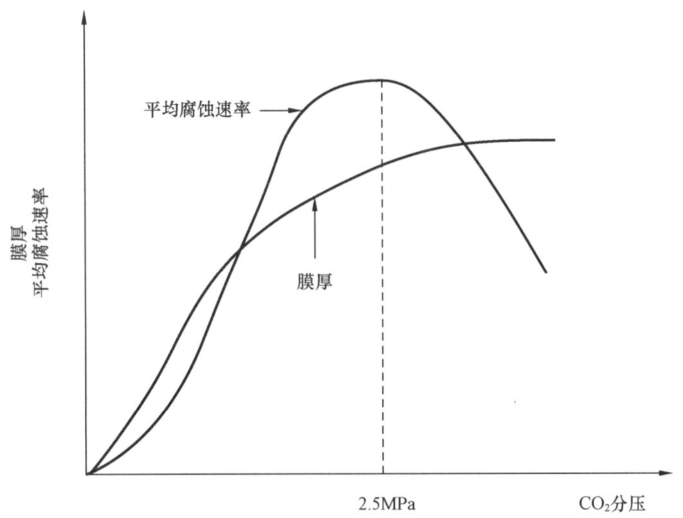

图 5.3.14　腐蚀产物膜厚和平均腐蚀速率与 CO_2 分压关系示意图

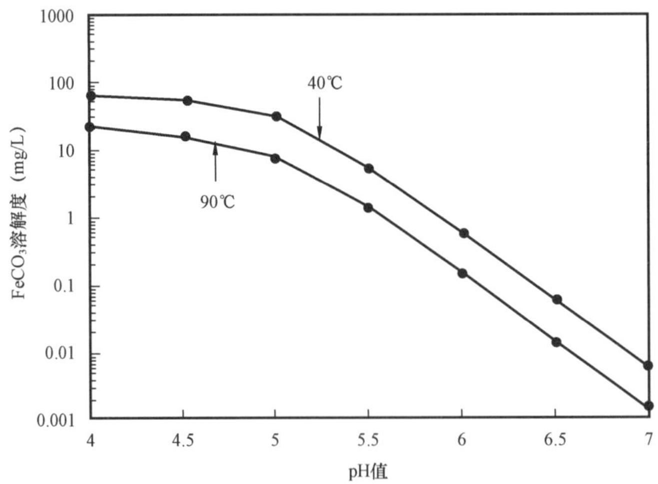

图 5.3.15　$FeCO_3$ 在不同 pH 值水溶液中的溶解度

Dugstad 等[53]认为 pH 值影响腐蚀速率有不同的机理。在给定电位下，阳极溶解速率与 H^+ 浓度成正比，直到 pH 值 =5 时才不受 pH 值增加的影响。pH 值继续增加，H^+ 阴极还原速度下降。pH 值除了影响阴阳极反应速率外，还对腐蚀产物膜的形成有重要影响，这是由于 pH 值影响 $FeCO_3$ 的溶解度的缘故。pH 值从 4 增加到 5，$FeCO_3$ 溶解度下降 5 倍，而当 pH 值从 5 增加到 6 时，要下降上百倍，这就解释了为什么 pH 值 >5 时腐蚀速率下降很快的现象。因为低 pH 值时 $FeCO_3$ 膜倾向于溶解，而高 pH 值时更有利于 $FeCO_3$ 膜的沉积。一般认为，pH 值在 5.5 ~5.6 之间时，腐蚀的危险性较低，这与早在 1949 年 Carlson 已认识到的 pH 值影响的临界值 5.4 很接近。

杨怀玉[39]等利用极化曲线和阻抗技术，对低碳钢在不同 pH 值 H_2S 溶液中的腐蚀电化学行为进行了研究，结果表明溶液 pH 值较低时，腐蚀速率主要受阳极溶解过程控制，表面无硫化物沉积，其阻抗谱除高频容抗弧外，低频有一感抗弧存在；随 pH 值的升高，腐蚀电位明显负移，电流密度减小，表面出现硫化物的不连续沉积，腐蚀因溶液 pH 值的增加和硫化物的沉积而减小，电极主要受硫化物的生长所控制；在 pH 值为 5.2 时，由于 HS^- 的阴极去极化，腐蚀电流增加；当 pH 值大于 7 后，电极表面因氧化膜的生成而呈现钝化特征，极化电阻显著增加。

5.3.3.2.5 流速的影响

许多研究者认为，随流速增加，腐蚀速率急剧增加。但试验发现[39]，流速的影响规律并非如此简单。图 5.3.16 是温度 90℃、CO_2 分压为 2.5MPa 时流速和平均腐蚀速率的关系曲线。由图可见，随着流速的增加，P110 钢的平均腐蚀速率在 1.5m/s 时达到最大值，随后随流速增大，材料的平均腐蚀速率反而有所降低。

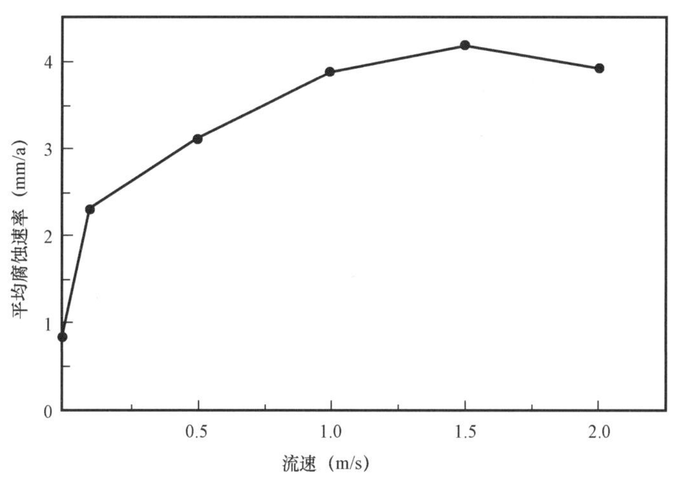

图 5.3.16 流速与平均腐蚀速率的关系曲线（温度 90℃，2.5MPa，168h）

流速增大一方面有利于腐蚀性组分的传质过程，促进腐蚀，但另一方面，则会造成腐蚀产物膜形貌和结构的变化，增大了产物膜对物质传递过程的阻碍。两者的协同作用造成随流速增大腐蚀速率出现峰值的现象。

5.3.3.2.6 介质成分的影响

对于腐蚀介质成分的影响，关注较多的有 Cl^-、HCO_3^-、Ca^{2+}、Mg^{2+} 等。Cl^- 对 CO_2 腐蚀速率没有特别明显的影响[54-56]，Schmitt[57]认为 Cl^- 甚至具有一定的缓蚀作用，增加 Cl^- 浓度反而会降低腐蚀速率,原因可能是降低了 CO_2在溶液中的溶解度。但许多研究认为较高 Cl^- 含量在有腐蚀产物膜存在时易产生点蚀现象[58]。HCO_3^- 有利于腐蚀产物膜的形成,容易使金属表面钝化,从而降低腐蚀速率,但如果有 Cl^- 存在则会明显破坏腐蚀产物膜,降低对基体的保护能力[59]。

溶液中 Ca^{2+}、Mg^{2+} 的增加会增加腐蚀速率[59],同时对局部腐蚀也有明显的促进作用。因此介质成分对腐蚀产物膜的组成、形貌特征以及其他性质产生显著影响。

5.3.3.2.7 腐蚀产物膜的影响

在 CO_2/H_2S 体系中,腐蚀产物膜的影响是研究得最多的因素之一。系统温度、气体分压、介质成分以及 pH 值甚至缓蚀剂等许多因素的影响都体现在对腐蚀产物膜的作用上。当材料表面形成腐蚀产物膜后,腐蚀速率便由腐蚀产物膜的性质决定,各种腐蚀影响因素也都通过对腐蚀产物膜性质的影响而影响腐蚀速率和腐蚀形态。

在碳钢的 CO_2腐蚀过程中,主要腐蚀产物 $FeCO_3$在水溶液中溶解度较小。当腐蚀介质中 Fe^{2+} 与 CO_3^{2-} 的离子浓度积大于 $FeCO_3$溶度积时,就会发生 $FeCO_3$沉积,在金属表面形成腐蚀产物膜。所形成 CO_2腐蚀产物膜的化学成分、形貌结构、晶粒大小、膜层厚度、空隙率以及与金属基体的结合强度等物理或化学性质,与腐蚀条件(如温度、CO_2压力、介质成分、pH 值、流速、流型、Cl^-等)和材质(如冶金因素、金相组织和表面预处理等)密切相关[60-63]。

当腐蚀介质中含足量的 Ca^{2+}、Mg^{2+}时,CO_2腐蚀产物膜中也将夹杂 $CaCO_3$和 $MgCO_3$。由于 $CaCO_3$和 $MgCO_3$与 $FeCO_3$具有相同的晶体结构,称之为同构类质晶体,因此在它们同时形成沉积物时可形成复盐(Fe、Ca 或 Mg)CO_3[64-71]。

当材质中含有 Cr、Mn 时,腐蚀产物膜也混有 $Cr(OH)_3$和 $MnCO_3$,其中 $Cr(OH)_3$是以非晶态形式存在,可使腐蚀产物膜具有阳离子透过选择性而阻止阴离子通过,因此尽管所得到的腐蚀膜层较为疏松,但腐蚀速率很小,这就是该膜所具有的阳离子透过选择性发挥的重要作用[66]。

在 CO_2腐蚀产物膜中往往还包含有材质中一些未参与电化学反应的成分或相态,如 Fe_3C(渗碳体)、Cr_7C_2(含 Cr 不锈钢中的成分)和 FeS 以及合金元素氧化物等,这些都是因基体被腐蚀后而包裹在腐蚀产物膜中的组分[67]。另外,膜还可能存在像 Fe_3O_4、FeO、$Fe(HCO_3)_2$等非主要产物,一般情况下其含量较少,其中 Fe_3O_4和 FeO 等铁的氧化物来自主要成分为 $FeCO_3$腐蚀产物的热分解及其进一步氧化,特别是低压高温时比较常见,高压下则很少见[68],而 $Fe(HCO_3)_2$则是在高 pH 值的腐蚀介质中形成的。

当金属表面有 CO_2腐蚀产物膜时,一般情况下其腐蚀速率会大大降低,这已得到了大家的公认,但这种缓蚀作用大小取决于腐蚀产物膜的物理化学性质。一般来讲,完整、致密、附着力强、稳定性好的保护膜可减小均匀腐蚀速率,而膜的缺陷、局部脱落可诱发严重的局部腐蚀。实验证明,同样的腐蚀产物膜,不同的条件下具有不同的保护性。Dougherty[68]认为,当 CO_2与 H_2S 的分压比大于 500∶1 时,腐蚀产物膜才以 $FeCO_3$为主要成分。在含 CO_2系统中,有少量 H_2S 也会生成 FeS 膜,并能改善腐蚀产物膜的防护能力,但作为有效阴极的 FeS 会诱发局部点蚀的发生。

此外,文献和室内研究还表明[70-75],在水溶液环境中,H_2S 是一种有效的成膜物质,FeS 膜对碳钢的局部腐蚀和均匀腐蚀均起着控制作用。由于 FeS 膜在水溶液中的溶解度较 $FeCO_3$膜低得多,因此对腐蚀的控制作用更加显著,对 NACE 标准中规定的发生腐蚀的 H_2S 边界浓度起控制作用[76]。这种 FeS 腐蚀产物膜对油管和输送管内壁的均匀腐蚀具有良好的保护作用,但在高含 Cl^-、元素 S 和非流动环境中，由于腐蚀产物膜的非均匀性，将容易产生局部腐蚀。对于较低浓度下 H_2S 对碳钢 CO_2 腐蚀的影响，Omar[76] 等研究了分压比为 3，H_2S 分压小于 3kPa 条件下，X65 在 25 ~ 80℃间流速为 5m/s 以内材料的腐蚀速率，结果表明材料的均匀腐蚀速率在 0.5 ~ 2mm/a 之间，而在类似的不含 H_2S 而仅有 CO_2 环境中，材料的腐蚀速率则高达 20mm/a[76-79]。

Brown[74] 和 Nesic[79] 也研究了含 CO_2/H_2S 高温高压多相流动环境中 pH 值和腐蚀产物的影响。研究表明腐蚀产物膜下的局部腐蚀与 $FeCO_3$ 和 FeS 的饱和度密切相关。当系统中 $FeCO_3$ 和 FeS 未达到饱和时，不发生局部腐蚀；随着 $FeCO_3$ 和 FeS 溶解量的增加，接近饱和时，开始出现局部腐蚀；而当溶液中 $FeCO_3$ 和 FeS 达到过饱和时（$SS_{FeCO_3} < 10$，$2.5 < SS_{FeS_{(1-x)}} < 125$），无论在单纯液态还是气液共存环境下都会出现局部腐蚀。Lee 等采用 EIS 方法研究了含微量 H_2S（3 ~ 250mg/L）环境中 CO_2 腐蚀行为[79]，发现当 H_2S 含量较低时（< 15mg/L），生成 FeS 膜使腐蚀速率降低，当 H_2S 含量增加时（> 250mg/L），腐蚀速率则有所增加。纯 H_2S 环境和同时含 CO_2/H_2S 环境中碳钢的腐蚀研究主要集中在 FeS 膜的不同形式[73,80-83]，而对其形成机理及对腐蚀影响机理则研究较少。不少文献采用交流阻抗方法研究了含 H_2S 酸性溶液中铁离子的电化学行为和化学反应平衡方程[73,74,84]，但均没有涉及腐蚀反应的动力学传质过程。

5.3.3.3　H_2S/CO_2 共存条件下氢损伤的影响因素

5.3.3.3.1　SSC/SCC

（1）H_2S 浓度的影响。

NACE MR 0175/ISO 15156 及 SY/T 0599—2018 都明确规定，含有水和 H_2S 酸性天然气系统中，当气体总压≥0.4MPa，H_2S 分压≥0.0003MPa 时，可引起敏感材料发生 SSC/SCC。含 H_2S 天然气是否会导致敏感材料发生 SSC，可按图 5.3.17（a）进行划分。含有水和 H_2S 天然气原油系统中，当其天然气与油之比 > 1000m^3/t 时，应作为含 H_2S 酸性天然气系统处理；当天然气与原油之比 ≤1000m^3/t 时，可按图 5.3.17（b）确定是否会引起 SSC/SCC。

（2）pH 值的影响。

NACE 0175/ISO 15156 指出，碳钢或低合金钢发生 SSC/SCC 的酸性环境的严重程度与 p_{H_2S} 及 pH 值有关。按图 5.3.5，$p_{H_2S} < 0.0003$MPa 的环境为 0 区，$p_{H_2S} \geq 0.0003$MPa 的环境分为 SSC1 区、SSC2 区和 SSC3 区。按酸性环境严重程度：SSC3 区 > SSC2 区 > SSC1 区 > 0 区。而 pH 值的影响则主要体现在 pH 值对 SSC3 区、SSC2 区及 SSC1 区的边界划分上[3]。

（3）温度的影响。

图 5.3.18 为温度对高强度钢在饱和 H_2S 的 3% NaCl + 0.5% CH_3COOH 溶液中断裂时间的影响规律。由图 5.3.18 可见，24℃左右，SSC/SCC 敏感性最大，此后随温度上升 SSC/SCC 敏感性降低。通常存在一个不发生 SSC/SCC 的温度值，一般为 65℃以上。NACE MR 0175/ISO 15156 规定，N80Q 和 C95 套管可用于 65℃或 65℃以上，而 P110 可用于 80℃和 80℃以上的酸性油气环境。

（4）CO_2 分压的影响。

含 H_2S 酸性油气田中，CO_2 分压越高，介质的 pH 值就越低，从而增大 SSC/SCC 的敏感性。

（5）硬度（强度）。

NACE MR 0175/ISO 15156 及 SY/T 0559—2018 规定，用于 SSC1 区的管线钢，最低屈服强度为

550MPa 的钢级可以接受(焊缝硬度不得超过 300HV);用于 SSC2 区的管线钢,最低屈服强度为 450MPa 的钢级可以接受(焊缝硬度不得超过 280HV);用于 SCC3 区的构件,硬度应不大于 22HRC。

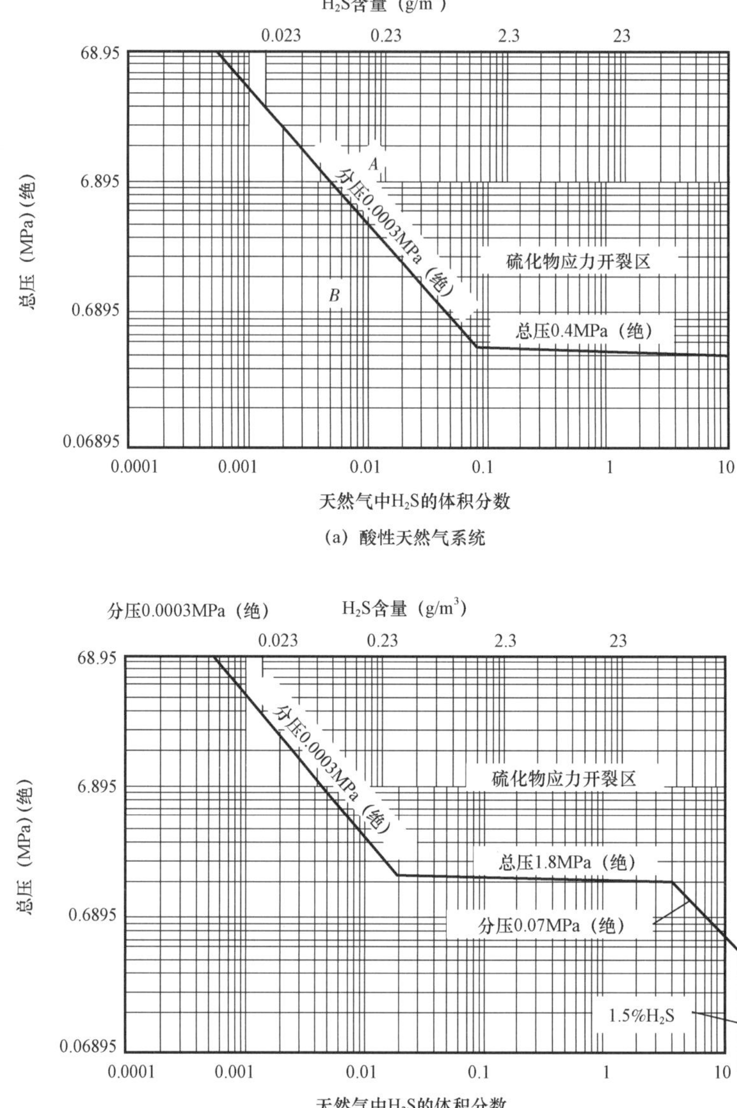

(a) 酸性天然气系统

(b) 酸性天然气-油系统

图 5.3.17 H_2S 天然气系统材料 SSC/SCC 敏感性的划分

(6)化学成分。

一般认为,在抗 SSC/SCC 的碳钢和低合金钢中,Ni、Mn、S、P 为有害元素。NACE MR 0175/ISO 15156 及 SY/T 0559—2018 等标准都规定碳钢和低合金钢中 Ni 含量不能大于 1%。

(7)热处理状态及显微组织。

NACE MR 0175/ISO 15156 及 SY/T 0559—2018 等标准对用于 SSC3 区的抗 SSC/SCC 钢的热处理状态有明确规定,马氏体对 SSC/SCC 最为敏感,应予杜绝。

(8)冷变形。

NACE MR 0175/ISO 15156 及 SY/T 0559—2018 等标准均规定,用于 SSC3 区的碳钢和低合金钢

经任何冷变形,其变形量大于5%时,不论硬度多少均应作消除应力热处理,热处理温度不得低于595℃,硬度必须小于HRC22。

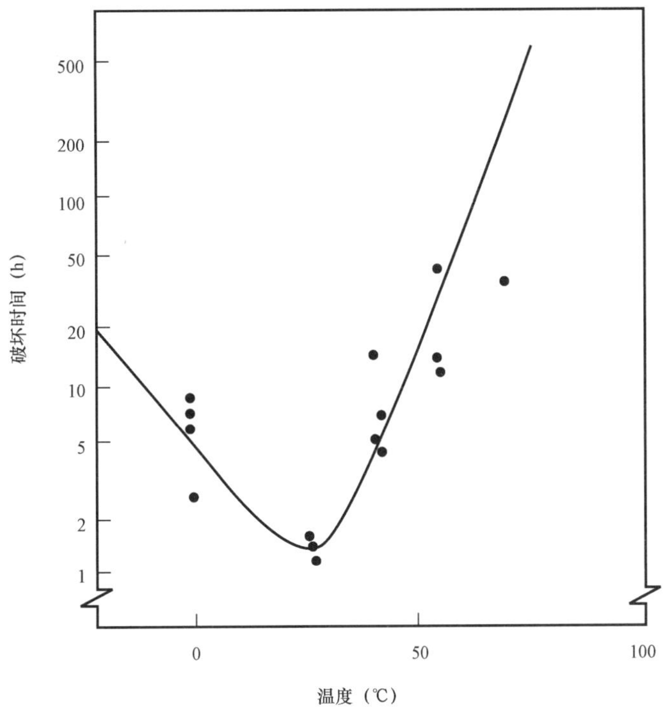

图5.3.18 温度对高强度钢在饱和 H_2S 的3% NaCl + 0.5% CH_3COOH 中断裂时间的影响[26]

5.3.3.3.2 HIC/SWC/SOHIC

(1)H_2S 分压的影响。

发生HIC的临界 p_{H_2S} 随钢种和冶金质量而异。低强度碳钢一般为0.002MPa;加入微量Cr后可升至0.006MPa;高纯净钢并经Ca处理后可达0.15MPa。

(2)pH值的影响。

当pH值在1~6范围内,HIC的敏感性随pH值的增加而下降,当pH值为6时发生HIC的可能性最小。

(3)CO_2 的影响。

CO_2 降低环境的pH值,从而增大HIC的敏感性。

(4)氯离子的影响。

pH值为3.5~4.5时,Cl^- 的存在使腐蚀速度加快,HIC的敏感性也随之增大。

(5)温度的影响。

HIC敏感性最大的温度是24℃。低于24℃时,升温使腐蚀反应及氢扩散速度加快,HIC敏感性增加;超过24℃后,升温导致 H_2S 浓度下降,HIC敏感性下降。

(6)钢的纯净度的影响。

应采用精料及高效铁水预处理(三脱)及复合炉外精炼,使S≤0.0010%,P≤0.010%,[O]≤20μg/g,[H]≤1.3μg/g。NKK规定,高钢级抗HIC钢的S、P、N、H、O及Pb、As、Sn、Sb、Bi各元素之和小于80μg/g。

(7)成分和组织的均匀性的影响。

通过采取一些措施提高材料的成分和组织的均匀性可提高钢的抗 HIC 性能。如在降低硫含量的同时,进行钙处理;钢水和连铸过程加入电磁搅拌,连铸过程缓慢压缩;采用多阶段控制轧制及快速冷却工艺;限制带状组织等。此外,尽可能降低碳含量(一般应≤0.06%),控制 Mn 含量,加入 Cu 元素等可降低钢的 HIC 敏感性。

(8)晶粒度的影响。

主要通过微合金化和采用控扎工艺等措施对晶粒进行细化以降低钢的 HIC 敏感性。

5.3.4 元素硫的沉积及其腐蚀机理[85-87]

含硫气藏是指产出的天然气中含有 H_2S、CO_2 等非烃类气体以及硫醇、硫醚等杂质的气藏。国家矿产储量委员会对含硫气田的划分标准为硫化氢含量不小于 $30g/m^3$ 气田为高含硫气田[1]。目前中国探明的气藏中近一半(100 多个)为高含硫气藏,其开发过程中的腐蚀问题非常突出。在硫含量高的油气井中,流体通道的减小与硫的析出和沉积之间有着密切的关系。情况严重时,短时间内就可能出现油管的堵塞,使得油田被迫停产。即便是低含硫油气田,油管内也会发生硫堵。同时,硫堵还会使腐蚀加重,腐蚀一般在硫沉积的部位发生,而且是破坏性较大的局部腐蚀。有研究表明,在潮湿的环境中,硫的腐蚀情况非常严重,腐蚀速率可达到 30~40mm/a。在各种环境下,硫腐蚀的研究远远落后于硫的生产,给油气田的安全生产带来威胁。

5.3.4.1 元素硫的沉积

5.3.4.1.1 *元素硫的来源*

基于广泛的研究,ASRL(Alberta Sulfur Research Ltd.)提出酸性气藏中元素硫的来源主要为烃类硫酸盐的热化学反应,其他来源还包括高温高压下 H_2S 的缩聚反应,硫烷的分解,离子多硫化物的分解,氧气对 H_2S 的氧化及溶解在液态烃中的硫等。

(1)烃类硫酸盐的热化学反应。

$$2H_2S + O_2 \xrightarrow[34MPa]{95\sim105℃} 2S + H_2O \tag{5.3.36}$$

$$CaSO_4 + HC + H_2S \xrightarrow[34MPa]{95\sim105℃} S + CaCO_3 + CO_2 + H_2O \tag{5.3.37}$$

(2)高温高压下 H_2S 的缩聚反应。

$$17H_2S \longrightarrow H_2S_9 + S_8 + 16H_2 \tag{5.3.38}$$

(3)硫烷的分解。

$$H_2S + S_8 \rightleftharpoons H_2S_9 \tag{5.3.39}$$

(4)离子多硫化物的分解。

$$H^+ + HS_9^- \longrightarrow H_2S + S_8 \tag{5.3.40}$$

(5)氧气对 H_2S 的氧化。

$$2H_2S + O_2 \longrightarrow 2H_2O + \frac{1}{4}S_8 \tag{5.3.41}$$

5.3.4.1.2　元素硫的溶解与沉积

在含硫气田储集层,元素 S 主要与天然气中的 H_2S 气体形成多硫化物存在于岩层的孔隙和微缝之中。随着温度和压力的变化,天然气中元素硫与硫化氢的存在方式与化学反应如式(5.3.42)所示:

$$H_2S + S_x \xleftrightarrow{T,p} H_2S_{x+1} \tag{5.3.42}$$

在开采过程中,天然气从井底至井口的压力和温度不断下降,化学反应将向生成元素硫的方向进行,致使元素硫在 H_2S 中的溶解度降低而不断析出。析出的硫一部分沉积在地底层的孔喉表面,使得地层孔隙度和渗透率减小,甚至发生硫堵,从而降低了气田的开采效率,同时也增加了地面集输工艺的难度,严重时有可能导致油气井报废;而另一部分析出的硫随着气流运移,通过井场管线,再经过气体处理设备,最后进入运输管线。其中残存的腐蚀性物质,如硫黄、硫化氢、二氧化碳及氯离子等,使得运输管线发生腐蚀,严重时导致其穿孔、破裂甚至报废。

5.3.4.2　元素硫的腐蚀类型

5.3.4.2.1　元素硫的均匀腐蚀

均匀腐蚀是指金属表面的全部或大部分区域都发生腐蚀,如图5.3.19所示。均匀腐蚀的腐蚀速率受温度、流速、介质成分及金属表面形成的产物膜等因素控制。均匀腐蚀又可分为两种情况:(1)当金属表面覆盖一层钝化膜时,金属的阳极溶解速度就会减小,即腐蚀速率降低,腐蚀的破坏作用可以得到抑制。例如,高温氧化腐蚀或酸性氧化腐蚀,有时会使腐蚀反应完全停止。如不锈钢和铝等,在氧化环境中产生的钝化膜便有此功能。(2)也有些均匀腐蚀不产生表面膜,如铁和铝在稀硫酸或稀硝酸中会全面迅速溶解。

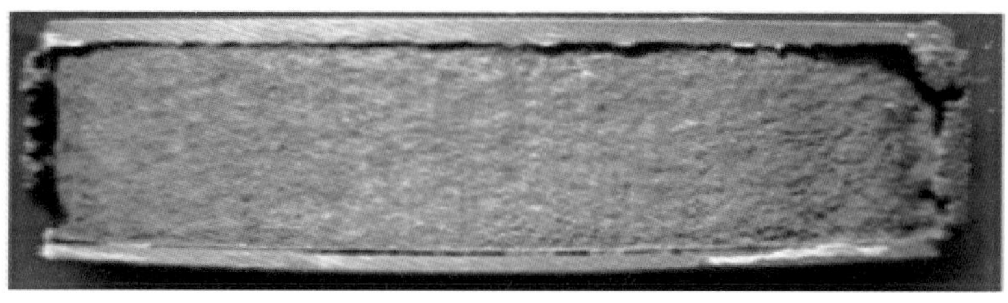

图5.3.19　金属的均匀腐蚀行为

5.3.4.2.2　元素硫的局部腐蚀

局部腐蚀又称为不均匀腐蚀,即金属表面局部区域发生腐蚀的一种行为,如图5.3.20所示。局部腐蚀包括晶间腐蚀、缝隙腐蚀、点蚀等。据有关数据统计,在化工行业的腐蚀事故中,发生局部腐蚀导致事故发生的比例大约可占70%。其中点蚀的危害性最大,虽然失重率较其他类型的腐蚀小,但可导致服役设备及运输管线出现穿孔及破裂。因此，点蚀可造成有害气体等泄漏，从而引起爆炸、环境污染等高危害性事故。

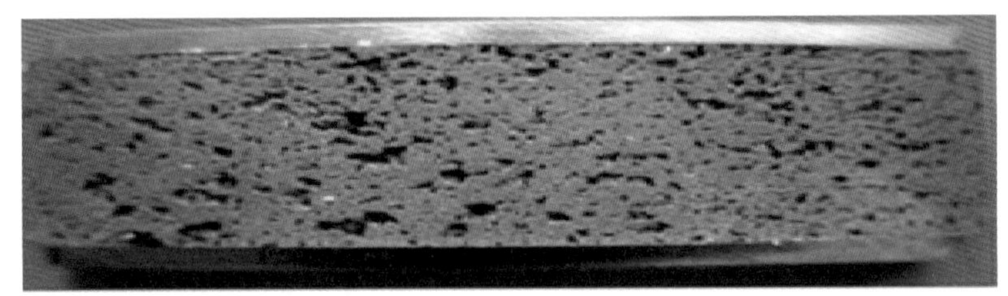

图 5.3.20　金属的局部腐蚀行为

5.3.4.3　元素硫的腐蚀机理

元素硫的腐蚀贯穿于含硫气田的勘探、开发及开采、运输等多个过程，按温度范围可分为两大类：第一类是高温硫腐蚀，指温度高于 240℃时的腐蚀理论。第二类是低温硫腐蚀，其腐蚀机理以水解理论为基础，衍生出多种腐蚀理论。这里主要介绍低温硫腐蚀机理。

Maldonado－Zagal 和 Boden 提出，当温度大于 80℃时元素硫与水接触会发生明显的酸化反应，生成 H_2S、H_2SO_2、H_2SO_3、H_2SO_4等酸性物质。这些物质是元素硫腐蚀发生的主要因素，并且以 H_2S/H_2O 腐蚀体系为主。元素硫水解的反应，如式(5.3.43)所示：

$$6S + 8H_2O \longrightarrow 6H_2S + 2H_2SO_4 \tag{5.3.43}$$

由于硫元素处在第三周期，最外层为 6 个电子，较易得失电子，因而具有多种化合价，硫的化合物种类也很多。元素硫可得到电子，被还原为负离子；元素硫也能失电子被氧化并与其他元素结合形成正化合价的离子。因此，元素硫既能生成多种长链(或环)化合物以及简单单质，也能以单元素阴离子并与阳离子结合形成化合物。硫元素存在形式的多样性，使得硫腐蚀机制十分复杂。关于元素硫腐蚀机理主要有两种：一是直接反应机理，二是以元素硫的水解为基础的腐蚀机理。以水解为基础的腐蚀机理又具体分为催化机理、水解机理、电化学机理。

5.3.4.4　元素硫腐蚀的影响因素

影响元素硫腐蚀的因素很多，除水以外，温度、压力(CO_2、H_2S 的分压以及它们的分压比)、矿化度(主要为 Ca^{2+}、Mg^{2+})、Cl^- 等都会影响到元素硫的腐蚀程度。

5.3.4.4.1　水的影响

元素硫在没有水分的含硫气藏中，对金属材料不腐蚀。当硫接触金属材料时，会形成硫化物膜，在干燥的气氛中，侵蚀性离子或粒子就不能穿透硫化物膜，从而保护金属材料免受腐蚀。当环境中有水存在时，元素硫会发生水解反应生成腐蚀性成分引起金属的腐蚀。

5.3.4.4.2　温度的影响

温度是影响元素硫腐蚀的重要因素之一。总体而言，随着温度的升高，元素硫腐蚀速率增大，腐蚀加剧。

当温度较低时，元素硫的酸化作用不是很明显，H^+ 浓度较小，腐蚀速率随温度升高呈缓慢增长趋势。在元素硫熔点(119℃)以上时,元素硫以液态形式分散在水溶液中并发生酸化反应,此时酸化反应程度随温度升高急剧增加,溶液中 H^+ 浓度亦迅速增加,阳极溶解速度加快,腐蚀速率快速增加。当温度大于160℃时,此时硫分子之间发生聚合,生成大分子链聚合物。温度进一步升高使得聚合反应速度加剧,体系黏度不断增大,腐蚀程度有所减弱。200℃以上时,硫的大分子链聚合物开始分解成较短的分子链,温度升高,长链变短,直至液相变为气相,此时已处于高温硫腐蚀状态。图5.3.21为元素硫的黏度与温度的变化关系。

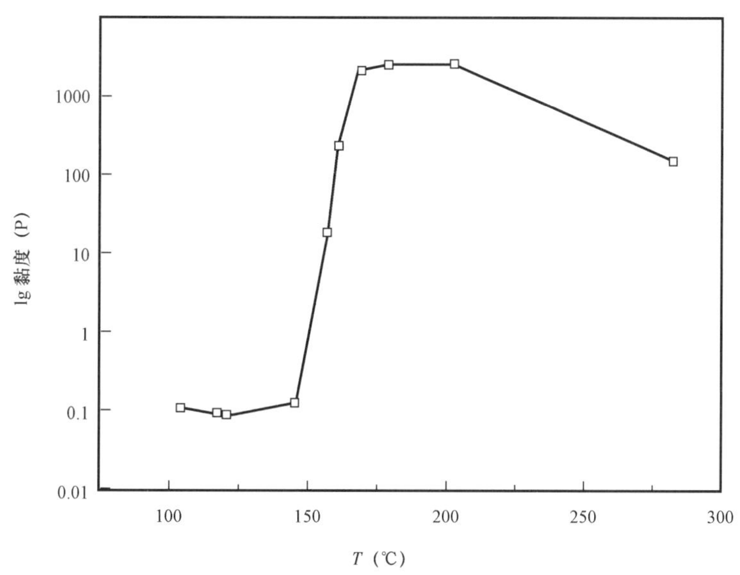

图5.3.21　元素硫的黏度与温度的关系

温度对元素硫腐蚀的影响还体现在对腐蚀极化电流密度的影响上。当温度较低时,增加极化电位,阴极的极化电流密度随之增大。当温度升高到某一值后,阴极的极化电流密度将不随极化电位升高而增大,即达到电流密度的极限值。

5.3.4.4.3　H_2S 分压的影响

H_2S 的分压直接影响腐蚀产物的组成及形态。一方面,元素硫在纯硫化氢中的溶解度随 H_2S 分压的增加而升高,从而减缓了元素硫对管材的腐蚀破坏作用。图5.3.22为不同温度下元素硫在纯硫化氢中的溶解度变化情况。

另一方面,当 H_2S 的分压较小时,水溶液中的 H_2S 浓度较低,即水溶液呈弱酸性,pH值较高,此时生成的腐蚀产物易覆盖在金属表面,从而降低腐蚀速率。当 H_2S 分压继续增大时,溶液pH值不断减小,酸性增强,生成的腐蚀产物膜层变得疏松甚至脱落,从而失去了对基体的保护作用,腐蚀速率增大。

5.3.4.4.4　Cl^- 的影响

腐蚀过程中,Cl^- 极易穿透产物膜层与阳极溶解的铁离子形成氯化物,随后会迁移出阳极区与溶液中的 OH^- 反应生成 $Fe(OH)_2$,Cl^- 会被重新释放而又回到阳极区继续与铁离子反应,从而带出更多的铁离子,如反应式(5.3.44)和式(5.3.45)所示:

$$Fe^{2+} + 2Cl^- \longrightarrow FeCl_2 \tag{5.3.44}$$

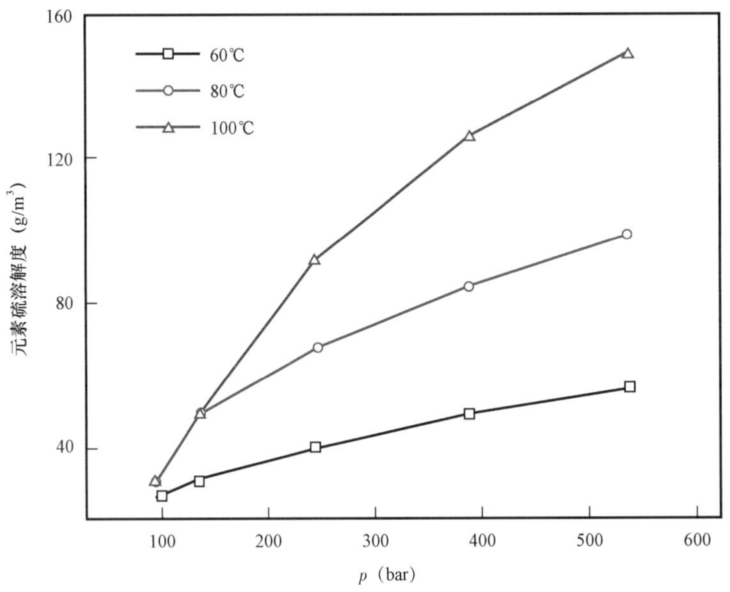

图 5.3.22　元素硫在纯硫化氢中的溶解度

$$FeCl_2 + 2OH^- \longrightarrow Fe(OH)_2 + 2Cl^- \tag{5.3.45}$$

因此，在腐蚀过程中 Cl^- 不会被消耗，如此反复对腐蚀反应起到催化促进作用。Haitao Fang 和 David Young 等针对含有元素硫以及常温条件下 Cl^- 对腐蚀速率的影响做了研究，发现在含有 Cl^- 的情况下，腐蚀速率明显增高，如图 5.3.23 所示。

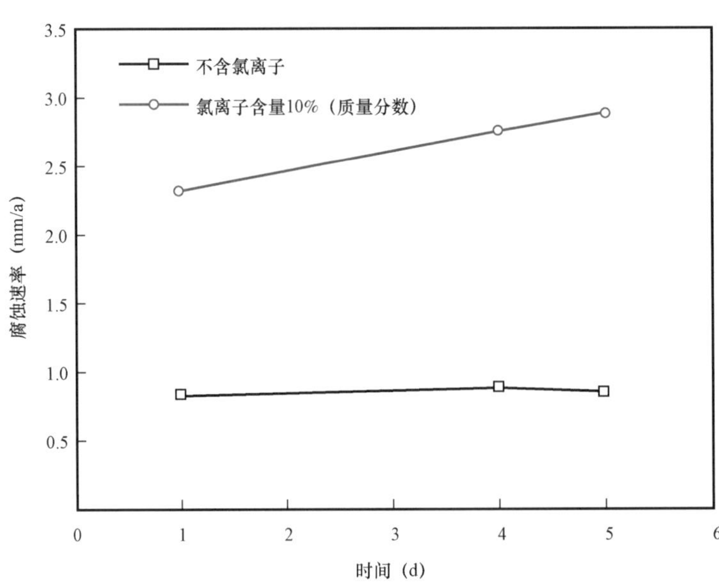

图 5.3.23　含氯离子和不含氯离子时腐蚀速率与时间的关系(25℃)

5.3.4.4.5　流速的影响

碳钢在含元素硫的水溶液中腐蚀的主要原因是元素硫与水接触发生酸化反应生成酸性物质所致，H^+ 作为阴极去极化剂使 Fe^{2+} 的阳极溶解反应持续，从而导致腐蚀的发生。而 H^+ 的传质过程与流体的速度密切相关，流速增加，反应物及腐蚀产物传输速度增大，腐蚀反应加快，金属表面的腐蚀产物膜层很快形成，同时又会很快被冲去，反应物与基体的接触概率再次变大，腐蚀反应加速，腐蚀程度加剧。

5.3.4.4.6　材质的影响

影响金属腐蚀的因素很多，其中材料类型与其耐腐蚀性能有直接的对应关系。金属的电极电位与其耐蚀性之间存在一定的对应关系，即电位越正，表示该金属的热力学稳定性较高，金属离子化倾向相对较小，其耐蚀性较好。金属的种类决定了金属电极电位的大小，因此，可采用金属电极电位初步估计某种金属材料的相对耐蚀性能。

黄元伟等研究了高温条件下 Cr－Ni－Fe 基合金的抗硫腐蚀性能。结果表明，随着铬含量的增加抗硫腐蚀能力提高，当合金中的铬含量达到 30% 时，其抗硫腐蚀能力达到最佳，如图 5.3.24 所示。这是因为 Cr 元素要比 Fe、Ni 等金属元素优先硫化，在合金表面会生成铬的硫化物。随着铬含量的增加，铬的硫化物层增厚，而铬的硫化物相对 Fe、Ni 的硫化物层更均匀、致密、完整，能够有效地阻挡金属离子的向外扩散和硫向合金基体界面的渗透，从而使腐蚀破坏程度减弱，腐蚀速率减小。

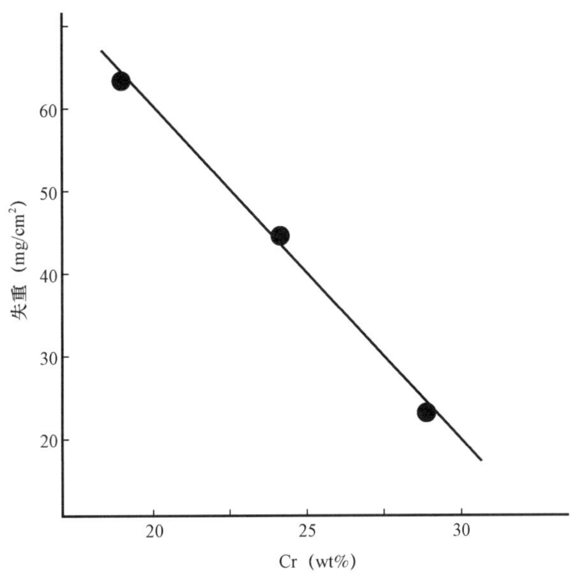

图 5.3.24　铬含量对抗硫腐蚀能力的影响

然而，对于含 Cr 钢而言，温度较低时，钢中的 Cr 元素也会参与阳极发生溶解反应，并与水溶液中的 OH^- 生成了具有阴离子选择性的 $Cr(OH)_3$，如反应式(5.3.46)所示：

$$Cr + 3OH^- \longrightarrow Cr(OH)_3 + 3e \tag{5.3.46}$$

腐蚀产物中的 $Cr(OH)_3$ 可以阻碍部分阴离子穿透产物膜到达金属表面，降低了产物膜与金属界面处的阴离子的浓度，使阳极溶解反应得到抑制，腐蚀速率减小。但是，当合金中 Cr 含量达到一定值时，会诱发局部腐蚀。

5.3.5　多相流腐蚀机理及影响因素[9,88]

油、气、水多相流体管线中往往同时含有 H_2S、CO_2、盐（氯化物）、沙子和蜡等多种腐蚀介质。

输送多相流体的管道内壁不仅受到流体的冲刷作用,还将受到这些腐蚀介质的影响,因此多相流管线的内腐蚀状况十分复杂,是一种腐蚀和冲刷联合交互作用的过程。因为与流动过程有关,故被称为流动腐蚀,并将其分为流传质腐蚀、相转变腐蚀和冲刷腐蚀。流传质腐蚀是指腐蚀性物质及其产物朝向和离开金属表面的运动。相转变腐蚀取决于流体的润湿性,如润湿腐蚀。冲刷腐蚀常在变速、紊流(或流体中存在固体)的情况下发生,紊流能把腐蚀产物从管道表面除掉,同时强化了传质过程,是一种金属表面与腐蚀性流体之间由于高速相对运动而引起金属损坏现象,是机械性冲刷和电化学腐蚀相互作用的结果。

5.3.5.1 多相流腐蚀机理

5.3.5.1.1 腐蚀与冲蚀的交互作用

冲刷与腐蚀的交互作用是多相流腐蚀的基本机制。冲刷对腐蚀的影响主要表现为:(1)冲刷能加速传质过程,促进去极化剂如 O_2 到达材料表面和腐蚀产物脱离材料表面,从而加速腐蚀;(2)冲刷的力学作用使材料钝化膜减薄、破裂或使材料发生塑性变形,局部能量升高,形成“应变差电池”,从而加速腐蚀;(3)冲刷造成材料表面出现凸凹不平的冲蚀坑,增加了材料的比表面积,加剧腐蚀。腐蚀对冲刷的影响主要表现为:(1)腐蚀粗化材料表面,尤其在材料缺陷等处出现的局部腐蚀,造成微湍流的形成,从而促进冲刷过程;(2)腐蚀弱化材料的晶界、相界,使材料中耐磨的硬化相暴露,突出基体表面,使之易折断甚至脱落,促进冲刷;(3)腐蚀有时使材料表面产生较松软的产物,它们容易在冲刷力作用下剥落;(4)腐蚀可溶解掉材料表面的加工硬化层,降低其疲劳强度,从而促进冲刷。

目前,冲刷腐蚀的机理主要有微切削机理、变形磨损理论模型、疲劳模型、挤压锻造成片模型、脱层理论模型等,但尚未有一种能够完整、全面地揭示材料多相流腐蚀的内在机理。

(1)微切削机理。

该机理是刚性粒子冲击塑性材料的理论。当磨粒划过材料表面时,切除材料而产生磨损。较完整定量地表达冲蚀率与冲蚀角和冲击速度之间的关系,材料的磨损体积与磨粒的质量和速度的平方成正比,与流动应力成反比,与冲角成一定的函数关系。对于塑性材料小冲角、多角形磨粒的冲蚀磨损,切削模型非常适用,而对于不很典型的延性材料(例如一般的工程材料),冲角较大(特别是冲角等于90°)、非多角形磨粒(如球形磨粒)的冲蚀磨损则存在较大的偏差。

(2)变形磨损理论模型。

该模型是对 Finnie 切削模型的延伸和修正,引入了临界冲蚀速度和能量分散的概念。如果冲蚀速度小于临界冲蚀速度时,冲击颗粒不能冲蚀材料。他把冲蚀磨损分为变形磨损和切削磨损两部分,认为90°冲角下的冲蚀磨损是和粒子冲击时材料的变形有关。

(3)疲劳模型。

疲劳模型是建立在低循环疲劳基础上的,用于解释球状粒子正向冲击材料的冲蚀行为。该模型认为在冲蚀过程中有90%粒子的冲击动能消耗于材料表面的塑性变形,提出以临界应变作为冲蚀磨损的评判标准:只有当形变达到临界值时,才会发生材料流失。

(4)挤压锻造成片模型。

不论是大冲角(例如90°冲角)还是小冲角的冲蚀,由于冲击颗粒不断冲击,使材料表面不断地受到前推后挤,于是产生小的、薄的、高度变形的薄片。同时颗粒的部分冲击动能转化为热量,使表层金属软化,随后颗粒再对薄片进行锻打,经历严重变形后呈片屑从表面流失,次表层却因受挤而产生加工硬化。

(5)脱层理论模型。

金属滑动磨损中的微裂纹形核过程可以发生在冲蚀过程中。当颗粒冲击材料时空穴成核区出现在表面下某一深度,空穴成核在冲击角为15°~20°(即最大冲蚀磨损量的冲击角)时容易出现。冲击速度越大,则空穴成核区越深,亚表面夹杂物和硬的二相粒子的数量和间距会影响冲蚀速度。

5.3.5.1.2　多相流介质中的 CO_2 腐蚀

金属材料在高温高压 CO_2 多相介质中腐蚀时表面总会形成具有不同保护程度的腐蚀产物膜。可利用电化学交流阻抗法(EIS)研究 CO_2 腐蚀产物膜形成的条件(pH 值和温度)。一些研究表明,可采用纳米压痕仪以及粘结拉伸等方法测试腐蚀产物膜的力学行为。用压痕法和四点弯曲声发射法可测试膜的断裂强度,用高温应变片法可测试膜内应力大小及其随时间变化(对应膜厚度变化),用粘结拉伸法可测量膜与基体的结合强度。通过上述方法测得 N80 钢在高温高压状态下 CO_2 腐蚀产物膜的弹性模量为112GPa,断裂强度265MPa,断裂韧性 $K_{IC}=1.76MPa \cdot m^{1/2}$,HV 硬度=516,膜与基体结合的抗拉强度为7.91~8.89MPa,抗剪强度为15.94~27.63MPa。测出膜稳定时的内应力为35.2MPa。图5.3.25是腐蚀产物膜在弯曲过程中的声发射图谱,图谱中出现了两个峰值。详细研究发现,腐蚀产物膜有两层,第一个峰值对应外层膜的破坏,第二个峰值对应内层膜的破裂,外层膜的断裂强度低于内层膜的强度。粘结法拉伸测量结果与声发射的结果一致,图5.3.26表示用粘结法拉断前后外层膜和内层膜及膜和基体界面处的形貌。图5.3.27则显示了应变片法测试的电阻值随时间的变化和换算的膜内应力随膜厚度增长的变化规律。

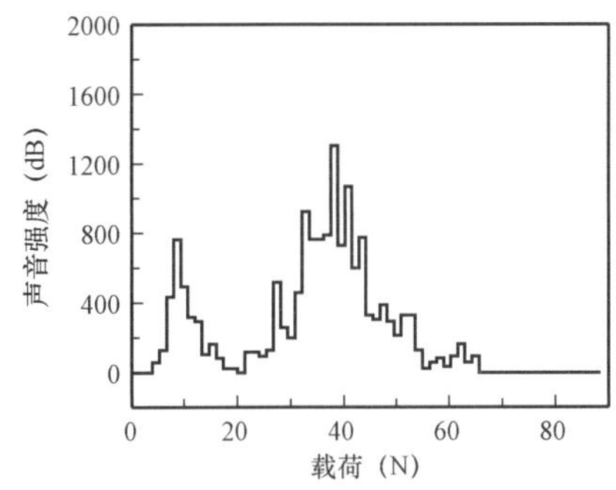

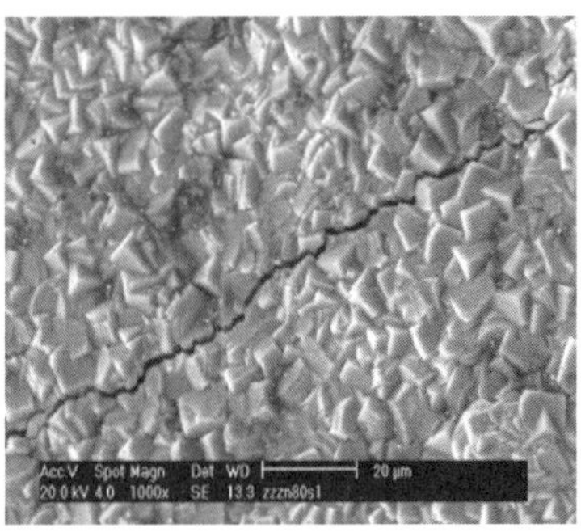

图5.3.25　腐蚀产物膜在弯曲过程中的声发射图谱

5.3.5.2　多相流腐蚀的影响因素

多相流腐蚀是一个十分复杂的过程,影响腐蚀速率的因素众多,主要包括:介质特性(主要有介质种类、浓度或 pH 值、固体颗粒的含量、温度等)、被冲刷材料的材质特性和表面粗糙度、冲刷角等。

5.3.5.2.1　流速的影响

流速对多相流腐蚀的影响可分为三种情况:一是流速较低且没有诱发对流时,传质主要由自然对流引起,电化学腐蚀为主,冲刷磨损相对较弱;二是中等流速下,强制对流导致传质增加,流动引起的剪切力对腐蚀的影响增大,冲刷磨损开始占主导作用;三是高流速下,金属腐蚀受冲刷磨损的影响较大,腐蚀产物膜难以对金属形成保护作用,从而使得腐蚀速率达到较高值,机械流体效应使得材料的损伤机制变得格外复杂。相应的临界流速因材料和介质而异,如 BFe30－1－1 铜镍合金在不同流速人工海水中的临界流速为 2～3m/s,而 UNS S32654 和 UNS S31603 两种不锈钢的临界流速为 4～7m/s。

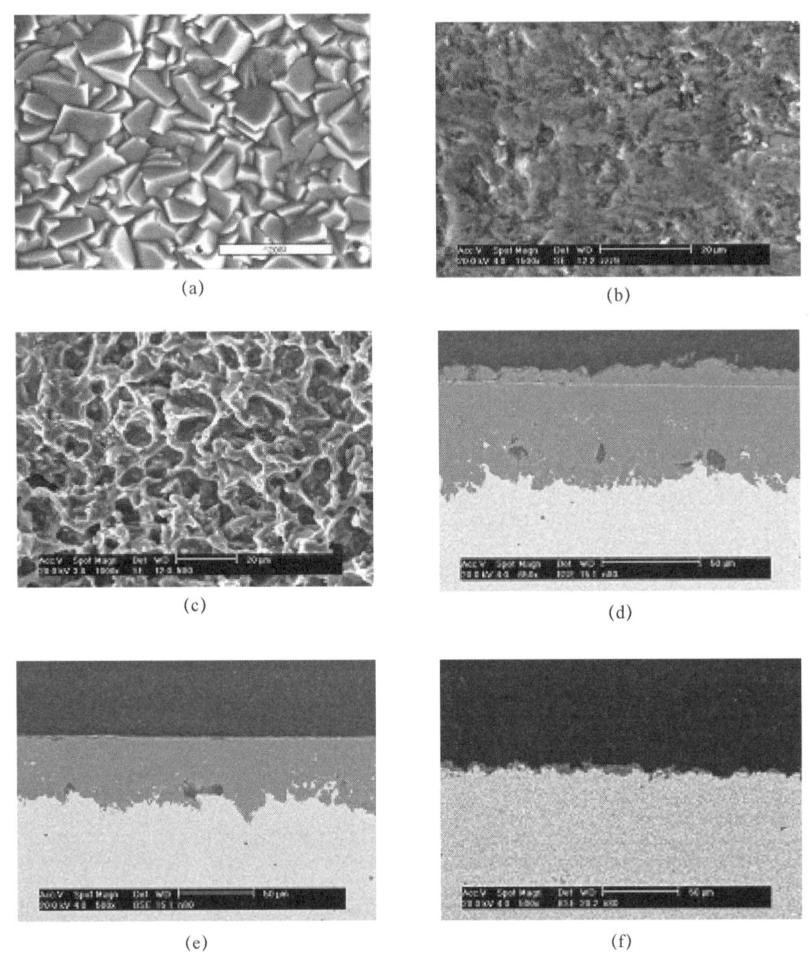

图 5.3.26　腐蚀产物膜在拉伸前的表面(a)和横截面形貌(d)。拉伸过程中,表面膜先断裂后显示的内层膜形貌(b 和 e);内层膜断裂后显示的膜和基体界面的形貌(c 和 f)

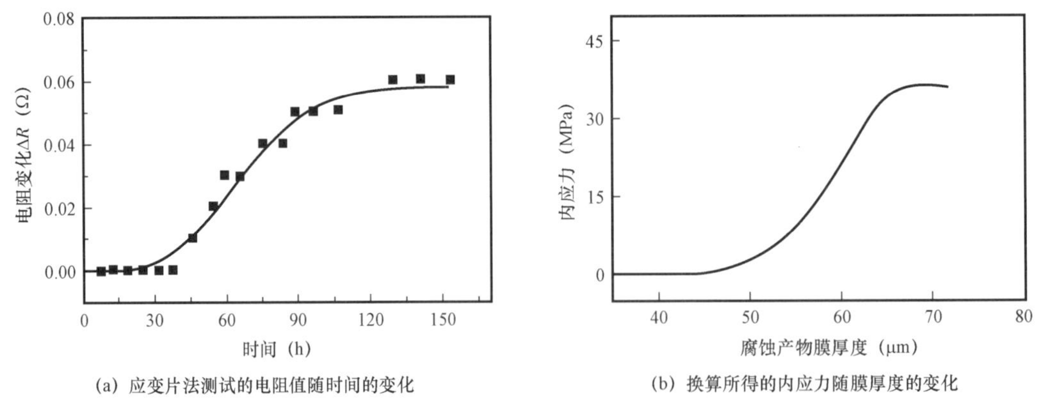

图 5.3.27　应变片法测试的电阻值随时间的变化及换算所得的内应力随膜厚度的变化

5.3.5.2.2　固体颗粒含量的影响

固体颗粒的冲刷磨损作用使得金属表面的保护膜难以形成，导致电化学腐蚀及其与冲刷磨损的协同效应部分对整个多相流腐蚀的贡献很大。固体颗粒含量对多相流腐蚀的影响存在一个临界值。在临界值以下，多相流腐蚀速率随固体颗粒含量增大而加剧；当固体颗粒含量高于临界值时，腐蚀速率达到稳定，不再随固体颗粒含量增大而增加。

5.3.5.2.3　固体颗粒尺寸的影响

固体颗粒含量和尺寸增大导致多相流腐蚀速率增加。当固体颗粒含量一定时，颗粒尺寸的改变引起其浓度的相应变化。例如，当沙粒粒径较小（$<50\mu m$）时，电化学腐蚀为主，腐蚀速率与沙粒的尺寸无关；当沙粒粒径超过 $100\mu m$ 时，这种无关性减弱。因此，固体颗粒尺寸也存在临界值，当其达到临界值后，金属表面的腐蚀速率不会随颗粒尺寸的增大而增大，这可能是大尺寸的颗粒易发生碎裂，导致实际的撞击能小于理论的撞击能。这也与固体颗粒自身的性质（如硬度）有关。

5.3.5.2.4　酸的种类、浓度或 pH 值的影响

酸的种类和浓度对材料冲刷与腐蚀交互作用影响明显。在同等浓度条件下，HF 引起的交互作用最大，其次为 HCl，再次为硫酸和磷酸，而硝酸引起的交互作用最小。酸浓度或 pH 值的影响表现为：酸浓度越高或 pH 值越小，交互作用越大，这与 pH 值对材料腐蚀率的影响规律相同。

5.3.5.2.5　冲刷角的影响

流体冲刷角的影响主要表现为剪切应力和正应力。剪切应力通过削薄甚至移除金属表面的氧化膜而增强冲刷腐蚀过程。正应力则是通过撞击或损伤金属表面产生孔洞。冲刷角小于 45°时，剪切应力为主；大于 45°时，正应力为主。

5.3.5.2.6　温度的影响

流体温度升高对多相流腐蚀的影响表现在 3 个方面：一是温度升高使得热力学驱动力增大，金属的反应活性升高；二是温度升高加快成膜因子（如氧）的扩散，促进金属表面形成钝化膜；三是温度升高降低流体黏度和增大撞击能，金属表面的损坏程度加剧，导致电荷转移速率增大。17－4PH 不锈钢在 H_2SO_4 介质中的多相流腐蚀存在临界温度（460℃），当温度从 400℃ 升高到 460℃，材料的硬度升高，抗冲刷腐蚀能力增大；当温度从 460℃ 升高到 610℃，材料硬度降低，抗冲刷腐蚀能力降低。

5.3.5.2.7　材料的影响

材料的组织对其多相流腐蚀有着显著的影响。材料抵抗机械损伤的能力与材料的强度和硬度有关。硬度高的材料，抵抗机械损伤的能力较好，在高速冲刷时其冲刷失重小，且在高冲刷流速条件下，机械损伤成为冲刷腐蚀中的主要因素。例如：奥氏体的多相流腐蚀是以磨损促进腐蚀为主，而马氏体则以腐蚀促进磨损为主。

5.3.6　土壤腐蚀行为及机理[8,89－96]

埋地管道的土壤腐蚀属于电化学腐蚀范畴，其腐蚀机理可用电化学腐蚀的理论描述。但是由于土壤的组成与结构复杂多变，土壤的腐蚀性表现出很大的差异。埋地管道可以在一年内腐蚀穿孔，也可以数十年无明显变化；同一条输油管在某些地段腐蚀极为严重，但在另一些地段却完好无损。因

此,需要研究地下金属管道土壤腐蚀的基本特征及某些特殊规律。

5.3.6.1 土壤腐蚀特征

土壤介质的多相性和复杂性特点决定了土壤腐蚀具有其特定的腐蚀特征。埋地管道的土壤腐蚀从电解质、腐蚀原电池和腐蚀类型等多方面都表现出与在水溶液和大气中腐蚀的不同特点。

5.3.6.1.1 土壤电解质

电解质的存在是产生电化学腐蚀的必要条件,要了解埋地管道的土壤腐蚀行为,首先必须了解土壤电解质的特点。在土壤体系中,土壤胶体往往带有电荷,并吸附一定数量的负离子,当土壤中存在水分时,土壤即成为一个带电胶体与离子组成的导体,因此土壤可认为是一个腐蚀性多相电解质体系。这种电解质不同于水溶液和大气等腐蚀介质,有其自身的特点,主要表现在以下几个方面:

(1)土壤的多相性和相对稳定性。

土壤是一个由固、液、气三相组成的多相体系。其中固相主要由含多种无机矿物质以及有机物的土壤颗粒组成;液相主要指土壤中的水分,包括地下水和雨水等;气相即为空气。土壤的多相性还在于不同时间、不同地点各相的组成与含量也是不同的。土壤的这种多相性决定了土壤腐蚀的复杂性。另外,土壤的固体部分对于埋设在土壤中的管道,可以认为是固定不动的,仅有土壤中的气相和液相作有限的运动。例如,土壤孔隙中气体的扩散,以及地下水的移动等。

(2)土壤的不均一性。

土壤性质和结构的不均匀性是土壤电解质的最显著特征。这种不均匀性使得土壤的各种理化性质,尤其与腐蚀有关的电化学性质也随之不同,导致土壤腐蚀性的差异。钢铁在理化性质较一致的土壤中平均腐蚀速率是很小的,NBS(美国国家标准局)长期土壤埋件的试验结果表明,较均匀土壤中金属的平均腐蚀速率仅为0.02mm/a,最大为0.064mm/a。而在差异较大的土壤中,腐蚀速率可达0.46mm/a。

(3)土壤的多孔性。

在土壤的颗粒间存在着许多微小孔隙,这些毛细管孔隙就成为土壤中气液两相的载体。其中水分可直接填满孔隙或在孔壁上形成水膜,也可以溶解和吸附一些固体成分形成一种带电胶体。正是由于水的这种胶体形成作用,使土壤成为一种由各种有机物、无机物胶凝物质颗粒组成的聚集体。土壤的孔隙度和含水量,又影响着土壤的透气性和电导率的大小。

5.3.6.1.2 土壤中的腐蚀电池

电化学腐蚀发生的根本原因在于形成了腐蚀电池。同其他介质中的电化学腐蚀过程一样,埋地管道发生腐蚀也在于与土壤间形成的腐蚀原电池的作用。当管道的外防护层破损或剥落后,管道金属与土壤接触,其表面与土壤界面间会产生不同的电位差,并通过土壤形成回路,构成腐蚀电池。

金属与土壤间的腐蚀电池包括微电池和宏电池两种。腐蚀微电池的作用区域很小,肉眼很难观察到电池的阴阳极区,由金属本身的电化学不均匀性而生成的腐蚀电池大多数属于这一种。由于土壤介质具有多样性和不均匀性等特点,金属与土壤间的腐蚀电池除了形成腐蚀微电池外,将主要形成因土壤介质的宏观不均一性所引起的腐蚀宏电池。

5.3.6.1.3 土壤中的应力腐蚀开裂

埋地管道的腐蚀类型很多,应力腐蚀开裂是造成地下油气输送管线破裂事故的一个主要原因。

主要有两种形式，一种是在较高 pH 值碱性土壤中的 SCC，另一种则是在近中性 pH 土壤中的 SCC。近年来，加拿大管线 SCC 都发生在近中性土壤条件下。由于对这种 SCC 的研究历史较短，只在 1986 年因多起此类腐蚀事故发生后才开始研究，因此目前研究还不很成熟。

5.3.6.2　土壤腐蚀机理

5.3.6.2.1　电化学腐蚀机理

金属在潮湿土壤中的腐蚀与在溶液中的腐蚀本质上是一样的。但是，由于土壤的特殊性和复杂性，土壤腐蚀的电化学过程也具有其自身的特征。

(1)阳极过程。

在干燥且透气性良好的土壤中，金属腐蚀的阳极过程与大气腐蚀的阳极过程接近，该过程因钝化和离子水化的困难而变得十分缓慢。在潮湿的土壤环境中，金属腐蚀的阳极过程与溶液中的腐蚀相似，没有明显的阻碍。土壤的潮湿度增大会导致金属腐蚀加剧。

钢质管道在土壤中腐蚀的阳极过程即为铁氧化成 Fe^{2+}，并发生 Fe^{2+} 的水合作用(即生成 $Fe^{2+} \cdot nH_2O$)。在强酸土壤环境中，才有相当数量的铁氧化成 Fe^{2+} 或 Fe^{3+}，且以离子状态存在于土壤中。在中性和碱性土壤中，Fe^{2+} 与 OH^- 反应生成 $Fe(OH)_2$(绿色)。土壤中的氧会将 $Fe(OH)_2$ 氧化成$Fe(OH)_3$，进一步转变为更稳定的 FeOOH(赤色)、$Fe_2O_3 \cdot 3H_2O$(黑色)或 Fe_2O_3。土壤中的其他阴离子(如 CO_3^{2-}、S^{2-})也会与 Fe^{2+} 反应，生成相应的不溶性腐蚀产物(如 $FeCO_3$、FeS)。

(2)阴极过程。

金属在潮湿土壤中的腐蚀，其阴极过程是主要的控制步骤。多数情况下，钢铁等常用金属在土壤中腐蚀的阴极过程是氧的去极化，在阴极区域生成 OH^-；只有在强酸性土壤中，才发生氢的去极化；在某些特殊土壤中，硫酸盐还原菌参与腐蚀，SO_4^{2-} 的还原也可作为土壤腐蚀的阴极过程。

不同于溶液中的腐蚀，土壤腐蚀的氧去极化过程受氧输送所控制。这是因为氧从地面向地下的金属管道表面扩散，是一个非常缓慢的过程。一方面，氧的扩散受到土壤扩散层的阻力；另一方面，氧的输送距离取决于管道的埋没深度。总的来讲，氧的扩散速率受到土壤结构、松紧度、胶体粒子含量、管件埋没深度等因素的影响，氧的传输方式也较溶液中的更为复杂。

5.3.6.2.2　土壤应力腐蚀开裂机理

一些学者如 R. N. 帕金斯认为溶解和渗氢是这类应力腐蚀裂纹扩展的主要原因。其主要观点包括：(1)裂纹在钢材表面点蚀坑内可能启裂，此处 pH 值足够低可形成氢原子的局部环境；(2)地下水中二氧化碳的存在有助于产生近中性的 pH 值环境；(3)氢原子渗入钢材，使管材局部机械强度下降，这样会由于溶解和氢脆的共同作用造成启裂或扩展；(4)裂纹内的连续阳极溶解，促进氢进入钢材，造成裂纹扩展；(5)产生裂纹的塑性应力在使钢材开裂的同时也破坏了保护膜。至于这类腐蚀的机理究竟如何，目前还没有定论。

同常见的 SCC 一样，近中性 pH 值土壤中管道的 SCC 的发生也必须具备 3 个必要条件，即腐蚀环境、敏感的管材以及拉应力的存在。但这种腐蚀又有其不同于其他类型 SCC 的特点，如发生腐蚀的部位在防腐层剥落后，往往发现下面存在着 $Na_2CO_3/NaHCO_3$ 溶液，或 $NaHCO_3$ 晶体，腐蚀主要发生在 pH 近中性的碳酸盐环境中。此外，与高 pH 值土壤环境中的 SCC 相比，近中性 pH 值土壤中的 SCC 其裂纹扩展属穿晶类型，裂纹的侧面发生腐蚀，且腐蚀范围更宽。二者间的差别还表现在裂纹出现的位置、发生的环境温度、周围的环境介质条件及腐蚀电位等都不相同。

5.3.6.3 土壤腐蚀的影响因素

由于土壤介质体系相当复杂,影响土壤腐蚀的因素很多。除了土壤的各种物理化学性能会影响管道在土壤中的腐蚀外,土壤中的各种微生物也可能对管道的土壤腐蚀产生很大影响。此外,漏失到土壤中的各种杂散电流也会以土壤作载体对管道造成腐蚀。

5.3.6.3.1 土壤理化性质的影响

土壤腐蚀与土壤的各种物理、化学性质及环境因素有关,这些因素间的相互作用,使得土壤腐蚀性比其他介质更为复杂。在众多的因素中,以土壤的含水量、含氧量、含盐量、酸碱度及电阻率等因素密切相关。

(1)含水量。

土壤中含水量对腐蚀的影响很大。土壤的水分对于金属溶解的离子化过程及土壤电解质的离子化都是必须的。土壤中若没有水分,则没有电解液,电化学腐蚀就不能进行。土壤是由各种矿物质和有机质所组成,因而总含有一定量的水分,所以金属在土壤中的腐蚀是不可避免的。但含水量的不同,其腐蚀速率也不一样。一般而言,土壤含水量高,有利于土壤中各种可溶盐的溶解,土壤回路电阻减小,腐蚀电流增加。但含水量过高时,由于可溶盐量已全部溶解,不再有新的盐分溶解,而土壤胶粒的膨胀会阻塞土壤孔隙,使得空气中氧不能充分扩散到金属表面,不利于氧的溶解和吸附,去极化作用得到减低,腐蚀速度反而会减小。土壤中的水分除了直接参与腐蚀的基本过程,还影响到土壤腐蚀的其他因素,诸如土壤的透气性、离子活度、电阻率,以及细菌的活动等。如土壤含水量增加,土壤电阻率将减小,透气性降低,从而使得氧浓差电池作用增大。实际观察到的埋地管道底部腐蚀往往比上部严重,就是因为管道底部接近地下水位,湿度较大,含氧低,成为腐蚀电池的阳极而遭到腐蚀。而顶部因埋得较浅,含水少成为腐蚀电池的阴极而不腐蚀。

(2)含氧量。

除水之外,土壤中氧的存在也是管道土壤腐蚀的一个重要因素。氧在土壤中使管道与土壤间形成氧浓差电池,导致腐蚀发生。就管道材料而言,含氧越高,腐蚀速度则越大,因为氧的去极化作用是随到达阴极的氧量增加而加快的,其去极化过程为:

$$O_2 + 2H_2O + 4e \longrightarrow 4OH^- \tag{5.3.47}$$

相应地,阳极将发生铁的腐蚀溶解:

$$2Fe \longrightarrow 2Fe^{2+} + 4e^- \tag{5.3.48}$$

土壤中氧的来源主要是空气的渗透,另外雨水及地下水中的溶解也会带来少量的氧。因此,土壤的密度、结构、渗透性、含水量及温度等都会影响到土壤中的氧含量。在通常情况下,就宏观腐蚀和细菌腐蚀而言,黏性较大的土壤比透气性好的土壤腐蚀性要强。但如果发生腐蚀的原因是由氧浓差腐蚀电池引起的,则两种土壤都对腐蚀不利。

(3)含盐量。

通常土壤中可溶盐含量一般在2%以内,为80~1500μg/g。它是形成土壤电解液的主要因素,含盐量越高,土壤电阻率越小,腐蚀速度越大。土壤中可溶盐的种类很多,与腐蚀关系密切的阴离子类型主要有:CO_3^{2-}、Cl^-、SO_4^{2-}。其中以 Cl^- 对土壤腐蚀促进作用较大,所以海底管道在防护不当时腐蚀十分严重。阳离子主要有 K^+、Na^+、Mg^{2+}、Ca^{2+},一般来说对腐蚀的影响不大,只是通过增加土壤溶液的导电性来影响土壤的腐蚀性。但在非酸性土壤中 Ca^{2+}、Mg^{2+} 能形成难溶的氧化物和碳酸盐,在金属表面上形成保护层,能减轻腐蚀。如埋在石灰质土壤中管道腐蚀轻微,就是很典型的例子。

(4)酸碱度。

土壤的酸碱度取决于土壤中 H^+ 浓度的高低。H^+ 来源较多,有的来源于土壤的酸性矿物质的分解,有的来自生物或微生物的生命活动形成的有机酸和无机酸,但其主要来源还是空气中的 CO_2 溶于水后电离产生。土壤酸碱度对腐蚀的影响非常复杂。一般认为,随着土壤 pH 值减低,土壤腐蚀速度增加。因为介质酸性愈大,氢的过电位就愈小,阴极反应愈易进行,因而金属腐蚀速度也愈快。管道在中性土壤中的氢过电位比在酸性土壤中要高,故中性土壤中金属的腐蚀速度一般比在酸性土壤中要慢。但在近中性土壤中,管道有可能发生 SCC。近些年加拿大油气输送管线事故调查及研究表明,随着管道服役时间的延长,在近中性 pH 值土壤环境中,管道发生 SCC 的可能性会不断增大。

(5)电阻率。

土壤电阻率是表征土壤导电能力的指标,在土壤电化学腐蚀机理研究过程中是一个很重要的因素。在长输地下金属管道的宏电池腐蚀过程,土壤电阻率起主导作用。因为宏电池腐蚀中,电极电位可达数百毫伏,此时腐蚀电流大小将受欧姆电阻控制。所以,在其他条件相同的情况下,土壤电阻率越小,腐蚀电流越大,土壤腐蚀性越强。土壤电阻率大小取决于土壤中的含盐量、含水量、有机质含量及颗粒、温度等因素。由于土壤电阻率与多种土壤理化性质有关,因此许多情况下,土壤电阻率被用作评价土壤腐蚀性的强弱。一般来说,电阻率在数千欧姆·厘米以上,土壤对管道金属的腐蚀较轻微,而当电阻率低至 100Ω·cm 甚至几十欧姆·厘米以下时,其腐蚀性相当强。所以管道通过低洼地段时,产生腐蚀的可能性很大。

另外,土壤电阻率对阴极保护电流的分布影响很大,当土壤电阻率均匀,管道电阻忽略不计时,与阳极距离最近点电流密度最大,距阳极越远,电流越小。如果沿管道土壤电阻率分布不均,则对管道电流分布产生较大影响,电阻率小的部位,保护电流较大,从而使保护电位下降,造成腐蚀。

5.3.6.3.2　杂散电流的影响

直流电气化铁路、电厂、高压输电线或其他直流电电源附近,常会有部分电流漏失到土壤中,此时,如果附近有埋地管道通过,而此管道未采取防护措施,或出现局部未保护的区域,这部分漏失到土壤中的电流就可能以管道作为电流回路的一部分,使管道发生所谓的"杂散电流腐蚀"。杂散电流是由原定的正常电流漏失而流入它处的电流。这种电流流到管道的那个部位,就成为腐蚀电池的阴极而受到保护,而电流流出的部位,就成为电池的阳极而受到腐蚀。如在潮湿的混凝土构筑物中,电流从管道流出,引起管道腐蚀,有时腐蚀产物的膨胀甚至会造成混凝土开裂。管道人员通常将这些部位称为"热点"或"正极区"。这种杂散电流比局部腐蚀电池产生的电流大成百上千倍,引起的金属腐蚀量可达到 9kg/(A·a),腐蚀十分迅速。

杂散电流腐蚀的基本特征是阳极区的局部腐蚀。在管线阳极区,绝缘涂层的破损处,腐蚀破坏尤为集中。可以通过测量土壤中金属的电位来检测杂散电流的影响。如果金属的电位高于它在这种环境下的自然电位,就可能有杂散电流通过。在路轨附近,这种电位往往是波动的。直接或间接测定金属体两点间的电位差和电阻，就能计算出杂散电流的量值。

5.3.6.3.3　微生物对管道土壤腐蚀的影响

土壤腐蚀除了电化学腐蚀外，往往还交织着微生物引起的腐蚀。微生物腐蚀亦称细菌腐蚀，是指在特定的条件下，细菌参与埋地钢质管道的腐蚀过程。微生物如细菌对管道金属的腐蚀基本上是由于其产物及其活动直接或间接地影响到腐蚀的电化学历程，或者是改变了土壤的理化性质而导致浓差腐蚀电池所致。如比较典型的硫酸盐还原菌引起的腐蚀，就是通过硫酸盐还原菌的作用，直接影响腐蚀反应过程。它能破坏沿原电池阴极表面正常聚集的保护性氢离子膜，使阴极去极化过程更加容易。厌氧的硫酸盐还原菌容易在 pH 值为 6 ~ 8、透气性差的土壤中和污染海域的海底污泥中繁殖。其生活过程中，需要氢或某些还原物质将硫酸盐还原成硫化物。

$$SO_4^{2+} + 8[H] \longrightarrow S^{2-} + 4H_2O \tag{5.3.49}$$

反应生成的S^{2-}和Fe^{2+}反应生成FeS，从而促进了阳极的离子化反应。

$$Fe^{2+} + S^{2-} \longrightarrow FeS\downarrow \tag{5.3.50}$$

土壤中微生物对管道的腐蚀作用受到许多因素的影响，如土壤含水量、土壤的酸碱度、有机质的类型和丰富程度、某些化学盐类以及土壤的温度等。如当埋地管道有点状腐蚀时，会出现黑色硫化亚铁围着的白色糊状氢氧化亚铁的现象，这时，管道的下面一般都存在着硫酸盐还原菌。这些细菌在透气性差、潮湿、有硫酸盐和腐烂植物有机质的土壤中繁殖。当钢管与土壤中的水分接触时，发生反应，阳极铁溶解产生氢，并在钢管表面形成一层很薄的保护膜。当氧被耗尽时，这个过程停止。但如果有厌氧菌存在，会使这个反应继续进行。细菌将硫酸盐还原成硫化物，其与钢管表面形成的氢膜相互作用，消耗掉氢膜而使金属继续溶解。细菌本身并不侵蚀钢管，但随着它们的生长繁殖，消耗了有机质，最终构成使管道严重腐蚀的化学环境。

5.3.7　微生物腐蚀行为及机理

微生物腐蚀（MIC）是由细菌和真菌的存在及其活动所引起的腐蚀。调查显示，腐蚀引起的油气输送管道泄漏穿孔事故约占 50%，而某些管道的腐蚀点中有 27% 是由于微生物腐蚀引起，图 5.3.28 为典型埋地管道的微生物腐蚀形貌。

一定条件下，微生物能溶解铁使金属遭受腐蚀。微生物分解铁是一个综合的电化学过程，该过程不仅腐蚀金属管道的表面，严重时还能导致金属管道腐蚀穿孔。腐蚀微生物主要是指在自然界中参与硫、铁元素循环的菌类，包括好氧菌和厌氧菌[97]。好氧菌有硫杆菌属，如氧化硫杆菌、氧化亚铁硫杆菌和排硫硫杆菌等。它们分布于含硫的酸性水溶液、土壤及海洋淤泥中，通过氧化元素硫和还原性硫化物，最终产生硫酸而腐蚀金属[98]。厌氧菌主要有硫酸盐还原菌（SRB），广泛分布于 pH 值为 6 ~ 12 的土壤、淡水、海水及淤泥中。在金属腐蚀中出现最多的是脱硫弧菌，它能将自然界中存在的硫酸盐还原成硫化物。

当有多种微生物共存时，这些微生物在生物膜内会以复杂的方式相互作用，从而产生更为严重的微生物腐蚀。微生物腐蚀形态有许多种，除电偶腐蚀和磨损腐蚀外，还会产生点蚀、缝隙腐蚀、沉积物腐蚀及选择性腐蚀。在含氧条件下，细菌的主要作用是增加局部腐蚀的可能性，细菌能够形成产生点

图 5.3.28　埋地管道的微生物腐蚀形貌

蚀和缝隙腐蚀的适宜条件。一旦诱发局部腐蚀，细菌能维持连成一片的点/缝隙的合适条件(如低氧)，点蚀产生的速度可以是在含氧环境中通过真菌，在缺氧环境中通过某些细菌产生的有机酸来控制。在缺氧还原条件下，当清除腐蚀产物时，可以观察到很强的微生物腐蚀。

5.3.7.1　微生物腐蚀机理

5.3.7.1.1　好氧菌腐蚀机理

好氧菌有铁氧化菌、硫化菌和铁细菌等，通过硫化菌产生硫酸可以发生好氧腐蚀，硫酸是通过各种无机硫化物的氧化而产生的。这些细菌在硫酸浓度达到 10% ~12% 时尚能存活，而在此条件下铁和低碳钢却会遭受严重腐蚀。

另外，在好氧条件下，金属表面细菌繁衍而形成高低不平、不规则的生物膜(由微生物溶液、固体粒子、腐蚀产物及微生物代谢产物所组成)，并逐渐长大结瘤。由于微生物的活动使生物膜内的环境发生变化，如氧浓度、酸碱度等，使金属表面形成阴极区和阳极区，导致局部腐蚀(如点蚀)的形成。铁氧化菌可在含氧量极低($<0.5\mu g/g$)的环境中进行分裂，因此常存在于河水、湖水、地下水及土壤中。其参与金属腐蚀的机理主要是铁氧化菌能将 Fe^{2+} 氧化成 Fe^{3+}：

$$4FeCO_3 + O_2 + 6H_2O \longrightarrow 4Fe(OH)_3 + 4CO_2 \tag{5.3.51}$$

Fe^{3+} 沉积在金属表面，形成稳定的被覆层，构成氧浓差电池，产生电化学腐蚀。习惯上将细菌腐蚀分为厌氧腐蚀与好氧腐蚀，但实际上在生物膜与细菌群体之中，多种菌是共处一起的，也就是说在发生厌氧腐蚀的同时，也在发生好氧腐蚀。

5.3.7.1.2　硫酸盐还原菌(SRB)引起的厌氧腐蚀机理

SRB 为厌氧细菌，可以从各种不同环境中分离出来。如果生物膜内吸氧速度大于膜形成期间的氧扩散速度，则金属/生物膜界面就会产生缺氧情况，并为通过 SRB 产生硫化物提供合适的条件。产生缺氧条件所需的临界生物膜厚度取决于氧的可获得性和呼吸速度,SRB 的聚集总是与水下硫酸盐的聚集有关。尽管它们具有适应不同 pH 值条件的能力,但是最适合的 pH 值范围应该是 6 ~ 12。SRB 生长在缺氧条件下的土壤、淡水或盐水中。不同种类的 SRB 的结构和代谢产物均有所不同,但它们都具有将某些有机物氧化为有机酸或通过无机硫酸盐的还原将二氧化硫还原为硫化物的能力。在缺氧条件下,SRB 的代谢引起硫化物在金属表面积聚。当金属表面被生物膜覆盖时,硫化物在金属表面附近的浓度达到峰值。如果铁离子和硫化物都存在,则碳钢表面将很快被硫化铁覆盖。硫化铁的生成促进了阴极反应,使腐蚀的阴阳极过程得以持续进行。在铁离子浓度较低时,硫化铁膜会短暂地附着于钢表面形成临时性保护膜,腐蚀速率会有所降低。在这一过程中,阴极去极化作用是腐蚀过程中的一个关键步骤。其腐蚀反应式为:

$$阳极反应:4Fe \longrightarrow 4Fe^{2+} + 8e \tag{5.3.52}$$

$$阴极反应:8H^{+} + 8e \longrightarrow 8H \tag{5.3.53}$$

$$SRB 阴极去极化作用反应式为:SO_4^{2-} + 8H \longrightarrow S^{2-} + 4H_2O \tag{5.3.54}$$

$$水的分解:8H_2O \longrightarrow 8H^{+} + 8OH^{-} \tag{5.3.55}$$

$$腐蚀反应产物:Fe^{2+} + S^{2-} \longrightarrow FeS \tag{5.3.56}$$

$$腐蚀反应产物:3Fe^{2+} + 6OH^{-} \longrightarrow 3Fe(OH)_2 \downarrow \tag{5.3.57}$$

$$总反应式:4Fe + SO_4^{2-} + 4H_2O \longrightarrow FeS + 3Fe(OH)_2 + 2OH^{-} \tag{5.3.58}$$

这种理论被认为是经典的去极化理论,由 SRB 活动产生的硫化氢、硫化亚铁和细菌氢化酶提供了阴极反应所需要的氢,也决定了阴极去极化及金属腐蚀的速度[99]。

5.3.7.1.3 其他类型微生物的腐蚀机理

在淡水与海水中都有藻类存在,因藻类等的光合作用与新陈代谢,间接地提供了一些厌氧与好氧性细菌生存的环境,也因此提供了金属易于发生局部腐蚀的环境。自然界常见的各种水系中,在氢和碳同时存在的条件下,只要受到阳光的照射,出现的第 1 个生物体便为藻类。像其他含叶绿素的植物一样,藻类的生长需要阳光、水和二氧化碳。藻类可为细菌提供食物及繁殖和栖身之处。此外,藻类本身还有结垢问题,由于藻类粒子富集碳水化合物微粒,它们与水中其他物质如有机物、土粒和灰尘等一旦附着于金属构件上便会形成沉积物,从而产生由局部充气电池、氧浓差电池(藻类产出的氧气)等引起的腐蚀作用。起初一般为好氧细菌,它们会迅速地耗尽局部区域的溶解氧,特别是在底部沉积物中,由于水难以进入,便逐渐成为厌氧区,从而诱发 SRB 引起的厌氧腐蚀。

5.3.7.2 微生物腐蚀的防护措施

由微生物腐蚀机理可以看出,无论陆上埋地管线还是海底或水下管线,其受到微生物腐蚀的程度决定于微生物可利用的营养物质数量和类型、水和电子等因素[100]。当环境中存在 SRB 时,由于 SRB 能够消耗腐蚀过程中来自硫化铁表面的电子,因而腐蚀过程得以持续。SRB 引起的腐蚀速率与腐蚀电池中的硫化铁的量成正比。

新铺设埋地管道在管沟回填土内水和细菌含量要比未动土的老管线大，管沟的回填土层不是很密实，能够渗入更多的水分，同时还有利于氧的扩散，尤其在管道环焊缝采用胶带进行补口处容易形成空隙而积满地下水。另外，埋地油气输送管线受地形和环境温度变化的影响，其外表面防护涂层也可能出现开裂和剥离，使土壤中的水进入防护层中与管道表面的空隙中。这种积水环境有利于厌氧菌的生长繁殖，进而导致涂层下的微生物腐蚀。

一般而言，埋地油气输送管线通常会使用在土壤和水介质中具有耐菌破坏能力的有机保护层（如环氧树脂漆、塑料薄膜、多层 PE 等）、无机保护层（镀锌、铬、水泥等）以及阴极保护（包括牺牲阳极法或外加电流法）等措施来防止管线的外腐蚀，包括微生物腐蚀。而对金属贮罐等密闭系统，则采用氧化型或非氧化型杀菌剂杀灭或抑制腐蚀微生物的增殖，达到控制细菌腐蚀的目的。

5.4　石油管腐蚀防护技术

材料的腐蚀可以通过多种途径加以防护。目前主要采用以下 4 类措施：

第 1 类：提高材料自身的抗腐蚀能力——选用耐腐蚀材料或通过对材料进行表面处理；

第 2 类：减弱介质的腐蚀性——添加缓蚀剂；

第 3 类：电化学保护——由于金属材料在环境中的腐蚀往往是电化学腐蚀，腐蚀速率与金属材料在该环境中的电化学特性有密切的关系，因此可以通过施加一定的电流密度或电位，即采用电化学阴极或阳极保护来抑制或减轻腐蚀。

第 4 类：改善服役条件——如脱水、脱除腐蚀介质、降低工作压力等。

对于石油管材而言，后两类措施有一定局限性，尤其是对于严酷腐蚀环境，往往仅用作辅助措施。

第 1 类腐蚀控制措施，即提高材料自身的抗腐蚀能力措施又可分为 4 种：

(1) 整体采用耐蚀钢/合金——可靠、方便；

(2) 采用耐蚀钢/合金为衬里的双金属复合管——同样可靠、方便，比前者更经济；

(3) 采用普通碳钢 + 涂层或衬里——采用内壁涂层或衬里虽然价格便宜，但处理工艺复杂，而且一旦出现涂层剥落等缺陷，容易导致严重的局部腐蚀。涂层和衬里的缺陷又和生产及使用人员的素质密切相关，在高温、高压、多相流条件下，涂层破损的概率较大（特别是补口处）。NACE MR0175/ISO 15156 和 SY/T 0599—2018 标准不推荐这种措施用于防止 SSC/SCC。

(4) 采用玻璃钢等非金属材料——强度和承压能力差。

在这一类防护措施中，采用耐蚀钢/合金及以耐蚀合金为衬里的双金属复合管受到充分肯定。

第 2 类，即采用缓蚀剂防腐的优点：一次性投资比较低；可以在腐蚀已经发生的情况下使用；不仅可以保护油井管和井下设施，同时井口装置、采油工具、集输管线等也会受到保护。

采用缓蚀剂的缺点：长期累积投资大，其效果与缓蚀剂加注工艺、加注量和周期等有十分密切的关系，且人为因素影响大；缓蚀剂未到达的区域起不到保护作用；加注缓蚀剂的系统一般需要设置复杂的在线监测装置。

由于不同的防腐蚀措施各有其优缺点，因此在进行防腐蚀措施筛选时要综合考虑经济性和技术可靠性等多种因素，究竟选用何种防腐蚀措施更加经济可靠要视具体的腐蚀环境而定。图 5.4.1 为常见的几种防腐蚀措施的优缺点对比情况。

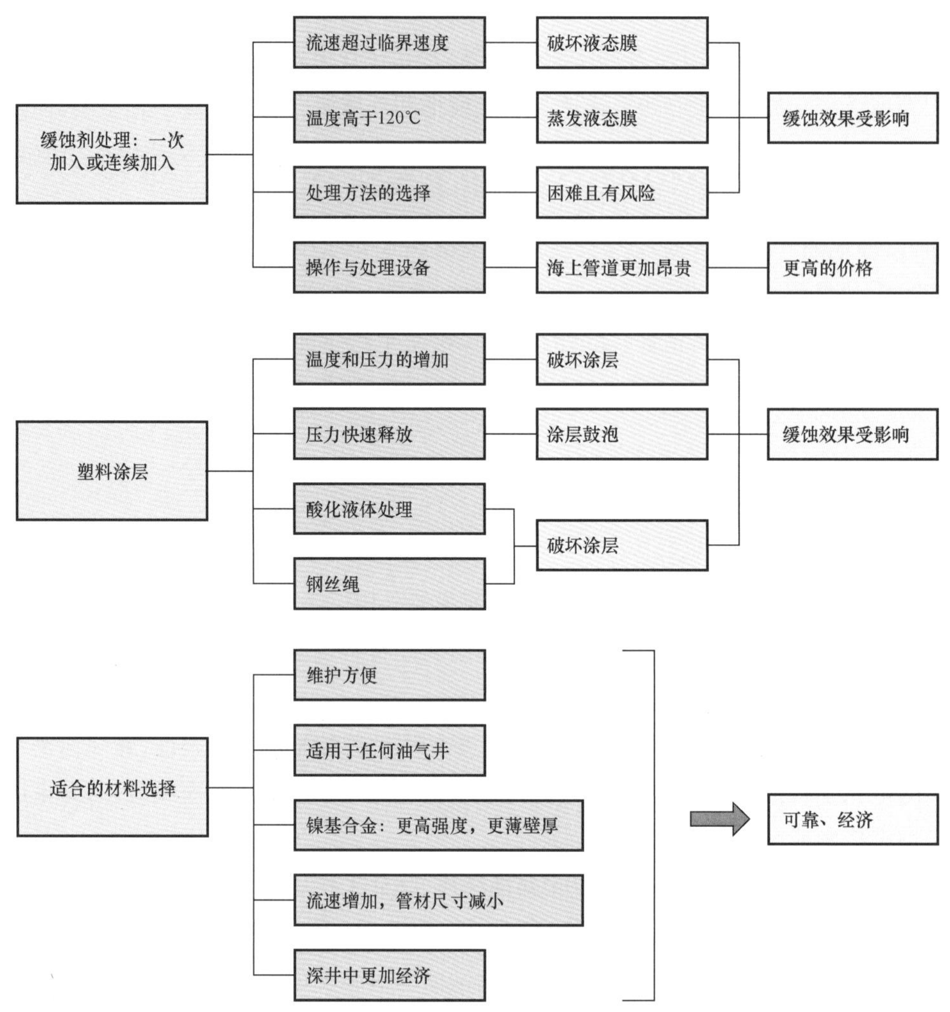

图 5.4.1　防腐蚀措施的优缺点对比

图 5.4.2 为耐蚀合金管材防腐蚀措施与加注缓蚀剂两种防腐蚀措施的经济性分析及对比情况。从图中可以看出，在生产初期，使用耐蚀合金的成本是碳钢 + 缓蚀剂的数倍，但随着生产年限的增加，耐蚀合金管材的经济性逐渐得到体现，其成本只有碳钢 + 缓蚀剂的 1/2 ~ 1/3。所以，从长远考虑，使用耐蚀合金不仅防腐蚀效果非常明显，同时其经济性也非常突出。

表 5.4.1 给出了几种常用的石油管防腐蚀措施及其优缺点比较。

表 5.4.1　几种常见的石油专用管防腐蚀措施优缺点对比

序号	防护措施类型	优点	缺点
1	钢骨架管	有一定隔热作用	大口径管耐压不太高
		无须外防腐层	管线连接工艺较繁琐
		不结垢	接口处较薄弱
2	玻璃钢管	有一定隔热作用	耐压较低
		无须外防腐层	接口处较薄弱
			耐负压性能不好

续表

序号	防护措施类型	优点	缺点
3	内穿插 HDPE 管	非开挖修复旧管线	HDPE 与钢管的结合不紧密
		有一定补强作用	易产生"呼吸"
		不结垢	
4	翻转内衬法	非开挖修复旧管线	一次作业距离短,操作坑开挖多
		不结垢	
5	静电粉末喷涂	涂膜光滑,致密	粉末现场补口难度较大
6	喷涂及补口法	可喷涂导静电、无毒等涂料	需专用补口及检测设备
		可喷涂高含固体成分及无溶剂涂料	
		同样适合于非开挖修复旧管线	
		方便工艺流程的改造	

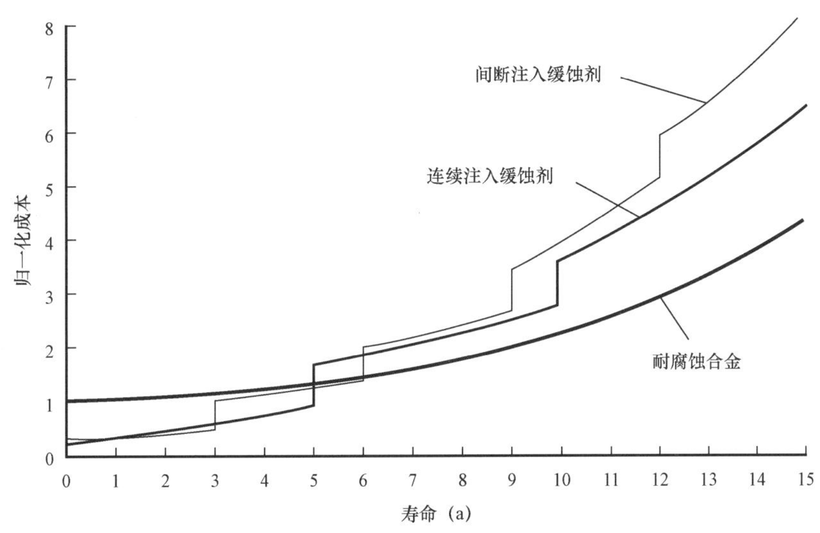

图5.4.2　耐腐蚀合金与碳钢+缓蚀剂成本比较(3½in 油管)

由表5.4.1可见,不同方法均具有不同优缺点,因此防护措施的选用,不能一概而论,应针对不同方法的特点,综合分析其技术可行性和经济性,选用技术可行、经济性良好的方法。

5.4.1　耐蚀材料

5.4.1.1　抗 CO_2 和/或 H_2S 腐蚀的钢与合金

5.4.1.1.1　提高钢与合金耐蚀性能的途径

碳钢和低合金钢是油气田集输管线的常用的金属材料,但这些钢在许多常见的油气田环境中其耐腐蚀能力均不理想。根据金属的腐蚀作用机理,可通过多种措施提高合金的耐蚀性,其中最常用的方法有提高金属的热力学稳定性、抑制金属腐蚀的阴阳极过程以及增加金属的表面电阻等,其作用机理见表5.4.2[101]。

表 5.4.2　提高合金耐蚀性能的途径

途径	机理
提高金属热力学稳定性	向不耐蚀的金属或合金中添加热力学稳定性高的合金元素进行合金化，使得合金的能量状态也变化。如形成固溶体使热量释放，合金自由能降低，电极电位显著升高，热力学稳定性提高
抑制腐蚀发生的阴极过程	降低阴极活性，对由阴极控制的腐蚀过程有着明显的作用，阴极过程的阻滞决定于阴极去极化剂还原过程的动力学，具体方法有：通过冶炼精炼减少金属中活性阴极相的面积、通过添加氢过电位高的合金元素提高阴极过程的过电位
抑制腐蚀发生的阳极过程	通过减少合金表面阳极面积、添加易钝化的合金元素、添加强的阴极性合金元素、使合金表面形成电阻大的腐蚀产物膜等方法，抑制腐蚀发生的阳极过程
增加金属表面电阻	加入合金元素使得合金在腐蚀过程产生出高电阻腐蚀产物膜，有效提高合金的耐蚀性能

在金属或碳钢中加入一定数量的合金元素是有效提高其耐蚀性的途径之一，各元素的名称和功能见表 5.4.3，其中非金属元素有碳、氮、硅、硫，合金元素有铬、镍、钼、钛、铌、铜、锰和铝等。在工业应用中，3% Cr 钢曾被认为是新一代的低合金钢，其耐蚀性相对于碳钢而言有显著提高。随着钢中 Cr 含量进一步增加，5% Cr 钢的耐蚀性较 3% Cr 钢进一步提高，但仍会发生点蚀和 SSC 等局部腐蚀。当 Cr 含量超过 12% 时，钢在强酸性生产环境中的耐蚀性较好，也被认为是有效的腐蚀控制措施之一。

表 5.4.3　合金化元素的名称和功能

合金元素	功能
碳（C）	降低合金中的碳含量，可减少铬碳化物的出现，提高抗晶间腐蚀的能力；合金中碳含量增加，合金的腐蚀速率会增大，耐蚀性能下降
氮（N）	改善合金的力学性能，提高合金抗局部腐蚀的能力，特别是含 Mo 合金。N 含量增加，会降低高 Cr 马氏体不锈钢耐全面腐蚀的能力
硅（Si）	改善合金抗高温氧化性能
硫（S）	添加 S 元素后，合金对点蚀更敏感，脆性增大。但可强化合金（碳钢和奥氏体合金）的力学性能
铬（Cr）	Cr 是形成钝化膜或耐腐蚀氧化铬膜的关键合金添加元素之一，含量越高，防腐蚀能力越强，特别是在存在 CO_2 腐蚀的场合尤其如此
镍（Ni）	Ni 是奥氏体稳定剂，是奥氏体合金的基本元素，其特性是使合金具有良好的延展性。当 Ni 含量超过 20% 时，可获得良好的抗应力腐蚀开裂的能力
钼（Mo）	Mo 元素可强化金属的惰性，提高抗点蚀和缝隙腐蚀的能力
钛（Ti）	Ti 的加入可降低铬碳化物的析出，降低对晶间腐蚀的敏感性
铌（Nb）	其作用与 Ti 类似
铜（Cu）	改善合金在特定酸性环境下的耐蚀性能，提高材料耐点蚀能力
锰（Mn）	可避免硫的出现，同时能提高合金的硬度
铝（Al）	改善合金耐高温腐蚀性能，若同时加入 Ti，则能提高合金蠕变阻力的同时，还能产生硬化相

可见，适当的合金化是有效提高钢/合金的耐蚀性的重要措施。添加合金元素提高钢/合金的耐蚀性作用机制与合金元素的类型、含量及其对基体材料的组织结构和电化学性能的影响密切相关。

(1)合金元素对铁的极化性能的影响。

不同合金元素对铁极化性能的影响如图 5.4.3 所示。各元素的影响有以下特点:凡扩大钝化区,即降低 C、D 点电位和升高 F、G 点电位的元素都有助于提高耐蚀性;凡使钝化性能增强,即 C、D、F、G 点位置左移的元素,都减小腐蚀电流,改善耐蚀性;凡使 B 点——初始腐蚀电位(E_x)升高或左移的元素,都提高耐蚀性;凡使 F 点电位(E_{PT})升高的元素都降低点腐蚀倾向,因为 F 点电位低时,当电位在过钝电位附近波动时,容易导致钝化膜的局部击穿,产生点蚀。

图 5.4.3 中的箭头 ⤙ 表示合金元素对钝化产生有利的影响(提高耐蚀性),箭头←表示对钝化有不利的影响(降低耐蚀性)。从图 5.4.3 中亦可以看出,合金元素铬能强烈提高纯铁的钝化性能,它降低 C 点、D 点电位,提高 F 点电位,使 C、D、F 点左移,增强钝化性能排在首位。因此铬是改善钢与合金的耐蚀性的最有效的元素。

从图 5.4.3 还可以看出,对钝化性能有良好影响的其他元素是镍、硅、钼等,它们也能不同程度地扩大钝化区,增强钝化性能。所以镍也是不锈钢中有效提高耐蚀性的元素。

钼不仅能增强钝化能力,还是提高 F 点电位的元素,说明钼的钝化能够提高抗点蚀的能力,工程上也常用钼来合金化,提高不锈钢抗氯离子点蚀的能力。

(2)合金元素对钢的电极电位的影响[102]。

一般而言,金属(固溶体)的电极电位总是比其他化合物的电极电位低,因此在腐蚀过程中,金属总是作为阳极而被腐蚀。研究表明,当铬加入铁中形成固溶体时,固溶体的电极电位能得到显著的提高,如图 5.4.4 所示。电极电位随铬含量变化的规律,是在铬含量达 12.5% 原子比(即 1/8)时,电位有一个突跃升高;当铬含量提高到 25% 原子比(即 2/8)时,固溶体的电位又有一次突跃升高,这一现象称为二元合金固溶体电位的 $n/8$ 规律。

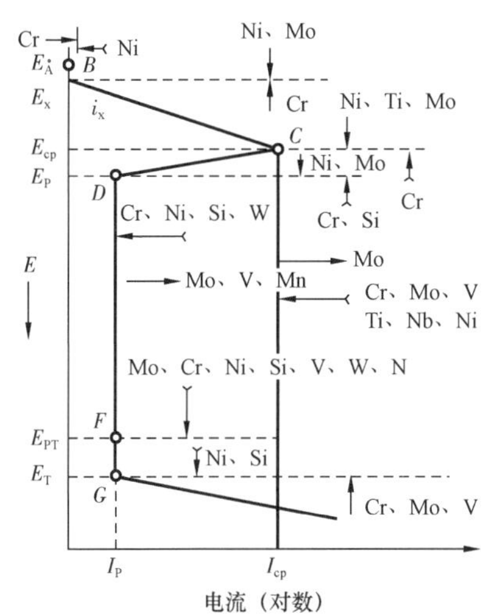

图 5.4.3　合金元素对铁的极化曲线的影响

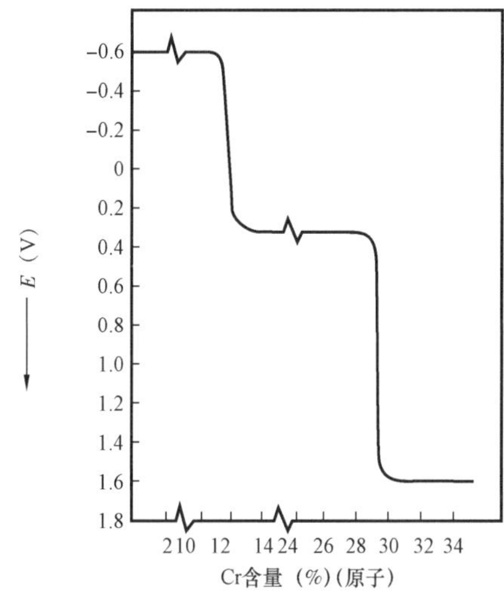

图 5.4.4　Cr 含量对 Fe - Cr 合金电极电位的影响

在铬使钢电极电位第一次升高以后,其电位达到 +0.2V,正电位使钢已能耐大气、水蒸气和稀硝酸等的腐蚀。如果要耐更强烈的腐蚀介质的腐蚀,则铬含量还需要继续提高。应用铬在钢中的这种作用时,应注意 $n/8$ 的含量是指钢中固溶体内含有 $n/8$ 的铬量。假如钢中虽含质量分数 12.5% 原子比的铬量,但因一部分铬和钢中碳化合,固溶体中实际铬质量分数低于 12.5%,则钢的耐蚀性就不能得到突跃性提高。铬对铁钝化性能和提高电极电位的良好作用，使铬成为不锈钢的主要合金化元素。

(3)合金元素对钢/合金基体组织的影响[103]。

单相铁素体钢和单相奥氏体钢，是不锈钢中耐蚀性能最好的两类钢。合金元素对基体组织的影响首先取决于合金元素是α稳定元素，还是γ稳定元素。α稳定元素占优势可获得α单相组织，反之则获得γ单相组织。

铬是最常用的合金化元素之一。一般而言，钢中的铬含量越高，耐蚀性能越好，习惯上，将铬含量超过12%的钢统称为不锈钢。然而，不锈钢的耐蚀性不仅与其组分有关，而且还和热处理、表面状况和加工工艺有关。根据不锈钢在使用时相的不同，可将不锈钢分为铁素体不锈钢、马氏体不锈钢、奥氏体不锈钢和双相不锈钢。铁素体不锈钢和马氏体不锈钢为铬钢，其中马氏体不锈钢可以进行淬火及回火的调质处理，使得钢适用于对强度、硬度、弹性和耐磨性等力学性能要求较高，又能兼有一定耐蚀性的零部件。奥氏体不锈钢是在铬钢中加入其他元素(如镍、锰)，使奥氏体在室温稳定下来。双相不锈钢综合了奥氏体不锈钢和铁素体不锈钢的特点，把奥氏体不锈钢的优良韧性和焊接性与铁素体不锈钢的高强度和耐氯化物应力腐蚀性能结合到一起，具有较好的耐氯化物应力腐蚀、耐点蚀和耐腐蚀疲劳和磨损腐蚀性能。四类不锈钢的特点见表5.4.4[104]。

表5.4.4　四类不锈钢的性能对比

性能	铁素体不锈钢	马氏体不锈钢	奥氏体不锈钢	双相不锈钢
磁性①	有	有	无	有
加工硬化率	一般	一般	很高	一般
耐蚀性能②	一般	一般	高	很高
硬化	无	淬火和回火	冷加工	无
延展性	一般	差	很好	一般
耐高温性能	好	差	很好	差
耐低温性能③	差	差	很好	一般
焊接性能	差	差	很好	好
耐 CO_2 腐蚀④	好	一般	好	好
耐点蚀	一般	差	一般	好
耐应力腐蚀	很好	差	差	好
耐晶间腐蚀	差	差	差	好

① 磁铁对钢的吸引力，需注意：某些钢级的不锈钢通过冷加工可使其能被磁铁吸引。

② 同类不锈钢不同钢级之间的耐蚀性能变化很大，如易加工钢级的耐蚀性能差，但通过提高Mo含量可改善其耐蚀性能。

③ 韧性或延展性测量温度为零下温度，奥氏体不锈钢在低温下仍保持了很好的延展性。

④ 增加铬含量、降低C含量、增加Ni含量都能改善不锈钢耐 CO_2 腐蚀的能力。

Ni是除铬外的另一种主要合金化元素。在许多腐蚀性苛刻的介质中，Ni都具有优良的耐蚀性能，且镍对铜、铬、铁等合金元素有较高的固溶度，因此在铁镍基体和镍基体中可溶入更多且有耐蚀特性的Cr、Mo、Cu、W、Si等合金元素，由此组成的铁镍基和镍基耐蚀合金具有更加优良的耐蚀性[105]。

镍合金与不锈钢的区别在于：一般不锈钢中的镍含量在20%以下，高镍不锈钢中的镍含量在20%～30%之间；而镍合金中的镍含量都在30%以上。当镍合金中的Ni含量≥30%、Ni + Fe总含量≥50% 时，称为铁镍基耐蚀合金；当镍合金中的 Ni 含量≥50% 时，称为镍基耐蚀合金。

镍基耐蚀合金既具有良好的耐蚀性，又具有强度高、塑性和韧性好，以及可以冶炼、铸造、冷、热变形和成型、可焊接等优良性能，因而在化工、石油、湿法冶金、原子能、海洋开发和航空工业中得到广泛的应用。然而，由于镍合金价格比较昂贵，制造成本较高，在油气田地面集输系统的使用比较少，但井下油管、套管、接头、封隔器、井口闸阀等都有应用，如合金 825、C－276、625、718、725、K－500。

图 5.4.5 是镍与铬的不同配比对形成各类不锈钢组织的影响。图中表明，在镍质量分数高于 8% 后，铬质量分数可以在 16% ～27% 的范围内变化，使不锈钢获得单相奥氏体组织；当镍质量分数高于 3%，铬质量分数高于 18% 以后，铬、镍按比例地增加，不锈钢可以获得铁素体—奥氏体的双相组织；当镍质量分数较低，铬质量分数高于 13% 以后，不锈钢可以获得单相铁素体。

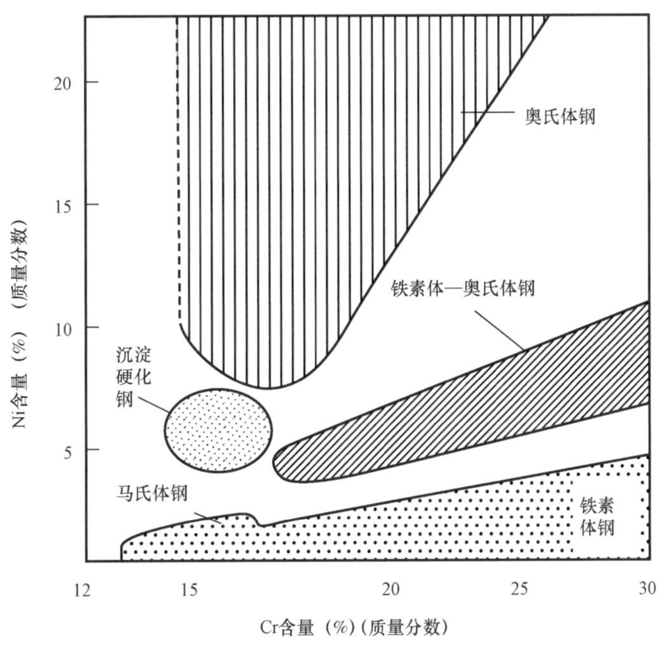

图 5.4.5　Ni 和 Cr 对不锈钢组织的影响

镍是不锈钢中 3 个重要元素之一，除提高耐蚀性外，还是稳定元素，是不锈钢获得单相奥氏体和促进奥氏体相形成的主要元素。单独使用镍的低碳合金钢，只有当镍的质量分数达到 24% 时才能获得单相奥氏体。但镍和铬配合使用时，当低碳钢中铬的质量分数达到 16%、镍质量分数达到 8% 时就能获得单相奥氏体。其他元素对不锈钢组织的影响，可以根据 Schaeffler 早期研究焊缝区组织所建立的不锈钢组织图来分析，如图 5.4.6 所示。

铬当量由最常见的形成铁素体的元素来确定：

$$Cr_{当量} = Cr + 2Si + 1.5Mo + 5V + 5.5Al + 1.75Nb + 1.5Ti + 0.75W \tag{5.4.1}$$

镍当量由形成奥氏体的元素确定：

$$Ni_{当量} = Ni + Co + 0.5Mn + 0.3Cu + 25N + 30C \tag{5.4.2}$$

(4) 镍基及铁镍基 Ni－Fe－Cr－Mo 合金的合金化。

Ni 含量（质量分数）≥50%，并含有其他合金元素（如 Cr，Mo 等）的耐蚀合金称镍基耐蚀合金。

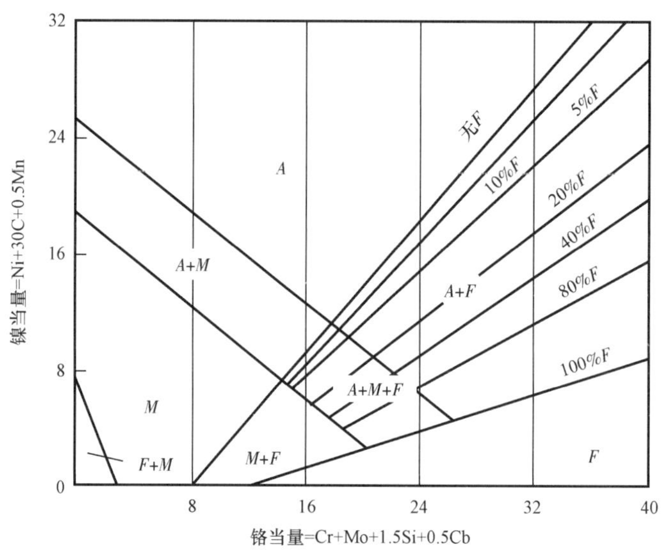

图 5.4.6　不锈钢组织图

Ni 含量为 30% ~50%，(Ni + Fe) ≥50% 的耐蚀合金称铁镍基耐蚀合金。H_2S/CO_2 环境主要采用 Ni - Fe - Cr - Mo 合金。

铬可强烈地改善 Ni 在强氧化性介质中的耐蚀性，在 Ni 基和 FeNi 基合金中通常含量 15% ~ 35%。在 Ni 基合金中，加 Fe 主要是降低成本。Mo 主要改善 Ni 在还原性酸性介质中的耐蚀性。在点蚀和缝隙腐蚀环境中，Mo 强烈提高 Ni 基及 FeNi 基合金的耐点蚀和缝隙腐蚀性能。在 Ni - Fe - Cr - Mo合金中，Mo 含量已达 16%，W 的作用类似 Mo。在 Ni - Fe - Cr - Mo 合金中，加入 Cu，使之在 HCl、H_2SO_4、H_3PO_4和 HF 酸中的耐蚀性改善。Nb、Ti 可减少晶间腐蚀敏感性。

5.4.1.1.2　抗 CO_2 腐蚀的石油管材

CO_2分压是影响腐蚀速率的主要因素，也是选材的主要依据。但目前，对于发生 CO_2腐蚀的临界 p_{CO_2}值尚未形成共识。Cron 的研究表明，在气井中，当 p_{CO_2} 大于 0.2MPa 时将发生腐蚀；当 p_{CO_2} 在 0.02 ~0.2MPa 之间时，腐蚀有可能发生；当 p_{CO_2} 小于 0.02MPa 时，腐蚀可忽略不计。也有人提出：低硫油井和凝析气井环境中，当 p_{CO_2}高于 0.1MPa 时，通常是腐蚀环境；当 p_{CO_2}在 0.05 ~0.1MPa 时，可能是腐蚀环境；当 p_{CO_2}小于 0.05MPa 时表明不存在腐蚀环境。在工程上，大都把 p_{CO_2} =0.02MPa 确定为发生 CO_2腐蚀的临界值。

13Cr 广泛用于井下 CO_2腐蚀环境中。在腐蚀不太严重时也采用 9Cr。更轻微的腐蚀，或者只需要有限的使用寿命，或者与缓蚀剂配合使用，可酌情采用 5Cr、3Cr 等含铬较低的钢。13Cr 的临界使用温度是 150℃。超级 13Cr(如住友金属的 13CrM 和 13CrS，JFE 的 HP1、HP2)含有 Ni、Mo 元素，临界温度是 175℃。双相不锈钢(22Cr、25Cr)拥有极好的抗 CO_2 腐蚀性能，临界温度可达 250℃，如图 5.4.7 ~图 5.4.10 所示。

在 NACE MR0175/ISO 15156 和 SY/T 0559—2018 等标准中已明确规定 p_{H_2S} =0.0003MPa 是发生 SSC/SCC 的临界值，是选择抗 SSC/SCC 钢的依据。普通 13Cr 在 CO_2分压较高，低 H_2S 环境中以及高 Cl^-浓度的 CO_2环境中容易发生 SSC/SCC，而改性的超级 13Cr 以及双相不锈钢则显著改善了这方面的性能(图 5.4.7)。即 13Cr 没有抗 SSC/SCC 的能力，因此当存在少量 H_2S(>0.0003MPa)时，不推荐使用 13Cr。存在少量 H_2S(≤0.003MPa)的环境中,超级 13Cr(如 13CrS、13CrM,HP1、HP2)有着良好的抗 SSC/SCC 能力。在少量 H_2S 存在的情况下,双相不锈钢(如 22Cr、25Cr、25CrW)比马氏体不锈钢(13Cr)更值得推荐。在 Cl^- 很高的情况下,推荐采用 22Cr、25Cr 等(图 5.4.10)。

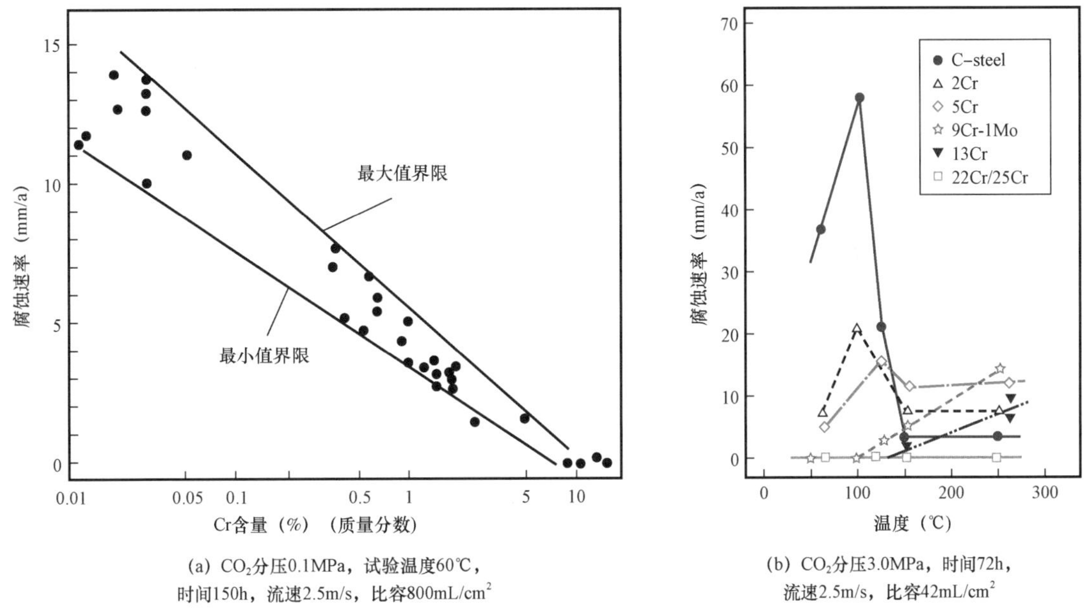

(a) CO_2分压0.1MPa,试验温度60℃,时间150h,流速2.5m/s,比容800mL/cm²

(b) CO_2分压3.0MPa,时间72h,流速2.5m/s,比容42mL/cm²

图 5.4.7　铬含量与 CO_2 腐蚀速率之间的关系

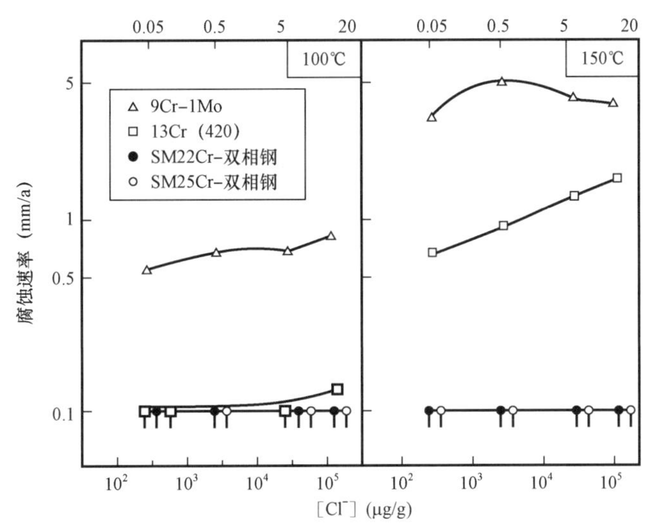

图 5.4.8　Cl^- 含量对 Cr 含量不同的基体 CO_2 腐蚀速率的影响规律

(CO_2 分压 3.0MPa,试验时间 96h,流速 2.5m/s)

5.4.1.1.3　抗 H_2S 腐蚀的石油管材

前已述及,金属材料在 H_2S 环境中会受到两种类型的腐蚀,一种是由于 H_2S 溶于水生成酸性溶液产生的电化学腐蚀,另一种是金属材料在 H_2S 水溶液中的应力腐蚀和氢损伤。一般而言,相较于氢损伤而言,H_2S 水溶液对石油管材的电化学腐蚀危害要轻微许多,因此通常在选材时重点考虑 H_2S

引起的氢损伤。对于油井管，主要考虑 SSC/SCC；对于油气输送管，则主要考虑 HIC/SWC。图 5.4.11 为不同温度和氯离子含量下 13Cr 和双相不锈钢在 H_2S 环境中发生 SSC/SCC 的浓度范围。

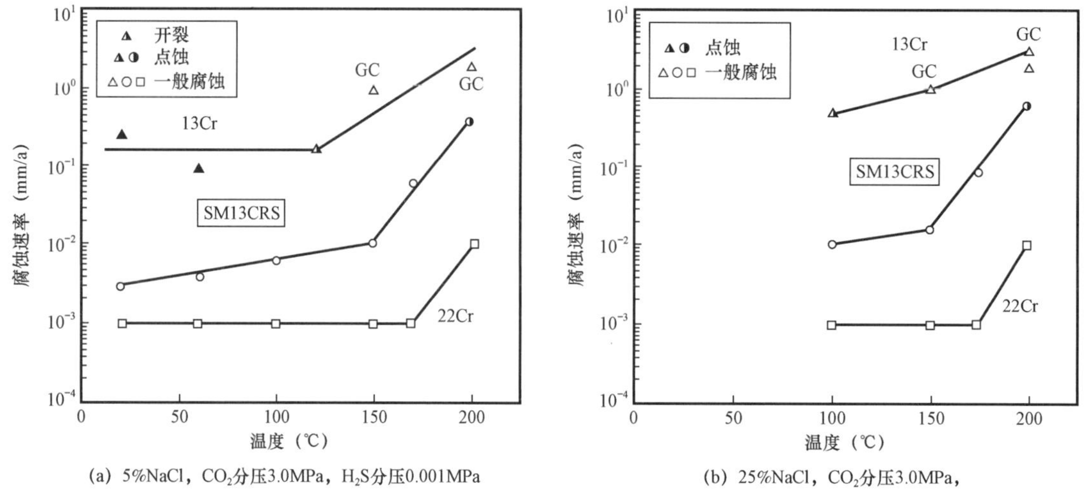

图 5.4.9　13Cr、超级 13Cr 以及 25Cr 双相不锈钢 SSC/SCC 性能对比

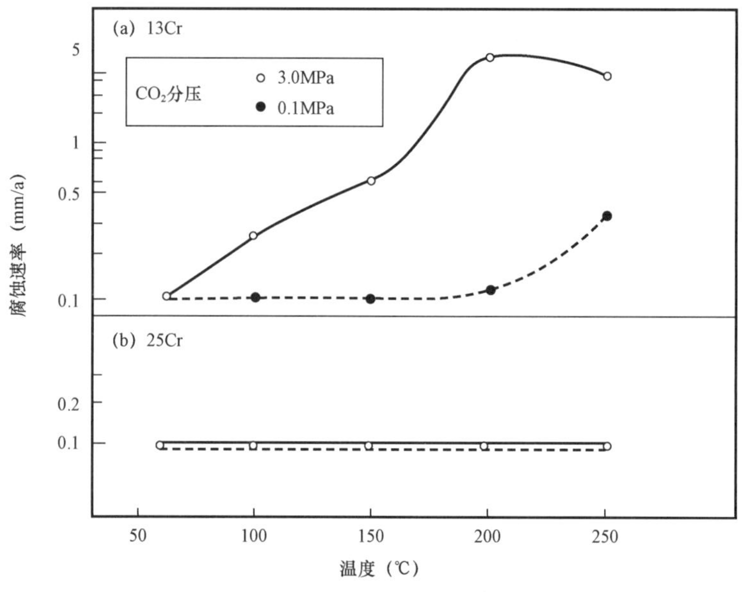

图 5.4.10　CO_2 分压和温度对 13Cr 马氏体不锈钢、25Cr 双相不锈钢腐蚀速率的影响规律

（5% NaCl，CO_2 分压 3.0MPa 和 0.1MPa(25℃)，试验时间 96h，流速 2.5m/s）

针对油气输送管抗 HIC 选材，已形成系列的抗 HIC/SWC 产品，在选材时需要厘清采用何种标准进行订货和检验问题。用于酸性环境的油气输送管，国内一般执行 GB/T 9711—2017《石油天然气工业管线输送系统用钢》标准，限制在 SSC3 区使用的为酸性环境用 S 类 L245、L290、L360 钢级，限制在 SSC1 区和 SSC2 区使用的为酸性环境用 S 类 L415、L450 钢级。这两个钢级若用于 SSC3 区，应进行抗 SSC 评定。

API Spec 5CT 第 10 版(ISO 11960:2018)要求的抗硫化物应力腐蚀开裂(SSCC)的钢级为 C90 、T95 和 C110，均规定了最低 SSCC 门槛值。各油井管生产厂都有自己的非 API 抗 SSCC 钢级。如住友

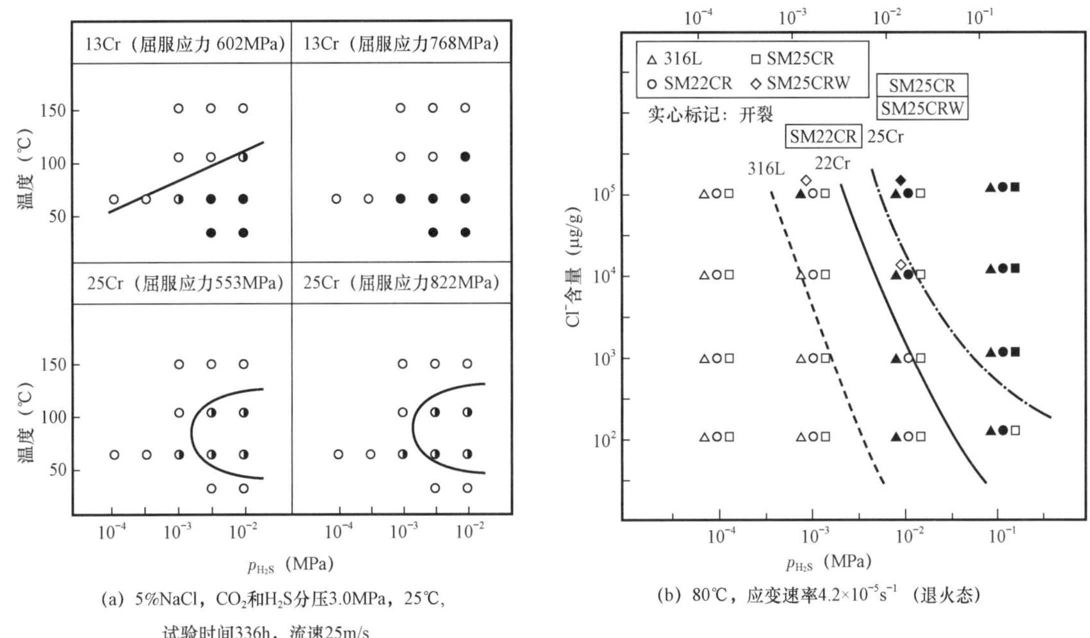

(a) 5%NaCl，CO_2和H_2S分压3.0MPa，25℃，试验时间336h，流速25m/s

(b) 80℃，应变速率$4.2\times10^{-5}s^{-1}$（退火态）

图 5.4.11　13Cr、双相不锈钢在 H_2S 环境中发生 SSC/SCC 的浓度范围

金属的 SM80S ~ 90S，SM80SS ~ 110SS；V&M 公司的 VM80SS ~ 110SS；上海宝钢的 BG55S ~ 110S，BG80SS ~ 110SS；天钢的 TP80S ~ 110S，TP80SS ~ 110SS 等（图 5.4.12）。

材料的 SSC/SCC 敏感性随其强度（钢级）的提高而增加，因此当环境中存在 H_2S 时，V150、V155 等钢级应尽量避免使用。

5.4.1.1.4　抗 CO_2/H_2S 腐蚀的石油管材

针对 CO_2/H_2S 腐蚀环境中石油管材的选用问题，国外石油管材生产商如日本住友、德国 V&M、美国 SMC 等都建立了自己的选材指南，用于指导用户合理选择服役于含有 CO_2/H_2S 的环境中的油套管管材。图 5.4.13 和图 5.4.14 分别为住友金属和 V&M 公司关于 CO_2/H_2S 环境中管材选用指南图谱。

当含有 H_2S、CO_2 和 Cl^- 等介质，井况极为严酷时，需考虑使用铁镍基或镍基合金。铁镍基及镍基合金只有一个奥氏体相，一般通过冷轧提高强度。添加的基本合金元素 Cr、Ni、Mo 等，决定了合金的抗腐蚀性能，此类合金通过在材料表面形成一层稳定的钝化膜来阻止全面腐蚀和局部腐蚀的发生。基体金属对腐蚀行为的影响可以简述为：对于高温环境，Cr 是有效的；对于低 pH 值环境，Mo 是有效的；H_2S、CO_2、Cl^- 同时存在时，对合金元素的最低要求是 Cr≥20%、Ni≥30%、Mo≥3%。图 5.4.15 是德国 V&M 公司关于高温高压 H_2S/CO_2 环境中铁镍基及镍基合金可选的成分范围。可以看出，温度升高，Cr - Ni - Mo 合金的含量也需要相应地提高，才能保证合金具有足够的耐蚀性。图 5.4.16 为不同温度下耐蚀合金成分的要求。

用于石油管材的铁镍基及镍基合金钢有多种。根据现场的使用情况和相关标准的不断完善，目前常用于油井管的铁镍基及镍基合金钢主要有：

Alloy 28（UNS N08028），相当于我国 00Cr27Ni31M4Cu。

Alloy 825（UNS N08825），相当于我国 0Cr21Ni42Mo3Cu2Ti。

Alloy G3（UNS No6985），相当于我国 00Cr22Ni41Co5Mo7Cu2Nb。

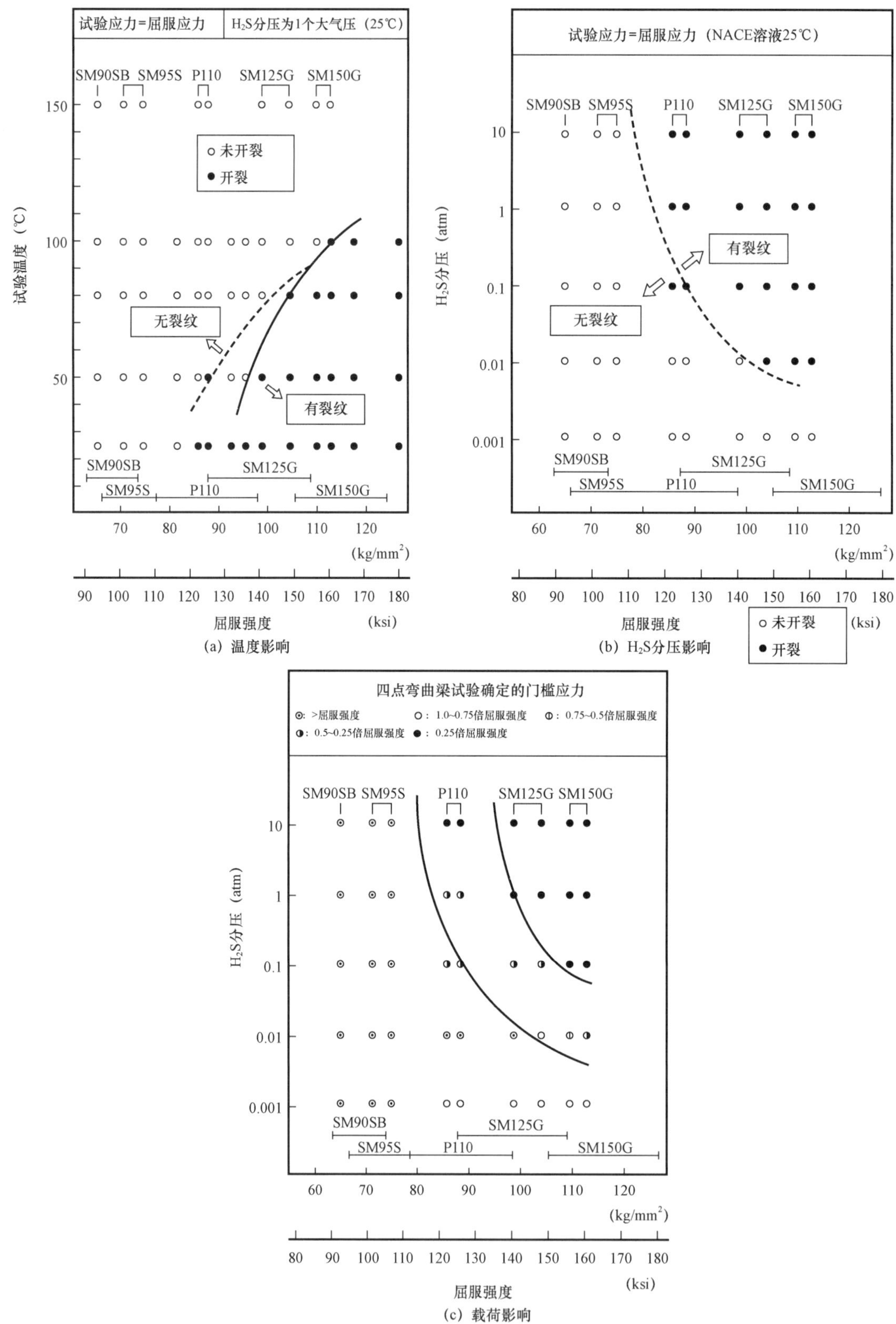

图 5.4.12　温度、H_2S 分压以及载荷对管材 SSCC 性能的影响

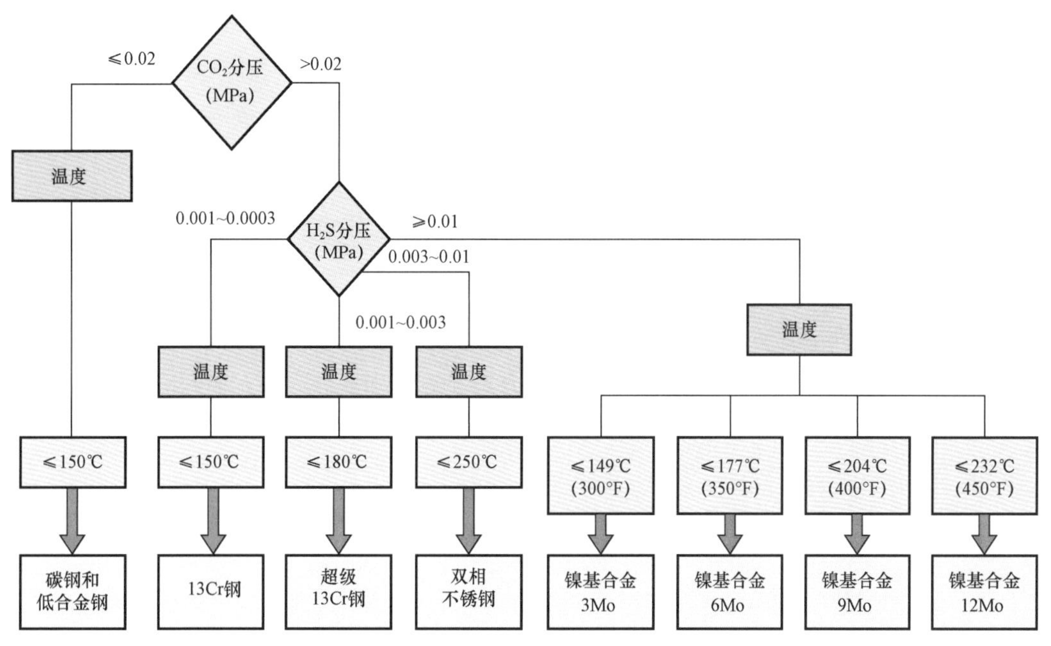

图 5.4.13　住友金属 H_2S/CO_2 环境管材选择指南

（取自住友金属样本）

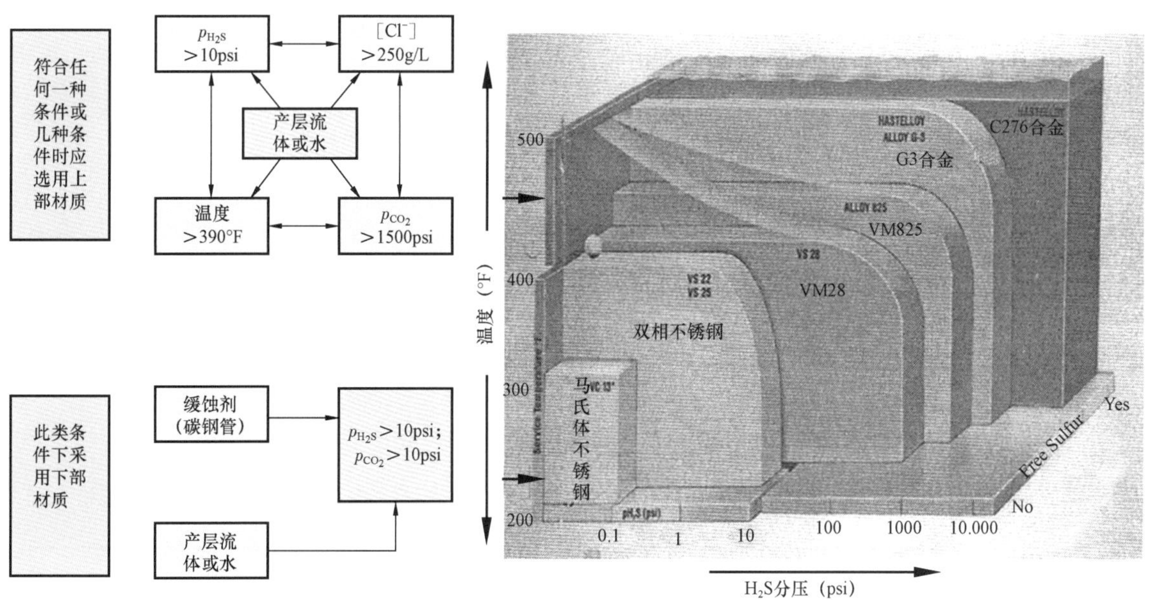

图 5.4.14　V&M 钢管公司 H_2S/CO_2 环境管材选择指南

（取自 V&M 样本）

Alloy 050(UNS N06950)，相当于我国 00Cr20Ni50Mo9WCuNb。

Alloy C－276(UNS N10276)，相当于我国 00Cr16Ni60Mo16W4。

提高 Mo 含量将会显著改善耐蚀合金的抗应力腐蚀以及点蚀性能，特别当 Mo 含量大于 6% 以后，能显著提高合金抗局部腐蚀的能力。图 5.4.17 为不同 Mo、Ni、Cr 含量与耐蚀合金服役温度及耐局部腐蚀能力关系图。由图可见，随着 Mo 含量增加，合金耐高温能力线性增加，发生 SCC 和局部腐蚀的概率显著降低。

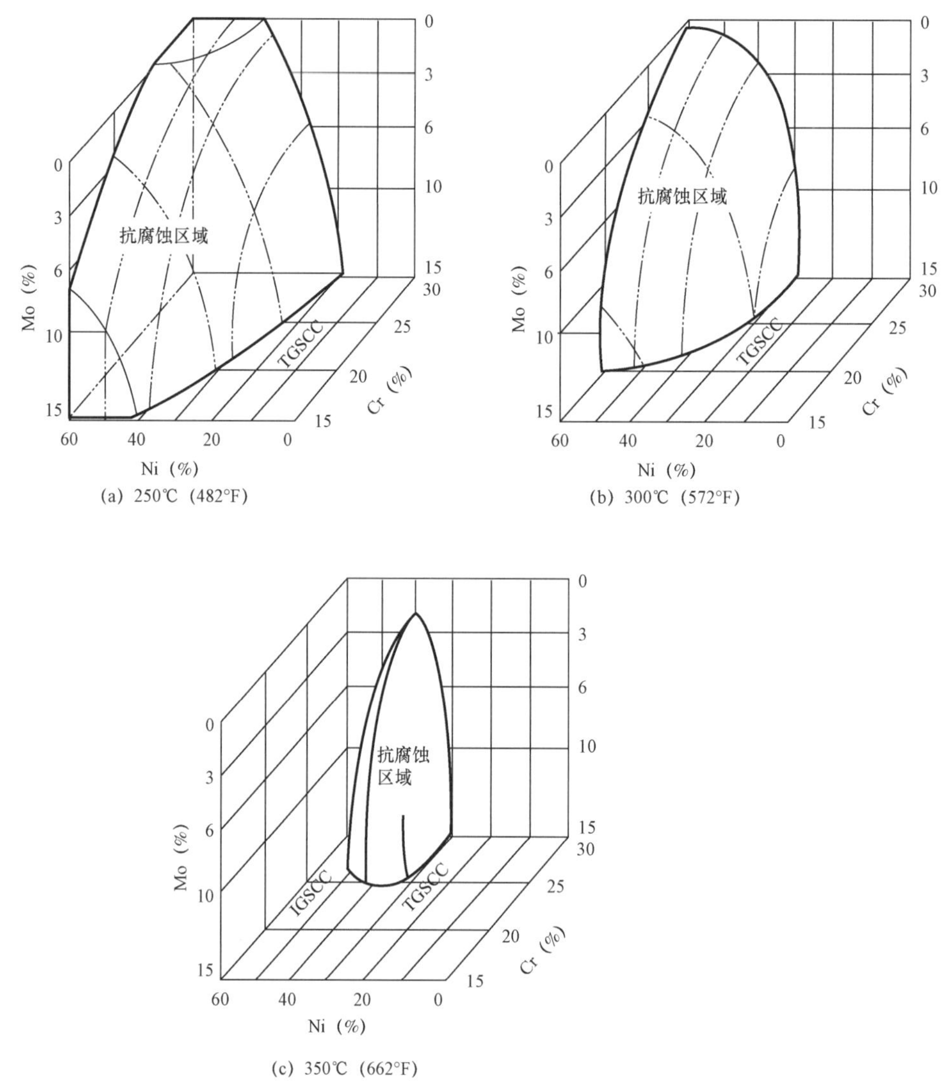

图 5.4.15 高温高压 H_2S/CO_2 环境中 FeNi 基及 Ni 基合金耐蚀成分范围(V&M)

(20% NaCl + 0.5% CH_3COOH, H_2S 分压 1.0MPa, CO_2 分压 1.0MPa)

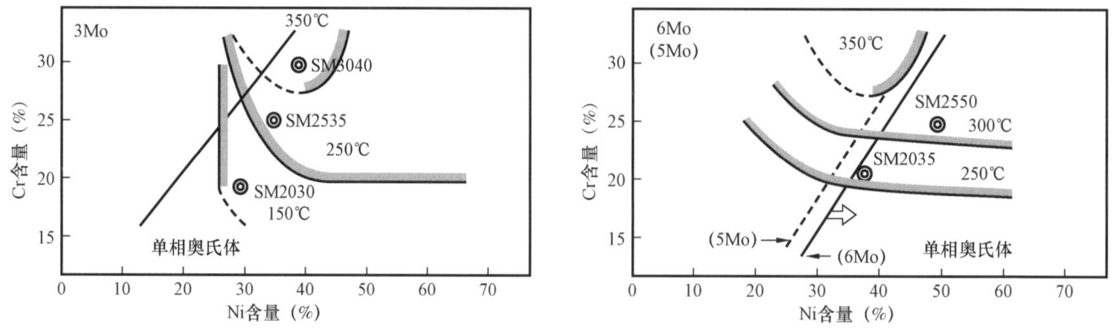

图 5.4.16 Ni、Cr、Mo 含量对耐蚀合金服役温度的影响

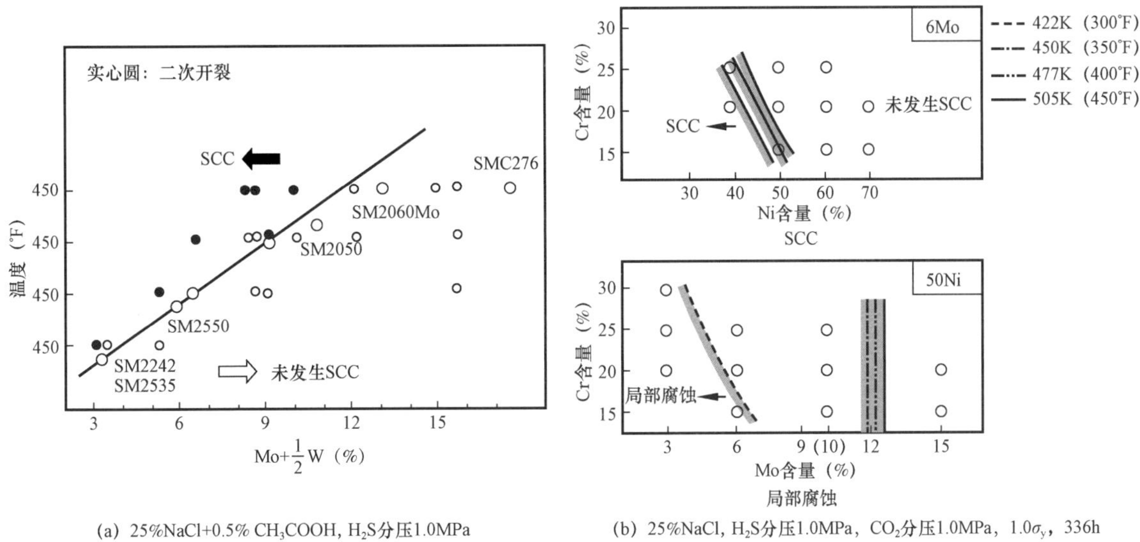

(a) 25%NaCl+0.5% CH_3COOH, H_2S分压1.0MPa　　(b) 25%NaCl, H_2S分压1.0MPa, CO_2分压1.0MPa, 1.0σ_y, 336h

图 5.4.17　Mo 含量对耐蚀合金服役温度及局部腐蚀的影响

ISO 15156－3 附录 B 的表 B.1 列出了不同种类耐蚀合金在 H_2S 环境中开裂机理，见表 5.4.5。

表 5.4.5　不同耐蚀合金环境裂纹开裂机理

材料	开裂机理			备注
	SSC	SCC	GHSC	
奥氏体不锈钢	S	P	S	某些冷加工的合金，因含有马氏体所以对 SSC 和/或 HSC 敏感
高合金奥氏体不锈钢		P		这些合金通常不受 SSC 和 HSC 影响。通常不要求低温开裂试验
固溶强化 Ni 基合金	S	P	S	冷加工状态和/或时效状态的某些镍基合金含有第二相，而且与钢形成电偶时，可能对 HSC 敏感。这些合金在很强的冷加工和充分时效状态下，与钢耦合时，可能产生 HSC
铁素体不锈钢	P		P	
马氏体不锈钢	P	S	P	不管是否含有残余奥氏体，含 Ni 和 Mo 的合金都可能遭受 SCC
双相不锈钢	S	P	S	在最高服役温度以下的温度区开裂敏感性最大，测试温度需要考虑是否超过这一温度范围
沉淀硬化不锈钢	P	P	P	
沉淀硬化 Ni 基合金	S	P	P	冷加工状态和/或失效状态的某些镍基合金含有第二相，而且与钢形成电偶时可能对 HSC 敏感

注：P 表示主要断裂机理，S 表示次要的、有可能产生的断裂机理。

ISO 15156－3 在附录 A 的表 A12 对固溶强化镍基合金按照成分进行分类，可以大致的分成五类，见表 5.4.6。

表 5.4.6　固溶镍基合金的材料类型

材料类型	最小质量分数(%)				冶金条件
	Cr	Ni + Co	Mo	Mo + W	
4a	19.0	29.5	2.5		扩散退火或退火
4b	14.5	52	12		扩散退火或退火
4c	19.5	29.5	2.5		扩散退火或退火 + 冷加工
4d	19.0	45		6	扩散退火或退火 + 冷加工
4e	14.5	52	12		扩散退火或退火 + 冷加工

依据 G3、825 和 028 合金成分进行判断,它们属于 4d 类合金 。

在 ISO 15156－3 附录 A 的表 5.4.6 中提供了 4d 类退火 + 冷加工扩散退火镍基合金的应用环境,其中针对不同类型材料的环境适应性提出了指导说明,表 5.4.7 给出了材料所适用的环境条件。

表 5.4.7　退火加冷加工的固溶镍基合金用作井下管件、封隔器和其他井下装置的环境和材料限制

材料类型	最高温度(℃)	最大 H_2S 分压(MPa)	最大 Cl^- 浓度(mg/L)	pH 值	抗元素硫	备注
4c、4d 和 4e 冷加工合金	232	0.2	见备注	见备注	否	各种综合的生产环境,包括所有 Cl^- 浓度、pH 值环境等均可适用
	218	0.7	见备注	见备注	否	
	204	1	见备注	见备注	否	
	177	1.4	见备注	见备注	否	
	132	见备注	见备注	见备注	是	各种综合的生产环境,包括所有 H_2S 分压、Cl^- 浓度、pH 值环境等均可适用
4d 和 4e 冷加工合金	218	2	见备注	见备注	否	各种综合的生产环境包所有括 Cl^- 浓度、pH 值环境等均可适用
	149	见备注	见备注	见备注	是	各种综合的生产环境,包括所有 H_2S 分压、Cl^- 浓度、pH 值环境等均可适用

表 5.4.7 明确指出对于像 G3 这样的镍基合金,在 149℃时能够用于任何 H_2S 分压、Cl^- 浓度以及 pH 值环境,也能够抗元素硫的腐蚀;但是在 218℃时,镍基合金只能够用于 H_2S 分压最大 2MPa 环境,同时不能抗元素硫的腐蚀。所以,要评价镍基合金油管,实验温度最好要达到服役环境或比服役环境更高。

需要说明的一点就是,不同厂家由于冶金能力、工艺路线、合金成分存在差别,所生产出的镍基合金的耐蚀性能也不同,所以只有通过腐蚀对比评价才能得到合理的服役环境限制。

5.4.1.1.5　含 H_2S 环境中的套管柱设计问题[106,107]

(1)对 H_2S 环境下套管柱设计的认识。

普遍认为,正确选用套管材料是保证 H_2S 环境下套管柱安全性最重要的因素。在进行 H_2S 环境

下套管的设计时，除需要考虑材料的耐腐蚀性因素外，还需要适当提高设计安全系数。

加拿大阿尔伯塔省能源和公共事业委员会（EUB）根据该国西部沉积盆地含 CO_2、H_2S 井的开发技术资料于 2007 年制订了《Directive 010 – Minimum Casing Design Requirements（Draft for Consultation）》[108]，该指导书对于套管设计给出了简化的设计方法和备选的设计方法两种方案，其中备选方法在简化方法不能满足要求时采用。虽然两种方法均未提及酸性环境下的套管强度计算问题，但都给出了酸性环境条件下表层套管、中间套管、油层套管以及尾管的设计安全系数。

① 简化的设计方法。

针对表层套管：(a)内压设计：安全系数 1（不含硫的井，或 H_2S 分压 $<0.34kPa$ 的含硫井）；安全系数 1.25（含硫井，H_2S 分压 $>0.34kPa$）。(b)挤毁设计：安全系数 1.0。(c)拉伸设计：安全系数 1.6，不考虑浮力。

针对生产套管：(a)内压设计：安全系数 1（不含硫的井，或 H_2S 分压 $<0.34kPa$ 的含硫井）；安全系数 1.15（含硫井，H_2S 分压 $>0.34kPa$）。(b)挤毁设计：安全系数 1.0。(c)拉伸设计：安全系数 1.6，不考虑浮力。技术套管和尾管设计方法同生产套管相同。

② 备选的设计方法。

对表层套管、中间套管、生产套管以及尾管内压安全系数：(a)安全系数 1.1，H_2S 分压 $<0.34kPa$；(b)安全系数 1.2，$0.34kPa \leqslant H_2S$ 分压 $\leqslant 10kPa$ 且 $p_{CO_2} \leqslant 2000kPa$；(c)安全系数 1.25，$H_2S$ 分压 $>10kPa$。

此外，对于这两种设计方法，当预料到有套管磨损问题时，均应提高设计安全系数。对于定向井，无论采用何种设计方法，都要考虑由于弯曲产生的附加应力。

在我国，AQ 2012—2007《石油天然气安全规程》[109]规定套管柱强度设计安全系数：抗挤为 1.0 ~ 1.25，抗内压 1.05 ~ 1.25，抗拉 1.8 以上，含硫天然气井应取高限。此外，SY/T 5087—2017《硫化氢钻井场所作业安全规范》[110]从选材角度对 H_2S 环境下的套管设计做了如下规定：若预计 H_2S 分压大于 0.2kPa 时，应使用抗硫套管。

对 H_2S 环境下的套管柱设计问题，除上述相关规定外，基本未见其他对设计做出明确规定的资料。

不过，有文献[111]介绍了以临界应力百分比为基础的安全系数设计和以临界环境断裂韧性 K_{ISSC} 为基础的安全系数设计方法。其中临界应力百分比方法指出，为了保证工作压力不大于环境临界断裂应力，应按 ISO 10400 或 API 5C3 计算得到的套管抗内压强度乘以临界应力百分比，如 0.8 或 0.9 的系数，在此基础上考虑设计安全系数。对 J55 和 K55 钢级，若设计抗内压安全系数为 1.0，那么考虑环境断裂的实际设计安全系数至少应为 $1.0/0.8=1.25$。该方法认为对生产套管和技术套管均应按上述方法取抗内压设计安全系数，并且不考虑外挤压力或水泥环对内压强度的补偿。如果套管所受的外载应力低到某一数值，且材料在 H_2S 介质中工作足够长的时间，裂纹虽有扩展，但不会失稳，对应于此状态的应力强度因子称为 H_2S 介质的临界环境应力强度因子或 H_2S 介质的临界环境断裂韧性，记为 K_{ISSC}。

以临界环境断裂韧性为基础的安全系数设计方法指出，对一定 H_2S 环境求得临界应力强度因子 K_{ISSC}，再以临界环境断裂韧性 K_{ISSC} 除以外载作用下应力强度因子而得到相应的比值，即为以临界环境断裂韧性 K_{ISSC} 为基础的安全系数设计，或称为断裂安全系数。提高环境断裂安全系数要求提高临界环境断裂韧性 K_{ISSC}，同时尽量降低应力强度因子。

文献[112]还给出了腐蚀环境下降低应力水平的套管柱设计方法。指出应降低管柱结构局部VME应力(米塞斯等效应力),并应降低管柱内的拉伸残余应力以适应腐蚀环境下的套管柱安全服役要求。降低结构的应力水平可提高酸性环境材料的抗开裂能力,或延长服役寿命。在低应力水平下,裂纹扩展速度降低或发生断裂的时间延长。在低应力水平下,材料可抗更高分压的 H_2S 含量;而在较高应力水平下,即使 H_2S 分压很低,材料也可能发生断裂。

(2)ISO 10400:2007 对套管断裂失效的讨论。

有关套管断裂强度计算研究的文献很少见到,ISO 10400:2007 的正文条款未论及套管的断裂强度计算问题,但在附录中以信息性资料的形式对套管的断裂强度的计算进行了讨论。

① ISO 10400:2007 对套管断裂失效类型的分类。

ISO 10400:2007 认为有两种类型的套管断裂失效现象。一种是由套管预先存在的裂纹的不稳定扩展导致的失效,另一种为套管预先并没有可检测出的裂纹,在服役环境中裂纹萌生并且不稳定扩展直至套管失效。对于第一种情况,由于在裂纹的尖部应力强度过大,失效是由外加应力、裂纹尺寸、特定环境下材料的断裂韧性等来决定。第二种情况则属于环境断裂,它是由应力、材料以及环境共同导致的,并不需要预先有裂纹存在;且一旦裂纹产生,它就会稳定扩展,直至裂纹大到满足有关断裂力学条件而失稳扩展直至套管失效。

因此,要防止套管断裂失效,必须同时防止这两种类型的断裂行为,亦即需要满足两个极限状态来防止断裂发生,这两种状态都取决于应力以及材料在环境中的断裂韧性。

② 由预先存在的裂纹导致的套管断裂的载荷计算。

当套管内存在有类似裂纹这样的初始缺陷或缺欠时,决定套管强度的主要因素就不仅是材料强度和套管的几何尺寸了。此时套管的强度判据就转变成了材料抗裂纹扩展的能力和裂纹尖端某种力学参量之间的关系。促使裂纹扩展的驱动力称为应力强度因子,当裂纹附近的应力强度因子超过一个临界值(临界应力强度因子)时,裂纹就开始扩展,从而最终导致套管发生断裂失效。

在有 H_2S 存在的情况下,套管材料的临界应力强度因子小于没有 H_2S 的环境,即使外载应力比上述临界应力小很多,裂纹尖端仍存在某种驱动力,使裂纹扩展。

套管的 K_{ISSC} 是由套管的材料和套管所处的环境共同决定的,主要受 H_2S 浓度、环境温度及 pH 值等因素的影响。对于确定的套管和给定的环境可以通过双悬臂梁(DCB)试验(参见 NACE TM 0177—2015)来确定 K_{ISSC}。该方法以断裂力学理论和方法为基础,可用于定量的设计计算,在适用性评价中普遍采用。通过试验确定 K_{ISSC} 后,就可以评估特定环境下的套管完整性。

失效评估图(FAD)可以用来评定套管的完整性。失效评估图的纵坐标为韧性比,横坐标为载荷比。韧性比是含缺陷结构的应力强度因子与材料的临界应力强度因子(断裂韧性)之比。载荷比是实际载荷与极限载荷之比,这里的极限载荷是套管裂纹尚未扩展但管子发生屈服时的近似载荷。对于在特定环境下表现为塑性的材料,其临界应力强度因子值较高,其断裂压力位于失效评估图曲线的弹塑性区域。对于在特定环境下表现为脆性的材料,其临界应力强度因子值较低,其断裂压力位于失效评估图曲线的弹性区域。

对于预先存在裂纹的套管的断裂失效强度,ISO 10400:2007 给出了套管的极限强度方程和设计强度方程。

基于断裂力学的预先存在有裂纹的套管的失效载荷计算公式极限状态方程为:

$$(1-0.14L_r^2)\left[0.3+0.7\exp(-0.65L_r^6)\right]=\left[p_{iF}(\pi a)^{1/2}\right]\Big/\left\{\left[\left(\frac{D}{2}\right)^2-\left(\frac{D}{2}-t\right)^2\right]K_{\mathrm{Imat}}\right\}\times$$

$$\left\{2G_0-2G_1\left[a\Big/\left(\frac{D}{2}-t\right)\right]+3G_2\left[a\Big/\left(\frac{D}{2}-t\right)\right]^2-\right.$$

$$\left.4G_3\left[a\Big/\left(\frac{D}{2}-t\right)\right]^3+5G_4\left[a\Big/\left(\frac{D}{2}-t\right)\right]^4\right\} \tag{5.4.3}$$

$$L_r=\frac{\sqrt{3}}{2}(p_{iF}/f_y)\left[\left(\frac{d}{2}+a\right)\Big/(t-a)\right] \tag{5.4.4}$$

式中　a——最大裂纹深度；

d——套管内径；

D——套管外径；

f_y——屈服强度；

K_{Imat}——套管临界应力强度因子；

L_r——载荷比；

p_{iF}——套管断裂失效时的内压载荷大小；

t——套管壁厚。

式(5.4.3)中 G_0、G_1、G_2、G_3、G_4 的值可以从 ISO 10400:2007 中给出的表格中查找。

③ 由环境因素导致的套管断裂的载荷压力计算。

材料在一定 H_2S 酸性水溶液中不会发生开裂的拉伸应力称为临界断裂应力，NACE TM 0177—2015 标准提供了临界断裂应力的试验方法和判别标准，此临界断裂应力通常由 NACE 0177—2015 标准中的试验方法 A 来进行测试，材料的临界断裂应力通常低于其屈服强度。

ISO 10400:2007 认为在特定 H_2S 环境下，当套管内危险点的 VME 应力达到材料的临界断裂应力时，套管会断裂失效。此时套管所受的载荷就是使套管危险点的 VME 应力达到材料临界断裂应力值的压力，即：$\sigma_e=\sigma_{th}$，式中 σ_e 为等效应力，σ_{th} 为临界断裂应力。

典型情况下环境断裂通常从腐蚀坑的底部开始，这取决于环境中的 H_2S、CO_2 含量、pH 值、温度、材料的微观结构以及应力状态。在临界断裂应力以下，裂纹不萌生；在临界断裂应力以上，会萌生裂纹并扩展直至套管失效。一般而言，套管承受的载荷是不变的，裂纹一旦萌生，必然会扩展直至套管失效。裂纹萌生到失稳扩展的时间是不确定的，所以为安全起见要保持使 VME 等效应力远低于临界断裂应力。

环境断裂开始的极限载荷就是使套管 VME 应力等于材料临界断裂应力的压力，是针对具体给定的套管而言的，此时的 VME 应力根据具体测得的套管的尺寸计算得到。环境断裂开始的设计压力就是使套管 VME 应力等于材料临界应力所得到的压力。此时的 VME 应力根据套管的名义尺寸及壁厚公差系数计算得到，是在给定的可靠度的情况下，保守计算套管在 H_2S 环境下的断裂失效时的载荷用的。

在具体计算时,可以根据特定环境下材料的临界断裂应力值反推出使套管发生断裂失效的压力值。

上述的判定准则仅在套管所受内压力大于外压力时适用,对于含有 H_2S 气体的井来说,套管发生内压破裂失效会导致非常严重的后果,所以对此类井在套管柱设计时应重点关注套管柱的抗内压强度。实验数据显示,在套管承受以轴向压缩为主的载荷时,可不用考虑环境断裂失效问题,因为裂纹不会产生。

(3) H_2S 环境下的套管柱设计准则分析。

以往对于 H_2S 环境下的套管柱设计,主要基于材料的屈服强度来进行设计。这种设计假设套管的材料是理想化的,对硫化物应力腐蚀开裂具有抵抗力。实际上高强度钢对于硫化物应力腐蚀开裂是敏感的。因此,在 H_2S 环境下依据材料的屈服强度设计套管柱强度,对于低合金高强度钢套管来说是不安全的。

过去,一般对 H_2S 环境下的套管柱设计采用较高的安全系数,其优点在于给套管柱强度相关的一些不确定性因素预留了安全空间,比如套管材质的非均匀性、套管尺寸精度的非均匀性以及管体所存在的被漏检的微小裂纹等因素。但是以屈服条件为依据的大安全系数对于 H_2S 环境下的套管强度设计并带有一定的盲目性。

另外,各厂家生产套管产品所用的钢种不尽相同,即使是同规格同钢级的套管也会存在这种情况,这种不同会对套管的实际强度带来影响,这里应注意对材料的不同应力应变曲线形状特征对套管强度的影响予以考虑。某些套管钢材的应力—应变曲线无明显屈服平台,但为了标定其强度性能,往往将对应于试样 0.5%~0.6% 总应变的应力定义为材料的屈服强度,这一规定实际上过高估计了材料的真实屈服强度。对具有明显屈服平台的材料,规定的名义屈服强度在屈服平台下方,所以材料的真实屈服强度高于名义屈服强度。可见,对于无明显屈服平台的套管,由于过高估计了其屈服强度值,其强度一般低于同等条件下有屈服平台的套管,因此为保证套管安全,在进行 H_2S 环境下的套管柱设计时应优先考虑选用具有屈服平台的材料的套管。

国外有人提出按照 3 个条件来设计 H_2S 环境下的套管柱强度[112]。这 3 个条件为:屈服;裂纹扩展失效;裂纹萌生扩展失效。H_2S 环境下的套管柱设计必须同时满足这 3 个条件。

屈服条件准则主要针对套管在非 H_2S 环境下的强度设计,是单纯从力学角度考虑的套管柱设计准则。设计条件为套管危险点的米塞斯等效应力等于材料的屈服强度除以给定的安全系数。屈服条件设计可以避免套管由于过载导致的塑性变形失效。

裂纹扩展失效条件主要针对套管本身预先存在有出厂检验过程中无法检出的裂纹的情况。该准则采用经典的断裂力学理论,认为套管内预先存在的裂纹在套管服役过程中会扩展从而导致套管失效。此时,套管的强度取决于套管所受的有效内压载荷、裂纹深度以及在特定的 H_2S 环境下的裂纹尖端应力强度因子。该准则假设套管预先存在的裂纹深度等于套管无损检验的门限值,所以套管探伤检验的门限值非常重要。门限值越小,安全系数越高。对于苛刻条件下的高温高压井,5% 的探伤门限值并不合适,而应取 2%~3%。裂纹扩展失效断裂并不是化学因素断裂。此准则主要考虑套管所受的有效内压力,不考虑轴向载荷的影响。

裂纹萌生扩展失效条件主要是针对 H_2S 存在的环境而言的,在此环境下套管受轴向载荷和内压载荷时可能会萌生裂纹并且裂纹会扩展。此准则计算套管所受的应力,既考虑了套管所受的有效内压载荷，也考虑了套管所受的轴向力。该准则的失效条件为套管危险点的米塞斯等效应力等于套管的临界应力除以给定的安全系数值。在 H_2S 环境下，该准则往往在 3 个失效条件中处于主导地位，但在非 H_2S 环境下，该准则对套管的失效一般不起决定作用。

在 H_2S 环境下的套管柱设计中，分别依据这 3 个条件对套管柱强度进行设计，由此得到 3 个独立的安全系数，对这 3 个安全系数进行对比分析，其中最小的安全系数对套管柱服役的安全性有决定性作用。但必须注意，在套管柱设计过程中这 3 个条件必须要全部满足，如果有任何一个条件不满足，那么不满足的条件就成为套管柱的薄弱点。但如果是按照屈服准则来设计，并且取了很大的安全系数，同时管子的钢级比较低，对 H_2S 环境不敏感，则可以不用兼顾三个设计条件。

当以屈服准则设计 H_2S 环境下的套管柱时，如果取一个很大的安全系数，此时，有可能裂纹扩展失效条件和裂纹萌生失效条件已经被自动满足。如果按照前述的三个条件对套管柱进行设计，则不需要取很大的安全系数，而是可以优选出一个安全系数的合理值，并且可以有依据地合理选用高钢级的套管。

可见，按照这种方法对 H_2S 环境下的套管柱进行设计，既经济又合理，应予重视。

5.4.1.2　其他耐蚀材料

5.4.1.2.1　有色金属

（1）钛及其合金。

钛及其合金由于具有比强度高、耐蚀性能优异、弹性模量低、易于冷成型以及耐海水冲刷等优良特性，主要用于苛刻的腐蚀环境中，如图 5.4.18 所示[113-115]。

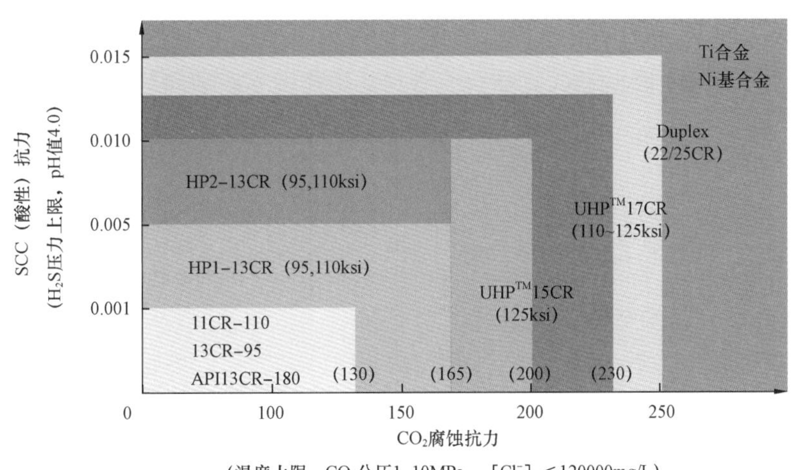

图 5.4.18　基于服役条件的油井管选材图谱

纯钛具有良好的热强性和热稳定性，焊接性能好，可用在热交换器、部分不含氯离子的流体管道等方面。纯钛在含氯离子介质中容易发生点蚀等，如图 5.4.19 所示。

纯钛由于其强度较低，屈服强度只有 280～440MPa，很少用于制作油井管。因此，用作油井管的主要是钛合金。钛合金材料种类繁多，按其亚稳态组织可分为 α 型、近 α 型、α + β 型、近 β 型、亚稳定 β 型和 β 型等多个系列的钛合金，牌号近百种[115-117]。钛合金耐蚀的本质是由于钛是一种热力学

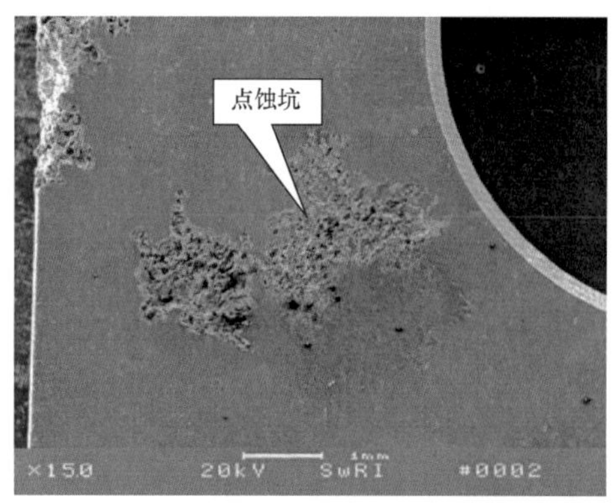

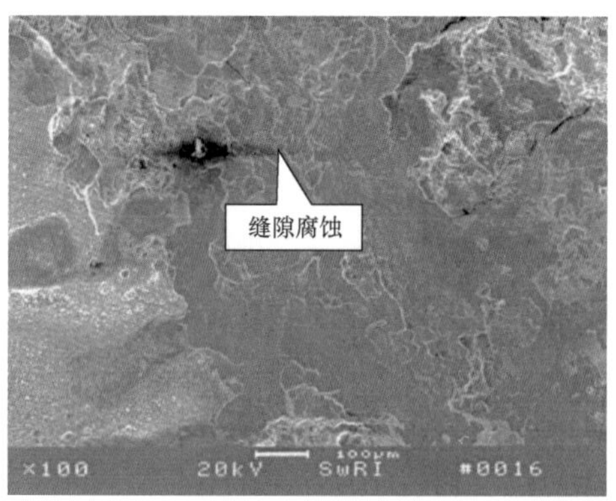

图 5.4.19　纯钛在 1mol 浓度 NaCl 溶液中 95℃时发生的点蚀及缝隙蚀形貌

不稳定的元素，标准电极电位只有 -1.63V（标准氢电极 HSE），因此使得钛及钛合金在空气甚至水中极易形成一种连续、致密同时又非常薄的表面氧化膜。钛合金表面的氧化层非常薄，只有 20～100Å，由内层的 Ti_2O_3 和外层的 TiO_2 组成，并且随着氧化还原反应的进行而不断增厚。氧化膜覆盖在钛合金的表面使得基体作为电极进行活性溶解的面积大为减少，或阻碍了反应电荷传输而减少或者抑制了钛合金在腐蚀介质中的溶解，出现钝化现象，钝化后的钛及钛合金自腐蚀电位大幅升高。钛的氧化膜又具有非常好的自愈性，当其氧化膜遭到破坏时，能够迅速修复，弥合形成新的保护膜。钛合金的氧化层/钝化层的保护范围受到环境介质、温度和 pH 值的影响较大。图 5.4.20 分别为室温下和 250℃时钛在水中的电位—pH 值图[117]。从图中可以看出，在水的还原反应线（即图中的 B 线）之下，在室温下钛及钛合金在 pH 值大于 4 时，250℃ pH 值大于 6 时，都可以保持表面氧化膜的钝化状态，从而保证了钛合金在盐水、卤水、海水、氧化性酸、温和还原性酸和碱中是具有很强的耐腐蚀性。同时可以看出随着温度的上升，钛及钛合金能抵御腐蚀的酸性范围在缩小[117]，当油气开发的井下温度超过 250℃时，如果井下的 pH 值小于 6，则钛合金管材均可能发生腐蚀问题。

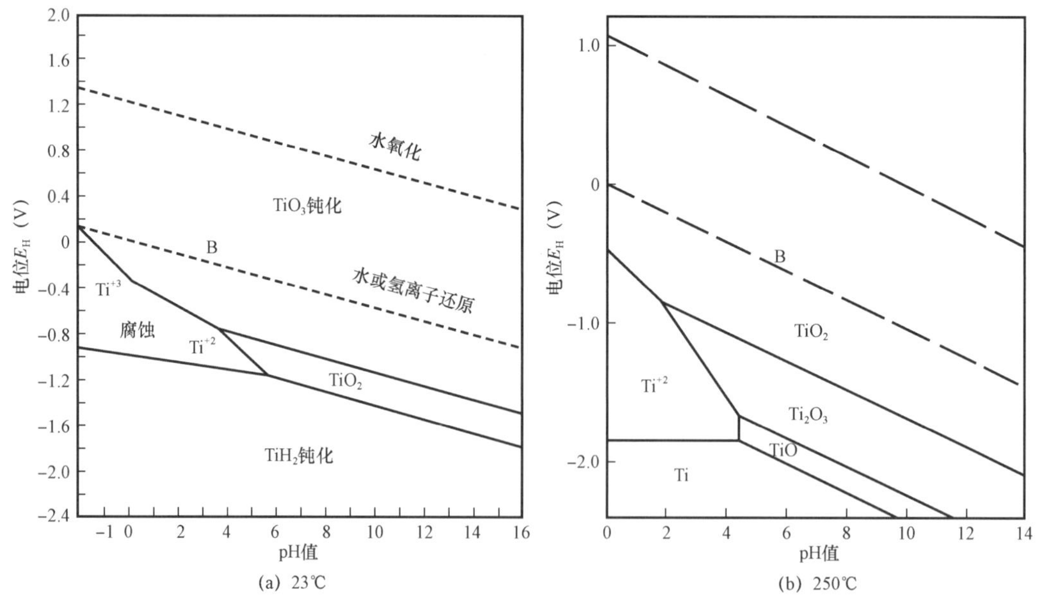

图 5.4.20　钛在水中的电位—pH 值图

在高温高压高腐蚀环境下，对钛合金表面氧化膜的耐蚀性能和环境断裂性能有影响的关键因素包括腐蚀性气体分压、温度、pH 值、卤化物、单质硫和酸化液等，不同的钛合金材料对油气开发环境的适用性不同。已形成系列化的油管、套管、连续管、钻杆、海洋钻井隔水管和悬链式立管等产品。表 5.4.8 给出了可用于油气开发中的钛合金材料种类及其性能，表 5.4.9 为不同用途的钛合金材料类型。

表 5.4.8　目前可用于石油行业的钛合金材料及性能[117-121]

牌号	ASTM 牌号	UNS 牌号	屈服强度（MPa）	抗拉强度（MPa）	硬度	供应商
Ti	2	R50400	276	345	100HRB	—
Ti-0.15Pd	7	R52400	276	345	—	Union Carbide Co.
Ti-0.15Pd	26	R52404	275	345	—	RMI Titanium Co.
Ti-0.3Mo-0.8Ni	12	R53400	345	438	92HRB	—
Ti-3Al-2.5V	9	R56320	483	621	—	—
Ti-3Al-2.5V-0.05Pd	18	R56322	483	621		Several units
Ti-3Al-2.5V-0.1Ru	28	R56323	483	621	32HRC	RMI Titanium Co.
Ti-6Al-4V	5	R56400	827	896	—	—
Ti-6Al-4V ELI	23	R56407	758	827	—	—
Ti-6Al-4V-0.1Ru	29	R56404	758	827	35HRC	RMI Titanium Co.
Ti-6Al-4V-0.05Pd	25	R56405	827	896	—	Sumitomo Metal Ind.
Ti-6Al-4V-0.5Ni-0.05Pd	25	R56403	827	896	—	Sumitomo Metal Ind.
Ti-6Al-2Sn-4Zr-6Mo	—	R56260	965	1034	45HRC	
Ti-3Al-8V-6Cr-4Zr-4Mo (Beta-C)	19	R58640	896~1103	965~1172	42HRC	RMI Titanium Co.
Ti-3Al-8V-6Cr-4Zr-4Mo-0.05Pd(Beta-C/Pd)	20	—	896~1103	965~1172	—	RMI Titanium Co.
Ti-5.5Al-4.3Zr-5.7V-1.3Mo-0.10O-0.06Pd	—	R55400	862~1000	—	41HRC	RMI Titanium Co.

表 5.4.9　石油行业不同用途可使用的钛合金材料类型

用途	钛合金类型
采油立管	Ti-3Al-2.5V、Ti-3Al-2.5V-0.05Pd、Ti-3Al-2.5V-0.1Ru、Ti-6Al-4V ELI、Ti-6Al-4V-0.05Pd、Ti-6Al-4V-0.1Ru、Ti-6Al-2Sn-4Zr-6Mo、R55400
钻井立管	Ti-6Al-4V
立管、接头	Ti-6Al-4V ELI、Ti-6Al-4V-0.1Ru
近海出油管	Ti-3Al-2.5V、Ti-0.3Mo-0.8Ni、Ti-3Al-2.5V-0.05Pd、Ti-3Al-2.5V-0.1Ru、Ti-6Al-4V-0.1Ru

续表

用途	钛合金类型
浮动平台锚链	Ti－6Al－4V、Ti－0.3Mo－0.8Ni、Ti－3Al－2.5V－0.05Pd、Ti－3Al－2.5V－0.1Ru
液压钳	Gr.2、Ti－0.3Mo－0.8Ni
安全阀、井下工具、泵	Ti－6246、Ti－6246－Pd

(2)铝及其合金。

铝合金的主要组成元素是Al，同时还含有少量的杂质元素(如Fe和Si等)。这种杂质元素能溶入Al中，形成α(Al)相，当杂质含量超过一定量时，会形成Al_2Fe_3Si和Al_5FeSi相。表5.4.10为部分常用1XXX铝合金的化学成分。

铝合金材料具有低密度、高强度、耐腐蚀、耐疲劳等特点，可用于制作钻杆、油管及套管等石油专用管，目前应用较多的为新型合金钻杆的开发及应用。ISO 13085—2014将铝合金材料作为钻采机械材料进行了相关分类，主要有Al－Cu－Mg系列、Al－Cu－Mg－Si－Fe系列、Al－Zn－Mg－Cu系列和Al－Zn－Mg等系列。

表5.4.10 部分1XXX系铝合金的化学成分表[122] 单位：%(质量分数)

合金	Si	Fe	Cu	Mn	Mg	Cr	Zn	Ti	Ga	V	Al
1050	≤0.25	≤0.40	≤0.05	≤0.05	≤0.05	—	≤0.05	≤0.03	—	≤0.05	其余
1060	≤0.25	≤0.35	≤0.05	≤0.03	≤0.03	—	≤0.05	≤0.03	—	≤0.05	其余
1100	0.95		0.05～0.2	0.05	—	—	0.10	—	—	—	其余
1145	0.55		0.05	0.05	0.05	—	0.05	0.03	—	0.05	其余
1199	0.006	0.006	0.006	0.002	0.006	—	0.006	0.002	0.005	0.005	其余
1350	0.10	0.40	0.05	0.01	—	0.01	0.05	—	0.03	—	其余

① Al－Cu－Mg系列。

Al－Cu－Mg系列合金具有密度低、强度高、加工性能和耐损伤性能优良等特点，是目前应用最为广泛的钻杆材料。图5.4.21为成品的Al－Cu－Mg系列高强度铝合金钻杆。

图5.4.21 Al－Cu－Mg系高强度铝合金钻杆

Al－Cu－Mg 系列中 Cu 和 Mg 是主要元素，图 5.4.22 为其三元相图。如图所示该系列合金存在 θ 和 β 两个二元相以及 T 和 S 两个三元相。目前所设计工业合金体系条件下，T 相和 β 相不出现于合金中，只存在 α(Al)＋θ(Al_2Cu)、α(Al)＋S(Al_2CuMg)两相共晶或 α(Al)＋θ(Al_2Cu)＋S(Al_2CuMg)三相共晶。

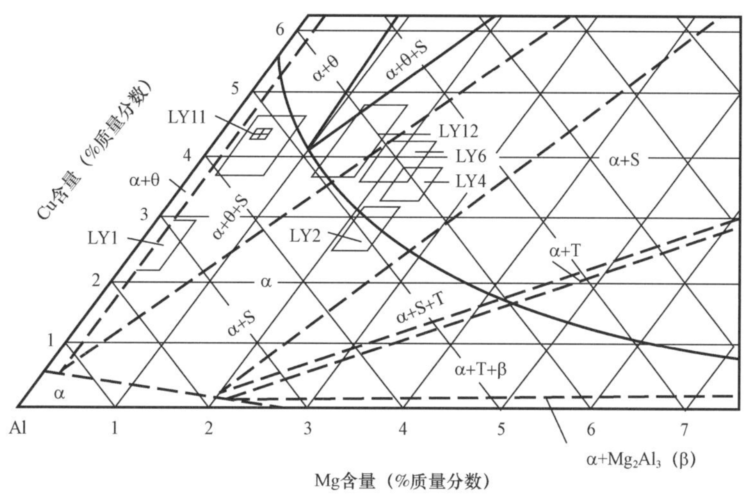

图 5.4.22 Al－Cu－Mg 系合金三元相图

合金体系中当 Cu 含量大于 2% 时，出现 α(Al)＋θ(Al_2Cu)两相共晶。随 Cu 含量增加，合金强度提高，但 Cu 与 Mn 易形成粗大金属间化合物，适当降低 Cu 含量有助于提高合金的断裂韧性。合金中 Mg 的存在不但能提高 Al－Cu 合金自然时效后的力学性能，而且还能够改善人工时效后的强度。现有体系中，Mg 含量范围为 0.15%～2.6%。对于 Mg 含量较低的合金，合金中强化相主要为 S 相，如 2A01、2A13 和 2A11 合金。当 Mg 含量为 1.2%～1.8% 之间时，合金中强化相为 θ＋S 相三相共晶，如 2A12 合金，合金中主要强化相 S 相数量随着 Mg 含量的增加而增加。当 Mg 含量处于 1.7%～2.6% 区间时，主要以 α(Al)＋S(Al_2CuMg)两相共晶体方式存在。表 5.4.11 给出了部分 Al－Cu－Mg 系列合金物理性质。

表 5.4.11 部分 Al－Cu－Mg 系列合金物理性质

合金牌号	密度(g/cm^3)	线膨胀系数(20～200℃)	泊松比	弹性模量(GPa)	切变模量(GPa)
2A12	2.78	23.4	0.33	72	27
2024	2.77	23.8	0.33	72.4	27.5
2014	2.80	23.4	0.33	71.7	28

Al－Cu－Mg 系列高强度铝合金钻杆的制备工艺流程一般为：炉膛准备—配料—投料—熔炼—除气除渣—精炼—在线成分分析—调整成分—静置—水冷铸造。对切去头尾后的铸锭在均热炉内进行均匀化处理，均匀化工艺为 470～490℃/24～48h。铸锭经均匀化热处理后，采用变截面挤压的方法在挤压设备上经 400～480℃预热后进行热挤压。将挤压后的管材装入淬火炉内进行固溶处理，固溶温度 450～495℃，随后水冷。固溶处理后的管材在时效处理炉内进行时效处理，时效温度 170～190℃，时效时间 8～100h，随后空冷制得钻杆管体。管体与钢制接头采用热装配方式连接。

② Al－Zn－Mg－Cu 系列。

Al－Zn－Mg－Cu 系列合金主要用于强度较高的钻杆，一般位于管柱最上部。Al－Zn－Mg－Cu 系列合金为热处理可强化合金，合金成分包括主合金元素 Zn、Mg、Cu 和微量元素 Zr、Ag、Cr、Li、Be，以及杂质元素 Fe 和 Si 等，其中 Zn 和 Mg 是主要强化元素。图 5.4.23 给出了 Al－Zn－Mg(－Cu)相图中富铝角的等温截面和变温截面图。

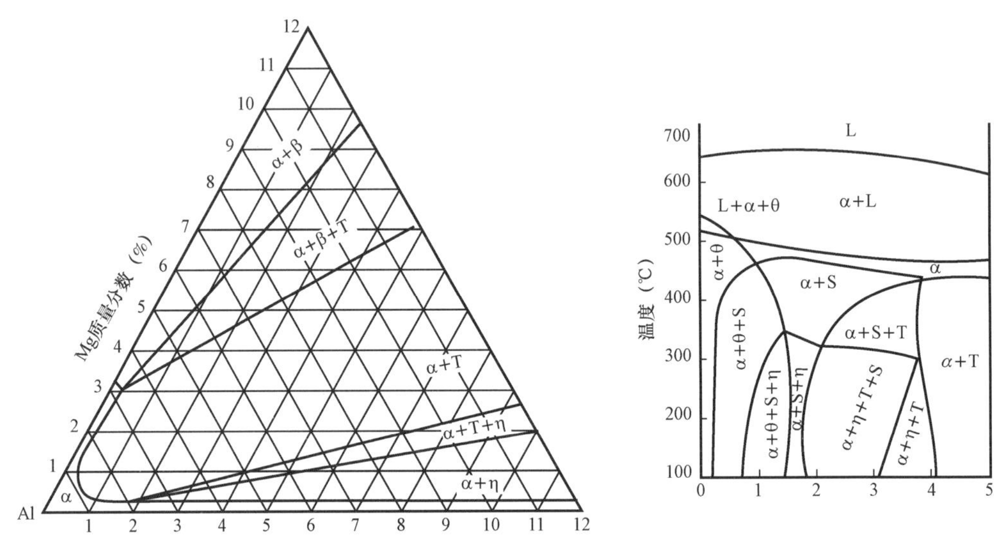

图 5.4.23　Al－Zn－Mg(－Cu)相图中富铝角的等温截面和变温截面图

由图 5.4.23 可以看出，该系合金的主要相为 T($Al_2Mg_3Zn_3$)相、η($MgZn_2$)相和 S(Al_2CuMg)相。其中 T(Al_6CuMg_4)和 T($Al_2Mg_3Zn_3$)为同晶型，可连续互溶形成 T(AlZnMgCu)相。工业生产的 Al－Zn－Mg－Cu 系列合金成分，常处在 α(Al)＋T(AlZnMgCu)、α(Al)＋T(AlZnMgCu)＋S(Al_2CuMg)、α(Al)＋η($MgZn_2$)＋T($Al_2Mg_3Zn_3$)或 α(Al)＋η($MgZn_2$)＋T($Al_2Mg_3Zn_3$)＋S(Al_2CuMg)四个相区的交界附近。因此，随铸造时冷却速度的不同或合金成分的变化，常出现不同的组织。表 5.4.12 为部分 Al－Zn－Mg－Cu 系列合金物理性质。

表 5.4.12　部分 Al－Zn－Mg－Cu 系列合金物理性质

合金牌号	密度(g/cm^3)	线膨胀系数(20～200℃)	泊松比	弹性模量(GPa)	切变模量(GPa)
7075	2.81	24.5	0.33	71	25.9
7A04	2.85	24.1	0.31	67	27
7050	2.83	24.4	0.33	70.3	25.9

Al－Zn－Mg－Cu 系列铝合金钻杆的制备工艺与 Al－Cu－Mg 系类似，其流程一般为：炉膛准备—配料—投料—熔炼—除气除渣—精炼—在线成分分析—调整成分—静置—水冷铸造。对切去头尾后的铸锭在均热炉内进行均匀化处理，均匀化工艺为 470～490℃/24～48h。铸锭经均匀化热处理后，采用变截面挤压的方法在挤压设备上经 400～480℃预热后进行热挤压。将挤压后的管材装入淬火炉内进行固溶处理，固溶温度 450～495℃，随后水冷。固溶处理后的管材在时效处理炉内进行时效处理，时效温度 170～190℃，时效时间 8～100h，随后空冷制得钻杆管体。管体与钢制接头采用热装配方式连接，具体实施步骤包括钢制接头的加热，铝管体接头的冷却及拧接过程。

5.4.1.2.2　耐蚀非金属材料

常见的耐蚀非金属材料主要有塑料、橡胶、玻璃钢，以及混凝土、化工陶瓷等，其中尤以前三种应用居多[122]。

(1)塑料。

塑料是一类以天然的或合成的高分子化合物为主要成分，在一定温度和压力下塑制成型，并在常温下能保持其形状不变的高分子材料。一般塑料都有多组分体系，单一组分的不多，如聚四氟乙烯等。用于石油工业的塑料多以合成树脂为主要原料，根据需要加入一定比例的其他材料，如填料、增塑剂、稳定剂等，用以改善塑料的某些特定性能。

塑料的种类有很多，根据其不同的分类方法，可有多种名称和表述方法。如果按树脂受热时的行为，可分为热塑性塑料和热固性塑料，典型产品如聚烯烃、聚酰胺、聚甲醛等。如果按期用途和使用范围分，则可分为通用塑料和工程塑料，如聚乙烯、聚氯乙烯、酚醛、聚酰胺、聚甲醛等。塑料的特性综合起来主要有如下几点：

① 质量轻；

② 比强度高；

③ 优越的化学稳定性；

④ 优异的电气绝缘性能；

⑤ 优良的减摩、耐磨性能；

⑥ 可以自由着色。

其不足之处主要在于其机械强度一般不如金属，表面硬度低，与金属相比其耐热性差。如聚乙烯仅能在 60 ~ 70℃下使用，一般工程塑料使用温度范围也在 200℃以下。

(2)橡胶。

橡胶是指具有橡胶弹性的高分子材料，按其来源，可分为天然橡胶和合成橡胶两大类。天然橡胶是橡胶树的树汁经炼制而成，是不饱和的异戊二烯高分子聚合物。根据硫化程度的高低，天然橡胶可分为软橡胶、半硬橡胶和硬橡胶。软橡胶的耐腐蚀性和抗渗透性比硬橡胶差，硬橡胶的耐磨性、耐热性和机械强度均较好，但耐冲击性能不如软橡胶。天然橡胶的化学稳定性较好，可耐一般非氧化性强酸、有机酸、碱溶液和盐溶液等的腐蚀，但不耐强氧化性酸和芳香族化合物的腐蚀。在防腐蚀领域中，软橡胶主要用作各种设备的衬里，如储槽、管、泵等。硬橡胶除可以作为衬里外，还可以作整体设备，如管、阀、泵等。

合成橡胶是用人工方法制成的和天然橡胶类似的高分子弹性材料。其品种繁多，目前主要有七大品种：丁苯橡胶、顺丁橡胶、异戊橡胶、氯丁橡胶、丁基橡胶、乙丙橡胶和丁腈橡胶。合成橡胶按其用途和性能可分为通用合成橡胶和特种合成橡胶。凡性能与天然橡胶相近，物理机械性能和加工性能较好，能广泛应用于轮胎和其他一般橡胶制品的称为通用合成橡胶，如丁苯橡胶、氯丁橡胶等；凡具有特殊性能，专门用于制作耐寒、耐热、耐化学物质腐蚀、耐溶剂等特种橡胶制品的橡胶通称为特种橡胶，如丁腈橡胶、硅橡胶、聚硫橡胶等。

橡胶是石油工业中常用的一种重要工程材料，特别是作为防腐蚀衬里和密封制品。橡胶衬里是选用一定厚度的耐腐蚀橡胶复合在基体表面，形成连续完整的覆盖层，以隔离服饰介质，达到防腐蚀目的。橡胶衬里是化工防腐蚀领域中的一项既可靠又经济的防腐蚀技术。近年来，随着高分子化学的发展,聚合物品种的开发和成型加工技术的进步,耐蚀橡胶衬里也进一步得到广泛应用。一直以来,橡胶衬里是最充分利用了橡胶的特性的防腐蚀技术。橡胶不仅能防止腐蚀介质的作用,而且由于它的特殊大分子结构赋予橡胶以高弹性,因而还具有优良的耐磨蚀、防空蚀,适应交替变形和温度变化等性质。

(3)玻璃钢。

玻璃钢是以合成树脂为粘接剂,以玻璃纤维及其制品为增强材料而制成的复合材料,亦称为玻璃纤维增强塑料。因其强度高,可以和钢铁相比,所以称为玻璃钢(FRP)。玻璃钢主要具有以下 5 种基本性质:

① 轻质高强。玻璃钢的密度只有 1.4 ~ 2.0g/cm^3,即只有普通钢材的 1/6 ~ 1/4,而机械强度却能达到或超过普通碳钢的水平,按比强度计算,已达到或超过某些特殊合金钢的水平。

② 优良的耐化学腐蚀性。玻璃钢与普通金属的电化学腐蚀机理不同,它不导电,在电解质溶液里不会有离子溶解出来,因而对大气、水和一般浓度的酸、碱、盐等介质具有良好的化学稳定性,特别在强的非氧化性酸和相当广泛的 pH 值范围内的介质中都有良好的适应性。

③ 优良的电绝缘性能。玻璃钢是一种优良的电绝缘材料,用玻璃钢制作的设备不存在电化学腐蚀和杂散电流腐蚀,可以广泛用于制造仪表、电动机及电器中的绝缘零部件。

④ 良好的热性能和表面性能。玻璃钢是一种优良的热绝缘材料,可用作良好的隔热材料和瞬时耐高温材料。另外,玻璃钢一般和化学介质接触时表面很少有腐蚀产物、结垢等,因此用玻璃钢管道输送液体,管道内阻力很小,摩擦系数也较低,可有效节省动力。

⑤ 良好的施工工艺性和可设计性。未固化前的热固性树脂和玻璃纤维组成的材料具有改变形状的能力,通过不同的成型方法和模具,可以方便地加工成所需的形状。玻璃钢还能通过改变其原料的种类、数量、比例和排列方式,以适应各种不同的要求。

玻璃钢的耐蚀性能受很多因素的影响,最主要的和值得注意的有:合成树脂的种类和固化度、增强材料的种类和特性、增强材料与基材的粘接性以及玻璃钢的结构形式等。

玻璃钢的耐腐蚀性也是相对的,有条件的。在所有化学介质的种类、浓度、温度及其他条件下绝对的耐腐蚀材料是没有的,每类玻璃钢材料都有它的适用介质、应用条件和范围,实际应用中要特别注意这一点。

(4)其他耐蚀非金属材料。

除上述 3 种非金属材料外,用作防腐蚀的非金属材料还有混凝土、化工陶瓷、化工搪瓷以及不透性石墨等。

混凝土是一种人造石材,是当代用量最多、用途最广的建筑材料之一。混凝土不仅用途广泛,性能优异,而且品种繁多,其中耐腐蚀混凝土是其中重要的一类。耐腐蚀混凝土不仅像普通的混凝土一样具有很高的力学强度,而且对各类酸、碱、盐等化学介质具有相当可靠的化学稳定性,是现代工业中制作各类储酸罐、池、沟、管和建筑物楼、地面等主要的防腐蚀材料之一。耐蚀混凝土由石油耐蚀胶结剂、硬化剂、耐蚀粉料和粗、细骨料及外加剂按一定比例组成,经过搅拌、成型和养护后可直接使用的耐蚀材料。按胶结剂的种类不同可以分为无机胶凝材料混凝土、有机胶凝材料混凝土和无机与有机复合的胶凝材料混凝土。

化工陶瓷又称为耐酸陶瓷,具有优良的耐腐蚀性。其主要原料为黏土、瘠性材料和助溶剂。它们用水混合后有一定的可塑性,能制成一定的几何形状,经过干燥和高温焙烧,形成表面光滑、断面致密、石质似的材料。化工陶瓷随配方及焙烧温度不同可分为耐酸陶、耐酸耐温陶与工业瓷三种材料。由耐酸陶、耐酸耐温陶与工业瓷三种材料制造的管子简称耐酸管、耐温管和瓷管,由它们制造的容器和塔器简称耐酸设备、耐温设备。化工陶瓷除能耐氢氟酸、氟硅酸和强碱腐蚀外,能耐各种浓度的无机酸、有机酸和有机介质的腐蚀,但对磷酸的耐蚀性较差。化工陶瓷在石油化工工业中都有广泛的应用,其产品有塔、储槽、容器、过滤器、旋塞、阀门、泵以及鼓风机、管道和管件等。

化工搪瓷是将含硅量高的耐酸瓷釉涂覆在钢制设备的表面,经过 1173K 的煅烧使之与金属结合,形成致密的、耐腐蚀的玻璃质薄层,这样的设备成为化工搪瓷设备。化工搪瓷兼具金属的力学性能和瓷釉的耐腐蚀性双重优点,除氢氟酸和含氟离子的介质以及高温磷酸和强碱外,能耐各种浓度的无机酸、有机酸、盐类、有机溶剂和弱碱的腐蚀,广泛应用于石油、化工、医药和合成纤维等生产中。

5.4.2　缓蚀剂

5.4.2.1　缓蚀剂概述

美国试验与材料协会《关于腐蚀和腐蚀试验术语的标准定义》(ASTM G15 - 76)中定义缓蚀剂是“一种以适当的浓度和形式存在于环境(介质)中时,可以防止或减缓腐蚀的化学物质或几种化学物质的混合物”。一般而言,缓蚀剂是指那些用在金属表面起防护作用、加入微量或少量这类化学物质可使金属材料在该介质中的腐蚀速率明显降低直至为零且同时还能保持金属材料原有的物理机械性能不变的物质。缓蚀剂的用量一般从千万分之几到千分之几,个别情况下用量达百分之几。

5.4.2.1.1　缓蚀剂特点

缓蚀剂一般具有选择性、配伍性、协同效应和有效性等特性。

(1)选择性。即某种缓蚀剂只在特定的材料—介质体系中才具备缓蚀能力。

(2)配伍性。当缓蚀剂和其他药剂共同存在于介质中时,不会产生沉淀、分层、交联等不利现象,也不降低缓蚀剂和其他药剂的效率。

(3)协同效应。协同效应是指当两种或两种以上的缓蚀剂联合使用时,能大幅度提高缓蚀效果的现象,取决于缓蚀剂种类、浓度、使用条件等因素。在腐蚀介质中添加两种或两种以上的缓蚀剂,其缓蚀效果比单独使用时不仅用量少,且缓蚀效果会更好。

(4)有效性。由于缓蚀剂与金属表面作用需要有一定的作用时间,因此对于缓蚀剂而言存在一个有效作用时间。缓蚀剂浓度不同,其缓蚀效率也不同。要达到一定的缓蚀效率,必定存在一个有效作用浓度,低于这一浓度,缓蚀效率太低,或有可能加速腐蚀。对于一定量或一定浓度的缓蚀剂来说,它所保护的面积是一定的,面积值过大,缓蚀效率降低或达不到应有的保护。

目前缓蚀剂已广泛用于机械、石油化工、冶金、能源等许多行业。工业中常用缓蚀剂的使用条件及性能见表 5.4.13。

表 5.4.13　工业中常用缓蚀剂使用条件及性能

缓蚀剂	酸浓度及温度	缓蚀剂用量	缓蚀效率
高级吡啶碱	12% HCl + 5% HF,40℃	0.2%	<0.1mm/a
四甲基吡啶釜残液	10% HCl + 6% HF,30℃	0.2%	<0.1mm/a

续表

缓蚀剂	酸浓度及温度	缓蚀剂用量	缓蚀效率
2 - MBT + 4502 + 硫脲 + OP - 15	2% HF,50℃	0.03% + 0.02% + 0.02%	1mm/a
Lan - 5	3% ~ 14% HNO_3,20 ~ 80℃	0.6%	99.6%
硝基苯胺	2 ~ 3mol/L HNO_3	0.002mol/L	高效
1 - 苯基取代 3 - 甲 - 硫代氨基甲酰胺	20%、35% HNO_3	0.0005%	高效
Lan - 826	10% HCl、50℃	0.2%	99.4%
有机胺和炔醇反应物	5% ~ 15% HCl,93℃	0.01% ~ 0.25%	99%
乌洛托品 + $CuCl_2$	2% ~ 25% HCl	0.6% + 0.02%	99%
乌洛托品 + $SbCl_3$	10% ~ 25% HCl	0.8% + 0.001%	高效
糖醛	0.2 ~ 6mol/L HCl	5 ~ 10mL/230mL 酸	高效
乌洛托品 + KI	20% H_2SO_4,40 ~ 100℃	8 : 1(两种组分比例), 0.6%(用量的质量分数)	99%
乌洛托品 + 硫脲 + Cu^{2+}	10% H_2SO_4,60℃	0.14% + 0.097% + 0.003%	99%
二丁基硫脲 + OP	10% ~ 20% H_2SO_4,60 ~ 80℃	0.5% + 0.25%	高效
天津若丁	HCl、H_2SO_4、H_3PO_4、HF、柠檬酸		95%

5.4.2.1.2 缓蚀剂效率

缓蚀剂抑制腐蚀的能力可以通过缓蚀效率来评价。根据评价方法的不同,缓蚀剂的缓蚀效率可以用下述 3 种方式来表示:

(1)腐蚀速率法。

根据添加和未添加缓蚀剂的溶液中金属材料的腐蚀速率定义缓蚀效率:

$$\varepsilon = \frac{v_0 - v}{v_0} \times 100\% \tag{5.4.5}$$

式中 v_0——未添加缓蚀剂时,金属材料的腐蚀速度;

v——添加缓蚀剂时,金属材料的腐蚀速度。

(2)腐蚀失重法。

根据相同面积的金属材料在添加和未添加缓蚀剂溶液中浸泡相同时间后的失重量值定义缓蚀效率:

$$\varepsilon = \frac{w_0 - w}{w_0} \times 100\% \tag{5.4.6}$$

式中 w_0——未添加缓蚀剂条件下,试验材料的失重量值;

w——添加缓蚀条件下,试验材料的失重量值。

(3)腐蚀电流法。

若介质腐蚀过程是电化学腐蚀,可根据添加和未添加缓蚀剂溶液中金属材料的腐蚀电流定义缓蚀效率:

$$\varepsilon = \frac{i_{corr} - i'_{corr}}{i_{corr}} \times 100\% \tag{5.4.7}$$

式中　i_{corr}——未添加缓蚀剂所测量的腐蚀电流密度;

i'_{corr}——添加缓蚀剂所测量的腐蚀电流密度。

缓蚀效率能达到90%以上的为良好的缓蚀剂。

5.4.2.2　缓蚀剂的类型

缓蚀剂种类繁多,作用机理复杂,可按其化学组成、电化学机理、物理化学机理、应用介质等进行分类,见表5.4.14。

表5.4.14　工业中常用缓蚀剂的名称及分类

分类依据		缓蚀剂名称
化学组成	无机缓蚀剂	如:亚硝酸盐、硝酸盐;铬酸盐、重铬酸盐;磷酸盐、多磷酸盐;硅酸盐;钼酸盐;含砷化合物
	有机缓蚀剂	如:胺类、醛类、炔醇类、有机磷化合物、有机硫化合物、羧酸及其盐类、磺酸及其盐类、杂环化合物
电化学机理	阳极型	如:铬酸盐、亚硝酸盐、磷酸盐、硅酸盐、苯甲酸盐等
	阴极型	如:酸式碳酸钙、聚磷酸盐、硫酸锌、砷离子、锑离子等
	混合型	如:含氮、含硫以及既含氮又含硫的有机化学物、琼脂、生物碱等
物理化学机理	氧化膜型	如:铬酸盐等
	沉淀膜性	如:硫酸锌、碳酸氢钙、聚磷酸钠等
	吸附膜型	物理吸附型:胺类、硫醇和硫脲等; 化学吸附型:吡啶衍生物、苯胺衍生物、环状亚胺等
应用介质	酸性介质	如:醛、炔醇、胺、季铵盐、硫脲、杂环化合物(吡啶、喹啉)、咪唑啉、亚砜、松香胺、乌洛托品、酰胺、若丁等
	碱性介质	如:硅酸钠、8-羟基喹啉、间苯二酚、铬酸盐
	中性水溶液	如:聚磷酸盐、铬酸盐、硅酸盐、碳酸盐、亚硝酸盐、苯并二氮唑、2-硫醇苯并噻唑、亚硫酸钠、氨水、肼、环己烷、烷基胺、苯甲酸钠
	盐水溶液	如:磷酸盐+铬酸盐、聚磷酸盐、重铬酸盐、铬酸盐+重碳酸盐
	采油、炼油及化工厂	如:烷基胺、二胺、脂肪酸盐、松香胺、季铵盐、酰胺、氨水、氢氧化钠、咪唑啉、吗啉、磺酸盐、酰胺的聚氧乙烯化合物
	石油、天然气输送管线及油船	如:烷基胺、二胺、酰胺、亚硝酸盐、铬酸盐、氨水、碱
	气相腐蚀介质	如:亚硝酸二环已胺、碳酸环已胺、亚硝酸二异丙胺
	微生物环境	如:烷基胺、氯化酚盐、苄基季铵盐、2-硫醇苯并噻唑

(1)按缓蚀剂的化学组成分类。

根据缓蚀剂的化学组成可将缓蚀剂划分为无机缓蚀剂和有机缓蚀剂。

(2)按缓蚀剂对电极过程的影响分类。

根据缓蚀剂对电极过程的影响,可以将缓蚀剂分为阳极型、阴极型和混合型三种类型。

① 阳极型缓蚀剂。这类缓蚀剂抑制阳极过程,增大阳极极化,使腐蚀电位正移,从而使腐蚀电流下降,其金属腐蚀极化图如图 5.4.24 所示。这类缓蚀剂有铬酸盐、亚硝酸盐、磷酸盐和硅酸盐等。

② 阴极型缓蚀剂。这类缓蚀剂抑制阴极过程,增大阴极极化,使腐蚀电位负移,从而使腐蚀电流下降,其金属腐蚀极化图如图 5.4.25 所示。这类缓蚀剂有酸式碳酸钙、聚磷酸盐、硫酸锌、砷离子、锑离子等。

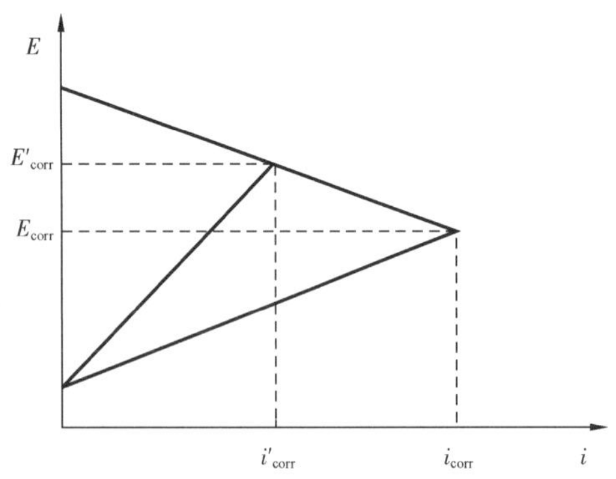

图 5.4.24　阳极型缓蚀剂的金属腐蚀极化图

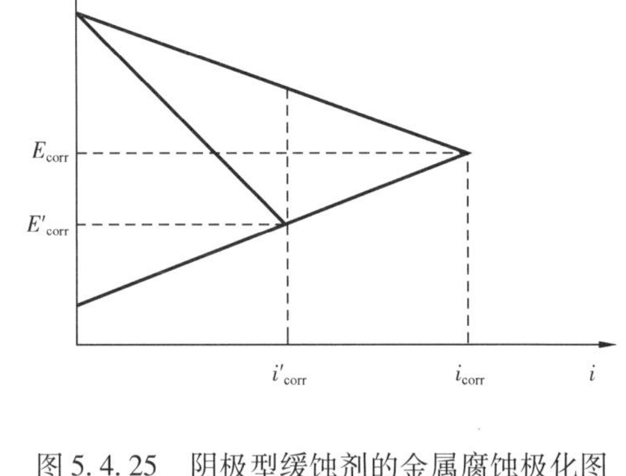

图 5.4.25　阴极型缓蚀剂的金属腐蚀极化图

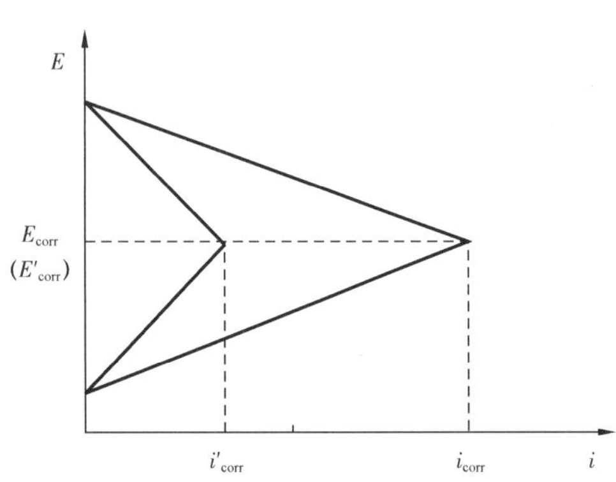

图 5.4.26　混合型缓蚀剂的金属腐蚀极化图

③ 混合型缓蚀剂。这类缓蚀剂对阳极过程和阴极过程同时具有抑制作用,腐蚀电位的变化不大,但可使腐蚀电流显著下降,其金属腐蚀极化图如图 5.4.26 所示。这类缓蚀剂有含氮、含硫以及既含氮又含硫的有机化学物、琼脂、生物碱等。

(3)按形成的保护膜特征分类。

可将缓蚀剂分为氧化膜型、沉淀膜型和吸附膜型三类。

① 氧化(膜)型缓蚀剂。此类缓蚀剂能使金属表面生成致密而附着力好的氧化物膜(图 5.4.27),从而抑制金属的腐蚀。这类缓蚀剂有钝化作用,故又称为钝化型缓蚀剂,或者直接称为钝化剂。钢在中性介质中常用的缓蚀剂如 Na_2CrO_4、$NaNO_3$、$NaMoO_4$等都属于此类。

② 沉淀(膜)型缓蚀剂。此类缓蚀剂本身无氧化性,但它们能与金属的腐蚀产物(如 Fe^{2+}、Fe^{3+})或与共轭阴极反应的产物(一般是 OH^-)生成沉淀(图 5.4.28),能够有效地覆盖在金属氧化膜的破损处,起到缓蚀作用。这种物质称为沉淀型缓蚀剂。例如中性水溶液中常用的缓蚀剂硅酸钠(水解产生 SiO_2 胶凝物)、锌盐[与 OH^- 反应生成 $Zn(OH)_2$沉淀膜]、磷酸盐类(与 Fe^{2+} 反应形成 $FePO_4$膜)以及苯甲酸盐(生成不溶性的羟基苯甲酸铁盐)。

③ 吸附型缓蚀剂。此类缓蚀剂能吸附在金属/介质界面上，形成致密的吸附层，阻挡水分和侵蚀性物质接近金属，抑制金属腐蚀过程，起到缓蚀作用（图5.4.29）。这类缓蚀剂大多含有O、N、S、P的极性基团或不饱和键的有机化合物。如钢在酸中常用的缓蚀剂硫脲、喹淋、炔醇等类的衍生物，钢在中性介质中常用的缓蚀剂苯并三氮唑及其衍生物等。

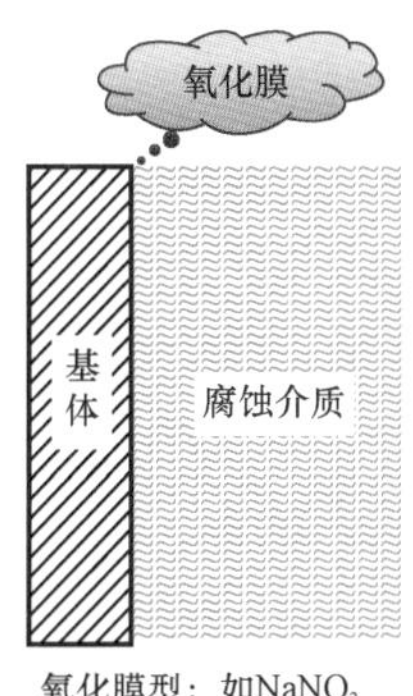

图5.4.27　氧化膜型缓蚀剂示意图

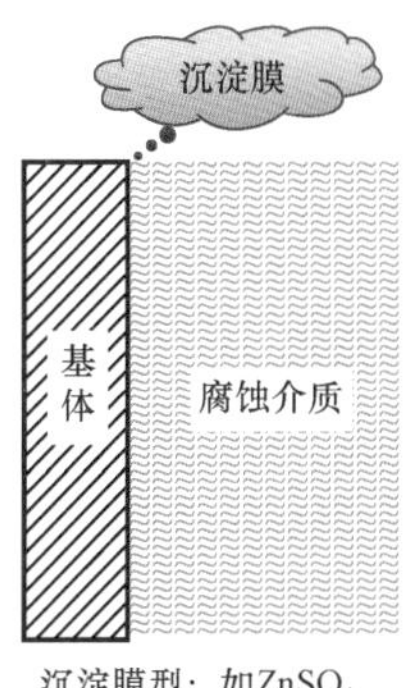

图5.4.28　沉淀膜型缓蚀剂示意图

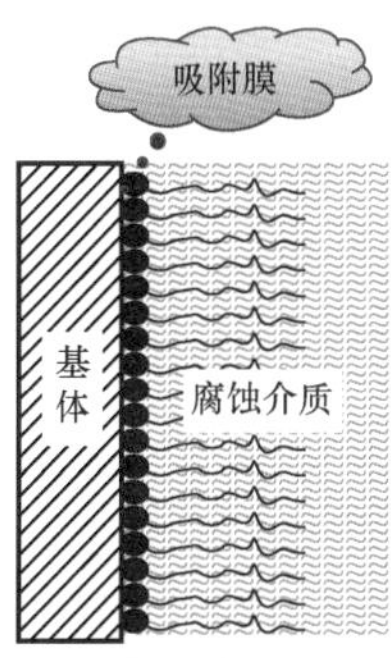

图5.4.29　吸附膜型缓蚀剂示意图

上述氧化型和沉淀型两类缓蚀剂也常被合称为成膜型缓蚀剂。因为吸附膜的形成，产生了新相，是三维的，故也称三维缓蚀剂。而吸附型缓蚀剂在金属/介质界面上形成单分子层，是二维的，也称为二维缓蚀剂。实际上，工程中使用的高效缓蚀剂，其作用机理是相当复杂的，往往是多种效应的效果，很难简单地归之为某一类型。不同的缓蚀剂联合使用时，其缓蚀效果不是简单的叠加，而是互相促进产生协同作用，可以大幅度提高缓蚀效率。

（4）按物理性质分类。

可分为水溶性、油溶性和气相三类。

① 水溶性缓蚀剂。它们可溶于水溶液中，通常作为酸、盐水溶液及冷却水的缓蚀剂，也用于工序间的防锈水、防锈润滑切削液中。

② 油溶性缓蚀剂。这类缓蚀剂可溶于矿物油，作为防锈油（脂）的主要添加剂。它们大多是有机缓蚀剂，分子中存在着极性基团（亲金属和水）和非极性基团（亲油的碳氢链）。因此，这类缓蚀剂可在金属/油的界面上发生定向吸附，构成紧密的吸附膜，阻挡水分和腐蚀性物质接近金属。

③ 气相缓蚀剂。在常温下能挥发成气体的金属缓蚀剂。此类缓蚀剂若为固体，应能够升华；若是液体，必须具有足够大的蒸汽压。此类缓蚀剂必须在有限的空间内使用，如在密封包装袋内或包装箱内放入气相缓蚀剂。

（5）按应用环境分类。

可分为酸性溶液用缓蚀剂、碱性溶液用缓蚀剂、中性溶液用缓蚀剂和气相缓蚀剂四类。

① 酸性溶液用缓蚀剂。适用于酸性介质，这类缓蚀剂有乌洛托品、咪唑啉、苯胺、硫脲和三氯化锑等。

② 碱性溶液用缓蚀剂。适用于碱性介质，这类缓蚀剂有硝酸钠、硫化钠、过磷酸钙等。

③ 中性溶液用缓蚀剂。适用于天然水和盐水，这类缓蚀剂有六偏磷酸钠、葡萄糖酸锌、硫酸锌等。

④ 气相缓蚀剂。适用于仓库和包装袋内，这类缓蚀剂有碳酸环已胺、苯甲酸戊胺等。

5.4.2.3 缓蚀剂的作用机理

5.4.2.3.1 无机缓蚀剂的缓蚀作用机理

根据缓蚀剂阻滞腐蚀过程的特点，无机缓蚀剂可分为：阳极型缓蚀剂、阴极型缓蚀剂和混合型缓蚀剂。其中阳极型缓蚀剂还可进一步分为阳极抑制型缓蚀剂（钝化剂）和阴极去极化型缓蚀剂。

（1）阳极型缓蚀剂。

① 阳极抑制型缓蚀剂。

阳极抑制型缓蚀剂作用原理是当溶液中加入阳极抑制型缓蚀剂（钝化剂）时，缓蚀剂将金属表面氧化，形成一层致密的氧化膜，提高了金属在腐蚀介质中的稳定性，从而抑制了金属的阳极溶解。图5.4.30是阳极型缓蚀剂（钝化剂）的作用原理示意图。阳极型缓蚀剂（钝化剂）的加入并不改变阴极极化曲线（K），但使阳极极化曲线由A变至B，因而阳极极化曲线与阴极极化曲线的交点就由M变到N，金属由活性腐蚀转变到钝态，腐蚀速率大为降低。在中性溶液中应用的典型阳极型缓蚀剂（钝化剂）有铬酸盐、磷酸盐和硼酸盐。后两种必须在有氧存在下才能形成致密的表面膜。

阳极型缓蚀剂并不一定非要金属处于钝化状态。例如，由图5.4.31实测的阳极极化曲线可以看到，加入阳极型缓蚀剂后，腐蚀电位明显正移；阳极极化曲线的Tafel斜率增大。这表明金属离子要克服更大的能垒才能进入溶液，因而阳极溶解过程受阻。

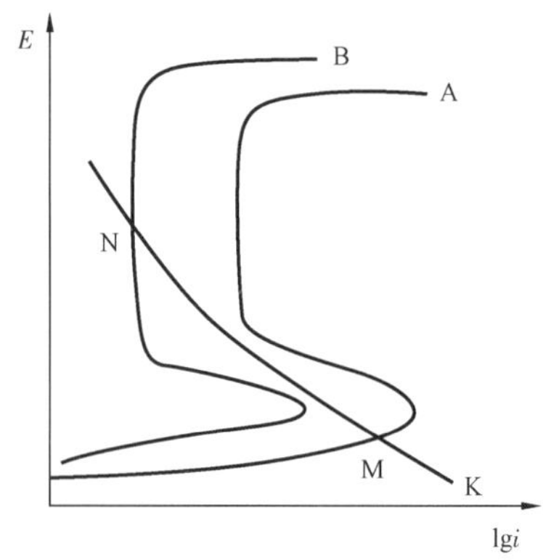

图5.4.30 阳极型缓蚀剂的缓蚀作用原理

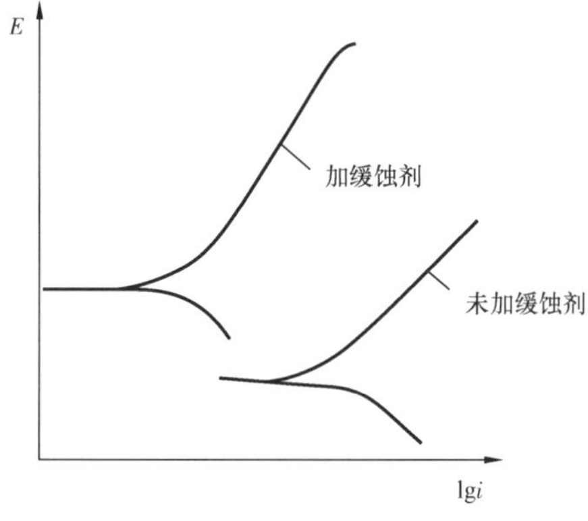

图5.4.31 加入缓蚀剂前后的阳极极化曲线

此类典型的缓蚀剂有NaOH、Na_2CO_3、Na_2SiO_3、Na_3PO_4等。它们能和金属表面阳极部分溶解下来的金属离子生成难溶性化合物，沉淀在阳极区表面，或者修补氧化膜的破损处，从而抑制阳极反应。这类缓蚀剂要有O_2等去极化剂存在时才起作用。

② 阴极去极化型缓蚀剂。

此类缓蚀剂（钝化剂）不会改变阳极极化曲线，但会使阴极极化曲线移动，导致腐蚀电流的降低。图5.4.32为阴极去极化型缓蚀剂（钝化剂）的作用原理示意图。随着加入量的增加，阴极极化曲线正移，同时阴极曲线的Tafel斜率变小，腐蚀电位正移，由活性腐蚀区进入钝化区。同样，用量不足也会导致腐蚀加速，如图5.4.32中K′所示。典型阴极去极化型缓蚀剂（钝化剂）有：亚硝酸盐、硝酸盐、高价金属离子（如Fe^{3+}、Cu^{2+}）；在酸性溶液中使用的钼酸盐、钨酸盐和铬酸盐也属此类缓蚀剂。

(2)阴极型缓蚀剂。

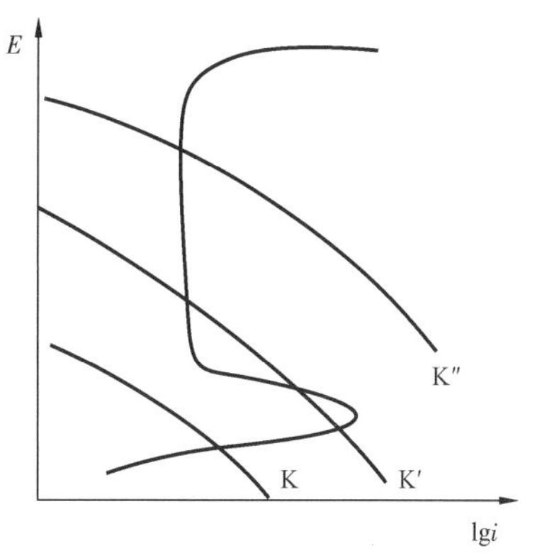

图5.4.32　阴极去极化型缓蚀剂作用原理
K—未加钝化剂;K″—加钝化剂

阴极型缓蚀剂的作用原理是加入阴极型缓蚀剂后,阳极极化曲线不发生变化,仅阴极极化曲线的斜率增大,腐蚀电位负移,导致腐蚀电流降低。

阴极型缓蚀剂与阳极型缓蚀剂的差别在于:阴极型缓蚀剂主要对金属的活性溶解起缓蚀作用,而阳极型缓蚀剂则是在钝化区起缓蚀作用。

阴极型缓蚀剂按其作用机理可以分为四类:

① Ca、Mg、Zn、Mn 和 Ni 的盐。在中性介质中,这些盐能与阴极反应生成的 OH^- 作用,在金属表面的阴极区形成致密的氢氧化物或碳酸盐沉淀膜,阻碍氧的扩散,抑制氧的去极化作用,从而降低腐蚀速率。例如,加入 $ZnSO_4$、$Ca(HCO_3)_2$ 缓蚀剂,可以在金属表面形成难溶的 $Zn(OH)_2$、$CaCO_3$ 沉淀膜。

② 缓蚀剂能与水溶液中某些阳离子作用,生成大的胶体阳离子,然后向阴极表面迁移、在阴极区放电并形成较厚的保护膜。例如,在循环冷却水和锅炉水中经常采用聚磷酸盐作缓蚀剂。其结构式为

$$\begin{array}{ccccccccccc} & & O & & & O & & & O & & \\ & & \| & & & \| & & & \| & & \\ NaO & - & P & - & O \!\!-\!\!(& P & - & O)_n & P & - & ONa \\ & & | & & & | & & & | & & \\ & & ONa & & & ONa & & & ONa & & \end{array}$$

其中六偏磷酸钠($n=4$)和三聚磷酸钠($n=3$)应用广泛。前者比后者缓蚀效果更好,但后者更便宜。它们的缓蚀机理较复杂。一般认为,在水中有溶解氧的情况下,它们在促进钢铁表面生成 Fe_2O_3 的同时,可与水中的 Ca^{2+}、Mg^{2+}、Zn^{2+} 等离子形成螯合物,如

$$\begin{array}{ccccccccc} & & O & & O^- & & \\ & & \| & & | & & \\ -O- & & P & -O- & P & -O- \\ & & | & & \| & & \\ & & O^- & & O & & \\ & & \diagdown & & \swarrow & & \\ & & & Ca^{2+} & & & \\ & & \nearrow & & \diagdown & & \\ & & O & & O^- & & \\ & & \| & & | & & \\ -O- & & P & -O- & P & -O- \\ & & | & & \| & & \end{array} \quad 或 \quad \begin{array}{ccccc} & O & & O & \\ & \| & & \| & \\ -O- & P & -O- & P & -O- \\ & | & & | & \\ & O^- & & O^- & \\ & \diagdown & & \swarrow & \\ & & Ca^{2+} & & \end{array}$$

然后在阴极区放电,生成沉淀膜,阻滞阴极过程的进行。聚磷酸盐中钠钙的比例以 5∶1 较合适。聚磷酸盐常与锌盐复合使用,提高缓蚀效果。如六偏磷酸钠与氯化锌以 4∶1 配合的复合缓蚀剂,用于循环冷却水系统,缓蚀效率可达 95% 以上。

③ As、Sb、Bi 和 Hg 等重金属盐。在酸性介质中,重金属离子还原后将使阴极析氢过电位增大,氢离子还原受阻,从而达到缓蚀的目的。

④ 除氧剂 Na_2SO_3 和 N_2H_4。它们在中性介质中与氧化合,消耗了溶液中的氧,从而抑制了氧的去极化反应。

(3)混合型缓蚀剂。

混合型缓蚀剂同时阻滞阴极反应和阳极反应。在混合型缓蚀剂作用下,体系的腐蚀电位变化不大,但阴极和阳极极化曲线的斜率增大,腐蚀电流由 i_{corr}降至 i'_{corr}。铝酸钠、硅酸盐均属于混合型无机缓蚀剂之列。

5.4.2.3.2 有机缓蚀剂的缓蚀作用机理

有机缓蚀剂主要是通过在金属表面形成吸附膜来阻止腐蚀的。因此,有机缓蚀剂的缓蚀作用主要取决于有机缓蚀剂中极性基团在金属表面的吸附。有机缓蚀剂的极性基团部分大多以电负性较大的 N、O、S、P 原子为中心原子,它们吸附于金属表面,改变双电层结构,以提高金属离子化过程的活化能。而由 C、H 原子组成的非极性基团则远离金属表面形成一层疏水层,阻碍腐蚀介质向界面的扩散。图 5.4.33 为有机缓蚀剂在金属表面吸附的示意图。

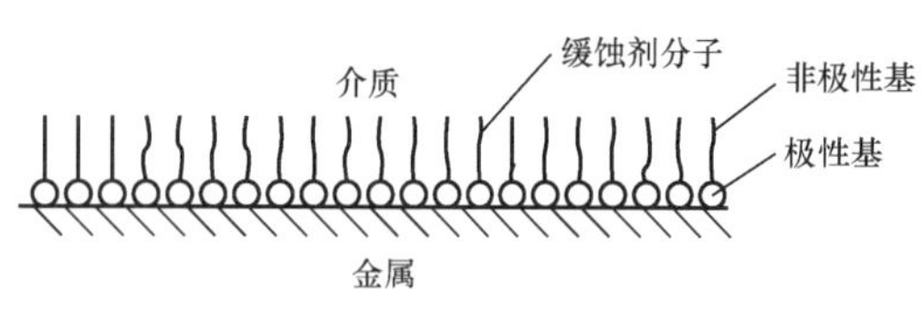

图 5.4.33 有机缓蚀剂定向吸附示意图

有机缓蚀剂的极性基团的吸附可分为物理吸附和化学吸附。

(1)物理吸附。

物理吸附是具有缓蚀能力的有机离子或偶极子与带电的金属表面静电引力和范德华引力的结果。物理吸附的特点是吸附作用力小、吸附热小、活化能低、与温度无关;吸附的可逆性大、易吸附、易脱附;对金属无选择性;既可以是单分子吸附,也可能是多分子吸附;物理吸附是一种非接触式吸附。

有机缓蚀剂通过物理吸附影响缓蚀效率的因素有:

① 烷基的 C 原子数。缓蚀能力的大小受缓蚀剂中烷基 C 原子数多少的影响。对于季铵盐类的缓蚀剂,由于吸附于金属表面的季铵阳离子之间的相互作用引力会随 C 原子数的增加而增大,缓蚀效果亦会随 C 原子数的增加而提高。

② 溶液中的阴离子。对于阳离子缓蚀剂来说,当溶液介质中存在某些阴离子时,阴离子吸附于带正电荷的金属表面,将使零电荷电位 EP. Z. C 向负方向移动,有利于增强阳离子缓蚀剂通过静电引力在金属表面的吸附。阴离子对阳离子缓蚀剂缓蚀效果的影响有如下规律:

$$I^- > Br^- > Cl^- > SO_4^- > ClO_4^-$$

因此,单独使用季铵盐作缓蚀剂时,达不到明显的缓蚀效果。但是,若向溶液中加入部分 Cl^-后,Cl^-吸附在金属表面使 EP. Z. C 变负,有助于季胺阳离子的吸附,缓蚀效果明显提高。这也是为什么许多有机阳离子缓蚀剂在 HCl 中比在 H_2SO_4中具有更高的缓蚀效果的原因。

③ 缓蚀剂的酸碱性。在酸性溶液中加入缓蚀剂的碱性越强,所生成的阳离子越稳定,有利于物理吸附,表现出较高的缓蚀效果。

(2)化学吸附。

化学吸附是缓蚀剂在金属表面发生的一种不完全可逆的、直接接触的特性吸附。化学吸附的特点是吸附作用力大、吸附热高、活化能高、与温度有关;吸附的不可逆、吸附速度慢;对金属具有选择性;只形成单分子吸附层;是直接接触式吸附。

有机缓蚀剂在金属表面的化学吸附，既可以通过分子中的中心原子或 π 键提供电子，也可以通过提供质子来完成。因此，可将发生化学吸附的有机缓蚀剂分为供电子型缓蚀剂和供质子型缓蚀剂两类。

① 供电子型缓蚀剂。

若缓蚀剂的极性基团的中心原子 N、O、S、P 原子有未共用的孤对电子，而金属表面存在空的 d 轨道时，中心原子的孤对电子就会与金属中的 d 轨道相互作用形成配位键，使缓蚀剂分子吸附于金属表面。由于双键、三键的π电子类似于孤对电子，具有供电子能力，所以，具有π电子结构的有机缓蚀剂也可向金属表面空的 d 轨道提供电子而形成配位键吸附，这就是所谓π健吸附。这种由分子中的中心原子的孤对电子或π健与金属空的 d 轨道形成配位键而吸附的缓蚀剂，称作供电子型缓蚀剂。典型的供电子型缓蚀剂有胺类、苯类、具有双键、三键结构的烯烃、炔醇等。

缓蚀剂中的中心原子上电子云密度越大，供电子能力就越强，缓蚀效率就越高。例如，在苯胺不同位置上引入甲基 CH_3时：

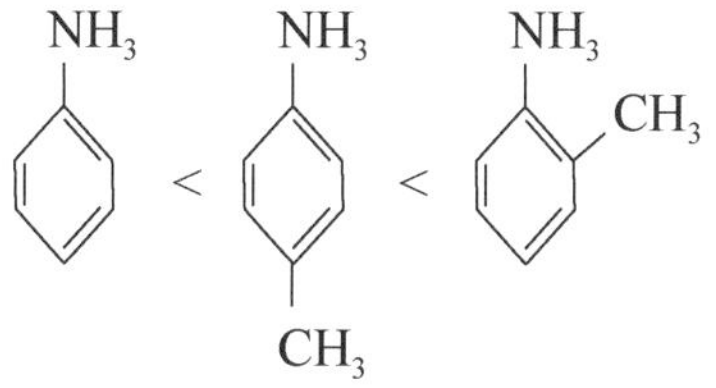

NH_3　NH_3　NH_3

CH_3

<　<

CH_3

由于甲基 CH_3具有较强的斥电子性，若使甲基 CH_3靠近 NH_3，N 原子上的电子云密度增大，可使缓蚀效率提高。

② 质子型缓蚀剂。

有机缓蚀剂能提供质子与金属表面发生吸附反应，这种缓蚀剂称为供质子型缓蚀剂。例如，十六硫醇 $C_{16}H_{33}SH$ 与十六硫醚 $C_{16}H_{33}SCH$ 相比，十六硫醇的缓蚀率高于十六硫醚。其原因在于，S 原子的供电子能力低，它有可能吸引相邻 H 原子上的电子，使 H 原子类似于正电荷质子一样，吸附在金属表面的多电子阴极区，起到缓蚀作用。显然，它是通过向金属提供质子而进行化学吸附的。值得注意的是，N、O 原子的电负性比 S 原子更负，吸引相邻 H 原子上电子的能力更大。因此，含 N、O 原子的缓蚀剂也存在供质子进行吸附的情况。

5.4.2.4　影响缓蚀剂性能的因素

缓蚀剂有明显的选择性，除了与缓蚀剂本身的性质、结构等因素有关外，影响缓蚀剂性能的因素主要包括金属和介质的条件，因此应根据金属和介质的条件选用合适的缓蚀剂。

(1)金属材料。

金属材料种类不同，适用的缓蚀剂不同。例如，铁是过渡金属，具有空的 d 轨道，易接受电子，因此许多带孤对电子或π键的基团的有机物对铁具有很好的缓蚀作用。但铜没有空的 d 轨道，因此对钢铁高效的缓蚀剂，对铜效果不好，甚至有害。

金属材料的纯度和表面状态会影响缓蚀剂的效率。一般来说，有机缓蚀剂对低纯度金属材料的缓蚀率高于对高纯度材料的缓蚀率。金属材料的表面粗糙度越高，缓蚀剂缓蚀率越高。

(2)介质。

介质不同需要选不同的缓蚀剂。一般中性水介质中多用无机缓蚀剂，以钝化型和沉淀型为主。

酸性介质中采用有机缓蚀剂较多，以吸附型为主。油类介质中要选用油溶性吸附型缓蚀剂。选用气相缓蚀剂必须有一定的蒸汽压和密封的环境。

介质流速对缓蚀剂作用的影响较复杂。一般情况下，腐蚀介质流速增加，腐蚀速率增加，缓蚀率下降。在某些情况下，随着流速增加到一定值后，缓蚀剂有可能变成腐蚀促进剂。如三乙醇胺在2～4mol HCl溶液中，当流速超过0.8m/s时，碳钢的腐蚀速度远大于不加三乙醇胺时的腐蚀速度。KI也有类似的情况。若在静态条件下，缓蚀剂不能很好地均匀分布于介质中时，流速增加有利于缓蚀剂的均匀分布，形成完整的保护膜，缓蚀率上升。对于某些缓蚀剂，如冷却水缓蚀剂（由六偏磷酸钠和氯化锌构成），存在一个临界浓度值，当缓蚀剂浓度大于该值时，流速上升，缓蚀率增加；而浓度小于该值时，流速上升，缓蚀率下降。

（3）缓蚀剂的浓度。

缓蚀率随缓蚀剂浓度的变化情况有三种：① 缓蚀率随缓蚀剂浓度的增加而增加。② 缓蚀率与缓蚀剂浓度间存在极值关系。当缓蚀剂浓度达到一定值时，缓蚀率最大；进一步增加浓度，缓蚀率反而下降。③ 用量不足时，发生加速腐蚀。如 $NaNO_2$ 等危险型缓蚀剂就属于这种情况。

（4）缓蚀剂的协同作用。

单独使用一种缓蚀剂往往达不到良好的效果。多种缓蚀物质复配使用时常常比单独使用时的总效果好得多，这种现象叫协同效应。产生协同效应的机理随体系而异，许多还不太清楚。一般考虑阴极型和阳极型复配，不同吸附基团的复配，缓蚀剂与增溶分散剂复配。通过复配获得高效多功能缓蚀剂，这是目前缓蚀剂研究的重点。

5.4.2.5 缓蚀剂的应用原则

缓蚀剂主要应用于那些腐蚀程度中等或较轻系统的长期保护（如用于水溶液、大气及酸性气体系统），以及对某些强腐蚀介质的短期保护（如化学清洗）。应用缓蚀剂应注意如下原则：

（1）选择性。缓蚀剂的应用条件具有高度选择性，应针对不同的介质条件（如温度、浓度、流速等）和工艺、产品质量要求选择适当的缓蚀剂。既要达到缓蚀的要求，又要不影响工艺过程（如影响催化剂的活性）和产品质量（如颜色、纯度等）。

（2）环境保护。选择缓蚀剂必须注意对环境的污染和对生物的毒害作用，选择无毒的化学物质作缓蚀剂。

（3）经济性。通过选择价格低廉的缓蚀剂、采用循环溶液体系、缓蚀剂与其他保护技术（如选材和阴极保护）联合使用等，降低防腐蚀的成本。

5.4.2.6 油气田用缓蚀剂

5.4.2.6.1 酸化缓蚀剂

将酸液注入地层中，酸液可以溶解渗流通道中的堵塞物或制造人工裂缝使油气通道畅通，降低油流阻力，增加地层渗透率。因此，酸化成为油气井提高采收率、增产和稳产的常用技术措施。然而酸液的注入会对油气井管材和井下金属设备造成严重腐蚀，还有可能导致管材的突发性破裂，造成严重经济损失，而添加酸化缓蚀剂能够有效地解决这些问题。

国内投入生产的酸洗和酸化缓蚀剂的品种大致可分为七大类。国内酸化缓蚀剂的主要成分为：

醛、酮、胺缩合物、咪唑啉衍生物、吡啶、喹啉季铵盐、复合添加增效剂(如甲醛、炔醇等)、高分子聚合物。其中:醛、酮、胺缩合物和吡啶、喹啉季铵盐两类物质为主制备的缓蚀剂及其复配物在生产中应用较多。

硫脲系列:天津若丁、仿若丁 -31A、若丁 - A、ST82 - 1、SH - 405 等。

苯胺类:7801、Lan - 5、兰 4 - A、工读 - 3 号和沈 1 - D 等。

酰胺类:川天 1 - 2、仿 NorustPs - 31、7109、1011 等。

咪唑啉类:BH - 2、SH - 707、IS - 156、Nalco - 165AC 等。

吡啶类:80 - 1、7701、YE - 7701、4501 等。

季铵盐类:SH - 501、IMC - 4、IMC - 5 等。

有机胺及杂环酮胺类:CT1 - 4、SH - 9020、尼凡丁 - 18 等。

近年来,酸化缓蚀剂发展迅速,出现了各种类型酸化缓蚀剂,尤其是一些低毒高效、安全环保高温酸化缓蚀剂的成功研制大大提高了石油工业的经济效益。

5.4.2.6.2　油气田用抑制 CO_2/H_2S 腐蚀缓蚀剂[123]

油气田采出水中含有 CO_2、H_2S、微生物、溶解氧、无机盐等,具有很强的腐蚀性。具有腐蚀性的油气田污水不仅造成了污水运输管线的刺漏和穿孔,而且损害污水处理设施,进而影响了整个油气田的安全有序生产,造成巨大的经济损失。缓蚀剂防腐工艺简便,不需要特殊的附加设备,可以对油套管及井下采集工具、井上输送设备和管线进行系统和有效的防护,在油气田获得广泛使用。

(1)含氮化合物类。

咪唑啉是含两个氮原子的五元杂环化合物,其母体咪唑的结构如图 5.4.34(a)所示。咪唑啉是二氢代咪唑[图 5.4.34(b)],其杂环大小与咪唑一致。咪唑啉衍生物的结构如图 5.4.34(c)所示。咪唑啉类缓蚀剂一般由三部分组成:① 具有一个含氮的五元杂环;② 杂环上与 N 成键的含有官能团的支链 R_1,如酰胺官能团,胺基官能团,烃基等;③ 长的碳链支链 R_2。咪唑啉及其衍生物的性质主要取决于其母体环和 1,2 位取代基的情况,在缓蚀剂发生缓蚀作用的过程中,疏水基团(R_2)远离金属表面形成一种疏水层,对电极表面起到外围屏蔽作用,并对腐蚀介质向金属表面的迁移起到阻碍作用,从而对缓蚀剂的缓蚀性能产生影响;而亲水基团(R_1)可以有效地提高缓蚀剂的水溶性来增强缓蚀剂的缓蚀性能。咪唑啉类缓蚀剂高效低毒、刺激性小、环境友好,是美国各油气田使用量最大的缓蚀剂之一,我国也开发了多种咪唑啉缓蚀剂产品。

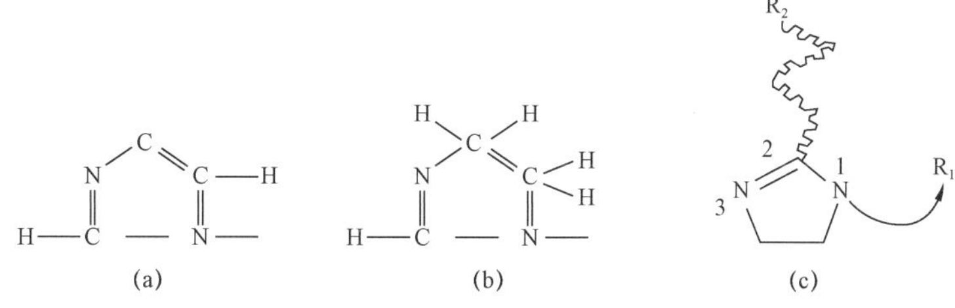

图 5.4.34　咪唑啉及其衍生物的结构

(2)含硫化合物类。

硫脲是通过硫原子进行吸附,主要作为酸性介质中钢铁缓蚀剂,硫脲及其衍生物对抑制 CO_2 腐蚀有一定效果。

商用的抑制 CO_2/H_2S 腐蚀的含硫化合物有：硫脲、硫代硫酸钠、2－硫基乙醇酸、3，3'－二硫代二丙酸(DTDPA)等。

硫脲是一种优良的金属缓蚀剂，廉价易得，使用广泛。尹成先等采用静态高温高压模拟试验方法对硫脲在高 CO_2 和 Cl^- 环境中缓蚀行为进行了研究。研究结果表明：90℃时，在咪唑啉季铵盐缓蚀剂中复配入硫脲，有利于提高缓蚀效率；在高 CO_2 和 Cl^- 环境中，随着温度升高，硫脲缓蚀效果下降，120℃时硫脲不但没有缓蚀效果，反而加速腐蚀。

5.4.3 阴极保护

5.4.3.1 阴极保护基本原理

材料表面状况及组织结构总会存在一定的不均匀性，如表面成分不均匀性，相分布不均匀性，表面应力应变的不均匀性，以及其他微观结构的不均匀性等，这些不均匀性的存在引起金属结构物表面存在着大量微观的阳极点和阴极点。阳极点和阴极点浸入同一电解质中并通过电子通道相连接，腐蚀就是由这两个电极之间的电位差所驱动的电化学反应的结果。

阴极保护原理是使金属表面局部阳极点和局部阴极点之间的电位差降低到零，即各点达到同一负电位，从而使流过的腐蚀电流为零，通过借助外部电极向结构物施加电流，并使阳极点向负电性方向极化来实现。随着阴极点的电位向阳极点电位极化，腐蚀电流减小，当所有阴极点的电位都达到了最活泼阳极点的开路电位时，结构物即不再受到腐蚀，此时，该结构物可视为一个宏观腐蚀电池中的阴极。

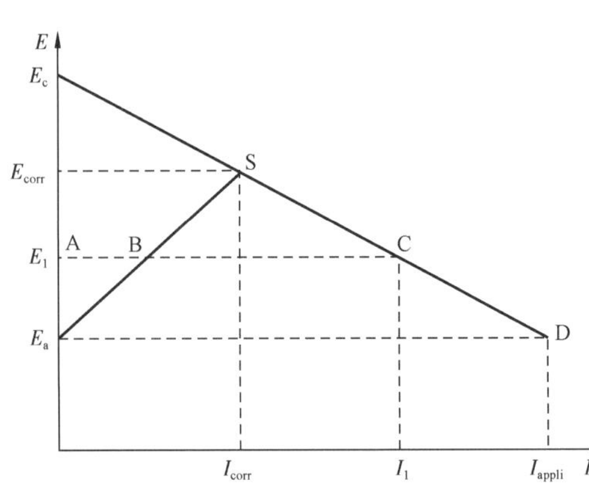

图 5.4.35 阴极保护极化图

图 5.4.35 为阴极保护原理图。由该图可以看出，金属表面阳极和阴极的初始电位分别为 E_a 和 E_c。金属在发生腐蚀时，由于极化作用，阳极和阴极的电位都接近于交点 S 所对应的腐蚀电位 E_{corr}。在腐蚀电流作用下，金属上的阳极区不断发生溶解，导致腐蚀发生。当对该金属施加阴极保护时，在阴极电流的作用下金属的电位从 E_{corr} 向更负的方向移动，阴极极化曲线 E_c 从 S 点向 C 点方向延伸。

当金属电位极化到 E_1，这时所需的极化电流为 I_1，相当于 AC 段。AC 段由两个部分组成，其中 BC 段这部分是外加的，而 AB 段这部分电流由阳极溶解提供，由于 BC 段的存在使得金属腐蚀电流减少。当外加阴极电流继续增大时，金属电位会进一步负移，腐蚀电流也相应减少。当金属的极化电位达到阳极的初始电位 E_a 时，金属表面各个部分的电位都等于 E_a，此时腐蚀电流就为零，金属达到了完全的保护，金属表面上只发生阴极还原反应，外加电流 I_{appli} 即为达到完全保护所需的电流。从图中还可以看出，要达到完全保护，外加的保护电流要比原来的腐蚀电流大得多。

5.4.3.2 阴极保护类型与基本特征

(1)牺牲阳极法。它是用一种电位比所要保护金属还要负的金属或合金与被保护的金属连接在一起,依靠电位比较负的金属不断地腐蚀溶解所产生的电流来保护其他金属。

(2)外加电流法。它是在回路中串入一个直流电源,借助辅助阳极,将直流电通向被保护金属,进而使被保护金属变成阴极,实施保护。

(3)排流保护法。如果环境中存在杂散电流,则可以通过将杂散电流排除的方法来实施对构筑物的阴极保护。常用的排流保护方法有以下几种:

① 直接排流。将保护体和干扰源直接用电缆连接,排除杂散电流。这种方法简单易行,但若选择不当,会导致引流,反而使杂散电流增加。

② 极性排流。当杂散电流干扰电位极性正负交变时,可通过串入二极管把杂散电流排回干扰源,由于二极管具有单向导通性能,只允许杂散电流正向排出,负向保留作阴极保护用。此法是目前广泛使用的排流方法。

③ 强制排流。前述直接排流和极性排流方法,只有在排流时才能对保护体施加保护,而不排流期间,保护体就处于自然腐蚀状态,因而又出现了第三种排流方法——强制排流法,即通过整流器进行排流。当有杂散电流存在时利用排流进行保护,当无杂散电流时用整流器供给保护电流,使保护体处于阴极保护状态。通常使用恒电位仪进行强制排流,在有排流保护时最好也留有少量保护电流输出。

5.4.3.3　阴极保护准则

在阴极保护中,判断金属构筑物是否达到完全保护,要借助参比电极测量金属的保护电位。而为了达到需要的保护电位,都是通过改变保护电流密度来实现的。因此,保护电位和保护电流密度是阴极保护的两大参数。

(1)自然电位。自然电位是金属埋入土壤后,在无外部电流影响时的对地电位。自然电位随着金属结构的材质、表面状况和土质状况、含水量等因素不同而异。一般有涂层埋地管道的自然电位在$-0.4 \sim 0.7$V(相对$Cu/CuSO_4$)之间,在雨季土壤湿润时,自然电位会偏负,一般取平均值-0.55V(相对$Cu/CuSO_4$)。

(2)最小保护电位。金属达到完全保护所需要的最低电位值。一般认为,金属在电解质溶液中,极化电位达到阳极区的开路电位时,就达到了完全保护。

(3)最大保护电位。如前所述,保护电位不是愈低愈好,而是有限度的。过低的保护电位会造成管道防腐层漏点处大量析出氢气,造成涂层与管道脱离,即阴极剥离,不仅使防腐层失效,而且电能大量消耗,还可导致金属材料产生氢脆进而发生氢脆断裂。所以必须将电位控制在比析氢电位稍高的电位值,此电位称为最大保护电位,超过最大保护电位时称为“过保护”。

(4)最小保护电流密度。使金属腐蚀下降到最低限度或停止时所需要的保护电流密度,称作最小保护电流密度,其常用单位为mA/m^2。处于土壤中的裸露金属,最小保护电流密度一般取$10mA/m^2$。

(5)瞬时断电电位。在断掉被保护结构的外加电源或牺牲阳极$0.2 \sim 0.5$s之内读取的结构对地电位。由于此时没有外加电流从介质中流向被保护结构,所以,所测电位为结构的实际极化电位,不含IR降(介质中的电压降)。由于在断开被保护结构阴极保护系统时,结构对地电位受电感影响,会有一个正向脉冲,所以应选取$0.2 \sim 0.5$s之内的电位读数。

5.4.4 防腐材料内衬及包覆

5.4.4.1 管材内表面防腐材料

5.4.4.1.1 有机涂层

有机涂层是目前石油管内防腐使用最广泛的一种材料，是由有机涂料经固化作用而形成，具有良好的粘结力、抗渗透性、耐磨性、耐压性、耐热性、耐化学稳定性和耐腐蚀性等。

有机涂层的防腐蚀性能是通过涂层对腐蚀性组分的屏蔽，防止其与金属表面的接触（屏蔽机理），或对金属表面发生的腐蚀反应进行干扰破坏（电化学保护机理）来实现防止金属发生腐蚀的目的。涂层防腐蚀作用机理有以下几个方面：

（1）屏蔽作用。

涂层作为阻挡层，阻止腐蚀性组分和管壁直接接触，减缓腐蚀性组分向金属—涂层界面的扩散。虽然对于水、氧气来说，涂层是可渗透的，但是有机涂层具有很高的电解质阻挡性，可以阻止或者抑制阴极和阳极区域之间的离子运动。涂层有效的屏蔽作用主要由腐蚀性组分的渗透性和涂层抗湿附着力的能力决定。附着力的实质是一种界面作用力，有机涂层的附着力主要包括两方面[124]：有机涂层与基体金属表面的粘附力以及有机涂层本身的凝聚力。湿附着力是指在有水存在条件下的附着力。潮湿环境中的附着力与涂层的吸水性有很大关系，渗入到金属/涂层界面间的水能破坏涂层与金属表面的化学键结合，使涂层的附着力降低。研究表明，涂层的抗水渗透能力是决定涂层附着力消失速度的主要因素。

（2）电化学保护作用。

利用涂层中的活性填料对腐蚀反应进行干扰破坏，实现在腐蚀性组分到达金属—涂层界面时起到抑制金属基体腐蚀的目的。活性填料在涂层中既起屏蔽作用，也起电化学保护作用。活性填料溶解在渗入水中，溶解活性填料的溶液进入到金属—涂层界面后，开始对金属进行持久的阴极保护。涂层反应后形成的复合产物体积比原始涂层的体积大，堵塞了涂层缝隙，减缓了水的进一步渗透。然而，活性填料在阴极保护的同时，增加了界面间的阴极反应趋势。随着界面间离子浓度的不断增加，在渗透压作用下，水向界面间的渗透增加，从而增加了涂层与金属的分离趋势，这种负作用不利于涂层的防腐蚀。

油管内表面服役的温度、压力、CO_2/H_2S 分压等服役条件比地面集输管线更为苛刻，因此对涂层的性能要求也更高。环氧酚醛涂层是目前国内外在油管内防腐应用最广泛、用量最大的一种材料，采用多层结构，并经 120℃以上的高温固化成型，具有良好的耐高温、高压、化学介质腐蚀等性能。

5.4.4.1.2 合金镀层

20 世纪 80 年代，Ni－P 镀技术已在中东、美国和德国石油与天然气工业的管道、阀体和泵站的防腐蚀保护方面得到了广泛的应用，并取得了明显效果。国内在 20 世纪 90 年初开始在油田行业开发应用该技术，在不断实践的基础上实现了大面积整体化 Ni－P 镀技术的突破，取得了一定的防腐蚀效果，降低了成本，提高了生产效率和生产能力。Ni－P 镀层采用化学镀工艺进行生产，其主要特点为：（1）镀层均匀性好，无边角效应，不受基材几何形状的限制，具有良好的“仿形性”，镀层厚度可根据需要在 10～90μm 范围内进行调整，一般要求为 25～30μm；（2）硬度高、抗磨性能优良，镀态硬度达

500 ~600HV，经 400℃热处理后维氏硬度可达 800 ~ 1000HV；(3)镀层结合强度高，其结合强度要远远高于有机涂层；(4)Ni - P 镀层中 Ni 的含量高达 88% ~95%，具有优良的耐蚀性，此外由于 Ni - P 镀层属于非晶态，不存在晶界、位错等晶体缺陷，是单一的均匀组织，不易形成电偶腐蚀。

随着我国大多数油田进入了中后期开发，以及大量高温、高压、超深、高含 H_2S/CO_2的油气井成为开采对象，油套管面临的腐蚀问题越来越突出，新型耐蚀合金镀层技术也不断发展、应用。近年来，Ni - W合金镀层油管使用越来越广泛，具有良好的耐腐蚀、耐磨、高硬度等性能。Ni - W 合金镀层以 Ni、W 元素为主，同时含有部分 Fe 和少量 P、C 等微量元素，其中 W 的含量是影响镀层性能的重要因素，与传统的 Ni - P 相比，其综合性能更为优异。Ni - W 镀层采用电镀工艺生产，其主要特点为：(1)硬度高。镀层镀态硬度为 550 ~600HV，经不同温度热处理后硬度为 760 ~ 1100HV。(2)耐磨性能优异。Ni - W 合金镀层具有很高的硬度，对其耐磨性能发挥了重要的作用。同时由于钨的存在，可使镀层与对偶件之间形成一层稳定起保护作用的转移层，降低两者之间的摩擦系数。(3)耐蚀性能优异，有研究表明，Fe - W、Ni - Mo - W、Fe - W、Ni - W - P 等非晶态镀层，在酸性条件下其耐蚀性远好于 18Cr - 8Ni 不锈钢。(4)良好的热稳定性。由于金属钨具有高熔点的特性和钨合金中原子间结合力较强，同时非晶态镀层在高温氧化过程中可形成稳定致密的含 W 钝化膜，抑制了合金的溶解活性，从而使得镀层的高温热稳定性明显提高。

5.4.4.1.3　陶瓷内衬层

目前陶瓷内衬主要用于旧油管的修复，该技术不仅可以对旧油管内表面的缺陷进行修复，而且可以提供良好的耐腐蚀性能。陶瓷内衬油管采用铝热—离心法(也称离心自蔓延高温合成法)制备(图 5.4.36)，即将 Fe_2O_3(或 Fe_3O_4)和铝粉按一定比例均匀混合装入油管后，固定在离心机上，待离心机转数达到一定值后将反应物点燃，利用被激发的氧化还原反应释放出来的大量反应热来维持反应的迅速进行。熔融态生成物在离心力作用下，根据其比重不同而相互分离，冷却之后形成陶瓷内衬油管。

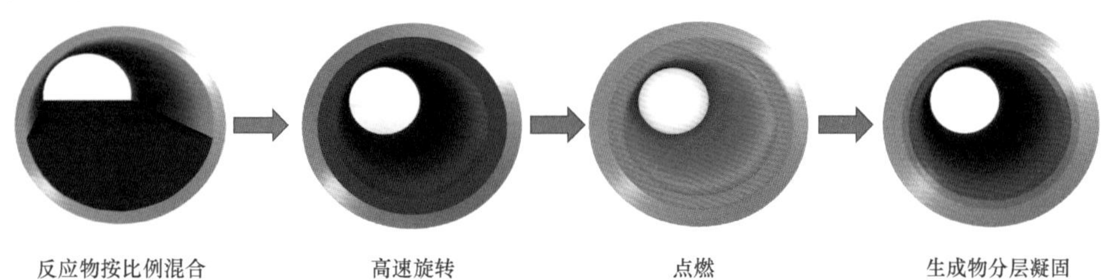

图 5.4.36　陶瓷内衬油管生产工艺示意图

陶瓷内衬油管由油管和陶瓷内衬层两部分组成，其中陶瓷内衬层由 Al_2O_3陶瓷、金属陶瓷(Al_2O_3 + Fe)和 Fe 构成。陶瓷内衬油管典型结构如图 5.4.37 所示。

5.4.4.1.4　HDPE 内衬层

HDPE 内衬是利用非金属材料良好的化学稳定性和耐腐蚀性能，将高密度聚乙烯管内穿在原金属管道中的一种技术，形成非金属内衬和原金属管道包裹的“管中管”的复合结构。

HDPE 内穿插管道修复是使用一种外径比原管道内径稍大的改性 HDPE 管，经多级等径压缩，暂时缩小 HDPE 管的外径(按设计要求一般为 10%)，经牵引机拉入除垢清洗好的主管道内。HDPE 管完全进入主管道后，经 24h，改性 HDPE 管外径慢慢恢复并与原管道内壁紧密贴合，形成

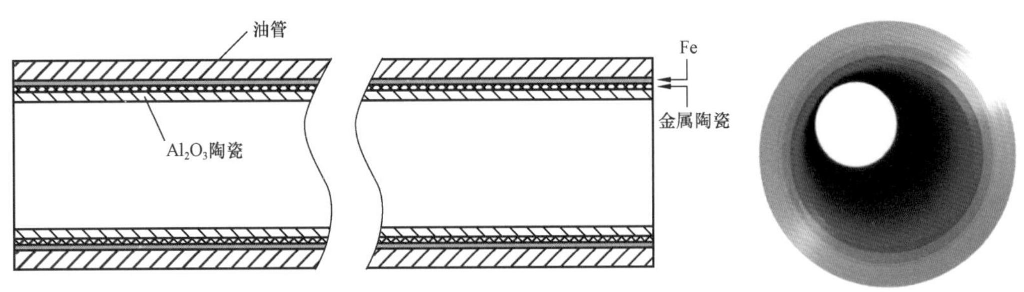

图 5.4.37　陶瓷内衬油管结构示意图

内衬管的防腐性能与原管道的机械性能合二为一的复合结构，达到防腐修复的目的。修复后的管道具备了原管道和 HDPE 管的双重特性，达到防腐和提高原管道承压能力、延长使用寿命的目的。该技术适用于使用时间长、存在大量修复，而腐蚀、渗漏、穿孔等现象经常发生，严重影响正常生产，且修复周期要求短，修复口径在 100 ~ 1000mm 范围内的管道。HDPE 内穿插管道修复技术原理如图 5.4.38所示。

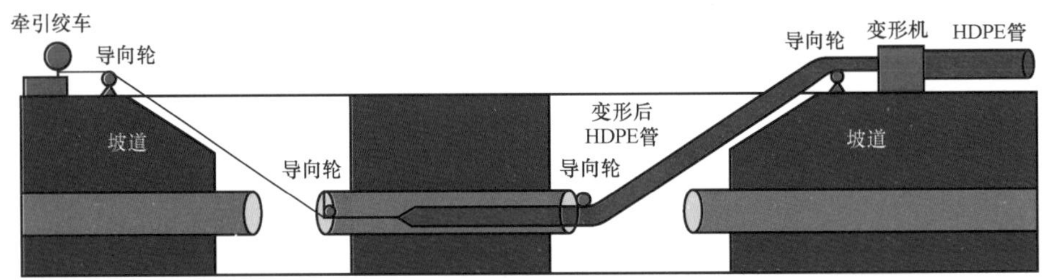

图 5.4.38　HDPE 内穿插修复工艺示意图

HDPE 内穿插管道修复技术具有修复速度快，一次性修复距离长，全线无焊接、无法兰、整体性能好等特点，而且原位修复、地下穿越，质量可靠、综合成本相对较低、使用寿命长，是目前管道内腐蚀修复成熟技术之一。

近年来，HDPE 内衬也大量应用于油管，以提高油管的耐磨、防腐性能。HDPE 内衬管通过冷缩径工艺将其插入油管内部，内衬管和油管间的间隙通过加热或压缩空气吹胀，由于聚乙烯的记忆效应而膨胀填充。内衬油管端部进行翻边处理，并对内衬间隙起密封作用。

5.4.4.2　管材外表面防腐材料

埋地管道的外防腐层应具有在土壤中长期稳定的性能，一般应具有良好的电绝缘性、与基材牢固的粘结力、透气性低、优越的抗水汽渗透性、耐各种环境土壤腐蚀性能优良、机械强度高、耐土壤应力腐蚀作用能力强、与阴极保护的匹配性好等特性。

用于埋地管道的外防腐层材料种类很多，早期大多使用石油沥青和煤焦油瓷漆材料。随着油田的不断深入开发和化学工业的高速发展，国内外在埋地管道的防腐层材料和技术方面都取得了快速进步。陆续出现了以聚乙烯、聚氯乙烯及环氧树脂为基材的各种防腐层，如聚乙烯（或聚氯乙烯）胶粘带、挤出聚乙烯包覆层（夹克）、环氧粉末涂层等。后来又发展了三层结构聚烯烃防腐层、单层和双层熔结环氧粉末涂层等多种外防腐蚀技术。

5.4.4.2.1　石油沥青

石油沥青涂层在我国管道防腐中应用最早，具有取材方便、造价低、补口与补伤方便，施工技术简单等优点，其缺点是吸水率高，耐老化性差，不耐细菌侵蚀和植物根系破坏，对环境污染严重，并且由于机械强度低，施工运行中损伤较多，因此已逐渐被其他防腐层取代。美国腐蚀工程师协会的《埋地或水下金属管线系统的外部腐蚀控制》（NACE standard RP0169）标准中，已将石油沥青从"常用涂层系统类别表"和相应的涂层参考资料索引表中删除。目前，新建长输管线已不采用石油沥青涂层，仅部分油田集输管线和地方小口径管道偶有使用。

5.4.4.2.2　煤焦油瓷漆

煤焦油瓷漆是由高温煤焦油分馏得到的重质馏分和煤沥青，添加煤粉和填料，经加热熬制而成，早期在国内外应用较为广泛。其性能优于石油沥青，具有吸水率低、电绝缘性能好、抗细菌腐蚀、使用寿命长等优点。其缺点是抗土壤应力与热稳定性较差，在高寒和炎热地区施工易发生流淌和脆裂现象，特别是在熬制过程中毒性较大，环保问题在很大程度上限制了其应用。

5.4.4.2.3　环氧煤沥青

环氧煤沥青防腐涂料是一种以环氧树脂和煤焦油为主要成分的双组分防腐材料，具有强度高，绝缘性能好、耐水、耐热、耐微生物腐蚀以及施工简单等优点。其缺点是常温固化时间长，施工中对钢管表面处理质量和环境温度、湿度条件要求较高，因而使用量不大。此外，环保要求也限制了其使用。

5.4.4.2.4　聚乙烯胶粘带

聚乙烯防腐胶粘带在油气管道上应用已有近40年的历史，由于其优越的防腐和施工性能，使它在管道防腐体系中占有一定的优势。聚乙烯胶粘带由一层底漆、一层内防腐带和一层外保护带构成。底漆对钢管有较好的浸润性，使聚乙烯胶粘带与钢管有足够的粘结力，可以有效地阻止水分渗入钢管表面。聚乙烯胶粘带还具有绝缘电阻高、抗杂散电流性能好及施工方便等优点。其缺点是抗土壤应力能力差，特别是在高温下，易于因粘结力差、电阻值高而出现阴极保护屏蔽现象，尤其在用于螺旋焊缝管道时，焊缝两侧胶带有空隙或搭接处出现粘结失效时，都可能导致腐蚀介质渗入而失去保护作用。此外，聚乙烯胶粘带的储存对温度要求比较严格，现场难以保证，易于降低胶带质量，因此储存期较短。

5.4.4.2.5　聚乙烯包覆层（黄夹克）

聚乙烯包覆层防腐技术，是使用机具在除锈后的钢管外表面包覆一层连续、紧密、硬质的聚乙烯外防护层。它的使用温度范围一般在 -40～80℃，具有较高的机械强度，较好的防水性能、耐化学腐蚀性能及高电阻值，而且能实行作业线连续施工，工艺简单，质量易于控制。但粘结性、热稳定性和抗土壤应力性能相对其他外防护材料差一些。

5.4.4.2.6　熔结环氧粉末

熔结环氧粉末涂层（FBE）是世界上迄今为止用量最大的防腐层。它是由固态环氧树脂、固化剂及多种助剂经混炼、粉碎加工而成。由于它使用寿命长，对金属粘结性能好及良好的机械性能、耐阴极剥离性能和适中的吸水性等，已成为20世纪80年代以来国内外特别是北美等工业发达国家埋地管道的首选涂层，尤其是河流穿越工程，几乎全都采用这种涂层。熔结环氧粉末涂层的涂敷生产线技术已非常成熟，钢管外壁抛丸除锈、管体中频加热与粉末涂敷均通过机械化生产线完成，一次成膜即形成连续的防腐层,而且涂层质量可靠,生产率高,施工方便,无环境污染,缺陷检测、修补和现场补口也十分方便,因此应用广泛。

5.4.4.2.7 复合结构涂层

(1)三层PE复合结构。三层PE是20世纪80年代在欧洲研制成功并开始使用的,它将环氧粉末良好的防腐性能、粘结性能、抗阴极剥离性能与聚烯烃材料优异的机械性能、防水性能、抗土壤应力性能完美地结合起来,使环氧树脂和挤压聚乙烯两种涂层的优良性能得到充分发挥。目前国内长输管道中三层PE防腐层已占有相当大的比例。

(2)环氧粉末和改性聚烯烃复合涂层。双层复合涂层是在三层复合涂层的基础上于20世纪80年代末发展起来的,也是以环氧粉末和聚烯烃为基本结构。两者的不同点在于:双层涂层直接将极性基团引入外层聚烯烃,使外层聚烯烃本身就能与底层环氧粉末产生化学键合,从而用一层改性聚烯烃代替三层涂层的中间粘结剂层和外护聚烯烃层,这种结构减少了整个涂层体系的总厚度和所需的涂覆设备,降低了涂覆施工的费用。双层聚烯烃复合涂层的关键是改进环氧粉末与聚烯烃的粘结性,因此将聚烯烃进行化学改性,使其分子结构上直接带有极性基团,在涂覆时该极性基团直接与未固化的环氧粉末产生化学键合,从而获得强的粘结力。

(3)双层环氧粉末涂层。双层环氧粉末涂层技术于20世纪90年代初开始在国外应用,至今已在美国、英国、加拿大、沙特阿拉伯等许多国家的油、气管线上得到广泛应用,其相应的技术和设备已很成熟和完善。它优越的抗机械损伤和耐高温性能使其得到快速发展,对于山区大口径管道的施工环境和条件尤其适用。

(4)以水泥为机械保护层的复合涂层。该类复合涂层的结构为薄的防腐层加水泥外保护层。防腐层一般是环氧粉末、聚乙烯、煤焦油、聚氨酯等。水泥是无机氧化钙可固化材料,可加入纤维增加其韧性和抗冲击性。加入丙烯酸等聚合物以强化涂层,并改进对光滑防腐层的粘结性能。还可以用织物浸渍水凝水泥制成水泥带,缠绕在防腐层外面。水泥复合涂层能与阴极保护良好配合、工程费用低。

5.4.4.3 双金属复合管

双金属复合管将耐蚀合金良好的抗腐蚀性能与碳钢优良的机械性能有机地结合起来,可达到与耐蚀合金管材相当的耐蚀性能,提高了管道安全级别,延长了管道寿命,同时由于降低了耐蚀合金用量,成本只有纯材的1/5~1/2。国内外研究成果和实际应用效果均表明,相比于碳钢加注缓蚀剂、纯耐蚀合金管等传统防腐方式,使用双金属复合管是解决高含H_2S和/或CO_2气田管线腐蚀问题的一种相对安全和经济的腐蚀控制措施。

双金属复合管自1991年国外投入使用以来,目前已经赢得了油气田用户广泛认可,应用范围遍及美洲、欧洲和亚洲。英国PROCLAD公司生产的冶金复合管在世界上许多国家得到应用,德国BUTING公司生产的机械复合管已有上千千米应用于欧洲、北美以及亚洲等国的海底和陆上油气管道。近些年来双金属复合管在国内同样得到较大范围推广,累计应用超过2000km,应用领域已经从陆地石油、天然气管线发展到海底管线,从注水管线扩展到输送H_2S/CO_2湿气输送管线,而产品规格也从中小直径逐步向大直径方向发展[125]。

虽然双金属复合管相比耐蚀合金纯材经济优势明显,但是相比普通碳钢管材,前期投资仍然较高

(表5.4.15)[125],双金属复合管的成本特性决定了其更适用于高腐蚀性油气环境。因此,对于双金属复合管防腐措施的选择,经济性评价至关重要。以徐深1集气站环境为例,只有当腐蚀速率超过0.45mm/a时,316L双金属复合管才会成为经济性最好的防腐措施(表5.4.16)[126,127]。

表5.4.15 部分双金属复合管价格

耐蚀合金复合管	价格(美元/t)	相对碳钢管价格比值
Bimetal Lined 316L	6500	4.063
Clad 316L	10000	5.250
22% Cr Duplex	11000	5.875
25% Cr Duplex	21000	13.125
Bimetal Lined 904L	9000	5.625
Bimetal Lined 825	11000	5.875
Clad 825	17000	10.625
Bimetal Lined 625	15000	9.375
Clad 625	25000	15.625

表5.4.16 4种防腐措施投入对比

序号	腐蚀速率(mm/a)	4种防腐措施投入经济对比(10^4元)				投入顺序
		A①	B②	C③	D④	
1	0.15	989.63				A
2	0.3	1068.75	1615.95	2321.43	1285.23	C>B>D>A
3	0.45	1375.48	1615.95	2321.43	1285.23	C>B>A>D
4	0.6	1691.41	1695.07	2321.43	1285.23	C>B>A>D
5	0.75	2041.38	1695.07	2321.43	1285.23	C>A>B>D
6	0.9	2185.49	1695.07	2321.43	1285.23	C>A>B>D
7	1.0	2334.02	1695.07	2321.43	1285.23	A>C>B>D
8	1.2	2423.02	1908.10	2321.43	1285.23	A>C>B>D
9	1.5	2925.40	2187.48	2321.43	1285.23	A>C>B>D
10	1.8	3445.50	2503.64	2321.43	1285.23	A>B>C>D
11	2.0	4049.10	3007.41	2321.43	1285.23	A>B>C>D

① 碳钢加腐蚀裕量;
② 碳钢加缓蚀剂;
③ 含Cr不锈钢;
④ 双金属复合管。

5.5 石油管的防腐蚀检测与监测

5.5.1 石油管的防腐蚀检测

5.5.1.1 涂层检测

目前,国内外在埋地管道腐蚀检测方面已经做了大量的研究,开发了各种各样的检测技术。针对腐蚀引起的管道防腐层缺陷的检测方法多种多样，比较成熟的方法有标准管/地（P/S）电位测试法、皮尔逊测试法（PEARSON）、密间隔电位测试法（CIPS）、直流电压梯度法（DCVG）、电流衰减法等。这些方法虽然可以检测防护层缺陷及其位置，但都需要人工在地面沿管线测量，且对检测人员的经验依赖性强。表5.5.1为几种典型防腐层检测技术的特性对比[128]。

表5.5.1　几种典型防腐层检测技术对比

序号	检测项目	DCVG/CIPS 组合测量	PCM 检测	皮尔逊法
1	阴极保护	用于直接检测评价阴极保护系统状况，确定阴极保护不足、过保护的管段，确定阴极保护系统的保护度	无法评价	无法评价
2	防腐层状况	用于防腐层质量总体评价	无法评价	无法评价
3	裸管区	评价裸管阳极区状况	无法检测	无法检测
4	缺陷	定位缺陷，计算缺陷点的大小，判断缺陷处管体腐蚀电流的流向，确定缺陷处管体的腐蚀状态，确定缺陷修复的优先级	用于定位防腐层缺陷点，但不能区分其大小和腐蚀状态	用于定位防腐层缺陷点，但不能区分其大小和腐蚀状态
5	杂散电流	判定杂散电流的干扰区域，确定杂散电流的流出点、流入点，评估杂散电流的干扰强度	无法检测	无法检测

（1）外观。

涂层的外观质量一般采用目测法进行评价，对于管径较小的管道内涂层则需借助内窥镜进行观察。涂层表面应平整、光滑，无气泡、针孔、麻点、斑点、开裂、划伤、橘皮、流淌等宏观缺陷。

（2）厚度。

对于有机涂层，目前国内主要依据标准SY/T 0066—1999《钢管防腐层厚度的无损测量方法（磁性法）》，采用磁性干膜测厚仪进行厚度检测，适用于测量各种磁性金属基体上非磁性覆盖层的厚度，是一种非破坏性的测试方法。它采用电磁感应原理，利用从测头经过非铁磁覆层而流入铁磁基体的磁通的大小来测定覆层厚度。

（3）防腐层的完整性。

有机涂层的完整性是指其是否存在针孔、气孔、过薄、漏涂等缺陷。有机涂层的完整性全面检测可采用SY/T 0063—1999《管道防腐层检漏试验方法》标准规定的A法或B法进行。一般对于厚度低于500μm的涂层采用A法，而对于厚度高于500μm的涂层则采用B法。

① SY/T 0063—1999 A法。采用的检测仪器为低压检漏仪，检漏仪能给出低于100V的电压，并装有用自来水浸泡的海绵电极、音频信号发生器及连接被涂覆金属的导线。检测时，导线与金属基体相连，使用湿海绵探头贴着涂层表面移动，在漏涂和针孔等缺陷部位检漏仪会自动发出声音报警。

② SY/T 0063—1999 B法。使用的检测仪器为高压电火花检漏仪，检漏仪能提供900~2000V的高电压，探头由铜丝或导电橡胶、钢丝刷等导电材料制成。检测时，探头与涂层表面接触，并以20cm/s的速度移动，通过击穿缺陷位置的空气及过薄的涂层，产生电火花，或辅以声光报警，探测出缺陷位置。

（4）硬度。

硬度是涂层机械强度的一项重要指标，其物理意义可理解为涂层对作用于其上的另一个硬度较大的物体所表现的阻力。SY/T 0457—2019《钢质管道液体环氧涂料内防腐技术规范》中对管道液体环氧涂料内防腐要求采用铅笔硬度法进行硬度检测。铅笔硬度测试是采用一套已知硬度的铅笔笔芯端面的锐利边缘与涂层成45°角,以不能划伤涂层的最硬铅笔硬度表示。

(5)附着力。

附着力是指涂层对金属基材表面物理和化学作用的结合力的总和,测试方法分为直接法和间接法。直接法主要是拉开法,即测量把涂层从基材表面剥离下来所需要的拉力,可以定量表征。间接法是对涂层的附着力进行评级,只能定性表征。表 5.5.2 为石油管材常用有机涂层附着力的测试方法。

表 5.5.2　石油管材常用有机涂层附着力的测试方法

序号	涂层类型		现行产品标准	测试方法	方法类型
1	油管和套管内涂层		SY/T 6717—2016	SY/T 6717—2016 附录 B	间接法
2	钻杆内涂层		SY/T 0544—2016	SY/T 0544—2016 附录 A	间接法
3	管道内涂层	熔结环氧粉末	SY/T 0442—2018	SY/T 0442—2018 附录 G	间接法
				GB/T 5210—2006	直接法
		聚氨酯	SY/T 4106—2016	SY/T 0315—2013 附录 C	间接法
		液体环氧	SY/T 0457—2019	GB/T 5210—2006	直接法
4	管道外涂层	聚乙烯	GB/T 23257—2017	GB/T 23257—2017 附录 J	直接法
		聚乙烯胶粘带	SY/T 0414—2017	GB/T 2792—2014	直接法
		熔结环氧粉末	SY/T 0315—2013	SY/T 0315—2013 附录 G	间接法

(6)冲击强度。

冲击强度是指涂层在高速重力作用下的抗瞬间变形而不开裂、不脱落的能力,它综合反映了涂层的柔韧性和对基材的结合力。SY/T 0442—2018 附录 F 规定,冲击试验机由 1.2m 长的导管和带有直径为 16mm 球形冲头的落锤组成,落锤质量为 1kg 或 2kg。检测时,将检验无漏点的试件放入冲击试验机,涂层面朝上,以一定的冲击能量冲击试件 3 次,各个冲击点相距至少为 50mm,结束后对冲击部位进行检漏,以评价涂层经冲击后是否存在破损。

(7)耐磨性。

耐磨性是测试涂层的抗机械磨损能力,是涂层内聚能与涂层硬度的综合体现。耐磨性一般采用落砂法或磨轮平磨法来检测。

① 落砂法。将磨料通过导管从规定的高度落到已涂装的试板上,以磨耗单位膜厚的磨耗量来表示试板上涂层的耐磨性。

② 平磨法。将涂层试件置于磨轮下方,并对其施加一定的载荷,以磨穿次数或在规定转数下的失重表示。

(8)耐化学介质性能。

由于管材内涂层长期与含有 $H_2S/CO_2/Cl^-$ 的地层水、原油等腐蚀性介质接触,而与管材外涂层长期接触的土壤中含有各种盐类,也可能含有一些有机酸或其他酸性介质,或者有碱性介质,因此无论是外防腐层还是内防腐层,均应具有良好的耐化学介质能力。常用的测试方法是 GB/T 9274—

1988《色漆和清漆　耐液体介质的测定》,其方法是将规定厚度的涂层时间浸入规定浓度、温度的介质溶液中,经规定时间后,检查涂层是否有失光、变色、起泡、开裂、脱落等失效情况。

(9)盐雾试验。

在沿海地区,由于大气中充满着盐雾,对金属制品产生强烈的腐蚀作用,也对沿海地区的防护措施提出了严格的要求。因此在腐蚀与防护研究方面,一直采用盐雾试验作为人工加速腐蚀试验的方法。SY/T 0457—2019、SY/T 0442—2018、SY/T 4106—2016 等均要求依据 GB/T 1771—2007 进行中性盐雾试验。试验溶液 NaCl 浓度为 50 ± 10g/L,pH 值为 5.5 ~ 7.2,温度为 35 ± 2℃。试板为 150mm × 70mm,划叉尺寸 150mm × 100mm,且划痕离任一边的距离都应大于 20mm。试板以 25° ± 5°倾斜,被试验面朝上置于盐雾箱内进行连续试验,每 24h 检查一次,每次检查时间不应超过 60min,并且试板表面不允许呈干燥状态。至规定时间后取出,检查记录起泡、生锈、附着力及由划痕处的腐蚀蔓延。

(10)耐高温高压性能。

由于油田采出液中经常含有 H_2S、CO_2 等腐蚀性气体,再加上井下高浓度 Cl^- 以及高温高压环境,使得涂层的服役环境异常复杂。因此,涂层在高温、高压、高腐蚀性介质作用下的服役性能至关重要。

SY/T 6717—2016 附录 C 规定了油管和套管内涂层耐高温高压性能评价方法。此试验方法是参照 NACE TM0185 制定的一种标准的实验室方法,可以用于评价钢管上塑料涂层的总体性能。该方法是在高温高压釜内一定的腐蚀介质、温度和压力条件下进行的。试验结束,取出试样后,要立即进行外观检查,观察涂层是否有膨胀、变软的情况,随后将试样放至室温做进一步的检验。试样应与未进行试验的样品进行对比,观察涂层是否有起泡和附着力变化的现象。对于变软、膨胀、颜色变化以及涂层内部起泡沫或疏松这些缺陷,使用如下术语来衡量:无变化;轻微变化;中度变化;重度变化。涂层如发生起泡,则按 ASTM D714 进行评定。

5.5.1.2　阴极保护有效性评价

腐蚀过程是一个电化学过程,因此可通过阴极保护来抑制腐蚀的电化学过程从而达到减缓和消除腐蚀的目的。而阴极保护技术因所施加的电源类型以及电位、电流等参数的不同,所起的保护效果也不一样,需要对阴极保护的有效性进行评价,以确保油气管道得到了有效保护。对于阴极保护有效性评价,主要关注电位、电流及电阻三个参数。

5.5.1.2.1　电位检测

管地电位是阴极保护的主要参数之一,可直接反应管道的受保护程度。管地电位的作用主要有3个:(1)对于未加阴极保护的管道,管地电位也是反映土壤腐蚀性的重要参数;(2)对于已施加阴极保护的管道,管地电位是判断阴极保护程度的重要参数;(3)当有外部干扰时,管地电位也是判断干扰程度的重要指标。

按管地电位的物理意义,管地电位应是纯极化电位,但在实际测量中往往叠加了 *IR* 降,故测得的管地电位与实际电位略有差别。所谓 *IR* 降是指电流在介质中流动所形成的电阻压降,通常达几十毫伏、几百毫伏,甚至还有报道指出其达到几千毫伏。关于 *IR* 消除,目前的测试方法主要有瞬间断电法、试片断电法、极化探头法、原位参比法、土壤电压梯度技术、脉冲技术、交流电技术等,各种方法比较见表 5.5.3[129]。

表 5.5.3　几种克服 *IR* 降方法优缺点比较

方法	瞬间断电法	试片断电法	脉冲技术	极化探头法	原位参比法	土壤电位梯度法	交流电技术
优点	(1)可测到极化电位; (2)测量为电位读数; (3)不需要特殊仪器; (4)可以连续测量	(1)可测得极化电位; (2)多元保护可不断开; (3)管道接地可不断开; (4)不受杂散电流影响; (5)不受极化程度影响; (6)不会产生电涌; (7)试片尺寸代表了覆盖层缺陷	(1)可测得极化电位; (2)脉冲极化仍然在Tafel范围内; (3)不需要复杂仪器; (4)使用试片脉冲可兼有试片断电法的优点	(1)可测得极化电位; (2)数据为电位读数; (3)不受多元保护影响; (4)不受杂散电流影响; (5)不受接地的影响; (6)不受感应电涌影响; (7)杂散电流区也可用电压表测; (8)附近缺陷不会引入误差; (9)探头反映了保护状况; (10)可控制最经济的电位	(1)测量给出电压读数; (2)不受多元保护影响; (3)不受接地装置影响; (4)不受杂散电流影响; (5)不受感应电涌影响; (6)杂散电流区也可用电压表测	(1)测点靠近缺陷处可测到极化电位; (2)劣质覆盖层,可连续测量; (3)不受多元保护影响; (4)不受接地装置影响; (5)不受杂散电流影响; (6)不受感应电涌影响	(1)可以确定极化电位; (2)测量给出电压读数; (3)不需要复杂设备; (4)不受多元保护影响; (5)不受杂散电流影响; (6)不受感应电涌影响; (7)不受接地装置影响; (8)杂散电流区可用电压表测
缺点	(1)需要所有保护装置(外加电流或牺牲阳极)必须同时断开; (2)所有接地必须断开; (3)杂散电流区域不适应; (4)管道各段极化必须均匀一致; (5)测量仪器响应要快; (6)可能造成电涌; (7)测得电位为平均值; (8)不能反映比测量处缺陷更大时的情况; (9)有些条件需要复杂仪器; (10)极性粒子影响; (11)仅反映离参比最近缺陷的电位	(1)去极化快时仪器复杂; (2)杂散电流区仪器复杂; (3)不能连续测量; (4)参比电极寿命要长; (5)受试片附近管道缺陷上的电流影响; (6)不能代表比试片大的缺陷; (7)试片电位为平均值; (8)土壤中极性粒子不会衰变	(1)对于多元保护要多元同时叠加脉冲; (2)受接地连接影响; (3)不适用杂散电流区; (4)受极化不均的影响; (5)测量必须避开电涌; (6)电位为平均值; (7)不能代表比试片大的缺陷电位; (8)杂散电流区仪器复杂; (9)易受土壤中极性粒子影响; (10)需要计算	(1)不能连续测量; (2)探头试片尺寸选择必须合适; (3)需要检漏; (4)需要长寿命参比电极; (5)探头必须和土壤介质隔离	(1)除非参比紧靠缺陷处,否则仍含 *IR* 降; (2)参比电极小,易损坏; (3)要专用参比电极; (4)不能连续测量; (5)需要检漏	(1)需要检漏; (2)杂散电流区,可能受未测量区域的电流作用; (3)需要数据处理	(1)不能连续测量; (2) V_s 和 V_m 必须随DC、AC同步测量; (3)要求交、直流流过试片或参比电极; (4)试片尺寸对缺陷必须有代表性; (5)不能代表比试片更大的缺陷电位; (6)需要计算

5.5.1.2.2 电流检测

管道的阴极保护电流密度，主要用于考察防腐层绝缘性能衰变及管道是否存在阴极保护电流异常漏失等情况。由于管地电位有从阴极保护电源向外逐渐递减的特征，在防腐层质量相同的情况下，所耗费的保护电流也是一种递减的过程。所以在工程设计中实际应用的保护电流密度是一个平均值，其数值大小与管道防腐层状况密切相关。该参数是阴极保护设计中必不可少的重要参数，其选择恰当与否直接影响到阴极保护的效果。目前，管道阴极保护电流的检测方法主要有电压降法、补偿法、标定法、电流环法等。

无论是利用电位差法或标定法，现场准确测量阴极保护电流密度都比较困难。电位差法误差较大；标定法虽相对准确，但由于电流测试桩发明之初源于石油沥青类防腐层管道，使其并不适用于目前大范围应用的3PE防腐层管道；电流环检测法测量精度和效率高、操作便捷，能够准确有效地实时测量或长期监测管中的交/直流电流，适用于各类材质、管径、壁厚、防腐层的线路及站内管道的管中电流检测，在管道阴极保护电流测试及杂散电流防护等方面应用较广，但存在不能测试交流电流、测试值存在波动、受地磁场干扰较大、数据采集模式不合理、缺乏相应数据处理软件等问题，不适用于国内的恒电位阴极保护模式，只能通过转动、反转电流环、改变电流环方向、多次测量取平均值的方式抵消地磁场的干扰误差[130]。

5.5.1.2.3 电阻检测

土壤电阻率是影响管道腐蚀的一个重要因素，直接影响接地装置的接地电阻、管网电位分布、接触电压和跨步电压值等。其测量方法可依据GB/T 21246—2007《埋地钢质管道阴极保护参数测量方法》给出的四极法，方法比较成熟。

阳极材料的种类很多，其敷设方式也多种多样。但不论采用何种阳极和敷设方式，阳极接地电阻必须满足一定的要求。目前国内行业标准是小于4Ω（包括引线电阻）。对于不同长度阳极材料的接地电阻测量，GB/T 21246—2007给出了其对接线长度大于8m的接地体的接地电阻测量方法和对接线长度小于8m的接地体的接地电阻测量方法。

电绝缘可以避免阴极保护有效保护电流的流失，还可以减轻或排除由不同金属相互接触时造成的电偶腐蚀，有利于控制或限制杂散电流的影响等。如果没有电绝缘，即使覆盖层良好的管道，阴极保护效果都会不理想，而且经济性很差。标准给出了4种电绝缘性能的测量方法和适用范围，分别为：（1）兆欧表法，适用于测量未安装到管道上的绝缘接头（法兰）的绝缘电阻值；（2）电位法，适用于定性判别有阴极保护运行的绝缘接头（法兰）的绝缘性能；（3）PCM漏电率测量法，适用于用PCM测量在役管道绝缘接头（法兰）的漏电率，判断其绝缘性能；（4）接地电阻仪测量法，适用于用接地电阻仪测量在役管道绝缘接头（法兰）的绝缘电阻。

5.5.2 石油管的腐蚀监测

5.5.2.1 腐蚀监测的作用

石油和天然气行业历来是腐蚀较严重的几个行业之一，且几乎涉及各种腐蚀类型。在所有这些腐蚀问题中，尤以油气集输系统更加突出。由于油气井产出物在经过油气集输管道时未经任何处理，腐蚀性很强，因而造成大量油气集输管道的穿孔、泄漏以及断裂和爆炸等事故，不仅严重影响油气田的正常生产，而且往往造成巨大经济损失和带来环境污染等一系列问题。因此，如何有效地控制、减少及预测油气集输系统的腐蚀问题就成为保证油田的正常生产和提高油气集输效益的重要技术措施。腐蚀监测技术通过采用多种技术手段测量、跟踪被监测系统的腐蚀速率及其他一些环境参数的变化情况，实时地反映系统的腐蚀状况。因此只要对监测取得的结果进行适当的分析和处理，就可以用来评估腐蚀控制措施及防护技术的实施效果，并为控制措施的优化设计及领导决策提供依据。

腐蚀监测的作用主要体现在以下几个方面：

(1)提供现场管线及其他设施的腐蚀速率，依此可确定管线系统安全、有效的运行时间；

(2)对可能发生腐蚀失效的各种环境条件进行预警；

(3)根据监测所得到的腐蚀速率，确定设施合理的检修和维修周期，防止因腐蚀所引起的泄漏等事故的发生；

(4)有效地评估各种腐蚀控制和防腐技术的有效性，如化学缓蚀剂的功效和筛选，并且找出这些技术的最佳应用条件；

(5)观察环境参数对系统腐蚀性的影响，弄清实际设施的腐蚀现状；

(6)可实现无人值守的自动化管理，有利于降低生产成本。

不仅如此，通过腐蚀监测，还可以起到改善生产能力和产品质量、减少投资成本和人员操作费用以及提高设施的使用寿命的目的。

5.5.2.2　常用腐蚀监测方法

腐蚀监测技术是由实验室腐蚀试验方法和设备的无损检测技术发展而来。目前常用的腐蚀监测方法有：失重挂片法、测试短节、电阻探针法、电感法、电指纹法(场信号FSM法)、超声波腐蚀监测法、线性极化法、电化学噪声法、交流阻抗法、电位监测法、耦合多电位法等十多种。根据腐蚀监测原理的不同，可将常用的腐蚀监测方法简单地分为物理法和电化学法两大类。

5.5.2.2.1　物理法

物理法是依据材料的一些特定物理特性进行腐蚀监测的技术。常用的物理监测法有失重挂片法、测试短节法、电阻探针法、电感探针法、电指纹法(场信号法FSM)和超声波腐蚀监测法等6种。

(1)失重挂片法(Weight Loss Coupon)/测试短节法(Test Spool)。

失重挂片法作为一种管道插入式的腐蚀监测方法，是石油和天然气工业中使用最广泛的腐蚀监测方法之一。通过将挂片试样放入待监测的腐蚀系统中，暴露一定时间后取出，测量其重量的变化，求得平均腐蚀速率。同时，通过对取出后挂片试样进行表面宏观、微观分析，还可获得诸如点蚀坑密度、具体的腐蚀形态、腐蚀产物的组成等相关腐蚀数据，有助于明确腐蚀机理和确定腐蚀类型。

油田现场用腐蚀失重挂片的准备、安装、分析和解释的具体方法和步骤可参考标准NACE RP 0775—2005《Preparation, Installation, Analysis, and Interpretation of Corrosion Coupons in Oilfield Operations》。地面管线腐蚀监测用腐蚀失重挂片形状通常是长条状或圆盘状，其中长条状失重挂片会影响管道清管作业，而按照平镶式安装的圆盘挂片则不会影响清管作业。腐蚀失重挂片通常安装在6点钟或12点钟方向，其中6点钟方向的安装示例图如图5.5.1所示。

失重法具有以下特点：

① 适用范围广，可用于满足挂片安装要求的任何工作环境。

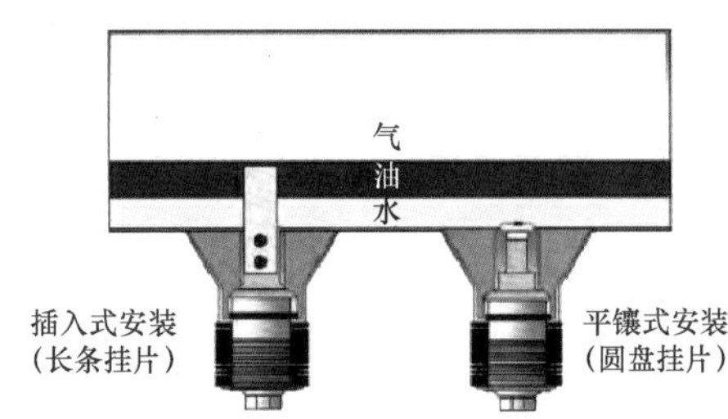

图 5.5.1　腐蚀失重挂片的安装示意图

② 能较为真实地反映材料的腐蚀速率，可直接用来预测特定部件的使用寿命，还可以用于校正其他监测方法获得的数据。

失重法也具有明显的局限性。失重挂片法由于挂片试样仅能在安装一定时间后取出进行分析，取样周期有时可长达 90 天，其分析结果只是一段时间内腐蚀损伤的累积结果，不能获得瞬时腐蚀速率，也不能反映服役条件变化对腐蚀造成的及时影响及腐蚀过程中材料腐蚀速率的变化趋势，特别是一些腐蚀性较弱的环境，需要很长时间才能取得实用的腐蚀速率数据，故无法实现连续实时监测。此外，失重挂片法往往需要与其他监测技术配合使用。

失重法除可采用挂片试样外，还可以直接采用与主管线一致的测试短节作为试样。测试短节是安装在主管道或旁通上的一段两端带法兰并与待监测主管线材质一致的短管，可以周期性地拆卸并检查内部腐蚀状况。它的监测原理与失重挂片法类似，取下测试短节后，可观察到管道整个圆截面的腐蚀特征。测试短节的最大优点是比较如实地反映了实际使用的金属材料状态及环境介质状态，其观测结果较失重挂片更为丰富、可靠，但其成本也较失重挂片多很多。

（2）电阻探针法（Electrical Resistance Probe）。

电阻探针法常被称为“可自动测量的失重挂片法”或“电子腐蚀挂片”，是一种管道插入式腐蚀监测方法，其基本原理是测量金属元件的横截面积因腐蚀而减少所引起的电阻变化。如果腐蚀大体上是均匀的，电阻的变化就与腐蚀的增量成比例。周期性地测量电阻，便可计算出该段时间内的总腐蚀量，继而换算出腐蚀速率。

金属材料的电阻率受温度的影响较大，为了消除温度波动对电阻的影响，通常在电阻探针内安装形状、尺寸和材料均与测量元件相同的温度补偿元件。此温度补偿元件必须具有良好的耐蚀性，避免与工艺介质接触，并靠近受腐蚀的测量元件放置，使其与测量元件经受相同的温度条件。实际测量仪器通常采用凯尔文电桥或惠斯登电桥，处于腐蚀状态下的测量元件作为电桥的一个臂，温度补偿元件作为电桥的另一个臂，通过平衡测量消除温度对金属材料电阻率的影响。

在设计时，电阻探针中测量金属元件的有效寿命一般取元件厚度减少到原始厚度的一半所需要的时间，这样可以最大限度地减少由于腐蚀不均匀而产生的测试误差。通过减少测量金属元件的横截面积，可以提高探头的灵敏度，但同时会缩短探头的使用寿命。因此在实际应用中，需根据腐蚀介质环境及管线材质类型，预估出平均腐蚀速率范围，进而协调好电阻探针灵敏度和有效寿命之间关系。

电阻法一般具有下述两个特点：

① 不受绝大多数腐蚀介质的限制，既能在液相（不论溶液是电解质或非电解质），也能在气相应用。

② 可对运行中管道的腐蚀状况进行连续测量和记录，获得在线腐蚀数据，而且操作方法简单，监测结果也易于解释。

电阻法的局限性主要表现在 3 个方面：① 电阻法只能测定一段时间内的累计腐蚀量，一般适用于监控均匀腐蚀，不能测定瞬时腐蚀速度，也不能测定局部腐蚀；② 所测定的“探头元件”的腐蚀，有时与设备本身金属的腐蚀行为可能不一致；③ 若腐蚀产物具有导体或半导体特性时，电阻法的腐蚀监测结果误差很大，甚至出现负的腐蚀速率。如存在晶间腐蚀或因非金属夹杂而导致测量元件电性能不连续时，其测量的腐蚀速率将远远大于实际腐蚀环境中测量元件的真实腐蚀速率。

(3)电感探针法(Inductance Probe)。

电感探针法，又称磁阻法，其基本原理与电阻法相似，也是一种以测量金属损耗为基础的管道插入式腐蚀监测方法。其测试元件由于腐蚀造成的质量变化引起电感变化，电感信号经放大后输出质量损失信息，并通过按时间序列采集到的金属损失读数计算出平均腐蚀速率。这种极高分辨率的金属损耗测量技术在几分钟或是几小时内就能确定腐蚀速率，并按腐蚀速率的变化提供快速反馈，其响应速度比一般电阻法快50~100倍。

由于温度对钢铁材料导磁性的影响比对电阻率的影响小几个数量级，因而温度对电感探针的分辨率和响应时间的影响很小。只要采用与电阻探针相同的温度补偿方法，就基本可以全部消除温度变化所引起的附加影响。

电感探针测量元件主要包括平面型和管状型两大类(图5.5.2)。具体实践中，应根据石油管的腐蚀机理及现场实际操作情况，选择合适的测量元件类型。如管线中主要发生硫化氢腐蚀，则宜选用硫化铁沉积影响最小的管状型式；如管线腐蚀主要集中于管道底部腐蚀性水相存在的地方或者需经常对管道进行清管作业，则宜选用平面型式。

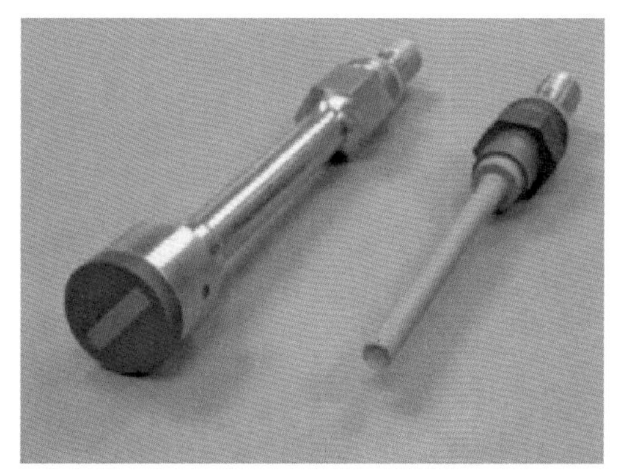

图5.5.2　美国RCS公司生产的M4700平面型和M4500管状型探头

电感法具有以下特点：

① 电感法通过探针测量元件灵敏度的选择，可以较快地测出腐蚀速率的变化。同一般电阻法相比，电感法的响应时间快2~3个数量级，可对金属腐蚀速率的变化做出快速反应。例如，当腐蚀速率同为0.25mm/a时，普通127μm厚度的电阻探针响应时间是70h，127μm厚度的电感探针响应时间是0.8h。

② 电感法可监测的腐蚀介质环境范围广泛，适用于大部分气相、电解质或者非电解质液相、固相或混合相等腐蚀介质中的连续测量。

电感法的局限性主要表现在以下几个方面：

① 由于受腐蚀监测基本原理的限制，电感法只适用于碳钢、铁素体钢等磁质石油管材料的在线腐蚀监测，不适合于镍基合金和奥氏体不锈钢等非磁性石油管材料的腐蚀监测。

② 若腐蚀产物具有导体、半导体、磁性等特性时，电感法的测量结果会出现较大的误差甚至错误。

③ 同电阻法相似，电感法一般适用于监控管道均匀腐蚀破坏，不能测定瞬时腐蚀速率，也不能测定局部腐蚀。

(4)电指纹法(Field Signature Method/ Electric Fingerprint)。

电指纹法(FSM)是一种非插入式的腐蚀监测方法。其原理是将一系列的探针按矩阵形式点焊在管道外表面上，再施加外电流以建立一个电场，管道内壁的表面形状、尺寸会影响其表面的电场分布特性。通过测量管道表面电场的特性，可以确定管道的形状和尺寸。当腐蚀发生时，给定的感应探针

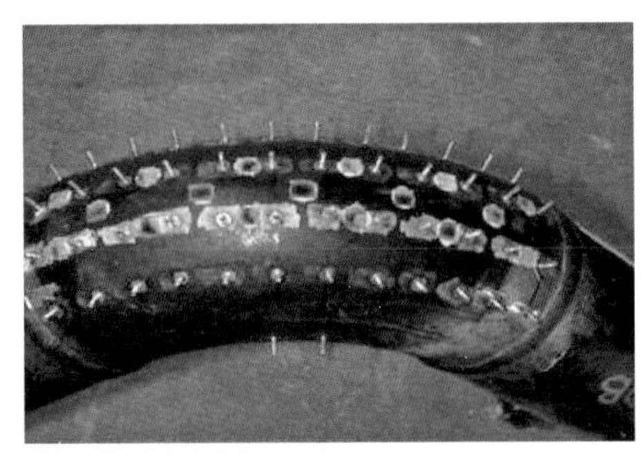

图 5.5.3　FSM 在管道弯管处的现场安装图

之间的电阻值增大(原理类似于电阻探针,但使用管道结构本身作为传感元件),测得的压降值也随之增大。将原始电位分布与运行期间测得的电位分布进行对比,从而计算出壁厚的减薄情况。并将探针之间的壁厚减薄情况以二维或三维的形式显示出来,从而识别局部腐蚀程度。电位的原始分布代表了管道最初的几何形状及尺寸,可以将它看作管道的“指纹”,故称作电指纹法。电指纹法在管道弯管处的现场安装图如图 5.5.3 所示,其工作示意图如图 5.5.4 所示。

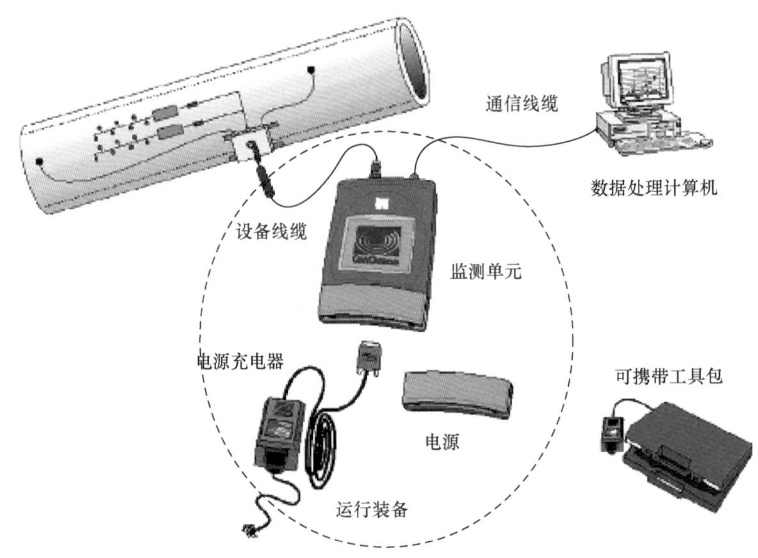

图 5.5.4　FSM 监测系统工作示意图

电指纹法作为一种非插入式的腐蚀监测方法,不需对现场管道进行开孔作业,也没有将测量元件暴露在腐蚀、磨蚀、高温和高压等腐蚀介质环境中,故不存在监测元件的腐蚀损耗和介质腐蚀泄漏问题,特别适用于不能触及部位或含硫化氢酸性气体管道的腐蚀监测。

电纹法的局限性主要表现在监测灵敏度低、成本较高以及数据处理复杂等方面。采用该方法时,只有当腐蚀达到一定程度后才能监测到腐蚀发生的情况,不能及时发现设备的初始腐蚀缺陷,且其数据解释和处理对技术人员的专业知识要求较高。

(5)超声波腐蚀监测法(Ultrasonic Wave Corrosion Monitoring)。

超声波腐蚀监测法是一种非插入式无损监测方法。通过将超声感应片粘贴在管道外壁,利用超声波技术定时测量管道内壁壁厚变化或存在的裂纹和缺陷信息,以监测管道内部腐蚀情况。实际腐蚀监测中,最常用的超声波技术是脉冲回波法(即反射法)。它的基本原理是把压电晶体发生的声脉冲信号经附着在待测金属管道外壁的传感器探头向管道内部发射。这些脉冲信号在管道中会受到材料的前面和背面反射,也会受到这两个面之间的缺陷反射,反射波由压片晶体接收,经放大后在记录仪上记录相关信号。管道壁厚或缺陷位置可以根据时间坐标轴上的声波反射和返回的时间确定。有关缺陷的尺寸可依据缺陷信号的波幅得到。脉冲回波法原理图如图 5.5.5 所示,现场所用超声波腐蚀监测装置如图 5.5.6 所示。

超声波腐蚀监测法具有如下特点：

① 超声波腐蚀监测法只需在单侧探测，几乎不受位置的限制，只要能放置超声波探头的地方均可设置。特别适用于弯头、三通等无法设置插入式监测装置的流场突变区域。

② 超声波腐蚀监测法对管道内缺陷的检测能力较强，探测速度较快，可对运行中的管线进行反复测量。

③ 超声波腐蚀监测法特别适用于厚壁管线的腐蚀监测。

超声波腐蚀监测法具有以下局限性：

① 超声波腐蚀监测法对操作人员的技术和经验要求较高。

② 超声波腐蚀监测法不适用监测壁厚较薄的管线。

③ 管线外壁表面的粗糙度、清洁度以及耦合剂的选用等因素可直接影响超声波腐蚀监测法的监测结果。

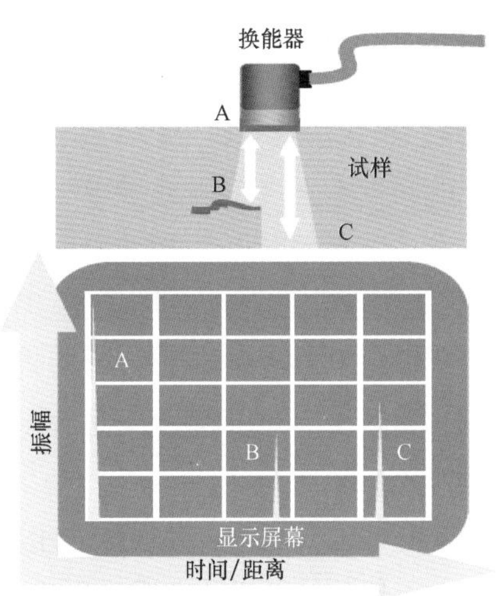

图5.5.5　脉冲回波法原理图

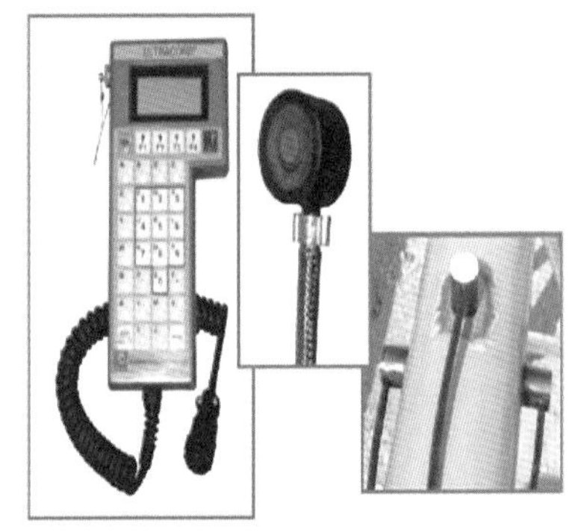

图5.5.6　现场所用超声波腐蚀监测装置

④ 超声波腐蚀监测法由于受监测仪器设备灵敏度的限制，当两次检测时间间隔短或金属壁厚变化不大时，分辨率差，因此难以获得足够的灵敏度来连续跟踪记录腐蚀速率的变化。

5.5.2.2.2　电化学方法

电化学方法类腐蚀监测技术是通过测量腐蚀过程中金属/介质界面间的电化学特征数据，计算或者推导出金属材料的电极电位、腐蚀速率、极化阻力或者界面噪声等参数，并以此为依据进行腐蚀测量的技术。常用的电化学腐蚀监测方法有线性极化法、电位监测法、电化学阻抗法、电化学噪声法以及氢探针法等。

(1)线性极化法(极化阻力法)(Linear Polarization Resistance)。

线性极化法是目前最常用的金属腐蚀速率快速测试方法之一。该方法是基于稳态的电化学反应体系中金属自腐蚀电位附近的弱极化区内(ΔE 为0～10mV或0～30mV)极化电位与极化电流之间存在的线性关系，利用其斜率 R_p(极化阻力)与腐蚀电流成反比(比例常数 B)的关系，求出金属的腐蚀速率，其中比例常数 B 值由塔菲尔常数计算或由专业文献查取。对于一个特定的腐蚀过程来说，B 是一个常数，常见的数值范围为17～26mV。

严格说来，极化阻力与腐蚀电流之间的数学关系只有当 ΔE 趋于零并且是在自腐蚀电位处测量时才正确。而在0～10mV或0～30mV范围内的极化曲线，事实上大都呈曲线关系。考虑到实际应用所允许的误差，常常假设它呈直线关系。在商品仪器中，一般都对数据进行了线性化处理，因此极化阻力法有时也称线性极化法。

线性极化法具有以下特点：

① 测量迅速，响应速度快，可快速测定瞬时全面腐蚀速率。

② 可以测得工艺参数快速变化对腐蚀速率的影响。

线性极化法具有以下局限性：

① 极化阻力法和电阻法类似，也需将所测定的金属制成电极试样（探头），装入设备内。

② 不适用于气相环境，只适合于电阻率小于 10kΩ · m 的电解质溶液，且没有二次氧化还原反应的电化学体系。

③ 基本上只能测定全面腐蚀速率，不能测量局部腐蚀速率。

④ 一般的线性极化电阻法未考虑介质电阻对测量结果的影响。由于不同腐蚀体系溶液电阻值是不同的，而且差别很大，所以测试时必须考虑介质电阻带来的测量误差。采用交流阻抗的方法可消除介质电阻带来的误差。

（2）电位监测法。

金属或合金的腐蚀行为与腐蚀电位之间存在一定的对应关系。有的腐蚀只能在某个电位区间发生，在其他电位区间就不能发生。一些点蚀（特别是具有活化—钝化特性的腐蚀体系）、缝隙腐蚀、应力腐蚀、选择性腐蚀、阴极保护、阳极保护过程大都存在各自的临界腐蚀电位，以此电位为依，监测可能发生的腐蚀以及腐蚀控制的效果。当临界电位与腐蚀电位之间有足够大的电位间隔时，可考虑采用电位法进行腐蚀监测。

电位监测法具有以下特点：

① 可以测定均匀腐蚀也可以测定局部腐蚀，还可能确定腐蚀类型。

② 它可以对设备或者设备配件本身进行原位腐蚀监测，从而直接测定设备的状况，而不一定通过制成试片的探头进行监测。

③ 电位法在某些活化—钝化体系、阴极保护和阳极保护设备中，应用比较广泛。

电位监测法具有以下局限性：

① 它只能定性地监测到设备表面的腐蚀状况，不能测定准确的腐蚀速率等参数。

② 该方法需向设备内部插入一个参比电极，以供电位测定用。实际上，该方法应用范围的限制往往是随参比电极使用范围的限制而定。

（3）电化学阻抗法（EIS）。

EIS 技术是对电化学体系施加一系列确定频率的小幅度正弦电位扰动，测量电流响应，从而得到阻抗的模值及相位角。EIS 对系统扰动小，测试频率范围宽，可以在不破坏系统的前提下，原位获得与电化学腐蚀相关的电极过程动力学信息和电极界面结构信息，适用于在线腐蚀监测。

电化学阻抗法作为线性极化技术的延伸和发展，在理论上适合于很多体系，它不但可以求得极化阻力、微分电容等重要参数，还可以研究电极表面吸附、扩散等过程的影响，在高阻抗的电解质溶液及涂料、缓蚀剂、钝化膜和涂层等表面腐蚀研究领域应用较广。

电化学阻抗法也具有一定的局限性。在一个完整的测量周期内，电化学阻抗法响应时间较长，如果某些腐蚀体系或腐蚀产物具有电感特性，其监测结果往往难以解释。

(4)电化学噪声法(EN)。

电化学噪声是指在电化学系统演化过程中,其电化学状态参量(如电极电位、电流密度等)随时间发生随机非平衡波动的现象。腐蚀电化学噪声是金属材料表面与环境发生电化学腐蚀而自发产生的“噪声”信号。它主要与金属表面状态的局部变化以及局部化学环境有关。由于不同腐蚀形态的腐蚀机理存在差异,产生的电化学噪声也是有区别的。对于全面腐蚀,电化学噪声来源于金属表面微电池的形成与消失,或者来源于金属表面氢气泡的形成与脱附,此类电化学噪声的曲线服从典型的正态分布;对于局部腐蚀(例如点蚀、缝隙腐蚀)产生的噪声峰具有随机性,服从泊松分布。

电化学噪声法具有以下特点:

① 电化学噪声技术的最大特点是自然、真实地反映金属表面状态,是一种原位无损的监测技术。

② 该技术有助于研究局部腐蚀、表面膜的动态特征等,可以监测均匀腐蚀、孔蚀、裂蚀、应力腐蚀开裂等腐蚀,并且能够判断金属腐蚀的类型。

电化学噪声法具有以下局限性:

① 价格昂贵。

② 对电化学噪声产生的机理认识还不清楚,处理方法还不完善,制约了其广泛应用。

③ 实验室条件下的噪声的专家分析与现场测试条件下的简单分析之间存在障碍。

(5)氢探针法。

氢气是许多腐蚀过程的一种产物。腐蚀产生的氢或工艺介质中的氢渗入金属能引起生产设备破坏。渗氢破坏包括氢脆、氢鼓泡、氢诱导应力腐蚀破裂等,化工厂、炼油厂、油井和输油管线等的很多装置都会发生这类问题。氢探针法就是利用氢探针测量腐蚀反应过程中生成并渗入金属内部或者溢出金属表面的氢离子或氢气,确定材料氢致腐蚀状况的技术。按探针的测量原理的不同,可将氢探针分为三类,即压力型氢探针、真空型氢探针和电化学氢探针。

氢探针具有以下特点:适用于氢腐蚀过程,反映的是渗氢速率即氢通量,虽不能定量测定氢的损伤程度,但对确定氢损伤的相对严重程度以及评价生产过程可能引起的氢损伤是一种有效方法。

5.5.2.3　腐蚀监测点的布局及方法选择

5.5.2.3.1　腐蚀监测点的布局

在油气田生产系统中,腐蚀监测点的设置应遵循“区域性、代表性和系统性”的基本原则。

“区域性”是指某一个区块或某一个油气田,不同区块不同层系统的介质腐蚀特性是不相同的。

“代表性”是指在生产系统中能达到以点代面的目的。例如,应选取油气田中日产气量、日产液量、含水量、气相组分中的 CO_2/H_2S 含量、液相组分中的总矿化度及 Cl^- 含量等与腐蚀相关的介质参数相对较高的单井或集输管线作为监测对象。在生产系统中,应选取与水处理容器或罐的出口相连的管线作为监测对象。

“系统性”是指围绕和贯穿整个油田生产系统的各个环节,形成一套系统化的腐蚀监测网络,有效评价整个生产系统腐蚀状况。

针对钢质管道的内腐蚀,腐蚀监测点设置的一般要求是(GB/T 23258—2009《钢质管道内腐蚀控制规范》):

(1)监测点应合理地选择在生产系统存在腐蚀性介质,能提供有代表性内腐蚀测量结果的地方。

(2)对管输介质做缓蚀处理,特别是加注化学药剂的管道,设计应包括腐蚀监测装置,以便监测管输介质的腐蚀性和评价缓蚀效果。

(3)在压力、温度、含水量和其他腐蚀条件不同的位置,应选择预期腐蚀比较严重的位置设置监测装置并评价监测方法的使用效果。

(4)对于经过干燥处理后产品的输送管道,在预计可能积液的位置可采用定点测量的方法(例如壁厚检测、在线监测)。

(5)监测装置如果设在旁通上,旁通管道的水力状态应与主管道相似,并能随时切断或开通。

对于油田生产系统,依据油田生产系统的一般工艺流程,宜设置腐蚀监测点的位置是:单井井筒(不同温度、压力下的腐蚀特性)、单井井口首端、单井管线末端、计量站(多个单井、汇管处)、处理站进站管线(集输管线的末端)、三相分离器进口管线、三相分离器液相、污水处理系统管线。产出水及污水处理系统是油田腐蚀最严重的区块。针对水处理系统,可在三相分离器液相、污水缓冲沉降罐、污水滤后、注入水干线、注水井等部分设计腐蚀监测点。

5.5.2.3.2　腐蚀监测方法的选择

每种腐蚀监测方法由于基本原理、适用的监测对象及环境介质等方面的差异,都有其技术的优点和局限性,只能提供有限的腐蚀信息。不存在一种腐蚀监测方法能够用来监测所有条件下不同种类的腐蚀。如果有两种或两种以上方法可供选择时,它们往往呈现互补关系而不是竞争排斥。为更好地发挥腐蚀监测的效用,提高腐蚀监测数据的有效性,需综合考虑相关腐蚀监测技术的基本原理、适用环境、响应时间、操作方式(如定期或连续取值)、安装技术、数据采集及处理等方面问题,并结合现场管线的运行操作情况以及实际腐蚀作用机理,选用合适的监测方法。

一般而言,所选用腐蚀监测方法需满足以下要求(GB/T 23258—2009《钢质管道内腐蚀控制规范》):

(1)安装于适当位置的在线腐蚀监测设备应当能有效地确定腐蚀速率和腐蚀类型。

(2)所选用的腐蚀挂片与探针探头的材质应与管道的内表面材质相同或相似。

(3)需根据管输介质的类型、流速、监测项目以及预估的腐蚀速率确定腐蚀挂片与探针在流体中的暴露时间。比如,针对失重腐蚀挂片,在监测系统开始运行的初期,宜每隔2周回收一次失重腐蚀挂片。在监测环境稳定后,宜每隔3个月到6个月回收一次失重腐蚀挂片。

(4)探针在监测环境中运行一段时间后,在探头上可能沉积有较多的石蜡或者其他不溶性物质,特别是在含硫化氢酸性环境下,硫化亚铁的生成与沉积对诸如电阻、电感等探头的敏感度和准确度有很大影响。为此,需定期将探针取出并清除探头上的附着沉积物。

(5)腐蚀挂片与探针的测试结果是相对值,而不是绝对值。因此,监测结果主要用于确定腐蚀环境随时间的变化关系,或者操作参数、化学处理程序等的改变而使输送介质腐蚀性发生的变化。

5.5.3　石油管的实物腐蚀评价

5.5.3.1　全尺寸石油管高温高压拉伸应力腐蚀实验评价

5.5.3.1.1　全尺寸石油管高温高压拉伸应力腐蚀实验系统[131-133]

高温高压气井油管柱腐蚀失效形式主要表现为三类:(1)腐蚀穿孔,多发生于油管内壁,主要是由酸化改造阶段的酸化液或/和完井生产过程中的含 CO_2 地层水造成的，如图5.5.7(a)所示。(2)管柱接头缝隙腐蚀。多发于油管螺纹接头部位，主要是由于酸化改造阶段的酸液或/和含 CO_2 地层水进入螺纹缝隙引起的，如图5.5.7(b)所示。(3)应力腐蚀开裂。多发生于油管外壁，由油管套管之间的环空保护液引起。常见的可能造成应力腐蚀开裂的环空保护液类型包括无机氯化物和磷酸盐类，如图5.5.7(c)所示[132]。

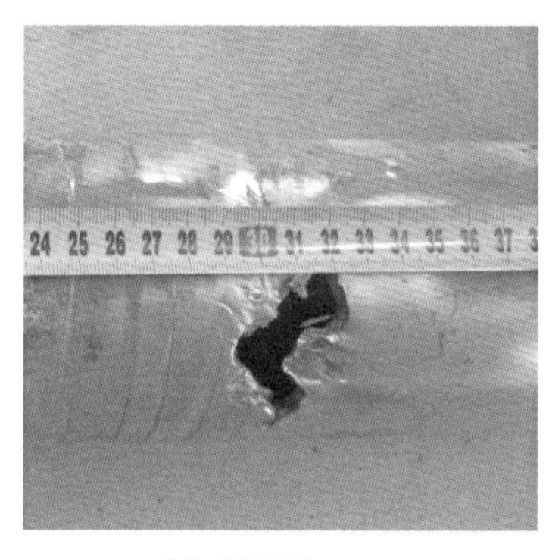

(a) 腐蚀穿孔

(b) 管柱接头缝隙腐蚀

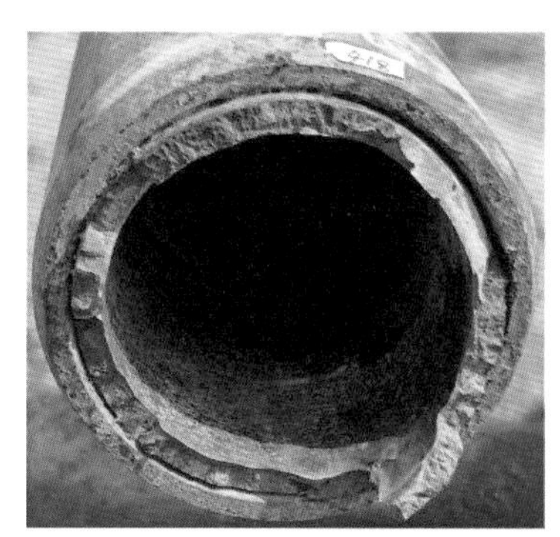
(c) 应力腐蚀开裂

图5.5.7　超高温压气井管柱主要腐蚀失效形式

无论是进行失效分析还是开展实验研究，目前最常用的方法是采用高温高压釜系统模拟油气田服役条件进行挂片实验，该方法是研究石油天然气工业高温高压环境中管材及装备腐蚀/应力腐蚀开裂的最常见且最经典的方法。但是该方法往往不能全面反映现场井下管柱的腐蚀环境特征，主要原因有：首先，小试样由于尺寸和结构因素往往无法全面反映全尺寸管柱的腐蚀行为和形貌；其次，小试样加载如四点弯曲法或应力环法虽然可以施加载荷，但其加载方向均为单向，不能反映井下管柱的复杂受力状况；最后，小试样无法反映管柱接头在服役过程中因腐蚀导致的螺纹接头密封失效行为，而接头密封失效往是导致管柱失效最重要的因素之一。

鉴于小试样模拟服役条件腐蚀研究方法的缺点，管研院自主研发了“全尺寸石油管高温高压实物拉伸应力腐蚀系统”。该系统相对于高温高压釜内的小试样腐蚀方法具有如下三个优势：(1)其内压、外拉力以及温度和介质等重要服役条件参数可完全满足超高温高压气井极端服役条件参数下管柱腐蚀的研究需要；(2)全尺寸管柱腐蚀系统可开展管柱接头在复杂载荷下的腐蚀或应力腐蚀开裂研究；(3)该系统将全尺寸(Full - Scale)与小试样(Small - Scale)方法有机结合在一起，考虑到小试样研究的方便性，在全尺寸管柱内设计了小试样挂片系统。

全尺寸石油管高温高压实物拉伸应力腐蚀试验系统主要用于模拟测试全尺寸油管和套柱在复杂苛刻服役条件环境下(腐蚀介质、拉力内压高温)的腐蚀和应力腐蚀开裂行为，以及油套管接头在腐蚀介质环境中的密封性能评价。设备的主要技术参数为：试验管段最长为12m、最大内压为100MPa、最高温度为200℃、最大轴向拉力700t、最长连续工作时间720h，管内可用试验介质包括酸溶液、碱溶液、盐溶液、CO_2 腐蚀性气体等。

5.5.3.1.2　超级13Cr油管高温高压腐蚀规律

(1)实验方法。

实验前采用清水对管段进行密封及承压测试，打压最高压力为实验压力的110%，保压时间为

5min。在确保系统密封性完好的情况下,向实验管段注入除氧的残酸液,详细实验步骤如下:第一步,实验管段内介质温度为20℃,内压为7MPa,拉力为87t,持续时间为120h;第二步,温度由20℃升至120℃,向油管内注入1.2MPa的CO_2气体,然后采用N_2增压至70MPa,持续时间为20h;第三步,温度维持在120℃,压力保持在70MPa,同时轴向拉力维持在676MPa,最终油管短节在44h后发生断裂,断裂位置为管体。

实验介质为残酸液,pH值在2.5~2.7,该残酸液来源于油田现场井下鲜酸酸液(××% HCl + ××% HF + ××% HAc + ××% TG201缓蚀剂)注入地层与碳酸盐岩层反应后的返排产物。

(2)超级13Cr油管断裂部位断口特征。

图5.5.8为超级13Cr油管发生断裂后的宏观形貌,可以看出油管断口有明显的3个区域,裂纹源区、裂纹扩展区和瞬断区。其中裂纹源区有2个半圆形的灰黑色区域,局部放大后如图5.5.9(a)所示,初步判断裂纹起源于油管内壁的两个腐蚀坑,图5.5.10(b)的SEM微观形貌可证明确实存在腐蚀产物。图5.5.10为超级13Cr油管断口裂纹源区、裂纹扩展区和瞬断区的微观形貌,从图5.5.10(a)可以看出该断口属于典型的沿晶断裂,裂纹扩展区和瞬断区的微观形貌为韧窝状。可以推断油管断裂起源于内壁的两个腐蚀坑,在腐蚀介质、管柱内压及轴向载荷的共同作用下,油管从腐蚀坑部位启裂,然后迅速扩展,最终发生完全断裂。

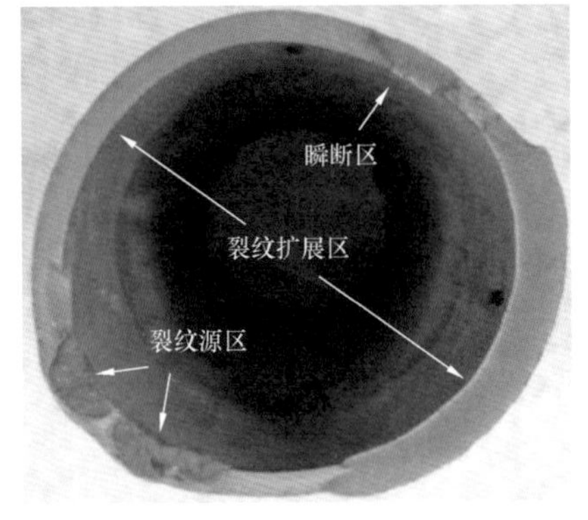

图5.5.8 全尺寸超级13Cr油管断裂宏观形貌

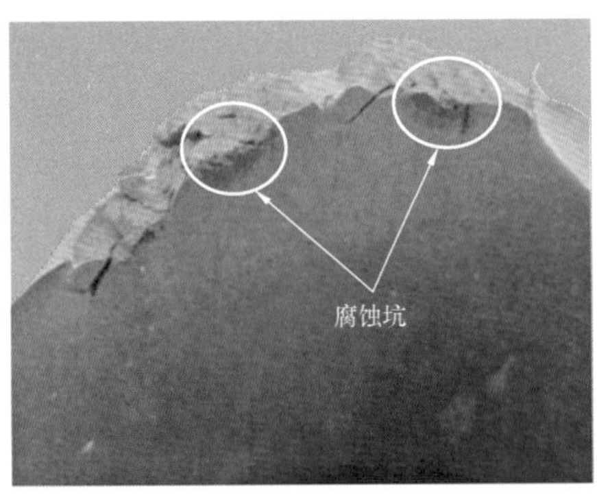

(a) 宏观形貌

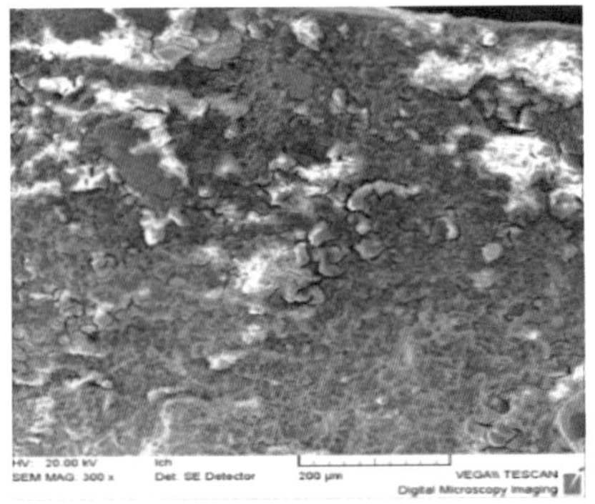

(b) 微观形貌

图5.5.9 全尺寸超级13Cr油管断裂部位点蚀坑形貌

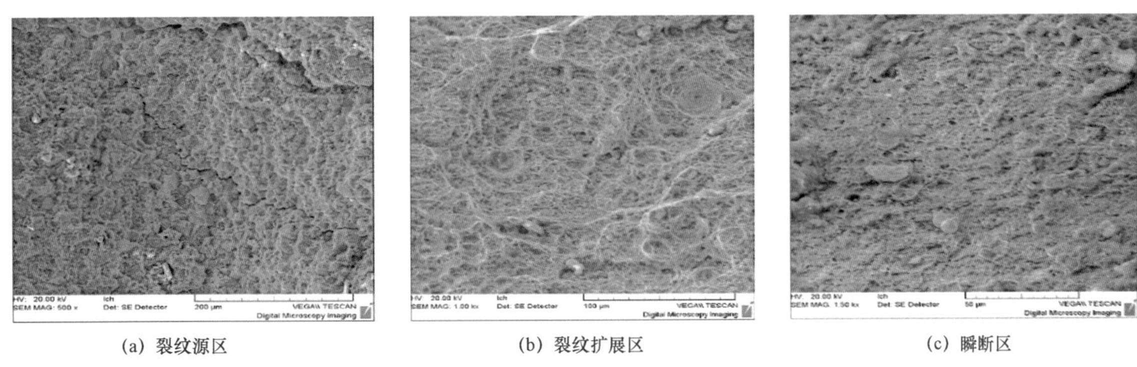

(a) 裂纹源区　(b) 裂纹扩展区　(c) 瞬断区

图 5.5.10　全尺寸超级 13Cr 油管断口微观形貌

(3)超级 13Cr 油管内壁腐蚀坑特征。

全尺寸 13Cr 油管内壁腐蚀坑宏观形貌如图 5.5.11 所示,在靠近断裂位置的 75cm 管段范围内有宏观可见腐蚀坑 25 个。对腐蚀坑进行微观观察,发现大部分腐蚀坑周围已出现了“X”状的裂纹。这些裂纹均以腐蚀坑为中心,以“X”状向四个方向扩展,部分裂纹在扩展的过程中出现了二次裂纹形貌,如图 5.5.12 所示。

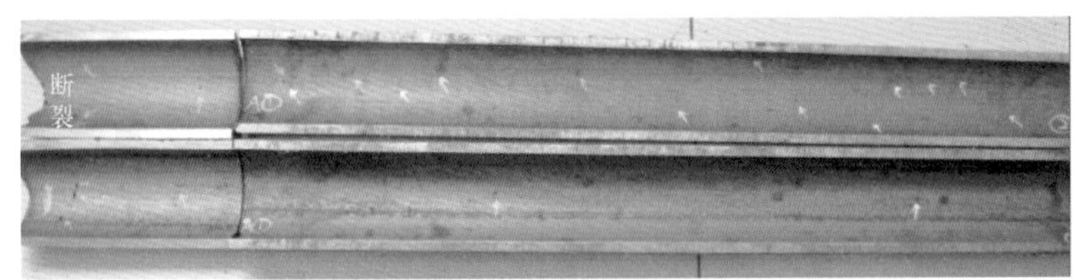

图 5.5.11　全尺寸 13Cr 油管内壁腐蚀坑宏观形貌(靠近断裂处)

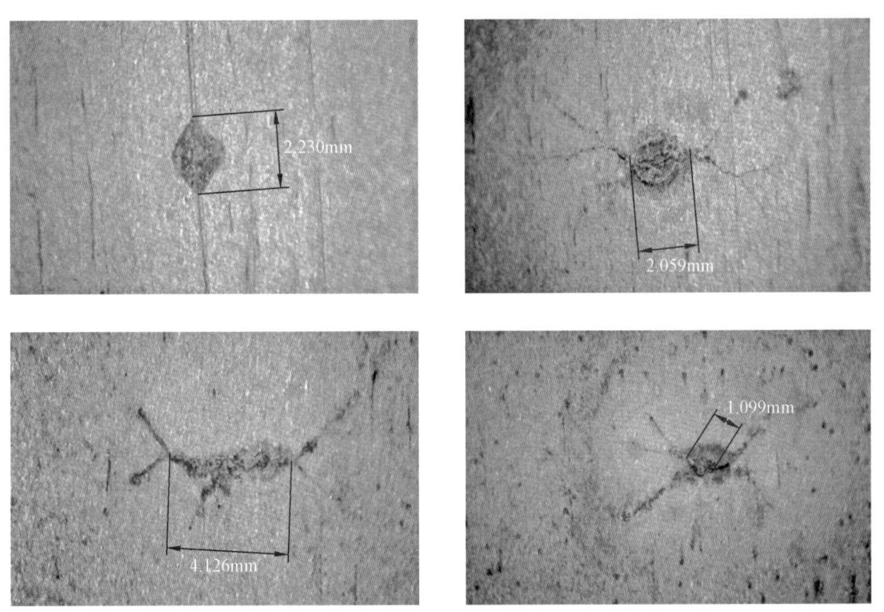

图 5.5.12　全尺寸 13Cr 油管内壁腐蚀坑微观形貌(靠近断裂处)

(4)超级 13Cr 油管断裂过程。

如上所述,全尺寸超级 13Cr 管柱经历了高温—高内压—高拉应力—高腐蚀性残酸的共同交互作用，以上4个关键因素导致13Cr管柱内壁发生腐蚀，随着实验时间的推移进而发生开裂。结合实验结果将油管内壁腐蚀到开裂过程分为如下五个阶段，如图5.5.13所示。

第一阶段：腐蚀坑形成[图5.5.13（a）(b)]。在残酸腐蚀介质的作用下，油管内壁发生局部腐蚀，点蚀坑萌生，如图5.5.13(b)所示。据文献报道，尽管残酸和地层中的碳酸盐发生反应后酸浓度大大降低，但是由于在和地层作用过程中酸液中的缓蚀剂被吸附，导致其腐蚀性增加。超级13Cr油管在残酸液中的电化学腐蚀反应如下：

$$Fe + 2H^{+} \longrightarrow Fe^{2+} + H_2 \quad (5.5.1)$$

$$2Cr + 6H^{+} \longrightarrow 2Cr^{3+} + 3H_2 \quad (5.5.2)$$

$$CO_2 + H_2O \longrightarrow HCO_3^{-} + H^{+} \quad (5.5.3)$$

$$HCO_3^{-} \longrightarrow CO_3^{2-} + H^{+} \quad (5.5.4)$$

$$Fe^{2+} + CO_3^{2-} \longrightarrow FeCO_3 \quad (5.5.5)$$

第二阶段：腐蚀坑长大[图5.5.13(b)(c)]。随着实验时间的推移，图5.5.13(a)的小点蚀坑在残酸液中由于电化学腐蚀[式(5.5.1)～式(5.5.5)]的作用不断发展长大，如图5.5.13(c)所示。

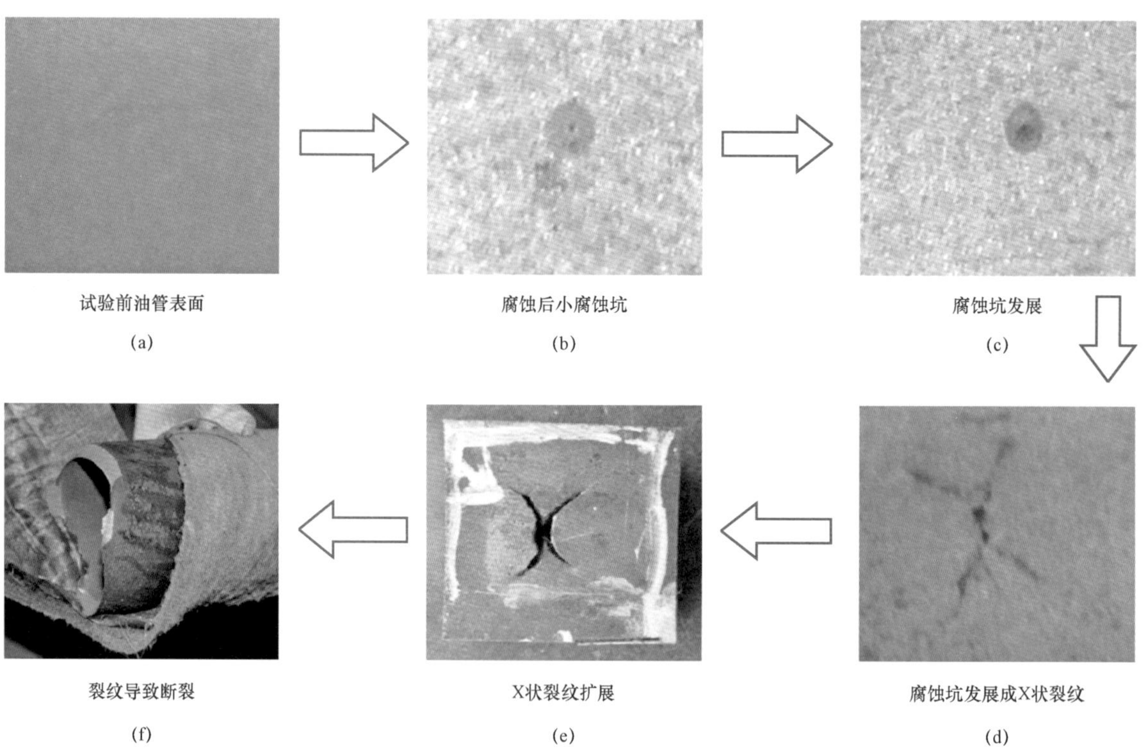

图5.5.13　全尺寸13Cr油管内壁腐蚀坑—裂纹—断裂发展过程

第三阶段：腐蚀坑发展为“X”形裂纹[图5.5.13(c)(d)]。由于油管承受着70MPa的内压和87t的轴向载荷，当腐蚀坑长大到一定程度时，腐蚀坑部位就是一个典型的体积型缺陷。由于在缺陷部位应力集中，当缺陷尺寸达到临界值后，即发生开裂，裂纹的扩展方向基本与轴向载荷的方向呈45°夹角。

第四阶段："X"形裂纹扩展[图5.5.13(d)(e)]。当裂纹一旦在油管内壁形成后，裂纹将在载荷、内压和腐蚀介质三者共同的作用下，沿着晶界不断扩展。对于不锈钢来讲，晶界或者是靠近晶界的部位一般是腐蚀和应力腐蚀开裂的薄弱部位，该特征在图5.5.10(a)中可以明显看出。

第五阶段："X"形裂纹最终导致断裂[图5.5.13(e)(f)]。随着"X"形裂纹的进一步扩展，如图5.5.13(d)(e)所示，当裂纹长度和深度达到一定的临界尺寸后，油管无法承受内压和轴向载荷，即最终发生断裂。

5.5.3.2　高温高压实物管环路冲刷腐蚀实验评价

实物管冲刷腐蚀试验方法利用实物冲刷腐蚀试验装置，模拟实物管服役条件，在实物管中进行一定温度、压力的腐蚀介质的循环冲刷腐蚀试验，来检测油套管、管线管或接头等实物管件在特定条件下的耐冲刷腐蚀性能及密封性能，适用于模拟内部流体冲刷腐蚀性能的测试及研究。实物冲刷试验溶液为油田现场管件所接触介质的模拟溶液，或者现场采集溶液。模拟溶液一般由二氧化碳、除氧的氮气、氯化钠、氯化钙、碳酸钙、冰乙酸和蒸馏水或去离子水等组成(不含 H_2S)。

试验管样应选用合格的产品，且试件的表面不应有超过 API Spec 5CT 或 API Spec 5L 允许的表面缺陷。试验前对待测管件进行静水压试验，试验压力达到管子生产时的质量要求，且无破坏发生。随后对管件进行全长无损检测，确保无缺陷后方可进行实物冲刷腐蚀试验。静水压试验及无损检测试验依据 API Spec 5CT 或 API Spec 5L 标准进行。试验结束后，检查被测管件外表面状况，记录是否有破裂或裂纹出现；检查并记录接箍连接处是否有泄漏；检查内表面腐蚀状况，并进行腐蚀速率计算和显微分析；截取部分试样进行力学性能测试。

管研院自主开发了实物管冲刷腐蚀试验系统，如图5.5.14所示。该系统可对长4～10m，最大外径114mm的实物管进行试验。试验最高温度100℃，最大压力2 MPa，液相最大流速5 m/s，气相最大流速20 m/s。

图5.5.14　实物油管冲刷腐蚀试验系统

参考文献

[1] 柯伟，等．中国工业与自然环境腐蚀问题调查与对策[M]．北京：化学工业出版社，2003.

[2] 万里平，孟英峰，杨龙，等．钻柱失效原因及预防措施[J]．钻采工艺，2006(1)：57－59，70，125.

[3] 朱庆流. 石油钻杆接头的疲劳分析[D]. 哈尔滨:哈尔滨工业大学,2011.

[4] 陈庭根. 钻井工程理论与技术[M]. 东营:石油大学出版社,2000:100 – 103.

[5] 房舟. 钻杆的失效分析[D]. 南充:西南石油学院,2006:27 – 28.

[6] 李鹤林,李平全,冯耀荣. 石油钻柱失效分析及预防[M]. 北京:石油工业出版社,1999:162 – 165.

[7] 张学元,邸超,雷良才. 二氧化碳腐蚀与控制[M]. 北京:化学工业出版社,2000:15 – 15.

[8] 宋光铃,曹楚南,林海潮,等. 土壤腐蚀性评价方法综述[J]. 腐蚀科学与防护技术,1993,4(5):268 – 277.

[9] 何业东,齐慧斌. 材料腐蚀与防护概论[M]. 北京:机械工业出版社,2005.

[10] 韩恩厚,陈建敏,宿彦京,等. 海洋工程材料和结构的腐蚀与防护[M]. 北京:化学工业出版社,2015.

[11]《海洋石油工程设计指南》编委会. 海洋石油工程海底管道设计[M]. 北京:石油工业出版社,2007.

[12]《油气田腐蚀与防护技术手册》编委会. 油气田腐蚀与防护技术手册(上册)[M]. 北京:石油工业出版社,1999.

[13] HH. 尤里克,RW. 瑞维亚. 腐蚀与腐蚀控制[M]. 北京:石油工业出版社,1993.

[14] 卢绮敏. 石油工业中的腐蚀与防护[M]. 北京:化学工业出版社,2001.

[15] 化工机械研究院. 腐蚀与防护手册[M]. 北京:化学工业出版社,1990.

[16] 李鹤林,冯耀荣. 石油管材与装备失效分析案例集[M]. 北京:石油工业出版社,2005.

[17] 赵国仙,吕祥鸿. 某井油管腐蚀原因分析[J]. 材料工程,2010,7:51 – 55.

[18] 王选奎. 中原油田气举井油套管腐蚀因素分析[J]. 腐蚀与防护,2001,22(4):165 – 168.

[19] 孙燊. 油管钢的 CO_2 和 H_2S 腐蚀及防护技术研究进展[J]. 石油矿场机械,2009,38(5):55 – 61.

[20] 徐宝军,姜东梅. 油田集输管线腐蚀行为分析[J]. 电镀与精饰,2010,32(7):35 – 38.

[21] 褚武扬,乔利杰,李金许,等. 氢脆和应力腐蚀:基础部分[M]. 北京:科学出版社,2013:363 – 365.

[22] Korb,Lawrence J,et al. Metals Handbook,Volume 13:Corrosion[M]. ASM International,1987.

[23] 褚武扬. 氢致开裂和应力腐蚀机理新进展[J]. 自然科学进展. 1991,5:393.

[24] ISO 15156 – 1:2015. Petroleum and Natural Gas Industries – Materials for Use in H_2S – Containing Environments in Oil and Gas Production. Part 1:General Principles for Selection of Cracking Resistant Materials[S]. 2015.

[25] 白新德. 材料腐蚀与控制[M]. 北京:清华大学出版社,2005.

[26] 崔维汉. 中国防腐蚀工程师实用技术大全 第一册[M]. 太原:山西科学技术出版社,2001.

[27] 乔利杰,王燕斌,褚武扬. 应力腐蚀机理[M]. 北京:科学出版社,1993.

[28] 赵国仙,吕祥鸿,李鹤林,等. 温度对 P110 钢 CO_2 腐蚀行为的影响[J]. 中国腐蚀与防护学报,2005,25(2):93 – 96.

[29] NORSOK. No. M – 506:1998 CO_2 Corrosion Rate Calculation Model[S]. 1998.

[30] Nyborg R. Overview of CO_2 Corrosion Models for Wells and Pipelines. Corrosion/2002[C]. TX:NACE,2002.

[31] Jepson W P,Bhongale S,Gopal M. Predictive Model for Sweet Corrosion in Horizontal Multiphase Slug Flow. Corrosion/96[C]. TX:NACE,1995.

[32] Nesic S,Postlethwaite J,Olsen S. An Electrochemical Model for Prediction of Corrosion of Mild Steel in Aqueous Carbon Dioxide Solutions [J]. Corrosion,1996,52(4):280 – 294.

[33] Ikeda A,Veda M,Mukai S. CO_2 Behavior of Carbon and Cr Steels [C]. In Advances in CO_2 Corrosion,Houston TX:NACE,1984.

[34] Wang H W,Cai J Y,Jepson W P. CO_2 Corrosion Mechanistic Modeling and Prediction in Horizontal Slug Flow [C]. Corrosion,TX:NACE,2002.

[35] NACE MR 0175 – 2015,1 – 3. Sulfide Stress Cracking Resistant Metallic Materials for Oilfield Equipment[S]. 2015.

[36] Davies D H,Burstein G T. The Effects of Bicarbonate on the Corrosion and Passivation of Iron [J]. Corrosion,1980,36(8):415.

[37] Ogundele G I, White W E. Some Observation on Corrosion of Carbon Steel in Aqueous Environment Containing Carbon Dioxide [J]. Corrosion, 1986, 42(2): 71 - 75.

[38] Linter B R, Burstein G T. Reactions of Pipeline Steels in Carbon Dioxide Solution [J]. Corrosion Science, 1999, 41: 117 - 139.

[39] 杨怀玉,陈家坚,曹楚南,等. H_2S 水溶液中的腐蚀与缓蚀作用机理的研究 Ⅵ. H_2S 溶液中咪唑啉衍生物分子结构与其缓蚀性能的关系[J]. 中国腐蚀与防护学报,2002(3):21 - 25.

[40] 刘秀晨,安成强. 金属腐蚀学[M]. 北京:国防工业出版社,2002:54 - 55.

[41] Fierro G, Ingo G M, Mancla F. XPS - Investigation on the Corrosion Behavior of 13Cr Martensitic Stainless Steel in $CO_2 - H_2S - Cl -$ Environment [J]. Corrosion, 1989, 45(10): 814 - 821.

[42] Waard C D, Milliams D E. Carbonic Axid Corrosion of Steel [J]. Corrosion, 1975, 31(5): 131.

[43] Schmitt G. Fundamental Aspect of CO_2 Corrosion. Hausler R H and Goddard H P. In Advances in CO_2 corrosion [C]. Houston TX: NACE, 1983.

[44] Videm A, Ueda M, Mukai S. Advances in CO_2 Corrosion [J]. TX: NACE, 1984.

[45] 李静. 油管钢 CO_2 腐蚀行为与机理研究[D]. 北京:北京科技大学,2000:21 - 57.

[46] 张学元,邸超,雷良才. 二氧化碳腐蚀与控制[M]. 北京:化学工业出版社,2000:45 - 50.

[47] 宋光铃. 膜覆盖电极电化学浅析. 中国腐蚀与防护学报[J]. 1996,16(3):211.

[48] 李英,林海潮,曹楚南. 腐蚀金属电极行为与其界面性能关系研究方法及发展趋势[J]. 中国腐蚀与防护学报,1999,19(2):101 - 105.

[49] 曹楚南. 腐蚀电化学[M]. 北京:化学工业出版社,1995:103.

[50] 李鹤林. 李鹤林文集(下)——石油管工程专辑[M]. 北京:石油工业出版社,2017.

[51] 周计明. 油管钢在含 CO_2/H_2S 高温高压水介质中的腐蚀行为及防护技术的作用[D]. 西安:西北工业大学,2002:21 - 40.

[52] 杨建炜,张雷,路民旭. 油气田 CO_2/H_2S 共存条件下的腐蚀研究进展与选材原则[J]. 腐蚀科学与防护技术,2009,21(4):401 - 405.

[53] Dugstad A, Lunde L, Videm K. Parametric Study of CO_2 Corrosion of Carbon Steel [C]. Corrosion, TX: NACE, 1994.

[54] 白真权. 普通油管钢在 CO_2/H_2S 环境中的腐蚀行为及预测[D]. 西安:西安交通大学,2005.

[55] Martin R L. Corrosion Consequences and Inhibition of Galvanic Couples in Petroleum Production Equipment [J]. Corrosion, 1995, 51: 482 - 488.

[56] Hausler R H. Laboratory Investigation of the CO_2 Corrosion Mechanism as Applied to Hot Deep Gas Wells[R]. Advances in CO_2 Corrosion, 1. TX: NACE, 1984: 72 - 89.

[57] Schmitt G. CO_2 Corrosion of Steels - an Attempt to Range Parameter and Their Effects[R]. In: Hausler R H, Giddard H P(Eds), Advances in CO_2 Corrosion, TX: NACE, 1984.

[58] 杨武,肖京先. 金属局部腐蚀[M]. 北京:化学工业出版社,1995:44 - 45.

[59] Videm K. The Anodic Behavior of Iron and Steel in Aqueous Solutions with CO_2, HCO_3^-, CO_3^{2-} and Cl^-. Advances in CO_2 Corrosion - [C]. TX: NACE, 2000.

[60] 李金灵,朱世东,屈撑囤,等. 元素硫腐蚀研究进展[J]. 热加工工艺,2015,44(2):20 - 24.

[61] Schmitt G, Pankoke U, Bosch C. Gudde T. 13th Corrosion Congr. Melboume [C]. Australia, 1996: 1 - 15.

[62] 林冠发,白真权,赵新伟,等. 温度对 CO_2 腐蚀产物膜形貌结构的影响[J]. 石油学报,2004,25(3):101 - 105,109.

[63] 林冠发,白真权,赵国仙,等. 压力对 CO_2 腐蚀产物膜形貌结构的影响[J]. 中国腐蚀与防腐学报,2004,24(5):284 - 288.

[64] 陈长风,赵国仙,白真权,等. 含 Cr 油管钢 CO_2 腐蚀产物膜特征[J]. 中国腐蚀与防护学报,2002,22(6):335-338.

[65] Madan G,Sathish R. Effect of Multiphase Slug Flow on the Stability of Corrosion Product Layer [C]. Corrosion/99. TX:NACE,1999.

[66] Books A R,Clayton C R,Doss K. On the Role of Cr in the Passivity of Stainless Steel [J]. Journal of Electrochemical Society,1986,133(12):2459-2464.

[67] Crolet J L. Predicting CO_2 Corrosion in the Oil and Gas Industry [M]. London U K:The Institute of Materials,1994:1-12.

[68] Dougherty J A. The Effect of Flow on Corrosion Inhibitor Performance[C]. In Advances in CO_2 Corrosion,Houston TX:NACE,1995.

[69] Bruce B, Shilpha R P, Nesic S. CO_2 Corrosion in the Presence of Trace Amounts of H_2S [C]. Corrosion, TX:NACE,2004.

[70] Smith S N. A Proposed Mechanism for Corrosion in Slightly Sour Oil and Gas Production[C]. 12th International Corrosion Congress,Houston:NACE,1993:2695-2705.

[71] Rhodes P R. Corrosion Mechanism of Carbon Steel in Aqueous H_2S Solution Extended Abstract No. 107 [J]. Electrochemical Society,1996,76(2):108-119.

[72] Shoesmith D W,Taylor P,Bailey M G. Journal of Electrochemical Society[J]. 1980,127(5):1007-1015.

[73] Kvarekval J. The Influence of Small Amounts of H_2S on CO_2 Corrosion of Iron and Carbon Steel[C]. EUROCORR'97, Norway:ECC. 1997. 128-139.

[74] Brown B,Lee K L,Nesic S. Corrosion in Multiphase Flow Containing Small Amounts of H_2S[C]. Corrosion,TX:NACE,2003.

[75] NACE Standard MR 0175:2003 Sulphide Stress Cracking Resistant Metallic Materials for Oilfield Equipment [S]. 2003.

[76] Omar I H,Yves M G. ,Kvarekval J. H_2S Corrosion of Carbon Steel Under Simulated Kashagan Field Conditions [C]. Corrosion,TX:NACE,2005.

[77] Videm K,Dugstad A. Corrosion of Carbon Steel in an Aqueous Carbon Dioxide Environment. Part 1:Solution Effects [J]. Materials Performance,1989,28(3):63-67.

[78] Iofa Z A,Batrakov V,Cho-Ngok-Ba. Influence of Anion Adsorption on the Action of Inhibitors on the Acid Corosion of Iron and Cobalt[J]. Electrochim. Acta,1964,9:1645.

[79] Lee K J,Nesic S. EIS Investigation of CO_2/H_2S Corrosion[C]. Corrosion,TX:NACE,2004.

[80] Shoesmith D W,Taylor P,Bailey M G. Journal of Electrochemical Society[J]. 1980,127(5):1007-1015.

[81] Ramanarayanan T A,Smith S N. Corrosion of Iron in Gaseous Environments and in Gas-Saturated Aqueous Environments[J]. Corrosion,1990,46(1):66-72.

[82] Vedage H,Ramanarayanan T A,Mumford J D. Electrochemical Growth of Iron Sulfide Films in H_2S-Saturated Chloride Media[J]. Corrosion,1993,49(2):114-121.

[83] Smith S N,Wright E J. Prediction of Minimum H_2S Levels Required for Slightly Sour Corrosion[C]. Corrosion,1994.

[84] 丁亚赛,苗健,白真权,等. 高含硫气田元素硫腐蚀研究现状[J]. 热加工工艺,2016,45(16):20-23.

[85] 蒋秀,屈定荣,刘小辉. 酸性气田的元素硫沉积、腐蚀与治理研究[J]. 石油化工腐蚀与防护,2012,29(4):5-8.

[86] 朱娟,张乔斌,陈宇,等. 冲刷腐蚀的研究现状[J]. 中国腐蚀与防护学报,2014,34(3):199-210.

[87] 张昆. 油气管道冲刷腐蚀与防护对策研究[D]. 大庆:东北石油大学,2012.

[88] 赵麦群,雷阿丽. 金属的腐蚀与防护[M]. 北京:国防工业出版社,2002.

[89] 闫康平,陈匡民. 过程装备腐蚀与防护. 2版[M]. 北京:化学工业出版社,2009.

[90] 张道明,刘继旺. 谈谈土壤腐蚀[J]. 油田地面工程,1990(6):41-43,48.

[91] 王强,地下金属管道的腐蚀与阴极保护[M]. 青海:青海人民出版社,1983.

[92] A. G. 奥斯特罗夫,等. 腐蚀控制手册[M]. 王向农,张清玉,等,译. 北京:石油工业出版社,1988.

[93] Canada National Energy Board, Public Inquiry Concerning Stress Cracking on Canadian Oil and Gas Pipelines [R]. Report of the Inquiry, 1995.

[94] 胡伶俐,John H. Fitzherald 评价土壤腐蚀性——发展及现状[J]. 国外油田工程,1997(9):38-39.

[95] 常守文. 土壤中金属腐蚀速度测量方法的发展历程及展望[J]. 腐蚀科学与防护技术,1991(2):1-7.

[96] 张淑泉,银耀德,李洪锡,等. 低碳钢在辽宁土壤中腐蚀性研究[J]. 腐蚀科学与防护技术,1991(3):19-24.

[97] 吴龙益,潘翠,周漪. 微生物对装备的影响[J]. 装备环境工程,2006,4(5):12-15.

[98] 杨印臣. 地下管道和储罐管理维护实用技术[M]. 广州:华南理工大学出版社,2005.

[99] 李迎霞,弓爱君. 硫酸盐还原菌微生物腐蚀研究进展[J]. 全面腐蚀控制,2005,19(1):30-33.

[100] 张燕,李颖. 输油气管线的微生物腐蚀与防护[J]. 装备环境工程,2008,4(5):45-48.

[101] 李云凯. 金属材料学[M]. 北京:北京理工大学出版社,2006.

[102] 黄建中,左禹. 材料的耐蚀性和腐蚀数据[M]. 北京:化学工业出版社,2002.

[103] 肖纪美. 不锈钢的金属学问题. 2版[M]. 北京:冶金工业出版社,2006.

[104] 赵章明. 油气井腐蚀防护与材质选择指南[M]. 北京:石油工业出版社,2011.

[105] 徐增华. 金属耐蚀材料 第九讲 镍合金[J]. 腐蚀与防护,2001,22(9):413-415.

[106] 路民旭等. 油气工业的腐蚀与控制[M]. 北京:化学工业出版社,2015.

[107] 李鹤林,张建兵. 李鹤林文集(下)——石油管工程专辑[M]. 北京:石油工业出版社,2017:206-218.

[108] Directive 010 - Minimum Casing Design Requirements (Draft for Consultation) [C]. Alberta Energy and Utilities Board, 2007.

[109] AQ 2012—2007 石油天然气安全规程[S]. 北京:煤炭工业出版社,2007.

[110] SY/T 5087—2017　硫化氢环境钻井场所作业安全规范[S].

[111] 万仁溥. 现代完井工程. 3版[M]. 北京:石油工业出版社,2008.

[112] E. P. Cernocky, W. D. Grimes. Recommended Use of Three Separate Stress Formulas for the Design of Low Alloy Carbon Steel Tubing and Production Casing for Sour HPHT Wells[C]. SPE 97572, 2005.

[113] 叶登胜,任勇,管彬,等. 塔里木盆地异常高温高压井储层改造难点及对策[J]. 天然气工业,2009,29(3):77-79,140.

[114] 吕祥鸿,舒滢,赵国仙,等. 钛合金石油管材的研究和应用进展[J]. 稀有金属材料与工程,2014,43(6):1518-1524.

[115] 杜伟,李鹤林. 海洋石油装备材料的应用现状及发展建议(下)[J]. 石油管材与仪器,2015,1(6):1-5.

[116] Clearfield H M, et al. Surface Preparation of Metals. In: Engineered Materials Handbook[M]. American Society for Metals, 1982.

[117] 莫畏,邓国柱,陆德侦. 钛冶金[M]. 北京:冶金工业出版社,1978.

[118] R. W. Schutz, H. B. Watkins. Recent Developments in Titanium Alloy Application in the Energy Industry[J], Materials Science and Engineering. 1998:305-315.

[119] Kane RD, Sridhar Srinivasan, Craig B, et al. A Comprehensive Study of Titanium Alloys for High Pressure High Temperature Wells[J]. Conference Record of NACE Corrosion 2015 Conference & EXPO, Houston, 2015:5512.

[120] Kane RD, Craig B, Venkatesh A. Titanium Alloys for Oil and Gas Service: A Review[C]. Proceedings of International Conference NACE Corrosion, 2009.

[121] Schutz, R. W. , Baxter, C. F. , Caldwell, C. S. Effect Of Sour Brine Environment On The S-N Fatigue Life Of Grade 29 Titanium Pipe Welds[C]. NACE International, 2010.

[122] 王祝堂,田荣璋. 铝合金及其加工手册. 3 版[M]. 长沙:中南大学出版社,2005.

[123]《油气田腐蚀与防护技术手册》编委会. 油气田腐蚀与防护技术手册(下册)[M]. 北京:石油工业出版社,1999.

[124] 谢文江,等. 含 H_2S/CO_2 气田油套管腐蚀机理与防护技术[J]. 油气储运,2010,29(2):93-95.

[125] 李发根,等. 双金属复合管技术经济性分析[J]. 腐蚀科学与防护技术,2011,23(1):86-88.

[126] Binder Singh, Tom Folk, et. al. Engineering Pragmatic Solutions for CO_2 Corrosion Problems[C]. Corrosion NACE, Houston, TX, 2007:07310.

[127] 傅广海. 徐深气田 CO_2 防腐技术分析[J]. 油气田地面工程,2008,27(4):66-67.

[128] 胡士信,等. 阴极保护工程手册[M]. 北京:化学工业出版社,1999,60-61.

[129] 朱佳林,等. 埋地管道外防腐层检测技术综述[J]. 全面腐蚀控制,2013,27(12):33-35.

[130] 胡士信,等. 阴极保护电位测量中 IR 降及其研究[J]. 石油规划设计,1992,3(3):50-57.

[131] 沈光霁,等. 管道阴极保护电流密度检测评价技术现状分析[J]. 全面腐蚀控制,2016,30(3):48-51.

[132] 付安庆,史鸿鹏,胡垚,等. 全尺寸石油管柱高温高压应力腐蚀/开裂研究及未来发展方向[J]. 石油管材与仪器,2017,3(1):40-50.

[133] X. W. Lei, Y. R. Feng, A. Q. Fu, et al. Investigation of Stress Corrosion Cracking Behaviour of Super 13Cr Tubing by Full-Scale Tubular Goods Corrosion Test System [J]. Engineering Failure Analysis, 2015, 50:62-70.

第6章　石油管服役性能与成分/结构、合成/加工、性质的关系

6.1　金属材料石油管服役性能与成分、组织结构、基本力学性能(性质)的关系

本书1.3.1节概述了美国Cohen教授提出的材料科学与工程“四面体”。该四面体涵盖全部结构材料，包括金属材料、无机非金属材料、高分子材料、复合材料等，而用于制造石油管的材料几乎全部都是金属材料。广义结构材料的成分/结构、合成/加工、性质和服役性能，其“四要素”对应于金属材料分别是成分、组织结构、性质(基本力学性能)和服役性能，如图6.1.1所示。涂铭旌院士相应提出金属材料成分、组织、基本力学性能与服役性能关系图[1]，系统阐述了不同失效模式下，金属材料服役性能指标与化学成分、组织结构、基本力学性能之间的关系，如图6.1.2所示。

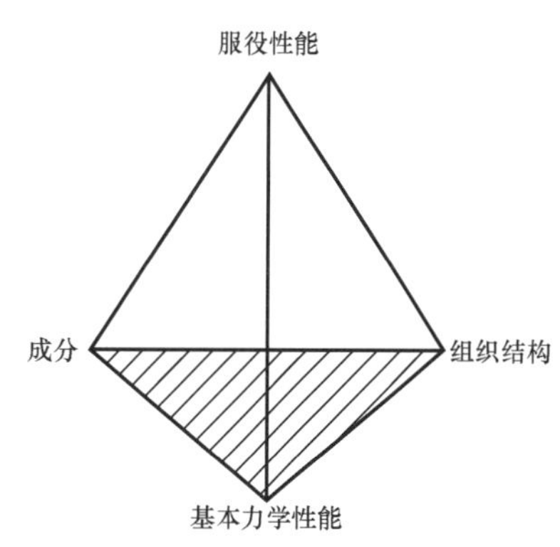

图6.1.1　金属材料四面体

6.1.1　一次加载断裂的服役性能与成分、组织、基本力学性能的关系

根据涂铭旌院士提出的材料失效抗力指标(服役性能)与成分、组织、基本力学性能关系(图6.1.2)和其他相关文献可知，一次加载断裂的服役性能主要包括缺口静态拉伸断裂强度σ_{bH}、断裂韧度K_{IC}、J_{IC}、CTOD(δ_c)和韧脆转变温度(T_k、FATT)。随着断裂力学的发展和广泛应用，缺口静态拉伸断裂强度σ_{bH}使用范围相对有限，很多一次断裂问题多采用断裂力学手段来加以解决。

6.1.1.1　断裂韧度

为了防止构件断裂的发生，传统的力学强度理论根据材料的屈服强度确定构件的工作应力σ，即$\sigma \leqslant \sigma_{0.2}/n$，$n$为安全系数。根据经验，对构件材料的塑性、冲击韧性及缺口敏感性等力学性能指标提出辅助要求[2]。理论上讲，这样的设计应该是安全可靠的，不会发生断裂失效。但是，实际情况却并非如此，工程构件，特别是高强度钢制成的构件或中、低强度钢制成的大型构件经常发生低应力脆断，并且这些失效构件服役时的名义应力远远低于材料的屈服强度。

研究表明，大多数金属构件的低应力断裂是由构件上宏观裂纹或缺陷发生扩展而引起的。这些裂纹可能是构件生产加工时的工艺裂纹，如冶金缺陷、铸造裂纹、锻造裂纹、淬火裂纹、焊接裂纹、磨削裂纹等，也有可能是构件使用过程中产生的疲劳裂纹、环境裂纹等。由裂纹等缺陷导致的脆性断裂在

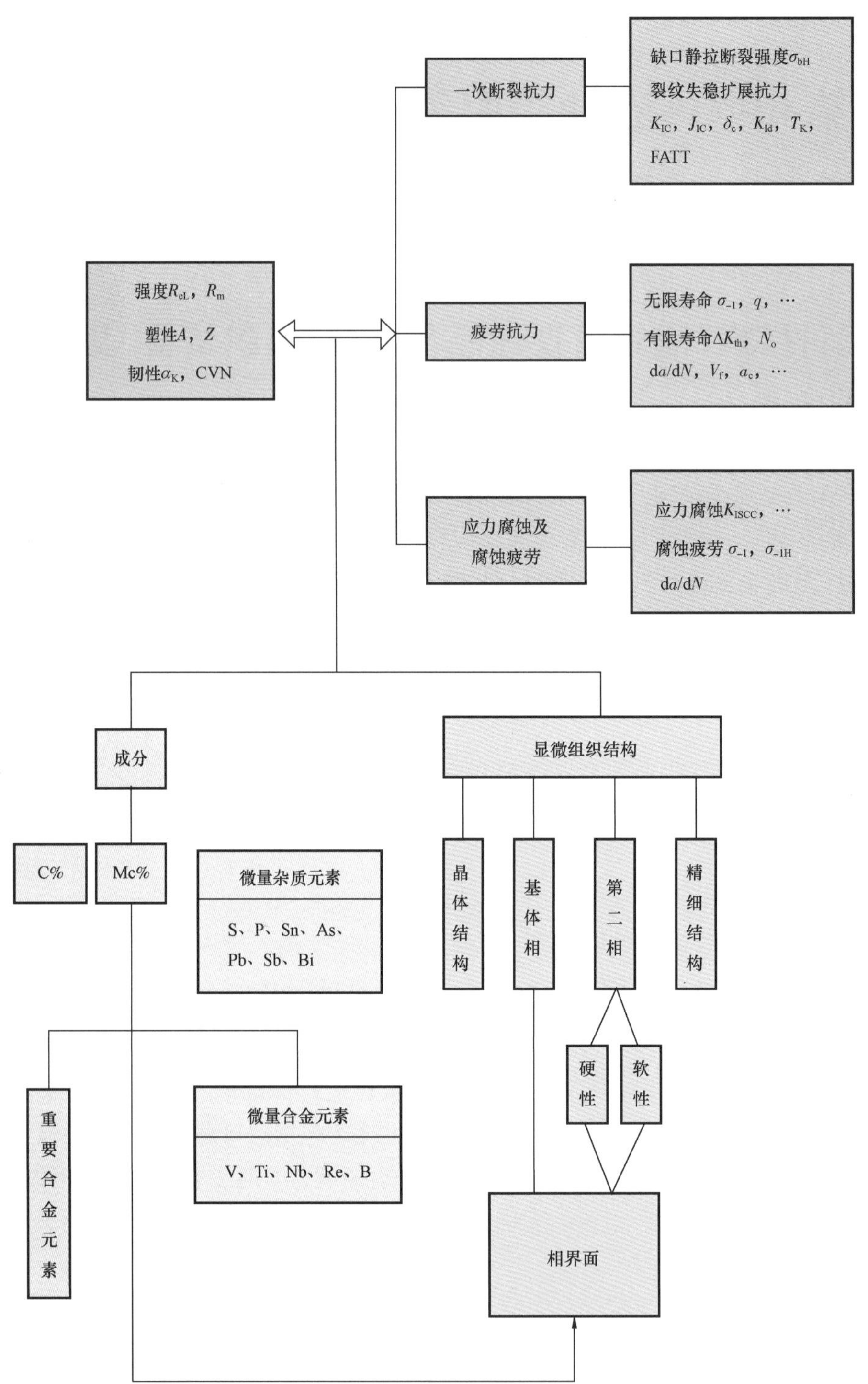

图 6.1.2　材料失效抗力指标(服役性能)与成分、组织结构、基本力学性能的关系示意图

石油管领域也时有发生,例如 1960 年美国 Trans – Western 公司一条输气管线发生脆性断裂,裂口长达 13km,该管线材质为 X56,断裂时的应力仅为管线规定最小屈服强度的 63%,其裂纹源就是钢管运输过程中造成的缺陷。由于裂纹的存在改变材料内部应力状态和应力分布,裂纹尖端附近区域产生的高度应力集中可能会达到材料的理论断裂强度,使得裂纹发生扩展,最终导致构件的低应力断裂。可以说低应力脆性断裂直接推动了断裂力学的发展。

以线弹性力学、弹塑性力学理论为基础的断裂力学所提出的断裂韧度是材料阻止裂纹失稳扩展的韧性指标。根据断裂判据，断裂韧度和构件的安全应力与裂纹尺寸之间可建立起定量的关系，用来预测含裂纹构件发生断裂的风险。目前较为常用的断裂韧度有 K_{IC}、J_{IC}、δ_c。应当指出，韧性本身就是材料强度和塑性的综合表现。

脆性断裂时，裂纹尖端被认为总是处于弹性状态，应力和应变呈线性关系。对于张开型裂纹，断裂力学引入了裂纹尖端应力场强度因子 K_I以表征裂纹前缘应力场奇异性强度，其一般表达式为：

$$K_I = Y\sigma\sqrt{\pi a} \tag{6.1.1}$$

式中 Y——裂纹形状因子；

a——中心裂纹半长或边裂纹全长；

σ——名义应力。

由式(6.1.1)可知，应力场强度因子 K_I取决于名义应力 σ 和裂纹尺寸 a。当构件承受的应力 σ 和/或裂纹尺寸 a 增大时，裂纹尖端的应力场强度因子 K_I随之增大。当 K_I增大至临界值 K_{IC}时，裂纹尖端足够大的范围内应力达到了材料临界断裂应力，裂纹发生扩展最终导致构件的断裂。这个临界值 K_{IC}就是平面应变条件下材料的断裂韧度，表示在平面应变条件下材料抵抗裂纹失稳扩展的能力。临界状态下对应的应力 σ 称为断裂应力，记作σ_c；对应的裂纹尺寸称为临界裂纹尺寸，记作a_c。可见材料的 K_{IC}越高，含裂纹构件的断裂应力和裂纹尺寸容限越大，构件越难以发生断裂。根据应力场强度因子 K_I和断裂韧度 K_{IC}的相对大小，可建立起脆性断裂的 K 判据，即

$$K_I \geqslant K_{IC} \tag{6.1.2}$$

含有裂纹的构件，只要满足上述条件，就会发生脆性断裂。反之，即使存在裂纹，裂纹也不会快速扩展，而发生突然断裂。实际上，金属材料在裂纹发生扩展前，其尖端附近总要先出现一个塑性区。在塑性区内，应力和应变之间不再维持线性关系，理论上式(6.1.1)不再适用。然而试验表明，如果当塑性区尺寸比裂纹尺寸小一个数量级以上时，只需要对 K_I进行适当修正，则裂纹尖端附近的应力场强度仍然可以用修正的 K_I来描述。

裂纹尖端附近的塑性区尺寸与$(K_{IC}/\sigma_s)^2$成正比。高强度钢的塑性区很小，屈服范围很小，一般属于小范围屈服，可以用弹性断裂力学来处理。然而对于低强度高塑性金属材料，裂纹尖端塑性区半径较大，这种情况下线弹性断裂力学已不适用，弹塑性断裂力学则被用来解决这样的断裂问题。此外，采用 K 判据的另一主要问题是如何获取有效的断裂韧性 K_{IC}。在测试材料的 K_{IC}时，为保证平面应变和小范围屈服，要求试样的宽度 B 必须远大于$(K_{IC}/\sigma_s)^2$，这样的要求对于高强度钢较易实现，但对于高韧性的中、低强度钢而言，有效的 K_{IC}则难以获得，新的断裂韧度和断裂判据由此被提出。目前较为常用的方法有 J 积分法和 CTOD 法。

J 积分法是断裂韧度的另一参量，它表征弹塑性材料中裂纹扩展所需要的能量值，其临界值 J_{IC} 也被称为断裂韧度，表示材料抵抗裂纹开始扩展的能力。对于线弹性材料而言，一般认为 J_{IC}等于 G_{IC}，即可建立起 J_{IC}和 K_{IC}之间的定量关系，如式(6.1.3)所示。在弹塑性条件下，还不能用理论证明这一关系的成立，但由 J 积分的路径无关性和试验表明，如果选择开裂点作为失效临界点，在一定的条件下，测得的 J_{IC}值相对比较稳定，用式(6.1.3)换算的 K_{IC}值与直接用大试样测得的 K_{IC}值基本一致，因此在一定的条件下，式(6.1.3)可大致延伸到弹塑性断裂范畴。目前，J_{IC}测试的主要目的就是

期望用小试样测得 J_{IC} 代替大试样的 K_{IC}，然后按照 K 判据去处理中、低强度钢大型件的断裂问题。因此可以说 J 积分是 K 准则的延续[2]。

$$K_{IC} = \sqrt{\frac{E}{1-\nu^2}} \cdot \sqrt{J_{IC}} \tag{6.1.3}$$

式中 E——弹性模量；

ν——泊松比。

试验表明，对于一定材料和厚度的板材，不论裂纹尺寸如何，当裂纹张开位移 δ 达到某一临界值 δ_c 时，裂纹就开始扩展，δ 就可被视为裂纹扩展的驱动力，其临界值 δ_c 也被称为材料的断裂韧度，表示材料阻止失稳裂纹开始扩展的能力。它是以裂纹张开位移的极限值来表示的一个参量，δ_c 值越大表明材料在裂纹尖端的塑性储备越大，材料就越不易脆断。δ_c 是材料的本征参量。对于厚度一定的试样，仅与材料的成分和组织结构有关。研究表明，在线弹性条件下，且断裂应力 $\leqslant 0.5\sigma_s$ 时，δ_c 与 K_{IC} 有如下关系[3]：

$$\delta_c = \frac{1-\nu^2}{nE\sigma_s} \cdot K_{IC}^2 \tag{6.1.4}$$

式中 E——弹性模量；

n——硬化指数；

ν——泊松比；

σ_s——屈服强度。

对比上述三种断裂韧度，它们有各自的适用范围和局限性。K 准则的基础理论相对更加成熟，其他断裂韧度表征参量日渐完善。近年许多重要油气管道已直接把 CTOD 列入高钢级焊管的技术条件，直接采用 CTOD 作为断裂韧度进行管线设计已成为一种趋势。

6.1.1.1.1 断裂韧度与材料基本力学性能之间的关系

断裂韧度 K_{IC} 反映的是材料强度与塑性的综合结果，单纯地提高材料的强度或塑性都不一定能得到高的断裂韧度。强度的提高一度曾被认为对断裂韧度有负面影响，这一观点在 45Cr、40CrNiMo 等中碳合金结构钢中被试验证明，随着回火温度的降低，材料强度提高，断裂韧度降低。但是在 20SiMn2MoV、22CrMnSiMoV、25SiMn2MoV 等高强低碳马氏体钢的研究中，则发现材料在获得高强度的同时也可获得高的断裂韧度值[3]。上述的试验结果表明，材料强度对断裂韧度的影响取决于材料强度提高的同时对塑性指标的影响程度。如果材料强度提高的同时，塑性基本保持不变或微量降低则可以提高材料的断裂韧度。

与断裂韧度 K_{IC} 一样，缺口冲击吸收能 CVN 也是能量韧性，但彼此又存在明显的不同。就能量消耗方式而言，冲击韧性以裂纹萌生能量为主，而断裂韧度则以裂纹扩展能量为主。但是由于 V 形缺口冲击试样的缺口尖锐程度较大，较为接近裂纹试样的情况，且缺口冲击吸收能 CVN 的测定过程简单，研究人员一直致力于建立数学模型，将冲击吸收能 CVN 与断裂韧度 K_{IC} 之间的关系建立起来。大量的试验结果表明，冲击吸收能 CVN 的提高一般都可以提高断裂韧度 K_{IC}，虽然两者之间并非简单的线性关系，但增长的趋势一致。Barson、Rolfe 和 Novak 对屈服强度在 758 ~ 1696MPa、断裂韧度为

95.6 ~ 270MPa $\sqrt{m}$、CVN 为 21.7 ~ 120.6J 的一系列中、高强度钢的性能数据做了总结，发现对于中、高强度钢，$(K_{IC}/\sigma_{0.2})^2$ 与 $(CVN/\sigma_{0.2})$ 呈线性关系，如图 6.1.3 所示，两者之间符合如下关系[4]：

$$K_{IC} = 0.79 \left[\sigma_{0.2}(CVN - 0.01\sigma_{0.2}) \right]^{\frac{1}{2}} \tag{6.1.5}$$

式中 CVN——夏比 V 形缺口冲击吸收能；

$\sigma_{0.2}$——屈服强度。

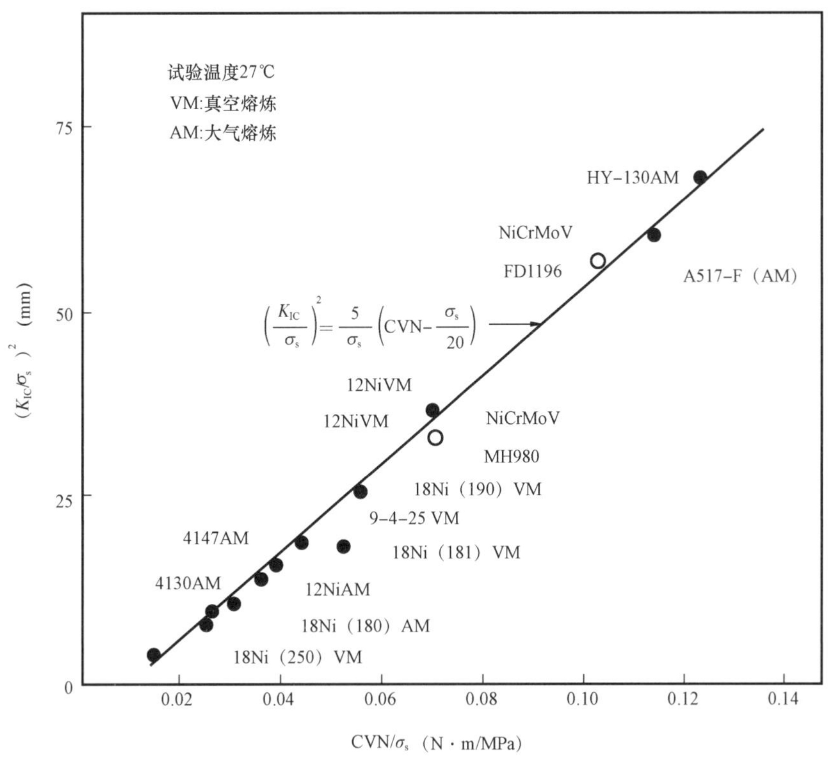

图 6.1.3 断裂韧度与冲击韧性关系图[4]

由此可见，中、高强度钢的断裂韧度 K_{IC} 是由屈服强度和冲击吸收能 CVN 共同决定的。Ronald 等指出，若将裂纹萌生消耗的能量从冲击韧性中去除，则断裂韧度和冲击韧性之间存在正比关系。对于金属材料，试样缺口半径是导致材料断裂韧性与冲击韧性变化不一致的关键因素。冲击韧性试验试样缺口半径较大，裂纹萌生阶段缺口附近应力场范围较大，其塑性变形区尺寸远大于材料晶粒尺寸，整个断裂过程塑性应变较大，会消耗较多的能量。断裂韧度 K_{IC} 是表征材料抵抗裂纹稳态扩展能力的参量，测定试验时前裂纹已经预制，裂纹尖端的塑性区尺寸近似等于材料的微观组织结构尺寸。因此，裂纹萌生能量并非断裂韧度主要消耗的能量。在建立 K_{IC} 和 CVN 之间的关系时，要注意温度和应变速率等外界因素对材料韧脆转变的影响。例如，就韧脆转变温度而言，采用 K_{IC} 确定的韧脆转变温度比用 CVN 确定的高。另外，有研究发现 AISI 4340 高强钢的冲击韧性与断裂韧性在 180 ~ 420℃ 的回火温度区间内变化趋势并不一致，冲击韧性几乎不随回火温度的升高而发生变化，但断裂韧度则持续增加，这主要是由于低温回火脆性造成的，断裂韧度对回火脆性不敏感。需要指出的是，断裂韧度和冲击韧性之间很难建立起一个普遍适用的定量关系，但在强度一定的前提下，冲击韧性的增加将提高材料的断裂韧度。

6.1.1.1.2 材料成分、微观组织结构对断裂韧度的影响

断裂韧度是防止含缺陷金属构件低应力脆断的重要力学性能指标，能直观地反映材料阻止裂纹失稳扩展的能力。影响断裂韧度的材料因素主要包括材料化学成分、晶体结构、晶粒尺寸、界面状态、杂质和第二相含量与分布等。从现有的资料看来，材料的化学成分对 K_{IC} 的影响规律，基本上与对 CVN 的影响相似。其大致规律是，细化晶粒的合金元素因提高材料的强度与塑性，可使钢的 K_{IC} 提高；强烈固溶强化的合金元素因降低塑性而使 K_{IC} 降低，并且随着合金元素含量的增加，K_{IC} 降低得越明显，碳元素就是这类合金元素的典型代表。

钢的基本晶体结构主要为面心立方和体心立方，相较于体心立方结构，面心立方金属的断裂韧度更高，故奥氏体钢的断裂韧度 K_{IC} 较铁素体和马氏体钢的高。如果奥氏体在裂纹尖端应力场的作用下发生马氏体相变，则会进一步提高钢的断裂韧度 K_{IC}。晶粒尺寸对断裂韧度也有重要影响。晶界对裂纹和塑性变形有着强烈的阻碍作用，裂纹扩展阻力的增加，断裂韧度 K_{IC} 也增大。如果材料的晶粒越细，晶界面积所占的比例就越高，故裂纹在一定区域内进行扩展所消耗的能力就越高，断裂韧度就越大[4]。另外晶界状态也对断裂韧度有很大影响。钢中的夹杂物如硫化物、氧化物往往偏析在晶界上，导致晶界弱化，增加沿晶断裂的倾向。

钢中的非金属夹杂物和第二相在裂纹尖端的应力场中，若其本身发生开裂或在界面处开裂而形成微孔，微孔和主裂纹连接促进裂纹扩展，从而使断裂韧度降低。有研究表明，当材料的屈服强度和弹性模量相同时，随着夹杂物含量的增加，断裂韧度 K_{IC} 降低。另外，钢中所含的微量杂质元素，如锑、锡、磷、砷等，易在奥氏体晶界偏聚，降低晶界结合力促进裂纹扩展，降低 K_{IC}。因此减少钢中夹杂物含量，提高钢的纯净度有利于 K_{IC} 的提高。与夹杂物相似，钢中的碳化物含量的增加也会导致断裂韧度 K_{IC} 降低。当碳化物含量一定时，碳化物的形态和分布将会显著影响 K_{IC}，当钢中碳化物呈球状分布时，钢的 K_{IC} 比呈片状的高。碳化物沿晶界呈网状分布时，裂纹易于沿网状碳化物扩展，导致沿晶断裂，从而使 K_{IC} 降低。

钢的微观组织状态对断裂韧度有着重要影响。板条马氏体是位错亚结构，具有较高的强度和塑性，裂纹扩展阻力大，断裂韧度高。针状马氏体是孪晶亚结构，脆且硬，裂纹扩展阻力小，断裂韧度低。在强度水平大致相等的前提下，低碳板条马氏体的断裂韧度显著高于中碳针状马氏体。回火索氏体的基体塑性高，第二相为粒状碳化物，分布间距较大，裂纹扩展阻力高，断裂韧度高。对于贝氏体，上贝氏体在铁素体片层之间断断续续的有碳化物分布，裂纹扩展阻力小，其断裂韧性比回火马氏体差。而下贝氏体的碳化物是在铁素体内部析出，碳化物细小且弥散分布，裂纹扩展阻力大，故断裂韧度高，与板条马氏体的断裂韧度相近[2,4]。残余奥氏体是一种韧性相，当其稳定存在于钢的微观组织内时，可大幅提高钢的断裂韧度。究其原因在于：裂纹扩展遇到韧性相时，裂纹尖端钝化，韧性相的塑性变形要消耗能量，使裂纹扩展受阻；奥氏体相使裂纹改变方向或分叉，提高韧性；裂纹尖端的应力使得奥氏体发生切变形成马氏体，这种所谓的应力诱发马氏体相变的发生将会消耗更多的能量，使得断裂韧度提高。

20 世纪 60 年代以前，管线钢主要采用含约 0.20% C 的钢经过热轧、正火而得到的钢，当时管线钢级主要为 X52、X56。随着控轧控冷微合金化技术在高强度管线钢上的应用和发展，使得管材强度与韧性也不断提高。新建天然气管道的设计工作压力都在 10MPa 以上，管线钢的屈服强度则从

170MPa提高到500MPa以上，相应地从管材安全服役角度，对管材的韧性要求也不断提高，管材的微观组织也由最初的铁素体—珠光体型转变为针状铁素体/超低碳贝氏体型组织，实现了管线钢强度与韧性的同步提高，以满足高钢级管线的设计需求。

6.1.1.2　低温脆性断裂与韧脆转变温度

低温脆性断裂主要发生于体心立方金属和密排六方金属中。大多数石油管用钢属于体心立方金属，随着温度的降低会发生从韧性向脆性的转变。即当温度低于某一临界温度值t_k时，材料断裂失效模式由韧性断裂转变为脆性断裂，冲击韧性明显下降，断裂机制由微孔聚集型转变为解理，t_k称为韧脆转变温度。对于石油管而言，低温脆性导致的断裂失效常见于早期的油气输送管，例如大庆到铁岭输油管线复线在1974年冬季试压时发生的脆性断裂失效，环境温度为-25～30℃，低温脆性断裂的直接原因是油气输送管服役环境温度低于管材的韧脆转变温度。随着人们对材料脆性问题认识的提高和冶金技术的发展，管材的韧脆转变温度较早期有明显下降，近年来管线脆断事故已很少发生。

韧脆转变温度是金属构件设计选材的重要的韧性指标之一，它反映了温度对材料韧性的影响，它与材料的屈服强度、抗拉强度、伸长率、断面收缩率及冲击韧性一样也是一项重要性能指标，是从韧性角度选材的重要依据。对于可能在低温下服役的油气管线，通过韧脆转变温度的测定可以有效地估算管线钢使用的最低温度。管线的运行温度必须高于管材的t_k，且两者的差值越大越安全。工程上通常采用冲击试验来确定材料的韧脆转变温度t_k。试验表明，不同试验温度下，冲击试样断口的纤维区与结晶区之间的相对面积是不同的。当温度下降时，纤维区面积减少，而结晶区面积增大，较为常用的是取结晶区面积占整个断口面积50%时的温度作为材料的韧脆转变温度t_k，记作$FATT_{50}$（Fracture Appearance Transition Temperature）。必须注意的是，由于定义材料韧脆温度的方法不同，同一材料的韧脆转变温度可能会有差异，并且外界因素（试样尺寸、应变速率等）的改变也会导致韧脆温度的变化。所以在一定的条件下，冲击试验测得韧脆转变温度不能直接说明该材料制成的构件在此温度下服役一定会发生脆性断裂。为了避免冲击试样评价材料韧脆转变趋势的局限性，美国于20世纪50年代率先发展了用全壁厚落锤撕裂试验（DWTT）评定材料韧性和韧脆转化趋势的方法。在对大量的DWTT和实物试验数据进行分析之后发现，材料对DWTT试验比夏比冲击试验更为敏感，DWTT与实物爆破试验断口有相近的韧脆转变温度和相似的剪切面积转变温度SATT曲线。实物爆破的断裂扩展速率与其断口和DWTT断口的剪切面积比例*SA%*均线性相关，而且两个相关曲线的数据和相关性标准偏差都非常一致[2]。

除了晶体结构对低温脆性的影响之外，金属材料的化学成分对其低温脆性断裂也有重要影响。一般认为间隙型元素含量的增加，会使韧脆转变温度提高。例如C、P元素会显著提高钢的韧脆转变温度，而置换型溶质元素对韧性影响则远不如间隙元素那么显著。合金元素对韧脆转变温度的影响如图6.1.4所示[2]，对于低温管道用钢常采用Ni和Mn元素进行合金化设计。当设计温度低于-70℃时，国际上一般都采用Ni系钢，Ni是提高钢低温韧性最有效的合金元素，随着钢中Ni含量的增加，钢的低温韧性提高，韧脆转变温度降低[5]。杂质元素S、P、As、Sn、Sb等偏聚于晶界，导致沿晶脆断，使钢的韧性降低。因此，对于管线钢而言，提高钢的纯净度是预防低温脆性断裂的主要技术途径。

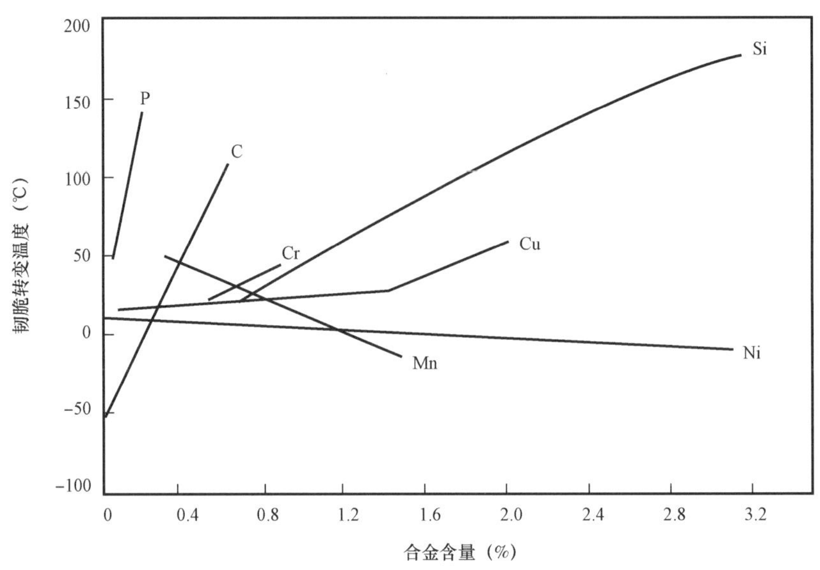

图 6.1.4 钢中合金元素对韧脆转变温度的影响[3]

晶粒度也是影响金属材料低温脆性的重要因素。铁素体晶粒尺寸和韧脆转变温度的关系可用派奇方程予以描述，如式(6.1.6)所示[2]。

$$\beta t_{k} = \ln B - \ln C - \ln d^{-\frac{1}{2}} \tag{6.1.6}$$

式中 β、C 和 B——常数；

t_k——韧脆转变温度；

d——铁素体晶粒直径。

式(6.1.6)也适用于低碳珠光体—铁素体钢和低合金高强钢。研究表明，不仅铁素体晶粒尺寸与韧脆转变温度之间呈线性关系，马氏体板条宽度、上贝氏体铁素体板条束、原奥氏体晶粒度与韧脆转变温度之间也符合线性关系。由此不难看出晶粒细化对降低材料的低温脆性敏感性有利[2]。

微观组织也会影响金属材料的低温脆性。在较低强度水平，在强度相等而组织状态不同的钢中，回火索氏体韧脆转变温度最低，贝氏体次之，片状珠光体最高。在强度较高时，中高碳钢等温处理获得的下贝氏体组织，其冲击韧性和韧脆转变温度优于同强度水平的淬火回火组织。在低碳合金钢中，经不完全等温处理获得贝氏体和马氏体混合组织，其韧性比单一的马氏体或贝氏体组织要好。这是因为贝氏体先于马氏体形成，将奥氏体分割成几个部分，细化了随后形成的马氏体，获得了组织单元更为细小的混合组织，增大了裂纹扩展的阻力。此外，钢中如果有稳定存在的残余奥氏体将显著改善钢的韧性，马氏体板条之间的残余奥氏体膜也有类似作用。另外，钢中夹杂物、碳化物和第二相粒子对钢的韧脆转变温度也有重要影响，影响程度与其大小、形状、分布、第二相性质及其与基体的共格关系等有关。无论第二相分布在晶界上还是独立在基体中，当其尺寸增大时均使材料的韧性降低，韧脆转变温度升高。当晶界上碳化物厚度或直径增加时，解理裂纹既易于形成又易于扩展，故脆性增加。分布于基体中的粗大碳化物，可因本身开裂或与基体界面上脱离而形成微孔，微孔连接长大形成裂纹，导致断裂。第二相的形状对钢的脆性也有影响，球状碳化物对钢的韧性影响小于片状。

6.1.2　疲劳断裂的服役性能与材料成分、组织、基本力学性能之间的关系

参见图6.1.2,疲劳断裂的服役性能主要包括疲劳极限(疲劳强度)、疲劳裂纹扩展门槛值、疲劳裂纹扩展速率、临界裂纹尺寸等。

6.1.2.1　疲劳极限/疲劳强度与材料成分、组织、基本力学性能之间的关系

6.1.2.1.1　疲劳极限/疲劳强度与抗拉强度和塑韧性的关系

实验表明,中、低强度钢的疲劳极限/疲劳强度 σ_{-1} 与抗拉强度 σ_b 或硬度 HRC 是亦步亦趋的,各种有关疲劳资料上可以找到大量的 σ_{-1} 与 σ_b 的关系曲线,σ_{-1}/σ_b 为0.35~0.5。但是这种关系并不是自始至终一直保持的,当 σ_b 大于一定值时(一般认为抗拉强度超过1400MPa后),这种关系就会发生偏离,σ_{-1} 不再增加而开始降低,其原因在于随着强度提高,塑性和韧性下降,疲劳裂纹易于形成和扩展[2],如图6.1.5所示。

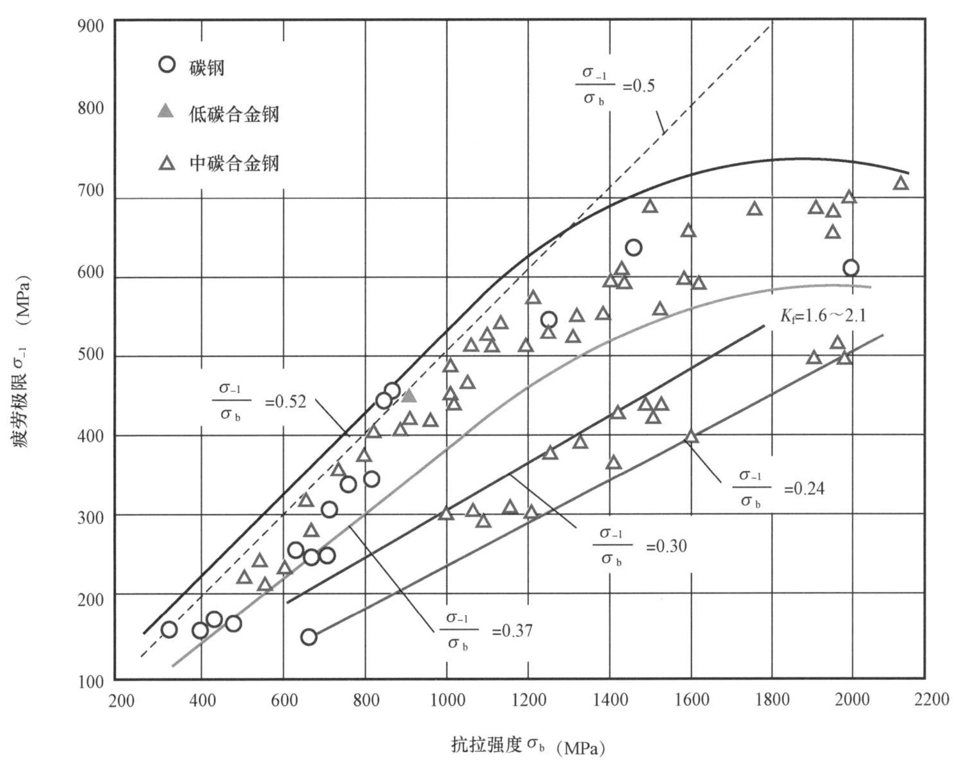

图6.1.5　钢的疲劳极限与抗拉强度之间的关系

西安交通大学周惠久院士的研究表明[6],σ_{-1} 极值点所对应的 σ_b 值的高低,主要决定于相同强度情况下钢的塑性大小。强度相同,塑性愈高的,则保持直线关系的 σ_b 值高,即在强度大致相同的情况下,塑性韧性好的,疲劳极限 σ_{-1} 更高。大多数金属材料在高周疲劳条件下对缺口都十分敏感。同一种钢热处理状态不同,其疲劳缺口敏感度 q_f 值也不相同。强度增大,q_f 值亦增加,所以调质态较正火、退火态对缺口更加敏感。疲劳极限与抗拉强度之间的正比关系对缺口试样同样适用,研究表明应力集中系数 K_t =1.6~2.1的试样,疲劳极限近似等于0.24~0.3倍

的σ_b[6]。周惠久院士等采用40Cr钢通过控制回火温度获得不同强塑性配比的材料(试样先热处理后开缺口)进行缺口疲劳极限测试,发现应力集中系数的增加导致疲劳极限的绝对值显著下降。即使在应力集中系数达到3.5时,缺口试样的疲劳极限仍然主要取决于材料的强度,但随着缺口应力集中系数的增加,塑性对疲劳极限的影响作用逐渐显现出来。陈新增等使用45Cr合金结构钢研究不同应力集中系数条件下的旋转弯曲疲劳性能时发现,当应力集中系数K_t较低时,静强度高的缺口试样的疲劳极限也高,但强度过高而塑性差的试样随着K_t增大其缺口试样的疲劳极限下降率很大。当K_t较高时,强度最高并不意味着缺口试样的疲劳极限最高,此时强度和塑性共同决定着缺口试样的疲劳极限。在这样的情况下,材料的疲劳性能的优化就存在一个强塑性合理匹配的问题。

6.1.2.1.2 材料成分及组织对疲劳强度的影响

疲劳强度主要反映的是材料疲劳裂纹萌生性能,从疲劳机理来看,疲劳强度与材料的成分、微观组织结构密切相关,所以疲劳强度也是对材料组织结构敏感的服役性能指标[2]。

材料的化学成分是决定其组织结构的基本要素。对于钢铁材料而言,碳是影响疲劳强度的重要合金元素,因为它对钢的强化作用最为显著。碳既可以间隙固溶强化基体,也可以以碳化物的形式对基体形成弥散强化,提高钢的强度,阻止循环滑移带的形成和开裂,从而阻止疲劳裂纹的萌生而提高钢的疲劳强度。其他合金元素在钢中的作用,主要是通过提高淬透性和改善钢的强韧性来影响疲劳强度的,例如Cr、Mo等元素的加入可以提高钢的淬透性,使得大截面的钢制构件完全淬透,获得均匀的调质组织而提高钢的疲劳强度。淬火组织中若存在未淬透组织,如未溶铁素体或非马氏体组织,会降低钢的疲劳强度。当钢的硬度合适,且钢的组织为回火马氏体或回火屈氏体,具有固溶和弥散强化的双重作用,此时钢的含碳量越高,强化效果越明显,钢的疲劳强度就越高。但是钢的硬度过高,由于回火温度低,钢的脆性增加,疲劳强度反而下降。

研究表明,晶粒大小也可以影响疲劳强度,晶粒尺寸对疲劳强度的影响也存在Hall－Petch关系,因此可以采用细化晶粒的方法来提高材料的疲劳强度。但也有研究认为在中高强度低合金钢中,晶粒度从2级细化至8级,疲劳强度σ_{-1}只提高了约10%,这可能与这类材料的复杂组织干扰有关[2]。细化晶粒之所以能够提高疲劳强度,从疲劳裂纹开裂的位错塞积机制不难理解。此外晶粒细化还可提高滑移形变抗力,抑制循环滑移带的形成和开裂,增加裂纹扩展的晶界阻力。这些都有利于提高疲劳强度。钢的热处理组织主要有正火组织、调质组织与等温淬火组织等三种类型。一般正火组织的疲劳强度最低,调质组织因碳化物为粒状,其疲劳强度高于正火组织。随着回火温度的变化,碳化物的形态、结构、尺寸以及基体强度也不同,因而疲劳强度差异显著。若仅从疲劳强度角度出发,回火马氏体的疲劳强度最高,回火屈氏体次之,回火索氏体最低,过高的韧性对于钢的疲劳强度没有帮助。相较于调质处理,在相同的硬度前提下,等温淬火具有更好的疲劳强度,这是因为等温贝氏体组织是一种优良的强韧性复相组织。

另外,钢中的非金属夹杂也会对疲劳产生显著影响。从疲劳裂纹萌生机制看,非金属夹杂是常见的疲劳裂纹源之一,也是降低材料疲劳强度的一个因素。研究表明,减少钢中夹杂物的数量和尺寸都可以有效提高疲劳强度。钢在冶炼、轧制过程中产生的气孔、缩孔、偏析、白点等缺陷,热处理过程中产生表面氧化脱碳、过热、裂纹等缺陷,往往都是疲劳裂纹的萌生处,严重降低钢的疲劳强度。

6.1.2.2　疲劳门槛值 ΔK_{th}、疲劳裂纹扩展速率 da/dN 与材料成分、组织、基本力学性能之间的关系

工程构件和材料在循环载荷下的疲劳过程通常分为裂纹形成、裂纹扩展和最后断裂三个阶段。腐蚀疲劳作为疲劳的一种特殊形式其过程划分与疲劳基本相同。疲劳寿命主要由裂纹形成与裂纹扩展寿命组成，从根本上讲，要提高材料的疲劳寿命，对于无原始缺陷的构件而言就必须尽量推迟裂纹的萌生，即疲劳裂纹的孕育期 N_0 要长。从疲劳裂纹形成机理上讲，提高材料强度可以提高材料疲劳寿命的原因就是延长了疲劳裂纹的孕育期 N_0。一旦裂纹形成，或者在具有原始裂纹的情况下，要使裂纹不发生扩展就必须尽量提高材料的疲劳裂纹扩展门槛值 ΔK_{th}。最后，若裂纹发生扩展则必须尽量降低裂纹扩展速率 da/dN，并且在达到最后断裂前所能允许的临界裂纹深度 a_c 要尽可能大些。这些条件往往难以同时满足，影响因素也各不相同，因此需要根据构件的实际情况，找出主要矛盾，合理匹配材料的强塑性，才能达到提高疲劳寿命的目的[3,6]。

对于含有裂纹构件的强度问题常用断裂力学来处理。依据裂纹扩展速率 da/dN 与应力强度因子幅 ΔK 间的函数关系可将裂纹扩展过程分为三个阶段，即疲劳裂纹近门槛扩展阶段、疲劳裂纹稳态扩展阶段和疲劳裂纹扩展最后阶段，如图 6.1.6 所示。图中Ⅰ区为疲劳裂纹近门槛扩展阶段，疲劳裂纹近门槛扩展的起点为 ΔK_{th}，即疲劳裂纹扩展门槛值，只有当 $\Delta K > \Delta K_{th}$ 时裂纹才发生扩展。ΔK_{th} 表示材料阻止裂纹开始疲劳扩展的性能，其值越大，阻止裂纹开始扩展的能力就越大，它是衡量材料高周疲劳性能的重要指标，是有裂纹条件下抵抗裂纹继续扩展的一个抗力指标。随着 ΔK 增加，裂纹扩展速率 da/dN 快速提高，但因为 ΔK 变化范围很小，所以 da/dN 虽有增大但却很有限，在整个疲劳裂纹扩展寿命里仅占很小的比例。Ⅱ区是疲劳裂纹扩展的主要阶段，此阶段裂纹扩展速率 da/dN 与应力强度因子 ΔK 之间符合 Pairs 公式，占据整个疲劳裂纹扩展寿命的绝大部分。Ⅲ区是疲劳裂纹扩展最后阶段，其裂纹扩展速率 da/dN 很大，并且随着 ΔK 增加而快速增大，只需扩展很少的周次就会导致材料失稳断裂。目前对于疲劳裂纹扩展行为的研究主要集中在Ⅰ区和Ⅱ区，即疲劳裂纹扩展的近门槛区和 Pairs 区。

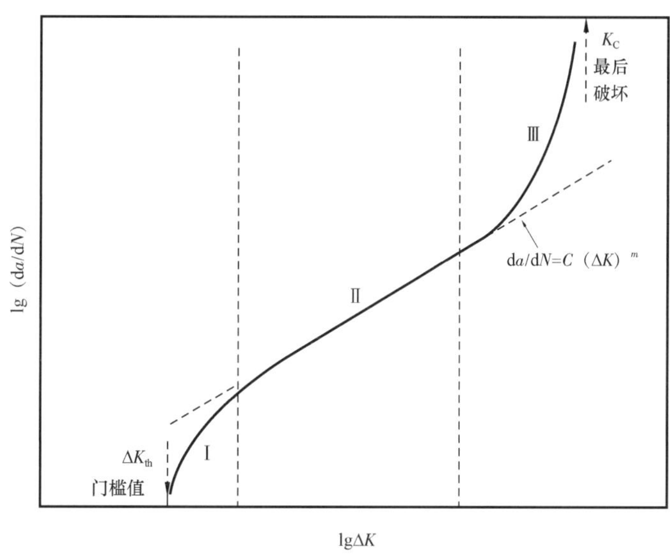

图 6.1.6　疲劳裂纹扩展速率 da/dN 与应力强度因子幅值 ΔK 之间的关系

实际上可以把裂纹的扩展看成含有裂纹构件再次产生裂纹的过程，ΔK_{th}可以看成是缺口尖锐到极限情况的疲劳极限。陈新增等对不同回火温度处理后的45Cr钢和T12钢的ΔK_{th}进行测定发现，ΔK_{th}的最大值出现在较高回火温度处，即ΔK_{th}随回火温度的升高呈现先增加后降低的趋势。ΔK_{th}并不随着强度或塑性单调变化，并且T12钢的ΔK_{th}达到最大值对应的回火温度要明显高于45Cr钢[6]。随着回火温度的升高，材料的强度和塑性往往呈现此消彼长的趋势。如前所述，对于高周疲劳而言，材料的强度是疲劳抗力的重要性能指标，材料的抗拉强度正比于材料的疲劳极限。变形抗力低的材料，一般疲劳抗力也低，微区塑性变形的发生是疲劳断裂过程的开始，这是塑性变形不利的一面。但是塑性变形引起的加工硬化则可以提高材料的断裂抗力，并且塑性变形松弛了裂纹前沿的应力，使裂纹尖端发生钝化，在裂纹尖端造成压应力产生闭合效应，这些都有利于降低裂纹尖端的实际应力，提高构件的ΔK_{th}值。因此材料的强度和塑性对疲劳裂纹萌生寿命和裂纹扩展寿命有着完全不同的影响，应根据不同的疲劳条件和性能要求来平衡材料强度和性能指标，提高构件的服役寿命。

疲劳裂纹稳态扩展阶段，即图6.1.6中的Ⅱ区可以用Pairs公式描述：

$$\frac{\mathrm{d}a}{\mathrm{d}N} = C\,(\Delta K)^{m} \tag{6.1.7}$$

$$\Delta K = K_{max} - K_{min}$$

式中 $\mathrm{d}a/\mathrm{d}N$——材料疲劳裂纹扩展速率；

ΔK——裂纹尖端的应力强度因子；

C、m——材料常数；

K_{max}、K_{min}——最大、最小应力分别对应的裂纹尖端应力强度因子。

Forman在Pairs公式的基础上，提出了含有应力比R和断裂韧性K_{IC}的疲劳裂纹扩展速率公式，如式(6.1.8)所示。

$$\frac{\mathrm{d}a}{\mathrm{d}N} = \frac{C\,(\Delta K)^{m}}{(1-R)K_{IC} - \Delta K} \tag{6.1.8}$$

式中 R——应力比。

研究表明，裂纹在循环载荷下的扩展与一次加载时的扩展有明显的不同，只有在$K_{max} \approx \frac{K_{IC}}{2}$时，断口上才会出现明显的静态断裂特征，$K_{IC}$对疲劳裂纹扩展速率的影响才显示其重要性。另外，$K_{IC}$的作用程度很可能与材料强度水平有关，对于中低强度钢，断裂韧度对疲劳裂纹扩展速率影响并不大。例如金达曾等测试了20SiMn2MoV和30Cr2MoV钢的疲劳裂纹扩展速率，两种钢虽然断裂韧度相差悬殊，但裂纹扩展速率却十分的接近[6]。然而对于高强度钢而言，有研究认为断裂韧性越高，疲劳裂纹的扩展速率越低，也有一些试验结果表明，在一定的强塑性配合条件下，裂纹扩展速率最低，即具有一个最佳材料强度与塑性配合。然而不同强塑配合下裂纹扩展速率的变化规律很复杂，与载荷水平、试样尺寸等试验条件关系很大，需要继续深入研究。

在疲劳裂纹扩展过程中，材料的组织和力学性能对疲劳裂纹近门槛Ⅰ区和失稳扩展Ⅲ区影响较为明显，对疲劳裂纹稳态扩展Ⅱ区影响不明显。与疲劳裂纹萌生相反，晶粒越粗大，材料的ΔK_{th}越高，疲劳裂纹扩展速率 da/dN 越低。晶粒尺寸对疲劳裂纹扩展速率的影响如图 6.1.7 所示，由图可见珠光体共析钢原始奥氏体晶粒尺寸对疲劳裂纹扩展速率的影响规律，ΔK_{th}越小，晶粒尺寸的影响就越显著[4]。因此，如前所述，在选材用材时，提高疲劳裂纹萌生抗力和提高疲劳裂纹扩展抗力是两条截然不同的技术途径，很难两全其美[2,4]。

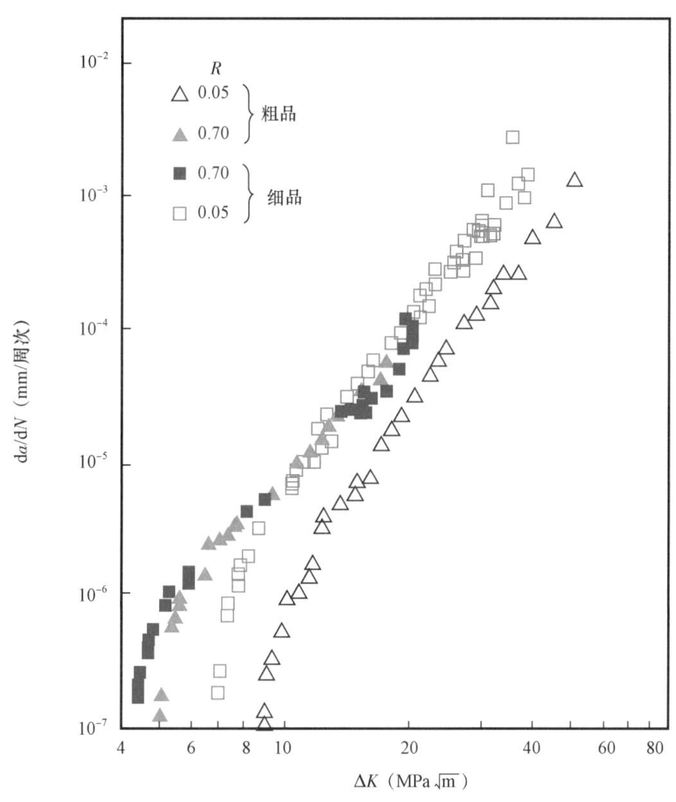

图 6.1.7 珠光体共析钢原奥氏体晶粒尺寸对疲劳裂纹扩展速率的影响[4]

现有的研究表明，除了材料的强度与塑性之外，影响疲劳裂纹扩展门槛值 ΔK_{th}的材料内部因素还有显微组织、晶粒尺寸和晶粒取向。研究表明，钢的 ΔK_{th}按回火索氏体、铁素体 + 粒状贝氏体、粒状贝氏体、回火屈氏体、回火马氏体的顺序依次递减。亚共析钢的 ΔK_{th}和铁素体及珠光体含量有关，铁素体含量越高，钢的 ΔK_{th}越高。另外，钢的淬火组织中若存在一定量的残余奥氏体时，可以提高钢的 ΔK_{th}，降低 da/dN。例如采用淬火—配分处理（Q&P 处理）的高强钢，通过等温淬火在马氏体中引入一定量的残余奥氏体，使得高强钢获得优异的疲劳性能，其裂纹尖端的残余奥氏体在循环应力作用下发生的马氏体转变提高了裂纹尖端材料的强度，松弛了裂纹前沿的应力，是提高材料疲劳性能的关键。对高强度钢等温淬火疲劳性能研究发现，钢中马氏体、贝氏体和残余奥氏体对 ΔK_{th}的贡献大致比例为 1∶4∶7。可见高强基体上存在适量的软相奥氏体可以抑制裂纹在Ⅰ区的扩展，提高钢的 ΔK_{th}。钢的回火组织因为回火温度的不同而异，一般说来高温回火钢的韧性好，强度低，ΔK_{th}高，低温回火钢的塑韧性差，强度高，ΔK_{th}低，这一规律在 300M 高强钢的试验研究中得以体现，如图 6.1.8 所示。但陈新增等对不同回火温度处理后的 45Cr 钢和 T12 钢的 ΔK_{th}进行测定发现，ΔK_{th}的最大值出现在较高回火温度处，存在强塑性的最佳匹配问题[5]。虽然如此，但回火温度对 ΔK_{th}影响的总体规律还是清晰的，即高温回火有利于提高 ΔK_{th}。大量的研究表明，钢的组织对 ΔK_{th}的影响，可视为强度和断裂韧度对 ΔK_{th}的影响。钢的强度越高，断裂韧度越低，使得近门槛区的 da/dN 越大，ΔK_{th}越低，同

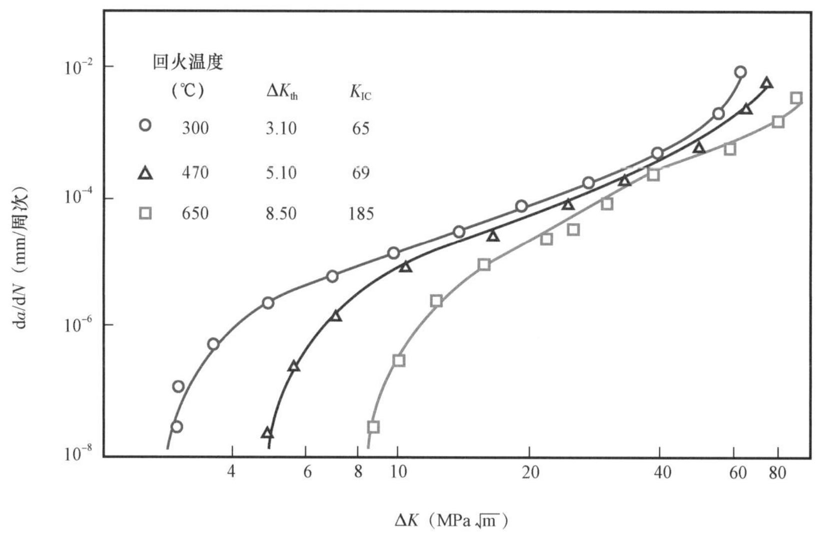

图 6.1.8 高强钢 300M 不同热处理工艺对 da/dN 及 ΔK_{th} 的影响[2]

样的规律也适用于疲劳裂纹失稳扩展Ⅲ区。

6.1.3 应力腐蚀破裂服役性能与材料成分、组织、基本力学性能之间的关系

应力腐蚀破裂的服役性能指标主要包括 K_{ISCC} 和 da/dt。应力腐蚀破裂(SCC)是由腐蚀环境和应力共同作用而引起的一种脆性断裂。石油工业中常见的硫化物应力腐蚀破裂 SSCC 是应力腐蚀破裂一种特殊形式,导致其产生的腐蚀介质是硫化物。一般认为发生 SCC 需要三个要素的特定组合,即拉应力、特定的腐蚀环境和敏感材料,三者缺一不可。拉应力作用下才会发生应力腐蚀破裂,而压应力则不会引起应力腐蚀破裂,这一点已经在学界达成共识。构件承受的拉应力除了工件的工作应力之外,还可能是残余应力、热应力、组织应力等。残余应力是引起应力腐蚀破裂失效的重要原因之一,其来源广泛,不可忽视。只有在特定的腐蚀环境中或化学介质中,某种金属材料才可能发生应力腐蚀破裂。对于碳钢或低合金结构钢,除了硫化物能够引起应力腐蚀之外,NaOH 溶液、海水、土壤等介质都可以使其发生 SCC。奥氏体不锈钢在酸性或中性氯化物溶液中或海水中可以引起应力腐蚀破裂。一般认为,纯金属不会发生应力腐蚀,所有的合金都有不同程度的应力腐蚀敏感性,但是在每一种合金系列中,都有对应力腐蚀不敏感的合金成分。材料的显微组织、位错结构甚至层错能对材料的应力腐蚀敏感性也有影响[2,7,8]。

目前,对于金属材料在特定环境介质中的抵抗 SCC 能力,通常采用试样在拉应力和化学介质共同作用下不发生破坏的持续时间作为依据来进行评价的。发生开裂或断裂的时间越短,材料的应力腐蚀敏感性越大。用这种方法可以测定不同应力水平作用下试样的断裂时间,从而可以求出被测材料不发生应力腐蚀的临界应力 σ_{scc}。临界应力是衡量材料应力腐蚀破坏抗力的重要性能指标,也是评定材料 SCC 敏感性的重要指标。与疲劳中的 S—N 曲线一样,这种方法测定的断裂寿命包含裂纹形成寿命与裂纹扩展寿命,前者约占整个断裂寿命的 90%。而实际构件或零件,不可避免地存在一些裂纹或缺陷,应力腐蚀的临界应力 σ_{scc} 并不能客观地反映带裂纹构件的应力腐蚀破裂抗力,有时与实际情况相差甚远。

运用断裂力学原理来研究含裂纹构件的应力腐蚀抗力,得到了临界应力场强度因子 K_{Iscc} 和应力

腐蚀裂纹扩展速率 da/dt 两个重要的应力腐蚀破裂抗力指标，可用于构件的选材和设计。对于大多数金属材料，在特定的环境介质中的 K_{Iscc} 值是一定的，它表示含裂纹材料在应力腐蚀条件下的断裂韧性。当作用于裂纹尖端的应力场强度因子 $K_I < K_{Iscc}$ 时，原始裂纹在环境介质和应力的共同作用下不会扩展，材料可以安全地服役。当 $K_I \geqslant K_{Iscc}$ 而小于材料的断裂韧性 K_{IC} 时，在环境介质和应力作用下，裂纹会发生扩展，此时 da/dt 则是描述裂纹扩展的重要参数，表示单位时间裂纹的扩展量。研究表明，应力腐蚀裂纹扩展速率 da/dt 与 K_I 有关。在 $\lg(da/dt) - K_I$ 图上，曲线可分三个阶段，如图 6.1.9 所示。第Ⅱ阶段时间越长，表明材料抗应力腐蚀破裂性能越好，如果能测试出某种材料在第Ⅱ阶段的 da/dt 以及第Ⅱ阶段结束时的 K_I 值，就可以估算构件在应力腐蚀条件下的剩余寿命[2]。

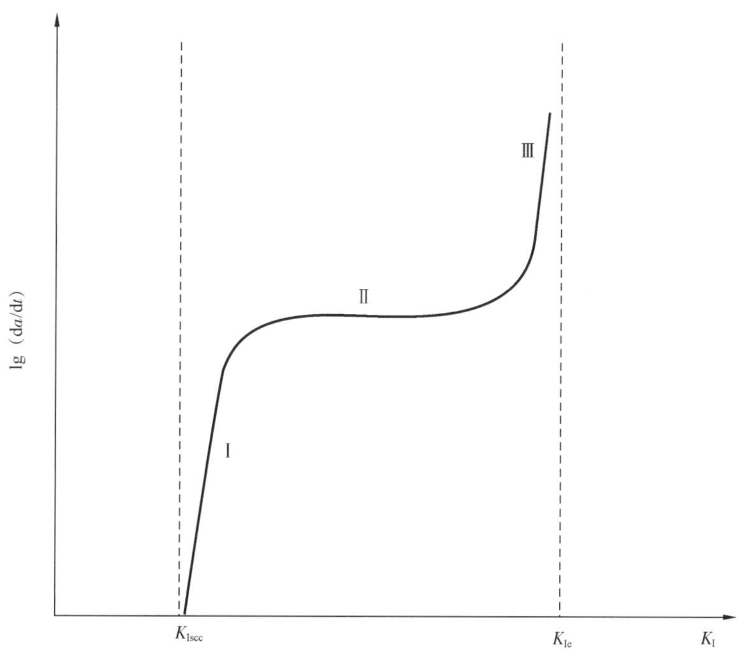

图 6.1.9　应力腐蚀裂纹扩展速率与应力场强度因子关系曲线

除了上述提到的应力腐蚀破裂时间 t、临界应力 σ_{scc}、临界应力场强度因子 K_{Iscc} 和应力腐蚀裂纹扩展速率 da/dt 四个失效抗力指标外，较为常用的衡量材料 SCC 敏感性或 SCC 失效抗力的性能指标还有破裂深度和 SCC 的百分数。破裂深度是用应力腐蚀裂纹的平均深度或最大裂纹深度来表征材料 SCC 敏感性，裂纹深度越大，则材料的敏感性越大，越易发生 SCC。SCC 百分数是特定腐蚀环境中，发生破裂和未发生破裂试件的百分数，也可以用作判断材料应力腐蚀敏感性大小的性能指标。

对于石油管材而言，在潮湿的含 H_2S 环境中，硫化物应力腐蚀破裂（SSCC）是石油管材发生失效的主要模式之一。硫化物引起的石油管材的破裂，一般认为存在阳极活性通道溶解和阴极吸氢两个过程。氢在 SSCC 过程中起着非常重要的作用，氢脆理论常被用来解释此类应力腐蚀破坏裂纹扩展的机理。至于氢如何导致材料脆化的原因则众说纷纭[8,9]。腐蚀反应产生的氢原子扩散到裂纹尖端的金属内部使此区域金属脆化是较为主流的理论，但是也有学者认为是氢降低了裂纹前缘原子键结合能或因吸附氢使表面能下降从而导致局部金属的脆化。需要指出的是，在非硫化物应力腐蚀破裂中，氢脆可能是导致高强钢 SCC 的重要因素，但是在低强度钢中却并不一定是主要因素，在有些腐蚀体系中则以阳极溶解机制可能更加重要，例如油气输送管线在近中性或碱性土壤中也发生过 SCC 失效。对于这些失效案例的研究发现，碳酸/碳酸氢盐构成这类失效的化学介质，腐蚀作用更加明显，阳极溶解和氢脆共同作用造成管线的失效。材料在腐蚀环境中其表面会首先形成一层钝化膜,在局部区域如晶界、夹杂物或缺陷处,钝化膜往往不连续。在应力作用下,钝化膜易发生破坏露出新鲜基体金属,从而形成了具有大阴极和小阳极的腐蚀电池,加速该处基体金属的溶解。拉应力除了导致局部区域钝化膜的破裂外,还会导致裂纹尖端的应力集中,使阳极电位降低,加速阳极金属的溶解。这就是阳极活性通道溶解过程,该过程中裂纹的萌生与扩展都是以阳极溶解为基础的。上述阳极溶解过程中产生的电子通过金属内部与腐蚀反应产生的氢离子结合形成氢原子扩散到裂纹尖端使该区域变脆。随着应力腐蚀的进行,氢不断产生并扩散到裂纹尖端,裂纹就不断向前扩展。应力腐蚀裂纹的引发和扩展是沿着阴极反应所产生的氢在钢中扩散和反应所形成的敏感途径进行的,与腐蚀过程关系不大[2,4]。

影响石油管材硫化物应力腐蚀破裂的因素很多,一般可以分为环境因素和材料因素。环境因素包括 pH 值、H_2S 分压、温度、缓蚀剂等,材料因素包括强度、硬度、成分、组织等。

强度和硬度是影响应力腐蚀特别是硫化物应力腐蚀破裂最为直观的因素。不同钢级的石油管都存在 SSCC 的风险。一般而言,随着强度级别的升高,产生 SSCC 的倾向也越大。与强度有密切关系的是硬度,研究结果表明,材料的硬度值越大,发生 SSCC 的临界应力值越低,断裂时间越短。为了防止 SSCC 的发生,NACE MR0175/ISO15156 及 SY/T 0559 规定,用于 SSC1 区的管线钢,最低屈服强度为 550MPa 的钢级可以接受,焊缝硬度不超过 300HV;用于 SSC2 区的管线钢,最低屈服强度为 450MPa 可以接受,焊缝硬度不超过 280HV;用于 SSC3 区的构件硬度不应超过 22HRC。需要指出的是冷变形会导致材料的氢脆,因此对于 SSC3 区使用的碳钢或低合金钢经任何冷变形,当变形量大于 5% 时,不论硬度多少都应对其进行去应力热处理,热处理温度不得低于 595℃,硬度必须小于 22HRC。

化学成分是影响石油管材 SSCC 敏感度最重要的因素,且影响比较复杂,特别是杂质元素 S、P 以及有害元素 As、Sn、Pb、Sb 和 Bi 的含量应尽可能低,这些元素会脆化钢的晶界。另外 MnS 夹杂是材料中氢致裂纹的发源地,故钢中的 S 含量应尽量低;P 容易造成材料的微观偏析,从而使材料的临界氢浓度 C_{th} 和断裂临界应力 σ_{th} 下降。钢中合金元素对硫化物应力腐蚀影响较为复杂,一般认为 Cr、Mo、Al、V、Ti、B 对提高钢的 SSCC 抗力是有利的,因为它们均为晶界韧化元素,另外它们的碳化物也是不可逆氢陷阱,可提高钢的临界氢浓度。同时,Mo 和 Cr 元素能在材料表面形成阻碍 H_2S 与材料发生化学反应的钝化膜,从而使在材料表面产生的氢浓度降低,其中 Mo 更为有效,故 Cr 和 Mo 元素是抗 H_2S 腐蚀重要合金元素,但是当钢中 Cr 和 Mo 元素含量过多时,钢中则会形成粗大的碳化物,反而不利于钢的抗硫化物应力腐蚀破裂性能。Ni、Mn、S、P 是有害元素,NACE MR0175 等标准都规定碳钢和低合金钢中的 Ni 含量不能大于 1%。对于一般的合金结构钢而言,Ni 对于提高钢的韧性是有益的,但是 Ni 会降低钢的析氢电位,促进氢的析出,降低钢的 SSCC 抗力。对于 Mn 而言,一方面它是晶界脆化元素,另一方面当 Mn 含量高时,容易形成带状组织和微观偏析,从而使钢的临界氢浓度降低。当 Mn 含量超过 0.5% 时,材料抗硫化物应力开裂性能有所降低,而当 Mn 含量小于 0.4% 时,有利于冶炼过程中将硫变为硫化物,提高钢的冶金质量,从而提高抗硫化物应力开裂能力。C 元素是钢铁材料最有效的强化元素,但是过多的 C 含量易使材料硬度过高,将导致材料的抗硫化物应力腐蚀破裂的性能降低。Ca 或稀土元素可使钢中条状 MnS 变成球状硫化物,可防止氢原子在条状 MnS 夹杂物处产生氢致裂纹。目前在钢的生产中加 Ca 处理工艺已经成熟,故往往采用 Ca 元素对夹杂物进行球化处理。

钢的显微组织对 SSCC 敏感性影响很大。马氏体组织对 SSCC 最为敏感,且含碳量越高的马氏体其敏感性越大。对于合金钢而言,调质后获得的回火索氏体组织抗 SSCC 能力优于通过正火获得的铁素体 + 珠光体或者贝氏体组织的抗 SSCC 能力。显微组织提升钢的抗 SSCC 性能效果由小到大的顺序依次是：马氏体、贝氏体、铁素体、珠光体、回火索氏体。回火索氏体组织为铁素体基体上弥散分布着细小的球状碳化物，是一种平衡态的组织，可以显著提高材料的抗 SSCC 性能。另外对于调质钢而言，良好的淬透性也是获得足够抗硫化物应力腐蚀破裂性能的关键[9]，并且在强度相同的条件下，回火马氏体细化程度较高、碳化物更为细小均匀时，抗硫化物应力开裂性能较好[10]。

6.2　特殊服役条件下石油管构件材料的强、塑、韧匹配

6.2.1　满足“先漏后破”准则的钻杆管体对材料韧性的需求

早期的 API 标准体系内，钻杆管体没有韧性要求。随着钻杆断裂事故频繁发生，人们逐渐意识到了韧性指标的重要性，开始积极研究。1988 年，管研院和 Chevoron 公司根据现场作业中钻杆失效与韧性指标统计结果，提出了 CVN≥54J 的技术要求，并且列入 API Spec 5D 标准。随着钻井条件的日益复杂，深井超深井越来越多，海洋钻井以及酸性油气田等复杂条件对钻杆性能要求越来越高。G105、S135 等高钢级钻杆大量应用，54J 已经不能保障钻杆的安全服役。近 30 年来，国内外普遍认同以“先漏后破”为准则进行钻杆韧性指标研究，以保证钻杆断裂前先发生“刺漏”，钻井平台人员可通过液体压力变化及时发现并更换失效钻杆，防止意外落井事故。1990 年，Shell 加拿大公司 Szklarz 等人依据断裂力学中“先漏后破”原理初步提出了 G105 钢级 80J 的韧性指标。值得注意的是，上述方法采用的是无限大平板简化模型，没有考虑钻杆管体曲率效应，还需要结合高钢级钻杆的结构与材料特征，建立科学的冲击韧性指标计算方法。

6.2.1.1　钻杆“刺漏”的疲劳本质

钻杆管体疲劳失效包括“断裂”和“刺漏”两种类型，刺漏的本质仍为疲劳，如图 6.2.1 所示。高韧性钻杆失效通常表现为“刺漏”，而低韧性钻杆则为“断裂”。管体表面产生疲劳微裂纹后，先后经历稳态扩展与失稳扩展两个阶段。当钻杆材料韧性足够时，裂纹尖端将稳定扩展，直至贯穿钻杆壁厚，钻杆不会断裂，而是在管内高压流体作用下发生刺漏。当钻杆材料韧性不足时，裂纹尖端将发生失稳扩展，造成断裂。疲劳裂纹稳态扩展尺寸与材料韧性密切相关。钻井工程期望钻柱失效模式为“刺漏”，以便钻井平台人员通过液体压力变化发现并及时更换钻杆，防止意外发生。

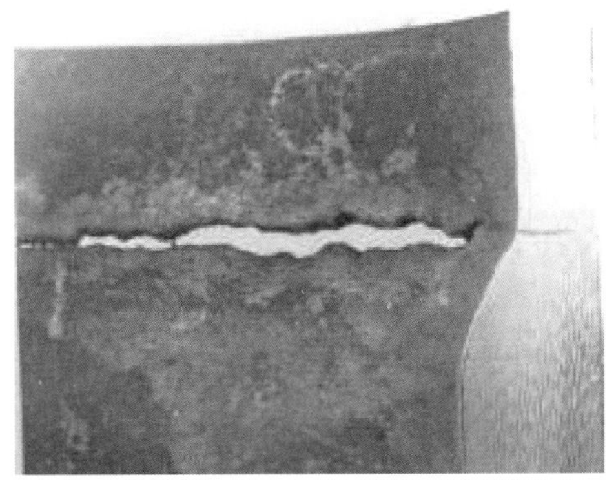

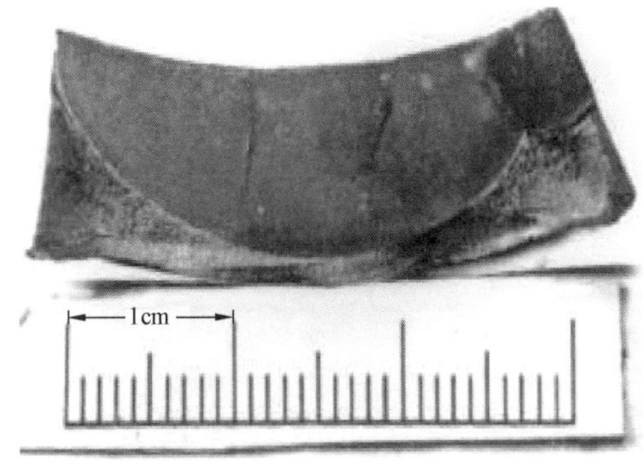

图 6.2.1　钻杆“刺漏”的疲劳本质

6.2.1.2 韧性指标计算

基于“先漏后破”失效准则模型(图 6.2.2),依据断裂力学原理,将管体视为裂纹体,确定管柱服役安全所需的韧性要求。钻杆管体刺漏统计表明:最大刺漏孔洞 50×11(裂纹长×宽,mm×mm),最小 7mm×7mm,而(20~40mm)×(6~10mm)尺寸占刺漏失效案例的 80% 以上。统计结果为韧性要求计算提供了刺漏临界尺寸,宽度为 40mm,深度为壁厚尺寸。

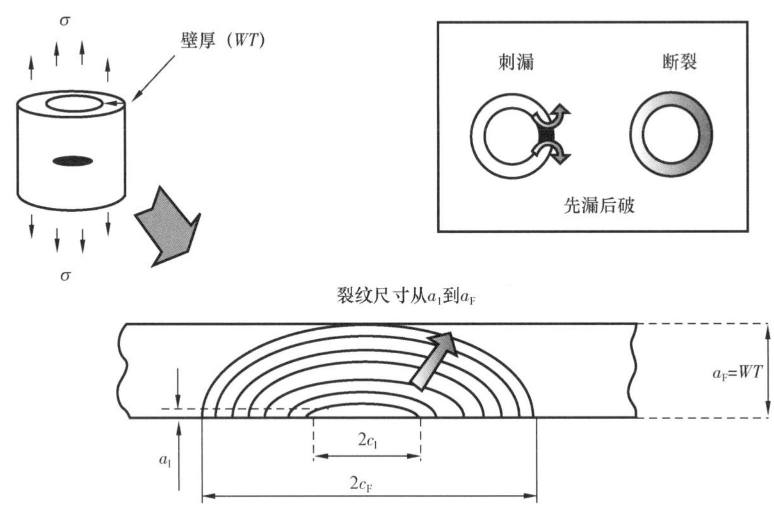

图 6.2.2 “先漏后破”失效准则模型

6.2.1.2.1 应力强度因子计算模型

断裂力学理论认为在裂纹尖端的应力场存在 $r^{-\frac{1}{2}}$ 阶的奇异性,裂纹尖端的应力场存在以下关系:

$$r^{-\frac{1}{2}}\sigma = c \tag{6.2.1}$$

式中 r——研究点距离裂纹尖端的距离;

σ——钻杆远端工作应力;

c——常数,表示裂纹前沿应力场奇异性强度。

裂纹尖端应力强度因子的表达式如下:

$$K_{\mathrm{I}} = Y\sigma\sqrt{\pi a} \tag{6.2.2}$$

式中 K_{I}——裂纹尖端应力强度因子;

Y——与所研究部件几何形状、裂纹几何形状及应力加载方式等因素有关的常数;

σ——应力;

a——裂纹半长。

在应力强度因子中,常数 Y 的选择决定于很多因素,选用不同的 Y 值,计算所得结果差别很大。钻杆可以认为是广义的圆柱形压力容器,当钻杆有环向穿透裂纹时,其应力强度因子的表达式如下所示:

$$K_{\mathrm{I}} = \sigma_{\mathrm{t}}\sqrt{\pi R\theta}\cdot F_{\mathrm{t}}(R/t,\theta/\pi) \tag{6.2.3}$$

式中 σ_{t}——拉伸载荷;

R——等效半径；

θ——裂纹半长角；

t——壁厚。

$$F_t = 1 + A\left[5.3303\,(\theta/\pi)^{1.5} + 18.773\,(\theta/\pi)^{4.24}\right]$$

$$A = \left[0.125(R/t) - 0.25\right]^{0.25} \qquad 5 \leqslant R/t \leqslant 10$$

$$A = \left[0.4(R/t) - 3.0\right]^{0.25} \qquad 10 < R/t \leqslant 20$$

当发生刺漏，即疲劳裂纹扩展到壁厚时，应力强度因子就是临界断裂韧性。

6.2.1.2.2　断裂韧性和冲击吸收能转换模型

断裂韧性在工程上检测相当麻烦，而冲击吸收能试验简单便捷。因此，获得断裂韧性和冲击吸收能的转换关系非常必要。Shell 加拿大公司对高强度钻杆进行了研究，发现了两者之间的关系式(6.2.4)。

$$K_{IC} = (0.5172\mathrm{CVN} \cdot YS - 0.0022YS^2)^{0.5} \tag{6.2.4}$$

式中　K_{IC}——材料的平面应变断裂韧性；

CVN——3/4 尺寸试样室温冲击吸收能；

YS——屈服强度。

6.2.1.2.3　钻杆冲击吸收能计算方法

API Spec 5D 标准规定了 16 种钻杆规格，4 种钢级，不同外径、壁厚和不同的钢级对冲击吸收能计算公式中系数都有差异。我们通过试验研究，得到室温下钻杆管体冲击吸收能计算模型如下：

(1)E75 钻杆冲击吸收能计算公式：

$$\mathrm{CVN} = X \cdot \sigma^2 + 2.2 \tag{6.2.5}$$

(2)X95 钻杆冲击吸收能计算公式：

$$\mathrm{CVN} = X \cdot \sigma^2 + 2.79 \tag{6.2.6}$$

(3)G105 钻杆冲击吸收能计算公式：

$$\mathrm{CVN} = X \cdot \sigma^2 + 3.08 \tag{6.2.7}$$

(4)S135 钻杆冲击吸收能计算公式：

$$\mathrm{CVN} = X \cdot \sigma^2 + 3.96 \tag{6.2.8}$$

式中　X——常系数，与外径、壁厚有关；

σ——工作应力。

钻杆冲击吸收能与工作应力关系如图 6.2.3 所示。钻杆曲率半径越小，所要求的冲击吸收能越高，而壁厚影响并不明显。

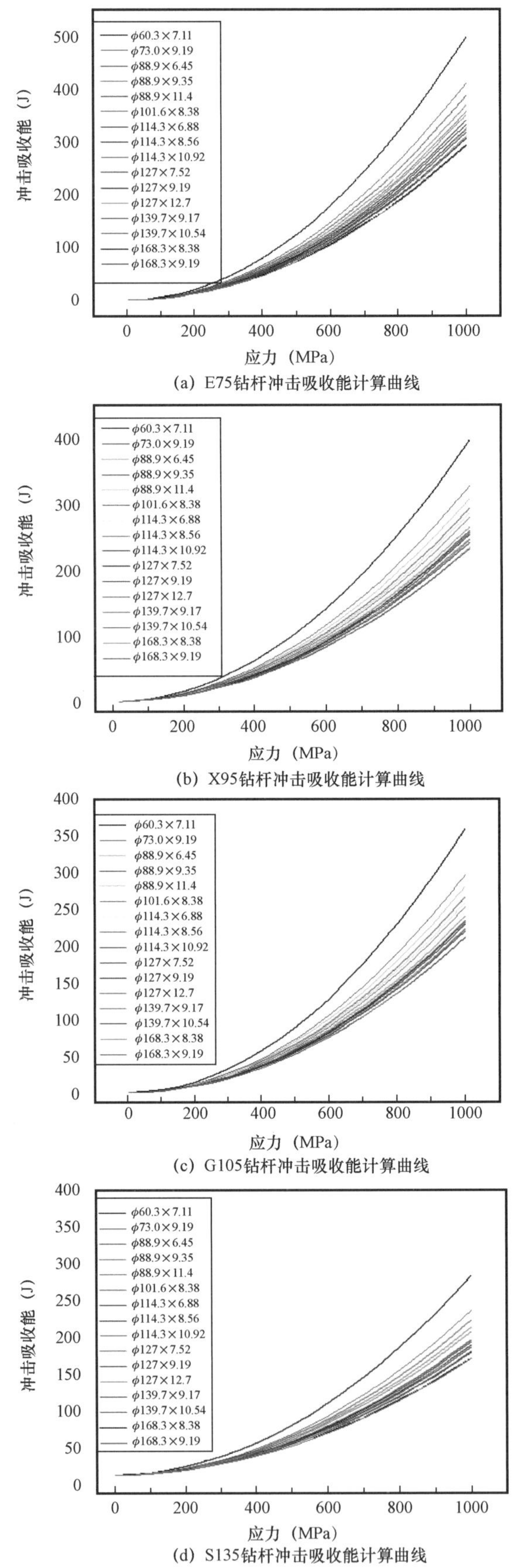

(a) E75钻杆冲击吸收能计算曲线

(b) X95钻杆冲击吸收能计算曲线

(c) G105钻杆冲击吸收能计算曲线

(d) S135钻杆冲击吸收能计算曲线

图 6.2.3　钻杆钢级、规格及韧性指标关系

6.2.1.3　冲击吸收能计算实例

按照85%屈服应力，以ϕ127mm×9.19mm钻杆为例，对不同钢级钻杆冲击吸收能的计算过程如图6.2.4所示，结果如图6.2.5所示。

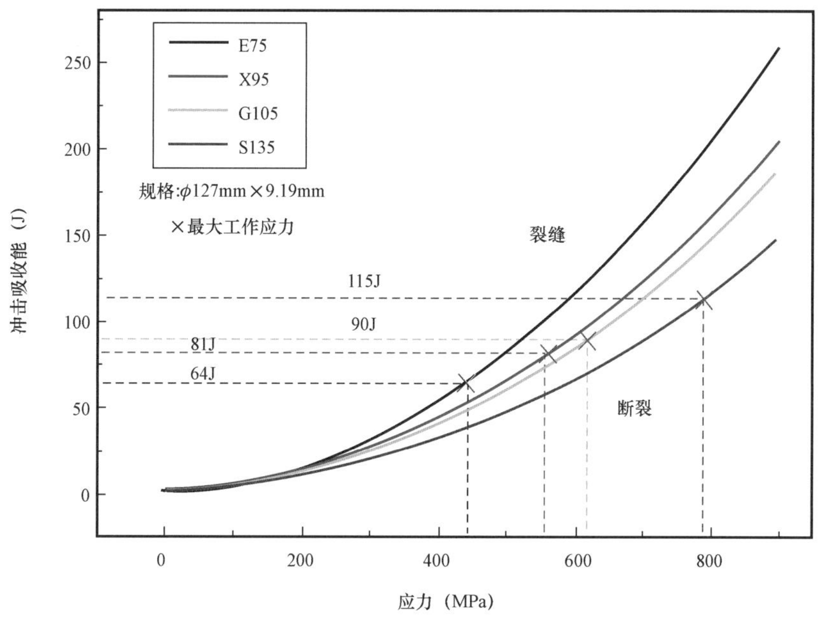

图6.2.4　钻杆冲击吸收能指标计算

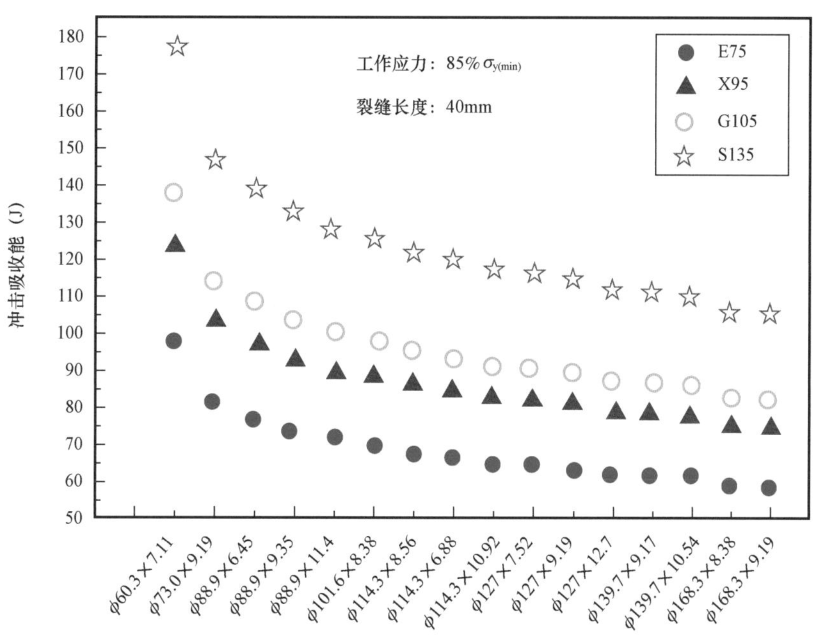

图6.2.5　85%屈服应力对应冲击吸收能指标

6.2.2 高强度套管材料的强、塑、韧匹配及与钢的成分、组织结构与性质的关系

6.2.2.1 高强度套管对材料韧性的需求

20世纪90年代，柯深1井完井测试时，V150套管产生螺旋状裂纹而导致这口井报废，直接损失上亿元（图6.2.6）。失效分析认为，钢管潜在的螺旋状损伤（无损探伤难以发现）在承受很高的载荷（内压）后形成宏观螺旋裂纹。而钢管的螺旋状损伤是穿孔工序中形成的。

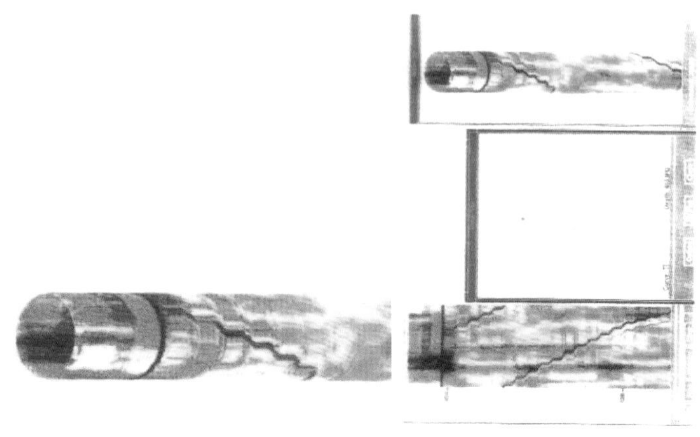

图6.2.6 柯深1井套管螺旋破裂形貌

套管内在的微小缺陷或损伤是难以避免的。含缺陷套管所需要的冲击吸收能与（K_{IC}/σ_y）有关，即套管强度越高，需要匹配的韧性也越高。

$$K_I = Y\sigma\sqrt{\pi a},\quad 即\quad a = \frac{1}{\pi}\left(\frac{K_I}{Y\sigma}\right)^2 \tag{6.2.9}$$

当取极限状态时，

$$a_c = \frac{1}{\pi}\left(\frac{K_{IC}}{Y\sigma}\right)^2 = \alpha\left(\frac{K_{IC}}{\sigma_y}\right)^2 \tag{6.2.10}$$

$$\alpha = \frac{1}{\pi Y^2}$$

式中 K_{IC}——材料I型加载时的平面应变断裂韧性；

a_c——可允许的极限裂纹尺寸；

σ_y——材料的屈服强度；

Y——常数。

可见，a_c正比于$(K_{IC}/\sigma_y)^2$，即具有较大K_{IC}/σ_y比值的材料可允许较大尺寸的缺陷。对特定服役条件，应有特定的K_{IC}/σ_y的值。此时，若要提高材料的强度水平，必须相应提高其K_{IC}（或相关的CVN）。

英国能源部指导性技术文件规定，压力钢管横向最低CVN按下式计算：

$$CVN(J) = \sigma_y/10(MPa) \tag{6.2.11}$$

因此，140 钢级（σ_y为 980MPa），CVN > 98J（圆整为 100J）；150 钢级（σ_y为 1050MPa），CVN > 105J（圆整为 110J）；170 钢级（σ_y为 1200MPa），CVN > 120J（圆整为 120J）。

钢的强度与塑性、韧性通常表现为互为消长的关系，强度高的常常塑性、韧性就低，反之，为求得高的塑性、韧性，必须牺牲强度。Q125 以上钢级套管，需要匹配的韧性极高，近年来一直是研究的热点。

管研院技术人员利用失效评估图技术对高钢级套管的强韧性指标做了较为深入的研究。该项研究技术路线如图 6.2.7 所示。其具体思路是根据高钢级套管材料的真应力—应变曲线，获得能反应套管材料真实特性的失效评估曲线，结合该套管服役载荷比与裂纹尖端应力强度因子计算的结果，得到套管在严酷条件下的断裂韧性，然后通过失效评估图技术，获得材料应该具备的断裂韧性指标 K_{IC}。之后通过此类材料断裂韧性与冲击吸收能的统计关系，获得材料的冲击吸收能指标。

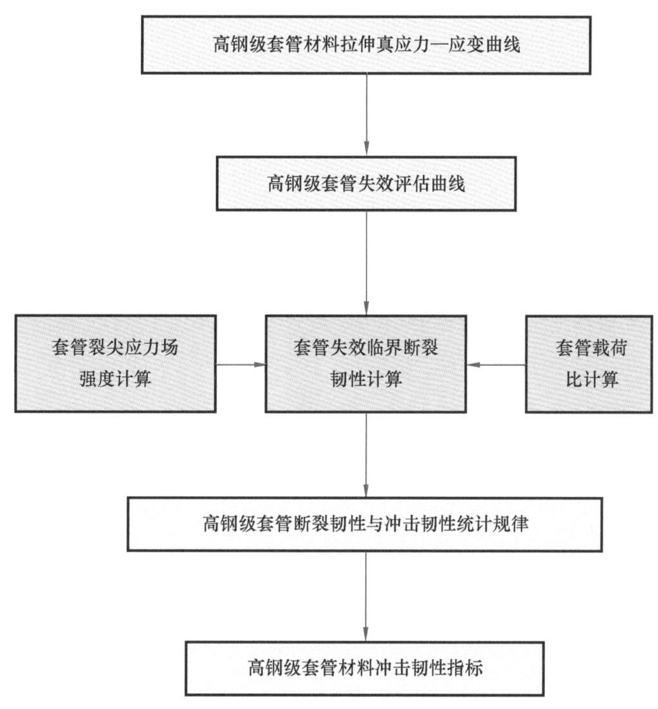

图 6.2.7　高钢级套管的韧性指标计算流程

结果表明，高钢级套管材料失效评估曲线在载荷较低时几乎与通用评估曲线一致；在高载荷即临近塑性变形阶段，两者差异较大。在同样的应力强度条件下，采用 R6 标准 Option2 建立的失效评估曲线比通用曲线载荷比高，这是考虑材料塑性行为，兼顾材料脆性起裂与塑性失稳两种破坏机制的效果。所得的评价曲线如图 6.2.8 所示。

对结果进行高次拟合，结果如下：

$$K_r = 0.99487 - 0.29074L_r + 7.51851L_r^2 - 88.07098L_r^3 + 508.68126L_r^4 - 1464.60457L_r^5 + 3118.11029L_r^6 - 3426.37517L_r^7 + 2021.81995L_r^8 - 495.08522L_r^9$$

$$K_r = K_I/K_{IC} \qquad L_r = \sigma/\sigma_s \tag{6.2.12}$$

式中　σ——工作应力；

σ_s——屈服强度。

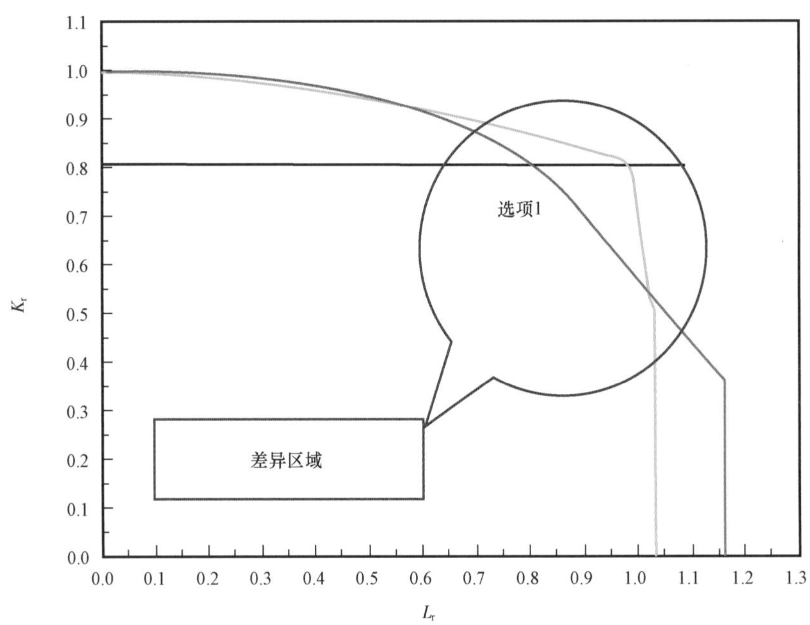

图 6.2.8　高钢级套管材料失效评估曲线

通过对高钢级套管材料做三点弯曲试验，测得其弹塑性状态下的断裂韧性 J_{IC}，换算而得到 K_{IC}。同时对高钢级套管材料进行冲击韧性试验，获得 $(K_{IC}/\sigma_y)^2$ 与 CVN 的统计关系，如图 6.2.9 所示。

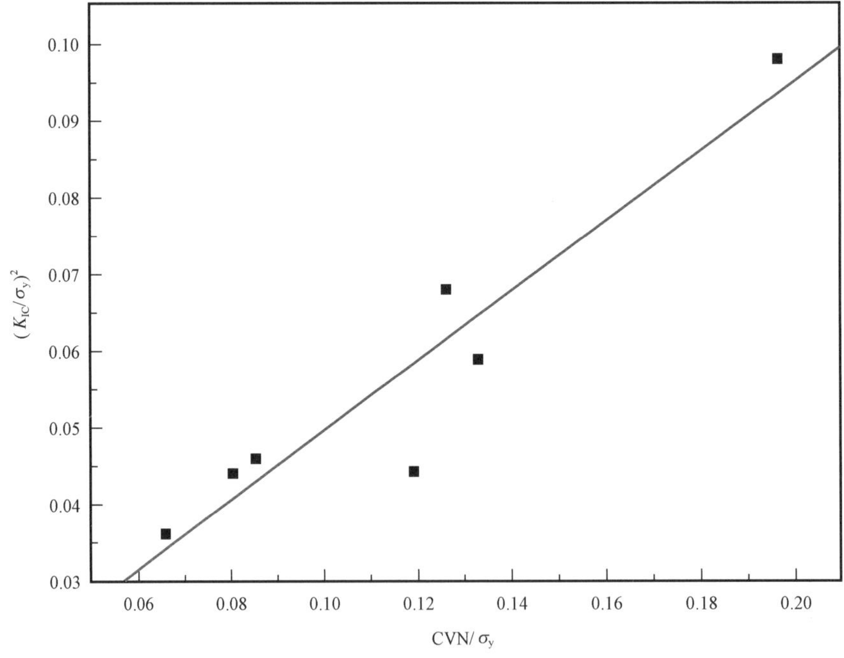

图 6.2.9　$(K_{IC}/\sigma_y)^2$ 与 CVN/σ_y 的关系曲线

统计所得结果，得到拟合方程为：

$$\left(\frac{K_{IC}}{\sigma_y}\right)^2 = 0.00423 + 0.4526\left(\frac{\text{CVN}}{\sigma_y}\right) \tag{6.2.13}$$

应用该研究成果对 API Spec 5CT 各种几何尺寸的套管进行了验证计算。以 125ksi(相当于 863MPa),140ksi(相当于 967MPa)钢级的套管计算结果为例。计算时,取轴向长裂纹深度分别为 $t/8$、$t/4$、$t/5$(t 为壁厚),套管最大主应力取屈服强度的 95%,计算结果如图 6.2.10 所示(对所有 API 规格套管按外径由小到大、壁厚由薄到厚逐个进行了计算),并与利用 API Spec 5CT 方法计算的冲击吸收能进行了对比。结果表明,按照新产品允许的 1/8 壁厚裂纹,韧性指标不足,失效风险突出。当承受异常内压时,材料最为危险,此时高钢级套管采用 API 韧性指标计算方法具有相当大的风险,建议针对特定的环境、载荷及套管几何属性建立适当的韧性指标体系。

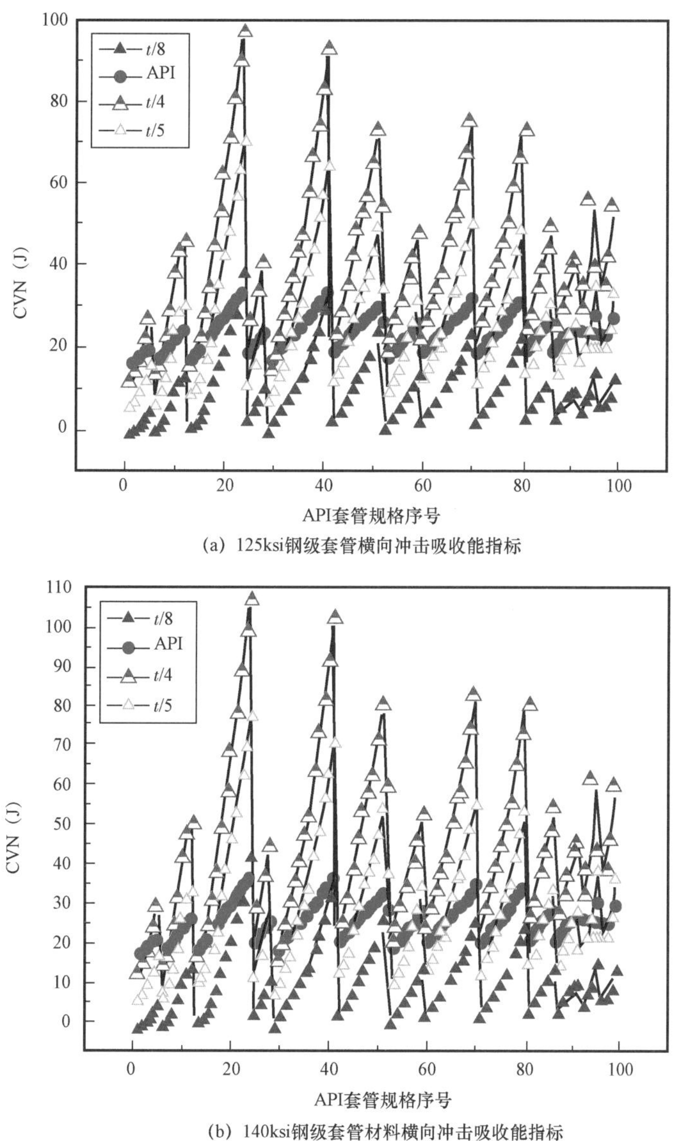

(a) 125ksi钢级套管横向冲击吸收能指标

(b) 140ksi钢级套管材料横向冲击吸收能指标

图 6.2.10　API 全规格套管韧性指标计算结果

根据该成果对高钢级套管的韧性进行了计算,图 6.2.11 给出了外径 5in(127mm)和 7in(177.8mm)套管的计算结果,并与 API 方法计算的冲击吸收能值进行比较。结果表明,用该成果得到的韧性指标要比 API 规定的值高很多,具有更高的可靠性。

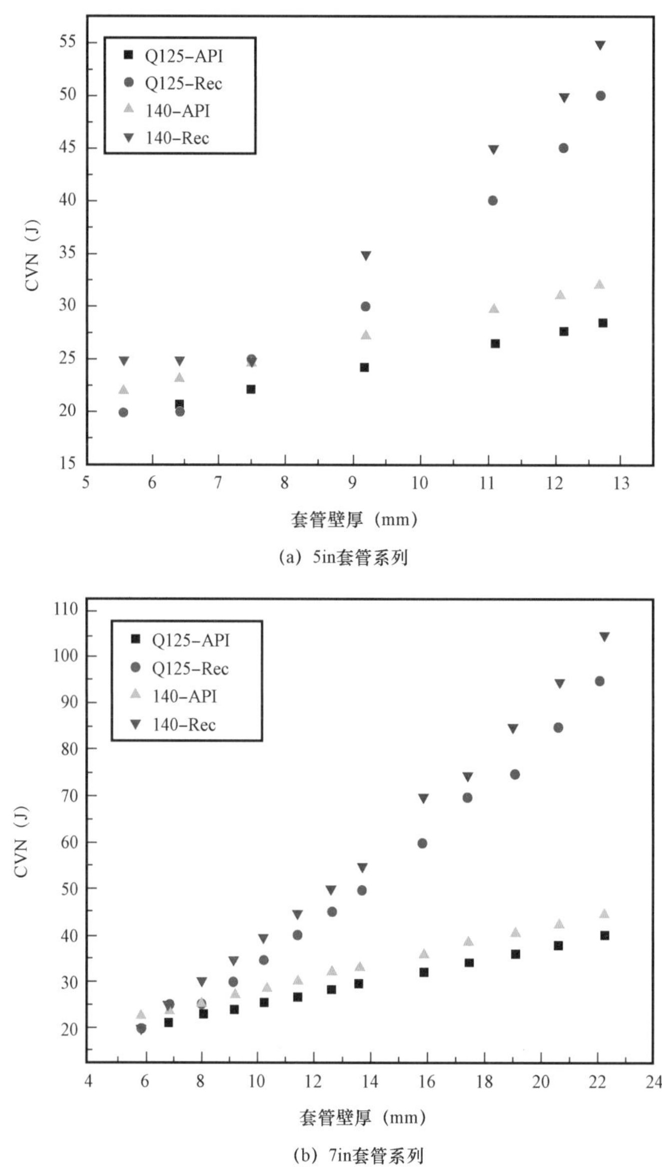

图 6.2.11 异常内压作用下高钢级套管韧性指标与 API 方法对比

6.2.2.2 新一代高强度套管用钢的成分、组织和性能

6.2.2.2.1 钢的合金化

高强度油套管用钢的合金化以钼元素为主。钼是碳化物形成元素，在合金钢中能形成多种碳化物，提高钢的硬度，产生二次硬化。利用钼元素的二次硬化可以抑制低合金钢常见的随回火温度升高强度降低现象，实现提高回火温度解决高强度和高韧性匹配的问题。在工业化生产的石油套管钢中，通过调整 Mo 含量在 0.2% ~0.8% 之间，可以将钢的强度调整到 600 ~ 1200MPa 之间，并且保持相当好的强韧性匹配。

钢中加入 1% 的铬对提高强度、韧性和淬透性有利。

传统的调质钢，碳含量通常取 0.4% 左右。新一代高强度套管钢将碳含量降低到 0.25% 左右，对韧性是有利的。

微量V、Nb等元素用于细化组织和晶粒度。V + Nb≤0.12%在控轧和调质处理中可促进沉淀析出，提高材料的强度和韧性，改善综合性能。但添加过多容易导致轧制缺陷。

硫和磷均是钢中的有害杂质元素，极大损害钢的韧性，其有害作用在超高强度钢中更明显，应尽量降低其含量。

钢中的氧易形成氧化物夹杂，自由氮的存在增加钢的脆性，二者均严重损害钢的韧性。应限制[O] + [N]≤120μg/g。另外，氢在钢中易造成氢脆，应限制其含量≤1μg/g。

应限制五害元素总量Pb + Sn + As + Sb + Bi≤300μg/g。

6.2.2.2.2　钢的组织与性能

新一代油套管用低碳Cr—Mo钢的热处理工艺一般为调质处理：加热到温度为AC_3 +50℃，完全奥氏体化保温30～60min后淬火，然后在550～710℃保温60min回火。随着Mo含量的增加，轧态组织细化，在奥氏体保温过程中，细小组织和弥散碳化物起到钉扎晶界，阻碍奥氏体长大的作用。因此随着Mo含量增加，淬火后原奥氏体晶粒也变得细小均匀。

以天钢生产的TP140V高抗挤毁超深井石油套管和宝钢的BG140V、BG150V和BG155V高强高韧套管用钢为例，说明其组织和性能。

6.2.2.2.3　TP140V套管的成分、组织与性能

TP140V套管生产采用钢种25CrMo48V，钢中主要合金元素的含量见表6.2.1。

表6.2.1　钢中主要合金元素　　单位：%（质量分数）

钢号	C	Si	Mn	Cr	Mo	V + Nb
25CrMo48V	0.26	0.23	0.55	1.03	0.78	0.10

在热处理后的TP140V套管上取样进行检测。结果显示，TP140V套管的组织为细小均匀的回火索氏体，如图6.2.12至图6.2.14所示。TP140V套管力学性能检测结果见表6.2.2，TP140V套管材料在具有高强度的同时，具有良好的塑性和韧性。抗挤毁实物性能的评价试验结果为TP140V套管管体抗挤毁强度都在56MPa以上，远超出API标准值（41MPa）和TP140V内控（50MPa）要求值。

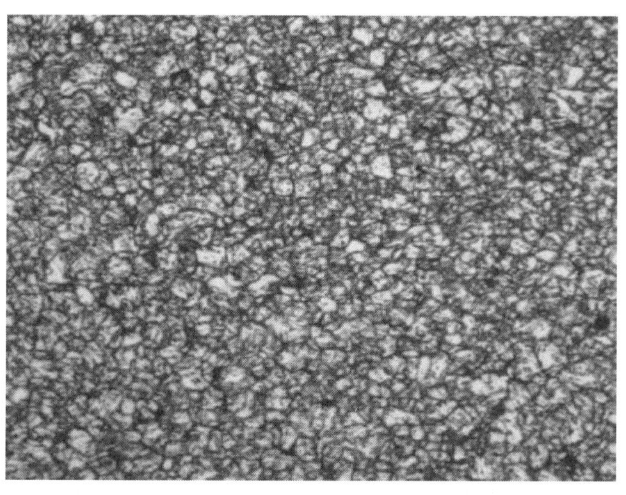

图6.2.12　TP140V原奥氏体晶粒度（9.5级）

图 6.2.13　TP140V 套管调质金相(细小 $S_{回}$)

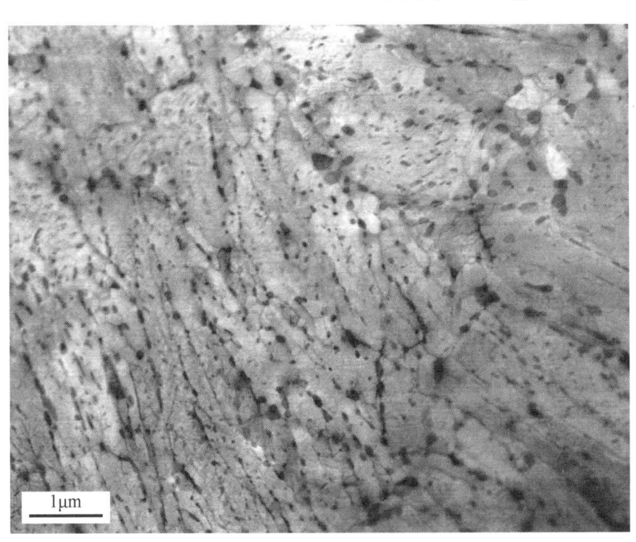

图 6.2.14　TP140V TEM 图片(组织细小 + 弥散分布的碳化物颗粒)

表 6.2.2　TP140V 套管性能检测结果(ϕ244.48mm × 11.99mm)

力学性能	屈服强度(MPa)	抗拉强度(MPa)	伸长率(%)	纵向 V 形冲击吸收能(0℃,全尺寸试样)(J)	抗挤毁强度(MPa)
检测值	1056	1123	24	158	56.6
要求值	980 ~ 1172	≥1034	≥16	≥100	≥50

6.2.2.2.4　宝钢 140 ~ 155ksi 套管的成分、组织与性能

宝钢 140ksi 钢级以上套管成分体系从原来的中高碳 + CrMo 合金成分体系改为中低碳 + CrMoVNb 成分体系,通过调整合金含量配比,使合金元素形成弥散细小的析出相,减少粗大的脆性第二相体积分数,从而改善韧性。利用 V、Nb 碳化物稳定的特性优先形成 V、Nb 细小均匀分布的碳化物以获得良好的析出强化效果,同时 Cr、Mo 等合金元素主要以固溶形态存在于基体中,抑制碳化物在晶界析出,减少粗大的 Cr、Mo 碳化物对韧性的恶化,保证强韧性匹配。宝钢 140 ~ 155ksi 套管

主要成分见表 6. 2. 3。

表 6. 2. 3　宝钢 140 ~ 155ksi 套管主要成分　　单位:%(质量分数)

主要成分	C	Si	Mn	P	S	Cr	Mo	V	O	N
含量	≤0. 28	0. 1 - 0. 3	0. 8 - 1. 4	≤0. 012	≤0. 002	0. 8 - 1. 4	0. 4 - 1. 2	0. 05 - 0. 2	≤0. 002	≤0. 007

宝钢 140 ~ 155ksi 套管微观组织主要为细小的 $S_{回}$,如图 6. 2. 15 所示,晶粒度可达 9. 5 ~ 11 级,如图 6. 2. 16 所示,力学性能见表 6. 2. 4。结果显示宝钢 140 ~ 155ksi 套管材料力学性能优良。

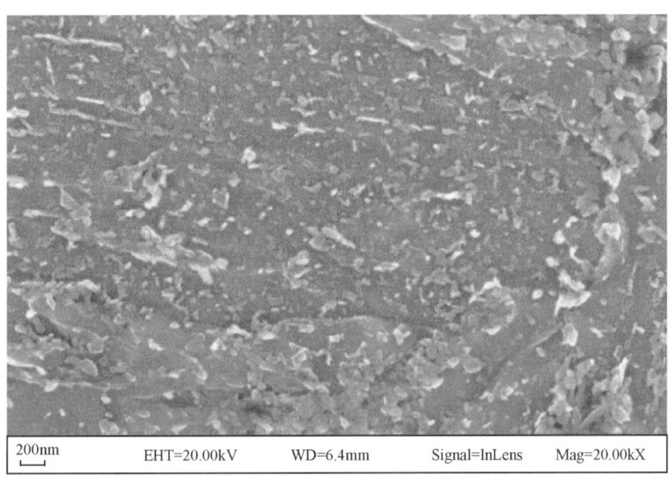

图 6. 2. 15　宝钢 155ksi 套管微观组织

图 6. 2. 16　宝钢 155ksi 套管晶粒度(11 级)

表 6. 2. 4　宝钢 140 ~ 155ksi 套管力学性能

牌号	规格	屈服强度(MPa)	抗拉强度(MPa)	伸长率(%)	横向冲击吸收能(0℃,全尺寸试样)(J)
BG140V	ϕ139. 7mm × 12. 7mm	1020 ~ 1090	1060 ~ 1140	20 ~ 22	120 ~ 150
BG150V	ϕ139. 7mm × 12. 7mm	1070 ~ 1120	1150 ~ 1200	21 ~ 23	148 ~ 168
BG155V	ϕ139. 7mm × 12. 7mm	1120 ~ 1165	1180 ~ 1240	19 ~ 21	145 ~ 160

6.2.3 套管射孔开裂和射孔器失效与强韧性匹配

套管射孔完井法是油气田开采过程中一种重要的完井方法。实践证明,满足 API 标准的套管射孔作业中多存在射孔开裂问题。伴随着套管开裂,水泥环也开裂,其后果不仅影响油井寿命,严重者还将造成油、气、水窜槽,无法实现分层注采工艺。

6.2.3.1 套管柱射孔开裂现象及其影响因素

采用射孔法完井的油气井油层套管除下井及固井过程中受到的外挤力、内压力、弯曲和拉伸力外,射孔作业时还要承受射孔弹大能量高温瞬时冲击作用。这种作用载荷往往以波的形式传递,使套管周向管壁发生整体膨胀,套管沿孔眼附近过量变形。一般地,套管射孔时管壁外侧切向应力最大,是引起射孔开裂的主要应力。

开裂套管断口分析表明,宏观断口明显地存在三个区域(图 6.2.17):靠近孔眼的过量塑性变形区、断口齐平的裂纹扩展区和最后断裂的剪切唇区。套管材质不同,断口上三区域大小所占比例不同。开裂套管对应裂纹扩展区较大,射孔微裂套管,裂纹扩展区很小甚至不存在。不同套管射孔后开裂的情况,不仅裂纹长度有所不同,断口形貌及微观断裂机制也存在着很大差异。如裂纹扩展区,长裂纹(开裂)断口的宏观形貌多呈人字纹花样且指向裂纹源,对应的微观形貌以解理 + 准解理为主,显示出脆性破坏的典型特征。短裂纹(微裂)断口,裂纹扩展区较小,微观形貌为准解理 + 韧窝机制,趋于韧性破坏形式。换句话说,套管开裂是由于材质韧性不足造成的。

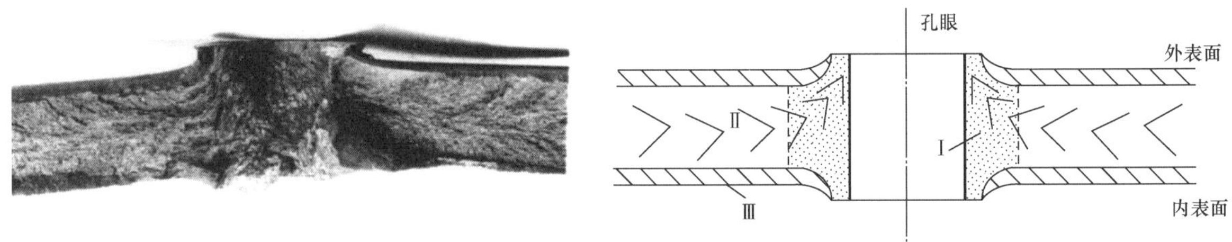

图 6.2.17 套管射孔孔眼宏观断口三个区域

(Ⅰ为过量塑性变形区,Ⅱ为裂纹扩展区,Ⅲ为剪切唇区)

套管材质的主要影响因素有化学成分、制造工艺、显微组织、力学性能等。

(1)为了避免射孔开裂,套管的成分设计必然要以追求韧性为主。如适当降低 C、P、S 的含量,增加 Mn/C,添加微合金化元素等都是成分设计中常用的方法。在常规铁素体—珠光体钢中,Re、Nb、V、Ti、Al 等是最常用的微合金化元素。

(2)套管在热轧生产过程中,由于受到轧机及生产工艺的限制,材质性能差异很大。如图 6.2.18所示,套管生产中的工艺 2 属于再加热轧制,初轧坯料经急速冷却降低了相变温度,铁素体晶粒得到细化,再加热后发生奥氏体再结晶,未等晶粒长大,很快在较低温度下进行轧制,产生细小的等轴奥氏体晶粒,相变后形成细晶铁素体和珠光体,提高套管韧性。另外,在所有未经热处理的热轧态套管中,凡采用再加热张力减径技术,具有细晶短柱状铁素体加珠光体金相组织的套管将具有很高的塑韧性。

(3)世界各国对高强度套管和特殊用途套管都采用低合金钢淬火加回火工艺,其目的是在提高

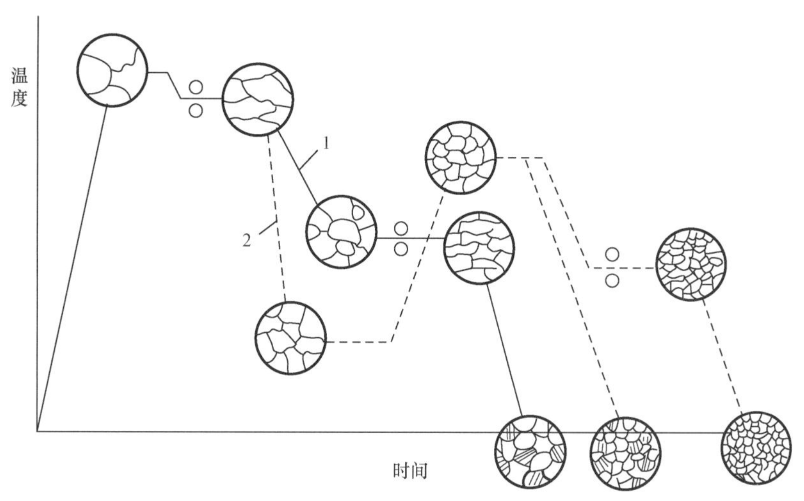

图6.2.18　套管不同轧制工艺及组织变化示意图

套管强度的同时，保证有足够的塑韧性。正常情况下，这种工艺得到的组织应是在铁素体基体上弥散地分布着颗粒状碳化物的回火索氏体，综合力学性能较好。对于经正火处理的低钢级普通套管，组织为等轴状铁素体 + 珠光体。由于正火重结晶消除了轧管中高温热变形遗留的网状铁素体、残余应力和魏氏组织分布，显微组织趋于均匀，其塑韧性得到改善。

（4）由于套管射孔失效主要表现为脆性开裂，因此，影响射孔抗力的力学性能应该是材料的韧性指标，特别是考虑应变速率的冲击韧性和其他一些与之相关的性能指标，而并非是传统的拉伸性能。

总之，材质因素是影响套管射孔开裂的重要因素，而韧性又是衡量套管抗射孔能力的最直接的性能指标。

6.2.3.2　油层套管射孔止裂对材料韧性的要求

套管射孔开裂过程亦是一个引爆、凿孔、裂纹萌生、起裂、稳态扩展至失稳扩展的过程。按照格里菲斯（Grillfith）断裂理论[11]，只要能够保证套管射孔孔眼形成后需要做足够大的塑性变形功才能使裂纹扩展，就可以防止发生弹性不稳定开裂。这种随着裂纹扩展而需要做的塑性变形功的大小，也就是管体对裂纹扩展抑制力的大小。图6.2.19所示为孔眼切向应力、轴向应力与径向应力分布情况。

就油层套管而言，这种吸收塑性变形功大小，主要取决于套管材质的断裂韧性 K_{IC}、屈服强度 σ_y 以及管壁厚度 t。这是因为套管开裂过程中，裂纹前缘的塑性变形区大小主要取决于 $(K_{IC}/\sigma_y)^2$ 值或 $(K_C/\sigma_y)^2$ 值，而塑性变形区尺寸 $r_y=\frac{1}{4\sqrt{2}\pi}(K_{IC}/\sigma_y)^2$（平面应变），或 $r_y=\frac{2}{2\pi}(K_C/\sigma_y)^2$（平面应力）值又与管壁厚度 t 有对应关系。因此，对于静态裂纹扩展有韧性判据[12]。

$$\varepsilon_1=\frac{(K_{IC}/\sigma_y)^2}{t}\quad 或 \quad \varepsilon_2=\frac{(K_C/\sigma_y)^2}{t} \tag{6.2.14}$$

由于油层套管 t/D 值均小于0.17（属薄壁管），故可不考虑壁厚影响，取 $\varepsilon'_1=(K_{IC}/\sigma_y)^2$ 或 $\varepsilon'_2=(K_C/\sigma_y)^2$。

该判据对描述静加载荷的管体、钢板开裂有较好的适用性，但对于承受射孔开裂的油层套管，仍有两方面的因素未能考虑：一是动态加载效应。我们知道，金属的弹性变形是以声速传播，约为

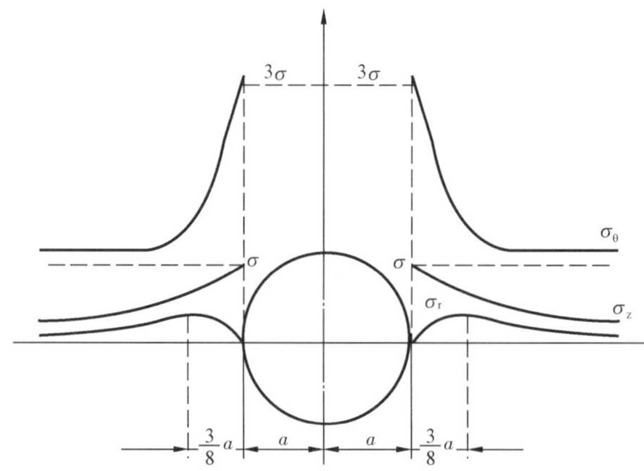

图 6.2.19　孔眼处切向应力 σ_θ、轴向应力 σ_z 与径向应力 σ_r 分布

4982m/s。一般情况下,金属弹性性能受加载速度影响较小。但在变形速率大于 10^{-2}/s 情况下,材料的塑性变形、断裂及与此两过程有关的力学性能会受到显著影响。套管射孔爆炸压力对管壁的冲击速度远高于 10^{-2}/s,所以套管在射孔过程中,管体的膨胀变形与开裂速率无法跟上加载速度。Freund 曾研究了裂纹在一般载荷条件下的匀速与变速开裂,并研究了应力波与应力脉冲的影响,同时提出动态应力强度因子 K_{Id}[13]。

$$K_{Id} = k(v) \cdot K_I^{*} = \frac{1-cv}{1-av} \cdot S(1/v) \cdot K_I^{*} \tag{6.2.15}$$

$$k(v) = \frac{1-cv}{\sqrt{1-av}}$$

$$S(1/v) = \exp\left\{-\frac{1}{\pi}\int_a^b \arctan\left[\frac{4v^2\sqrt{v^2-a^2}\sqrt{b^2-v^2}}{(b^2-2v^2)^2}\right]\frac{dv}{v-x}\right\} \tag{6.2.16}$$

式中　$k(v)$——速度因子;

K_I^{*}——静态应力强度因子(油层套管可取 $K_I^{*} = F\sigma\sqrt{\pi a}$);

a——纵向波速倒数($a = \frac{1}{C_L}$,钢 $C_L = 5820$m/s);

b——周向波速倒数($b = \frac{1}{C_T}$,钢 $C_T = 3210$m/s);

c——径向波速倒数($c = \frac{1}{C_R}$,钢 $C_R = 3000$m/s);

v——裂纹扩展速率。

当 $v < 0.6C_T$ 时,$S(1/v) = 1$。当 v 从零趋于 C_T 时,$k(v)$ 即从 1 趋势 0。

可见,对于油层套管射孔开裂,$k(v)$ 参量主要受射孔弹及射孔工艺引起的爆炸速度影响。而不同厂家生产的各钢级套管,材质因素影响仍取决于静态断裂韧性 K_{IC}^{*}。显然,材质韧性较低的套管,K_{Id} 值受加载速度影响较小。而韧性高的套管,随着加载速度提高,K_{Id} 值下降,但基本加载速度 $v = 3 \sim 5$m/s 范围内趋于平稳。

另一方面是应力集中与裂纹萌生形成功。采用断裂力学判据，K_{IC}或 K_{Id}只表征材料的抗裂纹扩展能力，即为材料体中裂纹扩展吸收能的大小。而射孔开裂过程是一个裂纹萌生与扩展的全过程，所消耗的能量应包括裂纹萌生与扩展两部分，即射孔开裂消耗能量 = 凿孔裂纹形成功 + 裂纹扩展功；裂纹形成功 = 单位体积弹性变形能 + 塑性变形能。

不同钢级、不同厂家生产的油层套管，由于生产工艺及所选用的钢管材料不同，管体基体金属抵抗变形与开裂的能力必然不同，而 K_{IC}或 K_{Id}值不能反映材料抗裂纹萌生形成功的大小，故不能全面表征管体的抵抗射孔开裂能力。另外，裂纹萌生形成功除与金属的形变容量有关外，还受缺口应力集中影响。根据文献[14]的应力集中计算式 $K_{\sigma} = 1 + \sqrt{\dfrac{r}{\rho}}$，显然，夏比 V 形缺口冲击试样的应力集中比较接近套管射孔孔眼应力集中。

因此可以说，就评价套管射孔开裂倾向而言，采用动态缺口韧性判据要比静态断裂韧性判据更具有代表性。

文献[15]的研究工作告诉我们，$\dfrac{K_{IC}}{\sigma_y}$值可作为套管射孔开裂判据的表征参量。钢管断裂过程中，$\dfrac{A_{KV}}{\sigma_y}$值（A_{KV}为冲击韧性，同 CVN）与断口上剪切韧带百分比有相当明确的关系。由图 6.2.20 可以看出，在 54 种不同钢级套管（11 个生产厂家）中，当$\dfrac{A_{KV}}{\sigma_y} > 8 \times 10^{-2}$时，断口上剪切面积百分比一般都在 90% 以上，可算得上完全的韧性断裂。当$\dfrac{A_{KV}}{\sigma_y}$值下降时，剪切面积百分比也相应下降。当$\dfrac{A_{KV}}{\sigma_y} = 4.2 \times 10^{-2}$时，剪切面积百分比只占到断口总面积的 50% 左右，说明此时套管材质的韧性已经不足以防止弹性不稳定性的脆性断裂。对图 6.2.20 数据进行分段线性回归处理，可得到$\dfrac{A_{KV}}{\sigma_y}$值与剪切面积百分比 S_A 的关系式为

$$S_A = 1103.12 \frac{A_{KV}}{\sigma_y} - 0.856 \tag{6.2.17}$$

相关系数 $r_{xy} = 0.9205$，剩余标准差 $S = 10.876$

由此看来，通过断裂力学与冲击吸收能判据分析，可以建立起评价套管弹性不稳定断裂的最小安全韧性值为$\dfrac{A_{KV}}{\sigma_y} \geqslant 4.2 \times 10^{-2}$（J/MPa）。

选择了 33 种不同厂家生产的油层套管进行井下模拟射孔试验，以验证$\dfrac{A_{KV}}{\sigma_y}$判据的可行性。套管井下模拟射孔试验在大庆油田模拟射孔试验井上进行。图 6.2.21 为各射孔试验套管$\dfrac{A_{KV}}{\sigma_y}$比值与剪切面积百分比 S_A 的分布特征。对图 6.2.21 数据回归处理，得到射孔试验套管$\dfrac{A_{KV}}{\sigma_y}$值与剪切面积百分比 S_A 满足下列关系。

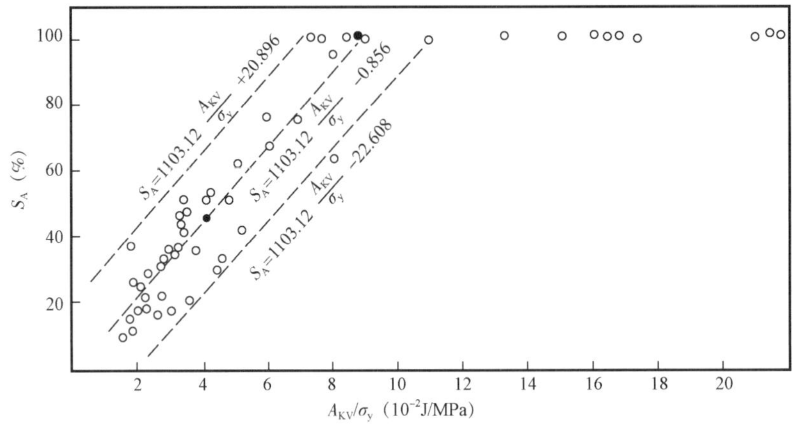

图 6.2.20　试验套管$\frac{A_{KV}}{\sigma_y}$与 S_A 分布特征[冲击试样 5×10×55×2V(mm)]

$$S_A(\%) = 1383.21\frac{A_{KV}}{\sigma_y} - 14.828 \tag{6.2.18}$$

式中　A_{KV}——夏比 V 形缺口冲击吸收能，J；

σ_y——材料屈服强度，MPa。

相关系数 $r_{xy}=0.9759$，剩余标准差 $S=7.127$。取置信区间 $\pm 2S$，故有试验套管射孔不裂$\frac{A_{KV}}{\sigma_y}$安全韧性 95% 可信度的真值范围将落在 $4.2\times10^{-2}\sim6.4\times10^{-2}$(J/MPa)之间，其中位值$\frac{A_{KV}}{\sigma_y}=5.3\times10^{-2}$(J/MPa)。

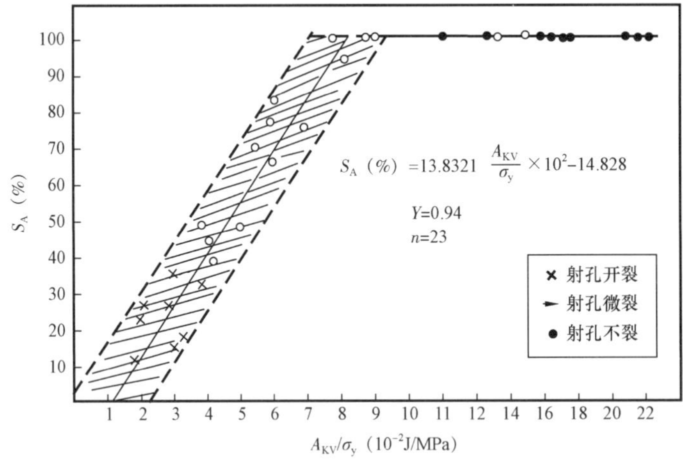

图 6.2.21　射孔试验套管$\frac{A_{KV}}{\sigma_y}$与开裂倾向分布[试样 5×10×55×2V(mm)]

对于该油层套管射孔安全韧性判据需要说明以下几个问题：

(1)不同钢级套管韧性值的确定。

在$\frac{A_{KV}}{\sigma_y}$判据中，σ_y代表了套管材质的屈服强度，就不同钢级的油层套管而言，图 6.2.20、图 6.2.21

中给出的 σ_y 值代表了管体实测纵向屈服强度。由于影响屈服强度的因素很多,除了冶金因素外,环境温度、形变速率、取样方向等均会对实测 σ_y 值产生影响。我们曾对 ϕ139.7mm×7.72mm J55 套管射孔前后性能做过对比,结果发现射孔后由于金属材料的"冷作硬化"效应,σ_y 值普遍提高 100~150MPa。因此,为提出供货补充技术条件规定的 A_{KV} 临界性能参量,$\frac{A_{KV}}{\sigma_y}$ 中的 σ_y 可考虑取不同钢级套管的理论中限值。若以 $\frac{A_{KV}}{\sigma_y}=5.3\times10^{-2}$(J/MPa)作为套管射孔不裂的安全韧性界限值,取 $\frac{A_{KV}}{\sigma_y}=4.2\times10^{-2}$(J/MPa)为最小临界值,则各钢级套管在规定屈服强度中值条件下,满足射孔不裂的纵向冲击吸收能应符合表6.2.5。

表6.2.5　不同钢级套管的 A_{KV} 临界值(J)

钢级	H40	J55	K55	N80	C75	L80	C90	C95	P110	Q125
A_{KV} 界限值	22	25	25	35	30	35	36	37	46	50
A_{KV} 最小临界值	17	20	20	27	24	27	28	29	36	40

注:(1)对于 C75、L80、C90、C95 等套管需要满足特殊使用性能,其韧性值应比表中数据更高。
(2)冲击试样尺寸 5×10×55×2V(mm)。

(2)冲击试样尺寸的影响。

油层套管的壁厚尺寸在6.20~10.54mm之间,个别特殊用途的 C90 套管,壁厚尺寸可到22mm。而确定 A_{KV} 判据值,标准试验方法规定的冲击试样尺寸为10mm×10mm×55mm。因此,多数油层套管由于壁厚尺寸限制,只能用小尺寸准标准试样(或称参考试样)进行试验。由于小尺寸试样缺口根部的应力约束较小,从而使三向应力状态减弱,各应力之间的比值增加,故随着试样厚度减小,断口上剪切面积百分比和单位面积冲击吸收能均有提高。为此,API 标准已对不同厚度冲击试样提出了核算关系[16]。

(3)取样各向异性的影响。

套管属压力加工产品,其内部组织、缺陷和夹杂物分布均受轧制方向的影响。由于管体的纵向性能比横向性能高很多,而且这种"取向"效应在未经热处理或者说只进行正火热处理的低钢级套管中表现得更为突出。因此,在评价套管射孔性能时,应尽可能地参照套管射孔受力状态取横向试样进行检验。对于一些薄壁套管或外径规格较小的套管,因横向取样不易加工,也可沿纵向切取试样,但必须建立起管材纵、横向试样冲击吸收能的变化规律。图6.2.22 列出七种套管在 -180~20℃温度范围内纵、横向冲击吸收能分布特征,其规律基本符合 $A_{KVT}/A_{KVL}\approx0.4\sim0.7$。

(4)试验温度的影响。

建立套管射孔开裂的安全韧性判据,除加载速度效应、应力集中效应和试样截面效应外,温度效应对临界值也至关重要。由于大多数钢铁材料具有冷脆倾向,而且随着温度降低,材料的塑性、韧性明显下降,缺口敏感度增加。因此,在众多工程结构用钢上,均有对低温韧性的要求。对于套管的射孔开裂倾向,我们也试图采用断口形貌脆性转化温度等参量进行评价。结果发现,无论是低温韧性或断口形貌脆性转化温度,尚不能很好地表征油层套管射孔开裂倾向。故由此看来,套管在井下服役中,由于井下温度较高(一般在50~100℃),射孔开裂倾向并不与 FATT50 或低温韧性有必然的对应关系,也就是说,应选用 $\frac{A_{KV}}{\sigma_y}$ 安全韧性判据评价套管射孔性能,其中 A_{KV} 值可直接在室温(20±5℃)条件下测定。

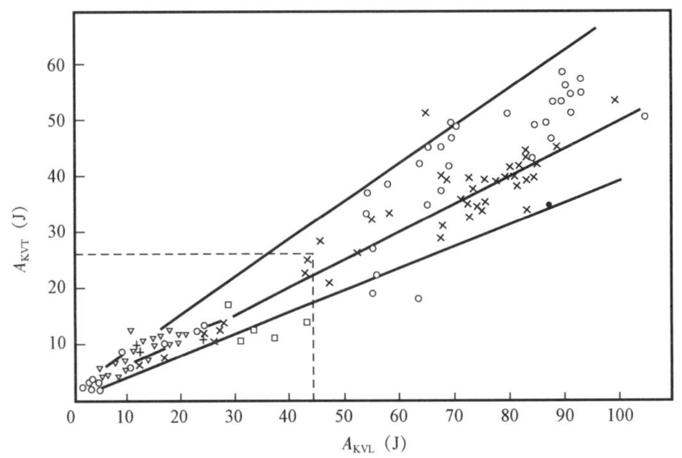

图 6.2.22 套管纵横向 A_{KV} 分布特征

6.2.3.3 射孔器的韧性要求

射孔器用于油井钻成后的射孔作业，是一种承受火药爆炸大能量瞬时冲击载荷的工具，类似于枪炮。图 6.2.23 是国产射孔器的外形。射孔器的主要失效方式是：当材料塑性容量不足时，出现早期开裂；若塑性储备足够大而强度较低时，则因孔径扩张达到极限尺寸或喷火口过量塑性变形失去密封性而失效。为此，要求高强度与较高的塑性、韧性相配合。

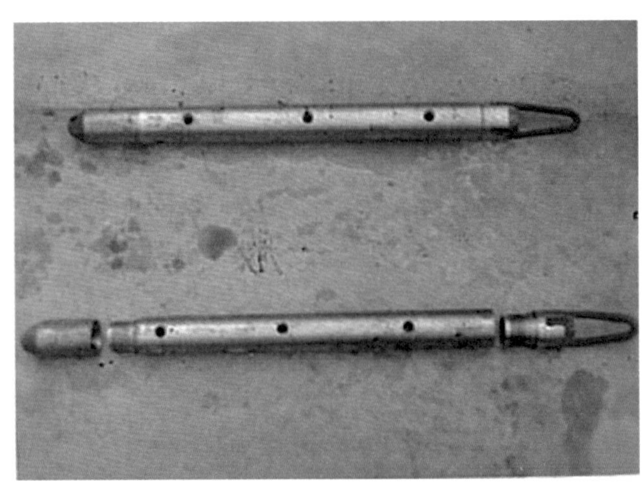

图 6.2.23 射孔器外形

苏联采用高级炮筒钢 PCrNi3Mo 制造，经淬火中温回火，寿命仅为几炮至十炮左右，后采用电渣重熔钢，平均寿命也不过只有 14 ~ 15 炮。并且，此钢含有大量的我国稀缺元素镍、铬，是一种较贵重的国防用钢。而由于射孔器对钢的综合力学性能要求较高，致使 PCrNi3Mo 用作射孔器的合格率只有 50% 左右。

我国从 1970 年开始采用 20SiMn2MoVA 制造射孔器。该钢种经淬火低温回火后已接近或达到了超高强度钢的强度水平，而塑性、韧性并不亚于调质钢。其主要性能特点是：(1) 高强度与良好的塑性、韧性相结合；(2) 低的冷脆倾向；(3) 缺口敏感度低；(4) 过载敏感性低；(5) 断裂韧性高。该钢与石油射孔器原用 PCrNi3Mo 钢(苏联高级炮筒钢)的主要力学性能对比见表 6.2.6。在工艺性能方面,该钢种保持了低碳钢固有的焊接性,较小的热处理脱碳倾向和较低的淬火变形、开裂倾向。钢的淬透性良好,$\phi80$ 的试样淬油能完全淬透,得到板条状马氏体(位错马氏体)的组织。

表 6.2.6　20SiMn2MoVA 与 PCrNi3Mo 力学性能对比

钢号	热处理	抗拉强度 (MPa)	伸长率 (%)	断面收缩率 (%)	α_{ku}① (J/cm^2)	α_{ku}①(−60℃) (J/cm^2)	$q=\frac{K_f-1}{K_t-1}$	K_{IC} (MPa $\sqrt{m}$)
20SiMnMoVA	900℃淬油 200℃回火	1512	13.4	69.0	161	90	0.35	134
PCrNi3Mo	800℃淬油 380℃回火	1417	13.3	59.3	57	40	0.66	99

① 梅氏冲击试验测定的冲击韧性。

射孔器用原材料是由钢厂轧锻成圆钢或厚壁无缝钢管,并经软化退火。原材料进厂后经锯床下料,然后进行粗加工→热处理→精加工。射孔器的主要机加工是在淬火低温回火后硬度 HRC45 以上的情况下进行的。热处理的正火和淬火操作在箱式电阻炉内进行,回火在旋风式回火炉内进行。热处理工艺规范为:930 ± 10℃保温 1.5h 空冷,900 ± 10℃保温 1h 淬油,220 ± 10℃保温 6h 空冷。

20SiMn2MoVA 所具有的高强度、大韧性等优良的综合力学性能,较好地适应射孔器的服役条件,有效地克服了早期开裂和孔径扩张现象,结果使用寿命提高到每件 28 炮以上,即为 PCrNi3Mo 的二倍,效果显著:(1)射孔器寿命提高一倍,并且还为现场提高射孔效率创造了条件;(2)20SiMn2MoVA的成本只有 PCrNi3Mo 的三分之一;(3)废品率极低,作为射孔器用料的合格率达 95%以上。

参考文献

[1] 涂铭旌,张铁军,宋大余,等. 机械设计与材料设计[M]. 北京:化学工业出版社,2014.

[2] 束德林. 金属材料力学性能[M]. 北京:机械工业出版社,1999.

[3] 周惠久,涂铭旌,邓增杰,等. 再论发挥金属材料强度潜力问题——强度、塑性、韧度的合理配合[J]. 西安交通大学学报,1979,13(4):1 −20.

[4] 钟群鹏,赵子华. 断口学[M]. 北京:高等教育出版社,2006.

[5] 崔崑. 钢的成分、组织与性能[M]. 哈尔滨:科学出版社,2013.

[6] 周惠久,涂铭旌,邓增杰,等. 再论发挥金属材料强度潜力问题——强度、塑性、韧度的合理配合(续完)[J]. 西安交通大学学报,1980,14(1):25 −37.

[7] 黄永昌,张建旗. 现代材料腐蚀与防护[M]. 上海:上海交通大学出版社,2012.

[8] 西安交通大学. 金属材料强度研究与应用[M]. 北京:科学技术文献出版社,1985.

[9] Asahi H, Sogo Y, Ueno M, et al. Metallurgical factors controlling SSC resistance of high strength low alloy steels[J]. Corrosion, 1989, 45(6):519 −527.

[10] Kaneko T, Okada Y, Ikeda A. Influence of microstructure on SSC susceptibility of low − alloy, high −

strength oil country tubular goods [J]. Corrosion (Houston); (United States),1989,45:1(1):2 -6.

[11] Richard W. Hertzberg,Frank E. Hauser. Deformation and Fracture Mechanics of Engineering Materials [J]. Engineering Structures,1994,19(3):283 -283.

[12] G. R. Irwin,J. A. Kies. High - strength Steels for the Missile Industry[M],A. S. M,1961.

[13] Rose,L. R. F. The stress - wave radiation from growing cracks[J]. International Journal of Fracture 17,1981:45 -60.

[14] 肖纪美. 金属的韧性与韧化[M]. 上海:上海科技出版社,1980.

[15] J. M. Barson,S. T. Rdfe,Correlation between KIC and Charpy V - notch Test Results in the Transition Temperature Range[J] ,Impact Testing of Metals,ASTM STP 466,1970.

[16] API Spec 5CT:2018,Specification for casing and tubing[S].

第7章　石油管失效分析、失效控制与完整性管理

7.1　失效分析的任务、方法与展望

美国《金属手册》认为,机械产品的零件或部件处于下列三种状态之一时,就可定义为失效:(1)当它完全不能工作时;(2)仍然可以工作,但已不能令人满意地实现预期的功能时;(3)受到严重损伤,不能可靠而安全地继续使用,必须立即从产品或装备拆下来进行修理或更换时。

机械产品及零部件常见的失效类型包括变形、表面损伤和断裂三大类。

机械产品及零部件的失效是一个由损伤(裂纹)萌生、扩展(积累)直至破坏的发展过程。不同失效类型其发展过程不同,过程的各个阶段发展速度也不相同。例如疲劳断裂过程一般较长,发展速度较慢,而解理断裂失效过程则很短,发展速度很快。

机械产品及零部件在整个使用寿命期内失效发生的规律可用如图7.1.1所示的"寿命特性曲线"来说明,横坐标为使用时间 t,纵坐标失效率 λ 定义为单位时间内发生失效的比率。因该曲线形似浴盆,又俗称"浴盆曲线"。按照"浴盆曲线"的形状,可将失效分为三个阶段。

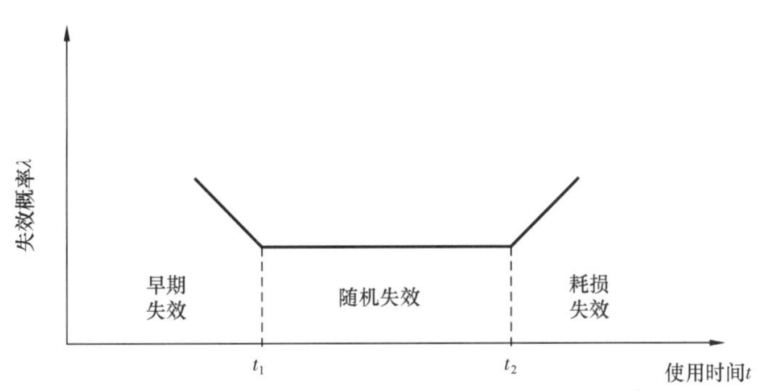

图7.1.1　失效浴盆曲线

(1)早期失效。是在使用初期,由于设计和制造上的缺陷而诱发的失效。因为使用初期,容易暴露上述缺陷而导致失效,因此失效率往往较高。但随着使用时间的延长,其失效率则很快下降。假若在产品出厂前即进行旨在剔除这类缺陷的过程,则在产品正式使用时,便可使失效率大体保持恒定值。

(2)随机失效。在理想的情况下,产品或装备发生损伤或老化之前,应是无"失效"的。但是由于环境的偶然变化、操作时的人为差错或者由于管理不善,仍可能产生随机失效或称偶然失效。偶然失效率是随机分布的,很低而且基本上是恒定的。这一时期是产品最佳工作时间。偶然失效率(λ)的倒数即为失效的平均时间。

(3)耗损失效。又称损伤累积失效。经过随机失效期后,产品中的零部件已到了寿命后期,于是失效开始急剧增加,这种失效叫作耗损失效或损伤累积失效。如果在进入耗损失效期之前进行必要的预防维修,它的失效率仍可保持在随机失效率附近,从而延长产品的随机失效期。

7.1.1 失效分析的意义与任务

7.1.1.1 失效分析及其意义

按一定的思路和方法判断失效性质、分析失效原因、研究失效事故处理方法和预防措施的技术活动和管理活动,统称失效分析。

失效分析是使失败转化为成功的科学,是产品或装备安全可靠运行的保证,是提高产品质量的重要途径,是科学技术进步的强有力杠杆,是许多重大法律、法规及技术标准制定的依据。其意义和作用在于:

(1)失效分析可减少和预防同类失效现象重复发生,从而减少经济损失或提高产品质量。

(2)失效是产品质量控制发生偏差的反映,失效分析是可靠性工程的重要基础工作,是产品全面质量管理中的重要组成部分和关键技术环节。

(3)失效分析可为技术开发、技术改造、技术进步提供信息、方向、途径和方法。

(4)失效分析可为裁决事故责任、侦破犯罪案例、开展技术保险业务、修改和制订产品质量标准等提供科学依据。

(5)失效分析可为各级领导进行宏观经济和技术决策提供重要的科学的信息来源。

7.1.1.2 失效分析的任务

失效分析的总任务就是不断降低产品或装备的失效率,提高可靠性,防止重大失效事故发生,保障安全生产。从系统工程的观点来看,失效分析的具体任务可归纳为:(1)失效性质的判断;(2)失效原因的分析;(3)提出提高材料或产品的失效抗力的措施。

近代材料科学和工程力学对破断、腐蚀、磨损以及复合型(或混合型)的失效类型和失效机理做了相当深入的研究,积累了大量的统计资料,为失效类型的判断、失效机理及失效原因的分析奠定了基础。发展中的可靠性工程及适用性评价是失效预测预防和失效控制的基础。可靠性工程运用系统工程的思想和方法,权衡经济利弊,制定把设备(系统)的失效率降到可接受程度的措施。适用性评价则研究结构或构件中原有缺陷和使用中新产生的或扩展的缺陷对结构可靠性的影响,对结构是适合于继续使用,或是按预测的剩余寿命监控使用,或是降级使用,或是返修或报废进行定量评价。

产品或装备失效分析的目的不仅在于失效性质的判断和失效原因的明确,更重要的还在于为防止重复失效找到有效的途径。通过失效分析,找到造成产品或装备失效的真正原因,建立从产品设计、选材、制造、装配到使用与保养全过程的失效预防措施,特别是确定失效抗力指标随材料成分、组织的变化规律,运用金属学、材料强度学、工程力学等方面的研究成果,提出增强失效抗力的改进措施。既要提高产品或装备承载能力和使用寿命,又要充分发挥产品或装备的使用潜能,使材尽其用,这是产品或装备失效分析的重要目的与任务。

7.1.2 失效分析的思路及程序

7.1.2.1 防止失效的思路

失效分析与失效的防止是紧密联系的两个方面,就好比医生治病,正确的诊断并配合对症下药才能将病治好。防止失效的基本思路如图 7.1.2 所示。

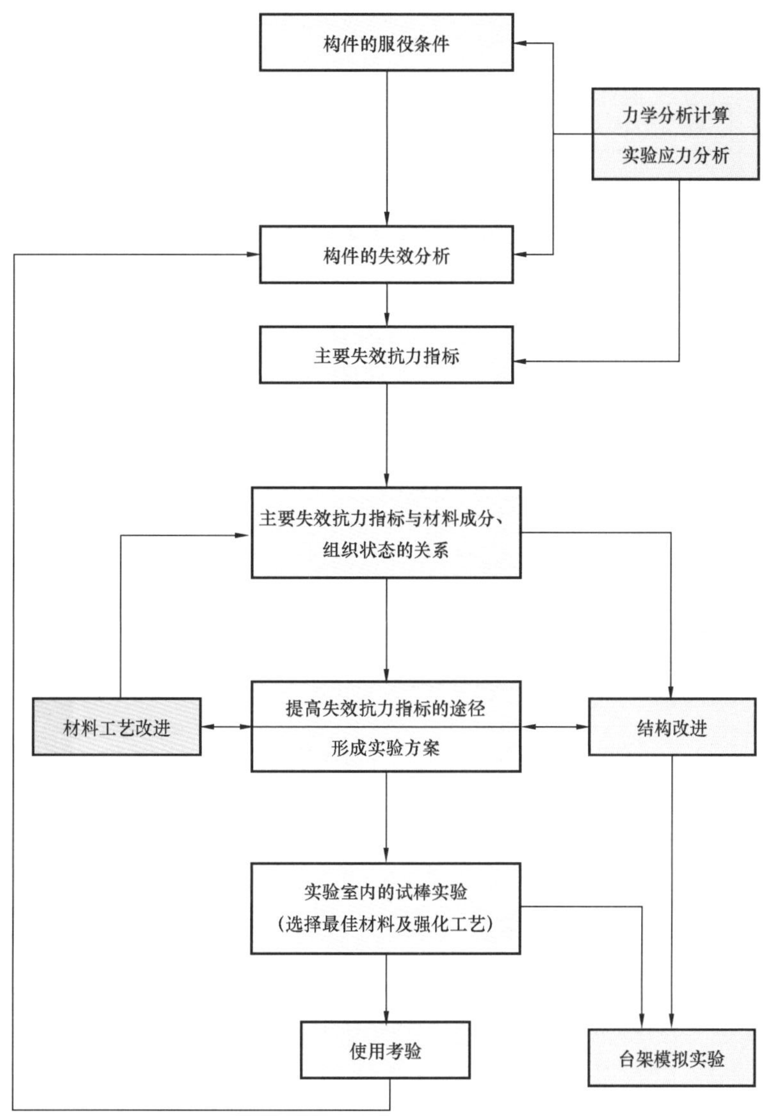

图 7.1.2　防止失效的基本思路

在进行失效分析和提出防止失效的措施时,注意做到以下几个结合:(1)设计、材料、工艺相结合,即对形状、尺寸、材料、成型加工和强化工艺统一考虑;(2)结构强度(力学计算、实验应力分析)与材料强度相结合,试棒实验与实际零部件台架模拟实验相结合;(3)宏观规律与微观机理结合,宏观断口和微观断口分析相结合;(4)实验室规律性试验研究与生产试验相结合。

7.1.2.2　失效分析的程序

对于具体零部件的失效分析要具体对待,不能企求有统一的方法。图 7.1.3 是失效分析的一般程序。在整个失效分析过程中,应重点抓住以下几个环节。

7.1.2.2.1　收集失效件的背景资料

除了解失效零部件在机器中的部位和作用、材料牌号、热处理状态等基本情况外,应着重收集下

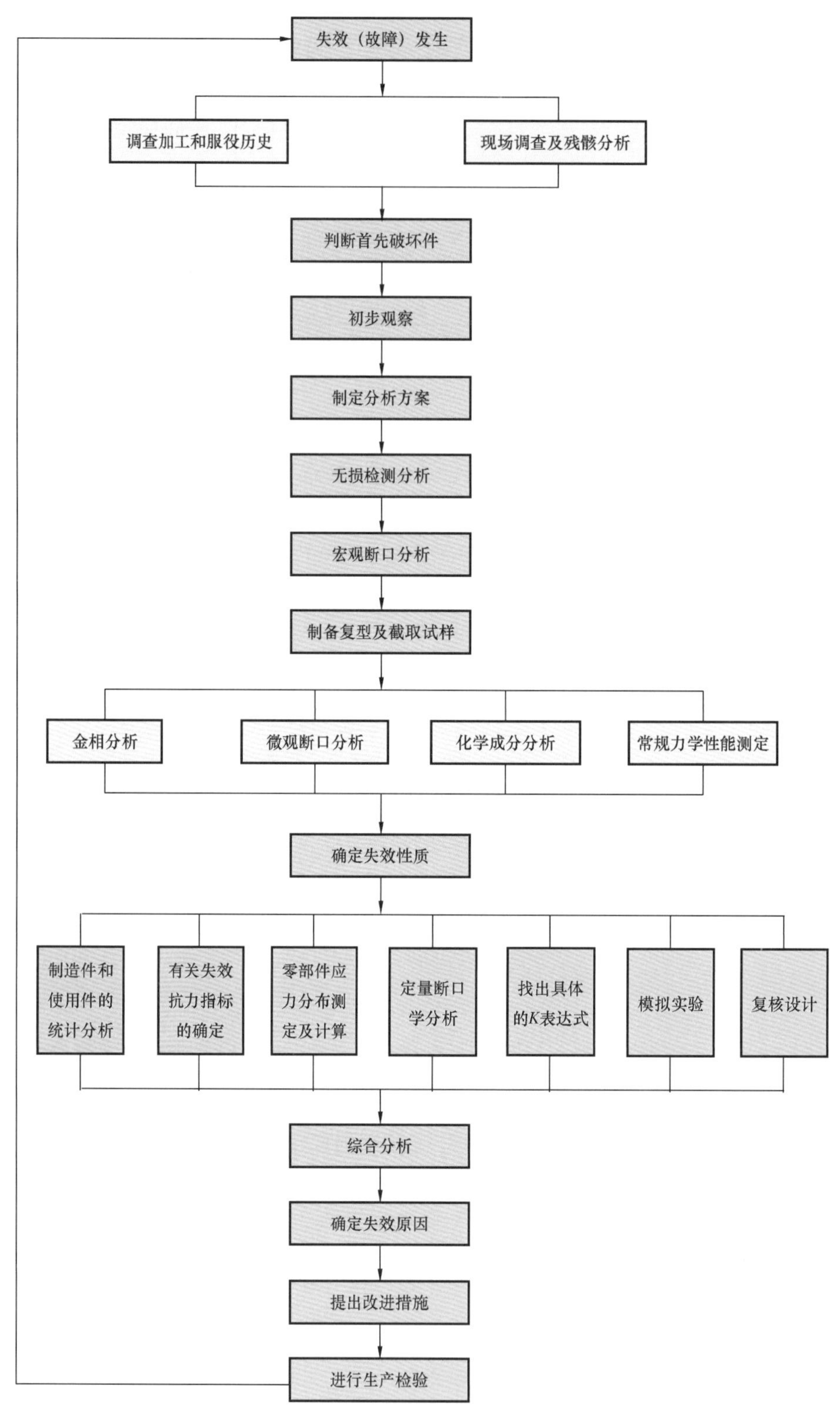

图 7.1.3　失效分析的一般程序

面两方面的资料：

（1）失效件的全部制造工艺历史。从取得相关图纸和技术标准开始，了解冶炼、铸造、压力加工、切削加工、热处理、抛光、磨削、各种表面强化及表面处理、装配及润滑情况。

(2)失效件的服役条件及服役历史。除了解载荷性质、加载次序、应力状态、环境介质、工作温度外,应特别注意环境细节和异常条件,如突发超载、温度变化、温度梯度和偶然与腐蚀介质的接触等。

7.1.2.2.2 失效零部件及全部碎片的外观检查

在进行任何清洗之前都应经过彻底的外观检查,用摄像等方法详细做好记录。重点检查内容包括:

(1)观察整个零部件的变形情况,看是否有镦粗、下陷、内孔扩大、弯曲、颈缩等。

(2)观察零部件表面冷热加工质量,如有无过烧、折叠、斑疤等热加工缺陷,有无刀痕、刮伤等机加工缺陷,有无冷热加工造成的裂纹。

(3)观察断裂部位是否在键槽、油孔、尖角、加工深刀痕、凹坑等应力集中处。

(4)观察零部件表面有无氧化、腐蚀、气蚀、咬蚀、磨损、龟裂、麻点或其他损伤。

(5)观察相邻零部件或配偶件的情况。

(6)观察零部件表面有无附着物。

7.1.2.2.3 实验室检验

在检验前,对实验项目和顺序、取样部位、取样方法、试样数量等均应全面、周密地考虑。采用的检验与分析手段一般包括:

(1)化学成分分析。目的是鉴定零部件用材料是否符合设计要求,有无选材不当或成分不符合要求,必要时可分析微量元素或进行微区成分分析。当表面有腐蚀产物时,也应分析腐蚀产物成分。

(2)宏观(低倍)分析。主要用于检查原材料或零部件质量,揭示各种宏观缺陷。

(3)断口分析。断口分析是失效分析最重要的一环。断口形貌真实地反映了断裂过程中材料抵抗外力的能力,记录了对材料断裂起决定作用的主裂纹扩展所留下的痕迹。通过对断口形貌特征分析,可以判明启裂源、裂纹扩展方向和断裂顺序,确定断裂的性质,从而找出断裂的主要原因。断口分析先用肉眼或低倍实体显微镜和立体显微镜从各个角度来观察断口表面的纹理和特征,然后用电子显微镜(特别是扫描电镜)对有代表性的局部进行深入细致观察,以了解断口的微观特征。

(4)微观组织分析。即用金相显微镜、电子显微镜观察失效分析件的显微组织、非金属夹杂物,分析组织对性能的影响,检查铸、锻、焊和热处理等工艺是否恰当,从而由材料的内在因素分析导致失效的原因。

(5)力学性能实验。在必要时可以进行某些项目的力学性能实验,包括断裂韧性实验,以校验该零部件的实际性能是否符合技术要求。

(6)其他检测项目。如用 X 射线衍射仪进行定性(如 σ 相)或定量(如残余奥氏体含量)分析,对受力复杂的零部件进行实验应力分析等等。

7.1.2.2.4 判定失效原因

进行上述环节后,进行综合分析,搞清失效的过程和规律,这是失效分析的重要环节。失效原因的分析过程如图 7.1.4 所示。一般要从影响零部件失效的结构设计因素、材料因素、工艺因素、装配因素和服役条件因素中进行全面分析，找到导致该零部件失效的主导因素。重大的失效分析项目，在初步确定失效原因后，还应及时进行重现性实验（模拟实验），以验证失效分析结论的可靠性。

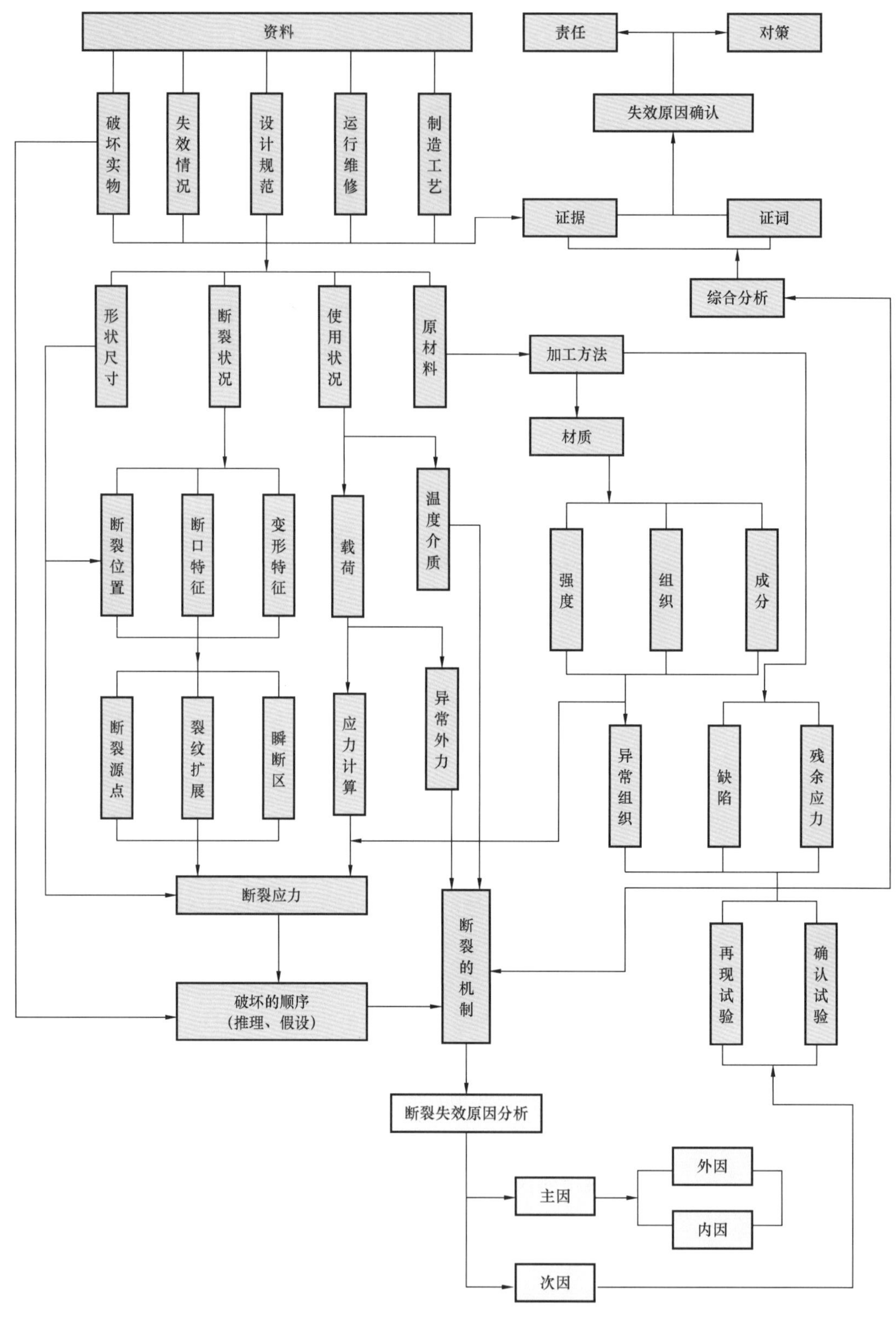

图 7.1.4　失效原因的分析过程

7.1.2.2.5 失效分析的反馈

积极的失效分析,其目的不仅在于失效性质和原因的分析判断,更重要的是将失效分析结果反馈到生产实践中去。由于失效原因涉及结构设计、材料设计、加工制造及装配使用、维护保养等各个方面,失效分析结果也要相应地反馈到这些环节。在一般情况下,失效分析反馈可按图 7.1.5 所示的基本思路进行,即从失效分析的结论中获得反馈信息,据此确定提高失效抗力的途径(形成反馈试验方案),并通过实验选择出最佳改进措施。反馈的结果可能是改进结构设计、材料、工艺、现场操作规程,也可能是综合改进。

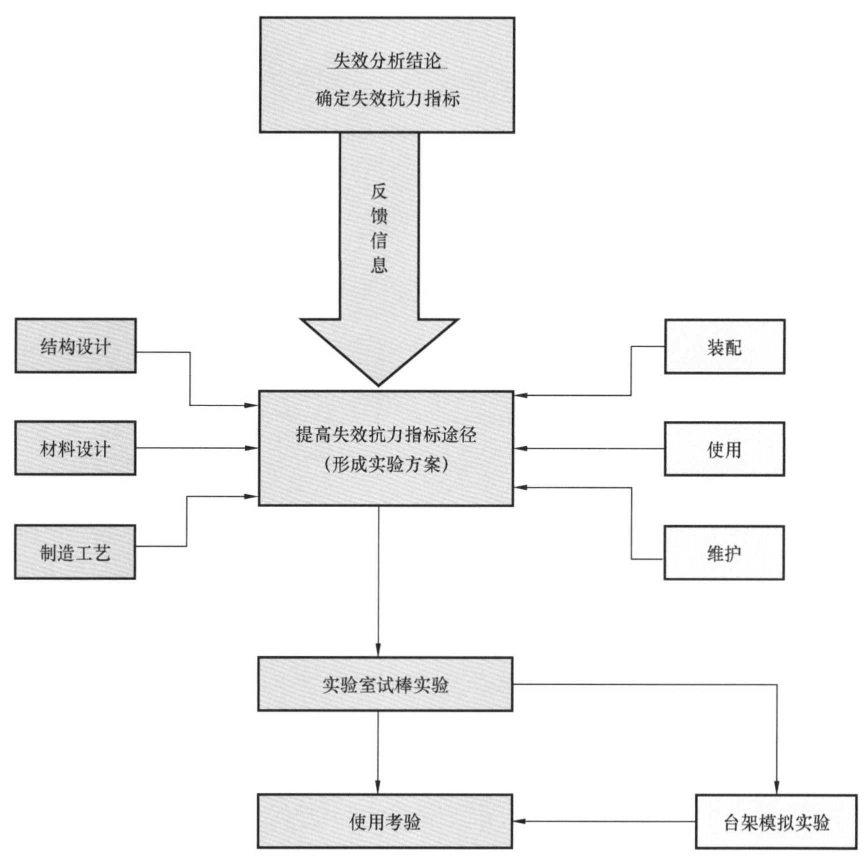

图 7.1.5 失效分析反馈的基本思路

对于机械产品或零部件的设计制造单位,应着重于结构设计、材料选择和制造工艺方面的反馈,特别是结构、材料、工艺上的综合反馈,因为这三者往往很难截然分开,例如在考虑结构因素对零部件强度的影响时,一般要联系到材料因素和工艺因素。同样,在考虑材料强度的影响时,亦应考虑零部件的结构设计,主要是应力集中对结构强度的影响。在某些情况下,通过改进零部件的形状、尺寸来提高其失效抗力较之改进材料和工艺更为有效。而当结构设计的改进受到限制时,零部件的应力水平、应力分布和应力状态又要求制造零部件的材料和工艺与之相适应(例如几何形状复杂、应力状态较硬的零部件,要求材料有足够的塑韧性;带有尖锐缺口的零部件,要求材料有较低的缺口敏感度等等)。由此可见,在提高零部件的失效抗力时,零部件的结构设计与材料、工艺是相互渗透,相互依赖的。

7.1.2.3 失效分析的辩证方法

7.1.2.3.1 对具体问题进行具体分析

(1)不同零部件的外在服役条件是不同的。不同的服役条件,有不同的失效类型及特征。

(2)同一材料状态,在不同服役条件下也表现为不同的失效类型及特征。

(3)在不同服役条件下,为了达到失效抗力的优化,有不同的材料强度、塑性、韧性的合理配合,即有不同的材料成分、组织、状态的最佳搭配。

(4)即使在相同的服役条件下,由于零部件结构及装配不同,零部件的受力情况就不同,这种最佳搭配也将随之变化。

7.1.2.3.2 抓主要矛盾和矛盾的主要方面

(1)某一零部件存在两个以上的失效类型时,应分析和找出主要的失效类型及其主要失效抗力的表征参量。例如,同时存在断裂及磨损时,前者是“急性病”,后者一般为“慢性病”,因此应首先抓断裂失效的分析及防止。

(2)通过对主要失效类型的原因综合分析,从造成失效的内因与外因中找出主导因素,即矛盾的主要方面。

7.1.2.3.3 注意矛盾的转化

(1)当主要的失效类型解决后,可能原来次要的失效类型上升为影响零部件寿命的主要矛盾,或者出现新的失效类型。

(2)当对某一零部件进行结构或工艺改进后,该零部件容易失效的薄弱环节转移,对此要有预见。

7.1.3 失效分析与预测预防工作概况

发达国家均高度重视失效分析与预测预防工作,在美国有 300 个研究所从事这方面的工作。对于涉及国防与尖端行业的军工、核工业、宇航等的失效分析,在美国的研究机构如橡树岭国家实验室、肯尼迪中心、约翰逊中心、西南研究院等进行。民用工业的失效分析一般是在大公司的研究机构(如 Amoco 的研究中心)进行的。同时,美国还有一大批商业性的失效分析公司,著名学者 A. Tetelman 就创办过这种公司,A. McEvily 任公司顾问。据资料介绍,美国每年由于断裂事故及有关的失效分析耗资达 1140 亿美元,相当于国民经济总产值的 4%。英国有国家工程实验室(NEL)、国家物理实验室(NPL)、焊接研究所(WL)、中央电力局(CEGB)、英国石油(BP)、英国天然气公司(BG)等许多世界著名的研究机构和公司从事失效分析及预测预防工作,并在 1994 年出版了《工程失效分析》国际性刊物。德国有 500 个研究机构及保险公司专门从事失效分析工作,可称为失效分析工作组织化程度最高的国家,投资建设了一批材料检验中心(MPA)。德国的技术监督部门规定机器设备发生失效事故后必须申报备案。德国有专门的《机械失效》杂志,在国际上享有崇高声誉。日本的东京大学、东京工业大学、东北大学以及国立的日本原子力研究所、金属材料技术研究所、产业安全研究所等,均积极从事失效分析及预测预防的研究工作。例如 1985 年自东京到大阪航线发生的有 520 人丧生的波音 747 空难事故,就是由东京工业大学小林英男教授主持进行失效分析,结论是尾部机舱隔板的疲劳断裂。

我国从 20 世纪 70 年代起，在全国范围加强了失效分析工作。1980—1993 年先后召开了六次数百人规模的全国失效分析学术会议并出版了论文集。1987 年中国机械工程学会成立了失效分析与预防工作委员会，组建了全国范围的“失效分析网点”。朱镕基总理曾作出“失效分析工作十分重要”的指示。1989 年国务院令第 34 号发布了《特别重大事故调查程序暂行规定》，并同时组建了“全国安全生产委员会专家组”。该专家组进行了许多特大事故的分析和安全隐患评估工作，其中包括 1994 年西北航空公司图 154 飞机的爆炸事故。1992 年 12 月，全国 22 个一级学会联合召开了“机电装备失效分析预测预防战略研讨会”，许多著名学者到会，并出版了概括失效分析各个领域现状的论文集。1994 年 7 月，中国科协组建了有 24 个一级学会参加的最高权威机构——全国失效分析与预防中心，师昌绪、肖纪美、周惠久、颜鸣皋等院士均为中心的名誉主任或高级顾问。

石油管材及装备的服役条件相当复杂、苛刻，所以失效事故频繁，而且往往造成很严重的后果。“七五”“八五”期间，在中国石油天然气总公司各级领导关怀指导下，在各油田的大力支持下，管研院作为我国石油天然气工业的失效分析中心，坚持为油田提供失效分析及预防技术服务，累计完成六百多例失效分析，基本覆盖了全行业的失效事故。在“失效分析与反馈”的正确思路以及科学研究、技术监督和失效分析三位一体的技术路线指导下，取得了一系列重大成果，收到了可观的经济和社会效益(表 7. 1. 1)。

表 7. 1. 1　典型失效分析及其经济效益

序号	项目	经济效益
1	发现进口管材质量问题	向外商索赔 530 万美元
2	降低钻具事故率由 1984 年 1000 起/年到 1995 年 500 起/年	减少直接经济损失每年 6000 万元
3	钻杆失效分析与加厚过渡区优化设计	每年节约进口管材费用 1 亿元
4	油层套管射孔开裂的防止	1 亿元，1000 万美元
5	非调质 N80 套管破裂原因分析及反馈	向外商索赔 100 万美元
6	钻柱失效案例库及计算机辅助失效分析系统	推广应用经济效益达 3000 万元，节约外汇 400 万美元
7	钻铤失效分析及反馈	使 100% 进口转变为 80% 国产自给，每年节约外汇 1400 万美元
8	泽普石化厂余热锅炉蒸发管漏水原因分析	向外商索赔 260 万美元
总计		2. 8 亿元，3690 万美元

表 7. 1. 1 中所列项目大多数均通过部级鉴定，认为达到了国际先进水平，并获得了多项国家级和省部级科技成果奖励，其中“钻杆失效分析及加厚过渡区优化设计”成果获国家科技进步二等奖、部级一等奖，并得到美国石油学会(API)标准化委员会的高度评价。

管研院是中国机械工程学会批准的首批国家级失效分析网点单位，同时是中国科协工程联失效分析与预防中心副主任所在单位，中国石油天然气集团有限公司钻具失效分析网技术负责单位，已有中国机械工程学会聘任的失效分析专家 6 人，失效分析工程师 11 人。获中国机械工程学会优秀失效分析成果一等奖 3 项，二等奖 4 项。在 1992 年 12 月，全国 22 个一级学会联合召开的“全国机电装备失效分析及预测预防战略研讨会”上，1 项失效分析成果获一等奖(金奖)，3 项获二等奖，1 人获“全国有突出贡献的失效分析专家"称号,5 人获"全国优秀失效分析专家"称号,获奖项目和受奖人数均居全国各单位之首。

管研院还承担了全国石油管材和钻具失效分析网的技术管理工作。自 1987 年以来,全国钻具失效分析网在原石油部和总公司钻井局的直接领导下开展了大量钻具失效分析与预测预防工作,包括开发了钻柱失效案例库和计算机辅助失效分析系统,对于钻具的安全使用和寿命延长,以及促进油田建设方面发挥了巨大作用。全国钻具失效分析网共召开两次学术交流会议及三次工作会议,先后举办了三期失效分析学习班及三期现场失效分析学习班,普及了失效分析基础知识,宣传了失效分析工作的重大意义,构成了职业教育、继续教育的重要部分。

7.1.4 失效分析展望

7.1.4.1 加速失效学体系的形成和发展

在中国科协失效分析与预测预防中心的组织下,我国机电装备失效分析与预测预防实践和学术方面的重大进展之一是促进和带动了一门交叉新兴学科——失效学体系的形成和发展,从而使失效分析完成了从一门技术门类逐渐提高到一个分支学科的飞跃。这是当代科学技术发展的结果,是我国几代失效分析工作者毕生奋斗的目标,将对我国机电装备失效分析预防工作产生深远的影响和作用。

失效学是研究机电装备(系统、设备和元器件)的失效分析诊断(简称失效诊断)、失效预测和失效预防的理论、方法和技术及其工程应用的分支学科。它的产生是有其近代科学技术进步的深刻背景的。近代材料科学和工程、工程力学、断裂力学等学科对断裂、腐蚀、磨损及其复合型(或混合型)的失效模式和失效机理的深入研究,积累了相当丰富的创新观点、见解和物理模型,为失效学的建立奠定了理论基础;检测仪器、仪表科学的迅猛发展,以及检测技术的不断提高,特别是断口、裂纹、痕迹分析技术体系的建立、发展和完善,为失效学的发展奠定了技术基础;数理统计学科的完善、模糊数学的突起、可靠性工程的发展应用和电子计算机的广泛普及,为失效学的完善奠定了方法基础。上述三者的融会贯通,使失效学逐渐建立、发展和完善成为一门相对独立的、综合的新兴学科成为可能。失效学的"基本内容""内涵和外延"的雏形早在 1985 年提出,近年来其体系的系统性和完整性有了很大的发展。

7.1.4.2 失效分析与预测预防一体化

近年来,失效分析逐渐与适用性评价、可靠性评估、概率断裂力学、实时监测及故障诊断、计算机科学与技术及管理科学相结合,将失效的分析、预测、预防形成一个系统工程,如图 7.1.6 所示。失效预防处于体系的核心位置,失效预防方案的实施(包括五个主要环节),必须通过设计、制造、运行、管理等环节形成有效的反馈系统。失效预防方案的形成要依靠失效分析与失效预测两方面的研究成果。失效模式、失效机理、失效抗力指标的研究,以及失效案例库(失效数据库)的建立、计算机辅助失效分析系统的开发等工作,最终目的是促进失效分析水平的提高。失效预测方面的研究内容主要有适用性评价、可靠性评价、概率断裂力学评价等评价方法研究及实时监测与故障诊断技术开发等。

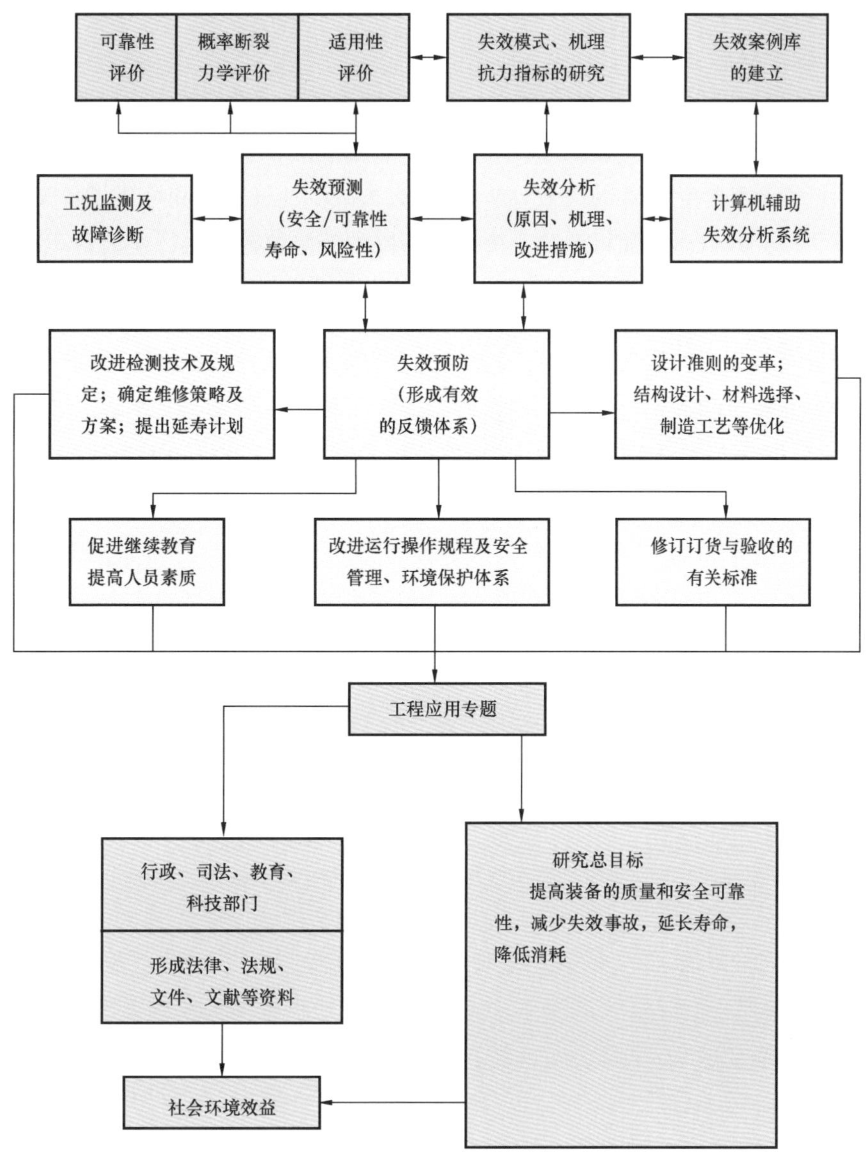

图 7.1.6　失效分析与预测预防体系

7.1.4.3　建立健全失效分析网及案例库

单个事故的失效分析往往具有偶然性。通过对同一类装备（或零部件）的大量事故的统计分析才能得出规律性的结论，用以有效地提高设计、制造、运行管理、决策水平。行之有效的措施是建立失效分析网和失效案例库。

7.1.4.3.1　失效分析网

为了掌握全国各油田的钻柱失效情况，提高钻具失效分析的水平、速度和准确性，1988 年石油工业部下文筹建钻柱失效分析网，于 1991 年建成，常设机构（秘书处）在管研院，各油田设立网点，并通过钻井公司、管具公司、工程技术大队等网点成员单位延伸至井队，形成了钻柱失效分析与预测预防的闭环系统。钻具失效分析网的建立属国内外首创，它为失效事故的即时收集、预测预防措施的迅速反馈提供了组织保证。失效分析网建立以来取得了许多重大成果，从 1990 年到 2003 年共收集了失效案例3000多起,召开了四届工作会议和学术研讨会。通过失效分析和反馈使钻具失效事故率大大降低,取得了巨大经济效益。

截至目前,失效分析网仅限于石油工业的上游。借鉴上游钻具失效分析网取得的经验,成立油气管道和炼化设备失效分析网是很有必要的。通过油气管道和炼化设备失效案例的积累和统计分析,必将大大提高油气管道和炼化设备的失效分析水平,大大减少油气管道和炼化设备失效事故率,取得巨大的经济效益和社会效益。石油行业建立失效分析网的经验值得其他行业借鉴。

7.1.4.3.2　失效案例库

通过失效分析网收集的大量失效案例,需要快速、准确、科学地加以处理。因此,必须利用现代科技的最新手段——计算机和人工智能技术。管研院建立了钻柱失效案例库和综合分析库,通过综合运用金属学、失效分析及人工智能技术,把国内、外先进的钻柱失效分析知识和数据集中起来,既能对大量失效案例进行规律性的综合分析,又能利用计算机辅助分析功能为个别案例找到失效原因,从而显著提高失效分析的效率和水平,减少钻柱失效事故。

7.2　石油管的失效控制

7.2.1　油气管道的失效控制

7.2.1.1　油气管道主要失效模式

一般认为油气管道的失效模式主要包括:断裂、变形、表面损伤三大类。考虑到油气管道的特殊性,有人提议把爆炸单列一类,并且把表面损伤分为腐蚀与外来机械损伤两类。这样,油气管道的失效模式包括爆炸、断裂、变形、表面损伤四大类,或者分为爆炸、断裂、变形、腐蚀、外来机械损伤五大类,如图7.2.1所示。

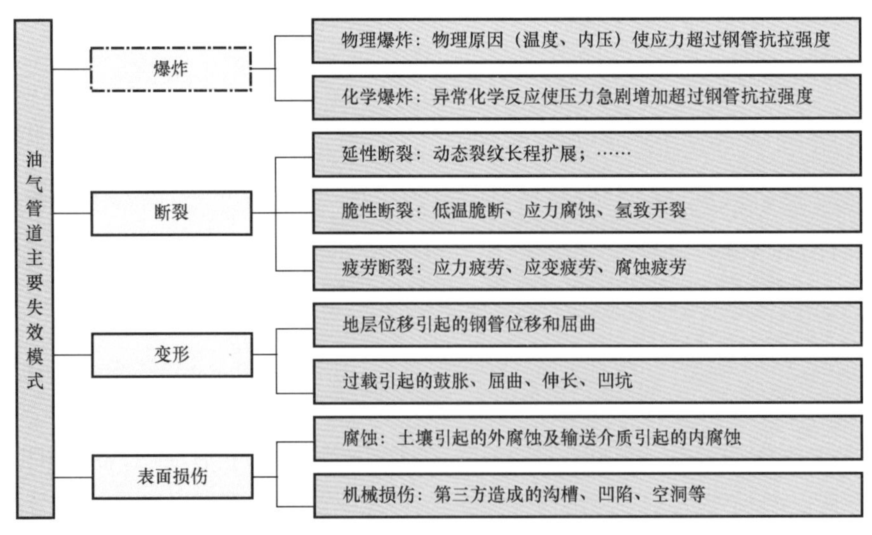

图7.2.1　油气管道主要失效模式

7.2.1.1.1　爆炸

爆炸分为物理爆炸和化学爆炸。物理爆炸是指物理原因(温度、压力)使管道的工作应力超过钢管抗拉强度。化学爆炸是指异常化学反应使压力急剧增加,导致管道工作应力超过钢管抗拉强度,一般是由于可燃性物质与空气的混合达到了爆炸极限范围,或是放热化学反应失控。

20 世纪 90 年代末,四川、大庆、中原发生的几起输气站管道爆炸事故均属化学爆炸,是由于管道内有氧存在,管壁 Fe_xS_y 发生自燃所致。2010 年 7 月和 9 月,西二线东段 18 标段 EB034 - 2 标号管道试压完成后,在扫水过程发生爆炸事故,是由于复杂地形结构导致断流弥合水击形成瞬时超压所致,属物理爆炸。

7.2.1.1.2　断裂

(1)脆性断裂。当管材的断口形貌转化温度(FATT)高于管道服役温度(环境温度)时,一旦发生断裂即是脆性断裂。随着冶金技术和焊接技术的进步,对于埋地管道,这种失效模式已越来越少,但高寒地区站场裸露钢管和管件的低温脆断问题仍时有发生。

(2)延性断裂。这是油气管道当前主要的断裂失效形式。对于输气管道,其断裂控制的重点是延性断裂的止裂控制。高压输气管道产生裂纹后,当裂纹扩展速度大于天然气的减压波速度时,裂纹快速长程扩展,其失效后果非常严重,必须实施止裂控制。

(3)疲劳断裂。由于内压或外力的变化,在管道上产生交变应力,从而导致管道发生疲劳断裂。

(4)应力腐蚀和氢致开裂。输送天然气时,H_2S 含量超过规定值并含有水分,易引起氢致开裂(HIC)或硫化物应力腐蚀开裂(SSCC)。近年来,近中性 pH 土壤应力腐蚀开裂引起油气管道失效的事故在北美地区有不少报道。

7.2.1.1.3　过量变形

过量变形包括内压过载引起的管道膨胀以及非正常载荷引起的管道屈曲、伸长、挤毁等。前者比较罕见也容易控制,后者是防治的重点。油气长输管道往往需要穿过地震断裂带、冻土带或遭遇各种潜在的地质灾害(如滑坡、崩塌、泥石流、湿陷性黄土、冲沟等),使管道发生位移,导致屈曲,必须实施应变控制。

7.2.1.1.4　腐蚀

油气管道腐蚀来自两个方面,一是含 H_2S、CO_2 等腐蚀性物质的石油、天然气对管道内壁的腐蚀,二是外部土壤腐蚀。对于油田内部集输管网,H_2S、CO_2、Cl^- 引起的内腐蚀是主要腐蚀失效类型。H_2S 或 CO_2 单独存在条件下的腐蚀问题研究相对较多,防护措施也比较明确。H_2S/CO_2 共存并且 H_2S 和 CO_2 分压较高、Cl^- 含量较高的严酷服役条件下的腐蚀问题则缺乏系统性研究。对于长输管道,由于输送的是经过净化和脱水处理、符合输送标准的石油和天然气,土壤腐蚀是主要腐蚀失效类型。

7.2.1.1.5　机械损伤

主要指第三方造成的人为机械损伤(如沟槽、凹陷、孔洞等)。机械损伤若不及时处理,往往导致灾难性后果。

7.2.1.2　油气管道失效原因与后果

油气管道的失效原因包括外部干扰、腐蚀、焊接和材料缺陷、设备和操作等,参见本书第 1.2.4 节

图 1.2.23。

20 世纪 50 年代以来，随着油气管道的大量铺设，管道事故屡有发生，并造成灾难性后果[1-4]。迄今为止，破裂裂缝最长的管道失效事故是 1960 年美国的 Trans - Western 公司的一起输气管道脆性破裂事故。这条管道管径 30in，钢级 X56，裂缝长度达 13km。损失最惨重的是 1989 年苏联乌拉尔山隧道附近的输气管道爆炸事故，烧毁两列列车，伤亡 1024 人（其中约 800 人死亡）。据美国管道与危险物资安全管理局统计数据，自 1999 年至 2010 年间，美国共发生 2840 起重大天然气管道失效事故，包括 992 起致死或致伤事故，323 人死亡，1327 人受伤。近 20 年，加拿大油气管道干线平均每年发生30 ~ 40起失效事故。1971—2000 年间，欧洲油气管道干线平均每年发生 13.8 起失效事故。

2009 年和 2010 年，美国和加拿大共发生 8 起油气管道爆炸事故。其中 3 起是第三方施工引起（37.5%），3 起是由于检维修作业过程误操作引起（37.5%），1 起是腐蚀穿孔引起（12.5%），1 起是城市燃气管道泄漏所致（12.5%）。

（1）2010 年 6 月 7 日，得克萨斯州中北部的约翰逊县发生一起天然气爆炸事故，3 人死亡，至少 10 人失踪；6 月 8 日，该州北部的一个小镇发生一起类似爆炸事故，2 人死亡，3 人受伤；9 月 9 日，旧金山机场圣布鲁诺镇附近发生天然气管道爆炸事故，7 人死亡，数十人受伤，40 栋楼房被烧毁。这三起事故都是第三方施工引起的。

（2）2009 年 6 月 9 日，在北卡罗来纳州加纳市，康尼格拉食品公司 Slin Jim™ 肉类加工厂发生的一起天然气爆炸事故中，6 人死亡，67 人受伤；2010 年 2 月 7 日，在康涅狄克州米德尔顿 Kleen Energy 能源公司一座在建电厂发生的天然气爆炸事故中 6 人死亡，50 人受伤。美国化学安全与危险调查委员会（CSB）对这两起事故进行了调查，结论是检维修期间，用天然气置换空气操作不当所致。

（3）2010 年 7 月 27 日，从美国印第安纳州向加拿大安大略省输送石油的管道因腐蚀发生油品泄漏事故，导致 80×10^4gal（约 3028m^3）石油进入密歇根州卡拉马祖河的支流，环境污染严重，导致鱼类和野生动物死亡。

我国油气管道建设起步较晚，但管线失效事故也屡有发生[1,3-5]。1966 年，威远气田内部集输管线通气试压时，4 天时间内连续爆裂 3 次。经失效分析及再现试验，确认爆裂是由于天然气含有 H_2S，在含水条件下引起应力腐蚀开裂所致。这是我国油气管道的第一起重大失效事故。1971 年至 1976 年间，东北曾发生了 3 次输油管道破裂事故。其中一次是 1974 年冬，大庆至铁岭输油管道复线进行气压试验时发生断裂。当时气温为 -30 ~ -25℃，开裂长度达 2km，断口几乎全部为脆性断口。在四川，1970—1990 年共发生 108 次输气管道爆裂事故。1992 年，轮库输油管道试压时发生爆裂事故 14 次。1999 年，采石输油管道试压过程中发生爆裂事故 12 次。

7.2.1.3 油气管道失效控制的思路和方法

7.2.1.3.1 油气管道失效控制的思路

油气管道失效控制是基于油气管道失效信息数据库和对拟建管道服役条件的分析，确定拟建管道投入运营后可能发生的主要失效模式，研究其失效机理、原因和影响因素，提出控制失效的措施，为管道安全运行提供技术保障。其基本思路如图 7.2.2 所示。其主要工作包括：

(1)搜集国内外大量失效案例,建立油气管道失效信息数据库。

(2)对失效案例综合统计分析,确定油气管道的主要失效模式,包括二级、三级失效模式。

(3)研究各种失效模式的产生原因、机理和影响因素。

(4)研究并提出各种失效模式的控制措施和方法。

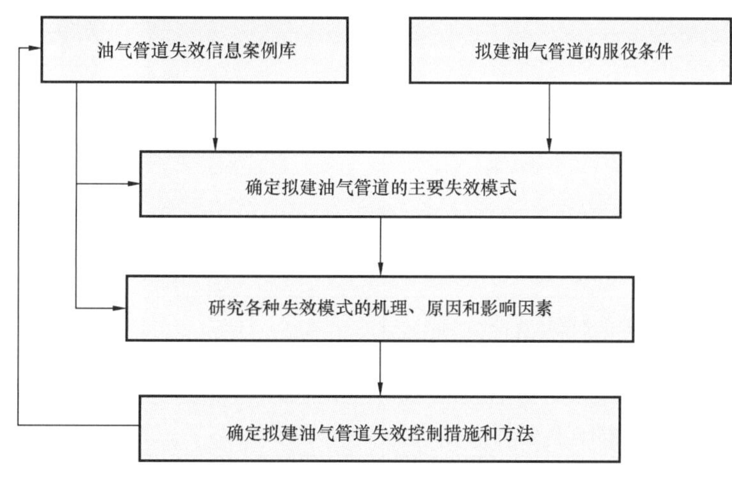

图 7.2.2　油气管道失效控制的基本思路

失效信息数据库是失效控制的基础。失效信息数据库应有较强的数据处理和统计分析功能,并且拥有尽可能多的案例。除广泛搜集国内外油气管道已发生的重大失效案例外,需要加强对新发生的油气管道失效事故的分析研究。在大量失效分析的基础上,凝练一些重大共性科学问题进行较深入的研究。随着失效案例不断增多、失效信息数据库不断充实,失效模式及其原因、机理、影响因素是动态变化和调整的,失效控制措施和方法也随之不断完善。

EPRG 在大量失效分析的基础上提出了油气管道不同加载条件下的失效模式、材料性能控制指标[6],见表 7.2.1。

表 7.2.1　EPRG 提出的油气管道不同加载条件下的失效模式、材料性能控制指标

加载状况	失效模式—极限状态	材料性能控制指标	控制方式	
			应力控制	应变控制
运输				
意外冲击	凹陷—SLS	σ_y	√	
局部堆重	塑性变形—SLS	σ_y	√	
循环弯曲	疲劳裂纹生长—SLS	—	√	
管道敷设				
现场冷弯	局部屈曲—SLS	σ_y, n		√
管道敷设中弯曲	局部屈曲—SLS	σ_y, n	√	
拉伸 + 弯曲	环向缺陷处破裂—ULS	σ_f, K_{mat}		√
	局部屈曲—SLS	σ_y, n		√

续表

加载状况	失效模式—极限状态	材料性能控制指标	控制方式	
			应力控制	应变控制
静水压试验				
内压	塑性变形—SLS	σ_y	√	
	无缺陷管破裂—ULS	σ_f	√	
	凹槽缺陷处破裂—ULS	σ_f, K_{mat}	√	
	轴向裂纹缺陷处破裂—ULS	σ_f, K_{mat}	√	
操作				
内压	无缺陷管破裂—ULS	σ_f	√	
	腐蚀点缺陷处破裂—ULS	σ_f	√	
	凹槽缺陷处破裂—ULS	σ_f, K_{mat}	√	
	轴向裂纹缺陷处破裂—ULS	σ_f, K_{mat}	√	
第三方作业	穿孔—ULS	σ_y, σ_u	√	
	施工方维修引起破裂—ULS	σ_f, K_{mat}	√	
地表交通因素引起的载荷	疲劳裂纹生长—SLS	σ_y	√	
由于悬跨段自重载荷引起的弯曲	局部屈曲—ULS	σ_y, n	√	
	环向缺陷处破裂—ULS	σ_f, K_{mat}	√	
	塑性挤毁—ULS	σ_y	√	
由于地表运动引起的弯曲	局部屈曲—SLS 或 ULS	σ_y, n		√
	环向缺陷处破裂—ULS	σ_f, K_{mat}		√
热膨胀	局部屈曲—SLS 或 ULS	σ_y, n		√
	整体屈曲—SLS 或 ULS	σ_y, n	√	
延性断裂扩展	沿壁厚方向裂纹扩展—ULS	CVN	√	

注:SLS 为适用性,ULS 为最大极限,σ_y为屈服强度,σ_f 为流变应力,σ_u为抗拉强度,n 为形变硬化指数,K_{mat}为材料断裂韧性,CVN 夏比 V 形缺口冲击吸收能。

对于一条新建管道的失效控制,应充分分析该管道的服役条件和设计参数,借助失效信息数据库,确定该管道的主要失效模式,提出相应的控制措施和方法。中国石油通过开展“西气东输二线管道工程关键技术研究”重大专项,对西二线失效控制进行了较系统的研究和应用。

7.2.1.3.2 油气管道主要失效模式的失效控制技术

根据已进行的失效分析,油气长输管道的失效模式主要包括:断裂、变形、表面损伤三大类。

断裂失效包括脆性断裂、延性断裂、疲劳断裂、应力腐蚀和氢致开裂等。由于干线管道输送的是经净化处理的天然气,H_2S 含量极低,不考虑应力腐蚀和氢致开裂控制。管道疲劳主要是地面交通引起的,线路设计上已经采取了规避措施。20 世纪 60 年代以前,由于冶金水平的局限,管材韧脆转化温度较高，经常发生脆性断裂事故。20 世纪 70 年代以来，随着冶金技术的进步，埋地管线脆性断裂事故基本消除，经常发生的是延性断裂事故。输气管的断裂往往导致灾难性后果，裂纹扩展越长，后果越严重。为保障西二线管道运行安全，首要的措施是延性断裂的止裂控制。

站场钢管与管件是裸露于大气中的，西二线乌鲁木齐以西的几个站场位于高寒地区，极限低温达到 -47℃，需要控制低温脆断。

变形失效包括过载（内压）引起的塑性膨胀和土体运动引起的管道屈曲。前者发生的可能性极小，后者是防治的重点。西二线经过许多地震和地质灾害多发区，对管道实施应变控制十分迫切。

表面损伤包括腐蚀和第三方造成的人为机械损伤。后者属于立法和管理层面的问题。在技术上，主要实施腐蚀控制。由于净化天然气对管道内表面腐蚀轻微，重点控制外腐蚀。

（1）西二线管道延性断裂止裂控制[3-7]。

近 30 年来，如何确定输气管道延性断裂止裂所需要的韧性，一直是研究的焦点。许多机构建立了自己的模型和公式。其中，Battelle 双曲线法和 Battelle 简化方程得到最广泛的应用。Battelle 双曲线法的原理是比较裂纹扩展速率随压力的变化曲线（J 曲线，材料阻力曲线）和气体减压速率随压力的变化曲线，从中预测出止裂韧性。当这两条曲线相切，代表的是裂纹扩展与停止裂纹扩展的临界条件，与此条件相对应的韧性被规定由 Battelle 双曲线方法确定的止裂韧性。Battelle 简化方程采用环向应力、直径及壁厚等参数来表征止裂韧性。它是对 Battelle 双曲线方法的计算结果进行统计的基础上发展而来的。后来，根据全尺寸钢管爆破试验结果对此方程进行了进一步的修正。

Battelle 双曲线法及其简化方程成功地对 X70 及更低钢级的全尺寸爆破试验结果进行了解释。许多国家采用 Battelle 简化方程作为管线钢行业标准。然而随着输送压力的提高和高钢级管线钢的应用，这些模型和方程已不能够准确地预测止裂韧性。为了扩大 Battelle 双曲线法与 Battelle 简化方程的适用性，对预测结果采用了系数修正。近期的实验结果表明，X100 管线钢处于临界状态，X120 管线钢已不能单靠材料韧性解决止裂问题，必须使用止裂环。当服役条件相当严酷，比如输送富气、采用高的设计系数和低的设计温度，也应使用止裂环。

近年来，围绕高钢级管道止裂韧性预测，国际上开展了许多研究工作。

Wikowski 试图通过 CVN、标准缺口 DWTT 和预制裂纹 DWTT 能量的关系找出有效止裂韧性值。

Leis 提出当预测值超过 94J 时，采用如下修正公式：

$$CVN = CVN_{BMI} + 0.002CVN_{BMI}^{2.04} - 21.18 \tag{7.2.1}$$

式中　CVN_{BMI}——用 Battelle 双曲线法得到的止裂所需夏比冲击吸收能。

为了增加安全性，Leis 提出指数 2.04 可以用 2.1 代替。

美国西南研究院、意大利 CSM 等机构提出输气管道纵向裂纹扩展的计算模型，并用裂纹尖端张开角（CTOA）作为管道延性裂纹扩展和止裂的定量评价指标。

日本提出了 HLP 方法，该方法保留了 Battelle 方程的基本形式，用单位面积上的预制裂纹 DWTT 能代替 Battelle 双曲线方法的 CVN 能来表征材料对裂纹扩展的阻力，并对裂纹扩展速率方程的常数和指数进行了修正，据称比 Battelle 方法更可靠。

西二线管道延性断裂止裂控制面临的挑战是：钢级更高、管径和壁厚更大，特别是输送的天然气组分近于富气(双相)。预测西二线止裂韧性值采用的气体组分见表7.2.2。

表7.2.2 计算采用的气体组分

计算用气体组分	C_1	C_2	C_3	iC_4	nC_4	iC_5	nC_5	C_6	C_7	CO_2	N_2
G1	92.14	3.55	1.4	0.4	0.4	0.2	0.2	0.11	—	0.2	1.4
G2	92.14	4.35	1	0.3	0.3	0.1	0.1	0.11	0.09	0.1	1.41
G3	92	4.5	1.5	0.4	0.4	0.2	0.2	0.2	—	0.1	0.5
土库曼气实际组分	92.55	3.958	0.335	0.1158	0.086	—	—	—	—	1.89	0.845

ISO 3183:2007中给出了几种常用的止裂韧性预测方法的适用范围(见本书第4.2.1.2节表4.2.1)。可见,对于西二线,只有Battelle双曲线模型适用。ISO 3183:2007进一步指出,当预测结果>100J时,应对预测结果进行修正。而修正系数一般由专家根据已进行的全尺寸实物爆破试验结果确定。由图7.2.3得出西二线止裂韧性修正系数为1.43。几种预测结果对比见表7.2.3。

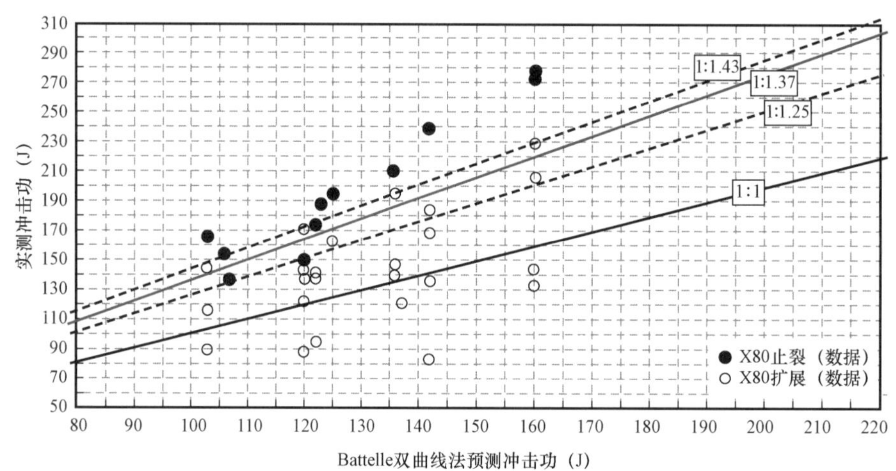

图7.2.3 止裂韧性修正系数的确定

表7.2.3 西二线西段止裂韧性预测(12MPa,壁厚18.4mm,15℃)

序号	计算方法	天然气组分	预测CVN (J)	CVN/CVN_{EPRG}	95%止裂概率下的止裂长度(钢管根数)
1	Battelle双曲线法	G1	148	1.37	6
		G2	142	1.31	6
		G3	150	1.39	6
2	Battelle简化公式加Leis修正	G1	179	1.66	4
		G2	169	1.56	5
		G3	182	1.69	4
3	Battelle双曲线法结果乘以1.43系数	G1	212	1.96	3
		G2	203	1.88	3
		G3	215	1.99	3

注:CVN_{EPRG}为采用EPRG指南方法得到的止裂韧性值。

西二线埋地管道管体止裂韧性预测结果：西段一类地区（12MPa，壁厚 18.4mm）CVN 平均最小值 220J，单个最小值 170J；东段一类地区（10MPa，壁厚 15.3mm）CVN 平均最小值 200J，单个最小值 150J。二、三、四类地区：CVN 平均最小值 180J，单个最小值 140J。CVN 剪切面积：平均最小值 85%，单个最小值 70%。夏比冲击试验温度为 -10℃。

鉴于全世界已有的 X80 钢级焊管全尺寸气体爆破试验数据库里无螺旋焊管数据，管研院在意大利 CSM 爆破试验场进行了两次螺旋焊管爆破试验，得出如下结果：

① 在试验条件下，X80 钢级 ϕ1219mm 螺旋焊管实现了自身止裂；

② 0.72 设计系数下采用 1.43 修正系数是安全的，当采用 0.8 设计系数时需要较高的修正系数；

③ 证实了螺旋钢管的止裂性能不低于直缝焊管；

④ 与 CVN 能量相比，DWTT 能量更能表征钢管止裂性能；

⑤ 断口分离对钢管止裂性能不利，应严格控制。

据此，提出了西气东输二线、三线等管线的延性断裂止裂控制方案，确定了韧性指标。

（2）高寒地区站场地面管线钢管和管件的低温脆断控制。

构件因服役温度的降低导致材料的冲击韧性急剧下降并引发脆性破坏的现象称低温脆断。西气东输二线和三线有多个站场和阀室位于高海拔寒冷地区，最低气温 -47℃。根据工艺设计，钢管和弯管、管件暴露在低温环境下服役，有发生低温脆断的风险。发生低温脆断的条件：FATT > T_0，式中 FATT 是材料的断口形貌转化温度（Fracture Appearance Transition Temperature），T_0 为管壁最低服役温度。

高寒地区站场裸露管线钢管和管件的服役温度一方面受当地环境温度的影响，另一方面又受输送介质的影响，比较复杂，总体上服役温度是相当低的。高寒地区站场裸露钢管和管件低温脆断控制的难点是准确确定管壁的最低服役温度（设计温度）。GB 50251—2015《输气管道工程设计规范》、GB 50253—2014《输油管道工程设计规范》和众多的国外标准都没有给出管壁温度的计算方法。我们采用数值仿真方法开展了低温环境下的钢管管壁温度计算，建立了低温环境下管壁温度的数值计算模型，分析了管道长度、钢管规格、输送介质流量、介质温度、环境温度、环境风速等因素对管道最低壁温的影响。利用数值模拟计算，并基于已有计算公式，修正得到了一个可用于估算低温环境下钢管最低壁温的工程方法：

$$t_{\min} = t_e + K\Delta t/\alpha_0 \tag{7.2.2}$$

式中　$t_{\min}$——计算得到的最低管壁温度值，℃；

t_e——站场所在地区最低环境温度，℃；

K——计算得到的以管道外表面面积为基准的总传热系数，W/（m^2·℃）；

Δt——计算得到的介质温度和环境温度的差值，℃；

α_0——查询得到的管道外壁与大气环境之间的对流传热系数，W/（m^2·℃）。

经计算，确定乌鲁木齐以西 4 个站场和几个主要阀室地面管线钢管和管件的最低服役温度为 -35℃。

对这几个站场和阀室地面管线钢管和管件低温脆断的控制措施为：① 夏比冲击试验温度采用 -35℃，对冲击吸收能的要求同埋地管线钢管和管件；② 部分厚壁管件若达不到上述要求，应采用保温措施，提高服役温度。

(3)西二线管道强震区和活动断层区段的应变控制[8]。

西二线管道沿线经过相当长的强震区(地震峰值加速度0.2g以上,其中峰值加速度0.3g的地段约96km)和22条活动断层。当发生地震时,这些地区的管道将产生较大的位移,必须进行应变控制,即进行基于应变的设计,采用抗大变形管线钢管。

① 西二线管道强震区和活动断层区基于应变的设计。

中国石油“西气东输二线工程关键技术研究”重大专项设置专门课题研究了西二线基于应变的设计方法,并开发了抗大变形管线钢管。中国石油规划总院和管道设计院编制了《西气东输二线管道工程强震区和活动断层区段埋地管道基于应变设计导则》。基于应变的管道设计流程如图7.2.4所示。核心环节是设计应变≤极限应变/F。此处的极限应变就是钢管应力—应变曲线中的屈曲应变。它可以直接由钢管实物试验测出,也可由经验公式、ECA、宽板试验等确定。

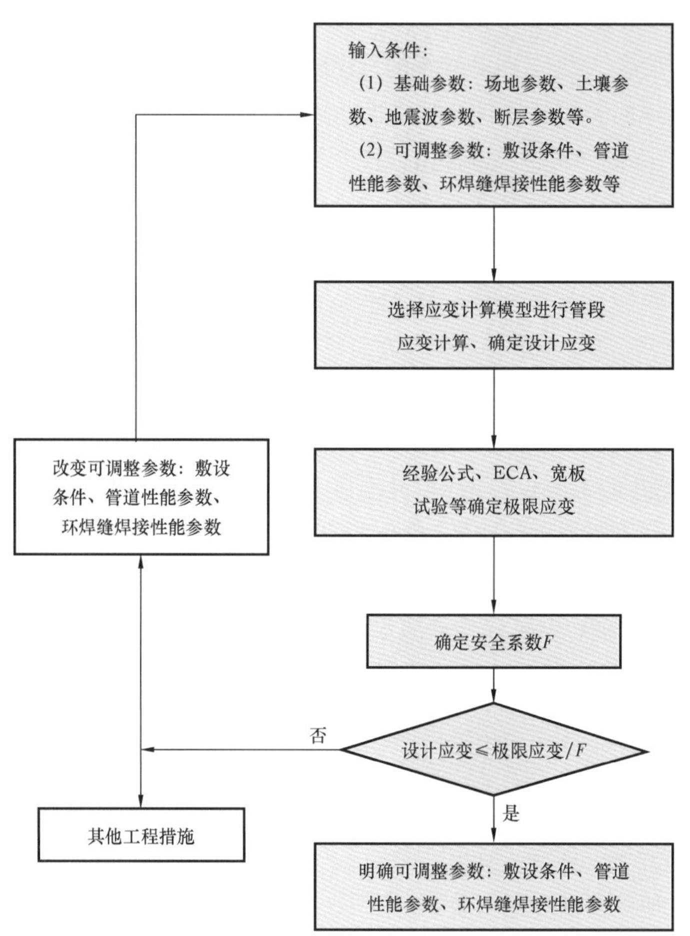

图7.2.4 基于应变的管道设计流程

大量研究表明,影响钢管临界屈曲应变的主要参量包括:钢管直径D、壁厚t、工作内压p、屈服强度、材料弹性模量、几何缺陷,以及材料形变强化能力等。在均匀变形范围内,材料形变强化能力用应力比$e_{5.0}/e_{1.0}$来表征,$e_{5.0}$为5.0%应变对应的应力值,$e_{1.0}$为1.0%应变对应的应力值。管研院基于上述临界屈曲应变的影响参量,采用量纲分析方法,并结合大量的有限元数值计算,构建了钢管临界屈曲应变的预测模型。

按照量纲分析方法,根据π定理进行量纲分析,简化本研究中相关的物理量,$[Q]=L^{\alpha}M^{\beta}T^{\gamma}$。使用四个无量纲量：

$$\varepsilon_{\mathrm{crit}} = \varepsilon(\pi_1\pi_2\pi_3\pi_4)$$

$$\pi_1 = D/t$$

$$\pi_2 = p_{\mathrm{y}}/p$$

$$\pi_3 = \sigma_{\mathrm{y}}/E$$

$$\pi_4 = e_{5.0}/e_{1.0}$$

式中　D——外径；

t——壁厚；

p_{y}——屈服内压；

p——工作内压；

σ_{y}——屈服强度；

E——弹性模量；

$e_{5.0}/e_{1.0}$——真应力应变曲线上的应力比。

通过量纲分析，构建应变预测的基本模型如下：

$$\varepsilon_{\mathrm{b}}^{\mathrm{crit}} = a\left(\frac{D}{t}\right)^{b}\left(\frac{p}{p_{\mathrm{y}}}\right)^{c}\left(\frac{\sigma_{\mathrm{y}}}{E}\right)^{d}\left(\frac{e_{5.0}}{e_{1.0}}\right)^{e} \tag{7.2.3}$$

上式中四个无量纲量，分别按三个水平取值，构成 81 个算例，通过有限元数值计算和回归分析，确定基本模型中的系数，得到临界屈曲应变的半经验公式：

$$\varepsilon_{\mathrm{b}}^{\mathrm{crit}} = 0.070547\left(\frac{D}{t}\right)^{-0.84508}\left(\frac{p}{p_{\mathrm{y}}}\right)^{-0.0223329}\left(\frac{\sigma_{\mathrm{y}}}{E}\right)^{-0.138764}\left(\frac{e_{5.0}}{e_{1.0}}\right)^{6.15051} \tag{7.2.4}$$

该公式可以很好地预测内压和弯曲共存条件下的屈曲应变，其结果与全尺寸实物试验结果接近。

测定钢管屈曲应变最可靠的方法是全尺寸实物试验。西气东输二线管道工程是委托日本 JFE 进行 X80 钢级焊管全尺寸实物试验的。随后，管研院自行开发了内压和弯曲复合加载条件下的全尺寸试验设备，已用于中缅管道抗大变形钢管的试验评价。

② 抗大变形焊管的开发。

西二线天然气管道用焊管技术条件是在 API Spec 5L(43th)基础上，增加补充技术条件形成的，其中包括《西气东输二线管道工程用直缝埋弧焊管技术条件》。由于该管线在地震断裂带以及可能发生地层移动的地区采用了基于应变设计，需要具有特殊要求的抗大变形钢管。为了明确大变形钢管的性能要求和检验方法，管研院编制了《西气东输二线天然气管道工程基于应变设计的直缝埋弧焊管技术条件》，作为对《西气东输二线管道工程用直缝埋弧焊管技术条件》的补充。

对于基于应变设计地区使用的钢管来说，不仅要考虑普通地区使用钢管的强度和韧性等要求，还要对钢管的纵向变形能力做出规定，即对纵向拉伸试验的应力应变曲线和塑性变形容量指标进行规定[8]。

典型的管线钢应力应变曲线有 Lüders elongation 型及 Round house 型两种,如图 7.2.5 所示。研究表明,Round house 型管线钢的变形能力优于 Lüders elongation 型管线钢[9],其屈曲应变远高于 Lüders elongation 型管线钢。

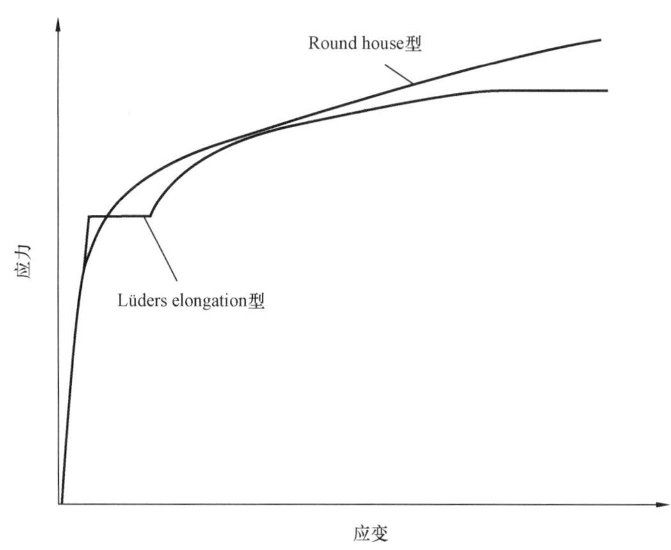

图 7.2.5 Lüders elongation 型及 Round house 型应力应变曲线

钢管的屈曲应变决定于其材料的应力—应变曲线。控制钢管应力—应变曲线的简捷方法是对那些描述应力应变行为的指标进行控制。和钢管屈曲应变相关的性能指标为纵向屈服强度、屈强比、均匀塑性变形伸长率、形变强化指数、应力比等。

屈强比反映钢管在施工或运行中抵御意外破坏的能力。屈强比较低时,表明抗拉强度和屈服强度之差较大,当外加应力水平达到材料的抗拉强度前,会产生较大的塑性变形。塑性变形的结果,一方面使裂纹尖端的应力水平降低(应力松弛),另一方面会造成材料的强化,而且钢管发生较大的塑性变形时可及时被发现,以便采取有效的失效预防措施。屈强比越低,钢管在屈服产生塑性变形到最后断裂前的形变容量越大。钢在塑性变形过程中产生的形变强化,可以阻止进一步变形的发生,防止变形的局部集中,这一过程可以通过形变强化指数表征。提高管材的形变强化指数是提高输送管变形能力的有效途径(图 7.2.6)[10,11]。对于具有较高变形能力的管线钢,其形变强化指数一般大于 0.1。

形变强化指数在测试上有一定难度。为了在生产中便于控制,用控制应力比的方法来代替形变强化指数控制。应力比对应两个应变水平的应力的比值,如 $R_{t1.5}/R_{t0.5}$,$R_{t2.0}/R_{t1.0}$ 等。这是描述应力应变行为的一个重要方法。由于变形能力较强的钢管的拉伸曲线和普通钢管的拉伸曲线的主要区别是在屈服初期,所以 $R_{t1.5}/R_{t0.5}$ 可能更能描述二者之间的区别(图 7.2.7)。

伸长率越高,钢管的变形能力越好。在总伸长率中,均匀塑性变形伸长率的大小对钢管的变形能力的贡献更大。一般情况下,具有良好变形能力的高钢级管线钢的均匀塑性变形伸长率在 7% 以上。

抗大变形管线钢既要有足够的强度,又必须有足够的变形能力,其组织一般为双相或多相。硬相为管线钢提供必要的强度,软相保证足够的塑性。如日本开发的抗大变形钢系列的组织为铁素体 + 贝氏体、贝氏体 + MA。有研究显示,铁素体钢的形变强化能力最好,针状铁素体次之[12]。

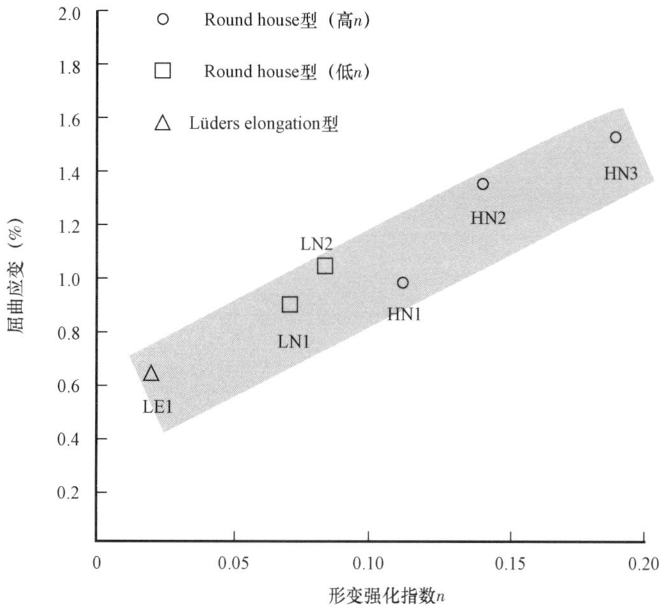

图7.2.6　形变强化指数和屈曲应变的关系

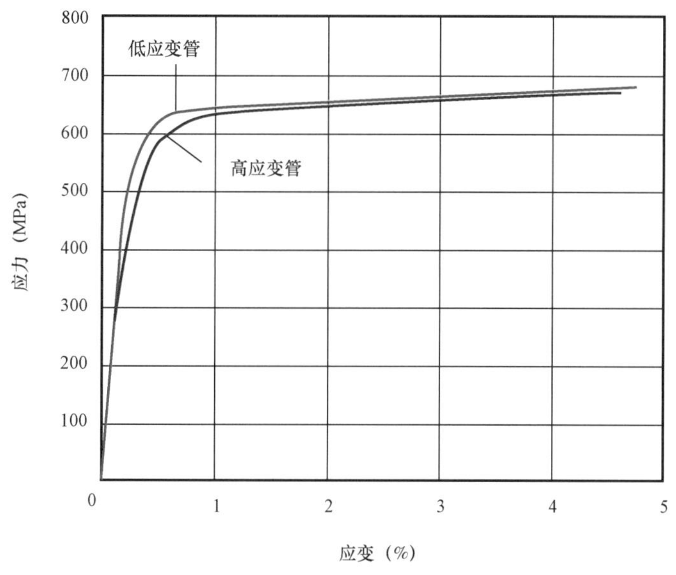

图7.2.7　不同变形能力的钢管纵向拉伸曲线

随着硬相比例增加，管线钢强度提高，如铁素体＋贝氏体管线钢。当贝氏体体积分数增加到30%左右，屈服平台消失，屈服现象为Round house型，且当贝氏体为长条形时，应变强化指数达到0.12[13]。而对于贝氏体＋MA管线钢，MA体积分数在5%左右时屈强比最低，韧性最好。

用于西二线的抗大变形钢管已开发成功。表7.2.4是西二线抗大变形管线钢技术条件对纵向拉伸性能的规定。表7.2.5为外径1219mm、壁厚22mm X80HD2钢管的纵向拉伸性能实测结果。图7.2.8为其纵向拉伸曲线。根据此拉伸曲线，利用FEM方法进行压缩和弯曲载荷下的应变能力计算，结果见表7.2.6。

表 7.2.4 西二线抗大变形钢纵向拉伸性能要求

钢级代号	屈服强度 $R_{t0.5}$（MPa）		抗拉强度 R_m（MPa）		屈强比 $R_{t0.5}/R_m$	均匀变形伸长率 UEL（%）	应力比 $R_{t1.5}/R_{t0.5}$	拉伸曲线形状（全曲线）
	min	max	min	max	max	min	min	
X80HD1	530	650	625	825	0.88	6.0	1.07	应为 Round house 曲线形状
X80HD2	530	630	625	825	0.85	7.0	1.10	应为 Round house 曲线形状

表 7.2.5 外径为 1219mm，壁厚为 22mm X80HD2 钢管的纵向拉伸性能

抗拉强度 R_m（MPa）	屈服强度 $R_{t0.5}$（MPa）	屈强比 $R_{t0.5}/R_m$	伸长率 A（%）	均匀变形伸长率 UEL（%）	应力比 $R_{t1.5}/R_{t0.5}$
724	580	0.80	43.0	8.1	1.17

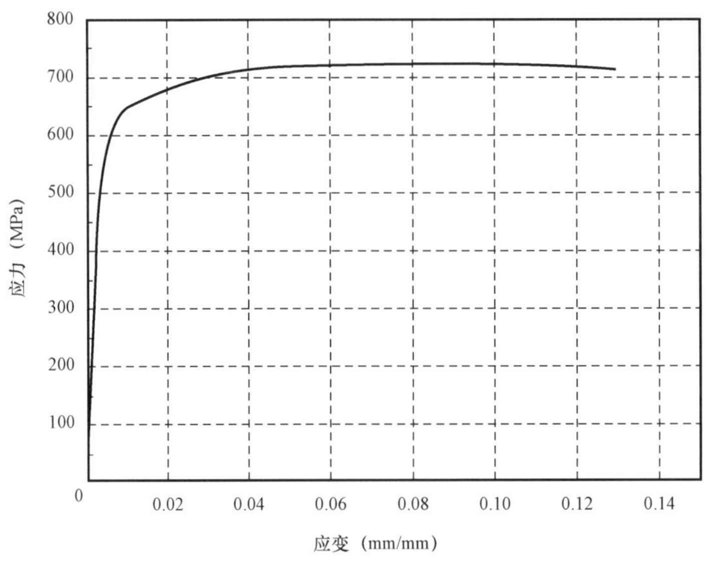

图 7.2.8 X80HD2 的纵向拉伸曲线

表 7.2.6 外径 1219mm，壁厚 22mm X80HD2 钢管纵向变形能力

规格	管径/壁厚（mm）	压缩应变（%）			弯曲应变（%）	
		0MPa	10MPa	12MPa	10MPa	12MPa
HD2	1219/22.0	0.916	0.983	1.10	1.405	1.550

③ 西二线的腐蚀控制和应变时效控制。

西二线的外防腐与西一线相同，仍采用 3 层 PE。但 X80 焊管强度较高，制管成型过程的应变会导致 250℃涂敷时发生应变时效，从而使屈服强度上升，屈强比升高，影响焊管的变形能力和管道的安全性。西二线的腐蚀控制涉及焊管的应变时效控制。

应变时效是钢经过冷塑性变形后，在室温长时间放置或稍加热后，其力学性能发生变化（通常是屈服强度增高，屈强比提高，并伴有塑性和韧性降低）的现象。原因是存在于钢中的溶质组元如 C、N

原子通过扩散在位错周围偏聚，形成柯氏(Cottrell)气团，使位错运动变得困难，导致屈服强度升高。图7.2.9为X80钢管在不同时效条件下屈服强度和抗拉强度的变化情况。可见，随着时效温度升高和时效时间的延长，钢管的抗拉强度变化不明显，但屈服强度则明显上升。在实际防腐过程中，时间一般只有5min左右。从试验结果来看，在防腐温度为200℃以下时，屈服强度没有明显变化。因此，规定防腐时的加热温度不宜超过200℃。

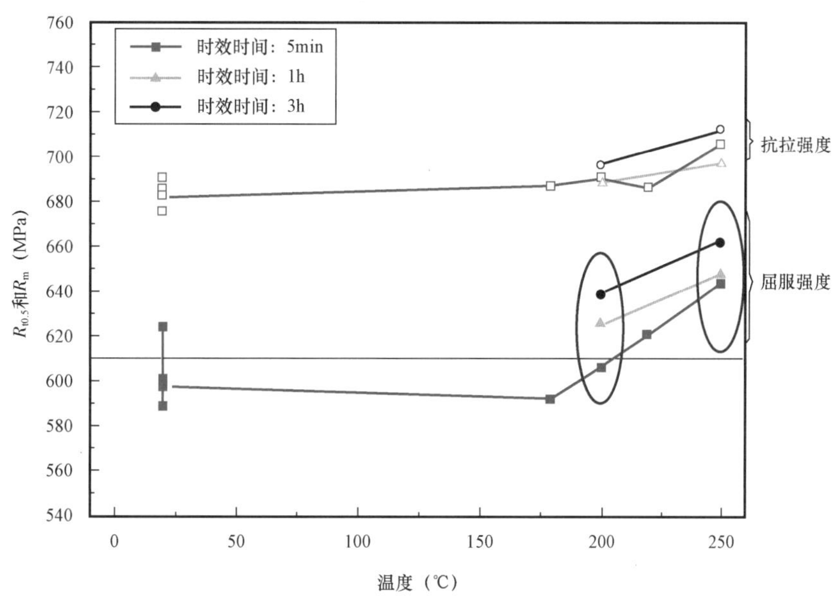

图7.2.9　不同时效温度及时效时间的屈服强度和抗拉强度变化

(4)成果应用及效益。

油气管道失效控制技术研究成果已纳入西气东输二线、三线，中亚A、B、C、D线及中缅管线等7套共计76项标准中并获得工程应用。

实践表明西气东输二线工程采用X80钢管、管径1219mm、最高压力12MPa的方案是安全可靠的，可以取代管径1016mm、最高压力10MPa的X70双管建设方案，节约建设投资130亿元，输气能耗降低15%，节约施工占地21.6万亩。本成果为X80钢级螺旋缝埋弧焊管在西气东输二线工程一级地区使用提供了技术依据，从而节约管材成本约60亿元。X70、X80大变形钢管在西二线、三线及中缅管线工程中的应用，避免了基于应变设计地区管道敷设长距离绕行的问题，节约管道建设费用约0.8亿元。

油气管道失效控制技术研究成果为油气管道安全运行提供了技术保障，意义十分重大。

7.2.2　油/套管柱的失效控制

7.2.2.1　油/套管柱失效主要影响因素

从油/套管柱外在服役条件(外因)及套管柱自身因素(内因)两方面深入研究(尽可能量化)各主要失效模式的影响因素。油/套管柱服役条件，即载荷和环境，载荷方面包括载荷的性质、加载次序(载荷谱)及应力状态，环境方面包括环境温度及接触介质。油/套管柱自身因素包括套管成分、组织、性能、冶金质量、残余应力、几何形状及尺寸精度、螺纹连接形式及连接情况等等。

7.2.2.2 油/套管柱失效控制的思路和方法

失效控制是在搞清楚油/套管柱的失效模式、原因和机理的基础上,研究提出控制油/套管柱失效的措施,以期最大限度杜绝恶性事故的发生,保障油/套管柱的服役安全。失效控制技术路线如图7.2.10所示。

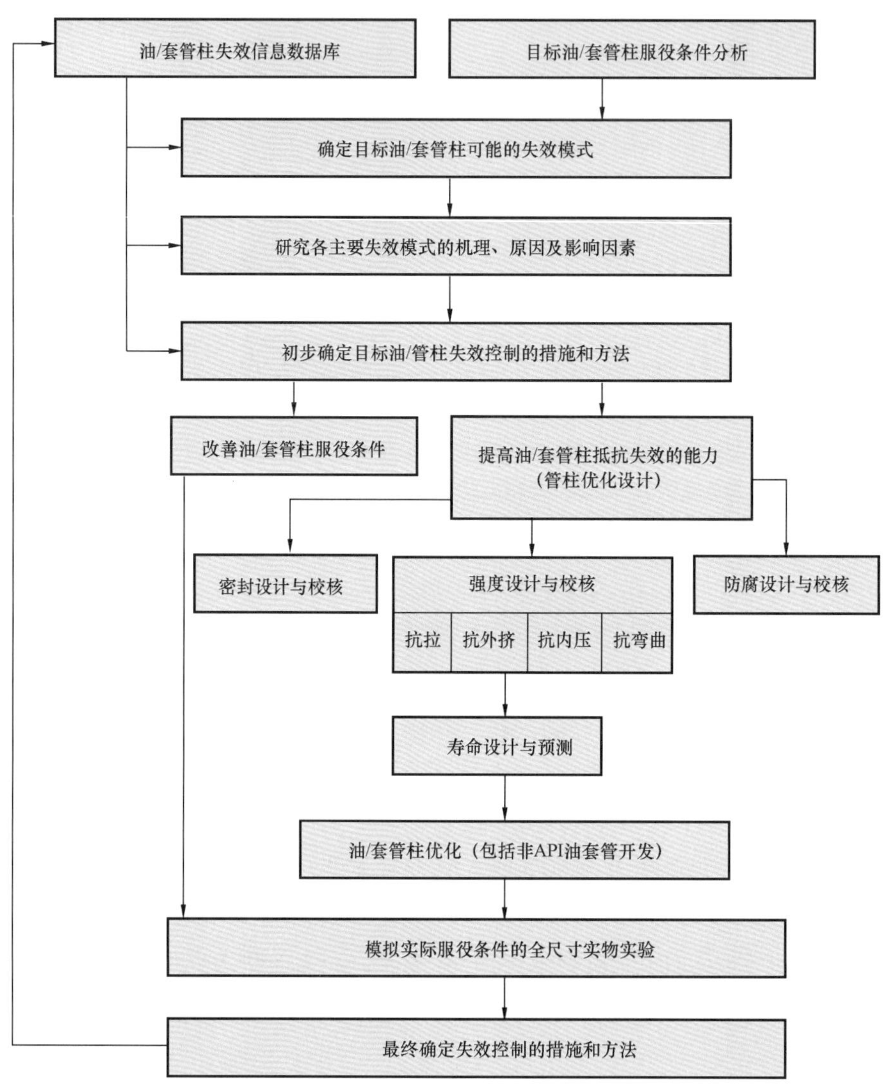

图7.2.10 油/套管柱失效控制技术路线

失效分析及失效信息数据库是失效控制的基础。围绕管柱失效信息数据库应开展以下工作:

(1)搜集国内外大量的失效案例,建立油/套管柱失效信息数据库。对失效案例进行综合统计分析,确立管柱的主要失效模式,包括二级、三级模式。

(2)目标管柱服役条件分析。

(3)综合分析已建立的管柱失效信息数据库和目标管柱的服役条件,确定目标管柱可能的失效模式。

(4)研究目标管柱主要失效模式的发生原因、机理和影响因素。

(5)研究确定目标管柱主要失效模式的控制措施。

失效的综合防治措施是失效控制的最终目的,对于套损防治应从以下两方面着手:

(1)改善套管柱服役条件。

各油田已经采取了一些措施,例如:提高固井质量、控制水泥面、使用特殊封隔器等;对注水开发井,严格控制注水压力,保持注采平衡;对含有腐蚀介质的油气井,有针对性地加入缓蚀剂,或者采用阴极保护、牺牲阳极等措施;对热采井,采用高效隔热油管、热应力补偿器等。改善套管柱服役条件是解决套管损坏的非常重要的措施,往往可收到事半功倍的效果

(2)提高套管柱抵抗失效的能力。

在各类套损井失效机理和影响因素研究成果的基础上,提出套管柱设计方法,包括更科学、合理的计算公式。

对某一特定的套损(失效),在确定失效模式和主要失效抗力指标的基础上,结合套管钢级和螺纹形式的选择进行套管柱设计与寿命预测。套管柱设计包括强度设计、密封设计和防腐设计。其中,强度设计又包括抗轴向载荷(拉、压)、抗内压、抗外挤设计。用单轴法初步选定,用 Von Mises 强度准则进行三轴应力强度校核。复合加载条件下的全尺寸模拟试验是最重要的环节,关键是要尽可能真实的模拟实际服役条件。可在 ISO 13679 的基础上增加一些补充试验。套管的选择不限于 API 钢级及 API 螺纹。应在包括众多非 API 钢级和特殊螺纹接头中选择确实满足特定服役条件及失效抗力指标的套管。

油/套管柱失效控制的关键技术包括:

(1)"三超"气井油/套管柱失效控制。

① "三超"气井油/套管柱主要失效模式、失效原因、失效机理和影响因素;"三超"气井油/套管柱三轴屈服强度、内压强度、抗挤强度设计计算方法(对 ISO 10400 的补充、修正);"三超"气井油/套管柱的密封设计;"三超"气井油/套管柱的可靠性校核;"三超"气井地应力的测试与分析;V140 及更高强度油/套管柱的延迟断裂敏感性。

② 改善"三超"气井油/套管柱服役条件;"三超"气井酸化压裂时油管柱的腐蚀与防护;"三超"气井油/套管柱按 ISO 13679 进行全尺寸模拟试验的试验级别、试验内容选择及补充试验设计等。

(2)含 H_2S/CO_2 气井油/套管柱失效控制。

含 H_2S/CO_2 气井油/套管柱主要失效模式、失效原因、失效机理和影响因素;H_2S 环境下油/套管柱强度设计计算方法(对 ISO 10400 的补充、修正);含 H_2S/CO_2 气井油/套管柱的密封设计;含 H_2S/CO_2 气井的可靠性校核;含 H_2S/CO_2 环境油/套管材料选择方法;仅含 H_2S,H_2S 分压 >1MPa 时的油/套管材料评价与选材;仅含 CO_2,低 Cr 油/套管选材图板的建立;CO_2+Cl^-、CO_2 + 少量 H_2S、CO_2 + 少量 H_2S+Cl^- 环境的选材方案;$H_2S+CO_2+Cl^-+[S]$ 环境下,Ni 基、FeNi 基合金与钛合金的比选;耐蚀合金为衬里的双金属复合管应用技术;表面涂镀层技术;碳钢油/套管 + 缓蚀剂与耐蚀合金油套管的比选和综合评价;模拟 H_2S/CO_2 现场服役条件的试验系统设计与评价试验;含 H_2S/CO_2 油套/管柱失效控制的综合措施。

7.3 油气管道/管柱完整性管理

7.3.1 油气管道完整性管理

国外在20世纪60年代末期就开始实施在役管线的检测和剩余强度评价，并逐步把它纳入压力管道标准。20世纪90年代，随着国际上对管道运行经济性和安全性兼顾的要求越来越强烈，欧美等发达国家提出了管道适用性评价和风险评价的概念。经过20余年的发展，已形成许多的评价标准和规范。之后，2001年API和ASME提出管道完整性管理的概念，并颁布了有关的标准和规范，即API 1160[14]和ASME B31.8S[15]，目前标准更新至API RP 1160—2019和ASME B31.8S—2016。我国等同采用API 1160和ASME B31.8S分别制定了SY/T 6648—2016《输油管道完整性管理规范》[16]和SY/T 6621—2016《输气管道系统完整性管理》[17]两部管道完整性管理标准。2015年10月13日，国内首部管道完整性国家标准GB 32167—2015《油气输送管道完整性管理规范》[18]发布，代表着国内管道完整性管理进入一个新阶段。管道企业实施管道完整性管理已成为强制性要求。

管道完整性是指管道始终处于完全可靠的服役状态。其内涵包括三个方面：一是管道在物理上和功能上是完整的；二是管道始终处于受控状态；三是管道运营商已经并仍将不断采取措施防止失效事故发生[19]。

管道的完整性管理PIM(Pipeline Integrity Management)[20]是指管道运营商持续地对管道潜在的风险因素进行识别和评价，并采取相应的风险控制对策，将管道运行的风险水平始终控制在合理的和可接受的范围之内。换而言之，管道完整性管理是对影响管道完整性的各种潜在因素进行综合的、一体化的管理。

油气管道完整性管理的流程参见第1章第1.3.3.4节图1.3.5所示。完整性管理是由潜在危险因素的识别及分类，数据的采集、整合及分析，风险评估，完整性评价(在基于风险的检测前提下进行)，完整性评价结果的决策、响应和反馈等组成，并形成闭环系统。

API和ASME提出的油气管道完整性管理的核心思想是基于风险的完整性管理，即在管道风险评估基础上，开展基于风险的管道检测，根据检测结果进行管道完整性的定量工程评价，然后基于完整性评价结果制定管道维护策略和应急响应措施。管道风险评估是完整性管理的基础，管道完整性评价是完整性管理的核心和关键。管道完整性评价包括管道本体的完整性评价、站场设施(压缩机等)的故障诊断、地震及地质灾害评估等等。现代IT技术的发展大大提升了油气管道完整性管理的水平。

管研院从20世纪90年代起就开始重视该领域的研究和技术开发工作，通过集团公司九五重点攻关项目“管道检测和安全评价技术研究”、2000年技术开发项目“管道安全评价软件集成研究”和“含缺陷油气管道玻璃钢补强修复技术开发”、2002年技术开发项目“油气输送管道风险评估方法研究和软件开发”、2005年国际合作项目“油气管道/柱风险评价技术研究”、2007年技术开发项目“在役老管线焊接缺陷检测分析和安全评估技术研究”、2007年应用基础研究项目“油气管道完整性评估基础理论及方法研究”、国家“十一五”科技支撑计划项目“管道风险定量评估关键技术研究”、集团公司“十二五”应用基础项目“高强度管道服役安全应用基础研究”等近20项科研项目的研究攻关，建立了系统的油气管道完整性管理的技术体系，形成了完善和配套的管道检测、风险评估、完整性评价、修复补强等系列技术，10 余项成果获省部级科技奖励，1 项成果获国家发明二等奖。研究成果已经在 60 余条油气输送管道上推广应用，为油气管道的安全运行提供了重要技术支撑，取得了显著经济效益和社会效益。

7.3.1.1 管道风险评估技术

管道风险评估是管道完整性管理的基础，也是核心技术。管道风险评估的研究主要解决两方面的问题，一是风险估算（包括半定量和定量方法）方法，二是风险评估，即判定风险的可接受程度。

7.3.1.1.1 风险因素识别

进行风险评价之前，首先应对所评价管道的潜在风险因素进行识别。完成风险因素识别后，通过管道失效案例、管道属性数据（运行参数、材料参数等）、环境数据等的综合分析，估计每种风险因素可能造成的管道失效概率和失效后果。在此基础上对管道风险进行综合评价，并进行风险排序以及高风险因素和高风险区的识别。

所谓风险因素是可能引起管道失效的因素，也即管道失效的原因。风险因素识别通常是在管道失效原因调查分析的基础上，采用故障树的方法进行排查和识别。管道失效案例库对管道风险因素识别非常重要。管道失效的原因非常复杂，国际管道研究委员会（PRCI）通过对输气管道事故数据的统计分析，将造成陆上输气管道事故的根本原因划分为 22 种。一种根本原因就代表一个影响管道完整性的风险因素，其中有一种失效原因是“未知的”，即找不到根源的原因。对其余 21 种风险因素按照其性质和发展特点划分为 9 大类、21 个子类，见表 7.3.1[15]。ASME B31.8S 输气管道完整性管理标准中对风险因素的划分采用了 PRCI 的研究成果。

表 7.3.1 输气管道的风险因素

序号	与时间相关性	风险类别	风险子类
1	与时间相关因素	外腐蚀	外腐蚀
2		内腐蚀	内腐蚀
3		应力腐蚀开裂	应力腐蚀开裂
4	固有因素	制管缺陷	管体母材缺陷
			管体焊缝缺陷
5		建造缺陷	环焊缝缺陷
			施工缺陷
			褶皱弯头或屈曲
			螺纹划伤/支管和接头破损
6		设备缺陷	O 形垫片失效
			控制/泄压设备故障
			密封、泵体失效
			混合型失效

续表

序号	与时间相关性	风险类别	风险子类
7	与时间无关因素	第三方破坏/机械损伤	第三方活动造成的管道损伤
			管材的延滞失效
			人为故意破坏
8		误操作	误操作
9		气候/外力因素	寒流
			雷电
			暴雨或洪水
			地质灾害和地震造成的土体移动

7.3.1.1.2 风险评估方法

风险在工程界一般被定义为特定危害事件的发生概率和其失效后果的乘积。风险不同于危险，我们能通过努力化解风险,但却无法改变危险。而风险评估技术最早于20世纪70年代开始于美国的核电厂风险性分析,随后在石油化工、环境保护等方面得到了推广应用。按照评估结果的量化程度,管道的风险评估技术包括定性风险评估技术、半定量风险评估技术和定量风险评估技术。

定性风险评估技术是管道风险评估的初级阶段,它通过管道的失效原因、失效类型、影响程度和失效后果等进行定性评估,从而进行风险排序和维护决策,如风险筛选法等。在进行管道定性风险评估时,不必建立精确的数学模型,评价结果的可靠性取决于风险评估人员的经验。定性风险评估方法具有直观、简单、易于操作的特点,但主观性较强,对评估人员的经验要求较高。

半定量风险评估技术是在定性评估技术的基础上,对管道失效原因和失效后果的影响因素进一步分析,从而使风险评估的准确性进一步提高,最具代表性的是W. Kent Muhlbauer在《管道风险管理手册》中提出的风险指数法。该方法包括了两个方面的内容:第一部分根据引起管道事故的一般原因,从第三方损害、腐蚀、设计和误操作四个方面计算引起管道失效的指数,并进行相加得到一个总的指数和。第二部分根据管输介质特性、管道运行状况、周围环境等因素,对管道潜在的失效后果进行分析,计算出泄漏影响系数。最后利用指数和除以泄流影响系数就可到管道相对风险评估数值,从而为管道风险管理提供依据。

定量风险评估技术是管道风险评估的高级阶段,目前是管道风险评估方法研究的热点领域,它需要收集大量管道信息和数据资料以及数学、力学、材料学、热力学、流体力学、计算机等多种学科的知识。其评价结果的精度取决于数据资料的完整性和精度、数学模型和分析方法的合理性。管道的定量风险评估技术主要包括管道系统的分段、灾害的识别、失效概率和失效后果计算、风险计算、风险评估和风险决策等,其核心是管道失效概率和失效后果的计算。在计算管道失效概率时,采用了基于历史数据和结构可靠性两种方法,考虑管道发生小泄漏、大泄漏和断裂三种失效模式。

(1)管道失效概率计算模型。

① 基于历史数据的管道失效概率计算模型。

基于历史数据的管道失效概率计算模型(历史数据模型)利用管道历史记录数据和与管道属性相关的运算公式,建立在统计分析、模型简化和必要工程判断的基础之上,用于计算油气输送管道发生小泄漏、大泄漏和断裂破坏时的失效概率。其优点是模型简化、高效，需要的数据量小。管研院通过研究，根据失效原因划分，建立的历史数据模型有：外腐蚀、内腐蚀、设备撞击、地质灾害、应力腐蚀开裂、制造缺陷、地震灾害、偷油盗气、其他原因等。

对于历史数据模型，管道的失效概率是用管道基线历史失效概率计算出来的。基线历史失效概率随后又被调整用来反映特定管线属性对失效的预期影响。基线历史失效数据是通过对管道历史记录数据统计分析得到，又使用失效概率修正因子（根据管线关键属性值决定）转化为特定管线的失效概率估计。失效模式是通过给调整后的总失效概率估计值乘以模型因子评估的，模型因子代表了由小泄漏、大泄漏和断裂导致管道失效的相对概率。这样，管道失效概率估计值 $R_{f_{ij}}$ 是失效模式 i 和失效原因 j 的函数，关系式如下：

$$R_{f_{ij}} = R_{fb_j} M_{F_{ij}} A_{F_j} \tag{7.3.1}$$

式中 R_{fb_j}——失效原因 j 的基线失效概率；

$M_{F_{ij}}$——对失效原因 j、失效模式 i 的相对失效概率（模型因子）；

A_{F_j}——失效原因 j 的失效概率修正因子。

基线失效概率 R_{fb} 被定义为对一个特定工业部门、运营公司或管线系统的一个参比管段的平均失效概率。它反映了与管线建造、操作和维护有关的条件，在这些条件下，相关的失效原因对管线的完整性构成了很大威胁。应考虑到失效原因不同时，参比管段也应不同。

由小泄漏、大泄漏和断裂造成管线失效的相对概率 $M_{F_{ij}}$ 与涉及的管道失效机制有关。例如，腐蚀失效主要是小泄漏——针孔，而由挖掘设备造成的机械损伤失效主要是大泄漏和断裂。在管道失效概率计算时，考虑了三种失效模式，与失效时管道泄漏孔的尺寸有关，更确切地说，与当量圆形孔的直径有关。根据有关报道，三种失效模式可以通过当量孔尺寸的大小区分如下：小泄漏时的孔直径 <20mm；大泄漏时的孔直径位于 20 ~ 80mm 之间；断裂时孔直径 >80mm 或为管径。

失效概率修正因子 A_F 反映了特定管线属性对基线失效概率的影响，针对具体管道属性进行计算。如对于外腐蚀情况，A_F 的计算公式为：

$$A_F = K_{EC}\left[\frac{\tau_{ec}^*}{t}(T + 17.8)^{2.28}\right] F_{SC} F_{CP} F_{CF} \tag{7.3.2}$$

式中 K_{EC}——外腐蚀模型的标定因子，用于调整失效概率修正因子 A_F；

τ_{ec}^*——外腐蚀发生管段的有效管龄；

t——管壁厚度；

T——管道运行温度，可用输送介质温度；

F_{SC}——土壤腐蚀性因子，反映了土壤腐蚀性对管道腐蚀失效概率的影响；

F_{CP}——阴极保护因子，反映了阴极保护系统有效程度对腐蚀失效概率的影响；

F_{CF}——涂层因子，反映了涂层种类和状况对腐蚀失效概率的影响。

② 基于结构可靠性的管道失效概率计算模型。

由于管道载荷的波动和管材强度变化，造成载荷和抗力的不确定性。这时管道失效概率的计算只有通过可靠性模型进行计算，如图 7.3.1 所示。如果缺陷处载荷超过了抗力，则失效会在缺陷处发生（图中两个分布的重叠区）。因此，失效概率就是载荷超过抗力的概率。对于不同的失效模式，如外腐蚀、内腐蚀、应力腐蚀开裂、裂纹、地质灾害、机械损伤缺陷等,需要建立不同的可靠性模型以计算其对应的管道失效概率。

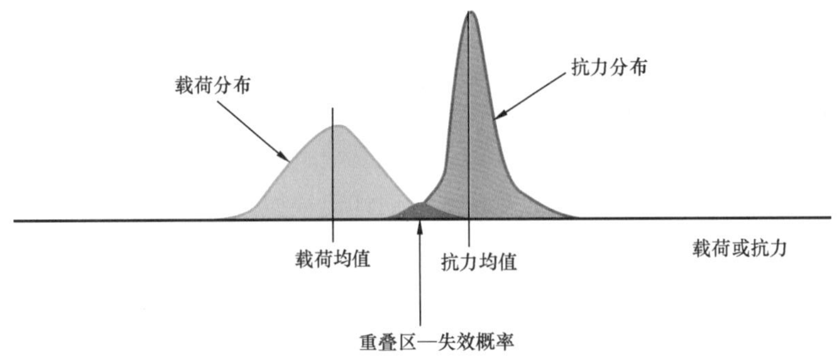

图 7.3.1 管道失效概率计算模型

在计算管道失效概率时,需要考虑两方面的因素:a. 时间相关性,为了和与时间无关失效概率联合,将时间相关概率转化为标准年平均概率形式;b. 同时考虑多个响应函数,对应不同失效模式,同时考虑不同失效准则,得到不同模式的失效概率。

图 7.3.2 给出了计算管道失效概率的模型,τ 时刻前的失效概率等于失效时间小于τ 的概率,也就等于失效时的累计概率分布,可用下式表述:

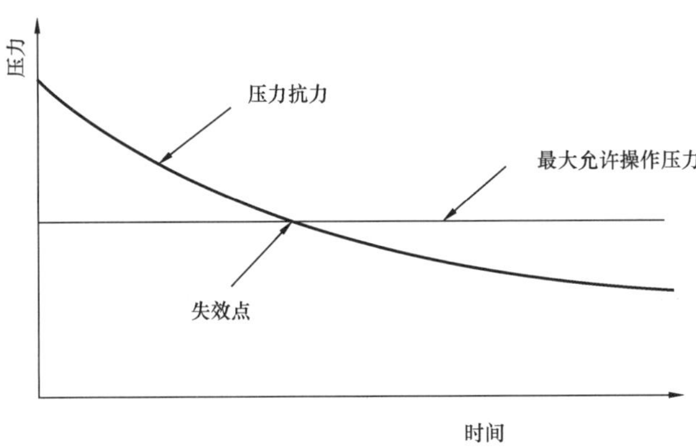

图 7.3.2 管线逐渐降级形式的失效条件图解

$$F_{\mathrm{T}}(\tau) = P\left[p > R(\tau)\right] = P\left[R(\tau) - p < 0\right] \tag{7.3.3}$$

式中 p——压力;

$R(\tau)$——τ 时压力抗力。

这样,可以利用失效概率累计分布 $F_{\mathrm{T}}(\tau)$ 计算时间段(τ_1,τ_2)内的失效概率,关系式如下:

$$P_{\mathrm{f}}(\tau_1,\tau_2) = P(\tau_1 < \tau < \tau_2) = \frac{F_{\mathrm{T}}(\tau_2) - F_{\mathrm{T}}(\tau_1)}{1 - F_{\mathrm{T}}(\tau_1)} \tag{7.3.4}$$

上式表明时间段(τ_1,τ_2)内发生失效是有条件的,τ_1前没有发生失效。可以用来计算时间τ'前的失效概率,式(7.3.3)变为:

$$P_f(0,\tau') = P(0 < \tau < \tau') = \frac{F_T(\tau') - F_T(0)}{1 - F_T(0)} \tag{7.3.5}$$

时间段(τ_1,τ_2)内的年失效概率计算式为：

$$\overline{P}_f(\tau_1,\tau_2) = \overline{P}(\tau_1 < \tau < \tau_2) = \frac{F_T(\tau_2) - F_T(\tau_1)}{1 - F_T(0)} \tag{7.3.6}$$

τ'时间前发生小泄漏(sl 为一定量的泄漏速率)的概率计算式如下：

$$P_{sl}(0,\tau') = P(0 < \tau < \tau' \cap sl) = P(0 < \tau < \tau' \mid sl)P(sl) \tag{7.3.7}$$

再根据式(7.3.5),上式变为：

$$P_{sl}(0,\tau') = \frac{F_{T|sl}(\tau') - F_{T|sl}(0)}{1 - F_{T|sl}(0)}P(sl) \tag{7.3.8}$$

$F_{T|sl}(\tau)$为发生小泄漏时的累计概率分布函数。同样,每年的概率可以用下式计算：

$$\overline{P}_{sl}(\tau_1,\tau_2) = \frac{F_{T|sl}(\tau_2) - F_{T|sl}(\tau_1)}{1 - F_{T|sl}(0)}P(sl) \tag{7.3.9}$$

与式(7.3.8)和式(7.3.9)类似的公式可以应用于大泄漏和断裂情况。

无论是哪种失效模式的失效概率,还是累计分布,都是利用输入参数(如损伤特征、材料性能、缺陷扩展速率、模型误差因子等)的概率分布计算得到的。但计算失效时间和失效模式时用的是确定函数,其形式为：

$$\tau = \tau(a, r, e, l, \tau_i, \tau_{ini}, p) \tag{7.3.10}$$

式中　a——缺陷特征矢量；

r——管线抗力矢量；

e——模型误差矢量；

l——管线特征矢量；

τ_i——检测周期；

τ_{ini}——缺陷出现时间；

p——运行压力。

模型计算结果如图 7.3.3 所示。图 7.3.3(a)是计算得到的某个给定时间前失效概率随时间的变化曲线,图 7.3.3(b)是计算得到的年平均失效概率。这些结果可以用作决策依据(还没有进行后果分析)。例如,管线运行者如果确定最大允许的失效概率,则利用图 7.3.3(b)可确定下次检测周期。

(2)管道失效后果估算模型。

管道失效后果模型中考虑了管道失效后对人员安全、环境和财产三个方面造成的后果。因此,模型的计算结果用四个数量来衡量管道失效后果:死亡人数用来衡量与人员安全相关的后果；

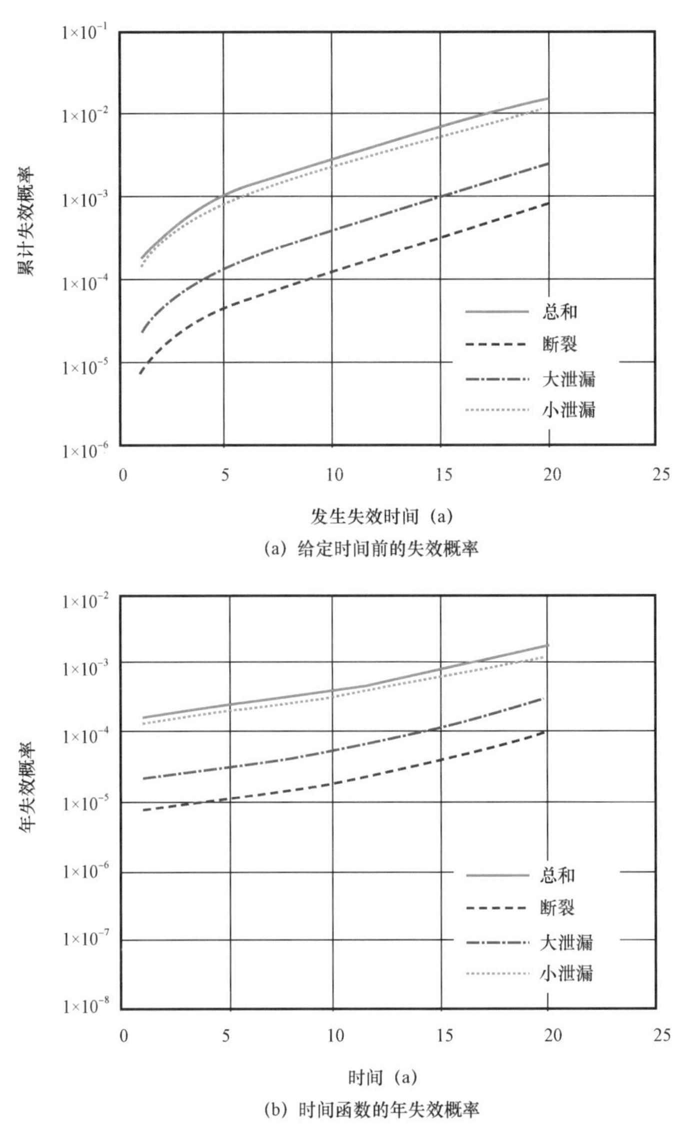

(a) 给定时间前的失效概率

(b) 时间函数的年失效概率

图 7.3.3 管道失效概率计算结果实例

当量剩余泄漏体积用来测量液体管线对环境的影响;费用用来衡量经济后果;综合影响用来衡量整个失效后果。计算这些数量需要的参数有:相关的管线参数、输送介质特征、假想泄漏孔的尺寸和气候条件等。失效后果的估算思路如图 7.3.4 所示。总费用是商业相关费用和地点相关费用的总和。商业相关费用包括:维修费用、服务中断费用和损伤介质费用;地点相关费用包括泄漏清理费用和财产损失费用。从图中可以看出,财产损失费用是根据潜在灾害的强度(例如火灾的热强度)计算的,这是与失效场所财产种类的损伤容许阈值比较而言的。有效剩余泄漏体积是指由于失效而泄漏的未回收部分的输送介质,需要根据泄漏地点的环境敏感性进行调整。用来计算死亡人数的模型和计算财产损失费用的模型一样。图中的虚线表示模型考虑了与人员死亡和环境污染(例如赔偿和罚金)相关的直接费用。在模型中,也包括一个将三种不同后果度量方式合成为一个参数——综合影响的模型。

① 死亡人数的估算。

死亡人数是灾害种类、灾害强度以及此类灾害情况下人员允许的强度阈值的函数。图 7.3.5 为

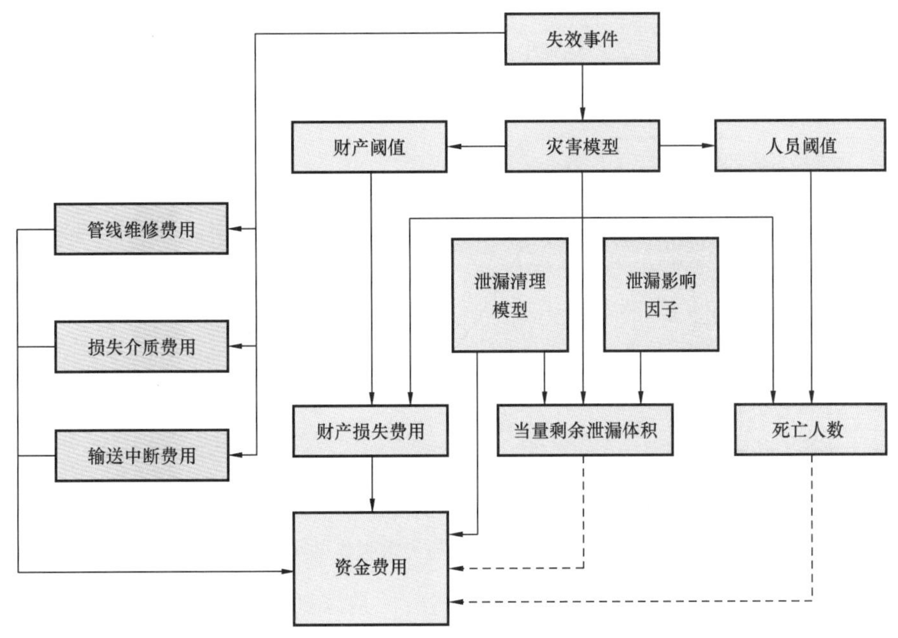

图7.3.4　管道失效后果估算思路框图

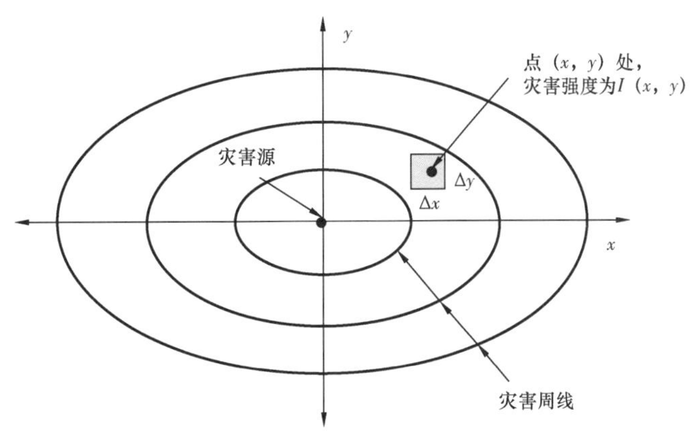

图7.3.5　灾害轮廓图

一个泄漏源周围典型的灾害强度轮廓，图7.3.6为死亡概率与灾害强度的关系曲线，在坐标点(x,y)处，灾害强度为$I(x,y)$，死亡概率为$P[(x,y)]$，人口密度为$\rho(x,y)$。大小为$\Delta x\Delta y$的面积内死亡人数的计算公式为：

$$n(x,y) = P\left[I(x,y)\right] \times \left[\rho(x,y)\Delta x\Delta y\right] \tag{7.3.11}$$

整个区域内的死亡总人数按下式计算：

$$N = \sum_{\text{Area}} P\left[I(x,y)\right] \times \rho(x,y)\Delta x\Delta y \tag{7.3.12}$$

② 财产损失费用的估算。

管道失效后，泄漏的介质发生火灾或爆炸事故，不仅对管道附近的人员造成伤害，建筑物、农田等

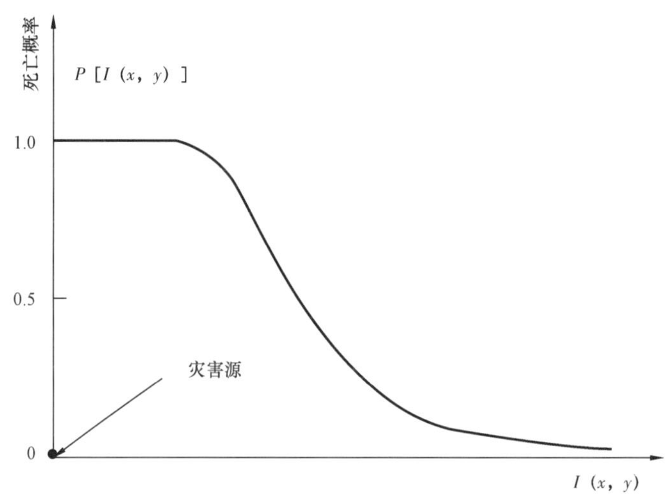

图 7.3.6　死亡概率与灾害强度的关系

也会遭到不同程度的损害。总的财产损失包括两部分:一是修复损伤建筑及其附属设施的费用;二是现场复原费用,包括现场的清理和补救,以及土地的更换。财产损失的计算公式为:

$$c_{\mathrm{dmg}} = \sum c_{\mathrm{u}} \times g_{\mathrm{c}} \times A \tag{7.3.13}$$

式中　c_{u}——单位面积复原费用;

g_{c}——地面的有效覆盖,定义为财产总面积和地面总面积的比率;

A——灾害发生的总面积。

③ 泄漏对环境的影响。

严格定量评估管道泄漏后释放出的介质对环境造成的损伤是不可能的,因此引入了当量泄漏体积的概念。当量泄漏体积是指在参比地点相对参比介质溢出的体积,所造成的环境影响与给定介质在给定位置泄漏给定体积造成的环境影响相当。

对于一个给定的管道失效事故,对人身和环境造成的长期潜在影响 E 为:

$$E = f(V_{\mathrm{res}}, T_{\mathrm{x}}, P_{\mathrm{exp}}, R_{\mathrm{env}}) \tag{7.3.14}$$

式中　V_{res}——剩余泄漏体积,是指清理和回收作业后剩下的未挥发液体介质;

T_{x}——泄漏的输送介质毒性指数;

$P_{\mathrm{exp}}, P_{\mathrm{env}}$——分别用来描述泄漏点附近环境暴露途径和环境损伤接受体的参量。

对于一种介质的给定泄漏体积,假设:

$$E \propto f(P_{\mathrm{exp}}, P_{\mathrm{env}}) = g(I) \tag{7.3.15}$$

式中　I——与位置有关的暴露途径和环境损伤接受体指数;

$g(I)$——将 I 转化为泄漏单位体积介质对环境造成潜在损伤的关系函数。

又假设潜在的环境损伤直接与剩余泄漏体积 V_{res} 和输送介质毒性指数 T_{x} 的毒性成比例:

$$E \propto V_{\mathrm{res}} T_{\mathrm{x}} \tag{7.3.16}$$

则潜在的人员健康和环境影响：

$$E \propto V_{\text{res}} T_{\text{x}} g(I) \tag{7.3.17}$$

如果当量泄漏体积 V 定义为参比介质的体积，参比介质毒性指数为 T_{x}^*，泄漏在参比位置，途径和接受体指数为 I^*，导致的环境损伤与泄漏参数为 V_{res}、T_{x}、I 泄漏情形一样，以下等式成立：

$$VT_{\text{x}}^* g(I^*) = V_{\text{res}} T_{\text{x}} g(I) \tag{7.3.18}$$

当量泄漏体积就为：

$$V = V_{\text{res}} \frac{g(I)}{g(I^*)} \frac{T_{\text{x}}}{T_{\text{x}}^*} \tag{7.3.19}$$

④ 总的经济损失。

总的经济损失包括管道检测和维护的直接费用以及与管道失效相关的风险费用，用来反映管道公司总的经济成本。计算公式如下：

$$c = c_{\text{main}} + c_{\text{prod}} + c_{\text{rep}} + c_{\text{int}} + c_{\text{clean}} + c_{\text{dmg}} + a_n n \tag{7.3.20}$$

式中　c_{main}——管线检测和维护的直接费用；

c_{prod}——损失介质费用；

c_{rep}——管道维修费用；

c_{int}——管道输送中断费用；

c_{clean}——现场清理费用；

c_{dmg}——财产损伤费用；

n——死亡人数；

a_n——常数，将死亡人数 n 转化为经济费用的参数。

⑤ 综合影响。

为了更加直观地表示管道失效对公众、运营公司带来的影响，把失效事故对人员、环境以及管道公司运营成本的影响合成一个参数来综合考虑。可以用两种方法来衡量管道失效的综合影响：一种是货币当量法，另一种是用严重指数法。货币当量法是将死亡人数和当量剩余泄漏体积转化为当量费用，然后加到总费用中，构成一个用现金形式表示的管线失效综合测量方法。严重指数法是将死亡人数、当量剩余泄漏体积和总费用转化为严重性分数，然后构成一个用严重性分数形式表示的管线失效后果综合度量方法。可按下式进行计算：

货币当量法：

$$I_{\text{eq}} = c + a_{\text{n}} n + a_{\text{V}} V \tag{7.3.21a}$$

严重指数法：

$$I_{\text{se}} = \beta_{\text{c}} c + \beta_{\text{n}} n + \beta_{\text{V}} V \tag{7.3.21b}$$

式中　c——总的经济损失；

V——当量剩余泄漏体积；

a_V——管道公司或社会愿意支付的避免单位体积产品泄漏的费用；

β_c,β_n,β_V——分别为将经济损失、人员死亡、当量剩余泄漏体积转化为严重指数的转化系数。

(3)风险计算。

管道的风险水平是失效率(每千米每年的失效次数)与失效结果(例如经济费用、死亡人数、当量剩余泄漏体积等)相乘得到的。把三种可能的失效模式(小泄漏、大泄漏及断裂)相关的风险分量加起来得到每种失效原因的风险水平,以每千米每年作为基础计算出的风险估计值。在计算管道风险水平时,首先计算各单元的风险水平,然后基于各单元风险水平计算管段的风险水平。评价单元是指管道上特征参数相同的连续一段管道;管段是管道上连续的一段,在风险评估分析以及制定维护计划时作为独立的一段管道处理。

① 区段风险水平计算。

对失效原因 l,管段 i 上每个区段 j 的失效概率 λ 和风险值 R 可用下式来计算:

$$\lambda_{ijl}(t) = \sum_{k=1}^{3} \lambda_{ijkl}(t) \tag{7.3.22a}$$

$$R_{ijlm}(t) = \sum_{k=1}^{3} \lambda_{ijkl}(t) \times c_{ijkm} \tag{7.3.22b}$$

式中:$m=1$ 为总经济费用,$m=2$ 为死亡人员数量,$m=3$ 为当量剩余泄漏体积,$m=4$ 为以货币当量或严重指数表示的风险。

对所有失效原因,失效概率和风险值计算公式为:

$$\lambda_{ij}(t) = \sum_{k=1}^{3} \sum_{l=1}^{L} \lambda_{iijkl}(t) \tag{7.3.23a}$$

$$R_{ijm}(t) = \sum_{k=1}^{3} \left[\sum_{l=1}^{L} \lambda_{ijkl}(t) \right] \times c_{ijkm} \tag{7.3.23b}$$

② 管段风险水平计算。

在一个管段内,通过对每个区段风险数值乘以相应区段长度并在管段长度上求和就可以转换为管段上总的失效率 λ_{tot} 和风险值 R_{tot},公式如下:

$$\lambda_{tot} = \sum_{j=1}^{J} \lambda_{ijl}(t) \times \mathrm{Len}_{ij} \tag{7.3.24a}$$

$$R_{tot\,ilm}(t) = \sum_{j=1}^{J} R_{ijlm}(t) \times \mathrm{Len}_{ij} \tag{7.3.24b}$$

式中 Len_{ij}——管段 i 上区段 j 的长度。

把所有单个失效原因的风险值求和,可以得到所有失效原因的失效概率和风险数值,计算公式为:

$$\lambda_{tot\,i}(t) = \sum_{j=1}^{J} \left[\sum_{l=1}^{L} \lambda_{ijl}(t) \right] \times \mathrm{Len}_{ij} \tag{7.3.25a}$$

$$R_{\text{tot}\,im}(t) = \sum_{j=1}^{J}\left[\sum_{l=1}^{L} R_{ijlm}(t)\right] \times \text{Len}_{ij} \tag{7.3.25b}$$

③ 单位长度上管段的平均风险值。

对单个失效原因，把方程(7.3.24)除以管段总长度可以得到单位长度的平均失效概率 λ_{ave} 和风险值 R_{ave}，公式如下：

$$\lambda_{\text{ave}\,il}(t) = \left[\sum_{j=1}^{J} \lambda_{ijl}(t) \times \text{Len}_{ij}\right] / \text{Len}_i \tag{7.3.26a}$$

$$R_{\text{ave}\,ilm}(t) = \left[\sum_{j=1}^{J} R_{ijlm}(t) \times \text{Len}_{ij}\right] / \text{Len}_i \tag{7.3.26b}$$

式中　Len_{ij}——管段 i 上区段 j 的长度；

Len_i——管段 i 的总长度。

对所有失效原因来说，把方程(7.3.25)得出的数值除以管段总长度就可以得出单位长度的平均值，公式如下：

$$\lambda_{\text{ave}\,i}(t) = \left\{\sum_{j=1}^{J}\left[\sum_{l=1}^{L} \lambda_{ijl}(t)\right] \times \text{Len}_{ij}\right\} / \text{Len}_i \tag{7.3.27a}$$

$$R_{\text{ave}\,im}(t) = \left\{\sum_{j=1}^{J}\left[\sum_{l=1}^{L} R_{ijlm}(t)\right] \times \text{Len}_{ij}\right\} / \text{Len}_i \tag{7.3.27b}$$

管研院建立的油气管道定量风险评估方法和软件(TGRC - RISK)已应用于西气东输一线、西气东输二线、陕京输气管线等国内十余条油气长输管线的风险评估。图 7.3.7 给出了该软件应用于西气东输一线风险定量评价的部分结果。

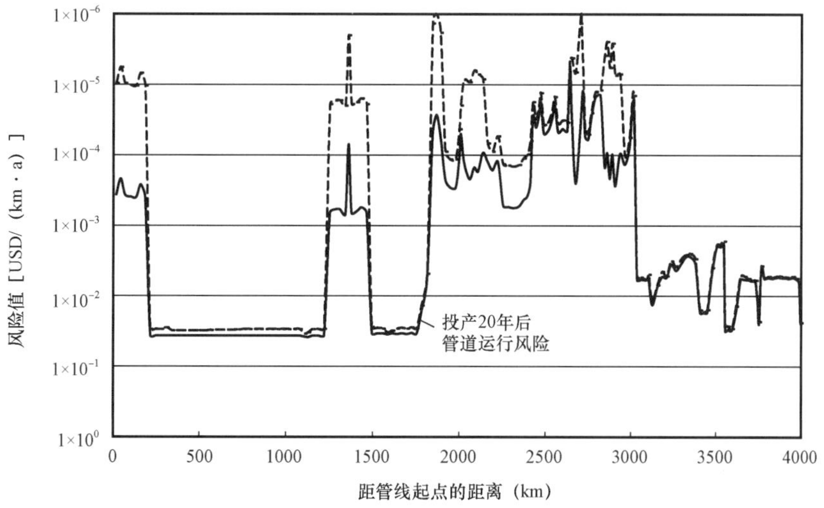

图 7.3.7　西气东输一线风险评估结果

7.3.1.1.3 可接受风险准则

风险的可接受判据既是风险评估的关键问题，也是油气管道风险评估技术的难点问题。所谓风险的可接受性，也称为风险门槛，是指社会公众和管道运营商对风险水平的可接受程度，是风险评估的评判依据。风险评估中所确定的可接受风险值一旦超过了实际可接受风险值，将会导致管理者决策错误，并引发一系列严重后果。因此，合理的风险可接受准则对保证风险评估的科学性和适用性具有非常重要的影响。

20 世纪 60 年代末，在核能、化工、基因工程等领域有关风险可接受性的争论一度非常激烈，美国的社会学家提出了“多安全才够安全?”这一问题，并展开了对风险可接受性的早期研究。以英国健康安全环境委员会(HSE)为代表的一些机构和组织在这方面开展了许多研究工作，取得了一系列成果。如 1974 年，英国在安全生产的相关法规中采用了风险决策领域的 ALARP(As Low As Reasonably Practicable，风险尽可能合理的低)准则；Fischhoff 等主张风险仅仅在所获得的利益可以补偿所带来的风险时才是可以接受的[21]。我国的油气管道风险可接受判据的建立，必须结合我国的国情和油气管道的行业特点。

管研院在分析油气管道可接受风险的影响因素和确定原则以及国际上已有可接受风险的确定方法基础上，利用我国目前的事故统计数据，研究提出了油气管道可接受风险准则，包括个体风险可接受准则和社会风险可接受准则[22]。

(1)可接受风险的影响因素和确定原则。

① 可接受风险的影响因素。

风险的可接受性涉及人们的价值观念和判断，它不仅仅是一个自然科学或纯技术的问题，也是一个社会科学问题。同时，公众对风险的可接受程度不仅受到事故本身的影响，且受到媒体对事件关注程度的影响。可见，风险的可接受性的影响因素众多。以下给出影响风险可接受性的几个重要因素。

(a)事件后果特征。事实证明，事件的后果对风险的可接受性具有重要的影响。后果越严重，公众就越不愿意接受这种风险。

(b)风险的可控性。对风险的承担者来说，风险的可控制性对风险的可接受性是非常重要的一个影响因素。如果面临的风险越难以为风险的承受者所控制，那么他就越不愿意接受这种风险。

(c)个人风险与集体风险。在一次事件中可能导致的人员的伤亡数目或财产损失越大，则公众越不愿接受这种风险。

(d)不确定性。由于某些过程的复杂性，人们对事件给社会和环境产生的风险水平还缺乏足够的认识和经验，因而不能准确地估计风险的大小。这种存在于风险评估中的不确定性对风险的可接受性有很大的影响。一般来说，所涉及的风险不确定性越大，人们越不愿意接受这种风险。

(e)知识的可获得性。人们对于风险的发生机理和过程越是缺乏相应的知识和理解，就越倾向于对这种风险的可接受性持消极态度。

② 确定可接受风险的原则。

进行风险评估的目的不是消灭风险，也不可能消灭风险，而是要采取合理的风险控制措施，将风险控制在可接受的水平。降低风险是要付出成本的，无论是减少事故发生概率还是采取防范措施使事故发生造成的损失减小，都要投入资金、技术和劳务。确定可接受风险水平的目的是将风险限定在一个合理的、可接受的水平上，经过优化风险控制措施的级别（如检测手段选择、检测周期的长短等），寻找最佳的投资方案。基于风险的投资控制原理如图7.3.8所示。

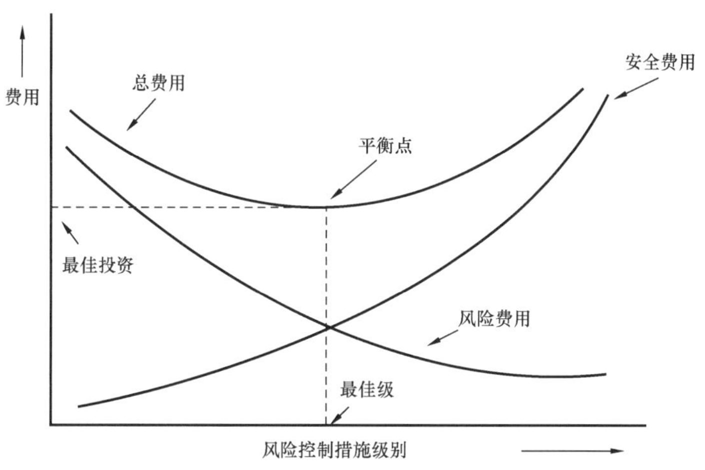

图7.3.8 基于风险的投资控制原理示意图

可接受风险水平的确定，可遵循如下基本原则：

(a)接受合理的风险，只要合理可行，任何重大危害的风险都应努力降低。

(b)若一个事故可能造成较严重的后果，应努力降低此事故发生的概率。

(c)比较原则。该原则是指新系统的风险与已经接受的现存系统的风险相比较，新系统的风险水平至少要与现存系统的风险水平大体相当。

(d)内生源性死亡率最低(Minimum Endogenous Mortality，MEM)原则。该原则是指新活动带来的危险不应比人们在日常生活中接触到的其他活动的风险有明显的增加。

(2)个体风险可接受准则。

个体风险IR(Individual Risk)是指在某一特定位置长期生活或工作的人员，在未采取任何防护措施的条件下遭受特定危害而死亡的概率。

① 个体风险的衡量方法。

荷兰建设规划和环境部最早提出个体风险的衡量指标。其对个体风险定义为存在于某处的未采取保护措施的人员由于意外事故导致死亡的概率，相应的计算公式如下[23]：

$$\mathrm{IR} = P_{\mathrm{f}} P_{\mathrm{df}} \tag{7.3.28}$$

式中 P_{f}——失效事故发生概率；

P_{df}——在失效事故发生的条件下造成的个体死亡概率。

② 各国可接受个体风险的取值。

荷兰TAW认为在评估可接受个体风险时，应考虑涉及风险的人员参与的主动性，例如在登山活动中的个体风险较化工厂建设带来的个体风险来说让人们更容易接受，该标准中，可接受个体风险的表述如下[24]：

$$\mathrm{IR} < \beta \cdot 10^{-4}(\mathrm{a}^{-1}) \tag{7.3.29}$$

式中 β——调整系数，与人们接受风险的主观意愿性有关。β取值见表7.3.2。

表 7.3.2　调整系数的值

风险类型	调整系数 β	举例
主动	10	登山,患病
自我控制	1	驾车
缺少自我控制	0.1	飞行
不自愿	0.01	做工

英国 HSE 委员会将个体风险划分为不可接受区、可容忍区和广泛接受区。按照 IR_{HSE} 的定义,广泛接受区和可容忍区的界限为 $IR_{HSE}=10^{-6}a^{-1}$。另外,在 HSE 相关文献中提出了核电站的风险不可接受区与可容忍区的建议界限,对于工人,可取 $10^{-3}a^{-1}$,对于公众,可取 $10^{-5}a^{-1}$。表 7.3.3 列出了英国、荷兰等国家和地区制定的个体风险可接受标准[25]。

表 7.3.3　个体风险可接受标准

国家/组织	适用范围	最大可接受个体风险
荷兰	新工厂	$10^{-6}a^{-1}$
荷兰	已有工厂	$10^{-6}a^{-1}$
英国	已有危险工业	$10^{-6}a^{-1}$
英国	新核电站	$10^{-6}a^{-1}$
英国	危险货物运输	$10^{-6}a^{-1}$
香港	新工厂	$10^{-6}a^{-1}$
澳大利亚	新工厂	$10^{-6}a^{-1}$

从表 7.3.3 可以看出,对于广泛接受区和可容忍区的界限,一般都界定为 $10^{-6}a^{-1}$,但对于不可接受区和可容忍区的界限,目前国际上尚无普遍应用的准则。

③ 我国油气管道个体风险的可接受准则建立。

目前国际上个体风险的可接受准则基本都与英国 HSE 标准框架一致,即最低合理可行原则 ALARP(As Low As Reasonable Practicable),将风险分为 3 个区域,即不可接受区、合理可行的可容忍区和广泛接受区。荷兰的标准中虽然采用了不同的方法,但该方法与英国 HSE 标准中的风险可接受水平一致。建立我国油气管道的个体风险的可接受准则,建议也采用该框架,基于我国目前人员死亡的统计数据,提出推荐的个体风险临界值。

根据国家安全生产监督管理总局的统计数据,2001—2006 年我国事故死亡人数统计结果见表 7.3.4。从表 7.3.4 可见,2001 年以来,我国的年事故死亡人数变化不大,通过与当年的全国总人口相比较,可以看出,事故死亡率为 $1\times10^{-4}a^{-1}$。与目前欧美等发达国家相比,我国的事故死亡率还是比较高的。

表7.3.4 中国总人口数和人员事故伤亡统计

年份	事故死亡人数	总人口(10^6)	死亡率(a^{-1})
2001	130491	1295	1.01×10^{-4}
2002	139393	1284	1.09×10^{-4}
2003	136340	1292	1.06×10^{-4}
2004	136755	1299	1.05×10^{-4}
2005	127089	1376	9.24×10^{-5}
2006	112822	1314	8.58×10^{-5}

根据国家统计局数据，我国从1978年至2007年的平均人口死亡率为$6.576\times10^{-3}a^{-1}$。从1978年至2007年人口死亡率统计图(图7.3.9)可以看出，近30年来，平均人口死亡率均在$6.5\times10^{-3}a^{-1}$上下变化，近似取值$1\times10^{-2}a^{-1}$。上述人口死亡率中，包括了事故死亡的人数，但事故死亡人数所占比例较小，如2001年和2002年事故死亡人数只占该年度总人口死亡人数的1.56%和1.69%。因此，年平均人口死亡率受事故死亡人数影响很小，可以看作为我国人口的正常死亡率。

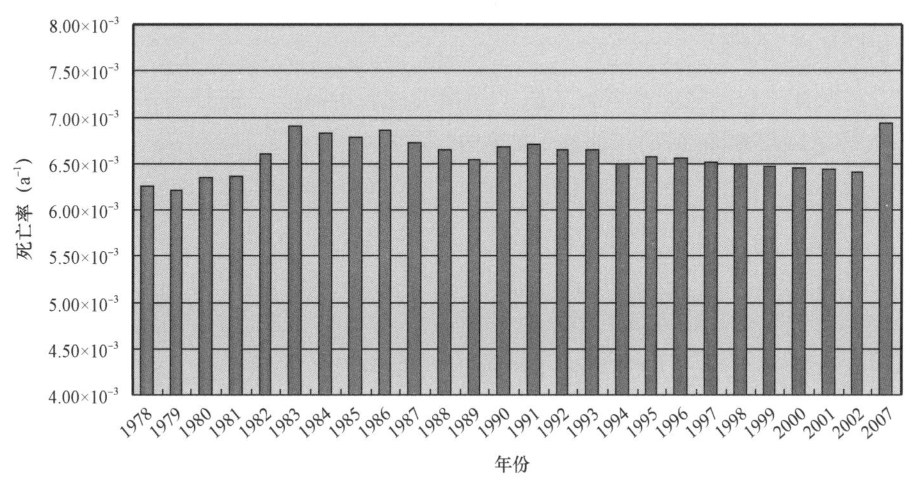

图7.3.9 中国1978年至2007年的人口死亡率

因此，推荐我国油气管道的个体风险可接受准则时，应参照我国的事故伤亡情况和年平均人口死亡率。根据上述分析，可将我国的年平均人口死亡率作为不可接受区与可容忍区的界限依据。如图7.3.10所示，在界限设定时，按照尽可能合理可行的低风险原则，鼓励和要求采取适当措施降低个体风险，将可接受的风险水平降低到现有死亡概率的1%，分别将两界限值设定为$10^{-4}a^{-1}$和$10^{-6}a^{-1}$。若个体风险落入可容忍区，应该根据ALARP原则采取措施，在合理可行的范围内将风险降低到尽可能的最低水平。

上述可接受风险准则可以按照表7.3.2中荷兰标准中的风险准则调整。对不可接受和可容忍区分界值，认为其自愿程度可以自己控制，属于正常的死亡风险，β取值为1；对于可容忍区和可接受区的分界值，由于是事故死亡，属于不自愿的风险，β取值为0.01，则可得出按照TAW形式得到的个体风险表达式：

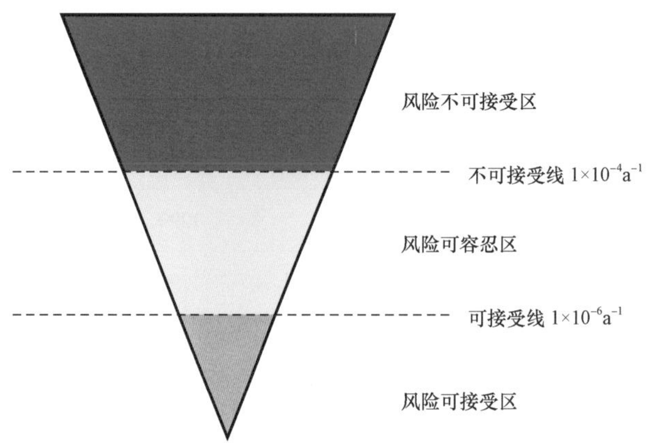

图 7.3.10 建议的个体风险准则

$$IR < \beta \cdot 10^{-4}(a^{-1}) \tag{7.3.30}$$

(3)社会风险可接受准则。

社会风险用于描述特定事故的发生概率与事故造成的人员受伤或者死亡人数的相互关系,它侧重反映在整个地区范围内由于事故发生导致的死亡或者受伤人数。

① 社会风险的衡量方法。

文献[25]对现有社会风险的衡量方法做了详细的比较分析。目前社会风险的表述通常采用 F_N 曲线,即死亡人数超越概率曲线。F_N 曲线方程如下:

$$1 - F_N(x) = P(N > x) = \int_x^{\infty} f_N(x)\,dx \tag{7.3.31}$$

式中 $f_N(x)$——每年 x 人死亡人数的概率密度函数;

$F_N(x)$——每年死亡人数的概率分布函数,表示每年死亡人数小于 x 的概率。

由此可得,潜在的每年死亡人数 $E(N)$ 可以表述为:

$$E(N) = \int_0^{\infty} x f_N(x)\,dx \tag{7.3.32}$$

公众不愿意看到导致较大死亡人数的事故发生,可以称之为规避风险心理。分析上述方程,可以看出,风险规避心理可以采用一个统一的方程来表述:

$$RI_{COMAH} = \int x^{\alpha} f_N(x)\,dx \tag{7.3.33}$$

当 $\alpha = 1$ 时,RI_{COMAH}和 $E(N)$ 相等。如果 $\alpha = 2$,上式为:

$$\int x^2 f_N(x)\,dx = E(N^2) \tag{7.3.34}$$

文献[26]给出了总风险 TR(Total Risk)的衡量方法,采用死亡人数的期望值和标准偏差以及风险规避系数 k 来表述:

$$\mathrm{TR} = E(N) + k\sigma(N) \tag{7.3.35}$$

由此可见，总风险考虑了风险规避系数和标准偏差，是一种规避风险指标，其标准偏差主要受那些发生概率低、后果严重的事件影响。

② 国际上可接受社会风险的取值。

F_N 曲线最早是在核工业领域应用，现在已经作为风险的表述形式在许多行业普遍采用。F_N 曲线可以采用以下形式表达：

$$1 - F_N(x) < \frac{C}{x^n} \tag{7.3.36}$$

式中　n——反映临界曲线的斜率；

C——常数，决定临界曲线的位置。

如果 $n=1$，可称作中性风险指标；如果 $n=2$，则可称作规避风险指标。在这种情况下，后果严重的事故只有在相对较低的概率下才能接受。表 7.3.5 给出了部分国家和地区对式(7.3.36)中 C 和 n 的取值。

表 7.3.5　F_N 曲线参数在部分国家和地区的取值

国家和地区	n	C	适用
英国(HSE)	1	10^{-2}	危险设施
中国香港	1	10^{-3}	危险设施
荷兰(VROM)	2	10^{-3}	危险设施
丹麦	2	10^{-2}	危险设施

③ 中国油气管道的社会风险可接受准则建立。

式(7.3.36)表达的社会风险可接受准则也存在一定的问题，如当该准则作为一个地区或者项目的风险可接受准则时，在整个国家层面上，可能出现社会风险超过可接受风险水平的情况。这时整个国家的社会风险取决于地区或者项目的数量。随着新建项目数量增加，尽管每一个新建项目都满足已有的可接受社会风险准则，但在国家层面上，有可能出现不可接受的高风险水平[25]。因此，应该从国家的可接受社会风险准则出发，推导地区或者项目的社会可接受风险准则。

(a)国家层面的社会风险可接受准则。

我国目前平均的事故死亡率在 $1\times10^{-4}\mathrm{a}^{-1}$。考虑到非主观自愿的情况，在制定可接受风险指标时，对上述的事故死亡率加以修正，以 $1\times10^{-3}\mathrm{a}^{-1}$ 作为工伤事故死亡的统计指标。参考荷兰 TAW 给出的风险指标体系，可接受的国家层面的社会可接受风险判据为：

$$\frac{\sum(N_{pi}P_{dfi}P_{fi})\times100}{1.3\times10^9} < \beta_i\times1\times10^{-3} \tag{7.3.37}$$

式中　N_{pi}——活动 i 涉及的人员总数；

P_{fi}——活动 i 发生事故的概率；

P_{dfi}——发生事故后人员的死亡概率；

1.3×10^9——目前人口总数；

100——假设每个个体平均熟知的范围。

通常,公众对于风险的认识是建立在他熟知的生活和人员范围内的。换句话说,公众对于熟悉的人的死亡非常敏感,而对于不熟悉的人,则没有较高的风险意识。在建立社会可接受风险准则时,应对此加以考虑。

根据我国2002年对各个行业的事故统计数据可以看出,石油行业年事故死亡人数约占全国事故死亡人数的0.0366%,可以得出石油行业的国家层面上的可接受社会风险判据为:

$$N_{pi}P_{dfi}P_{fi} < 4.76\beta \tag{7.3.38}$$

上式只考虑了估计死亡人数。预计的死亡人数是以概率的形式给出,存在一定的偏差,而且标准偏差如果较大的话,会引起公众的风险规避心理,即标准偏差的大小会影响公众对风险的可接受性。根据式(7.3.35),进一步得出石油行业在国家层面上的可接受社会风险判据为:

$$E(N) + 3\sigma(N) < 4.76\beta \tag{7.3.39}$$

β取1时,则有:

$$E(N) + 3\sigma(N) < 4.76 \tag{7.3.40}$$

(b)管道的社会风险可接受准则。

我国目前油气长输管道总里程接近8×10^4km,预计“十三五”末将达到10×10^4km。经过搜集和统计历史失效事故数据,我国油气管道失效事故发生概率在$10^{-3}a^{-1}$左右,东北和华北的老输油管线事故率超过$2\times10^{-3}a^{-1}$,以下计算中取$3\times10^{-3}a^{-1}$。根据历史数据统计,每次事故的平均死亡人数为0.0164人。按照式(7.3.36)社会风险FN曲线方程,C取10^{-4},n取2,计算$E(N)$和$\sigma(N)$,有:

$$E(N) = N_{Ai}PN = 100000 \times 3 \times 10^{-3} \times 0.0164 = 4.93 \tag{7.3.41}$$

$$\sigma(N) = \sqrt{N_{Ai}PN} = \sqrt{100000 \times 3 \times 10^{-3}} \times 0.0164 = 0.28 \tag{7.3.42}$$

$$E(N) + 3\sigma(N) = 5.78 > \beta_i \cdot 4.76 \tag{7.3.43}$$

式中 N_{Ai}——油气管道的总长度;

P——油气管道失效概率;

N——每次事故平均死亡人数。

从式(7.3.43)计算结果可见,总风险超过临界值,需要进一步调整C的取值。经过计算,C取10^{-3}也不满足(7.3.39)式,进一步调整为10^{-4}时满足式(7.3.41)判据,即为:

$$E(N) + 3\sigma(N) = 0.046 \tag{7.3.44}$$

从而得出我国油气管线的社会风险可接受判据的F_N曲线,如图7.3.11所示,曲线方程如下:

$$1 - F_{N_{di}}(x) < \frac{10^{-4}}{x^2} \tag{7.3.45}$$

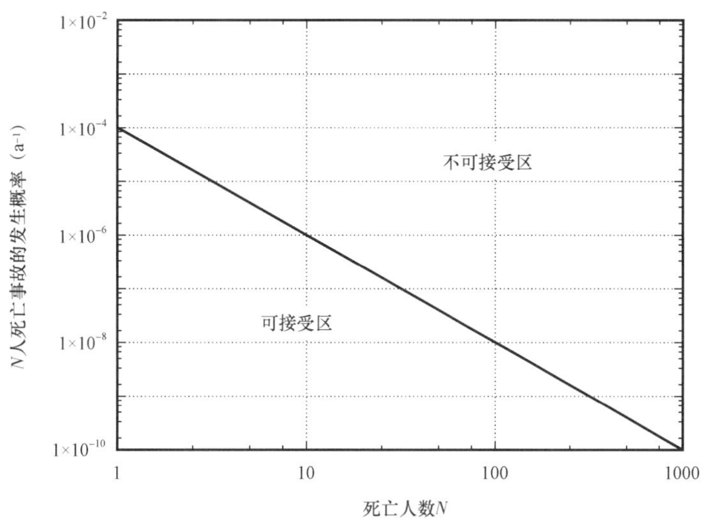

图 7.3.11 油气管道的社会风险可接受判据的 F_N 曲线

需要说明的是，管道总长度、历史事故率和每次事故的死亡人数等重要参数发生变化，社会风险的可接受判据就要做相应的调整和改变。随着国民经济发展对能源需求量的增长，管线总长度会不断增加。失效事故率和每次事故平均死亡人数是基于历史失效事故统计获得，由于能获取的公开发布的数据有限，会影响社会风险判据的可靠性。风险可接受判据要随着事故数据的积累不断改进和完善，由此可见管道失效数据库对做好管道的风险评估具有重要意义。

7.3.1.2 管道检测技术

基于风险的检测（Risk Based Inspection）是以风险评估为基础，用于对检测方案进行优化安排的一种方法。基于风险的检测是将检测重点放在高风险（HRA）和高后果（HCA）的管段上，而把适当的力量放在低风险部分。在给定的检测活动水平下，基于风险的检测更有利于降低管道运行的风险，如图 7.3.12 所示。经验表明，在一个运行的管线系统中，风险的相当大的部分（约 80%）与长度占比很小的管段有关。基于风险的检测允许将检测和维修主要精力用于高风险的管段上，而把适当的力量放在低风险部分。基于风险的检测目的可以概括为：(1)对管线系统中运行管段进行调查，以识别高风险部位；(2)依据同一方法对各管段进行风险评估；(3)在风险评估的基础上将各管段进行风险排序，找出高风险因素、高风险区和高后果区；(4)设计适当的检测程序对管道缺陷进行定量检测，为管道完整性评价提供基础数据。

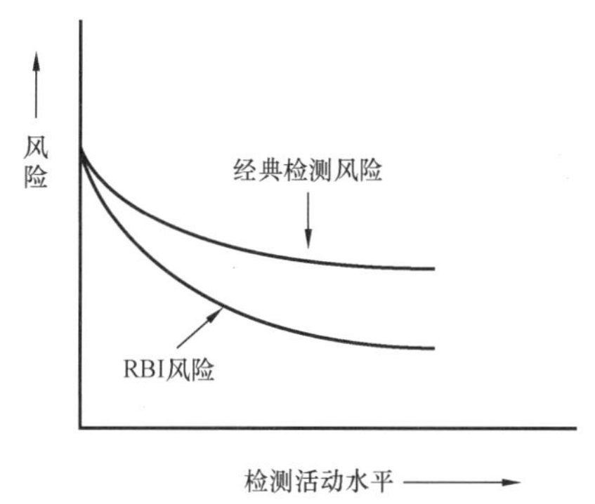

图 7.3.12 基于风险的意义

基于风险的管道检测技术包括基于风险的管道检测程序优化技术和管道检测技术两个方面，管道检测技术包括管道内检测技术和管道外检测技术。

(1)基于风险的管道检测程序优化技术。

优化检测程序就是要在最小的投资下选择最佳的检测级别，所谓检测级别就是检测手段、方法和检测频度等。基于风险的检测程序优化的基本原理与图 7.3.8 类似，将图 7.3.8 中横坐标“风险控制措施级别”用“检测级别”代替，纵坐标仍为费用。计算不同检测级别（检测水平、频度等）下的风险费用和安全费用（检测投资等）。随着检测级别的提高，管道风险减小，风险费用降低，而安全性提高，为保证安全的投资（安全费用）增加。安全费用和风险费用的总和即为总投资。总投资随检测级别的变化存在一谷值，该点对应的投资为最佳投资，对应的检测级别为最佳检测级别。检测程序优化的基础是风险评估。

（2）管道内检测技术。

管道内检测技术就是在管道内使用一种检测装置，通过分析检测装置采集的管壁信息，从而确定或描述管道因外腐蚀或内腐蚀引起的金属损失，其次也能检测出管道的机械损伤、材质缺陷及管道附件等。管道内检测技术已成为探明管道内、外壁金属损失和管道其他缺陷的重要手段。

管道内检测装置主要检测管道的金属损失（Metal - loss）和裂纹。检测金属损失的检测技术主要有漏磁检测（MFL）技术和超声波（UT）检测技术。漏磁检测技术应用最广泛，不受介质的限制，对管道清管洁净程度的要求也没有超声波检测技术要求的严格。目前，漏磁检测技术已达到高清/超高清晰度检测水平。超声波检测技术受介质限制，对清管效果要求较高，检测结果比较直观。检测裂纹使用的技术主要有超声波、电磁超声、漏磁等检测技术，精度和准确度均有待于提高和发展。

对管道内检测装置的一般要求为：不影响管道的输送运行；可检测出缺陷并测量缺陷；对管道结构和工作条件有良好的适应性；数据处理系统要具有分辨非缺陷信号的能力。

① 管道内检测技术的发展。

国外的管道检测技术产生于20世纪60年代，当时的在线检测技术是低分辨率的漏磁检测器（MFL），只能判断管道上是否存在腐蚀缺陷，缺陷的大小一般只能定性地分为轻度、中度和严重三个档次，不能区分出内外腐蚀缺陷。以当前国际最为著名的PⅡ管道检测公司的发展为代表，70年代使用在线检测技术对英国天然气管道检测时，人们认为低分辨率技术不适合用于检测英国天然气公司的高压输送管道。1977年，第一套24in漏磁检测系统在一条陆上管道上成功运行。80年代又设计开发了6in到48in的漏磁检测器。为进一步提高管道检测精度水平，各国检测公司开始开发高清晰度管道检测设备，检测探头小型化、采样间距缩小，数据分析水平不断提高。计算机技术和存储能力的发展促进了检测技术水平的提高，高速计算机可以模拟各种速度下的磁场磁化管壁情况，优化管道检测器的磁路设计；数据分析软件对缺陷可以进行各种方式的显示，如曲线方式、彩色显示、三维显示等；各种高新技术应用于管道检测系统中，如高精度陀螺检测管道走向、GPS系统结合GIS对检测结果精确定位和高水平的管道维护管理。目前，国际上著名的管道检测服务公司除PⅡ公司外，还有美国的Tuboscope Vetco公司、德国的Rosen公司、加拿大的BJ公司以及挪威的Pipecare公司等。

我国从20世纪80年代初期开始对管道检测技术进行跟踪研究。20世纪90年代初，中国石油天然气集团公司管道局引进了漏磁检测设备，并在检测实践中进行消化、吸收和再创新。经过20余年的研发和实践，完成了从全套设备引进到零部件的国产化，再到检测设备的全面国产化，最后检测设备系列化的国产化过程，实现了从引进的只能用于输油管道的传统清晰度检测设备到适用于输气管道的中等清晰度检测设备，进而发展高清晰度检测设备的技术水平提升，我国的管道内检测技术水平取得了巨大的进步。目前在漏磁检测器和通径检测器上已实现系列化配套，尤其是已经开发出了三轴高清漏磁检测器，检测精度满足 NACE RP0102 标准要求，已经应用于管道内检测[27,28]。但内检测技术的总体水平与国际先进水平还有一定差距，尤其是裂纹型缺陷检测技术还需要加快研发步伐。

② 三轴高清管道漏磁检测器。

根据美国腐蚀工程师协会（NACE）相关标准，高清晰度管道漏磁检测器典型的技术指标见表 7.3.6。目前国内中国石油管道局管道检测公司和沈阳工业大学已经开发出了 40in 和 48in 高清晰度漏磁检测器，各项指标均达到或超过了 NACE 标准要求。表 7.3.7 给出了沈阳工业大学高清晰度漏磁检测器主要技术指标。

表 7.3.6　NACE 高清晰度管道漏磁检测器典型的技术指标

<table>
<tr><th colspan="2">项目名称</th><th>技术指标</th></tr>
<tr><td colspan="2">轴向采样距离</td><td>2mm（如果检测器采样时间一定，轴向采样距离随检测速度的增加而增大）</td></tr>
<tr><td colspan="2">周向传感器间距</td><td>8 ~ 17mm</td></tr>
<tr><td colspan="2">最小检测速度</td><td>0.5m/s（导电线圈）；没有要求（传感器为霍尔元件）</td></tr>
<tr><td colspan="2">最大检测速度</td><td>4 ~ 5m/s</td></tr>
<tr><td rowspan="4">深度检测精度</td><td>一般腐蚀</td><td>最小深度：　10% WT（WT 表示管道壁厚）
深度测量精度：　±10% WT
长度测量精度：　±20mm</td></tr>
<tr><td>坑状腐蚀</td><td>最小深度：　10% ~ 20% WT
深度测量精度：　±10% WT
长度测量精度：　±10mm</td></tr>
<tr><td>轴向沟槽</td><td>最小深度：　20% WT
深度测量精度：　−15%/+10% WT
长度测量精度：　±20mm</td></tr>
<tr><td>周向沟槽</td><td>最小深度：　10% WT
深度测量精度：　−10%/+15% WT
长度测量精度：　±15mm</td></tr>
<tr><td colspan="2">长度检测精度（轴向）</td><td>10mm</td></tr>
<tr><td colspan="2">宽度检测精度（周向）</td><td>±（10 ~ 17）mm</td></tr>
<tr><td colspan="2">定位精度</td><td>轴向（相对最近环焊缝）：±0.1m
周向：　±5°</td></tr>
<tr><td colspan="2">可信度</td><td>80%</td></tr>
</table>

表 7.3.7　沈阳工业大学高清晰度漏磁检测器技术指标

项目名称	技术指标
轴向采样距离	2mm；当检测器速度为 2m/s 时，采样距离可到 1mm
周向传感器间距	4.3mm
最大检测速度	4 ~ 5m/s

续表

<table>
<tr><th colspan="2">项目名称</th><th>技术指标</th></tr>
<tr><td rowspan="4">深度检测精度</td><td>一般腐蚀</td><td>最小深度： 5% WT（WT 表示管道壁厚）
深度测量精度： ±10% WT
长度测量精度： ±10mm</td></tr>
<tr><td>坑状腐蚀</td><td>最小深度： 8% WT
深度测量精度： ±10% WT
长度测量精度： ±10mm</td></tr>
<tr><td>轴向沟槽</td><td>最小深度： 8% WT
深度测量精度： ±10% WT
长度测量精度： ±10mm</td></tr>
<tr><td>周向沟槽</td><td>最小深度： 5% WT
深度测量精度： ±10% WT
长度测量精度： ±10mm</td></tr>
<tr><td colspan="2">长度检测精度（轴向）</td><td>10mm</td></tr>
<tr><td colspan="2">宽度检测精度（周向）</td><td>±15mm</td></tr>
<tr><td colspan="2">定位精度</td><td>轴向（相对最近环焊缝）：±0.1m
周向： ±5°</td></tr>
<tr><td colspan="2">可信度</td><td>90%</td></tr>
</table>

影响漏磁检测器检测精度的主要有两方面：一是硬件，检测器本身拾取管道信息的能力，主要通过增加检测探头数量、提高探头检测精度、减小采样间距等来实现。二是软件，对检测器检测到的信息的处理能力，主要通过提高数据分析软件的技术水平、完善管道缺陷信息库、提高数据分析人员的经验水平等来实现。一般漏磁检测器都由磁铁、探头、驱动皮碗、记录仪、里程轮等组成。

(a)磁铁。磁铁部分主要由磁铁、钢刷、铁心组成，其主要作用是与被测管壁形成磁回路。当管壁没有缺陷时，磁力线囿于管壁之内；当管壁存在缺陷时，磁力线会穿出管壁产生漏磁。

(b)探头。探头部分主要由霍尔器件和感应线圈组成。感应线圈受检测器运行速度的影响，对检测器的最低速度有要求；霍尔器件不受速度影响，可以测量零速度下的磁场。高清晰度管道漏磁检测器对探头的周向排列有一定的要求，即探头的周向间距应在 8 ~ 16mm 之间，间距愈小，测量精度愈高。一般而言，每英寸管径探头数量为 10 个。例如，40in（1016mm）管道标准探头数量为 400 个。当然，还应区分内外缺陷的探头。

(c)驱动皮碗。驱动皮碗是检测器在管道中运行的动力来源。输气管道和输油管道中运行的检测器对皮碗的要求不尽相同。在输气管道中，驱动皮碗应选择轻型皮碗，主要原因是检测器在输气管道中运行，在经过弯头、壁厚变化、阀门等时，检测器的运行阻力不应有大的变化，否则轻则导致检测器运行不稳定，重则可能导致检测器对管道的损坏。为保证管道的运行安全，皮碗的设计应保证在一定的压力下自动开始泄流。一旦检测器发生卡堵，管道不会由于压力增加过高而爆管或停输。在输油管道中，检测器的皮碗无须特别要求，可以选择具有一定支撑作用的重型皮碗。

(d)数据采集系统。数据采集系统对于主探头数据的采集一般不进行处理，即原始数据全部采集。区分内外缺陷的探头数据的采集只有主数据量的 1/10。另外还需要采集管道的特征数据或运行参数,如介质温度、压力、运行速度等。数据采集的轴向扫描间隔按 NACE 标准为 2mm,但这样将大大降低检测器的运行速度,而且轴向采样间隔影响检测的数据量大小。由于数据采集系统处理速度限制和检测数据存储介质容量的约束,轴向采样间隔应做出合适的选择,一般每米 300 次扫描,已经可以满足高清晰度检测器对缺陷的描述精度要求。

高清晰度检测器采集的数据包括:

主漏磁场数据——这些数据表征了管道的各种特征,包括金属损失缺陷、管道附件如管道焊缝、阀门、三通、弯头等,数据量的大小与检测器的探头数量、采样间距及被检测管道的长度有关,对缺陷的描述精度起决定作用。

副漏磁场数据——这些数据由局部磁场磁化,IDOD 探头拾取,主要确定由主磁场数据确定的缺陷是在管壁内或外,对缺陷的描述精度不起作用。一般情况下,IDOD 探头的数量与主探头相同,但采集的数据量只有主漏磁场数据量的 1/10。

非磁量数据——非磁量数据主要指管道的运行参数数据,如输送介质的温度、压力等。另外检测器在管道中的运行速度、里程、周向位置等也属于非磁量数据,这些数据用于对缺陷的精确定位。

(e)数据分析系统。数据分析系统是对检测器采集的数据进行回放分析,确定检测到的缺陷尺寸、位置及其性质。一般检测器检测到的数据均为原始数据,对数据基本不进行处理,高清晰度检测器的数据分析系统应当具有自动处理功能,充分利用计算机软件对原始数据进行自动过滤、分离、缺陷分类及计算缺陷尺寸等。缺陷的显示方式有传统的曲线显示、彩色或灰度显示及三维显示等。但由于漏磁检测系统中检测缺陷信号与实际缺陷之间没有绝对的一一对应关系,因此实现完全由计算机自动处理分析是不可能的。通过建立大量的缺陷数据库以及分析软件的学习功能可以使数据分析系统的自动化程度不断提高。数据分析系统的水平在一定程度上决定了管道检测的技术水平,为用户提供全面、操作性强、可视化的检测报告是数据分析系统的发展目标。

(3)管道外检测技术。

管道的外检测包括管道外防腐层检测、管道的阴极保护检测以及基于风险的开挖检测三种检测方法。在管道的外检测中,管道外防腐层检测技术发展最快,方法也最多,技术最成熟。相比之下,管道的阴极保护检测技术较为落后,其测试通常为保护电位的测试,采用的方法为传统的管地电位测试。目前,国外公司开发了一些相关的检测设备,如加拿大阴极保护公司的 DCVG/CIPS 仪器,主要用于阴极保护有效性的检测,还可以进行管道外防腐层破损的检测。基于风险的开挖检测是一种新型的检测技术,它是在考虑管道的风险因素和危害程度的基础上,基于管道服役及以前检测数据,确定管道的最危险管段而进行的开挖检测技术。

① 外防腐层检测技术。

埋地管线防腐层由于诸多因素引起劣化,如老化、发脆、剥离、脱落,最终会导致管道腐蚀穿孔,引起泄漏。防腐层劣化也同样影响阴极保护效能,因为防腐层劣化后,管道与大地绝缘性能降低,保护电流散失,保护距离缩短,使得不到保护的管线腐蚀速度加剧。因此,对地下管道防腐层状况定期评估,并有计划地进行检漏和补漏是预防和避免因防腐层劣化而引发管线腐蚀的重要手段。

目前,实际应用较为广泛的涂层检测技术包括:Pearson 检测法、电流—电位法、变频—选频法、多频管中电流法(简称PCM)、密间隔电位(简称CIPS)和直流电位梯度(简称DCVG)法等。

(a)Pearson检测法。

这是一个古典的检测方法,是由英国的John Pearson博士发明,故称Pearson检漏法。国内也有将这种方法称人体电容法。国内基于这种方法已研制出相应的检测仪器,如江苏海安无线电厂生产的SL-2098、SL-2088仪器。

Pearson检测方法的原理如图7.3.13所示。通过发射机向管道施加一个交变电流信号(如1000Hz),该信号沿管道传播。当管道防腐层存在缺陷时,就会有电流从防护层破损点泄漏入土壤中,这样在管道破损裸露点和土壤之间就会形成电位差,且在接近破损点的部位电位差最大,用仪器在埋设管道的地面上检测到这种电位异常,即可发现管道防护层破损点。该方法的实质是电位差法。

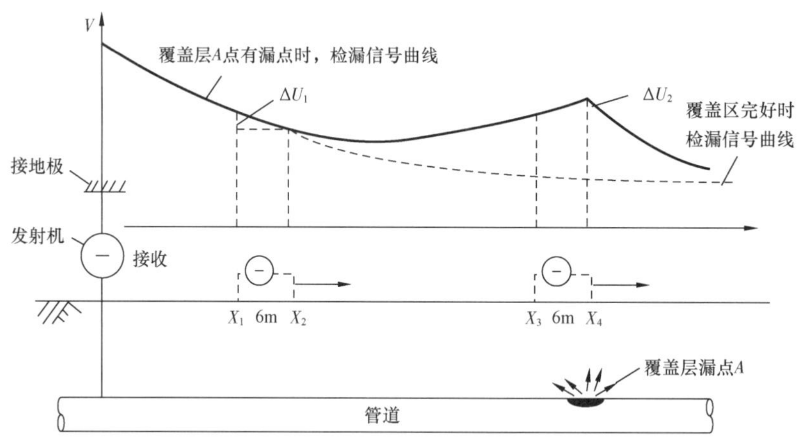

图7.3.13 Pearson检测原理图

具体的检测方法:先将交变信号源连接到管道上,两位检测人员带上接收信号检测设备,两人牵一测试线,相隔6~8m,在管道上方进行检测。

该方法的优点:该古典的防腐层漏点检测方法,准确率高;很适合油田集输管线以及城市管网防腐层漏点的检测。该方法的缺点:抗干扰能力差;需要探管机及接收机配合使用,首先必须准确确定管线的位置,然后才能通过接收机接收管线泄漏点发出的信号;受发射功率的限制,最多可检测5km;只能检测到管线的漏点,不能对防腐层进行评级;检测结果很难用图表形式表示,缺陷的发现需要熟练的操作技艺。

(b)多频管中电流法(PCM)。

多频管中电流法(Pipeline Current Mapping)是目前使用率很高的检测方法,如图7.3.14所示。测试原理:由发射机向管道发射某一频率的信号电流,电流流经管道时,在管道周围产生一相应磁场;当管道防护层完好时,随着管道的延伸,电流较平稳,无电流流失现象或流失较少,其在管道周围产生的磁场比较稳定;当管道防护层破损或老化时,在破损处就会有电流流失现象,随着管道的延伸,在管道周围磁场的强度就会减弱。检测人员在管道上方用地面专用接收机对管道周围的磁场信号进行接收、处理后,可以直接读出该处管道电流数据和管道埋深等数据,记录测试点的距离x及电流强度I,将现场测量数据输入计算机,经计算机处理后,可得到该管道防护层的评价结果并可输出图形文件。

图 7.3.14　多频管中电流法(PCM)测试用仪器

PCM 检测法所用仪器由两部分组成:一部分是发射机,可同时向管道施加多个频率的电流信号;另一部分是接收机,可接收发射机所发射的不同频率的电流信号,追踪探测施加的电流信号强度并可存储检测数据。

该方法特点:可以根据电流衰减情况,精确定位防腐层破损点位置;可以对防腐层进行等级评定;检测仪器功率强大,可以达到 150W、检测距离大。但是,当存在外加电流干扰、大地磁场干扰或有其他管道交叉敷设时,检测出现盲区,造成检测结果不准确。

(c)直流电位梯度法(DCVG)。

直流电位梯度法(Direct Current Voltage Gradient,DCVG)和密间隔电位测试(Close Interval Potential Survey,CIPS)方法配合使用可以对防腐层的漏点进行检测。但防腐层的等级无法评定。

检测方法:a)使用一个灵敏的毫伏表,用两个 $Cu/CuSO_4$ 半电池探杖,插入检测部位的地面,在有破损点的地方,如果两个探杖间的距离大于 0.5m 左右,其中一个探杖的电位就会比另一个高,在毫伏表上就显示出两探杖间的电位差值,同时也指出了产生梯度的电流方向。b)为了在测量中便于对信号的观察和解释,在 DCVG 测量时,要在阴极保护输出上加一个断流器,其自动以每秒一周、2/3 秒断开、1/3 秒接通的模式运行。这样,液晶屏幕上电压梯度的数值就会随着这个周期有规律的闪现。c)在测量过程中,操作员沿管道以 2m 间隔用探杖在管顶上方进行测量,两探杖一前一后,相距 1m 到 2m。当接近破损点时,可以看到表头开始响应,有梯度数值不断闪现。继续前进,跨越破损点时,梯度数值就会变号,并且梯度数值会随着远离破损点而逐渐减小。d)返回测量,仔细跟踪破损点,就可以找到梯度值输出为零的位置,即探杖放在了破损点两边的同一等位线上,破损点就在两探杖的中间。对这一点,在与管道垂直的方向重复测量一次。两次测量探杖连线的交点就是梯度分布中心,这个位置就在防腐层破损点的正上方。e)在确定了一个破损点后,继续往前测量,以每半米检测一点,在离开这个梯度场后,没有发现梯度数值改变符号,就可以按常规间距进行测量了。如果在离开一个破损点时又发现梯度数值改变符号,那就说明附近有新的破损点出现。

(d)变频—选频法。

变频—选频法的理论依据是线传输函数,将信号输入管道,电信号沿管线纵向逐渐衰减。改变频率,使信号衰减到某个电平值来求取信号传输常数,防腐层绝缘电阻就包含在该常数中,根据已知参数和现场测量参数即可求出防腐层绝缘电阻。这一方法在实际测量中很少使用。

(e)电流—电位法。

电流—电位法为在管道上利用阴极保护电流或外加电流测试特定长度上管道电流的漏失率,通过计算得到该段管道防腐层绝缘电阻。该方法因为测试繁琐,目前实际测量中很少使用。

② 管道阴极保护检测技术。

阴极保护测试的传统方法如图 7.3.15 所示。工作人员定期用毫伏表沿管线逐个在测试桩上测量该点的管地电位,从阴极保护站的加电点开始,观察所施加的电位沿管道的衰减情况,用以了解保护的范围和异常衰减的区段。该方法的缺点是由于 IR 降的存在,其测量结果误差较大。

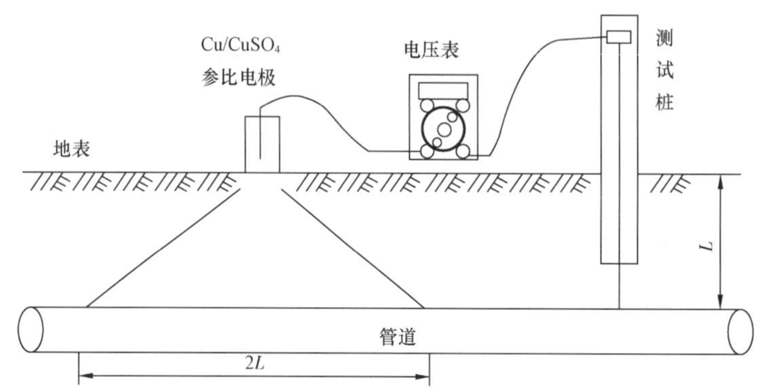

图 7.3.15 传统的保护电位检测方法

密间隔电位检测是一种先进的管线阴极保护有效性的检测方法。该方法能消除土壤 IR 降的影响,可以测取阴极保护系统下的真实管地电位。其检测仪器如图 7.3.16 所示,检测方法如图 7.3.17。测量时,在阴极保护电源输出线上串接断流器,断流器以一定的周期断开或接通阴极保护电流。测量从一个阴极保护测试桩开始,将尾线接在桩上,与管道连通,操作员手持探杖,沿管顶每隔1 ~5m测量一个点,记录每一个点在通电和断电情况下的电位,即 ON/OFF 电位,根据 ON/OFF 电位的变化情况来评价管道阴极保护情况及防腐层的状况。

图 7.3.16 密间隔电位检测仪器

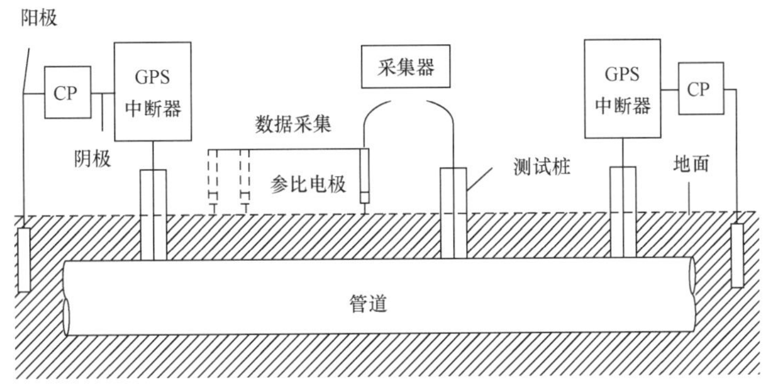

图 7.3.17　密间隔电位检测方法

③ 基于风险的开挖检测技术。

基于风险的检测是在风险评估的基础上，确定管道的高风险区或高后果区，将有限的检测和维修费用以及宝贵时间集中于少量风险较大的管段。关于风险评估方法本章 7.3.1.1 节有详细介绍。

根据风险评估确定的高风险管段和高后果管段，对重点部位进行开挖，利用射线、TOFD、PAUT 等无损检测手段对管道腐蚀缺陷、焊缝缺陷等损伤进行定量检测。

7.3.1.3　管道完整性评价技术

含缺陷管道完整性评价包括含缺陷管道剩余强度评价和剩余寿命预测两个方面。

含缺陷管道剩余强度评价是在管道缺陷检测基础上，通过严格的理论分析、试验测试和力学计算，确定管道的最大允许工作压力（MAOP）和当前工作压力下的临界缺陷尺寸，为管道的维修和更换，以及升降压操作提供依据。

含缺陷管道剩余寿命预测是在研究缺陷的动力学发展规律和材料性能退化规律的基础上，给出管道的剩余安全服役时间。剩余寿命预测结果可以为管道检测周期的制定提供科学依据。

7.3.1.3.1　管道剩余强度评价方法

管道剩余强度评价的对象、类型和方法如图 7.3.18 所示。剩余强度评价的缺陷类型包括五大类：体积型缺陷，如局部沟槽状腐蚀缺陷、片状腐蚀缺陷、局部打磨缺陷等；平面型缺陷，即裂纹型缺陷，包括焊缝未熔合缺陷、未焊透缺陷、焊接裂纹、疲劳裂纹、应力腐蚀裂纹以及氢致宏观裂纹等；弥散损伤缺陷，包括点腐蚀缺陷、表面氢鼓泡以及氢致微裂纹等；几何缺陷，包括焊缝错边、焊缝噘嘴、管体不圆、壁厚不均匀等缺陷；机械损伤缺陷，主要由管道建造时的意外损伤及建筑施工、农民耕地、人为破坏等原因造成的损伤，缺陷类型包括表面凹坑（Dent）、沟槽（Gouge）以及凹坑 + 沟槽（Dent + Gouge）。

剩余强度评价方法大体归结为以下四种：基于大量含缺陷管段水压爆破试验得到的半经验公式；基于弹塑性力学和断裂力学理论的解析分析方法；有限元数值计算方法；基于含缺陷管道的失效判据，结合概率和可靠性理论，建立含缺陷管道的概率剩余强度评价方法。

（1）含体积型缺陷管道的剩余强度评价方法。

① 体积型缺陷的定量化表征方法。

缺陷尺寸的定量化检测和表征是含缺陷管道剩余强度评价的基础，缺陷尺寸检测和表征精度

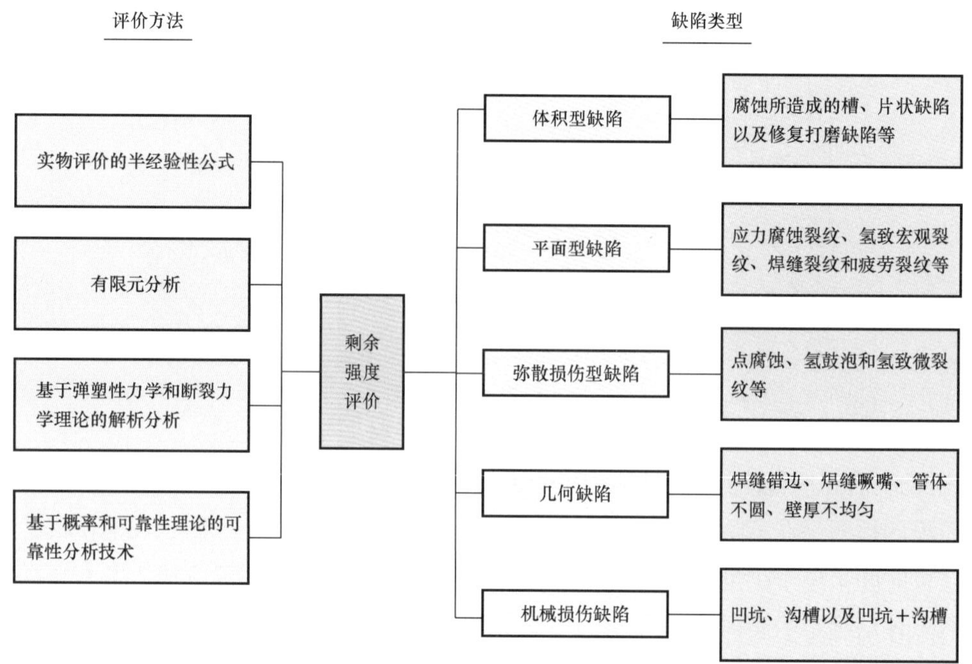

图 7.3.18　含缺陷管道剩余强度评价的对象、类型和方法

越高，管道剩余强度评价的结果就越可靠和准确。在管线检测中若使用的漏磁检测器为中低分辨率的检测器，只能分辨出严重腐蚀、中度腐蚀和轻度腐蚀，给出腐蚀缺陷的大体范围，不能给出精确的缺陷尺寸，无法满足剩余强度评价的需要。为此，必须选取严重腐蚀部位进行开挖检测。为适应现场开挖检测需要，研究建立了腐蚀部位剩余壁厚的精确测量技术。根据腐蚀缺陷大小和分布特征，按一定间隔，在腐蚀区域划分网格，测量网格节点的剩余壁厚，确定腐蚀缺陷部位的危险厚度截面（CTP），由轴向最小厚度读数得到轴向危险厚度截面，由环向最小厚度读数获得环向危险厚度截面。图 7.3.19 给出了腐蚀缺陷部位 CTP 的确定方法[29]。由危险厚度截面，可得到用于剩余强度评

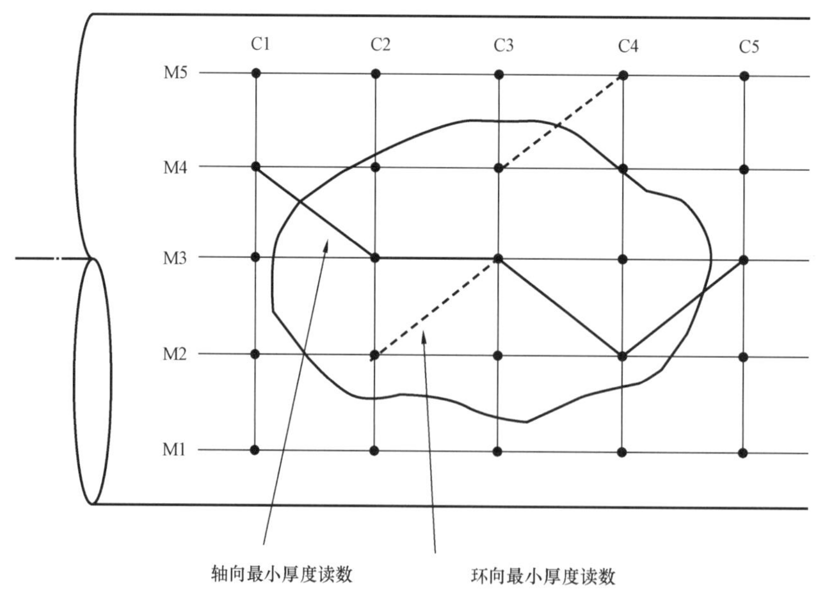

图 7.3.19　管道腐蚀部位最危险厚度截面（CTP）的确定方法

价的有效缺陷尺寸,包括缺陷的长度、深度和宽度。该方法成功应用于新疆克乌 DN500 管线,河南中安输气管线和中开输气管线,内蒙古阿赛输油管线等多条管线的腐蚀缺陷检测。

当多个缺陷相邻近时,建立 CTP 和表征有效缺陷尺寸时应考虑近邻缺陷交互作用的影响,如图 7.3.20 示。第 1 步:测量每一个金属损失区的轴向尺寸 s 和环向尺寸 c,围绕金属损失区画一尺寸为 $s \times c$ 的矩形;第 2 步:围绕金属损失区画一尺寸为 $2s \times 2c$ 的矩形,其他的金属损失区可能位于此矩形内;第 3 步:若附近金属损失区整体或部分落在其中较大的矩形内,则确定缺陷有效尺寸 s 和 c 时应将落在此矩形内的金属损失区包括在内。

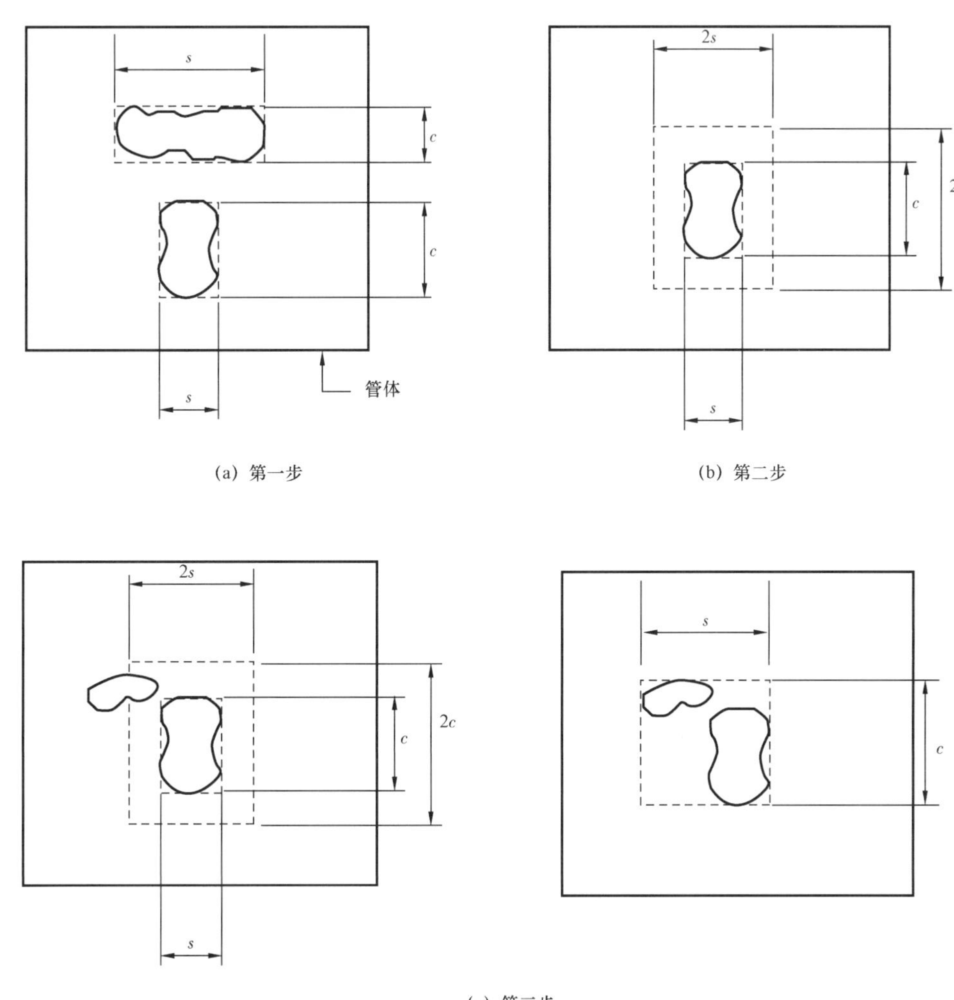

(a) 第一步　(b) 第二步

(c) 第三步

图 7.3.20　考虑临近缺陷交互作用时的缺陷定量化表征方法

采用三维弹塑性有限元方法,通过分析轴向蚀坑间距和环向蚀坑间距对极限承压能力的影响,研究了轴向和环向腐蚀缺陷交互作用[29]。研究表明,仅有内压作用时,剩余强度评价只需要考虑轴向蚀坑间的交互作用,不需要考虑环向蚀坑间的交互作用。当有附加轴向载荷和弯曲应力存在时,则应考虑环向蚀坑间的交互作用。

② 含体积型缺陷管道的概率剩余强度评价方法。

概率剩余强度评价方法以能够反映管道的真实情况为原则,考虑评价参数的不确定性,将评价参数看作服从一定统计分布的随机变量,以概率性数值输入评价过程,然后计算含缺陷结构的失效概率和可靠性水平来评价结构安全性。概率剩余强度评价，不仅能反映评价中参数的不确定性，而且能够给出含缺陷管道失效概率的定量计算结果。概率剩余强度评价方法与确定性评价方法相比，能够更真实地反映含缺陷结构的安全状态。对于局部腐蚀这类体积型缺陷的评定方法，从Kiefner 和 Maxey 等 20 世纪 70 年代最早提出至今，经过 40 多年的研究和实践，国际上已形成了许多评价标准和规范，国外有代表性的标准如 ASME B31G（2012 年）、CAN/CSA Z662（2015 年）、DNV RP F101（2017 年）和 API 579 的第 5 章（2016 年）等，但上述评价标准和规范都是确定性的评价方法。赵新伟[30]研究建立了局部腐蚀缺陷的概率剩余强度评价方法，包括失效概率计算方法和参数敏感性分析方法。

（a）失效概率和可靠性计算。

根据 Kiefner 等建立的局部腐蚀管道剩余强度因子计算公式，提出局部腐蚀管道极限承压能力计算公式如下：

$$p_L = \frac{2m_f\sigma_S t}{D}\frac{1 - d/t}{1 - d/(tM_t)} \tag{7.3.46}$$

$$M_t = (1 + 0.48\lambda^2)^{0.5} \tag{7.3.47}$$

$$\lambda = \frac{1.285L}{\sqrt{Dt}} \tag{7.3.48}$$

式中 σ_S——管道材料屈服强度，MPa；

m_f——无量纲系数，取 1.1；

D——管道外径，mm；

t——管道名义壁厚，mm；

d——缺陷深度，mm；

M_t——Folias 因子（或称鼓胀因子）；

L——缺陷长度，mm。

基于式（7.3.46）建立局部腐蚀管道状态函数如下：

$$Z = \frac{2m_f\sigma_S t}{D}\frac{1 - d/t}{1 - d/(tM_t)} - p \tag{7.3.49}$$

式中 p——管道设计压力或工作压力，MPa。

局部腐蚀管道的失效概率计算模型为：

$$P_f = \int_{Z<0}\cdots\int f(d,L,t,D,m_f,\sigma_S,p)\,\mathrm{d}d\mathrm{d}L\mathrm{d}D\mathrm{d}m_f\mathrm{d}\sigma_S\mathrm{d}p \tag{7.3.50}$$

式中 $f(d,L,t,D,m_f,\sigma_S,p)$——变量 d,L,t,D,m_f,σ_S,p 的联合概率密度函数。

在工程实际中，通过求解上述积分来获得管道的失效概率是非常困难的，采用蒙特卡罗（Monte - Carlo）模拟方法可以有效地解决这个复杂的概率问题。

蒙特卡罗模拟法计算腐蚀管道失效概率和可靠度的具体的方法和步骤如下：

(a)构造腐蚀管道的状态函数,见式(7.3.49);

(b)确定 L、σ_S、d、p 等随机变量的概率密度函数 $f(x_i)$ 和概率分布函数 $F(x_i)$;

(c)对每一个随机变量,在[0,1]之间生成许多均匀分布的随机数 $F(x_{ij})$:

$$F(x_{ij}) = \int_0^{x_{ij}} f(x_i)\mathrm{d}x_i \tag{7.3.51}$$

式中　i——变量个数,$i=1,2,\cdots,n$;

j——模拟次数,$j=1,2,3,\cdots,N$。

对于给定的 $F(x_{ij})$,可由上式解出相应的 x_{ij}。所以对于每个变量 x_i,每模拟一次可得到一组随机数$(x_{1j},x_{2j},x_{3j},\cdots,x_{nj})$。

将每次模拟得到的随机数代入式(7.3.49)中,计算 Z 值。若 Z 值小于零,计失效 1 次。重复上述步骤,进行 N 次模拟,共计失效 M 次,则失效概率为:

$$P_f = M/N \tag{7.3.52}$$

可靠度为:

$$R = 1 - M/N \tag{7.3.53}$$

将所求的失效概率 P_f 与中、低、高风险性地区各自对应的可接受失效概率 P_A 相对比,若 $P_f \leqslant P_A$,安全;若 $P_f \geqslant P_A$,则不安全。

(b)评价参数的失效概率敏感性分析方法。

敏感性分析的目的是研究变量分散性和随机性对结构失效概率的影响,找出影响结构安全可靠性的关键变量,并在工程实践中尽可能减小关键变量的分散性和随机性,即降低关键参量的变异系数(如尽可能减小压力波动等),以提高结构的安全可靠性。

采用敏感性系数方法来分析腐蚀管道各变量对失效概率的敏感性。随机变量 x_i 的敏感性系数 α_i 定义如下:

$$\alpha_i = \frac{\partial P_f}{\partial C_{xi}} \Big| (C_{x1},C_{x2},C_{x3},\cdots,C_{xn}) \tag{7.3.54}$$

$$\alpha_i \approx \frac{P_f(C_{x1},C_{x2},\cdots,C_{xi}+\Delta C_{xi},\cdots,C_{xn}) - P_f(C_{x1},C_{x2},\cdots,C_{xi},\cdots,C_{xn})}{\Delta C_{xi}} \tag{7.3.55}$$

式中　α_i——变量 x_i 的敏感性系数;

C_{xi}——随机变量的变异系数。

从物理意义上讲,α_i 反映了变量 x_i 的变异系数 C_{xi} 的改变对失效概率变化的相对贡献。利用上述公式计算每个变量的敏感性系数,就可以确定出对腐蚀管道可靠性影响的关键变量。

(2)含裂纹型缺陷管道的剩余强度评价方法。

对含裂纹缺陷结构的剩余强度评价,国际上普遍采用失效评估图(FAD)技术(图 7.3.21),该技术考虑了结构从塑性失稳到脆性断裂所有可能的破坏行为[31]。管研院等单位通过“九五”重点应用基础研究项目的研究攻关,将 FAD 技术应用于油气输送管道,建立了系统的含裂纹管道剩余强度评价方法，包括韧性比 K_r 和载荷比 L_r 的计算方法、分项安全系数法和失效概率计算方法[32-34]。

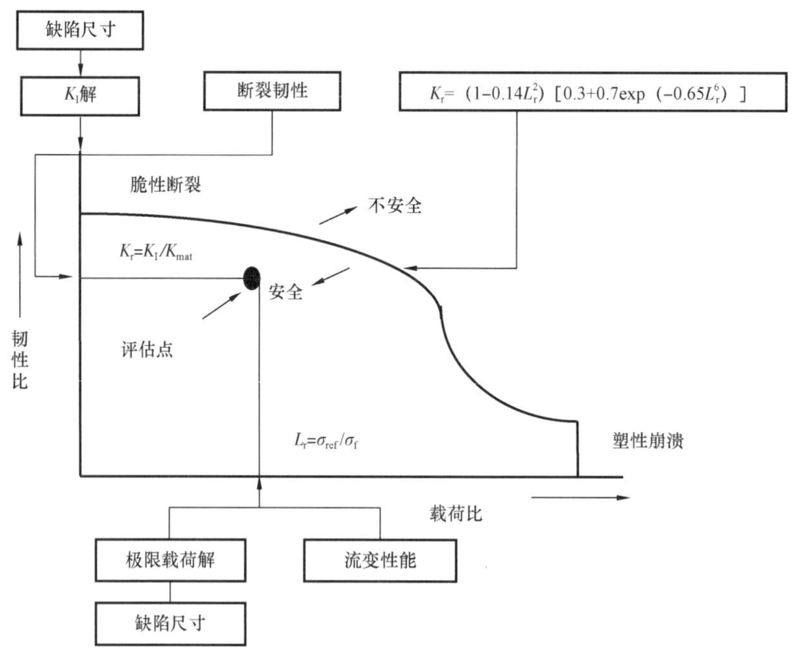

图 7.3.21　失效评估图(FAD)

① 韧性比 K_r 和载荷比 L_r 的计算模型。

韧性比和载荷比计算模型的关键是各类裂纹的应力强度因子 K_I 和参考应力 σ_{ref} 的计算公式。下面给出环向内、外表面裂纹和轴向内外表面裂纹的应力强度因子 K_I 和参考应力 σ_{ref} 的计算公式。

环向内表面裂纹的应力强度因子 K_I 和参考应力 σ_{ref} 的计算公式：

$$K_I = \left[G_0\sigma_0 + G_1\sigma_1\left(\frac{a}{t}\right) + G_2\sigma_2\left(\frac{a}{t}\right)^2 + G_3\sigma_3\left(\frac{a}{t}\right)^3\right]\sqrt{\frac{\pi a}{Q}}f_w \tag{7.3.56}$$

$$Q = 1.0 + 1.464\left(\frac{a}{c}\right)^{1.65}$$

$$f_w = \left[\sec\left(\frac{c}{R_o + R_i}\sqrt{\frac{a}{t}}\right)\right]^{0.5}$$

式中　G_0, G_1, G_2 和 G_3——与缺陷深度 a 和长度 c 有关的系数；

t——管道名义壁厚；

R_o, R_i——分别为管道的外半径和内半径。

$$\sigma_{ref} = \frac{P_b + [P_b^2 + 9(ZP_m)^2]^{0.5}}{3} \tag{7.3.57}$$

$$Z = \left[\frac{2\alpha}{\pi} - \frac{x\theta}{\pi}\left(\frac{2 - 2\tau + x\tau}{2 - \tau}\right)\right]^{-1}$$

$$\tau = \frac{t}{R_o}$$

$$\alpha = \arccos(A\sin\theta)$$

$$A = x\left\{\frac{(1-\tau)(2-2\tau+x\tau)+(1-\tau+x\tau)^2}{2\left[1+(2-\tau)(1-\tau)\right]}\right\}$$

$$x = \frac{a}{t}$$

$$\theta = \frac{\pi c}{4R_i}$$

环向外表面裂纹的应力强度因子 K_I和参考应力σ_{ref}的计算公式：

$$K_\mathrm{I} = \left[M_s G_0\sigma_0 + G_1\sigma_1\left(\frac{a}{t}\right) + G_2\sigma_2\left(\frac{a}{t}\right)^2 + G_3\sigma_3\left(\frac{a}{t}\right)^3\right]\sqrt{\frac{\pi a}{Q}}f_w \tag{7.3.58}$$

$$M_s = \frac{1}{1-\frac{a}{t}+\frac{a}{t}\left(\frac{1}{M_t}\right)}$$

$$M_t = \left(\frac{1.0078+0.10368\lambda^2+3.7894\times10^{-4}\lambda^4}{1.0+0.021979\lambda^2+1.5742\times10^{-6}\lambda^4}\right)^{0.5}$$

$$\lambda = \frac{1.818c}{\sqrt{R_i a}}$$

环向外表面裂纹参考应力 σ_{ref}的计算公式仍为式(7.3.57)，但式中的 θ 取值为 $\theta = \frac{\pi c}{4R_o}$。

轴向内表面裂纹的应力强度因子 K_I和参考应力 σ_{ref}的计算公式：

$$K_\mathrm{I} = \frac{pR_o^2}{R_o^2-R_i^2}\left[2G_0 - 2G_1\left(\frac{a}{R_i}\right) + 3G_2\left(\frac{a}{R_i}\right)^2 - 4G_3\left(\frac{a}{R_i}\right)^3\right]\sqrt{\frac{\pi a}{Q}} \tag{7.3.59}$$

$$\sigma_{\mathrm{ref}} = \frac{gP_b + \left[(gP_b)^2 + 9P_m^2(1-\alpha)^2\right]^{0.5}}{3(1-\alpha)^2} \tag{7.3.60}$$

$$g = 1 - 20\left(\frac{a}{2c}\right)^{0.75}\alpha^3$$

$$\alpha = \frac{\frac{a}{t}}{1+\frac{t}{c}}$$

轴向外表面裂纹的应力强度因子 K_I和参考应力 σ_{ref}的计算公式：

$$K_1 = \frac{pR_o^2}{R_o^2 - R_i^2}\left[2G_0M_s - 2G_1\left(\frac{a}{R_i}\right) + 3G_2\left(\frac{a}{R_i}\right)^2 - 4G_3\left(\frac{a}{R_i}\right)^3\right]\sqrt{\frac{\pi a}{Q}} \tag{7.3.61}$$

$$\sigma_{ref} = \frac{gP_b + \left[(gP_b)^2 + 9(M_sP_m)^2(1-\alpha)^2\right]^{0.5}}{3(1-\alpha)^2} \tag{7.3.62}$$

$$M_s = \frac{1}{1 - \frac{a}{t} + \frac{a}{t}\left(\frac{1}{M_t}\right)}$$

$$M_t = (1 + 0.4845\lambda^2)^{0.5}$$

$$\lambda = \frac{1.818c}{\sqrt{R_i a}}$$

$$P_m = \frac{pR_i}{t} + p$$

$$P_b = \frac{pR_o^2}{R_o^2 - R_i^2}\left[\frac{t}{R_i} - \frac{3}{2}\left(\frac{t}{R_i}\right)^2 + \frac{9}{5}\left(\frac{t}{R_i}\right)^3\right]$$

式中　p——内压力。

② 基于 FAD 图的管道失效概率和可靠度计算方法。

为处理含裂纹管道评价参数的不确定性，提出基于 FAD 图的含裂纹管道失效概率和可靠度计算方法，步骤如下：

(a)构造含缺陷管道的极限状态函数如下：

$$g(L_r, K_r) = (1 - 0.14L_r^{\,2})\left[0.3 + 0.7\exp(-0.65L_r^{\,6})\right] - K_r = 0 \tag{7.3.63}$$

(b)确定断裂韧性、材料强度、缺陷尺寸、载荷等随机变量的概率密度函数 $f(x_i)$ 和概率分布函数 $F(x_i)$。

(c)对每一个随机变量，在[0,1]之间生成许多均匀分布的随机数 $F(x_{ij})$：

$$F(x_{ij}) = \int_0^{x_{ij}} f(x_i)\,\mathrm{d}x_i \tag{7.3.64}$$

式中　i——变量个数，$i = 1, 2, \cdots, n$；

j——模拟次数，$j = 1, 2, 3, \cdots, N$。

对于给定的 $F(x_{ij})$，可由上式解出相应的 x_{ij}。对于每个变量 x_i，每模拟一次可得到一组随机数 $(x_{1j}, x_{2j}, x_{3j}, \cdots, x_{nj})$。

(d)将每次模拟得到的随机数代入式(7.3.63)中，计算 $g(L_r, K_r)$ 值。

(e)若 $g(L_r, K_r)$ 值小于零，计失效 1 次。

(f)重复步骤(c)、(d)和(e)，进行 N 次模拟，共计失效 M 次，则失效概率为：

$$P_f = M/N \tag{7.3.65}$$

可靠度为：

$$R = 1 - M/N \tag{7.3.66}$$

③ 分项安全系数法。

分项安全系数法实际上是评价参数不确定的简化处理，先对断裂韧性、材料强度、压力、缺陷尺寸等变量进行敏感性分析，然后根据各评价参数对评价结果影响的敏感程度不同而引入不同的分项安全系数。敏感性越大的参数，分项安全系数越大，最后采用基于 FAD 技术的确定性评价方法对含裂纹管道的剩余强度进行评价。

(3) 焊接钢管焊缝噘嘴应力计算和评定方法。

焊缝噘嘴(Peaking)，又称焊缝角变形(Angular Distortion)，是焊接钢管普遍存在的一种几何缺陷，其严重程度取决于制造技术和工艺水平。当管道承受内压时，焊缝噘嘴会产生附加弯曲应力，附加弯曲应力和内压产生的薄膜应力叠加，在管道内表面焊缝噘嘴部位产生应力集中，从而导致管道承载能力下降，并增加应力腐蚀开裂敏感性，降低疲劳寿命[35]。研究焊缝噘嘴应力计算方法，不仅对于焊接钢管质量控制，而且对于在役管道的完整性评价，都具有重要意义。对直焊缝噘嘴应力的计算方法，国际上已开展了大量的研究工作，建立了可靠的计算公式，并纳入了美国石油学会标准 API RP 579。赵新伟等[36]采用应力等效投影方法和叠加原理，结合有限元数值拟合分析，得到了适于工程应用的螺旋焊缝噘嘴的应力计算公式，建立了螺旋焊管焊缝噘嘴极限高度分析模型，为螺旋焊管的质量控制和完整性评价提供了科学依据。

① 直焊缝噘嘴部位最大应力计算方法。

1996 年 Ong 和 Hoon[37]基于非线性理论给出了承压圆柱形壳体直焊缝噘嘴的理论解，并通过与有限元分析结果的对比证明了所建立理论解的有效性。焊缝噘嘴示意图如图 7.3.22 所示，以管子轴心为原点，横截面为 xy 平面，轴线为 z 轴，建立坐标系。取壳体外半径为 R，壁厚为 t，噘嘴高度为 δ，管子所受内压为 p，则直焊缝噘嘴部位的最大附加弯矩 M_0 用以下公式计算：

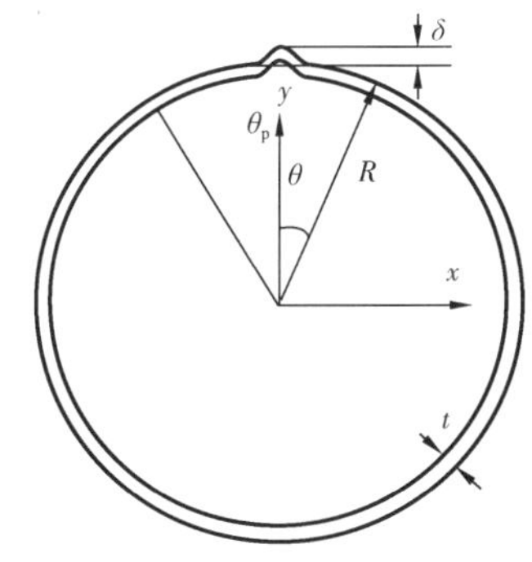

图 7.3.22　焊缝噘嘴示意图

$$M_0 = pR\delta C_f \tag{7.3.67}$$

$$C_f = 1 - \frac{\theta_p}{3\pi} - \frac{4}{\pi\theta_p^2}(\theta_p - \sin\theta_p) - \frac{4S_p^2}{\pi\theta_p^2}\sum_{n=2}^{100}\frac{n\theta_p - \sin n\theta_p}{n^3(n^2 - 1 + S_p^2)} \tag{7.3.68}$$

$$\theta_p = \arccos\frac{R}{R+\delta} \tag{7.3.69}$$

$$S_p = \sqrt{\frac{12(1-\nu^2)pR^3}{Et^3}} \tag{7.3.70}$$

式中 ν——泊松比。

最大附加弯曲应力 σ_{M_0} 用下式计算：

$$\sigma_{M_0} = \frac{6M_0}{t^2} \tag{7.3.71}$$

嘶嘴部位最大应力 σ 为最大附加弯曲应力 σ_{M_0} 和薄膜应力 σ_m 之和，即

$$\sigma = \sigma_m + \sigma_{M_0} = \frac{pR}{t} + \frac{6pR\delta C_f}{t^2} \tag{7.3.72}$$

② 螺旋焊缝噘嘴部位最大应力的计算方法。

螺旋焊管和焊缝示意图如图 7.3.23 所示，焊缝与轴线夹角为 α。假设螺旋焊管在内压作用下，在焊缝噘嘴部位产生的最大附加弯矩为 M。根据投影原理，单位长度焊缝上的分布弯矩 M_α 可表示为：

$$M_\alpha = M\cos^\lambda\alpha \tag{7.3.73}$$

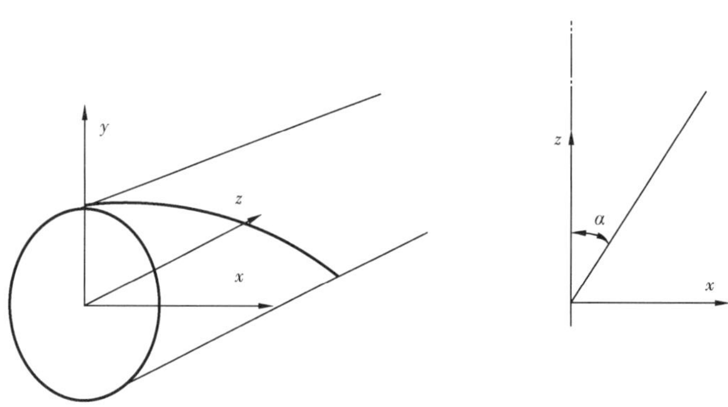

图 7.3.23 螺旋焊管示意图

假设相同截面的直缝焊管和螺旋焊管在内压作用下，在噘嘴根部产生的附加弯矩相同，则由直焊缝噘嘴附加弯矩计算式（7.3.67）得到：

$$M_\alpha = pR\delta C_f\cos^\lambda\alpha \tag{7.3.74}$$

螺旋焊缝噘嘴产生的附加弯曲应力计算公式为：

$$\sigma_{M_\alpha} = \frac{6M_\alpha}{t^2} = \frac{6pR\delta C_f\cos^\lambda\alpha}{t^2} \tag{7.3.75}$$

由弹性力学的应力分解理论，薄膜应力 σ_m 在垂直焊缝方向的应力贡献 $\sigma_{m\sigma}$ 用下式计算：

$$\sigma_{m\alpha} = \sigma_m\left(\frac{1+\nu}{2} + \frac{1-\nu}{2}\cos2\alpha\right) \tag{7.3.76}$$

焊缝噘嘴部位最大应力 σ_α 为噘嘴附加弯曲应力和薄膜应力的叠加：

$$\sigma_\alpha = \frac{6pR\delta C_f}{t^2}\cos^\lambda\alpha + \frac{pR}{t}\left(\frac{1+\nu}{2} + \frac{1-\nu}{2}\cos 2\alpha\right) \tag{7.3.77}$$

工程应用中，对小于 50°的螺旋焊缝，取 $\lambda = 1.5$，可以较可靠地计算噘嘴部位最大应力。当焊缝角度大于 50°后，则取 $\lambda = 2 - \sin^2\alpha$。工程实际中焊缝角度一般不大于 60°。图 7.3.24 出了理论公式和有限元分析的对比结果，结果表明所建立的螺旋焊缝噘嘴的最大应力计算公式是可靠的。

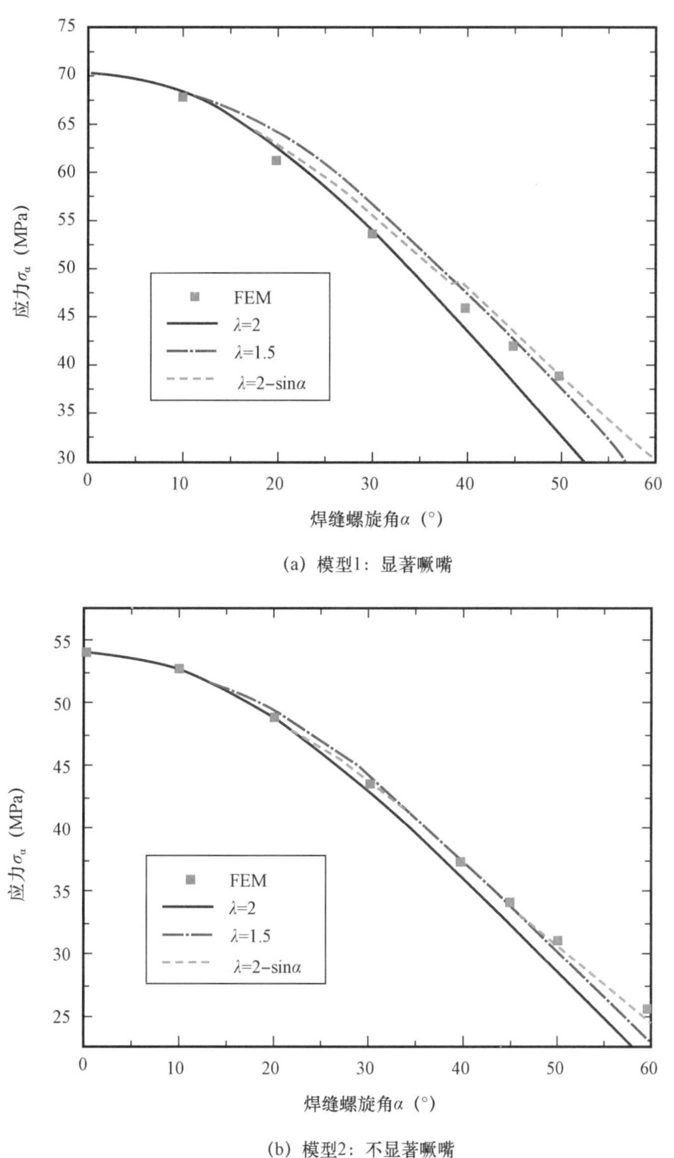

(a) 模型1：显著噘嘴

(b) 模型2：不显著噘嘴

图 7.3.24　螺旋焊管噘嘴部位最大应力的公式计算和有限元计算结果对比

③ 焊缝极限噘嘴高度的计算模型。

焊缝噘嘴产生的附加应力作为二次应力处理。薄膜应力加上二次应力，即噘嘴部位最大应力 σ_α，设计要求不大于 2 倍的材料屈服强度。

$$\sigma_\alpha = \sigma_{m\alpha} + \sigma_{M_\alpha} \leqslant 2\sigma_Y \tag{7.3.78}$$

基于焊缝噘嘴最大应力计算公式，经数学推导，得到焊缝噘嘴极限高度计算模型：

$$\delta/t \leqslant \left[\frac{2}{F} - \frac{1+\nu}{2} - \frac{(1-\nu)\cos 2\alpha}{2}\right] / 6C_{\mathrm{f}}\cos^{\lambda}\alpha \tag{7.3.79}$$

管道设计压力 p 给定，管道壁厚 t、外径 R、焊缝螺旋角 α 和设计系数 F 已知，则由方程(7.3.79)，通过迭代求解，可以计算出焊缝噘嘴的极限高度 δ_c。该公式不仅可以用于螺旋焊管和直缝焊管的质量控制，也可以用于在役焊接钢管的安全评价。

(4)弥散型腐蚀损伤管道的剩余强度评价方法。

对于点腐蚀(Pitting)、氢鼓泡(HIB)这类弥散损伤型损伤，国际上尚未形成工程适用的可靠的评定标准。对于这类缺陷的评定，工程上一般按局部腐蚀简化处理。这样往往导致评价结果过于保守，给管道带来不必要的维修和更换，很不经济。赵新伟[32]将管壁弥散型腐蚀损伤层材料视作孔洞型均匀损伤材料，基于损伤理论，通过研究损伤材料宏观力学性能退化规律，建立了弥散型腐蚀损伤管道剩余强度的工程评价模型。

① 弥散型损伤管道材料表观力学性能退化规律。

腐蚀损伤管材的宏观力学性能随着腐蚀程度的增加而降低。管道腐蚀损伤材料可看作孔洞型损伤材料，孔洞型损伤材料力学性能退化程度与损伤造成的孔隙率 φ 的大小有关。所谓孔隙率就是孔洞总体积占材料体积的百分比。孔隙率反映材料受损程度，孔隙率越高，材料损伤越严重，材料宏观性能退化也越严重。损伤材料的有效弹性模量 E 与材料孔隙率之间存在一定关系。

采用模拟多孔材料拉伸试验，研究了含孔洞型损伤 X60、X70 管线钢弹性模量和屈服强度退化规律，得到管线钢有效弹性模量 E 和孔隙率 φ 的关系公式为：

$$E = E_{\mathrm{o}}(1 - 2.01\varphi) \tag{7.3.80}$$

式中 E——损伤后材料有效弹性模量；

E_{o}——损伤前材料弹性模量；

φ——孔隙率。

管线钢有效屈服强度 σ_{S} 和孔隙率 φ 的关系公式为：

$$\sigma_{\mathrm{S}} = \sigma_{\mathrm{S0}}\sqrt{(1-\varphi)(1-2.01\varphi)/(1+57.12\varphi/9)} \tag{7.3.81}$$

式中 σ_{S}——损伤后材料有效屈服强度，MPa；

σ_{S0}——损伤前材料屈服强度，MPa。

当 $\varphi = 0.50$ 时，有效弹性模量 E 和屈服强度 σ_{S} 降为零。

② 点腐蚀损伤管道剩余强度的工程评价公式。

在实际点腐蚀层中，空隙率是沿管壁厚度方向变化的。按照上述材料性能退化和孔隙率的关系公式，对于二维情况，当孔隙率达到 0.50 时，材料力学性能，即弹性模量和屈服强度趋于零。作为一种简化处理，假定点腐蚀层的孔隙率均匀，腐蚀层中孔隙率的平均值为 0.25。对于点腐蚀损伤区，若按局部腐蚀的公式计算失效压力，则应增加一项强度补偿量，即腐蚀层厚度的完整材料强度的一半。设点腐蚀损伤区腐蚀层厚度为 d，引入的强度补偿量用公式可表示为：

$$p'_{\mathrm{L}} = \frac{m_{\mathrm{f}}\sigma_{\mathrm{S}}d}{D} \tag{7.3.82}$$

因而,实际点腐蚀管道的极限承压能力估算公式为:

$$p_{\mathrm{L}} = \frac{2m_{\mathrm{f}}\sigma_{\mathrm{S}}t}{D}\left[\frac{1 - d/t}{1 - d/(tM_{\mathrm{t}})}\right] + \frac{m_{\mathrm{f}}\sigma_{\mathrm{S}}d}{D} \tag{7.3.83}$$

③ 点腐蚀管道可靠性评估方法。

由点腐蚀管道的极限承压能力计算公式,构建点腐蚀管道失效状态函数:

$$Z = \frac{2m_{\mathrm{f}}\sigma_{\mathrm{S}}t}{D}\left[\frac{1 - d/t}{1 - d/(tM_{\mathrm{t}})}\right] + \frac{m_{\mathrm{f}}\sigma_{\mathrm{S}}d}{D} - p \tag{7.3.84}$$

式中 D——外径;

t——壁厚;

d——腐蚀层厚度;

m_{f}——系数(取 1.1);

M_{t}——膨胀因子[见式(7.3.47)];

p——设计工作压力。

由点腐蚀管道失效状态函数,采用蒙特—卡罗方法计算管道失效概率和可靠度,具体步骤同含体积型缺陷管道的概率剩余强度评价方法。

(5)含腐蚀缺陷海底管道抗压溃评估准则。

压溃是海底管道最重要的失效形式,海底管线设计和安全评价都必须考虑管道在海水外压作用下的压溃问题。Timoshenko 和 Gere[38]最早研究了在均匀外压作用下管道的压溃行为,并建立了均匀外压作用下管道的弹性屈曲准则。Tokimasa 和 Tanaka[39],Yeh 和 Kyriakides[40]也相继开展了均匀外压作用下管道抗压溃行为的试验和理论研究。但以上有关管道压溃行为的研究都是针对无损伤和无缺陷的管道而言的。Hauch 和 Bai[41]建立了腐蚀管道在外压作用下的初始屈服条件,考虑了腐蚀缺陷长度和深度,但未考虑缺陷宽度的影响。Hoo Fatt[42]建立了腐蚀管道在外压作用下的弹性屈曲失效准则,仅考虑了腐蚀缺陷宽度和深度的影响,把腐蚀缺陷轴向长度则视为无限长。Hauch 和 Bai 的准则和 Hoo Fatt 准则都有其明显的局限性,即将三维缺陷简化为二维缺陷来处理,导致过分保守的预测结果。

赵新伟、罗金恒等[43]在分析了已有腐蚀管道抗压溃评价准则存在的问题和局限性基础上,经过研究改进,引入腐蚀缺陷三维尺寸,建立了新的腐蚀管道抗压溃评价准则,包括外压作用下腐蚀管道弹性屈曲准则、起始屈服准则和全面屈服准则。

① 腐蚀管道在外压作用下的弹性屈曲准则。

基于 S. P. Timoshenko 弹性屈曲理论,引入腐蚀缺陷的三维尺寸,经理论推导,建立了腐蚀管道在等效外压作用下的弹性屈曲准则,改进了 M S Hoo Fatt 模型仅考虑缺陷二维尺寸的局限性。腐蚀管道发生弹性屈曲的压力 p'_{e} 由以下公式确定:

$$-k_1\tan k_1\beta = k_2\tan k_2(\pi - \beta) \tag{7.3.85}$$

$$k_1^{\ 2} = 1 + \frac{3\eta}{\frac{1}{t^3}\left[\frac{t-d}{1-\frac{d}{t\sqrt{1+0.8\left(\frac{L}{Dt}\right)^2}}}\right]^3} \tag{7.3.86a}$$

$$k_2^{\ 2} = 1 + 3\eta \tag{7.3.86b}$$

$$\eta = \frac{p'_e}{p_e} \tag{7.3.87}$$

$$p_e = \frac{Et^3}{4(1-\nu^2)R^3} \tag{7.3.88}$$

式中 p'_e——腐蚀管道发生弹性屈曲的压力；

β——腐蚀缺陷半宽角(图 7.3.25)；

p_e——无缺陷管道的临界屈曲压力；

R——壁厚中心半径(图 7.3.25)；

t——壁厚；

D——外径；

ν——泊松比；

L——管道计算长度；

d——腐蚀深度(图 7.3.25)。

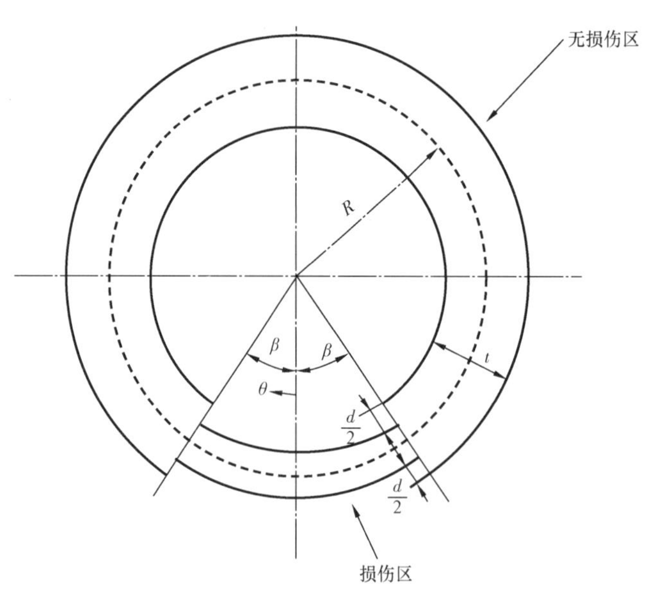

图 7.3.25　腐蚀管道截面示意图

② 腐蚀管道在外压作用下的起始屈服准则。

基于 S. P. Timoshenko 提出的无缺陷管道的起始屈服条件判据，引入腐蚀缺陷的三维尺寸，建立了在等效外压作用下腐蚀管道压溃的起始屈服判据，改进了 Hauch 和 Bai 判据仅考虑缺陷二维尺寸的局限性。腐蚀管道起始屈服压力计算公式为：

$$p_{iy} = \frac{1}{2}\left\{\left(1+\frac{6w_1}{t_{corr}}\right)p'_e+\frac{\sigma_S t_{corr}}{R}-\sqrt{\left[\left(1+\frac{6w_1}{t_{corr}}\right)p'_e+\frac{\sigma_S t_{corr}}{R}\right]^2-4\frac{\sigma_S t_{corr}}{R}p'_e}\right\} \quad (7.3.89)$$

$$t_{corr} = \frac{t-d}{1-\dfrac{d}{t\sqrt{1+0.8\left(\dfrac{L}{\sqrt{Dt}}\right)^2}}}$$

式中　p_{iy}——腐蚀管道起始屈服压力；

w_1——管子椭圆度；

σ_S——材料规定最小屈服强度；

p'_e——腐蚀管道发生弹性屈曲的压力，由式(7.3.87)计算。

③ 腐蚀管道在外压作用下的全面屈服准则。

基于 Haagsma 提出的无损伤管道的全面屈服条件，引入腐蚀缺陷三维尺寸，提出了在等效外压作用下腐蚀管道的全面屈服判据。腐蚀管道发生全面屈服的临界压力计算公式为：

$$p'^3_{fp}-p'^2_{fp}p'_e-p'_{fp}p_p^2\left[1+4w_1\frac{R}{t_{corr}}\left(\frac{p'_e}{p_p}\right)\right]+p'_e p_p^2=0 \quad (7.3.90)$$

$$p_p = \eta_{fab}\sigma_S\frac{2t_{corr}}{D}$$

式中　p'_{fp}——腐蚀管道发生全面屈服的临界压力；

η_{fab}——由于制造引起的管材性能下降系数。

7.3.1.3.2　管道剩余寿命预测方法

含缺陷管道剩余寿命预测的对象、类型和方法归纳为图 7.3.26[44]。剩余寿命预测涉及的缺陷类型包括平面型缺陷、体积型缺陷和弥散损伤型缺陷，涉及的缺陷发展速率类型包括腐蚀速率、亚临界裂纹扩展速率和损伤速率。

剩余寿命预测的方法大体包括两种：一是基于管道现场检测和监测积累的数据进行预测。腐蚀检测是利用内外腐蚀检测技术定期进行管道的缺陷检测，从而获得缺陷的动力学发展规律，目前发展最快、最有前途的是智能内检测技术，包括漏磁检测技术、超声检测技术及电磁超声检测技术等。监测技术包括现场挂片试验、腐蚀探针等技术，通过监测可以实时得到缺陷的动力学发展规律。二是在实验室内模拟管道服役环境进行缺陷增长规律试验，通过模拟试验获得缺陷的动力学发展规律，然后对管道剩余寿命进行预测。

(1)管道腐蚀可靠性寿命预测模型和方法。

罗金恒等人结合内蒙古阿赛输油管线、新疆克乌 DN300 输油管线、河南中安输气管线等油气管线的剩余寿命预测，利用现场检测(在线智能检测和开挖检测)积累的腐蚀数据，基于可靠性理论和

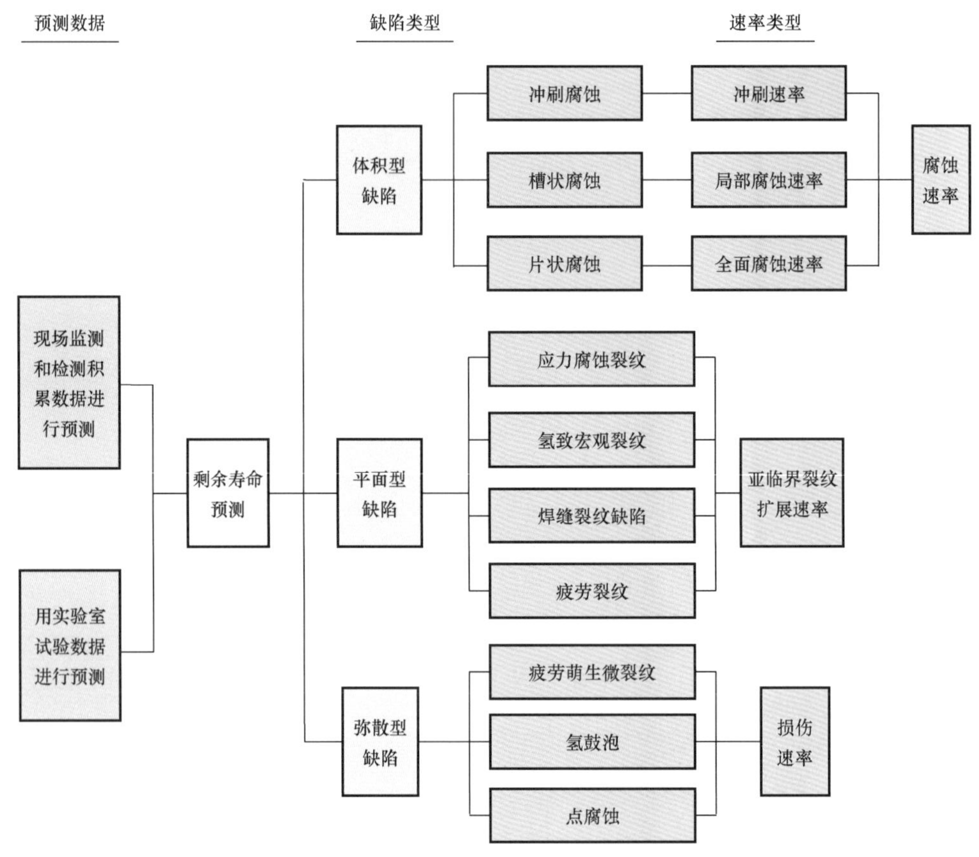

图 7.3.26 含缺陷管道剩余寿命预测的对象、类型和方法

剩余强度评价判据，建立了管道腐蚀可靠性寿命预测模型和方法[45]。

① 可靠性寿命预测的思想。

腐蚀管道的极限状态函数 $Z = P_L - P$，其实是时间 T 的函数，随着管道服役时间 T 的延长，腐蚀缺陷尺寸增大，Z 会逐渐降低，失效概率 $P_f(T)$ 逐渐增大，而可靠度 $R(T)$ 逐渐减小（图 7.3.27）。建立不同时间 T 下缺陷尺寸 $d(T)$ 的概率分布模型，利用 7.3.1.3.1 中所述的腐蚀管道失效概率和可靠度计算方法，计算获得 $R(T)$ 和 $P_f(T)$ 随时间 T 变化曲线，如图 7.3.28 所示。给出管道可接受失效概率 P_A 或目标可靠度 R_c，即可确定管道的腐蚀可靠性寿命，为制定管道检测周期提供依据。

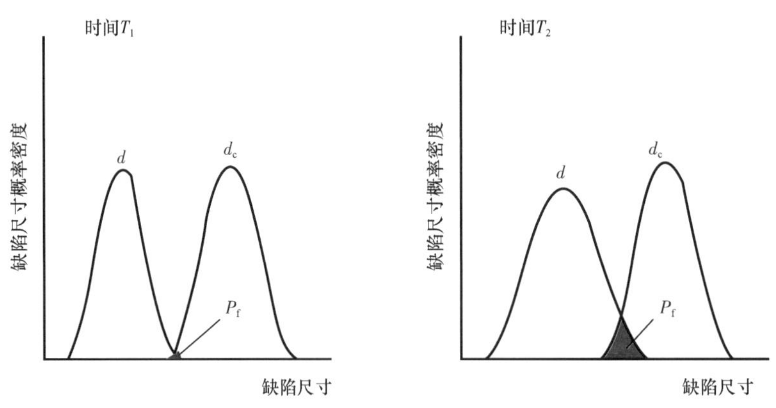

图 7.3.27 腐蚀管道失效概率随时间变化原理图

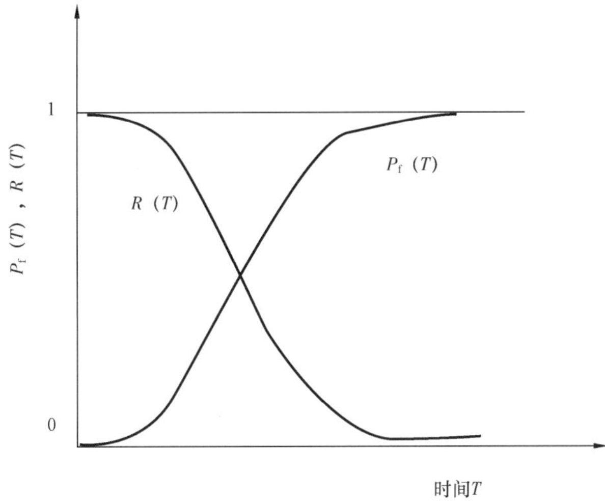

图 7.3.28　失效概率和可靠度随时间变化曲线

② 可靠性寿命预测主要步骤。

(a)腐蚀速率概率分布模型的建立。统计管线历年来的缺陷检测数据和相应的检测时间，按式(7.3.91)计算腐蚀速率，并得到一系列的腐蚀速率数据。对腐蚀速率数据进行统计分析，建立腐蚀速率的概率分布模型：

$$v = \frac{d}{T - T_0} \tag{7.3.91}$$

式中　v——腐蚀速率，mm/a；

d——腐蚀深度，mm；

T——检测时间，a；

T_0——管线建造时间。

(b)初始缺陷尺寸确定。初始腐蚀缺陷长度 L_0 和深度 d_0 分别取当前检测到的腐蚀缺陷长度和深度的最大值。

(c)某时刻 T 下腐蚀缺陷尺寸的概率分布模型确定。当已知腐蚀速率的概率密度函数 $f(v)$ 时，由于腐蚀速率 v 和腐蚀深度 d 服从同一种分布，不难得出时间 T 下腐蚀缺陷深度 $d_T = d_0 + vT$ 的概率密度函数 $f(d_T)$。

(d)可靠度 $R(T)$ 和失效概率 $P_f(T)$ 的计算。按照本节第一部分给出的腐蚀管道失效概率计算方法，计算一系列时间 T 下的失效概率和可靠度，绘出可靠度 $R(T)$ 和失效概率 $P_f(T)$ 随时间的变化曲线。

(e)确定管道腐蚀剩余寿命。给定目标可靠度 R_c 或可接受失效概率 P_A，由可靠度 $R(T)$ 和失效概率 $P_f(T)$ 随时间的变化曲线，可得出管道可靠性寿命。

(2)管道应力腐蚀开裂寿命的预测模型和方法。

应力腐蚀开裂是输送含硫天然气的管道常见失效形式，如我国四川输气管线历史上就曾发生过多起管道硫化物应力腐蚀破裂事故。管研院结合四川佛两输气管线和付纳输气管线的寿命预测，建立了基于管道缺陷检测数据和运行压力历史数据的应力腐蚀开裂寿命预测方法。下面以佛两线管道应力腐蚀开裂寿命预测为例，介绍该方法的主要步骤。

① 缺陷发展的动力学规律。

应力腐蚀开裂大体服从下述动力学方程：

$$\frac{\mathrm{d}a}{\mathrm{d}t} = A\left(K_{\mathrm{I}} - K_{\mathrm{ISCC}}\right)^2 \tag{7.3.92}$$

式中 A——应力腐蚀裂纹扩展系数，$\mathrm{MPa}^{-2}/\mathrm{a}$；

K_{ISCC}——应力腐蚀开裂临界应力强度因子，$\mathrm{MPa}\sqrt{\mathrm{m}}$。

② K_{ISCC}的确定。

考虑到现场服役环境下的K_{ISCC}值在实验室条件下难以准确测试。假设检测到的最小裂纹深度$a_{\mathrm{cr}}=0.55\mathrm{mm}$，在2.5MPa的运行压力下，所对应的$K_{\mathrm{I}}$值为$K_{\mathrm{ISCC}}$，则根据断裂力学公式计算可得$K_{\mathrm{ISCC}}=17.5\mathrm{MPa}\sqrt{\mathrm{m}}$。

③ A 值的求解。

将K_{ISCC}值代入式(7.3.92)，加以变换，进行积分，可得下式：

$$a_0 - a_i = \int_{t_1}^{t_2} A\left(K_{\mathrm{I}} - 17.5\right)^2 \mathrm{d}t \tag{7.3.93}$$

式中 a_i——管道投产时的裂纹深度，取0.55mm；

a_{o}——当时评价时的裂纹深度，取检测到的最大裂纹深度3.85mm；

t_1——管道投运时间，式中为1979年6月；

t_2——当时评价时间，式中为1996年8月。

将(7.3.93)式右边离散化，取步长$\Delta t=\frac{1}{12}$(以月作为步长)，则有：

$$3.85 = 0.55 + \sum_{t_1}^{t_2} A\left(K_{\mathrm{I},T} - 17.5\right) \times \frac{1}{12} \tag{7.3.94}$$

式中$K_{\mathrm{I},T}$可由下式求出：

$$K_{\mathrm{I},T} = \left(\sigma_{\mathrm{p}} + \sigma_{\mathrm{S}}\right) F_{\mathrm{S}T} \sqrt{\frac{\pi a_T}{Q}} \tag{7.3.95}$$

a_T利用递推法求出：

$$a_T = a_{T-1} + \left(K_{\mathrm{I},T-1} - 17.5\right)^2 \times \frac{1}{12} \tag{7.3.96}$$

且有 $a_i = a_{1979年6月} = 0.55\mathrm{mm}$。

有了各时间点的a_T值，且由管道运行记录可知各个时间点的压力值，则可求得$K_{\mathrm{I},T}$。利用式(7.3.94)至式(7.3.96)编制迭代程序，可求出A值为$1.69\times10^{-3}\mathrm{MPa}^{-2}/\mathrm{a}$。

④ 管道应力腐蚀开裂动力学方程确定。

将A和K_{ISCC}值代入式(7.3.92)可得佛两线管道应力腐蚀开裂的动力学模型：

$$\frac{da}{dt} = 1.69 \times 10^{-3} (K_{\mathrm{I}} - 17.5)^2 \tag{7.3.97}$$

⑤ 应力腐蚀开裂寿命的计算。

利用 FAD 技术确定临界裂纹尺寸 a_c，然后将(7.3.97)式进行变换，积分求得佛两线管道应力腐蚀开裂寿命：

$$t_f = \int_{a_0}^{a_c} \frac{da}{1.69 \times 10^{-3} (K_{\mathrm{I}} - 17.5)^2} \tag{7.3.98}$$

上式可用数值积分求解。

根据佛两线应力腐蚀裂纹检测结果，按上述方法预测该管线应力腐蚀开裂寿命，结果如图 7.3.29所示。剩余寿命在 5 ~ 10 年间的概率为 73.5%，剩余寿命低于 5 年的概率为 17.5%，超过 10 年的概率为 9%。

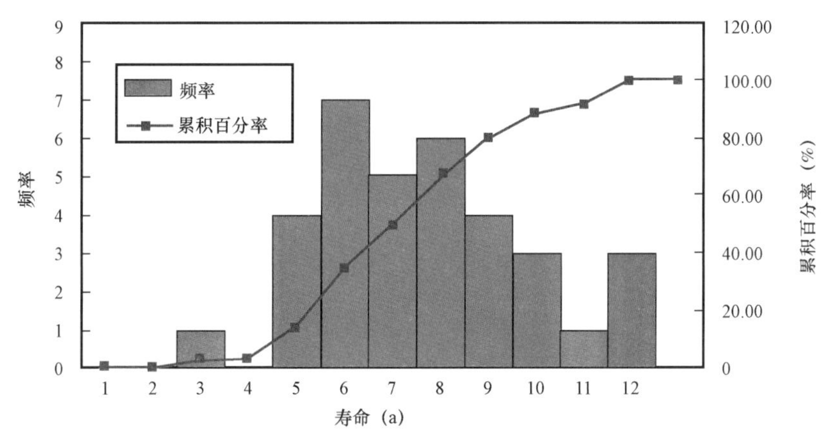

图 7.3.29　佛两线管道剩余寿命的概率分布图

(3)含缺陷管道疲劳寿命的预测模型和方法。

我国现役油气输送管道中，有许多管道由于制管质量和现场焊接质量不佳，存在焊接缺陷(如未熔合、未焊透等)，在波动的输送压力作用下，焊接缺陷会造成管道疲劳破坏。罗金恒等[46]建立了基于断裂韧性判据的单参数疲劳寿命预测方法和基于失效评估图技术的双参数疲劳寿命预测方法，并在彩石输油管线、鞍大输油管线和中安输气管线等管线的疲劳寿命预测中得到应用。

① 基于断裂韧性判据的单参数疲劳寿命预测方法。

(a)根据管道运行压力记录，建立管道循环载荷谱。一般应考虑两方面的循环载荷，一是周期性停输，二是正常运行期间的压力波动。确定各个循环谱的应力比 R。

(b)分别测试不同应力比 R 下管线钢的疲劳裂纹扩展曲线。用 Paris 公式表示为：

$$\frac{da}{dN} = A \cdot \Delta K^m \tag{7.3.99}$$

式中　A——疲劳裂纹扩展系数；

m——疲劳裂纹扩展指数。

(c)基于焊缝材料断裂韧性测试数据和管道压力数据,根据断裂力学公式,确定临界裂纹深度 a_c。

(d)根据缺陷检测结果,取最大缺陷深度作为初始裂纹深度 a_0。

(e)设管道载荷谱由 k 个载荷循环块组成,对应的第 j 个循环块谱,应力比为 R_j,忽略高低载荷之间的交互作用,则裂纹扩展速率由下式计算:

$$\frac{\mathrm{d}a}{\mathrm{d}N} = \sum_{j=1}^{k} C_j \left(\frac{\mathrm{d}a}{\mathrm{d}N}\right)_j = \sum_{j=1}^{k} C_j A_j \Delta K_j^m \tag{7.3.100}$$

式中 C_j——第 j 个循环块中的循环周期个数。

(f)将式(7.3.100)进行变换后积分,可得下式:

$$N_{\mathrm{f}} = \int_{a_0}^{a_c} \left(\sum_{j=1}^{k} C_j A_j \Delta K_j^{\mathrm{m}}\right)^{-1} \mathrm{d}a \tag{7.3.101}$$

表面裂纹ΔK_j按以下公式计算:

$$\Delta K_j = \frac{p_{\max}(1-R_j)\cdot r_{\mathrm{i}}^2}{r_{\mathrm{o}}^2 - r_{\mathrm{i}}^2}\left[2G_0 M_{\mathrm{s}} + 2G_1\left(\frac{a}{r_{\mathrm{i}}}\right) + 3G_2\left(\frac{a}{r_{\mathrm{i}}}\right)^2 + 4G_3\left(\frac{a}{r_{\mathrm{i}}}\right)^3\right]\sqrt{\frac{\pi a}{Q}} \qquad j = 1,2$$

$$M_{\mathrm{s}} = \frac{1}{1 - \frac{a}{t} + \frac{a}{t}\left(\frac{1}{M_{\mathrm{t}}}\right)}$$

$$M_{\mathrm{t}} = (1 + 0.4845\lambda^2)^{0.5}$$

$$\lambda = \frac{1.818C}{\sqrt{r_{\mathrm{i}}/a}}$$

$$Q = 1.0 + 1.464\left(\frac{a}{c}\right)^{1.65} \tag{7.3.102}$$

式中 $p_{\max}$——最大内压;

R_{i}——应力比;

G_0, G_1, G_2, G_3——系数;

a——裂纹深度;

C——裂纹长度一半;

r_{o}——管道外径,mm;

r_{i}——管道内径,mm。

② 基于 FAD 技术的强度和韧性双参数疲劳寿命预测方法。

基于断裂韧性控制的单参数疲劳寿命预测方法对于韧性较低的管线钢是适合的,但对于高韧性管线钢的寿命预测,则要较多地考虑到塑性失稳的影响。基于 FAD 技术的双参数疲劳寿命预测方法可以综合考虑脆性断裂和塑性失稳两种可能的失效形式。双参数疲劳寿命预测方法的主要思路是在起始裂纹的基础上给定一定的裂纹尺寸增量,按照裂纹扩展方程求出寿命增量,将累加法和逼近法相结合,进行寿命预测,当评估点落在评估曲线上时的累加寿命便是疲劳寿命。图 7.3.30 给出了双参数疲劳寿命预测的技术思路框图。预测时，考虑裂纹深度和长度同时增长，载荷比和韧性比也随之增加。裂纹每一次增量，运用 FAD 判断一次安全性，直到评估点落到评估曲线以外，这时的累计循环周次即为疲劳寿命。

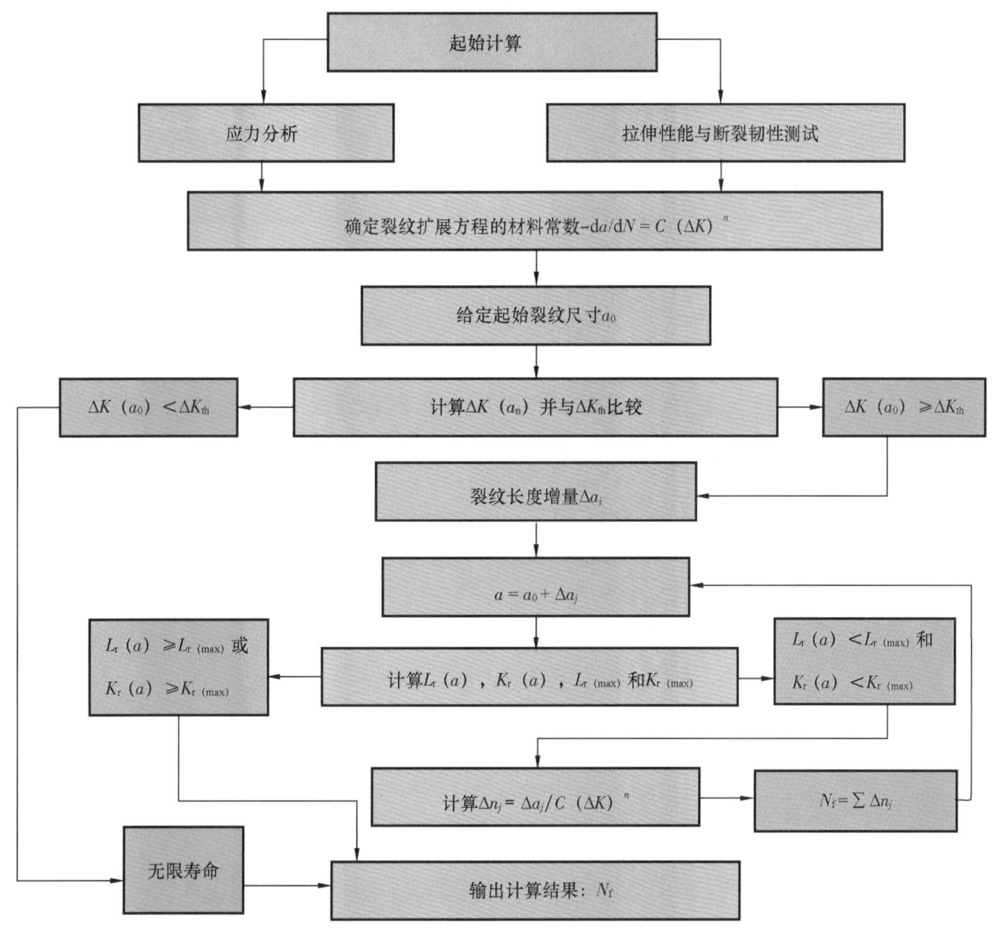

图 7.3.30　双参数疲劳寿命预测技术思路

(4)点腐蚀弥散损伤管道损伤寿命预测方法。

对于点腐蚀这类弥散损伤缺陷一直是寿命预测的难点技术。赵新伟等[47]基于损伤理论，通过研究腐蚀损伤随时间演化规律、损伤沿壁厚方向分布规律和损伤材料宏观力学性能退化规律，并结合有限元分析，建立了点腐蚀弥散型损伤管道的寿命预测方法。

① 腐蚀损伤沿管道壁厚方向的分布规律。

根据稀溶液理论，提出有害离子浓度沿管道径向的分布规律为：

$$C = C_1 e^{-kx} = C_1 e^{-x/\delta} \tag{7.3.103}$$

$$k = \frac{1}{\delta}$$

式中　C_1——管道内壁的有害离子浓度；

x——距表面距离；

δ——损伤透入深度参量。

由于有害介质与管道之间的电化学反应直接造成了铁原子的消耗和材料的损伤，所以腐蚀损伤沿管道壁厚方向的分布自然具有式(7.3.103)所决定的分布规律。

将点腐蚀看作孔洞型损伤，则孔隙率 φ 沿壁厚方向的分布规律为：

$$\varphi = \varphi_1 e^{-x/\delta} \tag{7.3.104}$$

式中 φ_1——管道表层腐蚀孔隙率。

由孔洞型损伤材料性能退化式(7.3.80)和式(7.3.81)可得：

$$E = (E_1 - E_0)e^{-x/\delta} + E_0 \tag{7.3.105}$$

$$\sigma_S = \sigma_{S0}\sqrt{(1-\varphi_1 e^{-x/\delta})(1-2.01\varphi_1 e^{-x/\delta})/(1+57.12\varphi_1 e^{-x/\delta}/9)} \tag{7.3.106}$$

式中 E_0——无损伤管道材料初始弹性模量；

σ_{S0}——无损伤材料屈服强度；

E_1——腐蚀损伤管道的表层材料弹性模量；

E——腐蚀损伤管道材料有效弹性模量。

② 不同时间 t 下弹性模量 E 沿壁厚分布规律。

按稀溶液近似，设受损管道内壁材料的有效弹性模量 E_1 随时间线性减小，即：

$$E_1 = E_0(1 - \alpha_1 t) \tag{7.3.107}$$

式中 α_1——表层材料弹性模量随时间退化系数。

实际管道评价时，将管道材料加工成1～1.5mm的薄板状拉伸试件，在实验室内模拟实际腐蚀环境经不同时间腐蚀后，进行拉伸试验，得到不同腐蚀时间下的材料弹性模量，通过线性回归可以确定弹性模量随时间退化系数 α_1。

假设腐蚀损伤深度 δ 随时间 t 线性增加，则有：

$$\delta = \beta t \tag{7.3.108}$$

式中 β——损伤速率(β 可以由实际管道腐蚀检测数据统计计算获得)，mm/a。

将式(7.3.107)和式(7.3.108)代入式(7.3.105)，则得到不同时间 t 下弹性模量 E 沿壁厚分布规律：

$$E = E_0(1 - \alpha_1 t e^{-x/\beta t}) \tag{7.3.109}$$

③ 不同时间 t 下屈服强度 σ_S 沿壁厚分布规律。

表层材料弹性模量 E_1 与表层材料孔隙率 φ_1 关系公式：

$$E_1 = E_0(1 - 2.01\varphi_1) \tag{7.3.110}$$

由式(7.3.110)和式(7.3.107)，得到 φ_1 与时间 t 的关系公式：

$$\varphi_1 = \frac{\alpha_1}{2.01}t \tag{7.3.111}$$

将式(7.3.110)和式(7.3.108)代入式(7.3.106),可得不同时间 t 下屈服强度沿壁厚分布规律:

$$\sigma_S = \sigma_{S0}\sqrt{(1-\alpha_1 te^{-x/\beta t}/2.01)(1-\alpha_1 te^{-x/\beta t})/(1+28.42\alpha_1 te^{-x/\beta t}/9)} \qquad (7.3.112)$$

④ 点腐蚀弥散损伤管道的寿命预测。

基于式(7.3.109)和式(7.3.112)给出的不同时间 t 下管道材料有效弹性模量和屈服强度分布规律,采用有限元方法,在管道设计压力或最大运行压力下,计算不同使用年限后腐蚀管道的管壁最大剪应力和屈服强度沿壁厚的分布曲线。将最大剪应力沿壁厚分布曲线和屈服强度沿壁厚分布曲线绘入同一图中,两条分布曲线互相趋近或刚好相交时的使用时间(年限)就是管道在相应的服役条件下的总使用寿命,剩余寿命则可以由这个总使用寿命减去已经服役的时间而得到。该方法的特点是将点腐蚀造成的复杂的管道几何不完整简化为材料性能的不完整,不仅工程上便于操作,而且预测结果可靠。

⑤ 算例。

以内径为1000mm,壁厚 t 为20mm,钢级为X70的管道为例,管道设计极限工作压力为14.3MPa。假设管道为内腐蚀,试验测得有效弹性模量 E 随服役时间退化系数 α_1 为0.03/a,管道内腐蚀检测得到的腐蚀损伤速率 β 为1mm/a,预测管道内腐蚀寿命。

图7.3.31和图7.3.32给出了管道经不同的服役时间,管壁内各处最大剪应力和屈服强度沿管子壁厚的分布情况的有限元分析结果。可见,剪应力和屈服强度在内表面最小,沿壁厚方向逐渐增大。这是因为腐蚀从内表面开始,内表面腐蚀孔隙率最高,损伤度最大,损伤度沿壁厚方向逐渐减小;随着服役时间的延长,腐蚀导致的损伤度增大。服役10年时,管道内表面腐蚀层孔隙率 φ_1 为0.15。随着时间延长,剪应力和屈服强度沿壁厚分布曲线相互逼近,当服役时间达到15.5年时,表层孔隙率 φ_1 达到0.23,这时剪应力和屈服强度沿壁厚分布曲线相交,剪应力开始超过屈服强度,即达到安全服役寿命。

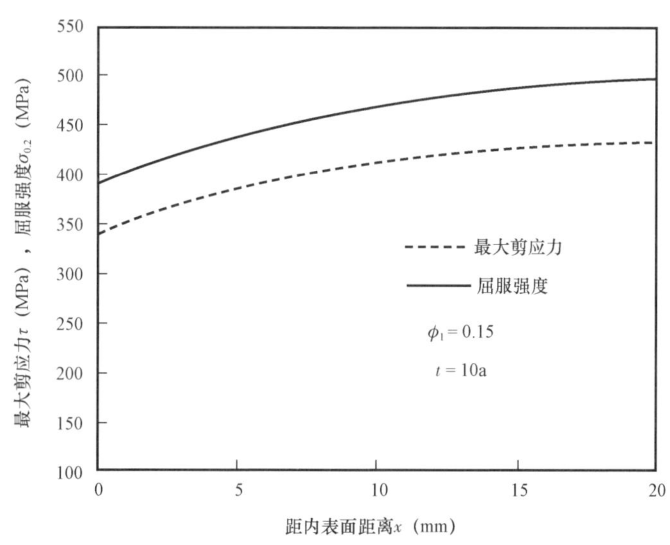

图7.3.31　管道经10年服役后的应力和强度分布

(5)管道土壤腐蚀速率的神经网络预测方法。

土壤腐蚀速率与土壤中溶解盐的阴离子(Cl^-、CO_3^{2-}、SO_4^{2-}、HCO_3^-)含量呈复杂的非线性关系,与

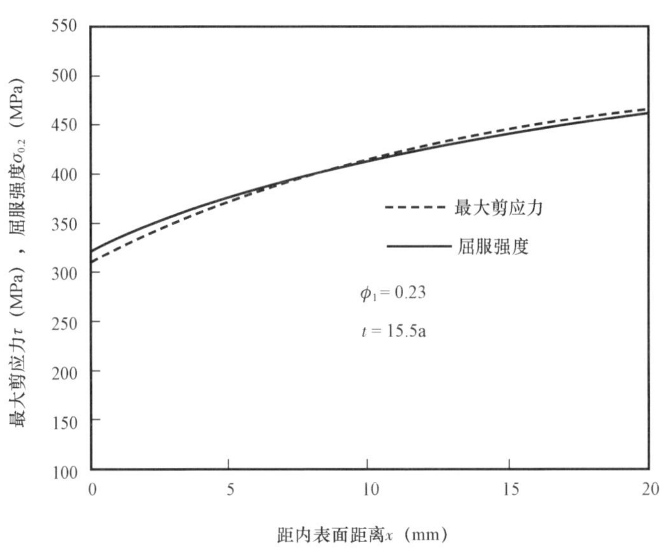

图 7.3.32　管道经 15.5 年服役后的应力和强度分布

土壤理化性能无确定的关系,难以采用数学模型描述。人工神经网络模型与回归方法相比,不需要事先确定腐蚀速率与腐蚀因素之间的数学关系式,能很好描述和预测众多因素作用下的土壤腐蚀速率。王荣等[48]基于对管线钢土壤腐蚀速率的试验研究,建立了土壤腐蚀速率的神经网络预测模型和方法。

图 7.3.33 为人工神经网络的拓扑结构。预测腐蚀速率的原理如下:基于已知腐蚀速率与其对应的土壤组成和理化性能,使网络进行学习,得到网络中各个神经元之间的连接权值,从而使腐蚀速率与土壤腐蚀因素之间的量化关系隐含在权值中,学习过的网络可用来进行腐蚀速率预测。图 7.3.34 是 X60 钢和 16Mn 钢的土壤腐蚀速率预测值和实测值的对比,神经网络预测的数据与试验数据吻合很好。

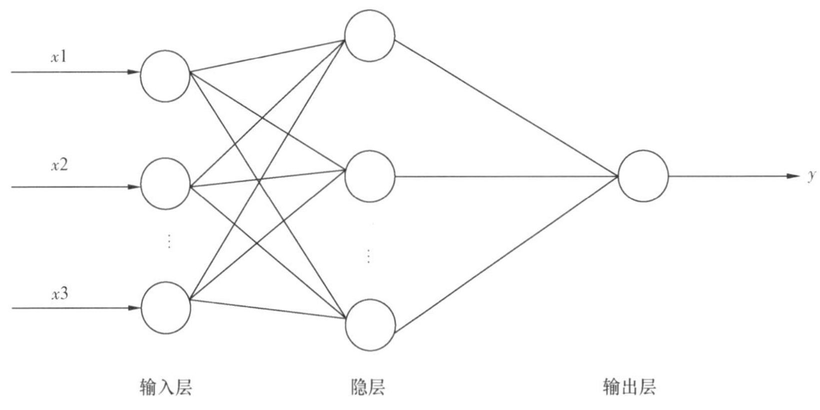

图 7.3.33　人工神经网络的拓扑结构

(6)含机械损伤凹坑对管道疲劳寿命的影响。

石油天然气输送管线发生失效事故的重要因素之一是第三方破坏造成的机械损伤。管道机械损伤往往造成三种类型的损伤,即凹坑、沟槽以及凹坑 + 沟槽。管线产生机械损伤后,一方面缺陷部位产生应力集中,局部应力超过屈服强度(如凹坑和平滑的沟槽),或局部应力场强度超过材料断裂韧性(如尖锐的沟槽),从而导致管道失效。另一方面,机械损伤造成材料韧性和

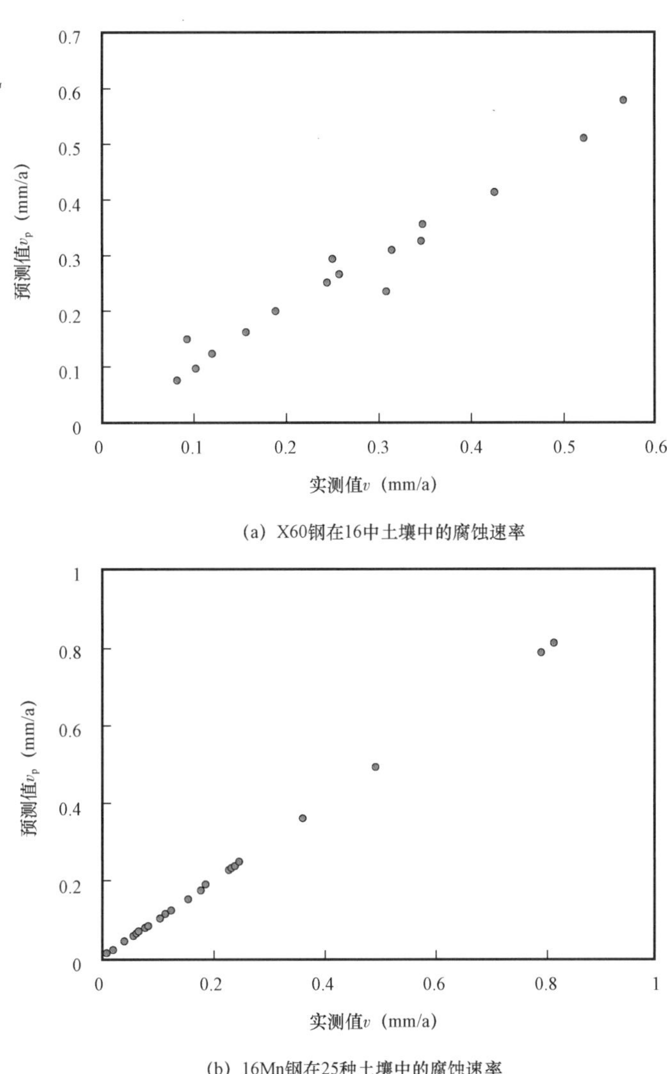

图7.3.34　管线钢土壤腐蚀速率实测值和预测值的对比

疲劳性能劣化，在波动内压作用下，管道发生过早疲劳破坏。从目前研究现状分析，机械损伤管道的剩余强度评价研究的很多，而且已形成了不少的评价公式，而有关机械损伤对管道疲劳寿命的影响尚缺乏系统的研究。赵新伟[30]通过拉伸预变形模拟凹坑部位材料塑性变形，研究了X60管线钢预变形对疲劳裂纹扩展和裂纹起始寿命的影响规律，建立了考虑凹坑部位材料变形影响的疲劳裂纹扩展速率模型和疲劳裂纹起始寿命模型，为机械损伤管道的疲劳寿命预测提供了理论依据。

① 预变形对管线钢疲劳裂纹起始寿命的影响。

经拉伸预变形的X60管线钢加工成单边缺口试样，进行疲劳裂纹起始寿命试验，研究了预变形对管线钢疲劳裂纹起始寿命的影响规律。研究结果表明，管线钢疲劳裂纹起始寿命可以用以下公式描述：

$$N_{\mathrm{i}} = C\left[\Delta\sigma_{\mathrm{eqv}}^{2/(1+n)} - \left(\Delta\sigma_{\mathrm{eqv}}\right)_{\mathrm{th}}^{2/(1+n)}\right]^{-2} \tag{7.3.113}$$

$$\Delta\sigma_{\mathrm{eqv}} = = 2\left[\frac{1}{2(1-R)}\right]^{\frac{1}{2}}\frac{\Delta K}{\sqrt{\pi\rho}} \tag{7.3.114}$$

式中　$(\Delta\sigma_{\mathrm{eqv}})_{\mathrm{th}}$——当量应力幅范围对应的疲劳极限；

ΔK——波动压力对应力的应力强度因子幅值；

$\Delta\sigma_{\mathrm{eqv}}$——缺口根部的当量应力幅；

C——切口件疲劳裂纹起始的抗力系数；

n——材料形变硬化指数；

ρ——缺口根部曲率半径；

R——应力比。

试验结果表明，在均匀变形阶段，预变形提高疲劳裂纹扩展抗力系数；预变形超过均匀变形量后，因为预变形造成断裂强度 σ_{f} 和断裂应变 ε_{f} 降低，所以裂纹起始的抗力系数降低，如图 7.3.35 所示。应变能密度函数在疲劳裂纹起始寿命模型中起重要作用，采用能量法推导出 C 和材料拉伸性能之间关系式如下：

$$C = 0.25\left(E\sigma_{\mathrm{f}}\varepsilon_{\mathrm{f}}\right)^{2/(1+n)} \cdot \left[2/(1+n)\right]^{2/(1+n)} \tag{7.3.115}$$

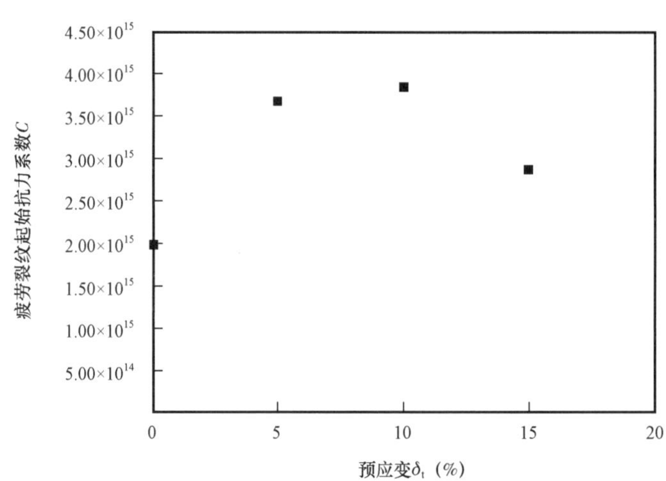

图 7.3.35　预变形量对 X60 钢疲劳裂纹起始抗力系数的影响

因为预变形造成加工硬化，所以疲劳裂纹起始门槛值随预变形量的增大而升高，如图 7.3.36 所示。预变形 δ_{t} 后的材料疲劳裂纹起始门槛值由下式估算：

$$(\Delta\sigma_{\mathrm{eqv}})_{\mathrm{th}} = (\Delta\sigma_{\mathrm{eqv}})_{\mathrm{th0}} + I_{\mathrm{d}}\delta_{\mathrm{t}} \tag{7.3.116}$$

式中　$(\Delta\sigma_{\mathrm{eqv}})_{\mathrm{th0}}$——无变形损伤材料的疲劳裂纹起始的门槛值；

I_{d}——塑性变形对疲劳裂纹起始门槛值的影响系数。

② 预变形对管线钢疲劳裂纹扩展寿命的影响。

经预拉伸变形的 X60 管线钢加工成单边裂纹试样，进行疲劳裂纹扩展试验。图 7.3.37 为试验得到的 X60 管线钢经预变形后的疲劳裂纹扩展曲线。在裂纹扩展的门槛区和中部区，裂纹扩展的宏观

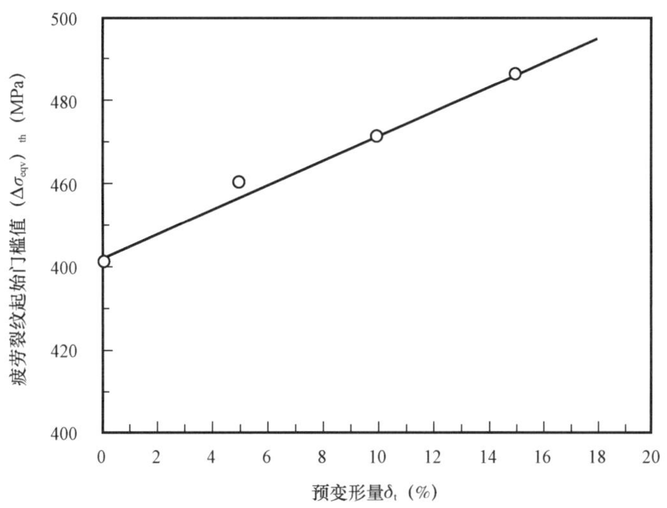

图 7.3.36　预变形量对 X60 钢疲劳裂纹起始门槛值的影响

规律可表示为：

$$\frac{\mathrm{d}a}{\mathrm{d}N} = B\,(\Delta K - \Delta K_{th})^2 \tag{7.3.117}$$

式中　B——疲劳裂纹扩展系数，MPa^{-2}；

ΔK_{th}——裂纹扩展门槛值，$\mathrm{MPa}\sqrt{\mathrm{m}}$。

试验结果表明，预变形提高疲劳裂纹扩展系数，降低疲劳裂纹扩展门槛值，从而提高疲劳裂纹扩展速率，降低疲劳裂纹扩展寿命。

经预变形后的管线钢疲劳裂纹扩展系数 B 由以下公式估算：

$$B = B_0 + B_d\delta_t \tag{7.3.118}$$

式中　B_0——无变形材料的疲劳裂纹扩展抗力系数；

B_d——材料塑性变形的影响系数。

经预变形后的管线钢疲劳裂纹扩展门槛值由下式估算：

$$\Delta K_{th} = \Delta K_{th0} - P_d\delta_t^{\frac{1}{2}} \tag{7.3.119}$$

式中　ΔK_{th0}——管线钢的裂纹扩展门槛值；

P_d——材料塑性变形量对门槛值的影响系数。

③ 含机械损伤凹坑管道疲劳寿命预测方法。

根据凹坑对管道材料疲劳裂纹形成寿命和裂纹扩展寿命的影响，提出含有凹坑表面损伤管道疲劳寿命的估算程序如下：

(a)根据管道运行压力记录，获得管道运行的载荷谱；

(b)根据管道运行的载荷谱，确定应力比 R；

(c)测量凹坑的几何尺寸，包括凹坑深度、直径和凹坑底部剩余壁厚；

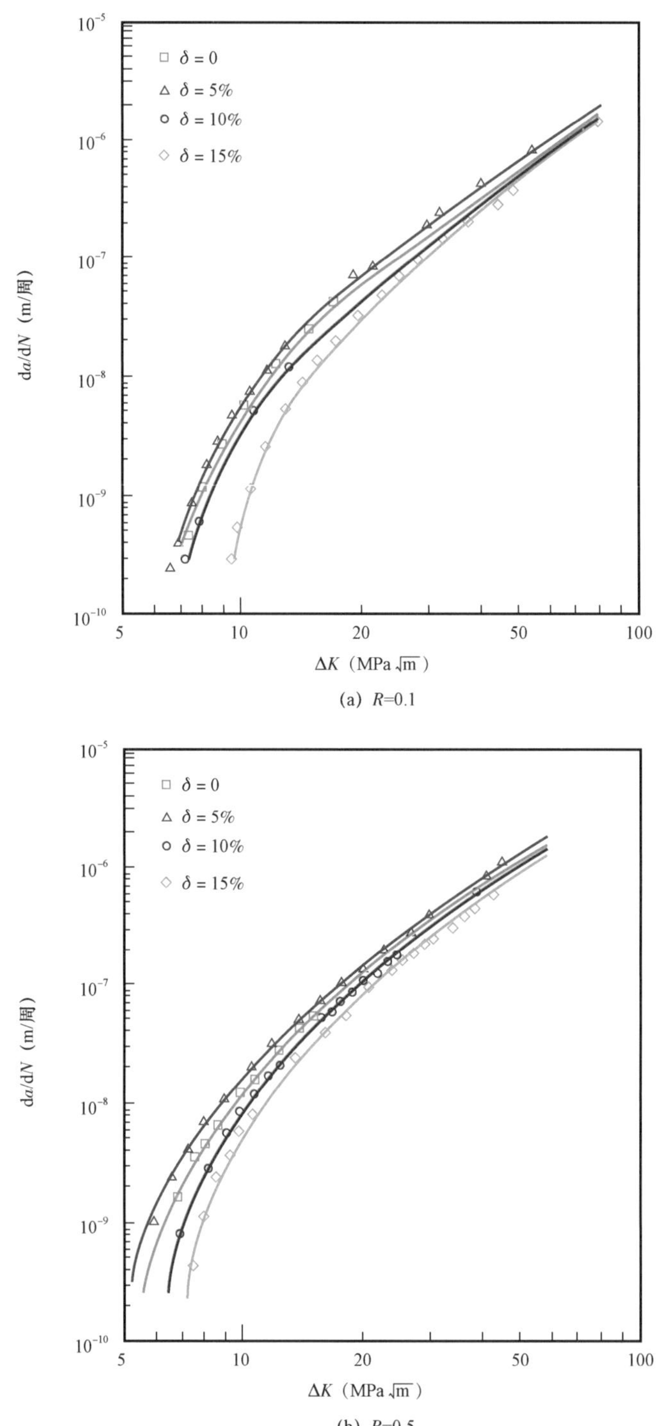

图 7.3.37　预变形对 X60 管线钢疲劳裂纹扩展的影响

(d)依据凹坑几何尺寸和管道载荷,计算当量应力幅和应力场强度因子范围;

(e)根据疲劳裂纹形成寿命模型和凹坑几何尺寸,基于式(7.3.113)、式(7.3.115)和式(7.3.116),预测凹坑部位的疲劳裂纹形成寿命。对于凹坑底部存在尖锐沟槽的情况,不存在疲劳裂纹形成寿命,直接进入步骤(f);

(f)根据疲劳裂纹扩展模型和凹坑的几何尺寸,基于式(7.3.117)、式(7.3.118)和式(7.3.119)

预测凹坑部位初始疲劳裂纹到临界裂纹尺寸的疲劳裂纹扩展寿命；

(g)将疲劳裂纹形成寿命和疲劳裂纹扩展寿命求和，得到含凹坑表面损伤管道的疲劳寿命。

7.3.1.4　复合材料修复补强技术

油气输送管道在服役过程中往往因腐蚀、机械损伤等原因而产生许多缺陷，这些缺陷的存在及其发展将会降低管道运行的安全性，如何对这类缺陷进行有效的修复补强是确保管线安全运行和提高油气集输效益的关键技术措施。为此美国运输部(DOT)专门在其安全条例中规定在管线运行压力超过其指定最小屈服强度(SMYS)计算压力的 40% 时，必须对管道缺陷及各类损伤采用合适的方法进行修复。据统计，我国早期投入使用的管线，每千千米每年的爆裂事故高达 7 ~ 10 次，每年用于旧管道维修、更新的费用约占新建管道工程建设投资的 10% ~ 20%。管道的修复工作已经成为油气集输过程中一项必不可少而又经常性的工作，每年均需投入大量费用，尤其是当因腐蚀、开裂或管体其他缺陷导致非计划停运时更是如此。

7.3.1.4.1　常用管道补强修复技术及特点

(1)金属焊接修复技术。

金属的焊接修复技术是指对油气输送管出现穿孔泄漏及其他含缺陷部位采用堆焊、补疤、作套袖或区段割除重新焊管等方法，使管道恢复正常承压能力而得以安全运行的补强修复技术。传统的管道修补方法主要是指这类方法。如埋地管道因腐蚀会引起坑、槽等体积型缺陷，通过对缺陷部位的简单清理、打磨，采用与管道材质和规格相同或相近的片状或半环状管材焊接在缺陷部位并将其覆盖，之后进行一些简单热处理和表面防腐处理，从而使管道承压强度得到恢复。

金属焊接修复技术已经有多年成功应用的历史，较为成熟，是目前普遍采用的管道缺陷补强修复方法。但这种方法主要采用现场焊接，因而会带来一些问题：① 焊接造成修补的管段韧脆性转变温度降低，影响管道运行的安全性；② 修补费用高；③ 焊接过程中易产生氢脆、残余应力等问题；④ 对焊接操作人员要求高，焊后需进行必要的现场探伤；⑤ 输送管道在修补期间有时需要停止运行，管内油气需要排空。对原油输送管线，当停输时间过长时可能引起凝管事故，造成巨大经济损失；⑥ 当管线低点腐蚀和泄漏时焊接修复操作十分困难。如区段割除焊接每 10m 的大修费在数万元以上，需要具有一定技术水平的操作人员和焊接后的现场探伤人员，并承受因焊接使材料性能发生改变而增加管线事故率的风险。焊接修复的缺点制约了该技术的推广应用，尤其是对于输气管道，明火操作会带来严重的安全隐患，因为焊接过程中可能使空气混入，造成爆炸事故。复合材料修复技术因其修复成本低，不需动火和停输等优点，被广泛用于管道缺陷补强修复。

(2)复合材料修复技术。

埋地旧管道复合材料补强修复技术在国外已开发了近半个世纪，20 世纪 80 年代以来已形成了系列技术，步入专业化施工阶段，并已成功修复 DN 50 ~ 1000mm 的几千千米的旧管道，形成了较完整配套的技术结构体系，从材料、施工技术到设备均能满足工程要求。目前主要有以下四种复合材料补强修复技术。

① 内穿插修复技术。此法采用塑料管或纤维增强管，与旧管道内壁不完全贴合，中空填充填料，压力靠内插管及环状充填料的传递。由于管径有所减小，输送能力降低。此外，该技术对管道承压能力的增强效果不明显，因此主要用于低压输送的煤气及天然气管道的修复。

② 纤维增强涂料整体内衬修复技术。此方法先对旧管道进行清理,然后用纤维增强的高固分涂料进行整体内涂,形成管中管结构,适用于高压、高温状况的输送管道。

内衬修复技术最大的特点是:修复时不需全面开挖,通常每隔一段距离挖一个操作坑,分段修理,然后连管复原即可完成修复工作;修复作业快,成本低,仅相当于新建管道投资的一半。但是该技术修复施工要求减压停输。在不停输的情况下,实行在线修复难度大,且补强效果不如金属焊接修复。

③ 玻璃钢复合套管修复技术。将套管很宽松地套在管道上,与管道保持一定环隙,环隙两端用胶封闭,封闭空间内灌注环氧灰浆,构成复合套管对管道缺陷进行补强。其特点是相比焊接,工艺简单,无热操作风险,无须减压或停输操作,对管线运行影响小;中间间隙可以在较大范围内调整,施工灵活性强,可修复各类缺陷,如腐蚀、裂纹、扭曲或压痕、不规则的焊道等;同时环氧灰浆耐化学性好,可使腐蚀现象得到控制。自 1992 年起,Willbots 公司用英国天然气公司制造的环氧套管为阿曼国有石油公司修复各种管线数千千米,在修复过程中管道未停输,修复效果良好。

④ 玻璃钢补强修复技术。以高性能树脂基体粘接增强材料为骨架的防护结构,包敷于含缺陷管道外壁,通过树脂的粘接和固化作用,在管道表面形成具有较高的抗压、抗拉强度和粘接力玻璃钢外套,达到对含缺陷管道的补强和防腐目的。此法主要特点包括:(a)可进行现场缠绕施工和就地固化,施工过程无需明火,安全、方便;(b)增强材料(玻璃纤维、碳纤维等)其比强度超过钢材,使得修复和补强的效率很高;(c)可设计性好,可根据缺陷严重程度和受力情况进行设计,修补可靠性很强;(d)与金属有良好的界面黏结性、密封性和优异的耐腐蚀性,很少出现二次腐蚀破坏现象。

7.3.1.4.2 复合材料补强修复技术

(1)补强修复材料主要性能参数。

管道金属损失缺陷可用复合材料进行补强修复。复合材料各组分间,以及复合材料与钢管间在力学、化学性能上应具有良好的匹配性,修复后的管道达到或超过无缺陷时的承载能力。

常用复合材料补强修复材料一般以环氧树脂和玻璃纤维、碳纤维及层间胶黏剂、固化剂、触变剂及其他一些辅助材料为原料,通过一定的配比及合成工艺,得到具有较高强度的环氧树脂和玻璃纤维复合材料片材或碳纤维复合片材。玻璃纤维复合材料片材最高拉伸强度可达 903MPa,碳纤维复合片材最高抗拉强度可达 1480MPa。

① 补强修复基体片材。环氧树脂和玻璃纤维或碳纤维复合材料片材由下列原材料和配比构成:

环氧树脂加 593 固化剂或三乙醇胺固化剂,其中每 100 份环氧树脂的 593 固化剂用量为:$A=$(分子量/活泼氢数)×环氧值。

由于环氧树脂加 593 固化剂和环氧树脂加三乙醇胺固化剂的冲击强度、断裂伸长率等韧性指标较低,而基体材料的韧性正是决定树脂基复合材料拉伸强度的关键因素。研究表明丙烯酸酯液体橡胶对环氧树脂有很好的增韧作用,因此,在两体系中加入量为 5~15phr 的液体橡胶进行增韧改性,使树脂的冲击强度提高了 20% 左右。环氧树脂—593 固化剂/碳纤维复合材料性能见表 7.3.8。图 7.3.38为碳纤维单向复合材料的弯曲拉伸强度与树脂基体体系关系图。图 7.3.39 为典型复合材料补强片材实物图。

表7.3.8　环氧树脂—593固化剂/碳纤维复合材料性能

材料性能	环氧树脂+593#	
	碳纤维(T—300)	碳纤维(T—700S)单向布
拉伸强度(MPa)	623.0	1480.0
弯曲强度(MPa)	1063.0	930.0
层剪强度(MPa)	39.8	44.1
纤维体积含量 V_f(%)	40	51.1

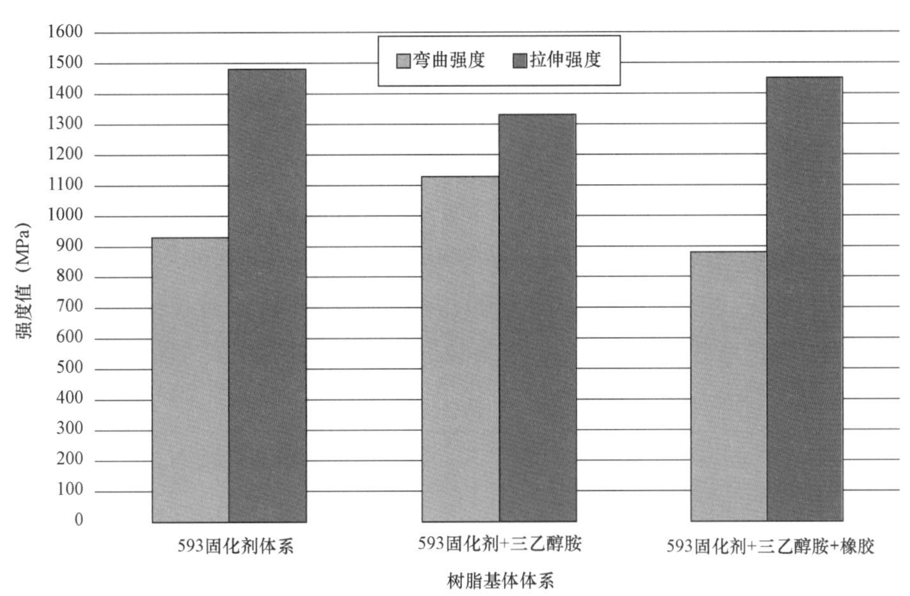

图7.3.38　碳纤维单向复合材料的弯曲拉伸强度与树脂基体体系关系图

图7.3.39　复合材料补强片材

复合材料片材制备工艺一般为:增强材料裁剪和树脂胶液配制、上模铺层(控制长度,厚度和宽度)、涂胶(环氧树脂基体)、用模具收卷、按照设定固化工艺温度在加热设备工装中固化、后处理、卸模、修理边角、封装等。

材料制备中树脂基体的种类和固化剂的种类对复合材料的性能影响很大，环氧树脂比不饱和聚酯树脂作为复合材料基体的效果更好，弯曲强度和拉伸强度相应提高了 22.5% 和 25.7%；593 固化剂较 651 固化剂的性能更好，复合材料的弯曲强度和拉伸强度提高了 32.4% 和 84.6%；环氧树脂—593 固化剂(30phr)/S—玻璃纤维单向布复合材料综合性能最佳，室温拉伸强度为 903MPa、弯曲强度为 810MPa、层剪强度为 51.5MPa，低温拉伸强度有所升高，在温度为 0 ~ 5℃ 时，拉伸强度达到 1029MPa，拉伸模量达到 39.3GPa。在温度为 5 ~ 95℃ 范围内热胀冷缩性能测试表明管道的弹性变形不会影响到补强层与基体的结合力。碳纤维单向布增强复合材料的拉伸强度比玻璃纤维单向布增强的复合材料高。对于环氧树脂—593/碳纤维单向布复合材料拉伸强度为 1480MPa、弯曲强度为 930MPa、层间剪切强度为 51.1MPa。

② 复合材料层间胶黏剂。片材层与层间胶黏剂的基料种类为环氧树脂，固化剂为 593#。这种两组分室温固化层间胶黏剂配比一般为：A 组分为环氧树脂(30phr)、丙烯酸酯液体橡胶(10phr)、触变剂气相二氧化硅(0.62phr)；B 组分为固化剂 593(30phr)、促进剂 2,4,6 - 三[(二甲氨基)甲基]苯酚(15phr)；按 A 组分：B 组分 = 100：26(质量比)混合。固化工艺为 18℃/12h。胶黏剂固化温度为 60℃时凝胶时间为 30min，室温 30℃时凝胶时间为 66min，15℃时凝胶时间为 240min。通过调节促进剂 2,4,6 - 三[(二甲氨基)甲基]苯酚(DMP—30)用量，可以调节室温固化胶黏剂的凝胶固化时间。层间胶黏剂的主要性能指标见表 7.3.9 和表 7.3.10。

表 7.3.9　胶黏剂拉伸剪切性能

拉伸剪切性能	环氧树脂 + 593 固化剂 + 触变剂					
	0phr	5phr	10phr	15phr	20phr	25phr
拉剪强度[铝—铝]30℃/36h(MPa)	12	20	28	26	22	20
拉剪强度[玻璃钢—玻璃钢]35℃/30h(MPa)	7.2	12	16	14	12	—(试件破坏)
拉剪强度[玻璃钢]18℃/36h(MPa)	6.0	9.5	11.0	—	—	—(试件破坏)

表 7.3.10　胶黏剂的抗阴极剥离性能

测试项目	试验条件	规范要求	测试结果	参照标准
阴极剥离	试验温度：65℃； 阴极极化电位：3.5V； 试验溶液：3.5% 的 NaCl 溶液； 试验时间：48h	≤10mm	平均为 2mm	CAN/CSA - Z245.21 - M92

③ 缺陷填充材料。缺陷填充材料可采用 593#固化剂、乙醇胺类环氧树脂，及其二氧化硅、石英粉、钛白粉等作为辅助填料，同时采用双酚 A 改性。这种载荷传递材料为两组分体系，A 组分为环氧树脂(100 份)、填料石英粉闪烁石(200 份)、触变剂气相二氧化硅(5 份)；B 组分为 593 固化剂(100 份)、促进剂 DMP - 30(40 份)。全尺寸水压爆破试验结果表明，管道在屈服及破裂后，载荷传递材料的变化很小，表现出良好的韧性和强度。载荷传递材料性能参数见表 7.3.11。

表 7.3.11　载荷传递材料性能指标

测试项目	性能	测试方法
固体含量(%)	96.3	GB/T 1725
10℃初步硬化(min)	160	实测
10℃完全硬化(min)	220	实测
25℃初步硬化(min)	100	实测
25℃完全硬化(min)	150	实测
弯曲强度(MPa)	41.0	GB/T 2567
冲击强度(kJ/m^2)	6.2	GB/T 2567
拉剪强度[钢—钢](MPa)	7.9	GB/T 7124
耐热性 100℃,24h	无变化	GB/T 1725

采用复合材料修复补强产品和工艺对含不同缺陷的管道进行修复,可以使管道承压能力得到增强,达到无缺陷状态下的承压能力;对深度达到管壁厚度一半以上的缺陷,通过采用专用填充材料填充和复合材料补强片材修复后,管道全尺寸水压爆破时缺陷部位不发生渗漏和开裂,爆口出现在管道无缺陷部位,说明缺陷处管道所受应力低于管道无缺陷处应力值,亦即缺陷处承压能力大于无缺陷管道承压能力。

采用复合材料卷片对含缺陷管道进行修复和补强,其补强的主要材料可以在室内加工完成。补强时只需对缺陷部位进行适当的表面处理,再将缺陷部位用补强填充材料填平,然后将补强卷片包裹在管道上,片材层间采用专用胶黏剂和固化剂粘接,无须焊接,无须专用机具。

(2)施工工艺流程。

① 施工准备。施工准备工作主要包括进行补强修复工作所需各类补强材料及施工辅助设备、含缺陷管段的开挖清理和缺陷的测量与记录等。各施工阶段所需材料、设施见表 7.3.12。除了材料的类型外,还应确定所用材料的规格尺寸和数量(必要时还可拍照记录),并依据供货证明和产品质量证明书确认产品的质量。

表 7.3.12　各施工阶段所使用材料、工具一览表

工序	材料	工具及其他辅助设施
钢管表面清理	汽油、专用除锈清洗液、丙酮等	喷砂工具、橡胶手套、保护眼镜等劳保用具
补强区域标识	自黏性胶带	划线工具如铅锤、记号笔等
缺陷填充	专用填充腻子	橡胶抹刀、计量器具、橡胶手套、保护眼镜
底胶涂刷	专用胶黏剂	胶黏剂涂刷滚轮、盛胶容器、计量器具、温湿度计、手动搅拌机、橡胶手套、保护眼镜等
不平整面修复	专用填充腻子	橡胶抹刀、橡胶手套、保护眼镜
玻璃钢卷片卷贴包覆	玻璃钢卷片、专用胶黏剂	玻璃钢卷片支架、胶黏剂涂刷滚轮、盛胶容器、计量器具、温湿度计、手动搅拌机、橡胶手套、保护眼镜、玻璃钢卷片切断工具等
补强层固化前的紧固	自黏性胶带	紧固工具
补强层端面填平包覆	胶黏剂、热缩带	胶黏剂涂刷滚轮、盛胶容器、计量器具、加热工具、橡胶手套、保护眼镜等

② 钢管表面清理。在风沙较大和湿度大于75%时,如没有可靠的防护措施不宜涂刷底胶。为了保证最佳的粘接效果,钢管的表面清理工序是补强修复的关键一步。被修复表面应确保无油、无水,要完全去掉缺陷部位的污物和氧化皮等杂质,露出钢管本体。

③ 补强区域划线标识。为保证后续缺陷填充、底胶涂刷及玻璃钢卷片包覆在正确位置,需要根据缺陷部位、缺陷影响区大小确定补强修复区域,并采用划线或自黏性胶带将补强区域进行标示。

④ 采用专用缺陷填充材料填充缺陷。钢管表面的缺陷如果不进行填充,在玻璃钢卷片包覆到钢管上后,缺陷部位不能与补强层接触,载荷不能均匀传递到补强层上,则缺陷部位依然会存在应力集中,达不到补强效果。

⑤ 涂刷底胶。在缺陷填充腻子达到表面干燥且确认钢管表面干燥、无污染后,可以开始涂刷底胶。

⑥ 不平整面进行修复。在底胶和填充腻子凝胶后,对流挂或其他凹陷、空洞等缺陷部位进行修补。

⑦ 玻璃钢卷片卷贴包覆。在底胶表面凝胶后(用手指接触已硬化),确认没有水分和尘土附着,将玻璃钢卷片卷贴到已经标记好的管道缺陷部位,玻璃钢卷片层与层之间在卷贴包覆过程中用滚轮涂刷上专用胶黏剂。当待修复缺陷尺寸超过玻璃钢卷片材料的极限修复尺寸时,可进行连续缠绕补强修复,相邻卷片间的间距以不发生搭接为限,卷片间的空隙用层间胶黏剂填充。

⑧ 补强层端面填平包覆和搭接部位的补口。胶抹刀抹成斜坡,待胶黏剂表面固化后,用热缩型胶带对端头部位进行补口。

⑨ 管沟回填。待补强层基本固化后,可以对管沟进行回填处理。

⑩ 做好施工记录。现场施工记录包括补强修复工作的主要内容、施工方法、天气情况,温度和湿度、实施的检验和其他一些必要事项等。

在施工过程中的任何一个环节,都需要遵守一些必要的安全条款。采用玻璃钢卷片修复含缺陷管道,所用材料包括专用的表面清洗剂、缺陷填充腻子、专用胶黏剂、玻璃钢补强片材等多种材料。因此,为了施工安全,需要操作者熟悉所用各种材料的特征,要注意施工条件和作业环境。

(3)复合材料补强技术的静水压试验验证。

含不同尺寸缺陷的管道补强层厚度和修复后的承压能力有限元分析结果,得到实物爆破试验的验证。作为例子,这里介绍部分实验验证结果。

试验采用从美国引进的先进的静水压试验系统,系统最高压力达210MPa,增压速度可自动控制,控制精度1%。对无缺陷管段,采用直接加压打爆方式;对含有缺陷的补强修复管段,水压试验过程中,均采用阶梯式加载方式,即分段稳压。试验温度为室温。

试验管段规格为 ϕ273mm × 7mm,缺陷尺寸为 150mm × 75mm × 3mm,补强层数为 6 层。图 7.3.40 是无缺陷管和含缺陷管段水压试验过程中内压随时间变化曲线。从水压试验曲线上可以看出试验经过了明显的从屈服到断裂的全过程。图 7.3.41 是试验管段爆破后的宏观照片。管道补强部位没有发生渗漏和开裂,爆破口在无缺陷部位,可见缺陷部位经复合材料补强修复后,强度恢复甚至超过了完整管道的强度。表 7.3.13 对 3 根管子屈服压力和爆破压力试验值和理论值作了对比,结果表明屈服压力和爆破压力的试验值和理论计算值基本吻合。

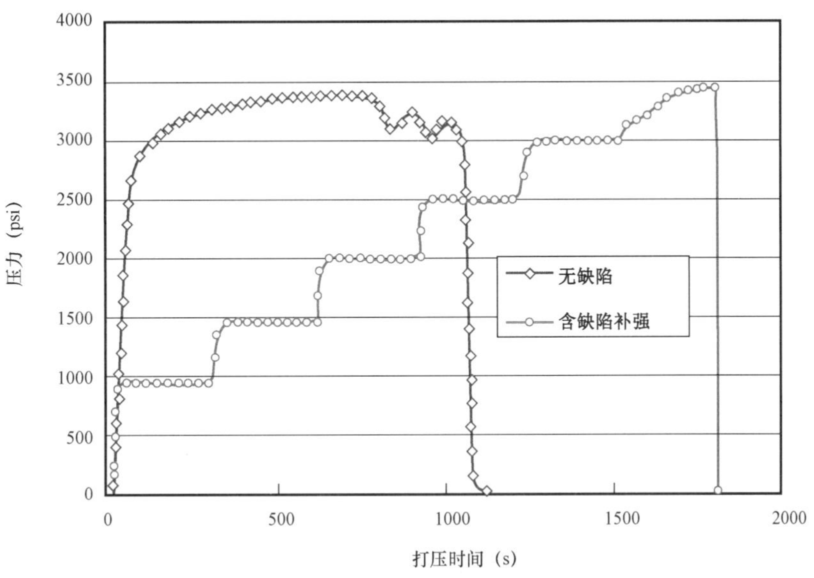

图 7.3.40　水压爆破试验压力随时间变化曲线

图 7.3.41　含缺陷管段经补强修复爆破后的宏观照片

表 7.3.13　管子屈服压力和爆破压力试验值和理论值

管号	屈服压力(MPa)		爆破压力(MPa)	
	理论值	实测值	理论值	实测值
无缺陷管	18.4	19.7	19.9	23.3
含缺陷管段 1 号	18.4	20.0	19.9	23.2
含缺陷管段 2 号	18.4	20.6	19.9	23.7

7.3.2　油套管柱完整性管理

井筒完整性是综合运用技术、操作和组织管理的解决方案，降低油气井在全生命周期内地层流体不可控泄漏的风险，核心在于各个阶段都必须建立有效的井屏障。井屏障一旦失效会造成井喷或严重泄漏等重大油气井完整性破坏事件[49]。井筒完整性管理以减少和预防油气井事故发生,经济合理地保障油气井安全运行为目标。

随着愈来愈多的超深高温高压及高含硫油气井投入开发,油井管柱服役条件日益苛刻,井筒失效问题日益突出。国际上一些油公司、行业协会和标准化组织相继制定和发布了井筒完整性相关的推荐做法、指南和规范。2004 年,挪威国家石油公司发布了 NORSOK D—010 第三版,提出了井屏障设计理念,各个油公司和作业者开始重视和使用该标准。2010 年,墨西哥湾 Macando 井喷事故后,NORSOK D—010 吸纳了行业对该事故提出的 450 条建议,修订发布了第四版。该标准被世界石油公司普遍采用,并作为井筒完整性设计的指导原则。英国能源协会在 2009 年发布了《高温高压井设计》,英国油气协会在 2012 年发布了《暂停井和废弃井指导手册》。API 在 2013 年发布了《API 17TR8 高温高压设计准则》,2015 年发布了《API RP 100—1 水力压裂井完整性和裂缝控制》。挪威的石油工业管理法规、石油设备设计和配置法规都提出了井屏障的设计和监控要求,英国的海上油气田装置安全法规、井的设计和建造法规等都涉及井完整性相关要求。

塔里木油田针对库车山前高压气井面临的众多技术挑战,借鉴国外先进井筒完整性设计理念,针对克拉 2 和迪那 2 气田开展问题井风险评估工作,制定治理措施,保证了气田高效安全开发,对大北和克深区块投产后完整性面临的新挑战,探索了一套以井屏障设计、测试和监控为基础的井筒完整性管理技术。西南油气田围绕龙岗气田开发需要,研究应用“三高”气井完整性评价技术,在龙王庙气藏试油、完井及开发投产期间,配套完善了井完整性评价所需的各种设备和工具。2014 年发布了企业标准《高温高压高酸性气井完整性评价技术规范》,2015 年上线运行“西南油气田井完整性管理系统”。

高温高压及高含硫井完整性问题是一个国际性难题,国际上各油公司、研究机构和油服公司都在致力于解决这一问题,挪威、英国等国家形成了系统的井完整性技术和配套标准。中国石油主导编制的《高温高压及高含硫井完整性指南》《高温高压及高含硫井完整性设计准则》和《高温高压及高含硫井完整性管理》等井完整性规范充分借鉴了国际上井完整性的最新标准,结合中国石油在高温高压及高含硫井的具体实践,为高温高压及高含硫井的设计提出具体的规范、要求和推荐做法。

7.3.2.1 管柱检测技术

通过运用管柱检测技术可发现油套管柱缺陷、变形及管柱不连续等现象。当进行修井时,在压井条件下提升油管柱后可直接开展管柱无损检测。在进行套管、油管检测之前应确定井身结构和股役条件,包括表层套管、技术套管、生产套管、油管直径及下放深度,当前井底和射孔段的深度,以及关井时的油压、套压等。较常用的在役管柱检测技术包括电磁探伤测井技术、超声成像测井技术、多臂井径测井技术等。

7.3.2.1.1 电磁探伤测井技术

电磁探伤测井技术,特别是磁脉冲探伤—厚度测量法在油气井套管、油管检测中有重要应用。针对套管、油管及井下设备等受到腐蚀性液体、地层应力变化等影响,出现断裂、减薄、穿孔的问题,电磁探伤测井技术具有很好的检测效果。电磁探伤测井技术不受井内流体类型和套管内的结蜡及井壁附着物的影响,能通过油管检测油管和套管,不仅节省了检查套管情况时起下油管的作业费用和时间,还为油、水井井身结构普查提供了手段,满足了不停产测试的需求。

（1）电磁探伤测井原理。

电磁探伤仪的物理基础是电磁感应原理，即法拉第电磁感应定律。给绕线螺线管通以直流电，在螺线管周围产生一个恒定磁场。断开直流电后在螺线管周围产生一个与同原磁场方向相反的磁场，该磁场在线圈中便产生一个随时间而衰减的感应电动势。当管柱（油套管）厚度变化或存在缺陷时，感应电动势将发生变化，通过分析和计算得到管柱的壁厚，可判断管柱的裂缝、腐蚀减薄和孔洞。

（2）电磁探伤测井仪结构及功能特点。

电磁探伤测井仪结构如图7.3.42所示，仪器由多个探头和上、下扶正器及电路组成。探头包括温度探头、自然伽马探头、纵向长轴探头A、横向探头B、纵向短轴探头C。仪器记录一个周期内各探头感应电动势随时间的变化。探头A、C为纵向探头，纵向长轴探头A一般记录9条曲线，探测范围和深度较大，其主要用途是计算单层、双层管柱厚度，检测外管的纵向裂缝，确定内管和外管的腐蚀。纵向短轴探头C随探测深度的增加通常记录5条曲线，探测范围较小，主要用途是计算单层管柱壁的厚度，判断内管的纵向裂缝，确定内管的腐蚀情况。

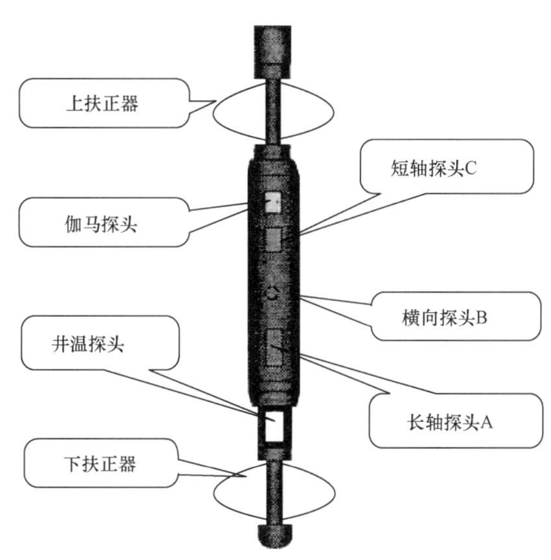

图7.3.42　电磁探伤测井仪结构及组成图

A、C探头结合可判断双层管柱的纵向裂缝和腐蚀缺陷，并用于计算管壁的厚度。探头B轴线方向与管柱的轴线方向垂直，因此称为横向探头，随测量深度的增加可记录4条曲线。主要用途是判断内管的横向裂缝、错断和变形情况，计算内管壁厚。

以Mid—k电磁探伤仪为例，其内外部结构主要由以下几部分组成：

① 外部结构由上部连接头、上部扶正器、仪器主体、下扶正器几部分组成。仪器主体直径42mm，长度2115mm，重量9kg，仪器主体外部直径一致，密封平滑联结，使用高强度、耐腐蚀的合金钢制作。扶正器轻便灵活，在特殊情况下，如仪器严重遇阻时，可以牺牲自身而不伤及仪器。

② 内部结构由磁脉冲测厚仪、高灵敏度井温仪、自然伽马仪三部分组成。其中测厚仪检测单层（中心）管柱或同时检测两层管柱（如油管和生产套管，或两层生产套管）的缺陷，提供以毫米为单位表示的每层圆周平均壁厚的定量检测曲线和数据表。高灵敏度井温仪记录沿井深的井筒内部温度，并综合探伤仪探伤数据，根据所记录的与井筒液体和气体窜流有关的井温曲线进程变化，划分出套管

射孔段以及套管或油管的穿透性孔眼。自然伽马仪记录沿井深的自然伽马强度，用于检测数据的深度较正。

探伤仪 Mid—k 的使用时，要求所下套管的外径不大于 324mm，经过油管的内径不小于 52mm，所研究管柱的总壁厚小于 25mm，所研究单层管子的最大壁厚不大于 16mm。

电磁探伤测井仪的工作程序：

（a）启动发射线圈，在线圈周围激发电磁场，工作时间为 128.5ms。在结束前 0.5ms 时间内测量发射线圈的电流，作为参考基准。

（b）发射线圈制动，用探测装置的接收线圈测量涡流电磁场的瞬变过程。这一过程的工作时间为 127.5ms，分五道进行测量。每一次的测量时间为 0.5ms，五次测量的周期为 2.5ms。所以，一个启动/测量周期的持续时间等于 256ms。

以上工作状态由通信控制器产生一定周期序列的操作，实现探伤仪所有部件的控制和同步。

7.3.2.1.2　超声成像测井技术

在油气井完整性检测中，主要利用超声成像测井技术检测套管的腐蚀、破损变形，利用改进的小直径超声成像测井仪检测油管的腐蚀、破损及变形。

（1）超声成像测井技术的原理。

图 7.3.43 为超声成像测井仪器的测量示意图，从内到外依次为流体、套管、水泥环及地层，仪器扫描头位于充满流体的套管中心。发射换能器为自发自收探头，测量时首先对发射探头激励一个超声波脉冲信号。超声波脉冲信号在流体中传播并入射到套管内。其中，大部分声波能量反射回来被换能器接收，剩余的声波能量进入套管，声波信号在流体/套管和套管/水泥环之间进行多次反射及透射。如果套管厚度等于超声波在套管中半个波长的整数倍，则超声波在套管内会发生共振。利用套管共振频率及超声波在套管中的纵波传播速度可以评价套管厚度。仪器扫描头旋转一周即可完成套管不同方位的厚度测量。

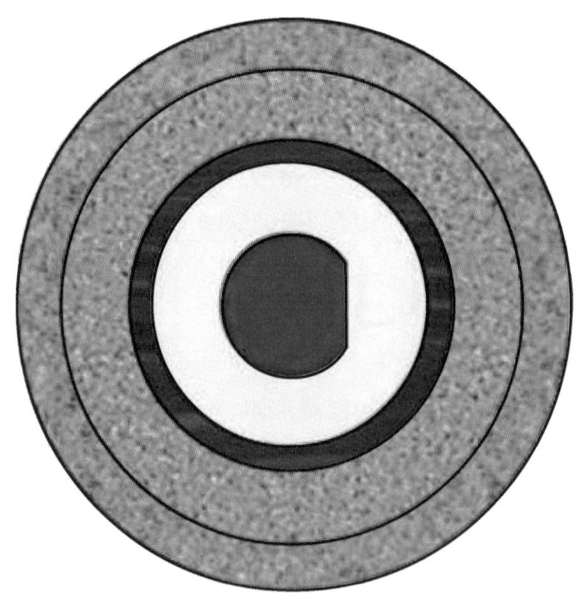

图 7.3.43　超声成像测井仪器测量示意图

图7.3.44为MUIL超声成像测井仪器在套管某深度处扫描一周记录的反射回波，图中绘制了其中的30道波形。由图可见，中心内圆区域中的波形为套管内壁的反射波，由于套管内壁的反射波幅度最大，图中显示的波形叠加在一起；中间圆环区域的波形为套管的共振波；最外层圆环区域的波形为套管内壁的二次反射波。每道波形首波到达接收器的时间有明显差异，从而降低套管首波的幅度。原因是测井过程中，虽然扶正器起到一定作用，但是仍不能消除仪器偏心的影响，所以对图像进行偏心校正是必不可少的。

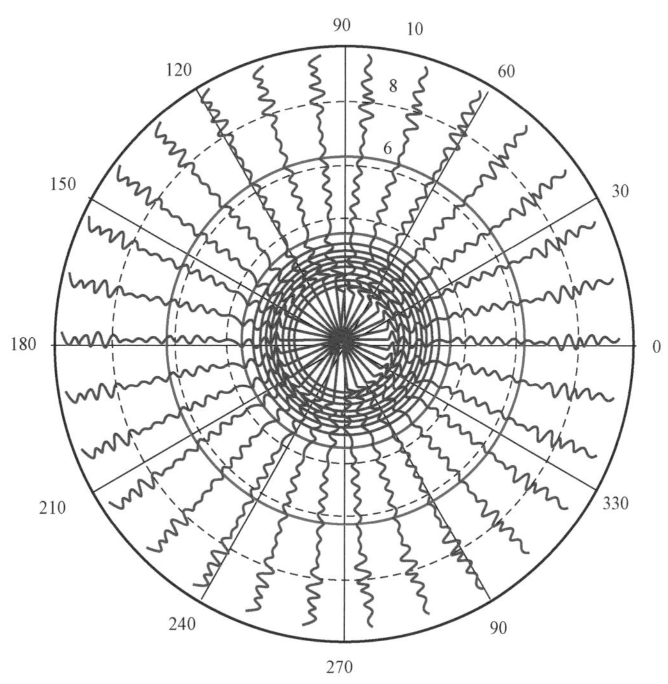

图7.3.44 MUIL超声成像测井仪器在套管某深处扫描一周记录的波形

对图7.3.44中的每道波形进行频谱分析得到其频谱曲线，如图7.3.45所示。由图可见，每道频谱曲线中谱线对应的频率略有差异，且峰值的幅度也不尽相同。这是由于套管一周各个方向上的套管厚度及水泥胶结状况不同所致。利用套管共振波衰减，可以计算套管外材料的水泥声阻抗，进行固井质量评价。

(2)超声成像测井仪系统组成。

超声成像测井仪包括井下仪器和地面仪器两部分，井下仪器负责采集数据，而地面仪器则负责原始测井资料的数据处理、保存、显示并打印图像。

(3)超声成像测井的影响因素。

测井仪器的分辨率、对钻井液的适应能力、可测井径范围、套管管壁的洁净程度等因素都会影响到超声成像的图像质量及解释结果。所以，改进和提高仪器性能是提高超声成像测井质量的前提。此外，测井前的工程洗井及替换钻井液也是十分必要的。影响超声波衰减和成像分辨率的主要因素有：

① 工作频率。换能器的形状、频率以及目的层的距离决定声束的光斑大小。换能器尺寸越小，频率越高，则光斑越小。但是尺寸越小，功率就越小；频率越高，衰减就越大。钻井液引起的声波衰减会降低信号分辨率，这又要求工作频率尽可能低。然而，降低频率会对测量结果的空间分辨率产生不

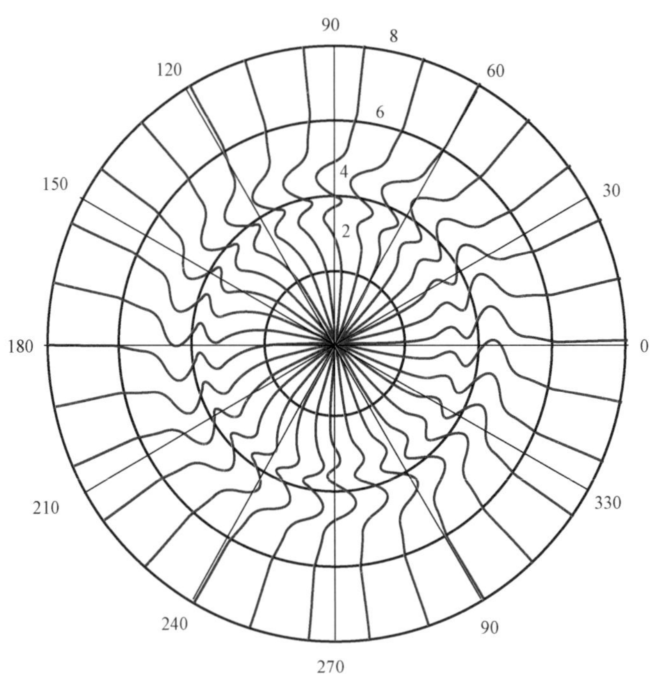

图 7. 3. 45　图 7. 3. 44 中的每道波形对应的频谱曲线

利影响。通过采用低频、宽带、动态聚焦换能器,可以兼顾这些因素,从而大大改善超声成像质量。

② 井液状态。超声波在钻井液中的衰减是由钻井液的固有吸收和固相颗粒或气泡散射两部分组成。钻井液密度越大,超声波衰减越大,探测灵敏度则越低。通常井下仪器在钻井液密度较大或井液中含有气泡的情况下,超声波衰减和散射特别明显,往往不能接收回波或只能接收到非常微弱的回波,而导致测井质量不合格。因此,有必要在测井前洗井和替换钻井液。

③ 测量距离。井径越大,回波幅度越弱,图像越暗,这在井壁严重垮塌及套管严重破损处尤为明显。

④ 井壁的表面结构。不同类型井壁具有不同的表面结构,钻井过程造成的非自然表面结构以及套管的腐蚀、破损、变形造成的井壁不规则都会影响成像质量。

⑤ 井壁的倾角。当仪器居中不好或井眼不规则时,图像中会呈现出遮掩显著特征的垂直条纹。当井下仪器相对于井轴偏心,或井眼椭圆度很大时,被井壁反射的波束偏离换能器中心,接收到的回波很弱,从而影响测井的成像质量。虽然扶正器可以改善偏心情况,计算机对图像的处理也可以在一定程度上校正椭圆度,但对大斜度井和水平井造成的偏心影响是不可忽视的。

7. 3. 2. 1. 3　多臂井径测井评价技术

多臂井径测井技术用于评估套管的几何变形以及套管内径的变化情况,是油气井套损检测的重要技术,也是目前应用最广泛的测井技术。

(1)多臂井径测井原理。

多臂井径仪通过多条测量臂来实现对套管变形、弯曲、断裂、孔眼、内壁腐蚀等情况的检查,可测得套管内壁一个圆周内最大直径、最小直径、每臂轨迹,从而检测到套管不同方位上的几何尺寸变化。可以形成内径展开成像、圆周剖面成像、柱面立体成像,为找漏、找窜、评价射孔质量、发现套管破损、修井作业提供科学数据。

(2)多臂井径测井仪的构成。

多臂井径仪套管检测系统由井下系统、井下到井上遥传系统、井上地面机箱系统、上位机软件部分四部分组成。

① 井下系统。

多臂井径仪的井下系统设计主要为:探头设计、电路设计和机械设计。

(a)探头设计。在多臂井径仪探头设计了差动互感式无触点位移传感器,大大提高了位移传感器的使用寿命和测量精度。由于差动互感式无触点位移传感器体积小,因此可实现小直径下的高密度测量。

(b)电路设计。电路设计的主要模块有:井径发射电路、接收电路、井温电路、电机控制电路、AD采集控制电路和DC-DC供电系统。

(c)机械设计。多臂井径仪结构图如图7.3.46所示。主要工作原理是:电机拖动测量臂、扶正臂的打开与收拢,使井径仪在居中情况下进行测量。仪器的测量臂由弹簧支撑,沿套管内壁运动,测量臂随套管内壁变化而变化。

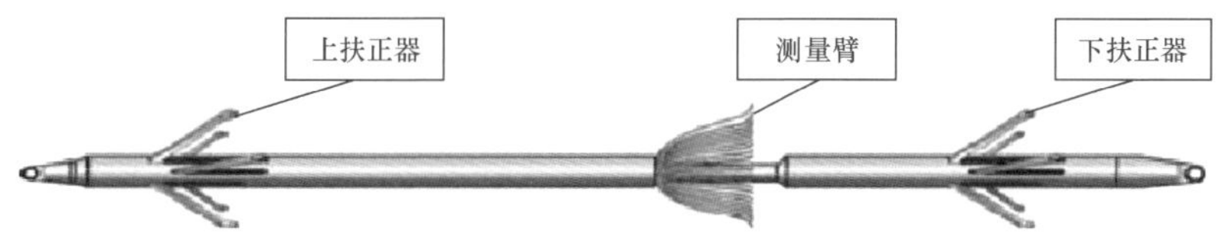

图7.3.46 多臂井径仪结构图

图7.3.47为多臂井径仪实测过程演示,图7.3.47(a)为井径仪在井下工作过程中,当遇到如图7.3.47(b)所示的腐蚀错断的套管时,测量臂返回时所测数据会在软件上显示,如图7.3.47(c)所示,即套管损伤成像。每支测量臂都对应一个位移传感器,每个测量臂的位移变化直接反映到相应的传感器上。井下信号经编码发向地面,地面解码后经上位机软件处理,从而得到套管内径的展开成像解释图,清晰反应井下套管的受损情况。

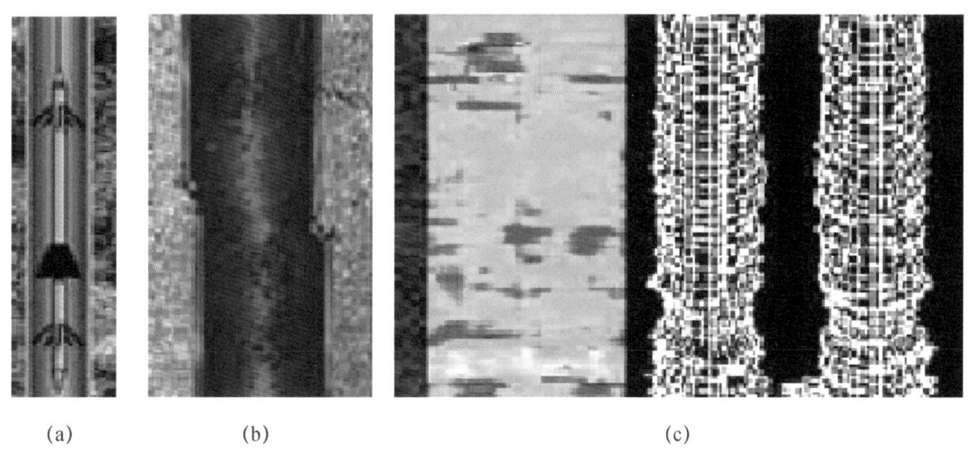

(a) (b) (c)

图7.3.47 多臂井径仪实测过程

② 井下到井上遥传系统设计。

选用单芯电缆作为井下与井上之间的信号传输通道,设计耦合遥传硬件电路及软件编码,将井下信号经编码后耦合在单芯电缆上进行传送。

③ 地面机箱系统。

地面机箱系统采用一体结构，将井下仪供电系统、信号分离、数据采集与处理合为一个箱体，箱体与上位机通过网口通信。地面系统设计原理图如图 7.3.48 所示。实际测井过程中，电缆在给井下仪器供电的同时，将井下仪器测量信号经耦合遥传到信号采集板；信号采集板对接收到的信号进行滤波、整形，并对采集到的信号进行处理，送到数据处理主板；数据处理主板将采集到的所有数据打包，通过网口将数据送给上位机，同时将井下工作电压、电缆上提或下放深度、速度等值通过串口送给显示板。

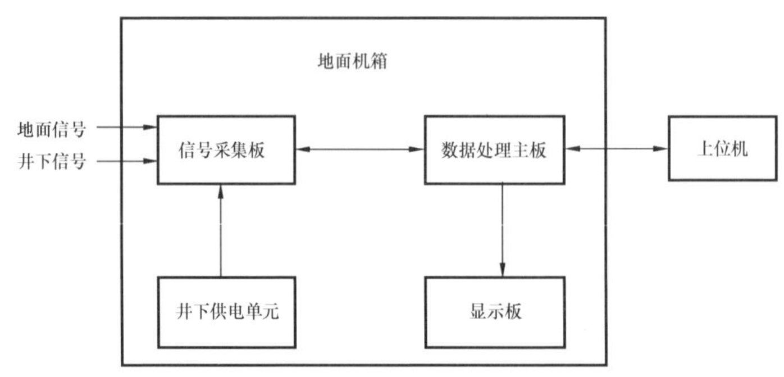

图 7.3.48　多臂井径测井仪地面系统设计原理图

④ 上位机软件。

多臂井径仪上位机软件用于测井数据的平面展示，对套管变形和损伤可以很好地展现，以便测井人员对特殊井段进行分析。上位机接收到的信号有井下的数字编码脉冲信号、井下的声波、电流磁定位信号、与深度相关的信号。

(3) 多臂井径测井评价。

早期多臂井径测井只提供最大内径(D_{max})、最小内径(D_{min})测量值，根据套管直径(D)提供剩余壁厚计算结果。一般测井解释也只给出变形井段、半径扩大值(最大内井径)、半径缩小值(最小内井径)等简单评价结论。随着技术进步，多臂井径仪可以获得更加丰富的套管变形信息，可靠性更高，可视性更好。多臂井径测井资料可以提供以下几个方面的评价结果。

① 套管变径(扩、缩径)评价。

当一个弹性圆环体在平面内变形时，若扩大内径，势必造成圆环体变细；若缩径，则圆环体变粗。因此，变径大小也可以由圆环的线长变化大小来衡量。考虑到套管在井下受力状况，其变形多为椭圆变形，可利用椭圆曲线积分公式计算椭圆周长。在多臂井径测井中，若只测出最大、最小井径，可计算椭圆形套管内周长，折算成圆环形状态时的内半径。若井径臂较多时(16 臂以上)，测量出多臂井径的每一个分井径值，可利用连续积分原理和弧长公式计算变形套管的内周长，然后折算成圆形状态时的内半径。在考虑套管内径允许公差的前提下，将圆环线性弧长折算半径与套管名义内半径比较，即可确定出套管变径(扩、缩径)特征。

当施加于套管外部载荷超出套管的抗外挤强度，套管发生损坏；当地层岩石抗压强度大于套管的抗外挤强度，套管会错断或弯曲变形。套管发生垂直于管柱错断时，测量结果一般明显显示缩径。当只考虑错断而不考虑套管变形时，根据测量计算的椭圆周长和原套管内半径标准可计算错断套管中心位移错断量。

② 壁厚及套管外径评价。

套管壁厚是多臂井径测井希望给出的参数，大部分仪器都给出了简单计算结果。但是，由于变形和变径性质不同，常规多臂井径测井提供的剩余壁厚不能有效区分套管壁厚度的真实变化，也很少见到用多臂井径测井解释评价套管外径变化的资料。下面就套管壁厚及套管外径变化评价进行分析。

假定套管无质量损失，不考虑轴向的弯曲变形伸长，即可利用单位长度套管质量不变原理求出当前壁厚，进一步可计算当前套管理想圆时的外径。不同的套管有不同的壁厚参数，解释测井数据资料前应搞清楚测量套管的基本参数。

测井提供的剩余壁厚是简单的计算结果，反应套管极端情况下的壁厚变化。只有在套管不变形、内部腐蚀脱落而套外无变化条件下，才能反映通常理解的剩余壁厚，且为剩余壁厚最小处的壁厚值。在套管弹性变形条件下，套管椭圆内周长若保持不变，则套管壁厚不受最大井径变化的影响；在套管损毁时，最大内径仅反映损毁处（如裂缝、孔、洞等）井径仪可探测的变化；在套管结垢、井下落物、下放变径工具等条件下，最大内径仅反映相应的特殊测量变形，与套管真实壁厚关联不大。由上述分析可以看出，测井提供的剩余壁厚并不完全反映套管壁厚变化情况，简单的利用测井提供的剩余壁厚解释套管损坏不够科学，也不利于正确分析套损原因。

当套管轴向载荷超出套管弯曲承载力时，会产生轴向弯曲变形，表现为管子的轴向线性伸缩。利用有限直线长度套管质量不变原理，可由套管壁厚截面变化得到轴向线长度变化率。套管轴向线长度变化率大小可以评价套管弯曲程度。若轴向线长度变化率 >0，套管伸长；若轴向线长度变化率 <0，套管缩短；其绝对值越大，弯曲度越大。

若套管壁厚变化由轴向线长度变化和截面椭圆周长变化同时引起，则难以同时给出双变量准确结果。一般条件下，套管和井壁岩石通过水泥固结后，其轴向载荷引起套管变形概率大为降低。但当井眼轨迹弯曲、严重出砂或大斜度井存在时，套管弯曲变形机会增加。大多数套管变形是受径向挤压发生椭圆变形。相关公式推导均有假设前提，应用评价时应注意具体情况具体分析。

③ 椭圆变形及等效破坏载荷评价。

从套管损坏机理分析可知，椭圆度对套管的损毁影响较大，同时受径厚比（D/t）控制，壁越薄影响越大。椭圆度可作为套损状况评价的重要参数之一。

套管椭圆变形状况一般用椭圆变形率表示。通过椭圆面积计算的折算圆半径称椭圆面折算圆半径，反映套管椭圆变形后的等效破坏载荷。在已知岩石蠕变产生的应力后，根据实验或经验数据，可计算施加于套管的应力载荷。一般设计套管的抗力要大于施加于套管的应力，并要求留有裕量。当套管变形后，抗外载荷作用的能力下降。如套管的抗力小于施加于套管的应力后，套管会产生不同程度的损坏。

7.3.2.2　管柱完整性评价技术

7.3.2.2.1　管柱完整性评价方法概述

油气井管柱完整性评价的目的是查找、分析和预测管柱在钻井、储层改造、完井及生产过程中存在的有害因素及可能导致的失效行为，并在风险分析基础上，对管柱设计、选材及使用维护提出合理可行的安全对策、措施、建议，指导危险源监控和事故预防，以达到最低事故率、最少损失和最优的安全投资。具体包括：(1)系统地从管柱设计、选材、使用、运行及修井等全过程进行控制；(2)实现油气井钻完井及生产安全的管柱方案最优，为设计和工程决策提供依据；(3)为井筒完整性管理的标准化和科学化创造条件,促进油公司和钻探企业实现安全运行。

油气井管柱完整性评价的作用包括:(1)可以有效地减少管柱系统结构和密封完整性破坏,降低人员、设备和环境危害;(2)有助于工程技术人员科学合理地进行系统的管柱安全管理;(3)可以实现最少的建井投资达到最佳的安全效果;(4)与油气井筒安全相关的各项安全标准制定和可靠性数据积累工作相辅相成,互为促进。

油气井管柱由大量的油井管及其他构件通过螺纹连接构成。组成油井管柱的每一根油井管,每一个构件、部件及其连接在油气井建井和开发过程中都起着举足轻重的作用,在油气井建井和开发过程中用于地层封隔、传递载荷、工作液输送和油气产出通道等。油气井管柱服役特点主要表现为:全管柱构成串联式的结构和密封完整性系统,承受轴向拉伸/压缩、内/外压力及弯曲等复杂复合载荷状态,面临井筒工作液和地层产出介质的腐蚀环境等。油井管产品用量大、花钱多,服役条件复杂,失效风险高,决定了油井管柱一定要兼顾安全可靠性与经济性,也就是在保证管柱安全可靠的同时,又能避免不必要的投入而获取最大的经济效益。油气井管柱完整性评价技术致力于对在役油气井管柱(实质是含有损伤的管柱结构)能否继续使用以及如何继续使用的定量评价,是以石油钻采工程、材料科学与工程、弹塑性力学、现代断裂力学、腐蚀与防护及可靠性理论等学科为基础的严密而科学的评价方法。

完整性评价以材料强度理论、断裂力学和可靠性理论为基础,结合管柱缺陷定量检测结果,通过试验研究、理论分析及综合评价,对缺陷是否危害管柱结构安全可靠性作出定量判断。最后可按四种情况区别对待:(1)允许对结构安全不构成威胁的缺陷存在;(2)如含有虽不造成威胁但可能会进一步扩展的缺陷,需要进行寿命预测,并允许在监控下使用;(3)若含缺陷结构在降低使用等级后能保证安全可靠性要求,则可考虑降级使用;(4)对于那些所含缺陷已对安全可靠性构成威胁的结构或构件,必须立即采取措施,或返修或停止使用。

借助于管柱力学方法,分析管柱各种服役条件下的承载状态,考虑压力、温度、阻塞器、流体、流速以及环空状况等所有可能的组合条件,涉及建井及投产全寿命周期服役条件,明确各阶段和各层位的所有可能管柱载荷,重点标记出最危险服役条件,具体包括内压、外挤、弯曲和轴向载荷等。

对管柱承载能力评估时,运用连续介质力学理论,对管柱进行基于最小屈服强度的单轴和三轴安全校核或有限元分析校核;对螺纹接头应考虑其连接、内压和外压效率,也可运用有限元方法详尽分析和校核非线性条件下螺纹完整性。基于现代断裂力学方法,计算分析管材的断裂和延迟断裂风险,包括起裂条件、裂纹在外部载荷和(或)其他因素作用下的扩展过程、裂纹扩展到什么程度导致管材发生断裂等。根据完整性评价的需要,进一步分析含裂纹的管材在什么条件下破坏;在井下载荷条件下,管材可允许的最大裂纹尺寸;在综合考虑管材裂纹存在状态和管柱井下服役条件的情况下,预测管柱结构的安全服役寿命等。

对管柱腐蚀完整性评价时,运用腐蚀试验失重法、腐蚀表面观察与测量以及电化学测试等方法评价管材在井下服役环境下的表面腐蚀形态、腐蚀速率等,评价管材在井下服役条件下的腐蚀剩余寿命。

对管柱的完整性评价可采用传统的安全系数法,在应力和强度两方面深入分析的基础上,在评价过程中考虑设计系数安全裕量,从而保证管柱的可靠性。传统安全系数法缺点:把各种参数视为定值,没有分析参数的随机变化;没有分析参数分布对可靠性的影响;设计与评价过程的安全系数选取过多的依赖于经验,难免较大的主观随意性。逐步发展并完善的管柱可靠性分析方法具有很好的应用前景。可靠性分析方法可对整个管柱系统及其部件的失效及其发生的概率进行统计、分析，从而实现对管柱的可靠性评估。基于可靠性的管柱完整性评价包括：管材及管柱系统数据的收集与分析、可靠性试验、可靠性评估与预测、管理和控制等。

7.3.2.2.2　评价所需的信息和数据

评价所需要的信息和数据包括含缺陷管柱的应力与环境状况、缺陷的类型与尺寸以及管柱结构及管材性能基础数据三类。这些信息和数据可以通过以下途径得到：

（1）油井管产品的质量控制标准、验收检验报告；

（2）油井管产品的设计规范、制造工艺；

（3）油井管材料选用与性能试验（含环境影响、老化效应）等技术报告；

（4）管柱结构数据及操作运行状态（载荷、介质、温度等）及维修的历史资料、记录；

（5）缺陷的无损检测报告（包括检测技术的可靠性评价，如检测极限、检测精度、发现概率、误判率等）；

（6）缺陷部位的应力分析，包括主应力或称一次应力（工作应力）、二次应力（如残余应力），应力集中引起的峰值应力、交变应力、瞬态应力等；

（7）其他技术资料（专门试验、相关数据库、文献等）。

7.3.2.2.3　失效评估图技术

含缺陷管柱完整性评价采用失效评估图技术（FAD）。关于 FAD 在 7.3.1.3.1 节中已作介绍。FAD 中通用失效评估曲线（FAC）方程为：

$$K_{rmax} = (1 - 0.14L_r^2)\left[0.3 + 0.7\exp(-0.65L_r^6)\right] \tag{7.3.120}$$

$$L_r \leqslant L_{rmax}$$

$$L_{rmax} = (\sigma_y + \sigma_u)/2\sigma_y$$

$$L_r = \sigma_{ref}/\sigma_y$$

式中　L_r——载荷比；

σ_{ref}——参考应力；

σ_y——材料的屈服强度，MPa；

σ_u——材料的抗拉强度，MPa。

在处理不确定性问题时以及寿命预测时均是以 FAD 为基础的。

计算分析过程可以基于油井管材料的真实本构关系获得更加准确的失效评估曲线，具体方法可以参照 CEGB R/H/R6 Option2/Option3。

7.3.2.2.4　基于可靠性的管柱完整性评价方法

仅考虑含缺陷管柱结构的剩余强度与服役条件的标准值开展基于安全系数的评价属于传统的确定性评价方法。然而工程实际中，例如载荷、缺陷尺寸、材料性能等变量在一定程度上具有不确定性，在考虑这些参量标准值及变异系数的基础上，开展管柱可靠度分析即可计算出预期安全可靠度下的管柱失效概率，定量化地评价管柱服役安全性。为了解决这一问题，一般采用以下4种方法。

(1)分安全系数(Partial Safety Factor，PSF)法。

“分安全系数”的提出是以可靠性理论为基础的。可将3种风险等级的应力、缺陷尺度、断裂韧性的分安全系数引入评价程序，使得评价结果可以达到预期可靠性目标。低风险指失效后果很小，可以接受的失效概率为2.3×10^{-2}，即可靠度=97.7%；中等风险指失效后果一般，可接受的失效概率为1×10^{-3}，即可靠度=99.9%；高风险指失效后果严重，可以接受的失效概率为1×10^{-5}，即可靠度=99.999%。目前国际上公认的分安全系数的取值见表7.3.14。评价程序要求将各参量乘以相应的分安全系数作为输入参量，应力分安全系数PSF_S只是对于主应力采用。

表7.3.14 分安全系数的取值

分安全系数	低风险	中等风险	高风险
PSF_{S1}(应力的COV≤5%)	1.1	1.4	2.0
PSF_{S2}(应力的COV≤30%)	1.2	1.6	2.4
PSF_{L1}(尺寸的COV≤5%)	1.0	1.2	1.7
PSF_{L2}(尺寸的COV≤30%)	1.1	1.4	1.8
PSF_K(断裂韧性)	1.0	0.83	0.77

注：变异系数COV=SD(标准偏差)/μ(平均值)。

(2)敏感性分析(Sensitivity Analysis)法。

敏感性分析是一种快速简便的方法。只要能够确定输入参量的可能变化范围(最大、最小值)就可进行。它可以迅速判断影响安全性的主要参数，如果评价点始终处于安全区，则认为是可以接受的。

(3)安全裕度(Safety Margins)法。

安全裕度包括载荷安全裕度(F_L)、韧性安全裕度(F_K)、裂纹尺寸安全裕度(F_a，F_c)。这些参数的定义如图7.3.49所示。最佳安全裕度的选定是在安全性与经济性之间权衡，由用户决定。

(4)蒙特卡罗(Monte Carlo)模拟法。

蒙特卡罗模拟法又称随机抽样法、统计试验法、随机模拟法。只要已知随机变量(例如应力、屈服强度、断裂韧性、裂纹深度、裂纹长度等)的概率分布，就可以通过上万次的FAD评定，计算失效概率F，是处理多变量问题的好方法。蒙特卡罗模拟实际上是将概率断裂力学引入了完整性评价，即概率完整性评价。蒙特卡罗模拟可为可靠性评价/风险评价提供基础。模拟次数越多，给出的失效概率越准确，一般要求模拟次数大于10^4次，用计算机软件完成。

(5)油井管主要的缺陷类型。

对油井管服役过程中可能出现的缺陷进行分类，分类原则包括缺陷形成发展机制、缺陷导致的管柱安全风险以及对计算分析精度与可行性的影响。基于大量的油井管失效分析案例，油井管主要的缺陷与损伤机制见表7.3.15。

对于钻杆，应定期采用无损检测方法，识别缺陷类型和损伤机制，为完整性评价提供依据。对于在井下长期服役的套管和油管，应定期采用多臂井径仪、超声或井下成像等测井仪器对管柱的综合服役状态进行检测，识别缺陷类型并给出位置和尺寸。

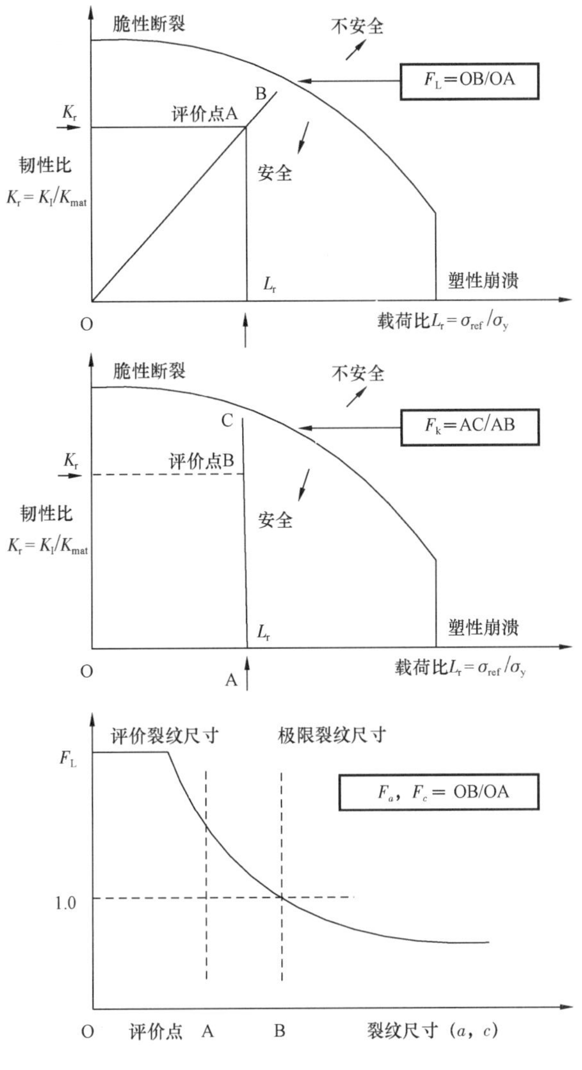

图7.3.49 安全裕度定义方法

对于裂纹型缺陷，在计算分析时以平面型缺陷来处理，用长度（$2c$）和深度（a 表示表面裂纹；$2a$ 表示埋藏裂纹）来描述，具有很尖的裂纹根部半径（<0.25mm），很小的裂纹宽度（<0.25mm）。基于保守的观点，尖锐的机械伤痕和腐蚀沟槽、腐蚀坑底有微裂纹、未焊透和未融合焊接缺陷、成片分布的空洞或夹杂、折叠等均可视为裂纹型缺陷。

表7.3.15 油井管缺陷类型

缺陷部位	缺陷特征	缺陷类型	主要损伤机制	处理
管体	（1）管体壁厚均匀减薄	体积型1（均匀金属损失）	磨损、均匀腐蚀	进行评价
	（2）内外表面局部腐蚀坑	体积型2（局部金属损失）	腐蚀、冲蚀	进行评价
	（3）内外表面腐蚀坑底有环向微裂纹	环向内、外表面裂纹	腐蚀+腐蚀疲劳	进行评价
	（4）刺穿	环向内表面裂纹发展为环向穿透裂纹	腐蚀、疲劳	报废
	（5）表面裂纹	内、外表面裂纹	应力腐蚀、热疲劳	进行评价

续表

缺陷部位	缺陷特征	缺陷类型	主要损伤机制	处理
管端加厚区	(1)内加厚过渡区消失处裂纹	环向内表面裂纹	腐蚀+腐蚀疲劳	进行评价
	(2)刺穿	环向内表面裂纹发展为环向穿透裂纹	腐蚀、疲劳	报废
钻杆管体与接头摩擦对焊处	(1)漏检的焊缝焊接缺陷	环向埋藏裂纹、环向内外表面裂纹	焊接工艺	进行评价
	(2)焊接缺陷诱发裂纹		疲劳、腐蚀疲劳	进行评价
内螺纹接头	(1)台肩根部裂纹	环向外表面裂纹	弯曲疲劳	报废
	(2)螺纹根部裂纹	环向内表面裂纹	疲劳、腐蚀疲劳	修复/报废
	(3)轴向裂纹	轴向内、外表面裂纹	应力腐蚀、热裂	进行评价
	(4)端部径向胀大(喇叭口)	过量变形	扭矩过大	修复/报废
外螺纹接头	(1)螺纹根部裂纹	环向外表面裂纹	疲劳	修复/报废
	(2)轴向裂纹	轴向内外表面裂纹	磨削、热裂	进行评价

裂纹型缺陷主要分为内、外表面裂纹，埋藏裂纹和穿透裂纹，如图 7.3.50 所示。裂纹取向分为环向与轴向；在高应力集中区(如吊卡台肩、接头螺纹根部等)，可以出现环向 360°内、外表面裂纹；裂纹型缺陷的长度($2c$)和深度(a 或 $2a$)是指在最大主应力作用面上的几何值(即Ⅰ型，张开型)；钻杆裂纹型缺陷主要是环向，个别例外，需要进行投影，得到 $2c$ 和 a 或 $2a$ 值，如图 7.3.51 所示。对于表面裂纹，确定深度要比确定长度困难，可以采用“$a=2c/2.5$”的经验关系估算，也可以按 $t/4$、$t/2$、t 等不同等级裂纹深度进行评价，严格的评价应当有准确的 a 值。常见裂纹型缺陷的分类、名称见表 7.3.16。依据不同情况，考虑韧带屈服效应后，埋藏裂纹可等效为表面裂纹，而表面裂纹可等效为穿透裂纹再进行评价，如图 7.3.52 所示。多个裂纹之间存在交互作用，要按规定进行等效化处理后才能评价，见表 7.3.17。

表 7.3.16　裂纹型缺陷的分类

裂纹分类	裂纹名称
环向表面裂纹	环向内表面椭圆裂纹
	环向外表面椭圆裂纹
	环向 360°内表面裂纹
	环向 360°外表面裂纹
埋藏裂纹	环向埋藏裂纹
穿透裂纹	环向穿透裂纹
轴向表面裂纹	轴向内表面裂纹
	轴向外表面裂纹
特例	内加厚过渡区消失处内表面裂纹

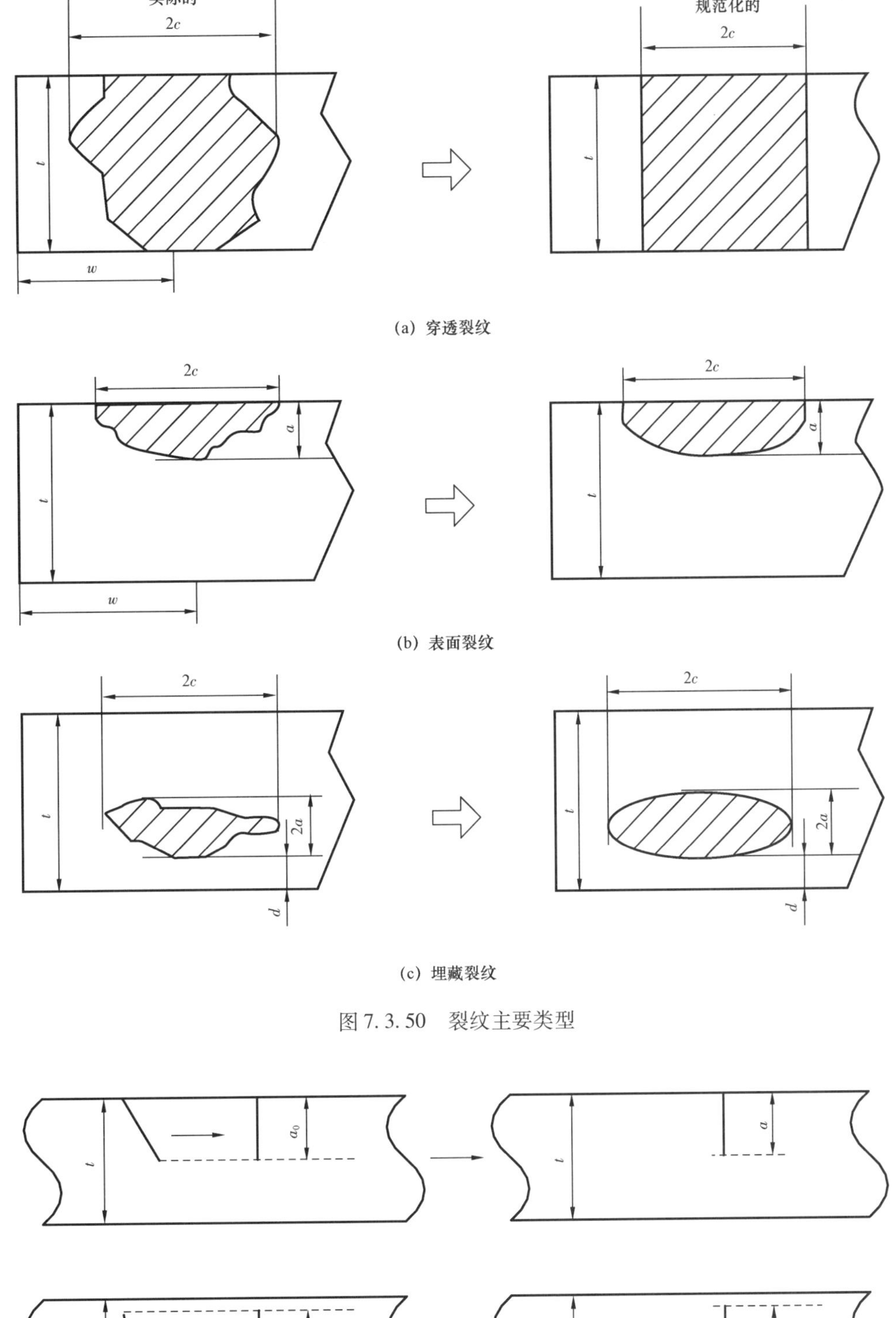

图 7. 3. 50　裂纹主要类型

图 7. 3. 51　裂纹的取向及处理

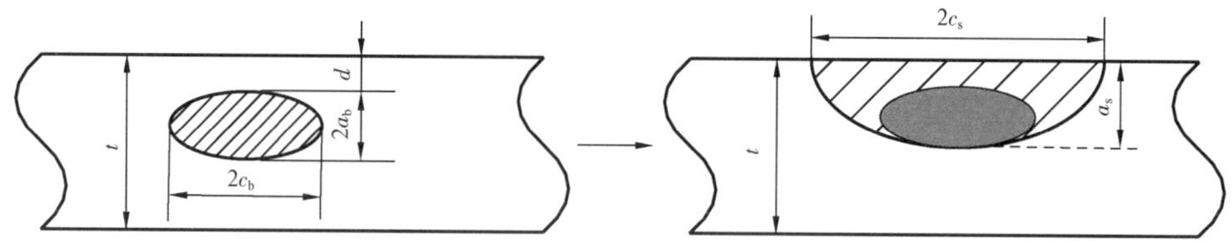

$2c_s=2c_b+2d$；$a_s=2a_b+d$

(a) 当$d/t<0.2t$时，将埋藏裂纹转换为表面裂纹处理

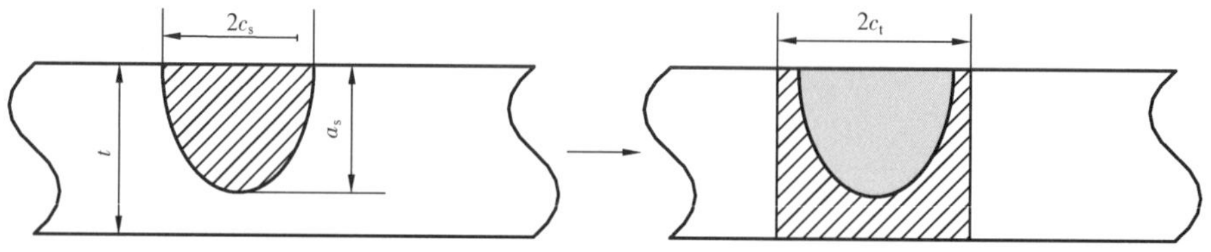

$2c_t=2c_s+2\ (t-a_s)$

(b) 当$a/t>0.8$时，将表面裂纹转化为穿透裂纹处理

图 7. 3. 52　裂纹的等效处理

表 7. 3. 17　多裂纹等效处理方法

相对位置	判据	等效尺寸
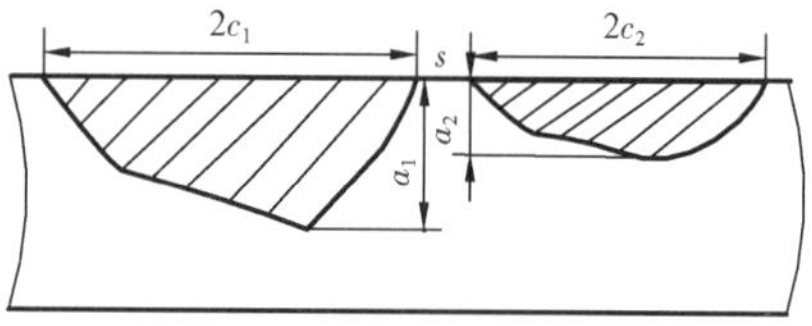	$s \leqslant c_1 + c_2$	$2c = 2c_1 + 2c_2 + s$ $a = \max[a_1, a_2]$
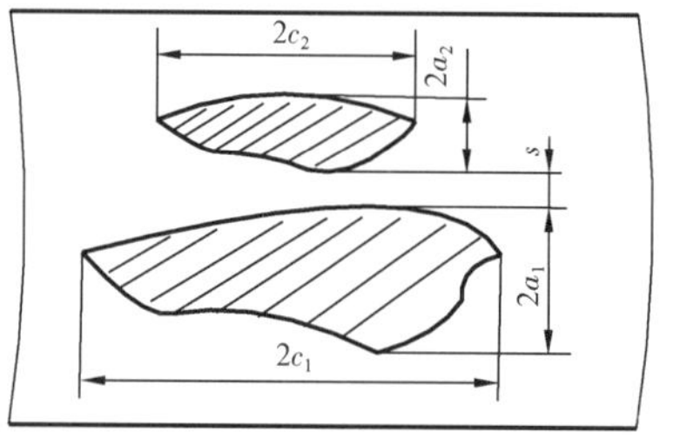	$s \leqslant a_1 + a_2$	$2a = 2a_1 + 2a_2 + s$ $2c = \max[2c_1, 2c_2]$
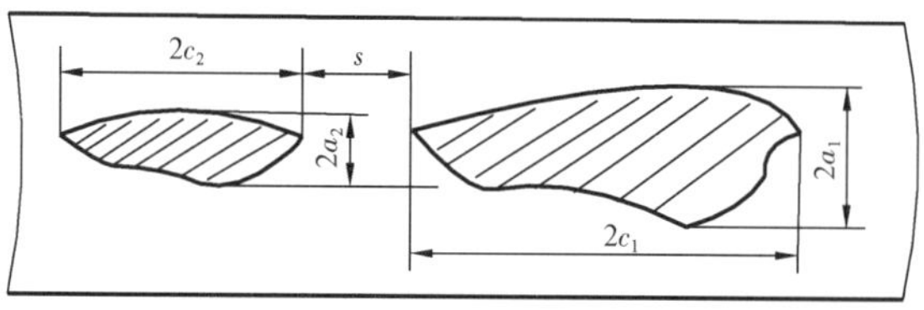	$s \leqslant c_1 + c_2$	$2c = 2c_1 + 2c_2 + s$ $2a = \max[2a_1, 2a_2]$

续表

相对位置	判据	等效尺寸
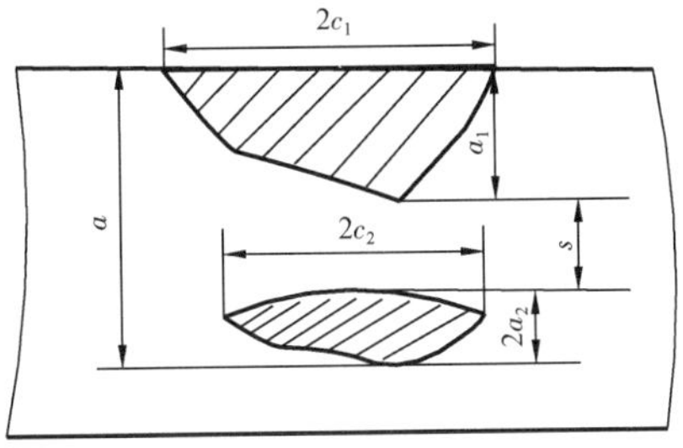	$s \leqslant a_1 + a_2$	$a = a_1 + 2a_2 + s$ $2c = \max[2c_1, 2c_2]$
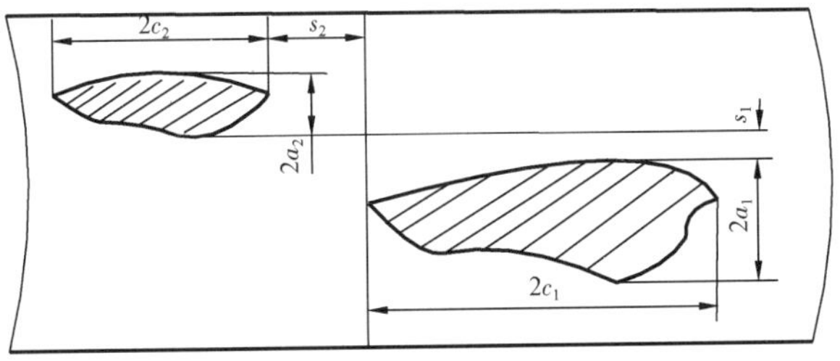	$s_1 \leqslant a_1 + a_2$ 并且 $s_2 \leqslant c_1 + c_2$	$2c = 2c_1 + 2c_2 + s_2$ $2a = 2a_1 + 2a_2 + s_1$
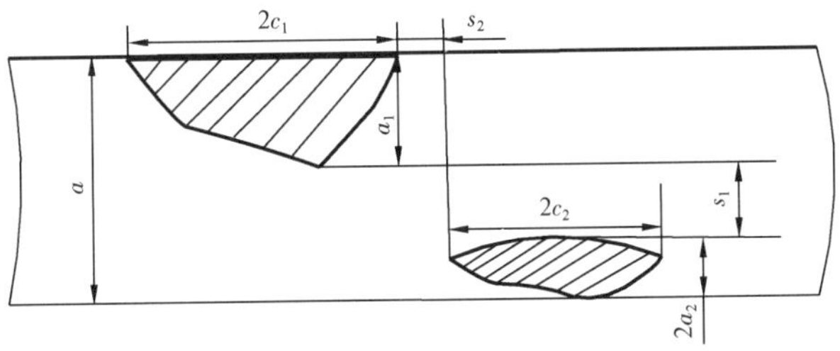	$s_1 \leqslant a_1 + a_2$ 并且 $s_2 \leqslant c_1 + c_2$	$2c = 2c_1 + 2c_2 + s_2$ $a = a_1 + a_2 + s_1$
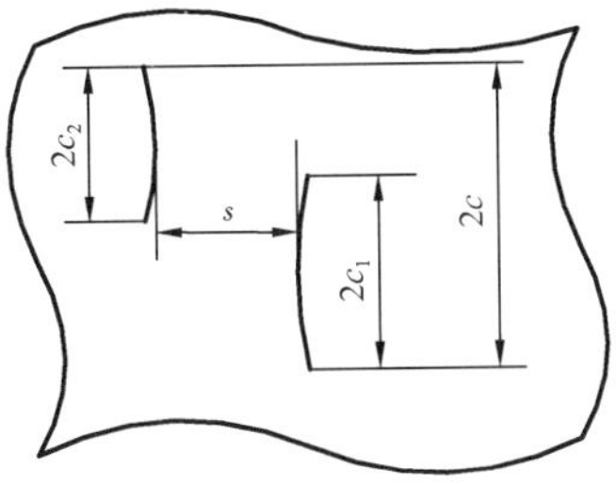	$s \leqslant c_1 + c_2$	投影裂纹到同一平面，$2c$ 等于投影长度
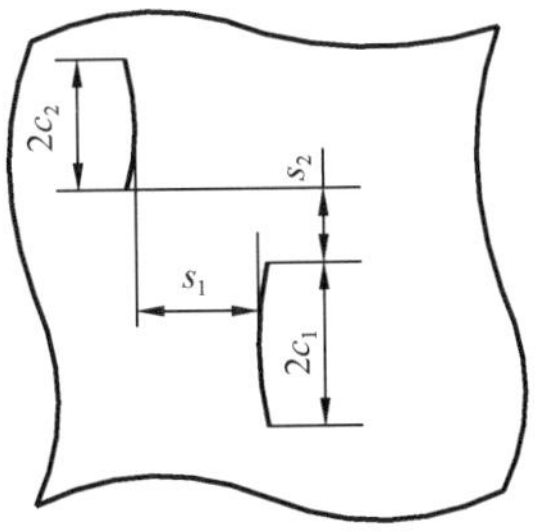	$s_1 \leqslant c_1 + c_2$ 并且 $s_2 \leqslant c_1 + c_2$	投影裂纹到同一平面， $2c = 2c_1 + 2c_2 + s_2$

(6)油井管剩余寿命预测。

油井管柱剩余寿命预测包括识别缺陷的成因及机制,确定缺陷在给定载荷与环境下的长大规律,建立缺陷的损伤容限,计算剩余安全服役时间。缺陷的成因及发展包括腐蚀、应力腐蚀、疲劳、各种氢致损伤、蠕变及材料的时效老化等。目前对于疲劳、均匀腐蚀、蠕变损伤,可以进行较准确的寿命预测。

例如对于钻杆的疲劳寿命预测是以线弹性断裂力学的 Paris 方程为基础的,在 $\Delta K > \Delta K_{th}$ 的条件下:

$$da/dN = A(\Delta K)^m \tag{7.3.121}$$

式中 da/dN——疲劳裂纹扩展速率,mm/周;

A——疲劳裂纹扩展系数;

m——疲劳裂纹扩展指数;

ΔK——疲劳应力引起的应力强度因子范围。

由 Paris 方程可以导出:

$$N_f = \int_{a_i}^{a_f} (1/C)(\Delta K)^{-m} da \tag{7.3.122}$$

式中 N_f——裂纹由初始尺寸 a_i 长大到临界尺寸 a_f(a_f 由含有缺陷结构的损伤容限确定)的应力循环周次,即疲劳寿命,可以通过数值积分得到。

若 $\Delta K < \Delta K_{th}$,则 $da/dN = 0$,可以认为具有无限疲劳寿命。剩余寿命预测的主要目的是确定合理的检测周期。

对于在役管柱,如果缺陷长大规律是未知的,但是通过评价可以确认缺陷将先穿透壁厚而不引起结构的破坏(称为满足先漏后破条件),则这些缺陷是允许的,但要制定合理的泄漏检测方案。这种方法称为先漏后破分析。先漏后破分析方法的采用,需要受到严格的限制,例如不能用于应力集中区域和有大的残余应力的焊接件附近的缺陷评价。

如果缺陷尺寸远远低于临界值并且缺陷长大规律难于确定,该管柱可以继续服役,但是要进行在线监测。在线监测的方法有确定腐蚀速率的腐蚀探针、评定氢损伤的氢探头、监测裂纹长大的声发射技术等。

(7)油井管柱完整性评价算例。

某井实钻井深6578.49m,载荷强度标准值参数见表7.3.18,套管强度荷载统计见表7.3.19。根据井身结构,计算得到的套管可靠度评估结果如图7.3.53所示。

表7.3.18 某气井套管几何物理参数及荷载强度标准值计算结果

设计条件	设计套管下深(m)	钢级	外径(mm)	壁厚(mm)	强度标准值(MPa)	荷载标准值(MPa)
抗挤	0~4218	P110SS	200.03	10.92	49.9	47.2
抗挤	4218~5776	T95S	200.03	12.88	73.52	64.6
抗挤	5776~6577	P110S	177.8	12.65	89.81	73.6

表 7.3.19　套管强度与荷载统计

套管强度类型	模拟均值/API 标准值 k_R	变差系数 δ_R	套管荷载	模拟平均值/标准值 k_S	变差系数 δ_S
塑性抗挤强度 R_{11}	1.114	0.0749	S21	1.01	0.06

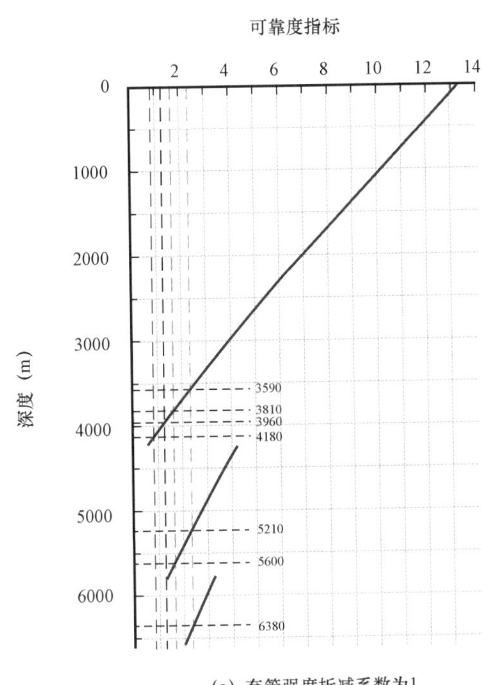

(a) 套管强度折减系数为1

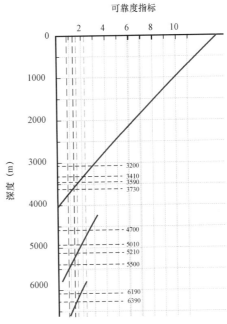

(b) 套管强度折减系数为0.9

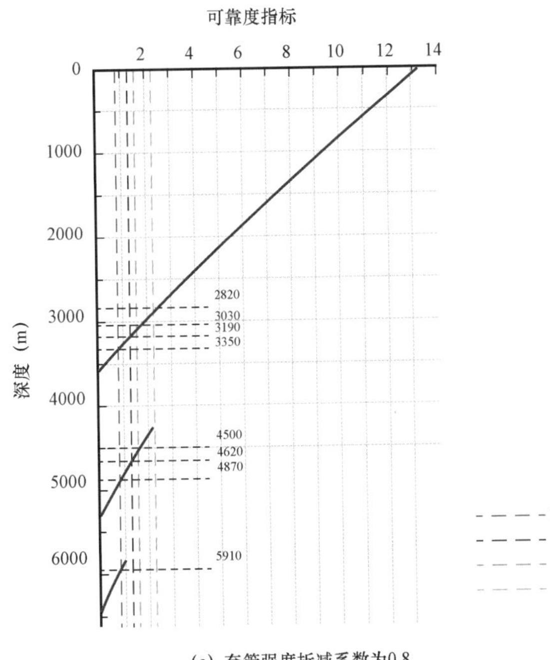

(c) 套管强度折减系数为0.8

图 7.3.53　套管可靠性评估结果曲线图

套管安全可靠性评估结果见表7.3.20。可以看出，在3960~4218m处是该井危险段，套管失效概率较高。而考虑套管因腐蚀和其他一些因素引起的强度折减后，套管危险段明显变长。因此，需定期检测该井的套损情况，从而制定相应的风险消减措施，保证该井的正常生产。

表7.3.20 套管安全可靠度评估结果

强度折减	安全分类	井深范围(m)		
1	Ⅰ	0~3590	4218~5210	5776~6380
1	Ⅱ	3590~3810	5210~5600	6380~6577
1	Ⅲ	3810~3960	5600~5776	
1	Ⅳ	3960~4180		
1	Ⅴ	4180~4218		
0.9	Ⅰ	0~3200	4218~4700	
0.9	Ⅱ	3200~3410	4700~5010	5776~6190
0.9	Ⅲ	3410~3590	5010~5210	6190~6390
0.9	Ⅳ	3590~3730	5210~5500	6390~6577
0.9	Ⅴ	3730~4218	5500~5776	
0.8	Ⅰ	0~2800		
0.8	Ⅱ	2820~3030	4218~4500	
0.8	Ⅲ	3030~3190	4500~4620	
0.8	Ⅳ	3190~3350	4620~4870	5726~5910
0.8	Ⅴ	3350~4218	4870~5726	5910~6577

7.4 失效分析、失效控制与完整性管理的关系

7.4.1 失效分析与完整性管理的关系[50]

(1)失效分析与危险因素识别。

危险因素识别通常采用故障树分析(Fault Tree Analysis，FTA)与失效案例库统计分析相结合的办法。FTA也是失效分析的常用方法。特别是对复杂系统的失效分析，FTA是必不可少的。而失效案例库是由大量失效案例组成的。失效分析与完整性管理中的危险因素识别的密切关系是不言而喻的。

(2)失效分析与风险评估。

如前所述，风险是失效概率与失效后果的乘积。风险评估中的失效概率计算是将以往的大量失效案例的统计分析与基于可靠性理论的计算相结合进行的。风险评估中的失效后果分析包括人员伤亡、财产损失及环境污染等都是失效分析涉及的内容。风险评估采用的具体方法与失效分析也有很

密切的关系。例如在风险分析中有重要位置的失效模式和后果分析(Failure Modes and Effects Analysis,FMEA),对于一个系统内部每个部件的每一种可能的失效模式(包括不正常运行时的失效模式),都要进行详细分析并推断它对整个系统的影响、可能的后果及如何避免或减少损失。FMEA 所涉及的主要问题包括失效模式、失效机理和失效后果。风险评估实质上是对失效的预测。

(3)失效分析与完整性评价。

完整性评价的全部任务都是对失效的预防。剩余强度评价的目的是给出结构在现有服役条件下能否安全运行,是否需要降级运行或更换。剩余寿命预测用以确定结构检测时间或检测周期。这些工作是科学、经济、有效预防结构失效的措施。

综上所述,油气管道失效分析与完整性管理的关系可表述为:失效分析是油气管道完整性管理的基础;完整性管理是油气管道失效分析的延伸,是全面、科学有效地预测、预防管道失效的措施。

7.4.2 失效控制与完整性管理的关系[50]

(1)油气管道的失效控制是从技术层面对油气管道的失效模式、失效原因和机理进行诊断,提出控制失效的措施,杜绝恶性事故的发生。完整性管理是从技术和管理的结合上,对影响管道物理和功能的完整性进行综合的、一体化的管理,防止失效事故的发生。失效控制和完整性管理的作用和目的,都是保障油气管道的安全运行。

(2)失效控制的基础是失效分析和失效信息数据库的建立。完整性管理的首要环节“潜在性隐患的识别、分类及高后果区(HCA)的确定”通常借助对大量失效案例的统计分析。因此,失效信息数据库也是完整性管理的基础之一。

(3)在功能定位上,失效控制侧重于管道的设计与建设阶段,失效控制措施主要体现在标准规范、设计图纸和施工作业中;完整性管理则侧重于管道运行过程。但这样的分工并不是必然的和绝对的。就失效控制而言,在特殊情况下,管道服役条件(载荷、环境)在运行阶段有可能偏离设计范围,材料(包括管道本体材料及涂层材料)长期服役后的时效和性能退化则影响失效抗力指标,某些失效控制措施必须适时调整。另外,完整性管理的发展趋势之一是向设计和建设阶段延伸。

(4)失效控制与完整性管理有区别也有联系。将二者结合起来,可以最大限度杜绝恶性事故的发生,全方位保障油气管道的安全运行。

参考文献

[1] 李鹤林. 论石油矿场机械的失效分析及其反馈[J]. 石油矿场机械,1983,12(4):42-46.

[2] 胡世贵,等. 机械失效分析手册[M]. 成都:四川科学技术出版社,1989.

[3] 石油管材研究中心失效分析研究室. 1988 年全国油田钻具失效情况调查报告[J]. 石油专用管,1992(6):327-336.

[4] 李鹤林,冯耀荣. 石油钻柱失效分析及预防措施[J]. 石油机械,1990,18(8):38-44.

[5] 李鹤林,张平生. 加强应用基础研究,提高石油管材失效分析预测预防水平[J]. 石油专用管,1995,3(2):1-8.

[6] Dr. rer. nat. Gerhard Knauf, Ir. Jan Spiekhout. EPRG - 30 years in pipeline research [J]. 3R

International ,2002,41,Special Steel Pipelines:1 – 10.

[7] 谢丽华,吉玲康,孙志强. 国内外输气管线止裂韧性预测方法[J]. 石油工业技术监督,2004,20(12):8 – 10.

[8] 李鹤林,李霄,吉玲康. 油气管道基于应变的设计与抗大变形管的开发与应用[J]. 焊管,2007,30(5):3 – 11.

[9] Ji Lingkang, Chen Hongyuan, Li Xiao, et al. Study on the Relationship between Yield Ratio, Uniform Elongation and Hardening Exponent of High Grade Pipeline Steel[C]. Proceedings of Seventeenth (2007) International Offshore and Polar Engineering Conference, Lisbon, Portugal, July 1 – 6, 2007.

[10] NOBUHISA S, SHIGERU E, MASSKI Y, et al. Effects of a Strain Hardening Exponent on Inelastic Local Buckling Strength and Mechanical Properties of Line pipe[C]. International Conference on Offshore Mechanics and Arctic Engineering. Brazil. OMAE, 2001.

[11] THOMAS H, SH IGRU E, NOBOYUKI I, et al. Effect of Volume Fraction of Constituent Phases on the Stress strain Relationship of Dual Phase Steels[J]. ISIJ International, 1999, 39 (3):288 – 294.

[12] KIM Y M, KIM S K, L IM Y J , et al. Effect of Microstructure on the Yield ratio and Low Temperature of Line pipe Steels[J]. ISIJ. International, 2002, 42 (12) :1571 – 1577.

[13] ENDO S, ISH IKAWA N, OKATSU M, et al. Development of High Strength Line pipes with Excellent Deformability [J]. Proceeding of HSLP – IAP2006, Xi'an, China, 2006.

[14] API RP 1160:2019, Managing System Integrity for Hazardous Liquid Pipeline[S].

[15] ASME B31. 8S:2001, Standard for Managing Pipeline System Integrity[S].

[16] SY/T 6648—2016 输油管道完整性管理规范[S].

[17] SY/T 6621—2016 输气管道系统完整性管理[S] .

[18] GB 32167—2015 油气输送管道完整性管理规范[S].

[19] 黄志潜. 管道完整性及其管理[J]. 焊管,2004,27(3):1 – 8.

[20] 李鹤林. 油气管道运行安全与完整性管理[J]. 石油科技论坛,2007,2:18 – 25.

[21] Fischhoff B. Lightenseein S. Slovic P. et al. Acceptable Risk:a Critical Guide[M]. London:Cambridge University Press, 1981.

[22] 赵新伟,张华,罗金恒. 油气管道可接受风险准则研究[J]. 油气储运,2016,1:1 – 6.

[23] S. N. Jonkman, P. H. A. J. M. van Gelder, J. K. Vrijling. An Overview of Quantitative Risk Measures for Loss of Life and Economic Damage[J]. Journal of Hazardous materials. 2003, A99:1 – 30.

[24] The Dutch Technical Advisory Committee on Water Defences (TAW). Some Considerations of an Acceptable Level of Risk in The Netherland[R]. Amsterdam:TAW, 1985.

[25] 高建明,王喜奎,曾明荣. 个人风险和社会风险可接受标准研究进展及启示[J]. 中国安全生产科学技术,2007,3(3):29 – 34.

[26] J. K. Vrijling, W. van Hengel, R. J. Houben, A Frameworkfor Risk Evaluation[J]. J. H azard. Mater. , 1995, 43:245 – 261.

[27] 冯耀荣. 油气输送管道工程技术进展[M]. 北京:石油工业出版社,2006.

[28] 黄维和,王立昕. 油气储运[M]. 北京:石油工业出版社,2019.

[29] 赵新伟,罗金恒,路民旭. 含腐蚀缺陷管道剩余强度的有限元分析[J]. 油气储运,2001,20(3):

18 - 21.

[30] 赵新伟．含缺陷油气输送管道完整性评价方法研究[D]．西安:西安交通大学．2004:64 - 71, 79 - 102.

[31] I. Milne, R. A. Ainsworth, A. R. Dowling and A. T. Stewart . 1988. Assessment of the Integrity of Structures Containing Defects—CEGB Report [R] . R/H/R6 - Rev. 3. Int. J. Press. Vess. and Piping. 32:3 - 104.

[32] 赵新伟,路民旭,白真权,等．含裂纹管道剩余强度评价方法及其应用[J]．石油矿场机械,1999 (3):24 - 28.

[33] 赵新伟,白真权,路民旭,等．在役输气管道安全评价[J]．石油机械,2000,增刊:106 - 108,139.

[34] 朱春鸣,陈宏达,赵新伟,等．含 360 度表面裂纹管道剩余强度评价[J]．油气储运,2001,20 (9):41 - 43.

[35] Roy J. Pick, Duane S. Cronin. 1996. The Influence of Weld Geometry on the Fatigue Life of a 864mm Diameter Line Pipe[R]. International Conference On Pressure Vessel Technology, Volume 1. New York: ASME. 245 - 255.

[36] 赵新伟,罗金恒,路民旭,等．螺旋焊管焊缝噘嘴应力分析方法[J]．焊接学报, 2004,25(1): 25 - 28,32.

[37] Ong, L. S. , Hoon, K. H. Bending Stresses at Longitudinal Weld Joints of Pressurized Cylindrical Shells Due to Angular Distortion[J]. Journal of Pressure vessel Technology. 118:369 - 373.

[38] S. P. Timoshenko, J. M. Gere. Theory of Elastic Stability [M]. 2nd edition. London: McGraw - Hill International Book Company. 1961:287 - 297.

[39] Tokimasa, K. and Tanaka . FEM Analysis of the Collapse Strength of a Tube[J]. Journal of Pressure Vessel Technology. 1986. 108:158 - 164.

[40] Yeh M. K. , and Kyriakides S. On the Collapse of Inelastic Thick Walled Tubes under External Pressure[J] . Journal of Energy Resources Technology. 1986. 108:35 - 47.

[41] Y. Bai, S. Hauch. Analytical Collapse of Corroded Pipes [R]. Proceedings of the 8th International Conference on Offshore and Polar Engineering. Montreal, 1998.

[42] M. S. Hoo Fatt, J. Xue. Propagation Buckles in Corroded Pipelines[J]. Marine Structures. 2001. 14: 571 - 592.

[43] X. W. Zhao(赵新伟), J. H. Luo(罗金恒), M. Zheng(郑茂盛), et al. Elastic - Plastic Collapse of 3 - D Damaged Cylindrical Shells Subjected to Uniform External Pressure[J]. Metals and Materials international, 2004, 10(4):343 - 349.

[44] Lu Minxu(路民旭), Zhao Xinwei(赵新伟), Luo Jinheng(罗金恒), et al. In Service Oil and Gas pipeline Integrity Assessment Practice and Progress in China[C]. The Proceedings of NACE2003. NACE. NO. 3152.

[45] 罗金恒,赵新伟,路民旭．输油管道腐蚀剩余寿命的预测[J]．石油机械,2000,28(2):30 - 32.

[46] 罗金恒,赵新伟,路民旭．某输油管道疲劳寿命预测[J]．油气储运,2001, 20(6):48 - 50.

[47] X. W. Zhao(赵新伟), J. H. Luo(罗金恒), M. Zheng(郑茂盛), et al. A Damage Model for Assessing the Safety of Pipeline Served in Corrosion Environments[C]. Metals and Materials International,

2002,8(5):479-48.

[48] 王荣,高惠临.16Mn管道材料土壤腐蚀性评价[J].石油机械,28(增刊):82-84.

[49] 宋治,冯耀荣.油井管与管柱技术及应用[M].北京:石油工业出版社,2007:1-17.

[50] 李鹤林,赵新伟,吉玲康,油气管道失效分析与完整性管理.//李鹤林文集(下)——石油管工程专辑[M].北京:石油工业出版社,2017:578-588.